U0241836

中国禽病学

第 2 版

刘金华　甘孟侯　主编

中国农业出版社

图书在版编目（CIP）数据

中国禽病学 / 刘金华，甘孟侯主编. —2版. —北京：中国农业出版社，2016.9（2020.3 重印）
ISBN 978-7-109-22147-5

Ⅰ. ①中… Ⅱ. ①刘… ②甘… Ⅲ. ①禽病－防治
Ⅳ. ①S858

中国版本图书馆CIP数据核字（2016）第227371号

中国农业出版社出版
（北京市朝阳区麦子店街18号楼）
（邮政编码100125）
责任编辑 神翠翠 王宏宇

北京中科印刷有限公司印刷 新华书店北京发行所发行
2016年11月第2版 2020年3月北京第3次印刷

开本：889mm × 1194mm 1/16 印张：40.5 插页：38
字数：1330千字
定价：150.00元

主编简介

甘孟侯 教授，1929年6月3日出生于四川省大竹县。1952年考入北京农业大学兽医系兽医学专业学习。1956年7月大学毕业，留校任教至1995年退休，历任助教、讲师、副教授、教授。曾任家畜传染病学与兽医微生物学教研室副主任、主任。现任中国畜牧兽医学会禽病学分会名誉理事长、家畜传染病学分会名誉理事长、动物微生态学分会名誉理事长、中国科普作家协会第六届农业科普创作专业委员会委员（2013年9月—，曾任3～5届农林委员会委员）、北京畜牧兽医学会顾问、中国兽医杂志顾问等。

曾历任农业部畜牧专家、顾问，北京市人民政府兽医顾问，农业部出入境检验检疫局专家、顾问，北京市出入境检疫检疫局专家、顾问。中国畜牧兽医学会科普教育委员会主任、理事、常务理事，中国畜牧兽医学会禽病学分会秘书长、副理事长、理事长，家畜传染病教学研究会副理事长，家畜传染病学分会副理事长、代理事长（1年），动物微生态学分会副理事长：中国预防医学会微生态学会副主任，中国兽医杂志副主编，中国免疫学会兽医分会常务理事，北京畜牧兽医学会理事、常务理事、副秘书长、副理事长，国家自然科学基金委员会评审专家，中国农学会首批中国农业专家咨询团专家，山东莱阳农学院（现青岛农业大学）客座教授、广东家禽科学研究所客座研究员，世界禽病学会会员及世界禽病学会中国区秘书长等社会工作。

甘孟侯教授长期从事高等农业教育及动物传染病学的教学、科学研究和防治工作。讲授过家畜传染病学、猪禽疾病、动物传染病实验技术、普通兽医学、动物传染病专题、禽病专题等大学本科及研究生学位课程。培养（含共同培养）硕士22名，博士4名，国内访问学者5名，进修生数名。曾主持北京市科委“六五”科研课题、农业部“七五”重点课题、“八五”国家科技攻关课题及“八五”攻关加强项目课题，还曾主持两项（1993、1995）国家自然科学基金项目。获奖项目有：农牧渔业部技术改进一等奖（1983年）1项、四川省科技进步（2000年）一等奖1项，北京市、天津市及河南省科技进步二等奖各1项、（1987年、1997年、2002年），国家教育委员会、北京市等科技进步三等奖3项（1986年、1991年、1992年），中国医学科学院、北京协和医科大学院校科技进步一等奖1项。发表论文（含合作者）200多篇；主编（副主编）、合编或参编著作65部，其中主编、副主编23部，合编14部，参编28部。8部获国家级和省、市级奖。个人（1992年）获中国科普作家协会等5个单位颁发的“80年代以来科普编创成绩突出的农林科普作家”；1989年获北京市科协颁给1981—1988年最佳秘书长荣誉证书。1991年1月获农业部授予中央农业广播电视学校优秀教师称号；2002年10月第11次全国禽病学术研讨会和庆祝禽病学分会成立20周年大会上获“禽病科学开拓者”金质奖牌和奖章；2012年10月27日中国畜牧兽医学会禽病学分会第十六次学术研讨会暨分会成立30周年庆典大会上获禽病科学终身成就奖。2003年9月获庆祝中国兽医杂志成立50周年颁发的“中国兽医杂志特殊贡献”奖牌；2003年10月家畜传染病学分会成立20周年大会获“家畜传染病分会创建者”奖，2013年10月家畜传染病学分会成立30周年大会上获“家畜传染病学终身成就奖”。2004年11月北京畜牧兽医学会成立50周年庆典大会获特殊贡献奖。2004年被中国科普作家协会评选为首批“中国科普编创学科带头人”，2007年10月被中国科普作家协会评授为“在科普编创工作方面有突出贡献的科普作家”；2009年10月获中国畜牧兽医学会“新中国60年畜牧兽医科技贡献（杰出人物）”奖，2013年12月22日中国畜牧兽医学会中国畜牧杂志、中国兽医杂志创刊60周年大会上获“耕耘奖”；2014年11月16日中国畜牧兽医学会动物微生态学分会第五届会员代表大会暨分会成立22周年庆典大会获终身成就奖。2015年1月17日北京畜牧兽医学会成立60周年庆典大会获终身成就奖。2016年11月17日中国畜牧兽医学会成立80周年纪念暨第十四次全国会员代表大会上，被中国畜牧兽医学会授予终身贡献奖。主要事迹分别载入中国科学技术协会编2009年7月中国科学技术出版社出版的《中国科学技术专家传略》农学篇养殖卷3、科学出版社2015年3月出版的《病原细菌科学的丰碑》，以及英国剑桥世界名人传记中心（IBC）的《世界名人辞典》（1998）、《中国教育专家名典》等10种传记专著。享受国务院政府特殊津贴。

主编简介

刘金华 男，博士，博士生导师，中国农业大学动物医学院预防兽医学系主任，长江学者特聘教授，国家杰出青年科学基金获得者，入选国家百千万人才工程，国家有突出贡献中青年专家，获国务院政府特殊津贴，1997—2012年度山东省重大动物疫病防控泰山学者，农业部农业科研杰出人才，教育部新世纪优秀人才。1989年毕业于山东农业大学牧医系，1992年于北京农业大学获预防兽医硕士学位，1997年于中国农业大学获预防兽医博士学位，2000—2002年于日本北海道大学从事博士后研究工作。现兼任中国畜牧兽医学会禽病学分会副理事长、动物传染病学分会常务理事，第六届兽药评审专家生物制品专业组专家委员，农业部无公害农产品评审委员会专家委员等。

主持国家自然科学基金项目、973计划、国家支撑计划等课题，主要围绕动物流感病毒遗传演化、致病机理和防控技术等开展研究工作。在2005年率先确诊了青海湖迁徙鸟对高致病性禽流感的感染，指明了禽流感发生与流行的新动向，为其他国家迁徙鸟禽流感的快速诊断提供了依据，研究成果发表于Science杂志，在国内实现了兽医学学科在该杂志文章发表零的突破。揭示了家禽、猪和犬流感病毒的遗传进化规律，发现频繁的基因重排是H9N2流感病毒的主要进化方，进一步研究发现H9N2病毒G57基因型在2010年之后呈优势流行，这种优势基因型的流行大大增强了H9N2病毒参与重排的机会，并为新型H7N9病毒提供了全部6个内部基因。证明了

H9N2亚型禽流感病毒与H1N1甲型流感病毒易于发生基因重排并可产生强致病性的毒株，发现H1N1/2009病毒的PA基因在新型重排H9病毒致病性方面起重要作用。解析了近年来危害我国养禽业的H5N1病毒属于Clade2.3.4、Clade2.3.2和Clade7 三大进化分支；发现了我国猪群存在经典H1N1、欧洲类禽H1N1、H1N2等亚型猪流感病毒，特别是欧洲类禽H1N1流感病毒逐渐成为优势流行病毒。率先确诊了甲型流感H1N1病毒对犬猫伴侣动物的感染，证明了该病毒可在犬之间发生低水平的传播；揭示了H3N2亚型类禽流感病毒是我国犬流感的主要病原，同时揭示了部分毒株存在影响病毒致病性等特性的关键氨基酸位点。这些成果为我国流感科学防控提供了有价值的理论依据，并为新型流感的预警预报提供了理论支撑。对流感病毒流行与致病机制研究发现，H9N2禽流感病毒血凝素裂解位点突变和神经氨酸酶氨基酸缺失可显著提高病毒的感染性，G1分支病毒M基因的片段置换不仅提前启动了病毒的复制而且提高了病毒的复制效率，这是造成近年来H9N2亚型禽流感病毒广泛流行的主要原因。与北京大学医学部合作共同揭示了人感染H5N1禽流感病毒的分子病理特征，发现病毒除存在于感染人的肺部Ⅱ型肺泡上皮细胞、气管纤毛和非纤毛上皮细胞外，还存在于T淋巴细胞、脑神经元、胎盘霍夫包尔氏细胞（绒毛膜）和细胞滋养层及肠黏膜等，同时发现禽流感病毒可通过母婴传播而感染胎儿，该成果获得2007年度“中国高等学校十大科技进展”。在Science、Lancet、Proceedings of the National Academy of Sciences of the United States of America、Journal of Virology、Emerging Infectious Diseases、Veterinary Microbiology等杂志以第一作者和/或通讯作者发表论文多篇。

第2版

主　编　刘金华　甘孟侯

编著者（按姓名笔画排序）

刁有祥　山东农业大学动物科技学院　教授、博士
万春和　福建省农业科学院畜牧兽医研究所　博士
王永坤　扬州大学兽医学院　教授
王永强　中国农业大学动物医学院　博士
王红宁　四川大学生命科学学院　副院长、教授、博士
王荣军　河南农业大学牧医工程学院　副教授、博士
王海燕　河南农业职业学院动物科学系　博士
韦　平　广西大学动物科学技术学院　教授、博士
韦　莉　北京市农林科学院畜牧兽医研究所　研究员、博士
甘孟侯　中国农业大学动物医学院　教授
田夫林　山东省动物疫病预防与控制中心　主任、研究员、博士
宁宜宝　中国兽医药品监察所　检测技术研究室主任、研究员
朱瑞良　山东农业大学动物科技学院　教授、博士
乔　健　中国农业大学动物医学院　教授、博士
刘兴友　新乡学院　院长、教授、博士
刘秀梵　扬州大学兽医学院　中国工程院院士、教授
刘金华　中国农业大学动物医学院　教授、博士
刘建奎　龙岩学院生命科学学院　博士
刘思当　山东农业大学动物科技学院　教授、博士
刘　爵　北京市农林科学院畜牧兽医研究所　所长、研究员、博士
齐　萌　塔里木大学动物科学学院　博士
孙卫东　南京农业大学动物医学院　教授、博士
孙怡朋　中国农业大学动物医学院　副教授、博士
孙洪磊　中国农业大学动物医学院　博士
孙铭飞　广东省农业科学院动物卫生研究所　副研究员、博士
杨小燕　龙岩学院生命科学学院　院长、教授
杨　鑫　四川大学生命科学学院　副教授、博士
邴国霞　中国动物疫病预防控制中心　副处长
何秀苗　广西民族大学海洋与生物技术学院　教授、博士
何　诚　中国农业大学动物医学院　教授、博士

邹丰才　云南农业大学动物科学技术学院　教授、博士
邹立扣　四川大学生命科学学院　教授、博士
张大丙　中国农业大学动物医学院　教授
张龙现　河南农业大学牧医工程学院　教授、博士
张安云　四川大学生命科学学院　副教授、博士
张国中　中国农业大学动物医学院　研究员、博士
张培君　北京市农林科学院畜牧兽医研究所　研究员
陈红梅　福建省农业科学院畜牧兽医研究所　副研究员、博士
周恩民　西北农林科技大学动物医学院　院长、教授、博士
郑世军　中国农业大学动物医学院　教授、博士
郑明球　南京农业大学动物医学院　教授
赵立红　中国农业大学动物医学院　副教授
赵光辉　西北农林科技大学动物医学院　副教授、博士
赵　钦　西北农林科技大学动物医学院　博士
秦卓明　山东省农业科学院家禽研究所　研究员、博士
夏青青　四川大学生命科学学院　博士
黄　瑜　福建省农业科学院畜牧兽医研究所　副所长、研究员、博士
韩　博　中国农业大学动物医学院　教授、博士
焦新安　扬州大学　校长、教授、博士
蒲　娟　中国农业大学动物医学院　副教授、博士

参编者（按姓名笔画排序）

吴海洋　中国农业大学动物医学院
陈翠腾　福建省农业科学院畜牧兽医研究所
韩　娥　中国农业大学动物医学院
覃　尧　中国农业大学动物医学院
傅秋玲　福建省农业科学院畜牧兽医研究所
蔺文成　中国农业大学动物医学院

第1版

主　编　甘孟侯

编　者（按姓名笔画排序）

王永坤　扬州大学农学院教授、中国畜牧兽医学会禽病学分会副秘书长
王红宁　四川农业大学动物科技学院教授、中国畜牧兽医学会禽病学分会理事
甘孟侯　中国农业大学动物医学院教授、中国畜牧兽医学会禽病学分会理事长
毕英佐　华南农业大学动物科学系教授、中国畜牧兽医学会禽病学分会副理事长
刘秀梵　扬州大学农学院教授、中国畜牧兽医学会禽病学分会理事
刘尚高　中国农业大学动物医学院教授
刘福安　华南农业大学动物医学系教授、中国畜牧兽医学会禽病学分会理事
杨汉春　中国农业大学动物医学院教授、中国畜牧兽医学会禽病学分会副秘书长
李庆怀　中国农业大学动物医学院教授、中国畜牧兽医学会内科学分会理事长
张中直　中国农业大学动物医学院教授、中国畜牧兽医学会禽病学分会副理事长
陈溥言　南京农业大学动物医学院教授、中国畜牧兽医学会禽病学分会理事
林昆华　中国农业大学动物医学院教授、中国畜牧兽医学会寄生虫学分会副理事长兼秘书长
林维庆　华南农业大学动物医学系教授、中国畜牧兽医学会禽病学分会副秘书长
周　蛟　北京市农林科学院畜牧兽医研究所研究员、中国畜牧兽医学会禽病学分会副理事长兼秘书长
郑明球　南京农业大学动物医学院教授、中国畜牧兽医学会禽病学分会理事
赵树英　北京农学院教授
郭玉璞　中国农业大学动物医学院教授、中国畜牧兽医学会禽病学分会名誉理事长
黄引贤　华南农业大学动物医学系教授
蒋金书　中国农业大学动物医学院教授、中国畜牧兽医学会禽病学分会理事、寄生虫学分会理事长
程由铨　福建农业科学院畜牧兽医研究所研究员、中国畜牧兽医学会禽病学分会副秘书长
蔡宝祥　南京农业大学动物医学院教授、中国畜牧兽医学会禽病学分会副理事长
冀锡霖　中国兽药监察所研究员、中国畜牧兽医学会禽病学分会理事

第2版

自改革开放以来，我国家禽业经历了快速的发展历程，取得了显著成就，成为国民经济的重要组成部分。养禽业结构发生了从家庭散养到规模化和标准化养殖的逐步转变。随着我国经济的进一步发展和城乡人民生活水平的逐步提高，对养禽产业也提出了更高的要求。虽然有诸多因素限制了现阶段养禽业的健康发展，但现实也在不断告诉我们，家禽疫病已经成为制约我国养禽业健康可持续发展的最大瓶颈，家禽疫病不仅给养禽业造成了严重的经济损失，而且有些病原还可感染人引起人的发病，具有重要的公共卫生学意义。

由于近年来养殖规模的快速扩大和结构转变等，特别是多种养殖模式的存在及管理的不规范性，我国养禽业的疫病流行动态发生了很大变化，出现了许多新特点，特别是新发疫病不断增多，如多种亚型禽流感病毒在我国养禽业的共流行，坦布苏病毒在鸭群中出现并已呈地方性流行，发生于2013年的人感染H7N9亚型禽流感病毒重创家禽养殖业，近些年在鸡群中出现的禽腺病毒感染、禽偏肺病毒感染、鸡大肝大脾病、禽鼻气管杆菌感染等新发疫病正在逐渐形成流行并且已造成了较大的经济损失等。这些新发病原的不断出现及疫病发生与流行出现的新特点，使我们认识到有必要对多年前出版的《中国禽病学》内容进行及时更新，以能更好地为我国禽病防制提供及时和可靠的科技支撑。

鉴于此，我们在本书第1版的基础上，组织人员编写了第2版《中国禽病学》。本书所编写的禽病，全部是国内已出现并造成了一定危害的疾病。本书的56位作者，都具有多年从事禽病研究和防制工作的经历，有着较丰富的专业知识和实践经验，并已取得了不凡的业绩。本书在原版的基础上，增加了家禽免疫抑制性疾病概论、家禽多病因呼吸道综合征概述、水禽疫病、真菌病四个章节，还增加了前述近些年新发的禽病，对家禽寄生虫病、营养代谢性疾病和中毒性疾病也作了较大改动、补充和更新；同时作者们还提供了400余幅清晰的彩色图片，这些图片是作者们在实践中收集的典型病例资料，真实可靠，具有很强的实用价值和可读性。我们相信，本书再版的内容密切结合我国实际，反映了我国兽医临床诊疗和防控技术的实际水平，必将对我国养禽业疫病的防控起到重要的促进作用。

本书可供大专院校的教学人员、科学研究的专业人员、疫病管理人员及广大畜牧兽医工作者参考。由于参加编著的同志较多，写作风格也不尽相同，加之，编著者的水平有限，书中难免有不足和纰漏，诚恳希望广大读者提出批评，以臻进一步提高质量。

由于多种原因，第1版的部分作者没能参加再版的修订工作，对他们的劳动表示感谢。

感谢蒲娟副教授对书稿的收录与整理，感谢孙洪磊博士、甘立京副编审对部分书稿的转收。

感谢中国农业出版社对本书出版给予的大力支持。

刘金华　甘孟侯

2015年12月

前　言

第1版

近20年来，我国的畜牧业结构发生了巨大变化，从以前的家庭户养和分散饲养发展到今天的集约化饲养。集约化饲养规模大，数量多，密度高，生产工艺先进，周转快，生产水平较高。全国主要畜产品已连续19年稳定高速增产，使我国跃居世界畜牧大国行列，我国的肉类和蛋类生产连续多年保持世界第一位，人均肉类占有量已超过世界平均水平，蛋类人均占有量已达世界发达国家的水平，这对保障城乡居民"菜蓝子工程"，促进我国农村经济的发展和农民生活水平的提高，以及维护社会安定团结，促进整个国民经济的发展，都发挥了重要作用。

进入80年代以来，随着国内集约化养禽业的迅速发展，带动了我国禽病防制、研究及相关产品开发的发展，国内已先后设立起一批禽病专业机构，禽病研究工作者取得的禽病防治经验和研究成果日益增多，禽病学已在兽医科学范围内发展成一门独立学科，在国民经济农业发展中起着越来越重要的作用。

无庸讳言，我们也应清醒地看到，我国的养禽业和疾病防治水平与世界先进国家相比，仍有很大差距。随着市场经济的发展，养禽生产的经营主体多元化，一些养禽单位或个人，盲目扩大生产，外出引种，片面追求一时的经济利益，忽视养禽的防疫工作，使禽病在我国时有发生，造成较大的经济损失，禽病仍是家禽饲养业发展的主要威胁。有鉴于此，我们编写这本科技图书——《中国禽病学》，旨在为我国养禽业的稳步健康发展提供技术资源及科学依据，为提高养禽的健康水平起到保障和促进作用。

本书介绍的禽病，全部是国内已出现并造成了一定危害的疾病。我国广大的畜牧兽医工作者，在实践中对禽病的防治进行了卓有成效的工作。22位作者都在不同的年代、不同的岗位上，从事多年禽病研究和防制工作，取得了不凡的业绩，有着较丰富的专业知识和实践经验。因此，书中内容取材丰富，资料新颖，既有理论又重实践，面向生产，讲求实用，比较全面地反映了我国禽病的研究最新成果和防治经验，是我国禽病防制工作的阶段总结和提高。可以认为，本书的出版，将对我国养禽业的进一步发展，发挥一定的促进作用，将是畜牧兽医工作者的一本理想的参考书。

感谢中华农业科教基金会将本书列入资助图书出版。感谢中国农业出版社对本书出版的关心和帮助。

本书可供大专院校、教学、科学研究的专业人员和广大畜牧兽医工作者参考。由于参加编著的同志较多，时间较长，写作风格也不尽相同，加之，编著者的水平有限，书中难免有缺点或错误，诚恳希望广大读者提出批评，争取在本书再版时修改补充，以臻完善，进一步提高质量。

甘孟侯

1999年7月

目　录

第一章 禽病综合防控原则与技术

随着我国养禽业的迅速发展，特别是集约化规模化养禽场的大量兴起，各种禽病的发生和流行，尤其是一些新发禽病的出现，给养禽业造成了不同程度的经济损失。受饲养模式改变等多种因素的影响，近年来禽病的发生和流行呈现单一病原典型化发病的相对较少，而往往表现为多病原（或多病因）以非典型性疾病形式出现。因而，现实对养禽场管理人员、畜牧兽医技术员及饲养员在做好禽病综合防控措施方面提出了更高的要求。要想获得更多的养殖效益，必须要加强饲养管理，满足家禽的营养需要，创造良好洁净的生长环境，尽可能减少禽群遭受外来病原微生物的侵袭，以提高禽群的健康水平和抗病能力，控制和杜绝禽群中疫病的传播和蔓延，降低发病率和死亡率。

第一节　禽病防控的原则

我国现代化养禽业起步较晚，20世纪70年代末才陆续建立规模化、集约化家禽养殖场，随着养禽生产技术和禽病防治技术的广泛应用，我国养禽生产得到了高速发展，逐渐成为世界养禽大国。但是由于养殖技术落后，并受一些传统养殖观念的束缚，我国家禽养殖业仍然存在疫病多发的现状，导致死淘率高、出栏率低、生产效率低，给养禽业造成重大经济损失，成为困扰我国养禽业发展的瓶颈。甘孟侯教授在2008年两次动物疫病防控的全国学术研讨会上，明确提出在动物疫病防控方面，必须转变防控疫病的观念，实行健康饲养畜禽，增强畜禽的体质和天然免疫力，以全面落实生物安全要求的健康养殖为基础，牢固树立“养重于防、防重于治、养防结合、综合防控”的禽病综合防控原则。

在集约化规模化饲养的禽群中，若忽视预防优先的措施，而忙于治疗禽病，势必造成养禽业生产完全陷于被动局面。只有抓好预防措施的每一个环节，才能使许多禽病不发生，即使发生也能及时得到控制。执行预防为主的原则首先要建立严格的生物安全防护体系，所谓生物安全是指阻断引起畜禽疾病的病原体进入畜禽群体，排除疾病威胁的多种预防措施而集成的综合措施，是减少疾病威胁的最佳手段。按照动物传染病发生和传染的基本原理，禽病的防控依然包括3个环节：消灭传染源、切断全部可能的传播途径、应用生物制剂保护易感禽只。片面的将禽病预防简单地理解为接种疫苗是十分错误的，必须认识到疫苗的作用是有限的，虽然疫苗免疫可以防止或减少发病和死亡，但大多数疫病的疫苗免疫并不能阻止强毒感染、复制和排出。此外，疫苗免疫群体依然会发生各种原因的免疫失败，因此不能单纯依赖疫苗，疫苗可作为最后疫病防控的最后一道防线，不能作第一道防线。传染病的预防与控制是一项系统工程，在做好疫苗免疫接种的同时，必须有严格的生物安全措施和良好的饲养管理。如果不采取综合防控措施，致病病原就会在禽群中不断循环，累积到一定程度疫病就会暴发，此时质量再好的疫苗也不可能对禽群提供完全的免疫保护。

由于目前家禽疫病具有发病非典型化、多病原混合感染和继发感染等现象，使得只用药物不能起到有效防治疾病的作用。规模化禽场要定期对禽群进行病原学和血清抗体监测，推行“定点、定期、定量、定性”的四定监测模式，建立禽群的健康档案，以便正确认识和处理家禽疫病防控过程中群体与个体的关系，明确家禽防疫的对象是群体而不是个体，家禽防疫的着眼点应该是使整个群体具有较高的健康生产水平，淘汰残次病禽，消除隐患。因而，必须树立防控禽病的新观念。

第二节　家禽营养需求和环境控制

现代化养禽业几乎完全脱离自然条件，家禽所处的生长环境、需要的各种营养物质，完全依靠人工控制。只有为家禽创造良好、洁净、舒适的生长环境，减少各种应激因素，根据家禽的品种、日龄、生产要求合理搭配日粮，满足营养需要，才能增强家禽的抗病能力，维护健康，最大限度发挥其生产性能。

一、合理配制日粮，满足营养需要

家禽具有生长迅速、性成熟早、繁殖力强和饲料转化率高等特点，能在短期内生产大批量的蛋、肉产品，因而需要更多的能量、蛋白质、矿物质和维生素。随着养禽技术的发展，养禽业几乎完全脱离自然条件，集约化规模化生产成为主要生产方式，家禽需要的营养物质全部依赖饲料提供。如果饲料中某种成分不足或过量，就会使家禽的生长发育受到影响，降低机体免疫力，易患各种疾病。此外，不同生产要求的家禽对营养的需要标准也有所不同，例如，能维持产蛋量的产蛋日粮并不一定能保证良好的孵化率和幼雏的健康。有些情况下，种禽的产蛋量虽然较高，但胚胎或幼雏出现维生素缺乏的症状和病变，这就要求种禽日粮不仅要能够保证达到良好的生产性能，还要能满足胚胎和幼雏发育所需。因此，根据家禽的实际营养需要合理配制饲料至关重要。

1．家禽的消化系统　饲料中的营养物质主要包括蛋白质、脂肪、碳水化合物、矿物质、维生素和水，这些养分必须经过消化道内一系列消化过程，将大分子有机物质分解为简单的、可溶解的小分子物质，才能被吸收。家禽的消化器官包括喙、口腔、咽、食管、嗉囊（鸭和鹅称为“食管膨大部”）、腺胃、肌胃、小肠、大肠、盲肠、直肠、泄殖腔及肝、胰等。

家禽没有牙齿，食物摄入口腔后不经咀嚼而在舌的帮助下直接吞咽，虽然口腔中有唾液腺，但分泌唾液不多，且主要成分是黏液，含唾液淀粉酶较少，因此唾液的消化作用不大。嗉囊或食管膨大部主要用于贮存饲料，同时可以湿润和软化饲料，而有些家禽（如鸽）也用其嗉乳饲喂雏禽。由于嗉囊或食管膨大部内栖居着大量的微生物，饲料在此处发酵分解，少部分产物被嗉囊壁吸收，剩余大部分发酵产物则在消化道后段被进一步消化吸收。嗉囊收缩使食物由嗉囊进入腺胃。腺胃的体积小，食物停留的时间较短，胃液的消化作用主要是在肌胃内进行；而且由于腺胃黏膜缺乏主细胞，家禽的胃液（胃蛋白酶原和盐酸）由其壁细胞分泌。混有胃液的食物在肌胃内除了充分发挥胃液的消化作用外，肌胃有节律性的收缩使饲料粒度变小，有助于消化。家禽肠道的消化液不含分解纤维素的酶，其他成分大体上与单胃哺乳动物相同，多种酶类共同作用可降解饲料中相应的营养成分。家禽对饲料营养物质的吸收主要在小肠内进行，但家禽的肠道长度与体长比值较哺乳动物的小，饲料在肠内停留时间较短，一般不超过一昼夜。家禽的营养物质吸收，通过顺浓度梯度进行被动吸收和通过逆浓度梯度进行主动吸收来实现。家禽的脂肪吸收与其他营养成分一样，都由血液途径被吸收。大部分的水都是在肠道中吸收，剩余水则与未消化吸收的食物形成半流体状的粪便送入泄殖腔，与尿液相混合排出体外。

2．家禽所需的营养物质　食物中的养分物质称为营养素，它们是维持生命的物质基础，没有这些营养素，生命便无法维持。家禽需要的营养素归纳起来分为6大类，即蛋白质、脂类、碳水化合物、矿物质和微量元素、维生素和水。这些营养素在体内功能各不相同，概括起来可分为3方面：供给能量以满足动物生理活动和体力活动对能量的需要，作为构成和修补身体组织的材料，在体内物质代谢中起调节作用。

（1）水　水是家禽身体最重要的组成成分，1周龄雏鸡体内水分达70%以上，随日龄增长，机体内的水分逐渐减少，到42周龄为55%左右。水在家禽体内具有重要的生理功能，如参与代谢反应、物质输送、维持组织器官形态，调节体温、酸碱度、渗透压，通过肾脏排除体内废物和毒素等。家禽体内的水可以来自饮水、饲料水和代谢水。其中饮水是家禽获得水的主要方式。家禽的饮水量依季节、产蛋水平而异，气温高时饮水量增加，产蛋量高时饮水量也增多，笼养比散养时多，限制饲喂时饮水量增加。家禽体内的水分是通过粪便排泄、呼吸、皮肤蒸发及产蛋等方式散失。家禽粪便排水较少，因汗腺机能弱使得其皮肤蒸发的水所占比例也较小。家禽体内水分丧失10%即会造成严重的生理失调，生长和产蛋量下降，水分丧失20%即造成死亡。

水质的优劣是影响鸡只健康和生产效益极其重要的因素。水质的优劣可用水质指标来评量，水质指标的项目包括水中的矿物质、水中的物理化学因子，如浊度、酸碱度、溶氧量、生物需氧量、化学需氧量、氮及磷的含量等，以及水中的细菌总含量和大肠杆菌数等。如果养禽场用水含菌数超出标准要求，甚至有致病菌污染，可引起生产性能降低或引起家禽发病。此外，饮水系统尤其是密闭式饮水管道易滋生细菌、霉菌，产生大量毒素，养禽场应注意对饮水系统进行冲洗消毒处理。

（2）蛋白质　蛋白质是一种复杂的含有碳、氢、氧、氮的高分子有机化合物，是体现生命现象的物质基础，在动物机体生命活动过程中具有重要的作用。构成蛋白质的基本单位是氨基酸，由于氨基酸种类、数量和结合方式不同，蛋白质种类繁多，功能各异。蛋白质是构成家禽和禽产品（肉、蛋、羽毛等）的主要成分。家禽采食饲粮后，饲料蛋白质经消化酶作用，将其分解为氨基酸和小肽，然后才可被吸收利用。蛋白质中氨基酸含量的多少和相互间比例是否均衡，直接影响着饲料蛋白质的利用效率，同时也直接影响家禽的生产性能。动物体内蛋白质含20多种氨基酸，以是否必须直接由饲料供给可分为必需氨基酸和非必需氨基酸两类。动物自身不能合成，或可合成但不能满足正常需要的称为必需氨基酸；可由动物自身充分合成的即为非必需氨基酸。家禽必需氨基酸包括：赖氨酸、蛋氨酸、色氨酸、苯丙氨酸、亮氨酸、异亮氨酸、缬氨酸、苏氨酸、甘氨酸、组氨酸和精氨酸。动物对各种氨基酸的需要有一定的比例，某种氨基酸缺乏时会影响其他氨基酸的利用，从而降低动物生产性能，因而称为限制性氨基酸，根据缺乏程度分别称为第一、第二、第三……限制性氨基酸。饲料中蛋白质或氨基酸不足时，家禽生长速度减慢，食欲减退，羽毛生长不良，性成熟晚，产蛋量少，蛋重小。在使用常规玉米-豆粕型饲料时，家禽的第一限制性氨基酸通常为蛋氨酸。

（3）能量　家禽的一切生理活动，包括运动、呼吸、循环、吸收、排泄、神经活动、产蛋、体温调节等均需要能量。饲料中的碳水化合物、蛋白质、脂肪都可为动物提供能量，其中碳水化合物是最主要的能量来源。

①碳水化合物　碳水化合物是植物组织干物质的主要成分，在动物体内含量很少，此类物质具有重要的营养生理作用：参与动物体组织构成、提供能量、贮备营养及合成动物产品等。碳水化合物包括单糖（如葡萄糖、果糖）、低聚糖或寡糖（如蔗糖、麦芽糖、乳糖）、多聚糖（如淀粉、糖原、纤维素、半纤维素、果胶）和其他化合物（如木质素、几丁质、糖脂）等。单糖、部分低聚糖和淀粉易于溶解和消化，是家禽的主要能量来源。家禽消化液中不含乳糖酶，因此不能利用乳糖；纤维素和淀粉都是以葡萄糖为基本单位合成的多糖，但家禽消化道中只含有水解淀粉的酶，缺乏消化非淀粉多糖的酶类，家禽对纤维的消化能力很

低。因此，在鸡饲料中纤维素的含量不宜过高，但一定含量的粗纤维有助于刺激胃肠蠕动，可减少啄羽、啄肛等不良习惯，一般饲料中粗纤维含量雏鸡为2%～3%，产蛋鸡为4%～6%，后备种母鸡为8%～10%。

②脂类　脂类是由脂肪酸与甘油或其他醇类组成的复合物，存在于动植物组织中，能量价值高。脂类在动物体内参与组织构成，有多重生理作用，并且是脂溶性营养成分消化吸收的重要溶剂。饲料中的脂肪除直接供能外，可转化为体脂沉积，影响动物产品品质和风味。大部分脂肪酸在体内均能合成，一般不存在脂肪缺乏的问题，只有亚油酸在家禽体内不能合成，必须由饲料供给。亚油酸缺乏时，雏鸡生长不良，蛋鸡产蛋量下降，孵化率降低。以玉米为主要谷物的饲料通常含有足够的亚油酸，而以高粱、麦类为主要谷物的饲料可能出现缺乏现象。

（4）矿物质　矿物质是一类无机营养物质，在动物体内有确切的生理功能和代谢作用，不能适量提供时会导致疾病发生。必需矿物元素必须由外界供给，当外界供给不足时不仅影响生长或生产，而且引起动物体内代谢异常、生化指标变化和缺乏症。在缺乏某种矿物元素的饲粮中补充该元素，相应的缺乏症会减轻或消失。按动物体内含量或需要不同，必需矿物元素可分成常量矿物元素和微量矿物元素两大类。常量矿物元素一般指在动物体内含量高于0.01%的元素，主要包括钙、磷、钠、钾、氯、镁、硫7 种；微量矿物元素在动物体内含量低于0.01%，目前查明必需的微量元素有铁、锌、铜、锰、碘、硒、钴、钼、氟、铬、硼、硅12种。矿物质中，家禽对钙和磷的需要量最多。钙是骨骼的主要成分，禽蛋壳中钙含量也较高。钙对于凝血及与钠、钾共同维持心脏机能是必需的。雏禽缺钙时易患软骨病，成禽缺钙时蛋壳变薄，软壳蛋增多。钙在植物性饲料中含量很少，必须额外补充。但饲料中钙量不宜过高，否则也会影响雏禽生长速度和对镁、锰、锌的吸收，长期过量添加钙易引起痛风。磷也是骨骼的主要成分，钙和磷两者以羟磷灰石的形式构成家禽的骨骼。骨骼中磷含量约占体内磷总量的80%，其余的磷存在于软组织和体液中。主要以磷蛋白、核酸和磷脂的形式发挥作用。家禽缺乏磷时表现食欲减退，生长缓慢，严重时关节硬化，骨骼易碎。植物性饲料中植酸磷含量较多，但禽类对植酸磷利用能力低，需要添加植酸酶辅助利用。家禽饲料中除注意满足钙、磷需要量，还应注意钙、磷的正常比例，正常情况下饲料中钙磷比是2∶1左右。由于动物种类、年龄和营养状况不同，钙磷比也有一定变化，如蛋鸡饲料中应为4∶1或钙稍高一些。若钙、磷比例不适，即使钙、磷含量很高也会出现缺乏症表现。

家禽体内钠、钾、氯三种元素主要分布在体液和软组织中，主要作为电解质维持渗透压，调节酸碱平衡，控制水的代谢；钠对传导神经冲动和营养物质吸收起重要作用。动物缺乏三个元素中任何一个均可表现食欲差、生长慢、失重、生产力下降和饲料利用率低等情况。产蛋鸡缺钠，易形成啄癖，同时也伴随着产蛋率下降和蛋重减轻，蛋壳品质下降。设计饲料配方时应考虑补充食盐。

还有一些矿物质在维持家禽正常生理作用上具有重要作用，如镁、钾、硫、铁、铜、锰、锌、碘、硒等，微量矿物元素缺乏时家禽也会表现出相应的缺乏症，本书第九章“营养及代谢性疾病”中对该部分内容有较详细介绍。

（5）维生素　维生素是维持动物代谢所必需的一类低分子有机化合物，主要以辅酶或催化剂的形式参与体内的代谢活动。由于家禽消化道内微生物少，大多数维生素在体内不能合成，必须由饲粮提供，或者提供其先体物；缺乏时会出现明显的缺乏症状，影响家禽生长和繁殖，严重时可导致死亡。维生素缺乏症表现详见本书第九章“营养及代谢性疾病”。

二、创造良好洁净的生长环境

禽舍内环境对家禽的健康及生产性能的发挥有重要影响，特别是现代化养禽生产，在全封闭、高密度条件下，环境问题变得更加重要。如果饲养环境不良，将对家禽的生长发育、繁殖生产等产生明显影响，家禽的抗病能力下降，在恶劣环境下一些条件性致病病原可能会引发疾病。因此，创造良好洁净的生长环境，对保持健康，最大限度发挥其生产性能具有重要意义。

1. **温度** 在各种环境因素中，温度对家禽的影响最大。气温能影响生长速度、饲料利用率、产蛋量、蛋壳厚度和性成熟，尤其是高温会引起家禽一系列的生理反应，消耗能量，甚至引起热应激。初生雏和胚胎对环境温度特别敏感，温度降低会对雏禽的采食和免疫系统发育产生显著影响，并且这种影响会对禽群产生持久作用，除第1周的死亡率增加外，存活下来的雏禽3 d内将不能发育，1周龄的平均体重和饲料转化率低，而且禽群的均匀度在第1周甚至整个育成期都会非常差。育雏室温度开始通常为35℃，随着雏禽的生长每周降低2～3℃，育雏温度适宜与否不能完全依赖温度计显示的温度，还应注意实时观察雏禽的表现。温度适宜时，雏禽活泼好动，精神旺盛，叫声轻快，食欲旺盛；温度过低时雏禽出现扎堆、聚集在热源下，不停尖叫；温度过高时，雏禽远离热源，张口呼吸，饮水量增加，严重时有脱水表现。蛋鸡的生长适宜温度为18～23℃，持续30℃以上高温情况下的蛋重、蛋壳重和产蛋率全部下降。肉用家禽的生长适宜温度为18～25℃，高温环境会降低肉鸡的生长速度，并降低蛋白质沉积和促进脂肪合成从而使肉质下降。过高或过低的环境温度都会造成免疫抑制，使家禽在生长过程中易受到病原感染或免疫后抗体水平较低。夏季生产中，密闭鸡舍通过湿帘降低室温，减少家禽的热应激。

2. **湿度** 湿度对家禽的体感温度、热量散发和环境卫生都有影响。低温时，高湿会使禽更感寒冷；高温时，则感觉更闷热；湿度大也会导致空气中有害气体增多，氧气减少。湿度的大小，特别是在温度较高时，会影响家禽的生产力。家禽适宜的相对湿度为60%～65%。当禽舍内相对湿度低于40%时，可引起初生雏禽脱水，羽毛生长不良，成禽羽毛凌乱，皮肤干燥，空气中尘埃飞扬，易引发呼吸道疾病。若相对湿度高于70%，禽舍过于潮湿，家禽羽毛污秽、粘连，关节炎发病率增高，夏季易暴发球虫病。

3. **通风** 禽舍内应保持一定的气流速度以使舍内空气环境均匀一致，保证禽舍通风换气的正常进行。即使在温度较低的冬季，舍内也应保持一定的气流速度。不可单纯为了保温将门窗紧闭，使室内空气处于静止状态，造成空气质量下降，影响家禽健康。禽舍内垫料和粪便会产生高浓度的氨气、硫化氢等有害气体，通风不良会使禽舍内有害气体浓度增加，过量的氨气刺激眼结膜引起保护性反射流泪，时间较长会引起角膜结膜炎；氨气吸入呼吸道后刺激气管、支气管，引起水肿、充血，大量分泌黏液，并能降低呼吸道纤毛摆动频率，不利于机体排出异物，有利于病原微生物入侵。禽舍内的垫料、饲料、粪便，以及脱落的羽毛、皮屑等碎屑易形成粉尘颗粒，这些颗粒上往往附着大量微生物，这些微生物主要为大肠杆菌及一些霉菌孢子，有些情况下也可能载有流感病毒、新城疫病毒、马立克病毒等。粉尘颗粒因直径小重量轻，可长期漂浮于空气中，家禽吸入后可达支气管深处和肺泡，极易引发呼吸系统疾病。因而，应注意通风换气，降低禽舍内有害气体浓度。

4. **饲养密度** 饲养密度直接影响禽舍的温度、湿度、通风、有害气体、尘埃、微生物的含量，也影响家禽的采食、饮水、活动、休息和啄斗行为。合理的密度可使雏禽均匀采食，保持禽群整齐发育。育期饲养密度过大，家禽没有活动的空间，体质弱，生长慢，禽群发育不整齐，抗病能力差，死淘率高，育成后生产性能不能充分发挥，生产性能差。生产中许多禽场产蛋期产蛋率上升缓慢，产蛋高峰不明显，很大程度是育雏或育成期饲养密度过大或槽位不足导致禽群生长发育不整齐的后果。肉鸡饲养过程中密度过大造成平均体重低、饲料利用率低、羽毛生长不良、死亡率高。家禽饲养密度大，个体占有的面积和空间小，活动范围受到严重限制，其各种行为不能正常表现，严重影响家禽的正常行为表达，啄羽、啄肛、啄趾等恶癖增多，还易出现腿病和斗架现象；并且会增大禽群应激反应，使机体经常处于亚健康状态，降低机体的抵抗力，提高疾病的发生率。饲养密度过大造成禽舍空气质量差，有害气体浓度超标，家禽呼吸系统黏膜损伤后，一些呼吸道型病原如支原体、新城疫病毒、传染性支气管炎病毒、喉气管炎病毒、禽流感病毒等容易在呼吸道定居，达到一定数量引起疫病的暴发。目前许多禽场在冬、春季呼吸道病频繁发生与呼吸道黏膜遭受刺激和损伤有一定关系。世界卫生组织（WHO）的动物病毒学专家罗伯特·韦伯斯特认为，亚洲大型集约化养鸡场中鸡的密度大，鸡笼环境狭窄，是禽流感迅速流行的一个重要原因。家禽体温高、代谢快，缺乏汗腺，对高温耐受性差。如果舍内密度饲养高，家禽产生的热量多，夏季舍内外温差小，热量散失困难，极易发生热应激，引起大批死亡。家禽的密度大小应根据饲养家禽的日龄、品种、饲养方式、季节和禽舍结构进行适当调整。

5. 光照　实行人工光照或补充照明是现代化养禽生产中不可缺少的重大技术措施之一，光照严重影响家禽的生长发育、性机能和生产性能。实际生产中一般采用混合白光进行照明，光照的持续时间和强度对家禽影响最大。光照时间的长短对蛋禽尤为重要，育雏期光照制度应能促进雏禽健康成长，提高成活率；母雏长到10周龄后光照时间长会刺激其性器官加速发育，造成性早熟，不利于产蛋，该阶段光照时间不宜逐步延长。产蛋期光照逐步延长可使母禽适时开产并达到高峰，充分发挥其产蛋潜力。过去许多养殖者认为在肉禽养殖上可以采用连续光照法，但研究表明，给动物提供一些黑暗时间有益处（如腿病控制），应该采用间歇式光照。适宜的光照强度能刺激动物食欲，促进生长发育；但光照过强会导致鸡只烦躁不安，甚至引发啄癖、脱肛、神经质等现象。

第三节　养禽场环境卫生与消毒

养禽场疫病防控体系的建设是一项系统工程，不仅要注重养禽场的总体合理规划，还要注意建立严格的卫生消毒管理制度。因此，加强养禽场卫生防控体系建设，采取规范的管理措施，执行严格的隔离消毒和防疫制度，落实各项防控措施，对降低禽发病率、提高养殖效益具有重要意义。

一、场址的选择和布局

养禽场应建在地势较高、气候干燥、便于排水、通风、水源充足、水质良好的地方。既要远离交通要道、居民区和其他养禽场，又要考虑交通便利。养禽场可分为生产区、生活区和隔离区，各区既要相互联系，又要严格划分。生产区应建在上风地方，病死禽剖检室、堆粪场、尸体处理等地应设在远离生产区和生活区的下风位置。

二、切断外来传染源

人员的流动是疾病传入养禽场的最主要潜在原因之一。鞋靴是最容易传播疾病的媒介物，最常见的情况是人鞋靴粘上传染原进入养禽场饲养区。在检查病死禽或排泄物时，手也会被污染，衣服及头发上也会受到灰尘、羽毛、粪便等污染。此外，研究发现新城疫病毒能在人呼吸道黏膜上存活几天，并能从痰里分离到病毒，因而携带新城疫病毒的人员可能引发鸡群新城疫的发生。为控制人员带来的病原，应要求生产人员不得随意进出养禽场，进入生产区时要在消毒室更换消毒的工作服、胶鞋，洗手后经消毒池方可进入生产区。严格控制参观人员，必须进入的人员应更换消毒的衣、帽、靴，并认真消毒后由场内人员引导。所有的生产用具和运输工具都须经过严格冲洗消毒后才能进入养禽场。

养禽场最好实行专业化生产，一个养禽场只饲养一个品种的家禽，应避免畜、禽混养或多种家禽混养。从孵化、雏禽饲养到成年禽上市，应采取全进全出制度。禽群一批出笼后，禽舍经清洗、消毒后空舍1～2周，再引进下一批，这样可大大减少疫病的发生。许多疫病常表现一定的周期性，采用全进全出式饲养方式就不会给疫病循环的机会。

许多昆虫是疾病的传播者，有些是血液和肠道寄生虫的中间宿主，还有一些昆虫具有叮咬习性而起着机械传播病毒的作用（如禽痘、坦布苏病毒病）。野鸟可携带许多病原体和寄生虫，有些病原能引起野鸟发病，而有些病原野鸟只是机械携带者。现已证明新城疫、禽流感等病毒能感染麻雀，带毒麻雀在不同禽舍间自由飞翔在病毒的散播过程中具有重要作用。因此，养禽场需要搞好环境卫生，消灭蚊蝇滋生地、杀灭体外寄生虫，经常灭鼠，禽舍安装防鸟网，消灭疫病的传播媒介。

三、禽舍的清洁

清洁禽舍是养殖过程中的重要环节，也是防止因各种因素引起疾病暴发的一个有效的保证，鸡舍整理完毕后2～3 d可对鸡舍进行清洁。

清洁工作可以按照先上后下、先里后外的原则，这样能够保证清洁的效果和效率。清洁的顺序为：顶棚、笼架、料槽、粪板、进风口、墙壁、地面、储料间、休息室、操作间、粪沟，其中，墙角和粪沟等角落是冲洗的重点，避免形成死角。冲洗的废水通过禽舍后部排出舍外并及时清理或处理，防止其对场区和禽舍环境造成污染。清洁完毕后，要对工作效果进行检查，储料间、鸡笼、粪板、粪沟、设备的控制开关、闸盒、排风口等部位均要进行检查，保证无残留饲料、鸡粪及鸡毛等污物。对于清洁不合格的，应立即重新冲洗，直到符合要求。

只要能够达到有效清洁消毒的目的，最好在不挪动设备的情况下对禽舍加以清洁。否则，应该撤离全部设备，用水浸泡，然后彻底清洗，并使其干燥。高压水龙头能够有效地将设备清洗干净。凡是不能移动的设备应就地清洗，随后把内壁全部洗净。对饮水管与笼具接触处、线槽、料槽、电机、风机等冲洗不到或不易冲洗的部位进行擦洗。进入禽舍的人员必须穿干净的工作服和工作鞋；擦洗时使用清洁水源和干净抹布；洗抹布的污水不能在禽舍内随意排放或泼洒，要集中到禽舍外排放。

在禽舍和设备清洁之后，病原体还会通过人员物品的流通、不洁净的衣物鞋子，或者清洁程序中的某环节未做到位等方式被带进禽舍。因此，单靠清洁卫生并不能取得完全有效的预防效果。

四、垫料的使用和处理

禽舍内大量堆积的粪便如果不及时处理，粪便发酵产生的大量氨气会使空气污浊，家禽易患呼吸道疾病，饲养人员的工作环境也不佳。有的养殖场采用垫料，目的是为了能够改善禽舍内环境。但是，垫料也会使禽舍内有害气体的含量升高，而且垫料过厚有利于寄生虫生存和繁殖，容易感染家禽。因此，可根据垫料的潮湿程度，及时将肮脏、潮湿的垫料清除，并更换清洁、干燥的垫料。特别是饲养的商品肉鸡出栏时，应彻底更换。在更换垫料之前，可以通过阳光照射的方法先进行消毒。这是一种最经济、最简单的方法，将垫料等放在烈日下，曝晒2～3 h，能杀灭多种病原微生物。对于少量的垫草，可以直接用紫外线等照射1～2 h，可以杀灭大部分微生物。

有些饲养肉仔鸡的养殖场，为了降低成本，往往连续几批鸡使用同一垫料，因为肉鸡饲养期短，每一鸡场饲养单一龄组的鸡，使得每批饲养结束后可以完全清群。但是必须进行禽舍清洁和消毒，否则会把疾病带给下一批家禽。饲养期超过18个月的产蛋鸡不宜进行垫料再利用，对种鸡群也不合适。在任何情况下，凡是要进行垫料再利用，就应当对可能带来的危险有充分的认识，并采取有效的防病措施，把风险减少到最低。当必须使用旧垫料时，保险的做法是清除掉有结块或大块粪污的垫料和积聚的羽毛。用同一垫料进行多批育雏的另一个缺点是会积聚大量灰尘，家禽吸入灰尘的同时细菌和真菌孢子也可以随之进入呼吸道，这也是疾病产生的一个隐患。

随着大型专业化养禽场的发展，合理、经济地处理垫料和家禽粪便是一个重要课题。一般的方法是先将这些污物运到远离禽舍的地方，并使其干燥，然后进行堆肥。在处理这些污物的时候最好有专门的运输人员，对于外来的工作人员，应清楚这些卡车和设备是否曾在另一个有疾病暴发的养禽场工作过或用过。某些疾病的性质可能决定了要对垫料采取某些额外的预防措施，如完全浸湿或用消毒剂浸泡、延期清理、掩埋、焚烧等。通常垫料或粪便经过堆肥后大多数致病因子都会被杀死。不论对垫料采取何种措施，必须意识到垫料散落或堆放的地方总会成为窝藏病原的地方，其持续期可能较长。

五、室外放牧场

在饲养陆禽、水禽及特种禽类等时，对于长期生产基地、刚使用过的牧场必须采取有效的措施杀灭病原，清除残余有机物。半天然或天然牧场最好进行轮牧，这样至少可以空置一个完整的生产周期，从而利用日光和土壤的联合作用来杀灭大多数病原。饲养水禽时，不仅要保证地面的清洁消毒工作，也要注意水塘定期换水和定期消毒，以防止有害微生物滞留或滋生。

六、禽舍周围的场地

禽舍周围环境每2～3周可用火碱或生石灰消毒1次，养殖场周围及场内污水池、排粪坑、下水道出口等地，每月消毒1次。在养殖场门口、禽舍入口均须设消毒池，注意定期更换消毒液。路面每隔1～2周也需要进行消毒。被病禽的排泄物和污染物污染的地面土壤，停放过病禽尸体的场所，应对地面加以严格消毒。

昆虫是养禽场最常见的生物。许多寄生虫和致病因子可在禽舍中的昆虫体内持续隐匿存在，有的则需要某种昆虫完成中间的发育阶段（如绦虫），有的可以通过叮咬等方式在禽间传播（如禽痘病毒），因此防虫也是养禽环境卫生的一个重要部分。进行清洁卫生时，在鸡群转出后立即向地面、垫料和禽舍喷洒杀虫剂，作用几天后再进行清洁消毒，以便有效地杀灭昆虫。这对于前一批育雏中曾发生过虫媒疾病的禽舍尤为重要。禽舍在清洗以后，应该采用具有持续效果的杀虫剂再次喷洒，以防重新滋生。

堆积废料和废弃设备的地方是大鼠、小鼠、黄鼠等啮齿动物藏身和繁殖的良好场所，它们很可能成为疾病的储存宿主并通过接触或排泄物污染禽舍。这类动物体型较小，有利于它们穿梭于设备之间的孔隙来摄取饲料，这样就有机会与家禽发生密切接触。一旦禽舍中有大批的啮齿动物出没，要想清除它们就会比开始设法避免时困难得多。因此，有必要采用相应的措施来控制这些啮齿动物。

七、禽舍的消毒

消毒前，首先应将禽舍中的垫料、粪便、灰尘、污物等清理干净，特别是存在于运输工具、饲料槽、饮水器、蛋托、墙壁、地面、栖息处或笼具、室外地面及进入禽舍的通道的污染物，否则病毒、细菌及球虫卵混在这些残留有机物中，消毒的效果会受到影响。彻底清洗后即可按程序进行消毒。

目前有许多效果好的消毒剂可供选择。消毒剂要按照制造商的说明进行选择，重要的是，在用消毒剂之前一定要将表面清理干净。在有积垢的表面使用清洁剂均无效，因为消毒剂很快会被赃物里的有机物灭活。在使用消毒药物时应根据不同环境特点，选择与其相适应的消毒药物。如饮水消毒常可选用漂白粉、百毒杀等；烧碱和生石灰常用于地面和环境的消毒；高锰酸钾与福尔马林溶液配合使用可用于清洁空舍的熏蒸消毒等。在引进家禽前应空舍2～4周，这样可以防止病原存留，但空舍只能作为一个辅助手段，不能代替彻底清洁、洗涤和消毒措施。

为了达到良好的效果，一定要正确使用消毒药物。消毒药物的用量要按规定执行，不减少用量，但如用量过高也会对畜禽机体产生毒害作用。消毒过程中要尽可能使药物长时间与病原微生物接触，一般消毒的时间不能少于30 min，消毒药物应现用现配，防止久置氧化或日照分解而失效，在露天场所需长期使用的消毒药物应定期更换，以保证有足够的活性成分。消毒过程中还要注意交替或配合使用消毒药物。对各种病毒、细菌、真菌、原虫等只用一种消毒药物是无法将所有病原体消灭干净的，而且长期使用一种消毒药物会使病原微生物产生抗药性。根据不同消毒药物的消毒特性和原理，可选用多种消毒药物交替使用或配合使用，以提高消毒效果，但应注意药物间的配伍禁忌，防止配合后反而引起减效或失效。

八、消毒与杀虫

消毒就是清除致病性物质或微生物，或使微生物失去活性。消毒剂主要是指能消灭感染性因子（致病微生物），或者能够使其失去活性的药剂或物质。在养殖过程中，清洁卫生的作用是减少微生物的数量和防止微生物增殖，而消毒是消灭致病微生物的过程。

1. 消毒剂的选择　一种理想的消毒剂应该具备以下几种特征。①广谱：能够抑制和杀灭多种病毒、细菌、真菌、芽胞等；②高效：可快速杀灭病原体，且效力强大，不易产生抗药性；③安全：对人、禽无毒、无害、无刺激性、无残留，对容器和纤维织物没有破坏性；④稳定：易于溶解，不易受有机物、温湿度、酸碱度和水的硬度影响，且不易氧化分解，能长期储存。可根据消毒需要采用喷雾、饮水、浸泡等方法消毒。

2. 消毒剂的种类和使用

（1）含氯消毒剂　含氯消毒剂主要是次氯酸盐和氯化石灰（漂白粉），而氯是次氯酸盐消毒剂的基础，约含70%的有效氯。次氯酸盐有粉末和液体两种形式，粉末有次氯酸钙和次氯酸钠，它们同水化磷酸钠结合在一起；液体形式主要含次氯酸钠。氯化石灰是由熟石灰饱和氯气构成的，是最早公认的消毒剂之一。

含次氯酸钠的产品基本上都是液体，浓度从1%～15%不等。可将成品溶液用水稀释后作为漂白剂和消毒剂使用。次氯酸盐的杀菌能力取决于溶液里的有效氯和pH（酸碱度），或者所形成次氯酸的量。pH的影响甚至比有效氯浓度的影响还大，尤其是在溶液里。pH升高会降低氯杀灭微生物的活性，pH降低反而会增加其活性。升高温度也会提高杀菌活性。

含氯消毒剂的主要优点是广谱、高效、价格便宜，适用于场舍、设备、粪便、水体和种蛋的消毒；缺点是性状不稳定，遇光和空气易分解，浓度过高对纤维、皮革和金属有腐蚀性，使用时必须谨慎。漂白粉的常用浓度为5%～20%，5%的溶液可在短时间内杀死大多数细菌，20%的溶液可在短时间内杀死细菌的芽胞。储备的次氯酸钠溶液应放于阴暗处，不用时必须盖紧容器，使用时现用现配既可用于鸡舍的喷雾消毒也可用于带鸡消毒。

（2）含碘消毒剂　碘作为一种有效的消毒剂由来已久。早期的产品有许多缺点，现在通过将碘与有机物结合解决了这些问题，有时称为“驯化碘”（Tamed iodine）。“碘附”（Iodophor）就是碘和一种增溶剂的结合，用水稀释时，能慢慢释放出游离碘来。这类复合物通常是碘和某些具有去污作用的表面活性剂结合所形成的复合物。这些复合物能够增强碘的杀菌效果，并使碘变得无毒、无刺激和无染色性。去污剂还能使产物溶于水，在常规贮藏条件下稳定，去污剂还有清洁作用。

商品碘附种类繁多，用途广泛，能快速杀灭各种细菌繁殖体（包括结核杆菌），以及多数病毒、真菌，但不能杀灭细菌芽胞。目前常用的碘制剂有碘酊、碘伏、威力碘及速效碘等。其中有的产品本身还带有杀菌活性指示剂，随着溶液的消耗，正常的琥珀色会随之减弱，一旦成为无色，也就不再有效。这些产品可以用冷水和硬水混合。有机碘产品在养禽业的用途很广，可以用在所有的禽舍及养殖和孵化设备表面消毒。

（3）碱类消毒剂　生产上常用的碱类消毒剂有氢氧化钠和生石灰。氢氧化钠又名火碱，具有极强的杀菌作用，1%～2%的溶液可用于墙壁、地面、用具和车辆的消毒，加热后消毒力和去污力都增强。生石灰消毒效果也很好，可加水配制成10%～20%的石灰乳涂刷畜舍墙壁、畜栏、地面等进行消毒。生石灰（氧化钙）本身没有消毒作用，只有加入水后生成疏松的熟石灰，即氢氧化钙，其中解离出的氢氧根离子才具有杀菌作用。如果熟石灰放置时间过久，会与空气中的二氧化碳起化学反应生成碳酸钙，则丧失了消毒杀菌的作用。所以养殖场在入场或畜禽入口池中，堆满厚厚的干石灰，并不能起到消毒作用，即使使用熟石灰也需经常更换。还有的将石灰粉直接洒在舍内地面上，易将畜禽的肢蹄及皮肤灼伤，或因家畜舔食而灼伤口腔及消化道，并且致使石灰粉尘大量飞扬，引起动物咳嗽、打喷嚏等一系列呼吸道炎症，这些做法都不科学。

（4）甲醛　甲醛（CH_2O）是一种气体。市场上都是以40%的水溶液出售的（以重量计为37%），称之为福尔马林。也可以买到粉剂，称为三聚甲醛。粉末在加热后释放甲醛气体，可以利用陶瓷（不宜用玻璃容器），将福尔马林与高锰酸钾混合后释放出甲醛。由于在反应时会出现大量的气泡和溢出现象，因此应当使用较深的容器。福尔马林液体大约是高锰酸钾的两倍（2 mL福尔马林加1 g高锰酸钾），否则反应不完全，会造成浪费。甲醛和高锰酸钾有毒，需要将这两种物质存放在安全的容器里，置于安全处。

虽然甲醛是一种强有力的消毒剂，但它仍有许多缺点，尤其是挥发性和刺激性气味、腐蚀作用及使皮肤变硬等。甲醛对结膜和黏膜的刺激性尤强，有些人对它十分敏感。但是用其熏蒸最大的优点是不损坏设备并能够渗透到每个角落。用30%的氢氧化氨溶液可以中和甲醛，其用量不要超过福尔马林用量的一半，当表面完全干燥后，在撤出熏蒸箱时，可在室内喷洒氨水，释放的氨气将中和甲醛。

养禽生产中广泛用甲醛熏蒸种蛋，以消灭蛋壳上潜在的致病病原。孵化结束并经彻底清洁后可用于孵化器和出雏器内部熏蒸。熏蒸孵化器和种蛋已经成为养禽业中的常规程序。对于种蛋蛋壳消毒的用量、湿度、温度和时间，可参考如下程序：每立方米空间使用21.4 g高锰酸钾和42.8 mL福尔马林，在21.1℃、相对湿度为70%条件下熏蒸20 min。温度越高、湿度越大，熏蒸效果就越好。熏蒸结束后要打开排气管，把气体彻底排净后再打开房舍的门。

在现代养禽企业中，种蛋通常只处理一次，即直接将其放在平底塑料盘中，摆放在蛋架上，通过熏蒸、运输和贮藏等过程，最后放入孵化器中。整个蛋架、小推车或密集堆积的蛋盘都需要放在大型熏蒸箱里熏蒸。为了产生适当浓度的甲醛，并使其渗透到蛋架叠层内部，应增加化学药品的用量（每立方米空间用高锰酸钾26.8 g，福尔马林53.6 mL）、增加湿度（高达90%）、提高温度（高达32.2℃），并延长时间（可达30 min）。纸质蛋盘会吸附甲醛，并在以后储存和操作期间还会继续发出气味，因此甲醛熏蒸应使用塑料蛋盘装蛋。

有时也用甲醛熏蒸消毒孵化器的内部及内容物（包括孵化18 d的种蛋）。由于这些机器在室内，因此必须要有一定的措施保证熏蒸之后的气体排出。排出甲醛时要保证进入的空气是干净的，否则种蛋表面潮湿会被再次污染。虽然甲醛的消毒作用需要一定的湿度，但是在熏蒸种蛋时表面不能湿润到可以看出来的程度，在熏蒸完后必须使其干燥。

（5）季铵盐表面活性剂　季铵盐产品的优点是无腐蚀性、无色透明、无味、含阳离子，对皮肤无刺激性，不产生耐药性，受外界环境和有机物影响较小，并有明显的去污作用；缺点是对杀灭囊膜病毒、芽胞效果较差。它们不含酚类、卤素或重金属，稳定性高，相对无毒性。大部分季铵盐化合物不能在肥皂溶液里使用。还要注意，待消毒的表面需要彻底清洗，清除所有参与的肥皂和阴离子去污剂，然后再用季铵盐消毒。季铵盐化合物也可用于种蛋和孵化室的表面、孵化器和出雏器、场地、料槽、饮水器和鞋等的消毒。常用的有百毒杀、1210、易克林、新洁尔灭等。

除这些消毒剂和消毒技术之外，还有许多可替代的商品化消毒剂，其中许多都是几种有互补特性的消毒剂的混合物，有的还有较长久的后效活性。需要注意的是，用于饮水器的消毒剂，如有残留会灭活疫苗病毒。因此，进行疫苗饮水免疫前，必须用新鲜的水冲洗饮水器。

3．杀虫剂（杀寄生虫剂、杀昆虫剂、杀害虫剂）

（1）杀虫剂的特性及使用　禽类易携带寄生虫，可影响禽类生产性能，并可能引起许多疾病问题。杀虫剂可杀灭动物寄生虫，如虱、螨、蜱和蚤等，也能杀灭其他昆虫，如苍蝇、甲虫、蚂蚁和臭虫。某些杀虫剂对人和家畜有很强的毒性，仅可作为卫生控制措施的一种辅助手段。合适的杀虫剂是指可以用于禽类或其周围环境，并且在接触和摄入时对人和禽类没有毒性，也不会因为吞食或吸收而在可食用的组织或蛋里积聚达到有害程度的药物。

控制这些体外寄生虫或有害昆虫最好的办法是其与杀虫剂直接接触。目前使用的圈舍类型和生产系统很多，没有适用于各种系统的统一方法，应先确定最适用于特定的圈舍类型和管理系统的杀虫药，然后按照说明使用。喷雾剂只有在禽舍内部应用才能杀灭缝隙中及羽毛上的寄生虫。能控制光照和温度的禽舍可使用含有增效剂的除虫菊，但在作业时必须停止自动通风系统，改为手控。寄生虫虫卵很难被杀灭，它们可以发育产生下一代寄生虫，因此应在第一次用药后2～3周内再用1次。通常需交替使用不同的方法或杀虫剂来确保杀虫效果。

许多杀虫剂对人类和动物可能带来伤害，施药时最好戴上防毒面具、橡皮手套，并穿上防护服。最重要的是在使用化学杀虫剂前阅读容器标签上的使用说明，以及可能带来的危害和解毒剂等资料。

（2）杀虫剂类型　一般有如下几种类型：①扩散性杀虫剂：除虫菊类产品以烟雾或湿雾的形式释放，这种药物可以采用喷雾、药浴或直接涂擦法用药。除虫菊对高等动物的毒性小，但对害虫的杀灭效果良好。②内吸性抑制剂：磺胺喹噁啉是一种广泛用于饲料和饮水，以控制球虫病和多种细菌感染的内吸性驱虫药物，也可控制禽螨。这种产品或其代谢产物能在宿主体内形成一种不利于寄生虫的条件，从而将寄生虫驱离家禽。此药已禁止添加到用于产蛋鸡的饲料中。这类防螨作用的药物在感染寄生虫前掺入饲料的效果最好，但如在感染后用作治疗，效果则不大。③粉剂和喷雾剂：几乎所有适用于防治家禽寄生虫的杀虫剂都有粉剂或呈可湿粉末、乳剂或液体混悬剂，都能喷雾使用。不同杀虫剂各有其优点和用途。地面铺垫料的禽舍可根据厂商的说明把杀虫药粉剂加到垫料里控制螨虫。大的笼具和铁丝网或条板地面的禽舍里也可设专一的散粉箱，可达到同样的目的。笼养禽也可用撒粉器撒粉。粉剂必须吹进羽毛里接触寄生虫。

各种杀虫剂都有其优缺点，寄生虫也可对药剂产生抗药性，因而，需要不断有新的药物开发出来。养殖场家应关注那些更适合自己生产管理系统的产品、制剂。但无论如何，最好的办法是通过良好的管理达到预防寄生虫侵袭的目的。

第四节　疫苗免疫接种

养禽生产中使用疫苗是为了预防或减少野毒感染。疫苗和疫苗免疫程序是影响免疫效果的关键因素。家禽的免疫接种就是用人工的方法给家禽接种疫苗，从而激发家禽产生特异性抵抗力，使对某一病原微生物易感的家禽转化为对该病原微生物具有抵抗力的非易感状态，避免疫病的发生及流行。简单地说，家禽免疫接种的目的，就是提高家禽对传染性疾病的抵抗力，预防疾病的发生，保证家禽的健康。对于种禽来说，免疫接种除了可以预防种禽本身发病外，还能将母源抗体经卵传给刚孵化的雏鸡，以提高后代雏禽的免疫力。母源抗体对雏禽的保护作用一般可持续2～3周。

一、疫苗的类型

用于预防家禽传染病的疫苗可分为两大类：一类是灭活苗，是把病毒或细菌灭活后制成的；一类是活毒疫苗或弱毒疫苗，是用毒力较弱、一般不会引起发病的活的病毒或细菌制成的。禽类活苗和灭活苗的一般特点见表1-4-1。

表 1-4-1　禽类活苗和灭活苗的一般特点

活苗	灭活苗
抗原量小，免疫反应依赖于疫苗毒在机体内的繁殖	抗原量大，免疫后不能繁殖
可进行大群免疫——饮水、喷雾	几乎全是注射免疫
一般无佐剂	需要佐剂
对体内存在的抗体敏感	在体内存在抗体时，免疫诱导作用更强
疫苗污染的危险性（污染白血病病毒、网状内皮组织增殖症病毒）	无疫苗污染危险
组织反应——通常在各种组织可发生疫苗反应	无微生物繁殖，因此不出现反应，体表的反应是佐剂造成的结果
由于多种微生物同时使用可能出现相互干扰（如传染性支气管炎病毒、新城疫病毒和传染性喉气管炎病毒），联合使用相对受限制	联合使用干扰性小
产生免疫力快速	产生免疫力较慢

活疫苗广泛应用，常用于群体免疫，并且比较经济。活苗产生的免疫一般持续时间较短，尤其是初次免疫，但有些疫苗，如传染性喉气管炎、禽痘、马立克病疫苗，一次免疫即可形成长期保护力。

活疫苗一般避光冷藏贮存于冰箱。对于细胞结合性疫苗，如马立克病疫苗，液氮冻存可保持细胞培养物的活力。稀释活苗使用的稀释剂要符合要求，如细胞结合性马立克病疫苗一般有专用的稀释剂，目的是为了保持在稀释和接种疫苗期间疫苗培养物的活性。一般用于滴眼、滴鼻及注射的疫苗稀释剂是灭菌蒸馏水。用于饮水的稀释剂，用蒸馏水或去离子水，也可用洁净的深井水。最好使用水溶液稳定剂，如脱脂奶粉，水溶液稳定剂可降低氯、金属残余物及高温对疫苗毒的一些不良影响。注意稀释疫苗不能用含消毒剂的自来水，因为自来水中消毒剂会把疫苗病毒杀死。

随着遗传工程的发展，出现了活病毒和细菌载体疫苗及基因缺失苗等基因工程活疫苗。这类重组疫苗利用活病毒或细菌作为载体重组编码其他病原的保护性抗原基因，接种后可产生对这种病原的免疫力，如表达H5亚型禽流感病毒血凝素基因的重组新城疫病毒疫苗、表达传染性囊病毒VP2抗原的火鸡疱疹病毒载体疫苗等。疱疹病毒载体疫苗为细胞结合性疫苗，受抗体干扰较小，是比较有应用前景的基因载体疫苗。

禽类所用的灭活苗一般是全细菌或全病毒加佐剂制成，经皮下或肌内注射接种，可刺激产生较长时间的免疫力，或维持长时间的针对特定抗原的抗体水平。为增强灭活苗的免疫效果，常在疫苗中加入佐剂。佐剂能吸附抗原并在动物体内形成免疫贮存，从而提高疫苗免疫效果，如氢氧化铝、蜂胶、油乳剂等。佐剂吸附抗原缓慢而长时间地向机体细胞内释放，呈现对动物机体的持续刺激，进而诱发坚强而持久的免疫力。某些佐剂本身还能刺激免疫活性细胞促使抗体产生细胞的分化和增殖。

二、疫苗的免疫途径

家禽免疫接种常用的方法有：滴眼、滴鼻、皮下或肌内注射、饮水、气雾、刺种、擦肛及拌料等，在生产中采用哪一种方法，应根据疫苗的种类、性质及养殖场的具体情况决定，既要考虑工作方便，又要考虑免疫效果。

1. 胚内免疫　胚胎免疫可在种蛋从孵化器转到出雏器的过程中进行。在蛋壳上打孔，在气室底部的尿囊膜下注射疫苗。对于鸡的马立克病预防，欧美国家普遍采用胚胎免疫法，即对孵化过程中的胚蛋（约18日龄）实施疫苗接种，这种方法有着速度快、接种量准确、不会漏免、没有应激、最早产生抵抗力、节省人力、节省疫苗等优点。但胚内免疫方法会在出雏最后几天的鸡胚上留下一孔，如果孵化场卫生条件差，出雏器被细菌或真菌感染，会导致幼雏早期存活率低。孵化厂应注意控制曲霉菌污染，这样才会保证蛋内注射的成功。

2. 滴鼻、点眼　滴鼻、点眼是使疫苗通过上呼吸道或眼结膜进入体内的一种接种方法，一般用于呼吸道疾病疫苗的免疫，如新城疫疫苗、传染性支气管炎疫苗的接种。这种接种方法尤其适合于幼雏，它可以避免疫苗病毒被母源抗体中和，应激小，从而有比较良好的免疫效果。点眼、滴鼻法是逐只进行，能保证每只家禽都能得到剂量一致的免疫，免疫效果确实，抗体水平整齐。操作时免疫人员应在疫苗滴入鼻或眼后有短暂停顿，以保证疫苗完全吸收。也可以在稀释液中加入染料，通过观察鼻或眼周围的颜色检查免疫的质量。

3. 饮水免疫　饮水免疫是养禽厂普遍使用的一种免疫技术。该方法操作方便，对禽群影响较小，能在短时间内达到整群免疫。但由于种种原因会造成家禽饮入疫苗的量不均一，造成抗体效价参差不齐。许多研究表明，饮水免疫引起的免疫反应最小，往往不能产生足够的免疫力，不能抵御强毒株的感染。

为使饮水免疫达到预期效果，免疫前两天饮水系统应做好适当的准备，去除所有消毒剂（如氯）。最好使用较稀的脱脂奶粉水溶液冲洗饮水系统来缓冲残余的消毒剂，可在水中加入脱脂奶粉，这种缓冲作用对于疫苗具有一定的保护效果。免疫前停水约2 h，使禽群达到轻度口渴的程度，这样才会取得最好的效果。

4. 气雾免疫　气雾免疫是通过喷雾器或空压机，将疫苗液喷成气雾状被鸡群吸入呼吸道，以达到免疫的目的。气雾免疫不但省时省力，而且对于某些呼吸道有亲嗜性的疫苗特别有效，如新城疫弱毒疫苗、传染性支气管炎弱毒疫苗等。但是气雾免疫对家禽的应激作用较大，尤其会加重慢性呼吸道病及大肠杆菌引起的气囊炎的发生。所以，必要时可在气雾免疫前后在饲料中加入抗菌药物。

喷雾免疫时雾滴的大小非常重要，在喷雾前可以用定量的水试喷，掌握好最佳的喷雾速度、喷雾流量和雾化粒子大小。一般对6周龄以内的雏鸡气雾免疫，气雾粒子为50 μm；而对12周龄雏鸡气雾免疫时，气雾粒子取10 ~ 30 μm为宜。相对湿度低时，雾滴到达鸡体时的颗粒大小就会降低，可能导致雾滴太小。直径小于20 μm的小雾滴可直接进入到呼吸道的深部，如果是呼吸道病疫苗可能会引起较强的免疫反应。

5. 皮下或肌内注射免疫　皮下注射是将疫苗注射入家禽的皮下组织，如马立克病疫苗，多采用颈背部皮下注射。皮下注射时疫苗通过毛细血管和淋巴系统吸收，疫苗吸收缓慢而均匀，维持时间长。

肌内注射接种的疫苗吸收快、免疫效果较好，操作简便、应用广泛、副作用较小。灭活疫苗必须采用肌内注射法，不能口服，也不能用于滴鼻、滴眼。肌内注射可在胸肌和腿肌部位，但进针时要注意，不要垂直刺入，以免伤及肝脏、心脏而造成死亡。肌内注射时灭活疫苗的乳化剂在免疫部位会存留较长时间，临近上市的肉用禽应避免肌内注射油乳剂灭活苗，以免造成胴体质量下降。

6. 翅下刺种免疫　翅下刺种免疫主要适用于禽痘疫苗（如鸡痘、鸽痘疫苗）及新城疫Ⅰ系疫苗的接种。常用专用的刺种针，形状为约3 cm长的塑料把，顶端有两根坚硬的不锈钢尖头叉，约2 cm长，针尖端均有一个斜面。将接种针在疫苗溶液中蘸一下，就会沾上一头份疫苗。刺种于鸡翅膀内侧无血管处，

7 ~ 10 d后可触摸疫苗接种部位是否有结节状疤块来检查免疫的质量。

7. 擦肛　此法仅用于传染性喉气管炎强毒性疫苗的接种，将鸡倒提，肛门向上，用手握腹，使肛门黏膜翻出，用接种刷蘸取疫苗涂擦肛门黏膜。

三、影响免疫效果的因素

免疫是控制禽病的重要手段，几乎所有品种鸡群都需采取免疫接种，然而实际生产表明，免疫接种后仍然会有疫病的发生，这种在接种疫苗后仍然发生同一种疾病的现象常称为免疫失败。影响免疫效果的因素是多方面的，但主要为疫苗因素、动物因素及人为因素。

1. 母源抗体的影响　由于种禽各种疫苗的广泛应用，使雏禽母源抗体水平可能很高，母源抗体具有双重性，既有保护作用，也影响免疫效果。母源抗体滴度高时，进行免疫接种，疫苗病毒会被母源抗体中和而不起保护作用。因此在进行免疫接种时要考虑母源抗体的滴度，最好在免疫接种前测定母源抗体滴度，根据母源抗体消退的时间制定合理的免疫程序。

2. 应激及免疫抑制因素的影响　饥渴、寒冷、过热、拥挤等不良因素的刺激，能抑制机体的体液免疫和细胞免疫，从而导致疫苗免疫保护力的下降。家禽感染传染性囊病病毒、白血病病毒、马立克病病毒、网状内皮组织增生病病毒、传染性贫血病病毒、病毒性关节炎病毒等免疫抑制性疾病后，家禽的免疫功能显著下降，降低了对疫苗的免疫应答，而导致免疫失败。一些疫苗（如中等毒力的传染性囊病病毒疫苗）本身具有免疫抑制作用，若使用剂量过大，则会造成家禽免疫抑制，降低对其他疫苗的免疫效果。此外，饲料中的霉菌毒素对免疫系统的破坏造成的免疫抑制也是疫苗免疫失败的主要原因。

3. 疫苗相关问题　疫苗作为一种特殊的商品，在运输过程中必须严格按特定温度保存，否则就会降低其效价甚至失效。温度要求：细胞结合性疫苗必须在液氮保存、冻干苗-15℃保存、灭活苗2 ~ 8℃保存。疫苗在运输过程中如果不能达到低温要求，运输时间过长，中途周转次数过多，使活毒疫苗抗原失活，使疫苗的效价下降，影响疫苗的免疫效果。

有的养禽场在饮水免疫时直接用井水稀释疫苗，由于工业污水、农药、畜禽粪水、生活污水等渗入井水中，使井水中的重金属离子、农药、含菌量严重超标，用这种井水稀释疫苗，疫苗就会被干扰、破坏，使疫苗失活。所以采用合格的稀释液（厂家提供专用稀释液、灭菌生理盐水等）是免疫成功的关键。

用疫苗的同时饮服消毒水；饲料中添加抗菌药物；舍内喷洒消毒剂；紧急免疫时同时用抗菌药物进行防治。上述现象的结果是鸡体内同时存在疫苗成分及抗菌药物，造成活菌苗被抑杀、活毒苗被直接或间接干扰，灭活苗也会因药物的存在不能充分发挥其免疫潜能，最终疫苗的免疫力和药物的防治效果都受到影响。

盲目联合应用疫苗主要表现在同一时间内以不同的途径接种几种不同的疫苗。如同时用新城疫疫苗滴眼、传染性支气管炎疫苗滴鼻、传染性囊病疫苗滴口、鸡痘疫苗刺种，多种疫苗进入体内后，其中的一种或几种抗原成分产生的免疫成分，可能被另一种抗原性最强的成分产生的免疫反应所遮盖，另外的疫苗病毒进入体内后，在复制过程中会产生相互干扰作用，而导致免疫失败。

免疫接种的途径取决于相应疾病病原体的性质及入侵途径。全嗜性的可用多渠道接种，嗜消化道的多用滴口或饮水，嗜呼吸道的用滴鼻或点眼等。若免疫途径错误也会影响免疫效果，如传染性囊病病毒的入侵途径是消化道，该病毒是嗜消化道的，所以传染性囊病疫苗的免疫应采用饮水，滴鼻效果就比较差。

有些养殖场在免疫接种时常因经济原因而随意缩小疫苗剂量，或过于追求效果而加大剂量。这都不符合免疫要求，因为剂量过小就会造成免疫水平低，过大就会造成免疫耐受或免疫麻痹。

4．血清型不同　有的病原微生物有多种血清型，由于各种因素的作用，病原微生物在增殖过程中会发生变异，形成多种血清型和亚型。因此，若疫苗所含毒株与本地区流行毒株的血清型不一致，免疫接种后就不可能达到预期的免疫效果，导致免疫失败。如现阶段我国用于防控H5N1亚型高致病性禽流感病毒的Re-4株疫苗虽然疫苗毒（A/chicken/Shanxi/2/2006）的基因型属于Clade7分支，但与我国家禽中流行的Clade7.2分支的野毒抗原性差异很大，免疫后虽然能够产生高水平抗体，但仍不能很好地抵抗Clade7.2分支H5亚型禽流感病毒的感染。

第五节　禽病诊断

养殖场家禽疫病多呈群发性，要想达到预防、控制、治疗疾病的目的，首要前提是对禽病作出迅速、及时、正确的诊断，没有正确的诊断作依据，就不可能有效地组织和实施对禽病的防治工作。盲目治疗、随意投药，可导致疫情扩大，造成重大损失。因此，禽病诊断在禽病的防治过程中占有重要地位。禽病的发生和发展受多种因素的影响和制约，要达到正确的诊断，需具备全面而丰富的疾病防治和饲养管理知识，全面考虑各种因素，运用各种诊断方法，进行综合分析。 禽病诊断过程中，要正确处理个体与群体、部分与整体的关系，尽力找出鸡群中最为重要的问题，不能只关注个别禽的没有代表性的症候，诊断过程应注意那些能说明问题的病理特征。禽病的诊断一般方法包括：现场诊断、病理学诊断和实验室诊断，实验室诊断又包括微生物学诊断和免疫学诊断。

一、现场诊断

到发病禽场进行实地检查是诊断家禽疾病最基本的方法之一。这种诊断方法是通过对发病禽群病史、环境的调查，对发病家禽的精神状态、饮食情况、粪便、运动状况、呼吸情况等观察，对某些疾病作出初步诊断。

1．病情调查　对病史和环境情况了解越多，就越容易找出造成发病的原因。同熟悉情况的饲养员详细了解通风、喂料和给水系统、产蛋的详细记录、饲料消耗、饲料配方、体重、照明方案、断喙工作、育雏和饲养程序、日常用药和免疫接种、年龄、病前的历史、异常天气或养禽厂的异常事态及养禽场的位置状况等，各种管理情况都是很重要的线索。如果禽群发病突然，病程短，病禽数量多或同时发病，可能是急性传染病或中毒病；如果发病时间较长，病禽数量少或零星发病，则可能是慢性病或普通病。如果一个禽舍内的少数家禽发病后 在短时间内传遍整个禽舍或相邻禽舍，应考虑其传播方式是经空气传播，在处理这类疾病时应注重切断传播途径。有些疾病具有明显的季节性，若在非发病季节出现症状相似的疾病，可不考虑该病。如住白细胞原虫病只发生于夏季和秋初，若在冬季发生了一种症状相似的疾病，一般不应怀疑是住白细胞原虫病。应了解养禽场过去发生过什么重大疫情，有无类似疾病发生，其经过及结果如何等情况，借以分析本次发病和过去发病的关系，如过去发生禽流感疫情，而未对禽舍进行彻底的消毒，家禽也未进行疫苗防疫，可考虑是否是旧病复发。调查附近家禽养殖场的疫情是否有与本场相似的疫情，若有，可考虑空气传播性传染病，如新城疫、流感、传染性支气管炎等。若禽场及周围场饲养有两种以上禽类，单一禽种发病，则提示为该禽的特有传染病；若所有家禽都发病，则提示为家禽共患的传染病，如禽霍乱、流感等。了解禽群发病前后采用何种免疫方法、使用何种疫苗，通过询问和调查可获得许多对诊断有帮助的第一手资料。

2. 群体检查　在禽舍内一角或外侧直接观察，也可以进入禽舍对整个禽群进行检查。因为禽类胆小、敏感，因此进入禽舍应动作缓慢，以防止惊扰禽群。检查群体主要观察禽群的精神状态、活动状态、采食、饮水、粪便、呼吸及生产性能等。

正常状态下家禽对外界的刺激反应比较敏感，听觉敏锐，两眼圆睁有神，受到外界刺激时家禽头部高抬，来回观察周围动静，行动敏捷，活动自如。勤采食，粪便多表现为棕褐色，呈螺旋状，上面有一点白色的尿酸盐。

患病家禽采食、饮水减少，产蛋下降，薄壳蛋、软壳蛋、畸形蛋增多，发病禽羽毛蓬松，翅、尾下垂，闭目缩颈，精神委顿、顿头，离群独居，行动迟缓，粪便颜色形状异常，泄殖腔周围和腹下绒毛经常潮湿不洁或沾有粪便，冠苍白或发绀，肉髯肿胀，鼻腔、口腔有黏液或脓性分泌物，呼吸困难，有喘鸣音，嗉囊空虚或有气体、液体。

3. 个体检查　通过群体检查选出具有特征病变的个体进一步做个体检查。体温变化是家禽发病的重要标志之一，可通过用手触摸鸡体或用体温计检查，正常鸡体温40～42℃，鸭41～43℃，鹅40～41℃，当有热源性刺激物作用时，体温中枢神经机能发生紊乱，产热和散热的平衡受到破坏，产热增多，散热减少而使体温升高，出现发热。正常状态下冠和肉垂呈鲜红色，湿润有光泽，用手触诊有温热感觉，检查冠、肉髯及头部无毛部分的颜色，是否苍白、发绀、发黄、出血及出现痘疹等现象，手压是否褪色；检查眼睛、口腔、鼻孔有无异常分泌物，口腔黏膜是否苍白、充血、出血，口腔与喉头部有无假膜或异物存在；听呼吸有无异常并压迫喉头和气管外侧，看能否诱发咳嗽；顺手触摸嗉囊有无积食、积气、积液；触摸胸、腿部肌肉是否丰满，并观察关节、骨骼有无肿胀等。最后检查被毛是否清洁、紧密、有光泽，并视检泄殖腔周围及腹下绒毛是否有粪污，检查皮肤的色泽、外伤、肿块及寄生虫等。

现场诊断时，需将发病史、群体检查和个体检查的结果综合分析，不要单凭个别或少数病例的症状就轻易下结论，以免误诊。在许多情况下，即使有丰富经验的禽病工作者也很难根据现场观察和检查就可以作出诊断，而必须与其他诊断方法相配合。

二、病理学诊断

发病家禽一般都有一定的病理变化，而且有的疾病具有特征性病变，依据这些病变即可作出初步诊断。但对缺乏特征性病变或急性死亡的病例，需配合其他诊断方法，进行综合分析。

1. 血液采集　在病理学诊断的同时，采集血液样品用于实验室检查。对于大多数的家禽来说，采集血样的最简单的方法是翅静脉穿刺，鸭可从跗关节附近的隐静脉采血。可从翅膀肱骨区的腹面拔取少许羽毛，暴露静脉，这样即在肱二头肌和肱三头肌间的深窝里见到翅静脉。若在局部先用70%酒精或其他无色消毒液涂湿则更明显。心脏采血是在胸骨和剑突之间的前方正中，或从两侧经过肋间，或者顺前后方向经胸腔入口刺入。

对于绝大多数血清学研究来说，2 mL血液所析出的血清足够。血液应无菌采取并置于洁净的容器中，容器要水平放置（或基本平放），直至血液凝固为止。将小瓶置于温箱中可促进血凝。新鲜血样在刚采出后不能立即放入冰箱，因为这样会阻止血凝过程。如欲进行凝集试验，血清不可冷冻，因为这样常引起假阳性反应。

如需要抗凝血样，应将血液注入装有枸橼酸钠、肝素或EDTA抗凝剂溶液的瓶中，并将混合物快速混匀。

如疑有血液寄生虫或血恶病质，应当用清洁的玻片制备全血涂片。为促进快速干燥，可将玻片进行预热。幼雏可刺破腿后内侧的静脉或剪破尚未成熟的鸡冠，采集一滴血液用于制备湿封片或涂片。

2. 病理剖检　病禽可使用断颈或颈动脉放血致死。剖检前先将死禽羽毛沾湿，然后将禽尸体仰卧在解剖台上，依次将两条腿拉开，在两侧腹股沟之间切开皮肤，然后紧握大腿股骨处，向前、向下、再向外折去，直至股骨头和髋臼完全分离，两腿便可以平放在台上。在后腹中部横行切开腹壁，从腹壁两侧向前在椎肋与胸肋连接处剪开肋骨和胸肌，直至剪断乌喙骨和锁骨为止，最后将整个胸壁翻向头部，充分暴露胸腹腔器官。把肝脏与其他器官连接的韧带剪断，将脾脏、胆囊随同肝脏一起取出；再把食管与腺胃交界处剪断，将腺胃、肌胃和肠管一同取出体腔，最后剪喙角，打开口腔，把喉头与气管一同摘出，再将食管、嗉囊一同取出，然后进行详细的病理形态学观察。

应按照系统对所有的器官组织进行全面的检查：

（1）消化系统　口腔中有无黏液、泡沫，黏膜外有无外伤、溃疡，嘴角有无结痂；食管黏膜是否干燥，有无溃疡、脓疱；嗉囊有无食物、液体，黏膜上有无外伤、溃疡、渗出物；腺胃是否肿胀，乳头有无出血，腺胃和肌胃交界处、腺胃与食管移行部有无出血带；肌胃内容物的性状，是否发绿或变黑，有无杂物阻塞，角质膜是否溃烂，剥离角质膜，角质膜下有无出血；肠道是否肿胀，浆膜上有无出血点，白色结节，肿瘤，肉芽肿等。剖开肠管，注意内容物的性状，有无红色胶冻样内容物或干酪样栓子，盲肠有无出血，肠黏膜是否变薄，有无出血、肿瘤、溃疡、肉芽肿等；注意肝脏的大小、色泽、弹性有无变化，表面有无渗出物、出血点、坏死点、坏死灶，有无结节、肿瘤，有无白色的肉芽肿；胰脏有无出血、肿瘤、坏死点、肉芽肿。

（2）呼吸系统　鼻腔有无分泌物，鼻孔有无结痂，黏膜是否有出血，腭裂有无结痂；喉头是否有出血点、纤维素性渗出物；气管环有无出血、管腔内有无分泌物；气囊是否增厚、混浊、透明，囊腔中有无黄白色渗出物；肺脏有无出血、瘀血、水肿、结节、肿瘤等。

（3）泌尿系统　肾脏是否肿大，有无出血、肿瘤、坏死，是否苍白，有无尿酸盐沉积；输尿管是否扩张，有无尿酸盐沉积。

（4）免疫系统　脾脏是否肿大，有无出血、肿瘤、坏死等变化；腔上囊是否肿大，弹性、色泽如何，囊腔中有无脓性分泌物，皱褶有无出血、坏死等变化；盲肠扁桃体有无出血、溃疡。

（5）神经系统　坐骨神经、臂神经、迷走神经两侧神经是否粗细均匀，横纹是否清晰，有无水肿，小脑是否水肿，大脑脑膜有无充血、出血。

（6）生殖系统　注意卵巢、睾丸发育是否正常，有无肿瘤，卵泡有无出血、破裂、变形等，输卵管是否肿胀，有无黄白色分泌物。

（7）运动系统　触诊肋骨软骨的交界处，检查有无肿胀（“串珠状”）。纵切长骨骨骺，检查有无异常的钙化过程。弯曲和对折测定胫跗骨或趾骨的坚硬度，可以检查有无营养缺乏症。检查骨髓颜色是否变淡，关节有无渗出物。

按照上述检查内容进行综合分析，对病情进行初步判断，不能确诊的需进行进一步的实验室诊断。

3．病理组织学检查　常常需要取组织脏器制备染色的组织切片，切片质量受到所取标本的质量和保藏技术的限制。分解迅速的脑组织和肾组织，必须在死后立即采取才能保存得好。应当用锋利的解剖刀轻轻切割组织，避免破坏其结构，然后将它们保存于10倍其体积的10%的福尔马林或其他固定液里。通常情况下，肺组织因为内含空气，总是浮在固定液的表面，在组织上面覆压浸湿的棉花保持其浸没状态可使固定效果较好。骨组织在固定后应将其浸入脱钙溶液中进行脱钙，脱钙溶液为等量的8%盐酸和8%蚁酸的混合液，脱钙时间一般为1～3 d，时间的长短取决于骨块的大小和密度。若需要眼组织切片，应将整个眼球取出，去掉所有眼肌使固定液很快渗透。

三、实验室诊断

在现场诊断、流行病学诊断和病理学诊断的基础上，对某些疑难病症，特别是传染病，必须配合实验室诊断。根据检查方法不同，实验室诊断又分为微生物学诊断和免疫学诊断。

1．微生物学诊断　运用微生物学的技术进行病原检查是诊断家禽传染病的重要方法之一。微生物学诊断包括病料直接抹片镜检、病原体的分离鉴定、动物接种等步骤。

进行微生物学诊断时，病料的采集具有决定性的意义。病料采取不当，不但不能检出真正的病原体，而且可能由于病料污染其他病原体而造成误诊。为此，应根据初步诊断结果，对不同的疾病，采取不同部位的病料，而且应无菌操作。一般来说，当疾病为全身性的或处于菌血症阶段时，从心、肝、脾、脑取材较为适宜。局部发病时，则应从有肉眼可见病变的组织器官取材。无论什么疾病，作为病原分离的病料，应该在疾病流行的早期还未进行药物治疗的病禽中取材，因为在流行后期，或者经药物治疗后，虽然在一定程度上还表现出某些症状和病变，但往往很难分离出病原。也有某些疾病在流行后期，甚至在症状或病变消失后仍然可以分离出病原，但其分离的概率远不如流行初期高。

病料采取后应装于灭菌的器皿中，而且一般要求低温下运送和保存，以减少病原体的死亡，也抑制杂菌的生长。

（1）抹片镜检　通常用有明显病变的组织器官或血液涂片，待自然干燥固定后，用各种方法进行染色、镜检。

（2）病原体的分离和鉴定　根据各种病原微生物的不同特性，选择适宜的培养基进行接种培养。一般细菌可用普通琼脂培养基、肉汤培养基及血液琼脂培养基。真菌、螺旋体及某些有特殊要求的细菌则用特殊培养基。接种后，通常置37℃恒温箱内进行培养，必要时进行厌氧培养。病毒的分离可接种于健康鸡胚或鸭胚，接种途径应根据病毒的性质而定，一般呼吸道感染的病毒如新城疫病毒、传染性支气管炎病毒接种于尿囊胚或羊膜腔；禽痘病毒、传染性喉气管炎病毒接种于绒毛尿囊膜；嗜神经性病毒如禽脑脊髓炎病毒接种于卵黄囊、脑内或绒毛尿囊膜。胚龄的大小取决于接种途径，一般以9～10日龄为宜，胚龄太大如超过15日龄，由于卵黄被利用，往往在鸡胚液中出现母源抗体，抑制相应病毒的生长繁殖。为避免接种材料的细菌污染，可在病料研磨液中加入青霉素、链霉素。病毒材料接种于鸡胚、鸭胚或细胞培养后，一定时间即引起接种对象的异常或死亡。但某些野外毒株不能很好地适应鸡胚或细胞培养，第一代接种可能没有明显异常，需连续继代多次，才出现病毒。如传染性支气管炎病毒的一般野外毒株在鸡胚接种后，需3～5代才引起胚体萎缩、畸形等病变。

（3）动物接种　动物接种是病原微生物分离和鉴定的一项重要方法。当病料受到比较严重的污染，要求提纯或由于病料在运输、保存过程中病原体大量死亡，残存数较少，需要增殖，或获得的病原体纯培养后，需要最后证实是否是引起该病的病原物，均可用动物接种的方法。所接种的动物，一般选择对该病原体最敏感的动物。动物接种的途径根据病原微生物的种类而异，能引起全身性疾病或菌血症的，一般采用皮下、肌肉或静脉内接种，呼吸系统疾病进行气管内、腭裂或点眼、滴鼻接种；消化系统疾病，则逐只灌服或通过饲料、饮水口服接种。此外，还可根据具体疾病的特点，采取腹腔内注射、脑内注射、嗉囊内注射、皮内注射、皮肤刺种等接种方法。动物接种后应详细观察和记录，发病及死亡的动物应逐只剖检，必要时还应进行病原体的分离。

2. 免疫学诊断　免疫学诊断是禽病诊断中常用的方法，在免疫学诊断中最常使用的方法有凝集试验（平板或试管凝集试验、红细胞凝集试验及红细胞凝集抑制试验）、沉淀试验（琼脂扩散试验、环状沉淀试验）、中和试验（病毒血清中和试验、毒素抗毒素中和试验）、酶联免疫吸附试验、免疫荧光试验等。这些试验的基本原理都是利用抗原与抗体的特异性反应，用已知的抗原或抗体检查未知的抗体或抗原。

第六节　药物治疗

尽管养殖业是向着提高疾病预防和管理水平的方向发展，但是疾病的暴发还是不可避免的。随着我国多种疫病的出现，各种禽用药越来越多，应用也越来越普遍。防控禽类疾病用药是一项技术性很强的工作，因此必须充分了解所使用的药物和治疗程序，科学缜密地把握各个环节，才能达到快速、高效、安全的目的。

药物的治疗成功与否与许多方面有关，包括病原的鉴定、药物的选择、有效药物浓度、合适的剂量、给药途径及药物之间的相互作用等。禽类发生的许多疾病（特别是细菌病）多是其他原发感染所引起的继发感染，确定原发感染的原因对最大限度降低现代化养禽业生产中药物的滥用极为重要。需要注意的是，药物治疗只是控制疾病暴发的一种手段，不是对管理疏漏和营养缺乏的一种补救。

一、治疗给药的途径

在养禽生产中，针对禽类药物的给药方法很多，但由于一些养禽场、养禽户不了解给药途径的使用范围，常导致药物浪费或防治效果差，或药物中毒，造成不必要的经济损失。禽类给药方式主要有以下几种。

1. 混饲给药 是将药物按一定比例均匀拌入饲料，供禽自由采食。此法适用家禽保健和禽病的预防治疗，特别适用于大群饲养的家禽，以及不溶于水、适口性差的药物。混饲的药物有粉剂和液剂。拌药时先取少量的饲料，与药粉或药液充分拌匀，再将这些“预混料”拌到饲料中。对于液剂药物，应先用适量的水稀释，再参照粉剂的方法进行拌料。

2. 饮水给药 这种方法是最为方便、最为常用的给药方式，即把药物直接拌入水中，充分拌均匀后分别装到饮水器中。加入水中的药物应该是较易溶于水的粉剂或液剂。对油剂及难溶于水的药物不能用此法给药；对其水溶液稳定性较差的药物（如青霉素），要现配现用，饮用时间一般不宜超过6 h。此外，对于短期或紧急使用的药物，在配药饮用前，应先停止饮水2～3 h，饮用时摆放要均匀，尽量使每只鸡都能饮到。

3. 经口灌服 此法多用于用药量较少或用药量要求较精确的鸡群，对饲养较少的专业户或只有少量饲养的农户也可用此法。

4. 注射给药 主要是治疗疾病注射抗生素针剂时使用，优点是药液吸收快，用药量容易精确掌握，缺点是操作麻烦，工作量大。

5. 气雾法 即利用气雾发生器形成雾化粒子，均匀漂浮于空气中，通过家禽呼吸道给药的一种方法。这种方法吸收快、作用迅速，是一种既能局部作用又能经肺部吸收，并对呼吸道刺激不大的给药方式。

二、禽药使用注意事项

家禽用药除了要掌握各种药物的药理作用、合理用药外，还要注意根据家禽的特点选择和使用药物，避免套用家畜甚至人医临床用药经验。

1. 家禽用药特点 与家畜相比，家禽具有一些不同的生理特点，这些特点与选用药物有密切关系。①不同家禽的食性不同。如鸡、鸽可采食粉料和颗粒料，可混饲给药，也可采用饮水给药；鸭、鹅有在水中啄食的习惯，宜采食颗粒料，不宜采食粉料和饮水给药。禽类有挑食饲料中颗粒的习性，饲料中添加氯化钠、碳酸氢钠、乳酸钠、丙酸钠时应严格控制其比例、粒度和搅拌均匀度，否则会出现矿物质中毒。根据家禽的食性，在临床用药时应注意药物的物理特性、饲料的混合均匀度及是否采用饮水给药等。②家禽味觉不灵敏。家禽常会无鉴别地挑食饲料中的食盐颗粒而引起中毒。在饲料中添加食盐时，一定要注意其粒度大小，且要注意混合均匀并严格按标准添加。③家禽的肠道长度与体长的比值较哺乳动物小，食物从胃进入肠后，在肠内停留的时间一般不超过一昼夜，添加在饲料或饮水中的药物可能未经充分消化就随粪便排出体外，有时药物尚未被完全吸收进入血液循环就被排到体外，药效维持时间短。因此，在生产实际中，为了维持较长时间的药效，常常需要长时间或经常性添加药物才能达到治疗目的。④家禽无膀胱，尿在肾脏中生成后，经输尿管直接输送到泄殖腔，与粪便一起排出。禽尿一般呈弱酸性（如鸡尿pH为6.2～6.7）。磺胺类药物的代谢产物乙酰化磺胺在酸性尿液中会出现结晶，从而导致肾损伤。因此，在应用磺胺类药物时，要适当添加一些碳酸氢钠，以减少乙酰化磺胺结晶，减轻对肾的损伤。⑤禽类无汗腺，高温季节热应激时，应加强物理降温措施，也可在日粮或饮水中添加小苏打、氯化钾、维生素C等药物。

2. 家禽对药物的敏感性 家禽对某些药物具有较高的敏感性，应用药物时必须慎重，防止引起中毒。如家禽对有机磷酸酯类非常敏感，所以家禽一般不能用敌百虫作驱虫药内服。家禽对氯化钠较为敏感，日粮中超过0.5%，易引起不良反应，雏鸡饮用0.9%食盐水，可在5 d内致雏鸡100%死亡。

禽类对磺胺类药物的吸收率较其他动物高，当药量偏大或用药时间过长，对家禽特别是外来纯种禽或雏禽会产生较强的毒性作用。磺胺类药物还能影响肠道微生物对维生素K和维生素B的合成。故磺胺类药物一般不宜作饲料添加剂长期应用，在治疗家禽肠炎、球虫病、禽霍乱、传染性鼻炎等疾病时应选择乙酰化率低、与蛋白结合程度低、乙酰化物溶解度高而容易排泄的磺胺类药物，并同时使用小苏打以碱化尿液促进乙酰化物排出。家禽对链霉素、卡那霉素也比较敏感，应用不当时易致中毒。家禽长期大剂量使用四环素可以引起肝的损伤，甚至引起肝脏急性中毒而造成家禽死亡；四环素还可以引起肾小管的损伤、尿酸盐沉积及造成肾功能不全。长期口服四环素和金霉素可刺激胃肠道蠕动增强，影响营养物质吸收，造成呕吐、流涎、腹泻等症状。聚醚类抗生素（莫能菌素、盐霉素、马杜霉素和拉沙菌素等）对鸡的常用剂量的安全范围较窄，易产生毒性。同时，这类药物禁止与泰妙菌素（支原净）、泰乐菌素、竹桃霉素合用，因这些药物可影响聚醚类抗生素的代谢，合用时导致中毒，引起鸡生长迟缓、运动失调、麻痹瘫痪，直至死亡。家禽禁用药详见本书附录《食品动物禁用的兽药及其他化合物清单》。

3. 饲料对药物作用的影响　有些饲料能降低药效，阻碍药物被吸收，达不到治病的目的，因此，对禽使用某些药物时必须注意饲料对药效的影响，以确保治疗效果。如用四环素、铁制剂等药物时应停止喂石粉、骨粉、贝壳粉、蛋壳粉等含钙质饲料；用维生素A时停用棉籽饼，因棉籽饼可以影响维生素A的吸收利用；使用磺胺类药物时少用或停喂富含硫的饲料；因硫可加重磺胺类药物对血液的毒性，引起硫化血红蛋白血症。在应用含硫药物如硫酸链、硫酸钙、硫酸钠、人工盐时，也应停止用含磺胺类药物饲料。用硫酸亚铁治疗禽贫血时要停喂麦麸。在治疗因钙磷失调而患的软骨症或佝偻病时，应停喂麸皮。因麸皮是高磷低钙饲料，含磷量为含钙量的4倍以上。在以下情况应限制或停喂食盐：一是在用溴化物制剂时，食盐中的氯离子可促进溴离子加快排泄；二是在口服链霉素时，食盐可降低链霉素的疗效；三是治疗肾炎期间，因食盐中的钠离子可使水分在体内滞留，引起水肿，使肾炎加重。

4. 药物的配合使用　不同的药物都有其独特的物理和化学特性。药物之间不合理的配伍使用会造成药物之间发生作用，轻者影响药物的效果，重者造成家禽死亡。例如，微酸性的药物不能与微碱性的药物混合使用。微酸性药物有磺胺药和青霉素，微碱性的药物有红霉素、链霉素、庆大霉素、新霉素、四环素和林可霉素。有些药物，如磺胺药和青霉素在碱性溶液中（pH>7）效果更好，而红霉素和四环素在酸性溶液中（pH 6～7）效果更好。抗生素中添加维生素和电解质会影响抗生素贮存液的pH，青霉素与维生素混合使用会出现颉颃作用，因此不能混合使用。此外，有的药物之间作用还会产生沉淀、失效、毒性增强等负面效果。

第七节　发病和死亡禽群的处置

一、发病禽的处置

1. 隔离发病禽　如养禽场发生传染病疫情，立即将禽舍、养殖区或整个养禽场隔离起来，限制禽群移动。如果在设计和规划养禽场之初就考虑到这种情况，那么隔离则比较容易。如果在养禽场设计规划中，没有考虑到用可隔离的单元饲养，一旦暴发某种疾病则可造成巨大损失。

2. 严重疾病禽的处置 饲养管理人员仔细检查禽群，挑选典型发病禽样品送专业实验室进行确诊。工作人员进入禽舍时，必须穿防护服和防护靴。如果怀疑是严重的传染病，则需要当地动物防疫监督机构及时派专业人员到现场进行调查核实，包括流行病学调查、临床症状检查、病理解剖、采集病料、实验室诊断等。

有些疾病（如衣原体病、禽流感）除了造成家禽的严重损失外，对人也有一定的威胁性。如怀疑或已确诊有这些疾病，就必须采取特殊的预防措施，以免感染人。对于已确诊的国家法定传染病（参考《中华人民共和国动物防疫法》）应立即向当地动物防疫监督机构报告。当地动物防疫监督机构接到疫情报告后，按国家动物疫情报告管理的有关规定执行。

3. 普通疾病禽的护理 禽群发病后，护理对于疾病的预后非常重要。家禽发病期间一定要保证饮水的正常供应，饮水器内的水要洁净、充足。如果在饮水中投药，需根据鸡群的正常饮水量计算投药量，充分搅拌均匀。还要注意药物在水中的有效时间，保证药品在有效期内喂完。

家禽发病往往会使体温升高，代谢紊乱，因此饲料中的营养物质及饲喂方法的调整也有利于病情的好转。应提高能量水平，增加维生素的含量，适当降低饲料中的脂肪含量，增加饲喂设施和次数。管理人员尽量减少对发病家禽的抓捉、驱赶、转移等剧烈动作，以减少应激反应。

家禽发病期间要增加通风量，保持空气清新。但冬季要注意鸡舍的保温，尽量避免贼风和冷风对鸡的直接侵袭，对于那些因发病而开始挤成一堆的幼雏，应适当提高室温。在患呼吸道疾病时，特别是大肠杆菌和支原体等条件致病菌感染时，通风换气就显得特别重要。

二、死亡禽的处理

废弃物处理和环境污染是我国家禽业面临的重要问题，我国家禽业的饲养规模很大，由于疫病防控技术参差不齐，每年都会出现大量的死亡家禽，这就要求我们必须要从环境保护和生物安全角度来正确处理。而且，死亡家禽尸体是本场或其他鸡场的感染源，无法救治的病鸡可不断向环境排除传染性病原，必须从鸡群中清除、扑杀。不论是死于严重的临床感染还是正常死亡的尸体都要采取下列方法之一加以处理，以防疾病扩散。

1. 焚烧 从生物学角度，焚烧被认为是最安全、可靠的处理死禽的方法之一，相对简单和卫生。焚烧的残留物很容易被处理，不会吸引食腐动物或昆虫。焚烧方法降低了疾病的威胁，产生的残留物不会引起水质问题。发达的商业养禽场一般具有焚烧炉。 随着经济的发展，有些城市建立了集中处理死亡家禽的焚烧处理厂。

2. 掩埋 掩埋法被认为是处理死禽最方便的方法。用于掩埋死禽的坑需便利、卫生，并且处理死禽时易操作。对于那些死亡严重，给尸体处理带来一定困难的养禽场，如果条件允许的话，可挖一条深沟掩埋尸体。在通常情况下，当大规模疫情发生时，掩埋法是最常用的处理尸体的方法。

（刘金华　孙洪磊）

参考文献

蔡宝祥. 2001. 家畜传染病 [M]. 第4版. 北京: 中国农业出版社.

刁有祥. 2005. 禽病学 [M]. 北京: 中国农业科学技术出版社.

甘孟侯. 1999. 中国禽病学 [M]. 北京: 中国农业出版社.

甘孟侯. 2014. 养鸡500天 [M]. 第6版. 北京: 中国农业出版社.

吴清民. 2001. 兽医传染病学 [M]. 北京: 中国农业大学出版社.

Saif Y M. 2012. 禽病学 [M].苏敬良, 高福, 索勋, 主译. 第12版. 北京: 中国农业出版社.

第二章　家禽免疫抑制性疾病概论

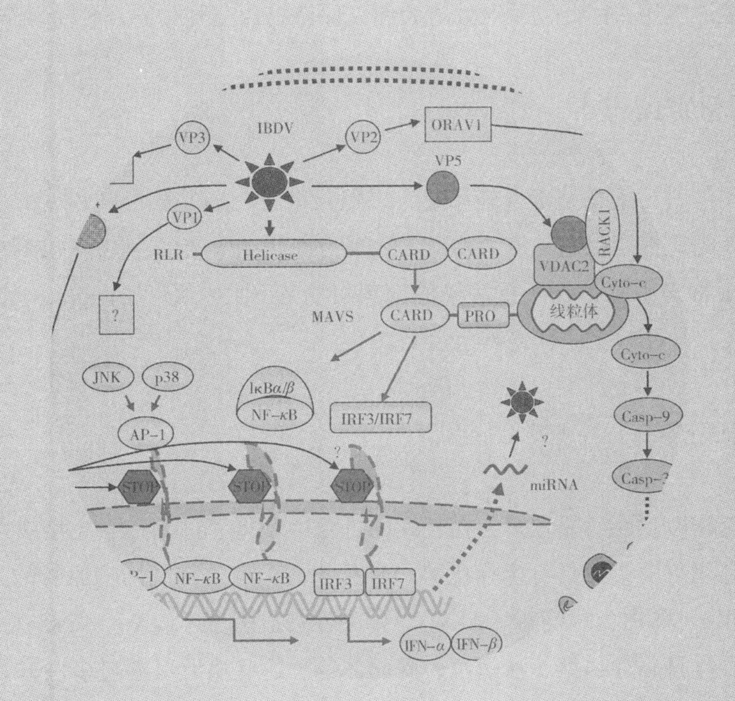

免疫系统是家禽的防御系统，是在长期的进化中形成的。先天性免疫是动物通过模式识别分子（PRRs）识别病原产生的免疫应答，在感染早期能迅速抑制和清除病原。家禽免疫系统除了有先天性免疫外，还进化形成适应性免疫，适应性免疫应答是对病原产生抗体和/或细胞免疫，更高效地清除病原感染，产生免疫记忆，同时也对体内突变的细胞进行杀伤，保持自身稳定。鸡舍中的有害气体、饲料中的霉菌毒素及某些病原感染，抑制鸡群免疫应答，使鸡的免疫力下降，造成混合感染与继发感染增加，使死淘率升高，严重影响经济效益。因此，防控家禽免疫抑制性疾病是养禽业应高度重视的问题。

第一节　影响家禽免疫力的因素

除了遗传因素外，影响家禽免疫力的因素主要有环境空气污染、饲料霉菌毒素及病原感染3个方面。

一、环境空气污染

环境空气对家禽非常重要，鸡舍中的粪便堆积会产生氨气、硫化氢等有毒有害气体，尤其是冬季通风不良的季节，这些有毒物质蓄积，直接刺激呼吸道黏膜，影响呼吸道的生理状况，使鸡的免疫力下降，易感染呼吸道疾病。因此，及时处理粪便，保持鸡舍空气质量，对健康养殖非常重要。

二、饲料霉菌毒素

我国饲料污染霉菌毒素较严重，以呕吐毒素、烟曲霉毒素和玉米赤霉烯酮的污染最为严重，霉菌毒素中毒最大的危害是引起免疫力降低，表现为抑制抗体产生、使巨噬细胞与T细胞功能下降，容易感染疾病。鸡对霉菌毒素敏感，吃严重污染的饲料可引起死亡。霉变的玉米及动物蛋白类原料是霉菌毒素的主要来源。因此，从原料上应杜绝霉菌污染。

三、病原感染

禽免疫抑制性病原较多，在长期的进化中获得了抑制宿主免疫应答的能力，能形成持续性感染。这类病原从进化角度讲更具有生存优势。常见的禽类免疫抑制性病原有传染性囊病病毒（IBDV）、马立克病病毒（MDV）、禽白血病病毒（ALV）、传染性贫血因子（CIA）、呼肠孤病毒（ReoV）、网状内皮增生病病毒（REV）、禽腺病毒-4型、沙门菌、支原体等。这些病原可通过多种方式抑制免疫应答，不同病原抑制免疫应答的方式可能不同，综合起来主要有以下几种：

1. 破坏免疫细胞　病原直接感染某些重要的免疫细胞，传染性囊病病毒（IBDV）的靶细胞是腔上囊的B细胞。传染性囊病病毒（IBDV）感染细胞后通过VP5与VP2引起细胞死亡，呼肠孤病毒引起淋巴组织萎缩，病毒在巨噬细胞中增殖。新城疫病毒（NDV）破坏淋巴组织和巨噬细胞。肺病毒破坏呼吸道黏膜细胞，影响黏膜免疫。禽腺病毒-4型感染破坏淋巴组织，产生免疫抑制。

2. 诱导细胞形成肿瘤　马立克病病毒（MDV）、网状内皮增生病病毒（REV）、禽白血病病毒（ALV）、传染性贫血因子（CIA）等感染靶细胞后，产生免疫抑制，形成持续性感染，诱导细胞增殖形成不同类型的肿瘤。

3. 抑制抗原递呈　沙门菌通过抑制树突状细胞（DC），阻止抗原递呈产生特异性细胞毒性T淋巴细胞（CTL）。

4. 抑制免疫信号转导　先天性免疫是抗感染免疫的第一道防线，I型干扰素（IFN-α/β）起关键作用。病毒要形成持续性感染，必须抑制I型干扰素的产生。传染性囊病病毒（IBDV）通过VP4与GILZ互作，抑制I型干扰素的表达。

5. 藏匿于宿主细胞或炎性反应灶规避吞噬　金黄色葡萄球菌被异嗜性粒细胞或巨噬细胞吞噬后，在吞噬体中能长时间存活并增殖，最后引起宿主细胞死亡。其他胞内寄生菌，譬如李斯特杆菌、结核杆菌、沙门菌等都以不同的方式抑制宿主细胞的杀伤和清除，长期藏匿于宿主细胞中。形成持续性感染，说明其藏匿细胞免疫逃逸能力极强。

对于某一特定的病原免疫抑制或免疫逃逸的方式可能是一种或几种（见彩图2-1-1），只有清楚免疫逃逸的机理，才能有针对性地制定干预或治疗方法。家禽免疫抑制性病原很多，危害也很大，需要进行深入研究，以探寻解决方案。因此，研究免疫抑制和免疫逃逸的机理也是抗感染免疫研究的热点与核心问题。

第二节　免疫抑制性疾病的防控

免疫抑制性疾病的防控主要是依靠疫苗接种，目前使用的疫苗主要有弱毒疫苗和灭活疫苗。由于以往研制的弱毒疫苗主要是将分离到的强毒株进行传代致弱，或分离到天然弱毒株作为疫苗，在评价上仅关注自身的毒力和攻毒保护率，没有检测和评价对宿主正常免疫应答的影响，因此弱毒疫苗仍具有免疫抑制的特点。尽管疫苗接种能保护禽类免遭相应疫病侵害，但对其他疫苗的免疫效果会产生严重影响，表现为其他疫苗免疫后抗体水平上不去，抗体效价不均匀，鸡群混合感染与继发感染增多，死淘率升高。这是当今免疫抑制性疾病弱毒疫苗的关键问题，因此未来疫苗的研究必须考虑到如何克服弱毒疫苗的免疫抑制问题，这需要深入研究病毒在宿主中作用方面的基础研究工作，为有目的地改造疫苗提供理论指导。

灭活疫苗不存在免疫抑制问题，尤其是对种鸡免疫可通过母源抗体保护仔鸡，但母源抗体对仔鸡免疫弱毒疫苗的免疫效果会产生影响，因此种鸡免疫要与仔鸡免疫通盘考虑。例如，种鸡群对传染性囊病、新城疫、支气管炎等接种疫苗，后代会携带一定的母源抗体，如何避免母源抗体对弱毒疫苗的干扰，需要通过免疫检测的结果制定免疫计划。

疫病净化是一项艰巨的任务，要针对疫病的性质和特点制定计划。我国对持续性感染垂直传播的病原，如禽白血病与鸡白痢，采取种鸡群净化的防控措施，定期进行抗原和抗体检测，发现阳性鸡及时淘汰。针对不同的疾病，应根据疾病流行状况及危害程度，制定不同的防控手段。

（郑世军）

参考文献

Antoniou A N, Powis S J. 2008.Pathogen evasion strategies for the major histocompatibility complex class I assembly pathway [J]. Immunology, 124(1):1–12.

Arens R.2012. Rational design of vaccines: learning from immune evasion mechanisms of persistent viruses and tumors [J]. Adv Immunol,114:217–243.

Balamurugan V, Kataria J M. 2006.Economically important non–oncogenic immunosuppressive viral diseases of chicken—current status [J]. Vet Res Commun，30(5):541–566.

Bueno S M, González P A, Schwebach J R, et al. 2007.T cell immunity evasion by virulent Salmonella enterica [J]. Immunol Lett, 111(1):14–20.

Foster T J.2009. Colonization and infection of the human host by staphylococci: adhesion, survival and immune evasion [J]. Vet Dermatol, 20(5–6):456–470.

Fussell LW.1998. Poultry industry strategies for control of immunosuppressive diseases [J]. Poult Sci,77(8):1193–1196.

Gajewski T F, Meng Y, Harlin H.2006. Immune suppression in the tumor microenvironment [J]. J Immunother, 29(3):233–240.

Hoerr F J. 2010.Clinical aspects of immunosuppression in poultry [J]. Avian Dis,54(1):2–15.

Li Z, Wang Y, Li X, et al. 2013.Critical Roles of Glucocorticoid–Induced Leucine Zipper in Infectious Bursal Disease Virus (IBDV)–induced Suppression of Type I Interferon Expression and Enhancement of IBDV Growth in Host Cells via Interaction with VP4 [J]. Journal of Virology, 87(2):1221–1231.

Li Z, Wang Y, Xue Y, et al.2012. A critical role for voltage–dependent anion channel (VDAC) 2 in infectious bursal disease virus (IBDV)–induced apoptosis in host cells via interacting with VP5 [J]. Journal of Virology, 86(3): 1328–1338.

Qureshi M A, Hussain I, Heggen C L.1998. Understanding immunology in disease development and control [J]. Poult Sci,77(8):1126–1129.

Redford P S, Murray P J, O'Garra A. 2011.The role of IL–10 in immune regulation during *M. tuberculosis* infection [J]. Mucosal Immunol, 4(3):261–270.

Sharma J M, Kim I J, Rautenschlein S,et al. Infectious bursal disease virus of chickens: pathogenesis and immunosuppression [J]. Dev Comp Immunol, 24(2–3):223–235.

Singh S D, Barathidasan R, Kumar A, et al.2012. Recent trends in diagnosis and control of Marek's disease (MD) in poultry [J]. Pak J Biol Sci, 15; 15(20):964–970.

Sokolović M, Garaj–Vrhovac V, Simpraga B.2008. T–2 toxin: incidence and toxicity in poultry [J]. Arh Hig Rada Toksikol, 59(1):43–52.

Todd D.2000. Circoviruses: immunosuppressive threats to avian species: a review [J]. Avian Pathol, 29(5):373–394.

第三章

家禽多病因呼吸道病概述

虽然本书中对由单个病原体引起的家禽呼吸道疾病已有介绍，但这种没有其他复杂因素的单一病原体感染在自然情况下很少见。在商品养禽生产中，涉及病毒、支原体和其他细菌、免疫抑制因子及不利的环境条件的复杂感染比简单感染要常见得多，这种感染现在称为多重微生物感染（Multimicrobial infections）。此外，日常的免疫计划本身引起的呼吸道反应对呼吸道疾病的发生也可起重要作用。我国目前不少地区新城疫呈常在性地方流行，为了控制它而频繁使用各种弱毒疫苗；传染性支气管炎和H9N2亚型禽流感在我国鸡群的流行也十分普遍；由于种鸡群普遍未采取净化措施，使大多数商品化鸡群的支原体感染的阳性率都较高；大多数鸡群都存在大肠杆菌感染，有时还比较严重。上述5种呼吸道病原体可以说是我国大多数鸡群呼吸道疾病的背景，不是有无的问题，只是程度的差异。从这个意义上说，我国商品鸡群中的呼吸道病都是多病因呼吸道病（Multicausal respiratory diseases）。

一、呼吸道疾病之间的相互作用

多病因呼吸道疾病最好的例子是支原体与新城疫病毒和传染性支气管炎病毒之间的相互作用。鸡毒支原体或滑液囊支原体的单纯感染，在鸡只能引起轻微的或甚至是亚临诊疾病，与新城疫病毒或传染性支气管炎病毒相互作用则可大大增强支原体的致病作用。呼吸道病毒的毒力可影响支原体感染的严重程度。一般来说，野毒的影响大于经鸡传代的疫苗毒，而经鸡传代的疫苗毒的影响又大于原来的疫苗毒，滑液囊支原体和传染性支气管炎病毒的同时感染就是这种情况。在复杂感染中，各病原体暴露的时间对发病也很重要。一般来说，呼吸道病毒与支原体要产生致病协同作用，必须同时感染或在短时间内相继感染，无支原体鸡对IBV攻击的临诊应答比慢性感染鸡毒支原体的鸡要轻。

其他传染性病原体也可与鸡毒支原体相互作用，产生协同致病效果，如副鸡嗜血杆菌、腺病毒、禽流感病毒、呼肠孤病毒和喉气管炎病毒等。疫苗病毒（新城疫病毒和／或传染性支气管炎病毒）、支原体和大肠杆菌三元相互作用比任何二元相互作用产生的呼吸道疾病都严重得多，而用三者中单一的病原体攻击，仅导致很轻微的疾病或不产生疾病。暴露于传染性支气管炎病毒和鸡毒支原体的鸡需在暴露后8 d才对大肠杆菌易感。一般认为不致病的鸡支原体（*M. gallinarum*）如与新城疫/传染性支气管炎疫苗病毒同时存在可诱发肉鸡的气囊炎。

大肠杆菌和其他呼吸道病原体在无支原体存在时也可发生相互作用。单独暴露于传染性支气管炎病毒或大肠杆菌仅产生轻微或没有临诊症状死亡，但各种传染性支气管炎病毒毒株与大肠杆菌一起攻击时引起临诊症状和死亡的显著加重。这种联合攻毒措施为评价传染性支气管炎病毒疫苗提供了一种有用的方法。

在我国家禽的各种呼吸道病原体中，H9N2亚型禽流感有着特殊的作用，这是因为：①这种病原体自1992年在我国鸡群中出现以来，已广泛存在于鸡、鹌鹑和水禽中，广泛使用疫苗，也不能阻止该病毒传播；②该亚型流感病毒感染可引起免疫抑制，因此与其他病原体，包括传染性支气管炎的疫苗毒和低致病性的大肠杆菌产生强烈的致病协同作用，比单独感染的发病率和死亡率高得多。Haghihat-Jahromi等最早报道H9N2亚型禽流感病毒和传染性支气管炎病毒之间的致病协同作用，他们通过人工感染试验证明传染性支气管炎病毒的H120活疫苗能够增强H9N2亚型禽流感病毒的致病性，使排毒时间延长、临床症状加重、死亡率升高，并复制出混合感染时特征性的临床表现“支气管堵塞”。近年来，在我国的鸡群尤其是肉鸡群中，由H9N2亚型禽流感病毒和传染性支气管炎病毒的流行毒和疫苗毒混合感染造成的支气管堵塞已成为危害最严重的疾病之一。

二、免疫抑制性病原体的影响

免疫抑制性病原体，尤其是传染性囊病病毒、马立克病毒、鸡传染性贫血病毒等可使鸡对呼吸道感染的易感性大大增加。用传染性囊病病毒攻击对鸡的抗体应答会产生负面影响，并降低鸡对新城疫病毒、传染性支气管炎病毒、支原体和黄曲霉等的抵抗力。不同的中等毒力传染性囊病活疫苗对新城疫疫苗产生抗体的干扰作用差异很大，国内有的鸡场因使用中等偏强毒力的传染性囊病活疫苗，而使呼吸道疾病长期得不到控制，这种情况应引起高度重视。

感染传染性囊病病毒和大肠杆菌的SPF鸡，再用各种腺病毒攻击，可产生呼吸道临诊症状和病理变化；但感染传染性囊病病毒和大肠杆菌，而不感染腺病毒，则不产生临诊症状和病理变化。传染性支气管炎病毒加重了传染性囊病病毒诱发的免疫抑制，使鸡对大肠杆菌的吞噬调理作用下降。在肉鸡场控制传染性囊病是控制呼吸道疾病的关键因素。

新城疫病毒和各种禽流感病毒（AIV）在本质上都是免疫抑制性的，它们本身也是呼吸道病病原体，这两种病毒的感染都会使鸡的呼吸道疾病更加复杂，更难控制。低致病性的H9N2亚型禽流感，在肉鸡可表现严重的呼吸道临诊症状和相当高的死亡率，究其原因很可能与其产生免疫抑制和存在与其他呼吸道病原体的致病协同作用有关。最近的研究表明，低致病性禽流感病毒感染，胸腺、腔上囊和脾脏均有明显组织病理学变化，而低致病性禽流感病毒和低毒力大肠杆菌联合感染可使死亡率比任何一种单独感染都大大升高。

马立克病毒是可引起严重免疫抑制的病原体，马立克病疫苗免疫失败的鸡群，除马立克病本身引起死亡外，严重的呼吸道疾病是死淘率升高的重要原因。我国的肉鸡群除生长期较长的三黄鸡外，大都不使用马立克病疫苗，马立克病毒强毒感染引起肿瘤而致死的比例可能不高，但造成的免疫抑制则是鸡群呼吸道疾病难以控制的重要原因。关于这一点，国内大多数养禽业者还认识不清，其实发达国家早在20世纪60—70年代已认识并解决了这个问题。

鸡传染性贫血病毒也是一种免疫抑制性病原体，是鸡呼吸道疾病和其他疾病的风险因子，该病毒感染可干扰疫苗免疫产生抗体应答，影响新城疫和传染性支气管炎等疫苗的免疫效果。

三、环境因素的作用

除了上述传染性病原体（呼吸道病原体和免疫抑制病原体）外，非传染性因素也可参与家禽呼吸道疾病的致病作用，环境因素就是最常见的非传染性因素。

环境因素与传染性病原体相互作用，在引起家禽呼吸道疾病方面，也扮演了重要角色，但这种相互作用的研究报告相对较少。已做了深入研究的环境因素包括禽舍空气中氨和尘埃含量及温度等。持续暴露于20 mg/kg氨气的鸡和火鸡，6周后均可显示大体或组织学病理变化，暴露鸡对新城疫病毒感染更敏感。氨气的浓度在25 ~ 50 mg/kg，用传染性支气管炎病毒攻击鸡，可导致体重和饲料效率降低，肺变大，气囊炎加重。鸡在27℃比在16℃支气管显微变化更严重，据认为这是因为在较温暖的房间里张口呼吸而不是空气中尘埃含量高。肉鸡舍的研究表明，在尘埃采样大肠杆菌数达峰值后1周，大肠杆菌败血症死亡达峰值。现场观察表明，气候变化是H9N2亚型禽流感突然变严重的诱因，空气中的尘埃对呼吸道感染也产生有害影响，常使大肠杆菌病加重。呼吸道疾病和气囊炎造成的废弃率在冬季均明显增加，但温度对呼吸道疾病的影响还研究得不多。曾有人试验，用滑液囊支原体和传染性支气管炎病毒攻击鸡，在7～10℃饲养比在24～29℃或31～32℃饲养时的气囊损害更广泛。

在出雏时对1日龄雏鸡作福尔马林熏蒸可损伤气管上皮，增加对早期呼吸道疾病的易感性。延长肉鸡饲养批次间的间歇期，通常有助于减少呼吸道病和其他疾病。现场研究表明，肉鸡群体大，会增加早期呼吸道疾病；而延长间歇期，可减少早期呼吸道疾病。

四、疫苗接种反应

鸡对呼吸道病毒抵抗力依赖于广泛使用活的呼吸道病毒疫苗，如新城疫和传染性支气管炎活疫苗。在新城疫活毒疫苗中，VG/GA、Ulster和QV4是自然存在的非致病毒株，B1和LaSota是嗜呼吸道弱毒株，而Mukteswar和Roakin是中毒株。活的传染性支气管炎疫苗毒大多是野毒通过鸡胚传代致弱的。来源于同一个野毒株的疫苗毒可以是不同的鸡胚致弱代次，即不同致弱水平的病毒，如M41、H120等。

所有的呼吸道病毒活疫苗都在鸡体内复制，并引起某种程度的细胞损伤。这种病毒复制的临诊表现和导致的病理变化称为“疫苗接种反应”。在良好环境中的健康鸡，呼吸道病毒活疫苗可引起免疫应答而仅引起最小的疫苗接种反应。对传染性支气管炎病毒或新城疫病毒正常的疫苗接种反应应于接种后3～5 d表现出来，并再持续3～5 d。如疫苗接种反应在临诊上表现得异常严重或延长，即出现严重的疫苗接种反应，这种情况在商品鸡群很常见。最典型的是经受严重疫苗接种反应的鸡群发生呼吸道大肠杆菌病，其致病机理与强毒呼吸道病毒和大肠杆菌之间的相互作用方式相同。大多数家禽保健专家都有这样的共识，即呼吸道病毒活疫苗与大肠杆菌相互作用造成的呼吸道疾病，是商品鸡群最常见的呼吸道病。因此，在接种病毒性活疫苗的同时，适当配合使用某些抗生素，对消除和抑制某些细菌如大肠杆菌、支原体等引起的疫苗接种反应会有一定效果。

不论何种诱发因素，典型的严重疫苗接种反应，导致发生呼吸道大肠杆菌病，有几种不同的情况可以造成这种后果，很值得认真对待。首先，免疫抑制可以增强病原体引起疾病的能力，免疫抑制同样可以妨碍鸡体限制呼吸道疫苗病毒复制的能力，从而产生严重的疫苗接种反应。第二，接种呼吸道病毒活疫苗的鸡，如果其呼吸道污染有支原体、大肠杆菌、鸡波氏杆菌等其他病原体，则可产生严重的疫苗接种反应。鸡毒支原体和滑液囊支原体是最明显的例子。第三，有些新城疫、传染性支气管炎和传染性喉气管炎活疫苗，在鸡群中自然传播以后可以增强毒力，在商品鸡群如果部分鸡得到足够免疫剂量的疫苗而余下的鸡通过免疫鸡散布的疫苗病毒感染，就可发生疫苗病毒“回传”（Back passage），这样产生的疫苗接种反应通常时间长而强度大。我国已报道多起新城疫 I系苗（Mukteswar株）由中毒变为强毒的例子。第四，空气中氨的浓度、尘埃含量和温度等环境因素也可影响疫苗接种反应的严重程度。第五，因疫苗病毒可达到呼吸道深层组织，不适当的疫苗接种方法可以使疫苗接种反应增强，如很小微粒的喷雾免疫和气溶胶免疫，都可使接种反应变得严重；而不适当的饮水免疫不能使所有的鸡得到免疫剂量的疫苗，让疫苗病毒有从鸡到鸡的传播机会，产生由疫苗病毒增强引起的严重疫苗接种反应。第六，不同疫苗的毒力有一定差异，有的适用于雏鸡，有的适用于已进行过基础免疫的生长鸡或成年鸡，所以疫苗选用不当也可造成疫苗接种反应。

因此家禽的呼吸道疾病很少是由单一病原体引起的呼吸道传染病，而是由多种病因参与的多病因呼吸道病，在集约化饲养条件下尤其是这样。病因中有传染性的病原体，也有非传染性的病因，如环境因素等。在传染性的病原体中有直接作用呼吸道的病原体，也有免疫抑制性病原体对呼吸道疾病起间接作用；有自然感染的流行病原体，也有作为活疫苗使用的减毒病原体。为了有效防控这种多病因呼吸道病，必须分析所有可能参与致病的病因，确定2～3个主要的病因进行有针对性的控制，才可能取得良好的效果。

（刘秀梵）

参考文献

甘孟侯. 1999. 中国禽病学[M]. 北京：中国农业出版社，8–81，155–171.

Anderson D P, Hanson R P.1964.The adverse effects of ammonia on chickens including resistance to infection with Newcastle disease virus[J]. Avian Dis, 8: 369–379.

Bradbury J M. 1984. Avian mycoplasma infections: prototype of mixed infections with mycoplasmas, bacteria and viruses [J]. Ann Microbiol (Inst Pasteur), 135A:83–89.

Di M A, Soñez M C, Plano C M,et al. 2000. Morphologic observations on respiratory tracts of chickens after hatchery infectious bronchitis vaccination and formaldehyde fumigation[J]. Avian Dis, 44: 507–518.

Haghighat-Jahromi K, Asasi H, Nili H, et al. 2008.Coinfection of avian influenza virus（H9N2 subtype）with infectious bronchitis live vaccine [J]. Arch Virol, 153: 651–655.

Hagood L T, Kelly T F, Wright J C, et al.2000. Evaluation of chicken infectious anemia virus and associated risk factors with disease and production losses in broilers [J]. Avian Dis, 44: 803–808.

Haqi S, Thompson G,Bauman B,et al.2001.The exacerbating effect of infectious bronchitis virus infection on the infectious bursal disease virus-induced suppression of opsonization by *Escherichia coli* antibody in chickens [J]. Avian Dis, 45:52–60.

Huang H J and Matsumoto M. 2000.Nonspecific innate immunity against Escherichia coli infection in chickens induced by vaccine strains of Newcastle disease virus[J]. Avian Dis, 44: 790–796.

Liu H Q, Liu X F, Cheng J,et al. 2003.Phylogenetic analysis of the hemagglutinin genes of twenty-six avian influenza viruses of subtype H9N2 isolated from chickens in China during 1999–2001[J]. Avian Diseases, 47:116–127.

Montagomery R D and Boyle C R.1997. Effects of Newcastle disease vaccines and Newcastle disease/infectious bronchitis combination vaccines on the head associated lymphoid tissues of the chicken[J]. Avian Dis, 41: 399–406.

Saif Y M, Fadly A M, Glisson J R,et al.2008. Diseases of Poultry [M].12th ed. Ames:Blackwell Publishing Professional.

Tablante N L, Brunet P Y, Odor E M,et al. 1999.Risk factors associated with early respiratory disease complex in broiler chickens[J]. Avian Dis, 43: 424–428.

第四章 禽的病毒性传染病

第一节　新 城 疫

（Newcastle disease, ND）

新城疫（Newcastle disease，ND）是由病毒引起的一种高度接触性传染病，主要侵害鸡和火鸡，其他禽类和野禽也能感染，亦可感染人。本病常呈败血症经过，其特征是呼吸困难、下痢和神经症状。主要病理变化为黏膜和浆膜出血，腺胃黏膜出血具有诊断意义。

本病于1926年首先发现于印度尼西亚，同年发现于英国新城，经Doyle研究证明，本病的病原与鸡瘟病原（禽流感病毒）不同，为了有别于鸡瘟，即根据发现地名而命名，故名鸡新城疫，此后本病迅速向世界各地传播。1942年Beach报道由鸡新城疫某些强毒株引起的各种年龄鸡的一种急性致死性传染病，主要特征为呼吸道症状和神经系统紊乱，称为肺脑炎型。

我国首先报道鸡新城疫，是1935年发生在河南，当时认为是鸡瘟流行。梁英、马闻天等（1946）通过病原分离才证实我国流行的所谓鸡瘟是鸡新城疫，据以后调查和研究，我国从未发现鸡瘟，从而可以认为在1935年我国已有鸡新城疫流行，以后在四川、上海、广西都发现有鸡新城疫流行，20世纪50年代本病在全国各地广泛流行。本病是鸡病中危害最严重的一种疫病，死亡率高，造成很大经济损失。现在我国各地普遍开展强制免疫接种，提高鸡群免疫力，加强免疫监测和综合防控措施，特别是贯彻国务院颁布的《家畜家禽防疫条例》后，我国鸡新城疫大范围的流行已得到控制。

【病原学】

1. 病毒的形态和结构　新城疫病毒（Newcastle disease virus，NDV）在分类上是属于副黏病毒科（*Paramyxoviride*）禽腮腺炎病毒属（*Avulavirus*）。成熟的病毒粒子近圆形，多数呈蝌蚪状，直径为120～300 nm。具有囊膜，内含有一长螺旋状核衣壳，直径17～18 nm，囊膜外有长8～12 nm的糖蛋白（HN和F）纤突。螺旋形核衣壳是由一个与蛋白相联结的单股RNA所形成，具有RNA聚合酶活性，它被一个双层脂质膜所包裹，脂质膜内衬有一层特殊的M蛋白，而脂质膜的外层又被具有纤突的糖蛋白所覆盖，依次分别为核衣壳蛋白（NP）、磷蛋白（P）、基质蛋白（M）、融合蛋白（F）、血凝素–神经氨酸酶（HN）和大分子蛋白（L）。融合糖蛋白F介导病毒与细胞的融合，参与病毒的穿入、细胞融合、溶血等过程，在病毒穿过细胞膜的过程中发挥重要作用。HN和F各有一个前身结构HN_0和F_0，它们缺乏生物学活性，F_0在宿主细胞蛋白酶作用下裂解成F_1和F_2，使病毒获得感染性，因此F蛋白被认为是新城疫病毒毒力的主要决定因素。新城疫病毒的HN糖蛋白含有血细胞凝集和神经氨酸酶两种活性，具有病毒粒子与细胞受体最初结合和受体破坏活性，HN特异性抗血清和单抗能抑制融合，证明病毒的吸附是融合的一种前提，这样病毒的穿透才能发生。

2. 病毒的培养特性　新城疫病毒能适应于鸡胚，病毒以尿囊腔接种于9～10日龄SPF鸡胚，在鸡胚能迅速繁殖。鸡胚接种病毒后的死亡时间，随病毒毒力和接种剂量而不同，强毒株一般在28～72 h死亡，多数在36～48 h死亡；弱毒株感染鸡胚死亡时间可延长至5～6 d。死亡的胎儿全身充血或出血，头部和足趾部出血更为常见。江汉湖等（1987）报道，应用新城疫病毒的不同毒株感染鸡胚，发现强毒株接种鸡胚后，胚体的血凝价（HA）和尿囊液的水平相同，而中等毒力和弱毒株尿囊液的血凝价都比胚体高，有的弱毒株感染鸡胚后，胚体测不出血凝价。鹌鹑胚和鹅胚对新城疫病毒也有易感性。新城疫病毒可以在多种细胞培养上生长繁殖，包括鸡胚、猴肾和Hela细胞。最常用的是鸡胚成纤维细胞，细胞培养中病毒感染的最初表现为合胞体形成的细胞致病作用，但细胞培养物的病毒血凝价比鸡胚尿囊液低，有的测不出来。有的毒株在细胞培养时不出现细胞致病作用，但具有血吸附作用，可利用它来检查其病毒在细胞培养上生长繁殖情况。由于病毒的细胞致病作用，使感染的细胞形成空斑，强毒株形成空斑大，低毒力的毒株或弱毒株如果培养中不加入镁离子和乙二胺四乙酸二钠（DEAE）则不能显示出空斑。哈尔滨兽医研究所李德山报道（1984），新城疫Ⅰ系疫苗毒株在鸡胚成纤维细胞上形成大小不等空斑，中等空斑占多数，其毒力较强，小空斑对雏鸡毒力弱，因此可以利用空斑技术来选择毒力弱而免疫原性好的疫苗毒株。李一经（1990）报道，从黑龙江不同地区分离7株NDV强毒株，经空斑测定出现中、小清亮空斑，中空斑的毒力均大于同源的小空斑，这说明病毒株的毒力越强，空斑也越大。空斑有无色和红色之分，它与病毒毒力无关。

3. 病毒对红细胞的凝集特性　新城疫病毒具有一种血凝素，可与红细胞表面受体联结，使红细胞凝集。所有新城疫病毒株都有凝集多种动物红细胞的作用，但以鸡的红细胞为最好。豚鼠和人的“O”型红细胞亦能凝集，对牛、羊的红细胞凝集不稳定，马和猪的红细胞不凝集，但有个别弱毒株可以凝集马的红细胞。新城疫病毒在0.1%福尔马林的作用下，血凝性明显减弱，但LaSota弱毒株较为稳定。病毒和红细胞结合不是永久性的，经过一定的时间，病毒与红细胞脱离又悬于液体中，这称为解脱现象，其原因是病毒表面有一种神经氨酸酶，而红细胞表面受体含有神经氨酸，当它被酶破坏后，病毒即与红细胞脱离。因此，对新城疫病毒进行血凝试验时，应及时观察其血凝反应，否则得不到正确的结果。随着病毒株毒力强弱不同，其解脱的时间有差异，一般弱毒株解脱时间快，强毒株解脱较慢。新城疫病毒对红细胞的凝集能力，可被抗新城疫血清所抑制，这种抑制作用具有特异性，因此可利用它进行病毒鉴定、诊断，以及与真性鸡瘟（禽流感）类别诊断，还可用以测定疫苗的免疫效果，进行流行病学调查。

禽流感病毒也能凝集多种动物的红细胞，由于它凝集动物的红细胞范围更为广泛，据中国兽医药品监察所以甲系新城疫病毒与千叶系禽流感病毒的比较结果，可以看出凝集红细胞的动物种类有明显的差别（表4-1-1）。

表 4-1-1　新城疫病毒和禽流感病毒与不同动物来源的红细胞的凝集情况

细胞来源	人	马	驴	骡	绵羊	山羊	猪	兔	豚鼠	小鼠	鸽	麻雀
新城疫病毒	+	−	−	−	−	−	−	±	+	+	+	+
禽流感病毒	+	+	+	+	+	+	−	±	+	+	+	+

引自南京农业大学. 1992. 家畜传染病学[M]. 第2版. 北京：中国农业出版社，360.

4. 新城疫病毒的抗原性和毒力　对我国各地分离病毒株进行病毒交互免疫试验和中和试验，未发现有不同的血清型。但是通过交叉血凝抑制试验和鸡胚中和试验，证明不同地区分离的病毒其抗原性是有差异的。据刘立人和中国兽医药品监察所报道，对国内不同地区分离到的15株强毒株，进行毒力比较，其毒力存在很大的差异，它随宿主与外界条件之间的相互关系而发生改变，如在易感鸡群中流行时，可使毒力增强；在具有不同程度免疫力的鸡群中流行时，毒力有所减弱；有的毒株只能使雏鸡发病，有的毒株对雏鸡不能引起严重症状或不致病，这样可从雏鸡中分离到自然弱毒株。新城疫病毒的毒力测定很难通过血清学的方法如红细胞凝集试验、血凝抑制试验、流行病学、症状和病理变化来判定，它区分的标准是根据世界动物卫生组织（OIE）制定的方法：①最小致死量病毒致死鸡胚的平均时间（MDT）；②1日龄雏鸡脑内注射的致病指数（ICPI）；③6周龄鸡静脉注射的致病指数（IVPI）；④病毒凝集红细胞后解脱速率；⑤病毒血凝素对热稳定性。

按照上述标准可将NDV的毒力分为3大类：①低毒力株（弱毒株）(Lentogenic)；②中等毒力株（Mesogenic）；③强毒力株（Velogenic），其区别见表4-1-2。

表 4-1-2　鸡新城疫病毒的毒力主要区别

试验方法	强毒力株	中等毒力株	低毒力株（弱毒株）
最小致死量病毒致死鸡胚的平均时间（MDT）	40 ~ 60 h	60 ~ 90 h	＞90 h，一般 4 ~ 5 d
1 日龄雏鸡脑内注射的致病指数（ICPI）	1.6 ~ 2.5	0.6 ~ 1.5	0.0 ~ 0.5
6 周龄鸡静脉注射的致病指数（IVPI）	＞1	0.0 ~ 0.8	0.0
病毒凝集红细胞后解脱速率	慢	快	快
病毒血凝素对热稳定性（56℃）	15 ~ 120 min	5 min	5 min

新城疫病毒由于病毒基因类型不同，其毒力有差异。近年来，通过对病毒基因组长度分析及对F、L基因序列分析，把新城疫病毒分为Class Ⅰ和Class Ⅱ两大类。Class Ⅰ基因组长度为15 198 nt，大部分分离于野生水禽和家禽，以弱毒为主。Class Ⅰ分为9个基因型。新城疫病毒强毒株大多数属于Class Ⅱ，也分为9个基因型（Ⅰ~Ⅸ型），基因Ⅲ~Ⅸ型主要以鸡为宿主，而低毒和无毒属于Class Ⅱ，基因Ⅰ、Ⅱ型，多来源于鸡和野生水禽。于圣春等从野水禽体内分离一株非致病性新城疫病毒，在SPF鸡的气囊接种9代和经脑内接种5代，经传代后而变异为强毒株，从而证明新城疫病毒弱毒株在鸡体内经传代后产生毒力变异。

5. 病毒在鸡体内分布　新城疫病毒存在于病鸡的所有组织和器官内，包括病鸡的血液，病鸡的分泌物和排泄物均含有病毒，以脑、肺、脾含毒量最多，骨髓里病毒维持时间最长。因此分离病毒时，多采用病鸡的肺、脾和脑作为接种材料。

6. 病毒的理化特性　新城疫病毒对热的抵抗力较其他病毒强，一般在60℃经30 min，55℃经45 min即死亡。在37℃可存活7 ~ 9 d，在-20℃经几个月，在-70℃经几年感染力不受影响。在新城疫暴发后经2 ~ 8周，仍能从鸡舍污染物、蛋壳、羽毛中分离到病毒。病毒对pH较稳定，在pH 2 ~ 12的环境下，作用1 h时不受影响。病毒对化学消毒剂的抵抗力不强，一般常用的消毒剂，如氢氧化钠、福尔马林、5%漂白粉、抗毒威等在5 ~ 20 min内即可将病毒灭活。青霉素、链霉素和0.02%硫柳汞对新城疫病毒没有作用，一般常在病毒分离和制造疫苗时使用，以防止细菌污染。

【流行病学】

鸡、火鸡、鹅及野鸡对本病都有易感性，其中以鸡最易感，其次是野鸡。不同品种和不同年龄的鸡对本病的感染性也有差异，来航鸡及杂种鸡比本地鸡感染性高，幼雏和中雏的感染性比老龄鸡高，死亡率也高，而且在自然感染中，雏鸡多表现为急性型。除鸡外，其他禽类和鸟类也能感染，火鸡和珍珠鸡易感性比鸡低。动物园里野禽如孔雀、燕八哥、鹦鹉、乌鸦、鹌鹑等都能分离到新城疫病毒，在我国动物园里有孔雀自然感染本病的病例。据周永连报道（1990），在贵州发现越冬的黑颈鹤和灰鹤暴发新城疫，从病死鹤的肝、脾和脑分离到新城疫病毒强毒株，回归鸡与自然病例相似，近几年来，我国饲养的肉鸽、信鸽和鹌鹑中有流行新城疫的报道，据南京农业大学报道（1983），以新城疫病毒的强毒株人工感染不同日龄的鹌鹑，结果幼龄鹌鹑对新城疫病毒很敏感，感染后72 h死亡。成年鹌鹑耐受性较强，感染后在成年鹌鹑的血清中可测出新城疫血凝抑制抗体。水禽不能自然感染，但可从鸭、鹅、天鹅中分离到新城疫病毒强毒株，据国内报道从外观健康的家鸭泄殖腔内，分离到低毒力、中等毒力和强毒力株的新城疫病毒。同时鸭的卵黄和血清中，也能检出新城疫抗体。从麻雀体内亦可分离出新城疫病毒和检出抗体，在新城疫流行的鸡场内，从1只麻雀的呼吸道和泄殖腔分离到1株新城疫病毒，经生物学鉴定，证明是强毒株。哺乳动物对本病有抵抗力，人类常因接触病鸡和弱毒疫苗而被感染，主要是引起眼结膜炎。据报道，一个实验室工作人员在收获鸡胚时，因新城疫病毒溅入眼内而引起感染，24 h内出现眼结膜炎。在职业人群中，采用ELISA和HI的方法，在人体血清中均能检出新城疫病毒血清阳性。从上述易感性来看，新城疫病毒适应的宿主谱较广，特别是水禽和飞鸟，虽然还没有发现野禽自然感染病例，但是这些禽类可以排毒，也是一种威胁，所以对鸡新城疫病毒的生态学方面应引起关注。

以前认为鹅不能自然感染新城疫病毒，但可以带新城疫病毒强毒和排毒，对鸡感染新城疫病毒有很大威胁。1997年在江苏和广东发现鹅自然感染新城疫病毒，各种年龄的鹅均有易感性，发病率40%～100%，死亡率30%～100%。发病最小日龄为3日龄，最大为1岁以上老鹅，日龄越大发病率和死亡率较低，但是2周龄以内雏鹅发病率和死亡率高，最高达100%。产蛋鹅感染新城疫病毒后，产蛋下降很快，甚至产蛋停止。

鸡新城疫的主要传染来源是病鸡和带毒鸡，受感染鸡在症状出现前24 h，其分泌物和排泄物中发现有新城疫病毒。潜伏期的病鸡所生的蛋，也含有病毒。如果蛋内含有病毒时，在孵化过程中可致死鸡胚，死亡鸡胚中病毒能存活数天。痊愈鸡带毒和排毒的情况则不一致，多数在症状消失后5～7 d就停止排毒。在流行停止后的带毒鸡常呈慢性经过，一般症状消失，但仍遗留有神经症状的病鸡，保留这些慢性病鸡，是造成本病继续流行的原因。本病传播途径主要是呼吸道和消化道，鸡感染后2 d或出现症状前1 d，开始将病毒释放出呼吸道散布在空气中，持续几天，当健康鸡吸入病毒后发生感染。本病传染也可通过病鸡和健康鸡的直接接触，在自然感染情况下，与病鸡同群的易感鸡，很少能幸免感染。其次通过带毒鸡的迁移，肉蛋品的运输及屠宰的下脚料如羽毛、蛋壳、血、内脏、消化道的内容物、病鸡排泄物等污染饲料和饮水、用具等都可传播本病，如果污染的环境不加妥善处理和严格消毒，在短时间内即放入健康鸡是极为危险的。病毒也可以通过损伤的皮肤和黏膜进入机体，还可以通过活媒介物传播，如蚊叮咬，饲养员和兽医人员串圈。野鸟在传播本病中有一定意义，以人工感染新城疫病毒的麻雀和鸽的粪便喂健康鸡，可引起发病死亡，证明带毒的麻雀和鸽能成为本病的传播者。

近年来，在我国屡有发现免疫鸡群仍发生新城疫的流行，其主要特征以呼吸道和神经系统症状为主，病理变化不典型，往往须经实验室诊断才能确诊。发病率和死亡率波动较大，据内蒙古农牧学院调查4个鸡群最高发病率为85%，最低为15%；病死率高者可达80%，最低为15%，从调查中发现免疫鸡群发生新城疫的因素很多。目前我国新城疫病毒的流行株多为强毒，绝大多数属于基因Ⅶd型。研究证实，基因Ⅶd型新城疫病毒与我国广泛使用LaSota疫苗株（基因Ⅱ型）之间存在明显遗传差异和抗原性差异，这是造成现行使用的疫苗免疫失败的原因。另外，免疫失败的原因还包括疫苗接种时母源抗体过高、疫苗质量问题和疫苗保存不当、免疫接种程序不合理及免疫抑制病的干扰，因而造成鸡群免疫状态的差异，低抗体水平的免疫鸡不能抵抗新城疫病毒的强毒侵袭，引起本病的发生和流行。

本病一年四季均可发生，但以春、秋两季较多，这取决于不同季节中新鸡的数量、鸡只流动情况和适于病毒存活及传播的外界条件，环境的因素如鸡舍通风不良、长期保持有较高浓度的氨气，使鸡体抵抗力下降，当有新城疫强毒株存在时而发生本病的流行。此外，引种渠道很多，购入貌似健康带毒鸡，并将其合群饲养，就形成大量传染源的散布。如果宰杀病鸡或带毒鸡的血水、羽毛、污水、内脏及污染的环境未经妥善处理，也是造成本病流行的常见因素。病鸡和隐性感染鸡在市场交易，也是造成新城疫病毒传播主要原因之一。易感鸡群遭受新城疫强毒株侵害时，可迅速传播，呈毁灭性流行，发病率和死亡率可高达90%以上。

鸡新城疫在一个鸡群流行时，往往开始时病死鸡不多，表面上还是平静的，实际上此时病毒已在全群中传播，多数鸡处于潜伏期中。在4 ~ 6 d内，发病率呈直线上升，病死率也呈直线上升，且多表现为急性型。当一个鸡群流行疫病时，死亡数每天呈直线上升，1 d死亡达数百只，应首先怀疑为新城疫。

【症　状】

潜伏期长短，与病毒毒力侵入鸡体内的病毒量以及个体的抵抗力有关，人工感染为2 ~ 5 d，自然感染时潜伏期一般为3 ~ 5 d，毒力弱的可延至20 d。根据临诊表现和病程长短，病鸡的症状可分为最急性、急性、亚急性或慢性三种类型。

1．最急性型　此型多见于流行初期，突然发病，常无特征性症状而突然死亡，雏鸡和中雏为多见。

2．急性型　在发病初期体温升高，一般可达43 ~ 44℃，病鸡精神沉郁，食欲减退或消失，渴欲增加。病鸡不喜走动，独栖一隅，羽毛松乱无光泽，垂头缩颈，翅膀下垂，冠和肉髯发绀，眼半闭或全闭，似昏睡状态。产蛋母鸡出现产蛋下降或停止，而且软壳蛋增多，蛋壳颜色变浅（褐色蛋）。随着病程延长，病鸡出现咳嗽，呼吸困难，吸气时常伸展头颈作开口呼吸，时常发出“咯咯”的叫声。

嗉囊满胀，内充满多量酸臭液体及气体，将病鸡倒提起，酸臭液体即从口中流出。口腔和鼻腔分泌物增多，病鸡为了排出其中的黏液，时时摇头和频频吞咽。病鸡常出现下痢，排出黄白色或黄绿色的稀粪，有时混有少量血液。

有的病鸡出现神经症状，如两腿麻痹，站立不稳，共济失调或作圆圈运动，头颈向后仰翻，或向下扭转，有时置于背部上。最后体温下降，不久在昏迷中死亡，1月龄鸡病程较短，成年鸡病程长些，病死率都很高（见彩图4–1–1和彩图4–1–2）。

3．亚急性或慢性型　初期症状与急性型相似，不久后症状渐见减轻，同时出现神经症状。病鸡翅膀和腿麻痹，表现跛行或站立不稳，头颈向后或向一侧扭曲。有的病鸡貌似正常，但受到惊动时，突然伏地旋转，动作失调，反复发作，终于瘫痪或半瘫痪。有的病鸡因吃食受到影响渐渐消瘦，终归死亡。此型多发生于流行后期的成年鸡，病死率较低（见彩图4–1–3和彩图4–1–4）。

近几年来，在免疫鸡群中发生新城疫，往往表现亚临床症状或非典型，发病率较低，一般在10% ~ 30%，病死率也低，小鸡发病率和死亡率较高，主要表现为呼吸道症状和神经系统障碍，青年鸡表现生长不良，拉稀，有的出现瘫痪。产蛋鸡（周龄大的）感染新城疫，主要出现产蛋下降，还伴有呼吸道症状，病死率低。

火鸡感染新城疫病毒后所表现症状，大体与鸡相似，病火鸡不愿走动，常呆立禽舍一角，咳嗽，口腔和鼻腔黏液增多，常见有甩头现象，拉稀，两腿发软，卧地不起。成年火鸡症状不明显或没有症状。

鸽的新城疫在我国屡有发生，开始见病鸽拉稀（呈绿色水样），食欲减少，精神委顿，病鸽站立不稳，共济失调，转圈运动，病鸽日渐消瘦。死亡的鸽剖检见腺胃乳头出血，肠黏膜出血，脑水肿。

鹌鹑感染新城疫病毒时，发病初见1／3的鹌鹑食欲减退，精神沉郁，拉稀。幼龄鹌鹑表现为神经系统紊乱，肢体麻痹，头颈扭曲，震颤等神经症状，在临死时出现角弓反张。剖检时见腺胃黏膜水肿，偶见小点出血。产蛋鹌鹑出现产蛋下降，产软壳蛋，蛋壳色彩变淡。成年鹌鹑缺乏新城疫的典型症状和病理变化。

鹅自然感染新城疫病毒后，精神委顿，眼有分泌物，眼睑周围湿润，常蹲地，少食或拒食，渴欲增多，行动无力，赶入池塘里病鹅两腿不愿划动，浮在水面。部分病鹅在后期出现扭颈、转圈、仰头等神经症状，还见有咳嗽。不死的病鹅，9 ~ 10 d左右康复，但生长发育缓慢。

【病理变化】

鸡新城疫主要病理变化表现为全身败血症，以呼吸道和消化道最为严重。口腔和咽喉附有黏液，咽部黏膜充血，偶有出血。嗉囊壁水肿或附着一层像米糠样渗出物，嗉囊内充满酸臭液体及气体。腺胃黏膜乳头出血，在黏膜上也见有出血点，特别在腺胃和肌胃交界处出血更为明显（见彩图4–1–5、彩图4–1–6和彩图4–1–7）。腺胃黏膜肿胀，肌胃角质层下有出血斑，有时形成粟粒状不规则的溃疡（见彩图4–1–8和彩图4–1–9）。

小肠前段出血明显，尤其是十二指肠黏膜和浆膜出血。盲肠扁桃体肿大、出血和坏死，这种坏死呈岛屿状隆起于黏膜表面。在慢性或非典型病例，直肠黏膜的皱褶呈条状出血，有的在直肠黏膜上可见黄色纤维素性坏死点（见彩图4–1–10、彩图4–1–11和彩图4–1–12）。

呼吸道病变见于鼻腔及喉充满污浊的黏液和黏膜充血，偶有出血。气管内积有多量黏液，气管环出血明显，支气管和肺没有见到明显肉眼变化，有时可见肺瘀血或水肿。心冠和腹部脂肪见有出血（见彩图4–1–13和彩图4–1–14）。

产蛋母鸡的卵泡和输卵管显著充血，卵泡膜极易破裂，以致卵黄流入腹腔引起卵黄腹膜炎，肝、脾无特殊病变，肾多表现充血及水肿，输尿管内积有大量尿酸盐。脑膜充血或出血，而脑实质无眼观变化，仅于组织学检查时见有明显的非化脓性脑炎病变。

病理变化与鸡群免疫状态有关，部分有免疫力鸡的症状、死亡率和病理变化与易感鸡感染新城疫病毒有显著不同。用新城疫病毒强毒株感染易感鸡时，可发生典型新城疫症状和病变。而有免疫力的鸡感染后，出现轻微临诊症状，病理变化不典型，腺胃出血不明显，病变检出率低。据国内报道，非典型新城疫的病例中，以直肠黏膜和盲肠扁桃体出血的比例增多，肠道黏膜和浆膜出血也比典型新城疫少。因此，在一个鸡场发生疫情时，怀疑为非典型新城疫时，尽可能多解剖几例病死鸡，总会发现有腺胃乳头和黏膜少量出血点，可作综合诊断的补充。

鹅感染新城疫病毒主要病变可见脾脏肿大，表面和切面布满粟粒至芝麻大小灰白色坏死灶。胰腺肿胀，表现有灰白色坏死斑。肠道黏膜有出血、坏死、溃疡、结痂等特征病变，以后段肠病变更加明显。十二指肠、空肠、回肠黏膜有散在性或弥漫性大小不一出血点。盲肠黏膜有出血斑和纤维素性溃疡，直肠和泄殖腔黏膜弥漫性结痂病灶更为严重，部分病例腺胃和肌胃黏膜充血、出血。

本病组织学检查时，在病鸡不同器官中可见充血、水肿和出血等病变，有的还发现坏死变性。如用新城疫病毒以气雾法感染鸡时，在感染后4～5 d，经组织学检查，发现消化道黏膜明显充血、水肿和细胞浸润，这种细胞以淋巴细胞为主，而且充满黏膜层。神经系统组织学检查见有明显的急性非化脓性脑炎病变。脑血管呈局灶性充血，小静脉中有血栓形成，血管周围有淋巴细胞和胶质细胞集聚，形成血管套。在血管和胶质细胞反应特别明显的地方，可见神经节细胞发生营养不良性的变化和坏死。在感染新城疫的病鸡，神经胶质有病灶，神经元变性和血管周围淋巴细胞浸润及内皮细胞肥大，此病变遍布于神经索、延髓、中脑和小脑。延髓的病变应与鸡脑脊髓炎相区别，在鸡脑脊髓炎中可见延髓神经元的中央染色质溶解，这种现象在新城疫却很少见。

【诊　断】

典型的新城疫可根据流行病学资料、症状和具有特征性的病理变化作出初步诊断，但是有的鸡群有部分免疫力或感染新城疫病毒的毒力不是太强，往往缺乏典型新城疫的症状和病理变化，因此尚需进行病原学和血清学诊断，其诊断程序有下面几种。

1．流行病学和临诊症状的诊断　本病对鸡特别易感，流行特点是具有高度接触传染性，易感鸡的发病率和病死率都很高，达90%以上。自然感染仅见鸡、火鸡、鹅和鸽。野禽有抵抗力，但可带毒。非典型新城疫多发生在免疫鸡群，以二免前后鸡发病最多，发病率和死亡率低于典型新城疫。具有特征性症状，见病鸡体温升高，嗉囊满胀内积有多量酸臭液体，呼吸困难，并有“咯咯”叫声，翅和腿麻痹，病程长者有神经症状，头颈向一侧或向后扭曲。产蛋母鸡感染新城疫时，主要表现为产蛋量急剧下降，几天内由80%降到40%～45%，软壳蛋明显增多，死亡很少，仅见有拉稀。产蛋恢复到正常时间不一，短者2～3周，长者2个月。

2．病理学诊断　本病病理变化主要特征为各器官黏膜充血和出血，肠道黏膜和浆膜及腹部脂肪明显出血，腺胃乳头和黏膜出血，盲肠扁桃体出血和溃疡，这一病变具有诊断意义。非典型新城疫一般见不到这些典型的病理变化，只要多剖检一些病死鸡，可能见到鸡新城疫固有病变，直肠段黏膜出血和盲肠扁桃体出血比例增多，因此一定要结合实验室工作才能获得确诊。

3．实验室诊断　根据流行病学、症状和病理变化还不能确诊时，必须依靠实验室诊断，如果条件许可，取病死鸡的病料分别接种易感鸡和免疫鸡，若免疫鸡不死而易感鸡死亡时，便可确定为鸡新城疫。若免疫鸡和易感鸡都死亡，细菌检查又是阴性，可排除新城疫，可能是其他病毒性传染病。但诊断鸡新城疫最可靠的方法是进行病毒分离和鉴定。

（1）病毒的分离　鸡出现症状后，大多数器官和分泌物含有大量的病毒，作为分离病毒的材料最好选发病初期的病鸡脾、肺和脑，病料要求新鲜。发病中、后期取脑或骨髓作分离病毒的材料，如果死鸡已腐败，最好是从骨髓分离。一定要做到无菌手术取病料，将病料置于消毒的匀浆器内，研磨成乳剂，加入灭菌生理盐水作成10倍稀释悬浮液，静置或离心后取上清液，按每毫升加入青霉素和链霉素各500单位，置37℃温箱作用30～60 min。将上清液0.1 mL接种于9～10日龄鸡胚尿囊腔内。接种后的鸡胚放在37℃温箱内继续孵育，并每天检查鸡胚1次。若为强毒株，在接种后48～72 h即可致死鸡胚；若为弱毒株，3～6 d致死鸡胚。死亡的鸡胚收获尿囊液，作细菌检查，将收集的鸡胚尿囊液用作病毒鉴定。由新城疫病毒致死的鸡胚，胚体全身充血、出血，以头、翅和趾部尤为明显。病毒分离是很重要的，除对发病鸡场作出最后确诊外，还可以对新分离的病毒进行生物学特性测定，以测定分离毒株作鸡胚平均致死时间（MDT）、雏鸡胞内接种致病指数（ICPI）和鸡静脉接种致病指数（IVPI）试验，来确定病毒的毒力。

上述病料还可以接种到鸡胚成纤维细胞上培养，若是新城疫病毒在感染细胞呈融合性病变，此时红细胞凝集反应阳性。

病料也可以接种于体重1 000 g的易感鸡，每只鸡皮下注射0.5 mL。若是新城疫病毒强毒株，在接种后3 d出现症状，试验鸡精神委顿，嗉囊胀满积液，排出黄白色稀粪，4～5 d后死亡，剖检见腺胃乳头有出血点，肠道黏膜出血。并且还可从病死鸡分泌物和实质器官中回收到病毒。

（2）病毒的鉴定　前面已提到，新城疫病毒具有凝集禽类和某些哺乳动物红细胞的特性，所以病毒分离出来后，还须作红细胞凝集试验（HA），但仅凭HA还不能确定为新城疫病毒，像禽流感病毒、禽腺病毒都能凝集禽类红细胞。于是首先检查所分离到的病毒是否有血凝特性，若出现HA者，必须与已知抗新城疫病毒的血清进行血凝抑制试验（HI），如果所分离到病毒能被这种特异性抗体所抑制，才能最后证明该病毒是新城疫病毒。HI除作为病毒鉴定外，还可利用新城疫病毒来鉴定感染鸡群的血清中是否有抑制红细胞凝集的抗体，如果可疑病鸡的血清能抑制新城疫病毒对红细胞的凝集，即可判定该鸡患新城疫。感染鸡群中出现HI抗体，病程在10～15 d，HI抗体的效价可达1：1 280。现在可利用HI测定，以比较鸡群发病前后HI抗体效价的变化，就可以认为该鸡群是否有新城疫病毒感染。如果一个鸡群在发病前HI抗体平均值为5～6 log2，半个月后采血测定HI效价平均值为9～10 log2，就可证明该群鸡已感染了新城疫强毒。由此可见，HI的测定在流行病学调查和判定是否新城疫有实用价值。但还应该注意的是，HI检测还可确定疫苗免疫的效果，或可提供免疫计划的依据。

（3）血清中和试验　既可用已知抗新城疫病毒的血清来鉴定可疑病毒，又可用已知的新城疫病毒来测定鸡血清中是否含有特异性抗体，以确定鸡群是否感染过鸡新城疫。中和试验可在鸡胚或细胞培养及易感鸡中进行。其方法是，在鸡新城疫免疫血清（或待检血清）中，加入一定量的待检病毒（或已知病毒），两者混合均匀后，注射9～10日龄鸡胚（非免疫鸡所生的蛋），或鸡胚成纤维细胞，或者有易感性的鸡，并设立不加血清的病毒对照。结果注射血清和病毒混合材料的鸡胚或鸡不死亡，鸡胚成纤维细胞无病变，而对照组死亡或细胞培养出现病变，则可肯定待检病毒是新城疫病毒。

（4）荧光抗体技术　本方法是将一类荧光性染料结合于抗体免疫球蛋白上，成为荧光性染料标记抗体。当此标记抗体与相应的抗原相遇，可发生免疫特异性结合，标记在抗体上的荧光染料也被带到抗原–抗体复合体上。此种复合体在紫外线照射下，被激发产生光亮的荧光（黄绿色、红色或蓝色），可以在荧光显微镜下看到。这种免疫荧光法对新城疫病毒检查具有高度特异性和敏感性，而且具有快速的优点。作为荧光技术检查的材料以脾为首选，也可采用肺和肝，按常规方法用冷冻切片制成标本，然后将新城疫荧光抗体稀释成一定工作浓度，滴加入经固定的切片标本上，在37℃染色30 min，取出立即用PBS（pH 8.0）反复洗3次，滴加0.1%伊文思蓝，作用2～3 s后，再用PBS冲洗；然后用9：1缓冲甘油封固，镜检。在荧光显微镜见荧光者为新城疫病毒所在部位。

（5）酶联免疫吸附试验（ELISA） 此方法能够检验新城疫病毒在细胞培养中生长情况，如有新城疫病毒生长，在细胞核边缘可见到明显棕褐色酶染斑点，未接种新城疫病毒的细胞或新城疫病毒不能在细胞培养中生长，则完全看不到酶染斑点。它能直接检出病鸡或带毒鸡的泄殖腔和口腔中新城疫病毒。此方法比HA和HI、免疫荧光技术等更加敏感，特异性更强，是快速而准确的诊断方法。

（6）应用单克隆技术诊断新城疫 应用淋巴细胞杂交瘤技术成功地建立了能分泌对新城疫病毒特异的单克隆抗体的杂交瘤细胞株，据江苏农学院报道已建立有NDV-HY-23、NDV-HY-33、FN_1、FN_7等细胞株，用单克隆抗体对人工感染和自然病例进行免疫荧光检查，选用脑、肺、脾和盲肠扁桃体检出率较高。它不仅可用于新城疫的诊断，而且可以进行新城疫部分毒株的毒力定型。

（7）RT-PCR分子生物学方法 采用RT-PCR分子生物学方法，确定分离的病原体为新城疫病毒，并可测定其毒力。通用引物的PCR扩增仅能鉴定新城疫病毒，而用强毒和弱毒特异引物的PCR扩增可用来区分新城疫病毒的毒力。目前分子生物学诊断方法已较成熟，常用来取代常规的方法。当前，核苷酸测序可自动化且快速，在对新城疫病毒进行分子评价时为首选的技术。

4．鉴别诊断 鸡新城疫在发病初期症状不典型，主要表现为呼吸道症状，这样很可能与其他呼吸道传染病如传染性支气管炎、传染性喉气管炎相混淆。有的呈现败血症，很容易与禽霍乱相混淆。新城疫症状和病理变化与禽流感很类似，应注意区别。

（1）与禽霍乱的区别 禽霍乱可侵害各种家禽，鸭最易感染，呈急性败血症经过时，病程短，病死率高。慢性病例出现关节肿大，但无神经症状，剖检时见全身出血，肝有小点坏死，肝组织作触片见有两极着色的巴氏杆菌。鸡新城疫在自然条件下不引起鸭发病，病程比急性禽霍乱长，但常常出现神经症状，剖检时肝没有灰白色小点坏死，腺胃黏膜出血，肝组织触片镜检未见巴氏杆菌。

（2）与传染性喉气管炎的区别 该病传播很快，发病率较高，死亡率低。它主要症状是呼吸困难、咳嗽、喉头水肿、充血和出血，有时在喉头附着一层黄白色假膜，消化道没有变化，无神经症状，上述这些特征可以与新城疫相区别。

（3）禽流感的区别 禽流感与新城疫区别较为困难。根据人工感染观察，此病的潜伏期和病程都比新城疫短，一般为18～24 h，病程由十几个小时至1 d，没有显著的呼吸困难，嗉囊内没有大量积液，头部常有水肿，眼睑、肉髯肿胀。剖检时常见皮下水肿和黄色胶样浸润。黏膜、浆膜和脂肪组织出血较新城疫更为明显和广泛，肠黏膜常不形成溃疡，肌胃出血斑多见。但确切区别还须通过病毒分离和血清学试验等实验室检查。

近几年我国有报道，当一个鸡场发生新城疫流行时，还发现两种传染病并发或继发，如传染性囊病继发新城疫，新城疫和鸡支原体病混合感染等，这样不但增加病死率，而且给诊断带来一定的难度，务必加强实验室诊断工作。

【免 疫】

新城疫病毒侵入鸡体内均能引起抗体反应，如中和抗体和HI抗体。病毒中和抗体能有效地阻碍病毒对鸡、鸡胚和细胞培养致死性感染能力。感染病毒后6～10 d鸡血清中可测出抗体，一种是以体液抗体（IgG）

出现，还有一种是以分泌型抗体（IgA）出现。此种分泌型抗体在新城疫免疫应答中起着重要作用。有人在试验中发现，疫苗免疫后4 d，体液抗体还很低，但免疫鸡即可抵抗NDV的强毒株攻击，甚至体液抗体消失，鸡有时仍保持耐受病毒再感染的能力。据胡良彪报道（1987），鸡哈德氏腺有免疫应答作用，它能接受抗原物质刺激，独立完成免疫应答，分泌特异性抗体进入眼眶内起免疫中和效应，从而特异性抗体免受抗原的反复刺激。4周龄鸡的哈德氏腺中浆细胞主要产生IgG，并逐步产生IgA，它在早期免疫中起着局部免疫的作用，发现雏鸡经点眼免疫后，哈德氏腺存在大量浆细胞，产生免疫应答。

鸡患新城疫痊愈后具有坚强的免疫力，不仅与病鸡接触不再感染，即使用新城疫强毒攻击也不再发病，而且这种免疫力可保持一段时间。

1. 主动免疫 在新城疫流行地区，往往老鸡不发病，就是由于获得了自动免疫的缘故。另外应用疫苗对易感鸡进行免疫接种而获得免疫力，抵抗新城疫强毒株的侵害，这就是通过人工免疫而获得主动免疫。

（1）疫苗种类 目前我国生产鸡新城疫疫苗有两大类：一类为弱毒疫苗（活毒苗），另一类为灭活疫苗（死毒苗）。

1）弱毒疫苗 我国现行用于鸡新城疫免疫的弱毒疫苗种类很多，不同种类的弱毒疫苗其免疫性能不一样，免疫的方法也不完全相同。目前我国使用的弱毒疫苗有两种类型，一种是属于中等毒力的I系疫苗（亦称印度系，Mukteswer系），另一种属于弱毒的，有Ⅱ系、Ⅲ系、Ⅳ系弱毒疫苗。我国对这些弱毒疫苗免疫的方法较多，有点眼、滴鼻、肌内注射、刺种、饮水和气雾等。应该注意，不同的免疫途径，其效果是不一样的，一般说，点眼、滴鼻和肌内注射的免疫效果比饮水免疫好，气雾法免疫又比滴眼、滴鼻途径免疫力强。但在支原体病污染的鸡场，首免时禁止使用气雾法免疫，因为使用后往往会激发暴发支原体病。所以采用何种免疫方法，应根据疫苗种类、鸡的日龄等因时因地而选用。

①Ⅰ系疫苗 该毒株于1945年引进我国，经过各种试验证明对我国各品种2月龄鸡均安全。它的特点是，毒力较其他弱毒苗强，特别是对雏鸡毒力强，可引起死亡，故不能使用，不过它的免疫原性好。2月龄鸡免疫后，能产生坚强的免疫力，而且免疫持续时间长。但是近年来发现，有的鸡场使用I系苗免疫后6个月发生新城疫。此疫苗可供肌内注射和刺种，免疫接种后3～4 d产生免疫力。实地应用其免疫剂量按说明书规定。哈尔滨兽医研究所从I系疫苗毒中，采用空斑技术挑选出1株小空斑，制成克隆化疫苗（克隆-83）。该疫苗保持I系苗免疫原性的特点，对幼鸡毒力低，经滴鼻免疫后，最高HI效价可达7～8 log2，免疫期可达7个月。

②Ⅱ系弱毒疫苗（B1系或HB1系） 该疫苗毒力比较弱、安全性好，主要适用于雏鸡免疫。该疫苗适用于滴鼻或点眼免疫，雏鸡滴鼻免疫后，HI抗体上升较快，但是HI抗体下降也较快。在雏鸡母源抗体高的情况下，仅进行一次免疫其免疫保护时间不长。据调查有的鸡场使用Ⅱ系苗滴鼻免疫后，1.5～2个月就有新城疫疫情的发生。因此带有母源抗体的雏鸡，经1～2次免疫后，再用I系疫苗免疫接种1次，可获得良好免疫效果。使用时将疫苗作10倍稀释，滴入鼻内1～2滴。近年来有的地区采用Ⅱ系疫苗，对1日龄雏鸡滴鼻免疫，这种免疫法很适用于农村饲养的雏鸡。在雏鸡母源抗体低的情况下，其免疫效果良好，母源抗体高时会影响其免疫效果。

③Ⅲ系弱毒疫苗（F系） 本疫苗也是自然弱毒株，其特性在许多方面与Ⅱ系疫苗相似，也是适用于雏鸡的滴鼻和点眼免疫，其免疫效果与Ⅱ系苗相仿。该苗的毒力比Ⅱ系苗低，在我国尚未广泛使用。

④Ⅳ系弱毒疫苗（LaSota系） 本疫苗的毒力比Ⅱ系及Ⅲ系稍高些，据中国兽医药品监察所鉴定比较，

致死鸡胚平均死亡时间，Ⅲ系为91.5 h，Ⅳ系为90 h，Ⅱ系为98.4 h。对1日龄雏鸡脑内注射致病的指数，Ⅲ系为0.03，Ⅳ系为0.063，Ⅱ系为0。三个疫苗毒株免疫效力比较结果，3株基本上没有差别。用本疫苗免疫鸡群，其HI抗体效价较Ⅱ系和Ⅲ系苗高，而维持时间也较长。国内免疫试验证明，Ⅳ系疫苗其免疫力和免疫持续期都比Ⅱ系疫苗好，目前已在我国广泛应用，本疫苗可用于饮水免疫，免疫效果良好。南京农业大学试验证明，将Ⅳ系疫苗经拌料口服免疫，也能获得良好免疫效果。

克隆化N_{79}型弱毒疫苗是从LaSota毒株，经空斑技术克隆后选育出一种弱毒疫苗。1981年从国外引进，经南京农业大学在实验室和田间试验结果证明，该疫苗的特点是安全性和免疫原性好，其毒力介于Ⅱ系疫苗毒和Ⅳ系疫苗毒之间，经与Ⅱ系和Ⅳ系疫苗对比免疫试验，证明该疫苗从免疫力和免疫持续期及HI抗体效价均优于Ⅱ系和Ⅳ系疫苗。它可适用于滴鼻、点眼和饮水免疫。

扬州大学用Ⅳ系疫苗毒适应于鹅胚上，用鹅胚化的Ⅳ系疫苗对雏鸡进行滴鼻、饮水、肌内注射和气雾等不同途径免疫接种，均无不良反应，并获得良好免疫效果。此外，近几年来我国还从国外引进鸡新城疫克隆30弱毒疫苗、V4株疫苗，这些疫苗正在我国一些地区试验和试用过程中。异源苗和细胞培养苗的研究开始兴起，广东省农业科学院用I系疫苗毒株适应于鸡胚成纤维细胞培养制备疫苗。南京农业大学从健康鸭分离出一株自然弱毒株D10，对雏鸡安全性好，免疫鸡可产生良好免疫力。细胞苗和异源苗的优点，可避免同源组织的污染和带毒的危险，同时也可避免母源抗体对疫苗效价的干扰和影响。但细胞苗和异源苗应特别注意提高毒价，保证疫苗的质量。

2）灭活疫苗　鸡新城疫灭活苗的研究，我国早在20世纪40年代就开始，应用病死鸡肝、脾和脑脊髓的乳剂试制甘油福尔马林灭活苗，免疫鸡无免疫效力，后来改用鸡胚液经福尔马林灭活加氢氧铝制成灭活苗，对鸡进行免疫接种可获得免疫力。

近年来对油佐剂灭活苗进行了许多研究，证明这种疫苗免疫效果好，而且免疫持续期长，比氢氧化铝苗好，使用者越来越普遍。特别是在新城疫污染的鸡场，使用灭活苗后对控制非典型新城疫有着重要作用。据中国兽医药品监察所研究，用国产白油加司本80作油相，以福尔马林灭活的鸡胚毒加吐温80作水相，研制成油佐剂灭活苗，证明免疫原性良好。应用作油佐剂灭活苗的鸡新城疫毒株，选择Ⅳ系疫苗毒株最佳，其免疫效能不次于强毒株所制备的灭活苗。近年来对污染鸡场采用弱毒疫苗和灭活苗同时进行免疫接种，获得免疫效力更佳，免疫持续时间更长，免疫鸡的HI抗体的效价可高达9 log2，而且免疫鸡的HI抗体分布均匀，维持时间长，这对鸡免疫程序的改进有一定意义。

3）联合疫苗的免疫　联合苗是指两种以上的弱毒疫苗，对鸡同时免疫接种达到预防两种以上的传染病。两种以上疫苗株联合制苗或配合疫苗时，应注意不产生相互干扰作用，或者影响某种疫苗的免疫效果。据李扬陇等报道（1984），将Ⅳ系弱毒疫苗株与鸡传染性支气管炎疫苗毒株（IBH52或IBH120），在同一鸡胚内培养生产二联弱毒疫苗获得成功，对雏鸡滴鼻免疫安全性好，免疫后4个月用强毒攻击，仍能获得完全保护。目前国内有新城疫和鸡传染性支气管炎联苗，新城疫Ⅱ系弱毒疫苗和鸡痘鹌鹑化弱毒苗联苗。还有用两种弱毒疫苗混合或联合免疫，如新城疫Ⅳ系苗与传染性囊病混合免疫，新城疫Ⅳ系苗与鸡马立克病联合免疫等。灭活苗中有新城疫和传染性囊病油佐剂灭活苗，新城疫和产蛋减少综合征（EDS76）油佐剂灭活苗。一般来说，新城疫和传染性支气管炎联苗，要进行2次以上免疫接种，才能获得良好免疫效果。北京市畜牧兽医总站用Ⅱ系苗和鸡痘鹌鹑化苗联合免疫试验，经大雾滴气雾免疫后，免疫鸡HI抗体效价与新城疫单苗免疫的上升规律一致，免疫后3个月攻毒保护率达80%。南京农业大学用马立克病疫苗（HVT）和克隆化N_{79}型新城疫弱毒疫苗，按一定比例混合后，对1日龄雏鸡皮下注射免疫，免疫后51 d和90 d分别用新城疫强毒株攻击，其保护率分别为83.3%和66.6%，与单独注射新城疫疫苗比较，对新城疫免疫力无影响。

4）基因Ⅶd重组疫苗　扬州大学刘秀梵在近10年分离100多株NDV强毒，筛选遗传稳定，生物特性优良的基因Ⅶd型毒株作母本，应用反向遗传技术平台构建了新城疫病毒重组疫苗株A-Ⅶ，研制成灭活疫苗（A-Ⅶ株），并通过动物试验和中间试验，证明该疫苗不仅能有效控制鸡群中的非典型新城疫，对鹅也有很好保护力。2011年获农业部批准在江苏省各种类型的鸡场和鹅场进行疫苗的临床试验，结果表明对鸡和鹅都很安全，并能产生坚强免疫力。

（2）疫苗使用的方法　鸡新城疫由于疫苗的种类不同，所采用的接种途径对于免疫效果和免疫时对鸡的反应有一定差异。因此可根据鸡的年龄、疫苗种类、母源抗体水平、饲养管理与环境条件、疫病情况等，选择相应的免疫方法，才能取得预期的免疫效果。

1）滴鼻和点眼免疫法　将新城疫弱毒疫苗按规定稀释后，滴入鸡鼻内或眼内。疫苗毒在上呼吸道黏膜接触，病毒在该部繁殖而产生免疫应答，这种免疫法可使疫苗的剂量一致。在鸡群中免疫反应产生HI抗体水平较一致。此免疫法主要缺点是要抓鸡，对雏鸡往往引起应激反应，而且费时费力。此免疫法可适用于所有新城疫弱毒疫苗。

2）饮水免疫法　将新城疫弱毒疫苗按一定剂量放入饮水器中，让雏鸡或成年鸡饮用。在饮水免疫前先停止供水，秋冬季停水3～5 h，夏季停水时间可短些。但水质要好，不含有漂白粉和亚硝酸盐。疫苗必须现用现配，可根据鸡的日龄和气温情况决定加水量，一般10～14日龄每羽鸡饮水免疫量为10～15 mL，配有疫苗的水应在2 h内饮用完毕。平网或平地饲养的，在进行饮水免疫时，要增加饮水器，尽量使每羽鸡都能同时饮到苗。为提高其免疫效果，水中可加入适量的脱脂奶粉，它可保护病毒在水中的时间。不过饮水免疫不足之处是免疫鸡HI抗体效价不均衡，而经2次以上饮水免疫可取得满意效果。此法免疫的优点是，不需要抓鸡，可减少鸡的应激反应，适用于大型养鸡场，省时间和劳力，便于推广。Ⅳ系疫苗和克隆化弱毒疫苗适用此法免疫。

3）气雾免疫法　此方法是用气雾发生器装于一定压力的压缩机上，使疫苗雾化成气溶胶微粒，其微粒在20 μm时，附着于支气管壁上，如微粒在5～10 μm，雾滴可附着于肺泡壁上，获得可靠的免疫应答。此法免疫产生免疫力早，HI抗体效价高。封闭式鸡舍很适用于此法免疫。也可用于开放式鸡舍，当风速每小时达8 km时，在开放式鸡舍不能进行气雾免疫。气雾免疫时流速与免疫效果有关系，认为3 min为100 mL的流速时，对10 000羽鸡是适当的速度，这种流速可产生较小的雾滴，则增强其免疫应答。如果流速大可使室内相对湿度提高，大雾滴占的比例多，使雾滴很快地落在地面，达不到气雾免疫的效果。此法可适用于大型养鸡场，不惊动鸡群，免疫效果优于滴鼻和饮水免疫法，不过鸡群中有慢性呼吸道疾病存在时，此法免疫应慎重使用，或禁止使用，否则极容易激发慢性呼吸道疾病的暴发，造成一定数量的死亡。首次气雾免疫一般选用Ⅱ系疫苗，而Ⅳ系苗可用于第2～3次气雾免疫。应用此法免疫时，应特别注意对人的防护，操作人员应配戴眼镜、口罩或防毒面具，避免感染人。

4）刺种和注射免疫法　将疫苗适当稀释后，经肌内或皮下注射，或者皮下刺种，此法可获得满意免疫效果，一般认为I系疫苗适用于此法免疫，成年鸡经1次注射或刺种免疫后，可获得坚强的免疫力。此法免疫的缺点是注射时要抓鸡，产蛋鸡免疫时会影响产蛋，因此I系苗多用于开产前。

2. 被动免疫　患新城疫康复鸡或疫苗人工免疫鸡的血清内，含有HI抗体和保护性抗体。康复鸡血清的抗体量，由于病毒感染程度和鸡个别差异有相当不同的，但人工免疫时血清的抗体量往往不够，曾试图用血清预防鸡新城疫，未获得满意的结果。不过含有高抗体的血清，在新城疫症状刚出现时有一定治疗效果。江苏农学院报告（1981）曾对鹅以I系疫苗经3次免疫制备的抗血清，对初发病鸡，每0.5 kg体重注射1 ~ 2 mL，治愈率达50%；对接触过病鸡的健康鸡（潜伏期），每0.5 kg体重注射1 mL，保护率达90%。

鸡新城疫免疫鸡所产的蛋，其卵黄内含有抗体，用这种蛋孵出雏鸡也含有一定抗体，一般认为母鸡的血清HI抗体效价高，雏鸡的母源抗体也高，据报告雏鸡的被动免疫（母源抗体），一般认为可维持2周，有的到3周后才消失，高母源抗体的雏鸡，在一定时间内能抵抗新城疫强毒的感染，避免雏鸡的早期感染。含有高抗体的鸡蛋，制备成卵黄抗体，在新城疫发病初期每羽鸡皮下注射或肌内注射1 mL，注射后2 ~ 3 d就能控制此病的发展，证明卵黄抗体在发病初期有一定治疗效果。

3. 免疫程序和影响免疫的因素 如果有良好的弱毒疫苗，但是没有科学的免疫程序，也会造成免疫效果差或免疫失败。免疫程序是指免疫接种计划，它包括疫苗的选择和免疫方法、免疫接种日龄和次数、几种弱毒疫苗合理配合使用等。免疫程序的设计是否合理，可直接影响到人工免疫在预防和控制传染病的作用。由于各鸡场情况不同，如疫病情况、饲养管理和环境卫生条件等，不能以一种免疫程序适用各鸡场，那就必须因地制宜制订出适合本场的免疫程序。在制订免疫程序时，应注意影响新城疫免疫的几种因素。

（1）母源抗体的影响 母源抗体对雏鸡免疫力产生有一定的影响，母源抗体高，则能中和疫苗毒，免疫应答反应低，产生抗体水平较低，免疫效果差。据国内试验证明，母源抗体下降到3 log2以下，进行免疫接种才有免疫应答反应，4 log2 ~ 5 log2仅部分鸡产生免疫应答，高于5 log2时免疫应答低或不引起免疫应答。因此根据母源抗体消长情况来确定首次免疫时间。在非疫区雏鸡首免时间，可根据母源抗体下降到3 log2以下或消失时进行，于是选在16 ~ 21日龄。但在不安全的地区，为了使雏鸡获得良好免疫力，抵抗新城疫野毒感染的作用，可进行2次免疫接种，第一次在7日龄，第二次在15 ~ 21日龄，这样可产生一致免疫力。

（2）免疫的次数 幼龄鸡免疫器官尚未完全成熟，一般认为10周龄时免疫应答达到成熟期，此时进行加强免疫，免疫鸡产生HI抗体高维持时间长。因此可根据鸡的免疫应答的规律，可采用3次免疫法：第一次免疫仅动员抗体形成；第二次免疫能使免疫力加强；第三次免疫引起回忆反应，使免疫力巩固下来。河南农业大学报道，免疫鸡的保护率与HI抗体效价成正相关，免疫鸡HI抗体下降到4 log2下保护率为43% ~ 64%；在5 log2以上保护率可达90% ~ 100%，因此为了使免疫鸡群始终保持高的保护力，必须注意加强免疫接种。

（3）鸡传染性囊病的影响 近年来许多试验证明，腔上囊病毒对鸡体液免疫产生较大的影响。该病毒感染鸡后，形成体液免疫的细胞系统发育被抑制，机体免疫应答低或消失，此病又称免疫抑制病，因此抗原刺激后不产生循环抗体，使疫苗接种达不到预期的免疫效果，特别对新城疫的疫苗接种影响更为明显。此病早期感染所表现免疫抑制比晚期感染更加明显。在鸡传染性囊病流行地区，更要做好新城疫疫苗免疫，这样可防止两种病混合感染。国内有报道，在14日龄时用新城疫Ⅳ系苗和腔上囊弱毒苗同时饮水免疫，取得较满意的免疫效果。有试验证明腔上囊病毒感染，仅影响新城疫首次免疫应答，第二次免疫应答影响不大。

（4）饲养管理及卫生条件对免疫力产生的影响 饲料配合不科学，环境卫生条件差，鸡场污染严重，都会使鸡的体质下降。应特别注意的是，饲料中微量元素和维生素类不足或缺乏，可直接威胁鸡群的健康状况。因此，在鸡群体质差的情况下，进行新城疫弱毒疫苗接种时，鸡体反应严重可造成一定损失，而鸡群体质好的，进行疫苗免疫接种后不仅安全，而且产生良好免疫力。经常遇到疫苗使用单位认为是疫苗问题，其实是饲养管理差影响体质，造成免疫效果差。饲料受霉菌污染，产生霉菌毒素，可引起免疫抑制，表现为血清蛋白、球蛋白水平低下，网状内皮系统受损，细胞介导免疫功能下降，而导致有些疫苗免疫失败。2012年安徽和江苏有个别鸡场饲喂发霉的饲料后，引发新城疫的发生。

【防治措施】

对鸡新城疫的防治，需要采取综合防治措施，即杜绝传染源，开展经常性消毒，加强检疫，定期对健康鸡免疫接种，建立免疫监测等。

1. 平时的卫生防疫措施 对养鸡业来说，预防本病的发生，重点做好平时的防疫工作，对集约化养鸡更是如此，其措施有：

（1）杜绝病原侵入鸡群 控制和消灭新城疫流行，最根本措施是杜绝新城疫病毒侵入易感鸡群，这就需要有严格的卫生防疫制度，防止带毒鸡（包括鸟类）和污染物品进入鸡群，进出鸡场的人员和车辆必须经过消毒，饲料来源要安全，严禁从疫区引进种蛋和雏鸡。新购进的鸡需经检疫，并严格隔离饲养2周以上，再经新城疫疫苗免疫接种后，证明健康者，方可与原有鸡合群饲养，随时观察鸡群的健康情况，发现有可疑病鸡，立即隔离，并采取紧急措施。为了杜绝传染源传入，有条件的鸡场尽可能做到自繁自养，种鸡场、孵化厅、育雏、育成鸡和生产鸡群须分区域饲养，加强种鸡群疫病的监测。

（2）严格执行消毒措施 消毒是防止新城疫传播的一项重要措施，其目的是切断病原的传播途径，特别是大型养鸡场，应该有完善的消毒设施，鸡场进出口应设消毒池。饲养员和工作人员进入饲养区要经消毒后，更换工作服和鞋靴方可进入，进入场区的车辆和用具也要经消毒，应该形成一个制度，做到临时性和定期消毒相结合。

肉用鸡场可以采用全进全出的饲养法，在进鸡前对鸡舍进行1～2次严格消毒，待全群鸡出售完毕再进行1～2次鸡舍清洁和彻底消毒，这样可避免鸡群疾病的传播机会，但平时对鸡舍周围环境也应定期进行消毒。

（3）合理做好鸡群预防接种 免疫接种是增强鸡群的特异免疫力，使鸡群保持坚强的免疫状态，抵抗新城疫病毒的感染，因此给鸡群合理进行疫苗接种，是防治鸡新城疫关键措施之一。做好免疫接种应根据当地疫病流行情况、鸡场卫生防疫制度严密与否、饲养类型、鸡的种类（肉鸡或蛋鸡）、雏鸡母源抗体效价的高低及前次免疫的HI抗体情况等，来确定采取的疫苗种类、免疫日龄和免疫次数，以及免疫的方法。近年来我国对新城疫的免疫程序进行大量研究，积累了许多经验，使新城疫的免疫程序更加科学化和合理化，这对控制和消灭新城疫起着重要作用。

对农村分散饲养的鸡如何做好免疫接种，是值得研究的问题，因为雏鸡来源广泛而复杂，造成母源抗体水平差异较大，由于分散饲养给疫苗免疫接种带来一定困难。以前采取春秋两季由防疫员负责进行，这样必定造成免疫接种密度不高，造成新城疫时有发生。有的地区在孵坊里对出壳雏鸡进行免疫接种，也取得良好免疫效果，到2～3月龄时再用鸡新城疫I系疫苗加强免疫1次，这样可以提高免疫接种密度，而且对农村散养鸡控制新城疫有实用价值。在农村开展新城疫免疫接种时，应注意的问题是，做好疫苗的冷藏和保管，千万禁止使用过期的疫苗，在较短时间内对一个村庄的鸡全部接种完毕，免疫接种中特别注意针头的更换和消毒，防止通过针头传播本病。在农村开展免疫时，经常遇到几个村庄的鸡只用1只针头接种完毕，结果免疫后2～3 d流行新城疫。

（4）建立免疫监测制度 为了保证各次免疫接种获得良好免疫效果，避免免疫接种工作的盲目性，必须通过免疫监测的方法，检查免疫鸡群中HI抗体效价。根据HI抗体水平确定首免和再次免疫时间，是最科学的方法。免疫监测也是制订免疫程序的依据。

HI抗体测定受许多因素的影响，同一份抗血清在不同实验室测定其结果不同，为了获得准确结果，一方面对操作人员进行训练，另一方面应设立标准抗血清作对照，从而使HI抗体测定标准化。一般在首免后10～14 d，抽检免疫鸡HI抗体水平。抽样比例大鸡群按0.2%，500羽鸡群按3%～5%。以后每间隔3～4周抽检1次，使用I系疫苗免疫的鸡群，每隔2个月抽检1次，通过免疫监测手段，可以判定疫苗的免疫效果，当发现HI抗体没有上升，应及时检验疫苗的品质，或检查是否有其他的疾病影响，并及时采取补救措施，改换疫苗或改变免疫方法，以及同时注意其他病的免疫接种。免疫监测还能判定该鸡场是否受到新城疫强毒的感染。因为各类疫苗免疫鸡后，正常情况HI抗体效价保持一定的水平，当发现该鸡群HI抗体突然上升很高，比原来的抗体效价增加了3个滴度以上，说明该鸡群可能感染了新城疫强毒，那么必须注意其他鸡群防疫措施。

在免疫监测中亦发现，有些免疫鸡的HI抗体效价较低，但是用新城疫强毒攻击后获得保护，这说明新城疫除体液免疫外，还有细胞免疫作用。国内曾有报道，免疫鸡T淋巴细胞和B淋巴细胞数量多于对照鸡。

2. 发生鸡新城疫时的措施 鸡场里一旦发生本病，应采取紧急措施，防止疫情的扩大。①采取隔离饲养，报告兽医检查，经确诊为新城疫后，及时报告当地政府，划定疫区进行封锁。②及时应用新城疫疫苗进行紧急接种，接种的顺序是假定健康鸡群、可疑鸡群和病鸡群。实践证明，即使是病鸡群及时用疫苗进行紧急接种后，也能减少一部分死亡。必要时可以用高免血清或卵黄抗体进行注射，也能控制本病发展，待病情稳定后再用疫苗接种。③采取紧急消毒，对鸡舍、运动场及用具等，用5%～10%漂白粉、2%烧碱溶液或抗毒威等进行彻底消毒，待消毒后30 min再清扫。垃圾、粪便和剩余饲料经无害处理，然后再进行第二次消毒。④疫区内病死鸡尸体和宰杀的内脏及排泄物应深埋或焚烧，或者尸体和内脏经高温处理后作肥料。⑤发生鸡新城疫时，严禁病鸡和带毒鸡到交易市场销售，必要时停止家禽市场的交易，包括家禽的产品。鸡要关闭饲养，禁止自由散放。⑥疫区内当最后一个病鸡死亡或扑杀后2周，对被污染的区域通过严格的终末消毒后，方可解除封锁。

（郑明球）

第二节　马立克病

（Marek’s disease, MD）

【病名定义及历史概述】

马立克病（Marek’s disease，MD）是鸡最常见的淋巴组织增生性疾病，以外周神经及包括虹膜和皮肤在内的其他各种器官和组织的单核细胞浸润和肿瘤形成为特征。本病由一种疱疹病毒引起，传染性强，在病原上与鸡的其他淋巴组织肿瘤疾病不同。

马立克病最早于1907年由Jozef Marek报道。早期的研究者因当时的病原学还不清楚，采用过多种名称来命名本病的淋巴细胞增生和肿瘤症状，如多发性神经炎、神经淋巴瘤病、牧场麻痹症等，这些名称既混淆了炎症和肿瘤的区别，也混淆了本病与禽白血病等其他病原引起的淋巴细胞增生性病的区别。1961年Biggs建议使用马立克病这个名称，得到了全世界的广泛认同，已被普遍使用。

长期以来，对马立克病的病原学和可传染性一直没有搞清楚，直到20世纪60年代初才建立马立克病感染试验，证实了本病的可传染性，并为马立克病的研究提供了实验系统。马立克病病毒严格的细胞结合特性使其分离鉴定遇到困难。1967年英国和美国2个实验室各自报道从接种病鸡细胞的细胞培养物中分离到了疱疹病毒，并最终用从羽囊获得的细胞游离性病毒进行感染性试验，证实了该病的病原体是病毒。病原学研究所取得的突破，很快导致马立克病弱毒疫苗和火鸡疱疹病毒（HVT）疫苗问世，并将免疫接种作为有效的防控手段。随后几年有关马立克病的研究不断有新发现。1985年以前的主要进展有：建立马立克病肿瘤诱导的成淋巴细胞细胞系，确定肿瘤细胞的T细胞特性、疾病的溶细胞期和免疫抑制期，搞清暂时麻痹与马立克病病毒感染的联系，根据抗原特性将马立克病毒（MDV）区分为3个血清型，明确遗传抗性与B位点或主要组织相容性抗原复合体（MHC）有关，搞清楚从呼吸道感染到B细胞溶细胞感染，到T细胞的活化、潜伏感染和最终发生T细胞转化的马立克病发病机理。

马立克病在全世界所有养鸡的国家都有发生，从历史上看可以分为急性型和古典型。急性型马立克病是20世纪50年代后随着养鸡业的集约化而出现的，以多种内脏器官、肌肉、皮肤的淋巴肿瘤形成为特征；古典型发生于20世纪50年代以前，以多发性神经炎为特征。在20世纪70年代初研制出有效疫苗之前，急性型马立克病造成的经济损失极为严重。我国于20世纪70年代初发现有急性型马立克病存在，受害鸡群的发病率从少数几只鸡到25%或30%不等，间或可高达60%。随着养鸡业向集约化方向发展和火鸡疱疹病毒疫苗的广泛使用，20世纪80年代马立克病基本得到了控制，虽然大多数养鸡地区仍然有本病发生，但大批发病死亡的情况仅发生在各种原因引起的免疫失败鸡群。进入20世纪90年代，有些地区在多年使用火鸡疱疹病毒疫苗后，一些免疫鸡群马立克病发病呈上升趋势。从一些火鸡疱疹病毒疫苗免疫失败的鸡群分离到毒力超强的马立克病毒（vvMDV），可以部分地解释上述免疫失败现象。随着Ⅰ型马立克病液氮冷冻疫苗的广泛使用，进入21世纪以来马立克病在我国已得到了较好控制。由于本病破坏腔上囊、胸腺、脾脏等免疫器官，引起严重免疫抑制，受害鸡群对白痢病、球虫病、新城疫、禽流感等疾病的敏感性增高，并影响各种疫苗的预防效果。

20世纪70年代初以来，我国学者对马立克病的病原学、流行病学、病理学、诊断和防制等展开了系统研究，先后分离出血清1型强毒株京-1株和沪-1株，弱毒株K株，血清2型不致瘤毒株Z_4株，血清3型毒株JZH株和LS株，研制出火鸡疱疹病毒冻干疫苗、1型弱毒疫苗、2型+3型双价疫苗和1型+3型双价疫苗，研究出用于诊断和监测的方法，提出了有效的综合性防控措施。这些成果的推广应用，大大减少了本病造成的损失。近年来更在发病机理和病毒分子生物学研究中取得可喜成绩，在新一代疫苗研究中也取得了重要进展，无疑将为进一步控制本病打下了良好的基础。

虽然马立克病毒不感染人，但是对马立克病研究已为兽医学、基础医学和比较肿瘤学研究做出了重要贡献。马立克病本身非常复杂，肿瘤和炎症之间相互作用表现出几种不同的临床症状，每种症状随宿主的遗传性而不同。马立克病病毒属于α疱疹病毒，但具有γ疱疹病毒的嗜淋巴特性，呈高度细胞结合性，易于传播，毒力有差异且不断演化。它有2个独特的非致瘤性的姊妹病毒，可自然感染鸡和火鸡，感染后能诱发机体复杂的免疫应答并产生高水平的免疫保护。马立克病疫苗接种是兽医学上成功控制疾病的一个突出事例，而且马立克病疫苗也是所有物种中能有效控制癌症的第一个疫苗。

【病原学】

本病的病原马立克病毒，是一种细胞结合性疱疹病毒，虽然它的嗜淋巴特征与γ疱疹病毒类似，但其分子结构和基因组构架与α疱疹病毒相似。根据国际病毒学分类委员会（ICTV）的最新分类，它属于疱疹病毒科中甲型疱疹病毒亚科的马立克病毒属（*Mardivirus*）。马立克病毒 3个血清型的病毒都是马立克病毒属的成员：即鸡疱疹病毒2型（血清1型）、鸡疱疹病毒3型（血清2型）和火鸡疱疹病毒1型（血清3型）。血清1型马立克病毒是该属的原型病毒，除非另外说明，马立克病毒一般是指血清1型病毒。血清2型和3型病毒均不致瘤，但用作疫苗可以预防血清1型马立克病毒的致瘤作用。按照其毒力，血清1型病毒株进一步分成几个致病型，通常包括：温和型马立克病毒（mMDV）、强毒型马立克病毒（vMDV）、超强毒型马立克病毒（vvMDV）和特超强毒型马立克病毒（vv+MDV）。

1. 形态　马立克病毒裸露的病毒子或核衣壳呈六角形，直径85～100 nm，通常见于感染组织和培养细胞的细胞核内，在细胞浆和细胞外液中偶然也可看到。具有囊膜的病毒子直径150～160 nm，主要见于核膜和核泡，但也有见于细胞浆的。在羽囊上皮细胞中带囊膜的病毒子特别大，直径可达273～400 nm，呈不规则的无定形结构。观察羽囊上皮细胞的超薄切片，可见角质化细胞的胞浆中有大量的有囊膜的疱疹病毒颗粒。在负染制备中核衣壳呈立方体或二十面体对称，有162个中空壳粒，它们呈圆柱状，大小为6 nm×9 nm，相邻壳粒中心之间的距离为10 nm。血清2型和3型毒株形态与血清1型马立克病毒相似，但在超薄切片中，火鸡疱疹病毒的核衣壳通常表现为独特的十字形外观。对血清2型马立克病毒的形态尚未进行详细研究，但可见典型疱疹病毒粒子的形态。

2. 化学组成

（1）病毒基因组DNA　三种血清型马立克病毒的全基因序列分析证实它们的基因组很相似，由线性双股DNA组成，160～180 kb，血清1型病毒在氯化铯中浮密度为1.706 g / mL。3个血清型病毒碱基组成的G+C（鸟嘌呤+胞嘧啶）比率不同，血清1型和2型分别为43.9 %和53.6 %，而火鸡疱疹病毒为47.6%。脉冲场电泳可能是获得纯的感染性病毒DNA的最好方法，但是将马立克病毒全基因组克隆到细菌人工染色体（BAC）上的方法大大方便了病毒DNA的获得。而将相互重叠的马立克病毒基因组大片段黏性质粒克隆转染鸡胚成纤维细胞获得感染性马立克病毒的技术，可以对马立克病毒的DNA进行定点突变并产生重组病毒，从而研究基因的功能和研制新型疫苗。

马立克病毒所有3个血清型病毒的基因组结构均为典型的α疱疹病毒，含有一长独特区（UL）和一短独特区（US）。这些独特序列的侧翼是倒置重复序列，分别为末端长重复序列（TRL）、内部长重复序列（IRL）、内部短重复序列（IRS）和末端短重复序列（TRS）。典型的α疱疹病毒的α型序列位于TRL和IRL末端及IRL和IRS之间的区域，其长度是可变的。这些α型序列对病毒DNA切割和包装成病毒粒子很重要。

目前已公布全基因序列的血清1型马立克病毒有4株：Md5为177 874个碱基对（GenBank登录号为AF243438），GA为174 077个碱基对（GenBank登录号为AF147806），Md11为178 632个碱基对（GenBank登录号为AY510475），CVI988 为178 311个碱基对（GenBank登录号为DQ530348）。这些毒株的基因组结构和序列非常相似，长度的不同主要是由于基因组的重复区的直接重复序列拷贝数的改变所引起的。血清2型HPRS 24株和血清3型Fc126株的全基因组序列也已经测定。3个血清型病毒序列测定证实，其基因组均为共线性，限制性内切酶图谱有很大不同，但在DNA水平上有很高的同源性。

1）感染细胞中DNA结构　感染细胞中DNA结构取决于病毒与细胞的相互作用。正在进行病毒复制的细胞核内可见有线性病毒DNA；在潜伏感染的非转化细胞中，病毒DNA是如何维持的仍不清楚；转化细胞中DNA的状态很难测定，因为任何时候总有一定量的转化细胞中的病毒正处于复制阶段，在此期间可检测到线性DNA。马立克病毒基因组末端含有宿主细胞端粒样序列，这更证实了病毒DNA的优先整合区域在潜伏感染细胞中与宿主细胞DNA的端粒很接近。

2）重组和／或突变后的结构变化　尽管鸡免疫接种所有3个血清型的疫苗后还经常会重复感染马立克病毒强毒，但在野外条件下，3个血清型之间自发性重组的可能性很小。同一组织和细胞同时感染的现象已有报道。血清1型毒株经体外连续传代后，其生物学特性很快发生改变，如致瘤特性的丧失、A抗原（即糖蛋白C，gC）的表达减少和体内复制水平下降，表明可能已发生自发性突变。这些生物学特性的变化伴随着基因组分子的几种改变，但到底是基因组分子哪种改变与特定的生物学变化相关还不清楚。血清2型和3型经连续传代也会导致生物学特性和分子结构的改变。DNA结构变化可采用限制性内切酶图谱和根据脉冲电场电泳估算总DNA大小来描述。

将马立克病毒或火鸡疱疹病毒与禽白血病病毒（ALV）或网状内皮组织增生症病毒（REV）体外共培养，反转录前病毒的长末端重复序列（LTR）可自发插入马立克病毒基因组，偶尔全长的感染性前病毒也能发生整合。尽管LTR插入可能引起马立克病毒基因转录水平上升，但反转录病毒整合与马立克病的致病机理之间的关系还不清楚。

（2）病毒基因和蛋白　在过去的20多年中，马立克病毒的很多单个基因已经鉴定和测序，其蛋白质的特性也已确定。最近，在3个血清型病毒基因组全序列基础上发表了许多综述，包括列出开放阅读框（ORF）及其推测的产物，概括了ORF的位置，并指出与单纯疱疹病毒（HSV）同源的ORF数、3个血清型病毒共有的同源ORF数和各个血清型独特基因的数目。在U_L和U_S区许多基因都与单纯疱疹病毒和马疱疹病毒1型和4型同源，基因组结构与这两个α疱疹病毒相似。马立克病毒基因分为两大类，即与α疱疹病毒同源的基因和马立克病毒特有基因。本文仅对致病性和免疫应答重要的基因作简要介绍。

1）与α疱疹病毒同源的基因　这一大类基因可分为即时早期基因（IE）、早期基因和晚期基因，这些基因对病毒复制都很重要，很少有例外。

与单纯疱疹病毒同源的即时早期基因是重要的转录调控子。已鉴定出4个即时早期基因，分别编码细胞内蛋白ICP4、ICP0、ICP22和ICP27。Anderson等确定ICP4为一个4 245 bp的开放阅读框（ORF），但序列分析资料表明存在一个6 969 bp的ORF。这与下述发现相符，两个功能性启动子/增强子区域位于一个较大ORF的上游，而体外试验表明，针对短ORF的推测的启动子/增强子为非功能性的。通过将短ICP4转染马立克病细胞系（MDCC）MSB-1，证明ICP4蛋白是一种转录激活因子，这些试验表明，pp38和pp24基因及内源性ICP4基因转录水平上升。ICP4也可低水平地激活调节劳斯肉瘤病毒的LTR。

与单纯疱疹病毒1型（HSV-1）同源的早期基因已经被鉴定出来，预计其功能与其他α疱疹病毒相似，其中包括分别编码相关的磷酸化蛋白pp24和pp38的马立克病毒基因MDV 008和MDV073。

晚期基因产物包括核衣壳蛋白、糖蛋白和VP16等被膜蛋白。糖蛋白包括gB、gC、gD、gH、gI、gK、gL和gM，它们在细胞感染、病毒在细胞间传播和免疫应答方面起重要作用。早期用AGP试验鉴定出两种糖蛋白，即可溶性A抗原和细胞结合性B抗原，现在分别称为gC和gB。gB由UL27编码，是三种糖蛋白的复合物，三种成分的分子量分别为100 kD、60 kD和49 kD（gp100、gp60和gp49）。根据产生gB特异性病毒中和（VN）抗体推断，gB对病毒吸附细胞和侵入具有重要意义。马立克病毒中gB的缺失会阻碍细胞间的传播，这证明gB蛋白在马立克病毒复制中的重要性，这种现象与其他的疱疹病毒类似。gC是57 ~ 65 kD的糖蛋白，由UL44基因编码，在早期文献中称作gA，它在产毒的感染细胞中大量合成，并表达于细胞表面和胞浆。gC的作用还不很清楚，gC基因缺失突变株具有致弱的表型，伴有感染率、水平传播能力及致瘤能力的下降，这表明gC在马立克病毒致病性上有重要作用。gD由US6编码，对它的重要性现在了解得很少。其他糖蛋白的功能还未作详细研究。免疫沉淀试验表明gI和gE之间可相互作用。gE/gI复合物是否如其他*α*疱疹病毒所描述的那样起Fc受体的作用还不清楚。用BAC克隆构建的gM、gI和gE基因缺失突变株的研究表明，这些基因编码的糖蛋白对病毒复制是必需的，因为缺失突变株不能从感染细胞传播到未感染细胞。

2）马立克病毒特有基因　为马立克病毒所特有，其中部分基因仅存在于血清1型，其他则可能在马立克病毒血清2型和/或火鸡疱疹病毒有同源基因。

①潜伏感染相关转录子（LAT）　LAT是一组转录子，相对于ICP4是反义的。已报道一个10 kb的大转录子和几个剪接的转录子比如MSR（MDV小RNA）或SAR（小反义RNA）。LAT对潜伏感染或转化有何意义还不清楚。LAT在溶细胞性的感染细胞和转化细胞中均有表达。一个小LAT，称之为SAR，在原发性淋巴瘤的$CD4^+$、$AV37^+$细胞恒有表达。LAT也存在于马立克病毒阳性的QT35细胞系中。MSR的5′端插入LacZ基因产生了超强毒株RB1B的缺失突变株。用这个突变的病毒接种鸡能诱发强烈的溶细胞作用，但是不能诱发肿瘤，说明SAR与诱发肿瘤有关。

②Meq（马立克病毒EcoQ）　Meq（RLORF7）蛋白由339个氨基酸残基组成，N末端含一个碱性亮氨酸拉链（bZIP）结构域，该结构域与*jun* / *fos*致癌基因家族相似。C末端富含脯氨酸的重复区域，与WT-1肿瘤抑制基因相似。Meq蛋白在淋巴瘤细胞和肿瘤细胞系细胞核中恒有表达，在S期细胞浆中也有表达。几个方面证据都表明Meq对转化至关重要。在MSB-1细胞中表达Meq反义RNA可减少软琼脂上细胞集落的形成。在转染的大鼠细胞上Meq过量表达导致细胞形态学转变、凋亡抑制及与细胞周期调控因子CDK2的相互作用。富含亮氨酸的区域的序列变异也证明Meq与毒力有关。最近将vvMDV Md5株的Meq进行缺失突变，突变病毒不能诱发肿瘤，这是Meq与致肿瘤相关的直接证据，但是这也可能是由于病毒复制的显著减少造成的。Meq和转录共抑制因子CtBP蛋白的特异相互作用对马立克病的致肿瘤特性至关重要，因为引起相互作用丧失的突变可导致病毒致瘤性完全丧失。

③v-IL8　近年来，马立克病毒中存在禽类趋化因子IL8的同源物已被确认。v-IL8基因（R-LORF2）位于长重复区域。该基因由三个外显子组成，在溶细胞性感染晚期表达。据推测v-IL8可能对从B细胞感染到T细胞感染的转变起重要作用。

④pp38 / pp24　马立克病毒磷酸化蛋白复合物，通常称之为pp38 / pp24，由位于UL区域相反方向两端的两个基因编码。 pp24基因（R-LORF14）部分位于TRL和UL区域，pp38基因（R-LORFl4a）位于IRL和UL区域。血清2型毒株中存在pp24和pp38的同源物。火鸡疱疹病毒的TRL和IRL包含与pp38的同源的基因，但它与血清1型毒株中pp38功能是否有关系还不清楚。火鸡疱疹病毒和血清2型病毒SB-1能诱导对pp38的细胞介

导免疫应答，所以预测有这种同源物的存在。

pp24 / pp38复合物的功能还没有搞清楚。起初将它与致瘤性联系起来，因为pp38在一些马立克病毒转化的潜伏感染的淋巴细胞胞浆中表达。有趣的是，血清1型马立克病毒潜伏感染的QT35细胞，感染火鸡疱疹病毒可激活pp38的表达。这说明，pp38可能在再次激活和随后的病毒复制中起作用，而不是对致瘤起作用。已经证实pp38在B细胞的溶细胞性感染和转化感染的维持中是必需的，但是pp38的缺失并不影响病毒水平传播的能力。不同毒株的pp38的氨基酸序列有微小的差别。最初曾以为pp38在CVI988中不表达，但是后来证实这个基因在CVI988中存在，因单克隆抗体H19识别的一个表位在第107位氨基酸从谷氨酸变为精氨酸，所以不发生反应。表达来自CVI988 pp38蛋白的vvMDV毒株仍具有致瘤性，这表明CVI988毒力减弱与pp38没有关系。

⑤1.8 kb基因家族　有几个即时早期转录子起源于包含3个外显子的1.8 kb基因家族。弱毒株的这些转录子被截断，是由于串联的132 bp直接重复序列（132 bpDR）扩增引起。通常在血清1型非弱毒株包括低代次的CVI988毒株中132 bp的直接重复序列拷贝数很少，而弱毒株拷贝数很多，这种差异是用PCR区别强弱毒的基础。但是这个132 bp的区域似乎与致瘤性没有直接联系。

⑥病毒端粒酶RNA（vTR）　编码病毒端粒酶亚基的RNA的独特区域位于马立克病毒基因组的IRL/TRL区。马立克病毒vTR近88%的序列与鸡的端粒酶RNA（ChTR）相同，这表明它由宿主基因组转导而来。vTR通过与鸡端粒酶反转录酶（ChTERT）相互作用比与ChTR相互作用能更有效地产生端粒酶活性。缺失一个或两个拷贝vTR的RB1B突变株的研究表明，马立克病毒致瘤性与vTR之间有直接联系。vTR阴性突变株诱发淋巴细胞瘤并造成扩散的能力受到极其严重的损害。最近的研究表明，马立克病毒基因组的末端存在两组端粒重复序列：一组是多重端粒重复序列（Multiple telomeric repeats，mTMR），重复数是可变的，高的达到100个重复；另一组是短端粒重复序列（short telomeric repeats，mTMR），重复数是固定的，为6。mTMR在马立克病毒的整合和肿瘤形成中起重要作用，而sTMR则在马立克病毒基因组复制、致病机制和诱导肿瘤形成起中心作用。

⑦马立克病毒编码的微RNA　微RNA（miRNAs）是一类独特的小调节分子，大约22 nt，在各种细胞类型中都能影响基因表达。它们存在于很多有机体中，包括几种疱疹病毒。最近发现，在马立克病毒感染的鸡胚成纤维细胞中发现了几种新的马立克病毒微RNA，它们由位于基因组Meq基因和LAT区侧翼序列编码。这些新发现的miRNA在马立克病毒生物学上的准确功能还不清楚。但是因为这些分子在马立克病淋巴瘤和马立克病毒感染的细胞系中高水平表达，所以他们可能在致瘤性上起作用。

⑧其他独特基因　在肿瘤细胞中转录的几个独特ORF编码的蛋白质还未鉴定。除了几个例外，大多数ORF都没有作进一步的研究。RLORF5a（ORF-L1）能在肿瘤细胞系、马立克病毒潜伏感染的QT35肿瘤细胞系及马立克病毒潜伏感染的REV细胞系中表达。RLORF5a的功能还不清楚。它的表达对潜伏感染和病毒复制或肿瘤转化的重新激活是非必需的。RLORF4在马立克病肿瘤细胞系中表达，而且这个ORF在很多减毒株马立克病毒中缺失。RB1B株缺失两拷贝而非一拷贝的RLORF4，可形成减毒的表型，也导致肿瘤发生的大量减少，但是早期的病毒复制不受缺失的影响。

3. 病毒复制　三个血清型马立克病毒病毒的复制是细胞结合性疱疹病毒复制模式的典型代表。细胞游离性病毒在开始感染细胞培养物或鸡时，有囊膜病毒可能通过gB和/或与其他糖蛋白结合到细胞受体上。硫酸乙酰肝素——一种氨基葡聚糖，是细胞受体分子之一。对于细胞培养来说，在吸附后1 h内病毒侵入细胞，类似EDTA的螯合剂可加速血清1型病毒侵入细胞的过程。随后，与被感染细胞直接接触使得感染向其他细胞传播，且病毒传递可能通过形成细胞间桥来完成。推测这是病毒在体外和体内传播的主要模式。糖蛋白gE、gI和gM可能对病毒从感染细胞向未感染细胞传播起重要作用。复制率随血清型、毒株的传代次数、细胞类型及培养温度而不同。

在体内，病毒在细胞间的传播要求感染细胞和未感染细胞之间紧密接触，尽管上皮细胞也可参与到这个过程中，但大多数是淋巴细胞。这些细胞之间精确的相互作用还没有搞清楚。

（1）病毒与细胞间的相互作用　病毒与细胞间的相互作用三种有主要类型：生产性感染、潜伏感染和转化感染。

1）生产性感染（Productive infection）　在生产性感染过程中，出现病毒DNA复制，合成蛋白质，在某些情况下，产生病毒颗粒。以火鸡疱疹病毒为例，每一细胞中的基因组拷贝可增加100倍并超过1 200个。生产性感染有两种类型：鸡羽囊上皮细胞的完全生产性感染，可产生大量有囊膜而具感染性的病毒子；而在限制性生产性感染（Productive restrictive infection）中，绝大多数病毒粒子无囊膜，因而不具感染性。然而在培养细胞中，可能有数量不等的病毒粒子有囊膜，细胞裂解后，则形成细胞游离型感染性病毒。选用合适的稳定剂，如SPA将提高细胞游离型病毒产量。在所有易感细胞中，生产性感染可形成核内包涵体并导致细胞裂解。体内溶解性感染可直接导致坏死性病变的形成，因此生产性感染又称作溶细胞性感染。

在生产性感染的成纤维细胞中，大部分马立克病毒基因组都进行转录。1型强毒株和致弱毒株之间存在生产性感染转录子差异，这与UL两侧重复区的转录子有关。最近的研究进一步证实，在溶细胞性感染的成纤维细胞中马立克病毒编码的大部分蛋白都有表达。

有一些因素可影响细胞培养中的生产性感染。病毒DNA聚合酶和胸苷激酶的抑制剂能抑制生产性感染的细胞培养物病毒的复制，但不影响成淋巴细胞系的生长。细胞培养中的一氧化氮（NO）以剂量依赖性的方式降低病毒复制。细胞培养感染可改变感染细胞及邻近细胞的细胞基因的转录调节。

2）潜伏感染　虽然很多疱疹病毒都报道有潜伏相关转录物（LAT），疱疹病毒潜伏感染是被定义为在没有病毒转录物和蛋白质的情况下存在病毒DNA。这种定义也适合于非转化的血清2型和血清3型毒株。而对于血清1型毒株，潜伏和转化之间的区别尚未确定。两种情况下都有病毒基因组存在，但潜伏感染细胞和转化细胞之间的转录调控的差异目前还不了解，因为不可能将潜伏感染的非转化细胞与非感染细胞区分开。因此关于潜伏感染的研究通常是在马立克病转化细胞系上进行。尽管$CD8^+$T淋巴细胞和B淋巴细胞也可发生潜伏感染，但马立克病毒潜伏感染主要与$CD4^+$T淋巴细胞有关。在潜伏感染的细胞中病毒基因组的拷贝数小于5个。体外研究表明REV转化细胞、OU2和QT35细胞系均可发生潜伏感染。通过接种易感鸡、与容许性细胞共培养和潜伏感染淋巴细胞的体外培养，可再次激活潜伏感染的细胞和肿瘤细胞中的马立克病毒基因组。后一种方法可以通过计算0 h和48 h细胞培养物中抗原阳性细胞来计算潜伏感染细胞的数目。 PCR也可用于检测马立克病潜伏感染。但是PCR方法需要结合RT-PCR方法，以证明不存在早期和晚期转录，保证扩增的DNA是来自潜伏感染细胞而不是很少几个限制性生产性感染细胞，这种细胞常见于潜伏感染的淋巴细胞群。ICP4转录子的正调节和潜伏相关转录物的负调节与潜伏感染细胞中早期基因和晚期基因的再激活有关。

3）转化感染　转化感染仅发生于血清1型马立克病毒感染的细胞。寻找肿瘤相关特异表面标志的努力，发现了两种可能的抗原。在马立克病淋巴瘤和成淋巴细胞系细胞中可检测到一种与马立克病肿瘤相关的表面抗原（MATSA），但在生产性感染细胞的表面检测不到。MATSA也可从免疫接种火鸡疱疹病毒或血清2型马立克病毒鸡的淋巴细胞中检测到，随后的研究表明MATSA还存在于未感染鸡的激活T淋巴细胞中。最近，用单克隆抗体AV37检测到第二种抗原CD30，它与溶细胞感染阶段的马立克病转化$CD4^{+}$T细胞和马立克病毒感染细胞有关。但是这种抗原也可在B细胞和REV转化细胞中检测到。最近的研究表明，CD30的高表达是马立克病淋巴瘤的特性，这意味着CD30是肿瘤性转化中扰乱关键细胞内信号通路的成分。

（2）其他血清型病毒的复制　血清2型马立克病毒和火鸡疱疹病毒的复制与血清1型病毒相似。因为火鸡疱疹病毒和血清2型不致瘤，所以还未建立与马立克病肿瘤细胞系同等的细胞系，而且也未发现转化感染。鸡可发生血清2型和3型病毒潜伏感染，但发生潜伏感染的细胞表型尚不清楚。在禽白血病病毒转化B淋巴细胞系观察到SB1株的潜伏感染，表明B淋巴细胞可能是血清2型病毒潜伏感染的靶细胞。火鸡疱疹病毒偶尔也可存在于马立克病毒转化的T淋巴细胞系，可能代表一种潜伏感染。

4. 毒株分类

（1）血清型　根据毒株的抗原差异，马立克病毒可分为血清1、2、3型，血清型和生物学特性相一致。单抗的出现不仅进一步证实了早期的血清分型，而且为准确的血清分型提供了标准试剂（见彩图4-2-1）。血清1型包括所有致瘤强弱不同的致瘤毒株，如JM、GA、MD_5和京-1等；血清2型包括所有的不致瘤毒株，如SB1、301B／1、Z_4等；血清3型包括所有的火鸡疱疹病毒，如FC-126、LS等。黄仕霞等（1988）对国内的分离毒株进行了血清型鉴定。许多生物学特性与病毒血清型有关。低代次血清1型病毒在鸭胚成纤维细胞（DEF）或鸡肾细胞（CKC）培养物上最易生长，其生长缓慢，产生小蚀斑。血清2型病毒在鸡胚成纤维细胞（CEF）上最易生长，其生长缓慢，产生中等大小蚀斑，伴有一些大的合胞体（见彩图4-2-2）。火鸡疱疹病毒最适合在CEF上生长，其生长迅速，并产生大蚀斑。从火鸡疱疹病毒感染细胞中提取的感染性病毒比从血清1型或2型病毒感染细胞中多。

（2）致病型（Pathotype）　在血清1型中致瘤性或毒力的差异很大，又可分为不同的致病型。根据对火鸡疱疹病毒疫苗和HVT+301B/1双价疫苗免疫鸡和非免疫鸡的致病试验，马立克病毒可分为温和型（mMDV）、强毒型（vMDV）、超强毒型（vvMDV）和特超强毒型（vv+MDV）。例如，CU2株是温和型，JM、GA和HPRS-16株是强毒型，Md_5和RB1B株是超强毒型，648A株是特超强毒型。马立克病毒毒株毒力的演化模式是从低毒力向高毒力，但演化的分子基础还未搞清楚。许多年来，马立克病是由病理型为温和型马立克病毒引起以麻痹为主的经典疾病；20世纪40年代末首次发现与强毒马立克病毒病理型有关的马立克病，这一类型的马立克病毒成为20世纪60年代的主要病理型；20世纪70年代末首次发现超强毒马立克病毒病理型毒株，主要位于仍有严重的马立克病发生的火鸡疱疹病毒免疫的鸡群中，这导致20世纪80年代早期引入血清2型+3型（HVT）双价疫苗；20世纪90年代早期，特超强毒株出现，与超强毒一起成为主要的致病型。

某些生物学特性与血清1型病毒的致病型有关，但在低代次和高代次（致弱）毒株之间最为明显。强毒分离株体外连续传代（一般需30～70代）后可导致毒力减弱。致弱毒株更易在体外生长，但在体内产生较低滴度的病毒血症，这可能与其在淋巴细胞中感染和复制能力明显下降有关。致弱毒株gC（A抗原）产量降低或不产生，在鸡群中不能通过接触有效传播。有些致弱不完全的毒株可在易感鸡引起轻微损伤。过度致弱毒株不能在鸡体内复制也不能对鸡起保护作用。通过在鸡体内回复传代，血清1型致弱毒株在体内的繁殖能力得到提高。

5. 实验室宿主系统　马立克病毒通常可在组织培养、新生雏鸡和鸡胚中繁殖和测定。来自马立克病淋巴瘤的成淋细胞样细胞系也是重要的实验室宿主系统。

（1）细胞培养　不同血清型马立克病毒在细胞培养中显示不同的生物学特性。1型毒株初次分离时可在鸭胚成纤维细胞（DEF）和雏鸡肾细胞（CKC）单层上繁殖，适应后亦可在鸡胚成纤维细胞（CEF）上生长。2型和3型病毒在CEF上生长最好。初次分离时1型、2型病毒生长缓慢，5～14 d出现蚀斑。蚀斑由数目不等的圆形、折光性强的细胞构成，有些感染细胞融合在一起，形成合胞体。感染细胞内亦可见到核内包涵体。1型病毒产生小蚀斑。2型病毒产生中等大小蚀斑，并带有大的合胞体。随着培养时间延长，蚀斑中的圆形细胞脱落到培养液中，但通常看不到大片的细胞溶解和整个细胞单层的脱落。3型病毒（HVT）在CEF上生长快，产生大蚀斑。从感染火鸡疱疹病毒的细胞可以抽提出比从感染1、2型病毒的细胞多得多的传染性病毒，这一特性使火鸡疱疹病毒冻干疫苗的制造成为可能。强毒株在细胞培养中连续传代可以致弱。致弱的马立克病毒和血清2型及血清3型马立克病毒用鸡胚成纤维细胞很容易分离和增殖。被感染的细胞可能含有两个或几百个核，常见的有A型核内包涵体。OU2、DF-1等禽类细胞系也可用来增殖马立克病毒毒株。

（2）发育鸡胚和雏鸡　除细胞培养外，马立克病毒各个血清型也可以在发育鸡胚和雏鸡体内繁殖。接种4日龄鸡胚卵黄囊，18日龄左右可以看到绒尿膜上有白色痘斑，从针尖大到直径1～2 mm不等（见彩图4-2-3）。马立克病毒1型强毒株对刚出壳的雏鸡有很强的致病力，腹腔接种后2～4周，外周神经和某些内脏就可观察到明显的组织学变化。但应答的强度取决于鸡的遗传易感性和马立克病毒的毒力。用体外试验检测病毒或抗体，或在组织上用荧光抗体试验检测病毒相关抗原，这些都是接种鸡对马立克病毒感染的特异性反应，它们在无马立克病毒母源抗体的雏鸡上显著增强。马立克病毒1型低毒株通过鸡胚卵黄囊内接种或通过免疫抑制可增强诱发肿瘤的能力，但用同样的方法，2型和3型马立克病毒仍保持其非致瘤性。

（3）成淋巴细胞样细胞系　成淋巴细胞样细胞系是从马立克病淋巴瘤中建立的，它在细胞培养中连续生长而不贴附于培养皿上。由于方法的改进，从马立克病淋巴瘤建立细胞系的成功率在逐步提高，现已建立很多细胞系（包括从火鸡马立克病淋巴瘤产生的几个细胞系）。绝大多数由淋巴瘤建立的鸡细胞系是表达MHCⅡ类分子和T淋巴细胞受体（TCR）2或3的$CD4^+$/$CD8^-$ T淋巴细胞。一些转化细胞含有5～15个拷贝病毒基因组，虽然在不同细胞系的平均数目可能大得多，这也许与细胞群体中生产性感染的细胞比例有关。与生产性感染细胞中病毒DNA相反，细胞系中病毒DNA呈高度甲基化，但甲基化对维持转化状态并不是必需的。大部分细胞系可称为“生产者”细胞系，因其有一小部分（1%～2%）细胞发生了生产性感染。虽然一些建成的非生产者细胞系基因组表达的证据有限或缺乏，但在大多数细胞系中很容易发现病毒。延期培养可减少马立克病毒基因组的表达。在大部分（不是所有）从淋巴瘤产生的马立克病细胞系中发现有染色体畸变，在1号染色体上，通过DNA复制发现其短臂上有一额外的G带和间带。只来源于局部病变的马立克病细胞系中畸变不常见。

马立克病细胞系可用于分析肿瘤抑制基因和细胞肿瘤基因之间的相互作用。Meq蛋白诱导Rat-2细胞中原癌基因*bcl-2*的转录，其基因产物可延缓细胞凋亡。成淋巴细胞样细胞系中肿瘤抑制基因p53的几个突变也有报道，但这些突变并不位于与p53功能丧失有关的传统热点区。

6. 对理化因素的抵抗力　细胞结合性马立克病毒血清1型和2型毒株的稳定性完全依赖于细胞的活力，任何影响细胞活力的处理方法都将直接影响病毒的感染力。马立克病毒或HVT的细胞结合性种毒常保存于-196℃。但是这些种毒的感染力直接与制备物中的存活细胞有关，也取决于合适的冻融技术。在理想条件下，稀释后的细胞结合性病毒种毒或疫苗半衰期至少为2～6 h。从感染鸡皮肤制备的无细胞病毒，在pH 3或pH 10处理10 min，4℃ 2周、25℃ 4 d、37℃ 18 h、56℃ 30 min或60℃ 10 min均被灭活。从皮肤或细胞培养得到的无细胞病毒可以在-70℃保存，如有适当稳定剂可以冻干而不损失多少传染性。

感染鸡群的垫料和羽毛因含有从羽囊上皮细胞来的无细胞病毒而具有传染性。这些材料的传染性在室温可保持4～8个月，在4℃至少保持10年，但常用化学消毒剂作用10 min就能使之灭活。

【流行病学】

1. 自然和实验宿主　鸡是马立克病最重要的自然宿主，但鹌鹑、火鸡和雉也很容易感染病毒和发病。实际上所有鸡，包括观赏鸡、土种鸡和热带丛林鸡都易感并形成肿瘤。其他许多禽种包括鸭、麻雀、鹧鸪、鸽子和孔雀对马立克病具有抵抗力，但马立克病毒接种鸭可产生抗体。在明显暴露的动物园禽类中，除鸡目中少数几个属外，未发现自然感染的病毒学和血清学证据。包括几种灵长类在内的哺乳动物，都对试验接种有抵抗力。小鼠接种来自于马立克病感染的野外病鸡的肿瘤细胞后，肿瘤发生率很高，但马立克病毒对这些肿瘤所起的病原学作用还未得到证实。

日本鹌鹑的商品群自然暴发马立克病比较常见。感染鹌鹑多个内脏器官内会形成淋巴肿瘤，但外周神经很少受到侵害。死亡率可达10%～20%，但死亡发生相对较晚。可在羽囊上皮细胞中检测到马立克病毒抗原，偶尔也能在血液里分离到马立克病毒，尽管滴度可能很低，或通过PCR试验来检测。马立克病毒从鸡传播到鹌鹑和从鹌鹑传播到鸡均有报道。试验接种或接触感染鸡和鹌鹑源马立克病毒，可诱发鹌鹑发生马立克病。试验条件下发生的疾病与自然暴发的表现相似。许多商品鹌鹑群免疫接种火鸡疱疹病毒疫苗，Kobayashi等认为疫苗免疫接种具有保护性，然而Kaul和Pradhan报道，鹌鹑接种火鸡疱疹病毒疫苗后，对10日龄接种鹌鹑源马立克病毒毒株的攻击的保护作用很差。山齿鹑也易感，但比日本鹌鹑发病率低。

以前有报道火鸡偶尔发生马立克病样肿瘤，但很少出现自然暴发。然而火鸡对马立克病毒试验感染易感，8～19周的死亡率为22%～70%。自然发病和试验感染都很少或未见外周神经肿大。病毒感染特征与鸡的相似，但通常会有所减弱。感染火鸡的外周血液淋巴细胞中可再分离到病毒，且淋巴组织和肺中可以检测到抗原，但均比鸡的检出率和检出量低。出现肿瘤的火鸡也有免疫抑制。有趣的是，免疫接种火鸡疱疹病毒疫苗对马立克病毒强毒的攻击不能提供保护。接种马立克病毒的火鸡诱发产生淋巴瘤，从该淋巴瘤建立了B细胞和T细胞两个细胞系，表明这两种细胞对转化都敏感。有一段时间法国、以色列、德国和英国苏格兰的商品火鸡群有马立克病严重暴发。8～17周龄火鸡发生肿瘤的死亡率达40%～80%。在某些暴发病例，受感染的火鸡群饲养在肉鸡群附近。病变情况与实验感染相似，尽管有报道说有些火鸡发生麻痹，并偶见外周神经有淋巴细胞浸润。病毒分离和PCR可检测到血清1型马立克病毒。鸡与火鸡之间和火鸡到火鸡的传播也已确定。火鸡接种CVI988 / Rispens毒株可提供保护。

雉鸡和其他相关种类如黑鹧鸪可能也易感，这些禽类的典型淋巴瘤和神经病变也偶尔有报道。普通雉鸡（*Phasianus colchicus*）受到马立克病毒强毒攻击后，会产生麻痹、内脏淋巴瘤，并于感染后75～85 d出现沉淀抗体。与鹌鹑和火鸡不同，雉鸡对马立克病神经性损伤更敏感。但是雉鸡感染马立克病毒后的疾病特点还没有很好的研究。在日本白额雁（*Anser albifrons*）也已报道发生马立克病。后来的研究表明，在此品种的羽毛尖中有高含量的马立克病毒基因组。

2. 传播途径　病鸡和带毒鸡是最主要的传染源。鸡只间的直接或间接接触显然是通过气源途径造成病毒的散布。在羽囊上皮细胞中繁殖的病毒具有很强的传染性，这种完全病毒随着羽毛和皮屑脱落到周围环境中，它对外界的抵抗力很强，在室温下至少在4～8个月内还保持传染性。病毒主要从呼吸道进入体内，经吸入感染后24 h，肺内可查到病毒抗原，可能是吞噬性肺细胞摄取病毒并将其带到其他器官中去。病毒一旦感染鸡群后，不论鸡群免疫状态如何，都会在鸡群中快速传播。接种或接触后2周开始排出病毒，在第3～5周达到高峰。一旦感染，鸡会长久排毒。荧光定量PCR方法可用来测定羽囊上皮细胞和灰尘中病毒的含量，已证明最大的排毒量发生在感染早期。很多外表正常的鸡是可以传递感染的带毒鸡，感染可能无限期持续下去，有些鸡从皮肤排出病毒的时间持续76周。感染鸡的不断排毒和病毒对外界的抵抗力强是造成感染流行的主要原因。

经口感染不是重要的传播途径。研究表明垫料中的螨类、蚊子等节肢昆虫不能传播马立克病，虽然有报告称黑色甲壳虫（*Alphitobius diaperinus*）可被动携带病毒。马立克病毒不能垂直传播。由于很少有病毒能在孵化的温度和湿度条件下存活，因此由蛋外污染造成的母体到子代的传播也是不可能的。

3．潜伏期 人工感染时的潜伏期受毒株的毒力、接种剂量、感染途径及鸡的遗传品系、年龄和性别的影响。1日龄接种马立克病毒，2周后开始排毒，3～5周为排毒高峰。接种后3～6 d发生溶细胞性感染，6～8 d出现淋巴器官的变性损害。2周龄时在外周神经和其他器官可发现单核性细胞浸润，但临诊症状和大体病变直到3～4周龄才出现。

在现场条件下很难确定本病的潜伏期。马立克病毒感染引起的几种非淋巴瘤综合征的潜伏期可能较短。溶细胞感染见于感染后3～6 d，在6～8 d后伴有胸腺和腔上囊的变性病变（萎缩）。早期死亡综合征以感染后8～14 d死亡为特征。最早的淋巴瘤综合征发病可见于3～4周龄的非免疫鸡，但以8～9周龄发病最严重，通常不可能确定感染的时间和条件。在蛋鸡群常在4月龄前后才表现出临诊症状，少数情况下直至6～7月龄才发病。Nichollas曾报道过发生在14月龄时的一次马立克病暴发。在免疫的商品鸡群中，马立克病的暴发被称为“早期”“晚期”暴发，显然是由于疫苗免疫失败不能提供保护造成的。晚期免疫失败尤其麻烦，多发生于产蛋后期或甚至发生在强制换羽后和第2个产蛋周期开始时。现在很难确定晚期马立克病是早期感染（老的）还是后来感染（新近的）引起的。Witter和Gimeno感染18～102周龄的鸡，发现用超强毒攻击非免疫鸡时，感染后68 d发生马立克病，而攻击相同日龄的免疫鸡时，感染后不发生马立克病。晚期免疫失败不可能是新近感染单独引起的，还需要其他的额外因素。

4．发病率和死亡率 马立克病的发生率差异很大。除少数鸡可从临诊疾病恢复，一般情况下，死亡率和发病率相等。如不使用疫苗，鸡群的损失可从少数几只到25%～30%，间或可高达60%。接种疫苗，产蛋鸡群可把损失减小到5%以下，肉鸡群可把死亡控制在0.5%以下，把废弃率控制在0.2%以下。但在很多情况下可发生免疫失败。

影响发病率或死亡率的因素很多，可归结为病原体因素、宿主因素、环境或其他因素。毒株的毒力、感染的剂量和途径是最重要的病原体因素。1型马立克病毒的毒力从温和型、强毒型、超强毒型到特超强毒型不等，毒力愈强发病率愈高。但对给定的毒株来说，其毒力又部分决定于宿主的遗传结构。在自然条件下，污染严重感染量大时，发病率也高。剂量大小对有某种抵抗力的鸡，或是对毒力较低病毒的致病与否常有决定作用。呼吸道途径是最有效的自然感染途径，其他途径使进入宿主的病毒量大大减少。

宿主因素包括性别、被动抗体、遗传结构和年龄。母鸡比公鸡易感，潜伏期短，死亡率高。母源抗体可降低死亡率，减轻暂时性麻痹的临诊症状和早期死亡综合征。不同品种的鸡对马立克病的易感性差异很大，有的高度易感，有的抵抗力很强，这取决于遗传结构。国内的地方品种如北京油鸡、狼山鸡，育成的蛋鸡品种和肉鸡品种如伊沙鸡、海赛克斯鸡、罗曼鸡等都很易感。年龄愈小愈易感。所谓年龄抵抗力可能与遗传抵抗力相关，因为这个抵抗力在遗传抵抗力强的品系表现更为明显。宿主敏感性的差异是对发病而言，而不是指感染病毒。有抵抗力的鸡也能感染病毒并产生特异抗体。病毒在其体内繁殖并排出，污染环境，把感染散布到其他鸡，但本身可以不发病。感染在鸡群中一经建立，可在群内广泛传播，于性成熟时大部分鸡已被感染。

各种环境因素如存在应激、并发感染其他疾病和饲养管理因素都可使马立克病的发病率和死亡率升高。鸡群中存在传染性囊病病毒、鸡传染性贫血病毒、呼肠孤病毒、球虫等引起严重免疫抑制的感染均可加重马立克病的损失。

【发病机理】

马立克病毒强毒进入鸡体内造成感染，诱发一系列病变，最终导致肿瘤形成。感染到发病可以分为4个时期。

1. 早期产毒性限制性感染期（第一阶段） 该期主要引起变性变化。病毒由呼吸道进入机体，被吞噬细胞带至其他部位，在脾、腔上囊和胸腺引起早期溶细胞性感染，3～6 d达高峰。主要靶细胞为B细胞和某些激活的T细胞，这一点应用B细胞和T细胞标志特异性单克隆抗体及pp38特异性单克隆抗体进行双染得到了证明。早期溶细胞性感染的结果是淋巴器官暂时性萎缩，尤其是胸腺和法氏囊。根据攻毒毒株的毒力不同，感染鸡可能在接种后8～14 d康复，也可能是免疫器官发生永久性萎缩。细胞溶解可能起始于宿主关闭蛋白的激活，通过细胞凋亡导致细胞死亡。尽管胸腺中马立克病毒感染细胞主要是B细胞，但胸腺细胞大量凋亡可能是病毒感染或是病毒诱发细胞因子变化的结果。在溶细胞期，脾细胞中促炎细胞因子的表达发生变化。表达的上调及所涉及的细胞因子随病毒的致病型及宿主基因型的不同而不同。早在感染后3～4 d脾细胞中IFN-γ的mRNA水平即上调，但是循环血白细胞没有这种现象。IL-1β及IL-8也可能上调。另外两种促炎细胞因子IL-6和IL-18也上调。除了细胞因子外，在溶细胞感染中，诱导性一氧化氮合成酶（iNOS）也上调。

细胞因子表达的上升，也可解释引起脾肿大的淋巴样和网状细胞增生。在溶解性感染早期，遗传抗性品系和易感品系鸡的感染水平大体相当。但是在遗传抗性的6系鸡，被感染的淋巴细胞水平显著低于易感性7系鸡。IFN-γ的早期激活对上调被活化的T细胞表面的IL-8受体可能很重要，vIL-8能够将活化的T细胞吸引到被溶源性感染的B细胞处，促进病毒向T细胞转移。最近，用vIL-8或vIL-8的第一个外显子缺失突变株的研究证明了vIL-8对于早期溶细胞感染的重要性。这些突变株引起的早期溶解性感染，病毒复制水平显著性下降，继而使肿瘤发生率降低。除vIL-8外，pp38也是影响早期溶细胞感染的重要因素。但Meq、RLORFl4、RLORF5a、vLIP（LORF2）及病毒端粒酶的缺失对第一阶段的影响不显著。

有一些因素可以改变早期病理发生。早期免疫接种或存在母源抗体可减少溶细胞性感染。溶细胞感染降低可减少潜伏感染细胞的数量及减少或推迟肿瘤形成。与2周龄或7周龄时相比，1日龄雏鸡接种马立克病毒会延长溶细胞性感染时间。同样，毒株的致病性也会影响早期感染的严重程度。超强毒（如Md5株）和特超强毒（如RK-1株），比低致瘤毒株引起更严重的淋巴器官萎缩，导致早期死亡综合征。

2. 潜伏感染期（第二阶段） 在感染6～7 d后，进入潜伏感染期，此时不再检测到溶细胞性感染，而且肿瘤也查不出来。潜伏状态的建立与免疫应答的发展相一致。在潜伏期诱导过程中，病毒与细胞之间的相互作用还不完全清楚。细胞介导免疫受损害可推迟潜伏期的到来。用毒力更强的病毒感染也可以推迟潜伏期的到来。有几种可溶性因子与潜伏期诱导有关，其中包括IFN-α、IFN-γ、潜伏维持因子LMF和NO。上清中含有IFN时用RB1B病毒感染CEF，证明在晚期基因翻译之前IFN就可以阻断病毒复制。

尽管$CD8^+$T细胞和B细胞也可参与潜伏感染，但大多数潜伏感染细胞是活化的$CD4^+$ T细胞。遗传抗性品系鸡的感染，常维持潜伏状态直至终身，但在羽毛囊上皮细胞中有持续的低度生产性感染。潜伏感染期间T细胞的凋亡已有报道，尽管还不能排除在这些细胞中马立克病毒被重新激活。在持续免疫抑制的同时，易感鸡或抗性鸡感染超强毒或特超强毒后第2周或第3周可产生第二次溶细胞性感染。

非淋巴细胞样细胞潜伏感染的程度还不清楚，虽然脊神经节中的施旺细胞和卫星细胞可观察到明显的潜伏感染。

3．第二次溶细胞感染期（第三阶段） 第二次溶细胞性感染并不一定会发生，它的发展和程度取决于宿主的抗病力和毒株的毒力。在有遗传抗病力的鸡，往往停留在潜伏感染期不再发展；但在易感鸡，2或3周后发生第二次溶细胞感染，这与出现永久性免疫抑制相符合。淋巴器官再次受害，并在各内脏器官中源于上皮细胞的组织内也出现局灶性感染。这时皮肤羽囊上皮细胞感染，复制出大量传染性病毒。在羽毛囊上皮细胞中病毒复制方式独特，因为这是已知能复制出完全病毒的唯一部位，而且不同毒力的马立克病毒毒株在遗传抗病鸡及易感鸡都能进行这种复制。马立克病毒最可能是通过感染的淋巴细胞转运到羽毛囊上皮细胞。CVI988感染后仅7 d就可以用荧光定量PCR的方法检测到病毒DNA，虽然还不能确定测到的是无细胞病毒。由带有核内包涵体的小淋巴细胞组成淋巴集合，早在感染后7 d就可在真皮毛囊周围检测到。淋巴组织集合可进一步发展成由羽毛囊上皮细胞和变性淋巴细胞组成的坏死灶或发展成皮肤肿瘤。前者与pp38大量表达有关，但后者仅有少量pp38阳性细胞。vIL-8和pp38的缺失突变株可以在羽毛囊上皮细胞中复制全病毒，说明病毒在羽毛囊上皮细胞中可能是被从潜伏状态中重新激活。这一期的感染程度与鸡的易感性和病毒的毒力有关，这两种因素决定了肿瘤发生率。

4．淋巴组织增生期（第四阶段） 淋巴组织增生性变化构成了疾病的最终应答，进一步可发展成肿瘤，虽然明显的淋巴瘤形成之前或之后病变可以消退。淋巴瘤引起的死亡可在从大约3周起的任何时间发生。淋巴瘤的成分复杂，由肿瘤细胞、炎性细胞和免疫学上参与或非参与细胞的混合物组成。T细胞和B细胞都存在，虽然前者占优势。

尽管肿瘤具有不同表现型，但是转化的靶细胞通常是活化的$CD4^+$ T细胞，可能是T辅助细胞。如果感染条件是经过实验改进的，其他的T细胞亚群都是可转化的，包括$CD4^+$、$CD8^+$及$CD4^-$/$CD8^-$细胞。如在一研究中，通过胸腺摘除使T细胞缺乏，接着每周注射CD4或CD8单克隆抗体，证实$CD3^-$ $CD4^-$ $CD8^-$ 及$CD3^+$ $CD4^-$ $CD8^-$细胞均可转化。马立克病肿瘤及由肿瘤建立的细胞系均表达另外几种抗原。在一些非感染的活化T淋巴细胞群体中发现MATSA和AV37两种抗原，可能是表达在转化细胞表面的标志，因为它们存在于马立克病肿瘤细胞，有些品系鸡但不是所有品系鸡的马立克病淋巴瘤含有表达鸡致死性抗原的细胞，表明肿瘤细胞去分化的程度随品系不同而不同。据报道，在实验感染火鸡既存在B细胞肿瘤又存在T细胞肿瘤。

绝大多数转化细胞的感染，在体内和体外均为非产毒感染。在表达CD4或AV37的肿瘤细胞中Meq和SAR的表达水平很高。根据对细胞系的研究，其他几个基因也可得到表达。 pp38仅在少数肿瘤细胞中表达，它们可能是生产限制性感染已被启动的肿瘤细胞。

根据马立克病毒 DNA可随机整合到淋巴瘤细胞基因组的现象，马立克病肿瘤是克隆起源的可能性已被提出。尽管整合是随机发生的，但是在一个给定的淋巴瘤细胞或一个给定的淋巴瘤源细胞系中，整合位置是恒定的。这项研究对马立克病发病机理有奠基的意义，但还需证实和进一步确定。然而Schat等早期研究清楚地表明，同一只鸡身上的不同淋巴瘤产生的细胞系代表不同T细胞表型，这种表型是依据CD标志和TCR标志而定。

不同遗传品系中移植物抗宿主排斥反应的研究结果表明，通过连锁遗传或功能依赖，同种异型免疫能力低下和马立克病抗病性密切相关。这促使Schat等和Clanek推测，对B细胞溶解感染的应答导致T细胞活化，为转化提供了大量靶细胞，构成了马立克病病理发生中的重大事件。这个假设已被Clanek的研究证实，他指出在马立克病毒攻毒部位，肿瘤的诱导可通过激活该部位对同种异型细胞CMI反应来增强。转化的条件是：①对感染的易感性；②病毒复制的内部或外部控制（潜伏）；③细胞分裂以便整合病毒基因组；④病毒致瘤抗原的表达，细胞的致瘤基因活化，或凋亡诱导的抑制。在细胞因子和/或细胞免疫（CMI）应答引发转换到潜伏状态时，感染的活化T细胞可能符合这种模式。有趣的是，早在接种马立克病毒感染的同种异型CKC 4 d后就存在的细胞可在体外长成马立克病细胞系。因此，甚至在马立克病溶细胞感染早期，转化细胞或至少是转化的靶细胞即已存在。

不同毒株致瘤性不同，但与毒株相关的不同发病机理的分子基础尚未完全明确。所有毒株都能引起同样的早期溶细胞性感染，尽管vv+毒株导致的时间长且更严重。最近有报道指出，一些新出现的毒株可以在巨噬细胞中复制，导致巨噬细胞死亡增加。但致弱毒株不能引起淋巴器官的溶细胞性感染，且与细胞相关的病毒血症水平也低。进一步研究表明，在体外致弱毒株对淋巴细胞没有感染性，这大概可解释体内观察的结果。

在宿主有抵抗力的情况下，发病机理改变的机制还不清楚。然而，大概有细胞免疫（CMI）参与，且有证据表明，宿主的免疫应答可能直接针对早期的病毒学过程，或针对以后的增生阶段，且对任一阶段的有效应答都可能减少发病的机会。年龄和遗传抗性都依赖于免疫学活性。用于病毒复制的适当靶细胞的获得也很重要，正如第6纯系对第7纯系鸡的比较试验所示。T细胞抗早期B细胞的溶细胞性感染的强烈反应，可促进肿瘤的发生。疫苗的免疫、胚胎腔上囊摘除和脾切除都可抑制活动性病毒感染，因而能消除炎性反应和减少肿瘤的发生率。有趣的是，一些有异常强烈的CMI反应的遗传品系鸡对马立克病特别易感。

5. 影响致瘤发病机理的因素　对细胞培养传代致弱的致瘤马立克病毒的感染机理研究表明，致弱毒株不能引起淋巴器官的溶细胞性感染，这可解释体内观察的结果。不同毒株致瘤性不同，但与毒株相关的不同发病机理的分子基础尚未完全明确。所有毒株都能引起早期溶细胞性感染，尽管特超强毒株导致的时间长且更严重。最近有报道指出，一些新出现的毒株可以在巨噬细胞中复制，导致巨噬细胞死亡增加。

免疫应答本身可能与马立克病的一些特征性病变有关。神经病变的有些特征提示马立克病可能是一种自身免疫性疾病，且已被认为是兰德里格巴综合征（Landry-Gullain-Barré）的模型。有研究表明，马立克病毒感染的鸡和鹌鹑，其肾脏有免疫复合物，这一证据也支持马立克病是一种自身免疫疾病。

上述这些结果是在控制条件下使用SPF鸡进行研究得出的。但早期溶细胞性感染并不是肿瘤形成的绝对先决条件。Schat等发现，马立克病毒感染胚胎期腔上囊摘除的鸡，在无早期溶细胞性感染的情况下也能形成肿瘤。这与用vIL-8和pp38缺失突变株感染后病理过程的第一阶段无溶细胞感染时的肿瘤形成过程是相似的。显然，攻毒时有足够的活化T细胞才能被感染。因此，溶细胞性感染对肿瘤的发生并不是绝对必需的，在疫苗免疫的商品鸡情况可能也一样。然而，应激和免疫抑制性感染可诱导第二次溶细胞性感染，从而使疫苗免疫的效果降低。

6. 非瘤性疾病的发病机理 马立克病毒感染会引起几种非瘤性综合征。马立克病毒引起的动脉粥样硬化的发病机理还不清楚。组织学变化是动脉平滑肌脂肪增生性病变伴有类脂代谢改变，早在感染后1个月就可检测到。早在感染后2周，$CD4^+$和$CD8^+$ T细胞就浸润到内皮层。另外感染鸡内皮细胞可表达MHC Ⅱ类分子。这些细胞使病毒侵入平滑肌细胞，偶尔导致病毒抗原表达和类脂代谢紊乱。神经损伤伴随着传统暂时性麻痹，急性暂时性麻痹导致感染后1～3 d内死亡。持续性神经综合征及迟发型麻痹过程的发病机理还不是很清楚。传统和急性暂时性麻痹的区别在一定程度上是随机的，而且它们的早期发病机理是相似的。这两种暂时性麻痹的发展都受MHC和马立克病毒毒株毒力的影响，毒力越强，急性暂时性麻痹受到的影响的越大。B细胞在这个过程中是必要的。脑部病变在6～8 d时以脉管炎开始，接着白蛋白从血管渗漏进空泡。这种血管源性水肿是暂时性的，与疾病引起的临床麻痹相关。脑中病毒复制程度与疾病严重程度相关。病毒复制程度低或者不复制，就不会出现神经综合征。特超强毒648A株在CEF上连续传代后毒力减弱，引起的暂时性麻痹发生率下降，与淋巴器官和羽毛囊上皮细胞中病毒复制水平下降相一致。

内皮细胞不表达病毒抗原，但病毒进入脑后不久内皮细胞即开始增生肥大，且早在感染后6 d表现出MHC Ⅱ类分子的上调和感染后10 d表现出MHC Ⅰ类分子的下调。感染RK–1或者RB–1B会引起小脑中包括IFN-γ，IL–1β，IL–6，IL–8，IL–12和IL–18在内的促炎细胞因子转录水平的上升。感染RB–1B出现传统暂时性麻痹的鸡群中IFN-γ，IL–6和IL–18表达水平的上升幅度要高于没有临床症状的感染鸡群。

持续性神经性综合征的临床症状与神经纤维网内成淋巴细胞高度浸润相关，大多数成淋巴细胞表达Meq蛋白，该综合征发生较迟（约在感染后3周），表明其发病机理与其他组织淋巴瘤的发生一致。而且持续性神经性疾病与外周神经和内脏器官淋巴组织增生性病变的发生密切相关。

【免疫机理】

感染强毒马立克病毒或疫苗株不仅导致天然免疫和获得性免疫应答的激活，而且会引起免疫抑制作用，特别是感染强毒株。免疫应答和免疫抑制之间相互作用对马立克病发病机理的重要性怎么强调也不过分，平衡偏向于免疫抑制将发生疾病。

1. 免疫应答 在早期溶细胞性感染阶段建立的免疫应答对感染的结果至关重要。这个时期免疫应答障碍，可延缓潜伏感染的建立，从而延长溶细胞性感染和随后通过病毒诱发的凋亡使免疫细胞持续破坏。1日龄免疫应答未完全形成时发生感染、环孢菌素处理或摘除雏鸡胸腺并结合环磷酰胺处理都可造成免疫应答障碍。潜伏期免疫应答的重要性与抵抗第二次溶细胞性感染的保护有关，且依赖于细胞介导免疫。有人提出疫苗诱导的免疫是抗肿瘤免疫反应，因为疫苗免疫不能防止野生型毒株的重复感染，但确实能防止肿瘤形成。不过疫苗免疫的确明显减少早期溶细胞性感染，从而防止免疫系统的广泛性损伤，并减少潜伏感染T细胞的数量。存在病变消退现象，表明可能发生针对肿瘤细胞的免疫应答。

专业的抗原递呈细胞如树突状细胞，遇到病原体后会通过病原体相关分子模式和这种模式的识别受体的相互作用而被激活，比如APC上的Toll样受体。这种相互作用激活了能引导先天性免疫和获得性免疫的细胞因子。

（1）先天性免疫应答　先天性免疫应答包括细胞因子表达水平的变化，以及自然杀伤（NK）细胞和巨噬细胞的激活。

细胞因子　感染马立克病毒会导致大量促炎细胞因子上调，并引发T_{H1}型免疫应答。MHC易感或抗性品系的鸡群感染了特超强毒株RK-1会在脾脏和小脑中引起强烈的促炎因子反应，抗性鸡群在感染后4～10 d时，IFN-γ、IL-1β、IL-8水平显著上升，这对宿主无益。强烈的遗传依赖性应答会产生高水平的NO，实际上可能对宿主是有害的。

IFN-γ是一种重要的细胞因子，它在抗病毒免疫应答中有多种功能，但是几乎没有研究说明IFN-γ在对马立克病的保护性免疫中所扮演的角色。体外研究表明，IFN-γ通过产生NO和活性氧中间产物能直接或间接地抑制病毒复制。

IFN-α对于马立克病免疫的重要性还没有从细节上阐述清楚。Quéré等发现抗性鸡群感染1 d后血细胞中IFN-α mRNA表达水平有所下降，但是易感鸡群中没有这种现象。在易感品系的感染鸡通过新城疫病毒接种刺激产生，表明马立克病毒在感染后1 d就能阻断转录过程，但在抗性鸡没有这种现象。

巨噬细胞、神经胶质细胞、星形胶质细胞可能还有其他一些细胞诱导产生了iNOS（NOS Ⅱ），NO是由三种同型的NOS合成的。iNOS的产生是机体对微生物的先天免疫应答和炎性反应的一个组成部分。NO和其他一些氮化物是相对独立并具有多种功能的小分子。NO被认为在杀伤病原体和人的神经性退化中发挥作用。

NO能抑制体外马立克病毒的复制。马立克病毒感染后6～12 d iNOS转录增加，这导致遗传抗性鸡血浆NO水平上升，但在易感品系鸡不升高。NO的产生可能是有益的，因为当遗传抗性的鸡群接触到vMDV时，它能抑制体内马立克病毒复制。但是也有人发现，当遗传抗性的鸡用vv+MDV攻击时，病理过程与产生大量NO是密切相关的。

NK细胞是第一道防线，因为这些细胞能溶解病毒感染的细胞和肿瘤细胞而不必事先接触病原。NK细胞也是IFN-γ有效的诱导剂。为了能溶解靶细胞，NK细胞必须能将靶细胞识别为外物（如已改变的MHC Ⅰ类分子或表达下调）。Sharma报道，带有肿瘤的遗传敏感鸡，其NK细胞活性降低，与此相反，无肿瘤的遗传抗病鸡或免疫鸡NK细胞活性水平增强。当遗传抗性鸡N2a感染超强毒株RB-1B后至少14 d时还存在类NK活性，但是在易感品系鸡P2a中8 d后还是检测不到NK细胞活性。用SB-1或HVT免疫后，NK细胞立即被激活。当雏鸡免疫后不久就被感染，NK细胞活性增强是有益的，可能通过提供IFN-γ或溶解病毒感染细胞起作用。最近报道的溶细胞性感染阶段MHC Ⅰ类分子的下调肯定了NK细胞的可能作用。

活化巨噬细胞可限制病毒复制和降低肿瘤发生。这些现象可能是NO及活性氧中间物的产生所致。马立克病毒感染后不久收集的巨噬细胞能在体外抑制马立克病成淋巴细胞系DNA合成和繁殖，可认为是一种暂时性免疫抑制作用。但这种抑制实际上更可能是一种保护性应答，因为在马立克病毒感染由B细胞向T细胞转变的关键时期，它限制了活化的T细胞的数量。

（2）获得性免疫应答　包括特异性体液免疫和细胞免疫应答，在MDV感染后1～2周内发生。

1）体液免疫　感染马立克病毒的鸡在1周内会产生沉淀和病毒中和抗体，免疫球蛋白G（IgG）代替了短暂的免疫球蛋白M（IgM）应答。这些抗体是针对多种蛋白质。绝大多数抗体与保护性免疫应答无关，因为它们识别的是非结构蛋白或者未表达在病毒囊膜表面及病毒感染细胞表面的蛋白。由于马立克病毒细胞结合的特性，抗体在马立克病免疫中的意义有限。仅当细胞游离性病毒感染鸡或MDV蛋白表达在细胞表面时，病毒中和抗体才有意义。在后一种情况下，抗体加补体或抗体依赖性细胞介导的细胞毒作用能溶解感染细胞。实际上利用细胞游离性病毒和细胞结合性病毒已证实体内病毒中和作用的存在。母源抗体的存在可减少溶细胞性感染，且降低低滴度细胞结合性疫苗或细胞游离性HVT的免疫效率。

涉及体液免疫的特异抗原仅有少数得到鉴定。抗纯化gB蛋白的抗体可中和细胞游离性马立克病毒。接种表达gB重组禽痘病毒（rFPV）或单独接种gB可使鸡体产生病毒中和抗体，抵抗马立克病毒攻击。其他糖蛋白（如gC、gE和gI）的抗体在感染后可检测到。接种杆状病毒表达的gC或表达gC的rFPV不能抵抗攻毒。

研究发现，马立克病肿瘤特异抗原（MATSA）的抗独特型抗体可用于免疫鸡抵抗马立克病毒强毒的攻击，因而认为马立克病毒转化细胞的表面抗原可能参与马立克病免疫。也有人提出，抗体依赖细胞介导细胞毒作用（ADCC）在马立克病免疫中有作用，但是靶抗原和效应性细胞还没确定。

2）细胞免疫　自身MHC Ⅰ类分子帮助下细胞毒性T淋巴细胞（CTL）能识别8～12个氨基酸残基的短肽。这些短肽产生于重新合成的蛋白，这种蛋白合成过程复杂，涉及蛋白酶体和抗原加工相关的运输蛋白（TAP）1和2。体外试验证实抗原特异的CTL要求效应细胞和靶细胞表达相同MHC Ⅰ类抗原。

Pratt等在带有已知的MHC抗原的REV转化细胞系上稳定地转染和表达马立克病毒基因。这些细胞是用来表明感染鸡或免疫鸡的CTL能识别源自pp38、Meq、ICP4、ICP27、gB、gC、gH、gI和gE的肽片段。感染后大约7 d效应细胞产生，且以表达CD3、CD8和TCR$\alpha\beta$1但不表达CD4的典型CTL为特征。通过分析抗性鸡和易感鸡CTL识别的蛋白可以发现存在显著差异。抗性品系鸡N2a（MHC：$B^{21}B^{21}$）的CTL可以识别ICP4，而易感品系鸡P2a（MHC：$B^{19}B^{19}$）不能。ICP4一旦开始表达，感染细胞就会被有效地杀死，比如，当潜伏感染细胞被重新激活，以及病毒复制完成之前，杀死感染细胞便会成为MHC依赖的遗传抗性的贡献因素之一。两种鸡的CTL都可以识别gB和gI两种糖蛋白。来自N2a的CTL能溶解表达gC、gK的细胞，在较小程度上也能溶解表达gH、gL及gM的细胞。来自P2a的CTL识别表达gE的细胞。鸡免疫接种表达gB的rFPV后除产生病毒中和抗体外，还能形成gB特异的CTL反应。Lee等发现表达gI的rFPV也能提供对马立克病毒攻击的保护，但是表达gE和gH的rFPV则不能。重组疫苗产生的保护性免疫效应可能是通过gB和gI的特异性CTL起作用。免疫接种表达pp38的rFPV在不存在病毒中和抗体时可以暂时降低病毒血症，所以针对pp38的CTL可能对免疫力很重要。

3）疫苗免疫　HVT、血清2型马立克病毒毒株和致弱的血清1型马立克病毒毒株可保护鸡抵抗强毒攻击后在淋巴器官的早期复制，并降低潜伏感染水平。基于目前的知识，下列事件的顺序可用来解释疫苗是如何诱导免疫力的，就如同在野外典型发生的那样，能抵抗孵化后3 d内强度毒的攻击。NK细胞早在免疫后3 d就被激活，可能产生IFN-γ并杀死有限的病毒感染的B细胞。在早期其他细胞（如巨噬细胞）也可能产生IFN-γ。IFN-γ能减少病毒复制和刺激巨噬细胞启动iNOS合成。iNOS在接种后3～7 d内产生NO，这就限制了攻击病毒的复制。抗原特异性CTL在接种后7 d开始形成，并可能与ADCC作用协同消灭病毒攻击后的其他感染细胞。这些效应机制的协同作用使攻击病毒进入潜伏状态。记忆性CTL能快速消除重新活化的病毒感染细胞。

一些因素会干扰疫苗免疫力，比如马立克病毒引起的免疫逃逸。感染免疫抑制病毒如鸡传染性贫血病毒和应激会影响疫苗诱导产生的细胞介导免疫应答。摘除腔上囊和X线放射处理引起的体液免疫缺失似乎并没有对马立克病毒弱毒提供的保护产生影响，尽管相似处理会部分妨碍HVT的疫苗免疫力。

2. 免疫逃逸　包括马立克病毒在内的许多病毒会产生免疫逃逸的机制，以干扰免疫应答。Schat和

Skinner将免疫逃逸定义为“病原体启动的抵消针对特异病原体的免疫应答”。体外感染马立克病毒会引起MHC Ⅰ类分子的下调，可能就是通过将Ⅰ类分子滞留在内质网上作用的。在溶细胞感染及后续过程中CD8α和β链的转录水平下降，这就导致了T细胞，可能还有NK细胞上CD8分子的表达水平下降。产生的IFN一系列产物可以上调MHC Ⅰ类分子的表达水平，以抵消感染后的免疫逃逸作用。马立克病肿瘤细胞上CD28的下调会干扰抗肿瘤免疫，如鸡胚抗原之类的其他一些抗原会干扰NK细胞活性。

3. 免疫抑制　马立克病毒感染引起的免疫应答抑制是该病的一个重要特征，它与马立克病毒毒株的毒力有关，并改变宿主对其他病原体的易感性。免疫应答的最早损伤是第一次溶细胞感染时淋巴细胞溶解的结果。持久免疫抑制与溶细胞性感染的第二阶段同时发生，并与最终的肿瘤形成相关，可能只在已形成肿瘤的鸡中存在。因为肿瘤细胞本身具有抑制活性，所以很难区别它们之间的因果关系。因为维持潜伏状态需要一定的免疫活性，与转化的成淋巴细胞的出现相关的免疫抑制，可能通过溶细胞性感染导致其他B细胞和T细胞的消亡，这样就使情况更为复杂，最终导致马立克病病死鸡的腔上囊和胸腺萎缩。应该注意到，免疫抑制和溶细胞性感染的活化与马立克病在产蛋周期中的暴发，可能有一定的关联。然而，免疫抑制并不是肿瘤发生的前提条件。Witter等发现，强毒马立克病毒JM株与REV共培养后得到插入了反转录病毒LTR的RM1克隆株，它不再具有致瘤性，但可以引起严重的早期溶细胞性感染。这对进一步分析病毒诱导的免疫抑制和致瘤性之间关系有重要意义。虽然这两种特性并不一定具有必然联系，但它们常同时出现，在这种情况下免疫抑制可增强致瘤性。

体液和细胞介导的免疫都可被马立克病毒感染所抑制，这可能由对各种抗原的抗体应答下降和包括以下一些变化的T细胞功能的改变而反映出来：如皮肤移植物的排斥、淋巴细胞的促有丝分裂作用、迟发性超敏反应、NK细胞活性的下降、球虫的首次和二次感染及Rous肉瘤消退受阻等。

【临床症状】

马立克病表现为几个不同的病理学综合征。在产蛋／种鸡群、肉鸡群中，马立克病毒诱导的综合征与实验室诱导的综合征之间差异明显。在各种综合征中，淋巴增生性综合征与马立克病关系最密切，并具有最实际的意义。其中，马立克病淋巴瘤可能最常见。此外鸡麻痹、持续的神经性疾病、皮肤淋巴细胞增生症和眼病变也是淋巴增生性综合征的临床表现。某些淋巴增生综合征还有变性变化。实验室马立克病毒感染诱发的临床症状主要以变性和炎性病变为特征，并常伴有免疫抑制。脑部非瘤性病变主要是血管性水肿，造成暂时麻痹。血管病变表现为动脉粥样硬化。

亚临床症状也有发生，但很难确定。Purchase等发现免疫鸡群产蛋量高于非免疫鸡群，说明马立克病毒感染可降低外表表现正常的非免疫鸡的产蛋性能。

马立克病是一种肿瘤性疾病，从感染到发病有较长的潜伏期。最早可在3～4周龄时看到临诊病鸡，大多是在孵房或育雏室早期感染强毒所致。一般以2～3月龄的鸡发病最为严重，但1～18月龄的鸡均可发病。超强毒株和特超强毒株感染所引起的早期死亡综合征是例外，可发生在感染后8～16 d。根据症状和病变发生的主要部位，马立克病在临诊上可分为4种类型：早期死亡综合征、神经型（古典型）、内脏型（急性型）和眼型。

1. 早期死亡综合征　发生在雏鸡感染马立克病毒强毒后8～16 d，早期死亡综合征可导致高死亡率。

症状出现后48 h内发生死亡，鸡在死前精神沉郁和昏迷。部分感染鸡死亡前颈部麻痹无力。感染后3～6 d经受急性溶细胞感染的鸡可能表现为精神沉郁，但这个时期很少死亡，虽然部分鸡后来死于早期死亡综合征。免疫抑制的鸡会死于并发感染，但接种后20～40 d有部分鸡会死亡而不表现临床症状。

2. 神经型 主要侵害外周神经，由于所侵害神经部位不同，症状也不同。以侵害坐骨神经最为常见，表现为一侧较轻一侧较重。病鸡步态不稳，开始不全麻痹，后则完全麻痹，不能站立，蹲伏或呈一腿伸向前方另一腿伸向后方的特征性姿态（见彩图4–2–4）。臂神经受侵时则被侵侧翅膀下垂。当支配颈部肌肉的神经受侵时，病鸡发生头下垂或头颈歪斜。当迷走神经受侵时，可引起失声、嗉囊扩张和呼吸困难。腹神经受侵时常有拉稀症状。上述症状易于发现，可发生于不同个体，也可发生于同一个体。病鸡采食困难、饥饿、脱水、消瘦，最后衰竭死亡。

3. 内脏型 这一型多呈急性暴发，病性急骤，开始时以大批鸡精神委顿为特征。几天后部分病鸡出现共济失调，随后出现单侧或双侧肢体麻痹。部分病鸡死亡而无特征临诊症状。很多病鸡表现脱水、消瘦和昏迷。

4. 眼型 出现于单眼或双眼，视力减退或消失。虹膜失去正常色素，呈同心环状或斑点状以至弥漫的灰白色。瞳孔边缘不整齐，到严重阶段瞳孔只剩下针尖大小的孔（见彩图4–2–5和彩图4–2–6）。

上述各型的临诊表现经常可以在同一鸡群中存在。马立克病还伴有体重减轻、鸡冠及肉垂苍白、食欲减退和下痢等非特征性症状，病程长的鸡尤其如此。在商业鸡群，死亡常由饥饿和脱水直接造成，因为病鸡多肢体麻痹不能接近饲料和饮水。同栏鸡的踩踏也是致死的直接原因。

【病理变化】

1. 大体病变 马立克病病理变化主要包括神经损害和内脏淋巴瘤。在受害鸡中常会看到外周神经增粗。脑部未见大体病变，但脊髓神经节明显肿大。局部或弥散性增粗可使受害部位达到正常大小的2～3倍，在有些病例则更高。自然感染和实验性感染的病变分布相似。很多神经和神经丛通常受到侵害，腹腔神经丛、坐骨神经丛、臂神经丛和内脏大神经是主要的受侵害部位。受害神经增粗，呈黄白色或灰白色，横纹消失，有时呈水肿样外观（见彩图4–2–7、彩图4–2–8和彩图4–2–9）。因病变往往只侵害单侧神经，诊断时需与另一侧神经比较，以作出判断。Witter发现颈部迷走神经肿大尤其具有诊断意义。

内脏器官淋巴瘤可发生在一个或多个器官和组织。淋巴瘤性损害可见于性腺（尤其是卵巢）、肺、心脏、肠系膜、肾脏、肝脏、脾脏、腔上囊、胸腺、肾上腺、胰腺、腺胃、肠、虹膜、骨骼肌及皮肤（见彩图4–2–10～彩图4–2–25）。可能没有任何组织或器官可以完全幸免。鸡的遗传品系和病毒株系都可影响器官中病变的分布。内脏淋巴瘤常见于毒力较强的病型中。在神经不存在大体病变时，内脏淋巴瘤也可发生，尤其在某些品种的鸡。马立克病淋巴瘤在大多数内脏器官表现为弥散性肿大，有时达到正常大小的几倍，且常见颜色变为弥漫的白色或灰色。另外一种情况是，淋巴瘤呈大小不一的局灶状或结节状生长。结节呈白色或灰色，质地坚硬，切面光滑。坏死并不多见，但可见于快速生长的病变中心。肝脏弥漫性浸润导致正常肝小叶结构丧失，肝表面呈粗糙颗粒样外观。肝脏也可见到结节状肿瘤。未成熟卵巢的病变呈从小到大的带灰色的半透明区，当卵巢有大肿瘤时，它的正常叶状结构将消失。即使有些卵泡是肿瘤性的，成熟的卵巢仍维持其功能。显著受害的标志是外观呈花椰菜样。腺胃变厚变硬，原因是腺体内及腺体间存在局灶性白细胞增生区。这些病灶可通过浆膜面看到，如是弥散性病灶，可触诊来查明。受害的心脏因弥散性浸润而呈苍白色，或心肌有一个或多个结节状肿瘤，或者心外膜可见针尖状病灶。肺及腺胃受害可通过触诊时硬度增加来判断。肌肉病变可发生于表层和深层，而且以胸肌最为常见，大体病变从细的带白色条纹到结节状肿瘤。腔上囊的大体变化具有诊断意义。通常为萎缩，有时因滤泡间肿瘤细胞分布而呈弥漫性增厚。这些病变很容易与淋巴白血病时法氏囊的特征性结节肿瘤区别开来。

皮肤病变可能是肉鸡遭废弃的最重要的原因，通常与羽毛囊有关。结节状病变涉及少数分散的羽毛囊，或者是涉及多个羽毛囊而融合成片。明显的带白色的结节，在去毛后的胴体尤为明显。极度严重病例其结节变成带褐色痂皮的疤痕样结构。病变在某些羽区比在其他区更常见；发生率最高的部位是大腿内外侧和颈背侧。小腿皮肤可见红斑，在肉鸡发生强毒感染时尤其如此。鸡冠或肉垂出现肿大，表明在其下层组织中有淋巴瘤生长。

眼部大体病变包括虹膜失去色素沉着（灰眼）及瞳孔形状不规则，两者都是虹膜发生单核细胞浸润的结果。间或有结膜炎病例，或发生多灶性出血，并可看到角膜水肿。Witter发现几乎所有现场分离株都能诱发非免疫鸡或火鸡疱疹病毒免疫鸡眼损害，发生率为5%～100%。

大体病变也与马立克病毒感染引起的一些其他综合征有关。淋巴变性综合征与严重的淋巴器官溶细胞性感染有关，通常以法氏囊和胸腺严重萎缩为特征。溶细胞性感染最早出现在感染后3～6 d，但有些病例持续到感染后8～14 d才更明显。有些鸡在感染超强野毒株后20～50 d可能死亡，除了腔上囊和胸腺严重萎缩没有其他大体病变。有些鸡也可在感染后4～12 d发生暂时性脾肥大，这种损害是对病毒复制的非肿瘤性应答，因为有毒力和无毒力的毒株都可诱发这种病变，而且1、2、3型血清型都可诱发。血管综合征主要表现为阻塞性动脉粥样硬化，很像人的慢性动脉硬化症。大冠状动脉、主动脉和主动脉分支及其他动脉出现眼观的脂肪动脉粥样变。

2. 显微病变　马立克病的显微病变主要是与淋巴组织增生性损害有关的组织病理学变化，研究者们对损害类型及涉及的细胞总的意见是一致的。

在外周神经有两种主要类型的淋巴组织增生性损害。一种是肿瘤性的，由多形性淋巴细胞团块组成（见彩图4-2-26），有些病例中，这种损害与脱髓鞘和许旺氏细胞增生有关。另一种本质上是炎性的，以小淋巴细胞和浆细胞轻至中度弥漫性浸润为特征，通常伴有水肿，有时存在脱髓鞘和许旺氏细胞增生，也可能会发现一些巨噬细胞。Payne和Biggs将这些损害分别称为A型和B型，他们注意到这两种类型在同一鸡的不同神经或同一神经的不同部位均可观察到。早在感染后5 d就观察到细胞浸润，其强度不断增加直到3周，这时可见严重的增生性损害（A型）而无麻痹或脱髓鞘。与感染后4周时最初见到的神经症状一致，在增生性损害中可发现广泛的脱髓鞘区。最后，特征性炎性（B型）损害（水肿、零星浸润）出现。

最早的报告认为脑组织有轻度的血管周袖套，通常伴有神经胶质增生，但马立克病中枢神经系统的主要损害没有原发性脱髓鞘现象。受害鸡的中枢神经系统组织学上往往是正常的，或仅有轻微病变。但后来实验接种低毒力马立克病毒毒株，在接种后7～10 d可见病变，程度中等。马立克病毒强毒诱发的损害出现较早且更广泛。最初的病变（描述为暂时性麻痹）涉及血管成分，在感染后6 d发生内皮增生，感染后8～10 d血管周围出现中等到严重的淋巴细胞和巨噬细胞浸润，并散布于整个神经纤维网。脉管炎和水肿消失，可能紧接着发生大淋巴细胞和神经胶质细胞增生性浸润。这些病变趋向于持续存在，并且与持续的神经疾病有关。严重的成淋巴细胞浸润出现于感染马立克病毒强毒后4周，常伴有广泛的空泡区，它们可能与继发脱髓鞘相对应。有些病鸡的脑部有严重的坏死和非坏死性病变。因此，脑部损害与神经病变一样既是炎性的又是淋巴组织增生性的。但与神经相比，脑部的炎性损害先发生。

内脏器官的淋巴瘤性病变本质上是比神经病变更为一致的增生性变（见彩图4–2–27和彩图4–2–28）。细胞组成与神经的增生性病变相似，由弥散性增生的小淋巴细胞、中淋巴细胞和成淋巴细胞和活化的或幼稚型网状细胞组成，很少见到浆细胞。在肿瘤块中也存在巨噬细胞，尤其在缓慢生长的肿瘤中，也许是宿主免疫应答的反映。即使大体变化形态各异，不同器官的肿瘤细胞组成彼此相似。肿瘤细胞亚显微结构特征也已有报道。有些感染鸡的肾脏中有导致肾小球病的免疫复合物，可能是鸡死于马立克病的主要原因之一。

皮肤主要是炎性损害，也可是淋巴瘤性损害。通常这些损害位于感染的羽毛囊周围。此外，真皮内可出现常在血管周围的增生细胞、少量浆细胞和组织细胞的紧密聚集。损伤小时，皮肤可继续维持其结构的完整性，但大量增生性损害会引起表皮破裂，导致皮肤溃疡。羽髓（Feather pulp）内既有炎性病变也有淋巴组织增生性病变，后者与马立克病发病率密切相关。羽髓病变有助于死前确诊。淋巴组织增生性结节常包围着含有病毒抗原的羽毛囊，其上皮细胞中存在核内包涵体。

眼部最恒定的病变是虹膜单核细胞浸润，但眼肌也存在浸润，尤其是眼直肌外侧和睫肌。眼前房也可见颗粒状或无定形物质，其他的损害则很少见，但可侵袭角膜（靠近巩膜静脉窦）、球结膜、眼梳膜及视神经。有的感染鸡眼病变异常严重，可见色素膜体液蛋白增加和血管充血，虹膜从轻度充血到严重肿胀，角膜严重炎性变化和水肿，有核内包涵体。有的病例存在白内障。

血液白细胞计数上升，主要是因为大淋巴细胞和成淋巴细胞的数目增加。多数白细胞为T细胞。白细胞应答并不恒定，可不出现或仅出现轻度的白细胞增多，马立克病骨髓病变多种多样，包括多发性肿瘤结节或再生障碍，或没有可见变化。

淋巴变性综合征的显微病变主要表现在腔上囊和胸腺。马立克病病毒在腔上囊和胸腺发生产毒性复制，导致这些器官出现暂时性、急性溶细胞变化，同时伴有萎缩。在实验性感染中，腔上囊损伤包括滤泡变性、伴有细胞缺失的淋巴组织坏死和囊肿形成。胸腺萎缩常很严重，皮质和髓质中淋巴细胞缺失。有时变性损害的细胞中可见核内包涵体。在急性溶细胞感染阶段，病毒抗原大量存在，尤其在胸腺髓质区及部分腔上囊滤泡。无母源抗体的鸡感染后，可能出现再生障碍性贫血，同时在多种内脏器官包括肾脏出现局灶性或大片坏死。在急性溶细胞感染期结束后抗原阳性细胞消失，至少部分重新由淋巴细胞组成。但腔上囊和胸腺萎缩可持续几周或更长。腔上囊出现滤泡间T淋巴细胞浸润。

尽管正常早期死亡综合征以严重的淋巴组织变性和死亡为特征，且常伴有脾肿大坏死，但最近发现它与暂时性麻痹相关的中枢神经系统症状和损害联系在一起。

中枢神经系统综合征（暂时性麻痹）的关键病变是脉管炎，脉管炎可导致血管水肿。病变血管周围IgG和白蛋白渗漏导致空泡形成。水肿和脉管炎与临床上疲软性麻痹一致，一般2～3 d内恢复。其他的脑部病变有血管袖套、淋巴细胞增多和神经胶质增多，在临床症状恢复后或临床表现正常的感染鸡都可观察到。急性致死型暂时麻痹相关的中枢神经系统病变本质上与古典型综合征是相似的，但更为严重。

血管综合征主要病变与马立克病毒诱发的动脉粥样硬化有关，包括在主动脉、冠动脉、腹部动脉、胃动脉和肠系膜动脉发生增生性和脂肪增生性变化。血管内层和中层泡沫细胞、细胞外类脂质、胆固醇裂隙和钙沉积是脂肪性增生的特征。通过免疫荧光试验可检测动脉病变附近的马立克病毒抗原。体外动脉平滑肌感染马立克病毒可诱发磷脂、游离脂肪酸、胆固醇和胆固醇酯聚集。活体内研究也支持了这个结论。

【诊　断】

马立克病毒是高度接触传染的，实际上在鸡群普遍存在。只有一小部分感染鸡发展成临诊马立克病。不少人把检出病毒或检出特异抗体作为确诊马立克病的依据，其实是一种误解。诊断必须根据流行病学、症状、病理学和肿瘤特异标记等疾病特异标准作出，而血清学方法和病毒学方法主要用于鸡群感染情况的监测。

1．鉴别诊断　神经型马立克病可根据病鸡特征性麻痹症状及相应外周神经的病理变化确定诊断。内脏型马立克病应与鸡淋巴白血病（LL）相区别。两者的眼观变化很相似，根据发病年龄和病变分布可以区别。一般说有下列情况之一者可诊断为马立克病：①在不存在网状内皮组织增生症的情况下出现外周神经淋巴性增粗；②16周龄以下的鸡各内脏器官出现淋巴肿瘤；③16周龄或16周龄以上的鸡出现各脏器淋巴肿瘤，但腔上囊无肿瘤；④虹膜变色和瞳孔不规则。马立克病的法氏囊变化通常是萎缩或弥漫性增厚，而鸡淋巴白血病则常有法氏囊肿瘤。根据上述原则，如仔细剖检并多剖几只鸡，在群体的基础上作出诊断一般不会发生错误。

应用组织学或细胞学方法可提高诊断的准确性。马立克病肿瘤由小淋巴细胞、大淋巴细胞、成淋巴细胞、浆细胞和马立克病细胞的混合群体组成，而鸡淋巴白血病肿瘤由大小一致的成淋巴细胞组成。这些特征可以从常规的苏木精–伊红染色的石蜡切片看到。但是直接从刚剖杀的鸡取肿瘤作触片，用甲基绿哌咯宁或Shorr氏染色，可以更清晰地显示细胞结构，而且制片的时间只需几分钟，所以更适合于现场诊断。

马立克病肿瘤相关标记是在有疑问时确定诊断的重要手段，MATSA和IgM特别有用。马立克病肿瘤是混合的细胞群体，多数细胞表达Ia抗原和T细胞表面标志，尤其是CD4（尽管$CD8^+$细胞也可能存在），但IgM仅在不到5%细胞存在。与此相反，禽白血病淋巴肿瘤中90%以上的细胞带有IgM标志。细胞标志AV37也常见于马立克病肿瘤细胞。MATSA是另一种细胞抗原，可用多克隆抗体或单克隆抗体加以检测，它在5%～40%的马立克病肿瘤细胞存在，但也可见于活化的T淋巴细胞。试验用膜荧光染色或福尔马林固定石蜡切片酶组化法染色。马立克病与淋巴白血病和网状内皮组织增生症的主要区别见表4–2–1。

表4–2–1　马立克病（MD）、淋巴白血病（LL）和非腔上囊型网状内皮组织增生症（RE）的鉴别诊断（Calnek and Witter, 1991）

病名	MD	LL	RE*
发病年龄			
高峰	2～7月	4～10月	2～6月
限制	＞1月	＞3月	＞1月
临诊症状			
麻痹	常见	无	少见
眼观变化			
肝脏肿瘤	常见	常见	常见
神经肿瘤	常见	无	常见

（续）

病名	MD	LL	RE*
眼观变化			
皮肤肿瘤	常见	少见	少见
腔上囊肿瘤	少见	常见	少见
腔上囊萎缩	常见	少见	常见
肠道肿瘤	少见	常见	常见
心脏肿瘤	常见	少见	常见
组织学变化			
多形性细胞	是	不是	是
均一的成淋巴细胞	不是	是	不是
腔上囊肿瘤	滤泡间	滤泡内	少见
腔上囊萎缩	常见	少见	常见
表面抗原			
MATSA	5% ~ 40%	无	无
IgM	＜5%	91% ~ 99%	未知
B 细胞	3% ~ 25%	91% ~ 99%	少见
T 细胞	60% ~ 90%	少见	常见

*：指非腔上囊型RE，腔上囊型RE的特点基本与LL的相同。

在有些情况下，网状内皮组织增生症病毒可诱发16周龄以上的鸡产生鸡淋巴白血病。网状内皮组织增生症病毒可诱发神经增粗、矮小症和非腔上囊T细胞淋巴瘤，但迄今为止仅见于实验条件下感染的鸡，或注射接种污染疫苗的鸡。从网状内皮组织增生症病毒诱发的神经病变或肿瘤中获得的淋巴细胞不表达pp38或Meq。非腔上囊网状内皮组织增生症肿瘤细胞为Ia阴性，占优势的带有CD8抗原。当马立克病相关的其他诊断标准都符合时，可进一步通过PCR检测阴性、肿瘤组织组化测定或抗体试验排除网状内皮组织增生症病毒，为马立克病的确诊提供强有力的支持。

外周神经疾病是由不确定病原引起的神经性疾病，它可引起一小部分6 ~ 12周龄商品鸡发生麻痹和神经增粗，在SPF鸡群的也已有报道。受害鸡不出现内脏淋巴瘤，神经损害一致为B型，很少能检测到马立克病毒。其他疾病如髓细胞瘤、成髓细胞增生病、成红细胞增生病、卵巢肉瘤、其他各种非病毒性肿瘤、核黄素缺乏、结核、组织滴虫病、遗传性灰眼、新城疫、禽脑脊髓炎和关节感染或损伤可能出现与马立克病混淆的大体病变或麻痹症状。髓细胞性白细胞增生症是肉种鸡群常见的肿瘤，它表面上与马立克病相似，但组织学上可加以鉴别。肿瘤细胞本质上是髓细胞，且缺乏T细胞标志和马立克病病毒标志。

2. 感染和疾病监测　分离病毒或用血清学无法检测病毒抗原或血清抗体，虽然对建立马立克病诊断没有多大帮助，但对马立克病毒强毒感染和马立克病监测却有很重要的意义。

（1）病毒分离　用病鸡的肿瘤组织、抗凝血或含血液淋巴细胞的悬液作为接种材料，分离1型病毒用DEF或CK细胞单层，分离2、3型病毒用CEF单层。病毒的血清型鉴定可用型特异单抗作免疫荧光试验。方法是将分离物同时接种生长在盖片上的CEF和DEF单层，待出现蚀斑后收获盖片并用冷丙酮固定，然后用单抗作免疫荧光染色。

（2）检测组织中的病毒抗原或核酸　用于查明有病毒感染存在而又不同于分离病毒。羽髓末端、组织或感染细胞培养中的病毒抗原用FA、AGP、ELISA等可以查出。聚合酶链反应（PCR）试验可用来扩增血清

1型马立克病毒特异的132 bp序列。用这种PCR试验可区分致弱株和野毒株，可检测淋巴瘤中病毒DNA。然而PCR的敏感性有时不足以检测出潜伏感染，由于阳性细胞少，而每个细胞中病毒DNA拷贝数较少。最近定量PCR试验应用各种引物分析感染鸡组织中病毒载量，它正在成为马立克病诊断和流行病学研究必不可少的手段。定量PCR试验也被用来检测相关的马立克病疫苗株。 PCR试验也已用于鉴别现场鸡血液淋巴细胞和羽根尖中的马立克病毒和火鸡疱疹病毒。由于临床样品可能含有降低DNA聚合酶活性的抑制因子，并产生阴性结果，必须设内对照来排除这种抑制因子的干扰。

（3）抗体检测　检测鸡血清特异抗体可用于监测鸡群马立克病毒感染情况、研究病毒发病机理和监控SPF鸡群。常用的有琼脂扩散试验、荧光抗体试验、ELISA和病毒中和试验等多种方法。琼脂扩散试验的敏感度最低，但足以检测出感染鸡群和免疫鸡群的血清学应答。但是这些试验中没有一个能区分3个血清型的抗体。用不同方法检测到的抗体，其生物学意义不同。

【防治措施】

成功地研制出防控马立克病的有效疫苗不仅是农业上的一项伟大成就，而且对癌症的基础研究也具有重大意义，因为马立克病是有史以来能使用疫苗进行有效防控的第一个肿瘤性疾病。在可以预见的将来，疫苗接种仍将是防控马立克病的主要措施。以防止出雏和育雏阶段的早期感染及减少鸡群污染强毒为中心的生物安全措施，对保证和提高疫苗的保护作用和进一步降低马立克病引起的损失是必不可少的。提高商业品种鸡对马立克病的抵抗力也有助于马立克病的防控。

1. 疫苗接种

（1）疫苗的类型　目前全世界使用的疫苗毒株有三种：第一种是人工致弱的1型马立克病毒毒株，如荷兰Rispens的CVI988株、美国Witter的MD_{11}/75/R2株，国内哈尔滨兽医研究所的K株（814）等；第二种是自然不致瘤的2型MDV毒株，如美国的SB_1、301B/1和国内的Z4株；第三种是3型马立克病毒（HVT），如全世界广泛使用的Fc126株。火鸡疱疹病毒与马立克病毒有交叉免疫作用，对鸡和火鸡均不致瘤，用它免疫后能抵抗强毒马立克病毒的致瘤作用。Fc126是已知最好的火鸡疱疹病毒疫苗毒株，其他火鸡疱疹病毒毒株的免疫效果均不及Fc126而未获实际应用。

1）单价疫苗　火鸡疱疹病毒冻干疫苗曾经是使用最广泛的单价疫苗，因为生产成本低，为从感染细胞抽提的无细胞病毒冻干制品，便于保存和使用。该苗免疫效果确定，出雏时每羽接种1 000 PFU（蚀斑形成单位）可获得一定的抗病能力，大大减少马立克病引起的损失。细胞结合的火鸡疱疹病毒苗比冻干疫苗效果更好，因为它受母源抗体的影响较小。

2）CVI988疫苗　20世纪70年代初期开始在欧洲和其他一些国家使用，20世纪90年代初期才在美国注册并推广，它是我国目前使用最广泛的一种单价疫苗。其免疫效力比火鸡疱疹病毒疫苗更好，能抵抗超强毒MDV的攻击，经多年使用也未发现有毒力返强的现象。

3）双价和多价疫苗　主要是由2型+3型马立克病毒组成的双价疫苗、1型+3型马立克病毒组成的双价疫苗及1型+2型+3型马立克病毒组成的三价疫苗。由于2型3型马立克病毒之间存在很强的免疫协同作用，所以2型+3型双价疫苗保护率比单价疫苗高得多，不仅能抵抗超强毒的攻击，而且对存在母源抗体干扰和早期感染威胁的鸡群也能提供较好的保护。如国外生产的火鸡疱疹病毒（Fc126）+SB_1（301 B/1）双价疫苗，国内注册的火鸡疱疹病毒（Fc126）+Z4双价疫苗。虽然1型和3型马立克病毒之间没有明显的免疫协同作用，但由于它们之间存在抗原性互补和分别具有在细胞培养上和在鸡体内繁殖能力强的优势，所以1型+3型双价疫苗在马立克病毒严重污染地区和高母源抗体鸡群仍然能提供较好的保护。1型+3型双价疫苗CVI988+Fc126在国外和国内均有注册制品。虽然实验室研究表明，1型+2型+3型三价疫苗FC126+SB_1+MD_{11}/75C/R2和FC126+301B/1+MD_{11}/75C/R2比相应的双价疫苗保护率高，但由于生产成本高、工艺复杂，所以实际上并未获推广应用。

4）MDV载体疫苗　马立克病毒有一些复制非必需部位可供插入和表达外源基因及特定的马立克病毒基因。这种马立克病毒为载体的疫苗具有同时提供抗马立克病和其他病原体保护的优点，而且从潜伏感染再激活可以增强抗马立克病和其他病原体的免疫应答。由于马立克病毒的细胞结合特性，因此马立克病毒载体疫苗可能比其他活载体疫苗抗母源抗体干扰的能力要好，但是表达外源基因的启动子不能采用外源强启动子。以Fc126（HVT）疫苗株和CVI988为载体的马立克病毒载体疫苗已有很多报道，有的已注册上市。

疫苗和免疫程序的选择是马立克病防控必须考虑的重要方面。合理的方法是在特定时间特定鸡场使用控制马立克病所需的最低效产品。实际上在正常条件下火鸡疱疹病毒疫苗单独免疫能对许多肉鸡群提供足够的保护。肉鸡群，尤其是在冬季，和产蛋鸡或种鸡群常需要使用双价疫苗（血清2型+3型）而不是火鸡疱疹病毒单苗。在这些疫苗不能充分保护的地方使用CVI988疫苗，CVI988与火鸡疱疹病毒混合或与血清2+3型混合的疫苗也可使用。

因为预防早期感染对马立克病很重要，所以马立克病疫苗接种于刚孵出的雏鸡或孵化18 d的鸡胚。细胞结合性疫苗和细胞游离性疫苗都是通过皮下或肌内注射，一般每只鸡剂量超过2 000 PFU（蚀斑形成单位）。在孵化到第18天直接给鸡胚接种疫苗也能发挥作用。现在通过自动化技术来完成卵内接种，并广泛应用于商品肉鸡的免疫，主要由于其人工费用较低且疫苗使用精确性提高。羊膜腔和胚内中胚层途径会产生最有效的保护。在疫苗冻融和稀释过程中正确的操作对保证得到足够的剂量至关重要。

（2）影响免疫效力的因素　近年来在有些用火鸡疱疹病毒疫苗免疫的鸡群仍发生马立克病超量死亡，这种现象国内外都有发生，已引起普遍重视。这种免疫失败可由多种原因引起，其中包括母源抗体干扰、发生出雏和育雏期早期感染、存在超强毒马立克病毒感染、存在应激或其他感染、疫苗使用不当等。近年来研究者们积极寻求解决免疫失败的方法。虽然有些厂家推荐使用高达10 000 PFU/羽的免疫量，但这种加大免疫量的做法并无试验依据。有人发现173 PFU与17 300 PFU提供的保护率相等。试验证明把剂量增加到105 000 PFU/羽也不能提高对超强毒的保护作用。一般认为，即使在有母源抗体的情况下，确保2 000 PFU/羽的剂量，足以达到通常的免疫效果。克服母源抗体干扰的更好方法是使用细胞结合苗，尤其2型3型双价苗。超强毒株的存在是造成有些鸡群免疫失败的重要原因，使用双价疫苗也是解决这一问题的有力措施。试验证明2型3型马立克病毒之间有很强的协同作用，在火鸡疱疹病毒疫苗中加入4%的2型病毒就能产生显著效果。18日龄鸡胚免疫可以克服早期感染的问题。贮存温度、稀释方法、稀释剂的选择、稀释后保存的时间和温度对冻干疫苗和细胞结合疫苗均有影响。如未经试验，不要在稀释液中随意加抗生素，因为很可能影响疫苗的效力。在理想情况下稀释疫苗的半衰期为4～6 h。一般要求稀释疫苗在1～2 h用完。其他感染，特别是可引起高度免疫抑制的传染性囊病病毒、网状内皮组织增生症病毒、呼肠孤病毒和鸡传染性贫血病毒等都可干扰马立克病免疫力的产生，因而造成免疫失败。

2. 综合防控措施　虽然疫苗接种在马立克病防控方面起关键作用，但如没有以强化生物安全为中心的其他综合防控措施的配合，是达不到理想效果的。因为几乎所有鸡群都存在马立克病毒强毒感染，而且疫苗的作用不能阻止强毒感染，仅防止感染强毒的致瘤作用。因为马立克病存在年龄抵抗力，而且从疫苗接种到产生坚强保护力约需1周时间，所以千方百计防止出雏和育雏期的早期感染应是综合防控的重点。孵化场应远离鸡舍，严格消毒，种蛋入孵前和雏鸡出壳后均应用福尔马林熏蒸。育雏舍应远离其他年龄鸡舍，入雏前应彻底清扫和消毒。育雏舍内不饲养其他年龄的鸡。发病鸡舍应彻底消毒并空闲后再用。

加强饲养管理和防制其他感染也是提高疫苗保护力的重要措施。提高鸡群的遗传抗病力，育成生产性能好、对马立克病抗病力强的品种或品系对控制马立克病有重要意义，现代生物技术与常规育种技术相结合可以缩短实现这一目标所需的时间。

（刘秀梵）

第三节　禽白血病

（Avian leukosis, AL）

禽白血病（Avian leukosis，AL）又称禽白细胞增生病，是由禽白血病病毒和禽肉瘤病病毒（Avian leukosis sarcoma virus，ALV）群中的病毒引起的禽类多种肿瘤性疾病的总称。该病毒的主要宿主是鸡，临床症状为全身虚弱和鸡冠苍白。随着病程的发展，可见性成熟前后废食，显著脱水，消瘦和腹泻，死淘率增高，大体病变可见肝、脾、肾实质器官肿大，在肝脾脏器中可见灰白色弥漫性肿瘤结节。在临床实践中，大多数属于亚临床感染，带病鸡群无特征性临床症状，但在饲养过程中鸡群会出现增重缓慢，性成熟延迟，胴体废弃率增加，生产性能下降。该病在临床诊断中有多种表现形式，主要以淋巴白血病为主，其次是成红细胞白血病、成髓细胞白血病，以及包括结缔组织肿瘤、肾瘤和肾胚细胞瘤、各种其他上皮性肿瘤、内皮性肿瘤和神经肿瘤等。自从Roloff 1868年首次报道淋巴白血病以来，禽白血病已分布于世界各地，并认为该病几乎波及所有商品鸡群，成为严重危害养禽业的最重要的禽病之一。由于该病呈渐进性发生和持续的低死亡率，因此很长一段时间都没引起研究者的足够重视。但是在1997—1998年，J亚群禽白血病在世界范围内暴发，给养禽也造成了巨大的经济损失。禽白血病才引起了业界的重视。但由于它以垂直传播为主，使该病难以控制，使鸡群在增重和产蛋方面受严重影响。尤其是患鸡抵抗力下降，容易感染多种疾病，给鸡群的饲养管理带来极大困难。

禽白血病是一种世界性分布的疾病，我国在1999年首先在江苏和内蒙古的肉鸡群中发现有髓细胞性白血病，随后山东、宁夏等地也有此病发生的报道。2002年，我们学者首次从商品蛋鸡中分离到J亚型禽白血病病毒，说明J亚型禽白血病病毒已经由之前的对肉鸡敏感转为可以同时感染肉鸡和蛋鸡。

2008年一项农业公益性项目对我国不同地区不同类型的鸡群中的禽白血病病毒感染状态做了血清学调查。结果表明，在所调查的不同类型、不同年龄近200个鸡群中，均有50%左右的鸡群对AB亚群或J亚群禽白血病病毒抗体呈现阳性，有的对两个亚群禽白血病病毒均呈现阳性。我国的地方品系鸡几乎都已有不同程度的禽白血病病毒感染，说明禽白血病病毒的感染已经在我国各地广泛存在。

2009—2011年，全国各地养禽场（主要为蛋鸡场）陆续暴发禽白血病，经调查主要为J亚型禽白血病病毒的感染，临床上以血管瘤为主要症状，病鸡鸡冠、鸡翅、鸡爪，甚至脏器表面出现血管内皮细胞异常增殖形成肿瘤，一旦破溃，流血不止，直至死亡。J亚型禽白血病的流行导致了巨大的经济损失。但是该亚型白血病2012年后，就很少有暴发的报道，并且临床检测抗体阳性率也明显低于2009—2011年。关于该亚型白血病的突然暴发，又很快减少或消失的原因，目前还没有一个明确的结论。

【病原学】

禽白血病的病原为禽白血病/劳氏肉瘤病毒群病毒，在国际病毒分类委员会（ICTV）的最新分类中，将其归为反转录病毒科的α反转录病毒属。该科病毒的特征是具有反转录酶，它是病毒复制过程中整合到宿主基因组中的前病毒DNA所必需的。在新的分类学中，禽白血病病毒（ALV）是反转录病毒属的典型种。

目前根据病毒囊膜糖蛋白抗原结构，将病毒分为A～J 10个亚群，其中A、B、C、D、E和J亚群见于鸡。A、B和J亚群为发生于田间的外源性病毒，而C、D亚群很少发生于田间，E亚群病毒为内源性白血病病毒，是最常见的内源性白血病病毒，它以前病毒基因形式永久地与宿主细胞DNA结合在一起，几乎与肿瘤形成无关，其致病性也很低。此外，从几个品种的野鸡中分离到的禽白血病病毒归属于F和G亚群。它们与从鸡中分离到的白血病病毒不同。从匈牙利鹧鸪中分离到的内源性病毒归属于H亚群，从Gambel鹌鹑中分离的内源性病毒归属于I亚群。各亚群病毒都具有共同的群特异性（gs）抗原，这种抗原可以从鸡蛋的卵清中、鸡体的各种组织及体液中检测到。许多禽白血病／肉瘤病毒实验室毒株通常是缺陷型的和缺乏囊膜基因，它们的繁殖需要依赖它们亚群中的辅助白血病病毒。

【流行病学】

鸡是禽白血病病毒群的自然宿主。虽从某些品种的野鸡、鹧鸪中分离到禽白血病病毒毒株，但属于其他亚群病毒，与从鸡群中分离的禽白血病病毒群不同。至今尚未见从其他禽类中分离到禽白血病病毒的报道。但该病毒中某些毒株的实验室宿主范围较广；Rous肉瘤病毒可人工感染野鸡、珍珠鸡、鸭、鸽、日本鹌鹑、火鸡、石鸡。肉瘤中某些毒株甚至可使哺乳动物，包括猴产生肿瘤。据报道，成骨髓细胞增殖病病毒（AMV）血管内注射1日龄鹌鹑可产生淋巴瘤、肾细胞瘤及慢性骨髓细胞瘤，不表现急性成髓细胞增生症。火鸡易感性低于鸡，病变也不如鸡明显。

外源性禽白血病病毒有两种传播方式：经卵垂直传播和通过直接或间接接触的水平传播。经卵垂直传播是禽白血病病毒的主要传播方式。研究发现母鸡的输卵管壶腹部含有大量的病毒并可在局部复制，因此部分种蛋也会携带有禽白血病病毒，感染的种蛋孵出的雏鸡将终生带毒，产生免疫耐受，并且体内不会有针对禽白血病病毒的抗体产生，这增加了鸡群在饲养过程中，病毒水平传播的易感性，影响后代鸡群的生产性能，并通过种蛋的垂直传播方式，使得群体感染率持续上升。但是一些研究显示，携带有病毒的母鸡所生产的种蛋，并不是所有的种蛋都带毒，仅有大约1/8～1/2的鸡胚感染是由蛋清中的病毒引起的。这种间歇性遗传传播可能是由于病毒被卵黄抗体中和或被热灭活造成的。虽然垂直传播的概率比较低，但是由于其在种群世代间持续不断的存在，因此在动物流行病学方面有重要意义。

另外，一些研究表明禽白血病也具有水平传播的方式。病毒可通过污染的粪便、飞沫、脱落的皮肤等经消化道感染易感鸡群。这种传播多发生在某些特定的鸡群，尤其是由于已经携带有内源病毒感造成免疫耐受或缺乏母源抗体，雏鸡孵出后，很快通过接触而感染病毒。虽然垂直传播的方式是病毒在群体中存在持续感染的重要条件，但是水平传播是保持足够的垂直传播率必要条件，使病毒感染能不间断进行，并扩大感染范围。目前研究表明，该病毒的水平传播目前仅限于一些直接接触性传播，不易通过间接接触（饲养于不同的鸡舍或不同的笼子）传播，这可能与病毒的自身在体外存活时间较短的理化性质相关。

对于公鸡在该病毒中传播的作用，通过电子显微镜观察，在公鸡生殖器官，除生殖细胞以外的所有结构中均观察到病毒出芽现象，这表明该病毒不能在生殖细胞中增殖。因此，认为公鸡仅作为病毒的携带者和通过接触或交配传染给母鸡。鸡胚的先天性感染与母鸡的蛋清排毒及泄殖腔排毒密切相关。

【发病机理】

禽白血病在临床上主要有两种表现形式：一种是产生肿瘤，导致鸡群的死亡；另一种是病毒感染后并不出现典型的临床症状，而是诱导鸡群产生免疫抑制，引起鸡群消耗性死亡。

1. 禽白血病诱导肿瘤形成的机制　禽白血病诱导肿瘤形成的机制分为两类，即急性转化型和慢性转化型，两者转化细胞的机制不同。慢性转化型禽白血病不含有癌基因（*v-onc*），主要是通过它的前病毒DNA起作用，前病毒DNA通过插入细胞的抑癌基因，导致基因失活，或整合于细胞基因组中通过LTR启动子激活细胞原癌基因*c-myc*，导致肿瘤基因的异常表达而形成肿瘤。这类病毒在感染后诱导的肿瘤形成较晚，LTR序列的差异和特异性的LTR结合蛋白决定慢转化细胞的类型。急性转化病毒携带的病毒癌基因它们来源于正常细胞，不受正常调控过程的控制。其异常表达产物使细胞生长和分化发生变化而产生肿瘤。

2. 禽白血病引起免疫抑制的机制　B淋巴细胞、T淋巴细胞和巨噬细胞是家禽免疫系统中的重要细胞。禽白血病病毒的靶器细胞主要为淋巴细胞，因此其感染可能危害其中的淋巴细胞或成淋巴细胞。在蛋的形成过程中，母源抗体分泌进入卵黄之中。在胚胎发育的第三周内，B淋巴细胞和T淋巴细胞向腔上囊和胸腺的上皮组织中移行。通过腔上囊对这些细胞的分化方式的调节使其移向血液、脾脏、盲肠扁桃体、骨髓、胸腺和哈德氏腺。如果早期感染了禽白血病病毒可能使这些淋巴细胞未达到次级淋巴组织就遭到了损害。研究表明ALV-J亚群感染可造成广泛的免疫抑制。ALV-J的靶细胞是髓细胞，正常的骨髓干细胞在ALV-J作用下，不断增生恶变，形成骨髓瘤；淋巴器官及骨髓变性，导致功能性IL-2的合成受到干扰，影响到T淋巴细胞、B淋巴细胞的成熟和分化，从而可能导致机体产生免疫抑制。ALV-J早期感染可诱导胸腺、腔上囊的淋巴细胞凋亡，导致胸腺和腔上囊萎缩，这些免疫器官的萎缩必然严重降低机体的免疫力。此外，脾脏受损也会使机体发生免疫抑制。脾脏是机体产生抗体和免疫反应的主要场所，脾脏淋巴细胞的缺失会导致机体体液免疫细胞和非特异性免疫细胞功能降低，这也是发生免疫抑制的原因。

【症　状】

禽白血病病鸡无特异的临诊症状。有的病鸡可能完全没有症状。部分患有肿瘤的病鸡表现不健壮或消瘦，头部苍白，由于肝部肿大而导致患鸡腹部增大。禽白血病一般发生在性成熟或即将性成熟的鸡群，呈渐进性发生。一般发生在16周龄以上鸡群。但是近年来出现的J亚群禽白血病感染后发病症状一般比较明显，主要感染肉种鸡和蛋种鸡，引起髓细胞瘤，肉鸡最早可在5周龄引起发病，平均发病时间为9周龄，肿瘤致死率在20周龄最高。蛋种鸡通常在20周龄后发病，性成熟前后发病相对集中，病鸡常有行走困难或瘸腿症状，胸骨、肋骨、脊椎骨等骨骼表面有奶酪样灰白结节状或弥散性肿瘤病灶，瘤细胞胞浆内嗜酸性红染颗粒等均为该病的特异性症状或病变。

【病理变化】

该病通常在许多组织中可见到淋巴瘤，尤其肝、肾、卵巢和腔上囊中最为常见（见彩图4-3-1～彩图4-3-23）。肿瘤病变呈白色到灰白色，可能是弥散性的，有时呈局灶性的。腔上囊切开后可见到小结节状病灶，但并不十分明显。镜检肿瘤细胞为均一的成淋巴细胞，并且是嗜派络宁染色的。据王建宁报道，用成骨髓细胞增殖病病毒感染1日龄雏鸡，待鸡发病死亡后剖检，病变主要是肝、脾显著肿大，尤其脾脏体积可达正常体积的3～4倍。血液凝固不全，皮下毛囊局部或广泛出血。血象变化往往早于临诊表现，主要成髓细胞的急剧增加，且血象的变化与病程发展及预后密切相关。从组织病理学检查来看，本病侵害脾、肝、心、肾、肺、腔上囊、胸腺、盲肠、胰腺等，几乎波及所有内脏器官，病变主要特征是成髓细胞的弥散性和结节性增生。典型的急性病鸡以成髓细胞弥散性增生为主。超微结构观察发现，脾、肝、心、肾、腔上囊及外周血细胞均有明显变化，线粒体内有包含物，多为脂滴及空泡状膜性结构（细胞器退行变化产物）。粗面内质网肿胀明显，常发生脱颗粒，网池中也见到上述的包含物。滑面内质网的扩张，往往使胞浆内出现许多大小不同的空泡，这在心肌细胞中尤为明显。

【诊　断】

首先应考虑发病鸡的年龄，通常在16周龄以上的鸡。其次应考虑病程和在鸡群中死亡率的模式，通常鸡群中发病是渐进性的，始终保持低死亡率。病理剖检和病理组织学检测在白血病的诊断上有重要的价值，因为各型白血病都出现特殊的肿瘤细胞及性质不同的肿瘤，它们之间在病理学检测上存在一定的差异。另外，外周血在某些类型的白血病诊断上也有重要价值，如成红细胞性白血病病例的外周血中有多量的成红细胞（90%～95%）。可用病理切片鉴别诊断白血病和马立克病。可用分子生物学方法检测肿瘤细胞中的DNA的白血病病毒前病毒DNA或RNA片段。诊断白血病应特别注意与马立克病和网状内皮组织增生病相区别。由于禽白血病病毒在鸡群中广泛存在，病毒的分离与抗原抗体检测对临床淋巴瘤的诊断意义不大。但病毒学方法和血清学方法对新毒株的鉴定与分类、疫苗的安全性检验、无病原体和其他种鸡群无病毒检验非常有用（见彩图4-3-24）。禽白血病病毒检测最常用的样品为全血、血浆、血清、泄殖腔拭子、蛋清、鸡胚、肿瘤。分离病毒还可以采用以下材料：新鲜的蛋清、10日龄阳性鸡胚、羽髓、精液。用于测定感染性病毒生物活性的病料应收集并放置于-70℃备用，如果仅检测禽白血病病毒 gs抗原的样品可贮存在-20℃。泄殖腔拭子、蛋清可用于禽白血病病毒p27抗原的检测，血浆、血清和蛋黄都适用于禽白血病病毒抗体的测定。利用原核表达的禽白血病病毒p27蛋白制备的单抗作为包被抗体，以自制酶标兔抗p27作为酶标二抗，建立了检测ALV抗原的双抗体夹心ELISA方法，该方法对禽白血病病毒p27抗原的最小检出量为5 ng/mL。ELISA操作简便、特异性高、重复性好、耗时短，可作为一种有效的普检方法，定期对种鸡群进行ALV的检测和净化。研究表明，蛋清中由于内源性禽白血病病毒的ELISA反应假阳性结果少，不足以影响禽白血病的检测，因此可作为理想的检测材料。ELISA方法一般不用于本病的确诊，但是对监测鸡群的感染程度，建立无白血病的鸡群则是必不可少的手段，已成为大规模临床样本检测和白血病净化的最常用方法。

【防治措施】

1. 治疗　目前对禽白血病尚无有效的治疗方法。

2. 预防　因为禽白血病的传播主要是经垂直传播，水平传播仅占次要地位。所以国内外控制禽白血病主要采用净化种群的方式来进行。据对鸡白血病流行病学调查，该病在全国的蛋种鸡群中感染较为普遍，不论是从国外引入的祖代鸡还是我们自己培育的新品种均有不同程度的感染。因此对不同的鸡种及不同的代次种鸡净化的方法和目标也不同。中国农业大学的陈福勇教授根据国内白血病的流行现状和企业的实践情况，建立了一套切实可行的种鸡白血病净化方案，在实践推广应用中效果不错。具体实施方案如下：

（1）在30～40周，每次间隔3周，重复检测3次，包括采集后备母鸡泄殖腔棉拭子、蛋清样本，用于检测p27抗原。采集血清检测样本中AB与J亚群抗体，三项检测中出现有任何一项阳性，均予以淘汰。登记阴性鸡收种蛋留种。

（2）公鸡采集泄殖腔棉拭子、血清，检测p27抗原及血清抗体，淘汰阳性鸡。

（3）在净化中，有条件的单位，可配合病毒分离与PCR技术以提高净化的效果与质量。

（4）孵出的小鸡分成小群（20～50只），单独饲养，减少水平传播。按5%比例采集1日龄泄殖腔棉拭子，检测P27抗原，初评净化的效果。

（5）4周采集泄殖腔棉拭子，检测p27抗原，同时采集血浆，进行病毒分离，淘汰阳性鸡，前期抗体检测不易检测到，因此该日龄段不选用抗体检测方法。国产种鸡，核心群数量较少，可以做此项工作，若数量较多可以分品系进行，不同品系阳性感染率不一样，视情况而定。

（6）第二世代选育留种过程中，同样采用上述方法进行鸡白血病净化。结合我国的实际情况，培育健康的小核心群，通过逐渐扩群的方法，培育无白血病种鸡群。

（7）有条件的生产单位，在应用上述技术的基础上，配合各年龄段的病毒分离培养及分子生物学检测技术，更有助于净化的准确性及效果的可靠性。最终实现国家规定的到2020年鸡淋巴白血病完全净化的目标。

（8）净化中要注意的问题是严格对环境（包括孵化器、出雏器、育雏室、育成室、禽舍、设施等）控制与消毒，建立可控的生物安全环境。疫苗接种前进行检测，避免接种污染疫苗。接种疫苗时注意注射器针头的消毒。翻肛鉴别公母雏鸡时，避免交叉感染，工作人员要不时的消毒洗手。鸡场采取全进全出的饲养方式，便于消毒，减少交叉感染，母鸡输精1只鸡1根输精管，防止人为的传播病原。小群饲养是降低和减少该病传播的有效手段。

【展　望】

禽白血病病毒尤其是J亚型禽白血病病毒，由于其致病性强，近年来成为了一个研究的热点，研究者关注其免疫逃逸的机制、致病机理、分子特性与致病的相关性等方面，伴随着研究的深入，国内许多研究团队均制备了相应的单克隆抗体，这为准确地诊断和深入研究该病提供有利条件。但是目前还有没有切实有效的预防措施，这与禽白血病免疫抑制性的特点相关，因此开发安全、高效的基因工程苗或亚单位疫苗是有效防控该病的一个重要的研究方向。

（王永强　郑世军）

第四节　禽网状内皮组织增殖病

（Reticuloendotheliosis, RE）

禽网状内皮组织增殖病（RE）是由反转录病毒科网状内皮组织增殖病病毒（Reticuloendotheliosis virus，REV）群引起的鸭、火鸡、鸡和野鸡等禽类的一组症状不同的综合征。包括免疫抑制、致死性网状细胞瘤、生长抑制综合征（或称“矮小综合征”）及淋巴组织和其他组织的慢性肿瘤。

1958年，英国的Robinson和Twlehaus首先从患内脏肿瘤的火鸡中分离到一株禽网状内皮组织增殖病病毒，称之为T株。由于致肿瘤的细胞中的主要细胞为网状内皮细胞，因此最初将此病称之为网状内皮组织增殖病。目前禽网状内皮组织增殖病病毒包括1969年Cook从患马立克病鸡中分离到一株鸡合胞体病毒（Chick syncyticvirus）称CS株和Ludford 1972年从患症原虫病鸭中分离到脾坏死病毒（Spleen necrosis virus）称SN株，以及鸭传染性贫血病毒（Duck infective anemia virus）DIA株。依据近年来病原分离和血清学调查结果，认为禽网状内皮组织增殖病病毒呈世界性分布，该病毒已经在我国大部分鸡场都分离到，抗体阳性率处于一个较高水平。

禽网状内皮组织增殖病不仅是一种肿瘤病，而且还引起感染宿主的免疫抑制。据报道，禽网状内皮组织增殖病病毒感染可抑制宿主对马立克病毒、新城疫病毒及绵羊红细胞、牛血清白蛋白的免疫应答。

禽网状内皮组织增殖病病毒污染生物制品，如马立克病毒疫苗、禽痘疫苗时，疫苗免疫后可引起雏鸡矮小综合征或慢性肿瘤疾病会引起巨大的经济损失。但是这种情况随着分子生物技术的应用，发生的概率已经很小。

【病原学】

禽网状内皮组织增殖病病毒属反转录病毒科，禽C型病毒属的RNA病毒。病毒粒子呈球形，直径为80～100 nm。有囊膜。蔗糖浮密度为1.16～1.18 g／mL，氯化铯浮密度为11.20～1.22 g／mL。病毒对乙醚敏感，对热（56℃，30 min）敏感，不耐酸（pH3.0）。禽网状内皮组织增殖病病毒基因组为单股RNA，由60～70 S复合物组成，包括两个30～40 S RNA亚单位。根据病毒的复制力将病毒分为完全复制型和不完全复制型（缺陷型）两种病毒群。其中REV–T为不完全复制型，需要辅助病毒REV–A的参与才能进行病毒复制。而完全复制型禽网状内皮组织增殖病病毒可以在许多禽内细胞中很好地复制，但是只有非缺陷性病毒才能引起矮小综合征和慢性淋巴瘤。

缺陷性禽网状内皮组织增殖病病毒可以在几种禽类细胞中增殖，特别是鸡胚、火鸡和鹌鹑成纤维细胞最常用。李劲松报道，用鸭胚、鸭胚肾细胞也能很好地繁殖病毒。而鸭胚成纤维细胞很适合于细胞病变的观察。禽网状内皮组织增殖病病毒在其他细胞培养物上没有明显可见的细胞病变。病毒感染细胞后，细胞培养中生长的峰值时间为感染后的2～4 d。据报道，某些哺乳类动物的细胞可供禽网状内皮组织增殖病病毒增殖，如D17犬肉瘤细胞、CF2th犬胸腺细胞、正常的大鼠肾细胞、水貂肺细胞、牛细胞均可供非缺陷性禽网状内皮组织增殖病病毒有限增殖，一些研究者在人、猴、马和山羊等哺乳动物体内也检测到了针对禽网状内皮组织增殖病病毒的抗体，但尚未见禽网状内皮组织增殖病病毒在非禽类宿主体内增殖的报道。虽然不同的毒株在致病力上有所差异，但是不同分离株具有相似的抗原性，即所有的分离株都属于一个单一的血清型。但是依据中和试验，Chen等于1987年将当时已有的分离株分成了3个亚型。但是随后的受体干扰试验并不能区分1和2亚型病毒，说明毒株间并不存在主要的亚型差异。

【流行病学】

禽网状内皮组织增殖病临床上通常呈散发。自然宿主包括火鸡、鸭、鸡、雉、鹅和日本鹌鹑等。其中鸡和火鸡常作为实验宿主。本病在商品禽，尤其是火鸡和鸭群中危害较严重。但尚未见哺乳动物被感染的报道。本病主要通过接触水平传播。李劲松等用RV–1株感染鸭，并与健康鸭在一起饲养2～3 d后，健康鸭REV抗体转为阳性。感染鸭口腔和泄殖腔拭子中有病毒存在，说明分泌物和排泄物是病毒传播的来源。已证实禽网状内皮组织增殖病病毒可以经卵传播，但蛋传的发生率是很低的。在鸭感染模式中，不同的宿主因素具有重要意义，其中年龄最为重要。胚胎期或新生期感染病毒鸭产生持续性病毒血症，不能产生禽网状内皮组织增殖病病毒抗体或者抗体水平很低。但21日龄左右鸭感染病毒后，病毒血症非常短暂，抗体产生后病毒血症即消失。对3周龄鸭仅感染RV–1株，不表现免疫抑制，但幼年鸭感染RV–1株则产生免疫抑制。年龄较大鸭要经腔上囊切除手术结合感染RV–1株才产生免疫抑制，但仅切除腔上囊则没有这种效果，说明切除腔上囊仅仅部分地损伤体液免疫能力。据报道，2014年从中国绿头鸭种也首次分离到该病毒。不同品种对本病的敏感性也有差异。禽用疫苗的禽网状内皮组织增殖病病毒污染是该病传播的重要问题，目前已引起世界各国的重视。

【致病机理】

禽网状内皮组织增殖病病毒感染自然宿主后，主要侵害宿主免疫器官（胸腺、腔上囊和脾脏）等发生器质性损伤，导致淋巴细胞发生变性坏死、数量减少和功能降低，外周血液免疫球蛋白数量也有明显下降，从而导致感染机体的细胞免疫和体液免疫功能均发生明显降低或抑制，引起被感染宿主免疫抑制，诱发其他疾病的发生，实验结果显示雏鸡感染该病毒后，相关细胞因子如白细胞介素2（IL-12）诱发活性降低显著，NK细胞的活性也受到显著影响。禽网状内皮组织增殖病病毒能引起免疫抑制的原因很多，首先，该病毒感染宿主后，可导致宿主中枢免疫器官腔上囊损伤和萎缩，从而影响B淋巴细胞的分化和成熟，导致机体体液免疫应答下降。同时，禽网状内皮组织增殖病病毒的致癌基因*v-rel*，可诱导B淋巴细胞转化成肿瘤细胞，影响体液免疫。其次，该病毒感染可导致宿主体内辅助性T细胞数量的急剧下降，影响了B细胞的抗原递呈。此外，进一步研究发现，REV-A的基因组中*gag*基因和*env*基因均与病毒的强免疫抑制能力有关。其次是一些REV毒株的前病毒DNA对T细胞基因组的插入，活化了其*c-myc*基因，导致了T细胞的转化（形成T淋巴细胞瘤）细胞免疫（CMI，cell mediated immune）的功能也受到抑制。

【症　状】

禽网状内皮组织增殖病病毒感染可导致鸡的急性网状内皮细胞肿瘤、矮小综合征、慢性肿瘤等。因病毒毒株和其他因素的差异，潜伏期长短及临床症状差异明显。一般REV-T毒株感染可导致急性网状内皮细胞肿瘤，其他复制完全型的禽网状内皮组织增殖病病毒感染多引起矮小综合征与慢性肿瘤。对于急性网状细胞肿瘤，其感染潜伏期最短为3 d，可能会出现腔上囊和胸腺萎缩等变化，6 ~ 21 d开始出现死亡。对于发生矮小综合征的鸡群，可能会有明显的发育受阻、鸡冠苍白等表型，表现严重的，生长停滞。羽毛生长不正常，在身体躯干部位羽小支紧贴羽干（见彩图4-4-1）。慢性淋巴瘤的情况少见，但病鸡从发病到死亡的整个期间，鸡群均表现出精神委顿、食欲不振，但很少出现临床症状。同样的，在实验条件下感染T株而引起的急性网状内皮细胞瘤的雏鸡或火鸡，由于疾病潜伏期短，发病迅速，也很少表现出临床症状，并且死亡率常常可达100%。

【病理变化】

急性网状细胞瘤病理学变化主要表现为肝脏和脾脏肿大，并伴有局灶性或弥散性浸润病变。部分病死鸡也会出现胰腺、性腺、心脏和肾脏的病变，血液中异嗜性白细胞减少，淋巴细胞增多。组织学变化的一般特征是大的空泡状细胞或网状内皮细胞或原始间质细胞的浸润和增生。

矮小综合征主要病理学变化为：肝、脾肿大坏死，网状细胞的弥散性和结节性增生。感染鸡的腔上囊严重萎缩并重量减轻，滤泡缩小，滤泡中心淋巴细胞数目减少或发生坏死。胸腺萎缩、充血、出血和水肿。

慢性肿瘤病依据病理变化和感染宿主，主要分为腔上囊淋巴瘤、非腔上囊淋巴瘤和其他禽类淋巴瘤。腔上囊淋巴瘤病变主要限于在肝脏和腔上囊上出现肉眼可见的结节或弥散性淋巴病变，该病理变化与禽白血病的感染很难区分。非腔上囊淋巴瘤的病理变化主要表现为在胸腺、肝脏和脾脏的肿大和心肌的弥散性淋巴浸润。腔上囊没有病变。其他禽类淋巴瘤即在其他禽类中禽网状内皮组织增殖病病毒感染引起慢性淋巴瘤病变，主要表现为肝脏肿大、脾脏具有弥散性病变、肠道、骨骼、肾脏、心脏和其他组织出现浸润或结节性淋巴瘤。

总之，禽网状内皮组织增殖病病毒感染具有病证性意义的病理变化是器官组织中网状细胞的弥散性和结节性增生。

【诊　断】

禽网状内皮组织增殖病诊断需要依据典型的组织学病变结合病毒分离来确定。在临床诊断中禽网状内皮组织增殖病要注意与禽白血病和马立克病相区分。矮小综合征必须与其他免疫抑制综合征相区别。特别是传染性囊病、苍白综合征（Pale bird）、吸收障碍综合征（Malabsorption）及呼肠孤病毒引起的传染性发育障碍综合征（Infectious stunting）。在火鸡，本病应与淋巴细胞增生病相区别。发病年龄、脾脏是否肿大、肿瘤细胞中成淋巴细胞形态是否均一是重要鉴别标准。

在临床中，禽网状内皮组织增殖病病毒一般滴度很低，而且呈现出一过性。病毒分离时可采集口腔和泄殖腔拭子、病变组织或肿瘤、血浆、全血和外周血液淋巴细胞进行分离。其中值得推荐的是外周血淋巴细胞方法。拭子用加有青霉素、链霉素的组织培养液冲洗制备。病变组织制成匀浆，离心取上清液，经多孔滤膜除菌制备。外周血淋巴细胞是将加肝素的抗凝血低速离心，收集上层黄色血浆和中间层白细胞（少许即可），高速离心，弃上清液，沉淀用组织培养液悬浮制备。以上制备物可分别接种在置有盖玻片的鸡胚成纤维细胞单层（CEF）上，至少盲传两代，每代7 d。禽网状内皮组织增殖病病毒一般不产生明显的细胞病变。可用荧光抗体试验对病毒进行进一步鉴定。

目前实验室诊断主要用各种血清学方法检测禽网状内皮组织增殖病病毒，如补体结合试验（CF）、琼脂扩散试验（AGP）、荧光抗体试验（FA）、ELISA检测方法等；其中ELISA方法主要用于流行病学调查。另外，在实验室诊断中，也采用PCR方法检测前病毒DNA，这是一种相比较血清学方法，敏感性和特异性都比较优异的方法。可用于病毒感染细胞的检测，也可直接用来检测鸡血液或病变组织中的禽网状内皮组织增殖病病毒。而且还可以对使用疫苗进行安全性检测，防止禽网状内皮组织增殖病病毒的污染。但是该种方法不适宜大规模检测。

由于禽网状内皮组织增殖病病毒引起的病变，尤其是一些淋巴增生病变，很难与马立克病和禽白血病产生的肿瘤区分，因而，在大多数情况下，组织学和血清学的标准很少能进行确诊，因此在临床中尤其注意这三者之间的鉴别诊断。

【防治措施】

目前尚无有效治疗该病的方法，虽然已有一些商品化的疫苗，但是对疫苗的使用还存在一定的争议。对该病的防控，依据其传播特点，只能靠加强平时的饲养管理，严格相关禽用疫苗制品生产过程中的生物安全规程，杜绝疫苗中禽网状内皮组织增殖病病毒的污染。并通过适当的种源净化，切断其垂直传播途径。加强引种管理，防止引种过程中的水平传播。

【展　望】

禽网状内皮组织增殖病与禽白血病及马立克病均能导致病毒性肿瘤病毒发生。在临床上通常也出现混合感染的情况。由于禽网状内皮组织增生病往往呈亚临床感染，并呈散发型，病毒接种细胞后并不出现明显的病变。因此，与禽白血病造成的经济损失相比，对该病毒研究目前还不是很重视。由于其感染后能引起肿瘤和免疫抑制被认为与淋巴白血病和马立克病相似，因此，禽网状内皮组织目前被认为是研究病毒性肿瘤疾病和免疫抑制性疾病的很好模型。禽网状内皮组织增殖病病毒也已成为研究反转录病毒中经常用到的模型。

（郑世军　王永强校）

第五节　鸡传染性支气管炎

（Infectious bronchitis of chickens）

【病名定义及历史概述】

鸡传染性支气管炎（Infectious bronchitis，IB）是有世界性分布的、由鸡传染性支气管炎病毒（Infectious bronchitis virus，IBV）引起的一种仅发生于鸡的急性、高度接触性的呼吸道疾病。各个鸡龄均易感，幼鸡以喘气为突出症状。在产蛋鸡出现蛋产量和品质下降。如果病原不是肾病变型毒株或不发生并发病，死亡率一般很低。

【病原学】

鸡传染性支气管炎病毒（IBV）属于冠状病毒科冠状病毒属的第三群，为带囊膜的单股正链RNA病毒，其核酸呈螺旋对称性。电镜观察发现，病毒粒子略呈球形，直径80 ~ 120 nm，有囊膜，囊膜上有12 ~ 24 nm长、末端呈圆形的棒状纤突（见彩图4–5–1）。直接从鸡体分离的病毒，纤突较齐全，而在体外传代的病毒往往部分缺失。病毒在离心分离和37° C孵育时可能会导致S1亚基的丢失。

鸡传染性支气管炎病毒基因组全长约为27.6 kb，其5′端和3′各具有一个非编码区（Untranslated region，UTR），3′–UTR后具有PolyA尾。基因组不分节段，目前普遍认为鸡传染性支气管炎病毒基因组有10个ORF，结构为5′–UTR–1a–1b–S–3a–3b–3c–M–5a–5b–N–UTR–3′。鸡传染性支气管炎病毒粒子主要包含三种结构蛋白：纤突蛋白（S）、膜蛋白（M）和核衣壳蛋白（N）。S蛋白包含S1和S2两个亚基，其中S1诱导产生大部分的病毒中和抗体（VN）。S2与S1连接将S蛋白锚定在病毒囊膜上。M蛋白整合在病毒双层膜中，N蛋白环绕整个病毒基因组。

对各地分离的鸡传染性支气管炎病毒毒株理化特性测定表明，毒株稳定性存在一定差异。鸡传染性支气管炎病毒对乙醚、氯仿敏感。鸡传染性支气管炎病毒的热稳定性因毒株的不同而异，新分离毒株可被56 ℃处理15 ~ 30 min灭活，而适应鸡胚的毒种可在该温度存活3 h以上。不同毒株对pH稳定性也不同，鸡传染性支气管炎病毒在pH 2 ~ 3和pH 10 ~ 12的环境下1 h不失去活性。鸡传染性支气管炎病毒具有两大生物学特征，其一为获得性血凝性，即大多数IBV无自然血凝特性，病毒的鸡胚尿囊液经1%胰酶处理后能凝集鸡红细胞，且于接种后72～96 h的活胚尿囊液血凝价较高；能干扰新城疫在鸡胚中的增殖；两种方法通常用于病毒的鉴定，国内报道的鸡传染性支气管炎病毒分离株的鉴定工作中都进行这两大生物学特性的研究。

鸡胚是泛指鸡传染性支气管炎病毒的最常用宿主系统。一般将病料接种9～11日龄鸡胚的尿囊腔作为毒株的传代。多数毒株在鸡胚中生长良好，随着传代次数增加，尿囊腔中病毒滴度逐渐增加，对鸡胚毒力也增强。胚体表现为发育受阻，出现蜷缩胚或侏儒胚。应用鸡胚肾（CEK细胞）繁殖鸡传染性支气管炎病毒国内较早报道，病毒引起合胞体形成。合胞体最终脱落和死亡而使细胞单层形成空斑。细胞病变在初次分离时一般是见不到的，往往需要连续传代6次以上才出现。樊晓旭等对不同浓度的H52病毒液感染CEK细胞进行了研究，病毒在48 h滴度最高，在120 h仍能检测到病毒。金梅林测定了4株鸡传染性支气管炎病毒可以在鸡胚成纤维细胞中生长，36～72 h病毒释放达到高峰，$TCID_{50}$滴度为$10^{6.0}$。樊汶樵研究鸡传染性支气管炎病毒感染SPF鸡体内病毒含量的动态分布规律及组织嗜性发现，肺脏和肾脏分别是M41株和SAIBK株感染后带毒量最高的器官。

鸡气管上皮细胞对鸡传染性支气管炎病毒易感性很高。细胞被感染后，其突入腔内的纤毛逐渐停止原来的摆动。感染后的上皮细胞其纤毛运动于24 h明显减慢，72 h则完全停止并伴有细胞脱落。通常利用气管环、鸡胚、输卵管环和肾细胞等通过体外中和试验来进行病毒的血清型测定。张登荣等对肾型鸡传染性支气管炎病毒病理形态学电镜观察发现，肾型鸡传染性支气管炎病毒主要分布于气管黏膜上皮、肺呼吸毛细管上皮和肾小管上皮细胞浆内，还分布于毛细血管周围。肾型鸡传染性支气管炎病毒对器官组织的损伤作用主要表现为：气管黏膜纤毛上皮细胞的纤毛脱落，有的缠结成簇，甚至严重倒伏。肺呼吸滤过膜增厚，并发生纤维化。肾小管上皮细胞质液化，线粒体变形萎缩，有的线粒体溶解呈空泡状。

【流行病学】

自1930年在美国达科他州发现鸡传染性支气管炎并于次年首次报道后，世界各国陆续有报道。我国20世纪50年代就有本病的报道，但确实是在20世纪70年代后期80年代早期才有既有临床观察又分离到病原的报道。1978年从杭州暴发的一次疫情的病鸡中分离到一株鸡传染性支气管炎病毒；上海市松江县分离到一株鸡传染性支气管炎病毒定名为沪1株；广州、北京、广西、新疆也陆续报道分离到鸡传染性支气管炎病毒。20世纪90年代出现了肾型、腺胃型、生殖道型等。目前国内外已超过 60个血清型。

肾病变型鸡传染性支气管炎病毒是引起感染鸡死亡的最高病理型。肾型鸡传染性支气管炎病毒在早期血清型较少，仅包括T株、Holte株、Gray株及M型。在国内毒株分离不断有报道，其中王红宁等于1997年首次从中国地区分离到鸡传染性支气管炎病毒肾型毒株SAIBK株。杨杰华等于2003年从山东分离到的793/ B 变异株。国内不同地域流行株存在差异，存在地区性的变异毒株，各已经有多位学者作了报道。

自然易感的家禽只有鸡，鸡传染性支气管炎病毒对其他禽类不致病，国内尚无在候鸟中鸡传染性支气管炎病毒报道。不同品种和品系的鸡对鸡传染性支气管炎病毒的敏感性不同，各种年龄的鸡均可感染，主要侵害1～4周龄的雏鸡。

传染方式主要是气源性。鸡传染性支气管炎病毒传染性极高。一个病毒粒子的感染，在集约化鸡群中1～2 d内很快波及全群。王玉龙、曾祥伟等以M41株为材料对鸡传染性支气管炎病毒的实验流行病学进行了研究，鸡传染性支气管炎病毒在潜伏期传染性极低，而康复期鸡传染性支气管炎病毒具有一定的传染性；

不同的感染途径均可引起发病，但发病的严重程度不一致，在易感性上，低日龄鸡对鸡传染性支气管炎病毒更易感。病鸡康复后可带毒49 d，在35 d内具有传染性。

对已报道IBV S1基因序列的进化分析表明，在全球范围内鸡传染性支气管炎病毒可分为5个大群（ClusterⅠ～Ⅴ），ClusterⅠ～Ⅳ包含的毒株较少，其中ClusterⅠ以DE072为代表分布于美国；ClusterⅡ主要分布在澳大利亚，以及中国、韩国、日本等东亚地区；ClusterⅢ分布在澳大利亚，ClusterⅣ分布在中国。绝大部分分离毒株被归入ClusterⅤ，在世界各地广泛分布，该群可分为两类，其中第一亚群代表毒株包括ARK、JAAS、M41、H120、UFMG、T3等，属于早期在国外分离的毒株，近年在国内外分离较少；另一亚群近年来在我国流行广泛，代表毒株包括A2、QXIBV、LX4、4/91、CKCHLDL08I、KM91、D971–like、TW97/4、SAIBK等，这些毒株与MASS型呼吸型毒株遗传距离较远，且能在雏鸡中造成更严重的肾脏、生殖道等病变。

【发病机理】

鸡传染性支气管炎病毒具有上皮亲嗜性，通过病毒固定进入上皮细胞。鸡传染性支气管炎病毒主要通过口、眼、鼻途径入侵宿主，首先在上呼吸道繁殖，接着发生病毒血症并向其他组织分布。免疫荧光、免疫过氧化物酶和电镜技术已经表明病毒是在纤毛上皮细胞和黏液分泌细胞中复制。临床上鼻腔和气管中病毒的最高滴度是在感染后的2～3 d，但病毒至少可以存在2～5 d。病毒也可以在肺泡和气囊的上皮细胞中复制，并发现较高的病毒滴度。感染鸡肺部可看到小的肺炎灶，气囊出现云雾状或黄色干酪样渗出物。鸡传染性支气管炎病毒对呼吸道感染的强弱随不同毒株而异，无并发感染的病例，死亡率通常不高，主要由于黏膜栓子阻塞下呼吸道造成呼吸困难引起死亡。

除上呼吸道组织的上皮细胞内出现病毒外，肾脏、输卵管、消化道的许多部位（食管、前胃、十二指肠、空肠、盲肠扁桃体、直肠、泄殖腔）、腔上囊等的上皮细胞内也能定位到病毒。虽然鸡传染性支气管炎病毒对肠道组织有广泛的亲嗜性，但肉眼和显微镜观察不到肠管的临床变化。感染鸡传染性支气管炎病毒的肾脏病变主要是间质性肾炎。该病毒可引起肾小管上皮细胞颗粒变性、空泡化及肾小管上皮脱落，在急性期还可看见间质组织中有大量异嗜性细胞浸润。在某些病例中，退行性病变可持续存在，并引起单个肾单位或整个肾区严重萎缩。由于肾脏损伤引起饮水增多、肾小管上皮结构改变引起水分和电解质运输下降，导致急性肾衰竭，出现死亡。对感染肾组织的超微研究发现，鸡传染性支气管炎病毒复制的主要靶部位是肾单位下段和导管的上皮细胞。感染上皮细胞内的线粒体肿胀、高尔基囊泡扩张及粗面内质网数量增多。用肾型鸡传染性支气管炎病毒毒株接毒后6 d左右，鸡开始出现死亡，10 d左右达到死亡高峰，最后死亡时间一般在接毒后16 d左右。

【症　状】

感染鸡传染性支气管炎病毒的患病鸡，通常在48～72 h内出现症状，由于病毒的变异株不断出现，对组织器官的亲嗜性不同，将病型主要分为呼吸型、肾病变型、腺胃病变型及肠病变型。

1. **呼吸型**　本型最初由Shalk等在美国北达科他州报道，1956年分离鉴定为Massachuseffs株和

Connecticut株。一般无前驱症状，突然出现呼吸困难并迅速全群发病。常表现伸颈，张口呼吸，喷嚏，甩头，呼吸时有啰音，尤其在夜间更为清楚。严重患病鸡甚至出现犬坐姿势。鼻窦肿胀，流黏液性鼻液。病情发展下去，病鸡全身衰弱，羽毛松乱，昏睡，双翼下垂，常挤在一起。如果没有其他并发病，一般病程为3～14 d，死亡率约为5%。日龄越小死亡率越高，中、大雏死亡很少。幼雏期感染鸡传染性支气管炎病毒，有相当多的雌雏输卵管发育受阻，造成生殖器官永久性的功能障碍，成为表面上正常但不下蛋的“假产蛋者”。这种母鸡和真正产蛋的鸡比较，往往唯有泄殖腔较窄、缺乏柔润弹性。产蛋期成年鸡感染鸡传染性支气管炎病毒一般无明显呼吸道症状，但免疫力很低时也能出现精神萎靡、食欲废绝、羽毛松乱、双翼下垂，以及咳嗽、张口喘气、啰音等呼吸道症状（见彩图4-5-2、彩图4-5-3、彩图4-5-6和彩图4-5-7）。

2．肾病变型　肾型鸡传染性支气管炎病毒最早由Winterfield和Hitchner在1962年分离鉴定，并命名为Holte和Gary株。Cumming在澳大利亚也分离到1株肾型鸡传染性支气管炎病毒，命名为T株。我国在20世纪80年代报道了该型鸡传染性支气管炎的发生，随后国内关于肾病变型鸡传染性支气管炎的报道越来越多。肾病变型鸡传染性支气管炎主要发生在20～30日龄的幼鸡，病程比一般呼吸器官病型稍长（12～20 d），死亡率也很高（20%～30%）。患病鸡可见含尿酸盐的白色粪便，有时涂满肛门附近。病鸡食欲下降，饮欲增加，失水，干脚，精神不振，冠变黑，羽毛松乱。

3．腺胃病变型　1995年以来，江苏省及青岛不同疫区从腺胃病变鸡群中分离到3株病毒，命名为H_{95}、L_{95}和T_{95}株。Ignjatoric于1996年从腺胃中分离到1株类似H_{95}株的病毒。后来，朱国强又分离出了S_{95}株。腺胃型患病鸡主要发生于20～90日龄的鸡群，患病初期表现咳嗽，甩头，少数病鸡有呼吸啰音，饮食无明显变化；有的鸡眼睑肿胀，眼角有泡沫状液体流出，约2周左右呼吸症状减轻或消失，病鸡日益消瘦，鸡冠苍白，羽毛蓬松，闭目嗜睡，饮食减少、废绝，排白色绿色水样粪便，最后衰竭死亡。

4．肠病变型　EI-Houadfi等在摩洛哥首次分离到以G株为代表的嗜肠型鸡传染性支气管炎病毒毒株。感染G毒株的患病鸡表现为脱水，有呼吸道症状，粪便中有大量尿酸盐。

【病理变化】

1．眼观病变　呼吸型患病鸡的病理变化主要表现为鼻炎、卡他性气管炎、支气管炎和肺充血水肿，偶有气囊浑浊增厚，鼻道内有卡他性渗出物，支气管内有干酪样堵塞物。肝脏稍肿大、呈土黄色。

肾病变型患病鸡主要表现为肾脏肿大、苍白，外观呈斑驳状的“花肾”，肾小管和输尿管充满尿酸盐结晶，泄殖腔内稀薄粪便中夹杂白色尿酸盐泡沫物。个别病例腹膜、心包膜乃至整个脏器上出现白色尿酸盐沉积（见彩图4-5-4、彩图4-5-5、彩图4-5-11、彩图4-5-12和彩图4-5-13）。

腺胃病变型患病鸡主要表现为腺胃极度肿大，外观光泽呈圆球形，腺胃黏膜出血、溃烂，腺胃乳头糜烂或消失，可挤出白色脓性分泌物。个别及胃腺乳头有出血，肌胃角质膜有溃疡，胰腺肿大有出血，盲肠扁桃体肿大出血，十二指肠黏膜有出血，空肠、直肠及泄殖腔黏膜有不同程度的出血。

以肠病变为主的病例有较少报道，主要表现为气管中有过多的黏液，表皮肿胀，黏膜水肿，有的病例，在气管下部和支气管出现干酪样阻塞物。

2．组织学变化　呼吸型的病鸡气管黏膜上皮脱落坏死，固有膜层增厚，充血水肿，有淋巴样细胞和嗜酸性粒细胞浸润。肺小叶结构变得浑浊而不清楚。支气管内有嗜酸性粒细胞、淋巴样细胞和脱落上皮细胞。病变区肺泡消失，为细胞增生所代替，增生的细胞有嗜酸性粒细胞、淋巴样细胞浸润。肝门静脉充满红细胞，小叶间细胞浸润、淋巴细胞渗出，少数肝细胞水肿变性。肾病变型病例以肾的变化为特征。肾小管上皮颗粒变性，集尿管和部分肾小管腔扩张，上皮变扁或呈空泡状，管腔中充积已破碎的异嗜性白细胞及多量的淋巴细胞和浆细胞。部分病例血管内形成血栓。病变以小叶区最明显。发生内脏型痛风的病例，除上述变化外，尚见集尿管中有痛风石形成，管腔中央为红染结晶，周围多核巨噬细胞和淋巴细胞，有的病例肾小管上皮细胞坏死钙化。以腺胃病变为主的患病鸡病理组织学变化表现为腺胃上皮细胞大量脱落、坏死，纤体上皮细胞增生，管腔中有脱落的上皮细胞。腺体下平滑肌层被水肿液分隔，固有层水肿，有大量炎性细胞浸润，毛细血管充血。腺体细胞有多量空泡化，腺腔中有黏液、脱落的腺细胞和单核细胞浸润，有多量的细胞坏死、脱落和崩解。嗜肠型病鸡病理组织学变化主要为肠组织特别是直肠组织，可见以淋巴细胞、巨噬细胞及偶尔嗜异染性细胞的局灶性浸润为特征的炎症变化。

【诊　断】

根据流行病学、临诊症状、剖检病变及应用多种抗菌药物无明显疗效等可作出初步诊断。确诊必须结合实验室诊断，进行病毒的分离、鉴定，或者进行分子生物学诊断、特异性抗体检测等。

1. 病毒分离　可用鸡胚接种或气管环培养方法分离病毒：

（1）鸡胚接种　取气管、肺、肾、输卵管、盲肠扁桃体或者气管、泄殖腔拭子等制成悬浮液，加抗生素，0.22 μm孔径滤膜过滤后取0.1 ~ 0.2 mL经尿囊腔接种于9 ~ 10日龄鸡胚，36 ~ 48 h 后鸡传染性支气管炎病毒滴度达到最大值（非鸡胚适应性的野毒株出现峰值的时间可能会延迟），将胚置于4 ℃致死后收集尿囊液。在分离野毒时，先进行几次连续性传代可使病毒的数量增加。鸡传染性支气管炎病毒引起的鸡胚病变程度差异很大，尤其是在野毒存在时候，首次传代时鸡胚几乎无肉眼可见病变，但随着传代次数的增加，鸡胚的死亡率和矮小、蜷曲胚数量逐渐增加（见彩图4-5-8 ~ 彩图4-5-10）。由于新城疫弱毒也可导致侏儒胚的出现，考虑到病料常被新城疫病毒污染，可将鸡胚盲传3 ~ 5代，HA试验阳性废弃；HA试验阴性，侏儒胚阳性，新城疫病毒干扰试验阳性的再进一步作鸡传染性支气管炎病毒鉴定。鸡胚是分离鸡传染性支气管炎病毒野毒株一种有效的模型，可适用于大多数野毒株。然而其缺点是通常需要在鸡胚中盲传三代才表现出特征性的病变，延长了诊断时间。此外，鸡胚分离可能会使病毒量减少，如保存不当造成鸡传染性支气管炎病毒失活。病毒分离失败的另一个原因可能是与其他病毒混合感染，从而阻碍了鸡传染性支气管炎病毒在鸡胚中的复制。

（2）气管环培养　用19 ~ 20日龄SPF鸡胚的气管，无菌条件下用手术刀切成0.5 ~ 1.0 mm厚的环，放入含有细胞培养基和抗生素的细胞瓶内37℃旋转培养48 h。镜检，观察气管纤毛摆动情况，只有50% 以上的纤毛正常摆动的气管环才能继续使用。此后，弃去培养基，加入0.1 mL待检样品悬浮液，接着孵育1 h使病毒充分吸附，然后加入1 mL培养基继续培养。培养后24、48、72和96 h，分别在倒置显微镜下观察并评估气管环纤毛摆动情况，纤毛摆动由于鸡传染性支气管炎病毒的复制逐渐减弱。该方法可以作为鸡传染性支气管炎病毒分离和滴定，并适用于不易在鸡胚中增殖的鸡传染性支气管炎病毒毒株。在鸡胚气管组织培养中第1代即能够很快产生纤毛止动效应，无需多次传代培养；细胞培养分离病毒时，可用于鸡传染性支气管炎病毒分离鉴定的细胞有Vero细胞、气管上皮细胞（CTE）、鸡胚肾细胞（CEK）等。但缺点是对非呼吸道嗜性的鸡传染性支气管炎病毒野毒株不敏感，因此，可能会产生假阴性结果。还应注意，其他因素也可导致纤毛摆动停止，要确诊鸡传染性支气管炎病毒则还需采用其他特定的方法。

2. 病毒鉴定　进一步的鸡传染性支气管炎病毒鉴定，除了抗脂溶剂、耐温、耐酸碱等理化检验及核酸型鉴定和电镜观察外，以下几种方法较为常用。

（1）RT-PCR及核酸测序　该方法具有简便快速和敏感性、特异性强的特点。RT-PCR方法用于鸡传染性支气管炎的诊断需要设计群特异性引物或者型特异性引物。群特异性引物是选择某种病原基因组的高度保守区，一般不会漏检新的鸡传染性支气管炎病毒毒株。在鸡传染性支气管炎病毒中，通常选自核蛋白基因（N）和位于鸡传染性支气管炎病毒基因组3′端不编码任何蛋白但在病毒复制时起作用的被称为3′非翻译区（3’UTR）的基因。然而，群特异性引物扩增结果不能区分疫苗株和野毒株，尤其是当免疫过鸡传染性支气管炎病毒活苗时。由于鸡传染性支气管炎病毒血清型、基因型众多，需要选择一个能够检测这些样本之间差异的基因，进行病毒的鉴定和鸡传染性支气管炎病毒暴发的流行病学调查。一般以S基因为靶基因，设计型特异性引物扩增得到DNA产物后进行核苷酸序列测定，得到的S基因或部分S基因序列通过生物信息学软件与其他公布的序列进行比对，区分疫苗毒和野毒，或野毒株分类，以指导养殖场疫苗使用的选择。

（2）血凝、血凝抑制试验（HA、HI）　作为辅助性的检测手段，具有简便、快速的特点。HA主要用于分离到的鸡传染性支气管炎病毒纯净性检测；HI试验通常检测的是感染后第1～2周出现的抗体，抗原是进行HI的关键，抗原制备需要用胰蛋白酶、I型磷脂酶C或者A型魏氏梭菌等方法处理，目前已有商品化的鸡传染性支气管炎病毒血凝抗原，如北京市农林科学院畜牧兽医研究所研制的鸡传染性支气管炎病毒M41株血凝抗原。当检测单次免疫后产生的抗体时，HI试验具有血清型特异性。鸡传染性支气管炎病毒重复感染后HI血清型特异性很低，尤其第二次或其后的感染是不同血清型时。有两种操作方法：白瓷板法用未经稀释的血清在20～25℃条件下，2 min就可判定结果；微量板法对血清作二倍系列稀释，在室温2 h可判定。

（3）酶联免疫吸附试验（ELISA）　ELISA方法既可以检测抗原，也可以检测抗体。检测抗原时，利用密度梯度离心法提纯鸡传染性支气管炎病毒抗原包被微量板，依次加入被检鸡血清、兔抗鸡IgG酶标二抗、底物、终止液等。有人发现ELISA比AGPT和血清中和试验检出的抗体高峰早得多，分别为感染后的第11、14、28天，持续期也较长，分别为98、56、56 d。此外，定期采血监测正常鸡群中鸡传染性支气管炎病毒抗体的ELISA效价，当鸡群出现呼吸症状后，根据ELISA抗体升高的程度也可判断是否存在鸡传染性支气管炎病毒感染。

（4）病毒中和试验（VGT）　这是利用标准的阳性血清与被检病毒混合后接种鸡胚、鸡胚肾细胞或气管培养物，最常用的是鸡胚法，但存在个体差异问题，并且不如气管环（TOC）法经济。判定标准有观察胚胎变化、细胞病变、免疫荧光染色多个标准，但结果往往带有主观因素。另外，该法操作比较复杂，费时。

3. 鉴别诊断　有几种鸡的疾病需要与鸡传染性支气管炎加以区别。

（1）呼吸型鸡传染性支气管炎与新城疫鉴别　新城疫一般要比鸡传染性支气管炎感染严重，强毒株感染可见典型病变如腺胃乳头出血及肠道枣核形的出血或坏死区，直肠黏膜条索状出血，嗉囊充满酸臭味的稀薄液体和气体。体温升高到43℃以上，死亡率一般也比较高，有的鸡出现神经症状。

（2）呼吸型鸡传染性支气管炎与鸡传染喉气管炎鉴别　鸡传染性喉气管炎主要侵害成年鸡，小鸡较少发生。比鸡传染性支气管炎传播慢，且呼吸道症状和病变与鸡传染性支气管炎比较为严重，喉头气管可见带血的黏性分泌物。

（3）呼吸型鸡传染性支气管炎与鸡传染性鼻炎鉴别　鸡传染性鼻炎的特征是脸部肿胀，流鼻涕，多发于2～3月龄青年鸡，产蛋鸡也常发生，小鸡较少发生。镜检鼻汁可见革兰阴性两极浓染的小球杆菌。抗菌药物有疗效。

（4）呼吸型鸡传染性支气管炎与鸡产蛋下降综合征　产蛋下降综合征所致的产蛋率下降和蛋壳质量问题与鸡传染性支气管炎相似，但其不影响蛋的内部质量，且无明显呼吸道症状。

（5）鸡慢性呼吸道病　传播慢且病程长，病原体为支原体，抗菌药物有效。

（6）禽曲霉菌病　1～2日龄雏鸡发病，再大一些少发或散发，发生在温暖潮湿季节，肺、气囊粟粒大小灰白色或黄色结节。

此外，肾型鸡传染性支气管炎应与饲料、药物等因素（饲料高钙低磷、高蛋白，给育成鸡喂蛋鸡料，日粮中维生素A缺乏，磺胺药用量过大、时间过长，饲料中钠离子浓度过高等）所引起的尿酸盐沉着症、传染性囊病、禽肾炎病毒感染、鸡蓝冠病、鸡白痢杆菌病等进行鉴别。

【防治措施】

1. 治疗　鸡传染性支气管炎无特异性疗法。应合理使用氧氟沙星、替米考星等抗生素，控制大肠杆菌、支原体等病原的继发感染或混合感染。对肾脏病变明显的鸡群要注意降低饲料中的蛋白含量，停止使用对肾脏损害较大的药物。在饮水中加电解多维，以补偿钠和钾的急剧减少，从而降低因肾炎而造成的损伤。这些措施将有助于缓解病情，减少损失。由于鸡传染性支气管炎病毒可造成生殖系统的永久损伤，因此对幼龄时发生过传染性支气管炎的种鸡或蛋鸡群必要时及早淘汰。

2. 防制　防止病原入侵鸡群，减少诱发因素和提高鸡只免疫力，是主要的防控措施。

防止病原侵入，要做到严格检疫，隔离病鸡，鸡舍及用具等严格消毒，做到“全进全出”。鸡传染性支气管炎病毒对外界抵抗力不大，媒介物的传播作用也不重要，故一般的鸡场消毒、鸡舍合理间隔对防治本病有效。

加强饲养管理、减少诱因的发生是防治本病的关键。降低饲养密度，避免鸡群拥挤，注意温度、湿度变化，避免过冷、过热。尤其是育雏鸡要注意保温，避免贼风侵袭。注意通风透气，防止有害气体刺激呼吸道。饲料要营养充足，及时补充维生素和矿物质，增强鸡体抗病力。

免疫接种仍是主要和有效的防控措施。鉴于被动免疫（如母源抗体）只能减轻疾病的症状，不能防止鸡传染性支气管炎病毒感染呼吸道，本病引起的损失又主要是幼鸡阶段的感染所致，故雏鸡必须做好预防接种，产蛋鸡做好加强免疫。一般认为M41型对其他型病毒株有交叉免疫作用，目前我国M41型疫苗有灭活苗及其弱毒苗H120、H52。H120和H52是经多次鸡胚传代而育成，在鸡胚内生长较快。用新鲜胚液接种后20 h毒价最高，用冻干毒接种则24～48 h达高峰。因此，收毒时间比强毒要早得多。含疫苗毒的胚液加脱脂乳制成的冻干苗。H120 毒力弱，用于雏鸡的首次免疫；H52毒力较强，用于雏鸡的二次免疫及成鸡免疫；油苗各种日龄鸡均可使用。

参考免疫程序为5～7日龄通过滴鼻点眼的方式用H120首免，25～30日龄用H52二免，对蛋鸡和种鸡群还应于开产前接种一次油乳剂灭活疫苗。本病高发地区或流行季节，也可将首免提前到1日龄，二免改在7～10日龄进行，95日龄及开产前加强免疫。对于饲养周期长的鸡群最好每隔60～90 d用H52苗喷雾或饮水免疫。使用传支弱毒苗与新城疫弱毒苗单苗免疫应间隔10 d，以免发生干扰作用，如果使用二联疫苗则不会出现干扰。为了节约时间和经费，也可以采用新支二联苗或新支流三联苗（Lasota 株、H120 株、28/86 株）。

各地也筛选过当地的鸡传染性支气管炎病毒毒株作疫苗使用。广东地区分离、筛选的一肾型毒株D41，经安全、效力、对生殖器官功能的影响、返强等试验，证明对防制广东地区流行的肾病变型鸡传染性支气管炎效果很好。

目前针对鸡传染性支气管炎病毒的DNA疫苗、多肽疫苗、载体疫苗等基因工程疫苗的研究正在开展，有望在不久将来上市。

（王红宁　杨鑫）

第六节　鸡传染性喉气管炎

（Avian infectious laryngotracheitis, AILT）

【病名定义及历史概述】

鸡传染性喉气管炎（Avian infectious laryngotracheitis，AILT）是由鸡传染性喉气管炎病毒（AILT virus，AILTV）引起鸡的一种急性、接触性呼吸道传染病，能引发鸡的死亡和产蛋能力下降，又名喉气管炎、禽白喉。温和型感染临床表现为气管炎、鼻炎、结膜炎等，而严重型感染表现为呼吸困难、咳嗽和咳出含有血样的渗出物，剖检可见喉部、气管黏膜肿胀、出血和糜烂。

本病于1925年由May等在美国首次报道，当时定名为“气管–喉头炎”；1931年美国兽医协会将该病命名为传染性喉气管炎。我国于1966年首次出现了该病的报道，至今仍广泛流行于许多地区。该病现已遍及世界各地，对养鸡业造成了巨大的经济损失。

【病原学】

鸡传染性喉气管炎病毒属于疱疹病毒科，*α*疱疹病毒亚科，传染性喉气管炎病毒属。病毒基因组为双股线性DNA，包括113 kb的长独特区（UL）、13 kb的短独特区（US）和US区两侧约11 kb的两个反向重复序列（IRs和TRs）。病毒颗粒呈球形，二十面体对称，核衣壳由162个壳粒组成，在细胞核内呈散在或结晶状排列。成熟的病毒粒子直径为195 ~ 250 nm，有囊膜，囊膜表面有纤突。

鸡传染性喉气管炎病毒能在鸡胚及多种禽源细胞上增殖。病毒最适宜在鸡胚中增殖，病料接种10日龄鸡胚绒毛尿囊膜，鸡胚于接种后2 ~ 12 d死亡，病料接种的初代鸡胚往往不死亡，随着在鸡胚传代次数的增加，鸡胚死亡时间缩短，并逐渐呈现有规律地死亡，死亡胚体变小，一般在接毒后48 h出现鸡胚绒毛尿囊膜增生和坏死，形成混浊的散在边缘隆起、中心低陷的痘斑样坏死病灶。鸡传染性喉气管炎病毒可在鸡胚肝细胞（CEL）、鸡胚肾细胞（CEK）、鸡肾细胞（CK）、鸡胚肝癌细胞（LMH）和鸡巨噬细胞中增殖，而鸡胚成纤维细胞不适合鸡传染性喉气管炎病毒的增殖。病毒感染细胞4～6 h后可引起细胞肿胀、核染色质变位、核仁变圆、胞浆融合形成多核的巨细胞（合胞体）。病毒感染后12 h即可在细胞核内产生包涵体，30～60 h包涵体的密度最高。

鸡传染性喉气管炎病毒只有一个血清型，但不同毒株的致病性差异悬殊。由于病毒株毒力的差异，各毒株对鸡的致病力不同，强毒株可引起鸡群高致病率和死亡率，而弱毒株引发的症状轻微，使鸡群常有带毒鸡的存在，病愈鸡可带毒1年以上，给本病的控制带来一定的困难。近年来，研究发现某些弱毒株难以被特异性血清中和，这可能是病毒发生了类似于流感病毒的抗原漂移现象造成的。

本病毒对乙醚、氯仿等脂溶剂敏感，对外界环境的抵抗力不强。病毒的热稳定性差，55℃加热可在15 min内灭活病毒；死亡鸡气管组织中的病毒，在13～23℃可存活10 d，37℃ 44 h即可死亡；气管黏液中的病毒，在直射阳光下6～8 h死亡；绒毛尿囊膜中的病毒在25℃下经5 h可被灭活。病毒在低温条件下，存活时间较长，如在-80℃时，能长期保存其毒力。

兽医临床上常用的消毒药如3%来苏儿、1%苛性钠溶液或5%石炭酸1 min内就可以灭活病毒。甲醛、过氧乙酸或过氧化氢等也有较好的灭活效果。

【流行病学】

鸡是鸡传染性喉气管炎病毒主要的自然宿主，所有年龄及品种的鸡均可感染，特征性症状多见于成年鸡。幼龄火鸡、野鸡、鹌鹑和孔雀也可感染。鸭、鸽、珍珠鸡和麻雀不易感，哺乳动物也不易感。

病鸡、康复后的带毒鸡和病毒污染物是其主要传染源。病毒主要存在于病鸡的气管组织及其渗出物中，感染后一般排毒6～8 d。有少部分（2%）康复鸡可以带毒，并向外界不断排毒，排毒时间长达2年，有报道最长带毒时间达741 d。鸡传染性喉气管炎病毒自然感染的潜伏期为6～12 d，人工气管接种后2～4 d鸡只即可发病，潜伏期的长短与病毒株的毒力有关。病毒可经呼吸道及眼感染，也可经消化道感染。由呼吸器官及鼻分泌物污染的垫草、饲料、饮水及用具可成为传播媒介，人及野生动物的活动也可机械传播该病毒。目前还没有鸡传染性喉气管炎病毒垂直传播的证据，因为被感染的鸡胚在出壳前就会死亡。由于康复鸡和无症状带毒鸡的存在，本病难以扑灭，并可呈地区性流行。

本病一年四季均可发生，秋冬寒冷季节多发。鸡群拥挤、通风不良、饲养管理不好、维生素缺乏和寄生虫感染等都可促进本病的发生和传播。本病一旦传入鸡群，会迅速传开，感染率可达90%～100%，死亡率一般在10%～20%或以上，最急性型死亡率可达50%～70%，急性型一般在10%～30%，慢性或温和型死亡率约5%。

【发病机理】

鸡传染性喉气管炎病毒感染鸡后，病毒在气管和喉头的上皮细胞及结膜、呼吸道、肺脏等组织的黏膜中复制，病毒对这些组织具有溶细胞作用，能引起上皮组织的严重损伤和出血，研究表明喉气管是鸡传染性喉气管炎病毒的主要增殖部位。

成年鸡感染病毒后第4天即可从气管和鼻甲中分离到病毒，感染后10 d，气管组织及其分泌物中仍然存在低水平的病毒，感染后12 ~ 17 d病毒在鸡体内进入潜伏状态。Bagust等首先发现鸡传染性喉气管炎病毒能在三叉神经节中存在，Willianms等证明了三叉神经节是鸡传染性喉气管炎病毒持续性感染的潜伏部位，有研究发现病毒潜伏感染15个月后能被激活感染鸡。

【症　状】

病鸡临床表现为食欲减少或消失，迅速消瘦，鸡冠发紫，有时会排出绿色粪便，最急性病例可于24 h左右死亡，多数于5 ~ 10 d死亡，不死者多经8 ~ 10 d恢复，有的可成为带毒鸡。

发病初期，病鸡急剧增多，伴有突然死亡，鼻腔流出半透明状鼻液，眼流泪，伴有结膜炎；随着感染的加剧，病鸡表现为特征性的呼吸道症状，呼吸时发出湿性啰音，咳嗽，有喘鸣音，病鸡蹲伏地面或栖架上，每次吸气时头和颈部向前向上，做出尽力吸气的姿势，有喘鸣叫声（见彩图4–6–1和彩图4–6–2）。严重的病鸡表现为高度呼吸困难，痉挛咳嗽，咳出带血的黏液，若分泌物不能咳出堵塞呼吸道，病鸡会窒息死亡。产蛋鸡感染后，产蛋量迅速减少或停止，康复后1 ~ 2个月才能恢复。

在某些毒力较弱的毒株引起发病时，流行比较缓和，发病率低，病鸡表现为生长缓慢，产蛋减少，伴有轻微的呼吸道症状，病程较长，可达1个月，死亡率较低（约2%），大部分病鸡可以耐过。若有细菌继发感染和应激因素存在，死亡率则会增加。

【病理变化】

本病病变主要发生于结膜和呼吸道，气管和喉部组织尤为明显。温和型感染仅见结膜水肿、充血和黏液性气管炎；严重感染的病鸡在初期出现黏膜充血、肿胀，高度潮红，有黏液，进而出现黏膜变性、出血和坏死，气管中有含血黏液或血凝块，气管管腔变窄，病程2 ~ 3d后出现黄白色纤维素性干酪样假膜（见彩图4–6–3）。严重时，炎症可波及支气管、肺和气囊等部，甚至上行至鼻腔和眶下窦。肺一般正常或有肺充血及小区域的炎症变化。

鸡传染性喉气管炎病毒引起的病理组织学变化随病程的进展而变化，早期病变表现为杯状细胞消失和炎性细胞浸润，随着感染的加重，呼吸道上皮细胞出现混浊肿胀，纤毛脱落；进而气管黏膜和黏膜下层可见淋巴细胞、组织细胞和浆细胞浸润，黏膜细胞变性并崩解。病毒感染早期，在气管和喉头黏膜上皮细胞核内可见嗜酸性包涵体，随着感染的进程，核内包涵体因上皮细胞的坏死脱落而消失。电子显微镜观察结果表明病毒衣壳能在细胞浆中聚集成团，这与病毒感染造成上皮细胞出现混浊相关。

【诊　断】

鸡传染性喉气管炎病毒在鸡群引起急性感染时，可根据本病的临床症状（呼吸困难，咳嗽时可咳出带血的黏液，气管呈卡他性和出血性炎症病变等）进行初步判断，确诊须借助实验室方法诊断，这些方法包括包涵体检测、病毒分离、血清学检测和分子生物学检测等。

（1）包涵体检测　对呼吸道和结膜上皮细胞内形成的核内包涵体采用姬姆萨或苏木素-伊红染色，该方法高度特异，但敏感性较低。

（2）病毒分离　病料接种鸡胚，观察鸡胚绒毛尿囊膜的变化（见彩图4-6-4和彩图4-6-5）。鸡胚培养分离到的病毒可进行感染细胞或接种动物试验。

（3）血清学诊断　包括琼脂免疫扩散、病毒中和试验、间接免疫荧光技术和酶联免疫吸附试验等，这些方法敏感性高，特异性强，检测结果准确可靠。

（4）分子生物学诊断　包括PCR、DNA杂交、实时荧光定量PCR等方法，这些方法更为敏感，并可检测被其他病原污染的样品。

本病易与传染性支气管炎、支原体病、传染性鼻炎、禽流感、鸡新城疫、白喉型鸡痘、禽腺病毒和维生素A缺乏等混淆，应重视鉴别工作。

【防治措施】

传染性喉气管炎是养鸡业的重要疫病之一，加强鸡群的饲养管理，采用“全进全出”制度，严格控制易感鸡与康复鸡接触，病愈鸡不可和易感鸡混群饲养，最好将病愈鸡淘汰；保持鸡舍、饲料及环境的卫生，严格消毒制度，防止有潜在污染的人员、饲料、设备及动物进入鸡舍；一旦发生疫情，迅速淘汰病鸡，隔离易感鸡群，对发病和死亡的病鸡严格处理并采取严格的消毒措施防止疫情的扩散。发病鸡群立即采用弱毒疫苗紧急接种，有助于控制疫情。

免疫接种是预防传染性喉气管炎暴发、保护易感鸡群最有效的方法。本病流行的地区，可考虑接种鸡传染性喉气管炎弱毒疫苗，采用滴鼻、点眼、饮水等方式免疫。弱毒疫苗应正确使用，确保足够的免疫剂量，减少毒副作用。应该注意，由于这种疫苗毒力较强，接种免疫的鸡可能出现轻重不同的反应，甚至引起死亡。据观察，褐色羽毛的鸡反应更重。作者甘孟侯、郑世军曾观察到天津某农场利用传染性喉气管炎弱毒苗饮水免疫（按说明书进行），78日龄伊莎种鸡9 491只中死亡380只；6 150只80～90日龄京白鸡，死亡940只，死亡率15.2%；另一农场12 400只137日龄京白鸡，死亡2 300只，死亡率18.5%；没有进行免疫的3 200只鸡平安无事。

鸡自然感染传染性喉气管炎病毒后可产生坚强的免疫力，可保持至少1年以上，甚至终生免疫。易感鸡接种疫苗后可获得保护力半年至1年不等。母源抗体可通过卵传给子代，但其保护作用甚差，也不干扰鸡的免疫接种，因为疫苗毒属于细胞结合性病毒。作者认为，没有本病流行的地区最好不用弱毒疫苗免疫，更不能用自然强毒接种，它不仅可使本病疫源长期存在，还可能散布其他疫病。

目前尚无特异的治疗药物减轻病变或减缓发病症状。对发病鸡群投服抗菌药物，对防止继发感染有一定作用；对病鸡投服牛黄解毒丸或喉症丸等清热解毒、消炎止痛、化痰平喘的中成药物有一定疗效，可减少死亡。

【展　望】

传染性喉气管炎病毒具有高度宿主特异性，没有野生动物作为中间或携带宿主；病毒对体外环境敏感，离开宿主后易失活；基因组抗原性稳定，一种疫苗可对所有病毒毒株产生交叉保护。这些特点使传染性喉气管炎病毒在鸡群中有了被净化的可能。因此发展基因工程疫苗对鸡群进行传染性喉气管炎病毒的净化对该病的防治具有重要意义。

（郑世军　蔺文成校）

第七节　鸡传染性囊病

（Infectious bursal disease, IBD）

鸡传染性囊病（IBD）是一种严重危害雏鸡的免疫抑制性、高度接触传染性疫病。本病的特点是发病率高、病程短，并可诱发多种疫病或使多种疫苗的免疫失败。

1957年秋，美国东海岸特拉华州的甘保罗（Gumboro）镇的肉鸡群首次发生本病，故又称甘保罗病（Gumboro disease）。1962年，Cosgrove首先报道了此病，同年Hitchner把腔上囊病料接种于鸡胚，成功地分离到病原，称为“传染性腔上囊因子”；1970年，在世界禽病会议上，根据Hitchner的提议，鸡传染性囊病的病名得到公认，鸡传染性囊病的原称为传染性囊病病毒（IBDV）。本病1965年传入欧洲，流行于德国的西南部，1967年瑞士发生本病，1970年后在法国、意大利、以色列、苏联、黎巴嫩等国陆续发生；在亚洲、日本于1965年首次报告，以后印度、泰国、菲律宾、印度尼西亚等国都有发生。我国1979年，邝荣禄等在广州发现本病。1980年周蛟等在北京报道了此病，1982年周蛟等在北京从进口的鸡群中分离到IBD-CJ801株，同年程德勤等在上海从细胞培养物中也分离到一株鸡传染性囊病病毒；毕英佐从广州分离到2株鸡传染性囊病病毒，从而证实了本病在我国的存在，并证明是从国外进口鸡中传入的。目前此病遍布于世界养鸡业集中的国家和地区。1987年在比利时北部和荷兰南部均发现鸡传染性囊病超强毒株（vvIBD），英国、土耳其、南非也报道有超强毒存在，18周龄的鸡也可感染，死亡率高达70%。英国1989年因本病强毒力株的流行，每周死鸡达30万只，被称为鸡的“艾滋病”。近年来，本病被认为是与鸡新城疫、鸡马立克病并列在一起的危害养鸡业的三大传染病。本病造成巨大经济损失，一方面是鸡只死亡、淘汰率增加、影响增重等所造成的直接损失；另一方面是免疫抑制，使接种了多种有效疫苗的鸡免疫应答反应下降，或无免疫应答，也由于免疫机能下降，患病鸡对多种病原的易感性增加，毒株继发其他疾病，造成间接损失。鸡传染性囊病的危害见表4-7-1。

表 4-7-1　传染性囊病的危害

直接危害	间接危害		
	抑制抗体产生	增加病的严重性	诱发其他疾病
死亡增加	新城疫	新城疫	大肠杆菌病
淘汰增加	马立克病	马立克病	葡萄球菌病
增重下降	鸡传染性支气管炎	包涵体肝炎	坏死性肠炎
饲料利用率下降	传染性鼻炎	鸡传染性贫血病	坏死性皮炎
	球虫病	沙门菌病	
		大肠杆菌病	
		慢性呼吸道病	
		球虫病	
		霉菌病	

【病原学】

1. 病毒的分类和血清型　传染性囊病病毒属于双RNA病毒科（Birnaviridae）的禽双RNA病毒属（Avibirnaviridae）。传染性囊病病毒有两种血清型，即血清Ⅰ型和血型Ⅱ型。血清Ⅱ型是火鸡源性的毒株，1979年McNulty等从爱尔兰的腹泻火鸡中分离到此种毒株，以后在美国的火鸡中也分离到该病毒。1980年McFerran等利用细胞交叉中和试验，将从火鸡分离到的传染性囊病病毒定为血清Ⅱ型，从野外鸡群中分离的传染性囊病病毒及传染性囊病的商品疫苗株定为血清Ⅰ型；1982年Y.M. Saif证实血清Ⅰ型和Ⅱ型间没有交叉保护性，但用免疫荧光试验不能区别Ⅰ型和Ⅱ型毒株，说明两型间有共同的抗原成分。韦平等证实，目前在血清Ⅰ型传染性囊病病毒中，我国至少已发现有3种不同血清亚型的流行。

2. 病毒形态　传染性囊病病毒粒子直径55 ~ 60 nm，病毒具有单层衣壳，无囊膜，呈二十面体立体对称。电镜观察发病鸡腔上囊病料，可见感染的细胞浆内的病毒呈晶格状排列。经过提纯的病毒，可观察到8 ~ 22 nm的小病毒粒子，可能是卫星病毒（associated virus），多是因为成熟病毒粒子在提纯中易于破坏而形成的，这些小病毒粒子是由2 ~ 3个壳粒集合而成的。

3. 病毒的化学组成　传染性囊病病毒在氯化铯中浮密度为1.30 g/mL、1.32 g/mL、1.34 g/mL，基因组由2个片段组成，分子量分别为2.52×10^6 D和2.2×10^6 D。传染性囊病病毒由5种结构蛋白组成，分别为VP1、VP2、VP3、VP4和VP5，其中VP2能诱导具有保护性的中和抗体产生，VP3含有群特异性抗原表位，VP2与VP3是传染性囊病病毒的主要结构蛋白。IBDV基因组由A、B两个双链RNA节段组成，包括5′端非编码区（5′-noncoding region，5′-NCR）、编码区和3′端非编码区（3′-noncoding region，3′-NCR）。大片段A含有3 036 bp和435 bp两个阅读框（ORF），它与基因组5′端部分重叠，其中大ORF编码一条单顺式前体多肽，该多肽可被裂解为VP2前体pVP2，以及VP3和VP4，VP2和VP3分别形成病毒的外衣壳和内衣壳。VP2是病毒的主要结构蛋白，是主要诱导机体生成具有中和活性抗体的蛋白，以前体的形式存在，在病毒颗粒成熟和释放时，才能被蛋白水解酶进一步水解为成熟的VP2，并包装于完整的病毒粒子中，水解位点位于pVP2-VP4（511LAA513）和VP4-VP3（754MAA756）之间。VP4是病毒编码的蛋白酶，主要负责多肽残基511LA/A513（VP2/VP4）及754MA/A756（VP4/VP3）之间的加工处理；A片段的第二个ORF编码一个小的非结构性蛋白VP5，VP5对病毒的复制是非必需的，但认为对病毒粒子的释放起重要作用。B片段长度为2 817 bp，编码VP1，它是一个结构蛋白，并把病毒A、B两个片段首尾相连，具有多重酶活性。传染性囊病病毒是由大而复杂的蛋白质构成，其上面有许多抗体结合位点，通过应用McAb对VP2、VP3的比较发现，VP2结合的McAb才能中和传染性囊病病毒，A基因片段第206～305 bp为编码VP2的特定区域，具有中和活性的McAb能识别，当该区域任何一端缺失，McAb的识别位点消失，因此VP2基因区存在有可变决定簇区，这与传染性囊病病毒抗原性的改变有关。1990年Synder建立了9株（包括变异株在内）McAb-R63可识别所有IBD-Ⅰ型和亚型毒的关键性中和位点，McAb-B69仅选择性地识别传染性囊病病毒中古典型毒（Ⅰ型标准毒）的中和位点，而McAb-B29则只能识别传染性囊病病毒的非关键性位点，但不能中和Ⅰ型IBDV。应用上述McAb采用AC-ELISA方法，证实1985年前分离的Ⅰ型传染性囊病病毒和传染性囊病疫苗毒株都有R63、B29位点，而变异株GLS毒则仅含有B29位点。52/70、LUK等均能被R63和B69的McAb识别，而A、D、E、G四株传染性囊病变异株只被R63中和性McAb识别，这说明变异株的产生是由于关键性基因位点缺失或突变所引起的。

4．病毒的复制　周蛟等将CJ801株腔上囊匀浆经口及点眼感染无传染性囊病母源抗体的易感鸡，接种后24 h，经电镜可观察到接种鸡腔上囊胞浆基质中的少量病毒，也可经直接免疫荧光检测到病毒抗原的特异性荧光；接种后48 h，见到胞浆中有中等量的病毒颗粒和包涵体；接种后72 h，胞浆中的病毒颗粒和包涵体达到最大量，病毒多呈晶格状排列，此时经荧光检查，可见到病毒抗原的荧光极强，此时感染鸡粪便中排出大量病毒，鸡体呈病毒血症状态。接种后96 h，电镜观察腔上囊胞浆中的病毒颗粒不多，偶见晶状排列的病毒；接种后120～169 h病毒包涵体极少，只能看到病毒残体。用荧光抗体检查，从接种后24 h到接种后12 d，均可见特异性荧光，只是9 d后荧光检出的病毒抗原明显减少。

李汉秋等将CJ801BKF细胞毒感染鸡胚成纤维细胞后，其复制的时间仅为3 h，经荧光检查，感染6 h后细胞中的病毒抗原量最大，7～9 h后逐渐消失，而液相中的病毒量逐渐升高，每0.1 mL 24 h $TCID_{50}$高达$10^{7.5}$～$10^{8.0}$。传染性囊病病毒感染鸡的沉淀抗体于第5天开始出现，可检出10%，第8天可检出100%。中和抗体于4 d就可检出，第10天中和抗体价达到1：1 024，第14天可达1：2 048。1次感染传染性囊病病毒后的12个月内，都可检出沉淀抗体和中和抗体。

5．对理化因子的抵抗力　病毒耐热性，是本病毒的重要特点之一，56℃ 3 h病毒的效价不受影响，56℃ 8 h、60℃ 90 min病毒被灭活，70℃ 30 min可灭活病毒。-58℃保存18个月的腔上囊乳剂毒的毒价不降低。病毒耐冻融，反复冻融5次毒价不下降。超声波裂解病毒不被灭活。在pH2的环境中60 min仍存活，pH12 60 min可灭活病毒。1%的煤酚皂溶液、石炭酸、福尔马林液、70%的酒精在30 min内不能灭活病毒，只有60 min后才能灭活。3%的煤酚皂、0.2%的过氧乙酸、2%的次氯酸钠、5%的漂白粉、3%的石炭酸、3%的福尔马林、0.1%的升汞溶液可在30 min内灭活病毒。病毒对胰酶、氯仿、乙醚、吐温80有耐受性，病毒耐阳光及紫外线照射。

6．病毒的致病力　目前已经证实，从不同地区、不同日龄、不同传染性囊病免疫状态的鸡群中分离到的不同传染性囊病病毒毒株的致病性有很大的差异。根据引起腔上囊损伤程度及死亡率不同，致病的血清Ⅰ型又可以分为弱毒（Mild）、中等毒力（Intermediate）、中等偏强毒力（Intermediate plus）、经典强毒（Classical）、变异株（Variant）及超强毒（vvIBDV）等不同类型。朱爱国等1991年对从不同省份采集的5株传染性囊病病毒回归到无传染性囊病沉淀抗体的鸡，7 d内的致死率分别为40%、80%、30%、14.3%和37.5%。CJ801株19代毒接种经中和抗体测定传染性囊病母源抗体阴性的鸡，3 d内致死率达30%。据12个省市的统计，致病力强的传染性囊病病毒可致死50%～60%的鸡，而有的毒株不能致死鸡，仅为亚临诊感染。

1987年在比利时北部和荷兰南部均发现传染性囊病病毒的超强毒株（vvIBDV），英国、土耳其、南非也报道有超强毒株存在，18周龄的鸡可感染，死亡率可达70%。1989年英国发生的严重的传染性囊病，已证实是由传染性囊病病毒强毒力株所引起。

7．实验室的宿主系统 传染性囊病病毒可在无传染性囊病母源抗体的鸡、鸡胚中繁殖；经培育，传染性囊病病毒可适应于鸡成纤维细胞（CEF）和Vero细胞。

我国培育的CJ801株强毒，经点眼、口服途径接种，24 h后就可在腔上囊淋巴细胞中检出复制的病毒，72 h后腔上囊淋巴细胞中的病毒量达到高峰，脾、肾也是病毒存在的器官。经绒毛尿囊膜接种无传染性囊病母源抗体的鸡胚，多数于接毒后的72～96 h致死。死亡胚全身水肿，头部及腹部最为明显，并见胎儿全身出血、趾爪部位常见米粒大血肿；肝肿，多呈褐绿色，并见褐绿色与灰白色相间的斑驳状坏死灶；肾肿，多见出血；脾肿大，常见散在灰白色小点。5 d后死亡的鸡胚腔上囊呈黄色，稍肿大，心肌如熟肉色，绒毛尿囊膜多水肿而增厚。

用鸡胚分离传染性囊病病毒野外毒株时，必须使用SPF鸡胚。接种部位以绒毛尿囊膜（CAM）为最好，初代次感染胚，尿囊液中的病毒滴度很低，胚体、胚肝及绒毛尿囊膜的含毒量较高，连续传代后尿囊液中的病毒量提高，接种72 h后上述部位的含毒量最高。

野外分离的强毒株，不能在初代次直接适应于CEF。李汉秋等1984年将CJ801株F18代毒经鸡胚腔上囊细胞（CEB）传9代、鸡胚肾细胞（CEK）传8代、鸡胚成纤维细胞（CEF）传3代后，见到细胞病变。在接毒后的23 h见到细胞单层上出现均匀散在的折光性强的圆缩细胞，41 h单层上的细胞100%圆缩，并有聚集现象，单层细胞间空隙加大呈网状，液体中悬浮大量脱落的圆缩细胞。随着传代增加，细胞病变出现时间可提前到13 h。病毒滴度为$10^{6.0}$ $TCID_{50}$/0.1 mL。

朱爱国等（1991）用SPF鸡胚从5个省的传染性囊病病鸡的腔上囊病料中分离到11株病毒，这些毒株及两株传染性囊病病毒强毒鸡胚，直接在CEF上盲传，连传3～13代后都能产生CPE。因此，用腔上囊病料或鸡胚传代毒直接在CEF上盲传，是快速分离传染性囊病病毒的途径之一。

传染性囊病病毒还可以在MA-104和BG-70细胞、RK-13等传代细胞及雏鸡的胸腺和脾的淋巴细胞中生长。病毒在CEF单层上可形成大蚀斑。

【流行病学】

1．自然宿主 鸡是传染性囊病病毒的重要宿主，火鸡可隐性感染，其腔上囊内的淋巴细胞有坏死，并见荧光抗原，采血可查出中和抗体和沉淀抗体；鸭可感染并有分离出病毒的报告，也可有抗体反应；鹌鹑和鹅在接种传染性囊病病毒后的6～8周，既无症状也无抗体应答；各种哺乳动物都能抵抗传染性囊病病毒的感染。

传染性囊病母源抗体阴性的鸡，可于1周龄内感染发病，有母源抗体的鸡多在母源抗体下降至较低水平，在1∶8以下时感染发病。2～15周龄的鸡都可发病，3～6周龄的鸡最易发生，近年有138日龄鸡发生本病的报道。

2．传播方式 病鸡的粪便中含有大量的病毒，病鸡是主要传染源。可通过直接接触和污染了传染性囊病病毒的饲料、饮水、垫料、尘埃、用具、车辆、人员、衣物等间接传播，老鼠及甲虫也可间接传播，采集发生传染性囊病8周后的鸡舍中甲虫（少食蛾），喂鸡后易感鸡可发生传染性囊病。本病毒不仅可通过消化道、呼吸道黏膜传染，还可通过污染病毒的种蛋传播。病毒污染鸡体羽毛后，可存活3～4个月，污染环境中的病毒可存活122 d。各品种鸡均可感染，来航鸡及白羽蛋鸡较为易感，肉鸡饲养到7～8周龄时，如感染发病，受害也较严重。集约化饲养的鸡一年四季均可发生，近年一些省市的鸡场，在5～8月份形成发病高峰。

3. 发病率和死亡率 在卫生环境差，雏鸡饲养密度高的鸡舍中多是突然发生，发病率为5%～34%，有时高达74%，而感染率是100%。由于各地流行的传染性囊病病毒毒株的毒力及抗原性上的差异，以及因鸡的品种、日龄、母源抗体、饲养管理、营养状况、应激因素、发病后采取的措施的不同，因此发病后死亡率差异很大，有的仅1%～5%，多数地区15%～20%，严重发病群死亡率可达64%。

【症　状】

本病潜伏期2～3 d，易感鸡群感染后发病是突然的，病程7～8 d，呈一过性，典型发病鸡群的死亡曲线呈尖峰式。初起症状见到有些鸡啄自己肛门周围羽毛，随即病鸡出现腹泻，排出白色黏稠或水样稀便。一些鸡身体轻微震颤，走路摇晃，步态不稳。随着病程的发展，饮食欲减退，翅膀下垂，羽毛逆立无光泽，严重发病鸡头垂地，闭眼呈一种昏睡状态（见彩图4-7-3）。感染72 h后体温常升高1～1.5℃，仅10 h左右，随后体温下降1～2℃，后期触摸病鸡有冷感，此时因脱水严重，趾爪干燥，眼窝凹陷，最后极度衰竭而死亡。

本病在初次发生的鸡场，多呈显性感染，症状典型。一旦暴发流行后，多转入不显任何症状的亚临床型，死亡率低，因此常不易被人们发现。但由于其产生的免疫抑制严重，因此危害性更大。

【病理变化】

IBDV-CJ801株强毒，人工感染无传染性囊病母源抗体的易感鸡24 h后，就可见到腔上囊浆膜的轻度水肿，36～48 h腔上囊开始肿大，浆膜水肿明显，黏膜开始肿胀，72 h腔上囊水肿最为严重，5 d后腔上囊开始萎缩，感染7 d后，腔上囊的重量仅为正常腔上囊的1/10～1/5；被传染性囊病病毒变异株感染后，腔上囊可于48 h萎缩。

1. 剖检病变 病死鸡尸表脱水，胸肌色泽发暗，大腿侧和胸部肌肉常见条纹或斑块状紫红色出血，翅膀的皮下、心肌、肌胃浆膜下、肠黏膜、腺胃黏膜的乳头周围，特别是腺胃和肌胃交界处的黏膜有暗红色或淡红色的出血点或出血斑（见彩图4-7-4和彩图4-7-5）。腔上囊是传染性囊病病毒的靶器官，病变具有特征性，其中一种变化是，腔上囊因水肿而比正常的肿大2～3倍，囊壁增厚3～4倍，质硬，外形变圆，呈浅黄色；另一种变化是，腔上囊明显出血，黏膜皱褶上有出血点或出血斑，水肿液淡粉红色（见彩图4-7-7）。近年还见到一些地区的病鸡腔上囊严重出血，呈紫黑色，如一粒紫葡萄，切开后整个腔上囊呈紫红色。腔上囊水肿后，黏膜皱褶发亮、闪光，囊的浆膜出现一种黄色胶冻样的水肿液，并有纵行条纹，有时腔上囊的颜色为黄粉色，后变为奶酪色，最后呈灰黄色（见彩图4-7-8～彩图4-7-12）。肾脏肿大，表面上常见均匀散布的小坏死点（见彩图4-7-6）。近年报道，由传染性囊病病毒变异株所致的病变，常见脾脏明显肿大，盲肠扁桃体多肿大，有时见出血，对于传染性囊病病毒变异株所致雏鸡病理变化是感染鸡3日内腔上囊迅速萎缩及严重的免疫抑制，不见腔上囊的炎性水肿及出血性病变，而脾脏肿大是变异株的常见的病变。但至今在中国未能证实有变异株的流行。

2．组织学病变 本病主要的病理组织学变化是在具有淋巴细胞性结构的腔上囊、脾脏、胸腺和盲肠扁桃体中出现程度不等的坏死性炎症。腔上囊滤泡的皮质和髓质部出现淋巴细胞变性和坏死，淋巴细胞明显减少，淋巴滤泡的皮质部变薄，几乎被网状细胞和结缔组织所代替，髓质部呈网状，见有大小不等的囊泡，囊泡腔内有团块状玻璃样物，囊上皮细胞也开始增殖并表现为腺样构造（见彩图4-7-13）。脾脏的淋巴小节和腺样鞘动脉周围淋巴细胞变性、坏死，严重时全部淋巴细胞消失，网状内皮细胞增生。胸腺的淋巴细胞变性/坏死。盲肠扁桃体的淋巴细胞大量减少。这些淋巴组织实质细胞的坏死就是造成免疫抑制的原因。肾脏的肾曲细管扩张，上皮细胞变性、坏死。肝脏的血管周围有轻度的单核细胞浸润。

【诊　断】

分离病毒的最佳时间是发病后的2～3 d，此时正是病毒血症期，腔上囊中的病毒含量最高，其次为脾和肾脏。发病鸡腔上囊中病毒感染可持续12 d，但脾和肾中的病毒5 d后就很难分离到。

1．病毒分离 从腔上囊中分离传染性囊病病毒可按下法操作：采取发病典型的腔上囊，剪碎后，制成匀浆，以1 000 r/min离心10 min，取上清液，以0.2 mL剂量经点眼及口感染SPF鸡，72 h采集发病典型鸡的腔上囊。将上述传代鸡病变典型的腔上囊制成5倍匀浆，每毫升匀浆材料中加入20 000 U的庆大霉素，然后经绒毛尿囊膜（CAM）接种SPF 10日龄鸡胚，收集接种后3～5 d致死的鸡胚。死胚可见膜增厚，膜上有白色痘斑，胚体表现为全身皮下严重出血，头颈部和四肢末端有出血（见彩图4-7-1和彩图4-7-2）。收集鸡胚的绒毛尿囊膜和鸡胚组织，回收病毒，注意一般尿囊液中不含病毒，只有通过多次传代的鸡胚适应株接种的尿囊液中才会有病毒。

2．血清学试验

（1）琼脂扩散试验　1982年周蛟等报告了用琼脂扩散法诊断传染性囊病的研究，其抗原是用北京CJ801株F14～16代毒制造的，制造方法是采集接毒后72 h典型发病鸡的腔上囊，经反复冻融3次，按1∶1（W/V）加入PBS液，于4℃浸泡24 h，制成匀浆后，经3 500～4 000 r/min离心30 min，收集上清液，沉淀再经过10 000 r/min离心60 min，2次上清液合并，按总上清液量的0.14%加入甲醛灭活，并回归易感鸡测定，安检通过后，即成为传染性囊病琼扩抗原。传染性囊病标准阳性血清是用CJ801株种毒按上述剂量接种易感鸡制备的。标准阳性血清在24 h内可出现1～3条清楚的沉淀线，然后观察待检测血清与中间抗原孔之间是否有沉淀线来判定结果。抗原自制造之日起，-20℃保存2年，-10℃保存1年，4℃保存6个月有效，阳性血清的保存期同抗原。

（2）荧光抗体试验　1985年，张晨生等用北京IBD-CJ801株种毒制造的高免血清（效价为2^{12}）研制成功直接免疫荧光法用的荧光抗体。其制备方法为：将高免血清经33%饱和硫酸铵盐析，沉淀免疫球蛋白，经透析并通过Sephadex-G50柱，除去铵离子，用紫外分光光度计测定球蛋白浓度在20～25 mg/mL，以异硫氢酸荧光素（FITC）按1%量采用标记方法标记，再经透析和Sephadex-G50柱层析，收集荧光抗体，分装后保存于-20℃备用。标本的制备方法为：取待检鸡的腔上囊、肾、脾等组织制造成冰冻切片，自然干燥后，取4℃保存的丙酮溶液固定10 min后，以0.1 mol pH7.2的PBS液冲洗2次，蒸馏水冲洗1次，风干后用

1∶8～1∶16荧光抗体稀释液为工作液，滴加在切片上，置湿盒中在37℃温箱中静置30 min，再经PBS液及蒸馏水冲洗，风干后，滴加甘油缓冲液封固后镜检。由于病毒主要侵害腔上囊，多采用腔上囊冰冻切片为诊断标本。传染性囊病阳性病例的黄绿色荧光首先在淋巴滤胞的胞浆中出现，荧光呈颗粒状，胞核位于中间不发光。感染初期常见到"光轮样结构"的淋巴滤胞。严重感染时，由于大量病毒在胞浆中复制，因此发出黄绿色强荧光亮斑，皮质部不发光。根据荧光强弱、荧光细胞的数量及荧光结构的清晰度可判为+、++、+++、++++。淋巴小叶结构完整而清晰，不发荧光的标本为阴性。一般在感染后的24 h到12 d均见到腔上囊髓质部淋巴滤胞的特异性荧光。

（3）病毒中和试验（VN）　1983年刘福安报告了传染性囊病病毒细胞微量中和试验操作方法，是用固定病毒稀释血清的方法，具有省材料、省时间、特异性强及敏感度高等特点。此法使用10×4平底微量培养板。方法为：按常规法制备CEF细胞，被检血清于56℃水浴灭活30 min备用。使用的病毒滴度为200 $TCID_{50}$/0.025 mL。整个试验中需设病毒对照及细胞对照，加入细胞后的微量板可放在二氧化碳温箱中，或用涤纶绝缘胶带密封各孔，于37℃培养72～96 h后，用倒置显微镜观察各培养孔，根据病变程度，计算中和抗体价。中和抗体价2^3以上者为阳性，2^2为可疑，2^1以下为阴性。

（4）酶联免疫吸附试验　酶联免疫吸附试验分为直接酶联免疫吸附试验和间接酶联免疫吸附试验。直接酶联免疫吸附试验是将传染性囊病抗原吸附于聚苯乙烯塑料板上，加入标准阳性血清及阴性血清，再加入酶标兔抗鸡IgG，再加入底物显色后终止反应，用酶标仪检测反应强度，判断有无抗原。间接ELISA用来定量检测抗体，此法常用来检测雏鸡的母源抗体和鸡体免疫水平，其特异性、敏感性均较高。目前，对这方面的检测已经有商品化ELISA试剂盒出售。

（5）分子生物学检测　分子生物学检测技术具有检测速度快、特异性强、准确性和灵敏度高的特点，已经广泛应用于各种禽类疾病的检测，在传染性囊病病毒检测方面，目前出现了反转录套式PCR、原位RT-PCR、反转录/聚合酶链式反应-限制性酶切片段长度多形性（RFLP）、实时RT-PCR技术等检测技术。韦平等设计针对VP2基因高变区的两对引物进行套式PCR，结合RFLP技术，实现了对传染性囊病病毒强弱毒株的区分，引物序列如下：外引物：pts：5′-CAA CAG CCA ACA TCA ACG -3′，pta：5′-AGC TCG AAG TTG CTC ACC-3′；内引物IBDs：5′-CCC AGA GTC TAC ACC ATA -3′，IBDa：5′-TCC TCT TGC CAC TCT TTC -3′，预期扩增片段471 bp。利用该方法对来自湖南、江苏、广西、海南等省份的腔上囊病料，成功检测并分离得到100多个毒株，并利用产物序列中的*Ssp* Ⅰ和*Sac* Ⅰ酶切位点特征实现对vvIBDV和cIBDV的鉴别诊断。该套方法敏感性比常规的PCR至少提高100倍以上，因此对一些不够新鲜或者是因为感染的早期、晚期或是由于保存不当等原因导致病毒量少的病料均可使用该手段检测出来，特别是感染早期的诊断，对于该病的防控十分重要。

2. 鉴别诊断　本病必须与新城疫、鸡传染性支气管炎、包涵体肝炎、淋巴细胞性白血病、马立克病、肾病、磺胺药物中毒、真菌中毒、葡萄球菌病和大肠杆菌病相鉴别。

（1）肺脑型鸡新城疫　感染发病鸡可见到腔上囊的出血、坏死及干酪样物，也见到腺胃及盲肠扁桃体的出血；但腔上囊不见黄色胶冻样水肿，耐过鸡也不见腔上囊的萎缩及蜡黄色。新城疫多有呼吸道症状、神经症状，经HI价测定，常可达9～11 log2。

（2）传染性支气管炎肾病变型　患此病的雏鸡常见肾肿大，有时沉积尿酸盐，有时见腔上囊的充血或轻度出血，但腔上囊无黄色胶冻样水肿，耐过鸡的腔上囊不见萎缩或蜡黄色。感染本病的鸡常有呼吸道症状，病死鸡的气管充血、水肿，支气管黏膜下有时见胶样变性。

（3）包涵体肝炎　患本病鸡的腔上囊有时萎缩而呈灰白色，常见肝出血、肝坏死的病变，剪开骨髓常呈灰黄色，鸡冠多苍白，传染性囊病有时与此病混合感染，此时本病发生严重。

（4）淋巴细胞性白血病　本病多发生在18周龄以上的鸡，性成熟发病率最高，肝、肾、脾多见肿瘤，腔上囊增生，呈灰白色，不见出血、胶冻样水肿及蜡黄色萎缩病变，但腔上囊多呈灰白色，不见传染性囊病病毒所致腔上囊蜡黄色萎缩的病变。

（5）马立克病　有时见腔上囊萎缩的病变，马立克病多见外周神经的肿大，在腺胃、性腺、肺脏上的肿瘤病变，常见两种病的混合感染，早期感染传染性囊病病毒，则可增加马立克病的发病率。

（6）肾病　死于本病的鸡常有急性肾病的表现，本病所致腔上囊的萎缩不同于传染性囊病所致的严重，肾病的腔上囊多呈灰色。此病多散发，通过对鸡群病史的了解，可准确鉴别此病。

（7）磺胺药物中毒　各种磺胺的用量超过0.5%（如连用5日）时，可以引起鸡中毒。病鸡中毒的表现为兴奋，无食欲，腹泻，痉挛，有时麻痹。剖检中毒病死鸡，可见出血综合征的多种病变：皮肤、皮下组织、肌肉、内脏器官出血，并见肉髯水肿，脑膜水肿、充血和出血，但此时腔上囊呈灰黄色，不见水肿及出血。

（8）真菌中毒　饲料被黄曲霉污染后，所产生的黄曲霉毒素对2～6周龄的鸡危害严重，可见神经症状，死亡率可达20%～30%。肝多肿大，胆囊肿胀，皮下及肌肉有时见出血。但腔上囊仅呈灰白色，不见萎缩及肿大的病变。

（9）葡萄球菌病　此病除引起各关节肿大外，多见到皮肤液化性坏死，此时病鸡皮下呈弥漫性出血，腔上囊灰粉色或灰白色。

（10）大肠杆菌病　患本病的鸡可见腔上囊轻度肿大，呈灰黄色，但不见水肿及萎缩。患本病的鸡多见肺炎、肝包膜炎、心包膜炎等病理变化。

【防治措施】

传染性囊病病毒具有高度感染性，抵抗力极强的特点。因此，虽然有严格的卫生措施，免疫预防仍然是在高感染压力下对出壳后1周龄内保护鸡群免受传染性囊病病毒的侵袭不可忽略的和必需的方案。

1. 严格的卫生消毒措施　在防制此病上，首先要注意对环境的消毒，单纯依靠疫苗不能有效防制传染性囊病，在疫苗接种前后一直到产生免疫抗体之前的一段时间里，必须认真、彻底消毒，以预防传染性囊病病毒的早期感染，从而得到最好的免疫效果。传染性囊病病毒对自然环境有高强度的耐受性，一旦污染环境和鸡舍后，就将长期存在。为了有效杀灭本病原，卫生消毒工作应按如下程序：首先，对育雏舍底网、粪盘、地面进行彻底地清扫，特别要刷净底网缝隙中的粪便并用洗衣粉或洗涤灵认真刷洗；当粪便等污物清理干净后，再用高压水冲洗整个鸡舍、笼具、地面等；通风干燥后，用3%烧碱对消毒的环境、鸡舍、笼具（食水槽等）、工具等进行喷洒；隔日后再用含卤族元素的消毒药彻底喷洒；间隔1～2 d后，将消毒干净的用具等放回鸡舍；进鸡前2～3 d用福尔马林熏蒸消毒10 h，然后通风换气。

此外，还严防通过饲养人员（鞋子等）、饲料（包括周转麻袋）、饮水等将传染性囊病病毒带入鸡舍，这是必须应该严格注意的。

2. 常规疫苗接种　根据传染性囊病在某些地区流行的特点、鸡群1日龄传染性囊病母鸡抗体的高低及整齐度的情况、鸡场卫生措施是否严密及鸡的品种特点等来确定免疫程序及使用的疫苗。对于传染性囊病发生较为严重，雏鸡母源抗体又不整齐的鸡群，使用疫苗对腔上囊虽有一定可逆性损伤，但可突破母源抗体的中毒力疫苗，常可取得较好的免疫效果。现以IBD–BJ836株活疫苗及IBD–CJ801BKF细胞毒灭活苗为例介绍。

（1）最佳免疫日龄的确定　确定活疫苗首次免疫的日龄是最重要的。首次接种应于母源抗体降至较低水平下进行，这样才能使疫苗较少受母源抗体干扰，但又不能过迟接种，否则传染性囊病病毒会感染低母源抗体的雏鸡，从而失去免疫接种的意义。最准确测定传染性囊病母源抗体的方法是酶联免疫吸附试验和细胞微量中和试验，但这两种方法要求条件高，操作复杂，各鸡场无法进行。当前较易推广应用的是传染性囊病琼脂扩散法，按总雏鸡数的0.5%的比例采血，分离血清后用标准抗原及阳性血清进行测定（见血清学试验1）。按照如下测定的结果制定活疫苗的首免最佳日龄：鸡群1日龄测定，阳性率不到80%的在10～17日龄首免；阳性率达80%～100%的鸡群，在7～10日龄再次采血测定，此次阳性率低于50%时，可在14～21日龄首免；如果超过50%，这群鸡应在17～24 日龄接种。必须强调，雏鸡母源抗体下降过程中，应严格进行环境消毒，严防因大量传染性囊病病毒侵入鸡群造成低母源抗体鸡发病。

（2）免疫程序

1）种鸡　1日龄种雏来自没经过传染性囊病灭活苗免疫的种母鸡，首次免疫应根据AGP测定的结果来确定，一般多在10～14日龄（AGP出现阳性是自然感染传染性囊病所致）；二免应在首次免疫后的3周进行。然后在18～20周龄和40～42周龄用IBD–BJ801BKF株细胞毒各免疫1次，从而保证种鸡后代的高母源抗体。1日龄种雏来自注射过传染性囊病灭活苗的种母鸡，首免可根据AGP测定结果而定，一般多在20～24日龄首免，3周后进行第二次免疫，接种灭活苗的日龄同上。

2）商品蛋鸡、商品肉鸡　雏鸡来自没接种过传染性囊病灭活苗的种母鸡群，传染性囊病活疫苗首免日龄确定方法同种鸡，二免于首免后的3周进行，商品蛋鸡不再注射灭活苗。商品蛋鸡、商品肉鸡来自接种过传染性囊病灭活苗的种母鸡群，传染性囊病活疫苗首免日龄确定方法同种鸡，由于肉鸡多于50日龄后出售，可不再进行二免，但如果超过60日龄出售，并养在传染性囊病高发区时则应首免后的3周进行二免。

（3）免疫方法

1）传染性囊病活疫苗饮水免疫

① 配制疫苗的水中不能含有氯及其他消毒剂，饮水中不能含有超过规定标准的细菌，如用自来水，应晾晒8 h后再用，用深井水时水中的金属离子的含量不能超过规定标准，特别是铁离子，金属离子对活疫苗有杀灭作用。

② 配制的疫苗水中必须加0.2%的脱脂奶粉。

③ 配制疫苗时，应先用少量配制疫苗的水充分化开疫苗，然后再混入大量的饮水中。

④ 配制疫苗过程中绝对不能使用各种金属容器，连同雏鸡用的饮水器都应是无毒塑料制品。饮水器经消毒后，必须用流水冲洗干净，绝不能使用残留有消毒药的饮水器进行饮水免疫，残留的消毒药可杀死活疫苗中的病毒，从而造成免疫失败。

⑤ 饮水免疫时要保证有足够的饮水，让全群4/5的鸡同时喝到疫苗水，饮水免疫应在30 min内完成，超过1 h则活疫苗的效价可能会下降，造成免疫剂量不足，影响免疫效果，严重时免疫失败。

⑥ 配制好的疫苗水不能受到阳光的直接照射。

⑦ 免疫前，夏季鸡群应停水2 h，秋冬季停水4 h，只有这样才能保证鸡喝到足够量的疫苗，否则将造成免疫鸡群的抗体不齐。

⑧ 免疫鸡群应健康，并没有各种应激条件的刺激。鸡群应无马立克病、新城疫、慢性呼吸道病和球虫病的发生。

2）传染性囊病灭活疫苗免疫　此种油乳剂灭活疫苗的免疫方法是经皮下或肌内注射，注射部位在颈部背侧皮下，也可注射在胸肌内。注射前要认真对连续注射器、连接管、针头等按规定严格消毒，并应在无菌的环境中组装连续注射器，用无菌水校准注射剂量后才可应用，严防注射剂量不足及连续注射器滴漏疫苗。

3. 免疫新举措　目前，虽然常规的疫苗仍然是预防传染性囊病病毒的首选方法，但由于vvIBDV的存在，对环境的抵抗力十分的强，一般的卫生消毒措施及常规的传统疫苗时常无法达到有效的预防效果。近些年来，新型疫苗在不断地研制中，目前比较成功有效的主要有重组病毒载体苗和免疫复合物。

（1）重组病毒载体苗　2004年，Huang Z等采用新城疫LaSota疫苗株为活载体，构建了传染性囊病病毒变异株GLS-5的重组新城疫病毒，免疫7日龄雏鸡发现能有效抵抗传染性囊病病毒变异株和新城疫强毒株的攻击。2008年，葛金英等选择在新城疫病毒的P和M基因之间作为外源基因vvIBDV VP2基因的插入位置，利用反向遗传操作系统，拯救出重组新城疫病毒rLaSota-VP2疫苗株，rLaSota-VP2能稳定、高效表达VP2至少20代，免疫雏鸡后可对新城疫病毒强毒株和vvIBDV形成有效的免疫保护，是良好的重组二联活病毒疫苗。利用禽痘病毒载体、禽腺病毒载体、火鸡疱疹病毒载体、马立克氏病毒载体等作为传染性囊病病毒的重组病毒载体苗也得到不同程度的研究，在免疫试验中取得了一定的免疫效果，但是这些疫苗与传统的经典毒株的弱毒疫苗和灭活疫苗相比还存在着不同程度的缺陷，因此，商品化应用还存在一定的困难，目前仅有HVT-VP2重组活载体疫苗商品化。

（2）免疫复合物疫苗　主要是应用疫苗病毒在体外与适量的抗体进行混合达到活化腔上囊滤泡中的树突状细胞，从而发挥其免疫预防的作用。该疫苗一般应用于胚体（一般为18日龄胚）接种。根据Judit Ivǎn等人的研究结果，无论是SPF鸡，还是商品肉鸡，在1日龄进行皮下接种该免疫复合物疫苗同样能达到有效预防传染性囊病的目的。

4. 影响疫苗免疫效力的因素

（1）鸡舍环境中传染性囊病病毒对免疫的影响　由于本病毒对自然环境有高强度的耐受性，鸡舍一旦被传染性囊病病毒污染后，如不采取严格、认真、彻底的消毒措施，鸡舍中大量传染性囊病病毒比疫苗毒株更能突破母源抗体，造成腔上囊受到侵害，面对此种情况，再有效的疫苗也不能起到应有的效力。李汉秋等（1990）的试验说明了此问题，结果见表4-7-2。

表4-7-2　不同环境中接种传染性囊病活疫苗的免疫应答

组别	鸡舍环境	1日龄* 中和抗体价	13日龄* 中和抗体价	免疫** 日龄	免疫后20 d中和抗体价
1	清洁	1 ∶ 13 335	1 ∶ 331	14	1 ∶ 1 412
2	IBDV 污染	1 ∶ 13 335	1 ∶ 251	14	1 ∶ 5
3	清洁	1 ∶ 13 335	1 ∶ 1 188	不免疫	1 ∶ 8

*：10只鸡中和抗体几何平均数。

**：IBD-BJ836中毒力活疫苗。

表4-7-2说明养在被传染性囊病病毒污染鸡舍的雏鸡，由于早期感染，尽管于14日龄接种了有效的中毒力活疫苗，20 d后中和抗体价与不接种疫苗对照组相近，而清洁舍在接种疫苗后20 d达到1∶1 412。

（2）雏鸡传染性囊病母源抗体对疫苗免疫的影响　雏鸡必须具有整齐一致、高水平的传染性囊病母源抗体才能保证3周龄内不被传染性囊病野毒感染。目前由于如下原因造成1日龄雏鸡群体母源抗体水平悬殊很大，给雏鸡传染性囊病活疫苗的免疫带来了不良影响。

1）种鸡场种群过小，由多群不同日龄的种鸡群提供种蛋，而孵化时都混合在一起入孵，多群种鸡由于传染性囊病疫苗免疫时间不同、程序不同、疫苗不同等原因，种鸡不同群传染性囊病抗体不尽相同，从而造成雏鸡传染性囊病母源抗体高低不一。

2）一些种鸡场没进行过传染性囊病疫苗免疫，而又有程度不同的隐性感染或发生过急性腔上囊病，这种鸡群的子代母源抗体也不整齐。

3）按规定经过传染性囊病疫苗免疫的种鸡群，产蛋已到500日龄，又经过强制换羽，让种鸡群继续提供种蛋，此刻对强制换羽鸡如不注射传染性囊病灭活油乳剂苗，其传染性囊病抗体很低，子代鸡基本无母源抗体。如将强制换羽种鸡群所产的种蛋与其他高传染性囊病抗体群种蛋混合放，必定造成整个雏鸡群体传染性囊病母源抗体高低不一，悬殊很大。

由于上述原因造成雏鸡母源抗体不均一，如果不经测定，对全群提前免疫，那些高传染性囊病母源抗体的鸡，由于疫苗毒的进入，母源抗体被突破，中和抗体明显下降，此刻环境中如有传染性囊病病毒野毒，这些易感鸡将发病。

5. 治疗措施 虽然传染性囊病目前还无特异性的治疗药物，但在暴发该疾病时，联合应用一些高免血清，可以达到降低鸡群死亡率的目的。患传染性囊病的病愈鸡或经人工高免的鸡血清、蛋黄内有保护性的被动免疫抗体，经测定，病愈鸡的血清中的中和抗体价为1：1 024～1：4 096，而人工高免鸡的血清中的传染性囊病中和抗体价可达1：16 000～1：32 000。因此，采高免鸡的血清给刚刚发生传染性囊病的鸡注射0.1～0.2 mL，可有较好的治疗效果。

毕英佐（1988）曾报道，对产蛋母鸡间隔3周接种3次腔上囊囊毒灭活疫苗，然后于最后接种的30 d采集种蛋，收取卵黄，经用生理盐水1：1稀释后，再按每升卵黄抗体的量加放2 000 IU青霉素、500 μg链霉素，然后4℃保存备用。此传染性囊病卵黄抗体供发生传染性囊病的鸡群应用，每只发病鸡注射1 mL，对发病初期的鸡群疗效显著，此卵黄抗体也可通过饮水投给。应用高免血清或高免蛋黄液对传染性囊病发病鸡群治疗，一般只能维持10 d左右，因此在治愈后的10 d还应对鸡使用活疫苗，建立主动免疫。

【展　望】

传染性囊病病毒是破坏鸡免疫系统而引起严重的免疫抑制最重要、也是最常见的病毒之一。虽然从发现到现在已经有50多年的历史了，但是传染性囊病仍然严重威胁商业化禽场的生产。目前，虽然已经出现了敏感而特异的诊断工具，研制出了有效的疫苗，但是传染性囊病病毒基因组中的突变导致了在免疫鸡群中出现抗原变异和毒力变异株，传染性囊病病毒基因组分节段的天然特性允许了不同病毒株通过重组产生新毒株的状况。我国地域辽阔，各地家禽饲养方式和自然条件各异，导致我国传染性囊病毒株种类较多，目前我国已经报道了基因重排病毒的存在。因此，严格的生物安全措施、各地不同的毒株分子流行病学研究、致病机制的研究和新疫苗的研制将是更好地控制传染性囊病的必由之路。

（何秀苗　韦平）

第八节　禽流行性感冒

（Avian influenza,AI）

禽流行性感冒（禽流感）是由正黏病毒科流感病毒属A型流感病毒引起的一种禽类感染或疾病综合征，A型流感病毒不仅对养殖业造成严重的危害，而且具有重要的公共卫生学意义。起初禽流感被认为是一种高度致死性的全身性疾病，称为高致病性禽流感（High pathogenic avian influenza，HPAI）。1878年，意大利发生禽流感，这是最早的高致病性禽流感记录。1949年至20世纪60年代中期，在家禽中发现了发病较温和的禽流感，并正式命名为低致病性禽流感（Low pathogenic avian influenza，LPAI），即所有不符合HPAI标准的禽流感。目前，高致病性禽流感仅限于由H5和H7亚型高致病性禽流感病毒所引起的疫病；而低致病性禽流感既包括低致病性H5和H7亚型禽流感病毒，也包括其他亚型禽流感病毒引起的疫病。无论是高致病性禽流感病毒还是低致病性禽流感病毒，都可以引起人的感染，但通常这种感染不会在人间引起连续性传播。

【病原学】

禽流感病毒（Avian influenza virus，AIV）属于正黏病毒科、A型流感病毒属。病毒粒子呈典型的球形或多形性，也可以观察到丝状，直径通常为80～120 nm，丝状病毒粒子可长达几百纳米。病毒蔗糖溶液中的浮密度为1.19 g／cm^3，单个病毒粒子的分子量（Mr）为250×10^6。病毒基因组由8个单股负链RNA组成，到目前为止，已发现流感病毒可编码15种蛋白，包括先前已经证明的10种蛋白：聚合酶复合体（PB2、PB1、PA）、核蛋白（NP）、基质蛋白（M1）、非结构蛋白（NS1）、核转运蛋白（NS2）及病毒粒子的三种膜蛋白［棒状三聚体血凝素（Hemagglutinin，HA）、蘑菇形四聚体神经氨酸酶（Neuraminidase，NA）及离子通道蛋白（M2）］。最近新发现的5种蛋白包括：PB1-F2、PB1-N40、PA-X、PA-N155和PA-N182等。依据病毒表面的血凝素和神经氨酸酶蛋白抗原性的不同，禽流感病毒可分为16个HA亚型（H1～H16）和9个NA亚型（N1～N9）。

血凝素（HA）是构成流感病毒囊膜纤突的主要成分之一，在病毒吸附及穿膜过程中起关键作用，并能刺激机体产生中和抗体。HA在感染过程中水解为HA1和HA2两条肽链，这是感染细胞的先决条件；另外，HA基因易发生变异，是病毒发生抗原变异进而造成免疫失败的主要原因。

禽流感病毒在环境中的稳定性相对较差。物理因素如热、极端pH、非等渗条件和干燥等都能使其失活。由于流感病毒是有脂质囊膜的病毒，因此对脂溶剂和去污剂如脱氧胆酸钠和十二烷基磺酸钠等敏感。在有机物存在时，禽流感病毒能被化学试剂如醛类（福尔马林戊二醛）、β-丙内酯和二乙烯亚胺等灭活。除了有机物，还可使用酚类、铵离子（四胺消毒剂）、氧化剂（如次氯酸钠）、稀酸和羟胺来破坏禽流感病毒。

禽流感病毒在含蛋白质的溶液中较稳定，但长时间保存需要放在-70℃下或冻干。鸡胚增殖的病毒在4℃下放置几周仍可以保留其感染性。在病毒已经失去感染性的情况下，病毒的血凝素和神经氨酸酶的活性仍然可以继续保持一段时间。各种浓度的福尔马林、二乙烯亚胺和β-丙内酯可以用来灭活病毒，但灭活后病毒仍具有血凝活性和神经氨酸酶活性，这些化学试剂在疫苗生产中常用作灭活剂。

野外条件下，某些物质如鼻腔分泌物或粪便可以增强病毒对理化因素的抵抗力，使病毒得到保护。阴冷潮湿的条件有利于病毒的生存。冬天禽流感病毒可以在湿度较大的粪便中存活105 d，4℃时可以存活30～35 d，在20℃可以存活7 d。H5N1亚型禽流感病毒在环境中存活的时间比从野禽分离的低致病性禽流感病毒短。

【流行病学】

禽流感病毒在世界范围内广泛分布，各大洲都有病毒分离与发病的报道，南极的企鹅也有感染禽流感病毒的血清学证据。水禽感染禽流感病毒后可长期无症状并经消化道排毒，进而感染其他鸟类和哺乳动物。但20世纪90年代中期以来，H5N1亚型流感病毒对水禽致病力逐渐增强，可以使幼龄水禽造成严重死亡，在成年水禽则发生产蛋下降并伴有其他临床疾病或死亡，表明水禽不仅是流感病毒的储存库，而且是流感病毒的易感宿主。禽流感病毒广泛存在于许多野禽（包括鸭、鹅、矶鹜、三趾鹜、天鹅、鹭、海鸠、鸥和海鹦等），但是通常不引起发病。但自从2005年，H5N1亚型禽流感病毒引起了我国青海湖大批多种候鸟的感染和死亡，之后类似事件时有发生。家禽（包括火鸡、鸡、珍珠鸡、石鸡、鹌鹑、雉、鹅和鸭）是流感病毒的易感宿主，在家养火鸡和鸡中所引起的疾病最为严重。随着流感病毒的不断变异，其宿主谱已不仅仅局限于各种禽类，猪、马、猫、犬、部分海洋生物等哺乳动物及人也能感染禽流感病毒。

目前在我国家禽中感染和流行较为普遍的禽流感病毒主要有H5H1和H9N2两个亚型的病毒。中国高致病性H5N1亚型禽流感的发生最早可追溯到1996年，于广东省发病鹅体内分离并鉴定了H5N1高致病性禽流感病毒（A/goose/Guangdong/1/1996）。次年，在我国香港，不仅鸡群暴发了高致病性禽流感，而且造成了18人感染，其中6人死亡，由于这是人类历史上首次禽流感病毒直接突破种间屏障而传染人，引起了全世界的高度关注。发生于2004年年末的东南亚高致病性H5N1亚型禽流感，重创了亚洲各国的家禽养殖业，并在中国、泰国、越南等国出现多例人感染发病和死亡，严重影响了社会经济和公共卫生安全。截至2015年1月6日，全世界已确诊694例人感染H5N1病毒，其中402例死亡；其中我国感染人数为47例，死亡30例。1994年，H9N2亚型禽流感在我国广东省某鸡场首次发生，主要临床表现为产蛋下降，并有一定的死亡率。之后，H9N2亚型禽流感病毒在我国鸡群中持续而广泛流行，给养禽业造成了严重的经济损失。H9N2病毒也可感染人，自1998年已有多例人感染的报道。值得注意的是，H9N2病毒在人群中的血清阳性率明显高于其他亚型的流感病毒。

近年来，特别是2010年之后，一些新型重排禽流感病毒不断出现，并且在禽鸟和人群中引起感染和流行。多起报道表明H5N2、H5N6和H5N8亚型重排病毒在家禽和野鸟中逐渐形成流行，并且表现高致病性，如2014—2015年，H5N2和H5N8这两种新型重排病毒在日本、韩国等地发现，并可能从亚洲传播到北美的美国和加拿大等地；2015年初，H5N6禽流感病毒引起了3例人的感染。除了H5亚型新型重排病毒外，2013年3月，在我国长三角地区首次报道了一种新型重排病毒H7N9亚型流感病毒感染人的事件。此后，该病毒逐渐扩散到全国多个省市。截至2015年1月，共确诊该病毒引起500例人感染，其中185例死亡。基因组研究表明，该病毒是由鸡源H9N2病毒、野鸟源/鸭源H7及N9禽流感病毒重排而来。除了H7N9流感病毒，在2013年，另一种新型重排病毒H10N8也引起了人的感染。基因分析表明，多种新近出现的新型重排病毒都含有H9N2流行毒株的内部基因片段。因此，应高度重视这些新型重排禽流感病毒的流行和人间感染情况的同时，需要高度关注家禽中H9N2亚型低致病性禽流感的防控。

【发病机理】

禽流感病毒的致病力表现多种多样，可能是不明显的或是温和的、一过性的综合征，也可能是100%发病率和／或死亡率的疾病。疾病的症状主要表现在呼吸道、消化道或生殖系统，随病毒种类、动物种别、龄期、并发感染、周围环境及宿主免疫状态的不同而有所不同。禽流感病毒的致病性主要取决于病毒血凝素蛋白裂解位点附近的氨基酸组成。

流感病毒的不同基因节段在决定病毒致病性方面也有着不同的作用，其中起主要作用的是HA蛋白。流感病毒感染的第一步是靠HA吸附于细胞膜上的受体，然后通过HA2氨基端的作用使病毒脱壳。要完成这一过程，HA必须经过蛋白酶的切割变为HA1和HA2。因此，HA的裂解性是流感病毒组织嗜性及流感病毒毒力的主要决定因子，而且蛋白酶在组织中分布的不同及HA对这些酶的敏感性决定了病毒的感染性。另外，NA对病毒的毒力也有重要影响。NA是病毒从宿主细胞释放所必需的，并具有防止病毒在细胞表面聚集的作用。

流感病毒对宿主的感染性也与细胞受体和HA受体结合位点的结构密切相关。A型流感病毒HA上组成受体结合位点的氨基酸［98–Tyr、153–Trp、183–His、190–Glu、194–Leu、226–Gln（Leu）］非常保守，但从不同动物分离的病毒，其受体结合位点附近的氨基酸也有各自的特点。A型流感病毒的细胞受体是位于细胞膜上的唾液酸糖脂或唾液酸糖蛋白，而相应的上皮细胞中的唾液酸寡糖的唾液酸–半乳糖链也因不同宿主而异；家禽上呼吸道细胞含有唾液酸α–2，3–Gal受体，而人上呼吸道细胞的病毒受体为唾液酸α–2，6–Gal受体。禽流感病毒和人流感病毒具有很强的受体识别特异性，分别与唾液酸α–2，3–Gal和α–2，6–Gal受体分子结合，因而，通常而言，禽流感病毒只感染家禽，而人流感病毒只感染人。NA对宿主特异性也有影响。茎部氨基酸的缺失与HA受体结合位点的糖基化之间存在一定的协同作用，而附加的糖基化位点使病毒与受体的亲和力降低，此外茎部某些氨基酸的缺失使NA的酶活性降低，使得禽流感病毒易于从细胞释放，为病毒在不同组织和细胞中的传播和复制提供了有利条件。

家禽吸入或摄食具有感染性的低致病性或高致病性禽流感病毒粒子后感染即开始。鼻腔是禽流感病毒在鸡形目禽体内复制的最主要的起始位点。对于高致病性禽流感病毒，在呼吸道上皮启动复制之后，病毒粒子侵入黏膜下层进入毛细血管。病毒在内皮细胞中复制，并通过血管或淋巴系统扩散到内脏器官和脑，感染各种细胞并在其中复制。病毒可以在血浆、红细胞和白细胞碎片中出现。巨噬细胞在病毒全身性扩散中起着重要的作用。血凝素分子上存在能被类似胰酶的蛋白酶裂解的位点，而这种蛋白酶在各种细胞内普遍存在，从而有助于病毒在各种细胞内复制，致使多器官衰竭并导致严重的临床症状甚至死亡。禽流感病毒通过以下4种方式之一导致病变的发生：①病毒直接在细胞、组织和器官中复制；②通过诸如细胞因子等介导的间接效应；③脉管栓塞导致的缺血；④凝血或弥散性血管内凝血导致心血管功能衰退。低致病性禽流感病毒通常局限在呼吸道和肠道中复制。发病和死亡主要是由于呼吸道的损伤，尤其是并发有细菌感染时。在一些品种中，低致病性禽流感病毒偶尔也可以扩散到全身，复制并导致肾小管、胰腺腺泡上皮和其他具有上皮细胞并且上皮细胞中含有类似胰酶的蛋白酶的器官受损。

低致病力毒株易突变为高致病力毒株也是禽流感病毒的一个主要特征。Banks等报道1999年意大利暴发的由H7N1亚型流感病毒引起的禽流感中，早期分离的低致病力毒株的裂解位点序列大部分为PEIPKGR/GLF，后期分离的病毒序列为PEIPKGSRVRR/GLF，在裂解位点处有4个氨基酸的插入，使得病毒成为高致病力毒株。在墨西哥，低致病性的H5N2禽流感病毒在鸡群中流行数年后突变成高致病性的H5N2病毒，这些事例说明，当H5或H7亚型低致病性禽流感发生时，存在低致病性禽流感转变为高致病性禽流感的可能性。

【症　状】

根据病毒的致病性，将禽流感分为两种致病型：高致病性型和低致病性型。依据OIE第21版《OIE陆生动物卫生法典》，将禽流感修改为通报性禽流感（Notifiable avian influenza，NAI），分为通报性高致病性禽流感（HPNAI）和通报性低致病性禽流感（LPNAI）。通报性禽流感（NAI）是指由A 型流感病毒H5或H7亚型引起，6周龄鸡的病毒静脉接种致病指数（Intravenous pathogenicity index，IVPI ）大于1.2或致死率至少为75%的禽类感染，或者H5、H7亚型病毒经血凝素基因序列分析，在其血凝素（HA0）裂解位点上有多个碱性氨基酸。通报性低致病性禽流感（LPNAI）是指H5或H7 亚型禽流感病毒引起的非高致病性的感染。

在养禽生产中，高致病性禽流感感染后，通常发病急，发病率和死亡率高，常无明显症状而突然死亡，有些鸡群中死亡率可达100%，家鸭感染H5N1 HPAI病毒的死亡率与毒株和鸭日龄有关。调查与研究表明，1997—2001年的H5N1 HPAI病毒通过鼻内接种不能引起发病和死亡，但2001—2006年的一些病毒能引起2～3周龄鸭不同程度的死亡；2010年至今，多种亚型的H5亚型（H5N1、H5N2、H5N6和H5N8）在家鸭中的流行情况不断加重，并且致病性增强（见彩图4–8–25～彩图4–8–36、彩图4–8–39、彩图4–8–40和彩图4–8–43）。高致病性禽流感感染病程长时，表现为体温升高（43℃以上），精神高度沉郁，食欲废绝；羽毛松乱；出现呼吸道症状，如咳嗽、啰音甚至尖叫；头部、颜面部、颈部浮肿；无毛部皮肤（冠、肉髯、脚部）发绀、肿大、出血、坏死；黄绿色下痢；有的鸡可见神经症状，共济失调，不能走动和站立。产蛋鸡产蛋下降甚至停止，并可见软皮蛋、薄壳蛋、畸形蛋增多。

低致病性禽流感感染后，通常发病缓和，表面症状较轻或无症状隐性感染，高发病率而低死亡率是其特征。死亡率5%～15%；产蛋率下降5%～50%。大部分野鸟感染LPAI病毒一般不出现临床症状。在家禽（鸡和火鸡）中，可表现为呼吸道、消化道、泌尿生殖器官的病变。呼吸道感染最常见的症状有咳嗽、打喷嚏、呼吸啰音和流泪。产蛋鸡和种鸡表现为产蛋量下降。另外，还表现扎堆、羽毛蓬乱、精神沉郁、少动、食欲和饮水量下降，以及间歇性腹泻等非特异性症状。有时也有消瘦现象，但不常见。

【病理变化】

高致病性禽流感病毒感染家禽后，会出现内脏器官和皮肤的水肿、出血和坏死性病变等典型病变。如果死亡非常迅速，则可能观察不到病变。感染鸡会出现头、面部和颈上部的肿大，眼眶水肿，腿及脚鳞片有出血点或渗出性出血。常见充血、出血、坏死及无羽毛部位皮肤发绀，尤其是鸡冠和肉髯（见彩图4–8–1～彩图4–8–5）。内脏器官的病变随病毒毒株不同而变化，共有的典型特征是浆膜和黏膜表面出血和内脏器官软组织出现坏死灶。心外膜、胸肌、腺胃和肌胃黏膜的出血尤其明显（见彩图4–8–6～彩图4–8–11）。另外，高致病性禽流感病毒还可引起肺脏严重出血和水肿。对大部分高致病性禽流感病毒来说，常见胰腺、脾脏和心脏坏死，偶尔也可见肝脏和肾脏坏死（见彩图4–8–38、彩图4–8–41和彩图4–8–42）。肾损伤可能同时还伴随有尿酸盐沉积。肺脏首先在中部出现间质性肺炎，最后呈弥散状，并伴有水肿。肺充血或出血

（见彩图4–8–17）。腔上囊和胸腺萎缩。

HPAI感染免疫鸡群后，特别是感染免疫育成鸡和产蛋鸡时，常产生非典型性病理变化。免疫育成鸡感染发病后，有一定的死亡率，但表现不一，部分鸡有神经症状，肾脏肿大和胰腺坏死是常见的主要剖检变化，其他脏器的出血性变化也偶尔可见（见彩图4–8–37）。产蛋鸡发病后，主要表现为产蛋下降和死亡，部分鸡场死亡率较高。剖检可见卵泡变形、软化、坏死和萎缩，输卵管、子宫内常有程度不等的黏性分泌物（见彩图4–8–18和彩图4–8–19）。

感染低致病性禽流感病毒后，鸡的病变主要发生在呼吸道，尤其是鼻窦，典型特征是出现卡他性、纤维蛋白性、浆液纤维素性炎症。气管黏膜充血、水肿，偶尔出血。气管、支气管渗出物从浆液性变为干酪样，发生通气闭塞，导致窒息（见彩图4–8–12～彩图4–8–16）。纤维素样炎症转化为纤维素性脓性炎症，则可能出现气囊炎，出现纤维素性及脓性的炎症通常是由于伴随有细菌的继发感染。眶下窦肿胀，鼻腔流出黏液性到黏脓性的分泌物。在伴随有继发病原如大肠杆菌感染时，会导致纤维素性及脓性支气管炎，以及心包炎、气囊炎和肝周炎。在体腔（腹腔）和气囊会出现卡他性到纤维蛋白性炎症和卵黄性腹膜炎（见彩图4–8–21～彩图4–8–24）。卡他性到纤维蛋白性肠炎也可发生在盲肠和／或肠道，尤其是火鸡。产蛋禽的输卵管也有炎性分泌物，蛋壳上的钙沉积减少。这样的蛋形状怪异并且易碎，色素沉着少。卵巢衰退，开始表现为大滤泡出血，进而溶解。输卵管水肿，有卡他性、纤维蛋白性分泌物。少数产蛋鸡和静脉接种感染鸡会出现肾肿胀及内脏尿酸盐沉积（内脏痛风）。

低致病性禽流感病毒感染免疫鸡群后，雏鸡和商品肉鸡主要表现为呼吸道症状。感染后通常会降低机体抵抗力从而导致一系列的继发感染，尤其是继发感染大肠杆菌。剖检主要表现为气管有黏液和喉头气管的轻度出血，严重时可见支气管干酪样栓塞。产蛋鸡发病后，死淘率通常不高，可能出现轻微的呼吸道症状，主要表现采食量下降和产蛋量下降。剖检主要可见喉头气管的黏液和轻度出血，卵泡表面轻度充血，输卵管和子宫内有程度不等分泌物，多并发卵黄性腹膜炎（见彩图4–8–20）。

【诊　断】

禽流感诊断的一般程序是根据流行病学、临床症状和病理变化，进行初步诊断，然后在实验室进行病毒的分离与鉴定而确诊。禽流感的实验室确诊可以通过下述方法：①直接从待检样本，如组织或拭子中检测禽流感病毒基因；②分离和鉴定禽流感病毒。

高致病性和低致病性禽流感病毒都可在呼吸道和肠道中复制，因而可以从活禽或死亡禽的气管或泄殖腔拭子中分离出禽流感病毒。拭子可以放在运送液中，其中加入高浓度抗生素以抑制细菌的繁殖。检测内脏器官中的病毒时，采集样品和保存样品时宜注意与呼吸道和肠道隔离开，避免产生交叉污染，从而准确反映内脏器官的病毒分布，确定病毒在全身的扩散情况。

也可从采集的样品中直接检测禽流感病毒核酸。目前，检测病毒核酸是禽流感病毒快速诊断的常用方法，包括反转录多聚酶链式反应（RT–PCR）和实时荧光PCR（Real–time PCR），技术，其中实时荧光PCR检测只需3 h，其敏感性和特异性与病毒分离相当，是临床上及实验室常用的诊断技术。

如果进行病毒分离，可以通过尿囊腔途径接种9～11日龄的鸡胚约0.2 mL样品来分离病毒。通过测定尿囊液对鸡红细胞的凝集能力，即通过血凝素凝集试验来确定病毒的存在；然后再通过血凝抑制试验来特异性地鉴定是否为流感病毒及流感病毒的亚型，通常也通过血凝抑制试验与新城疫病毒相区别。

由于不同品种的禽感染禽流感病毒后出现的临床症状和病理变化差异较大，因此必须通过病毒学和血清学方法来确诊禽流感。对于高致病性禽流感，需注意与新城疫、败血性禽霍乱和一些毒素中毒的鉴别；而对于低致病性禽流感，需注意与非典型性新城疫、禽肺病毒感染、传染性支气管炎、支原体和各种细菌等引起的呼吸道疾病和产蛋下降相鉴别。

【防治措施】

禽流感是养禽业的大敌，因而对其防控具有重要的意义。对禽流感的控制主要涉及4个方面的措施：①养禽场兽医生物安全；②诊断和监测；③感染禽的清除；④疫苗免疫。根据国家不同、病毒的亚型、经济状况及对公共卫生的威胁不同，对高致病性禽流感和低致病性禽流感控制的目标和策略也不同。

1. 养禽场兽医生物安全是预防禽流感的第一道防线，是预防病毒的最初传入和控制传播的关键。通过控制禽类及禽类产品、人员、设备的流动等生物安全措施可限制流感病毒的传播与扩散。直接接触禽或禽粪便的人最有可能引起病毒在禽舍间或场间的传播，在感染的高峰期进行扑杀处理时，空气传播也可能成为一些养殖场的传播途径。与家禽或其粪便直接接触的设备，在没有充分清洗和消毒的情况下，禁止在场间流动或使用；保持禽舍附近的道路不被粪便污染也是预防禽流感的重要环节。禁止来访人员进入或参观。当扑杀家禽时，必须采取特别的生物安全措施，规划好车辆的行车路线，避开其他养禽场；扑杀车辆离开场前必须进行覆盖、清洗、消毒。

2. 诊断和监测　准确和快速诊断禽流感是该病及早成功控制的前提。依靠实验室进行病毒的分离与鉴定或进行病毒核酸的检查是诊断禽流感的关键。进行高致病性禽流感的监测或诊断时，为节省时间，可直接进行采集样品的RT–PCR诊断及扩增产物的快速测序，根据测序结果判定样品中的病毒是否是高致病性禽流感病毒。

3. 感染禽的清除　当发生疫情时，特别是发生高致病性禽流感疫情时，按照农业部的《高致病性禽流感疫情处置技术规范》进行疫情处置。做到“早发现、早诊断、早报告、早确认”，确保禽流感疫情的早期预警预报。对判定为疑似高致病性禽流感疫情的，按规定及时上报兽医行政管理部门。同时，对疑似疫情疫点立即采取严格的隔离封锁、扑杀和消毒措施；严禁疑似疫情疫点内动物或禽只及其产品的移动；严格限制有关人员，以及车辆、饲料、禽蛋托盘、饮水与喂料器皿、排泄物等一切可能污染物品的流动；对疑似疫情疫点进行全面彻底消毒；对当地活禽及其产品交易市场加强监管，防止疫情扩散蔓延。疫情确诊后，立即按国家应急预案进行紧急处置，所在地县级以上兽医行政管理部门在2 h内，划定疫点、疫区和受威胁区，报请本级人民政府对疫区实行封锁，人民政府接到报告后，应立即作出决定。对决定实行封锁的，发布封锁令，内容包括封锁的起始时间、封锁范围和对疫区管理等，并要求各项封锁措施在12 h实施到位。在高致病性禽流感发生后，疫区内所有家禽必须全部扑杀，并作无害化处理。

4. 疫苗免疫　虽然不同国家对禽流感的疫苗免疫政策不一，但研究表明，注射疫苗的免疫鸡群比非免疫鸡群的抵抗禽流感能力有明显提高，排毒量可明显减少，大大降低了病毒传播力。目前最常用的禽流感疫苗为全病毒灭活疫苗。

我国对高致病性禽流感的防控，采取的是疫苗强制免疫和扑杀相结合的措施。每年我国农业部颁布高致病性禽流感免疫方案，要求对所有鸡、水禽（鸭、鹅）进行高致病性禽流感强制免疫；对进口国有要求且防疫条件好的出口企业，以及提供研究和疫苗生产用途的家禽，报经省级兽医主管部门批准后，可以不实施免疫。该免疫方案规定了家禽的免疫程序、不同风险区域的免疫要求、使用疫苗种类、免疫方法及免疫效果监测等内容。根据免疫方案规定，家禽免疫后21 d进行免疫效果监测，禽流感抗体血凝抑制试验（HI）抗体效价≥2^4判定为合格，存栏禽群免疫抗体合格率≥70%判定为合格。值得一提的是，由于近年来H5亚型禽流感病毒基因变异加快，不断有新型病毒或新分支病毒出现，其抗原性也表现出很大差异。因此，对匹配疫苗候选株的选择和研发速度提出了更高的要求。

对于H9N2亚型禽流感，我国采用自然分离株研制出全病毒H9N2亚型灭活疫苗，在预防H9亚型禽流感中发挥了十分重要的作用；但对于商品肉鸡，油乳剂灭活疫苗的作用有限，因此，有必要研发出效果稳定可靠的新型疫苗。

对于低致病性禽流感的治疗，目前还没有切实可行的特异性治疗方法。金刚烷胺等药物虽然有一定疗效，但按照我国规定，禁止这些药物在动物中应用。加强管理和使用抗生素治疗可以减少细菌引起的并发感染。

【展　望】

禽流感是我国家禽中的重要疫病之一，不仅对我国养禽业造成了严重的经济损失，而且禽流感越来越表现出严峻的公共卫生威胁。因而，对其防控越来越凸显其重要性。近来的研究表明，无论是H5亚型高致病性禽流感病毒还是H9N2亚型低致病性禽流感病毒对哺乳动物的感染性有逐渐增强的趋势，而且H5、H9亚型禽流感已在世界多国发生，因此，对禽流感的防控已成为一个全球性的问题。除了H5N1和H9N2，H7N9、H5N2等新型重排病毒的不断出现又成为近期禽流感发生的新特点。针对在禽流感发生的状况，在我国建设现代化养禽场，发展标准化规模养殖，推进养殖业转型升级，提升养殖环节生物安全水平，是将来彻底控制禽流感的方向。

（刘金华　甘孟侯　蒲娟）

第九节　鸡传染性贫血病

（Chicken infectious anemia, CIA）

【病名定义及历史概述】

传染性贫血病是以雏鸡出现再生障碍性贫血，全身性淋巴组织萎缩为特点的免疫抑制性传染病，常常继发病毒、细菌和真菌感染。在商品代鸡群养殖中常见亚临床感染，无明显特征性临床症状。

该病的病原为鸡传染性贫血病毒（Chicken infectious anemia virus，CIAV），国际病毒分类委员会采用的名称是鸡贫血病毒（Chicken anemia virus，CAV）。Yuasa等人于1979年在日本首次报道并分离该病原，现已呈世界性广泛分布。在1992年，我国学者从发病鸡群中分离到鸡传染性贫血病毒，证实了我国存在该病原。目前，鸡传染性贫血病毒已在我国广泛存在，且鸡群感染率高，自然感染率可高达70%~100%。鸡传染性贫血病毒造成感染鸡群处于免疫抑制状态，使鸡群对化脓性皮炎、肺曲霉菌等病原的易感性增高，而对马立克病、传染性囊病及网状内皮增生病等疾病的疫苗保护力降低，从而导致鸡群在同时感染或者继发感染其他病原时死亡率升高，对于肉鸡产业和SPF鸡蛋的生产造成严重的经济损失。

【病原学】

鸡传染性贫血病毒为单股环状DNA病毒，属于圆环病毒科，环病毒属。该病毒是无囊膜、二十面体对称的病毒颗粒，平均直径为25~26.5 nm，在电镜下呈球形或六角形，在氯化铯中的浮密度为1.35~1.37 g/mL。病毒基因组由2 319 bp 或2 298 bp 组成，两者的差别为前者在启动子-增强子区域中多出一组同向重复序列（DR，direct repeat）。其基因组分为编码区和非编码区两部分。编码区包含3 个部分重叠的开放阅读框，分别为ORF1 、ORF2 和ORF3，其中ORF3 位于ORF2内，ORF2 与ORF1 部分重叠，这3个开放阅读框分别编码24 kD、14 kD和52 kD的蛋白，即VP2、VP3和VP1。VP1和VP2对病毒粒子的复制是必需的。其中VP1蛋白是病毒唯一的衣壳蛋白，构成病毒的中和抗原表位。VP1基因存在高变区，但各毒株间氨基酸水平差异小于6%。VP2 蛋白具有双重特异性蛋白磷酸酶活性，并且参与病毒中和抗原表位的形成，影响病毒粒子的复制及感染细胞的病理学变化，使细胞MHC Ⅰ类分子的表达水平下调。VP3蛋白又称为凋亡素，通过诱导感染细胞的凋亡导致病鸡胸腺皮质细胞快速耗竭。

鸡传染性贫血病毒可在1日龄雏鸡或鸡胚内增殖，常用的哺乳动物细胞系及鸡胚原代细胞无法用于该病毒的体外繁殖，只能在由鸡马立克病病毒和淋巴白血病病毒转化的某些淋巴瘤细胞上生长——MDCC-MSB1和MDCC-JP2细胞系（源于马立克病的脾淋巴瘤细胞和卵巢淋巴瘤细胞）、LSCC-1104B1细胞系（来源于淋巴细胞性白血病的腔上囊肿瘤）。并不是所有毒株都可在MDCC-MSB1细胞中体外培养，但是Cux-1和CIA-1毒株都能够在MDCC-MSB1细胞中进行繁殖。对该病毒在马立克病病毒转化的不同淋巴瘤细胞系体外培养的研究发现，MDCC-CU147 细胞系对该病毒更易感，较其他细胞更适用于鸡传染性贫血病毒的体外培养。

与其他圆环病毒相似，该病毒的病毒粒子较小，对物理或化学处理具有很强的抵抗力。鸡传染性贫血病毒可耐受乙醚、丙酮和氯仿等脂溶性溶剂的处理，在酸（pH3.0）作用3 h后仍然稳定。加热处理56℃或70℃1 h，80℃15 min仍有感染力；80℃作用30 min可使病毒部分失活，100℃热处理15 min可完全灭活，发酵对灭活无效。病毒对酚敏感，在5%酚中作用5 min后失去活性，用5%次氯酸处理可使病毒失去感染力。福尔马林熏蒸消毒24 h的灭活效果并不彻底，且多数季铵盐类化合物、中性皂、邻二氯苯的5%溶液均不能使其完全灭活。但pH2.0的酸性消毒剂对鸡传染性贫血病毒的灭活十分有效。

【流行病学】

鸡是鸡传染性贫血病毒的自然宿主，此外，据Farkas等研究发现，鹌鹑、鸽子和乌鸦也可能是其宿主。

该病毒可存在于病鸡的肝脏、脾脏、心脏、肾脏、腔上囊、胸腺和骨髓等器官组织内。目前普遍认为所分离到的毒株都属于相同的血清型，且基因变异度不大，在抗原反应上没有明显差异。不同毒株引起的发病率和死亡率受毒株致病力的影响，且肌内注射比经口感染的病毒引起的临床症状更明显。各种品系的鸡均有易感性，有明显的年龄抗性，发病率和易感性随着日龄的增大而降低。鸡胚和14日龄以内的雏鸡易感性最强，发病率最高。人工感染1日龄雏鸡，其感染率、发病率和病死率均高于其他日龄组；而1周龄雏鸡感染鸡传染性贫血病毒后只发生贫血，死亡率较低；2周龄雏鸡感染，虽可分离到病毒，但无临床症状；大于3周龄的雏鸡对本病的易感性迅速下降。

鸡传染性贫血病毒可以通过水平传播，但以垂直传播为主。水平传播主要由被污染的粪便、房舍及工具等，经消化道和呼吸道途径感染，鸡感染后产生抗体，但通常无明显症状；垂直感染是雏鸡孵出后即出现典型的贫血，以及造血器官、免疫器官出现萎缩的主要原因；也有来源于疫苗接种而感染的情况。鸡群在母源抗体消失后至产蛋前的生长期感染该病毒并产生抗体，其子代鸡可获得母源抗体的保护，而某些鸡群在开产初期感染病毒，短时间内未能产生有效的抗体，其子代鸡群难以获得充分的母源抗体保护，结果导致该病的暴发和流行。目前，在商品代鸡群中多数鸡群在感染该病毒后无明显临床症状，当与其他病原如新城疫病毒、马立克病病毒、传染性囊病病毒等混合感染时，其致病性增强，并突破年龄及母源抗体的保护，引起疾病的暴发。

【发病机理】

鸡传染性贫血为溶细胞感染，以发生细胞凋亡为主，其靶细胞主要为骨髓中的成红血细胞和胸腺皮质中的前体T细胞。病毒入侵细胞后引起此类细胞的凋亡，细胞数量迅速减少，病鸡的骨髓与胸腺中多为肿大与变性的细胞，导致再生性贫血障碍和胸腺萎缩。随着感染时间的延长，除了骨髓和胸腺细胞，在其他器官的淋巴组织中也可检测到病毒抗原阳性细胞。此外，消化系统和泌尿系统器官的感染为该病毒存在排毒现象提供依据，病毒在直肠内容物中可存在49 d以上。康复鸡群胸腺淋巴细胞和造血细胞的再生与抗体的形成似乎同时发生，中和抗体可有效地控制该病毒的感染。

病毒感染使骨髓造血细胞紊乱是发病鸡群出现贫血的直接原因，鸡群的发病情况与其抗体水平及产生中和抗体的能力有密切的联系。免疫系统发育完全的鸡只对该病毒的抗性强，所以鸡群对疾病的抵抗力与日龄也紧密相关。

【症　状】

鸡传染性贫血唯一的特征性症状是贫血，可见鸡冠发白、血液稀薄。一般在感染10 d后发病，10～14 d后出现死亡；自然感染潜伏期不确定，最早可于感染后12 d出现临床症状。病鸡表现为精神沉郁，虚弱，行动迟缓，羽毛松乱且体重下降，呈现生长不良的状态。喙、肉髯、面部皮肤和可视黏膜苍白，肌肉、皮下出血且血液稀薄如水。红细胞压积值降到20%以下（正常值在30%以上，低于27%为贫血），红细胞数低于200万个/mm^3，白细胞数低于5 000个/mm^3，血小板值低于27%。发病鸡的死亡率不一致，受到其他病毒、细菌等病原感染、日龄和饲养环境等许多因素的影响，通常情况下死亡率不超过30%。无并发症的鸡传染性贫血，特别是由水平感染引起的，不会引起鸡群的高死亡率，但继发感染会导致病情加重，死亡率增高。感染后20～28 d仍存活的鸡可逐渐恢复正常。有母源抗体保护的雏鸡以及大于2周龄的鸡群感染后往往不发病，无明显临床症状。

【病理变化】

本病主要的剖检病理变化为骨髓脂肪化、胸腺萎缩及血液凝固不良。病鸡大腿骨的骨髓呈脂肪色、淡黄色或粉红色。在有些病例，骨髓的颜色呈暗红色，组织学检查可见明显的病变。胸腺萎缩甚至完全退化，在日龄较大的感染鸡群中其胸腺萎缩比骨髓病变更易观察到。腔上囊病变不明显，有的病例可观察到腔上囊萎缩，在许多病例中可见由于腔上囊的外壁变薄，呈半透明状态从而可直接观察到内部的皱襞。肝脏肿胀，有些病例中肝脏呈斑驳状且色泽暗淡。传染性贫血在鸡群中暴发常伴随出血综合征——皮内、皮下和肌肉内出血，可观察到腺胃黏膜出血，翅的皮内或皮下出血，也称为“蓝翅病”。发生贫血的鸡群并不是全都出现出血综合征，但与贫血的严重程度相关。在继发细菌性感染时可发展为坏疽性皮炎。

病理组织学特征性变化表现在骨髓造血细胞严重减少，被脂肪组织或增生的基质细胞所代替，造成再生性贫血障碍。胸腺皮质的淋巴细胞数量显著减少，细胞水肿变性。全身淋巴组织萎缩，腔上囊、脾脏、盲肠扁桃体及其他器官的淋巴细胞也缺失严重，而网状细胞代偿性增生。但感染后随着康复鸡群的日龄增大，其骨髓出现再生区域且胸腺内淋巴细胞数量逐渐增多，趋于恢复正常。

【诊　断】

感染鸡传染性贫血病毒的发病鸡群可根据其流行病学特点、症状和病理变化可作出初步诊断。但因为该病缺少具有诊断意义的特异性病变，且随着日龄增大，鸡群易感性降低且以亚临床感染或混合感染为主，所以确诊还需要血清学检测和病原学检测。

1. 现场诊断　本病主要发生于鸡，2～6周龄内的鸡群最易感。日龄增大对本病的易感性迅速下降，日龄越小、免疫器官发育越不成熟的鸡群发病和死亡越严重。剖检病变以贫血为主要特征，可见胸腺、骨髓萎缩，骨髓呈脂肪色。病鸡的红细胞、白细胞及血小板均显著减少，红细胞压积值在20%以下是发病的特征性指标。

2. 病毒分离　肝脏或脾脏中含有高滴度的鸡传染性贫血病毒粒子，是分离病毒的最好废料，可将制成组织匀浆，离心取上清液，70℃加热5 min或用氯仿处理以去除或灭活可能的污染物，用于雏鸡、鸡胚或细胞培养接种。

（1）接种雏鸡　用病料1：10稀释经肌内或腹腔接种1日龄SPF雏鸡，每只0.1 mL，观察典型症状和病理变化。

（2）接种鸡胚　用肝脏病料卵黄囊接种4～5日龄鸡胚，无鸡胚病变，孵出小鸡发生贫血和死亡。

（3）接种细胞培养物　用病料接种MDCC-MSBl细胞，经1～6次继代培养或者直到观察到有细胞死亡，表明有鸡传染性贫血病毒感染。每隔2～4 d进行传代，以区分病毒诱导的细胞凋亡和非特异性的细胞退化。

3. 病毒DNA检测　与分离病毒相比，利用聚合酶链式反应（PCR）检测病毒DNA的方法更特异且灵敏性更强。在其基因组编码区中的保守区域选择引物进行PCR反应可满足日常检测需要。在此基础上可进一步利用巢式PCR、竞争性引物PCR和DNA探针等方法增加检测的特异性，并可对病毒进行定量分析。

4．血清学检测 可用血清中和试验（VN）、间接免疫荧光抗体试验（IFA）、酶联免疫吸附试验（ELISA）检测感染鸡血清中的抗体。其中，间接ELISA检测抗体水平的假阳性率高于阻断ELISA，后者已成为主要的商品化检测方法。另外，可用免疫荧光抗体或免疫过氧化物酶试验检测鸡组织或细胞培养物中的病毒。

5．鉴别诊断 鸡传染性贫血应与成红细胞病毒引起的贫血、马立克病病毒与传染性囊病病毒感染、腺病毒感染、鸡球虫病，以及高剂量的磺胺类药物或真菌毒素中毒进行区别。对6周龄以下的鸡，从临诊症状、血液学变化、肉眼和显微镜下病变和鸡群病史的综合分析，可提示为感染鸡传染性贫血病毒。血液涂片镜检可区分由成红细胞病毒引起的贫血。马立克病病毒与传染性囊病病毒感染均可引起淋巴组织的萎缩，并有典型的组织学变化，但在自然感染发病鸡不引起贫血症，与急性传染性囊病病毒感染有关的再生障碍性贫血也会发生，但比鸡传染性贫血病毒诱发的贫血消失早。腺病毒是包涵体肝炎–再生障碍性贫血综合征的主要病因，该综合征常发生于5～10周龄之间的鸡，而在单一病原感染的鸡不会引起再生障碍性贫血。球虫病引起的贫血可见到血便与明显的肠道出血，而传染性贫血并没有血便，肠道见不到点状出血。磺胺类药物与真菌毒素中毒可引起再生障碍性贫血，但肌肉与肠道有点状出血，同时鸡群有使用磺胺类药物的历史。

【防治措施】

鸡群对于该病的易感性与日龄密切相关，1日龄雏鸡最易感，随着日龄增大其易感性、发病率降低。加强产蛋前期及育雏期间鸡群的饲养管理与防护措施，可有效降低鸡传染性贫血病毒的感染与发病。防止由环境因素及其他传染病导致的免疫抑制，并且在进行免疫抑制性疾病病原相关活疫苗接种时充分评估鸡群是否处于该病的亚临床感染状态。

由于该病毒对理化因子抵抗力强，耐受高温及常用的脂溶性消毒剂，在实际生产中难以完全消除。有效的母源抗体可保护雏鸡有效抵抗鸡传染性贫血病毒的传染，所以疫苗免疫是控制该病原感染的有效手段。目前形成商品化的疫苗主要是国外的两种商品活疫苗：有毒力的活疫苗及弱毒活疫苗。有毒力的活疫苗由鸡胚生产，可通过饮水途径免疫，对种鸡在13～15周龄进行免疫接种，可有效地防止子代发病，本疫苗不能在产蛋前3～4周免疫接种，以防止通过种蛋传播病毒。弱毒活疫苗是毒力致弱的鸡传染性贫血病毒活疫苗，可通过肌内、皮下或翅膀对种鸡进行接种，也可提供有效的保护力。如果后备种鸡群血清学呈阳性反应，则不宜进行免疫接种。

做好外引鸡群的检疫工作，特别对于产蛋鸡群，应防止该病原传入健康鸡群。

本病目前尚无特异的治疗方法。通常可用广谱抗生素控制与鸡传染性贫血相关的细菌继发感染。

（覃尧　郑世军）

第十节　病毒性关节炎

（Viral arthritis）

禽（鸡）病毒性关节炎是一种由不同血清型和致病性的禽呼肠孤病毒引起的具有重要经济价值的传染病，该病主要感染肉鸡，也可见于蛋鸡和火鸡。病毒主要侵害关节滑膜、腱鞘和心肌，引起足部关节肿胀，腱鞘发炎，继而使腓肠腱断裂。病鸡表现为关节肿胀、发炎，行动不便，跛行或不愿走动，采食困难，生长停滞等。该病可使鸡群的饲料利用率下降，淘汰率增高，在经济上造成一定的损失。

1957年Olson对该病首次报道，其后美国、英国、意大利、荷兰、日本、匈牙利等国相继报道了病毒性关节炎的病例。从20世纪80年代中期开始，我国先后在四川、河北、北京、黑龙江、上海、广东、吉林、云南、贵州、河南、山东、湖北等地发现本病，并从某些病例中分离到呼肠孤病毒，该病已成为危害我国养鸡业的重要传染病之一。

【病原学】

病毒性关节炎的病原为禽呼肠孤病毒（Avain reovirus），该病毒属于呼肠孤病毒科、正呼肠孤病毒属。病毒粒子无囊膜，呈二十面体对称排列，直径约为75 nm，在氯化铯中的浮密度为1.36 ~ 1.37 g / mL。病毒基因组由10个节段的双链RNA构成，根据大小可分为L（大）、M（中）、S（小）3个级别，共编码12个蛋白。

禽呼肠孤病毒对热有一定的抵抗能力，能耐受60℃的高温达8 ~ 10 h。对乙醚不敏感，对H_2O_2、2%的来苏儿、3%福尔马林等均有抵抗力，用70%乙醇或0.5%有机碘可以灭活病毒。

病毒可通过卵黄囊和绒毛尿囊膜（CAM）接种在鸡胚中生长繁殖。通过卵黄囊接种，一般在接种后3 ~ 5 d鸡胚死亡；CAM接种，通常在接种后7 ~ 8 d鸡胚死亡。除鸡胚之外，病毒还可在原代鸡胚成纤维细胞、肝、睾丸细胞，以及DF-1、Vero、BHK-21等传代细胞中生长，主要的细胞病变为合胞体的形成。

由于缺乏对多种动物红细胞的凝集特性，使禽呼肠孤病毒区别于其他动物的呼肠孤病毒。禽呼肠孤病毒各毒株之间具有共同的沉淀抗原，但中和抗原具有明显的异源性，Rosenberger等认为呼肠孤病毒经常以抗原亚型，而不是以独特的血清型存在，但由于采用的试验方法不同，对毒株的分型结果也不尽相同。我国从1985年首次报道鸡病毒性关节炎以来，已经在全国各地分离到了多个毒株，但不同毒株之间的相互关系还没有进行过系统研究。

禽呼肠孤病毒除引起鸡关节炎以外，还与一些疾病和病变有关，如吸收不良综合征、生长发育迟缓、传染性腺胃炎、心包炎、心包积水、心肌炎、肠炎、肝炎、腔上囊及胸腺萎缩、骨骼异常，以及某些呼吸道症状等。

【流行病学】

禽呼肠孤病毒广泛存在于自然界，可从许多种鸟类体内分离到。但是只有鸡和火鸡可发生关节炎。病毒在鸡中有两种传播方式：水平传播和垂直传播。虽然有资料表明，该病可通过种蛋垂直传播，但水平传播是其主要的传播途径，病毒主要通过污染的饲料和饮水经消化道进行传播。病毒感染鸡后，首先在呼吸道和消化道复制，然后进入血液，24～48 h后出现病毒血症，随后即向体内各组织器官扩散，但以关节腱鞘及消化道的含毒量最高。

试验表明，由口腔感染SPF成年鸡，4 d后可从呼吸道、消化道、生殖道和股关节分离到病毒，14～15 d后含毒量明显降低。感染后病毒能在股关节内存在3周，14～16周后，仍能从感染鸡的泄殖腔发现病毒。因此，带毒鸡是重要的传染源。

鸡病毒性关节炎的感染率和发病率因鸡的日龄不同而有差异。雏鸡最易感，随着日龄的增加，敏感性会逐渐降低。一般认为，雏鸡的易感性可能与其免疫系统尚未发育完全有关。 自然感染发病多见于4～7周龄鸡，也有更大鸡龄发生关节炎的报道。发病率可高达100%，而死亡率通常低于6%。

【症　状】

本病大多数自然感染病例常呈隐性或慢性感染，要通过血清学检测和病毒分离才能确定。在急性感染的情况下，鸡表现跛行，部分鸡生长受阻；慢性感染期的跛行更加明显，少数病鸡跗关节不能活动。病鸡食欲和活力减退，不愿走动，喜坐在关节上，驱赶时或勉强移动，但步态不稳，继而出现跛行或单脚跳跃。

病鸡因得不到足够的水分和饲料而日渐消瘦、贫血、发育迟滞，少数逐渐衰竭而死。检查病鸡可见单侧或双侧腕部、跗关节肿胀。在日龄较大的病鸡中可见腓肠腱断裂导致的顽固性跛行。

种鸡群或蛋鸡群受感染后，产蛋量可下降10%～15%。也有报道种鸡群感染后种蛋受精率下降，这可能是病鸡因运动功能障碍而影响正常的交配所致。

【病理变化】

1. 剖检变化　患鸡跗关节周围肿胀，切开皮肤可见到关节上部腓肠腱水肿，滑膜内经常有充血或点状出血，关节腔内含有淡黄色或血样渗出物，少数病例的渗出物为脓性，与传染性滑膜炎病变相似，这可能与某些细菌的继发感染有关。其他关节腔呈淡红色，关节液增多。根据病程的长短，有时可见周围组织与骨膜脱离，成鸡易发生腓肠腱断裂。若换羽时发生关节炎，可在患鸡皮肤外见到皮下组织呈紫红色。慢性病例的关节腔内渗出物较少，腱鞘硬化和粘连，在跗关节远端关节软骨上出现凹陷的点状溃烂，然后变大、融合，延伸到下方的骨质，关节表面纤维软骨膜过度增生，关节腔有脓样、干酪样渗出物。有时还可见到心外膜炎，肝、脾和心肌上有细小的坏死灶。

2. 组织学病变　一般来说，实验室感染和自然感染的病变是一致的。在急性期出现水肿、凝固性坏死，异嗜细胞集聚在血管周围，网状细胞增生，最后引起腱鞘壁层明显增厚，滑膜腔充满异嗜细胞和脱落的滑膜细胞，随着破骨细胞增生而形成骨膜炎。在慢性期，滑膜形成绒毛样突起，并有淋巴样结节，炎症出现一段时间之后，大量纤维组织增生，明显见到网状细胞、淋巴细胞、巨噬细胞和浆细胞的浸润或增生。趾关节和跗关节区也出现相同的一般炎症反应。

心肌纤维之间的异噬细胞浸润是此病较为常见的变化。有些病例伴有单核细胞或网状细胞的增生。肝脏的病变有时也较为明显，主要表现为大小不一的出血灶和肝细胞坏死灶，在坏死灶的周围有异染性细胞和淋巴细胞的浸润。红细胞、血细胞容积和白细胞总数一般在正常范围内，异嗜细胞百分比稍有增加，但淋巴细胞百分比下降。

【诊　断】

病毒性关节炎的初期诊断较为困难，关节肿胀与滑膜支原体病、沙门菌病、大肠杆菌病和葡萄球菌病等引起的症状不易区分，同时也极易与这些病菌混合感染。因此，对此病的诊断，一般是根据症状及流行特点作出初步诊断，再根据病原学及血清学等实验室方法进行确诊。

1．根据症状和病变进行初步诊断　虽然此病的类症鉴别较为困难，但根据症状和病变的特点，在临诊中可对该病作出初步诊断。以下几点具有诊断价值：

（1）病鸡跛行，跗关节肿胀，剖检可见滑膜内经常有充血或点状出血，关节腔内含有淡黄色或血样渗出物。

（2）心肌纤维之间有异嗜细胞浸润。

（3）患病毒性关节炎的鸡群中，常见有部分鸡呈现发育不良综合征现象，病鸡苍白，骨钙化不全，羽毛生长异常，生长迟缓甚至停止。

2．病原学诊断

（1）病毒的分离与鉴定　病原的分离鉴定是最确切的诊断方法。可从肿胀的腱鞘、跗关节的关节液、气管和支气管、肠内容物及脾脏等病料进行病毒分离。从病变部分分离病毒时，应注意取病料的时间，感染后2周之内较易分离到病毒。病料在接种前的处理可参考一般病毒分离时的操作程序。从野外病料分离病毒时，最好采用5～7日龄的鸡胚卵黄囊内接种，鸡胚应来自SPF或没有禽呼肠孤病毒感染的种鸡群。接种后3～5 d，鸡胚死亡，胚体出血，内脏器官充血、出血，胚体呈淡紫色。在接种后较长时间死亡的鸡胚，其胚体发育不良，肝、脾、心脏肿大并有小坏死灶，胚体呈暗紫色。如将含病毒材料接种于绒毛尿囊膜上，接种后的胚胎死亡规律和胚体变化与卵黄囊接种的结果基本相同，特征变化是绒毛尿囊膜增厚，有白色或淡黄色的痘斑样病变，绒毛尿囊膜细胞内可见到胞浆内包涵体。值得注意的是，如鸡胚带有母源抗体，或者病料含毒量低，则鸡胚死亡的时间会推迟，病变也会变轻，有时甚至会分离不到病毒。

分离到病毒之后，可通过病毒理化特性测定、电镜观察、病毒核酸电泳、血清学试验及动物敏感性试验等进行鉴定。

（2）酶联免疫吸附试验（ELISA）　应用ELISA双抗体夹心法可以检测鸡呼肠孤病毒。该法具有较高的特异性和敏感性，在人工感染后2～27 d，关节滑膜、腱鞘和脾脏中病毒检出率可达100%。

（3）荧光抗体法（FA）　FA是检测鸡呼肠孤病毒一个比较有效、快速、特异的方法。将病鸡的腱鞘、肝、脾等进行冰冻切片、丙酮固定后，用抗呼肠孤病毒的荧光抗体染色，荧光显微镜下可见到亮绿色的团块状抗原，据此可对本病进行诊断。肖成蕊等采用FA检测8例人工感染鸡及18例自然感染鸡，脾脏和肝脏检出率为100%，据此认为脾和肝是FA检测呼肠孤病毒的首选器官。

（4）反转录-聚合酶链式反应（RT-PCR）　RT-PCR可以作为快速诊断鸡呼肠孤病毒的一种手段，该方法具有快速、灵敏的优点，可以在病毒感染早期检测出来。谢芝勋等利用两对不同的引物建立了检测禽呼肠孤病毒S1基因的RT-PCR方法。反转录环介导等温扩增PCR（RT-LAMP）具有比普通PCR更好的敏感性，并且可以在野外进行操作，谢芝勋等建立的RT-LAMP方法具有简单、快速、灵敏和特异等优点。

3. 血清学诊断 血清学检验的方法很多，除了常用的琼脂扩散试验（AGP）、酶联免疫吸附试验（ELISA）外，还有间接荧光抗体方法（IFA）及中和试验（VN）等。

（1）琼脂扩散试验（AGP） AGP是最常用的鸡病毒性关节炎的诊断方法。病毒感染2～3周后，应用该方法能检测出鸡呼肠孤病毒的抗体。王锡垄等采用S1133株接种鸡胚尿囊膜，制备鸡呼肠孤病毒AGP抗原。用该抗原对脚掌部接种病毒的鸡血清进行AGP检测，接种后7 d的阳性率为93%，14～90 d为100%，105 d为94%，120 d为64%，150 d为25%。该法虽然敏感性稍低，不适宜检测低滴度抗体，但操作简便，易于推广，实用性强，既可用于鸡群流行病学调查，又可用于鸡病毒性关节炎的诊断。

（2）酶联免疫吸附试验（ELISA） 该方法与AGP相比，具有敏感性高、快速、适合自动化等优点。Slaght等首次建立了ELISA方法检测禽呼肠孤病毒抗体，使用S1133毒株作抗原，发现它与Re025和WVV2939株的抗体发生反应。国内学者先后建立了检测禽呼肠孤病毒抗体的ELISA方法，利用原核表达的δB和δC蛋白建立了间接ELISA方法，试验结果表明用两种蛋白同时作为包被抗原较单纯用一种蛋白包被具有更好的效果。目前，ELISA检测系统已商品化，该系统适合于群体呼肠孤病毒抗体水平的分析。

【防治措施】

对该病目前尚无有效的治疗方法，所以预防是控制本病的最好方法。一般的预防方法是加强鸡舍的卫生管理及定期消毒。采用全进全出的饲养方式，对鸡舍彻底清洗并用3%NaOH溶液对鸡舍消毒，可以防止由上批感染鸡造成的病毒感染。由于患病鸡长时间不断向外排毒，是重要的感染源，因此，对患病鸡要坚决淘汰。

由于禽呼肠孤病毒本身的特点，加上现代养鸡的高密度，要防止鸡群接触病毒是困难的，因此，预防接种是目前防止鸡病毒性关节炎的最有效方法。目前鸡病毒性关节炎的疫苗主要有活疫苗和灭活疫苗两种。由于雏鸡对致病性禽呼肠孤病毒最易感，而至少要到2周龄开始才具有对病毒的抵抗力，因此，对雏鸡提供免疫保护应是防治本病的重点。接种弱毒活疫苗可以有效地产生主动免疫，一般采用皮下接种途径。但用S1133弱毒苗与马立克病疫苗同时免疫时，S1133会干扰马立克病疫苗的免疫效果，故两种疫苗接种时间应相隔5 d以上。无母源抗体的后备鸡，可在6～8日龄用活苗首免，8周龄时再用活苗加强免疫，在开产前2～3周注射灭活疫苗，一般可使雏鸡在3周内不受感染。将活疫苗与灭活疫苗结合免疫种鸡群，可以达到良好的免疫效果。但在使用活疫苗时要注意疫苗不同的毒株对不同日龄雏鸡的毒性是不同的，应根据情况选择不同的疫苗株。

（郑世军　吴海洋校）

第十一节　禽脑脊髓炎

（Avian encephalomyelitis, AE）

【病名定义及历史概述】

禽脑脊髓炎（Avian encephalomyelitis，AE）又称流行性震颤（Epidemic tremor），是一种主要侵害家禽中枢神经系统的病毒性传染病，其主要危害雏禽，临床症状为雏鸡共济失调、瘫痪、站立不稳和头颈震颤。成年母鸡感染后出现一过性产蛋下降，孵化率降低，并通过种蛋垂直传播，危害甚大。病理变化为非化脓性脑脊髓炎。该病在世界大多数地区均有禽脑脊髓炎发生。在20世纪60年代疫苗未推广应用前，该病曾给养禽业带来严重的经济损失。

禽脑脊髓炎（AE）最早于1930年发生于美国。Jones于1930年5月报道，当时发现2周龄的洛岛红小鸡头颈震颤；到了1931年，来自同一洛岛红种鸡的后代在1～4周龄发病，均具有禽脑脊髓炎的特征性病变。1932年该病传至美国康涅狄格、缅因等新英格兰地区，故又名“新英格兰病”。1934年，Jones等利用自然发病鸡的脑病料，经脑内接种易感雏鸡，首次分离出禽脑脊髓炎病毒（Avian encephalomyelitis virus，AEV）。1938年，Van Roekel等根据实验性分类，将该病定名为“禽脑脊髓炎”。1958年，Schaaf首次报告通过免疫接种成功控制了该病。Calnek等1962年率先开发出口服疫苗，从而在世界商品鸡群较好地控制了禽脑脊髓炎的发生。

在中国，张泽纪（1980）等首次在我国广东发现疑似禽脑脊髓炎的报道；李心平（1982）等通过病理方法确认此病；毕英佐（1983）通过流行病学、病理组织学和动物回归等确诊此病。此后，秦卓明（1997）、姜北宇（1998）等通过流行病学调查、病理组织学研究和动物回归试验等确诊此病。曹永长（1997）等用酶联免疫吸附试验（ELISA）检测方法，黄俊明（1994）通过鸡胚敏感试验（EST）等证实，发现许多未接种疫苗的种鸡群和蛋鸡群均含有禽脑脊髓炎病的抗体，证实该病在集约化的鸡场已广泛存在。研究还发现，在1990—2004年，我国商品肉鸡、蛋鸡和种鸡群暴发禽脑脊髓炎的报道较多，山东、广西、福建、江苏、上海、内蒙古、黑龙江、河北、河南等全国大多数省市区均有报道，危害较大。此后，伴随着疫苗的广泛推广使用，该病在集约化的禽场中已得到较好控制，但在边远地区和养殖落后地区，该病时有发生，成为危害养禽业的又一重要传染病。

【病原学】

1. 分类　基于病毒基因组的分子特征，禽脑脊髓炎病毒（AEV）属于小RNA病毒科。以前的研究认为，禽脑脊髓炎病属于小RNA病毒科肠道病毒属。但最新的研究发现，禽脑脊髓炎病与A型肝炎病毒具有较近的蛋白同源性（全部的氨基酸同源率为39%），因此，暂时将该病毒归于小RNA病毒科肝病毒属。

2. 形态学　Costing等用电镜观察纯化的禽脑脊髓炎病毒粒子具有六边形轮廓，无囊膜，5重对称，含有32或42个壳粒，病毒的表面结构不易辨别。Tannock和Shofren通过电镜确定禽脑脊髓炎病毒平均直径为

26.1 ± 0.4 nm；禽脑脊髓炎病毒在氯化铯中浮密度为1.31 ~ 1.33 g/mL，沉降系数为148 s。

3. 分子结构组成和病毒复制 Marvil等（1999）对禽脑脊髓炎病毒疫苗株1 143株的全基因组进行克隆测序，进一步阐明了禽脑脊髓炎病毒的病毒组成：禽脑脊髓炎病毒基因组为一条大小约7 kb（7 032 bp）的、具有PolyA结构的单链RNA，开放阅读框架（ORF）为6 405 bp。这个开放阅读框可以分成3个区域，即P1、P2和P3区。P1区编码病毒的结构蛋白VP 4、VP 2、VP3和VP1，P2和P3编码非结构蛋白和 RNA 聚合酶（2A－C和3A–D）。最初认为禽脑脊髓炎病毒基因组编码4种特异性蛋白质（VP1–4），分子量分别为43KD、35KD、33KD和14KD。后续的研究证实：4种蛋白中有一种蛋白为污染的卵清蛋白，其余的3种蛋白（VP1–3）的大小与脊髓灰质炎病毒相似。我国韦莉等（2000）利用反转录聚合酶链式反应（RT–PCR）技术，在体外对禽脑脊髓炎病毒分离株和疫苗株1 143株感染的SPF鸡胚病变组织中扩增出VP1基因，并对其进行克隆和测序。序列分析表明：禽脑脊髓炎病毒分离株与禽脑脊髓炎病毒1 143株的核苷酸和氨基酸同源性分别为98%和97.6%。

病毒RNA的复制是通过两种不同的双链RNA进行的。病毒功能蛋白的制备是通过mRNA先转译成1条连续的“氨基酸–多聚蛋白”，经过首次切割产生初级产物，第二次切割成为病毒的结构蛋白，特异性的RNA是在感染细胞浆内合成的。

4. 对理化因素的抵抗力 由于禽脑脊髓炎病毒属小RNA病毒，无囊膜和核芯，对氯仿、乙醚及胰蛋白酶等有较强的抵抗力，很难从环境中消除。Butterfield（1969）实验证实，禽脑脊髓炎病毒可抵抗氯仿、酸、乙醚、胰酶、胃蛋白酶和DNA酶，在二价镁离子保护下，病毒56℃1 h稳定。该病毒在环境中有较强的抵抗力，20%生石灰、5%的漂白粉、5%的石炭酸、2% ~ 5%福尔马林需10 min才可将其灭活。禽脑脊髓炎病毒对甲醛熏蒸敏感，因此，在禽脑脊髓炎病毒污染严重的鸡场建议通过甲醛熏蒸进行消毒。此外，β–丙内酯对禽脑脊髓炎病毒具有较好的灭活效果，且对禽脑脊髓炎病毒的抗原性影响最小，可用于灭活疫苗和抗原制备。

5. 毒株和致病性 Butterfiel通过物理、化学和血清学试验证实，几乎所有的禽脑脊髓炎病毒野毒株和鸡胚适应株（AE Van Roekel，VR）均属于一个血清型，但却有不同的致病性和对组织的趋向性，可分为两种不同的致病型。一种是嗜肠道型：以自然野毒为代表，该型毒株易通过口服途径感染，并在粪便中排毒传播，通过垂直传播或出壳后早期水平传播容易使雏鸡发病，一般表现为神经症状。脑内接种SPF雏鸡也能够产生神经症状；另一种是高度嗜神经型：由禽脑脊髓炎病毒鸡胚适应株构成，口服一般不感染，除非很大剂量。脑内接种（发病率稳定）或经非肠胃途径如皮下或肌内注射（发病率不稳定）可引起严重的神经症状。该类型毒株通常不会水平传播，经在SPF鸡胚上多次传代后，禽脑脊髓炎病毒可适应鸡胚。最常用的禽脑脊髓炎病毒鸡胚适应株是通过鸡脑内接种反复传代而获得的VR株。当VR株在鸡体内传150代后，首次接种鸡胚时已具有了鸡胚适应株的表型特征。

两种致病型病毒均能在SPF鸡胚上复制，但自然野毒株一般不引起可见的鸡胚病变。相反，鸡胚适应株对SPF鸡胚有致病性，可引起肌肉营养不良和骨骼肌运动抑制。接种3 ~ 4 d后，即可在鸡胚脑中检出禽脑脊髓炎病毒，接种后6 ~ 9 d，病毒繁殖的滴度可达到高峰。禽脑脊髓炎病毒鸡胚适应株（VR株）接种易感鸡胚后，呈现典型的病理组织变化：脑软化和肌肉营养不良。肌肉的病变为嗜酸性肿胀、坏死和断裂，受侵害的肌纤维横纹消失。神经组织的病变特征是局部的严重水肿、神经胶质增生、血管增生和细胞固缩等。鸡胚在孵育至18 d可出现特征性肉眼可见病变，如胚胎矮化、爪弯曲干瘦、肌肉营养不良和脑软化等，以及随意肌部分或完全不运动。

6、实验室宿主系统　禽脑脊髓炎病毒能在易感鸡群的雏鸡、鸡胚和多种细胞培养系统上增殖。鸡和鸡胚最好来自SPF鸡群。已有研究证实，禽脑脊髓炎病毒可在SPF鸡群的雏鸡、鸡胚、鸡胚神经胶质细胞（CEB）、鸡胚成纤维细胞（CEF）、鸡胚肾细胞（CEK）和鸡胚胰细胞中增殖。卵黄囊接种是利用鸡胚进行病原分离和增殖禽脑脊髓炎病毒的最佳途径。仅鸡胚适应毒可引起鸡胚的特征性病变，而自然分离毒往往要通过2～4代次的适应，方才产生鸡胚病变。细胞培养病毒的滴度普遍不高，通常不超过$10^{3.5}$ EID_{50}/mL，且无CPE（细胞病变）。Nicholas等研究表明，CEB是生产禽脑脊髓炎病毒抗原的最好材料，可用于各种血清学方法（AGP、ELISA）的抗原制备，并建议把细胞培养作为测定疫苗病毒滴度的一种方法。秦卓明等人（2002）利用鸡胚成纤维（CEF）和鸡胚神经胶质细胞（CEB）繁殖病毒均取得了成功。利用CEB繁育的病毒量略大（$10^{4.5}$ EID_{50}/mL），而CEF繁育的病毒量仅为$10^{2.8}$ EID_{50}/mL，相对偏低。但利用CEB培育禽脑脊髓炎病毒比较困难，一是因为细胞生长缓慢，一般要3～4 d才能长成细胞单层（而CEF仅需过夜即可），病毒达到高峰需7 d，一个周期至少11 d；二是对细胞液的营养要求苛刻（牛血清：生长液20%，维持液10%），成本较高；而利用CEF繁育的病毒，尽管病毒量相对较低，但容易制备，周期短，且营养要求简单（牛血清：生长液5%，维持液2%），成本低，可大量制备，为大量繁殖禽脑脊髓炎病毒提供了可能。此外，利用CEB繁育禽脑脊髓炎病毒的病毒常含有大量的非特异性物质，而CEF繁育的病毒相对较少。采用CEF繁殖禽脑脊髓炎病毒，经超声波裂解，可大大提高病毒量。试验表明，细胞培养物冻融3～5次后，适度超声波裂解，可使病毒充分释放，增加禽脑脊髓炎病毒病毒含量近60%（蛋白含量由0.825 mg/mL提高到1.475 mg/mL）。

研究表明：VR株病毒、一株自然野毒和疫苗毒在CEB上的繁殖滴度，感染2 d后，VR株的病毒滴度比其他毒株的病毒滴度高8～10倍，且病毒大都为细胞结合型。未发现禽脑脊髓炎病毒能够在哺乳类细胞上复制。

【流行病学】

1. 发生和分布　禽脑脊髓炎在世界各地均有发生，几乎所有鸡群，最终都会被病毒感染。但临床上的发病率很低，这主要归功于疫苗免疫的结果。此外，日龄的抵抗性使得大多数成年鸡即使感染，也不会发病，而呈亚临床隐性感染。

2. 感染宿主　禽脑脊髓炎病毒的宿主范围很窄。自然感染可见于鸡、雉鸡、鸽子、山鸡、珍珠鸡、鹌鹑和火鸡，但一般3周龄以内的雏鸡感染才会有明显的临床症状，日龄愈大，病症愈轻，具有明显的日龄抵抗性。成年蛋鸡可引起产蛋率下降和孵化率降低，在疾病暴发时期所产蛋孵出的雏鸡出现禽脑脊髓炎的临床症状。雏鸭、雏火鸡、雏鹌鹑、雏鸽、珍珠鸡等均可被人工感染，但豚鼠、小白鼠、兔和猴对禽脑脊髓炎病毒的脑内接种有抵抗力。

3. 传播　实验感染时，脑内接种禽脑脊髓炎病毒复制出禽脑脊髓炎的结果最稳定，腹腔内、皮下、皮内、静脉、肌内、坐骨神经内、口和鼻内接种等途径接种均可感染。

在自然条件下，禽脑脊髓炎病毒主要是通过消化道传播，具体表现为肠道感染，常见的感染途径是摄食，与摄食有关的路径均可成为传播途径。与消化道感染相比，呼吸道是次要的。感染鸡通过粪便排出病毒，其粪便排毒可持续4～14 d，感染时鸡日龄愈小，排毒时间愈长，非常小的雏鸡排毒时间在2周以上，而3周龄以上雏鸡感染，排毒仅为5 d左右。病毒在环境中具有较强的抵抗力，在垫料中存活4周以上，易感鸡常常由于接触到被污染的饲料、饮水、用具等而被感染。一旦病毒侵入鸡舍，很快就能在鸡群中传播开来。不同日龄分开饲养的鸡群比各种日龄混合饲养的感染率低，笼养的比地面饲养的传播慢。

垂直传播是本病的主要传播方式。产蛋母鸡感染禽脑脊髓炎病毒后，常通过血液循环将病毒排入蛋内，至少可持续近20 d，产蛋母鸡感染后的3周内所产的种蛋均带有病毒，在这些种蛋中的一部分鸡胚可能在孵化过程中死亡，另一些则可以孵化出壳。出壳的雏鸡在1～20日龄之间将陆续出现典型的禽脑脊髓炎临床症状。因此，此期种蛋应禁用。产蛋量恢复后，由于母鸡在感染后逐渐产生抗体，因而排毒程度随之减轻，一般在感染3～4周后，种蛋内卵黄抗体不仅可保护雏鸡顺利出壳，并且所产的种蛋及孵出的雏鸡均含有较高的母源抗体，可保护后代雏鸡在6周内不发病。疫苗免疫产生的效果与此相同。一般来说，2周龄以内的鸡发病多与垂直传播有关；而2周龄以上的鸡感染多与水平传播有关。

禽脑脊髓炎病毒一般不经空气、吸血昆虫传播。污染的垫料、孵化器和育雏设备等都是病毒传播的来源。孵化器内的传播是雏鸡感染发病的重要传播途径。将感染禽脑脊髓炎病毒的种蛋与健康鸡未感染的种蛋一起孵化，结果，二者均发生了禽脑脊髓炎病毒感染。

不同日龄的鸡均可感染禽脑脊髓炎病毒，但感染后的临床症状各不相同。在临床上，通常20 d以内的雏鸡感染很容易出现禽脑脊髓炎的典型神经症状，而8周龄以上的鸡感染通常仅表现为隐性感染，不表现临床症状。原因在于：雏鸡免疫系统不健全，血脑屏障不完善，不能通过主动免疫来阻止病毒在脑内的复制，而成鸡自然感染时，其免疫系统已经健全，能够阻止病毒在脑部复制。但也有特例，如毕英佐（1985）报道，40～60日龄鸡感染禽脑脊髓炎病毒后，仍有明显的神经症状。

本病流行无明显的季节性差异，一年四季均可发生，发病率、死亡率与家禽的易感性、病毒毒力和感染鸡群的日龄有关。雏鸡发病率一般为40%～60%，死亡率10%～25%，甚至更高，如毕英佐等报道广东某鸡场用开产后1个月内的蛋孵出的1～6批雏鸡发生禽脑脊髓炎，死亡率高达81%～100%。

【致病机理】

禽脑脊髓炎病毒毒株不同，其致病机理有所差异，主要是因为鸡胚适应株一般都失去了野毒株的嗜肠特性，而野毒株则不然。禽脑脊髓炎病毒鸡胚适应株只能经非口服途径感染，而通过口服途径接种往往无感染性，原因是该类病毒不能在肠道内复制，因此，不存在经肠道排毒问题。以下是两种不同致病型病毒的致病机理。

1．鸡胚适应株（VR株） 鸡胚适应株来源于自然野毒株的鸡胚反复传代，是野毒株在实验室条件下的突变株，该毒株适应在鸡胚增殖，并产生一定的特征性病变，但通常失去了自然野毒株的嗜肠特性。Van der Heide、Braune和赵振华等人采用病毒分离、免疫扩散、免疫荧光和ELISA等技术对鸡胚适应株病毒抗原进行了定位。结果表明，鸡胚适应毒经口服途径接种1～2日龄鸡，在鸡肠道中只能检测出低滴度的病毒，而采取同样方法接种110日龄鸡却检不到病毒，但经皮下接种可引起急性和广泛感染，并在接种部位、胰腺、肝脏、脾脏和中枢神经系统组织检测到病毒，随后在实质器官检测到病毒，而在肠道中检测不到病毒。Shafren等（1991）通过用ELISA对粪便中的病毒和血清中的抗体检测发现，禽脑脊髓炎病毒鸡胚适应毒在肠道既无增殖，也不产生血清抗体。只有利用鸡胚适应毒通过脑内、肌肉和皮下途径接种时，才可产生可见的神经症状。此外，易感鸡对鸡胚适应毒具有日龄抵抗性，Cheville、Westbury和Sinkovic等研究表明，禽脑脊髓炎病毒感染鸡的日龄特别重要，1日龄感染的SPF雏鸡通常死亡；8日龄感染可出现轻瘫，但通常可以恢复；28日龄以上鸡感染，通常不引起临床症状。但利用脑内接种禽脑脊髓炎病毒诱发的实验性感染，不表现日龄抵抗性。

2. 非鸡胚适应株　主要包括自然野毒株和疫苗株。禽脑脊髓炎病毒自然野毒株感染SPF鸡后的可见症状仅限于雏鸡，成鸡常呈亚临床感染。雏鸡通常表现为头颈震颤、共济失调等神经症状，而成鸡则表现产蛋下降和后代出现禽脑脊髓炎症状。病毒侵害的路径是：雏鸡口服感染禽脑脊髓炎病毒野毒株，首先感染消化道，特别是十二指肠。随后是胰和其他内脏（肝、心肾、脾）及骨骼肌，最后感染中枢神经系统（CNS）。中枢神经系统是禽脑脊髓炎病毒复制的重要场所和靶细胞。病毒在各组织持续感染时间不一，以中枢神经系统（持续20 d）和胰腺（持续21 d）持续时间最长，肌胃、腺胃、十二指肠、心脏等次之，其他如肝、肾、脾含量较少，腔上囊中无病毒存在。在中枢神经中，大脑神经细胞受侵害最早，而且受侵害时间最长，其他受侵害时间依次为：中脑、延脑和脊髓。这也是雏鸡感染后出现神经症状的主要原因。

雏鸡脑内接种出现临床症状比口服感染早且明显，脑内接种禽脑脊髓炎病毒，首先感染接种部位的神经细胞、胶质细胞及局部毛细血管和血管内皮，引起病毒血症，使相关组织及部位显现阳性反应，禽脑脊髓炎病毒在中枢神经系统可通过神经联系和血液循环由大脑向中脑、小脑和脊髓扩散。

【临床症状】

通过蛋传递而感染的雏鸡，其潜伏期1～7 d；通过接触或经口等水平感染的雏鸡，其潜伏期在11 d以上（一般为12～30 d）。脑内接种1日龄雏鸡，潜伏期5～10 d。

禽脑脊髓炎表现为一种十分有趣的综合症状。雏鸡多于1～3周龄发病，极少数雏鸡至7周龄后发病。在自然暴发时，虽然在出雏时即可观察到感染的病鸡，但只有鸡在1～2周龄时才表现出发病症状。雏鸡最初表现两眼呆滞，精神沉郁，小鸡不愿走动或走几步就蹲下来，常以跗关节着地，行动迟缓，站立不稳，羽毛不整，翅膀下垂，鸡的反应越来越迟钝，且伴有衰弱的叫声。驱赶时勉强利用跗关节走路并拍动翅膀。病雏鸡一般在发病3 d后出现麻痹而倒地侧卧，头颈震颤一般在发病5 d后逐渐出现，一般呈阵发性音叉式的震颤；人工应激如给水、加料、驱赶、倒提时激发。有些病鸡趾骨关节卷曲、运动障碍、羽毛不正和发育受阻。随着病情的发展，病雏开始出现共济失调、头颈震颤，有些病雏翅膀和尾部出现震颤，以致最后发生瘫痪或衰竭而死亡（见彩图4-11-1）。发病初期雏鸡有食欲，常有啄食动作，但食入的料很少，当病鸡完全麻痹后，常因无法饮食及相互踩踏而死亡。在大群饲养条件下，鸡只也会相互践踏或激发细菌性感染而死亡。病愈鸡常发育不良，生长迟缓，并易继发新城疫、大肠杆菌等疫病。部分存活鸡可见一侧或两侧眼球的晶状体浑浊或浅蓝色褪色，眼球增大或失明。

一般来讲，感染鸡日龄愈小，危害愈大。育成鸡感染除出现血清阳性外，通常没有可见的临床症状，也无肉眼可见的病理变化。产蛋鸡感染后产蛋下降5%～43%，产蛋下降1～2周，通常在1月内恢复正常，孵化率可下降10%～35%，蛋重减少，除畸形蛋稍多外，蛋壳颜色不受影响。在整个发病过程中，蛋种鸡不出现神经症状，但此期间的种蛋携带禽脑脊髓炎病毒，应禁用。

【病理和组织学变化】

1．剖检变化　一般内脏器官无特征性剖检病变，个别病雏可见到脑部的轻度充血，水肿（或积水）（见彩图4–11–2），切面脑组织液化形成空腔。少数病鸡的肌胃肌层由于大量淋巴细胞浸润，出现灰白区，这些细微的变化需要合适的条件才能看清。严重病死雏常见肝脏脂肪变性，脾脏肿大等。成年鸡发病除了晶状体浑浊外，无上述临床病变。

2．组织学病变　禽脑脊髓炎主要病变集中发生在中枢神经系统（CNS）和某些脏器（肌胃、胰腺等），而周围神经系统无病变，这是一个重要的鉴别诊断要点。

中枢神经系统的特征性病变为弥散性、非化脓性脑脊髓炎及背根神经节的神经节炎。禽脑脊髓炎在小脑延脑和脊髓的灰质中的病变比较明显；脑干延髓和脊髓灰质中可见神经元细胞中央染色质溶解、胞体肿大、细胞核膨胀和胞核转向细胞体边缘等变化，整个细胞呈均质化或空洞状；小胶质细胞以增生变化为主，小脑皮质分子层、中脑、延脑、脊髓中可见弥漫性或结节性的增生灶；在脑和脊髓所有部分均出现显著的血管浸润，浸润的小淋巴细胞形成“血管套”。

Hishida等人利用光学和电子显微镜及免疫荧光技术观察了实验感染鸡脑和脊髓的系列变化，证实小脑蒲肯野细胞和延髓及脊髓运动神经元变性是最具特征的变化。运动神经元中心染色质溶解是可逆的，而被感染的蒲肯野细胞的坏死是永久的。蒲肯野细胞的胞质中含有大量的病毒抗原，病毒粒子呈晶格状排列。变性的神经细胞粗面内质网肿胀、核糖体减少、线粒体变性。背根神经节神经元之间含有非常致密的小淋巴细胞集结，这些病变始终限定在神经节内而进入神经中。

内脏器官的病变主要表现为淋巴细胞结节状增生，在腺胃黏膜和肌层、胰腺、肌胃、肝和肾等器官切片中均由发现。

1日龄脑内接种发病的鸡和6日龄鸡胚卵黄囊接种后孵出的病鸡，其相应器官的组织切片均不同程度地呈现上述的病理学变化。

【诊　断】

根据雏鸡出壳后陆续出现瘫痪、早期食欲尚好、剖检无明显的特征性肉眼病变；追踪种鸡群有短暂的产蛋下降，且在一段时间内连续孵出的多批小鸡分到不同的地方饲养，均出现麻痹、震颤和死亡等情况，结合组织病理学特征性变化，即可作出初步的诊断。确诊应进行病原分离和血清学诊断。

1．病原的分离和鉴定

（1）病原的分离　无菌采集发病后2 ~ 3 d典型症状鸡（一般以刚出现症状的雏鸡脑组织为最佳）的脑组织、胰或十二指肠，用生理盐水或PBS按1：4研磨成匀浆，冻融3 ~ 4次，1 500 r/min离心30 min，取上清液加入青霉素、链霉素，4℃过夜，细菌检验合格后，备用。

1）雏鸡　将上述无菌处理后的病料脑内接种或皮下注射7日龄以内的SPF雏鸡，每只接种0.03 mL，接种后7 ~ 14 d应出现禽脑脊髓炎典型的神经症状，具体表现为精神沉郁、站立不稳、喜卧、瘫痪、头颈震颤和共济失调等。收集有典型症状的鸡的脑、胰作为继代用的种毒。如果脑内接种5 ~ 8周龄的SPF雏鸡10只，剂量同上，接种后10 ~ 21 d应出现同上类似的禽脑脊髓炎神经症状。分离病原同上。

2）鸡胚 将上述无菌处理后的病料经卵黄囊途径接种5～6日龄SPF鸡胚，接种后12 d检查鸡胚是否有禽脑脊髓炎病毒所致鸡胚典型病变，如出现胚胎萎缩，爪卷曲干瘦，羽毛凌乱，营养不良，水肿等特征性变化（见彩图4-11-3、彩图4-11-4和彩图4-11-5），并留取少量接种胚继续孵化至出雏，观察鸡胚出雏后20 d内症状，如有类似禽脑脊髓炎症状，则采集脑组织，分离病毒。野外禽脑脊髓炎分离毒，常常不能使SPF鸡胚在第一代产生病变，需盲传3～4代，方能适应鸡胚，并产生禽脑脊髓炎的特征性病变。不过，可以把接种后的鸡胚孵化出鸡，出壳后如果雏鸡10～12 d出现禽脑脊髓炎的特征症状，也证实分离到了禽脑脊髓炎病毒。此时，可取发病鸡的脑、腺胃、胰腺等做病理组织学的检查。

（2）病原的鉴定

1）荧光抗体技术（FA） 将发病鸡的脑、胰腺、腺胃等病料制成6～7 μm厚的冷冻切片，固定于载玻片上，空气干燥，用4℃丙酮固定10 min，倾去丙酮液，空气干燥，用抗禽脑脊髓炎病毒的特异性荧光抗体于室温下染色30 min，经PH7.4的PBS冲洗20 min，加50%的PBS甘油溶液，覆盖玻片，荧光显微镜下观察，阳性鸡的组织中可见黄绿色荧光。国外已研制出禽脑脊髓炎病毒的单克隆抗体（VR9-1株），接种禽脑脊髓炎鸡胚适应毒Van Rockel株、2种疫苗株和2种野毒株的雏鸡脑冰冻切片、鸡胚成纤维细胞和鸡胚脑细胞，用间接免疫荧光和免疫过氧化物酶染色检查，结果均可与MAb VR9-1起反应。该MAb也可用于石蜡包埋切片的抗生物素蛋白-生物素-过氧化物酶染色，还可用于禽脑脊髓炎病毒的定量研究。崔治中（1999）利用鸡神经胶质细胞繁殖禽脑脊髓炎病毒（VR9-1株）抗原制备单抗，并将其应用于石蜡切片及触片上的间接免疫荧光试验。

2）琼脂扩散凝集试验（AGP） 将病料接种SPF鸡或鸡胚，取发病鸡或鸡胚的脑、胃肠和胰等研磨成悬液，按一定程序制备琼扩抗原，用已知禽脑脊髓炎阳性血清检查病毒的存在。

3）酶联免疫吸附试验（ELISA） Shafren利用纯化的兔抗禽脑脊髓炎病毒血清建立了检测禽脑脊髓炎病毒抗原的ELISA方法（1988），并进行了抗原定位研究脑中抗原浓度最高，心脏和其他组织相对较低。脑内接种1日龄SPF鸡，脑、胰腺、十二指肠和腺胃中检出高水平病毒，并对接种途径进行了研究。杨建民（2003）等人利用单克隆抗体技术建立了dot-ELISA检测禽脑脊髓炎病毒的方法。

4）RT-PCR Xie等（2005）建立了RT-PCR方法检测禽脑脊髓炎病毒，具有特异、敏感等特点，检测剂量为10 pgAEV RNA。

2. 血清学诊断 常用的方法有血清中和试验（VN）、鸡胚敏感试验（EST）、间接免疫荧光（IFA）、琼脂扩散试验（AGP）、酶联免疫吸附试验（ELISA）和被动血凝试验等。

（1）血清中和试验（VN） 推荐用鸡胚适应株VR来测定血清的中和能力。将稀释的病毒与血清混合，作用一定时间，经卵黄囊途径接种6日龄SPF鸡胚，接种10～12 d检测鸡胚禽脑脊髓炎特征性病变。中和指数以EID_{50}病毒滴度和EID_{50}病毒-血清滴度之间的对数差异来加以计算。如果中和指数≥1.1时，是较早感染过的鸡群，如果是近期感染，其中和指数为1.5～3.0。一般在感染后的第2周即可查出抗体。

（2）鸡胚敏感试验（EST） 将来自待检鸡群的种蛋消毒后孵化至6日龄，经卵黄囊接种禽脑脊髓炎VR株100 EID_{50}，接种后10～12 d检测有无禽脑脊髓炎特征性病变，同时设病毒对照（SPF鸡胚）、生理盐水接种正常鸡胚和SPF鸡胚对照。接种后置于37℃孵化到18日龄，每日照蛋，及时取出死胚，对死亡胚进行剖检并详细记录病变情况。敏感鸡群的鸡胚（包括SPF鸡群）80%以上应有禽脑脊髓炎特征性病变；免疫良好的鸡群，鸡胚保护率在50%以上。当鸡胚的病变率保护率低于50%时，说明鸡群免疫失败或鸡群感染禽脑脊髓炎病毒。

（3）间接免疫荧光（IFA） 国外已有利用感染后的CEB或CEF，制备荧光标本，检测鸡血清中禽脑脊髓炎病毒抗体的报道。国内秦卓明（1998）等利用AEV Van Roekel鸡胚适应株在鸡胚成纤维细胞（CEF）和鸡胚神经胶质细胞（CEB）传代，利用盲传至第六代的CEF、CEB制备荧光标本。在荧光显微镜下，在0.01%伊文氏蓝的反衬下，阳性血清作用禽脑脊髓炎病毒感染的CEF或CEB，细胞核无色，细胞质呈典型黄绿色荧光。而阴性血清作用的禽脑脊髓炎病毒感染CEF或CEB呈红棕色。阴性抗原对照孔、荧光抗体对照孔、标本对照孔均为阴性结果。根据相同血清稀释度、相同荧光抗体深度下的阴阳血清孔荧光反应的对比度，选择血清稀释度110，荧光抗体稀释110作为IFA的染色条件，建立了禽脑脊髓炎病毒荧光抗体检测诊断方法。通过对新城疫病毒、马立克病毒、传染性囊病病毒、禽流感病毒、呼肠孤病毒等标准阳性血清的交叉试验，证实该法特异性强，且简单、方便、经济，适合于鸡群禽脑脊髓炎病毒抗体的检测。

（4）琼脂扩散凝集试验（AGP） Ikeda（1977）首先报道了利用免疫扩散试验的标准程序，以感染胚的浓缩组织提取物作为抗原。我国赵继勋等人（1997）取发病鸡或鸡胚的脑、十二指肠和胰等研磨，按1：4加入无菌生理盐水，冻融3～4次，超声裂解，3 000 r/min离心30 min，取离心后的上清液加等量氯仿充分震荡，4℃作用2 h，3 000 r/min离心30 min，取水相，加入化学药品去处非特异性，用PBS液透析，然后用固体PEG6000浓缩至1/20左右，作为待检抗原。用已知禽脑脊髓炎阳性血清检查抗原的特异性。利用此抗原可进行临床待检血清的检测。赵立红（2001）用禽脑脊髓炎病毒Van Rockel 毒株接种6日龄SPF鸡胚，感染11 d后，分别收集鸡胚、绒毛尿囊膜及尿囊液，鸡胚剔除羽毛、眼球、爪和喙后与绒毛尿囊膜一起，制成匀浆，反复冻融3次。通过2次氟碳（三氯三氟乙烷）从全胚匀浆中萃取制备禽脑脊髓炎琼扩抗原（AE AGP-Ag）。用进口标准AE AGP试剂进行标化，结果发现，制备的AE AGP-Ag 与标准阳性血清之间有清晰、致密的沉淀线，并与标准AE AGP-Ag 的沉淀线完全吻合，表明两者的沉淀反应一致，从而建立了AE AGP-Ag 制备新方法——“全胚双氟碳法”。其制备AE AGP-Ag 有如下特点：①产量高，平均每3个SPF鸡胚可获得1 mL AE AGP-Ag；②特异，与类症阳性血清无交叉反应；③敏感，AGP试验中无需重复加样，普通琼脂板即可出线；④稳定性好，保存期长；⑤与标准AE AGP-Ag阳性检出符合率均达100%。该研究表明用“全胚双氟碳法”制备的AE AGP-Ag达到了进口标准AE AGP-Ag质量，可用于SPF鸡禽脑脊髓炎抗体的监测，且生产成本低，也可用于商品鸡禽脑脊髓炎病毒感染的检测。

（5）酶联免疫吸附试验（ELISA） Garret、Dvavis、Tannock等人利用鸡胚制备ELISA抗原，建立了ELISA检测程序，此法已广泛被国外采用于评价母鸡禽脑脊髓炎抗体的水平或作免疫效果的监测。美国IDEXX公司有商品化的试剂盒面市。Arun-Cs比较了几种检测禽脑脊髓炎病毒抗体的方法（琼扩、免疫电镜、免疫荧光、间接ELISA和试验感染），认为ELISA方法最敏感。ELISA试验与中和试验有良好的可比性，能定量检测血清中的禽脑脊髓炎抗体水平，加上每次可同时检测大量的血清样品，并容易将结果输入计算机软件程序中进行处理，因此，适用于禽场进行禽脑脊髓炎抗体的快速检测和评价禽脑脊髓炎抗体水平，比AGP更适合评估免疫力。有研究表明，母鸡ELISA效价与其子代胚对禽脑脊髓炎病毒攻击抵抗力之间有相关性。国内秦卓明（2001）等利用鸡胚成纤维细胞繁育禽脑脊髓炎病毒，经过提纯和浓缩，作为抗原，并初步确定了各种反应条件，经交叉试验、阻断试验、重复试验和平行试验，证实了本试验建立的方法具有良好的特异性和重复性。

（6）血凝试验 Ahmed等描述了一种被动血凝试验，发现它比AGP更敏感。我国尚无此方面的报道。

3. 鉴别诊断 禽脑脊髓炎在临床症状和组织学变化上与以下疾病有相似之处，应注意鉴别诊断。

（1）与有腿病、瘫痪等症状的疾病

1）鸡新城疫 常伴有呼吸困难，拉绿粪，存活鸡有头颈扭曲，腺胃及消化道出血等症状。非免疫鸡群发病率和死亡率均很高。免疫鸡群的症状相对较轻。血清学检测，则HI抗体明显增高。组织学虽然有病毒性脑炎的病变，但腺胃、肌胃、胰腺等内脏器官组织学无淋巴细胞灶性增生，分离的病毒能够直接凝集鸡的红细胞。

2）马立克病 临床死亡多发于70 ~120日龄，发病日龄比禽脑脊髓炎晚，而且产生脏器肿瘤和周围神经病变，如单侧性的坐骨神经肿大。而禽脑脊髓炎的外周神经系统均不受损伤。

3）病毒性关节炎 自然感染多发于4 ~ 7周龄鸡，病鸡跛行，跗关节肿胀，鸡群中有部分鸡发育迟缓、嘴脚苍白、羽毛生长不良等，心肌纤维间有异噬细胞浸润。

4）细菌感染引起的关节炎 葡萄球菌、大肠杆菌等引起的关节炎，可见关节的红肿热痛等炎症，症状与禽脑脊髓炎明显不同。

5）维生素E与微量元素硒缺乏 维生素E与微量元素硒缺乏也有头颈扭曲、前冲、后退、转圈运动等神经症状，但大多在3 ~ 6周龄发病，有时可发现胸腹部皮下有蓝紫色胶样液体，常可见到特征性的小脑出血。另外，病鸡群口服或肌注维生素E和亚硒酸钠后，一般不再出现新病例，部分有症状的病鸡尚能康复。

6）维生素B缺乏症 幼雏维生素B_2缺乏常发生于2周龄雏鸡。雏鸡主要表现为绒毛卷曲，脚趾向内侧屈曲，腿麻痹，跗关节肿胀和跛行。幼雏维生素B_2缺乏通常由种鸡维生素B_2缺乏引起的，每只鸡每天喂服维生素B_2 5 mg可得到改善，轻症病例可以康复。维生素B_1缺乏症雏鸡主要表现为头颈扭曲，抬头望天的角弓反张，肌注维生素B_1之后，大多能较快康复。

7）其他维生素缺乏 烟酸缺乏、维生素D_3缺乏等也会出现鸡站立不稳等症状，但适当补充相应的维生素后，能够较快恢复。

8）药物中毒 如抗球虫药拉沙星菌素使用时间过长或与氯霉素合用；莫能霉素或盐霉素与红霉素、氯霉素、支原净等同时使用，会使雏鸡脚软，共济失调等。另外，因使用含氟过高的磷酸氢钙而造成的氟中毒，雏鸡腿无力，走路不稳严重时出现跛行或瘫痪，剖检见鸡胸骨发育与日龄不符，腿骨松软，易折而不断。

此外，还应与霉菌性脑炎等区分。

（2）与引起产蛋下降，无明显症状和不引起鸡死亡的疾病

1）产蛋下降综合征 产蛋严重下降，持续时间长，恢复后产蛋很难达到原来水平，且蛋壳变白色，产无壳蛋、软壳蛋或畸形蛋。减蛋1周后，取输卵管的刮落物作病料接种鸭胚，可分离到能凝集鸡血细胞的腺病毒。种蛋的孵化率下降，但雏鸡不出现神经症状和瘫痪。

2）传染性支气管炎 有呼吸性症状，产蛋下降，畸形蛋增加，蛋的品质变化，蛋清稀薄如水。

3）非典型新城疫 只有产蛋下降，鸡无明显的症状，减蛋1周后，HI抗体明显上升。

4）低致病力毒株引起的禽流感 只引起产蛋下降，通过血清学及病原分离进行鉴别。

【综合防治】

禽脑脊髓炎发生后，尚无有效药物可以治疗。对于本病，应采取以疫苗免疫预防为主的综合性防治措施。

1．防治措施

（1）加强消毒与隔离措施，防止从疫区引进种苗和种蛋。

（2）种鸡预防接种　由于该病可垂直传播，故在引进鸡群时要了解鸡群父母代的背景，同时，应做好防疫工作，防止雏鸡的发病。

（3）发病时的对策　目前尚无特异性药物可供治疗。雏鸡一旦发现本病，凡出现症状的雏鸡应立刻挑出淘汰，焚烧或到远处深埋，以减轻同群感染。如发病率高，可考虑全群淘汰，彻底消毒，重新进鸡。对感染本病的种鸡群，立即用0.2%过氧乙酸与0.2%次氯酸钠，交替使用，带鸡喷雾消毒。产蛋下降期所产的蛋不能作为种蛋使用，自产蛋下降之日算起，在1个月左右，种蛋只可作商品蛋处理，不可用于孵化，产蛋量恢复后所产的蛋应在严格消毒后孵化。对发病雏鸡可使用抗生素控制继发感染，维生素E、维生素B等的使用可保护神经和改善临床症状。对于特别贵重的鸡群，可以采用抗禽脑脊髓炎的卵黄抗体（必须是高免抗体制成）作肌内注射，每只雏鸡0.5～1.0 mL，每日1次，连用2 d。

2．疫苗免疫接种

（1）免疫机理　对于禽脑脊髓炎的免疫机理，Cheville、Westbury 和Sinkovic明确指出在阻止禽脑脊髓炎病毒感染时体液免疫是最重要的，抗体一直被看作是抵抗禽脑脊髓炎病毒感染的重要因素，细胞免疫的作用有限。据报道切除腔上囊，不切除胸腺，各种日龄的鸡均可感染发病，进而证实体液免疫是防止禽脑脊髓炎发生的关键。我国吉仁太（2000）等人指出禽脑脊髓炎病毒感染后可诱导出活跃而持续的体液免疫反应，具体表现为免疫器官中RNA阳性细胞明显增多并持续存在和血清沉淀抗体出现较早，这与West-bury的理论不谋而合。和人的脊髓灰质炎病毒一样，血清中的病毒特异IgG可阻止病毒到达中枢神经系统和阻止神经症状的产生。Calnek的调查表明当鸡的免疫系统健全时，体液免疫会迅速应答，感染禽脑脊髓炎病毒野毒11 d后的蛋种鸡所产种蛋所孵出的鸡即带有母源抗体。许多研究证实鸡对禽脑脊髓炎病毒具有日龄抵抗性，这一点不难解释伴随着鸡群日龄增大，免疫系统逐步健全，成鸡可在病毒感染到达中枢神经系统之前就能阻止禽脑脊髓炎病毒的扩散，从而避免禽脑脊髓炎的发生。此外，研究表明母源抗体可对雏鸡产生较好的保护作用，保护期为出鸡后1～8周，即肠道中的中和抗体（摄取的母源卵黄成分）或接种高免血清后，可间接阻止感染症状的产生和减少粪便病毒的排泄。当然，细胞免疫也会发挥一定的作用。当病毒侵入机体时，无论是非特异性的单核巨噬细胞还是特异性T、B细胞都会参与到免疫反应中来。上述的结论是疫苗接种是预防禽脑脊髓炎的重要途径。疫苗分为弱毒活疫苗和灭活疫苗。

（2）活疫苗免疫　活疫苗分为两种，一种是1143株活疫苗，另一种是与鸡痘弱毒二联的活疫苗。

1）1143株活疫苗　可通过自然扩散感染，常通过饮水法接种，适宜于10～16周龄的种母鸡，接种后1周即可产生抗体，3周后达到较高水平。疫苗免疫期1年，母源抗体可保护子代在6周内不发生此病。应该注意的是该活疫苗具有一定的毒力，接种疫苗后1～2周排出的粪便中能分离出禽脑脊髓炎病毒，故小于8周龄的鸡不可使用此苗，以免引起发病；处于产蛋期的鸡群也不能接种这种疫苗，否则，可能使产蛋量下降10%～15%，且种蛋中携带病毒，持续时间10 d至2周。必须注意本疫苗对3周以下鸡较为易感，3周龄以下雏鸡禁用。此外，对育成鸡免疫时，要防止病毒污染雏鸡环境。建议免疫时间10周龄以上方可免疫，但不能迟于开产前4周。在接种后不足4周所产的种蛋不能用于孵化，以防仔鸡因垂直传播而导致发病。

2）禽脑脊髓炎与鸡痘弱毒二联苗　使用与注意事项同上。一般于10周龄以上至开产前4周之间进行翼膜刺种，接种后4 d，在接种部位出现微肿，结黄色或红色肿起的痘痂，并持续3～4 d，第9天于刺种部位形成典型的痘斑为接种成功。因制苗的种毒为鸡胚适应毒株，病毒难以在个体间扩散，那些没接种的鸡就会处于易感状态。为了避免遗漏接种鸡，应至少抽查鸡群中5%的鸡只作痘痂检查，无痘痂者应再次接种。使用这种胚适应苗时，疫苗在鸡胚连续传代会发生神经适应性，故偶见部分后备鸡群翼翅接种禽脑脊髓炎苗后2周内可能出现神经系统的免疫副反应。

（3）灭活苗免疫　国内姚大明（1997）、赵振华（2001）、秦卓明（1997,1998）等人对禽脑脊髓炎油乳剂灭活苗进行了系统研究，目前已有多种禽脑脊髓炎灭活疫苗投入市场包括禽脑脊髓炎单苗及其他抗原的四联疫苗，在生产中取得了较好预防效果。这种疫苗安全性好，免疫后不排毒、不带毒，特别适合于疫区种鸡群的免疫。一般在开产前18 ~20周龄免疫，通常1次免疫，可保护终生，特别对雏鸡可提供较高的母源抗体。对灭活苗的研究表明利用AGP在禽脑脊髓炎油乳剂灭活苗免疫后第20天就能检测到禽脑脊髓炎病毒抗体，直到免疫后第300天，AGP检测阳性率仍平均在80%左右。雏鸡的母源抗体从出生一直可持续至6周龄，其中，在14 d以前，禽脑脊髓炎AGP阳性率大都在90%以上；利用ELISA检测的结果与AGP相似，且比AGP更敏感在21 d之前，ELISA阳性率100%，30日龄阳性率仍在60%以上，42日龄阳性率仍在30%左右。弱毒苗组相对较低，但在21 d抗体阳性率也在60%左右。综上结果，疫苗免疫后产生的高抗体水平足以维持整个产蛋期，并确保雏鸡在6周内不被感染，油苗免疫组ELISA抗体效价明显高于弱毒苗组。

【展　望】

禽脑脊髓炎是一种以主要侵害幼禽中枢神经系统为特征的急性、高度接触性传染病，成年母鸡感染后对后代造成危害。禽脑脊髓炎病毒主要依赖体液免疫，在1962年疫苗研制成功以前，给全世界的肉种鸡饲养带来了很大的危害，疫苗的推广使用成功控制了禽脑脊髓炎的发生。禽脑脊髓炎病毒尽管属于小RNA病毒，但其变异速率较低，疫苗可以达到较好的保护作用。因此，对该病的控制堪称疫苗完美使用的“典范”。目前，科学家已经开始了禽脑脊髓炎病毒基因工程疫苗的研制，包括可食型植物疫苗，相信通过大家的努力，禽脑脊髓炎的控制水平将达到一个新的高度。

（秦卓明）

第十二节　禽腺病毒感染

（Fowl adenovirus infection）

腺病毒（Adenoviruses，AdVs）是家禽和野禽中常见的传染性病原体，还有一大群寄生于哺乳动物与鱼类的腺病毒。许多腺病毒可在健康禽体内复制，症状非常轻微或不表现临床症状，当有一些其他应激因素存在，特别是并发感染时，腺病毒可成为致病病原，从而影响禽类的发病。也有些腺病毒，如产蛋下降综合征病毒、火鸡出血性肠炎病毒和鹌鹑支气管炎病毒本身就是原发病原。在某些特异性疾病中还发现了其他一些腺病毒，说明腺病毒与一些疾病的出现存在某些关联性。

1954年在进行呼吸道疾病调查过程中分离到一株人的腺病毒，最初称为腺样–咽–结膜病原，但随后采用腺病毒这一名称。最早发现的禽腺病毒是1949年从牛结节性皮炎病料接种鸡胚时分离到的，另一早期分离物是1957年报道的鸡胚致死孤儿病毒。第一株从病禽中分离到的禽腺病毒是由Olson从暴发呼吸道病的北美鹑（*Colinus virginianus*）中分离到的。血清学调查证明，腺病毒感染在家禽中广泛存在，可在下列综合征中作为原发或继发病原：①产蛋下降综合征；②鸡包涵体肝炎；③肉仔鸡和火鸡的呼吸道综合征；④鹌鹑支气管炎；⑤幼火鸡出血性肠炎；⑥火鸡病毒性肝炎；⑦雉鸡大理石脾病等。

国际病毒分类委员会（ICTV）第九次病毒分类报告已规定了腺病毒分类的基本特征，并将腺病毒科分为哺乳动物腺病毒属、禽腺病毒属、唾液酸酶腺病毒属、富AT腺病毒属和鱼腺病毒属5个属。传统上，将禽源腺病毒分为3个群。I亚群禽腺病毒包括大部分从鸡、火鸡、鹅等禽类分离到的腺病毒，具有共同的群特异性抗原。II亚群包括火鸡出血性肠炎病毒、大理石脾病毒和鸡脾肿大病毒，这些病毒具有可与I群相区别的群特异性抗原，能够引起禽类明显的疾病。III亚群是与产蛋下降综合征有关的病毒及来自鸭的相关病毒，具有与I群部分相同的共同抗原。文献中常用传统的I、II、III亚群来命名禽腺病毒，本书下文中将继续沿用。

一、I 亚群禽腺病毒感染

I 亚群禽腺病毒与 II 亚群和 III 亚群禽腺病毒的抗原关系明显不同。I 亚型禽腺病毒可分为A、B、C、D、E5个种；12个血清型。FAdV–1血清型病毒株和FAdV–4血清型病毒株具有明显的致病特征，其中血清型FAdV–1能引起鹌鹑支气管炎，血清型FAdV–4是心包积水综合征的主要病因。当鸡的健康受到损害时，如并发感染鸡传染性贫血病毒和传染性囊病病毒等病原，腺病毒则可作为条件性致病原而快速感染致病。I亚群中有些种的病毒，尤其是E种（表4–12–1），特别偏好在肝细胞上生长，且在特定的情况下，能导致严重的肝损伤，即包涵体肝炎（Inclusion Body Hepatitis，IBH）。由于I亚群禽腺病毒不能在人类细胞上繁殖，所以其对公共卫生的影响非常小。

表 4–12–1　腺病毒分类

科	属	代表病毒	备注
腺病毒科	哺乳动物腺病毒属	人、猿、牛、马、鼠、猪、绵羊、山羊等哺乳动物腺病毒	
	禽腺病毒属（传统称为 I 亚群禽腺病毒）	鸡、火鸡、鸭、鹅腺病毒	I 亚群禽腺病毒可分为 A、B、C、D、E 5 个种；12 个血清型
	唾液酸酶腺病毒（传统称为 II 亚群禽腺病毒）	火鸡出血性肠炎病毒、雉鸡大理石脾病毒、鸡脾肿大病毒	
	富 AT 腺病毒（传统称为 III 亚群禽腺病毒）	产蛋下降综合征病毒及相关病毒	
	鱼腺病毒属		

【病原学】

禽腺病毒呈二十面体对称结构，衣壳由252个中空壳粒构成，其中有12个5邻粒分别位于该病毒12个顶部，240个六邻粒分别位于20个三角面和30条棱部。超微结构研究证明，病毒颗粒可在细胞核中堆积，形成晶格状排列。通过细胞化学或免疫组化染色方法，可以在感染鸡组织或细胞培养物上清楚地观察到大的核内包涵体，这有利于禽腺病毒的诊断。目前已鉴定了5个I亚群禽腺病毒种，其名称用字母A ~ E表示，这种分类主要是依据限制性内切酶片段图谱和核酸序列等分子生物学标准。禽腺病毒I型以其代表种鸡胚致死孤儿病毒（CELO）为例，与哺乳动物腺病毒的特征相似，均为无囊膜的病毒，近似球形，直径为70 ~ 90 nm。禽腺病毒的核酸为双股DNA，占整个病毒粒子的11.3% ~ 13.5%，其余部分为蛋白质。由于禽腺病毒多数呈隐性感染，被认为是活病毒载体的候选株。

禽腺病毒对外界环境抵抗力较强，在室温下可保持其毒价达6个月之久，对酸和热的抵抗力较强，能耐pH 3 ~ 9和56℃高温，故能在通过胃肠道后继续保持其活性。由于没有脂质囊膜，禽腺病毒对乙醚、氯仿、2%酚、50%乙醇及胰蛋白酶等有抵抗力，但1：1 000的甲醛可将其灭活。禽腺病毒在环境中可长期存在，很易水平传播，且可经胚胎垂直传播，这使得病毒广泛存在，在鸡群中常呈现隐性感染。

禽腺病毒根据其血清学关系、在细胞培养物上的生长情况及核酸特性进行比较和分类，已经确定鸡有12个血清型，鸭有1个血清型，鹅有3个血清型，火鸡有2个血清型。腺病毒对宿主具有高度种特异性，只有少数毒株能够使自然宿主以外的动物致病。宿主范围也同样反映在体外细胞培养上，大多数未适应的野毒只能在自然宿主或与其近缘的细胞培养物上生长复制。腺病毒在宿主细胞的核内增殖，在培养的鸡肾细胞、鸡胚肾细胞和鸡胚肝细胞中繁殖，可引起细胞病变并可形成核内包涵体。鸡胚肝细胞常用于诊断时分离培养禽腺病毒。应用鸡的细胞培养物已从火鸡、鸭、珍珠鸡、鸽和雉鸡等分离到禽腺病毒。虽然可能所有的禽腺病毒都能在鸡胚中繁殖，但并非所有的鸡或火鸡分离物能够引起可见的病变。卵黄囊接种或绒毛尿囊膜接种可使11个血清型的禽腺病毒在鸡胚中生长，常在2 ~ 7 d后引起胚胎死亡。鸡胚的病变包括胚体充血或出血，发育不良，胚胎蜷曲，不同程度肝炎和脾肿大，在肝细胞中可见嗜碱性和嗜酸性核内包涵体。

不同血清型，甚至同一血清型的不同毒株间引起疾病或在鸡胚生长的情况常有差异。研究发现其致病性与接种途径有关，很多分离物当以自然感染或直接接触方式传播时常不引起疾病，而当以非肠道注射方式接种时则可表现出高致病性。这表明很多腺病毒是潜在病原体，其致病性常受到其他因素影响。鸡的日龄被认为是重要因素。1日龄雏鸡注射常可引起死亡，而对10日龄雏鸡注射则不致死。鸡白血病病毒、鸡传染性囊病病毒可增强禽腺病毒的致病性，支原体、传染性支气管炎病毒的并发感染和鸡传染性贫血病病毒的存在可使禽腺病毒引起的肝炎病情加重。

【流行病学】

Ⅰ亚群禽腺病毒呈世界性分布，各种年龄阶段的家禽均易感。血清学试验证明，腺病毒在禽类中广泛存在，可以从正常鸡、病鸡，以及火鸡、雉鸡、鸽、鹌鹑、鹅、鹦鹉和各种鸟类等分离到。鸡腺病毒主要通过鸡胚垂直传播，从感染鸡群的鸡胚或雏鸡制备的细胞培养物中常可以分离到病毒。有证据证明，腺病毒的隐性感染也会出在SPF鸡群中，并且可以维持至少一代无法查出。

垂直传播在腺病毒的传播中占有非常重要的地位，带毒种蛋孵出雏鸡后死亡率突然升高，并且病毒虽可在1日龄时分离到，但病毒通常在3周以上时排出。在肉鸡中，排毒的高峰期在4 ~ 6周龄。在产蛋鸡中，排毒的高峰期在5～9周龄，至14周龄时仍有70%的鸡排毒。在一个鸡场里可以存在几个血清型的腺病毒，甚至同一只鸡体内也可以分离出2、3个血清型的腺病毒，这说明血清型之间的交叉保护作用很差。有些鸡具有某一血清型高水平的中和抗体，仍可排出另一血清型的腺病毒。腺病毒感染的鸡常在产蛋高峰前后出现第二次排毒高峰，这可能是产蛋应激或高水平性激素的存在引起腺病毒的激活，这样可使病毒通过蛋传至下一代。

水平传播也是传播本病的主要方式，病毒可存在于粪便、气管和鼻腔黏膜及肾脏，因此病毒可经各种排出物传播，病毒在粪便中的滴度最高，因此患病鸡粪是最重要的传染源。病毒也存在于精液中，表明人工授精也具有潜在的危险。水平传播主要由于直接接触粪便，也可由于同一场舍短距离内的空气传播，养殖场之间可通过污染物、人员和用具等的往来而传播。在实际生产中，商品鸡经常出现大多数鸡排泄腺病毒。商品鸡常常来自多个父母代群，这些鸡群可能携带不同血清型的腺病毒，因此，当商品鸡混养时，会产生交叉污染。

【临床症状和病理变化】

1. 包涵体肝炎 很多血清型的腺病毒与包涵体肝炎的暴发有关。雏鸡接种病毒后可产生带有嗜碱性核内包涵体的肝、胰病变。有人曾从18日龄以前的病鸡群分离到病毒并复制出本病，但从27～30日龄的病鸡分离的病毒则不能复制出本病，这表明在幼龄阶段雏鸡体内还存在着其他的病原因子。传染性囊病所致的免疫抑制可促使腺病毒引起包涵体肝炎，当鸡群同时感染腺病毒和鸡传染性贫血或白血病病毒时，可使肝炎的发病率和死亡率增加。

鸡群中死亡率突然显著升高常为包涵体肝炎的最初表现，3～5 d内可出现成批死亡，持续3～5 d（偶尔2～3周）后逐渐恢复正常。发病率不高，死亡率可达10%甚至更高。因病鸡表现症状后常仅几个小时死亡，因此大多无明显症状，仅见病鸡委顿，蹲伏，羽毛蓬松，冠髯和面部皮肤苍白，生长不良。剖检可见主要病变为肝炎，肝色浅质脆，肿大，肾脏肿胀（见彩图4–12–1和彩图4–12–2）。在肝细胞中有大而圆或不规则形状的嗜酸性和嗜碱性核内包涵体。

2. 心包积液综合征 由腺病毒引发的心包积液综合征最早于1987年巴基斯坦的肉鸡中发现，随后科威特、伊朗、日本相继发生该病。2010年之后，我国肉鸡中零星出现以心包积液和肝脏坏死为主要病变特征的腺病毒疫情，2015年以来，腺病毒在我国鸡群中暴发，发病鸡群主要为地方品种鸡、三黄鸡及白羽肉鸡，鸡群死亡率30%～80%；心包积液综合征也发生在蛋鸡和种鸡，死亡率一般较低。表现心包积液综合征病症的病鸡解剖可见心包腔中有淡黄色清亮的积液，肺水肿，肝脏肿胀脂肪变性、有出血点，肾脏肿大，尿酸盐沉积；腺胃肌胃交界处有条状出血，胰腺有坏死灶（见彩图4–12–6和彩图4–12–7）。病理组织学观察可见肝细胞肿胀、水泡变性，核内有嗜酸性或嗜碱性包涵体；心肌纤维肿胀，间质水肿增宽，有单核细胞浸润；肺脏水肿（见彩图4–12–8和彩图4–12–9）；肾小管上皮细胞颗粒变性。经基因序列分析，美洲、亚洲及我国出现的引起鸡心包积液综合征的腺病毒多为FAdV–4病毒，研究表明毒株间的毒力存在差异，有些FAdV–4本身就可以引起发病，而有些毒株需要其他免疫抑制性疾病（如传染性贫血）协同致病。

3. 呼吸道疾病 腺病毒常可从有呼吸道症状的病鸡呼吸道中分离到。临床调查表明，禽腺病毒在家禽呼吸道疾病中可以不是原发性病原体，但在有传染性支气管炎和支原体病存在的情况下，禽腺病毒可使呼吸道病的病情更加严重。在自然暴发中可见的肉眼病变为轻度至中度的卡他性气管炎，有大量黏性分泌物，肺充血，气囊云雾状浑浊，咽喉有出血点。

有研究报道，从临床上暴发呼吸道疾病、腹泻和产蛋下降的火鸡中分离出腺病毒，但并未成功复制此病。此外，在一些国家从发病的鹅、鸭、鸽、珍珠鸡、鸵鸟中也曾分离到腺病毒，其中除了呼吸道疾病和肝炎等症状外，还涉及一些其他的症状，如呕吐、腹泻、胰腺炎和腺胃炎等。但是这些症状均为非典型症状，仅可作为腺病毒感染发病的参考。

【免疫特性】

Ⅰ亚群禽腺病毒有共同的群特异性抗原，与人腺病毒群特异性抗原明显不同。不同血清型共同抗原的相似程度有差异。例如，FAdV-1株对本身的抗血清呈强阳性反应，但不能检出FAdV-2和FAdV-4株的抗体。病禽在感染后1周迅速形成中和抗体并在3周后达到顶峰，血清中和抗体的形成与病毒排出终止时间相一致，幼雏排毒时间较长，因为中和抗体的形成较慢。鸡对同一血清型腺病毒原发感染45 d后的再次感染有抵抗力。但也有研究表明，Ⅰ群禽腺病毒在感染后8周还可使鸡重复受到感染，诱发中和及沉淀两种抗体的二次应答，尽管有循环抗体存在，该群病毒仍能在鸡体内复制和排毒。还有证据表明，某些腺病毒感染可引起腔上囊、胸腺和脾脏中的淋巴细胞严重缺失，从而引起免疫抑制。

【诊　断】

1. 病毒的分离鉴定　可选用的病料有受侵害器官，如有包涵体肝炎的肝组织或心包积液，制作成10%的悬液。可经卵黄囊接种鸡胚或采用鸡胚肝细胞或鸡肾细胞分离病毒，鸡胚成纤维细胞培养不敏感，通常要盲传2～3代，每代7 d。如从其他禽类分离腺病毒，最好用同一禽种的细胞。

一旦从细胞培养物中分离到病原体，确定腺病毒最简单的鉴定方法是用荧光抗体进行细胞染色检查。如不能进行荧光抗体或电镜检查，亦可将单层细胞培养物用苏木素-伊红（H&E）染色，可显示核内嗜碱性包涵体。要确定血清型必须用所有血清型的标准血清做病毒中和试验。在实际应用中，已经大量证明PCR是一种较好的鉴定方法，具有很高的灵敏度，可直接从临床或环境样品中检测禽腺病毒。

2. 血清学检查　ELISA用于检测群特异性抗体既敏感又经济。在一般情况下型特异性抗体要用血清中和试验检测，群特异性抗体可用ELISA检测。任何腺病毒的血清学试验的主要问题是如何解释与分析其结果，因这种抗体广泛分布于健康禽和病禽中，很多禽类受过各种血清型腺病毒的感染。再者，抗体的存在并不代表黏膜表面的局部免疫状态。

【防治措施】

对于此病尚无可靠的治疗方法。临床发病后可添加优质维生素和葡萄糖以增强抵抗力，适当投服抗生素以控制细菌感染。鸡体一般在获得免疫以后，该病就自然减轻，疾病过程通常1周后基本结束。控制此病的主要途径是建立良好的饲养管理制度，避免从感染鸡群中引入雏鸡，防止病原从场外传入；其次是控制免疫抑制病，由于鸡传染性囊病、白血病和鸡传染性贫血都能增强腺病毒的致病性，因此应首先控制或消除这些病毒。

腺病毒的抵抗力较强，虽然理论上可从环境中清除病毒，但在实际工作中难以彻底清除腺病毒。因为此病毒极易经胚胎传至另一鸡群，因此防治工作必须从原种禽场做起。再者，水平传播也是一个重要途径，因此，要保持商品鸡群没有腺病毒感染是特别困难的。国外一些国家使用感染禽的肝脏匀浆制备的灭活疫苗进行接种，对一些症状如心包积水综合征的鸡群有良好的控制效果。还有研究表明，禽腺病毒疫苗与鸡传染性贫血病毒疫苗联合使用有利于保护肉鸡的攻毒感染，再次强调控制免疫抑制性疾病对于控制禽腺病毒感染十分重要。

（蒲娟　孙洪磊　刘金华）

二、产蛋下降综合征（Egg drop syndrome, 1976; EDS-76）

产蛋下降综合征（EDS-76）是一种由III亚群禽腺病毒引起的致使蛋鸡产蛋率下降的病毒性传染病。产蛋下降综合征病毒是III亚群禽腺病毒的唯一成员，在血清型上与I亚群和II亚群病毒无关。尽管不同分离株的限制性内切酶核酸图谱分析有一定差异，但是该病毒仅有一个血清型。

自从1976年荷兰首次报告本病以来，目前在欧洲、美洲、亚洲、非洲、大洋洲等许多国家均有本病发生。病鸡不表现明显的临诊症状，而以产蛋下降、蛋壳异常（软壳蛋、薄壳蛋、破损蛋）、蛋体畸形、蛋质低劣为特征。本病可使鸡群产蛋率下降15%左右，在产蛋高峰期间，产蛋量可骤然下降30%～40%。一个种鸡场一旦被感染，常看到的是鸡群不能达到生产性能指标，而蛋壳变化不明显。自认识该病以来，已明确产蛋下降综合征的零星暴发是鸡群直接或间接接触感染的野生或家养水禽造成的。

本病毒仅感染禽类，且不能在哺乳动物细胞上生长，因此不存在公共卫生意义。

【病原学】

根据产蛋下降综合征病毒的形态、增殖特点和化学组成等分类，将其归属于胸腺病毒属，以体现其高AT含量。血清学鉴定将其列于禽腺病毒III群。产蛋下降综合征病毒为核内复制，与I亚群腺病毒复制模式类似。在感染细胞的超薄切片中，核内的病毒颗粒和I～IV型包涵体很明显，这一点也与其他禽腺病毒类似（见彩图4-12-3）。然而，产蛋下降综合征病毒衣壳的每个5邻粒上有一个纤突，不同于I亚群腺病毒有两个纤突。

产蛋下降综合征病毒具有血凝素（HA），可凝集鸡、鸭、鹅、鸽和火鸡的红细胞，但不能凝集鼠、兔、马、绵羊、山羊、牛或猪等哺乳动物的红细胞，血凝素在56℃ 16 h后下降4倍，8 d后消失。70℃ 30 min即消失。在4℃可长期保持活性。病毒对理化因子的抵抗力与其他禽腺病毒相似。

产蛋下降综合征病毒在鸭肾细胞、鸭胚成纤维细胞和鸭胚肝细胞中生长滴度最高，也能在鸡胚肝细胞中生长良好，在鹅胚细胞中培养的病毒滴度也很高，但在鸡胚成纤维细胞和火鸡细胞中生长不良，在哺乳动物细胞中几乎不能增殖。病毒接种于7～10日龄鸭胚中生长良好，并可致死鸭胚，尿囊液中病毒的血凝滴度很高，可达2^{18}，而接种于5～7日龄鸡胚卵黄囊可使鸡胚萎缩，出壳率降低或延缓出壳，尿囊液中的血凝滴度却很低或无。

【流行病学】

产蛋下降综合征病毒在中国、澳大利亚、比利时、法国、英国、匈牙利、印度、以色列、意大利、日本、北爱尔兰、新加坡、南非和中国台湾省等多个国家和地区分离到。巴西、丹麦、墨西哥、新西兰和尼日利亚等地通过血清学证明鸡也受到感染。虽然疾病都是在产蛋鸡中发生，但病毒的自然宿主是鸭和鹅。在家鸭和家鹅中广泛存在抗体，产蛋下降综合征病毒已从健康鸭和病鸭中分离到，但不能用此分离物复制该病。有研究从产蛋下降和严重腹泻的鸭中分离到一株病毒，这表明产蛋下降综合征病毒可能引起鸭产蛋下降、蛋壳变薄等症状。鹅的产蛋下降综合征病毒感染很普遍，但实验感染的雏鹅和成年鹅既不发病，也不影响产蛋。在珍珠鸡、天鹅、鹌鹑和多种野禽中也证明有此病毒感染。

所有日龄的鸡均易感。如果产蛋下降综合征病毒进入一个鸡场，所有日龄的开产母鸡都可能出现产蛋问题，但症状通常出现在产蛋高峰前后。鸡在人工感染后出现病毒血症，在感染后5～7 d，病毒广泛分布于各内脏器官，以输卵管、消化道、呼吸道、肝和脾中病毒滴度最高。在人工感染时，不同品系的鸡对EDS-76病毒均同样易感。但在自然感染时，发现产褐壳蛋的鸡比产白壳蛋的鸡受害更为严重。任何日龄的鸡均有易感性，但产蛋高峰的鸡最易受感染，而在育成鸡中感染和传播是有限的，5%～50%的鸡可产生抗体，抗体的出现与发病并无明显相关性。本病的流行特点是病毒在性成熟之前侵入体内，一般不显示致病性。当这些鸡进入产蛋期后，受应激因素影响（如激素分泌紊乱等），致使体内的病毒可重新活化并致病。一般认为产蛋下降综合征病毒的散发是由于鸡群直接或间接接触感染野生或家养水禽引起的。

当经口腔感染成年鸡后，病毒在鼻腔黏膜的增殖是有限的。感染后3～4 d，病毒可在全身淋巴组织中复制，特别是脾和胸腺。此外，输卵管亦经常受害，感染后7～20 d病毒可在卵壳腺大量增殖并引起严重炎症，因此会导致产生蛋壳畸形的异常蛋。与Ⅰ、Ⅱ亚群腺病毒不同，产蛋下降综合征病毒不在肠黏膜复制，病毒在粪便中存在可能是由于输卵管渗出物的污染所致。

本病的主要传播方式是经受精卵垂直传播，虽然感染胚的数目不多，但传播却很容易发生。很多情况下鸡的卵巢感染但不排毒，亦不产生血凝抑制（HI）抗体，直到鸡群感染50%，且达到产蛋高峰时，才可见病毒的迅速传播，并产生可测出的HI抗体。病毒亦可经水平传播，从病鸡的输卵管、肠内容物、泄殖腔、粪便、咽黏膜和白细胞中都可分离到产蛋下降综合征病毒，病毒可以通过这些途径向外排毒散播传染。病毒从咽喉黏液和粪便中呈间歇性排出，且滴度不高。现场观察表明水平传播是缓慢和间歇性的，在一幢笼养鸡舍里要传遍全舍需两个半月的时间，相邻鸡群之间的传播可被一层铁丝网所阻挡，而在铺设垫料的平地鸡舍中传播速度要快得多。传播常由于与有感染性的粪便接触，也可能由于运输时使用未充分消毒的车船笼具等。当病毒血症时，使用有污染的注射器械为健康鸡采血或接种注射时也常易传播本病。

【临床症状和病理变化】

感染鸡群常无明显的全身症状，但开产期可能延迟。常常是26～36周龄产蛋鸡突然出现群发性产蛋下降，产蛋率可比正常下降20%～30%，甚至可达50%。与此同时，产出薄壳蛋、软壳蛋、无壳蛋、小蛋；蛋体畸形，蛋壳表面粗糙，一端常呈细颗粒状如砂纸样。褐壳蛋则蛋壳褪色、颜色变浅，蛋白呈水样，蛋黄色淡，或蛋白中混有血液等，异常蛋可占15%以上（见彩图4–12–4和彩图4–12–5）。患病鸡正常受精率和孵化率一般不受影响。产蛋下降持续4～10周后又可逐步恢复到正常水平。感染鸡群如果仔细检查常可发现部分病鸡表现一些轻微症状，如暂时性腹泻、减食、贫血、冠髯发绀、羽毛蓬松和精神呆滞等，但都不具有诊断价值。在自然情况下，产蛋下降综合征病毒对育成禽并不致病，口服感染1日龄雏鸡可使死亡率增加，但感染鸡群所产后代雏鸡的死亡率并无增多。

自然感染的病例病变不明显，有时可见卵巢静止发育和输卵管萎缩，少数病例可见子宫水肿，子宫腔内有白色渗出物或干酪样物，卵泡有变性和出血现象。病理组织学变化主要为，输卵管和子宫黏膜明显水肿，腺体萎缩，并有淋巴细胞、浆细胞和异嗜性白细胞浸润。血管周围形成管套现象，上皮细胞变性坏死，上皮细胞中可见嗜酸性核内包涵体，子宫腔内渗出物中混有大量变性坏死的上皮细胞和异嗜性白细胞。人工感染大多经7～9 d开始出现症状，常见子宫黏膜皱褶水肿性肿胀，有些则卵巢萎缩，在9～14 d内常见卵壳腺有渗出液。脾轻度肿大，腹腔中有不同发育程度的蛋。主要的组织病理学变化见于卵壳腺，病毒在其表层上皮细胞核内增殖复制，产生核内包涵体，多见于感染后7 d。在生产畸形蛋后第3天即不见包涵体，但病毒抗原仍可持续存在1周左右。

【免疫特性】

在人工感染后5～6 d用血凝抑制（HI）试验或间接免疫荧光试验（IFA）、ELISA、血清中和试验（SN），或在7～9 d后用双向琼脂扩散试验（DID）均可检测出抗体的存在。4～5周龄时抗体效价可达到高峰。鸡体存在高HI效价时仍能排出病毒，而有的排毒鸡则不产生抗体。抗体可通过卵黄传递，使雏鸡获得高HI效价的抗体（可达2^6～2^9）。4～5周龄时母源抗体几乎不能检出，此时才能产生主动免疫抗体。在检查本病的各种血清学试验中，HI试验为首选的方法，其他上述方法也同样敏感。但是当鸡群感染其他血清型的腺病毒时，可形成高水平的腺病毒群特异性抗体，因此ELISA、琼脂扩散或间接免疫荧光试验均可呈现阳性，而HI或SN试验则不呈阳性反应。此外，隐性感染的鸡群一般不产生抗体，在血清学检测室常检测为阴性，但有时却突然发病。如果鸡群在进入产蛋前全部产生了EDS–76病毒的抗体，产蛋则不会受到影响。

【诊　断】

多种因素可引起密集饲养的鸡群产蛋下降，因此在诊断时应注意综合分析和判断。一个鸡群如果临诊上无特异表现，而出现产蛋突然下降，异常蛋很多，尤其是褐壳蛋品种的鸡在产蛋下降前1～2 d出现蛋壳褪色、变薄、变脆时，就应考虑到是否存在产蛋下降综合征病毒感染。根据病史和症状作出初步诊断后，尚需进一步做病毒分离鉴定和血清学检查才能确诊。

1. 病毒分离鉴定　由于本病缺少明显的临床症状，且感染的水平传播很缓慢，要选择确定的病鸡用于病毒分离和血清学鉴定往往比较困难，但当发现含有病毒的畸形蛋并且这些蛋是在鸡产生抗体以后生产的，那么可以对此作出初步诊断。为分离病毒，可将畸形蛋喂给抗体阴性的成年产蛋鸡，一旦它们也生产畸形蛋时，可将它们扑杀，然后从卵壳腺分离病毒。人工感染时，经口或静脉接种产蛋下降综合征病毒，可于感染后5～7 d从产蛋鸡的肝、胰、气管、肺、空肠、盲肠、扁桃体、直肠及输卵管等处分离病毒。病毒可从鸡体排出，粪便和卵黄排毒量最多。分离病毒的病料可从病鸡的输卵管、变形卵泡、无壳软蛋、泄殖腔、肠内容物、鼻咽黏膜等处采样。

分离病毒最敏感的系统是来自非产蛋下降综合征病毒感染的鸭胚或鹅胚，或者是鸭或鹅的细胞培养物。病料经过常规灭菌处理后，接种鸭肾细胞或鸡肾细胞，孵育数天后观察细胞病变及核内包涵体，并可采用血凝和血凝抑制试验进行鉴定。产蛋下降综合征病毒在鸭肾细胞、鸭胚肝细胞和鸭胚成纤维细胞上生长可获得最高滴度，也能在鸡胚肝细胞和鹅胚成纤维细胞上生长良好。在哺乳动物细胞上几乎不能生长。鸡胚或鸡胚成纤维细胞不适用与此病毒分离。如用鸭胚细胞培养传代不能低于2代，而鸡胚细胞培养病毒至少需要传5代。接毒后出现死胚或细胞病变尚不足以证明是产蛋下降综合征病毒，必须将每次传代后的尿囊液或细胞培养上清液做血凝性监测（用0.8%的鸡红细胞悬液），或用EDS–76病毒的免疫血清标记的荧光抗体检测细胞培养物。

2. 血清学检查　在进行血清学检查时，可将所有产畸形蛋的笼养鸡采血检查。如为平地散养鸡，则需要从全群中谨慎选择采样目标，从清晨起经常巡视捡蛋，以防被鸡吃掉。能引起产蛋下降的原因有多种，疑为产蛋下降综合征时，只有通过血清学检查才能够确诊。

血凝抑制（HI）试验是诊断本病最常采用的血清学诊断方法之一。产蛋下降综合征病毒含有血凝素，能凝集鸡、鸭、鹅、火鸡等禽类红细胞，其凝集作用可被相应的产蛋下降综合征病毒抗血清所抑制。HI试验可用于鸡群感染调查、抗体监测和病毒鉴定。

【防治措施】

本病尚无有效的治疗方法，只能从加强管理、淘汰病鸡、免疫预防等多方面进行防治。在饲料中添加一定量的维生素、钙或蛋白质等，可减缓鸡群的应激。鸡舍内温度、湿度及通风换气等管理工作对于预防发病很重要，特别是在季节变换、气象异常时，应及时调节鸡舍的温度和改良通风条件。一旦发病，如有必要，也可用抗菌药物以防混合感染。

在无本病的清洁鸡场，要严格防止从疫区将本病带入。由于产蛋下降综合征主要通过蛋垂直传播，最好的预防办法是用未感染本病的鸡群留种蛋。如要从外地引进，必须从无本病的鸡场引入，引入后并隔离观察一段时间。

在已有本病的污染鸡场，要严格执行兽医卫生措施。尽管病毒的排出呈间歇性且滴度较低，但水平传播还是常有发生。为防止水平传播，场内感染和未感染鸡群应严格隔离，按时间淘汰病鸡，做好鸡舍及周围环境清扫消毒。病毒在粪便中存在且有较强抵抗力，因此粪便的合理处理非常重要。防止饲养管理用具混用，防止人员互相串走。感染鸡有病毒血症，因此在同一场内感染与未感染鸡群之间使用的注射针头和其他器械必须严格消毒，所用的孵化器、运输工具和人员也必须分开。产蛋下降期的种蛋和异常蛋决不能留作种用。加强鸡群的饲养管理，喂给平衡的混合饲料，特别要保证必需氨基酸、维生素和微量元素的平衡。在某些水源来自河塘湖泊的地区，常见有本病发生，这是由于该病毒有从水禽传向鸡的可能，这可通过改用井水或加氯处理的水来预防。在养鸭、鹅的农场，应注意与养鸡场隔离；如有可能，鸡舍还应能预防野禽的感染。

免疫接种是本病主要的防制措施，用国外生产的产蛋下降综合征鸭胚灭活油乳苗免疫，18周龄以上的母鸡，皮下或肌内注射0.5 mL，15 d后可产生免疫力，免疫期6个月。此外，国内和国外生产的一些二联或三联疫苗也取得了较好的效果，如产蛋下降综合征–鸡新城疫二联灭活油乳苗、产蛋下降综合征–鸡新城疫–病毒性关节炎三联灭活油乳苗和鸡新城疫–传染性支气管炎–产蛋下降综合征三联灭活油乳苗等，只要按照说明提前做好免疫就能有效地抵抗鸡群发病。

种鸡场发生本病时，无论是病鸡群，还是同一鸡场其他鸡群生产的雏鸡，都不能排除垂直传播感染的可能，即使这些雏鸡在开产前抗体阴性，也不能作为没有垂直感染的证明，因为病毒可能潜伏在体内，在开产前才会使鸡发病，此时才有抗体产生。所以，这些鸡必须用疫苗注射预防，在产蛋前4 ~ 10周进行初次接种，产前3 ~ 4周进行第二次接种。除预防接种外，扑杀淘汰血清学反应阳性鸡是消灭本病的根本措施。

（蒲娟　郦国霞）

三、火鸡出血性肠炎及相关感染（Hemorrhagic enteritis and related infections）

出血性肠炎（HE）是青年火鸡的一种急性传染病，以精神沉郁、血便和突然死亡为特征。个别火鸡突然发病，可在24 h内出现症状并死亡，本病流行可在火鸡群中持续1周以上，是美洲、亚洲、大洋洲等饲养火鸡地区的一种重要疾病，可造成巨大经济损失。

大理石脾病（MSD）是一种专门侵害3 ~ 8月龄封闭饲养的雉鸡的疾病，其病原在血清学上与出血性肠炎难以区分，在基因组水平上仅有细微的差异。自然发生的临床病例主要是呼吸道疾病，由于肺水肿、出血和窒息而死亡。此外，其他家禽也有类似的疾病，特别是肉种鸡的禽腺病毒性脾肿大病（AAS），其主要特征是脾肿大、肺水肿和充血。

【病原学】

火鸡出血性肠炎病毒（HEV）、雉鸡大理石脾病病毒（MSDV）及鸡脾肿大症病毒（AASV）均属于II亚群禽腺病毒，其形态结构、化学组成等与禽腺病毒I群相似，但II亚群病毒在血清学上与致死鸡胚孤儿病毒（CELO病毒）和其他火鸡腺病毒不同。I群和II群禽腺病毒还可用限制性内切酶指纹图谱和单克隆抗体进行区分。对于II亚群的这3个成员，传统的分类方法是按宿主（火鸡、鸡或雉鸡）进行分类，因为它们的血清学检测会发生交叉反应，限制性内切酶指纹图谱也很难准确区分。

用电镜观察超薄组织切片发现，火鸡出血性肠炎病毒和雉鸡大理石脾病病毒病毒粒子无囊膜，由252个壳粒组成，在细胞核内疏松聚集或呈晶格状排列，这些特征与其他腺病毒类似，不同于I亚群禽腺病毒的是，二者衣壳的每一个五邻粒上仅有一根纤丝。火鸡出血性肠炎病毒和雉鸡大理石脾病病毒在鸡和火鸡胚或火鸡胚成纤维细胞中繁殖该病毒均未获生长，近年来有人用马立克病肿瘤淋巴母B细胞的火鸡细胞株或用正常的火鸡白细胞培养该病毒获得成功。

【流行病学】

火鸡、雉鸡和鸡分别是火鸡出血性肠炎、雉鸡大理石脾病和鸡脾肿大症病毒群成员唯一已知的自然宿主。在野生鸟类的血清中未检出火鸡出血性肠炎病毒、雉鸡大理石脾病病毒、鸡脾肿大症病毒的沉淀抗体。火鸡的HEV分离物也能使雉鸡感染。在人工感染试验中，火鸡出血性肠炎病毒能引起锦鸡、孔雀、鸡和鹧鸪出现脾肿大的病变，但不致死亡。火鸡经静脉接种感染性脾脏提取物后3～4 d，或经口腔或泄殖腔接种后5～6 d，会引起HE的临床症状和死亡。雉鸡口腔接种雉鸡大理石脾病毒与雏鸡口腔接种鸡脾肿大症病毒的潜伏期分别是6 d和5～7 d。

火鸡出血性肠炎最常发生于6～12周龄的青年火鸡，人工感染1月龄至1岁左右的火鸡均可发病。临床上暴发的火鸡出血性肠炎死亡率差异很大，有的高达60%，有的则低于0.1%。在一些研究中，实验禽虽然100%感染，但死亡率差异很大，毒力最强者为80%，最低者为0。现有资料显示，特定毒株的致死率比较稳定，仅有1例无毒力毒株返强的报道。本病主要通过水平传播，也可以经口腔或泄殖腔接种有感染性的粪便而传播。病毒通过污染的垫料传播给以后在该禽舍饲养的火鸡群。与鸡的腺病毒不同，没有发现蛋传递此病的流行病学证据。此外，火鸡出血性肠炎病毒的靶细胞为淋巴细胞和网状内皮细胞。淋巴细胞功能验证证实，火鸡出血性肠炎病毒感染后可发生一过性免疫抑制，因此火鸡出血性肠炎病毒感染常继发感染大肠杆菌病和鼻气管炎等病。

据报道，雉鸡大理石脾病病毒自然感染雉鸡的死亡率为5%～10%。可持续10 d至数周的时间。预测雉鸡大理石脾病病毒分离株的致病性也像火鸡出血性肠炎病毒那样存在差异。雉鸡可实验室感染用细胞培养的雉鸡大理石脾病病毒和火鸡出血性肠炎病毒，脾脏有典型的眼观和显微病变，但没有肺病变或死亡，这表明临床病例的肺病变和死亡很可能与其他因素有关。

【临床症状和病理变化】

火鸡出血性肠炎以迅速发病和突然死亡为特征，临诊主要表现为精神沉郁和血便，泄殖腔附近皮肤和羽毛常有暗红色血液污染，在腹部适当压挤，可见从泄殖腔流出的血液。所有症状通常在24 h内出现，不死者能完全康复。自然流行死亡率平均为10%～15%，人工感染死亡率可达80%。

给雉鸡口服自雉鸡分离的雉鸡大理石脾病病毒后6 d内引起雉鸡大理石脾病而发生死亡；给鸡口服接种鸡脾肿大症病毒后可使脾肿大，但不引起死亡。感染雉鸡大理石脾病的雉鸡和感染鸡脾肿大症的鸡常由于窒息而突然死亡，故看不到明显的症状。雉鸡大理石脾病的死亡率亦常为10%～15%，成年鸡的鸡脾肿大症死亡率约为9%。

感染火鸡出血性肠炎病毒死亡的雏火鸡由于失血而显得苍白，但营养状态仍然正常。小肠通常膨胀呈深褐色，充满红棕色血液，空肠黏膜发红且高度充血。个别病鸡肠黏膜表面形成一层有纤维蛋白和脱落上皮构成的黄色覆盖物，小肠近端（十二指肠袢）的病变最明显，严重的病例也能扩展到远端。脾特征性肿大，质脆，呈大理石状或色泽斑驳。肺常充血，肝常肿大，各种组织有点状出血。感染了雉鸡大理石脾病病毒的雉鸡，其大体病变为脾肿大，呈大理石样，肺水肿、充血，但未有肠道病变的报道。感染鸡脾肿大症病毒的肉种鸡，其脾脏病变与感染雉鸡大理石脾病病毒的雉鸡类似。

火鸡出血性肠炎的特征性组织病理学变化以网状内皮系统和肠道最为明显。脾所受影响最为严重，其病变包括白髓增生、淋巴样细胞坏死、内皮细胞增大和网状细胞增生，以及出现筛网状细胞核内包涵体。绝大部分病毒是在形成含有病毒的核内包涵体的网状内皮系统中产生的。除了脾脏的变化，也可见胸腺和腔上囊的皮质和髓质淋巴细胞缺失病变。肠道的典型病变包括肠黏膜严重出血，绒毛上皮细胞变形和脱落，以及绒毛顶端出血。死亡常由于血液通过位于绒毛顶端的受损伤的毛细血管流入肠腔大量出血引起的。死于本病的火鸡均有这种特征性的肠道病变。另外，肝脏、骨髓、外周血白细胞、肺脏、胰腺、脑和肾小管上皮细胞也可见到具有核内包涵体的细胞。雉鸡大理石脾病病毒和鸡脾肿大症病毒所产生的核内包涵体及脾脏病变与火鸡出血性肠炎病毒类似，但是没有明显的肠道变化。

【免疫特性】

火鸡出血性肠炎自然和实验感染的康复火鸡对攻毒具有抵抗力。保护作用似乎不具有毒株特异性。致死率低于1%的毒株可诱导产生免疫力，对高毒力的毒株的感染具有保护作用。火鸡出血性肠炎病毒感染3 d后就可利用ELISA检测到抗体，并能持续很长时间。火鸡感染火鸡出血性肠炎病毒后4～6 d后可引起脾脏CD4 T细胞增多，感染后8～10 d和16 d，CD8细胞毒性T细胞和抑制性T细胞数量也上升。很显然，细胞免疫对主动抵抗火鸡出血性肠炎病毒和雉鸡大理石脾病病毒感染和病变产生具有重要作用。

临床上，母源抗体对6周龄内的火鸡感染火鸡出血性肠炎病毒有保护作用，且对5周龄内的疫苗免疫有干扰作用。然而，在商品鸡场，3.5～4周龄时母源抗体明显下降，此时可接种火鸡出血性肠炎病毒疫苗。注射高免血清也可传递被动免疫，可在5周内防止病变发生。此外，近年来研究发现，由于火鸡出血性肠炎病毒除能感染其天然宿主火鸡外，还能人工感染雏鸡，因而它也可以作为活载体在鸡体内表达鸡病毒的保护性抗原，从而为构建鸡病疫苗提供新的思路。

【诊　断】

除根据临诊症状和剖检变化可作出初步诊断外，实验室诊断主要可做动物试验和血清学检查。

死亡或濒临死亡的雏火鸡的肠内容物或脾脏组织存在大量的火鸡出血性肠炎病毒。雉鸡大理石脾病病毒感染的雉鸡和鸡脾肿大症病毒感染的鸡的脾脏也适用于病毒分离。对这3种病毒可采用死亡或濒临死亡的火鸡的血性肠内容物或脾组织浸提液给6～10周龄火鸡口服或泄殖腔接种。强毒静脉注射接种一般3 d后出现死亡，经口接种的动物在5～6 d发生死亡。没有死亡的火鸡通常有大理石样肿大的脾脏病变，其脾脏组织和血清都有传染性。

血清学检查可用琼脂扩散试验或ELISA。琼脂扩散试验可以证明在感染脾浸提液中有该病的特征性抗原，也可从感染后2～3周的火鸡血浆或血清中检出抗体。ELISA比琼脂扩散试验更敏感，可以用于检测抗原或抗体。该方法在感染后3 d就能检测到有效的免疫应答。市场上有用于检测火鸡出血性肠炎病毒的ELISA商品试剂盒，并且对于检测雉鸡大理石脾病病毒和鸡脾肿大症病毒也应该适用。

雉鸡死于急性窒息，伴有肺充血、水肿、脾肿大，并显示有雉鸡大理石脾病病毒抗原，则可认为死于雉鸡大理石脾病病毒感染。同样的，如鸡出现脾肿大的病变，同时显有鸡脾肿大症病毒抗原，则可认为死于鸡脾肿大症病毒感染。如果火鸡有大理石样肿大的脾而无肠道出血，并且在脾中未能证明有沉淀抗原，则应考虑其他疾病，如网状内皮组织增生症或白血病。急性细菌性感染、霉菌毒素中毒、药物中毒等也可产生与本病相似的肠道出血。

【防治措施】

火鸡出血性肠炎可以通过注射康复禽抗血清的方法治疗，这种抗血清可从健康的火鸡群得到，通常可在屠宰时收集。加酚处理，每只火鸡按0.5 mL给予。应尽可能在作出诊断后立即给发病群的所有青年火鸡注射抗血清。由于火鸡出血性肠炎病毒和相关病毒具有免疫抑制性，所以应考虑细菌继发感染的治疗。要依据细菌培养特性和药敏试验选择合适的抗生素。矫正管理漏洞，并对加重火鸡出血性肠炎病毒野毒株和疫苗株反应的其他病原（如禽波氏杆菌和新城疫病毒等）进行免疫预防。

预防火鸡出血性肠炎措施包括不要将受感染禽舍的垫料和粪便移至其他禽舍。用无毒力的分离物可以作为活的饮用疫苗使用，能获得良好的效果。如禽群并未100%免疫预防，则随后在2 ~ 3周内可由于疫苗毒的水平传播而使全群获得保护。

防制雉鸡的雉鸡大理石脾病也可用一种活的无毒饮水疫苗，防制鸡的鸡脾肿大症则尚无类似疫苗可用。

（蒲娟　张国中）

第十三节　禽　　痘

（Fowlpox）

禽痘是由禽痘病毒（Fowlpox virus，FPV）引起的一种家禽急性接触性传染病，其特征是在家禽的无毛或少毛的皮肤上发生痘疹，或在禽口腔咽喉部黏膜形成纤维素性坏死假膜。大型养禽场一旦发病，可引起较多的禽只发病和死亡，对雏禽更造成严重的损失。禽痘通常分为皮肤型和黏膜型，前者以皮肤（尤其头部）的痘疹、结痂和脱落为特征，后者可引起口腔和咽喉黏膜的纤维素性坏死性炎症并常形成假膜，故又名禽白喉。有时可见混合型禽痘。

【病原学】

禽痘病毒为痘病毒科、脊椎动物痘病毒亚科（*Chordopoxviridae*）、禽痘病毒属（*Avipoxvirus*）的成员。所有的禽痘病毒形态相似，成熟的病毒粒子呈砖形，大小约330 nm × 280 nm × 200 nm，外膜为不规则分布的表面管状物。禽痘病毒中央为一个电子致密的双凹核或拟核，每侧凹陷中有两个侧小体，外有囊膜。禽痘病毒基因组为双股线状DNA，其裸DNA不具有感染性。禽痘病毒对氯仿敏感，禽痘病毒可耐1%石炭酸和

1：1 000福尔马林达9 d之久。60℃ 8 min和50℃ 30 min可使其灭活。对于已由包涵体中脱出的病毒粒子，1%～2%NaOH或KOH呈现明显的灭活作用。冷冻干燥和50%甘油盐水可使禽痘病毒长期保持活力达几年之久。

禽痘病毒在感染细胞内复制主要形成两类子代病毒粒子，一类是细胞内的裸病毒（intracellular naked virus，INV），另一类是释放到细胞外有囊膜的病毒（Extracellular enveloped virus，EEV）。在感染细胞裂解前，只有EEV能够在培养细胞和宿主动物体内感染扩散。在鸡胚绒毛尿囊膜上，病毒在感染后2 h内即被绒毛尿囊膜的外胚层细胞吞饮。经48 h的潜伏期后，于胞浆内散在的病毒装配区内就出现了未成熟的病毒粒子。病毒感染72 h后，胞浆中出现许多层紧密排列的膜状髓鞘样结构，又称微管结构。感染后96 h出现包涵体，包涵体内含有成熟的病毒粒子。于感染后120～140 h，病毒粒子脱离包涵体，移向胞膜，并从细胞表面出芽，又获得一层源于感染细胞的囊膜。禽痘病毒易在鸡胚绒毛尿囊膜上生长，可于3 d内形成白色隆起的痘斑，痘斑中心随后坏死，色泽变深。禽痘病毒易在组织培养的鸡胚成纤维细胞（CEF细胞）内增殖，产生明显的细胞病变，并可在感染细胞的胞浆内看到包涵体。

【流行病学】

任何日龄、性别的鸟类均可感染禽痘病毒。已报道约20个科近60种野鸟发生过该病毒的自然感染。鸡、火鸡和鸽自然感染的潜伏期均为4～10 d，金丝雀为4 d。本病毒呈世界性分布。北方地区在秋冬季节多发，南方地区一年四季均可发病。禽痘病毒主要通过直接接触传播，昆虫也可作为病毒的机械性媒介引起鸟类眼部感染。由于很多感染是在没有明显皮肤损伤的情况下发生的，故认为上呼吸道和口腔上皮细胞对病毒的易感性较高。

【发病机理】

禽痘病毒在皮肤上皮细胞内的生物合成分为2个不同的阶段：即前72 h细胞增生为主的宿主反应阶段和72～96 h感染性病毒的合成阶段。皮肤上皮细胞中的病毒DNA在感染后12～24 h开始复制，并且在22～24 h出现首批感染性病毒。上皮增生一般由感染后的36～48 h开始到72 h停止，此时的细胞数量可提高到起初的2.5倍。感染之后的前60 h病毒DNA的合成率较低，60～72 h则逐渐升高，而此时细胞的DNA合成率则急剧下降。72～96 h病毒DNA的合成逐渐占据优势，并无进一步的细胞增生。禽痘病毒通过出芽的方式从绒毛尿囊膜细胞中释放，并从细胞膜上获取另一层外膜。尽管禽痘病毒仅在受感染的细胞浆内进行装配，但有人发现，细胞核也参与了禽痘病毒的复制，其原因是在感染后24～72 h的细胞核内检测到了病毒RNA和DNA。Singh等通过皮内和气管内的途径给1月龄WLH鸡接种禽痘病毒野毒，来观察其发病情况。结果表明，两种接种途径的发病情况相似。皮内接种分别可在攻毒后的2 d和4 d于接种部位的皮肤和肺脏中检测到病毒，5 d出现病毒血症。气管内接种后2 d可在肺脏中检测到病毒，4 d出现病毒血症。两种方式攻毒均可在肝、脾和脑中分离到病毒，但在心脏中未分离到病毒。气管内接种后2 d可在肺脏中检测到病毒，4 d出现病毒血症，说明上呼吸道上皮对病毒的易感性较强。

【症　状】

该病可表现为皮肤型或白喉型，也可表现为两者的混合型。近年来还出现了以结膜炎、眼鼻流炎性分泌物等为特征的眼鼻型和以内脏点状出血（痘斑）、肌肉苍白等为特征的内脏型鸡痘。症状的严重程度取决于宿主易感性、病毒毒力、病变部位及其他并发因素。皮肤型的特点是冠、肉髯、眼睑和其他身体无毛部位有结节性病变（见彩图4–13–1、彩图4–13–2和彩图4–13–3）。白喉型（湿痘）病例的口腔、食管或气管黏膜可见溃疡或白喉样黄白色病变，并伴有鼻炎样轻微或严重的呼吸道症状，这些症状与传染性喉气管炎病毒感染时气管出现的症状相似。口角、舌、喉头和气管上部分的病变可影响采食、饮水和呼吸。对即将开产的和老龄的禽类来说，该病病程缓慢，伴有不愿活动和产蛋下降。鸡和火鸡群痘病毒感染的发病率有很大的差异，轻者只有少数感染，如果痘病毒毒力较强，而控制措施又不得力，则可引起全群感染。病鸡常表现为衰弱和增重不良，蛋鸡还可出现一过性产蛋下降。温和性皮肤型感染病程一般为3～4周，如果存在混合感染，则病程较长。鸡痘病毒强毒感染时，无论是原发性还是继发性皮肤病变均可持续4周以上。眼周围的皮肤型病变或口腔和上呼吸道白喉型病变可影响正常生理功能而导致死亡率明显增高。皮肤型感染比侵害口腔和呼吸道黏膜的白喉型更容易康复。

【病理变化】

禽痘感染（不管是皮肤型还是白喉型病灶，甚至受感染的绒毛尿囊膜）最重要的组织病理学特征是上皮的增生和细胞肿大及与之相关的炎性反应。在光镜下可见到特征性的嗜酸性A型包涵体。气管黏膜的组织病理学变化包括起初分泌黏液的细胞肥大和增生，以及随之而来的含有嗜酸性包涵体的上皮细胞的肿胀。常可见成堆的如乳头状瘤细胞。禽痘病毒皮肤型感染必须经组织病理学（胞浆包涵体的出现）或病毒分离进行确诊。有呼吸道症状的白喉型病例，应与传染性喉气管炎（一种疱疹病毒感染）相区别。对幼雏容易将痘病与泛酸缺乏症，或生物素缺乏症或T–2毒素引起的疾病相混淆，应予区分。

【诊　断】

皮肤型和混合型的症状很典型，在临床上不难诊断。对单纯的黏膜型易与传染性鼻炎混淆。可采用病毒学方法确诊。可用无菌病料悬液划痕接种易感雏鸡或9～12 日龄鸡胚绒毛尿囊膜。接种鸡5～7 d出现典型皮肤痘疹，鸡胚则于接种后5～7 d形成痘斑。在宿主细胞适应后的病毒，可接种细胞，观察接种后是否产生细胞病变。琼脂扩散、间接血凝、病毒中和、荧光抗体和酶联免疫吸附测定试验等试验，可用于检测抗体和鉴定禽痘病毒。

【防治措施】

做好养禽场的生物安全管理，以及人工免疫接种是预防鸡痘暴发的主要预防措施。加强饲养管理，搞好鸡舍内外的清洁卫生工作，减少环境不良因素的应激，防止发生外伤。在蚊子等吸血昆虫活动期的夏、秋季应加强鸡舍内的昆虫驱杀，以防感染进而促进了病毒的传播。饲料应全价，避免各种原因引起啄癖或机械性外伤。新引进的家禽要经过隔离饲养观察，证实无禽痘的存在方可合群。发生鸡痘时，要严格隔离病鸡，剥除的鸡痘结痂不能随便乱丢，应集中烧毁，避免造成再次环境污染。对鸡舍、用具要用2%的烧碱水进行消毒。目前用于本病的疫苗主要有鸡痘病毒鹌鹑化弱毒疫苗和鸽痘病毒疫苗，接种方法主要是翼翅刺种法和毛囊法两种。首免在10～20日龄左右，二免在开产前进行。目前尚无特效治疗药物，主要采用对症疗法以减轻病鸡的症状，防止并发症。

【展　望】

近年来，内脏型禽痘等的出现使禽痘病毒的流行变得复杂。在我国因普遍采用疫苗接种措施，鸡痘的发生率虽已明显下降，但其预防还不容忽视。此外，禽痘病毒可以作为载体表达外源基因，具有廉价、安全、稳定、外源基因表达效率高等优点，得到了更广泛的应用。在兽医领域，以禽痘病毒载体为基础的重组疫苗相继上市，开辟出了广阔的新领域。

（孙洪磊　甘孟侯）

第十四节　禽偏肺病毒感染

（Avian metapheumovirus）

禽偏肺病毒（Avian metapneumovirus，aMPV），又名火鸡鼻气管炎病毒（Turkey rhinotracheitis virus，TRTV）、禽鼻气管炎病毒（Avian rhinotracheitis virus，ART）或禽肺病毒（Avian pneumovirus，APV），是呈世界分布的重要禽类病原，主要引起火鸡和鸡的上呼吸道系统疾病。其临床症状常易与禽波氏杆菌、鼻气管鸟疫杆菌、传染性支气管炎病毒、禽流感、新城疫病毒、支原体等其他呼吸道病原引起的症状混淆。

家禽，尤其是火鸡感染禽偏肺病毒对其生长和经济效益影响很大。即使在使用禽偏肺病毒疫苗的国家，其仍是除禽流感外对火鸡影响最大的呼吸道疾病。自1997年美国首次暴发禽偏肺病毒感染以来，已给火鸡生产造成严重的经济损失。据估计，仅明尼苏达州1997—2002年间，每年由于火鸡感染禽偏肺病毒所带来的经济损失就高达到1.5亿美元（Rautenschlein et al，2002）。禽偏肺病毒可以引起鸡的产蛋下降和肿头综合征（Swollen head syndrome，SHS），同时禽肺病毒还可以引起免疫抑制，野外感染常常继发细菌感染（Jirjis et al，2004；Van de Zande et al，2001），经济损失也非常严重。

【历　史】

20世纪70年代末，南非首先报道由禽肺病毒引起的呼吸道疾病（Buys et al，1989），随后在欧洲有该病发生的报道（Naylor and Jones，1993）。1984年在南非肉鸡首次报道肿头综合征（Swollen head syndrome，SHS）（Morley and Thomson，1984），继而在法国、英国、德国、日本、以色列、也门、美国和我国台湾都有报道（Nakamura et al.，1997），并证明与火鸡鼻气管炎病毒相同，其与禽偏肺病毒有关。1992年在韩国首次发现肿头综合征（Kwon et al.，2010）。

1994年，发现禽偏肺病毒存在A和B两种亚型（Juhasz and Easton，1994）。英国分离株属于A型，而其他欧洲地区则属于B型（Collins et al，1993；Juhasz and Easton，1994）。之后，在英国也分离到B亚型分离株（Naylor et al，1997；Bayon-Auboyer et al，1999）。我国于1998年在有肿头综合征的鸡群中分离到A型禽肺病毒（沈瑞忠等，1999）。之后在山东、黑龙江、吉林、河北、湖北、新疆、广东、广西、江西等地的种鸡场进行禽偏肺病毒血清学调查，发现种鸡群中禽偏肺病毒感染率较高（郭龙宗和曲立新，2009；王菁等，2010；贠炳岭等，2012；李亚林等，2013），说明我国种鸡中普遍感染aMPV。

到目前为止，世界各地还不断有禽偏肺病毒发生的报道。巴西的鸡和火鸡中检测到A亚型禽偏肺病毒（D'Arce et al，2005），中国南方某鸡群和尼日利亚的鸡群检测到A亚型禽偏肺病毒，火鸡群为B亚型禽偏肺病毒（Owoade et al，2008）。Kwon等（Kwon et al，2010）证实韩国鸡群中同时存在A亚型和B亚型禽偏肺病毒。埃及、墨西哥分离到A亚型禽偏肺病毒（Abdel-Azeem et al，2014；Rivera-Benitez et al，2014）。1996年，美国科罗拉多州在商业火鸡暴发上呼吸道疾病的火鸡群中首次检测到禽偏肺病毒，经检测发现其抗原性与A和B两个亚型有明显不同（Seal et al，1998），随后美国北部所有的火鸡分离株都显示了抗原的相似性，于是将此类毒株定为C亚型。

在法国的番鸭中发生了类似于C亚型的病毒病，病鸭表现为呼吸道症状和产蛋下降（Toquin，1999），Sun等（Sun et al，2014）在中国南方有严重呼吸症状和产蛋显著下降的番鸭群中也分离出C亚型禽偏肺病毒。

2005年在美国野生加拿大鹅中分离到禽偏肺病毒，经鉴定为C亚型（Bennett et al，2005）。2007年在韩国活禽市场的雉鸡中分离到2株禽偏肺病毒，鉴定也为C亚型（Lee et al，2007）。2012年我们在有严重呼吸道疾病的鸡群中首次分离到C亚型禽偏肺病毒（Wei et al，2013）。

通过对20世纪80年代法国从发病火鸡分离的禽偏肺病毒的分子生物学研究证明有第四种亚型存在，命名为D亚型（Bayon-Auboyer et al，2000；Toquin et al，2000）。

【病原学】

1. 分类 禽偏肺病毒是有囊膜、不分节的单股负义RNA病毒，属于副黏病毒科偏肺病毒属，同属的还有在成人和儿童呼吸道感染中发现的人偏肺病毒（hMPV）（van den Hoogen et al，2001）。

2. 毒株分类 早期用交叉中和、ELISA及多肽图谱分析发现，欧洲分离株之间差异极小（Baxter-Jones et al，1987；Gough et al,1989）。用多个分离株的单克隆抗体研究发现，不同毒株之间存在明显的抗原性差异（Collis et al,1993;Cook et al,1993）。通过对G蛋白的序列分析证明禽偏肺病毒存在2个亚型，即A亚型和B亚型（Juhasz et al，1994）。美国从火鸡分离的禽偏肺病毒毒株用单特异性血清和单克隆抗体进行中和试验表明其与欧洲分离的A和B亚型无明显的血清学关系（Cook et al，1999）。根据核苷酸序列同源性分析，禽偏肺病毒分为4个亚型：A、B、C和D亚型，使用单克隆抗体在ELISA和中和抗体试验也证实了4种亚型的存在。核苷酸序列分析显示，在美国发现的C亚型禽偏肺病毒毒株之间有90%同源性，但是与A和B亚型只有

40%～70%的同源性（Shin et al，2002）。与其他3种亚型相比，C亚型禽偏肺病毒在系统进化发育上与hMPV更为接近（van den Hoogen et al，2002；Wise et al，2004）。

【形态学】

在负染电子显微镜下观察到的禽偏肺病毒有副黏病毒的形态学特征，为多形状，常见直径为80～200 nm的粗面球形，偶尔会有长丝状的形态存在，长度可达1 000 nm。Collins和Gough报道其病毒表面突出部分长13～14 nm，暴露的螺旋状核衣壳结构直径有14 nm，螺距约为7 nm（Collins and Gough，1988）。为番鸭中分离的禽偏肺病毒在电镜下的形态（见彩图4–14–1）。

1. 化学组成 禽偏肺病毒基因组为不分节的单股负义RNA，约14 kb。火鸡分离株在蔗糖梯度中的浮密度是1.21 g/mL，病毒有8种结构蛋白，其中2种糖蛋白，3种为病毒特异性的非结构蛋白（Collins and Gough，1988）。其分别是核衣壳蛋白N、磷蛋白P、基质蛋白M、小疏水蛋白SH、表面糖蛋白G、融合蛋白F、第二基质蛋白M2，以及1个病毒RNA依赖的RNA聚合酶蛋白L，并且在基因组的3′和5′端分别有前导序列和尾随序列。

2. 病毒的理化性质 研究证实，从火鸡上分离的C亚型禽偏肺病毒能在pH 5～9中稳定1 h。在4℃条件下保存不超过12周，20℃保存4周，37℃只能保存32 d，而50℃6 h后，病毒失活；消毒剂如季铵盐、乙醇、碘伏、苯酚及漂白粉等可以有效地降低病毒的活力（Jirjis et al，2000；Munir，Kaur and Kapur，2006）。室温干燥的情况下，病毒几天后仍保持活性（Townsend at al，2000）。有研究者对不同温度下火鸡堆肥垫料中的C型禽偏肺病毒存活时间进行研究，发现病毒在–12℃能存活60 d以上，8℃ 90 d后仍能在垫料中检测到病毒的RNA（Velayudhan et al，2003）。在对欧洲分离株的研究表明，禽偏肺病毒对脂溶剂敏感、在pH 3～9时稳定，56℃30 min病毒失活（Collins et al，1986）。

3. 致病性 在自然条件下禽偏肺病毒感染的发病率较高，但在实验室条件下，感染的禽出现咳嗽、打喷嚏、流鼻涕等症状，比转染感染症状要轻许多。用美国明尼苏达分离株感染2周肉鸡，结果感染鸡只出现咳嗽、打喷嚏等临床症状，感染后9 d，组织和肠道样品PCR检测仍为阳性（Shin et al，2000）。从患肿头综合征的鸡分离的禽偏肺病毒感染雏火鸡，也可引起火鸡出现鼻气管炎（Picault et al，1987）。研究表明，雏火鸡感染禽偏肺病毒的同时感染其他呼吸道致病菌和病毒，如大肠杆菌、波氏杆菌、鼻气管炎鸟杆菌（Cook et al，1991；Jirjis et al，2004；Marien et al，2005）、新城疫病毒（Turoin et al，2002）及鸡毒支原体（Naylor，et al，1992）能增加发病率，加重临床症状。因此，可以推测自然感染与实验室感染的致病性差异可能与饲养环境和饲养条件有关。

【流行病学】

1. 自然宿主及易感动物 任何日龄的鸡和火鸡都能感染禽偏肺病毒，而成为禽偏肺病毒的自然宿主。随后的血清学研究又证明了该病毒在野禽中的广泛传播（Gough et al，2001；Welchman et al，2002）。有报道珍珠鸡也出现禽偏肺病毒引起的肿头综合征（Litjens et al，1980）。

利用RT–PCR对美国北部的麻雀、鸭、鹅、燕子海鸥和八哥的鼻拭子进行检测，可以检测到禽偏肺病毒，这些病毒分离株与火鸡C亚型禽偏肺病毒极其相似（Bennett et al，2002；Bennett et al，2004；Shin et al，2000a；Shin et al，2002a）。还有报道称，从患呼吸道疾病和产蛋下降的商品番鸭中检测到了类C亚型病毒（Toquin et al，1999）。

实验室条件下，用A亚型禽偏肺病毒进行不同宿主动物的感染试验，证实火鸡、鸡和雉鸡易感，并出现临床症状，珍珠鸡能检测到机体对病毒免疫应答反应，而鸽子、鹅和鸭子似乎对病毒有抗性，不易感但可以带毒（Gough et al，1988）。此外，在饲养的鸵鸟中检测到禽偏肺病毒抗体（Cadman et al，1994）。我们发现用鸡分离的C型禽偏肺病毒感染BALB/c小鼠，可引起小鼠发热，气管和肺脏出现病理变化，用免疫组化和实时RT-PCR的方法在肺组织好和气管中都能检测到禽偏肺病毒，且病毒可在肺脏中至少持续存在21 d（Wei et al，2014）。

2. 传播方式　禽偏肺病毒可以通过直接接触传播方式从已感染禽传播给易感小火鸡，或接种滤过或未滤过感染禽类呼吸道的黏液、鼻液等亦可将病毒传播（McDougall et al，1986）。Cook等研究发现感染禽与易感禽类直接接触9 d可传染给其他小鸡，在同屋不同笼饲养时，病毒未传染给易感禽（Cook et al，1991）。Alkhalaf等人用C亚型禽偏肺病毒感染也得出类似的结果（Alkhalaf et al，2002）。

到目前为止，禽偏肺病毒的传播方式只有接触传播得到了证实。其他方式仍不是很清楚，人员出入、设备流动、饲料车、污染的水源，感染禽和康复禽的活动等都与该病暴发相关。此外，家禽尤其是火鸡的饲养密度对于禽偏肺病毒的传播有极其重要的影响（Jones，1996）。另外，候鸟可能在禽偏肺病毒的传播过程中起到重要作用，利用血清学和分子生物学技术调查显示野鸟存在禽偏肺病毒感染的情况（Turpin，2012）。但还未得到实验室的充分证实。

【临床症状及发病率】

禽偏肺病毒感染幼火鸡时，其典型症状包括用爪抓面部、啰音、咳嗽、打喷嚏、流涕、泡沫结膜炎、眶下窦肿胀，颌下水肿；日龄较大的多见咳嗽和甩头症状。产蛋禽感染后，产蛋率下降70%左右，并且蛋壳质量差，腹膜炎的发病率增加（Jones et al，1988）。耐过个体在无并发症感染的情况下，10～14 d内可恢复。发病率可以达到100%，死亡率从0.4%到50%不等。

鸡的禽偏肺病毒感染比较难确定，鸡的肿头综合征（SHS）与禽偏肺病毒感染有关，临床症状为眼眶和眶下窦肿胀、斜颈、运动失调和角弓反张，常伴有大肠杆菌或其他呼吸道病原体继发感染。感染禽偏肺病毒的鸡只普遍会出现呼吸道症状，感染率一般不超过4%，肉种鸡死亡率不超过2%，对产蛋率的影响程度不同。商品蛋鸡可能影响到蛋的质量（Jones，1996；Cook，2000）。有研究表明，滴鼻点眼感染禽偏肺病毒后不影响产蛋，但静脉接种感染临床症状要比滴鼻点眼严重，且产蛋下降比较严重（Hess et al，2004；Cook et al，2000）。

【病理变化】

1. 大体病变　鸡在感染禽偏肺病毒后，大体病变有头和颈部肉垂的皮下组织有黄色胶冻样或脓性水肿。眶下窦不同程度的肿大（Tanaka et al，1995；Haqshenas et al，2001；Lu et al，1994）。用欧洲分离到的禽偏肺病毒株感染5周龄火鸡，感染4 d后引起气管纤毛完全脱落（Jones et al，1986）。产蛋的火鸡感染后1～9 d的鼻甲有水样或黏液性渗出，气管黏液增多，感染禽的生殖道异常，包括输卵管内褶皱的蛋壳膜、卵巢和输卵管退化、卵白浓缩及卵黄固化、卵黄性腹膜炎、卵畸形，产蛋鸡很可能由于剧烈的咳嗽而发生输卵管脱出的现象（Jones et al，1988）。自然感染禽偏肺病毒时，若继发感染其他病原微生物会出现不同的病变，如心包炎、肺炎、气囊炎、肝周炎（Catelli et al，1998；Cook，2000；Seal，2000）。

2．组织学病变 小火鸡在感染禽偏肺病毒后1～2 d，可观察到鼻甲骨粒细胞活性增加、黏膜下充血和轻度单核细胞浸润、局部纤毛脱落；感染后3～5 d可见上皮层受损，黏膜下层有大量炎性单核细胞浸润（Majó at al，1995；Naylor and Jones，1993）。利用鸡和火鸡的分离株感染鸡只也能观察到相似的组织学变化（Majó et al，1995；Majó et al，1996；Catelli et al，1998）。禽偏肺病毒对感染鸡只的呼吸道造成局部和一过性的影响，但是呼吸道损伤很明显。我们用鸡分离的C亚型禽偏肺病毒感染鸡也出现明显的呼吸道损伤（Wei et al，2013）。

【免疫力】

1．主动免疫

（1）细胞免疫 研究表明，细胞免疫反应是抵抗禽偏肺病毒呼吸道感染主力。Jones等研究发现，用化学方法去除腔上囊的小火鸡接种禽偏肺病毒疫苗后不能产生抗体，但对禽偏肺病毒强毒攻击仍具有保护力（Jones et al，1992），说明细胞介导的免疫机制可能在抗禽偏肺病毒感染中起主要作用。

（2）体液免疫 研究发现，火鸡在感染禽偏肺病毒后，最早在第7天就能通过ELISA和VN检测到抗体，该抗体能够维持到试验结束（89 d）（Jones et al，1988）。用间接免疫荧光、血清中和试验和ELISA三种方法检测自然感染火鸡血清抗火鸡鼻气管炎病毒的抗体水平，发现出现临床症状5 d后能检测到中和抗体和抗火鸡鼻气管炎病毒的抗体，抗体能持续到出现临床症状34 d以后（Baxter-Jones et al，1989）。

2．被动免疫 种鸡的禽偏肺病毒抗体可通过卵黄传递给后代，但具有高水平母源抗体的1日龄火鸡不能够抵抗禽偏肺病毒攻击，同样出现临床症状（Naylor et al，1997）。

【诊 断】

1．病毒分离和鉴定 禽偏肺病毒感染主要表现为咳嗽、打喷嚏、流涕、泡沫结膜炎、眶下窦肿胀等（Naylor and Jones ，1993），许多病原感染都会出现类似的临床症状。因此，仅根据临床症状诊断禽偏肺病毒感染很难，需要结合实验室诊断技术进行综合诊断。

（1）病毒分离 禽偏肺病毒能在鼻甲骨和鼻窦内短期存活，因此，采集感染早期样品对于禽偏肺病毒的分离十分重要。多数情况下，从口腔、咽拭子、鼻腔分泌物、鼻后孔间隙拭子、鼻窦内刮下的碎屑和鼻甲骨组织能成功分离到禽偏肺病毒（Maharaj et al，1994），也有通过接种鸡胚卵黄囊分离禽偏肺病毒的报道（Pattison et al，1989）。此外，有用气管环培养法（Tracheal organ culture，TOC）从鸡和火鸡的鸡胚内分离禽偏肺病毒的报道（Majó et al，1995），还有在受感染的内脏中分离到禽偏肺病毒的报道（Cook et al，1993a）。通常分离禽偏肺病毒用以下几种方法：

1）气管环培养（TOC）　用快出壳的火鸡或鸡胚，也可用无禽偏肺病毒抗体水平的1～2日龄的雏鸡气管环进行培养，接种禽偏肺病毒疑似样品之后观察气管纤毛的运动，若是禽偏肺病毒传若干代之后会观察到一致的纤毛停滞现象（Cook et al，2002）。研究发现TOC并不适合C亚型病毒的分离，因为C亚型它不引起纤毛运动停滞（Cook et al，1999）。

2）鸡胚培养　用禽偏肺病毒阴性的6～8日龄火鸡胚或SPF鸡胚进行卵黄囊接种分离病毒。这种方法费时、费力，有时还会失败。也有成功的报道，其中包括C亚型禽偏肺病毒的分离（Panigrahy，2000）。

3）细胞培养　用细胞培养方法进行病毒初代分离比较困难，偶尔有用鸡胚细胞和Vero细胞分离成功的报道（Goyal et al，2000）。来自于鹌鹑成纤维细胞的QT-35细胞适合早期病毒的分离（Goyal et al，2000）。一旦病毒在鸡胚和TOC上生长适应，就可以在一定范围的禽类和哺乳动物细胞上获得较高的病毒滴度。

目前，禽偏肺病毒可在多种原代细胞内增殖，如鸡胚成纤维细胞（Chicken embryo fibroblast，CEF）、鸡胚肝细胞（Chicken embryo liver，CEL）、原代火鸡胚成纤维细胞（Turkey embryo fibroblast，TEF）和QT-35细胞。另外，Patnayak等证明了禽偏肺病毒也可在多种不同的传代细胞系中增殖，如黑长尾猴肾细胞（BGM-70）、胎猕猴细胞（MA-104）、非洲绿猴肾细胞（Vero）、鸡成纤维细胞（DF-1）、鼠源的McCoy细胞和叙利亚仓鼠肾细胞（BHK-21）等，不同的禽偏肺病毒毒株对不同细胞的适应性存在差异（Patnayak et al，2005）。

（2）病毒的鉴定　分离到的病毒在电子显微镜观察时呈副黏病毒样形态。研究分离病毒株的理化特性有助于对分离株的鉴定，也可以通过单克隆抗体或核苷酸序列分析等分子生物学方法进行鉴定。

2．病毒抗原的检测　目前，已建立多种检测禽偏肺病毒抗原的方法，如用免疫荧光技术（Immunofluorescence，IF）、免疫过氧化物酶（Immunoperoxidase，IP）（Cook et al，2002；Jones et al，1988）和免疫金染色法（O'Loan et al,1992）等对禽偏肺病毒抗原在火鸡或鸡的呼吸道组织进行定位检测。反转录聚合酶链式反应（Reverse transcriptase polymerase chain reaction，RT-PCR）的出现，为禽偏肺病毒特异性检测提供了一个更为快捷有效的检测方法。根据F、G、M、N蛋白的核苷酸序列，RT-PCR已成功用于aMPV亚型鉴定和地方性aMPV的检测和诊断（Guionie et al，2007）。此外，实时RT-PCR（Real-time RT-PCR）也可作为禽偏肺病毒检测强有力的工具，用于禽偏肺病毒亚型的鉴定和量化试验（Liman and Rautenschlein，2007）。

（1）血清学检测

由于禽偏肺病毒分离鉴定很困难，多采用血清学方法确诊禽偏肺病毒感染，特别是未接种疫苗鸡群。常用的方法有间接酶联免疫吸附反应（Enzyme-linked immunosorbent assays，ELISA）（Gerrard et al，1990）、病毒中和反应（Baxter-Jones et al，1989）、间接免疫荧光（Baxter-Jones et al，1986）和免疫扩散（Gough and Collins，1989）。其中，ELISA是最常用的方法。

1）ELISA　目前，市场上有很多商业性禽偏肺病毒 ELISA试剂盒（Naylor and Jones，1993），但是在敏感性和特异性方面各有不同（Mckkes et al，1998；Toquin et al，1996），这可能与包被的抗原纯度及抗原性不同有关。如果用异源株禽偏肺病毒来包被ELISA板可能检测不到疫苗抗体的（Eterradossi et al，1992）。加入 A亚型或 B亚型抗原的 ELISA试剂盒对禽偏肺病毒Colorado株抗体检测不敏感（Cook et al，1999）。一些竞争性 ELISA 试剂盒加入了禽偏肺病毒特异性单克隆抗体，为不同禽种的血清检测提供了可行性。但是这些试剂盒不适合检测美国禽偏肺病毒分离株的抗体（Cook et al，1999）。有用M和N蛋白表达抗原建立夹心捕获ELISA检测C亚型抗体的报道，且其敏感性和特异性更好（Gulati et al，2001）。

2）病毒中和试验和荧光抗体试验　应用敏感的细胞培养或TOC培养按标准的中和技术可进行禽偏肺病

毒抗体检测（Cook et al，2000a）。但中和试验既费时又费钱，不适用于禽场大量血清的筛选。荧光抗体试验是一种很有价值的检测技术，也有许多用于检测禽偏肺病毒抗体的病毒（Naylor and Jones，1993；Cook and Cavanagh，2002），但是对于大批量血清抗体的检测中应用有限。

3. 鉴别诊断

（1）变异毒株　仅通过观察禽偏肺病毒的形态不能确定毒株的类型和亚型。尽管A和 B亚型属于同一血清型，但经过对其G蛋白核苷酸序列分析（Juhasz and Easton,1994）和单克隆抗体分析（Collins et al，1993;Cook et al，1993），完全可以区分。随着 C亚型在美国出现，以及法国出现的C和 D 亚型，貌似还有新的亚型没被发现。用现已建立的 RT-PCR方法很可能检测不到这些“新”亚型。为达到该目的，需要应用多种诊断方法或建立更加敏感的 RT-PCR方法。

（2）其他病毒　副黏病毒（如新城疫病毒）、传染性支气管炎病毒和流感病毒都能引起鸡和火鸡的呼吸道疾病和产蛋下降，出现的症状与禽偏肺病毒类似。副黏病毒粒子和一些流感病毒粒子在电镜下形态极为相似，但其均具有血凝素和神经氨酸酶活性，通过这些特点极易与禽偏肺病毒区别。传染性支气管炎病毒呈圆形或多边形，表面有排列整齐的棒状纤突，而禽偏肺病毒呈多形性，可以通过形态和分子生物学特性加以区别。

（3）细菌和支原体　很多细菌和支原体引起的疾病与禽偏肺病毒感染症状相类似（Jones,1996）。这些细菌和支原体常作为禽偏肺病毒感染后引起继发感染的条件性致病原，这样就大幅度提高了诊断的难度。只有从感染禽类中分离鉴定出禽偏肺病毒，才能明确地将其区分。

【预　防】

1. 加强管理　饲养管理对商品家禽尤其是火鸡感染禽偏肺病毒的严重程度有极大的影响。通风不良、饲养密度过高、卫生条件差、不同日龄混养等因素都能够加重禽偏肺病毒感染（Gough and Pedersen，2007）。在敏感期断喙或免疫接种能够加重禽偏肺病毒感染后引起的临床症状和最终的死亡率（Andral et al，1985）。一般情况下，良好的生物安全措施是阻止禽偏肺病毒传入禽场的基本保证。对接触家禽的人员、运料车、器械和饲养用具严格进行日常的消毒。

2. 免疫接种　加强管理和提高生物安全对于疾病的控制和预防感染很重要，但疫苗接种是控制疾病最有效的方式。在火鸡和鸡中使用弱毒活疫苗和灭活疫苗控制禽偏肺病毒感染均具有商业价值。

目前，已研发出许多可作为活疫苗的毒株（Cook et al，1989；Cook et al，1989a；Cook et al，1990；Patnayak et al，2005；Williams et al，1991），活疫苗毒株可以在呼吸道刺激机体产生全身免疫及局部免疫。当火鸡和鸡首次接种活疫苗毒以后，虽然产生的抗体水平较低，但是却可以有效地保护机体（Lwamba et al，2002）。研究还证明了A和B两个亚型的疫苗毒有很好的交叉保护性（ Cook et al，1995），同时A、B 两个亚型的疫苗毒也能够保护C亚型病毒（Cook，2000）。单独使用禽偏肺病毒灭活疫苗，对禽偏肺病毒的感染仅有部分保护作用。通过联合加强免疫可获得有效和持久的保护，即减毒活疫苗和油佐剂灭活疫苗反复接种加强免疫（Cook et al，1996）。

目前，有利用病毒作为活疫苗载体评估抵抗禽偏肺病毒的感染。Qing等人于1994年报道，以鸡痘病毒为载体构建表达禽偏肺病毒F蛋白的重组病毒，通过肌内注射或翅下途径接种可诱导部分免疫保护抵抗强毒禽偏肺病毒的攻击（Qing et al，1994）。Hu等人2011年报道，以LaSota为活载体利用反向遗传学技术将aMPV-C抗原蛋白G基因插入到F-HN之间，获得表达aMPV-C G蛋白的重组新城疫病毒，可获得对新城疫强毒株NDV/CA02 100%的保护率、对aMPV-CO毒株的部分保护（Hu et al，2011）。

另有报道，禽偏肺病毒F蛋白和N蛋白用作DNA疫苗时可产生免疫性和潜在的保护性（Kapczynski and Sellers，2003）。G基因的缺失或删除突变株在 SPF 火鸡体内毒力致弱，该突变株与野生型病毒相比可诱导弱的免疫应答反应（Govindarajan et al，2010；Yu et al，2010）。

【公共卫生学意义】

禽偏肺病毒与一种新发现的人呼吸道病原——人偏肺病毒（Human metapneumovirus ，hMPV），同属于副黏病毒科，偏肺病毒属，二者十分相似。研究发现，人偏肺病毒可感染火鸡（Velayudhan et al，2006），我们研究发现禽偏肺病毒可以感染BALB/c小鼠（Wei et al，2014）。Kayali等收集了95名暴露于火鸡生产的职业人员和82名与火鸡无密切接触职业人员的血清，检查发现绝大部分受检者禽偏肺病毒和人偏肺病毒均为阳性，说明禽偏肺病毒有可能可以感染人（Kayali et al，2011）。因此，该病可能具有潜在的公共卫生意义。

（刘爵　韦莉）

第十五节　鸡大肝大脾病

（Big liver and spleen disease）

【病名定义及历史概述】

鸡大肝大脾病（Big liver and spleen disease，BLS）又名鸡肝炎脾大（Hepatitis-splenomegaly，HS）综合征，主要导致30～72周龄蛋鸡和肉种鸡的产蛋率下降（20%～40%），死淘率升高（1%～2%），发病鸡通常腹部红肿，卵巢退化，偶有鸡只肝脾表现肿大或出血坏死。鸡大肝大脾病1980年在澳大利亚被首次报道，1988年Handinger对该病的临床症状进行了详细的描述；1990年加拿大和美国鸡群中也有类似鸡大肝大脾病临床症状疾病的报道，在当地被称为鸡肝炎脾大综合征。1999年，Payne等从澳大利亚患有鸡大肝大脾的病鸡中分离获得了鸡大肝大脾病病毒（BLS virus，BLSV），并通过病毒一小段核苷酸序列证实其可能与戊型肝炎病毒（Hepatitis E virus，HEV）有着一定的关系，但是没有后续的相关研究报道。2001年，Haqshenas等从美国患有鸡肝炎脾大综合征病鸡中也分离到一种病原，并且该病原的全基因组序列与人戊型肝炎病毒同源性为48%左右，因此被命名为禽戊型肝炎病毒，后来研究发现鸡大肝大脾病病毒与禽戊型肝炎病毒可能是同一病毒的不同变异株。此后，欧洲的许多国家的鸡群都有该病毒感染的报道。在我国，1997年杨德吉等通过血清学检测证实了鸡大肝大脾病抗体在我国鸡群中的存在，2005年马玉玲等利用RT-PCR方法从南京某鸡场扩增获得了一小段鸡大肝大脾病病毒的核酸序列，直到2010年赵钦等从患有鸡肝炎脾大综合征的35周龄肉种鸡中分离得到我国首例禽戊型肝炎病毒分离株（命名为CaHEV），并获得了其全基因组序列。通过序列分析发现，中国的分离株与欧洲的同源性最高（98%），同属于禽戊型肝炎病毒基因3型。

【病原学】

禽、人、猪戊型肝炎病毒同属于肝炎病毒属，为无囊膜、单股正链RNA病毒，病毒粒子呈二十面体对称，直径为27～32 nm。该病毒在氯化铯中的浮密度为1.39～1.40 g/cm^3，沉降系数为183 s，对低温较为敏感，而对酸性和弱碱性环境具有一定的抵抗力。

禽戊型肝炎病毒的基因组全长约为6.6 kb，比哺乳动物的基因组少600 bp左右，包含5′帽子，3′ PolyA结构和3个开放阅读框（Open reading frame，ORF），分别为ORF1、ORF2和ORF3，并且ORF3与ORF2部分重叠。其中ORF1最大，编码病毒的非结构蛋白，包括甲基化转移酶、解螺旋酶和RNA依赖的RNA聚合酶等几个功能区域；ORF2编码病毒的主要结构蛋白——衣壳蛋白，含有病毒主要的抗原表位；最小的ORF3编码一个小的磷酸化蛋白，其在病毒的复制与感染过程中可能起着非常关键的作用；并且在ORF3前方存在一个顺式作用元件，严格调控的病毒RNA的转录。

禽戊型肝炎病毒不同亚单位蛋白的抗原性分析发现，ORF2基因编码的衣壳蛋白包含6个主要抗原区Ⅰ、Ⅱ、Ⅲ、Ⅳ、Ⅴ和Ⅵ，分别位于389～410、477～492、556～566、583～600、339～389和23～85氨基酸之间。抗原Ⅰ区的B细胞抗原表位主要位于399～410氨基酸之间，抗原II区的主要位于473～492氨基酸之间；同时抗原Ⅰ和Ⅴ区含有禽、人和猪戊型肝炎病毒共有的抗原表位，抗原Ⅱ和Ⅵ区含有禽戊型肝炎病毒特有的抗原表位，抗原Ⅳ区含有禽和人戊型肝炎病毒共有抗原表位。此外发现抗原Ⅰ和Ⅴ区刺激机体免疫应答反应产生的抗体是持久的，而抗原Ⅵ区是短暂的。禽戊型肝炎病毒ORF3基因编码的蛋白也可以刺激机体产生强烈的免疫应答反应，其抗原区主要位于ORF3蛋白C端74～87氨基酸之间。

目前，禽戊型肝炎病毒被分为4个基因型：澳大利亚和韩国分离株为基因1型，美国株为基因2型，中国和欧洲株为基因3和4型，基因分型与地域有一定的相关性。不同基因型的全基因组序列同源性为80%左右，同一基因型的同源性达90%以上。但是不同禽戊型肝炎病毒分离株ORF2的氨基酸序列同源性都达到了98%以上，这表明该病毒可能只存在一个血清型。

【流行病学】

鸡是禽戊型肝炎病毒唯一已知的自然宿主，但是利用该病毒可以实验室成功感染火鸡，证实其可以感染其他禽类。另外，鸭血清中也检测到禽戊型肝炎病毒特异抗体。

血清学调查结果显示，禽戊型肝炎病毒感染在许多国家中普遍存在，如越南鸡血清阳性率为40%，巴西为20%，美国为30%，韩国为28%，我国为40%左右。禽戊型肝炎病毒可以感染任何日龄的鸡，但是18周龄以上的成年鸡血清阳性率显著高于18周龄以下的鸡，提示该病可能主要感染成年鸡。

禽戊型肝炎病毒主要是通过粪口途径的接触性传染。临床上发现，如果鸡群中某一只鸡感染禽戊型肝炎病毒，2～3周后同一鸡群的其他鸡只也相继感染，并可以从感染鸡群的粪便中检测到病毒。在实验室条件下，将健康鸡与人工口腔途径感染禽戊型肝炎病毒的SPF鸡混合饲养，2周后健康鸡也被感染，并通过粪便不断向体外排毒。通过临床的种鸡和其孵化的雏鸡的病原检测发现该病毒也可以垂直传播。但是实验室条件下，禽戊型肝炎病毒翅静脉途径人工感染种鸡后，可以从攻毒鸡所产鸡蛋蛋清中检测到病毒RNA，并且阳性蛋清能够再次感染鸡只，但是并没有在孵化出的雏鸡中检测到病毒，因此实验室人工感染的条件下，该病毒并没有完成一个完整的垂直传播循环。

【发病机理】

作为一种粪口途径传播的病毒，禽戊型肝炎病毒感染鸡只可以在胃肠道组织（包括结肠、直肠、盲肠、空肠、回肠、盲肠扁桃体）中复制，然后通过病毒血症进入肝脏中复制，但是病毒在上述组织中复制后引起的组织肉眼和病理损害却没有相关的报道。

实验室条件下，通过口鼻腔和翅静脉两种途径可以成功感染60周龄的SPF鸡，并且口鼻腔途径接种鸡只的粪便和血清中病毒出现时间比翅静脉途径组晚7～10 d，胆汁和肝脏中病毒出现时间约晚3 d，但是持续时间前者要比后者长。禽戊型肝炎病毒人工感染鸡只后，大多数鸡只的肝脏和脾脏仅出现小的出血点和坏死点，偶有鸡只出现明显的肉眼损害（如肝脾肿大）（见彩图4–15–1）。目前，认为禽戊型肝炎病毒感染鸡只后引起的肝脏和脾脏的损害并不是由于病毒感染导致组织细胞损害引起的，而是由于病毒感染鸡只后的免疫病理学损害导致的，但详细的机理还需进一步深入的研究。

【症　状】

禽戊型肝炎病毒是鸡大肝大脾病或肝炎脾大综合征的主要病原，病毒感染鸡只后潜伏期至少几个月。病毒主要感染30～72周龄的蛋鸡和肉种鸡，引起产蛋率下降20%～40%，死淘率升高约1%，以40～50周龄的鸡发病率较高。部分鸡可能出现拉稀，神经症状。鸡大肝大脾病的临床症状与肝炎脾大综合征相似，但似乎要比其严重。

临床血清学和流行病学调查发现禽戊型肝炎病毒感染还可以引起鸡群的亚临床感染，不表现任何的临床症状，当外界环境和饲料发生变化或与其他病毒混合感染时，鸡群暴发鸡大肝大脾病和肝炎脾大综合征。尤其当病毒感染开产前蛋鸡或种鸡，鸡只此时不表现任何临床症状处于亚临床感染，当开产时由于饲料等外界因素改变，导致鸡群产蛋高峰上不去，部分鸡只绝产和出现肝脾肿大。

【病理变化】

禽戊型肝炎病毒感染鸡只后引起的鸡大肝大脾病和肝炎脾大综合征，其病鸡或死亡鸡剖检变化主要表现为肝、脾肿大，部分鸡只腹部红肿，卵巢退化。引起的组织学病理变化主要是肝脏被膜下出血，肝脏偶有大片出血和坏死区域，发病初期主要是肝脾肿大及全身淋巴细胞增生，肝脏汇管区周围淋巴细胞和异嗜性细胞浸润，脾脏出现淋巴细胞增生。发病后期肝脏出现凝固性坏死和血管炎，往往伴有脂肪或淀粉样变性。

【诊　断】

根据鸡群的周龄、产蛋量下降及剖检病变可以作出初步的诊断，但要注意与禽J亚群禽白血病引起的肝脾肿大做鉴别诊断。实验室诊断方法如下：

1．病毒的分离和鉴定　由于目前仍没有合适高效的禽戊型肝炎病毒体外培养系统，因此通常是通过活体对病毒进行分离和增殖。将发病鸡只的胆汁、血清、粪便、肝脏或脾脏悬液，翅静脉接种1日龄雏鸡，接种后7～21 d可以从鸡只的粪便中检测到抗原，10～28 d可以从血清、胆汁、肝脏和脾脏中检测到抗原，21 d后可以从血清中检测到抗体。

2．病毒抗原的测定　巢式RT-PCR检测发病鸡中粪便、胆汁、血清、肝脏和脾脏中病毒的RNA可以作出诊断，RT-PCR扩增的基因片段通常是病毒解螺旋基因或ORF2部分基因。但是由于巢式PCR操作繁琐，荧光定量RT-PCR方法也已广泛用于禽戊型肝炎病毒RNA的检测。此外，利用禽戊型肝炎病毒抗体阳性鸡血清或抗病毒衣壳蛋白的单抗，免疫组化或免疫荧光技术可以检测发病鸡中肝脏和脾脏中的病毒。

3．抗体的检测　利用原核表达的全长或不同截短的病毒ORF2和ORF3蛋白作为抗原，间接ELISA和Western blot方法检测鸡血清中的抗体可以诊断病毒的感染。但是由于病毒抗原结构的复杂性，以及临床不同鸡只的免疫系统的差异导致病毒感染鸡只后产生的针对不同蛋白抗体的差异，应注意不同蛋白抗原联合使用的检测。同时注意可能出现的假阳性，应重复试验。

【防治措施】

临床分子流行病学和血清学检测发现，卫生洁净的环境和严格的消毒措施对控制本病的传播是有效的。应把检测粪便中禽戊型肝炎病毒RNA阳性的鸡只严格隔离；新引进的鸡群特别是蛋鸡或国外引进的曾祖代种鸡等必须进行检疫，防止带入本病。禽戊型肝炎病毒分离增殖困难，因此利用灭活疫苗或弱毒苗预防该疾病尚未获得成功。然而依据周恩民等学者的实验室研究结果表明，原核表达禽戊型肝炎病毒的衣壳蛋白免疫鸡后能够抵抗禽戊型肝炎病毒的感染，提示基因工程亚单位疫苗是预防该病疫苗设计的一种方向。

【公共卫生】

禽、人、猪戊型肝炎病毒同属于肝炎病毒属，在遗传性和抗原性上具有相关性。目前，猪戊型肝炎病毒已被证实具有人兽共感染性，禽戊型肝炎病毒是否具有仍存在争议。目前，实验室条件下已证实，禽戊型肝炎病毒可以感染火鸡和新西兰兔，但不能感染与人类亲缘关系较近的恒河猴。但是血清学调查结果又发现，接触家禽的职业人群中戊型肝炎病毒抗体阳性率明显高于其他人群，而且健康青年人群中也检测到了禽戊型肝炎病毒特异性抗体。

【展　望】

禽戊型肝炎病毒感染对养禽业的危害主要表现在引起蛋鸡和种鸡的产蛋率下降，死淘率升高，从而导致严重的经济损失。在我国，由于其发现报道较晚，各养殖场及相关从业者对该病的危害并没有引起足够的重视。但是随着我国集约化养禽业的不断发展，为提高养禽业的经济效益，保证其健康发展，以及该病毒可能引发的人兽共感染，禽戊型肝炎病毒必须引起足够的重视。

目前，禽戊型肝炎病毒缺乏合适高效的体外培养体系，严重阻碍着该病毒疫苗的研发。因此寻找合适的禽戊型肝炎病毒体外培养体系可能是该病毒将来研究的一个重要的突破点。此外，该病主要危害蛋鸡和种鸡，因此种鸡场大肝大脾病防控和净化技术的集成也是预防该病的一种策略。

（周恩民　赵钦）

第十六节　轮状病毒感染

（Rotavirus infection）

【病名定义及历史概述】

轮状病毒（Rotavirus）是致人、畜、禽腹泻的重要病原之一。Mebus（1969）用电镜检查美国内布拉斯加州犊牛腹泻粪便时，首次发现并用细胞培养获得成功。Flewett（1974）根据病毒粒子与车轮相似的特点，从拉丁词“rota”（车轮），衍生出轮状病毒一词，并且确定内布拉斯加犊牛腹泻轮状病毒（NCDV）为标准毒株。Woode与Mcnlilty（1975—1976）分别发现猪和羊的轮状病毒，1977年美国学者Bergland等首次报道了在火鸡的水样粪便和肠内容物中发现禽轮状病毒，他认为这是引起火鸡肠炎的主要病原。此后英国、日本、意大利、北爱尔兰、比利时等国相继发表了有关轮状病毒感染家禽或其他鸟类的报告。我国洪涛等（1984）从成人腹泻粪便中分离到轮状病毒。马洪超等（1988）利用电泳、电镜及琼脂扩散试验首次从患腹泻的雏鸡肠内容物和粪便中发现了鸡轮状病毒。

【病原学】

轮状病毒在分类学上属于呼肠孤病毒，病毒粒子呈圆形，具有双层衣壳，直径为70 ~ 75 nm，外层衣壳的丢失可以产生无感染性或感染性很低的单层衣壳病毒颗粒，似环状病毒，但较完整病毒粒子小10 nm左右。感染细胞培养物的氯化铯梯度密度离心表明，存在两种不同密度的病毒颗粒，即浮密度为1.34 g/cm^{3}的双壳颗粒和1.36 g/cm^{3}的单壳颗粒。轮状病毒的壳粒排列呈立体对称，具有132条管道横跨各层衣壳，基因组为双链RNA，分为11个片段，分子量为$0.2 \times 10^6 \sim 2.1 \times 10^6$。在感染火鸡轮状病毒的MA104细胞内已检出10种病毒多肽，其中分子量分别为125 kD、100 kD和45 kD的VP1、VP2和VP6存在于失去外层衣壳的病毒颗粒中；VP3、VP4、VP5s和VP7多肽构成部分外层衣壳，分子量分别为90 kD、88 kD、54 ~ 55 kD和37 kD，其中，37 kD的多糖为糖基化多肽，另外两种分子量分别为30 kD和28 kD的非结构多肽已证实是糖蛋白。

轮状病毒编码的位于内层核衣壳的VP6蛋白具有高度保守性，称之为群特异性抗原，根据其抗原性的不同可以将轮状病毒分为A、B、C、D、E、F和G 7个群。从哺乳动物和鸟类中都已分离到A群轮状病毒，但B、C和E群轮状病毒迄今只见于哺乳动物，而D、F和G群则仅在鸟类中发现。在A群中又分Ⅰ亚群、Ⅱ亚群、Ⅰ和Ⅱ混合亚群。A群轮状病毒的血清型特异性主要取决于构成外层衣壳的VP7糖蛋白，由VP7介导的血清型特异性称为G血清型，VP4也与血清型特异性有关，此特异性称为P血清型，目前至少有15个G血清型和14个P血清型。

禽轮状病毒的形态学发生研究表明，病毒于胞浆内复制，形成无定形的毒浆（Viroplasm）。发育中的病毒粒子在内质网的无核糖体区、核糖体区获得囊膜，通过破裂细胞释放病毒粒子。病毒颗粒可见有完整的病毒粒子（或光滑型，即s颗粒）、无外衣壳的病毒粒子（或粗糙型，即R颗粒）、空衣壳等。

禽轮状病毒的分离最常采用细胞培养，敏感细胞如鸡肾细胞、鸡胚肝细胞、Marc145细胞、MA104细胞等并可产生细胞病变（CPE）。禽轮状病毒在细胞培养时常用的细胞为Marc145细胞和MA104细胞。禽轮状病毒的分离培养较困难，试验中将粪便提取直接接种Marc145细胞，在培养液中加入胰蛋白酶后，传至第6代开始出现可见的细胞病变。主要原因是轮状病毒表面的外衣壳蛋白VP4能抑制病毒吸附到宿主细胞上。接种前用10 ~ 20 μg/mL胰酶处理病毒，胰酶能将轮状病毒的外衣壳蛋白VP4裂解为67 kD和20 kD两个片段，使其暴露出与细胞受体结合的位点，病毒粒子由S（光滑）型变成R（粗糙）型，从而提高病毒的感染力和病毒穿入细胞的能力，并激活本身的RNA多聚酶，有利于禽轮状病毒的分离培养。初次分离时无CPE，但随着传代次数的增加，CPE愈加明显。

禽轮状病毒对外界环境的抵抗力较强，对氯仿30 min、56℃及pH3 处理2 h稳定。经粪便大量外排的病毒可存活数月之久，并污染雏禽、器械或禽蛋，并在其表面存活较长时间，从而成为感染发病或全进全出之后下一批家禽的感染来源。

【流行病学】

禽感染轮状病毒的潜伏期很短，实验感染的珍珠鸡在48 h内即自粪便中排毒，第5天达到高峰。感染鸡约在感染后3 d出现症状，并伴随排毒高峰。症状温和者不发生死亡，感染后2 ~ 7 d的粪便中可检测到病毒。禽轮状病毒的自然感染宿主包括鸡、火鸡、鸭、珍珠鸡、鸽、鹌鹑等，鸡、珍珠鸡还可用作实验宿主。大多数自然发病的家禽均小于6周龄。已报道的分离到禽轮状病毒的禽日龄从1日龄至4月龄等都有，但轮状病毒的颗粒最常见于6日龄的雏火鸡和14日龄以内的肉鸡雏的粪便中，但32 ~ 92周龄的商品蛋鸡也存在与轮状病毒感染有关的腹泻现象，这表明，随着家禽日龄的增加，感染率逐步下降。

禽轮状病毒感染率为20% ~ 90%，感染后的发病率很高，通常为32.6%，但死亡率很低，一般在4% ~ 7%，但此病出现的腹泻可影响雏禽的生长发育。如有继发感染，死亡率会升高。资料表明，轮状病毒存在于家禽肠道内，发病后在体内很多器官如胆囊等也存在。病毒通过消化道进入体内，其复制主要是在小肠成熟的绒毛细胞中。

水平传播已得到证实，而垂直传播尚无确凿证据。一般情况下轮状病毒在禽肠内存在并不致病，只有在应激或其他因素（如其他病原）的作用下才会致病。有关禽类或生物载体的带毒状态尚未得到证实。

【致病机理】

禽轮状病毒通过消化道进入体内，在小肠成熟的肠绒毛上皮细胞中增殖。在进入细胞以前，必须由体内的蛋白裂解酶将病毒外壳的VP4裂解为VP5和VP8，才能暴露出病毒内部与受体结合，进入细胞。病毒的复制在细胞浆内进行，其复制过程与哺乳动物轮状病毒大体相似。病毒侵染机体以后，在粪便中排毒最多的时期是感染后的2 ~ 5 d。腹泻的主要原因是病毒在成熟的肠上皮细胞内增殖，对细胞造成了破坏，从而由未成熟的细胞从隐窝处替换成熟细胞，造成二糖酶的缺少和吸收能力降低。

目前，许多研究表明非结构蛋白NSP4在轮状病毒致病中发挥着重要作用。NSP4 通过与肠绒毛细胞上NSP4受体结合，激活GTP-cAMP-PLC-InsP3 级联反应，导致Ca^{2+}从内质网中转移到胞内；NSP4还能抑制Na^{+}葡萄糖同向转运体SGLT1，抑制Na^{+}到胞内的转运；NSP4同样也能影响Cl^{-}的转运。这些离子的异常转运最终导致肠道的水及电解质代谢紊乱，从而产生腹泻。

【症 状】

禽轮状病毒感染的潜伏期很短，在实验感染的珍珠鸡，48 h即自粪便中排毒，第5天达到高峰。在感染的鸡中，约在实验感染后3 d出现症状并伴随排毒高峰。症状温和并且无死亡发生，感染后1 ~ 7 d粪便中可以检测到病毒。

在自然条件下，禽轮状病毒感染的主要症状为腹泻，有时伴有其他症状，症状的严重程度取决于感染宿主的种类、日龄、病毒的毒力差异，以及其他因素如传染性因子的存在、环境应激等。因此，禽轮状病毒感染具有明显的症状多样性。在鸡可致水样下痢、脱水、泄殖腔炎及啄肛而致贫血，精神、食欲不振，体重减轻，死亡率不一。肉鸡可见亚临床感染，也可见暴发腹泻和伴有脱水，生长发育缓慢及持续增高的死亡。雏火鸡发病后的特征是采食垫草、排水样便，病死率为4% ~ 7%，存活者生长缓慢。2 ~ 5周龄的感染禽，恶寒拥挤，发育受阻。蛋禽可致产蛋量及蛋壳品质下降等。

【病理变化】

剖检最常见的病变是小肠和盲肠内有大量的液体和气泡，其次病变是脱水、泄殖腔炎、由啄肛流血而致的贫血，肌胃内有垫草及爪部粪便污染而致的炎症和结痂。

实验感染鸡的免疫荧光（IF）研究证实，病毒复制的初始部位在小肠成熟绒毛吸收性上皮细胞的胞浆内。感染细胞多位于绒毛远端的1/3处。不同的毒株可能对小肠的某一区段有嗜性。

病理组织学变化表现为小肠黏膜上皮细胞呈柱状或矮柱状，有的变为立方形或矮立方形。感染初期，空肠中后部及回肠的吸收上皮细胞的核间隙扩张；后期，空肠后部及回肠部吸收上皮细胞的核染色质凝集呈团块状，核膜结构破裂以致完全破坏，核质外溢，核内基质减少，核仁消失，少数细胞核明显肿胀。感染初期，十二指肠及空肠前段黏膜上皮细胞的线粒体肿胀，嵴变粗，排列紊乱。空肠中后部及回肠部线粒体肿胀、变形或发生凝集。感染后期，线粒体明显肿胀变形，嵴断裂乃至溶解消失形成空泡状，或整个线粒体溶液分解破裂。感染初期，在空肠中后段及回肠黏膜上皮细胞表面的微绒毛排列紊乱，内部丝状结构不清。感染后期，各段小肠黏膜上皮细胞的微绒毛排列紊乱，从绒毛顶端或中部断裂乃至脱落。感染初期，空肠后段及回肠的黏膜上皮细胞的粗面内质网扩张。后期，各段小肠黏膜上皮细胞的粗面内质网及滑面内质网均扩张呈圆形，粗面内质网表面的核糖体部分脱落，胞浆内游离的核糖体也减少。高尔基复合体扁平囊两端扩张膨大，大泡小泡数量减少，溶酶体数量稍增多。

【诊　断】

电镜检查直观快速，对轮状病毒的诊断具有一定的价值，确诊应进行病毒的分离与鉴定。

1. 电镜检查　直接电镜检查粪便或肠道内容物中的病毒是最直观方法。用PBS悬浮粪便成15%，与等量的氟碳（Fluorocarbon）混合抽提，3 000 r/min离心15 ~ 30 min，使水相与氟碳相分离，吸取水相，100 000 r/min离心1 h，淀沉物用水悬浮成数滴以备检查。依据轮状病毒的形态学特征，不难确定所见到的病毒颗粒。这一方法由于经过了初步浓缩提纯，检出率较高，但较为复杂。另一种较为简便但敏感性较差的电镜检查法是先将腹泻粪便悬液进行3 000 r/min离心沉淀30 min，吸取上清；加等量的氯仿，充分振荡混合再次离心吸取上清进行负染镜检。

2. 细胞培养　轮状病毒的分离有3个关键条件，胰酶是促进病毒增殖和CPE出现的重要因素，但是即便应用了胰酶处理，也不能分离到电镜证实的样品中的轮状病毒，大多分离物在初代分离时并不出现CPE，必须应用免疫荧光技术来监测病毒的增殖与否。应该指出的是，大多病例中见到的CPE，并不一定是由轮状病毒增殖所致，而可能来自呼肠孤病毒或腺病毒。

离心沉淀法可以提高轮状病毒的阳性分离率。具体方法是用无血清培养液制成15%的粪便悬液，与最终浓度为5 mg/mL的胰酶在37℃作用1 h，接种在已长成单层的盖玻片上，室温2 500 r/min离心1 h，随后放入培养箱中37℃培养，维持液中加入5 mg/mL的胰酶。24 ~ 48 h培养后收获并用IF染色检查。鉴于双重感染（Dual infection）的可能性，最好使用两个抗原亚群的禽轮状病毒的抗血清。为了有效筛去大多的腺病毒及呼肠孤病毒感染的可能性，宜采用快速培养和IF检查。另外抗血清的制备应该使用SPF鸡，以防其他病毒抗原所导致的非特异性免疫荧光的出现。

3. 血清学检查　诊断上应用价值不高，因为其抗体普遍存在。但是 ELISA、对流免疫渗透电泳和中和试验曾对多种禽类进行了血清普查，均证实了轮状病毒抗体。测定禽类轮状病毒抗体，必须应用同源禽轮状病毒抗原。荧光抗体诊断技术具有特异性强、敏感性高等特点。刁有祥等（2003）人工感染试验结果表明，20日龄SPF鸡感染轮状病毒后12 h，肠黏膜深层涂片可出现较强荧光。自然感染检测结果表明，荧光抗体诊断结果与病毒的分离鉴定结果一致，符合率达100%。

4. 分子生物学检测方法　分子生物学检测技术具有灵敏度高、特异性强，无需培养病毒等优点，为轮状病毒等难培养的病毒的快速诊断提供了一个有力的手段。

（1）RT-PCR检测方法　提取样品中的总RNA，利用反转录试剂盒将RNA逆转录成cDNA，以cDNA为模板进行PCR扩增，将所获得的扩增产物进行电泳分析。RT-PCR技术是从临床样品中分离、鉴定及检测轮状病毒较好的方法。

（2）反转录半套式和套式PCR检测技术　半套式和套式PCR检测技术可提高样品中轮状病毒检测的灵敏性和特异性。研究结果显示，套式PCR方法可以检测到1 PFU的轮状病毒，而RT-PCR仅能检测到10^3 PFU

的轮状病毒。

（3）实时荧光定量RT-PCR方法 实时荧光定量RT-PCR方法有效解决了 PCR的污染问题，特异性更强，自动化程度更高，其检测灵敏度较传统的RT-PCR和套式PCR提高了$10^2 \sim 10^4$倍，这种方法可以检测不同组织中轮状病毒的感染情况，并且能够进行定量分析。

（4）基因芯片技术 基因芯片技术将 PCR的高敏感性与核酸杂交的高选择性相结合，能够更有效地检测病原体。目前研发的轮状病毒基因芯片，多用于病毒株的分组、分型及新毒株的鉴定等病原学研究，不仅限于临床诊断，还可用于高通量筛检环境样本中的轮状病毒。

【防治措施】

禽轮状病毒感染尚无特异性的治疗方法。对发病禽可以对症治疗，如给予复方氯化钠饮水补液以防机体脱水，促进疾病的恢复。

鉴于对轮状病毒感染的流行病学尚不完全清楚，尤其是病毒能否通过禽蛋传递，所以，加强禽舍及器具的清扫和消毒，是防止轮状病毒传播的有效手段。

禽轮状病毒灭活疫苗对该病有一定的保护作用，但研制弱毒疫苗，经口服建立肠道局部免疫是预防该病的关键。相信随着禽轮状病毒研究的深入和人为的关注，必将会出现成功的预防疫苗。

【展 望】

尽管目前在预防和治疗轮状病毒感染相关疾病方面已经取得了显著进展，但对轮状病毒的致病机制及机体免疫保护机制方面缺乏深入了解，在一定程度上限制了安全、有效、廉价、易于生产和保存的轮状病毒疫苗的开发。随着科学理论的发展和新技术的出现，植物性疫苗、病毒样粒子及传统的重组轮状病毒候选疫苗将会被不断地开发。

（刁有祥）

第十七节 火鸡冠状病毒性肠炎

（Turkey coronaviral enteritis）

【病名定义及历史概述】

1．病名定义 火鸡冠状病毒性肠炎（Turkey coronaviral enteritis，TCE），又称蓝冠病（Blue comb）、泥淖热（Mud fever）、传染性肠炎（Infectious enteritis），是由火鸡冠状病毒（Turkey coronavirus，TCV）引起

的一种火鸡急性、高度接触传染性肠道疾病。临床特征主要表现为精神沉郁、羽毛蓬乱、厌食、腹泻、增重缓慢及禽群发育不均。

2. 历史概述 1951年，Peterson和Hymas首次报道了一种在华盛顿已发生了几年的火鸡肠道疾病，当地称之为“泥淖热”。后因其在临床症状上有与禽单核细胞增多症（鸡蓝冠病）相似的蓝冠变化，改称为蓝冠病。同年，美国明尼苏达州的雏火鸡暴发了该病，表现为严重的发病和死亡。此后的20多年中，火鸡冠状病毒性肠炎在该州大规模流行，造成了巨大的经济损失。20世纪90年代初期，在印第安纳州、北卡罗来纳州等地相继暴发了此病，损失巨大。其中1994年，在Dubois县由火鸡冠状病毒性肠炎引起火鸡的死亡、发育迟缓等造成的损失和用于药物控制的费用就高达192.6万美元。此外，在南卡罗来纳州、佐治亚州、弗吉尼亚州、纽约州及其他州也有此病的发生。近年来，美国火鸡冠状病毒性肠炎的发生又有所上升。

1961年，Ferguson报道在加拿大安大略湖发生火鸡蓝冠病。此后，魁北克也暴发了该病。1985年，Dea等在魁北克分离到3株火鸡蓝冠病病毒。澳大利亚、巴西，以及法国、荷兰等欧洲国家先后也有此病的报道。2004年，发现在我国某些火鸡场存在火鸡蓝冠病疑似病例，后经初步鉴定确认为火鸡冠状病毒感染。

从20世纪50年代早期开始，寻找和鉴定蓝冠病病原的努力一直持续了20多年。在发病火鸡中发现了几种不同的感染因子，包括呼肠孤病毒、肠道病毒、乳多空病毒及弯曲菌，但用上述病原均不能复制该病。直到1971年，Adams和Hosfstad用鸡胚和火鸡胚成功培养、增殖了一株来自患蓝冠病火鸡的病毒，并用增殖的病毒成功复制出该病。1973年，冠状病毒被确定为该病的病原。

明尼苏达州从20世纪70年代初开始净化此病，1976年成功从该州火鸡场清除了此病。此后，火鸡冠状病毒在北美的火鸡养殖地区只是零星发现。然而，近年来火鸡冠状病毒作为火鸡肠道疾病的重要病原在北美又不断有所发现。该病毒也曾被认为与小火鸡肠炎和死亡综合征有关，后者以高死亡率、严重生长抑制及免疫功能障碍为特征。

【病原学】

1. 分类 火鸡冠状病毒属于冠状病毒科。冠状病毒科由多种RNA病毒组成了一个大的病毒科，这些病毒能感染多种禽类和哺乳类动物。依据血清学试验和基因测序结果，将冠状病毒分为3个不同的抗原群。第1群包括猫传染性腹膜炎冠状病毒（FCV）、犬冠状病毒（CCV）、猪传染性胃肠炎病毒（TGEV）、人冠状病毒（HCV 229 E株）。第2群包括马冠状病毒（ECV）、牛冠状病毒（BCV）、猪血凝性脑脊髓炎病毒（HEV）、小鼠肝炎病毒（MHV）、大鼠冠状病毒（RCV）、大鼠涎泪腺炎冠状病毒（SDAV）、人冠状病毒（OC43株）。第3群包括鸡传染性支气管炎病毒（IBV）、火鸡冠状病毒（TCV）。新分离的人SARS冠状病毒在抗原性上与上述3群差别较大，有人提议将其单列为第4群冠状病毒。

早期的免疫电镜、病毒中和试验和血凝抑制试验的抗原分析结果显示，火鸡冠状病毒与鸡传染性支气管炎病毒在抗原上不同，与哺乳动物冠状病毒也不同。据此，将鸡传染性支气管炎病毒和火鸡冠状病毒分别归属于冠状病毒3群和4群。Dea等根据一系列的抗原和基因分析证明火鸡冠状病毒与2群冠状病毒的牛冠状病毒与之间存在密切的抗原关系。最近的研究却发现火鸡冠状病毒在抗原性和遗传学上与鸡传染性支气管炎病毒（IBV）密切相关。核酸序列分析结果表明，火鸡冠状病毒与鸡传染性支气管炎病毒的膜蛋白M、核蛋白N和多聚酶（ORFlb）的基因序列具有高度的同源性，而与哺乳动物的冠状病毒相应序列同源性低。

2010年，Jackwood等在探讨火鸡冠状病毒适应性基因变化（与3群冠状病毒出现相关）时，通过基因序列对比发现，来源于其他冠状病毒的未知序列取代了鸡传染性支气管炎病毒S基因的两个位点，导致了跨种传播和致病性漂移。这种重组病毒感染火鸡后，S基因突变蓄积导致火鸡冠状病毒出现了不同的血清型。首次证明重组可以直接导致新冠状病毒及其疾病的出现。

2. 结构蛋白及其功能 冠状病毒基因组由一个RNA分子组成，大小约30 kb。已知其有4种主要的结构蛋白：纤突蛋白（S）、膜蛋白（M）、核蛋白（N）3种主要结构蛋白，而火鸡冠状病毒还含有第4种结构蛋白——小囊膜蛋白（He）。

（1）M蛋白是一种跨膜糖蛋白，分子量为20 ~ 35 kD。蛋白大部分位于囊膜内，仅有M端糖基化的小部分暴露在双层脂质外面，该蛋白的功能是在病毒装配时将核衣壳连接到囊膜上。抗M蛋白的抗体在补体存在时可中和病毒的感染性。

（2）N蛋白是病毒的核蛋白，分子量为45 ~ 60 kD。N蛋白基因是冠状病毒3个不同抗原群之间变异最大的，但在同一群的冠状病毒中则高度保守。1999年，Breslin等测定了火鸡冠状病毒的Minnesota、Indiana和NC95毒株的N蛋白全基因序列，其中3个毒株的CDs均为1 230 bp，共编码410个氨基酸，其同源性为93.82%。N蛋白是病毒内部的一种蛋白质，其功能主要是包裹核酸，使之易装配于核衣壳中，其上有大量抗原决定簇，能诱导产生抗体，且有很强的免疫原性。

（3）S蛋白是纤突糖蛋白，分子量为90 ~ 180 kD，与M、N蛋白相比，S蛋白在进化上最为活跃，该蛋白位于病毒最外层，大部分暴露在脂质层外，为构成囊膜突起的主要成分。由S1和S2两种多肽组成。2003年Jackwood等测定了Gh、Gl毒株S蛋白全基因序列，Gh株全长3 702 bp，其中S1为1 614 bp，由538个氨基酸组成；S2为2 001 bp，由667个氨基酸组成。Gl株全长3 711 bp，S1为1 623 bp，由541个氨基酸组成；S2为2 001 bp，由667个氨基酸组成。两毒株S蛋白基因之间的同源性高达96.00%。S蛋白能与宿主细胞受体结合，并穿透宿主靶细胞，具有诱导产生中和抗体和细胞介导免疫等功能。

（4）He蛋白又称E3蛋白，是囊膜上第3种糖蛋白，分子量为120 ~ 140 kD，有血凝活性，能凝集红细胞，还具有乙酰酯酶活性。

3. 病毒形态及抵抗力 火鸡冠状病毒颗粒为近似球形或多形性，有囊膜，直径为60 ~ 200 nm，囊膜上有日冕状纤突，在蔗糖中的浮密度为1.16 ~ 1.24 g/mL。

该病毒在22℃、pH3条件下处理30 min不能降低其感染性，50℃处理1 h或在1 mol/L硫酸镁存在的情况下均能存活，但在4℃经氯仿处理10 min可使之灭活。感染火鸡冠状病毒的肠组织在−20℃或更低温度条件下保存5年多，病毒仍然存活。皂酚和甲醛是杀灭污染禽舍中火鸡冠状病毒的有效消毒剂。火鸡冠状病毒在禽舍及养殖区能持续存活相当长时间，即使在火鸡清群以后亦是如此。2013年，Olivier Guionie等研究报道，火鸡冠状病毒在室温（21.6 ± 1.48℃）保存10 d，检不到活病毒，在冰箱（4.1 ± 1.68℃）保存20 d，病毒仍具有感染性。提示火鸡冠状病毒在凉爽季节易在禽群中传播。

Minnesota和Quebec毒株均能凝集兔和豚鼠的红细胞，但不能凝集牛、马、绵羊、小鼠、猴、鹅、鸡的红细胞。

4. 分离培养 火鸡冠状病毒能在火鸡胚或鸡胚中生长增殖，经羊膜腔接种于15日龄以上的火鸡胚或16日龄以上的鸡胚，均能生长繁殖。接种23 ~ 24日龄火鸡胚，其肠道、卵黄和腔上囊均有病毒存在，且孵出的雏火鸡出现火鸡冠状病毒性肠炎症状和死亡。将Minnesota毒株经火鸡胚传至100代后，仍保留对雏火鸡的致病性。

利用各种禽类和哺乳类动物的细胞培养物增殖火鸡冠状病毒均未成功。1989年Deo等用人直肠腺癌传代细胞系HRT-18能够使火鸡冠状病毒连续传代，但未得到其他研究者的进一步证实。1994年Rodgers等将火鸡冠状病毒接种鸵鸟胚成纤维细胞可导致细胞病变，然而火鸡冠状病毒在这些器官和细胞培养物中不能增殖，但能存活120 h之久。2010年，Deriane成功用雏火鸡的肠道培养物增殖火鸡冠状病毒，用于宿主-病毒相互关系的研究。

【流行病学】

1. 自然宿主 不同日龄的火鸡都可感染火鸡冠状病毒，但临床发病最常见于几周龄的小火鸡。火鸡被认为是火鸡冠状病毒的唯一宿主，而雉鸡、野鸡、海鸥、鹌鹑、仓鼠对火鸡冠状病毒均有抵抗力。以前认为鸡对火鸡冠状病毒也有抵抗力，但最近的研究证明并非如此。Guy研究表明，雏鸡能感染火鸡冠状病毒。1日龄雏鸡经口感染火鸡冠状病毒，虽然没有明显的临床症状，但在接种后2～8 d，证明有血清学变化，并在肠道和腔上囊中发现了火鸡冠状病毒抗原。2010年，Gomes用火鸡冠状病毒试验感染1日龄的SPF鸡，首次在感染鸡上呼吸道（副鼻窦、哈德氏腺）检出火鸡冠状病毒抗原及S基因mRNA。

2. 传播途径及传播媒介 火鸡冠状病毒感染后可通过粪便排毒，火鸡通过摄食粪便或粪便污染物水平传播感染，用感染火鸡的心、肝、脾、肾和胰脏组织匀浆实验感染火鸡未能成功，而用经过滤处理的感染火鸡肠组织或腔上囊组织匀浆则易引发感染。

火鸡冠状病毒通常能在群内和同场或邻近场火鸡群间迅速传播，亦可通过人员、设备和运输工具的移动而机械传播。已证实，拟甲虫的幼虫和家蝇是火鸡冠状病毒潜在的机械传播媒介。野鸟、啮齿动物和犬也可作为机械传播者。虽然还没有火鸡冠状病毒经蛋传播的证据，但孵化场内的小火鸡会被来自感染场的人员和工具（如蛋箱）污染引发感染。

临床患病火鸡康复后数周仍可经粪便排毒。据报道，实验感染后6周仍能从感染火鸡的肠内容物中分离到病毒，采用RT-PCR技术在感染后7周仍可检到病毒。

【发病机理】

火鸡冠状病毒首先在肠绒毛顶端部位的肠细胞和腔上囊上皮细胞中复制增殖。火鸡冠状病毒肠道感染表明，该病毒和其他肠冠状病毒相似，可引起消化吸收不良和腹泻，这可能是火鸡冠状病毒引起肠绒毛上皮损伤的结果，但亦有人认为该病毒可通过改变肠细胞生理学这一微妙的方式而起作用。之前，对火鸡冠状病毒感染仅能在火鸡胚上进行评价，对宿主-病毒相互作用的病理特点不甚了解。2010年，Gomes 等用肠道培养物探讨病毒与宿主的相互关系，发现不同于其他冠状病毒，火鸡冠状病毒感染肠道细胞的切冬酶-2、3，p53有效表达很少，而BCl-2抗原表达量与病毒抗原量呈正相关。首次报道火鸡冠状病毒感染可导致肠道细胞凋亡。

此外，火鸡冠状病毒也可通过改变肠道正常菌群而影响肠道正常生理功能。感染火鸡冠状病毒火鸡肠道菌群的变化特征是腐败和不发酵乳酸的细菌数增多，乳杆菌也同时增多。

早期报道的火鸡冠状病毒感染（蓝冠病）和以粗制的粪便/肠匀浆实验感染的一个共同特征是死亡率高。最近，用胚胎增殖的火鸡冠状病毒进行试验研究表明，火鸡冠状病毒性肠炎引起的死亡率通常可以忽略不计，至少在实验条件下如此。气候条件、饲养管理、拥挤及继发感染都可加剧火鸡冠状病毒性肠炎，导致更大的损失。已经证实，抗生素可以降低火鸡冠状病毒性肠炎的死亡率，这可能与其能控制继发感染有关。用火鸡冠状病毒和致肠道病变的大肠杆菌进行实验研究所提供的证据表明，火鸡冠状病毒和细菌的相互作用可引发严重的临床症状。只用火鸡冠状病毒实验感染小火鸡，仅仅导致中等程度的生长抑制，而无明显的死亡；只用致肠道病变的大肠杆菌菌株实验感染小火鸡也不产生明显的临床症状。但是，采用火鸡冠状病毒和致肠道病变的大肠杆菌同时感染小火鸡，则可引起严重的生长抑制和高死亡率。

【症　状】

火鸡冠状病毒性肠炎的潜伏期为1～5 d，但一般在2～3 d。

自然感染时，表现为突然出现临床症状，发病率高达100%，死亡率随日龄增大而减少，幼雏死亡率达50%～100%。患病火鸡精神沉郁、食欲不振、饮水减少、水样腹泻、脱水、体温降低和消瘦，患禽粪便呈绿色或棕褐色，水样或泡沫样，可能含有黏液和尿酸盐降低。与正常火鸡群相比，感染群死亡率增加，生长缓慢，饲料转化率降低。感染群的死亡率高低不一，随禽龄、并发感染、饲养管理及气候条件的不同而有所差异。

以胚适应火鸡冠状病毒毒株进行实验感染表明，火鸡冠状病毒性肠炎只引起轻微发病和中等程度的生长缓慢，几乎无死亡。种火鸡在产蛋期感染火鸡冠状病毒后会导致产蛋量骤减，蛋品质也受影响，蛋壳失去正常的颜色（呈白色、白垩质蛋）。

【病理变化】

1. 大体病理变化　火鸡冠状病毒性肠炎病理变化主要见肠道和腔上囊，十二指肠和空肠通常呈苍白松弛状，盲肠扩张，充满水样内容物，腔上囊萎缩，感染火鸡消瘦、脱水。

2. 组织病理学变化　火鸡冠状病毒感染火鸡的肠道和腔上囊可见组织病理学变化。实验感染火鸡的肠组织病理变化包括：绒毛变短、隐窝变深、肠绒毛柱状上皮表呈立方上皮，同时微绒毛消失；杯状细胞数量减少，肠上皮细胞与固有层分离，固有层中有异嗜白细胞和淋巴细胞浸润。感染后5 d，肠上皮开始修复，微绒毛的柱状上皮开始替代立方上皮，杯状细胞开始重新出现。21 d恢复正常。

感染后2 d，腔上囊上皮细胞出现明显病变，包括上皮细胞的坏死和增生。腔上囊正常的假复层柱状上皮被复层鳞状上皮所取代；上皮细胞间及上皮周围可见明显的异嗜白细胞浸润。腔上囊淋巴滤泡中度萎缩，但在淋巴滤泡中未检测到火鸡冠状病毒抗原，所以腔上囊淋巴组织损伤不可能是火鸡冠状病毒直接造成的，淋巴滤泡细胞缺损可能继发于囊上皮的损伤，或是感染期间糖皮质激素释放的一种结果。感染后10 d，可见腔上囊上皮明显修复，柱状上皮取代复层鳞状上皮。

【诊 断】

火鸡冠状病毒性肠炎的诊断通常需要辅以实验室检查，因为其他火鸡肠道病原体也可引发相似的临床症状和病理变化。实验室诊断包括：病毒分离、电镜观察、血清学试验，以及肠道组织、腔上囊组织内容物中的病毒抗原或病毒RNA检查。

1. 病毒分离鉴定 火鸡冠状病毒的分离可用发病火鸡的肠内容物、粪便样品或肠道及腔上囊组织匀浆上清液，经口感染1～7日龄雏火鸡，复制该病；也可用15日龄的火鸡胚，用于病毒的分离和继代，接种胚继续孵化2～5 d，用免疫组化染色可以检测到胚体肠道中的火鸡冠状病毒抗原。

采集肠道、腔上囊病料制成匀浆，负染后直接电镜检查，然而细胞碎片的干扰常常难以识别，经聚乙二醇沉淀后则易辨认出冠状病毒；采用免疫电镜技术可以对火鸡冠状病毒性肠炎作出确切的诊断。

2. 荧光抗体试验 荧光抗体试验是目前检测火鸡冠状病毒性肠炎最重要的血清学方法。直接免疫荧光抗体法可用于检测感染1～28 d后的自然病例和人工感染火鸡胚或雏火鸡的肠上皮中的火鸡冠状病毒，该法需要特异的火鸡冠状病毒单克隆抗体。间接免疫荧光抗体法可用于检测感染后9～160 d的血清抗体，但需要用火鸡冠状病毒适应株感染火鸡24～48 h的胚肠组织制备冰冻切片或用火鸡冠状病毒感染2周龄火鸡，4 d采集剥落的腔上囊上皮制备抗原检测片，而且需要熟练的操作技能和昂贵的设备。

3. 酶联免疫吸附试验（ELISA） 已有报道利用酶联免疫吸附试验（ELISA）检测火鸡冠状病毒特异性抗体。可利用商品化传染性支气管炎病毒包被的ELISA。此外，用杆状病毒表达的火鸡冠状病毒核衣壳蛋白和针对核衣壳蛋白的生物素标记的特异性单克隆抗体已建立了竞争酶联免疫吸附试验（cELISA）。与间接免疫荧光法相比，传染性支气管炎病毒ELISA与cELISA有较高的敏感性［分别为（＞92%）和（＞96%）］，两种方法与传染性支气管炎病毒抗体有交叉反应。虽然不能区别传染性支气管炎病毒和火鸡冠状病毒的特异性抗体，但似乎并不妨碍这两种方法用于检测火鸡冠状病毒性肠炎的特异性抗体，因为火鸡对传染性支气管炎病毒不易感。与其他冠状病毒相似，传染性支气管炎病毒的宿主范围很小。目前所知，传染性支气管炎病毒的自然宿主为鸡和雏鸡，实验火鸡未感染成功。

4. RT-PCR法 为检测火鸡冠状病毒的最新方法，可用于感染火鸡粪便和肠内容物中火鸡冠状病毒RNA的检测。采用RT-PCR法可以在感染后1～49 d内检测到火鸡体内的火鸡冠状病毒RNA。与病毒分离比较，RT-PCR法的敏感性和特异性分别为93%和92%。此外，多重RT-PCR可以同时检测火鸡冠状病毒和其他肠道病毒。2010年Cardoso等报道，用羟基萘酚作为染料建立的可视RT-LAMP，可快速、敏感、特异地检出感染火鸡胚肠道悬浮液中的火鸡冠状病毒基因组（10^2 EID_{50}/50 mL），且与其他禽类病毒无交叉反应。

【预防和控制】

火鸡群一旦感染火鸡冠状病毒很难清除，而且将频繁发生。目前治疗火鸡冠状病毒性肠炎没有特异性的药物，已证明抗生素可以降低死亡率，这可能是通过控制细菌性继发感染的结果。提高育雏舍温度、避免拥挤等可降低死亡率。

美国对于暴发火鸡冠状病毒性肠炎的火鸡场，通常采取扑杀火鸡，对禽舍及其周围环境彻底消毒，重新引进火鸡前空舍一定时间等措施控制该病。目前研究认为，体液免疫在抗火鸡冠状病毒感染时发挥主要作用，火鸡冠状病毒感染产生的肠道黏膜IgA抗体，能抵抗该病毒再次感染，康复火鸡具有坚强的免疫力，很少能再次感染。以上结果提示，用火鸡冠状病毒疫苗预防火鸡冠状病毒性肠炎具有可行性，但现在仍无可供使用的注册疫苗。2013年，Yi-Ning Chen等报道利用DNA初免-蛋白质加强的免疫策略（DNA prime-protein boost vaccination）可应对火鸡冠状病毒感染。

快速诊断及血清学监测是目前预防该病的重要手段。此外做好火鸡场的综合性卫生防疫工作有助于疾病的防治。

【展　望】

近年来，火鸡养殖业在我国逐渐升温，部分地区已出现比较密集的火鸡饲养带。有研究表明，在我国某些火鸡场存在火鸡冠状病毒性肠炎的疑似病例。用其发病火鸡的肝、脾、肠道组织匀浆接种15日龄SPF鸡胚，传至第2代的感染鸡胚肠道匀浆和卵黄对兔红细胞具有血凝性，电镜观察感染鸡胚肠道匀浆见有圆形或椭圆形，带有花冠状纤突，直径大约为120 nm的病毒颗粒。利用RT-PCR，设计针对火鸡冠状病毒S2基因的引物，扩增出预期大小的DNA片段。初步确定所分离的病毒为火鸡冠状病毒。火鸡冠状病毒的分离在我国尚属首次。应引起行业对火鸡冠状病毒性肠炎潜在威胁的高度重视。研究报道康复火鸡具有坚强的免疫力，提示用火鸡冠状病毒疫苗预防火鸡冠状病毒性肠炎具有可行性。应积极开展火鸡冠状病毒疫苗的研制，做好预防火鸡冠状病毒性肠炎的储备工作。

（乔健　赵立红）

参考文献

白丽杰，杨春柏. 2012. 浅谈禽痘病防控措施[J]. 畜禽业（6）：8–9.

毕英佐，辛朝安，邝明智，等. 1985. 广州地区禽脑脊髓炎研究初报[J]. 畜牧兽医学报，16（4）251–253.

陈剑杰，李巨银.2007.禽轮状病毒研究进展[J]. 畜牧兽医杂志，26（1）：26–27.

陈溥言. 2007. 兽医传染病学[M]. 第5版. 北京：中国农业出版社，345–351.

陈士友，陈溥言，蔡宝祥. 1991. ELISA检测禽呼肠孤病毒抗体方法的建立及应用[J]. 中国兽医杂志，27（2）：2–3.

程娟. 2009. 轮状病毒检测技术的研究进展[J]. 中国生物制品学杂志，22（6）：622–624.

崔尚金，王云峰，邓国华，等. 2000. 禽轮状病毒的分离鉴定及部分特性研究[J]. 中国预防兽医学报，22（1）：1–2.

崔尚金，于康震.2000.禽轮状病毒感染研究进展[J]. 中国预防兽医学报，22（6）：468–470.

崔治中，Lee L F. 1991.用非放射性的Digoxigenin标记的DNA探针检出马立克病病毒DNA[J]. 江苏农学院学报，12（1）：1–6.

刁有祥，陈庆普，刘悦竹，等.2003.免疫荧光技术快速检测鸡轮状病毒的研究[J]. 中国预防兽医学报，25（4）：302–304.

刁有祥，冯涛，崔治中，等.2004.鸡轮状病毒的分离鉴定及特性研究[J]. 畜牧兽医学报，35（4）：434–438.

刁有祥，刘悦竹，陈庆普，等.2004.鸡轮状病毒灭活油乳疫苗的制备与应用研究[J]. 中国预防兽医学报，26（2）：139–141.

丁铲. 1991. 新城疫病毒的分子生物学研究[J]. 中国兽医杂志，17（6）：52–53.

杜念兴. 1954. 新城疫血凝和血凝抑制试验 [J]. 畜牧与兽医（5）：174–177.

杜世杰，王秀敏.2014. 禽痘的发生与诊断[J]. 养殖技术顾问（12）：196.

杜岩，崔治中，秦爱建. 1999. 从市场商品肉鸡中检测出亚群白血病病毒[J]. 中国家禽（3）：1–4.

甘孟侯，郑世军，张中直，等.1993.使用鸡传染性喉气管炎疫苗引起了鸡群发生强烈发应的观察[J]. 中国兽医杂志（3）：18–19.

甘孟侯. 1989. 鸡新城疫发生新特点及其诊断和防制[J]，中国兽医杂志，15（2）：48–50.

甘孟侯.2004.禽流感[M].第2版，北京：中国农业出版社.

高桂超. 2011.禽腺病毒感染的防控[J]. 畜牧与饲料科学，32（11）：112–114.

高有权.2009.产蛋下降综合征的实验室诊断技术[J]. 畜牧与饲料科学，30（11–12）：30.

高玉龙，秦立廷，王晓梅. 2012. 家禽病毒性免疫抑制病流行特点与防控对策[J]. 中国家禽，34（15）：5–8.

葛金英，温志远，高宏雷.2008.表达传染性法氏囊病毒超强毒流行株VP2 基因重组新城疫病毒La Sota 疫苗株的构建[J].中国农业科学，41（1）：243–251.

郭龙宗，曲立新. 2009. 种鸡禽肺病毒感染的血清学调查[J]. 中国畜牧兽医（36）：149–150.

国纪垒，刁有祥，程彦丽. 2013. 病毒血清10致病性[J]. 中国兽医学报，33（8）：1179–1183.

哈尔滨兽医研究所. 1989. 家畜传染病学[M]. 北京：农业出版社.

韩静，陈晨，曹红，等. 2005. 禽白血病病毒p27基因在原核细胞的表达及生物学特性的初步分析[J]. 病毒学报，21（4）：293–297.

何宏虎，陈溥言，蔡宝祥. 1988. 禽网状内皮组织增殖病病毒的分离鉴定[J]. 中国畜禽传染病（2）：1–3.

何秀苗，阳秀英，韦平. 2007. 传染性法氏囊病及其病原分子生物学研究进展[J]. 动物医学进展，28（2）：48–51.

何秀苗，张科，秦爱建. 2005. I群禽腺病毒江苏分离株（FAVI_JS）的分离鉴定[J].中国预防兽医学报，27（1）：42–45.

胡良彪. 1987. 鸡哈德氏腺的免疫学研究[J]. 中国兽医杂志（8）：44–45.

胡祥璧，徐宜为，付德霞，等. 1982. 应用免疫扩散试验进行鸡马立克氏病特异诊断的研究[J]. 中国农业科学（5）：83–87.
黄骏明. 1994. 禽脑脊髓炎[J]. 中国畜禽传染病，77（4）：57–60.
黄仕霞，刘秀梵，张如宽. 1988. 鸡马立克氏病毒II型无毒株Z4的分离和鉴定[J]. 病毒学报，4（2）：131–135.
黄志永，韦平，吴俊姬，等.2009. 传染性腔上囊病病毒广西流行株免疫原性的研究[J]. 中国兽医科学，39（10）：880–885.
江汉湖，郑明球. 1987. 不同毒株的NDV对胚体的感染性[J]. 中国畜禽传染病（1）：5–8.
金梅林，陈焕春.1998. 传染性支气管炎病毒在鸡胚成纤维细胞中适应及复制的生物学特性研究[J].中国兽医杂志，24（11）：43–48.
李惠姣. 1985. 我国NDV分离株生物学特性的研究[J]. 病毒学报（4）：354–356.
李维义，李德山. 1984. ND克隆-83疫苗对雏鸡的安全和免疫试验[J]. 家畜传染病（4）：7–20.
李新生，陈红英，杜向党.2009. 鸡新城疫和产蛋下降综合征二联灭活氢氧化铝胶疫苗免疫研究[J]. 中国畜牧兽医，36（8）：125–128.
李亚林，段晓琴.2013.新疆昌吉地区规模化种鸡场禽肺病毒感染情况的血清学调查[J].当代畜牧，（11）：72–73.
李扬陇. 1984. LaSota株与IB弱毒在同一鸡胚培养二联弱毒苗[J]. 兽医科技杂志（3）：10–12.
李中华，史惠，周毅，等.2008.鸡传染性支气管炎实验室诊断方法研究进展[J].动物医学进展，29（1）：95–99.
梁英，马闻天. 1946. 一种滤过性病毒所致鸡病[J]. 农报（12）：14–16.
刘 东，刘红祥，于静，等.2015. Ⅰ亚群腺病毒在我国鸡群的流行病学调查[J]. 中国家禽，37（15）：70–73.
刘尚高，刘爵.1994.轮状病毒的分子生物学研究进展[J]. 中国兽医科技，24（9）：40–42.
骆春阳. 1980.应用羽囊琼脂扩散法检查鸡马立克氏病的试验报告[J]. 江苏农学院学报，1（1）：8–13.
吕玲. 2013. 我国禽病研究的新起点[J]. 中国家禽（1）：6.
马闻天，李惠姣，李晓欣，等. 1987. 鸡新城疫灭活苗研究[J]. 中国畜禽传染病（1）：9–12.
宁雪娇，柳永振，单虎.2012. 鸡传染性腺胃炎病原学研究进展[J]. 中国动物传染病学报，20（5）：82–86.
潘长江，杨树芳.2000. AE流行新特点、未来发展态势与防治对策[J].中国预防兽医学报，22（9）：237–238.
秦卓明，赵继勋，杨建民，等.2002.酶联免疫吸附试验检测禽脑脊髓炎抗体方法的研究[J].山东农业科学，6（1）：13–17.
秦卓明. 1997. 禽脑脊髓炎[J]. 山东家禽（1）：36–39.
曲立新，幸桂香，李峰，等.1996. 用双抗体夹心ELISA法检测鸡病毒性关节炎病毒的研究[J]. 中国畜禽传染病（1）：44–46.

沈德永.2014. 鸡产蛋下降综合征的防治措施[J]. 畜牧兽医科技信息（3）：118.
沈瑞忠，曲立新，于康震，等.1999. 禽肺病毒的分离鉴定[J]. 中国预防兽医学报（21）：76–77.
单松华，胡永强，谢爱织，等. 1994.鸡病毒性关节炎酶联免疫吸附试验的建立及应用[J]. 中国兽医科技（2）：29–30.
粟硕，张桂红.2013.鸡传染性支气管炎诊断方法研究进展及应用概况[J].中国预防兽医学报，35（1）：77–80.
孙鹏，王云峰，胡桂学. 2010.禽痘病毒载体及其应用[J]. 中国畜牧兽医，37（9）：82–85.
孙英杰，陈鸿军，詹媛，等. 2011. Class Ⅰ新城疫病毒核衣壳蛋白在体外细胞感染过程中表达定位的检测[J]. 中国预防兽医学报，33（2）：85 -88.
孙宗禹. 1988. 简述非典型新城疫诊断[J]. 黑龙江畜牧兽医（7）：33–37.
童昆周，林英华，徐宜为，等. 1984. 鸡马立克氏病（MD）免疫的研究—MD病毒弱毒疫苗株的培育和免疫实验[J]. 畜牧兽医学报，15（2）：107–113.
王红宁.2002. 禽呼吸系统疾病[M]. 北京：中国农业科技出版社.
王红宁.2009.鸡传染性支气管炎诊断方法研究进展[J].兽医导刊（11）：31–32.
王锡堃，唐秀英，刘庆祥，等.1985. 应用琼扩试验检查鸡病毒性关节炎[J]. 家畜传染病（3）：26–28.
王晓泉，刘晓文，胡顺林，等. 2011. 新城疫病毒Class Ⅰ与Class Ⅱ毒株交叉血凝抑制禽病试验快速分类[J]. 中国家禽（4）：14–17.
王玉东，王永玲. 2001. 鸡传染性支气管炎的实验流行病学分析畜[J].牧兽医学报，32（1），64–72.
王玉东，张子春，王永玲，等. 2001. 鸡腺胃型传染性支气管炎（综述）[J]. 牧兽医学报，32（1），64–72.
韦莉，刘爵，姚炜光，等.2004.我国禽脑脊髓炎病毒分离株全基因组的测定[J].病毒学报，20（3）：230–236.
韦平，龙进学，阳秀英，等.2004. 传染性法氏囊病病毒（IBDV）快速检测与分型技术[J]. 中国兽医学报，24（4）：313–316.
吴剑，段晨阳，刘梦颖，等. 2013. 轮状病毒致腹泻机制的研究进展[J]. 现代生物医学进展，13（12）：2389–2392.
吴艳涛，刘秀梵，张如宽. 1991. 鸡马立克氏病二价疫苗田间免疫效力试验[J]. 中国兽医科技，12（5）：22–24.
肖成蕊，梁基，郭翠莲，等. 1990.免疫荧光技术诊断鸡病毒性关节炎的研究[J]. 中国兽医科技（9）：4–6.
谢芝勋，庞耀珊，刘加波，等.1999. 用反转录聚合酶链反应检测禽呼肠孤病毒的研究[J]. 中国预防兽医学报（5）：46–48.
谢芝勋，Khan M I. 2000.应用PCR检测禽腺病毒[J]. 中国兽医学报，20（4）：332–334.
徐宜为.1995.最新禽病与防治[M]. 北京：中国农业出版社，205–213.

阳秀英，韦平，周祥，等.2006. 传染性法氏囊病病毒YL051、YL052的分离及其VP2基因高变区序列的比较分析[J]. 广西农业生物科学，25（2）：101–106.

杨春艳. 2013.禽痘的流行与治疗[J]. 养殖技术顾问（10）：96.

杨建民，秦卓明，赵继勋，等. 2003. 禽脑脊髓炎单克隆抗体的制备和鉴定[J].畜牧兽医学报，34（2）：191–194.

杨盟，周建国，马海利.2012.A 组轮状病毒的基因组及其蛋白研究进展[J]. 中国动物传染病学报，20（2）：75–80.

杨再波，廖启顺，杨再科，等. 鸡产蛋下降综合征的影响因素与防制措施[J].上海畜牧兽医通讯（4）：68–70.

杨仉生，赵立红，乔健，等.2006. 火鸡冠状病毒的分离和初步鉴定[J].畜牧兽医学报，37(11)：1241–1244.

杨仉生，赵立红，乔健.2004.火鸡蓝冠病的研究进展[J].中国兽医科技，34（12）：29–31.

于恩庶. 1988. 中国人兽共患病学[M]. 福州：福建科技出版社.

贠炳岭，刘在斯，吴关，等. 2012. 我国部分地区种鸡禽肺病毒感染的血清学调查[J]. 中国家禽（34）：64–65.

张德友，何晓青，程莉，等.2009.轮状病毒检测技术概述[J]. 现代农业科学，16（2）：11–12.

张登荣，王世英.2000. 鸡肾型IBV引起病理形态学的电镜观察[J].畜牧兽医学报，31(2)，140–144.

张国中，赵继勋.2012. 2012年鸡重要疫病的临床特征及防控措施[J].北方牧业（8）：15.

张国中，王晓婷，赵继勋.2010.鸡传染性喉气管炎的流行病学特点及防控[J]. 兽医导刊（2）：27.

张国中. 2013. 2013年鸡重要疫病的流行动态分析[J]. 中国家禽（2）：45.

赵高伟，任晓峰. 2013. 轮状病毒感染机制及防治的研究进展[J]. 世界华人消化杂志，21（1）：60–65.

赵继勋，秦卓明，姚永秀，等. 1997. 禽脑脊髓炎琼扩抗原的研制与应用[J]. 中国家禽，9（4）：7–9.

赵立红，陈德威，李军等.2001.“全胚双氟碳法”制备禽脑脊髓炎琼扩抗原的研究[J].中国农业大学学报，6（1）：110–114.

赵莉，周洁，高诚. 2012. 禽腺病毒载体研究进展[J]. 动物医学进展，33（11）：99–103.

赵振华，成子强，顾玉芳，等. 2002. 骨髓细胞瘤病自然病例的病理学研究[J]. 中国兽医科技，10（302）：3～5.

赵振华，顾玉芳，王风龙，等. 1999. 禽骨髓细胞瘤病的病理学初报[J]. 动物医学研究进展，20（3）：85–86.

郑明球，蔡宝祥，丁承英，等. 1983. 鸡新城疫免疫程序的研究[J]. 南京农学院学报（3）：90–96.

郑明球，蔡宝祥，姜平. 2010. 动物传染病诊治彩图谱[M].第2版. 北京：中国农业出版社，126–127.

郑明球，蔡宝祥，苏春喜. 1988. N_{79}型疫苗和法氏囊疫苗对雏鸡联合饮水免疫试验[J]. 畜牧与兽医，20（2）：54–56.

郑世军，宋清明. 2013. 现代动物传染病学[M].北京：中国农业出版社.

周蛟，潘李珍，赵国珍，等. 1980.“北京-1株”鸡马立克氏病强毒分离和鉴定的研究[J]. 北京农业科学（1）：20–29.

朱国强，王永坤，周继宏，等. 1994.鸡产蛋下降综合征的研究及防制[J]. 江苏农学院学报，15（2）：5–13.

邹云莲，俞乃胜. 2002.火鸡出血性肠炎病毒分子生物学研究进展[J]. 动物医学进展，23（3）：5–8.

Abdel-Azeem A A, Franzo G, Zotte A D, et al.2014. First evidence of avian metapneumovirus subtype A infection in turkeys in Egypt[J]. Trop Anim Health Prod., 46: 1093–1097.

Agunos A C, Yoo D, Youssef S A, et al.2006. Avian hepatitis E virus in an outbreak of hepatitis-splenomegaly syndrome and fatty liver haemorrhage syndrome in two flaxseed-fed layer flocks in Ontario[J]. Avian Pathology, 35(5): 404–412.

Akin A , Lin T L, Wu C C, et al. 2001. Nucleocapsid protein gene sequence analysis reveals close genomic relationship between turkey coronavirus and avian infectious bronchitis virus[J]. Acta Virol,45:31–38.

Alkhalaf A N, Ward L A, Dearth R N, et al.2002. Pathogenicity, transmissibility, and tissue distribution of avian pneumovirus in turkey poults[J]. Avian Dis., 46: 650–659.

Al-Muffarej S I, Savage C E, Jones R C.1996. Egg transmission of avian reoviruses in chickens: comparison of a trypsin-sensitive and a trypsin-resistant strain[J]. Avian Pathol, 25(3):469–480.

Andral B C, Louzis C, Trap D, et al.1985. Respiratory disease (rhinotracheitis) in turkeys in Brittany, France, 1981—1982.I. Field observation and serology[J]. Avian Dis., 29: 35–42.

Bagust T J and Johnson M A.1995. Avian infectious laryngotracheitis: virus-host interactions in relation to prospects for eradication[J]. Avian Pathol, 24: 373–391.

Baxter-Jones C, Cook J K A, Fraser J A, et al.1987. Close relationship between TRT virus isolates[J]. Vet Rec., 120: 562.

Baxter-Jones C, Grant M, Jones R C, et al. 1989. A comparison of three methods for detecting antibodies to turkey rhinotracheitis virus[J]. Avian Pathol., 18: 91–98.

Baxter-Jones C, Wilding G P, Grant M. 1986. Immunofluorescence as a potential diagnostic method for turkey rhinotracheitis[J]. Vet Rec., 119: 600–601.

Bayon-Auboyer M H, Arnauld C, Toquin D. 2000. Nucleotide sequences of the F, L and G protein genes of two non-A/non-B avian pneumoviruses (APV) reveal a novel APV subgroup[J]. J Gen Virol., 81: 2723–2733.

Bayon-Auboyer M H, Jestin V, Toquin D,et al.1999. Comparison of F-, G- and N-based RT-PCR protocols with conventional virological procedures for the detection and typing of turkey rhinotracheitis virus[J]. Arch Virol., 144: 1091–1109.

Bennett R S, McComb B, Shin H J, et al. 2002. Detection of avian pneumovirus in wild Canada (Branta canadensis) and blue-winged teal (*Anas discors*) geese[J]. Avian Dis., 46: 1025–1029.

Bennett R S, LaRue R, Shaw D, et al. 2005. A wild goose metapneumovirus containing a large attachment glycoprotein is avirulent but immunoprotective in domestic turkeys[J]. J Virol., 79: 14834–14842.

Bennett R S, Nezworski J, Velayudhan B T, et al. 2004. Evidence of avian pneumovirus spread beyond Minnesota among wild and domestic birds in central North America[J]. Avian Dis., 48: 902–908.

Biggs P M.1961. A discussion of the classification of the avian leukosis complex and fowl paralysis [J]. British Veterinary Journal，117:326–334.

Bili I, Jaskulska B, Basic A, et al.2009. Sequence analysis and comparison of avian hepatitis E viruses from Australia and Europe indicate the existence of different genotypes[J]. Journal of General Virology, 90: 863–873.

Billam P, Huang F F, Sun Z F, et al.2005. Systematic Pathogenesis and Replication of Avian Hepatitis E virus in Specific-Pathogen-Free Adult Chickens[J]. Journal of Virology, 79 (6): 3429–3437.

Billam P, Pierson F W, Li W, et al. 2008. Development and Validation of a Negative-Strand-Specific Reverse Transcription-PCR Assay for Detection of a Chicken Strain of Hepatitis E Virus: Identification of Nonliver Replication Sites[J]. Journal of Clinical Microbiology, 46(8): 2630–2634.

Blake-Dyke C and Baigent S.2013. Marek’s disease in commercial turkey flocks. Vet Rec, 173:376.

Buys S B, du Preez J H, Els H J. 1989. The isolation and attenuation of a virus causing rhinotracheitis in turkeys in South Africa[J]. Onderstepoort J Vet Res., 56: 87–98.

Cadman H F, Kelly P J, Zhou R, et al. 1994. A serosurvey using enzyme-linked immunosorbent assay for antibodies against poultry pathogens in ostriches (Struthio camelus) from Zimbabwe[J]. Avian Dis., 38: 621–625.

Calnek B W .1998.Control of Avain Encephalomyelitis:A Historical Account[J]. Avian Disease，42(4):632–647.

Calnek B W and Witter R L. 1991. Diseases of Poultry[M].9th edition. Ames:Owa State University Press.

Calnek B W, Lucio-Martinez B, Cardona C, et al.2000. Comparative susceptibility of Marek’s disease cell lines to chicken infectious anemia virus[J]. Avian diseases, 44(1): 114–124.

Cardoso T C, Ferrari H F, Bregano L C, et al.2010. Visual detection of turkey coronavirus RNA in tissues and feces by reverse-transcription loop-mediated isothermal amplification (RT-LAMP) with hydroxynaphthol blue dye[J]. Molecular and Cellular Probes，24: 415–417.

Catelli E，Cook J K，Chesher J，et al. 1998. The use of virus isolation，histopathology and immunoperoxidase techniques to study the dissemination of a chicken isolate of avian pneumovirus in chickens[J]. Avian Pathol.，27: 632–640.

Cavanagh D, Mawditt K, Sharma M, et al.2001. Detection of a coronavirus from turkey poults in Europe genetically related to infection bronchitis virus of chickens[J]. Avian Pathol ,30:355–368.

Cavanagh D.2007. Coronavirus avian infectious bronchitis virus[J]. Vet. Res, 38: 281–297.

Cheevers W P, O'Callaghan D J, Randall C C. 1968.Biosynthesis of host and viral deoxyribonucleic acid during hyperplastic fowlpox infection in vivo[J]. J Virol, 2(5):421–429.

Chen F, Liu J, Yan Z, et al. 2012.Complete Genome Sequence Analysis of a Natural Reassortant Infectious Bursal Disease Virus in China [J]. J. Virol., 86(21):11942–11943.

Chen H, Yuan H,Gao R,et al. 2014. Clinical and epidemiological characteristics of a fatal case of avian influenza A H10N8 virus infection: a descriptive study[J].Lancet,383(9918):714–721.

Chen Y N, Wu C C, Yeo Y, et al. 2013.A DNA prime-protein boost vaccination strategy targeting turkey coronavirus spike protein fragment containing neutralizing epitope against infectious challenge[J]. Veterinary Immunology and Immuno- pathology，152: 359–369.

Cheng Z, Liu J, Cui Z, et al. 2010.Tumors associated with avian leukosis virus subgroup J in layer hens during 2007 to 2009 in China[J]. J Vet Med Sci，72(8): 1027–1033.

Chesters P M，Howes K，McKay J C, et al. 2001.Acutely transforming avian leukosis virus subgroup J strain 966: defective genome encodes a 72-kilodalton Gag-Myc fusion protein[J]. J Virol，75: 4219–4225.

Collins M S, Gough R E，Lister S A，et al.1986. Further characterisation of a virus associated with turkey rhinotracheitis[J]. Vet Rec.，119: 606.

Collins M S, Gough R E, Alexander D J. 1993. Antigenic differentiation of avian pneumovirus isolates using polyclonal antisera and mouse monoclonal antibodies[J]. Avian Pathol., 22: 469–479.

Collins M S，Gough R E.1988. Characterisation of a virus associated with turkey rhinotrachritis[J]. J Gen Virol.，69，909–916.

Cook J K A, Ellis M M, Dolby C A, et al. 1989.A live attenuated turkey rhinotracheitis virus vaccine. I.Stability of the attenuated strain[J]. Avian Pathol., 18: 511–522.

Cook J K A, Ellis M M. 1990.Attenuation of turkey rhinotracheitis virus by alternative passage in embryonated chicken eggs and tracheal organ cultures[J]. Avian Pathol., 19:181–185.

Cook J K A, Ellis M M, Dolby C A, et al. 1989a.A live attenuated turkey rhinotracheitis virus vaccine. The use of the attenuated strain as an experimental vaccine[J]. Avian Pathol., 18: 523–534.

Cook J K A, Ellis M M, Huggins M B. 1991. The pathogenesis of turkey rhinotracheitis virus in turkey poults inoculated with the virus alone or together with two strains of bacteria[J]. Avian Pathol., 119: 181–185.

Cook J K A, Huggis M B, Orbell S J, et al.1999. Preliminary antigenic characterisation of an avian pneumovirus isolated from commercial turkeys in Colorado,USA [J]. Avian Pathol., 28: 607–617.

Cook J K A, Jones B V, Ellis M M, et al. 1993. Antigenic differentiation of strains of turkey rhinotracheitis virus using monoclonal antibodies[J]. Avian Pathol., 22, 257–273.

Cook J K, Cavanagh D. 2002. Detection and differentiation of avian pneumoviruses (metapneumoviruses)

[J]. Avian Pathol., 31: 117–132.

Cook J K, Chesher J, Orthel F, et al.2000. Avian pneumovirus infection of laying hens: experimental studies[J]. Avian Pathol., 29: 545–556.

Cook J K, Huggins M B, Woods M A, et al.1995. Protection provided by a commercially available vaccine against different strains of turkey rhinotracheitis virus[J]. Vet Rec., 136: 392–393.

Cook J K, Kinloch S, Ellis M M. 1993a. In vitro and in vivo studies in chickens and turkeys on strains of turkey rhinotracheitis virus isolated from the two species[J]. Avian Pathol., 22: 157–170.

Cook J K, Orthel F, Orbell S, et al.1996. An experimental turkey rhinotracheitis (TRT) infection in breeding turkeys and the prevention of its clinical effects using live-attenuated and inactivated TRT vaccines[J]. Avian Pathol., 25: 231–243.

Cook J K. 2000a. Avian pneumovirus infections of turkeys and chickens[J]. Vet J., 160: 118–125.

Cook J K.2000. Avian rhinotracheitis[J]. Rev Sci Tech., 19: 602–613.

Coppo M J, Noormohammadi A H, Browning G F, et al. 2013. Challenges and recent advancements in infectious laryngotracheitis virus vaccines[J]. Avian Pathol, 42: 195–205.

Creelan J L, Calvert V M, Graham D A, et al.2006. Rapid detection and characterization from field cases of infectious laryngotracheitis virus by real-time polymerase chain reaction and restriction fragment length polymorphism[J]. Avian Pathol, 35: 173–179.

Cui P, Ma S, Zhang Y, et al.2013. Genomic sequence analysis of a new reassortant infectious bursal disease virus from commercial broiler flocks in Central China[J]. Arch. Virol., 158(9):1973–1978.

Cui Z Z, Lee L F, Silva R F, et al. 1986. Monoclonal antibodies against avian reticuloendotheliosis virus: identification of strain-specific and strain-common epitopes[J]. J Immunol, 136(11): 4237–4242.

Cui Z Z, Lee L F, Smith E J, et al. 1988. Monoclonal-antibody-mediated enzyme-linked immunosorbent assay for detection of reticuloendotheliosis viruses[J]. Avian Dis, 32(1): 32–40.

D'Arce R C, Coswig L T, Almeida R S, et al.2005. Subtyping of new Brazilian avian metapneumovirus isolates from chickens and turkeys by reverse transcriptase-nested-polymerase chain reaction [J]. Avian Pathol., 34:133–136.

Davison F and Caiser P. 2004.Marek's Disease, an Evolving Problem[M]. London: Elsevier Academic Press.

de Wit J J S, Cook J K A , Harold M J F,et al.2011.Infectious bronchitis virus variants: a review of the history, current situation and control measures[J]. Avian Pathology, 40(3): 223–235.

Ducatez M F, Chen H, Guan Y, et al. 2008.Molecular epidemiology of chicken anemia virus (CAV) in southeastern live birds markets[J]. Avian diseases, 52(1): 68–73.

Eltahir Y M, Qian K, Jin W, et al.2011. Analysis of chicken anemia virus genome: evidence of Intersubtype recombination[J]. Virology Journal, 8(1): 1–7.

Eltahir Y M, Qian K, Jin W, et al.2011. Molecular epidemiology of chicken anemia virus in commercial farms in China[J]. Virol J, 8: 145.

Eterradossi N, Toquin D, Guittet M, et al.1992. Discrepancies in turkey rhinotracheitis ELISA results using different antigens [J]. Vet Rec., 131: 563–564.

Fan S T, Zhou L Z,Wu D, et al. 2014.A novel highly pathogenic H5N8 avian influenza virus isolated from a wild duck in China[J]. Influenza and other respiratory viruses, 8(6):646–653.

Fan W Q, Wang H N, Zhang Y, et al.2012. Comparative dynamic distribution of avian infectious bronchitis virus M41, H120 and SAIBK strain by quantitative real-time PCR in SPF chickens[J]. Biosci. Biotechnol. Biochem, 76 (12): 2255–2260.

Farkas T, Maeda K, Sugiura H, et al.1998. A serological survey of chickens, Japanese Quail, pigeons, ducks and crows for antibodies to chicken anemia virus in Japan[J]. Avian Pathol, 27 (3): 316–320.

Feng J L, Hu Y X, Ma Z J, et al.2012. Virulent Avian Infectious Bronchitis Virus, People's Republic of China[J]. Emerging Infectious Diseases, 18(12):1994–2001.

Francois A, Eterradossi N, Delmas B, et al.2001. Construction of avian adenovirus CELO recombinants in cosmids[J]. J Virol, 75:5288–5301.

Geerligs H, Spijkers I, Rodenberg J. 2013.Efficacy and safety of cell-associated vaccines against Marek's disease virus grown in QT35 cells or JBJ-1 cells[J]. Avian Diseases, 57:448–453.

Gerrard C, Whitwort A, Chettle N, et al.1990. Avian rhinotracheitis diagnostic kit [J]. Vet Rec., 126: 342.

Gimeno I M. 2014.Detection and differentiation of CVI988 (Rispens vaccine) from other serotype 1 Marek's disease viruses[J]. Avian Diseases, 58:232–243.

Gomes D E, Ferrari H F,et al.2011.Poult Intestinal Organ Culture for Propagation of Turkey Coronavirus and Assessment of Host-virus Interactions[J]. Braz J Vet Pathol, 4: 30–35.

Gomes D E, Hirata K Y, Saheki K ,et al. 2010. Pathology and Tissue Distribution of Turkey Coronavirus in Experimentally Infected Chicks and Turkey Poults[J]. J Comp Path, 143:8–13.

Gough R E, Collins M S, Cox W J ,et al.1988. Experimental infection of turkeys, chickens, ducks, geese, guinea fowl, pheasants and pigeons with turkey rhinotracheitis virus [J]. Vet Rec., 123: 58–59.

Gough R E, Drury S E, Aldous E, et al.2001. Isolation and identification of an avian pneumovirus from pheasants [J]. Vet Re., 149: 312.

Gough R F, Collins M S. 1989. Antigenic relationship of three turkey rhinotracheitis viruses [J]. Avian Pathol., 18: 227–238.

Govindarajan D, Kim S H, and Samal S K. 2010. Contribution of the attachment G glycoprotein to pathogenicity and immunogenicity of avian metapneumovirus subgroup C [J]. Avian Dis., 54: 59–66.

Goyal S M, Chiang S J, Dar A M, et al.2000. Isolation of avian pneumovirus from an outbreak of respiratory illness in Minnesota turkeys [J]. J Vet Diagn Invest., 12: 166–168.

Greco A. 2014.Role of the short telomeric repeat region in Marek's disease virus replication, genomic integration, and lymphomagenesis[J]. Journal of Virololy, 53(1):28–43.

Gu M,Zhao G,Zhao K,et al. 2013.Novel variants of clade 2.3. 4 highly pathogenic avian influenza A (H5N1) viruses, China[J]. Emerging infectious diseases,19(12):2021–2024.

Guionie O, Toquin D, Sellal E, et al. 2007. Laboratory evaluation of a quantitative real-time reverse transcription PCR assay for the detection and identification of the four subgroups of avian metapneumovirus [J]. J Virol Methods., 139: 150–158.

Gulati B R, Munir S, Patnayak D P, et al. 2001. Detection of antibodies to U.S. isolates of avian pneumovirus by a recombinant nucleocapsid protein-based sandwich enzyme-linked immunosorbent assay [J]. J Clin Microbiol., 39: 2967–2970.

Guo H L, Zhou E M, Sun Z F, et al.2007. Egg whites from eggs of chickens infected experimentally with avian hepatitis E virus contain infectious virus, but evidence of complete vertical transmission is lacking[J]. Journal of General Virology, 88: 1532–1537.

Guo H L, Zhou E M, Sun Z F,et al.2006. Identification of B-cell epitopes in the capsid protein of avian hepatitis E virus (avian HEV) that are common to human and swine HEVs or unique to avian HEV[J]. Journal of General Virology, 87(1): 217–223.

Guy J S, Smith L G, Breslin J J, et al. 2002. Development of competitive enzyme-link immunosorbent assay for detection of turkey coronavirus antibodies[J]. Avian Dis, 46:334–341.

Guy J S. 2000.Turkey coronavirus is more closely related to avian infectious bronchitis virus than to mammalian coronavirus: a review[J]. Avian Pathol, 29:207–212.

Handlinger J H, Williams W.1988. An egg drop associated with splenomegaly in broiler breeders[J]. Avian Disease, 32: 773–778.

Haqshenas G, Shivaprasad H L, Woolcock P R, et al. 2001. Genetic identification and characterization of a novel virus related to human hepatitis E virus from chickens with hepatitis-splenomegaly syndrome in the United States [J]. J Gen Virol., 82: 2449–2462.

Haqshenas G, Shivaprasad H L, Woolcock P R, et al.2001. Genetic identification and characterization of a novel virus related to human hepatitis E virus from chickens with hepatitis-splenomegaly syndrome in the United States[J]. Journal of General Virology, 82(10): 2449–2462.

He X, Wei P, Yang X, et al.2012. Molecular Epidemiology of Infectious Bursal Disease Viruses Isolated from Southern China during the Years of 2000—2010[J]. Virus Gene, 45(2): 246–255.

He X, Xiong Z, Yang L, et al.2014. Molecular epidemiology studies on partial sequences of both genome segments reveal that reassortant infectious bursal disease viruses were dominantly prevalent in southern China during 2000—2012[J]. Arch. Virol., 159(12):3279–3292.

Hess M, Huggins M B, Mudzamiri R,et al. 2004. Avian metapneumovirus excretion in vaccinated and non-vaccinated specified pathogen free laying chickens [J]. Avian Pathol., 33: 35–40.

Hsu I W, Tsai H J. 2014.Avian hepatitis E virus in chickens, Taiwan[J]. Emerging Infectious Disease, 20(1): 149–151.

Hu H, Roth J P, Estevez C N, et al. 2011. Generation and evaluation of a recombinant Newcastle disease virus expressing the glycoprotein (G) of avian metapneumovirus subgroup C as a bivalent vaccine in turkeys [J]. Vaccine, 29: 8624–8633.

Huang F F, Sun Z F, Emerson S U, Pet al.2004. Determination and analysis of the complete genomic sequence of avian hepatitis E virus (avian HEV) and attempts to infect rhesus monkeys with avian HEV[J]. Journal of General Virology, 85: 1609–1618.

Huang Z, Elankumaran S, Yunus A S, et al. 2004.A Recombinant Newcastle disease virus (NDV) expressing VP2 protein of infectious bursal disease virus (IBDV) protects against NDV and IBDV[J]. Journal of General Virology, 78: 10054–10063.

Islam T. 2014. Replication kinetics and shedding of very virulent Marek's disease virus and vaccinal Rispens/CVI988 virus during single and mixed infections varying in order and interval between infections[J]. Vet Microbiol, 173:208–223.

Ismail M M, Cho K O, Hasoksuz M,et al. 2001. Antigenic and genomic relatedness of turkey origin coronaviruses, bovine coronaviruses, and infectious bronchitis virus[J]. Avian Dis, 45:978–984.

Iván J, Velhner M, Ursu K, et al.2005. Delayed vaccine virus replication in chickens vaccinated subcutaneously with an immune complex infectious bursal disease vaccine: Quantification of vaccine virus by real-time polymerase chain reaction[J]. Can J Vet Res., 69(2):135–142.

Jackwood M W, Boynton T O, Hilt D A, et al. 2010. Emergence of a group 3 coronavirus through recombination[J]. Virology, 398:98–108.

Jackwood M W. 2012.Review of infectious bronchitis virus around the world[J]. Avian Diseases, 56(4):634–641.

Jane K A, Cook M, Jackwood R C.2012. Jones.The long view: 40 years of infectious bronchitis research[J]. Avian Pathology, 41(3): 239–250.

Jiang L, Deng X, Gao Y, et al. 2014. First isolation of reticuloendotheliosis virus from mallards in China[J]. Arch Virol, 159(8):2051–2057.

Jirjis F E, Noll S L, Halvorson D A, et al. 2000. Avian pneumovirus infection in Minnesota turkeys: experimental reproduction of the disease [J]. Avian Dis., 44: 222–226.

Jirjis F F, Noll S L, Halvorson D A, et al. 2004. Effects of bacterial coinfection on the pathogenesis of avian pneumovirus infection in turkeys [J]. Avian Dis., 48: 34–49.

Johnson E S, Overby L, Philpot R. 1995. Detection of antibodies to avian leukosis/sarcoma viruses and reticuloendotheliosis viruses in humans by western blot assay[J]. Cancer Detect Prev, 19(6): 472–486.

Jones R C, Baxter-Jones C, Wilding G P, et al. 1986. Demonstration of a candidate virus for turkey rhinotracheitis in experimentally inoculated turkeys [J]. Vet Rec., 119: 599–600.

Jones R C, Naylor C J, Al-Afaleq A, et al. 1992. Effect of cyclophosphamide immunosuppression on the immunity of turkeys to viral rhinotracheitis [J]. Res Vet Sci., 53: 38–41.

Jones R C，Williams R A，Baxter-Jones C，et al. 1988. Experimental infection of laying turkeys with rhinotracheitis virus:distribution of virus in the tissues and serological response [J]. Avian Pathol.，17: 841–850.

Jones R C. 1996. Avian pneumovirus infection: Questions still unanswered. Avian Pathol., 25: 639–648.

Juhasz K, Easton A J. 1994. Extensive sequence variation in the attachment (G) protein gene of avian pneumovirus: evidence for two distinct subgroups [J]. J Gen Virol., 75: 2873–2880.

Kapczynski D R, and Sellers H S. 2003. Immunization of turkeys with a DNA vaccine expressing either the F or N gene of avian metapneumovirus [J]. Avian Dis., 47: 1376–1383.

Kayali G, Ortiz E J, Chorazy M L, et al. 2011. Serologic evidence of avian metapneumovirus infection among adults occupationally exposed to Turkeys [J]. Vector Borne Zoonotic Dis., 11: 1453–1458.

Kung H J.2001. Meq: an MDV-specific bZIP transactivator with transforming properties[J]. Current Topics in Microbiology and Immunology, 255:255–260.

Kwon H M, Sung H W, Meng X J.2012. Serological prevalence, genetic identification, and characterization of the first strains of avian hepatitis E virus from chickens in Korea[J]. Virus Genes, 45(2), 237–245.

Kwon J S, Lee H J, Jeong S H, et al. 2010. Isolation and characterization of avian metapneumovirus from chickens in Korea [J]. J Vet Sci., 11: 59–66.

Lam T T, Wang J,Shen Y Y,et al. 2013.The genesis and source of the H7N9 influenza viruses causing human infections in China[J]. Nature, 502(7470):241–244.

Lee E, Song M S, Shin J Y, et al. 2007. Genetic characterization of avian metapneumovirus subtype C isolated from pheasants in a live bird market [J]. Virus Res., 128: 18–25.

Lee L F，Liu X and Witter R L. 1983.Monoclonal Antibodies with Specificity for Three Different Serotypes of Marek’s Disease Virus in Chickens[J]. Journal of immunology, 130：1003–1006.

Lee S I.1999. Re-isolation of Marek’s disease virus from T cell subsets of vaccinated and non-vaccinated chickens[J]. Archives of Virology, 144: 45–54.

Lee S I. 2001. Heparin inhibits plaque formation by cell-free Marek’s disease viruses in vitro[J]. Journal of Veterinary Medical Science, 63:427–432.

LeeY-J.2014. Novel reassortant influenza A (H5N8) viruses, South Korea, 2014[J]. Emerging infectious diseases 20(6):1086–1089.

Lin T L , Loe C C, Wu C C. 2002. Existence of gene 5 indicates close genomic relationship of turkey coronavirus to infectious bronchitis virus[J]. Acta Virol ,46:107–116.

Litjens J B, van Willigen F C, Sinke M. 1989. A case of swollen head syndrome in a flock of guinea-fowl [J]. Tijdschr Diergeneeskd, 114: 719–720.

Liu H J, Kuo L C, Hu Y C, et al. 2002.Development of an ELISA for detection of antibodies to avian reovirus in chickens[J]. J Virol Methods, 102(1–2):129–138.

Lu Y S, Shien Y S, Tsai H J, et al. 1994. Swollen head syndrome in Taiwan-isolation of an avian pneumovirus and serological survey [J]. Avian Pathol., 23: 169–174.

Lwamba H C, Bennett R S, Lauer D C, et al. 2002.Characterisation of avain metapneumoviruses isolated in the USA [J]. Anim Health Res Rev., 3: 107–117.

Maharaj S B, Thomson DK, da Graca JV. 1994. Isolation of an avian pneumovirus-like agent from broiler breeder chickens in South Africa [J]. Vet Rec., 134: 525–526.

Majó N, Allan G M, O′Loan CJ, et al. 1995. A sequential histopathologic and immunocytochemical study of chickens, turkey poults, and broiler breeders experimentally infected with turkey rhinotracheitis virus [J]. Avian Dis., 39: 887–896.

Majó N, Marti M, O′Loan C J, et al. 1996. Ultrastructural study of turkey rhinotracheitis virus infection in turbinates of experimentally infected chickens [J]. Vet Microbiol., 52: 37–48.

Marek J.1907.Multiple Nervenentzuendung (polyneuritis) bei Huehnern[J]. Deutsche Tieraerztliche Wochenschrift, 15:417–421.

Marien M, Decostere A, Martel A, et al. 2005. Synergy between avian pneumovirus and Ornithobacterium rhinotracheale in turkeys [J]. Avian Pathol., 34: 204–211.

McDougall J S, Cook J K. 1986. Turkey rhinotracheitis: preliminary investigations [J]. Vet Rec., 118: 206–207.

Mekkes D R, de Wit J J. 1998. Comparison of three commercial ELISA kits for the detection of turkey rhinotracheitis virus antibodies [J]. Avian Pathol., 27: 301–305.

Morley A J, Thomson D K. 1984. Swollen-head syndrome in broiler chickens [J]. Avian Dis., 28: 238–243.

Morrow C J, Samu G, Mátrai E, et al.2008. Avian hepatitis E virus infection and possible associated clinical disease in broiler breeder flocks in Hungary[J]. Avian Pathology, 37(5): 527–535.

Munir S, Kaur K, Kapur V. 2006. Avian metapneumovirus phosphoprotein targeted RNA interference silences the expression of viral proteins and inhibits virus replication [J]. Antiviral Res., 69: 46–51.

Nakamura K, Mase M, Tanimura N, et al. 1997. Swollen head syndrome in broiler chickens in Japan: Its pathology, microbiology and biochemistry [J]. Avian Pathol., 26: 139–154.

Naylor C J, Al-Ankari A R, Al-Afaleq A I,et al. 1992. Exacerbation of Mycoplasma gallisepticum infection in turkeys by rhinotracheitis virus [J]. Avain Pathol., 21: 295- 305.

Naylor C J, Worthington K J, Jones R C. 1997. Failure of maternal antibodies to protect young turkey poults against challenge with turkey rhinotracheitis virus [J]. Avian Dis., 41, 968–971.

Naylor C J，Jones R C. 1993. Turkey rhinotracheitis: a review. Veterinary Bulletin，63:439–449.

Naylor C, Shaw K, Britton P, et al.1997. Appearance of type B avian Pneumovirus in great Britain [J]. Avian Pathol., 26: 327–338.

O′Loan C J, Curran W L, McNulty M S. 1992. Immuno-gold labelling of turkey rhinotracheitis virus [J]. Zentralbl Veterinarmed B., 39: 459–466.

Ohishi K, Senda M, Yamamoto H，et al.1994. Detection of avian encephalomyelitis viral antigen with a monoclonal antibody[J]. Avian Pathology，23(1):49–59.

Ojkic D, Swinton J, Vallieres M, et al.2006. Characterization of field isolates of infectious laryngotracheitis virus from Ontario[J]. Avian Pathol, 35: 286–292.

Olivier G，Ce′line C，Chantal A，et al. 2013. An experimental study of the survival of turkey coronavirus at room temperature and 4℃[J]. Avian Path, 42: 248–252.

Olson N O, Shelton D C, Munro D A.1957. Infectious synovitis control by medication; effect of strain differences and pleuropneumonia-like organisms[J]. Am J Vet Res, 18(69):735–739.

Ou S C and Giambrone J J.2012. Infectious laryngotracheitis virus in chickens[J]. World J Virol, 5: 142–149.

Owoade A A, Ducatez M F, Hubschen J M, et al. 2008. Avian metapneumovirus subtype A in China and subtypes A and B in Nigeria [J]. Avian Dis., 52: 502–506.

Panigrahy B, Senne D A, Pedersen J C, et al. 2000. Experimental and serologic observations on avian pneumovirus (APV/turkey/Colorado/97) infection in turkeys [J]. Avian Dis., 44: 17–22.

Patnayak D P, Tiwari A, Goyal S M. 2005. Growth of vaccine strains of avian pneumovirus in different cell lines [J]. Avian Pathol., 34: 123–126.

Pattison M, Chettle N, Randall CJ, et al. 1989. Observations on swollen head syndrome in broiler and broiler breeder chickens [J]. Vet Rec., 125: 229–231.

Peters M A, Crabb B S, Washington E A, et al.2006. Site-directed mutagenesis of the VP2 gene of chicken anemia virus replication cyto-pathology and host cell MHC class I expression[J]. J Gen Virol, 87(Pt 6): 823–831.

Peters M A, Jackson D C, Crabb B S，et al.2005.Mutation of chicken anemia virus VP2 differentially affects serine/threonine and tyrosine protein phosphatase activities[J]. J Gen Viro,86(Pt 3): 623–630.

Picault J P, Giraud P, Drouin P, et al. 1987. Isolation of a TRT-like virus from chickens with swollen head syndrome [J]. Vet Rec., 121: 135.

Pu J, Wang S G,Yin Y B,et al.2015.Evolution of the H9N2 influenza genotype that facilitated the genesis of the novel H7N9 virus[J].Proc Natl Acad Sci USA, 112(2):548–553.

Purchase H G and Witter R L.1986. Public health concerns from human exposure to oncogenic avian herpesviruses[J]. Journal of the American Veterinary Medical Association, 189:1430–1436.

Qingzhong Y, Barrett T, Brown T D, et al. 1994. Protection against turkey rhinotracheitis pneumovirus

(TRTV) induced by a fowlpox virus recombinant expressing the TRTV fusion glycoprotein (F) [J]. Vaccine, 12: 569–573.

Rautenschlein S, Sheikh A M, Patnayak D P, et al. 2002. Effect of an immunomodulator on the efficacy of an attenuated vaccine against avian pneumovirus in turkeys [J]. Avian Dis., 46: 555–561.

Ritchie S J, Riddell C. 1991.British Columbia. "Hepatitis-splenomegaly" syndrome in commercial egg laying hens[J]. The Canadian veterinary journal, 32: 500–501.

Rivera-Benitez J F, Martínez-Bautista R, Ríos-Cambre F, et al. 2014. Molecular detection and isolation of avian metapneumovirus in Mexico [J]. Avian Pathol., 43: 217–223.

Saif Y M, Fadly A M, Glisson J R, et al.2008. Diseases of Poultry[M].12th edition.Ames:Blackwell Publishing Professional .

Saif Y M. 2012. 禽病学[M]. 第12版. 苏敬良，高福，索勋，主译. 北京：中国农业出版社.

Schat KA.1991. Transformation of T-lymphocyte subsets by Marek's disease herpesvirus[J]. Journal of Virology, 65:1408–1413.

Seal B S. 1998. Matrix protein gene nucleotide and predicted amino acid sequence demonstrate that the first US avian pneumovirus isolate is distinct from European strains [J]. Virus Res., 58: 45–52.

Seal B S. 2000. Avian pneumoviruses and emergence of a new type in the United States of America [J]. Anim Health Res Rev., 1: 67–72.

Shafren D R and Tannock G A.1988.An ELISA Assay for the Detection of AEV Antigens[J]. Avian Disease，32(2):209–214.

Shaw I and Davison T F.2000. Protection from IBDV-induced bursal damage by a recombinant fowlpox vaccine, fpIBD1, is dependent on the titre of challenge virus and chicken genotype [J]. Vaccine, 18:3230–3241.

Shin H J, Cameron K T, Jacobs J A, et al. 2002. Molecular epidemiology of subgroup C avian pneumoviruses isolated in the United States and comparison with subgroup a and B viruses [J]. J Clin Microbiol., 40: 1687–1693.

Shin H J, McComb B, Back A, et al. 2000. Susceptibility of broiler chicks to infection by avian pneumovirus of turkey origin [J]. Avain Dis., 44: 797–802.

Shin H J, Nagaraja K V, McComb B, et al. 2002a. Isolation of avian pneumovirus from mallard ducks that is genetically similar to viruses isolated from neighboring commercial turkeys [J]. Virus Res., 83:207–212.

Shin H J, Njenga M K, McComb B, et al.2000a. Avian pneumovirus (APV) RNA from wild and sentinel birds in the United States has genetic homology with RNA from APV isolates from domestic turkeys [J]. J Clin Microbiol., 38: 4282–4284.

Singh P, Tripathy D N.2003. Fowlpox virus infection causes a lymphoproliferative response in chickens[J].

Viral Immunol., 16(2):223–227.

Singh P, Schnitzlein W M, Tripathy D N. 2005.Construction and characterization of a fowlpox virus field isolate whose genome lacks reticuloendotheliosis provirus nucleotide sequences[J]. Avian Dis, 49(3):401–408.

Sun S, Chen F, Cao S, et al. 2014. Isolation and characterization of a subtype C avian metapneumovirus circulating in Muscovy ducks in China [J]. Vet Res., 45:74.

Sun Y, Liu J. 2015. H9N2 influenza virus in China: a cause of concern[J].Protein Cell,6(1):18–25.

Tanaka M, Takuma H, Kokumai N, et al. 1995. Turkey rhinotracheitis virus isolated from broiler chicken with swollen head syndrome in Japan [J]. J Vet Med Sci., 57: 939–41.

Toquin D, Bayon-Auboyer M H, Senne D A, et al. 2000. Lack of antigenic relationship between French and recent North American non-A/non-B turkey rhinotracheitis viruses [J]. Avian Dis., 44: 977–982.

Toquin D, Bäyou-Auboyer M H, Eterradossi N, et al. 1999. Isolation of a pneumovirus from a Muscovy duck [J]. Vet. Rec.,145:680.

Toquin D, Eterradossi N, Guittet, M. 1996. Use of a related ELISA antigen for efficient TRT serological testing following live vaccination [J]. Vet Rec., 139:71–72.

Toro H, van Santen V L, Jackwood M W.2012. Genetic diversity and selection regulates evolution of infectious bronchitis virus[J]. Avian Dis, 56(3):449–455.

Townsend E,Halvorson D A,Nagaraja K E, et al. 2000. Susceptibility of an avian pneumovirus isolated from Minnesota turkey to physical and chemical agents [J]. Avian Dis., 44: 336–342.

Troxler S, Pać K, Prokofieva I, et al.2014. Subclinical circulation of avian hepatitis E virus within a multiple age rearing and broiler breeder farm indicates persistence and vertical transmission of the virus[J]. Avian Pathology, 15: 1–26.

Tsukamoto K, Saito S, Saeki S, et al. 2002.Complete, long-lasting protection against lethal infectious bursal disease virus challenge by a single vaccination with an avian herpesvirus vector expressing VP2 antigens[J]. J. Virol., 76:5637–5645.

Turpin E A, Stallknecht D E, Slemons, R D,et al. 2012. Evidence of avian metapneumovirus subtype C infection of wild birds in Georgia, South Carolina, Arkansas and Ohio, USA [J]. Avian Pathol., 37: 343–351.

Van de Zande S, Nauwynck H, Pensaert M. 2001. The clinical, pathological and microbiological outcome of an Escherichia coli O2:K1 infection in avian pneumovirus infected turkeys [J]. Vet Microbiol., 81: 353–365.

Van den Hoogen B G, de Jong J C, Groen J,et al. 2001. A newly discovered human pneumovirus isolated from young children with respiratory tract disease [J]. Nat Med., 7: 719–724.

Van den Hoogen B G, Bestebroer T M, Osterhaus A D, eta al. 2002. Analysis of the genomic sequence of a human metapneumovirus [J]. Virology, 295: 119–132.

Van Regenmortel M H V，Fauquet C M, Bishop D H L, et al. 2001.Virus Taxonomy：Classification and Nomenclature of Viruses[M]. New York：Academic Press.

Velayudhan B. T, Nagaraja K V, Thachil A J,et al. 2006. Human metapneumovirus in turkey poults [J]. Emerg Infect Dis., 12: 1853–1859.

Velayudhan B T, Lopes V C, Noll S L, et al. 2003. Avian pneumovirus and its survival in poultry litter [J]. Avian Dis., 47:764–768.

Verhagen J H, Herfst S and Fouchier R A.2015. How a virus travels the world[J]. Science, 347(6222):616–617.

Wang H N，Wu Q Z, Huang Y, et al. 1997. Isolation and Identification of Infectious Bronchitis Virus from Chickens in Sichuan, China[J]. Avian Diseases, 41:279–282.

Wang Q, Gao Y, Ji X, et al. 2013.Differential expression of microRNAs in avian leukosis virus subgroup J-induced tumors[J]. Vet Microbiol，162(1): 232–238.

Wei L, Zhu S, She R, et al. 2014. Viral replication and lung lesions in BALB/c mice experimentally inoculated with avian metapneumovirus subgroup C isolated from chickens [J]. PLoS One., 17; 9(3):e92136.

Wei L, Zhu S, Yan X, et al. 2013. Avian metapneumovirus subgroup C infection in chickens, China [J]. Emerg Infect Dis., 19: 1092–1094.

Welchman D B, Bradbury J M, Cavanagh D, et al. 2002. Infectious agents associated with respiratory disease in pheasants [J]. Vet Rec., 150: 658–664.

Williams R A, Savage C E, Jones R C. 1991. Development of a live attenuated vaccine against turkey rhinotracheitis [J].Avian Pathol., 20: 45–55.

Wise M G, Sellers H S, Alvarez R, et al. 2004. RNA-dependent RNA polymerase gene analysis of worldwide Newcastle disease virus isolates representing different virulence types and their phylogenetic relationship with other members of the paramyxoviridae [J]. Virus Res., 104: 71–80.

Witter R L.1997. Retroviral insertional mutagenesis of a herpevirus: a Marek's disease virus mutant attenuated for oncogenecity but not for immunosuppression or in vivo replication[J]. Avian Diseases, 41:407–421.

Witter R L. 2000. Presented at the Proceedings. International Symposium on ALV-J and Other Avian Retroviruses [C]. Rauischholzhausen. Germany.

Witter R L.2005. Classification of Marek's disease viruses according to pathotype: philosophy and methodology[J]. Avian Patholog y, 34:75–90.

Woźniakowski G,Samorek-Salamonowicz A E.2014. Molecular evolution of Marek's disease virus (MDV) field strains in a 40-year time period[J]. Avian Diseases, 58:550–557.

Wu H B, Peng X R, Xu L H, et al.2014. Novel reassortant influenza A (H5N8) viruses in domestic ducks, eastern China[J]. Emerging infectious diseases, 20(8):1315–1318.

Wu Y, Wu Y, Tefsen B, et al.2014. Bat-derived influenza-like viruses H17N10 and H18N11[J]. Trends in microbiology, 22(4): 183–191.

Xie Z M，Khan I，Girshick T， et al.2005. Reverse transcriptase-polymerase chain reaction to detect avian encepbalomyelitis virus[J]. Avian Disease，49(2):227–230.

Xie Z, Peng Y, Luo S, et al.2012. Development of a reverse transcription loop-mediated isothermal amplification assay for visual detection of avian reovirus[J]. Avian Pathology, 41(3):311–316.

Xue M, Shi X, Zhang J, et al. 2012. Identification of a conserved B-cell epitope on reticuloendotheliosis virus envelope protein by screening a phage-displayed random peptide library[J]. PLoS One, 7(11): e49842.

Xue M, Shi X, Zhao Y, et al. 2013. Effects of reticuloendotheliosis virus infection on cytokine production in SPF chickens[J]. PLoS One, 8(12): e83918.

Yu Q, Estevez C, Song M, et al. 2010. Generation and biological assessment of recombinant avian metapneumovirus subgroup C (aMPV-C) viruses containing different length of the G gene [J]. Virus Res., 147:182–188.

Zhang Z. 2014. Construction of recombinant Marek's disease virus (MDV) lacking the meq oncogene and co-expressing AIV-H9N2 HA and NA genes under control of exogenous promoters[J]. Journal of Biotechnol, 181:45–54.

Zhao J, Zhong Q, Zhao Y, et al.2015. Pathogenicity and Complete Genome Characterization of Fowl Adenoviruses Isolated from Chickens Associated with Inclusion Body Hepatitis and Hydropericardium Syndrome in China[J]. PLoS One, 10(7):e0133073.

Zhao K,Gu M,Zhong L, et al.2013. Characterization of three H5N5 and one H5N8 highly pathogenic avian influenza viruses in China[J]. Veterinary microbiology,163(3–4):351–357.

Zhao Q, Sun Y N, Hu S B, et al.2013. Characterization of antigenic domains and epitopes in the ORF3 protein of a Chinese isolate of avian hepatitis E virus[J]. Veterinary Microbiology, 167(3–4): 242–249.

Zhao Q, Zhou E M, Dong S W, et al.2010. Analysis of Avian Hepatitis E Virus from Chickens, China[J]. Emerging Infectious Diseases, 16(9): 1469–1472.

Zhao, G,Gu X,Lu X, et al.2012. Novel reassortant highly pathogenic H5N2 avian influenza viruses in poultry in China[J]. PloS one, 7(9)：e46183.

第五章 细菌病

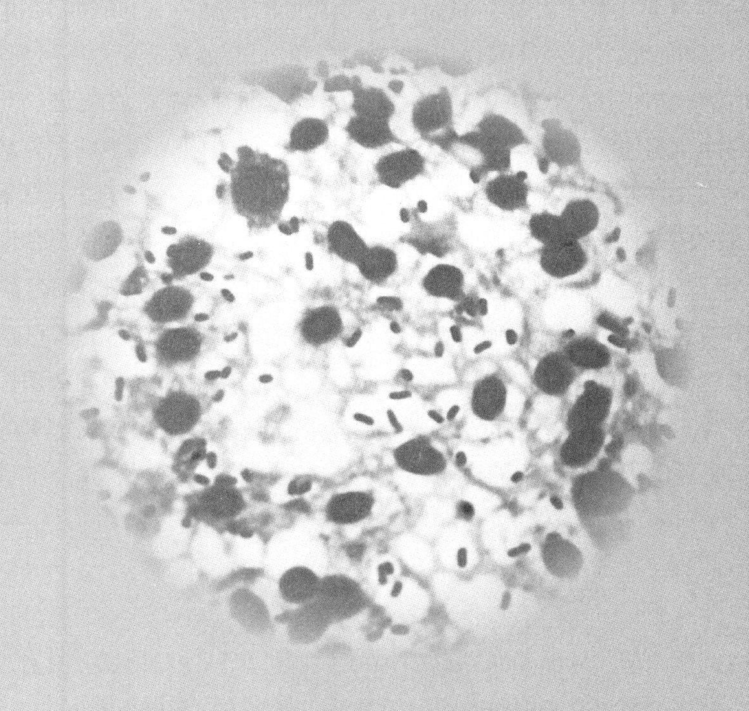

第一节　禽沙门菌病

（Avian salmonellosis）

禽沙门菌病是由多种沙门菌引起的禽类疾病的总称，根据病原体的特征可分为3种疾病，即由鸡白痢沙门菌（又称雏沙门菌）引起的鸡白痢，由禽伤寒沙门菌（又称鸡沙门菌）引起的禽伤寒，和由带鞭毛能运动的沙门菌引起的禽副伤寒。根据第八版伯吉氏细菌鉴定手册的新分类，原欣氏亚利桑那菌（*Arizona hinshawii*）已作为沙门菌第三亚种的代表种，定名为亚利桑那沙门菌，所以由它引起的疾病也属于沙门菌病的范畴。但由于禽亚利桑那菌病一般不造成严重疾病，经济意义较为次要，故这节中暂不作介绍。

沙门菌病普遍存在于集约化养鸡（禽）场，是最重要的卵传细菌性传染病之一。禽沙门菌病不仅可造成从生产到销售各阶段的严重经济损失，而且其中的禽副伤寒有很重要的公共卫生意义。

一、鸡白痢（Pollorum disease）

【病名定义及历史概述】

鸡白痢是由鸡白痢沙门菌引起的传染病，在雏鸡和雏火鸡通常呈急性全身性感染，在成年鸡则以局部和慢性感染最为常见。经卵传染是本病最常见的传播方式，在孵化和出壳期间可以出现死胚、死雏和弱雏。鸡白痢可造成严重经济损失，如不很好控制，有的鸡群死亡率可高达100%。

鸡白痢分布很广，世界上几乎所有养鸡地区都有本病。在先进的养禽国家和地区，经过多年持续不断的防控和净化努力，鸡白痢已降低到很低水平，如美国火鸡中的白痢1974—1975年检测的阳性数已下降为0，鸡群中的白痢同期检测阳性率已下降为0.000 006%。鸡白痢在我国流行较为严重，20世纪50～60年代兽医工作者采用全血玻板凝集试验对一些地区的肉用种鸡、蛋用种鸡和地方良种鸡进行鸡白痢检疫，阳性率较高，并分离鉴定出鸡白痢沙门菌。进入70年代和80年代以来，随着集约化养禽业的发展，很多种鸡群通过持续不断地检疫和淘汰白痢阳性鸡，结合其他综合性防治措施，已建立一批无白痢或基本无白痢的种鸡群，为本病的控制打下了基础。但对于很多未严格执行检疫和淘汰阳性鸡制度的鸡群，鸡白痢往往造成严重经济损失，有研究显示，我国一些地区鸡白痢的发生呈现较高水平的地方流行特征，因此控制乃至净化鸡白痢仍是我国养禽业面临的艰巨任务之一。

【病原学】

鸡白痢沙门菌（*Salmonella pullorum*）属肠杆菌科沙门菌属，具有高度适应专一宿主的特点，禽类中鸡最易感，火鸡次之。它和鸡伤寒沙门菌是沙门菌属中仅有的不能运动、无鞭毛的细菌。

1．形态　本菌为两端稍钝圆的细长杆菌［（0.3～0.5）μm×（1～2.5）μm］，对普通碱性苯胺染料易于着色。菌体多呈单个存在，很少见到呈两个菌体以上的链状排列。在抹片中偶然可以看到长丝状的大菌体。本菌不运动、不液化明胶、不产生芽胞、不产生色素，为需氧或兼性厌氧。

2. 培养特性　本菌可在普通肉汤琼脂或肉汤中生长，也可在营养性培养基中生长。分离本菌应避免使用选择性培养基，因为有些菌株特别敏感。例如，有的菌株对去氧胆酸盐敏感，而另一些菌株则不能在亮绿琼脂上生长。与其他沙门菌比较，本菌生长缓慢，主要由于它缺乏氧化利用各种氨基酸的能力。

在马丁肉汤琼脂（pH7.0 ~ 7.2）上划线接种，分散的菌落光滑、闪光、均质、隆起、透明，形态不一，呈圆形到多角形。密集的菌落为1mm或更小，孤立的菌落可达3 ~ 4 mm或更大。菌落大小因培养基质量与培养时间长短而异。

本菌能发酵下列物质，产酸但不一定产气：阿拉伯糖、葡萄糖、半乳糖、果糖、甘露糖、甘露醇、鼠李糖和木糖。本菌不发酵乳糖、蔗糖、侧金盏花醇、糊精、卫矛醇、赤藓醇、甘油、肌醇、菊糖、棉实糖、水杨苷、山梨醇及淀粉。很少菌株能发酵麦芽糖。石蕊牛乳不变色，吲哚和VP试验阴性。产生硫化氢比其他沙门菌缓慢，能还原硝酸盐。能使鸟氨酸迅速脱羧，这是本菌与鸡沙门菌在生化特性上的主要区别。

3. 抗原结构　鸡白痢沙门菌只有O抗原而无H抗原，O抗原成分是O9、$O12_1$、$O12_2$、$O12_3$，也含有O1。抗原型变异涉及$O12_2$和$O12_3$。标准菌株含有大量的$O12_3$和很小量的$O12_2$，而变异株这两种抗原的量正好相反。在标准菌株中有一小部分菌体带多量$O12_2$抗原，据认为这是正常的。最初的野外分离物通常很不稳定，除非它们是变异型。为了确定一个培养物的抗原型需要广泛检查单个菌落，有时还需通过连续传代培养。大多数分离物在人工培养基上继代过程中趋于稳定。标准抗原型培养物甚至在长期人工培养后仍有小部分$O12_2$优势菌落。变异型培养物常为纯的或接近纯的$O12_2$和$O12_3$因子。中间型菌株的菌落通常为$O12_2$和$O12_3$优势菌落的混合物，或者在少数情况下单个菌落含有可观数量的两种因子。O1抗原的含量各菌株之间也可不同。

硫酸铵沉淀试验可用于区分标准型、变异型和中间型。当硫酸铵浓度为310 g / L时，可使标准型菌株的悬液上部完全变清，但对变异型菌株悬液无影响，而中间型菌株悬液上部仅部分变清。当硫酸铵浓度增至470 g / L时，才能使后两者的上部液体变清。目前使用的鸡白痢检疫全血玻板凝集抗原均为含有标准型菌株和变异型菌株的多价检测抗原。沙门菌O1、O9、O12单克隆抗体的研制成功，为鸡白痢沙门菌抗原结构分析和检疫提供了新方法。鸡沙门菌未见有抗原变异。

鸡白痢沙门菌含有一种耐热毒素，有几种啮齿动物对之敏感。因为雏鸡对这种毒素有抵抗力，所以在鸡的疾病过程中它可能没有多大作用。

4. 抵抗力　本菌在有利环境中可存活数年，但对热、化学消毒剂和不利环境的抵抗力比大多数副伤寒沙门菌要差。

【流行病学】

鸡和火鸡是鸡白痢沙门菌的自然宿主，感染通常是终身的。本菌高度适应于自然宿主，而对其他动物的致病性差，感染程度轻，无长期意义。不同品种的鸡在易感性方面差异显著，如来航鸡等轻型鸡的感染率比重型鸡高。这种遗传抵抗力与体温有关。根据出壳后6 d内的体温高低可选育出高抗病力和高易感性的纯系鸡。高体温的纯系鸡有很好的温度调节机理，在攻击后对死亡的抵抗力明显高于体温低的纯系鸡。此外，鸡的MHC位点B基因复合体会影响鸡对本菌的抗体应答，进而也可能影响死亡率。

多年的检验结果表明，母鸡的阳性率比公鸡高，这可能与卵巢滤泡的局部感染有关。

本病的死亡通常限于2～3周龄以内的雏鸡。随着出壳后最初5～10 d内血液淋巴细胞和体温的增加，雏鸡的抵抗力迅速提高，但80～120日龄的中雏或育成鸡发病的国内已屡有报道。成年鸡，特别是产棕壳蛋的成年鸡的急性感染，各地都偶有报道。成熟和半成熟火鸡也可发病致死。耐过本病的存活鸡中有相当部分仍保持感染状态，这些鸡有的带有病变，有的不带有病变。

雏鸭、雏鹅及其他野禽如珍珠鸡、雉、鹌鹑、麻雀和欧洲照觉鸟、龟鸠、金碛鹙、金丝雀、鹰头鹦鹉等亦可自然感染，但无长期感染的表现，亦未见其能传至后代。国外在控制鸡白痢过程中是在家禽与野禽仍有机会接触的情况下取得了突出的成就，这个事实足以说明野禽在本病的流行病学上仅起很有限的作用。虽有多种哺乳动物可以自然或人工感染，但它们的流行病学意义也不大。

感染的种蛋是传播感染的主要途径。感染的母鸡有1/3的蛋带有鸡白痢沙门菌，主要是排卵后卵子被污染所致，因此是真正的经蛋传播。虽然产蛋后鸡白痢沙门菌可以穿入蛋壳，但这一感染途径仅有次要意义。有些感染母鸡所产种蛋的卵黄内含有与其血清中相同水平的凝集素，如将鸡白痢沙门菌接种到这些蛋的卵黄内，它们存活的时间比对照胚长得多，有时可孵出雏鸡，但随后死亡。这种抗体保护作用可能是防止感染种蛋胚胎死亡而使经蛋传播得以成功的关键。在孵化过程中从感染雏到未感染雏的感染传播可导致广泛散布，出雏器的熏蒸只能起部分预防作用。随着病雏胎绒的飞散、粪便的污染，使孵化室、育雏室内的所有用具、饲料、饮水、垫料及其环境都被严重污染，造成群内感染的扩散。啄蛋、啄食癖和存在伤口也有利于群内传播。饲料在本病传播中的作用不大，这一点与禽副伤寒不同。同群未发病的带菌雏，在长大后将有大部分成为带菌鸡，产出带菌蛋，又孵出带菌的雏鸡或病雏。因此有鸡白痢的种鸡场，每批孵出的雏鸡均有鸡白痢，常年受本病困扰。

【发病机理】

鸡白痢沙门菌引发鸡的全身感染。鸡白痢对雏鸡致死率高，而在1周龄以上鸡的死亡率则逐渐降低。特别的是，鸡白痢沙门菌普遍会发展为持续带菌状态，这会导致母鸡生殖道感染从而诱发卵巢病变，更常见的是垂直传播。其感染过程及与免疫系统的相互作用主要可分为三个阶段。第一阶段是沙门菌经由胃肠道侵袭感染。家禽感染鸡白痢沙门菌不会像感染鼠伤寒和肠炎沙门菌那样引发严重的炎症反应。通过体外模型发现鸡伤寒沙门菌不能诱导CXC趋化因子和前炎性因子（如IL–1β和IL–6）的表达，同时在体外模型中发现感染鸡白痢沙门菌会导致回肠中CXCLi1和CXCLi2的表达下调。在鸡伤寒和鸡白痢沙门菌中鞭毛的缺失意味着细菌不能被TLR5识别，尽管普遍认为炎症应答也有其他成分参与，但TLR5在这方面起着关键作用。第二阶段是建立全身性感染。沙门菌侵入巨噬细胞，可能还包括树突状细胞，并转移到肝脏和脾脏，这两个脏器是细菌复制的场所。沙门菌的存活依靠沙门菌毒力岛2的Ⅲ型分泌系统，该系统利用吞噬泡抑制溶酶体溶解，同时调节MHC和细胞因子的表达来抑制抗菌活性，对易感鸡和抗性鸡的研究表明，沙门菌与巨噬细胞的相互作用是整个感染过程或者说是免疫清除的中枢环节。来自有抗性鸡的原代巨噬细胞在清除沙门菌方面更加有效，主要是通过氧化作用和诱导细胞因子表达，包括引发导致第三阶段的保护性Th1应答。凡是不能控制沙门菌繁殖的个体通常都会死亡。如果天然免疫系统不能控制细菌繁殖，那么最终由Th1型细胞因子介导的细胞免疫和体液免疫将会清除这些细菌。在鸡白痢沙门菌的感染中多数个体会发生脾脏巨噬细胞的持续感染。部分研究结果显示调节获得性免疫使其不再是Th1型应答可促进带菌状态的发展。在母鸡性成熟开始，带菌鸡的持续感染可能会导致生殖道和蛋的同时感染，并伴随着$CD4^+$ T细胞数量下降。鸡白痢沙门菌组学研究为进一步解析其致病机理提供了新的认识。

【症 状】

鸡白痢主要是雏鸡和雏火鸡的一种疾病，所以又称雏白痢。在雏鸡和雏火鸡的症状近乎相同。即使感染源于种蛋传播，鸡白痢间或也可呈亚临诊型。成年禽通常不表现急性感染的特征，但也有例外。

1. 雏鸡和雏火鸡　如为蛋内感染，在孵化过程中可出现死胚、不能出壳的弱雏或在出壳后短时间内在出雏器中看到弱雏或死雏。病雏虚弱，无食欲，可发生突然死亡。有时在出壳后5 ~ 10 d才看到白痢病鸡，但在随后的7 ~ 10 d内日渐加重，通常在第2周或第3周龄时达死亡高峰。呈最急性者常无明显症状即行死亡，肺有较重病变时，表现呼吸困难及气喘症状。经口感染和气溶胶感染均可产生肺部病变。一般病雏精神委顿，紧靠热源处聚集成堆，不吃，闭眼，缩头，拱背，翅及尾下垂，缩成一团，姿态异常。有些病雏排出粉白带绿色粪便，沾污肛门周围绒毛，重者肛门被排泄物封闭，排粪时发出尖叫声。幸存者大多生长很慢，发育不良，羽毛不丰，与同群健康雏体重相差悬殊。病愈雏长大后，大多数成为带菌者。有些鸡白痢沙门菌菌株感染时，病雏双目失明，或出现胫跗关节和其他关节及附近滑膜鞘的肿胀，表现跛行。严重时蹲伏地上，不久即死。

2. 成年鸡和成年火鸡　正在成熟或已成年的鸡群和火鸡群，鸡白痢一般不表现急性感染的特征。感染可在群内长时间传播而不产生明显症状。感染禽只可不表现症状，根据体况不能检测出来。但是通常可看到不同程度产蛋下降和受精率与孵化率下降，这在很大程度取决于群内的感染率。

在半成熟或成熟鸡群偶尔可看到急性感染，有一定数量的鸡死亡。国内不少鸡场的中雏或育成鸡也可看到有较高的发病率和死亡率，可能与应激因素有关。病鸡鸡冠萎缩、贫血、两翅下垂、头颈卷缩、下痢、少食或不食，病程一般为4 ~ 5 d，短者1 d即可死亡。

在鸡和火鸡发病率和死亡率的差异都很大，受年龄、品系易感性、饲养管理和感染途径等因素的影响。死亡率可从无死亡到严重暴发时的100%死亡不等。最高的死亡发生在出壳后第2周，在第3周和第4周死亡迅速下降。发病率往往比死亡率高得多，有些受害鸡可以自然康复。苗鸡的运输应激可使鸡白痢的死亡率升高。

【病理变化】

1. 眼观变化　与临诊症状一样，雏鸡或雏火鸡的眼观变化和成年禽的眼观变化有很大区别。

（1）雏鸡　在育雏早期突然死亡的雏鸡，病变不明显。肝脏肿大（见彩图5-1-2）、充血，并有条纹状出血（见彩图5-1-1）。在败血型除肝脏外其他器官也可看到充血，但卵黄囊及其内容变化不大。病程更长的则可见卵黄吸收不好，内容物呈带黄色的奶油状或干酪状。心肌、肝脏、肺脏、盲肠、大肠和肌胃有坏死结节。有的病鸡有心包炎。肝脏点状出血并有灶性坏死（见彩图5-1-3）。脾脏肿大。肾脏充血或贫血，输尿管因充满尿酸盐而明显扩张。盲肠中可见干酪样物，有时混有血液。肠壁增厚，常有腹膜炎病变。肝脏是眼观变化出现频率最高的部位，依次是肺脏、心脏、肌胃和盲肠。在几日龄幼雏，肺仅表现为出血性肺炎，年龄再大一些的可见带黄灰色的肝变区。心肌中的结节可大到引起心脏形状改变（见彩图5-1-4）。

（2）成年鸡　慢性带菌母鸡最常见的病变是卵子变形、变色和呈囊状，腹膜炎，急性或慢性心包炎。受害卵子在一层厚厚的包膜内含有油状和干酪状物质。变质卵子有的仍附在卵巢上，有的脱落于腹腔内并被脂肪组织所包围。卵巢和输卵管的机能紊乱，导致向腹腔排卵或阻塞输卵管，进而引起广泛腹膜炎和腹腔内脏的粘连。也可有腹水。病变严重的很少分离不到鸡白痢沙门菌。

心包炎在公鸡和母鸡都经常见到。心包、心外膜和心包液的变化决定于疾病过程持续的时间。轻者只见心包膜透明度较差，心包液增多、微混浊。进一步发展，则心包囊增厚，不透明，心包液大量增多，会有很多渗出物。病久则心包和心外膜永久性增厚，心包腔因粘连而部分阻塞。含有琥珀色干酪样物质的小囊包，或埋于腹腔脂肪中，或附着于肌胃或肠壁上，偶尔也可看到。公鸡的病变仅限于睾丸和输精管的炎症。胰腺也常受感染，有时有灶性病变，通常从中可分离到病原体。

急性感染的成年鸡，其病变与鸡伤寒沙门菌急性感染不能区分。主要病变为心脏肿大变形，心肌有灰白结节；肝脏肿大呈黄绿色，质地粗糙；脾肿大、质脆；肝和脾常有灰色坏死灶；肾脏肿大有实质变性；各脏器表面覆有纤维素性渗出物。鸭沙门菌病的病理变化见彩图5-1-8和彩图5-1-9。

2. 显微变化　在雏鸡，肝脏充血、出血、灶性变性和坏死。内皮白细胞积聚以取代变性或坏死的肝细胞是鸡白痢沙门菌感染肝脏的特征性细胞反应。其他显微变化广泛，但不是特异的，包括心肌灶性坏死（见彩图5-1-5），卡他性支气管炎，卡他性肠炎，肝、肺和肾的间质性炎症，心包、胸腹膜、肠道和肠系膜等浆膜炎。炎性变化包括淋巴细胞、淋巴样细胞、浆细胞和异嗜细胞浸润，成纤维细胞和组织细胞增生，但不伴有渗出性变化。

【诊　断】

鸡白痢的确诊需要分离和鉴定鸡白痢沙门菌。鸡群病史和症状对诊断的价值有限，因为有很多其他疾病与它相似。病变，尤其是受害严重雏鸡的病变，可以作为初步诊断的依据。血清学试验可检测出感染鸡，因此在控制规划中很有价值，但它还不足以确诊本病。

1. 细菌学检查　用增菌培养基或选择性培养基分离本菌，分离率往往不高，可用普通肉汤琼脂平板直接分离，根据其菌落形态特征可作出初步的鉴定。

急性鸡白痢是全身感染，大多数组织都可用于细菌分离，但以肝脏为最好。有病变的脾、心肌或心包、肺、肌胃、胰或卵黄囊也可用来分离细菌。对于慢性感染的鸡，可取正常或有病变的内脏器官直接接种于小牛肉浸液（VI）琼脂和亮绿（BG）琼脂，同时取各内脏器官的一部分混合，加10倍容积的VI肉汤研磨，取悬液接种VI和四硫磺酸盐亮绿（TBG）肉汤，培养24 h后再接种平板。可疑菌落移种到三糖铁和赖氨酸铁琼脂，37℃孵育24 h，呈典型沙门菌特征者继续进行生化和血清型鉴定。

国内外学者报道的一些分子生物学方法，如聚合酶链式反应（PCR）、多位点基因序列分型（MLST）、脉冲场凝胶电泳（PFGE）等技术，可用于在实验室开展本菌鉴定。

2. 血清学试验　成年鸡及青年鸡常为隐性带菌者，无可见症状，必须对全群进行血清学试验，才能查出感染鸡。如群内发现一些阳性反应鸡，并分离到鸡白痢沙门菌，即可判为鸡白痢病群。检出和淘汰阳性带菌鸡是控制和消灭鸡白痢最重要的措施。

目前已为各国普遍采用的血清学试验有全血凝集试验（WB）、试管凝集试验、快速血清凝集试验（RS）和微量凝集试验（MA）。我国大多数鸡场采用全血平板凝集试验，所用的凝集抗原为染色抗原。鸡和火鸡在16周龄后接近免疫成熟之时进行试验，检验前3周不得喂任何药物，否则凝集反应出现假象，影响结果。检验时每鸡一方格，鸡号写于格内边缘，采血环须用挤干的酒精棉球把沾在上面的血擦净后再用，否则会影响检验的准确性。平板凝集试验最好在20℃以上室温中进行，气温过低，反应时间略长，也可在装有2个40 W灯泡的检验箱上操作。应及时观察反应并记录判断结果。

多种细菌具有与鸡白痢沙门菌相同或相近的抗原，如某些沙门菌特别是D群的副伤寒沙门菌、大肠杆菌、微球菌、链球菌尤其是兰氏分类的D群链球菌，它们占非白痢阳性反应的大部分。抗原中的$O12_2$因子是这种交叉反应最经常起作用因子，因此用变异抗原时非白痢交叉反应比用标准抗原时更常见。鸡群内非白痢阳性反应鸡可从几只鸡到高达30%～40%。凝集特性可以从典型到不典型，凝集可以从低到高。此外，鸡沙门菌感染在血清学试验上，与鸡白痢是不可区分的。因此，凝集试验主要用于检出群内带菌者，而对本病的确诊，仍需在分离及鉴定本菌后，才能肯定。

除了上述广泛使用的鸡白痢检验（疫）试验外，各国的研究者为提高检出率，较早地检出抗体或排除交叉凝集现象，建立了多种免疫学试验，如变应原皮内试验、斑点试验、絮状沉淀试验、间接补体结合试验、琼脂扩散试验、快速血凝试验、间接血凝试验、微量凝集试验、微量抗球蛋白试验、间接ELISA试验和单抗竞争ELISA试验等。这些方法在现场使用受到限制，尚未能得到推广。

3. 鉴别诊断 雏鸡白痢应与禽曲霉菌病、球虫病等进行鉴别诊断。雏鸡感染曲霉菌后的发病日龄、死亡规律、症状及病变均似鸡白痢。这两种病的肺部均有结节性变化，但曲霉菌病的肺结节明显突出肺表面，柔软有弹性，内容物呈干酪样，与雏白痢的肺病变有所不同，且肺、气囊、气管等处有霉菌斑。鸡球虫病有血性下痢，在小肠或盲肠损害部刮取黏膜作显微检查可发现球虫卵囊。鸡白痢有时出现关节肿大、跛行等症状，这与滑液囊支原体感染或病毒性关节炎相似，应按各病的特点加以区别。

较大的幼龄鸡和成年鸡感染后往往眼观变化不明显或仅为心包或卵巢等处的局部病变，与大肠杆菌、葡萄球菌及其他沙门菌引起的病变有时难以区别，确诊仍必须作细菌分离及鉴定。

有些鸡群，特别是饲养管理不善、卫生防疫措施不力的鸡群，在发生鸡白痢的同时往往存在一种或几种其他疾病，如大肠杆菌病、马立克病、其他沙门菌感染、曲霉菌病等，使诊断更加复杂。

【防治措施】

药物治疗虽可减少雏鸡的死亡，但愈后仍带菌。长期使用药物不仅增加成本，而且易于产生耐药菌株。采用不断检疫种鸡群和淘汰阳性鸡的方法建立和保持无白痢鸡群是控制本病最有效的措施。建立无白痢种鸡群，在不与感染鸡或火鸡发生直接与间接接触的条件下孵化和饲养后代是取得成功的关键。

1. 药物治疗 磺胺类和某些抗生素对本病均有一定疗效。磺胺类药物如磺胺二甲基嘧啶等常与磺胺增效剂（TMP）并用，TMP与磺胺类的比例为1∶5，该合剂常混合于饲料，浓度为0.02%。磺胺类药可抑制鸡生长，并干扰饲料、饮水的摄入和蛋的生产，因此仅有短期经济价值。土霉素等抗生素对鸡白痢也有一定疗效。土霉素为每千克饲料中添加200～500 mg。对抗生素等药物的耐药菌株已屡有发现，为此各类药物可以交叉使用。禁止将氯霉素用于临床治疗。

2. 消灭带菌鸡　鸡白痢主要是通过种蛋传播的，因此消灭种鸡群中的带菌鸡是控制本病的有效方法。用前面介绍的血清学方法检测种鸡群，淘汰所有的阳性鸡，建立净化鸡群。检测一次通常不能除去所有的感染鸡，这是因为：感染鸡的凝集素滴度有波动，在短时间内可能检测不出来；产生凝集素至少比感染要迟几天，有些鸡虽已感染，但尚未产生凝集素；在除去阳性鸡后可能存在环境污染，作为后来感染的来源。因此，要建立无白痢种鸡群应每间隔2～4周检疫一次，直至连续两次均为阴性，而且该两次之间的间隔不少于21 d。在大多数情况下可以通过短间隔检测从鸡群消灭感染，重检2～3次足以检出所有的感染鸡。目前国内虽有鸡场在消灭阳性带菌鸡、建立无白痢群方面取得了显著成效，但仍有许多鸡场考虑短期经济利益较多，对消灭阳性鸡的决心不大，措施不力。

3. 卫生措施　能防止引进传染性病原体的常用方法，一般都能用于防止引进鸡白痢沙门菌。因为经蛋传播在本病的散布方面占主导作用，所以只能从确认无白痢的鸡群引进种蛋或苗鸡，至少也应该从已知阳性率较低的种鸡群引进。孵化器和出雏器用福尔马林熏蒸可以减少鸡白痢的散布，并摧毁孵化批次间残留的感染。从无白痢鸡群来的种蛋不与感染鸡群的种蛋在同一孵化室孵化。任何时候都不应将无白痢鸡与未确认无白痢的鸡混群饲养。这一原则以鸡场为基础，一鸡场中的感染鸡，即使是在分开的鸡栏或鸡舍内，对该场所有的鸡只均可构成威胁。

鉴于鸡白痢一直是困扰我国养禽业的重要传染病，目前在父母代、商品代等鸡群呈现较高水平的地方流行，造成的经济损失大，必须有效实施以鸡白痢净化为核心的防控计划，经过坚持不懈的努力，一定会取得显著成效。同时，随着对鸡白痢流行病学与生态学、病原分子生物学、感染免疫等的不断深入研究，将为该病防控提供新知识、新技术和新方法。

二、禽伤寒（Fowl typhoid）

【病名定义及历史概述】

禽伤寒是家禽的败血性疾病，呈急性或慢性，主要侵害鸡与火鸡，在例外情况下鸭等其他禽类也可受害。不少国家由于多年实施消灭鸡白痢–禽伤寒计划，在商业禽群中已消灭了本病。在一些发展中国家，本病呈上升趋势，我国多年来一直存在本病。

【病原学】

禽伤寒的病原体是鸡沙门菌（*Salmonella gallinarum*），在形态上比鸡白痢沙门菌粗短，长1.0～2.0 μm，直径1.5 μm，两端染色略深。可以在选择性增菌培养基如亚硒酸盐和四硫磺酸盐肉汤中，以及鉴别琼脂培养基上生长。鸟氨酸培养基不脱羧，可利用D–酒石酸盐，可在半胱氨酸盐酸明胶培养基上生长，这些特性可用来与鸡白痢沙门菌相区别。其他生化特性与鸡白痢沙门菌的相同。

鸡沙门菌也含有O1、O9、O12抗原，但O12抗原无变异型。在肉汤中培养产生一种耐热内毒素，静脉注射可致死家兔。抵抗力与伤寒和副伤寒群中其他沙门菌相同。

【流行病学】

本病主要发生于鸡，火鸡、珠鸡、孔雀、雏鸭、鹌鹑、野鸡等也可自然感染。鸭、鹅和鸽等均有抵抗力。虽然禽伤寒常被认为是一种成年鸡的疾病，但有的报告6月龄以下的更常见。种鸡群如有禽伤寒阳性鸡，像鸡白痢一样，死亡可从出壳时开始，至1～6月龄可造成严重损失。与鸡白痢不同的是，禽伤寒的死亡可持续到产蛋年龄。如果从没有本病的鸡群引进鸡，则在污染的环境中很容易被感染。幼龄鸡的禽伤寒在病变上很难与鸡白痢相区别。

像大多数细菌性疾病一样，禽伤寒可通过多种途径散布，但感染鸡（阳性反应者和带菌者）是持续存在和散布最重要的方法。这种鸡不仅可感染同代的鸡，而且可通过蛋传播感染后代。感染鸡从粪便排出细菌，可引起同居感染。鼠害也可传播本病，但鸡舍的蝇类、交配和气流的传播意义不大。出入鸡舍的人员，无论是本场的还是外来的，均可携带传播感染，所以应注意靴鞋、手和衣服的消毒。运输车辆、板条箱和饲料袋等可污染带菌，野鸟和其他动物也是重要的机械散布者。

本病的潜伏期为4～5 d，因细菌的毒力而异，对易感雏鸡和成年鸡致病性相等。病程约5 d，在群内死亡可延续2～3周，有复发倾向。发病率和死亡率因鸡群而异。死亡率从10%～50%不等，有的甚至高达50%以上。

【症　状】

虽然禽伤寒在生长鸡和成年鸡常见，但经蛋传播也可发生雏鸡感染。雏鸡发病的症状与鸡白痢不能区别。在出雏器中可看到濒死雏和死雏。病雏困倦，生长不良，虚弱，不吃，肛门周围沾有白色粪便。常因肺部受害而出现呼吸困难和喘气症状。

在年龄较大的鸡和成年鸡，急性经过者突然停食，精神委顿，羽毛蓬松，冠和肉垂苍白、皱缩。感染后2～3 d内体温可升高1～3℃，并保持到死前几小时。感染后4 d内可发生死亡，但通常在5～10 d内。

【病理变化】

鸡、火鸡和雏鸡的病变略有差异。

1. 鸡　最急性病例无眼观变化。病程延长的病例，开始出现明显病变，以肝、脾和肾的肿大和变红为最常见。这些变化多见于幼龄鸡。在亚急性和慢性阶段肝脏肿大并呈棕绿色或古铜色（见彩图5-1-10）。其他变化包括：肝和心肌中有粟粒样灰白小灶，心包炎，卵子出血、变形和变色，肠道卡他性炎症，卵子破裂引起的腹膜炎。在幼雏与鸡白痢一样，肺、心和肌胃有时也可看到灰白小灶。公鸡感染后睾丸有灶性损害。

2. 火鸡　与鸡的病变相似。因为病程短，死亡火鸡大多膘情好。心和肾等脏器有出血点（见彩图5-1-6）、嗉囊积食、肠道有溃疡是其特点。肝脏肿大，有红木色或古铜色条纹（见彩图5-1-11），心脏有坏死区，肺呈灰色，这些具有诊断意义。出血性肠炎和明显的肠道溃疡也与鸡的病变不同。雏火鸡的病变包括卵黄吸收不良，肝肿大、呈奶油样白色外观并杂有出血斑，嗉囊、肌胃和肠道内无食物。成年带菌者繁殖器官易受害。

3. 雏鸭　1～14日龄雏鸭常发生严重死亡，与雏鸡白痢相似。雏鸭病程短，主要变化是心包出血、脾稍肿大、肺和肠道的卡他性炎症。成年鸭的病变表现在卵黄和卵巢（见彩图5-1-9），与成年鸡相同。

【诊　断】

本病的确诊需要分离和鉴定鸡沙门菌。群体病史、症状和病变是初步诊断的依据。在生长鸡和成年鸡，血清学检查可能有助于作出大致诊断。急性病例可从大多数内脏器官分离细菌，肝和脾是首选器官。雏鸡也可取卵黄培养。初次分离可用普通肉汤或胰蛋白胨琼脂，病料如不新鲜可用增菌肉汤或选择性培养基。

血清学试验与检疫鸡白痢相同。此外HA、抗球蛋白HA和间接HA也可用于诊断。抗球蛋白HA试验可在感染早期测出血清抗体，而HA试验可测出感染鸡组织中积聚的细菌多糖。

【防治措施】

本病与鸡白痢一样，鸡和火鸡是其主要宿主，其他禽类不是主要的宿主，经卵传播在感染循环中起重要作用。因此采用在鸡白痢中介绍的方法，检疫种鸡群，淘汰阳性鸡，逐步净化而最终建立无病群是控制本病的主要方法。实施消灭鸡白痢和鸡伤寒的计划，需要所有的种鸡场和孵化场参加，并要有一整套的防疫措施和法规来保证，才能取得成功。

对防治禽伤寒重要的卫生措施主要有以下几点：从确认无鸡白痢和禽伤寒的种鸡群引进雏鸡；放置雏鸡的地方应便于清洗和消毒，以除去从前鸡群残留的沙门菌；雏鸡最好用颗粒料，以防从污染的饲料成分引进鸡沙门菌和其他沙门菌；将从外面引进沙门菌降低到最小限度。

禽伤寒的治疗药物与鸡白痢的相同。对于肉用仔鸡，在屠宰前至少停喂磺胺类10 d。由于使用药物控制，已发现不少耐药菌株。虽然多种抗生素对本病有疗效，但很多国家禁止在食用家禽中使用。

国外曾研发出禽伤寒减毒活疫苗9 R，在一些国家禽伤寒防控的某些阶段发挥了一定作用。

三、禽副伤寒（Paratyphoid infections）

【病名定义及历史概述】

禽副伤寒是由带鞭毛能运动的沙门菌引起的禽类疾病，各种家禽和野禽均易感，家禽中以鸡和火鸡最为常见。本病不仅在各种类型的幼龄家禽造成大批死亡，而且由于其慢性性质和难于根除，往往在养禽业引起严重经济损失。研究资料表明，75%的鸡群在其生命的某个阶段都感染一种或多种血清型的副伤寒沙门菌。

禽副伤寒由于其在公共卫生上的重要意义而受到各个国家的关注。很多人类沙门菌感染的暴发都与禽肉和禽蛋中带有副伤寒沙门菌有关。

【病　原】

引起禽副伤寒的沙门菌是血清学上相关的革兰阴性杆菌，不产生芽胞。大小通常为（0.4～0.6）μm×（1～3）μm，它们偶尔可形成短丝。禽副伤寒沙门菌正常带有周鞭毛，能运动，但在自然条件下也可碰到带或不带鞭毛的不运动的变种。本病原体为兼性厌氧菌，易于在普通肉汤或营养琼脂上生长，最佳培养温度为37℃。在密封玻璃安瓿半固体琼脂中的副伤寒沙门菌，在室温下保存40年仍有活力。在琼脂培养基上的典型菌落为圆形、稍隆起、闪光而边缘光滑。菌落大小为1～2 mm，依分散的程度而定。有时可看到粗糙菌落。

副伤寒沙门菌的生化特性如下：发酵葡萄糖、甘露醇、麦芽糖、山梨醇并产气；不发酵乳糖、蔗糖、水杨苷、侧金盏花醇；通常发酵卫矛醇并产气；发酵或不发酵肌醇；不产吲哚；甲基红阳性；V–P阴性；通常不利用柠檬酸盐；通常产硫化氢；尿素不水解；明胶很少液化；氰化钾阴性；硝酸盐被还原；运动力阳性；赖氨酸、鸟氨酸脱羧酶阳性；精氨酸脱羧酶阳性，但通常迟缓；丙二酸盐脱羧酶阴性；苯丙氨酸脱氨酶阴性。没有以上特性的细菌不属于禽副伤寒沙门菌，除非能证明它们带有已知沙门菌血清型的抗原。例如，鼠伤寒沙门菌哥本哈根变种常引起鸽的副伤寒，但通常从鸽分离时不发酵麦芽糖，所以初次检查易与鸡白痢沙门菌混淆。

禽副伤寒沙门菌的菌体和鞭毛抗原结构差异很大，几乎覆盖了Kauffman–White抗原式中的主要血清群。从鸡分离到的以B、C、D、E血清群为主，从火鸡分离到的以B、C、E、G和亚利桑那沙门菌为主。在全世界范围内已分离到禽副伤寒沙门菌有90个血清型之多，鼠伤寒、海德堡和肠炎沙门菌是主要的血清型。已发现先前很少出现的特定血清型在一个地区或国家内可越来越常见。在任何国家中家禽较常见的沙门菌血清型通常带有地方特色，在短期内分离频率不会有很大波动。大多数新的血清型在自然界不常见，在任何时候动物和人类中约70%的沙门菌病暴发不会由10或12种以上的血清型引起。

沙门菌能在环境中存活和增殖是本病传播的主要因素。本病原体对热和其他大多数消毒药很敏感。60℃ 5 min可杀死禽肉中的鼠伤寒沙门菌，但在速冻禽肉中可存活很长时间。

酸、碱液和石炭酸复合物是禽舍常用的消毒药。甲醛也是广泛使用的消毒剂，特别是用于种蛋、孵化器、孵化室和鸡舍的熏蒸。甲醛和含甲醛化合物对消除土壤和用具的沙门菌也很有效。垫料中含有水分和溶于水的氨使pH升高是不利于沙门菌存活的因素，因此在新鲜垫料中沙门菌比在旧垫料中存活的时间长。沙门菌在饲料中和灰尘中存活的时间较长，温度越低存活的时间越长。本病原体在粪便和孵化室的羽毛屑中可长期存活，在土壤中可存活几个月，在含有机物的土壤中存活最好。

【流行病学】

禽副伤寒沙门菌可感染大多数温血动物和冷血动物。本病原体的广泛分布使它们可以迅速传播。大多数禽群在其生命的某些阶段均可感染沙门菌。本病的传播途径有多种，经卵传播是其中之一，包括经卵巢直接传播和穿入蛋壳的间接经卵传播。

1. 易感宿主　禽副伤寒沙门菌感染在家禽中以鸡和火鸡最为常见，幼龄鹅和鸭也很易感，鸽也可发生本病。在其他禽类及所有家养和野生的哺乳动物都很常见。

（1）鸡　可以由多种血清型引起。死亡率从20%～100%不等。死亡一般仅见于幼龄鸡，以出壳后最初2周最常见，第6～10天之间是死亡高峰。1月龄以上很少死亡。鸡对沙门菌感染的抵抗力随年龄而迅速上升，到第3～5周龄时感染水平显著下降。3周龄以上很少引起临诊疾病，只有存在其他不利条件时才可能出现高死亡率。但这些存活鸡中有很大部分仍然带菌，成为无症状的排菌者。通过带菌鸡污染的新鲜垫料可使感染在群内迅速散布。肉用仔鸡群感染可把沙门菌带进加工厂，在消费者的鸡肉中发现的很多沙门菌血清型都与肉鸡场的相似。加工过的鸡肉可带有沙门菌，最可能的来源是塑料运输箱，因为水洗不能降低其污染率。

随着鸡群的成熟，感染的鸡数减少，其盲肠和粪便中的细菌数下降。鸡经受运输应激不增加排菌和感染。成年鸡感染不显外部症状，但在长时间内肠道带菌。副伤寒沙门菌感染对不同品种和品系的鸡在易感性方面差异不大。生殖道上行感染试验表明，95只蛋有30只蛋壳带菌，1只蛋卵黄带菌。经口感染后约25%的产蛋鸡在粪中排菌，这些鸡产的蛋中有10%为沙门菌阳性，但仅有1只是蛋内带菌。有人检测5个种鸡群，发现其中1个将副伤寒垂直传播给后代。

（2）火鸡　流行率比任何其他禽类都高。主要的血清型为鼠伤寒沙门菌，群间的感染率有差异，以0%～72%不等，有1/3的暴发感染率超过10%。公鸡、母鸡和仔鸡的感染水平无多大区别。饲料和饲料成分是新血清型进入火鸡群的主要来源。

（3）鹅和鸭　幼龄鹅和鸭很易感，暴发常变为流行性。鼠伤寒沙门菌、鸭沙门菌和莫斯科沙门菌是主要的血清型。放牧或开放饲养鸭的肠道内鼠伤寒沙门菌的分离率可能很高。适当清洗种蛋和隔离饲养种鸭可减少雏鸭的副伤寒。

（4）鸽　鸽的副伤寒绝大多数由鼠伤寒沙门菌哥本哈根变种引起，它与典型的鼠伤寒沙门菌不同，不含O5抗原，不发酵麦芽糖，具有宿主特异性，发生于其他动物时都直接或间接与鸽有关。暴发副伤寒后存活的鸽常成为慢性带菌者，间歇性地从粪中排菌。

（5）其他禽类　野禽的副伤寒以鼠伤寒沙门菌哥本哈根变种引起的最为常见。奥兰尼堡沙门菌、鼠伤寒沙门菌和海德堡沙门菌也可引起发病。因为野禽的种类繁多，沙门菌的分离率很高，所以人们认为野禽的副伤寒无特定的血清型区别，只需要接触就可感染。野禽的感染可造成在人群和畜禽中传播。

（6）其他动物　副伤寒沙门菌是家畜和野生哺乳动物的常见病原体。牛、猪、山羊、绵羊、犬、猫、马、貂、狐和爬行类可慢性感染，成为健康带菌者，并在粪中大量排菌。仅在很幼龄的动物或在极度应激条件下变得虚弱的老龄动物中发生急性疾病。大鼠和小鼠常是副伤寒沙门菌的肠道带菌者，尤其是带鼠伤寒和肠炎沙门菌，它们可把病原体传播到家禽群中。

2. 传播途径　禽副伤寒可通过多种途径传播。种禽感染时可经卵传播，此外饲料、啮齿动物、野鸟和其他媒介也可造成家禽感染。

（1）经卵传播　可分为经卵巢的直接蛋内传播和蛋壳污染并穿入蛋壳引起的经卵传播。经卵巢的直接蛋内传播可偶见于火鸡，但蛋感染率低；鸡则很少见。据认为至少有些副伤寒沙门菌可产生卵巢和腹膜局部感染，因此在蛋壳形成前污染蛋内容物。虽然这样的蛋内感染率低，研究结果表明，有时可发生真正的经蛋传播。肠炎沙门菌偶尔可以经卵传播，但不同菌株之间有差异。

产蛋过程中粪便污染蛋壳或产蛋后在产蛋箱、地面或孵化器内污染蛋壳在本病的传播中有很重要的意义。在蛋壳表面的副伤寒沙门菌可以穿入蛋壳，在蛋内繁殖，造成经蛋传播。进入蛋内的沙门菌在卵黄内繁殖很快，随后感染发育中的胚，引起胚胎死亡，或孵出感染雏，成为感染其他雏的来源。蛋白对穿入蛋壳的沙门菌的抑制作用很小，蛋壳的结构和质量，如是否有裂缝，决定进入蛋内的程度。相对湿度高有利于蛋壳上沙门菌的繁殖。污染蛋把沙门菌带进孵化器，还可感染出壳的雏鸡。

（2）环境传播　污染的蛋壳、羽绒毛、灰尘和其他孵化的碎屑都是孵化器内感染的来源。通过气流的作用，孵化器中的沙门菌散布到整个孵化室中，并存活几周到几个月的时间，感染随后孵化的一批鸡。在育雏器中禽副伤寒沙门菌可通过吸入、粪便污染饲料和饮水或直接吃进病雏的粪便而迅速传播。本病可从较大的无症状肠道带菌鸡直接传播到幼龄鸡，或通过靴鞋、饲料袋、运输板条箱或育雏设施等污染物而传播。

（3）饲料传播　饲料是禽副伤寒沙门菌很常见和很重要的来源。污染水平通常不高，但是每1 ~ 15 g饲料的污染量达1个细菌就可引起感染。饲料成分中的鱼粉污染最为常见。从饲料中分离到的沙门菌的血清型与从垫料和加工过的家禽胴体中分离到的存在显著相关。显然，减少饲料污染可以减少胴体污染。

（4）通过人和其他动物传播　鼠类常带菌，其排泄物可污染饲料和饮水。野禽也可传播感染。家畜也可成为家禽的感染源。人类接触造成感染与饲养员和人类排泄物有关。

（5）成年禽和幼龄禽中的直接传播　感染禽的粪便是成年禽中直接感染最常见的来源。垫料是幼龄鸡直接传播的主要来源，不仅可造成同一批鸡的传播，而且可传给下一批鸡。

（6）其他传播途径　昆虫和外寄生物，如蝇、蚤、甲壳虫和蟑螂等，也可传播本病。

【发病机理】

1. 毒力因子　沙门菌的毒力因子有多种，主要包括脂多糖、肠毒素、细胞毒素及毒力基因等。

（1）脂多糖　脂多糖是本菌的一个重要的毒力因子。在防止宿主吞噬细胞的吞噬和杀伤作用上起着重要作用。可引起宿主发热、黏膜出血、白细胞减少、弥散性血管内凝血、循环衰竭中毒症状，以及休克死亡。

（2）肠毒素　鼠伤寒沙门菌一种热敏的、细胞结合型的霍乱毒素（CT）样肠毒素，可引起CHO细胞伸长，在兔结肠中诱导液体分泌，其生物学活性可被抗CT抗体中和。本菌还有另一种肠毒素，可引起CHO细胞伸长，并致兔肠积液，但其活性不被CT抗血清中和。

（3）细胞毒素　沙门菌性肠炎的重要特征是肠上皮细胞的损伤，而造成这种损伤的因素有3种细胞毒素。其一对热和胰酶敏感，分子量为56 000 ~ 78 000。其二是本菌外膜的一种低分子量成分。其三是分子量为26 000的细胞结合接触性的溶血素。

（4）侵袭力与毒力基因　有毒力的沙门菌能侵入小肠黏膜上皮细胞，并穿越该细胞层到达下层组织。虽然它在此被吞噬细胞吞噬，但不被杀灭并可在细胞内继续生长繁殖。这种抗吞噬作用除与O抗原、Vi抗原有关外，主要还与沙门菌具有质粒和染色体的毒力基因有关。后者编码的产物有助于沙门菌在宿主体内定居并造成机体损伤。

2. Ⅲ型分泌系统　沙门菌Ⅲ型分泌系统（Type Ⅲ secretion system，T3SS）在本菌与宿主细胞相互作用中起核心作用。T3SS是一种专业化的结构，它的主要功能是将细菌蛋白注入真核细胞中。沙门菌有两个T3SS，它们均是致病力所必需的成分，其编码基因位于染色体不同部位的致病岛（Pathogenicity island），其中一个位于染色体63 cs（Centisome）的致病岛Ⅰ（SPI-1），另一个位于染色体31 cs的致病岛Ⅱ（SPI-2）。它们的表达发生在感染的不同阶段，在时空顺序上与它们发挥致病作用相一致。沙门菌在小肠肠腔内表达SPI-1编码的T3SS系统，而SPI-2编码的T3SS系统仅在沙门菌进入宿主细胞后才表达。

沙门菌在肠腔侵入机体的致病机理已基本阐明。当沙门菌与肠上皮细胞刷状缘相互作用后，通过其SPI-1 T3SS向肠上皮细胞内注入一组效应蛋白，从而导致细胞骨架重排、MAP激酶（Erk，Jnk/p38）激活，导致产生多种化学趋化因子，并使细胞间紧密连接变得不稳固，为细菌的潜入打开了细胞间通路，且允许多形核白细胞跨膜游走。肠上皮细胞去极性后暴露Toll样受体，其被多种细菌产物激活，从而进一步增强炎性应答。当沙门菌进入细胞后，SPI-2 T3SS表达被激活。借其效应蛋白，SPI-2 T3SS在胞内介导形成适于沙门菌生长的胞内小生境SCV。沙门菌则能在其中生存和繁殖。

【症　状】

禽副伤寒的症状类似于鸡白痢、禽伤寒和其他一些疾病。幼龄鸡是全身感染，症状和病变与由大肠杆菌等多种细菌引起的败血症相同。

1. 幼禽　副伤寒基本上是幼龄禽的一种疾病，环境条件、暴露程度和是否存在并发感染对其严重程度有很大影响。急性暴发时在孵化器就出现死亡，或出壳后最初几天发生死亡，可不显症状。这种情况通常是蛋传播或早期孵化器感染所致。有很大一部分啄开或未啄开的蛋中含有死胚。各种幼雏的副伤寒在症状上很相似，主要表现为：嗜眠呆立，垂头闭眼，两翼下垂，羽毛松乱，显著厌食，饮水增加，水泄样下痢，肛门粘有粪便，在靠近热源处拥挤在一起。雏鸡常有眼盲和结膜炎症状。雏鸭副伤寒通常死亡迟缓、颤抖、呼吸困难、肛门粘有粪便、眼睑常水肿。

2. 成年禽　一般不显外部症状。成年禽的急性暴发在自然条件下很少见。注射或口服人工感染时，成年鸡和火鸡出现短期的急性疾病。症状为食欲不振、饮水增加、下痢、脱水和精神倦怠。大多数病例恢复迅速，死亡率不超过10%。偶尔也可见到自然感染的急性暴发。

【病理变化】

幼龄禽的最急性暴发可能完全没有病变。病程稍长的以消瘦、脱水、卵黄凝固、肝和脾充血并有出血条纹或点状坏死灶（见彩图 5-1-7）、肾充血、心包炎并伴有粘连等病变为最常见。心和肺的病变不像鸡白痢那样常见。火鸡常见十二指肠出血性炎症，盲肠有栓子。雏鸭和鸽常有关节炎。

急性感染的成年禽表现为肝、脾和肾的充血肿大，出血性或坏死性肠炎，心包炎和腹膜炎。接近成熟的后备母鸡或成年母鸡以输卵管的坏死性和增生性病变、卵巢的化脓性和坏死性病变为特征，常发展为广泛的腹膜炎。成年禽的关节炎也很常见。

成年禽的副伤寒慢性带菌者剖检时的主要变化是消瘦，肠道坏死溃疡，肝、脾和肾肿大，心脏有结节。卵巢病变不如鸡白痢那样常见。慢性感染的成年禽常无病变，肠道带菌者尤其是这样。

【诊 断】

根据临诊症状、剖检变化，结合病史分析可作出大致诊断，并可作为制定早期治疗或控制措施的基础。最后确诊取决于分离和鉴定病原体，整个过程需几天时间。盲肠内容物和盲肠扁桃体是最好的取样部位，嗉囊是所有年龄持续感染的可能贮存所。经卵传播的几乎只有在空肠可分离到病原体。垫料样品可用来检查鸡群的沙门菌感染。因为从粪便排菌是间歇性的，所以泄殖腔拭子培养的诊断意义不大。母鸡泄殖腔分离到病原体或从死于蛋壳内的胚中分离到病原体表明后代存在副伤寒临诊疾病。环境样品以产蛋箱垫料的分离率最高。用于病原体分离的其他样品有新鲜粪便、灰尘、孵化室内的羽绒毛、19～21日龄死亡胚的卵黄、1日龄雏的泄殖腔拭子、蛋壳和壳膜及饲料。幼禽急性病例可直接取肝、脾、心血和肺等进行培养。

副伤寒沙门菌分离鉴定可按规定的标准程序进行。病雏或死雏的新鲜器官可用来直接接种营养性琼脂平板或斜面，所有的粪样和处于分解状态的样品都应在选择性肉汤中增菌24～48 h，然后再接种选择性琼脂。增菌培养的温度最好为42～43℃。用得最多的选择性增菌肉汤为四硫磺酸盐亮绿（BG）肉汤、亚硒酸盐BG磺胺肉汤和亚硒酸盐F肉汤。固体选择性培养基以BG琼脂最常用。从饲料等样品分离沙门菌时在移种选择性肉汤前应接种于乳糖肉汤进行前增菌。选择在琼脂平板上出现的典型菌落接种三糖铁和赖氨酸铁琼脂斜面，对呈典型反应者进行生化反应并作最后鉴定。副伤寒沙门菌、亚利桑那沙门菌和柠檬酸杆菌在鉴别培养基上的典型反应如表5-1-1所示。

表 5-1-1 副伤寒沙门菌、亚利桑那沙门菌和柠檬酸杆菌在鉴别培养基上的典型反应

培养基	副伤寒沙门菌	亚利桑那沙门菌	柠檬酸杆菌
葡萄糖	+	+	+
乳 糖	—	（—）	d
蔗 糖	—	—	d
甘露醇	+	+	+
麦芽糖	+	+	+
卫矛醇	+	—	d
丙二酸盐	—	+	d
尿 素	—	—	d
氰化钾	—	—	+
明 胶	—	（—）	—
赖氨酸脱羧酸	+	+	—
β-半乳糖苷酶	—	+	+或—
酒石酸盐	+	—	+
运动性	+	+	+

注：+=阳性并产气．孵育1～2 d形成；—=无反应；（—）=大多数禽源亚利桑那沙门菌仅在7～10 d后发酵乳糖；+或—=大多数菌株阳性，偶尔为阴性；d=不同反应。

除了常规的分离鉴定方法以外，近年来不少学者在研究快速检测食品、饲料和临诊样品中沙门菌的新方法，其中以单克隆抗体和PCR为基础的检测沙门菌的诊断药盒在国外已有商品出售，在国内也取得了可喜的进展。这些检测试剂具有沙门菌的属特异性，展示了在检测沙门菌方面的应用前景。

血清学方法　经分离成纯培养并经生化鉴定的所有沙门菌均应进行血清型鉴定。用血清学方法检测副伤寒沙门菌感染和成年带菌者尚未像检测鸡白痢和禽伤寒那样被普遍接受或应用。因为副伤寒沙门菌的血清型很多，目前大多数血清学检测方法都是针对鼠伤寒沙门菌的。其检测抗原为菌体O抗原，在美国是用不带鞭毛的鼠伤寒沙门氏菌菌株P-10制造的，该菌株含有O4、O5和O12，产生的抗原具有高度的稳定性和敏感性。血清学方法有常量试管凝集试验（TA）、快速血清平板试验（SP）、快速全血平板试验（WB）、间接血凝试验（IHA）、微量凝集试验（MA）、微量抗球蛋白试验。血清学方法的缺点是：肠道带菌者可能没有血清学应答，阳性反应者的滴度波动也很大；只能检测少数的抗原型。在上述血清学方法中以MA最可靠，敏感性最高，优于其他方法。

【防治措施】

禽副伤寒由于病原体血清型很多，有多种传染来源和传播途径，目前尚无理想的血清学检测方法，所以防治比鸡白痢和禽伤寒困难得多。药物治疗虽可减少发病和死亡，但治愈后家禽仍可长期带菌。本病国内尚无疫苗，国外虽有针对肠炎沙门菌、鼠伤寒沙门菌等减毒活疫苗，由于病原体的多血清型性质，疫苗在本病的防治中的作用受到限制。所以本病的防治依赖于控制进口、控制种蛋、孵化室和育雏室感染，建立净化育种中心，进行血清学监测和严格控制动物感染等综合性防治措施。

1. 治疗　化学治疗有磺胺类、抗生素类药物。在感染前用药可减少泄殖腔棉拭的阳性分离率。萘啶酮酸钠是最有效的药物，其次是庆大霉素、磺胺二甲基嘧啶。有些药物实际上可增加沙门菌的排出量。

近年来，用正常健康鸡肠内容物的厌氧培养物的竞争性排斥作用来控制禽副伤寒的报告很多，但粗制的肠道材料有传播未知病毒性和细菌性病原体的潜在危险，且质量不稳定。研制微生物区系确定的有效竞争性排斥微生态制剂将有利于本病的控制，但使用抗生素对这种制剂有不利影响。

2. 综合性防治措施　家禽感染或污染副伤寒沙门菌有3个主要因素：种鸡群-孵化场；鸡场的环境；饲料。综合性防治措施主要针对这3个环节。

（1）种鸡群-孵化场　原种鸡、商品种鸡和孵化场对控制和减少蛋鸡和肉鸡中的副伤寒起关键作用。在任何阶段，曾感染过沙门菌的种鸡群都不应作为种蛋来源。所有更新群和种蛋都应来自无副伤寒鸡群，任何阶段都应在把暴露程度降低到最小的环境中饲养。种鸡群和孵化场的主要预防措施包括：无副伤寒种鸡、饲料消毒、种蛋消毒、将清洁群的种蛋和感染群的种蛋分开，以及一般卫生措施。对于种鸡群，祖代及其后代的系统细菌学监测，加之最高标准的卫生措施可以产生无沙门菌的父母代。消灭鸡场附近的鼠害和其他虫害，防止其他家畜和野禽的接近都有利于本病的控制。

孵化场和种蛋的卫生消毒包括几个方面。产蛋种鸡应有足够的洁净产蛋箱，网上饲养，蛋产出后能很快滚离产蛋箱。种蛋收集频率要高，收后熏蒸，置凉处短期保存。脏的蛋分开收集。氯和季铵盐类化合物是最有效的种蛋消毒剂。所有与蛋接触的器具都应清洁消毒。所有种蛋在运往孵化场之前在种鸡场作孵前熏蒸，每一批孵化后孵化器和孵化室应彻底清洗、消毒并用高浓度福尔马林熏蒸。孵化场的卫生措施应保证工作人员不把感染传进来。

（2）鸡场环境　在育雏期使雏鸡与感染源隔离是防治副伤寒的重要措施。用不含沙门菌的旧垫料有利于本病的控制。应防止与大龄鸡和其他动物接触的人员把感染带进育雏区。选择好饲料槽和饮水器的位置避免粪便污染，并便于经常清洗和消毒。

（3）饲料　饲料成分中的沙门菌污染情况近20年来无实质性改变，大多数饲料厂的粉末料都有沙门菌污染。种鸡群应使用不含动物副产品或含已知无沙门菌副产品的颗粒料。

3. 公共卫生　家禽是人类沙门菌感染和食物中毒最重要的来源。家禽可从包括饲料、种禽群、啮齿动物、野禽和其他媒介的各种来源获得范围广泛的沙门菌血清型，虽然临诊疾病不常见，但所有感染都是人类食物中毒的可能重要来源。由于家禽产品沙门菌的污染率高，所以应在家禽生产及禽肉和禽蛋加工过程中的各个阶段注意消除沙门菌。对销售到远方的冰冻和干燥的生鸡蛋制品进行强制性巴氏消毒是防止人类这一来源沙门菌病暴发的有效措施。

人类的沙门菌食物中毒潜伏期约7～24 h，间或可延长至数日。吃进的细菌量越大，细菌毒力越强，则潜伏期越短，症状出现越早。常突然发病，体温升高，伴有头痛、寒战、恶心、呕吐、腹痛和严重的腹泻。治疗可用抗生素、樟脑酊或氢化考的松，脱水严重者可静脉滴注葡萄糖盐水。大多数患者可于3～4 d内康复。

总之，加强从养殖到屠宰加工乃至流通环节的全过程沙门菌控制、禽源食品的沙门菌流行病学监测、风险评估、食品安全宣传教育等措施，将会大大降低禽副伤寒对公共卫生的危害。

（焦新安）

第二节　禽巴氏杆菌病

（Fowl cholera）

禽巴氏杆菌病又称禽霍乱（Fowl cholera）、禽出血性败血症（Poultry/Avian hemorrhagic septicemia），是一种侵害家禽和野禽的接触性传染病。临床上常为急性败血型，发病率和死亡率均很高，也可表现慢性型和良性经过。

【历史概述】

在18世纪后半叶，欧洲禽群中曾发生几次大的禽病流行。法国学者Chabert（1782）和Mailet（1836）先后对其进行研究，并命名为禽霍乱。1886年Huppe将该病称为“出血性败血症”，Lignieres在1990年使用术语“禽巴氏杆菌病”描述禽霍乱。1851年，Benjamin对该病进行了详细描述，并证明该病可以通过同群传播。几乎于同一时期，Renault、Ruynal和Delafond通过人工接种试验证明，禽霍乱可以传播给不同禽类。Iowa在1867年发现禽霍乱造成鸡、火鸡和鹅死亡。意大利的Perroncito和俄罗斯的Semmer分别于1877年和1878年在感染禽组织中发现了圆形、单个或者成对的细菌。Toussant于1879年分离出细菌并证明所得分离菌是禽霍乱的病原。Pasteur获得了纯培养物，并利用纯培养物进行了病原毒力致弱使机体产生免疫的经典试验，同一年，美国的Salmon详细研究、描述了禽霍乱的发病症状。

在我国，禽霍乱发生很早，1948年有明确记载，该病呈散发流行，主要发生春秋两季，发病率3%～6%，致死率50%～70%。曾被各地列为家禽的第二大流行病。后来随着养殖规模化的发展，抗生素、铝胶疫苗的应用，该病得到了有效控制。

【发生和分布】

禽巴氏杆菌病是家禽的烈性传染病，国家把其列入二类传染病。该病在世界大多数国家有发生，呈流行性或散发性。该病死亡率很高；偶尔可能损失很小，但持续时间很长，至少可达4年。目前，我国个别地区有发生和流行，广大农村鸡、鸭群中仍有发生，造成一定经济损失。该病对农村性成熟鸡所造成的危害仅次于鸡新城疫，南方各省较为流行，对养殖业造成很大的危害。

禽巴氏杆菌主要在夏末、秋季和冬季流行。性成熟鸡更易感，该病呈季节性流行的原因主要是环境因素的影响。

【病原学】

禽巴氏杆菌病病原是多杀性巴氏杆菌（*Pasteurella multocida*），属巴氏杆菌科（Pasteurellaceae）巴氏杆菌属（*Pasteurella*）。1985年，巴氏杆菌通过DNA-DNA杂交重新分为13个种，代表种为多杀性巴氏杆菌、溶血性巴氏杆菌等。

伯杰氏细菌学手册（第2版）中根据16 S rRNA系统发育对很多细菌进行了重新分类。多杀性巴氏杆菌仍属于巴氏杆菌属、巴氏杆菌科。巴氏杆菌科属变形杆菌门、伽马变形杆菌纲。巴氏杆菌科细菌种属有一些新变化，包括巴氏杆菌属、放线杆菌属、嗜血杆菌属、曼氏杆菌属、隆派恩杆菌属、海豚杆菌属等；溶血性巴氏杆菌改为溶血性曼氏杆菌，是曼氏杆菌属的代表种；鸭疫里氏杆菌是新建立的里氏杆菌属，属黄杆菌科。巴氏杆菌属有20多个种，严格意义上的巴氏杆菌包括*P. multocida*、*P. canis*、*P. stomatis*、*P. dagmatis*及未命名species B；但最重要的代表种是多杀性巴氏杆菌（*P. multocida*）。根据对海藻糖和山梨醇发酵模式的不同，多杀性巴氏杆菌菌种又分为3个亚种，分别为多杀亚种、败血亚种和杀禽亚种。

1. 形态染色 多杀性巴氏杆菌大小为（0.2～0.4）μm×（0.6～2.5）μm，不运动、无芽胞、革兰阴性细菌，两端钝圆，中央微凸，近椭圆形呈短杆状或球杆状，常常单个存在，较少成对或成短链。多次传代后趋向多形性。病料组织或体液制成的涂片，瑞氏、姬姆萨或美蓝染色可见两极着色。

2. 生物学特性 多杀性巴氏杆菌，最适生长温度为37℃，最适pH为7.2～7.4，需氧或兼性厌氧菌；普通培养基上可以生长；液体培养基中培养16～24 h生长最佳；培养基中加入鸡血清、蛋白胨、酪蛋白水解物等可促进其生长；有些动物血液或血清可抑制其生长，如牛、马、山羊、绵羊的抑制作用最强，猪、鸡、鸭的很弱或者无。血清琼脂平板上，菌落呈露珠样淡灰白色、边缘整齐、表面光滑；血液琼脂平板上，呈湿润、水滴样和周围不溶血的小菌落；含0.1%血红素马丁培养基上，呈半透明、奶油状、光滑、突起的圆形菌落；血清肉汤或1%胰蛋白胨肉汤中，形成黏性沉淀，均匀混浊，表面形成菌环。含5%禽血清葡萄糖淀粉琼脂对多杀性巴氏杆菌的分离培养最佳，麦康凯培养基上不生长。

该菌可以发酵蔗糖、葡萄糖、甘露糖、半乳糖、果糖，产酸不产气；对菊糖、水杨苷、肌醇、侧金盏花醇、鼠李糖、乳糖不发酵，大多数菌株可以发酵甘露醇；对柠檬酸盐、尿素酶、赖氨酸脱羧酶、丙二酸盐、七叶苷水解为阴性，ONPG试验、MR试验、VP试验为阴性；不液化明胶，石蕊牛乳无变化；还原硝酸盐、还原美蓝；产生氨和硫化氢，形成靛基质；接触酶和氧化酶为阳性。这些生化特性常用于该菌的鉴定。

多杀性巴氏杆菌对环境的抵抗力不强，极易被阳光、干燥、热和普通消毒剂灭活，对于低温有较强耐受力。60℃10 min、56℃15 min即可杀死；干燥空气中2 ~ 3 d死亡；阳光直射暴晒10 min即可杀死；易自溶，在无菌蒸馏水和生理盐水中迅速死亡；在尸体中可存活3个月，禽舍粪便中可存活1个月。0.5% ~ 1%氢氧化钠、3%石炭酸、0.1%升汞、3%福尔马林、2%来苏儿、10%石灰乳2 ~ 3 min即可杀死。

3. 血清分型　多杀性巴氏杆菌有复杂的抗原结构，其主要抗原为荚膜抗原（K抗原）和菌体抗原（O抗原）。而荚膜抗原具有型的特异性和免疫原性。因多杀性巴氏杆菌不同血清型之间的免疫交叉保护较少或者没有交叉保护性，因此对多杀性巴氏杆菌进行血清学分型对该病防治有重要意义。

检测特异性荚膜抗原与菌体抗原是血清分型的方法。通过间接血凝试验来识别区分特异性荚膜血清群抗原。Carter在1955年利用间接血凝试验将荚膜抗原分为A、B、C、D四型，后C型取消；1987年，Rhoadel和Rimler从美国染病火鸡中分离出E型的荚膜抗原，在此二人之前也有人分离到E型抗原。目前，根据多杀性巴氏杆菌的荚膜抗原差异鉴定出的血清型有：A、B、C、D、E、F，其他没有荚膜的多杀性巴氏杆菌无法用此方法区分血清型。

试管凝集试验和琼脂扩散沉淀试验可识别区分菌体抗原血清型。1961年，Namioka等处理得到菌体抗原，利用凝集反应，将菌体抗原分为12个血清型，但该方法常出现交叉反应和自家凝集。1972年，Heddleston建立的耐热抗原琼脂扩散沉淀试验是目前世界上公认菌体血清学分型方法。利用该方法将菌体抗原分为16个血清型，即1 ~ 16。若将菌体抗原和荚膜抗原组合来对该菌进行分型，则该菌的血清型可分为15种。

流行调查显示，禽巴氏杆菌流行菌株主要为5：A、8：A、9：A型，我国为5：A和8：A居多。美国和加拿大等主要来源于火鸡禽霍乱的血清型为1型、3型、4型；国内禽巴氏杆菌分离株以1型为主。

随着分子生物学和生物科学技术的发展，多杀性巴氏杆菌菌株（Pm70株）的全基因组及单基因序列的测定，学者据细菌遗传特征建立多种基因分型的方法，如16SrRNA基因测序法、多杀性巴氏杆菌种特异性PCR（Pm-PCR）、荚膜分型PCR、限制性酶切分析和核糖体分型、基因芯片技术、基因组重复序列PCR、扩增片段长度多态性等。

4. 毒力因素　1998年，Hunt等绘制了澳大利亚A：1血清型禽霍乱菌株的遗传图谱，发现该菌株的基因组大小为2.35 Mb，呈环状，无染色体外元件。这为揭示多杀性巴氏杆菌的遗传变异、致病机制和免疫学特性奠定了基础。

（1）外膜蛋白（Outer membrane proteins，OMPs）　外膜蛋白在多杀性巴氏杆菌对宿主感染和致病过程中起重要作用。多杀性巴氏杆菌外膜蛋白包括主要蛋白和微量蛋白，它们位于致病菌和宿主细胞的接触面上。外膜蛋白能够从不同程度上展示不同菌株间的变化，这可以用来评定菌株间的差异从而确定与流行病学的关联。外膜蛋白的主要蛋白包括外膜蛋白H（OmpH）、外膜蛋白A（OmpA）、铁调节蛋白等；而微量蛋白种类很多。

外膜蛋白是多杀性巴氏杆菌主要的免疫原，可诱导机体产生体液免疫和细胞免疫应答，应用多杀性巴氏杆菌外膜蛋白制备的疫苗对小鼠、鸡和兔的免疫显示了明显的保护力。OmpH是多杀性巴氏杆菌最主要的外膜蛋白，属于孔蛋白，具有一般孔蛋白的特性，能诱导很高水平的保护性抗体，免疫保护试验表明，OmpH蛋白能够对同源菌产生保护力。1997年，VasfiMarandi和Mittal的研究显示，为流感嗜血杆菌P6膜孔蛋白同源物的OmpH的单克隆抗体能对鼠的感染形成被动免疫。Luo等，在1997年、1999年，克隆了OmpH基因，发现OmpH基因外部有高度保守的loop1、loop2两个大环，模拟loop2合成肽能够诱导鸡产生部分同源保护，重组OmpH免疫鸡能产生对同源菌株攻击的免疫保护。Rimler等研究发现，体内生长的菌株中与外膜相关的抗原具有交叉保护作用，而体外培养的菌株只能对同型的攻毒提供保护作用。对多杀性巴氏杆菌外膜蛋白免疫原性及保护性的研究，使得开发Pm外膜蛋白疫苗成为可能。

（2）荚膜（Capsule） 荚膜是细菌合成并分泌于菌体外堆积的黏液性多糖或多肽类物质，具有黏附、抗吞噬、抗溶菌酶、抗补体、抗干燥等作用，具有营养缺乏时可作为营养物质被吸收等多种功能。多杀性巴氏杆菌荚膜主要成分为透明质酸、N-乙酰葡糖胺聚合体和葡萄糖醛酸，荚膜抗原可进行细菌的分型和鉴定。

荚膜为多杀性巴氏杆菌重要毒力因子，暴露在菌体表面，通过脂质A或磷脂共价连接在细菌表面，荚膜多糖常在发病机制中发挥重要作用。荚膜与该菌毒力有关，研究表明有荚膜的菌株比无荚膜菌株毒力更强，抵抗补体的吞噬作用和杀菌活性的能力更强。荚膜自然突变的菌株产生的效价较低，Boyce等通过对小鼠的共度试验说明，血清型2：B的菌株毒力比有荚膜包裹的菌株的毒力低。荚膜是多杀性巴氏杆菌的一种保护性抗原，进入机体后能诱导机体产生一定的保护性免疫反应。1981年，Kodama等提取荚膜抗原免疫火鸡，研究结果表明可为火鸡的试验感染提供80%～100%的保护。

荚膜是较好的疫苗候选抗原，不仅保持了病原的免疫原性，同时又不存在安全隐患。Entomack的研究表明，多杀性巴氏杆菌荚膜的致病力与荚膜中39 kD蛋白的含量有关。Entomack等在研究多杀性巴氏杆菌对Hela细胞附着能力中发现死菌苗菌株对小鼠的毒力和对Hela细胞的附着能力强于活菌苗株；同时，在死菌苗菌株荚膜中存在39 kD大小的特异蛋白，而在活菌苗菌株中并不存在。

（3）脂多糖（Lipopolysaccharide，LPS） 脂多糖是多杀性巴氏杆菌一个主要毒力因子，通过血清补体赋予宿主抵抗力。脂多糖是革兰阴性细菌细胞壁的典型组分，是致病物质内毒素的物质基础，是很强的发热原，在革兰阴性细菌崩裂时释放出来。

脂多糖通过绑定到TLR4被识别，最终导致NF-κB（核蛋白因子）被激活而诱导炎性细胞因子的释放和黏附分子的表达，诱导白细胞趋向感染部位。脂多糖也能诱导表达和释放炎症因子和免疫调节因子，如TNF-α、IFN-α、IL-1、IL-6和IL-12。2011年，Harper等研究显示，脂多糖糖芯突变或截断突变也都能致病，但是致病力减弱。脂多糖被认为是一种很好的保护性抗原，被动免疫A血清型脂多糖单克隆抗体确实可以保护小鼠不受感染，只能针对同源菌株，具有种属特异性。脂多糖的单抗能够调节巨噬细胞的吞噬作用。而使用亲和纯化的脂多糖抗血清免疫小鼠无保护作用，这说明脂多糖在保护性免疫原中所起作用较小。使用脂多糖-蛋白混合物或核糖体可以增强脂多糖抗体的效果，能实现小鼠模型条件下同源感染完整的保护。

【流行病学】

该病宿主非常多，几乎所有的禽类都易感染。该病多发生于鸡、火鸡、鸭和鹅，家禽中以鸡和火鸡最为易感，感染后大部分鸡只在几天内死亡，甚至全部死亡。DeVolt和Davis首次报道火鸡霍乱；Alberts和Graham描述了4群火鸡发病情况，发病率为17%～68%，并指出环境刺激均可影响该病的发病率和病程。该病多发生于性成熟的青年鸡群，但所有日龄的均易感。产蛋鸡群较幼龄的鸡只易感，16日龄以下的鸡有较强的抵抗力。实验条件下，通过腭裂涂擦或与家禽接触感染高致病力多杀性巴氏杆菌后，90%～100%的成年火鸡于48 h内死亡。

家鹅与家鸭对禽巴氏杆菌病高度易感。Curtice报道罗得岛发生鹅霍乱，短时间内，4 000只鹅群有3 200只死亡。VanEs和Olney用健康鹅检测患鸡移走后一定区域内活菌的存在情况时，发现鹅对禽霍乱极易感。日本长岛鸭霍乱严重，68个商品鸭场有32个诊断出该病，损失常发生在4周龄以上鸭，死亡率达50%。

本病的主要传染源是慢性感染的禽类和带菌动物。直接和间接接触均可传播，饲养管理不佳、气候突变、营养不良、通风不良、寄生虫侵害和应激因素均可促进其发生。本病多先在某些个体发生内源性感染，病原毒力增强，排出体外，造成其他健康动物感染。外源性感染主要经消化道、呼吸道感染，有时可经损伤皮肤、黏膜和蚊虫叮咬感染。病禽口腔、鼻腔和眼结膜的分泌物常常污染环境，特别是饲料和饮水，会使健康家禽感染。污染的家禽笼具、饲养槽及其他用过的设备均可能成为传播媒介。因禽霍乱死亡的家禽尸体是重要传染源，1932年Hendrickson等从自然发病至临死前的49 d的病鸡血液中连续分离到多杀性巴氏杆菌，发现病鸡在临死前和死后的很短时间内，体内病原数量急剧增加。犬、野鸟甚至人可能成为机械带菌者。另外，研究证明如苍蝇、鸡螨等昆虫也是传播者。1975年，Petrow发现恙螨叮咬感染多杀性巴氏杆菌的家禽可使自己感染并传播给其他家禽。1932年，Skidmore用饲喂感染上多杀性巴氏杆菌血液的苍蝇饲喂火鸡，结果火鸡发生禽霍乱。1970年，Serdyuk等证实与禽霍乱病鸡接触过的麻雀、鸽子可被感染，虽无发病症状，但能传播给鸡。

本病的发生，春秋季多见，常为散发性，间或流行性，鸭群发病时多为流行性。我国南方较北方多发。

【发病机制】

禽多杀性巴氏杆菌的致病性与菌株毒力和禽类机体抵抗力有关。一般认为发病前就已带菌，多杀性巴氏杆菌可以大量寄生在禽上呼吸道和消化道黏膜。机体抵抗力弱的禽类感染时，该菌易突破机体防御屏障，经淋巴系统屏障进入血液，发生内源性感染导致菌血症，发病禽因败血症而急性死亡，死前很难见到明显的发病症状。细菌内毒素——脂多糖是产生败血症的原因。感染禽机体抵抗力强或侵入病原较少时，可延缓病程。

【临床症状】

自然感染的潜伏期一般为2～9 d，有时在引进病禽后48 h内也会突然暴发病例，人工感染通常在24～48 h发病。由于家禽的机体抵抗力和病菌的致病力强弱不同，所表现的病状亦有差异。

1. 鸡巴氏杆菌病　根据临床症状一般分为最急性、急性和慢性3种病型。

（1）最急性型　常见于流行初期，以肥壮、高产蛋鸡最常见。病鸡无前驱症状，晚间进食、饮水等一切正常，次日即急速发病，翅膀扑动几次、倒地挣扎死亡。

（2）急性型　较常见于流行过程中，病程1～3 d，死前数小时能见到症状。不见症状的，死亡为发病重要标志。病鸡主要表现为精神抑郁，羽毛蓬松，缩头、拱背，有的头缩于翅下，不愿走动，离群呆立一隅。食欲减少或废绝，渴欲增加；口、鼻黏液分泌物增加，呼吸困难。病鸡常有腹泻，初期排白色水样便，随后排带绿色含有黏液稀便，再后排灰色、污绿色或灰黄色稀便，偶混有血液。体温升高至42～44℃。产蛋鸡停产。死前常见发绀现象，鸡冠和肉髯变青紫色，一些病鸡肉髯肿胀、有热痛感，最后发生衰竭，昏迷而死亡。耐过初期急性败血症的鸡，转为慢性感染，个别可康复。

（3）慢性型　由急性转变而来，或感染低毒力菌株，多见于流行后期，病程较长，可拖至1个月以上。以慢性呼吸道炎、慢性肺炎和慢性胃肠炎较多见。常表现为局部感染。病鸡鼻孔流出少量黏性分泌物，鼻窦肿大，喉头积有分泌物而出现呼吸困难，可听到啰音。病鸡消瘦、精神委顿、冠苍白、腹泻等症状。有的病鸡一侧或者两侧肉髯肿大，随后可能出现脓性干酪样物质，或干结、坏死、脱落。某些病鸡会出现关节炎，常局限于腿或翅关节和腱鞘处，表现为关节疼痛、肿大、脚趾麻痹而跛行。产蛋鸡产蛋停止。慢性型禽巴氏杆菌病可长期保持感染状态，生长发育不良、产蛋长期不能恢复。

2. 鸭巴氏杆菌病　常见急性型，与鸡基本相似，但没鸡的症状明显。病鸭精神萎靡，叫鸣停止，行动缓慢，不愿下水游泳，常常落在鸭群后面或独蹲一隅，闭目瞌睡。羽毛蓬乱，两翅下垂，缩头弯颈，食欲减退或不食，渴欲增加，嗉囊积食不化。打喷嚏、咳嗽，呼吸困难，口和鼻流出黏液，张口呼吸，摇头排出积在喉头的黏液，故有“摇头瘟”之称。有些病鸭下痢，排灰白色或铜绿色腥臭稀粪，有些粪便还混有血液。病程稍长的病鸭出现关节炎或发生跛行或瘫痪，掌部肿变硬如核桃大小，切开可见干酪样和脓性坏死。

3. 鹅巴氏杆菌病　发病成年鹅的症状与鸭相似，仔鹅发病率、死亡率高于成年鹅，常以急性为主。精神不振，食欲减退或废绝，喉头有黏稠的分泌物，拉稀。喙和蹼发紫，眼结膜有出血斑点，病程1～2 d即死亡。

4. 火鸡巴氏杆菌病　火鸡发病时，除有全身症状外，有的病火鸡呈现呼吸困难，张口呼吸，有啰音，口鼻流出黏液分泌物，摇头，伸颈，腹泻，1～3 d发生死亡。

【病理变化】

由于机体抵抗力、细菌毒力和侵入菌数不同，以及各种禽畜对多杀性巴氏杆菌的易感性不同，因此，该病的病理变化亦有差异。

1. 鸡巴氏杆菌病

（1）最急性型　无特征病变，死亡病鸡剖检仅能看见心冠状脂肪有出血点（见彩图5-2-1、彩图5-2-2和彩图5-2-3）。

（2）急性型　血液循环障碍是主要病理变化，全身充血，腹腔脏器静脉瘀血最明显，十二指肠小血管最为突出，显微镜观察可见血管内有大量细菌。特征病变在肝脏，表现肝稍肿、质脆、呈黄棕色或棕色。被膜下和肝实质中有许多灰白色或黄白色、针头大小坏死点（见彩图5-2-4和彩图5-2-5）。病鸡皮下组织、腹膜及腹部脂肪有出血点。心包变厚，心包内积有不透明淡黄色液体，含纤维蛋白，浆膜和心外膜下出血，心肌心内膜有出血点。肺有充血或有小出血点或斑块状出血。脾脏一般不见明显变化，或稍微肿大，质地较柔软。肌胃出血明显，肠内容物含有血液，黏膜红肿，有出血点和出血斑，十二指肠尤为明显（见彩图5-2-6和彩图5-2-8）。禽巴氏杆菌病鸡也可表现卵巢充血、出血（见彩图5-2-9）。

（3）慢性型 因多杀性巴氏杆菌侵害器官不同而有差异。多发于呼吸道，可波及鼻窦和气管等多个组织或器官，常见上呼吸道及鼻腔和鼻窦内有黏性分泌物，个别病例见肺硬变。局部感染能波及足垫、关节、腹腔和输卵管。局限于关节炎和腱鞘炎的病鸡，主要症状为关节变形肿大，有炎性渗出或干酪样坏死。有些母鸡腹膜和卵巢可见干酪样物和变性；公鸡肉髯肿大、化脓，内含干酪样渗出物。多杀性巴氏杆菌侵害火鸡颅骨和中耳，出现斜颈，顶骨气室有干酪样物，呈淡黄色，脑膜、中耳等部位可见均一异嗜细胞浸润和纤维素，多核巨细胞与异嗜细胞坏死块同时出现在气室。

2. 鸭巴氏杆菌病 病鸭病理变化与鸡相似，心包内有透明橙黄色积液，心包膜、心冠沟脂肪有小点出血（见彩图5-2-11）。肺呈多发性肺炎或出血。鼻腔黏膜充血或出血。肝稍肿，有针尖状出血点和灰白色坏死点（见彩图5-2-10）。小肠前段和大肠黏膜充血和出血最严重，小肠后段和盲肠较轻（见彩图5-2-12）。雏鸭表现为多发性关节炎，可见关节面粗糙，内有黄色干酪样物或红色肉芽组织；关节囊增厚，内有红色浆液或灰黄色混浊黏稠液体。肝脏出现脂肪变性和局部坏死。

3. 火鸡巴氏杆菌病 火鸡因巴氏杆菌病死亡，可见与鸡、鸭巴氏杆菌病死亡相似的病理变化。

4. 禽巴氏杆菌病的组织学变化 肝脏呈不同程度实质性肝炎变化。肝细胞发生颗粒变性、脂肪变性及坏死，窦状隙扩张充血，内含多量异染性白细胞，肝小叶内有大小不等的坏死灶。肠道有急性卡他性炎症，以十二指肠变化最明显。病变主要以黏膜表层为主，黏膜上皮间的杯状细胞肿胀、增数，黏液分泌亢进，黏膜上皮脱落，固有层因充血、出血和水肿而增厚，绒毛变粗（见彩图5-2-7）；肺脏表现为肺泡壁毛细血管充血，肺泡上皮肿胀、脱落，肺泡壁与肺泡腔内有多量异染性白细胞浸润和不同数量纤维素渗出。心肌纤维变性，肌间有较多白细胞浸润。

【诊 断】

禽巴氏杆菌病可以根据流行病学、发病症状和病理变化等特征作出初步诊断，但确诊还须结合实验室检查结果进行综合判断。

1. 显微镜检查 采取病禽生前或死后新鲜病料，如肝、脾、心血、淋巴结、血液、骨髓、水肿液和病灶等涂片或触片。部分涂片甲醇固定后革兰染色；部分作瑞氏染色、碱性美蓝染色或姬姆萨染色，如有大量革兰阴性、两端钝圆、中央微凸的短小杆菌，且瑞氏、美蓝染色为卵圆形、两端着色深、似呈并列的两个球菌者，结合流行病学及剖检，即可作出初步诊断。必要时，进行分离培养和动物试验。

2. 分离培养 用麦康凯琼脂和血液琼脂平板同时进行分离培养。多杀性巴氏杆菌在麦康凯琼脂上不生长，在血液琼脂平板上生长良好，培养24 h后，可长成周围不溶血、淡灰白色、圆形、湿润的露珠样小菌落。挑典型菌落涂片染色镜检，对分离到的细菌进行生化试验和血清学鉴定。张树成等研制了一种多杀巴氏杆菌的选择性分离培养基，加快了多杀巴氏杆菌的分离培养速度。

3. 动物试验 将病料用灭菌生理盐水用研钵研磨制成悬液或用分离培养菌，取0.2 mL皮下注射小鼠、家兔、鸡或鸽，如果动物经24～48 h发病，取心脏、血液或肝脏涂片镜检，同时用血琼脂平板分离培养，培养24 h，检查菌落和涂片镜检。因健康动物呼吸道内常带菌，所以参照患禽生前临床症状和剖检变化，结合菌株毒力试验，作出最后诊断。

4. 血清学诊断 多杀性巴氏杆菌血清型较多，根据荚膜抗原和菌体抗原可将其分为15个血清型，具有型特异性抗原，大多数血清型之间无交叉反应。据此，可对各菌株进行血清学诊断。

（1）琼脂扩散试验 1972年，Heddleston建立的耐热抗原琼脂扩散沉淀试验是目前世界上公认菌体血清学分型方法。近年来，琼脂扩散试验在免疫分析上已发展为多种反应形式，应用范围越来越广。

在日光灯或侧强光下观察琼脂板，标准阳性血清与抗原孔之间出现清晰的白色沉淀线，标准阴性血清与抗原孔之间无沉淀线，则试验成立；如果被检血清孔与中心血清孔间有沉淀线，此沉淀线与阳性血清孔与中心孔间的沉淀线末端吻合，则被检血清判为阳性；如果被检血清孔与中心血清孔间无沉淀线，但是阳性血清孔与中心孔间的沉淀线一端位于被检血清孔处并向抗原孔方向弯曲，则该孔的被检样品判为弱阳性，应重复试验。如果仍可疑，则判为阳性；如果被检血清孔与中心血清孔间无沉淀线，阳性血清孔与中心孔间的沉淀线直向被检血清孔，则被检血清判为阴性；如果被检血清孔与中心血清孔间的沉淀线粗而混浊，和标准阳性血清与抗原孔间的沉淀线交叉并伸直，则待检血清孔为非特异性反应，应重复试验。如果仍有非特异性反应，则判为阴性。

（2）酶联免疫吸附试验（Enzyme linked immunosorbent assays，ELISA） 具有敏感、快速、简便、易于标准化等优点，在细菌和病毒等疾病诊断方面得到广泛应用。ELISA已广泛应用在禽巴氏杆菌病的诊断和鸡群抗体水平检测上。1998年，Jean等建立了用超声波裂解多杀性巴氏杆菌后的裂解物作为包被抗原来测定活菌疫苗免疫后动物体内抗体水平的ELISA方法。2009年，徐步等利用戊二醛的偶联作用将多杀性巴氏杆菌全细胞抗原干燥包被在聚苯乙烯酶标板上，建立了多杀性巴氏杆菌全菌抗原干燥包被法检测禽霍乱血清抗体的ELISA。2008年，吕晓娟等用C48-1全菌抗原烘干包被在聚苯乙烯微量反应板上，建立了检测禽霍乱血清抗体的间接ELISA方法。ELISA方法检测禽巴氏杆菌较琼脂扩散试验具有更高的敏感性和特异性。

5. 分子生物学诊断 近年来，多杀性巴氏杆菌在病原PCR检测、分子流行病学、基因图谱、不同基因的克隆鉴定、基因组体外分析和基因突变等分子生物学研究方面都取得了一些进展。PCR、脉冲电泳、限制性内切酶图谱分析、基因突变、基因克隆、鉴定及重组蛋白的表达、质粒、噬菌体分析及基因图谱等分子生物学技术的应用，为从分子水平上检测多杀性巴氏杆菌提供了很好的工具。

用于禽巴氏杆菌病检测的最主要的分子生物学诊断方法是PCR法。目前，已有几种特异性PCR方法用于混合样品及临床样品的检测。1997年，Kasten等利用多杀性巴氏杆菌的*psl*基因建立PCR诊断方法。2001年，Miflin 等根据多杀性巴氏杆菌的23 SrRNA基因序列设计引物，建立了特异的PCR方法。2008年，亓英芳等对禽多杀性巴氏杆菌分离株的16 S rRNA序列进行分析，并证实以16 S rRNA为靶基因设计的PCR方法可以快速、准确地鉴定该菌。2004年，Liu等发现了两个种特异性转录调控基因，并以此基因建立了种特异性PCR。

群特异性PCR方法也应用到多杀性巴氏杆菌的检测中。1998年，Chung等通过对多杀性巴氏杆菌的血清群特异性荚膜基因进行克隆和鉴定，发现在荚膜基因区内存在血清群特异性基因。Townsend等在2001年利用荚膜多糖生物合成基因，A群的*hyaD*基因、B群的*bcbD*基因、D群的*dcbF*基因、E群的*ecbJ*基因和F群的*fcbD*基因，建立了可同时进行种、群鉴定的多重PCR方法。2009年，施少华等建立检测多杀性巴氏杆菌的PCR方法，扩增出1条460 bp的特异片段，敏感性试验显示该方法最低可检测出1 ng/L的细菌基因DNA。

其他方法，如菌落杂交、限制性内切酶图谱分析（REA）、核型分型、脉冲场凝胶电泳（PFGE）等也可用来检测和分析多杀性巴氏杆菌。

【鉴别诊断】

1. 该病在临床上注意与中暑、鸡伤寒相鉴别。

1）鸡伤寒　肝肿大，呈青铜色，表面有弥漫性针尖大小坏死点，质脆易碎，脾肿大。

2）禽巴氏杆菌病　肝肿大，呈黄褐色，坏死点较大，脾不肿大。

3）中暑　病鸡可见皮肤出血、肝脏出血斑等。

2. 分离到的菌需与鸡巴氏杆菌和溶血性曼氏杆菌相区别。

1）禽巴氏杆菌　吲哚试验阳性、触酶阳性，不溶血、麦康凯琼脂培养基上不生长，大多不发酵乳糖、麦芽糖。

2）鸡巴氏杆菌　发酵麦芽糖、不发酵乳糖，不溶血、麦康凯培养基上不生长，吲哚试验和触酶阴性。

3）溶血性曼氏杆菌　溶血、多数能在麦康凯培养基上生长、多数触酶阳性、多数发酵乳糖，吲哚试验阴性，不发酵麦芽糖。

【防　治】

1. 免疫预防　多杀性巴氏杆菌具有复杂的抗原性，生产中即使使用疫苗免疫，仍存在暴发禽巴氏杆菌病可能性，因为暴发病原菌株抗原结构可能与疫苗的抗原结构不同而导致疫苗的免疫效果不良。目前，国内使用的疫苗主要有灭活疫苗、弱毒疫苗和亚单位疫苗，免疫接种还不能100%的起到预防作用。

（1）灭活疫苗　灭活疫苗主要由菌体或病毒颗粒组成，疫苗中所含的菌体或者病毒颗粒是“死”的，即菌体或病毒颗粒失去了其感染性和致病力。常规灭活疫苗多采用禽多杀性巴氏杆菌标准株或从疫区分离、鉴定、筛选出的毒力强、免疫原性好的流行菌株灭活（加热、射线照射、甲醛、苯酚烷化剂等方法）后，加免疫佐剂（氢氧化铝胶、明矾、磷酸铝、蜂胶佐剂、弗氏佐剂等）制备而成，其安全性较好，不存在毒力返强等风险。利用流行菌株制备的灭活疫苗对流行区域针对性免疫预防，具有良好的免疫效果。

灭活疫苗分两种：一是在体外进行细菌培养，收获菌液灭活制备常规灭活疫苗。禽多杀性巴氏杆菌体外培养不能很好地产生交叉保护因子，因此这种灭活疫苗针对相同血清型菌株感染的免疫效果较佳；二是将禽多杀性巴氏杆菌接种鸡胚或感染青年鸡，收获鸡胚组织或鸡脏器组织后制成组织灭活苗，这种灭活苗的免疫效果显著高于体外培养制备的常规灭活苗。1971年，Cifonelli 等发现活体培养的多杀性巴氏杆菌具有交叉保护特性，细胞壁上存在一种蛋白质成分——交叉保护因子，能够抵抗异源血清型多杀性巴氏杆菌对禽体的攻击。1997年，戴鼎震等将禽多杀性巴氏杆菌C48-1强毒株接种鸡胚，收集死胚后制备组织灭活油乳苗，用异源血清型禽多杀性巴氏杆菌P1059菌株攻击免疫4周后的鸡和鸭，发现该组织灭活油乳苗对免疫动物能提供90%以上的保护率，免疫效果良好。

（2）弱毒疫苗　禽巴氏杆菌病弱毒疫苗是利用筛选自然弱毒株、人工培养致弱菌株研制而成。王文科等（1995）、刘学贤等（1996）、孙继强等（2004）分别从临床分离菌株筛选出了禽多杀性巴氏杆菌弱毒株。

1993年，左婉顺等利用物理诱变致弱获得了禽多杀性巴氏杆菌B26-T1200弱毒菌株。他们分别用各自筛选的弱毒株制备弱毒活疫苗，并进行免疫效力试验、交叉保护性试验、安全性试验、保存期试验，发现弱毒活疫苗具有产生免疫力快、免疫原性好、免疫谱较广、近期平均保护率较高及生产成本低等优点。目前弱毒苗的种类很多，如833株、731株、807株、1010株、G190-E40株、S36株等。弱毒苗的主要优点是产生免疫力快、免疫原性好、血清型间交叉保护较大；缺点是免疫期短、菌株不稳定、足够量的菌数才能产生可靠的免疫效果，同时还要注意安全剂量。虽然弱毒疫苗具有一定的交叉保护性，但弱毒苗的安全性问题也不能忽视。随着基因工程技术迅速发展，人们从分子水平改造细菌基因，使其毒力减弱，构建弱毒活疫苗候选菌株，这是细菌弱毒活疫苗研究的新方向。

（3）亚单位疫苗　禽巴氏杆菌病亚单位疫苗是用浓盐水提取多杀性巴氏杆菌荚膜亚单位成分作免疫原制成疫苗。目前在实际应用上有一定局限性。亚单位疫苗对鸡安全无毒、保护力良好，免疫期可达5个月。

多杀性巴氏杆菌毒力因子作为抗原研制亚单位疫苗是目前研究热点。荚膜作抗原制备亚单位疫苗，既保持病原菌株的免疫原性，又不存在强毒菌株的安全隐患，是较好的疫苗候选抗原。2000年，Boyce等对不同血清型多杀性巴氏杆菌荚膜的生物合成、基因结构及其功能进行了分子水平的研究，结果表明不同血清型多杀性巴氏杆菌的荚膜与其致病性及免疫保护性相关。1986年，吴彤等提取多杀性巴氏杆菌荚膜物质进行免疫原性试验，证实多杀性巴氏杆菌荚膜物质具有良好的抗原性，并研制出禽巴氏杆菌病荚膜多糖菌苗。2007年，Lee等研究发现以OmpH免疫小鼠后可抵抗多杀性巴氏杆菌强毒的攻击。2006年，曹素芳等通过原核表达强毒株C48-1外膜蛋白OmpH，制成油乳剂亚单位疫苗，免疫鸡可诱导鸡体产生特异性抗体，能抵抗强毒菌株C48-1的致死性攻击，免疫保护效果优于禽多杀性巴氏杆菌病弱毒活疫苗。2008年，Sthitmatee等利用表达性巴氏杆菌P-1059强毒株外膜蛋白Cp39制成亚单位疫苗，免疫鸡能抵抗强毒菌株多杀性巴氏杆菌P-1059（A：3）攻击，保护率达60%～100%，还可以抵抗X-73（A：1）强毒株的攻击。

脂多糖能够诱发体液免疫，因此被认为是一种保护性的抗原。2011年，崔卫涛等原核表达禽多杀性巴氏杆菌脂蛋白plpE免疫小鼠，第2次免疫2周后，用菌株攻毒即获得了100%保护，表明该蛋白具有良好的免疫原性。

（4）免疫复合物疫苗　免疫复合物疫苗又称抗原抗体复合物疫苗、治疗性疫苗，是指由特异性高免血清或抗体按照适当比例与相应抗原混合而成的疫苗，兼有治疗作用。

免疫复合物疫苗不仅可以抵抗病原微生物引起的持续性感染，还可以突破母源抗体干扰，能用于胚胎免疫，其安全性好、免疫保护率高、免疫效果好。崔卫涛等（2011）用大肠杆菌表达的禽多杀性巴氏杆菌重组蛋白plpE作为抗原，与用该蛋白做抗原免疫鸡制得的血清配制成不同比例的免疫复合物免疫白羽肉鸡，5周后用禽多杀性巴氏杆菌C48-1株进行强毒攻击，试验结果表明，免疫后所获得的抗体水平和攻毒保护率较高，近期保护率可达90%。

（5）基因疫苗　基因疫苗又称核酸疫苗或DNA疫苗，被称为继灭活疫苗和弱毒疫苗、亚单位疫苗之后的“第三代疫苗”。将抗原基因重组到表达载体，直接或经包装注入动物体内表达出相应抗原，诱导机体产生免疫应答。2010年，宫强等成功构建了禽多杀性巴氏杆菌OmpH DNA疫苗，该疫苗可诱导免疫小鼠产生较强的体液免疫和细胞免疫及较好的保护效果。

2．药物预防　在生产当中为有效预防和控制疾病发生，常常采取药物预防措施，尤其是在本病多发易发的春秋季。对于养殖人员应增强疾病预防意识，注意了解禽场附近的疫情情况并结合该病的流行病学做好药物预防工作。对假设健康禽群，可用药物拌料预防该病。如按料量0.05%～0.1%添加土霉素，连续使用5 d；氟哌酸10 mg/kg 体重拌料，连续使用5 d；磺胺–5–甲氧嘧啶和抗菌增效剂以5：1按料量的0.02%拌料，连续使用6 d；恩诺沙星5 mg/kg 体重拌料，连用5 d。另外，可用强力霉素、环丙沙星、阿莫西林等药物进行预防。使用药物预防，还要谨防病原菌耐药性的产生及家禽的药物中毒。

3. 治疗　禽巴氏杆菌病采取早期治疗，可获得较好的效果，拖得时间越长治疗效果越差。多种药物对禽巴氏杆菌病有治疗作用，实际应用受多种因素影响，长期使用某一药物会产生耐药性，影响疗效。根据实际情况结合药敏试验选择药物进行治疗。治疗时，连续用药不应少于5 d，以后每隔7～10 d或天气骤变，用药1～2 d，一个月后可不再定期用药，但要多观察禽群动态，若有复发迹象及时用药控制。即将产蛋或产蛋鸡，慎重使用磺胺药物，以免影响产蛋。

（1）抗生素　诸多抗生素均可用于治疗本病，如土霉素、金霉素和安普霉素按0.1%拌料饲喂，连续使用3～5 d；0.005%头孢噻肟饮水，连续使用3～4 d；群体较小时，肌内注射青霉素、链霉素，每只5万～10万IU，每天注射1～2次，连用3 d；土霉素40 mg/kg，肌内注射，连用4～5 d均可取得良好效果。

（2）磺胺类药物　磺胺二甲氧嘧啶、磺胺二甲氧嘧啶钠等药物按0.1%～0.2%拌料或0.04%～0.1%饮水，连续使用2～3 d，疗效较好。磺胺大剂量（0.5%）连续使用3 d以上会对禽产生毒性，影响采食、增重及产蛋下降。磺胺类药物与增效剂按5：1混合使用，可降低用量至0.025%，使用时间可延长。

（3）喹诺酮类　0.008%～0.01%环丙沙星或氧氟沙星饮水，用3～5 d，效果良好。

（4）中药治疗预防　以辨证论治和整体观念为特点，以针灸和中药为治疗手段的中兽医在中国形成了独特的医疗体系，强调“治未病”。常规的抗生素预防治疗禽病，易产生耐药性；中草药方剂是纯中草药制剂，用药安全，符合生产绿色食品的要求，能克服抗生素导致的耐药菌增多、药物残留严重的现象，并且治疗成本低。中国学者探索出诸多中草药方剂应用于畜禽疾病的预防当中，效果良好。2001年，崔锦鹏等筛选组建了3个中草药方剂，以鸡为试验对象，以土霉素为对照药物，通过实验室抑菌试验及临床治疗试验，得到一组方剂（白头翁、黄柏、秦皮、葛根、柯子、马齿苋、鱼腥草、黄芪、甘草）对沙门菌（C79–3）、大肠杆菌（O1、O2、O78）、巴氏杆菌（C48–1）治疗效果显著，与土霉素比较差异不显著，存活率和体重增加指数两项指标优于土霉素，这与实验室抑菌效果基本一致。1996年，丁建平等针对禽霍乱以黄连、黄柏、金银花、柴胡、雄黄、甘草等中药组成复方剂，经抑菌试验、人工感染禽治疗试验、预防保护试验、自然感染禽治疗试验得出该复方对禽霍乱C48–1强毒株体外抑菌圈直径为19.5 mm；对人工感染禽的保护率接近100%；对禽霍乱鸡、鸭、鹅自然病例的治愈率分别达95.5%、96.1%和92.4%，显著高于青霉素、土霉素的治愈率（$P<0.05$）；对人工感染和自然条件下的鸡霍乱具有1个月的短期预防效果，预防保护率分别达90.0%和81.5%。目前，中草药还有待研究人员继续开发并应用到畜禽疾病预防诊疗上，中草药的推广应用具有较大前景。

4. 控制　禽巴氏杆菌不能垂直传播，雏鸡不可能在孵化场内感染。健康禽发病是在进入鸡舍或接触病禽及污染物而感染发病。所以，杜绝多杀性巴氏杆菌进入禽舍，对预防本病十分重要。

（1）加强饲养管理　本病的发生与饲养环境的好坏有密切的关系，务必全方位地搞好禽场、禽舍内外的清洁卫生，以防患于未然；提高禽群免疫力；防止营养缺乏、密度过高、禽舍潮湿、寄生虫侵袭等不利因素。尽可能防止饮水、饲料及用具的污染；谢绝参观，非禽舍人员不得入舍或场区；饲养员进出禽舍要更换衣服、鞋帽；注意环境消毒，可选用不同类型的广谱高效消毒剂，如0.3% 威力灭、0.2%百毒杀、0.5%

抗毒威等，定期交替喷雾消毒。

（2）避免应激　该病的发生及危害程度与应激关系十分密切。家禽应激时（如天气突变、过分拥挤、通风不良、营养缺乏、寄生虫感染、换料、惊群及禽舍潮湿等），会引起家禽机体抵抗力下降，导致潜伏禽体内的多杀性巴氏杆菌侵入组织，导致发病。因此，在养禽生产当中要实行科学饲养管理，采取有效措施降低应激因素对家禽的影响，以降低发病的概率。用100 mg/kg料添加琥珀酸盐或500 mg/kg料添加多种维生素，连用5 d；5%糖水或 3%维生素B饮水，连用5 d，预防家禽应激效果良好。

（3）防止病原侵入　尽量做到自繁自养，不从疫区引进；若引进种禽或幼雏，需隔离2周以上，同时进行严格检疫，证明无病再入群。新引进后备禽群，应与老群隔离饲养；肉禽出栏或淘汰老群后，禽舍需彻底清洗消毒，并空置15 d以上再次消毒，才可以再启用；避免底细不清楚、来源不明的禽群混合饲养；防止其他动物，如猪、犬、猫、野鸟进入禽舍或接近禽群。

施行全进全出的饲养管理模式，能够减少家禽疾病的发生，提高家禽健康水平。不同日龄家禽分开饲养，避免大、小家禽混养，因不同日龄家禽易发疾病有差异，日龄较大患病家禽或已病愈，但仍可以带菌，这样就存在扩散病原的可能或者将病原传播给小龄家禽。生产实践证明，全进全出的饲养管理模式，是疾病预防、降低成本、提高经济效益的有效措施之一。

（4）及时隔离治疗　要遵循早发现早治疗的原则，注意观察禽群状态和留意疫情流行情况。禽群发病时，对病禽及时隔离治疗，必要时进行紧急宰杀处理，对死禽进行深埋或焚烧处理，对禽舍、运动场进行彻底清洗消毒，定时对环境进行消毒。健康禽注射疫苗预防或者用药物预防。

（田夫林　甘孟侯）

第三节　禽支原体病

（Avian mycoplasmosis）

禽类支原体病（Avian mycoplasmosis）是指禽类支原体感染引起的一类疾病，由于其发病特征不是非常典型，有的甚至不表现临床症状，所以国际上将其类疾病称之为禽支原体感染（Avian mycoplasma infection）。禽类支原体病最早出现在火鸡，称之为火鸡流行性肺炎。Delaplance和Stuart从患有慢性呼吸道疾病（Chronic respiratory disease，CRD）的鸡和传染性窦炎的火鸡呼吸道分离鉴定出了支原体，Markhum 和 Wong 将患有慢性呼吸道疾病的鸡和患传染性窦炎火鸡的病菌接种支原体培养基，发现它们能在人工培养基中生长，其生长特征与1898年Nocard等首次从牛体内的类胸膜肺炎微生物（Pleuropneumonia like organism，PPLO）非常相似，1956年将其命名为支原体（Mycoplasma），1967年，Edward 和 Freundt 正式提出将支原体目（Mycoplasmatales）归属原核生物门（Protista），并根据其没有细胞膜的特征，在微生物分类中建立了一个新的独立的纲——肉膜体纲。禽支原体病在世界分布十分广泛，几乎所有国家和地区的禽体内均可检测到支原体。到目前为止，已从禽体内分离鉴定出28种禽类支原体，其中24种属于支原体，3种属于无胆甾原体，1种属于脲原体，详表5-3-1。

表 5-3-1　禽支原体的种类和特性

支原体名称	拉丁文名	模式株	致病性	分离者、分离时间
鸭支原体	*M. anatis*	1340	致鸭窦炎	Roberts，1964
鹅支原体	*M. anseris*	1219	不明	Janet，1988
鹰支原体	*M. buteonis*	Bb/T2 g	不明	Poveda，1994
泄殖腔支原体	*M. cloacale*	383	不明	Janet , 1984
鸽鼻支原体	*M. columbinasale*	694	不明	Jordan 等，1982
鸽支原体	*M. columbinum*	MMP-1	不明	Shimizu 等，1978
鸽口支原体	*M. columborale*	MMP-4	不明	Shimizu 等，1978
黑秃鹫支原体	*M.corogypsi*	BV1	不明	Panangala 等，1993
猎鹰支原体	*M.falconis*	H/T1	不明	Poveda，1994
家禽支原体	*M. gallinaceum*	DD	不明	Jordan 等，1982
鸡支原体	*M. gallinarum*	PG16	致鸡胚死亡、致鹅发病	Freundt 等，1955
鸡毒支原体	*M. gallisepticum*	PG31	对鸡、火鸡、鹌鹑等致病	Kanarek，1960
吐绶鸡支原体	*M. gallopavonis*	WR1	不致病	Jordan 等，1982
嗜糖支原体	*M.glycophilum*	486	致鸡胚死亡	
秃鹰支原体	*M.gypis*	B1/T1	不明	Poveda，1994
模仿支原体	*M. imitans*	4229	禽呼吸道疾病	Bradbury，1993
惰性支原体	*M. iners*	PG30	不明	Kanarek，1960
衣阿华支原体	*M. iowae*	695	对鸡轻度致病	Jordan 等，1982
产脂支原体	*M.lipofaciens*	R171	不明	Janet, 1983
火鸡支原体	*M. meledgridis*	17529	火鸡气囊炎	Yamamoto 等，1965
海鸥脑支原体	*M. phocacerebrale*	1049	不明	Giebel，1991
海鸥鼻支原体	*M. phocarhinis*	852	不明	Giebel，1991
雏鸡支原体	*M. pullorum*	CKK	不明	Jordan 等，1982
滑液支原体	*M. synoviae*	WVU1853	鸡、火鸡关节炎	Olson，Kerr，1964
鸡口脲原体	*U. gallorale*	D6-1	不明	Koshimizu，1987
泛黄无胆甾原体	*A. choleplasma*	S-743	对鸡胚及鸭致病	Tully，Razin，1970
马胎无胆原体	*A. equifetale*	C112	不明	Kirchhoff，1974
莱氏无胆甾原体	*A. laidlawii*	PG8	致鸭胚死亡，对鸡可疑	Kanarek，1970

在28种禽支原体中，根据对禽致病性强弱，大致可将其分为3类，一类是可以单独引起禽类疾病，给禽类健康造成严重危害的支原体，此类支原体主要有：鸡毒支原体、滑液支原体、火鸡支原体、模仿支原体和鸭支原体等；第二类是单独感染可以引起轻度疾病，与其他病原混合感染使病情明显加重的支原体，它们主要有：鸡支原体、衣阿华支原体、泛黄无胆甾原体和莱氏无胆甾原体等；最后一类是对禽类不致病，此类支原体占大多数。本节重点对严重危害禽类健康的最为常见的鸡毒支原体、滑液支原体、火鸡支原体引起的禽类支原体疾病作较详细的描述。

一、鸡毒支原体病（*Mycoplasma gallisepticum* infection）

鸡毒支原体病也称鸡慢性呼吸道病（CRD），在火鸡则称传染性窦炎，是由病原鸡毒支原体引起的一类疾病。临床上以呼吸症状为主，表现为咳嗽，流鼻涕，严重时呼吸困难或张口呼吸，可清楚地听到湿性罗音。病程长，发展慢。剖检可见到鼻道、气管卡他性渗出物和严重的气囊炎。发病率高，幼雏的淘汰率上升和成年母鸡的产蛋率下降，死亡率低，是造成养鸡业严重经济损失的疾病之一。

本病在20世纪50年代就在一些国家引起重视，由于该病对养鸡业造成重大经济损失，美国农业部 1952年成立调查委员会专门对本病进行调查研究，经过10年的工作，于1962年正式将此病确定为是由鸡毒支原体引起的慢性呼吸道病。1956年日本与美国联合成立家禽支原体研究分会，对此进行了较为广泛深入的调查研究。20世纪60年代欧洲各国相继地开展了这方面的研究。我国对此病的研究是20世纪60年代开始的，随着养鸡业的发展，该病对养鸡业引起的危害也日趋引起重视。根据宁宜宝和冀锡霖（1988）对全国20个省、市的血清学调查发现，国内鸡个体阳性感染率为80%，由此可见，此病已成为我国广为流行并给养鸡业造成严重经济损失的疾病。近些年，由于鸡毒支原体疫苗的广泛使用，加之鸡群中普遍使用抗菌药物治疗，该病在临床主要表现为非典型症状或隐形感染。

【病　原】

鸡毒支原体属软膜体纲，支原体目，支原体科，支原体属。早期的支原体统称为类胸膜肺炎微生物（PPLO），1956年才被正式命名为支原体。

鸡毒支原体的菌体形态在高倍显微镜下为球形，短杆状为主的多形性，直径大小为250～500 μm，姬姆萨、瑞氏染色着色良好，陈旧的瑞氏染液4～10℃过夜着染效果最佳，革兰染色呈弱阴性。在电子显微镜下表现出的形态也不一样，大多为圆形，也有部分呈现为细丝状。鸡毒支原体对培养基的需求相当苛刻，不同菌株对培养基的要求也不一样，总的来说，几乎所有的菌株在生长过程中都需要胆固醇、一些必需的氨基酸和核酸前体。因此在培养基中需要加入10%～15%灭活的猪、牛或马血清，而不同个体的猪血清对其的支持相差也很大，因此常将几头动物的血清混合起来使用，这样效果好得多。常用的培养基有好几种，均由Frey氏培养基改良而来。鸡毒支原体在液体、半流体和固体培养基中均生长良好，在液体培养基中，接种前的培养基pH以7.8左右为宜，由于鸡毒支原体在生长过程中能利用其中的葡萄糖产酸，接种后在24～48 h内便能使培养基的pH下降到7.0以下，培养好的液体培养物只呈轻度浑浊；在半流培养基中如果作穿刺培养，则鸡毒支原体首先沿穿刺线呈刷状放射性生长，逐渐延伸到全部培养基，如果将培养液接入40℃以下尚未凝固的半流体培养基并将其摇匀，则可在培养基中长出针尖大小散在的发白色菌落；在固体培养基上，可长出细小的菌落，老龄的较大的菌落，可用肉眼观察到，针尖大小，灰白色，一般的情况只有在放大镜或低倍显微镜下才能观察到。在显微镜下，可见到边缘光滑，半透明，中间部分致密、外周疏松的形似“荷包蛋”样的菌落（见彩图5-3-1），直径不超过0.2～0.3 mm。初次从动物体分离到的菌落常见不到中间致密的似“脐”的部分，其生长时间也长一些。鸡毒支原体发酵葡萄糖，不水解精氨酸和尿素，磷酸酶活性阴性。该菌对外界的抵抗力不强，一般化学消毒剂如石炭酸、甲醛、β-丙内酯、来苏儿都能轻易地将其杀死。在37℃条件下，可在卵黄中存活18周；在20℃时，在液体培养基中可存活1周以上，在4～10℃环境中，鸡胚液中的鸡毒支原体至少可存活3个月，在-20℃条件下存放5个月，培养物中的支原体90%失去活性，在-75℃条件下保存的冻干菌种20年后仍可传代复活。43.5℃12 h热处理可将培养物中每毫升10^9颜色变单位（CCU／mL）的菌体全部杀死，而42.5℃处理12 h则只能将其中的10^8 CCU／mL 的菌体杀死。41.5℃则只能使其中 10^4 CCU／mL的菌体失去活性。

鸡毒支原体只有一个血清型，但不同菌株之间基因结构有一定的差异。对来源于不同国家、宿主和时间的鸡毒支原体分离株利用随意扩增多型DNA基因测序的比较研究表明，从美国分离到的菌株间及与疫苗株（6/85、TS—11和F）同源性很高，但与实验室以前保存的参考株同源性低。以色列的分离株之间同源性很高，但基因序列既不同于美国株，与澳大利亚分离株相差也大。澳大利亚分离株与美国株同源性相近。结果显示，不同地区间的流行株基因结构存在差异，但这种差异和疫苗免疫保护之间没有直接关系。

鸡毒支原体的致病力依菌株不同而异，通常情况下，野外分离株较实验室培养基适应株的毒力强。将实验室保存菌株经过鸡返传代可使毒力增强，而经过培养基传代则可使毒力减弱。鸡新城疫病毒或传染性支气管炎病毒与鸡毒支原体同时感染鸡或鸡胚，均能增加鸡毒支原体的繁殖滴度和致病作用。

【流行病学与发病机理】

火鸡和鸡均易发生本病，其中以5～16周龄幼火鸡最为易感，病情也较重。纯种鸡比杂种鸡易感，非疫区的鸡比疫区的鸡易感。鹌鹑、鸽子、珍珠鸡及一些观赏鸟类也可感染本病。除此之外，鸡毒支原体病的流行特点主要表现在以下几个方面。

1．鸡的日龄与鸡毒支原体感染的关系　小鸡比成年鸡易感，病情也表现得严重些，在感染小鸡，由于生长缓慢，饲料转化率低，尽管死亡率低，但在转舍或出栏时因鸡体瘦小，精神状况差造成的淘汰率明显增高。在肉鸡，如果在感染鸡毒支原体时并发其他疾病感染，像大肠杆菌等，其死亡率可高达30%以上，由于此病引起的胴体降级也是一大经济损失。近些年的观察发现，刚开产的母鸡常突然表现出呼吸困难，产蛋下降的症状，这可能与鸡产蛋时机体各种因素发生变化，特别是一些应激因素的出现有关，加上机体的抵抗力下降，使得以前潜伏感染的鸡毒支原体趁虚而入，使其发病。

2．环境因素对鸡毒支原体发病的影响

（1）寒冷潮湿的季节，鸡群易发生慢性呼吸道病。调查发现，在感染鸡群，当气温在31～32℃时气囊炎的发生率为9%，而当温度降至7～10℃时气囊炎的发生率可上升到45%。在相同温度条件下，湿度越大，发病率越高。

（2）卫生条件差，通风不良，过于拥挤，往往易激发鸡毒支原体病暴发，病情也趋严重。当空气中氨的浓度达到50～100 mg/m^3时，鸡气管中鸡毒支原体的数量可由每毫升菌落形成单位（CFU/mL）10^2上升到10^7，当空气中氨的浓度在20 mg/m^3时，鸡气管中鸡毒支原体的数量是无氨对照组的10倍（$10^{2.4}$ CFU/mL：$10^{1.2}$ CFU/mL），在 50 mg/m^3时则达到1 000倍（$10^{4.8}$ CFU／mL：$10^{1.6}$ CFU／mL）。

3．一些病原的混合感染会使鸡毒支原体病的发病率升高和病情加重　新城疫和传染性支气管炎等呼吸道病毒感染、大肠杆菌的混合感染会使呼吸道病明显加重，即所谓的协同作用。当鸡毒支原体在体内存在时，即使遇到此类病毒弱毒活疫苗气雾免疫接种引起的上呼吸道极其轻度的感染，都可造成呼吸道疾病的加重。研究结果表明，用传染性支气管炎病毒和鸡毒支原体分别感染24只鸡，各自只有2只鸡出现临床症状，当以同量的剂量将两者混合起来感染时，则24只鸡中有 11只出现临床症状，病理变化也严重得多，混合感染的鸡群中，气管中鸡毒支原体分离的时间比单独感染的早得多，其活菌浓度可增加100～1 000倍。用电子显微镜检查的结果也证明了这一点。同时接种新城疫LaSota株，可使鸡胚尿囊液中的鸡毒支原体浓度提高11～13倍（$10^{7.9}$ CCU／mL：$10^{6.8}$ CCU／mL）（$10^{7.6}$ CCU／mL：$10^{6.3}$ CCU/mL）。这说明，新城疫或传染性支气管炎病毒同时与鸡毒支原体感染，促进了鸡毒支原体在体内的增殖速度，使得原来因数量少不发病或发病轻微的鸡变得发病和病情加重。新城疫或传染性支气管炎病毒感染促进了鸡毒支原体在气管中的增殖，有的学者认为是这些病毒在破坏气管纤毛时，气管中分泌的一些物质有利于鸡毒支原体的生长繁殖，致使数量增加。研究结果还同时表明，感染了鸡毒支原体的鸡群在免疫接种鸡新城疫弱毒疫苗后，血凝抑制抗体老是上不去或参差不齐，说明鸡毒支原体会干扰新城疫的免疫应答。

另据报道，发生免疫抑制性疾病（如马立克病和鸡传染性囊病）的鸡场，常出现严重的呼吸道疾病；大肠杆菌合并感染，可使病情加重，作者等用鸡毒支原体R株和强致病性大肠杆菌SC–1株分别和混合感染SPF鸡，观察其协同作用，结果显示，单独大肠杆菌感染的8只鸡，只死了3只，单独支原体感染的6只鸡，1只也没死，而大肠杆菌和鸡毒支原体混合感染的5只鸡全部死亡。Gross等的研究结果表明，单独的大肠杆菌不容易感染气囊，除非鸡群以前曾经单独感染过鸡毒支原体或鸡毒支原体与传染性支气管炎或新城疫同时感染过。

在传播方式上，鸡毒支原体既可水平传播，又可垂直传播。易感的健康鸡与感染带菌鸡或火鸡接触会感染此病，除此之外，此病也可由空气所带的尘埃或气沫、带菌的鸡笼、饲槽等设备引起传播；另一传播途径就是经卵垂直传播，感染了的种鸡可以将鸡毒支原体垂直传给种蛋，经卵传播率的高低与种鸡感染鸡毒支原体的时间和严重程度有关，感染早期和程度较重的鸡经卵传播率高。Jiroj（1986）的研究表明，人工感染鸡毒支原体后的2～60 d，取产下鸡蛋直接作支原体分离，其分离率为71%～90%，61～113 d分离率为25%～32%，分离率随感染的时间延长而降低。而用母鸡感染后21～42 d所产的鸡蛋孵化18 d再作支原体分离，其分离率为38.3%，比直接用鲜蛋的分离率低。宁宜宝等从一鸡场取鸡蛋孵化10 d后作支原体分离，结果从40个胚的1个中分离出了支原体，以每20个胚液混合为1组，在80组的9组中分离到支原体，和Jiroj的试验结果相比，自然感染鸡的经卵传播率相对低性。

【症　状】

关于潜伏期的问题，早期的研究认为，人工感染鸡的潜伏期为6～21 d，火鸡为6～10 d。作者近期的试验证明，人工感染鸡在的4～10 d就可见到明显的临床症状，而气囊病理变化最早出现在感染后的第3天。在自然条件下，感染鸡潜伏期的长短与鸡的日龄、品种、菌株毒力强弱及有无继发感染有密切的关系，在一些鸡群，10日龄左右的雏鸡便出现呼吸道症状，而有些鸡群，感染后直到产蛋前才显现出来。所以很难确定出一个特定意义的潜伏期。

鸡：感染鸡通常表现为呼吸道症状，咳嗽，气管啰音，在感染严重的雏鸡群，在安静的情况下，特别是夜深人静时，可清楚地听到气管发出吡吡的声音，部分鸡张口呼吸，有的伸直脖子呼吸；从鼻孔中流出鼻涕，开始为清水样，到后期可从鼻孔中挤压出黏稠的脓样分泌物，严重阻塞一侧或两侧的鼻孔。流眼泪也是常见到的症状，眼睑肿胀，多表现为一侧，有时也可见到两侧肿胀，按压时有轻微的波动感，通常无热感，有时黏稠的炎性分泌物可使上下眼睑黏合，分泌物的水分被吸收后变成干酪样物，压迫眼球使其失明（见彩图5–3–2）。病鸡食欲减退，被毛粗乱，精神不振，在呼吸困难的鸡多伴有翅膀不垂，呆立，雏鸡生长缓慢。从国外引进的纯种鸡其症状更为明显，而在一些老疫区的成年鸡，多数呈隐性感染，当遇到寒冷的气候或其他病原同时感染时才表现出明显的症状。在蛋鸡，多表现为产蛋率下降，时而见到软壳蛋，但这种产蛋率下降通常稳定在一个低的产蛋率水平上，会持续几十天至几个月不发生变化，因不像其他病引起的产蛋率下降那样突然和明显，往往被养鸡主所忽视，通常的情况下，其产蛋率下降10%左右。如果没有并发感染其他疾病，一般死亡率不高。由于本病是慢性疾病，所以病程持续的时间长，在肉鸡，由于生长迟缓，造成上市时间延长，胴体等级下降。

火鸡：其症状主要表现为流眼泪，泪液中常伴有泡沫性眼分泌物，随之出现明显的窦肿胀，严重时窦肿胀会造成部分或全部眼的封闭，造成鸡的进食、饮水困难，如果眼睛能看得见，还能正常进食。如果出现气管或气囊炎的话，就可见到呼吸道症状。在种鸡则导致产蛋率下降。

【病理变化】

肉眼病变：主要表现在鼻道、气管黏液性渗出物，在后期，鼻腔的分泌物多变得黏稠，部分鸡眼眶有干酪样渗出物，压迫眼球使其失明，此外，该病还引起特征性的气囊病变。在病情较轻时，感染发病鸡一侧或两侧胸气囊上出现一种露水珠样的沉着物，不游动，气囊轻度增厚。病情严重时，气囊明显增厚，气囊上常布满灰黄色至黄色的点状、片状或块状干酪样的物质，气囊变浊，部分或全部失去弹性。如果伴有大肠杆菌继发感染，除气囊炎外，还表现为肝周炎和心包炎。在火鸡主要表现为窦炎，有时也可引起输卵管炎。

组织学病变：Van Roekel等对感染鸡和火鸡作了显微病理检查，在感染了鸡毒支原体的组织黏膜上，由于单核细胞和黏液腺的增殖而显著增厚，在肺部，除发生肺炎和淋巴滤泡变化外，还能见到肉芽肿病变。Dykstra等采用电子显微镜技术研究了致病性鸡毒支原体接种气管环培养物后对其组织结构的影响。结果表明，纤毛上皮细胞的脱落比细胞纤毛的丢失更为严重些。研究结果还表明，鸡毒支原体感染鸡的气管切片中，感染14 d后轻度感染鸡出现气管纤毛残蚀，严重时，上皮细胞纤毛脱落。

【诊　断】

根据流行病学，临床症状和病理变化可以作出初步诊断，发病慢、病程长、死亡率低是本病的特点。但要确诊还须进行血清学检查和在必要时作病原分离。

1. 血清学检测　鸡在感染鸡毒支原体后，在血清中1周便可检测到平板凝集抗体，而血凝抑制抗体出现则稍晚一些，一般需要20 d以后才能检测到。平板凝集抗体出现得早，维持的时间也长，感染鸡在感染后280 d还能检测到。血凝抑制抗体出现得晚一些，但一般认为，它在鸡体内维持的时间比前者更长。

经种鸡传递的母源抗体可以通过血清平板凝集试验检测到，李嘉爱等的试验表明，人工接种鸡毒支原体弱毒活疫苗的母鸡，其次代3日龄雏鸡80%可以检测到母源抗体，可自然感染的种鸡所产蛋孵化的小鸡则没有检测到母源抗体。母源抗体维持的时间一般在10 d左右。

而一般的情况下，一旦感染，抗体很难消失。

在进行血清学检测时，平板凝集反应由于存在某些非特异性反应，它通常只作为群的诊断。这些非特异性反应引起的因素是多方面的，除抗原本身的因素外，一般认为血清中大量的与巨球蛋白有关的风湿因子可以引起非特异性反应，作者等的试验证明，鸡毒支原体抗原与滑液支原体血清之间易出现5%～25%的非特异性交叉反应。近来一些试验表明，接种灭活的油佐剂苗，特别是灭活的组织苗注射鸡后，2～3周内常出现非特异性的血清平板凝集阳性反应，并可维持数周，而另一些试验证明，有些自然菌株诱发的抗体不能与标准的鸡毒支原体菌株制作的抗原起反应。血凝抑制试验（HI）仍是目前认为最特异的方法，由于操作复杂，常作为平板凝集反应检测后个体的最后确诊用。作者对ELISA和HI试验的敏感性作了比较，ELISA的敏感性比HI试验高出8倍。ELISA对20份阴性血清均呈现阴性反应，对18份试验感染鸡的血清均呈阳性反应，具有良好的特异性，但不足的是进行ELISA检测时，鸡毒支原体抗原与滑液支原体阳性血清之间有交叉反应，有报告指出，ELISA也存在着某些非特异性问题。Avakian等证实，使用了各种灭活禽病毒疫苗的鸡，虽然用HI试验检测鸡毒支原体抗体为阴性反应，但使两种商品化的ELISA试剂盒检测，则表现出很高的非特异性阳性反应。有试验表明，这种非特异性反应可通过纯化处理鸡毒支原体抗原而减少。

（1）平板凝集反应　血清平板凝集试验是一种快速、简便的检测方法，主要检测血清中的IgM，使用的抗原是染色抗原，用前从冰箱取出，使其接近室温，充分摇匀。血清以新鲜血清为宜，结冻过或污染的血清常出现非特异性的反应。检测时在洁净的白瓷板或玻璃板上，分别滴加抗原和血清各0.025 mL,用火柴棒或金属环充分混合，涂成直径大约1.5 cm的液面，摇动检测板，2 min时判定结果，有明显凝集块，背景清亮者为阳性反应，否则为阴性，介于二之者为可疑反应。

（2）试管凝集反应　试管凝集反应既可检测IgM，又可检测IgG，但此种试验在实际中用得不多。试验时将抗原在小圆底试管中与不同稀释倍数的待检血清充分混合，在37℃条件下作用18～24 h，管内上部液体清亮，细胞平铺凝集于管底为阳性反应，否则为阴性反应。

（3）血凝抑制试验　该方法主要检测的是血清中的IgG。其操作是用4单位的血凝抗原溶液将待检鸡血清作不同倍数稀释，然后在这些管中分别加入与抗原血清混合物等量的0.25%的鸡红细胞悬液，充分振荡，22℃下放置60～75 min后判定结果，完全抑制红细胞凝集的最高血清滴度即该血清的血凝抑制滴度，被检血清的血凝抑制滴度达到1∶80或更高时为鸡毒支原体感染阳性，1∶40为可疑反应，1∶20以下为阴性反应。每次试验前均须测抗原的血凝价，然后将每毫升稀释成4个血凝单位。

（4）间接ELISA试验　先将抗原包被到聚丙乙烯板孔上，4℃过夜，洗涤后加入被检测血清，再经洗涤后加入酶标记的第二抗体，进行底物显色，最后通过读数仪来判定结果。阳性反应的光密度值至少应在阴性反应的两倍以上。

2. 病原的分离培养　鸡毒支原体的分离培养相当困难，通常血清学阳性反应的鸡也不一定能分离到病原，一般情况下，在感染的初期和病变比较严重的鸡较易分离。在野外感染中，有可能是几种支原体或致病株、非致病株同时感染，常常给真正致病性支原体菌株的分离造成困难，尽管如此，在一些特殊情况下，仍使用分离培养来确诊。在分离时，可以无菌取气管、气囊或鼻窦的分泌物，也可直接从鼻后裂或公鸡的精液或母鸡的输卵管取样进行分离。分离用的培养基常用改良的Frey氏培养基，在培养基中加入15%的马或猪血清和10%的酵母浸出液，有利于支原体的生长发育，在培养基中加入鸡毒支原体不敏感的青霉素和醋酸铊，可以抑制杂菌的污染。也可用采集的样品直接接种SPF鸡胚卵黄囊，对一些培养基中难以生长的菌株，可以提高其分离率。但接种物一定要纯净无污染。对分离物的鉴定是比较复杂的，须用血清学方法来进行，所用的血清一定要特异性强，滴度高。通常用的方法有生长抑制、代谢抑制试验和免疫荧光技术，如果在一个培养物中同时存在几种支原体，则须严格的克隆纯化。

3. 鉴别诊断　鸡毒支原体引起的慢性呼吸道疾病，在临床上与传染性支气管炎、传染性喉气管炎、传染性鼻炎及鸡大肠杆菌引起的呼吸道疾病有许多相似之处，须注意作鉴别诊断。但呼吸道病往往会是几种病原混合感染，几种疾病同时存在，在临床上鉴别起来比较困难，需要有丰富的经验。就其单一某种病来说，可以作如下鉴别诊断。

（1）传染性支气管炎　主要发生在3个月以内的小鸡，特别是1个月龄的小鸡，表现出明显的呼吸道症状，发病快，死亡率高，常在患病鸡气管中见到干酪样栓子，在成年母鸡表现为下畸形蛋，一般不出现流鼻液和眼睑肿胀。抗生素类药物治疗无效。

（2）传染性喉气管炎　多发生于成鸡，急性型发病快，呼吸道症状更为严重，常表现为伸脖，张口呼吸，有时伴有尖叫声，咳嗽，甩头，咳出的痰中混杂着血样黏液，常因呼吸困难而死。剖检在气管，特别是喉头部分有坏死和出血斑点。死亡率一般为15%左右，严重时可高达60%。这些易与鸡毒支原体病区别。而慢性的传染性喉气管炎则较难鉴别。无眼睑肿胀，不流鼻液，药物治疗无效，也可作为初步鉴别。

（3）传染性鼻炎　本病极易与鸡毒支原体病混合感染。就其本身来讲，发病快，颜面肿胀明显，触之有热感和波动感，常见到绿色的下痢，公鸡常可见到肉垂水肿，一般3周左右症状消失。而鸡毒支原体感染主要表现为慢性过程。

鸡大肠杆菌常和传染性支气管炎、新城疫、鸡毒支原体混合感染引起呼吸道症状，严重的大肠杆菌病可使发病鸡产生心包炎、气囊炎和肝周炎，并伴有20%～50%的死亡率。

这些是从症状和病理变化上作初步鉴别诊断，要确诊还必须进行血清学检测和作病原分离。

【控　制】

目前，我国的鸡毒支原体病控制已取得一定程度的成就。该病的控制措施主要有以下几个方面：①净化：该方法主要集中在少数的原种和祖代鸡场，通过经常的检测，淘汰阳性感染鸡，药物预防治疗和环境净化等措施，使种鸡群不受鸡毒支原体感染，该方法也用在一些专为制造活病毒疫苗提供鸡蛋的非免疫鸡群。②疫苗接种：这是目前用得较多的一种方法，也是最为有效的一种方法，大多数商品蛋鸡场选择这种方法，花钱少，见效快。③药物治疗：这也是目前常用的一种方法。现在用于治疗该病的药物很多，特别对于已发病的鸡群。由于方便、快捷，特别是对已发病鸡群能及时减轻症状，很多养殖人员选用此种方法。

虽然，目前在控制鸡毒支原体病方面有很好的疫苗和有效的药物，有行之有效的检测方法和预防控制措施，但鸡毒支原体病在我国的流行仍然十分严重，造成此病的原因归纳起来主有表现在以下几个方面：①活病毒疫苗中支原体污染，造成了该病的大范围传播。作者（1989）曾对兽用生物制品中支原体的污染问题进行过较为系统的研究。对32个鸡胚，80组（每20个鸡胚液为一组）的鸡新城疫半成品苗和100批来源于全国19个生物药厂的禽用活病毒冻干疫苗进行了支原体的分离检测，结果从1个鸡胚液，9批半成品冻干疫苗和70批成品冻干疫苗中分离了鸡毒支原体或滑液支原体。因为当时全国几乎所有兽医生物药厂制苗用的蛋均为普通种鸡所产，而这些鸡群中80%的鸡为鸡毒支原体感染阳性，根据鸡毒支原体经卵垂直传播的特性，很自然就造成了疫苗的污染，使用这样的疫苗接种鸡，在预防其他病毒疾病的同时也使鸡感染上了鸡毒支原体。这就是为什么我国鸡群中鸡毒支原体阳性感染率那样高、流行范围那样广、疾病危害那么严重的主要原因。此后由于反复宣传提倡用SPF蛋代替普通蛋制造活疫苗，或用高温处理制苗用种蛋中的支原体，以及建议在疫苗中加入有效的抗菌药物抑制污染的支原体，并在“规程”中新增加了活病毒疫苗中支原体检测的条款，到目前为止，虽然仍有部分生物药厂使用“非免疫蛋”或普通鸡蛋制造活疫苗，但疫苗中支原体的污染率已降至5%以下。②滥用抗菌药物，造成菌株耐药。由于鸡毒支原体危害严重，常规方法又难以控制，因此在大多数鸡场多采用大剂量，长期不间断给药，造成耐药株的产生，使药物治疗无效。③在一些烈性病流行的情况下，忽视了对此病的预防控制，缺乏整体观念，长远考虑。在发达国家对鸡毒支原体采取净化、消灭的战略，而且取得了明显的成效。我国对该病缺乏有效的行动计划和得力措施。

【治　疗】

鸡毒支原体由于缺乏细胞壁，一些对革兰阳性菌有抑制作用的药物对其无效。细胞阻隔了部分药物的作用，鸡毒支原体在体内和宿主细胞膜的特殊亲和性，有时细胞膜通过胞饮的作用，将其包裹起来。杨盛华等通过电子显微镜的观察，发现有的种的支原体能透过细胞膜，到达细胞浆和细胞核，加之鸡毒原体极易产生耐药性等原因，使得药物治疗鸡毒支原体病的效果总是不那么尽人意。有些药物在试管中对支原体的抑菌作用效果非常理想，但在体内却不好。可能与以上因素有关。

在治疗用抗生素的疗效方面，作者经过大量的试验，结果显示治疗效果比较好的有泰乐菌素、泰妙菌素、强力霉素，其次是利高霉素、壮观霉素、林肯霉素、螺旋霉素、金霉素、土霉素，链霉素和庆大霉素也有一定的治疗作用，而红霉素尽管在体外对鸡毒支原体抑菌作用很强，但在体内作用不理想或基本上没有作用，用量过大易使小鸡出现副反应。有些鸡毒支原体菌株对链霉素、泰乐菌素、庆大霉素有很强的耐受性，作者将从鸡体内分离到的11个鸡毒支原体菌株进行了药敏试验，结果表明其中9个菌株对链霉素的耐受性达到1 000 μg／mL以上，2个在250 μg／mL，高出对照株的250倍以上，对泰乐菌素、庆大霉素的耐受性也远高于对照株。这可能与野外长期用此类药物对鸡进行治疗使其产生耐药性有关。

抗生素在鸡毒支原体的治疗上主要用药途径是饮水、拌料和注射，而以前者多为常用，用以上这些药物按500 mg/L比例投入饮水中，连饮5 d，会达到治疗和缓解病情的作用，但这些药物均不能达到彻底根治的目的。试验表明，在人工感染的鸡群中，经过治疗后，仍有部分鸡呈现血清学阳性反应和出现气囊病理损伤，一旦停药还可复发。由于治疗鸡毒支原体病的药物在价格上都较贵，加之治疗效果问题，所以治疗费用能否得到更大的回报是值得怀疑的问题。喹诺酮类药物在鸡毒支原体病的治疗方面作用优于各种抗生素，按50 mg/L浓度连续饮水5 d，会达到用抗生素500 mg/L浓度饮水更好的效果。但这些药物也不能彻底根治此病，一旦停药，同样可以造成复发。近来发现，鸡毒支原体对喹诺酮类药物产生耐药性的速度远远超过泰乐菌素，在一些地区，喹诺酮类药物已变得毫无效果。由于药物的费用和残留问题，一般的情况只适用于雏鸡的预防、治疗和成鸡的紧急治疗，更多的情况下需要靠疫苗的预防接种和加强饲养管理。

在种鸡，特别是老的种鸡场，有必要阶段性地预防投药，比较好的方法是在饲料中加入预防用剂量的磷酸泰乐菌素、土霉素或金霉素，并辅以定期的饮水药物治疗，可以降低鸡毒支原体感染。

作为消除鸡蛋中污染的鸡毒支原体，目前使用的主要有两种方法：一是热处理法，一是药物浸泡法。

宁宜宝和冀锡霖使用45℃ 14 h处理鸡蛋，可以完全清除鸡蛋中人工感染接种的鸡毒支原体，而对种蛋的孵化率影响不大。美国学者Yoder报道的方法是在一个加压空气的孵化器中，用自动调压的电加热器，使鸡蛋的温度在12～14 h内从25.6℃上升到46.1℃，可以杀灭鸡蛋中的鸡毒支原体和滑液支原体，但孵化率降低8%～12%。以色列也有类似的成功报道，且孵化率仅降低2%～3%。药物浸泡法是将鸡蛋浸泡于加有药物的溶液中，使药物进入鸡蛋杀死母鸡传递的支原体。Fabricant和Levine等将温热的（37.8℃）孵化蛋浸泡于冰冷的（1.7～4.4℃）的抗生素溶液中15～20 min，由于温度降低使得鸡蛋的蛋黄蛋清收缩，体积变小，而蛋壳不变，形成负压，便于把外面的药液吸进去。后来Alls等使用压力系统，通过外部加压的方法使药物进入蛋内。这种方法可明显减少鸡蛋中的支原体，但不能完全消除。其不利因素是有时影响孵化率，同时易造成污染。也有的研究人员将林可霉素和壮观霉素直接注入鸡蛋，结果表明可以消除人工接种的鸡毒支原体。但此种方法工作量大，在实际应用中有一定的困难。

【预　防】

疫苗接种是预防本病的有效途径，中国兽医药品监察所已研究出鸡毒支原体弱毒活疫苗和灭活油佐剂疫苗，前者多年来已在全国各地推广应用，主要用于商品蛋鸡和肉鸡，也可用于已受鸡毒支原体感染的父母代种鸡，而后者则主要用于种鸡。

1．弱毒活疫苗　Van der Heide（1977）报道，青年后备母鸡在转入大型多代次产蛋鸡舍前，使用鸡毒支原体康涅狄格F弱毒株接种。而后，Kleven等对F株又作了进一步的研究，结果表明，免疫组较对照组产蛋率高，F株接种对输卵管功能无影响，点眼接种后备母鸡不发生蛋的垂直传播株，F接种1次，能将接种前感染的野毒株的经卵垂直传播率从11.7%降至1.8%。Leivisohn等报道F株能保护鸡群不发生由鸡毒支原体强毒攻击诱发的气囊炎。长期使用，可取代鸡场中的鸡毒支原体野毒株。但F株属中等毒力，对火鸡有强致病力。1988年以来，作者对F株进行了深入全面研究，考虑到F株毒力的问题，对其在人工培养基中进行了传代减毒培养，培育出的F-36株，其毒力比原代次F株明显减弱，用F-36株经鼻内感染的30只鸡只有1只出现极其轻度的气囊损伤，而原代次的菌株感染的30只鸡有4只出现轻度损伤，用F-36株培养物以10倍的免疫剂量点眼接种无鸡毒支原体、滑液支原体感染的健康小鸡和SPF小鸡均不引起临床症状和气囊损伤，用其和新城疫同时或先后免疫接种鸡，均不相互增强致病作用，在野外大面积接种蛋鸡和肉鸡，均不引起不良反应，对鸡安全。经传代进一步致弱的F-36株，其免疫原性没有发生变化，用其作为原代种子制作的疫苗免疫接种鸡能产生良好的免疫力，能有效地抵抗强毒菌株的攻击，保护气囊不受损伤。免疫保护率可达80%，免疫持续期达9个月，免疫鸡的体重增加明显高于非免疫对照组。免疫保护效果和传代前的菌株制作的疫苗一样。3日龄、10日龄接种鸡的免疫效果好于1日龄接种鸡。这种疫苗既可用于尚未感染的健康小鸡，也可用于已感染的鸡群，试验证明，对已发生疾病的鸡场，用疫苗紧急预防接种，可使患病鸡在10 d左右症状明显减轻，使降低的产蛋率逐步回升。在实际应用中，如果能保证在疫苗接种后20 d左右不用抗生素和喹诺酮类药物，一次免疫接种就可以了，如果早期由于细菌性病多，须经常用药，宜在停药阶段再接种1次，以增强免疫效果。作者等的试验表明，小鸡的母源抗体对F-36株疫苗产生免疫效力基本上没有影响。用鸡毒支原体F-36菌株疫苗免疫接种可预防和控制由于鸡毒支原体引起的呼吸道疾病，可明显降低雏鸡的淘汰率，提高产蛋率10%左右。在大肠杆菌发病鸡场，使用该疫苗后可明显减轻发病程度。

2. 灭活疫苗 Yoder报道，以鸡毒支原体油佐剂灭活苗对15～30日龄鸡免疫接种，能有效地抵抗强毒株的攻击，但用于10日龄以前的小雏，免疫效果不良。Jiroj等分别于19周及23周对鸡作1次和2次免疫接种，4周后用致病菌株攻击，结果表明，两次免疫接种在控制鸡毒支原体经卵传播方面具有明显的作用。Glisson和Kleven也证实了以上结果。作者（1992）报道了鸡毒支原体灭活油佐剂苗的研究工作，疫苗是用免疫原性良好的鸡毒支原体菌株培养物经浓缩成的菌体沉淀，配成合2%菌体压积的菌悬液，用0.1%的甲醛溶液灭活，经与白油乳化后制成。以每只0.5 mL颈部皮下注射7周龄鸡，4周后用鸡毒支原体致病性菌株作气溶胶攻击，免疫组在接种后1、2和3个月时，气管中鸡毒支原体的分离率分别较非免疫对照组降低了78%、71%和39%，气囊炎发病程度较对照组分别降低了93%、86.6%和77.2%。头两个月的每只体重增加也分别比对照组高183 g，和193.7 g，接种5.5个月和6.5个月后用强毒菌攻击，免疫组的产蛋率在半个月内较攻毒前分别降低了0.9%和7%，而对照组则分别降低了27.4%和26%。免疫持续期可达半年以上。作者后又对疫苗的制作方法进行了改进，简化了工艺，制出的疫苗具有同样的效果。两次免疫接种的鸡在强毒攻击后，气囊损伤保护率较一次免疫接种的效率高出10%以上。疫苗在4～8℃条件保存1.5年有效。大量的田间试验表明，该疫苗能有效地控制鸡毒支原体病，提高产蛋量，对各品种、各种日龄的接种鸡均无副作用，该疫苗在用药频繁的地区的蛋鸡和种鸡鸡毒支原体病控制和防止鸡毒支原体垂直传播方面将起到很好的作用。

近年来，澳大利亚和美国分别用鸡毒支原体TS-11弱毒株和6/85弱毒株制作疫苗。这两个弱毒株比F株毒力更弱，对未受鸡毒支原体感染的鸡有较好的免疫效果，也可用于火鸡的免疫接种。Abd-Ei-Motelib和Kleven（1993）曾对3个鸡毒支原体弱毒株F、Ts-11和6/85及1个商业性灭活苗就其免疫效力进行了比较，疫苗接种鸡在致病株R气溶胶攻击之后，各组剖检28只鸡检查气囊病理损伤结果，F株免疫组只有5只有极其轻度的损伤，损伤平均分为0.18，其他3种疫苗接种鸡出现气囊损伤平均分为1.21～1.89，而灭活疫苗接种组与未接种疫苗的对照组相差无几。均明显不如F株。

疫苗免疫程序：活疫苗：3～5日龄初免，60～80日龄二免。

灭活苗：15～20日龄初免，68～80日龄二免。

免疫监控：由于目前尚无用于鉴别诊断的试剂，因而免疫检测只能作常规检验，活疫苗免疫后1个月，抗体阳性率应达80%以上，灭活疫苗接种后一个月70%的鸡应出现阳性反应。如果阳性反应率降为40%以下应再次免疫接种。

免疫失败分析：造成鸡毒支原体疫苗免疫失败的原因主要有以下几点：①疫苗质量问题，这是最主要的原因。②免疫接种程序不当：灭活苗在10日龄前接种效果不佳，活疫苗在鸡毒支原体严重感染后接种，或同时与鸡新城疫、传染性支气管炎、传染性喉气管炎活疫苗接种，免疫效果会受到一定程度的影响。③免疫接种活疫苗后20 d内大剂量使用抗菌药物，会因杀死支原体而造成弱毒活疫苗的免疫失败。

控制对策：鸡毒支原体感染与环境因素有直接关系，净化环境，加强饲养管理是控制疾病的首选之策，目前在发达国家对该病采取的是净化程序，对蛋鸡和肉鸡采取净化控制为主、疫苗接种为辅的方针，我们应借鉴西方发达国家的经验，对种鸡采取净化，对蛋鸡肉鸡采取疫苗接种为主、药物治疗为辅的方针，重点加强环境净化控制，加强禽用疫苗中支原体污染的检测，普遍使用SPF鸡蛋制作活病毒疫苗，从源头上加以控制。

二、滑液支原体感染（*Mycoplasma synoviae* infection）

滑液支原体是引起鸡慢性呼吸道感染的另一病原。由此引起的呼吸道疾病主要表现为亚临床型，一般不易观察到，如果并发感染鸡新城疫和传染性支气管炎，则引起气囊病变，但其程度远比鸡毒支原体感染引起得低。滑液支原体感染还可引起鸡的传染性滑膜炎，鸡和火鸡均呈现慢性病程，而在肉鸡其滑膜炎病状则表现得严重些，在全身感染时，能引起关节渗出性的滑液囊膜及腱鞘滑膜炎症（见彩图5–3–4）。宁宜宝（1986）的调查表明，我国滑液支原体阳性感染率为20.7%，普遍存于全国各地。近几年，在广东为主的南方大部分地区出现了滑液支原体感染严重发病鸡，给养鸡业造成了严重的经济损失。

【病原学】

滑液支原体这一名称是Olson（1964）等首先提出来的，后来又证明它不同于其他支原体而定为一个独立的种。

在高倍显微镜下，菌体为多形态的球状体，直径300 nm左右。实验室常用的染色方法多采用姬姆萨和瑞氏染色，对禽滑膜的超微结构研究证实，滑液支原体存在于内饮小泡中，采用电镜观察，菌体细胞呈圆形或梨形，内含核糖体，无细胞壁，外包三层膜，直径在300 ~ 500 nm，在培养方面，它需要在培养基中特别地加入0.01%烟酰胺腺嘌呤二核苷酸（NAD），宁宜宝、冀锡霖用烟酰胺代替NAD成功地培养出了滑液支原体。常用改良的 Frey 氏培养基培养滑液支原体，培养基中常需加入 15%左右的猪血清，培养基的配制如下:

基础液：

NaCl	2.5 g	$Na_2HPO_4 \cdot 12H_2O$	0.8 g
KCl	0.2 g	$MgSO_4 \cdot 7H_2O$	0.1 g
KH_2PO_4	0.05 g	葡萄糖	5.0 g
乳蛋白水解物（Oifco）	2.5 g	去离子水	500 mL

115℃经20 min高压灭菌。

培养基：

基础液	100 mL	猪血清	15%
25%酵母浸出液	10%	酚红	0.002%
醋酸铊	0.01%	青霉素	10万IU
辅酶Ⅰ（NAD）	0.01%	盐酸半胱氨酸	0.01%

用NaOH溶液调pH至7.7 ~ 7.8。

培养温度以37℃为宜。滑液支原体在液体培养基中能发酵葡萄糖产酸，其生长过程较鸡毒支原体缓慢。在作固体培养时，需要在空气中含5%左右CO_2的潮湿条件下培养。在低倍显微镜下，菌落呈“荷包蛋”样（见彩图5–3–3），培养时间过长，在菌落周边会形成膜斑。滑液支原体对外界环境的抵抗力不强，多种消毒剂都能将其杀死，对酸敏感，在pH6.8以下易死亡，能在低温下长期存活，在–75℃条件下，培养物中的支原体能存活1年以上，在冻干培养物中可存活10年以上。滑液支原体的致病力依菌株不同而异，经实验室反复传代后的菌株，对鸡很少产生疾病或不产生疾病，从病鸡气囊病变中新分离的菌株易引起鸡的气囊炎，而自关节滑膜中分离的滑液支原体则较易引起滑膜炎。试验证明，滑液支原体只有一个血清型，经DNA-DNA杂交技术证实，不同的菌株之间几乎没有差异。但可用DNA核酸内切酶技术对各菌株进行鉴别。

【流行病学与发病机制】

宿主：滑液支原体的主要易感动物是禽类，鸡、火鸡和珍珠鸡是自然宿主，鸭、鹅、鸽和鹌鹑也可发生感染。

就其日龄来看，小日龄鸡易感性比成年鸡高，一般情况下，3～16周龄鸡和10～24周龄火鸡易发生急性感染，也有1周龄发生感染的报道。急性期一般持续时间短，多以慢性形式表现出来，有的感染从一开始就是慢性的。维持时间长，有的是终身的。

滑液支原体感染的发病程度与其他致病因子混合感染有密切关系，鸡新城疫和传染性支气管炎及其他病毒的感染可使滑液支原体的致病力增加，使得气囊发病程度变得严重。有试验表明，传染性腔上囊感染破坏腔上囊引起免疫抑制，同时可使滑液支原体对气囊引起更为严重的病变。潮湿、寒冷的环境及空气中氨的浓度增加，都可加重滑液支原体的感染程度。

滑液支原体主要经直接接触传播，带菌鸡是主要传染源，同舍不同鸡笼间的鸡能彼此互相传播疾病。但调查表明，滑液支原体的传播并不像鸡毒支原体那样快，其感染阳性率也没有那么高。除水平传播外，它还可以发生垂直传播，感染鸡或火鸡可以将支原体经过蛋传播给子代，感染初期的经卵传播率较高。作者的研究表明，用感染鸡所下的蛋接种病毒制作疫苗，可造成疫苗的支原体污染，因此制作疫苗的鸡蛋一定要来源于无禽类支原体感染的鸡群，最好是SPF鸡群，并对鸡群要定期进行检测，防止中途感染。更要杜绝使用污染了支原体的禽类病毒活疫苗，以免发生在免疫接种其他疫苗时造成鸡毒支原体，滑液支原体的传播，形成恶性循环。

滑液支原体感染的潜伏期依感染的菌株毒力弱强、数量及环境因素的影响而不同，一般接触感染的鸡潜伏期为11～21 d，而经卵垂直传播的鸡，最早曾见于1周龄。作者曾用滑液支原体菌株WVU1853培养物人工感染鸡的脚垫，在半月左右出现明显的脚垫和关节肿大，鸡冠缩小等症状，但用培养物作肌内注射和点眼，则一直没有见到临床症状，解剖时也没见到气囊病变。但也有试验表明，以病鸡的关节渗出液和鸡胚卵黄囊接种培养物感染3～6周龄鸡，其易感性和潜伏期的顺序是：脚垫感染（2～10 d），静脉注射（7～10 d），脑内接种（7～19 d），腹腔接种（7～14 d），窦内感染（14～20 d），滴入结膜囊（20 d），气管内接种后早至4 d便可引起气管及窦的感染。气溶胶感染气囊病变在17～21 d最严重。

【症　状】

鸡：经呼吸道感染的鸡呈现的主要是一种慢性亚临床型呼吸道疾病。如果伴有其他呼吸道疾病混合感染。则症状明显加重。在我国，该病通常与鸡毒支原体病同时发生，单纯的滑液支原体感染引起的呼吸道症状在临床上少见。但由于全身感染引起滑膜炎导致的关节肿大、跛行的症状则常可见到，特别是在肉鸡，其中又以肉种鸡跗关节炎和脚垫肿胀更为严重，出现跛行和卧地不起，导致生产力下降。在一些慢性感染的蛋鸡，虽然鸡群早已感染了滑液支原体，但关节肿大，跛行的症状有时是不明显的。除此之外，症状也反映在鸡冠上，开始苍白，后缩小。胸部常出现水疱，生长迟缓，部分鸡可见到大量尿酸及尿酸盐的绿色排泄物，脱水和消瘦，但食欲和饮水基本正常。

各种日龄的鸡均可发生感染，以冬季多发，是引起肉种鸡淘汰主要原因之一。但在自然条件下感染的成年母鸡，其产蛋量和蛋的质量变化不大。

火鸡：主要的症状是关节肿胀，有的肿大的关节触之有波动感，跛行；而呼吸症状不常见。

在自然条件下，如果无继发感染，饲养管理条件好，感染鸡的死亡率是很低的。

【病理变化】

肉眼病变：主要表现为滑膜炎，在肿胀的关节中，在病情较轻时，只见到多量黏稠的渗出液，在严重的病例，可见到灰白色的渗出物，这些渗出物常存在于腱鞘和滑液囊膜（见彩图5-3-5）。在人工感染的关节或脚垫部位，肿胀更为明显，切开常流出多量液体，有的可见到干酪样物质。也可见到肝、肾、脾肿大，在鼻道、气管，通常无肉眼病变。在以呼吸道发病的病鸡中，有时可见到轻微的气囊炎。火鸡的关节肿胀不如鸡的常见；但切开跗关节常可见到纤维素性脓性分泌物。

显微病变：在发生滑膜炎的关节腔和腱鞘中可见到异嗜性白细胞和纤维素性浸润，滑液囊膜因绒毛形成、滑膜下层淋巴细胞和巨噬细胞浸润而增生。气囊的轻度病变包括水肿，毛细血管扩张和表面的异嗜性白细胞及坏死碎屑聚积，严重病变包括上皮细胞增生，单核细胞弥散性浸润和干酪样坏死。

【诊　断】

根据流行病学、临床症状和病理变化可以作出初步诊断，但确切的诊断还须用血清学方法。在特殊情况下也可以作病原分离。由于本病的呼吸症状不明显或有感染而无呼吸症状，因此，呼吸道症状有无通常不作为本病是否感染的依据。关节肿胀、跛行是本病的特征性症状之一，如果出现跛行，并伴有呼吸道症状，配合其他临床症状，如鸡冠苍白、缩小，拉绿色稀便，消瘦，胸部起水疱，脾、肝、肾肿大，可以考虑到滑液支原感染。如果血清学检测也为阳性反应则可确定为本病。

常用的血清学检测方法主要有血清平板凝集试验、血凝抑制试验和酶联免疫吸附试验，和鸡毒支原体血清学检测一样，血清平板凝集反应存在着某些非特异性反应的问题。作者等的大量工作证明，将鸡毒支原体血清平板凝集抗原与滑液支原体阳性血清混合时，存在着轻微的交叉反应，但反应出现的时间晚，反应程度弱。但用3个批次的滑液支原体血清平板凝集抗原检测79份鸡毒支原体阳性血清时，没有1份出现非特异性阳性反应，说明其引起非特异性反应的因素比鸡毒支原体抗原的少。血凝抑制试验由于其操作复杂，一般只用于平板凝集反应检测出来的鸡的确诊，被认为是特异性最强的血清学检测方法。酶联免疫吸附试验是近年来在国内外常用的一种检测方法，该法敏感性高，但特异性需要进一步改进。

由于滑液支原体生长困难，一般不以病原分离作为最后的确诊标准，在作分离培养时，急性期的病鸡易于分离，但在感染的慢性阶段，病变组织中不再有病原体。通常从关节腔和呼吸道取样，直接接种培养基。对分离物进行鉴定常用的方法有生长抑制试验、代谢抑制试验和免疫荧光抗体技术。作者等使用间接免疫荧光抗体技术对固体培养基上的菌落作鉴定，快速、特异，对同时存在几种支原体的样本也能清楚地观察到其中特异性的阳性菌落，但在培养物中如果同时存在两种以上的支原体，用生长抑制和代谢抑制试验则无法进行区别鉴定。

鉴别诊断：金黄色葡萄球菌、大肠埃希菌、巴氏杆菌和沙门菌也可引起关节炎，应根据病情的急、慢及各自的临床症状来进行区别，必要时作病原分离。

病毒性关节炎常引起鸡的跛行，但在自然感染鸡主要表现在跖屈肌腱和跖伸肌腱肿胀，爪垫和跗关节一般不出现肿胀。但在感染早期，有的鸡也可见到跗关节和跖关节腱鞘有明显水肿，在心肌常可见到大量的白细胞浸润。这些易与滑液支原体感染区别，另外，患病毒性关节炎鸡的血清不凝集滑液支原体抗原。

在呼吸道症状方面，应与鸡毒支原体所致的疾病进行区别。

【治　疗】

在体外，滑液支原体对许多药物都很敏感，其中包括泰乐菌素、泰妙菌素、利高霉素。北里霉素、强力霉素、壮观霉素、螺旋霉素等抗生素和喹诺酮类药物，但由于长期使用药物治疗，使一些菌株对常用药物如链霉素、泰乐菌素和庆大霉素等和喹诺酮类药物的耐受性明显增加。适当的药物治疗对预防本病是有益的，但对已出现的病变，药物的治疗作用不明显，因有些病变是不可逆的。药物治疗不能根除鸡体内的滑液支原体。在饮水中加入利高霉素、泰乐菌素（250 ~ 500 mg/L）或恩诺沙星、氧氟沙星（250 ~ 500 mg/L）连续使用1 ~ 2个疗程（5 d为一疗程）以控制和缓解症状是有一定效果的。

【预　防】

在目前的情况下，控制种鸡的感染以防止滑液支原体的经卵传播是非常重要的。对种鸡要定期进行检测，淘汰阳性鸡，采用预防性投药使仔鸡不受垂直感染。另一种方法是对种蛋加热处理，除去经卵垂直传播的滑液支原体，或用抗生素对种蛋进行处理。具体办法见鸡毒支原体感染章节中。

目前国外已有一种灭活的滑液支原体油乳剂苗投放市场，但其效果尚待观察。

三、火鸡支原体感染（*Mycoplasma meleagridis* infection）

火鸡支原体感染常引起子代火鸡的气囊炎和骨骼异常，孵化率降低和生长发育不良，是造成火鸡经济损失的疾病之一。引起该病的病原火鸡支原体只感染火鸡，具有严格的宿主性。本病呈世界性流行，特别在养火鸡大国的美国，其自然感染的淘汰小火鸡的发病率高达20% ~ 60%，据1981的数据，每年由此造成的损失高达940万美元。由于我国火鸡养殖尚处于起步阶段。此病引起的危害大小尚不清楚。张敬仁等（1987）对北京、内蒙古两地的火鸡作了火鸡支原体分离，由于数量少，尚未分离到该病菌，但火鸡中的气囊炎是经常可以见到的。

【病　原】

Adler将火鸡支原体命名为N株，而Kleckner和Yoder等曾将其划归为H血清型。将肉汤中培养物涂片作姬姆萨染色可以见到与鸡毒支原体形态相似的菌体。菌体直径约400 nm。但作超微结构比较观察时，火鸡支原体不具有鸡毒支原体典型的气泡样结构，在中央核区可见较厚的纤丝。形状为球形，直径为200～700 nm。火鸡支原体是一种兼性厌氧菌，生长适宜温度为37～38℃，在作初次分离时，大多数菌株在肉汤培养基中不生长或生长极差，通常使用双层培养基以增加分离率，即在试管底部使用固体琼脂培养基，在上部加入液体培养基。在已适应实验室培养的菌株，可采用PPLO肉汤作扩大培养，在培养基中须加入15%灭活过的马血清或猪血清和1%的酵母自溶物。也可使用改良的Frey氏培养基。培养基的最终 pH为7.5～7.8，本菌不发酵葡萄糖，但可水解精氨酸产碱使培养基的pH上升。这是和鸡毒支原体、滑液支原体的不同之处。它可还原四唑盐，具有磷酸酶活性，能溶解马的红细胞。

火鸡支原体比较耐碱性，在pH8.4～8.7的肉汤中存放25～30 d活菌滴度不下降。45℃ 6～24 h，47℃ 0～120 min可将其灭活。Yoder等发现琼脂斜面培养物上面加盖肉汤，在-30℃条件保存下可存活2年，将火鸡支原体液体培养物在低温下可作长期保存。冷冻真空干燥的培养物在-70℃下保存至少可存活5年。

【发病机制和流行病学】

火鸡是唯一的感染发病动物。疾病是通过水平、垂直两途径传播的，经种蛋垂直传播给子代的病菌可使大部分小火鸡产生气囊炎。发病率高，但死亡率低。将火鸡支原体感染火鸡胚也不引起过多的死亡，垂直传播主要是通过公鸡污染的精液和母鸡的生殖道感染将火鸡支原体带入下代的。而母鸡的生殖道感染主要是由于授入带支原体的精液引起的。有资料表明，火鸡支原体的经卵传播率为10%～60%，而幼雏的平均气囊发病率为10%～20%，在刚开产的2～3周，垂直传播率低，产蛋中期传播率达到高峰，到后期又降下来。受到垂直感染的小火鸡肉眼病变一般只见于气囊，而火鸡支原体病菌则可能分布于全身各组织或器官，其中包括羽毛、皮肤、鼻腔、气管、肺、气囊、腔上囊、肠、泄殖腔及肘关节。而泄殖腔的感染能维持到性成熟，这样公火鸡的精液中含有火鸡支原体。本菌只停留在泄殖腔及阴茎处，而不上行至输卵管或睾丸。

如果本菌只发现于母火鸡的上呼吸道，而在生殖道没发现感染，则不发生蛋的传播。火鸡支原体可通过直接的或间接的水平传播。经空气的直接传播可能发生在孵化器内或鸡群内，在鸡群内空气传播可导致100%发病。病菌主要在呼吸系统中存在，在幼禽发生呼吸道感染时，其中大约5%的外生殖器中有本菌出现。间接传播可由交配、人工授精和免疫过程中的接触而引起，也可通过污染的衣物、设备、食槽等传播给健康小火鸡。一旦火鸡达到性成熟，这种水平传播就不重要了。无论经卵传播还是水平传播，虽然感染率高，但通常不引起临床疾病。疾病的产生通常与菌株的毒力强弱、环境变化和继发感染有关。

【症　状】

火鸡支原体感染的母火鸡所生的小火鸡大多会发生气囊炎，但通常不出现呼吸道症状。部分鸡可能会出现骨骼异常，如跗趾骨的弯曲，扭弯或变短，跗关节肿大和颈椎变形。小火鸡常出现身体矮小和发育不良。火鸡支原体与衣阿华支原体一起感染可引起严重的气囊炎，与滑液支原体一起感染引起严重的窦炎。但在自然环境下，这种合并感染的发病率只有0.13%（母火鸡）~ 2.1%（公火鸡）。

【病理变化】

肉眼病变主要见于雏火鸡的气囊炎，表现为气囊壁增厚，囊壁组织上带有黄色渗出物。小日龄时主要表现为胸气囊炎，到3 ~ 4周龄时，常在腹气囊见到炎症变化。如果存在骨骼病变时，则常伴有严重的气囊炎，由火鸡支原体和滑液支原体混合感染所产生的窦炎常有黏液性至干酪样分泌物。

组织学病变主要表现为：经胚胎感染火鸡支原体，仅见的炎症变化是渗出性的气囊炎和肺炎，25 ~ 28日龄时出现的病变与炎性细胞的成熟有关，气囊病变中含有以嗜中性粒细胞为主而兼有一些单核细胞，其中包括淋巴细胞，肺部病变主要见于单核细胞及纤维蛋白。经气囊感染的小火鸡，2日后可见到血管周围淋巴细胞性浸润及含有纤维素与细胞的渗出液，16日后可见有淋巴滤泡。

由阴道感染的母火鸡，淋巴细胞小灶性的、外有被膜的积聚是最显著的病变，它最常见于生殖系统。在生殖道的固有层中还有相当数量的浆细胞和嗜中性粒细胞。

【诊　断】

血清学诊断：快速血清平板凝集试验是诊断本病的常用方法。该法具有快速、简便等优点，特别是对感染的早期诊断比较有效。试管凝集试验也可用于本病的血清学检测。血凝抑制试验是诊断本病最为有效的方法，它的特异性强。但由于它检测的是IgG，而IgG是在感染的后20 d左右才出现的，因此，在感染前期的诊断中它存在一定的局限性。但Rhoades等证明，经静脉注射感染的火鸡支原体早期产生的IgM抗体可以通过血凝抑制试验检测到。

病原分离：病原分离通常从生殖道取样，也可从气管、精液取样进行分离培养。由于难度大，一般不用于常规诊断，只是在特殊的情况下才用。培养方法见病原学部分。

作鉴别诊断时应与鸡毒支原体引起气囊炎进行区别。

【治　疗】

一些抗生素对治疗火鸡支原体感染有作用。如泰乐菌素、利高霉素、壮观霉素、庆大霉素、螺旋霉素和硫黏霉素在体外对火鸡支原体均有较好的抑菌作用，在体内它们也有治疗作用。其中以泰乐菌素效果最好，而红霉素则无效。以250 ~ 500 mg/L的利高霉素或硫黏霉素连续饮水3 ~ 5 d，对控制感染有作用。由于支原体易产生耐药性，所以在治疗前应先在体外进行药敏试验，以找出有效的药物。

【预　防】

目前还没有用于预防火鸡支原体感染的疫苗。

将火鸡支原体经静脉或呼吸道感染小火鸡，可以引起火鸡的主动免疫，对再次感染有抵抗力。而经阴道人工感染接种，则不能阻止带菌精液的垂直传播。在被动保护方面，尽管可从大部分感染母火鸡的幼雏中检测到母源抗体，且这种抗体维持约2周，但这种抗体不能保护被感染的鸡胚不发生气囊炎，即使用纯化的IgM和IgG抗体注射到感染鸡胚的尿囊腔时，也不能降低新孵出的小火鸡的气囊病变的发生率和火鸡支原体的分离率。

在火鸡群的净化方面，应遵循以下原则：①定期检测，特别是种火鸡，要定期进行血清学检测和病原分离，使用血清学和病原分离阴性的火鸡作为种用。②对怀疑已污染的种蛋作抗生素浸泡或蛋内注射处理。③对孵出的小火鸡定期投药作预防治疗。④定期检测，隔离饲养。

四、衣阿华支原体感染（*Mycoplasma iowae* infection）

衣阿华支原体（*M. iowae*，MI）是一种可以引起火鸡和鸡胚死亡的支原体。用该支原体培养物人工接种鸡或火鸡胚，可致胚胎发育不良或死亡。虽然用该支原体人工感染同样可诱发火鸡轻度至中度的气囊炎和腿部疾病，但在自然条件下，仅表现为火鸡胚胎死亡和孵化率下降，通常见不到临床症状。

【病原学】

该支原体是Jordan等1982年从死胚中分离鉴定的一种支原体，在人工培养基中很好培养，既可发酵葡萄糖，又可水解精氨酸。在液体培养集中，一般情况下活菌滴度可达到10^9 CCU/mL，菌体形态呈多形性；在固体琼脂培养基上，在潮湿空气环境条件即可生长，对CO_2的要求不苛刻，在低倍显微镜下，菌落呈煎蛋状，灰白色，半透明状，具有非常典型的支原体菌落特征。

【流行病学】

火鸡是衣阿华支原体的自然宿主，既可经火鸡经蛋垂直传播，也可通过污染有支原体的精液发生感染。自然条件下，衣阿华支原体带毒火鸡无明显的临床症状，主要危害表现在感染火鸡种蛋的孵化率降低，早期的火鸡胚发育矮小，肝充血、水肿，不同程度的肝炎和脾大。尽管人工试验接种火鸡可见到轻至中度的气囊炎和腿部病变，但在临床上尚未见到受感染火鸡有病理变化的报道。

【诊 断】

1. **血清学诊断** 虽然感染鸡体内可以检测到抗体，但尚无推广应用的检测方法。

2. **病原分离** 通常从死胚采样做支原体分离，也可从成年鸡或火鸡的输卵管、精液和雄性生殖器中分离到支原体，但从12周龄以后的鸡或火鸡体内很难分离到。尽管衣阿华支原体比较容易分离培养，但经常易和其他支原体混合感染，特别是鸡毒支原体、滑液支原体和火鸡支原体，需对分离物用血清学方法进行鉴别。

【治疗和控制】

由于支原体容易产生耐药性，加之大多数药物治疗效果差，所以在治疗前对分离株进行药敏试验检测是必需的。防止该病的最好办法是建立无衣阿华支原体感染的鸡或火鸡种群，从源头上控制该病原的垂直传播。宁宜宝等建立的高温处理种蛋，杀灭种蛋中支原体的方法，既可消除种蛋种的衣阿华支原体，又不降低孵化率，可以在种禽衣阿华支原体净化中推广使用。

五、其他支原体

1. 鸭支原体感染（*Mycoplasma antis* infection） 鸭支原体强毒株感染可以引起鸭的气囊和鼻窦炎，早期感染雏鸭表现生长迟缓。Roberts等（1964）首先从患鼻窦炎的鸭的眶上窦中分离到了鸭支原体。我国毕丁仁等（1984）也从鸭体内分离到了这种支原体。虽然该支原体常伴随A型流感病毒一起感染。但尚未发现A型流感病毒混合感染对鸭支原体的致病性有增强作用。Acin等（1978）将鸭支原体模式株1340培养物经胸气囊接种1～2周龄敏感雏鸭，感染雏鸭出现了气囊炎，并出现了轻度生长迟缓，这表明，这种支原体是可以引起雏鸭致病的。Jordan等同样的试验也证明相同的结果。据Stipkovits 介绍，匈牙利已研究出了鸭支原体疫苗，经临床使用证明该疫苗是有效的。

2. 鸡支原体感染（*Mycoplasma gallinarum* infection） 鸡支原体单独感染一般不易见到临床症状，但与其他病原混合感染后可能出现协同作用。Freundt（1955）首先从鸡体内分离到鸡支原体。该支原体具有一般支原体的生长特性，仅凭其一般特性不能将其与其他种支原体鉴别。有报道认为，鸡支原体感染能引起鸡胚死亡，降低种鸡蛋的孵化率。鸡支原体感染鸡和火鸡后不出现临床症状和大体损伤，感染持续时间长。在其体内，其他病原与鸡支原体混合感染是非常普遍的现象，如鸡毒支原体、滑液支原体和传染性支气管炎病毒等，但这些病原混合感染似乎不增强鸡支原体的致病力。Stipkovits从鹅胚中分离到了鸡支原体，能实验性引起小鹅的气囊炎和腹膜炎，与细小病毒混合感染时，能引起鹅死亡。目前尚无疫苗和有效的血清学诊断方法。

3. 鸡口脲原体感染（*Ureaplasma gallorale* infection） 来源于鸡的鸡口脲原体对鸡是一种常在菌，对鸡一般不致病。K.koshimizu（1987）从鸡咽喉，Stipkovits从鸡呼吸道均分离到脲原体，据报道，我国鸡群中也有鸡口支原体感染。也有报道从鸡精液中分离到的一种血清学有差异的鸡口支原体可以引起鸡或火鸡感染发病。脲原体在生长繁殖时可水解尿素，是根据水解尿素，故而得名脲原体，鸡口脲原体经常寄生于鸡或火鸡的上呼吸道，因而后来被命名为鸡口脲原体或禽口脲原体。

4. 泛黄无胆甾原体感染（*Acholeplasma choleplasma* infection） 对其研究的资料很少，其致病性尚不完全明了。Stipkovits从孵化13日的死胚中分离到泛黄无胆甾原体，能试验引起3日龄雏鸡气囊炎，与细小病毒一起感染，可加重雏鹅症状，有研究者从鸭的泄殖腔和眼中也分离到泛黄无胆甾原体，并认为可能是一种鸭的病原。

5. 莱氏无胆甾原体感染（*Acholeplasma laidlawii* infection） 莱氏无胆甾原体可以感染鸡、鸭、鹅。该微生物在培养集中很容易生长繁殖，其菌落和菌体形态具有典型的支原体特征，分离时易与其他支原体混合在一起。Edward Freundt（1970）从鸡、鹅眶下窦、气囊分离到莱氏无胆甾原体，试验感染证明可致死鹅胚，对鸡存在不确定致病性。Stipkovits从2～8日龄雏鹅的气囊炎、腹膜炎和肝外周炎病例中分离到莱氏无胆甾原体。

（宁宜宝）

第四节　禽大肠杆菌病

（Avian colibacillosis）

禽大肠杆菌病是指由一定血清型的大肠杆菌引起禽的局部或全身性感染的一种传染病。由于该病病型较多，其临床表现也有差异，包括大肠杆菌性败血症、肉芽肿、气囊病（慢性呼吸道疾病，CRD）、肿头综合征、输卵管炎、睾丸炎、全眼球炎、关节炎及脐炎等。随着大型集约化养殖业的发展，致病性大肠杆菌对养禽业所造成的危害也日益严重，应该引起养禽工作者的高度重视。

自1894年Lignieres首次报道大肠杆菌可引起禽类大量死亡，之后一直到1923年相继报道了相似微生物可导致松鸡、鸽子、天鹅、火鸡、鹌鹑和鸡群发病的情况。对大肠杆菌性败血症的首次描述见于1907年，大肠杆菌在某些条件下，尤其是当饥饿、寒冷或缺乏良好通风而使其抵抗力下降时致病性更高。在1923年有报道称能从临床表现为虚弱瘫痪和肠炎的鸡体内分离到大肠杆菌，到1938年时从表现心包炎和肝周炎的死亡鸡体内分离到该菌。1938—1965年期间，相继报道了大肠杆菌性肉芽肿和大肠杆菌引起的各种其他病理性损伤。

一、鸡大肠杆菌

【病原学】

1. 形态与染色　大肠杆菌为革兰阴性无芽胞、非抗酸性、染色均一的直杆菌，通常为（2～3）μm×0.6 μm，其大小和形态有一定差异，两端钝圆（见彩图5-4-1和彩图5-4-2）。大多数菌株周生鞭毛运动，一般均有Ⅰ型菌毛，除少数菌株外，通常无可见荚膜，但常有微荚膜。碱性染料对本菌有良好着色性，菌体两端偶尔略深染。

2. 培养特性　本菌为兼性厌氧菌，在普通培养基上生长良好，最适生长温度为37℃，最适生长pH为7.2～7.4。S型菌株在肉汤中培养18～24 h，呈均匀浑浊，管底有黏性沉淀，液面管壁有菌环。在琼脂板上于37℃培养24 h后，其菌落低而隆凸，无色光滑（见彩图5-4-3）；在麦康凯琼脂上形成亮粉红色菌落（见彩图5-4-4）；在伊红美蓝（EMB）琼脂上形成黑色金属光泽的菌落；在SS琼脂上一般不生长或生长较差，生长者呈红色。菌落直径通常为1～3 mm，边缘整齐，有颗粒样结构；粗糙型菌落通常较大，边缘不规则；黏液样菌落较大凸起，湿润，接种针触碰有黏性。在血平板上，哺乳动物致病性大肠杆菌常引起溶血（见彩图5-4-5）。

3. 生化反应　大肠杆菌能分解葡萄糖、麦芽糖、甘露醇、木糖、甘油、鼠李糖、山梨醇和阿拉伯糖，产酸产气，但不分解糊精、淀粉或肌醇。由于O157：H7不发酵山梨醇，因此可用山梨醇麦康凯琼脂来鉴别O157：H7与其他大肠杆菌，一般的大肠杆菌在该培养基上呈粉红色菌落，而O157：H7不是粉红色。大多数菌株能发酵乳糖，但偶尔可分离到不发酵乳糖的菌株，这要与沙门菌区别开。Montgomery等（2005）发现一些能够降解棉子糖和山梨糖的分离株在胚胎致死性试验中具有很高的致死率。吲哚和甲基红反应呈阳性的大肠杆菌能将硝酸盐还原为亚硝酸盐。V-P试验和氧化酶反应均为阴性的大肠杆菌在Kligler氏铁培养基上不产生H_2S。有氰化钾时不生长，不水解尿素、不液化明胶，在柠檬酸盐培养基上不生长。

4. 抗原结构与血清型 大肠杆菌的抗原成分复杂，Stenutz等（2006）认为已确认有180个菌体抗原（O）、60个鞭毛抗原（H）和80个表面抗原（K）。大多数血清学分类方法只考虑H抗原和O抗原，如大肠杆菌O157：H7。O抗原主要用于区分血清群，而H抗原主要用于区分血清型。F抗原（菌3抗原）在最后有必要时才用于血清型的区分。根据Ewing分型方案，可将大肠杆菌分为不同的血清型。国内不同地区从鸡分离的大肠杆菌，血清型也不完全相同，同一地区不同鸡场有不同血清型，甚至同一鸡场也可存在多个血清型。

5. 毒力因子 禽致病性大肠杆菌（APEC）的产毒素性要比哺乳动物或人的致病性大肠杆菌要低很多。APEC不都产生肠毒素，但是产生其他毒素，这些毒素在鸡群致病的作用却不确定。鸽子是产志贺菌毒素大肠杆菌的重要传染源。因为APEC一般导致肠外的疾病，所以都属于肠外致病性大肠杆菌（ExPEC）。Kaper等（2004）报道ExPEC也包括引起人和其他宿主疾病的尿道致病性大肠杆菌（UPEC）和致脑膜炎大肠杆菌（MNEC）。ExPEC共有一些适应于肠外致病的毒力因子，包括黏附素、毒素、保护素、铁摄取机制及侵袭素等。

尽管APEC感染多发生在肠道外，但是一些APEC却有与肠致病性大肠杆菌相同的毒力因子，肠致病性大肠杆菌主要有：致肠道病大肠杆菌（EPEC）、肠毒性大肠杆菌（ETEC）、肠侵袭性大肠杆菌（EIEC）及肠出血性大肠杆菌（EHEC）。此外，造成相同疾病的APEC在基因结构可能有很大的差别。正因为这样的基因组可变性的存在，所以不能只用单一的一个毒力因子就将APEC与所有的共生型大肠杆菌区别开。

6. 抵抗力 大肠杆菌无特殊的抵抗力，对理化因素敏感，是典型的营养型革兰阴性菌。60℃、30 min或70℃、2 min即可灭活大多数菌株，耐受冷冻并可在低温条件下长期存活。当pH低于5或高于9时，可以抑制大多数菌株的繁殖，但不能杀死细菌。干燥十分不利于大肠杆菌的存活。大肠杆菌很容易获得对多种重金属（砷、铜、汞、银和锌），以及多种消毒剂（洗必泰、甲醛、双氧水和季铵化合物）的抗性，不同的菌株对金属盒消毒剂的抵抗力是不同的。

【流行病学】

大肠杆菌呈全球分布，许多血清型的大肠杆菌可引起家禽发病，其中包括O1、O2、O4、O11、O18、O26、O78、O88。致病性大肠杆菌经蛋传播比较常见，可以导致雏鸡的高致死率，经蛋感染的最重要传染来源可能是由于鸡蛋表面的粪便污染使细菌侵入蛋壳和壳膜而引起的。大肠杆菌可存在于垫料和粪便中，禽舍的灰尘中大肠杆菌含量为10^5 ~ 10^6 CFU/g，饲料或者饲料原料中也常污染有致病性大肠杆菌。致病性血清型细菌也可以通过污染的水传播给鸡群。

大多数禽类对大肠杆菌易感，临床上以鸡、火鸡和鸭最为常见，鹌鹑、野鸡、鸽子、珍珠鸡、水禽、鸵鸟和鸸鹋等也见有大肠杆菌感染的报道。所有日龄的禽类都可感染，但幼禽和胚胎最为易感且较严重。患病动物和带菌者是本病主要的传染源，通过粪便污染饲料、饮水、垫草及饲养工具等，通过消化道感染；也可以通过污染的尘埃经呼吸道感染；当种鸡卵巢和输卵管受到感染，或种蛋蛋壳被污染时，也可经蛋垂直传播。

本病一年四季均可发生，但以冬春寒冷和气温多变季节多发。在正常情况下，健康禽类具有完整的防御系统，足以抵抗大肠杆菌的自然感染。当皮肤或黏膜的防御屏障遭到破坏时（如没有愈合好的脐带、伤口，病毒、细菌及寄生虫感染所造成的黏膜损伤及缺乏正常的菌群等）就容易感染，或因饲养管理不良，禽舍潮湿、阴暗，通风不良，环境卫生差等多种不良的因素，均可降低禽的抵抗力，诱发或促进大肠杆菌病的发生。该病的发生贯穿整个养鸡周期，而且常与某些疾病并发感染，或继发某些疾病流行过程中（如免疫抑制病），危害甚大。

【发病机理】

现代的研究揭示了大肠杆菌致病的本质是由于多种毒力因子引起的不同的病理过程。

1. 内毒素 大肠杆菌内毒素是大肠杆菌外膜中含有的脂多糖，当菌体崩解时被释放出来，其中的类脂A成分具有内毒素的生物学功能，是一种毒力因子，在败血症中作用尤为明显。

2. 外毒素 大肠杆菌外毒素分两大类，第一类为不耐热肠毒素（LT）和耐热肠毒素（ST）。LT有抗原性，分子量大，60℃经10 min破坏，可激活肠毛细血管上皮细胞的腺苷环化酶，增加环腺苷酸（cAMP）产生，使肠黏膜细胞分泌亢进，发生腹泻和脱水；而ST可激活回肠上皮细胞刷绒毛上的颗粒性的鸟苷环化酶，增加cGMP产生，同样引起分泌性腹泻。

3. 细胞毒 素SLT有3型：SLT-Ⅰ、SLT-Ⅱ、及SLT-Ⅳ，目前研究发现SLT-Ⅱ使猪产生水肿病的临床症状和病理变化。

4. 定植因子 又称菌毛（Fimbria,Pilus）、黏附素（Adhesin）或F抗原，可与黏膜表面细胞的特异性受体相结合而定植于黏膜，这是大肠杆菌引起的大多数疾病的先决条件。在引起动物腹泻的ETEC中已发现的定植因子有F4（即K88）、F5（即K99）、F6（即987P）、F41，SLTEC中的F18等。

5. 直接侵袭性 某些ETEC，像各种志贺菌一样，具有直接侵入并破坏肠黏膜细胞的能力。这种侵袭性与菌体内存在的一种质粒有关。

6. 大肠杆菌素 从动物的全身性侵入性疾病中分离的许多大肠杆菌，具有产生大肠杆菌素V（Col. V）的质粒。有人认为，此质粒与细菌引起败血症的能力有关。

大肠杆菌通过黏膜定殖或皮肤开口进入宿主体内，致病性菌株可以穿越黏膜并在宿主身体的内环境存活下来，如果黏膜受损，这种穿越将更容易。一旦大肠杆菌脱离了黏膜，它所面对的环境对它是极其不利的。如果大肠杆菌没有能使其存活的能力，它将很快被吞噬细胞所消灭，如异嗜细胞、血小板及巨噬细胞。

当大肠杆菌进入宿主的组织后，立刻就会刺激产生急性炎症反应。此时，肝脏产生的急性期蛋白、细胞因子IL-1和IL-6、肿瘤坏死因子等含量增加，这些都是疾病早期的非特异性的指标。内毒素血症的急性期效应包括饲料消耗和转化下降，体重下降，胫骨大小、重量、钙含量及断裂强度下降，死亡率上升，肝脏重量上升，血钙离子浓度上升，抗体反应增强等。在趋化因子的作用下，异嗜细胞从微静脉转移到周围的组织中。感染6～12 h后可见软的凝胶状渗出物。异嗜细胞在去颗粒化及死亡后可以释放一些物质，12 h后炎症细胞逐步由异嗜细胞转为巨噬细胞和淋巴细胞。渗出物持续产生积累，最终经过一个干酪样变过程形成坚实、干燥、黄色的不规则干酪样物质。

【临床症状】

潜伏期从数小时至3 d不等。急性者体温升高，常无腹泻而突然死亡。经卵感染或在孵化后感染的鸡胚，出壳后几天内即可发生大批急性死亡。慢性者精神沉郁，冠发紫，呈剧烈腹泻，粪便灰白色，有时混有血液（见彩图5–4–6），死前有抽搐和转圈运动，病程可拖延10余天，有时见全眼球炎。成年鸡感染后，多表现为关节滑膜炎（翅下垂，不能站立）、输卵管炎和腹膜炎，临诊症状不明显，以死亡告终。单因素或多因素混合感染的临床症状中常伴有大肠杆菌感染的症状出现。

【病理变化】

家禽可感染数种局部的或全身性的大肠杆菌病，剖检有多种病理变化：

1. 鸡胚或出生雏早期死亡 死胚、出壳时死亡，或出壳后1周内发病死亡，剖检时，可见卵黄囊变大，吸收不好，卵黄膜变薄，卵黄内容物黏稠，黄绿色或干酪样，有的呈棕黄色水样，内混絮状物。有的死雏发生脐炎（俗称大肚脐），脐部肿大，闭合不全。质硬，黄红色，或见脓性分泌物，切开可见坏死物质。病期稍长的死雏还可以见到心包炎的变化。

2. 急性败血症 肠浆膜、心外膜、心内膜有明显小出血点。肠壁黏膜有大量黏液。脾肿大数倍。心包腔有多量浆液。

3. 气囊炎 气囊膜混浊、增厚，表面被覆有纤维性渗出物，呈灰白色。气囊炎常继发心包炎和肝周炎，心包膜和肝被膜上附有纤维素性伪膜（见彩图5–4–10 ~ 彩图5–4–13）。

4. 输卵管炎 体腔内干酪样渗出物的积聚形成类似于卵黄的凝聚体，因此又称为卵黄腹膜炎或卵泡性腹膜炎（见彩图5–4–15 ~ 彩图5–4–16）。多见于产蛋的母鸡、母鹅或母鸭，生前泄殖腔周围常沾有粪便，排出物中常混有蛋清、凝固的蛋白质和卵黄碎块（见彩图5–4–7 ~ 彩图5–4–8）。剖检可见输卵管增厚，有畸形卵阻滞，甚至卵破裂溢于腹腔内，有多量干酪样物，腹水增多（见彩图5–4–14）、混浊，腹膜有灰白色渗出物。

5. 肉芽肿 此型生前无特征性临床症状，剖检在鸡或火鸡的肝、肠（十二指肠和盲肠）、肠系膜上出现隆起、灰白色肿瘤状小结节或块状为特征，其组织学变化与结核病的肉芽肿相似。

6. 全眼眼炎 不常见，其典型症状是一侧眼睛出现眼前房积脓或失明。最初，眼睛由于萎缩而收缩，整个眼中充满异嗜性纤维蛋白渗出物（见彩图5–4–9），并且存在大量的细菌。

7. 关节滑膜炎 多见于肩、膝关节。关节明显肿大，滑膜囊内有不等量的灰白色或淡红色渗出物，关节周围组织充血水肿。

8. 肿头综合征 肿头综合征（Swollen head syndrome，SHS）是鸡头部皮下组织及眼眶发生急性或亚急性蜂窝织炎。肉鸡头部肿大，头部皮下组织胶样浸润，出血，组织疏松、黄化。肿头症状消失的病例，头部皮下渗出物逐渐变成干酪样。

【诊　断】

根据流行病学、临床症状和病理变化可作出初步诊断。确诊需要进行细菌学检查（见彩图5-4-2）。菌检的取材部位，败血症为血液、内脏组织，肠毒血症为小肠前部黏膜，肠型为发炎的肠黏膜。对分离出的大肠杆菌应进行生化反应和血清学鉴定，然后再根据需要，做进一步的检验。

大肠杆菌病的实验室诊断，有时需通过致病性试验确定分离株的致病性，只有证明分离株具有致病性，才有诊断意义。

巴氏杆菌、沙门菌、链球菌及其他细菌也可引起急性的败血性疾病。衣原体、巴氏杆菌、鼻气管鸟疫杆菌和里默菌或者链球菌又可引起心包炎或腹膜炎。可从雏鸡和鸡胚卵黄囊内同时分离到多种微生物，如气杆菌、克雷伯菌、变形杆菌、沙门菌、芽胞杆菌、葡萄球菌、肠球菌及梭菌。这些疾病需与大肠杆菌病进行鉴别诊断。

【防　治】

预防本病应加强饲养管理，消除发病诱因，保持饲料和饮水的清洁卫生。粪便污染种蛋是禽群间致病性大肠杆菌相互传播的重要途径，故勤收蛋，保持舍内清洁，以及对种蛋产后2 h内进行熏蒸消毒可以减少传播；良好的畜舍通风、干燥的垫料等可以减少禽群大肠杆菌病的发生。

人们已经研制出多种疫苗以及免疫方式，包括主动免疫和被动免疫，可以使用灭活疫苗、活疫苗、重组疫苗和亚单位疫苗，以及抗特异性致病因子的免疫方法。由于大肠杆菌血清型众多，制苗菌株最好是针对性强或自场分离株制成的效果才好。

对患病的病鸡，可根据药敏试验结果及时使用抗生素或磺胺类药物治疗，可以收到一定治疗效果。但在大肠杆菌病后期，若出现了气囊炎、肝周炎、卵黄性腹膜炎等较为严重的病理变化时，使用抗生素疗效往往不显著甚至无效。在治疗时，一般可选用以下药物：

（1）氯霉素　按0.1%～0.2%剂量混入饲料中，连喂3～5 d。

（2）庆大霉素　硫酸庆大霉素针剂，按每千克体重3 000～5 000 IU计算，肌内注射，每日2次，连用3 d。

（3）卡那霉素　硫酸卡那霉素针剂，按每千克体重1 500 IU计算，肌内注射，每日2次，连用3 d。

（4）氟哌酸（诺氟沙星）　按0.1%剂量混入饮水中，连饮3～5 d。

因为预防和治疗大肠杆菌病的抗生素禁用或者设定药残标准，其他替代方法逐渐代替抗生素，包括益生元、益生素、酶、消化道酸化剂、维生素、免疫增强剂、抗炎药物，以及其他抗微生物产品。

【公共卫生】

从禽类分离的大多数APEC只对禽类有致病作用，而对人或其他动物则表现出较低的致病性，本病的公共卫生意义在于以O157：H7为代表的肠出血性大肠杆菌（EHEC）引起的食物中毒。我国自1987年以来，曾在江苏、山东、北京等地分离到O157：H7，虽尚无感染暴发的报道，但EHEC在我国的潜在危险性不容忽视。

人的一般大肠杆菌病发病大多急骤，主要症状是腹泻，伴有恶心、呕吐、腹痛、里急后重、畏寒发热、咳嗽、咽痛和周身乏力等表现。由O157：H7引起的患者，呈急性发病，突发性腹痛，先排水样稀粪，后转为血性粪便、呕吐、低烧或不发烧。小儿能导致溶血性尿毒综合征，血小板减少，造成肾脏损害，难以恢复。婴幼儿和年老体弱者多发，并可引起死亡。

人大肠杆菌病最有效的预防措施就是搞好饮食卫生。发病早期控制饮食，减轻肠道负荷，一般可迅速痊愈。婴幼儿多因腹泻而失水严重，应予以水、电解质的补充和调节，一般不用抗生素治疗，但对EIEC所致急性菌痢性肠炎，可选用敏感的抗生素和磺胺药。EHEC感染多发于儿童和老人，只要及时采用抗生素治疗，辅以对症疗法，一般不会危及生命安全。迄今尚无人大肠杆菌病的菌苗可以使用。

二、其他非水禽大肠杆菌

（一）鸽子

鸽的大肠杆菌病是鸽子养殖过程中常见的细菌病，并且鸽子是大肠杆菌病的一个天然储存宿主。病鸽可呈现多种临床症状，同时大肠杆菌也易产生耐药性。葛晨霞等报道对死亡肉鸽进行剖检、细菌和病毒学检测、病理学观察，最后确诊该鸽群为心肌心包炎型大肠杆菌病。张彬彬等（2011）报道2010年7月某鸽场出现死亡鸽，剖检发现鸽肾脏充血，部分有坏死点，脏肿大充血，部分呈土黄色，胰腺充血，肠道有积液，且鼻腔也出现黏液，最后分离得到一株对链霉素、复方新诺明、庆大霉素、左氟沙星、头孢西丁和四环素等15种抗生素都耐药的大肠杆菌株。

鸽子大肠杆菌病另一个特点就是易与其他病毒病、寄生虫病和细菌病混合感染，或者继发感染。牛森等（2013）从一发病鸽场分离到副黏病毒、沙门菌和大肠杆菌，其中沙门菌和大肠杆菌混合感染率为20%，混合感染样品中副黏病毒分离为83.3%。蔡开珍等报道3～4月龄发病的美国皇鸽剖检可见口腔黏膜出现灰黄色干酪样病灶，周围充血、出血，肝表面出现一层纤维素性增生物，肝实质有灰白色小点状病灶，最后证实为毛滴虫和大肠杆菌混合感染。

（二）鹌鹑

周碧君等（1995）报道，贵阳某鹌鹑场因大肠杆菌感染致死率达10%，剖检鹌鹑发现肝脏肿大，呈暗红色，表面有一层纤维素膜，心包膜呈不透明的云雾状，腹气囊浑浊、增厚，有干酪样物附着，卵泡破裂，分离得到的菌株血清型有O2和O141。

（三）鹧鸪

林维庆等于1986年报道鹧鸪感染大肠杆菌病，剖检病变为纤维素性心包炎、肝周炎和腹膜炎，形似急性败血性大肠杆菌病变。

陈伟斌（1995）报道了雏鹧鸪发生大肠杆菌、绿脓杆菌和链球菌混合感染的病例，剖检见肝脏肿大有出血点，肠黏膜充血、出血，肠腔有炎性渗出物，肺出血并有灰白色结节。

（四）珍珠鸡

田在滋等（1988）报道，河北某场的珍珠鸡由于长途运输等因素而发生大肠杆菌病，经细菌分离和血清学鉴定为O14血清型大肠杆菌菌株引起。

古飞霞等（2011）分别从以卵黄破裂、败血症和顽固性腹泻为主要特征的珍珠鸡肝脏中分离得到3株大肠杆菌，发现3株菌都有较强的致病性，但是对乳糖、棉子糖、蔗糖、赖氨酸的利用存在差异，并且经DNA star软件分析后发现处于不同的分支中。

（五）火鸡

邓治邦等（1994）报道一例由大肠杆菌引起的雏火鸡气囊病，其主要诱因是长途运输所致，患病鸡体表最显著特征是两侧翼窝积气，同时也证实火鸡大肠杆菌刚果红表型与致病性相关。

（六）鸵鸟

常见感染鸵鸟的大肠杆菌血清型有O2、O6、O5、O8、O9、O55、O78和O88。裘孝良等（1997）报道河北省某鸵鸟场5月龄的鸵鸟发生腹泻、死亡，尸体剖检见心包积液，心房和心肌有大的出血斑，肝脏有出血点，腹泻有淡黄色积液，腺胃和肌胃黏膜脱落，整个肠系膜可见出血点，小肠、大肠及直肠浆膜可见大量弥散性出血点，后经病原分离鉴定及药物治疗确诊病原为大肠杆菌O101血清型。

禽类霉菌性肺炎，是由曲霉菌引起的一种常见的真菌病。雏禽极易发生，并呈急性暴发，常会造成大批死亡，在多雨、潮湿和闷热的季节多发，雏鸵鸟也可感染，许英民于2012年报道了一例雏鸵鸟霉菌性肺炎和大肠杆菌混合感染的病例。

（七）鸸鹋

Hines等（1995）报道2周龄发病鸸鹋表现腹泻、头发白、急性死亡和出血性肠炎，最后从肝脏和肠道样品中分离得到大肠杆菌。

（刘兴友）

第五节　鸡葡萄球菌病

（Staphylocosis in chickens）

【病名定义及历史概述】

鸡葡萄球菌病（Staphylocosis in chickens）是由致病性葡萄球菌感染所引起的鸡的急性败血性或慢性细菌性疾病。其临诊主要表现为急性败血症、关节炎和雏鸡脐炎3种类型。此外，还可表现为脚垫肿、眼炎、肺炎、肝炎、骨髓炎等，但较少见。雏鸡感染后多表现为急性败血症；中雏多表现为关节炎病变，呈急性发病，少数呈慢性发病；成年鸡多为慢性局灶性病变。幼雏和中雏死亡率较高，是危害集约化养鸡业较大的一种条件性传染病。

葡萄球菌病主要是由金黄色葡萄球菌感染所引起的人兽共患传染病。人们对家禽和其他禽类葡萄球菌病的认识已超过百年，早期大多数报道描述的是关节炎和滑膜炎。1892年，Lucent证明葡萄球菌是引起鹅关节炎的病原。1929年，Volknan从患脐炎的鸡和小火鸡中分离出葡萄球菌。随后Hale和Purchase（1931）报道了从雉的关节中分离到葡萄球菌。1947年，Povar和Brownstein从心内膜炎病例中分离到葡萄球菌。1966年，

Carnaghan从脊椎炎的病例中分离到葡萄球菌。1960年，Salana也报道了鸡气囊感染葡萄球菌病例。1972年，Roskey和Hamdy表明损伤的禽体组织可能是人类手部感染的来源。1987年，EL–said从多个农场的鸡体内分离出708株致病菌，其中45.5%为葡萄球菌。国内兽医界林维庆、甘孟侯等首先对鸡的葡萄球菌进行研究；朱晓平、韦华姜报道了鸡葡萄球菌发病机理及感染途径。

近20年来，在人医和兽医中葡萄球菌已引起了广泛的注意。一方面除了引起人的大量炎症之外，还能产生肠毒素污染食品，在一定条件下可发生食物中毒。另一方面，由于近代抗生素疗法的广泛应用，在和食物（包括动物饲料）中加入抗生素，结果使原来只有兼性病原作用的葡萄球菌常在人和动物引起疾病。因此，葡萄球菌现已是广泛分布于世界的病原菌之一，引起普遍的重视。

Lucet（1892）最初描述了家禽葡萄球菌感染的病例后，在欧洲、美洲、日本和澳大利亚都有本病的发生。我国由于养禽业的发展，鸡的葡萄球菌病才引起重视，并进行了较多观察和研究。据我国的研究报道，在乳牛、马、驴、山羊、绵羊、狗、兔、猪、鸡、鸭、鸟类、小鼠和豚鼠等均有发生，危害最大的是鸡，乳牛及兔次之。

【病原学】

1. 形态与染色　典型的葡萄球菌为圆形或卵圆形，直径0.7～1 μm，常单个、成对或葡萄状排列。在脓汁、乳汁或液体培养基中常呈双球或短链状，在固体培养基上生长的细菌呈葡萄状。致病性菌株的菌体稍小，且各个菌体的排列和大小较为整齐。本菌易被碱性染料着色，革兰染色阳性，但衰老、死亡或被白细胞吞噬及耐青霉素的菌株呈阴性。无鞭毛，无芽胞，有的形成荚膜或黏液层。

2. 培养　葡萄球菌对营养要求不高，普通培养基上生长良好，培养基中含有血液、血清或葡萄糖时生长更好。需氧或兼性厌氧。最适生长温度为37℃，最适pH7.4。在普通琼脂平皿上培养18～24 h后形成湿润、表面光滑、边缘整齐、不透明、隆起的圆形菌落，直径1～3 mm。菌落依菌株不同形成不同颜色，初呈灰白色，继而为金黄色、白色或柠檬色，致牛乳腺炎，以及耐药菌株常为深黄色。在室温（20℃）中产生色素最好。血液琼脂平板上生长的菌落较大，有些菌株菌落周围还有明显的溶血环（β溶血），产生溶血菌落的菌株多为病原菌。在普通肉汤中生长迅速，初浑浊，管底有少量沉淀，轻轻振荡，沉淀物上升，旋即消散。

3. 生化反应　不同菌株的生化特性不相同，多数菌株能发酵葡萄糖、麦芽糖、乳糖、蔗糖和甘露醇，产酸不产气，非致病性菌株不能分解甘露醇。能还原硝酸盐，不产生靛基质和硫化氢，凝固酶阳性，溶纤维蛋白酶阳性，脱氧核糖核酸酶阳性。

4. 抗原构造　葡萄球菌的抗原构造较复杂，细胞壁经水解后，用沉淀法可得到两种抗原成分，即蛋白质抗原和多糖类抗原。

（1）蛋白质抗原　主要为葡萄球菌A蛋白（Staphylococcal protein A,SPA），是一种表面沉淀原，是细胞壁抗原的成分，占整个细胞壁蛋白的6.7%，通过胞壁肽聚糖以共价键与之结合，具有种、属的特异性，而无型特异性。90%以上的金黄色葡萄球菌有此抗原，所有人源菌株均含有这种蛋白，而来自动物源菌株则少见。表皮葡萄球菌及腐生葡萄球菌不含有这种抗原。A蛋白的分子量为13～42 kD，为完全抗原，它与人及多种动物的IgG分子中的Fc段发生非特异性的牢固结合，而IgG分子的Fab段能再与抗原发生特异性结合，现已采用此种结合反应作为一种简易快速的诊断方法。

（2）多糖类抗原　为半抗原，存在于细胞壁上，具有型特异性，可用于葡萄球菌的分型。从1931年Gilbert首次描述金黄色葡萄球菌荚膜多糖，到现在已经发现了11种荚膜多糖的血清型，其中血清型为5型或8型的占70%～80%。其主要成分为N-乙酰氨基糖醛酸及N-乙酰岩藻糖胺。

5. 分类　葡萄球菌属约有36个种和21个亚种，是微球科最重要的属。1974年，根据生化特性、血浆凝固酶和产生色素的不同，将葡萄球菌分为金黄色葡萄球菌（*Staphylococcus aureus*）、表皮葡萄球菌（*Staphylococcus epidermidis*）及腐生性葡萄球菌（*Staphylococcus sapropyticus*）3种。其中金黄色葡萄球菌多为致病菌，表皮葡萄球菌偶尔致病，腐生性葡萄球菌一般为非致病菌。1986年，《伯吉氏系统细菌学手册》将葡萄球菌分为20多种，其中鸡葡萄球菌病主要是由金黄色葡萄球菌引起。

禽源金黄色葡萄球菌通常用噬菌体进行分型，60%～70%的金黄色葡萄球菌可被相应的噬菌体裂解，表皮葡萄球菌对噬菌体不敏感，故不能用噬菌体分型。噬菌体是金黄色葡萄球菌的病毒，其感染具有株间特异性，噬菌体分型就是利用此性质，据不同的裂解模式鉴别菌株。用作分型的噬菌体有22型，是国际通用基本分型噬菌体，包括①Ⅰ群：29、52、52A、79、80；②Ⅱ群：3A、3B、3C、55、71；③Ⅲ群：6、7、42E、47、53、54、75、77、83A；④Ⅳ群：42D。Smith等（1961）、Carnaghan（1966）、宋清明和甘孟侯等（1989）均运用此方法将鸡的葡萄球菌分为Ⅰ、Ⅱ、Ⅲ、Ⅳ和混合群。

根据抗原可以对禽源金黄色葡萄球菌进行血清学分型，本方法是根据金黄色葡萄球菌的特异性抗原进行分型，首先制备一系列特异抗血清，再与待测菌株进行凝集反应，依据不同凝集形式分型。血清型是金黄色葡萄球菌较稳定的标志，抗菌谱和噬菌体分型不如其稳定，并且能对常见的噬菌体80/81进一步分为不同的血清型。Oeding（1960）将葡萄球菌分为4个型和30多个亚型。宋清明、甘孟侯（1989）首次应用血清学分型方法对鸡源金黄色葡萄球菌进行了分型。陈德威、甘孟侯等（1990年）用血清学方法再次对鸡源金黄色葡萄球菌进行血清学分型，结果与上次结果相似，其分型率达98.6%，重复率为93.7%，同样与人源金黄色葡萄球菌主要血清型的分布率不同。

对于葡萄球菌进行分型的研究，分型方法还有基于表型的荚膜分型，但因型别少、分辨率差，在分析菌株相关性时一般不用；以及新兴的分子生物学分型如质粒分型法、染色体DNA脉冲电泳分型法、核酸分型法和全细胞蛋白图谱分型法等，它们是从基因或分子水平来分析菌株间的亲缘性，较能为流行病学分析提供足够的证据，但是这些方法的技术性强、需要特殊设备及判断结果的国际标准化等问题，使得这些分子水平的分型方法不能普及。

6. 毒素与酶　葡萄球菌的毒力强弱、致病力的大小常与细菌产生的毒素和酶有密切关系。致病性葡萄球菌产生的主要毒素和酶有以下几种。

（1）溶血素（Staphylolysin）　多数病原性葡萄球菌产生溶血毒素，不耐热，在血液平板上菌落周围有溶血环。溶血毒素是一种外毒素，能自肉汤培养液过滤而得，可分为α、β、γ、δ 4种，其中以α溶血素为主。α溶血素是一种不耐热的蛋白质，是一种胞外毒素，是金黄色葡萄球菌主要毒力因子之一。α溶血素蛋白分子量为33.2 kD，有1 293个氨基酸组成。它能损害多种细胞和损害血小板，能使小血管收缩，导致局部缺血、坏死。将毒素给家兔皮下注射，可引起皮肤坏死；如静脉注射，经5～30 min可引起家兔死亡。该毒素经甲醛处理后，可制成类毒素，用于葡萄球菌感染的预防和治疗。

（2）杀白细胞素（Leukocidin）　多数致病性菌株能产生这种毒素，由Van de Velde最早发现，1932年由Panton等将其从溶血素中分离出。它是一种蛋白质，不耐热，有抗原性，能破坏人或兔白细胞和巨噬细胞，使其失去活力。杀白细胞素是由*luks-pv*和*lukf-pv*这2个基因编码共同转录，由前噬菌体片段携带，并整合到金黄色葡萄球菌的染色体上。杀白细胞素以八聚体形式在宿主细胞膜上形成孔道，损伤细胞膜，导致细胞溶解。

（3）肠毒素（Enterotoxin） 主要是由血浆凝固酶或耐热核酸酶阳性的金黄色葡萄球菌（约50%）产生，可引起人的食物中毒，引起人、猫、猴的急性胃肠炎。它是一组可溶性单链蛋白质，易溶于水和盐溶液，相对分子质量相近，为26 000 ~ 30 000，耐热耐酸，经100℃煮沸30 min不被破坏，也不受胰蛋白酶的影响。金黄色葡萄球菌在高于46.6℃或低于5.6℃时不能产生肠毒素。产毒最适温度为18 ~ 20℃，经36 h即能产生大量肠毒素。它在结构和功能上有一定的相似性。经典的肠毒素分为A、B、C、D、E 5种血清型，其中C型又可分为C1、C2、C3 三种亚型。Bergdoll等又报道了F型，Reiser将之重新命名为毒素休克综合征 Ⅰ 型毒素（Toxic shock syndrome toxin 1，TSST-1）,它能引致人类变态反应，发生毒性休克综合征。Ren等和Su等发现了H型肠毒素蛋白，Munson等又发现了G和I型肠毒素蛋白。随着现代生物学技术的发展，新型的肠毒素也相继被发现，如J、K、L等。到目前为止，已知有A、B、C（C1、C2、C3）、D、E、G、H、I、J、K、L、M、N和O等14种血清型。

（4）凝固酶（Coagulase） 它是能使含有枸橼酸钠或肝素抗凝剂的家兔和人血浆发生凝固的酶类物质，是金黄色葡萄球菌主要的致病因子之一，也是鉴定金黄色葡萄球菌的重要指标。多数病原性葡萄球菌（97%）产生凝固酶，非致病菌一般不产生此酶，可以认为凝固酶是鉴别葡萄球菌有无致病性的重要指标之一。近年来，国内外不断发现凝固酶阴性葡萄球菌，亦可引起多种感染性疾病，如菌血症、尿路感染、创伤感染、体外感染、细菌性心内膜炎、食物中毒等。凝固酶有2种：一种是分泌至菌体外的，称为游离凝固酶，其作用类似凝血酶原物质，可被人或兔血浆中的协同因子激活变成凝血酶样物质后，使液态的纤维蛋白源变成固态的纤维蛋白，从而使血浆凝固；另一种凝固酶结合于菌体表面并不释放，称为结合凝固酶或凝集因子，在该菌株的表面起纤维蛋白原的特异受体作用，细菌混悬于人或兔血浆中时，纤维蛋白原与菌体受体交联而使细菌凝集。

凝固酶耐热，100℃ 30 min或高压灭菌后仍能保存部分活力，但易被蛋白分解酶破坏。凝固酶有抗原性，分4个型。凝固酶能刺激机体产生抗体，对血浆凝固酶阳性的葡萄球菌感染有一定保护作用。

（5）DNA酶和耐热核酸酶（Thermonuclease） 当组织细胞及白细胞崩解时释放出核酸，使组织渗出液的黏性增加，DNA酶能迅速分解之，有利于细胞在组织中扩散。金黄色葡萄球菌能产生DNA酶，故曾作为测定金黄色葡萄球菌致病性的指标之一，后来又发现致病性金黄色葡萄球菌还能产生一种与其他DNA酶完全不同的耐热核酸酶，是一种细胞外酶，对热有显著的抵抗力（100℃ 1 min或60℃ 2 h不破坏），降解DNA的能力较强，金黄色葡萄球菌感染部位的组织细胞崩解时释放出核酸，使渗出液黏性增加，而此酶能迅速分解核酸，利于病原菌的扩散，因此，将该酶的检测作为鉴定致病性金黄色葡萄球菌的重要指标之一。

（6）透明质酸酶（Hyaluronidase） 透明质酸是有机体结缔组织中基质的主要成分，它被水解后结缔组织细胞间失去黏性呈疏松状态，有利于细菌和毒素在有机体内扩散，因此，又称为扩散因子。

此外，有些葡萄球菌菌株，还可产生溶纤维蛋白酶、蛋白酶、卵磷脂酶、磷酸酶、酯酶及产生红疹毒素、剥脱性毒素或表皮溶解毒素等。

（7）抵抗力 本菌对外界环境的抵抗力较强。对干燥、热（50℃ 30 min）、9%氯化钠都有相当大的抵抗力。在干燥的脓汁或血液中可生存2～3月。反复冷冻30次仍能存活。加热70℃1 h或80℃ 30 min才能杀死，煮沸可迅速使它死亡。兽医消毒药中，以石炭酸的消毒效果较好，3%～5%石炭酸10～15 min、70%乙醇数分钟、0.1%升汞10～15 min可杀死本菌。0.2%过氧乙酸等有较好的消毒效果。

【流行病学】

葡萄球菌能引起多种动物感染和发病。动物对葡萄球菌的易感性与表皮或黏膜创伤的有无、机体抵抗力的强弱、葡萄球菌污染的程度、葡萄球菌的致病力及动物所处的环境有密切关系。

金黄色葡萄球菌在在土壤、空气、尘埃、水、饲料、地面、粪便、代谢分泌物等自然环境中广泛存在，特别是发病鸡舍的地面、空气、网架、水槽、粪便中有大量葡萄球菌存在。禽类的皮肤、羽毛、眼睑、黏膜、肠道亦分布有葡萄球菌。金黄色葡萄球菌曾从鸡、火鸡、鹅及野鸡分离出来。实验动物中以家兔最为易感，豚鼠及小鼠亦可感染发病。

本病发生的季节性不明显，一年四季均可发生，其中在雨季、潮湿时节更易发生。鸡的品种对本病发生有一定关系，虽然肉用鸡和蛋用鸡都可发生，在蛋用鸡中以轻型鸡发生较多。本病多发生于7～12周龄的鸡群，成年鸡发病少，死亡率2%～50%不等。肉用仔鸡和平养鸡对本病易感，主要通过伤口感染，亦可通过呼吸道感染，常见于鸡脐带感染和鸡痘的发生而引起本病的暴发。在我们观察中有以下的一些发病因素：

1. 鸡痘 在我们观察中的一些发病场，几乎60%以上发病鸡群中有鸡痘发生，多数情况是在鸡痘先已发生，由于治疗不及时，加之饲养管理跟不上，环境卫生差，导致病鸡皮肤瘙痒，抓破皮肤后感染葡萄球菌，引发鸡痘病毒与葡萄球菌混合感染，从而加剧病情，造成大批死亡。

2. 带翅号及断喙 在有些鸡群，需要编号以作记录观察，在安带翅号后诱发葡萄球菌病，以这种方式传播发病者较少。也有断喙后发病的。陈宝秋（2005）报道某鸡场16日龄蛋雏鸡因断喙幅度过大，而引发鸡葡萄球菌感染。

3. 注射 鉴于疫苗接种或治疗时采用注射方式，没有严格按操作规范进行，在注射部位消毒，不严或不消毒致使针眼处皮肤受到损伤，葡萄球菌从针眼处侵入，导致发病。徐怡虎等（2012）曾发现一例因免疫注射引起的金黄色葡萄球菌感染。

4. 扎伤 对于蛋鸡经常会在人工授精时，由于输精滴管破裂，操作不慎，捉鸡不注意造成皮肤、黏膜下损伤，葡萄球菌趁机感染而发病。

5. 刮伤和扭伤 铁笼陈旧，设计不合理，或因鸡场笼架编织粗糙，笼内有许多金属接口暴露在外，部分焊接口脱落形成“毛刺”致伤，或有的鸡群网上平养，各网眼交接处装配不齐或缝隙过大，常有夹住鸡腿而致伤的现象，也有的因设备不合适，或经改造后而引起，这些因素使鸡造成伤裂后都有利于葡萄球菌的侵入。

6. 啄伤 有的鸡场由于某些原因未能断喙，或光照过强，或营养不全等，鸡只互啄现象较为严重，我们曾在京昌鸡场发病群观察到，鸡群约有1/3的鸡有互啄现象。

7. 脐带感染 雏鸡出壳后，应当用碘酊对脐带断处进行消毒处理，防止伤口感染。

8. 饲养管理上的缺点 鸡群过大、拥挤、通风不良，鸡舍空气污浊（氨气过浓），鸡舍卫生太差，饲料单一、缺乏维生素和矿物质及存在某些疾病等因素，均可促进葡萄球菌的发生和增大死亡率。更为不合理的是，有的将公鸡养于母鸡舍的一角，使公鸡不得安宁，啄伤、擦伤而发生本病。

【发病机理】

由于葡萄球菌是体表的常在菌，一般情况下不会侵入体内，但当鸡受到外伤或应激后，葡萄球菌就可乘虚而入，故有学者认为金黄色葡萄球菌感染即是其由体表到体内的再定居的过程。

近年来的研究表明，葡萄球菌黏附到机体黏膜是其感染的先决条件。细菌黏附是细胞膜上的黏附素蛋白（凝集因子、凝固酶、胶原黏附素和纤维粘连素结合蛋白）与机体内胞外基质如血纤维蛋白原、胶原、纤维粘连素相互作用的结果，细菌表面凝集因子和凝固酶都能吸附含纤维素白细胞，但前者还能增强细菌的吸附力。尽管胞外基质在正常情况下一般不暴露出来，但当组织损伤后，胞外基质即暴露出来，金黄色葡萄球菌便黏附其上导致感染。

Mcnamee等将传染性囊病病毒（Infectious bursal disease virus，IBDV）和鸡贫血病毒（Chicken anaemia virus，CAV）感染后的鸡用金黄色葡萄球菌攻毒，发现病毒感染后的鸡更易发生骨关节疾病。Awan从3个鸡场的31只6周龄的肉鸡体内分离出6种革兰阳性菌，5种革兰阴性菌，其中60%为葡萄球菌，他指出鸡系统疾病不是由于致病菌的作用，而是因为混合菌群抑制了机体的抗菌系统。

朱晓平和韦华姜通过不同途径进行人工感染鸡葡萄球菌，前者认为静脉、关节、肌内注射可导致骨髓炎和关节炎，后者认为关节内注射葡萄球菌可引起典型的鸡关节炎疾病。国外人工感染金黄色葡萄球菌引起的腱鞘炎或败血症一般都采用静脉注射，只是感染的剂量不同。

Smart等描述了人工感染火鸡的关节炎。他们发现细菌在6 h左右迅速从血液中消失而停留在脾、肝和肺内，并在内脏器官中繁殖，48 ~ 120 h后鸡表现精神沉郁和关节感染症状。Aadreasen用金黄色葡萄球菌攻击鸡复制腱鞘炎，接种后6 h，血液中多形核中性粒白细胞增加两倍，72 h后增加8 ~ 10倍，这为易染性白细胞在病灶浸润提供了可能。

侵入机体的金黄色葡萄球菌可通过各种方式逃避机体的免疫杀伤作用，已研究证实金黄色葡萄球菌荚膜多糖和凝集因子能抵抗宿主细胞的吞噬作用。此外，葡萄球菌A蛋白能与血清IgG-Fc段结合，从而抑制IgG-Fc的调理吞噬作用，这也是金黄色葡萄球菌抗吞噬作用的机制之一。此外，金黄色葡萄球菌感染机体后可通过黏附作用将可溶性的胞外基质大量结合于细菌表面，使细菌完全被宿主胞外基质包裹，从而不被宿主免疫系统识别。

细菌进入机体后可释放血浆凝固酶和杀白细胞毒素，前者在菌体周围筑起一道纤维蛋白保护层，从而使其免受血清中杀菌物质的杀伤，也不易被吞噬细胞吞噬；后者可杀死嗜中性粒细胞和巨噬细胞，破坏机体的防御屏障和免疫应答过程。另外，金黄色葡萄球菌产生的超抗原可诱发中性粒细胞在血液和炎灶内聚集，血液中细胞因子和炎性物质增多。在金黄色葡萄球菌诱发小鼠的关节炎模型中，循环系统和局部关节滑液中可观察到大量的粒细胞。Josesson和Tarkowski研究也表明，T细胞、B细胞及其产物参与了关节损伤，增加了葡萄球菌关节炎感染死亡率。Fuseler用细菌细胞壁的成分——多糖或肽苷诱导鼠急性关节炎，比较感染前后细胞因子和抗体的含量，发现TNF、IL-6、IL-1、IFN-γ和抗体的水平在感染后明显升高。其中IL-1可诱导关节软骨胶原降解；而IFN-γ具有系统抗败血和促进局部关节炎发展的双重作用；TNF，IL-1又可进一步激发机体内细胞间黏附分子的高度表达，而细胞间黏附分子也具有上述的双重作用；IL-6是机体产生并维持高水平的必需因子。

炎症过程常伴随组织固有膜细胞增生，炎症细胞聚集，尤其是嗜中性多形核白细胞（PMNC）。PMNC内含有降解力极强的颗粒酶和阴离子毒性蛋白。金黄色葡萄球菌感染初期聚集于炎灶中的PMNC的吸附性、趋化性、吞噬功能及杀菌能力均比正常鸡的PMNC强。但是由于腱鞘炎常常伴随长时期的菌血症，PMNC长久和金黄色葡萄球菌接触，活化细胞产生过氧化氢或蛋白酶抑制了细菌溶膜和膜自解作用，PMNC的杀菌能力下降，即会在炎灶部位坏死分解，释放出胞浆内容物，加重了局部的组织损伤，而且还可以通过释放一些介质吸引更多的PMNC在炎灶中聚集。这一切也解释了关节内活菌存在的原因。

【症　状】

鸡葡萄球菌病的发生与病原种类及毒力、鸡的日龄、感染部位及鸡体状态不同而表现出的临诊病型也不相同。根据我们对多次大群暴发本病时的观察，该病主要表现为急性败血型、关节炎型及脐炎3种临诊病型，此外还表现为脚垫肿、眼炎、肺炎、肝炎、骨髓炎等，但较少见。急性败血症是常见临诊类型，多见于中雏，30～70日龄鸡多发，成年鸡也有发生，但较少。此型发病急，病程短，死亡率高，危害最大。关节型少见，在败血型占绝大多数的发病群中，只有很少数（不到10%）呈关节炎型，病程较长，呈慢性经过。少数与败血型同时并发，病程稍长，多以死亡告终。

1. 急性败血型　多发生于30～70日龄的中雏，急性败血症突然死亡，病程较长者出现全身症状，体温升高，精神不振或沉郁，不爱活动，低头缩颈，常呆立一处或蹲伏，双翅下垂，怕冷，眼半闭呈嗜睡状。羽毛蓬松零乱，无光泽（见彩图5–5–1）。病鸡饮、食欲减退或废绝。少部分病鸡水样下痢，排出灰白色或黄绿色稀粪。较为特征的症状是腹胸部，甚至波及嗉囊周围，大腿内侧皮下浮肿，潴留数量不等的血样渗出液体，外观呈紫色或紫褐色，有明显波动感，局部羽毛脱落，或用手一摸即可掉脱；其中有的病鸡可见自然破溃，流出茶色或紫红色液体，与周围羽毛粘连，局部污秽。有部分病鸡在头颈、翅膀背侧及腹面、翅尖、尾、脸、背及腿等不同部位的皮肤上有外伤性炎症，出现大小不等的出血、炎性坏死，局部干燥结痂，暗紫色，无毛；病鸡早期局部皮下湿润，暗紫红色，溶血或糜烂。

以上表现是葡萄球菌病常见的病型，病鸡最后站立不稳，倒地，不久即死亡。该病多发生于中雏，病鸡在2～5 d死亡，快者1～2 d呈急性死亡。

2. 关节炎型　体温升高、精神沉郁、羽毛无光泽、下痢、排灰绿色稀粪等症状；病鸡采食、饮水量都较少，鸡不愿走动，伏地采食，部分鸡的泄殖腔周围及腹部羽毛被稀粪污染；较为特征的病变是关节炎症状，往往出现多个关节炎性肿胀，特别是跗及趾关节较为多见，呈紫红或黑紫色，局部发热，按压肿胀部有积液、波动感，并有疼痛，有的见破溃，并结成污黑色痂；有的出现趾瘤，脚底肿大，有的趾尖发生坏死，黑紫色，较干涩。发生关节炎的病鸡表现跛行，多为一侧性，不喜站立和走动，多伏卧，多数病鸡出现拉黄白稀粪症状，一般仍有饮、食欲，多因采食困难，饥饱不匀，病鸡逐渐消瘦，最后衰弱死亡，尤其在大群饲养时较为明显。此型病程多为10余天。有的病鸡趾端坏疽，干脱；有的鸡冠肿大，有溃疡。如果发病鸡群有鸡痘流行时，部分病鸡还可见到鸡痘的病状。

3. 脐炎型　脐炎多发生于4～12周龄，是孵出不久的雏鸡发生葡萄球菌病的一种病型，对雏鸡造成一定危害。由于某些原因，鸡胚及新出壳的雏鸡脐环闭合不全，葡萄球菌感染后，即可引起脐炎。病鸡除了精神不振、食欲减少、羽毛蓬乱等一般病状外，主要可见腹部膨大，脐孔发炎肿大，卵黄体可以从脐部渗出，伴有恶臭，局部呈黄红、紫黑色，质稍硬，间有分泌物。饲养员常称为“大肚脐”。脐炎病鸡可在出壳后2～5 d死亡。某些鸡场工作人员因鉴于本病多归死亡，见“大肚脐”雏鸡后立即摔死或烧掉，这是一个果断而较好的做法。当然，其他细菌也可以引起雏鸡脐炎。

4. 脚垫肿 病鸡趾底皮肤肿胀，黄豆大至核桃大，患鸡多伏卧，跛行，驱赶时呈单腿或双腿跳跃式前进，肿胀部温热、坚硬，有痛感，有的脚趾间或沿关节部位逐渐软化、破溃，流出脓汁，最后脚底结痂，呈褐色。母鸡产蛋下降或停止，公鸡失去使用价值。

5. 眼炎型 眼炎是雏鸡养殖过程中的一种常见疾病，1月龄前后的雏鸡最易感，主要表现为流泪、结膜发炎、角膜发炎、眼睑和眼部肿胀等。Guarda（1979）和Bergmann（1980）报道过眼型症状，甘孟侯（1987）在国内首次见到该病型，张志全（1996）报道了一起育成鸡眼型葡萄球菌病的病例，朱新明（2003）报道了鸡葡萄球菌型眼炎的诊治。

眼肿型：多数一侧或少数两侧眼睑紧闭、流泪，眼结膜红肿，有黏液分泌物将眼睑粘连闭合，内有块状黄色或灰白色干酪样凝固物及脓血性分泌物，眼睑明显肿胀隆起于眼面部，眼角膜混浊肿胀、呈灰白色，进而失明。病鸡精神沉郁，头藏于翅下。如两侧眼失明者常因不能采食被踩死或做淘汰处理。

眼流泪型：患鸡一侧或两侧内流出灰白色带泡沫液体，眼部湿润，缩颈、呆立。渐进性采食下降、消瘦，眼睑粘合、眼瞎，常被其他鸡踩死。

6. 肺炎型 主要表现为全身症状及呼吸障碍。病鸡精神萎靡，羽毛松乱无光，双翅下垂，蜷缩成一团，眼半闭呈嗜睡状，不愿活动，常蹲伏在地或呆立一隅，厌食，部分病鸡排黄色或黄绿色稀粪；病死鸡胸腹下皮溃烂，皮下水肿、渗出、出血，呈胶冻样浸润（见彩图5-5-2），羽毛易脱落。所见病鸡为52和72日龄，死亡率10%左右。作者曾见到两次败血型和肺型混合感染的病例，发病鸡为50和60日龄，死亡率分别为11.5%和13.4%。

7. 骨髓炎 这种病例在国内少见报道，李月辉等（2003）报道了一起金黄色葡萄球菌引起的鸡骨髓炎和股骨头坏死病例，病鸡外观精神正常，无外伤，关节亦不肿大，由于不能站立，向一侧瘫痪。

【病理变化】

病理变化根据临诊病型不同而有差异。

1. 急性败血型 主要变化是胸部的病变，可见死鸡胸部、前腹部羽毛稀少或脱毛，皮肤呈紫黑色浮肿，有的自然破溃则局部沾污。剪开皮肤可见整个胸、腹部皮下充血、溶血，呈弥漫性紫红色或黑红色，积有大量胶冻样粉红色或黄红色水肿液（作者曾在一病鸡的一侧皮下用吸管吸出75 mL水肿液），水肿可延至两腿内侧、后腹部，前达嗉囊周围，但以胸部为多。同时，胸腹部甚至腿内侧见有散在出血斑点或条纹，特别是胸骨柄处肌肉弥散性出血斑或出血条纹为重，病程久者还可见轻度坏死。

肝脏肿大，淡紫红色，有花纹或斑样变化，小叶明显。在病程稍长的死亡鸡中，肝脏上还可见到数量不等的白色坏死点。脾脏亦见肿大，紫红色，病程久的死鸡亦见白色坏死点。

腹腔脂肪、肌胃浆膜等处，有时可见紫红色水肿及出血。心包囊扩大，心包液增多，呈黄红色半透明。心冠状沟脂肪及心外膜偶见出血。有的病例还见肠黏膜上有弥漫性出血点；肾脏肿大，输尿管充满白色尿酸盐。腔上囊无明显变化。

在发病过程中，也有少数病例，无明显眼观病变，但可分离出葡萄球菌。

2. 关节炎型　肌腱出血，皮下呈胶冻样水肿，某些关节肿大，关节腔内有少量浆液性半透明液体流出，滑膜增厚，充血或出血，关节囊内有或多或少的浆液，或有浆性纤维素渗出物。病程较长的慢性病例，剖检流出的液体转为脓性黏稠状，关节软骨面粗糙不平，关节腔内可见块状干酪样物质，甚至关节周围结缔组织增生及畸形。

3. 脐炎型　幼雏以脐炎为主的病例，可见脐部肿大，紫红色或紫黑色，有暗红色或淡红色液体，时间稍久则为脓样干固坏死物。肝有出血点。卵黄吸收不良，呈黄红或暗灰色液体状或内混絮状物。

4. 眼炎　剖检病死鸡见，眼睑皮下水肿，头部皮下组织出血，眼球周围有脓性分泌物，内脏器官除小肠有轻微的卡他性炎症外，其他无明显肉眼变化。

5. 肺炎　剖检病鸡可见一侧性或两侧性肺部瘀血、水肿，坏死呈紫黑色、质地变软，甚至见到黑紫坏疽样病变，胸腔有特殊的腥臭味。

6. 骨髓炎　内脏器官均无病变，骨骼变脆，股骨部有局灶性黄色干酪样渗出物或部分肌肉发生溶解，股骨头与骨干分离，均出现大小不等的坏死灶。

另外，葡萄球菌病鸡的体表如翼尖、腿、颈、背部等，可见有皮炎、坏死，甚至坏疽变化。如有鸡痘同时发生时，则有相应的鸡痘病变。葡萄球菌可引起鸡胚死亡。

【诊　断】

鸡葡萄球菌的诊断，主要根据发病的流行病学特点、临诊症状及剖检变化，在现场便可作出初步诊断。

1. 流行病学特点　雨季、潮湿季节更易多发；30～70日龄的中雏多发；鸡群有造成外伤的因素存在，如鸡痘等；饲养管理上存在某些缺点等。

2. 临诊症状　急性败血症病状；皮下浮肿及体表不同部位皮肤的炎症；关节炎；雏鸡脐炎；脚垫肿；眼炎；肺炎；骨髓炎症状；胚胎死亡等。

3. 剖检变化　胸、腹部皮下有多量渗出液体及肌肉的出血性炎症；体表不同部位皮肤的出血、坏死；病程稍长的病例，肝、脾有坏死灶；关节炎及雏鸡脐炎的病变；死胚病变；眼型及肺型的相应变化。

4. 实验室检查　实验室的细菌学检查是确诊本病的主要方法。

（1）直接镜检　根据不同病型采取病料（皮下渗出液、肝、脾、关节液、眼分泌物、脐炎部、雏鸡卵黄囊和肝、死胎等）涂片、染色、镜检，可见单个、成对或呈葡萄串状排列的革兰阳性球菌。根据细菌形态、排列和染色特性等，可作出初步诊断。

（2）分离培养与鉴定　将病料接种到普通琼脂培养基、5%绵羊血液琼脂平板和高盐甘露醇琼脂上进行细菌分离培养。所分得的葡萄球菌的毒力强弱及致病性如何，即是否为致病的金黄色葡萄球菌，尚需进行下列试验方可确定。

1）菌落颜色　致病菌的菌落为金黄色。

2）凝固酶试验　致病菌血浆凝固酶试验多为阳性。

3）溶血试验　溶血者多为致病菌。

4）生化反应　分解甘露醇者多为致病菌。

5）动物试验　家兔皮下注射细菌培养物1 mL，24 h后可引起局部皮肤溃疡、坏死；静脉接种0.1 ~ 0.5 mL，可于24 ~ 48 h死亡。剖检时可见浆膜出血，肾、心及其他脏器有大小不等的脓肿。取兔病料检查，可见葡萄球菌。将分离物对鸡进行皮下接种，亦可引起发病和死亡，与自然病例相同。也可将病料接种在肉汤培养基中，使之产生肠毒素，注射于幼猫或猴，可出现急性胃肠炎。此外，我们还通过接触酶试验和脱氧核糖核酸酶试验等进行区别。

5. 鉴别诊断　在实际工作中尚需注意与某些败血型传染病、卡氏白细胞原虫病、缺硒症、大肠杆菌、普通变形杆菌、粪链球菌、多杀性巴氏杆菌、鸡伤寒沙门菌、滑液支原体、呼肠孤病毒感染或其他与机械损伤相关的孵化室引起的骨或关节感染相区别。

6. PCR诊断　PCR技术具有简便、高效、灵敏的优势，已被广泛用于动物疫病的诊断。杜沂平等（2008）通过*mecA*基因的PCR检测方法由病死的猪、鸡体内及体表，兔、犬体表菌分离到了耐甲氧西林金黄色葡萄球菌（Methicillin-resistant *Staphylococcus aureus*，MRSA），分离率高达53.3%，其中致病菌占47.5%；钟召兵等（2008）利用金黄色葡萄球菌DNA基因外重复一致回文序列聚合酶链式反应（Repetitive extragenic palindromic elements PCR, REP-PCR）鉴定技术测定4个鸡场粪便、舍内及舍外环境空气中不同距离的金黄色葡萄球菌的浓度变化，并对不同地点分离的细菌进行基因图谱分析，了解鸡舍金黄色葡萄球菌气溶胶的来源和传播规律，为有效控制鸡葡萄球菌病的流行提供科学依据。

7. 双抗夹心ELISA诊断　在一些疾病的发生过程中，例如在鸡金黄色葡萄球菌感染后发生的关节炎中，血清IL-6的表达水平异常升高，目前国内外已经把检测人和小鼠血清中IL-6的活性作为评价人和小鼠葡萄球菌关节炎严重性和对疾病抵抗力的重要指标，但是对鸡的研究较少。李卫（2011）建立了检测IL-6的双抗夹心ELISA方法，检测血液中IL-6的含量与活性，这对鸡金黄色葡萄球菌病的诊断具有重要意义。

8. 微量凝集试验　周顺等（2013）以耐甲氧西林金葡萄球菌耐药性决定蛋白PBP2 a的抗血清为检测抗体，通过对抗原浓度及反应温度等进行优化，确定最佳的反应条件后，建立了快速检测鸡、猪、家兔及小鼠MRSA的微量凝集试验方法，该方法快速、准确、简单易行，适于应用。

【治　疗】

一旦怀疑本病发生，应迅速确诊并及时对全群鸡严格检疫，及时将病鸡与健康鸡隔离，对鸡舍及食槽等用具进行彻底清洗和消毒，然后进行药物治疗。

1. 抗生素及化学合成药物　在治疗中，一些抗生素、化学合成药物等对其具有较好的疗效。Smart等（1961）综述了火鸡葡萄球菌滑膜炎的治疗，认为新生霉素最为有效。甘孟侯等（1990）所作的鸡葡萄球菌抑菌试验表明，金黄色葡萄球菌对庆大霉素和卡那霉素敏感，对磺胺类不敏感。谷长勤等（2001）认为金黄色葡萄球菌的敏感药有头孢菌素、棒酸、邻氯青霉素等；针对治疗脓肿的药有盐酸强力霉素、泰乐霉素、哌氟喹酸、盐酸林肯霉素等。李世栋（2004）对鸡场分离到的葡萄球菌做药敏试验，结果对利福平高度敏感，对链霉素、菌必治、青霉素、庆大霉素、卡那霉素敏感。喻传夏（2007）对葡萄球菌感染的全鸡群用庆大霉素和复方敌菌净进行药物治疗。左秀丽等（2010）通过药敏试验发现鸡群对恩诺沙星、氟苯尼考、先锋霉素Ⅳ高敏，对氨苄青霉素、新霉素、左旋氧氟沙星中敏。陈艳会等（2011）通过药敏试验，选用庆大霉素进行治疗，每千克体重3 000 IU，肌内注射，每天2次，连用3 d后，病鸡好转，采食增加，不再有病鸡出现。下面具体介绍几种常见抗菌药：

（1）庆大霉素　如果病鸡数不多，可用硫酸庆大霉素针剂，每千克体重3 000～5 000 IU，肌内注射，每日2或3次，连用3 d。实际中有些单位常以口服给药，效果不好，因本品口服吸收很少，肌内注射吸收迅速而完全。陈艳会等（2011）通过药敏试验，选用庆大霉素进行治疗，每千克体重3 000 IU，肌内注射，每天2次，连用3 d后，病鸡好转，精神恢复，采食增加，不再有病鸡出现。

（2）卡那霉素　硫酸卡那霉素针剂，每千克体重1 000～1 500 IU，肌内注射，每日2次，连用3 d。

（3）红霉素　按0.01%～0.02%药量加入饲料中喂服，连续3 d。

（4）土霉素、四环素或金霉素　按每只鸡100～200 mg口服。或按每5 kg饲料中加入1～3 g喂服。

（5）链霉素　成年鸡每只肌内注射0.1～0.2 g，中雏每只肌内注射50～100 mg，每日2次。

（6）磺胺类药物　磺胺嘧啶、磺胺二甲基嘧啶按0.4%～0.5%比例加入饲料中喂服，连用3～5 d，或用其钠盐，按0.1%～0.2%浓度溶于水中，供饮用2～3 d。磺胺-5-甲氧嘧啶或磺胺-6-甲氧嘧啶按0.05%～0.2%浓度拌料，喂服3～5 d，或用其钠盐，按0.05%浓度溶于水中，让鸡饮服。磺胺喹噁啉按0.05%～0.1%量拌料喂服3～5 d，或用磺胺增效剂（TMP）与磺胺类药物按1：5混合，以0.02%浓度混料喂服，连用3～5 d。

2. 中草药　我国有着丰富的中草药资源，中草药有其作用的优点，如果合理开发利用，将会有较好的市场前景。王德海等（2011）等将黄连、金荞麦、艾叶、肉豆蔻、麦芽、木香、神曲等中草药按照一定比例进行配伍组成方剂，在该方剂中，黄连具有抗菌抗病毒、抗炎止泻、健胃、抗溃疡等功效；金荞麦具有抗菌、抗炎解热、抗血小板凝集等功效；艾叶具有抗菌、镇咳平喘、祛痰、止血等功效，为防治鸡葡萄球菌性关节炎探索新的途径。

3. 抗菌肽　抗菌肽是在诱导条件下，动物免疫防御系统产生的一类对抗外源病原体致病作用的防御性肽类活性物质，是宿主免疫防御系统的一个重要组成部分。至今，在家禽体内已发现两大类抗菌肽，即β-防御素（Gallinacins）和Cathelicidins，其编码的基因均位于一条染色体上相对较集中的一段区域内，且成簇排列。吴静（2013）首次从我国特有珍禽乌骨鸡的骨髓组织中克隆出Cathelicidins抗菌肽基因（CathL-1,-2,-3）cDNA片段，并在Rosetta（DE3）表达菌株中成功表达，琼脂糖空穴扩散法检测显示表达产物对金黄色葡萄球菌有较强的抑制作用，尤其对抗生素耐药菌株有明显的抑制作用。付连军等（2013）对鸡β-防御素3成功克隆并表达，而且发现其原核表达产物对金黄色葡萄球菌具有一定的抑菌活性。

4. 联合用药　由于耐药菌株的不断产生，特别是耐甲氧西林金黄色葡萄球菌（MRSA）的出现，让合理用药与联合用药的用药方式显得尤为重要。2003年有人对发病雉鸡选用丁胺卡那霉素肌内注射，饮水中加入恩诺沙星并配合中药黄芩、黄柏、黄连、焦大黄、板蓝根、茜草、大蓟、前仁、建曲、甘草进行治疗，疗效显著。杜劲松（2008）对某发病鸡群用红霉素粉拌料，饮水中加入庆大霉素并结合金银花、连翘、贝母、蒲公英、地丁、黄连、黄芩、黄柏、秦皮、栀子、石膏、黄芪、花粉、生地、甘草等中药综合治疗2 d后，病鸡精神食欲明显好转，停止死亡，未有新的病例发生，4 d后全群恢复正常，其中蒲公英、地丁、金银花、连翘清热解毒消肿，贝母、黄连、黄柏、黄芩、秦皮燥湿解毒、凉血散瘀，甘草、生地滋阴清热。马驰等通过常用中药与常用抗生素的联合应用，为减少药物用量，减少耐药率的产生，开发新型兽药提供科学依据。

根据作者在防治鸡葡萄球菌病的体会，以下两点可供参考。

第一点：以上介绍的药物和用量对鸡葡萄球菌病是有防治作用的，但这些药物不一定都适用于所有鸡场。因为，许多养鸡场常年反复盲目地在饲料中添加各种抗生素，致使某些鸡场的葡萄球菌产生了耐药性，结果是在发病时无有效药物可选用，而鸡场葡萄球菌病的反复发生，也会使细菌的耐药性逐渐变得更加严重。如陆新浩等（2011）报道宁波某鸡场10多万羽海蓝白鸡群反复发生鸡葡萄球菌感染，通过药敏试验筛选治疗药物，发现所分离细菌对常见35种抗生素产生了极强的耐药性，对其中的20种抗生素完全产生了耐药性。

至于金黄色葡萄球菌对哪种抗菌药物敏感，不同的鸡群分离出的病菌是不一样的，其耐药性不同，就是在同一鸡场，在不同年代敏感的药物也在变化，所以，发病后及时分离细菌，及时做药敏试验是十分重要的，建议有实验设备的单位都开展这项工作。

第二点：一旦有疑似本病发生后，迅速确诊是十分重要的，确诊本病后立即分离病原菌并进行药物敏感试验，选择敏感性高的药物用于鸡群，定能收到良好治疗和预防效果，这是及时治疗和控制葡萄球菌的关键措施。

【预　防】

葡萄球菌广泛存在于养禽的周围环境中，所有葡萄球菌病是一种环境性疾病，为预防本病的发生，主要是做好经常性的预防工作。

1. 减少外伤　创伤是葡萄球菌进入机体的一个门户，是引起发病的重要原因，因此，在鸡饲养过程中，尽量避免和消除使鸡发生外伤的诸多因素可预防感染。如网架结构要规范化，装备要配套、整齐，自己编造的笼网等要致密；防止铁丝等尖锐物品引起皮肤损伤的发生，尽量避免家禽饲养环境中可刺破爪和其他部位的皮肤的尖利碎片；保证垫料的质量，减少爪垫的溃疡；鸡群密度不能过大，防止过分拥挤造成外伤，从而堵截葡萄球菌的侵入和感染门户。

2. 注意卫生条件，防止疾病传播　及时清除粪便，加强通风换气，保持舍内空气新鲜，改善卫生条件，深埋或焚烧病鸡，粪便堆积发酵，做到无害化处理。注意孵化室的管理卫生，防止工作人员（特别是雌雄鉴别人员）感染葡萄球菌而引起雏鸡感染和发病，甚至传播疫情。种蛋及孵化室要严格消毒。

3. 加强消毒工作　做好鸡舍、用具及鸡群周围环境消毒工作，这对减少环境的含菌量，消除传染源，降低感染机会，防止本病的发生有十分重要的实际意义。0.2%～0.3%的过氧乙酸或0.2%的百毒杀带鸡喷雾消毒，可减少环境中的含菌量，减少感染机会。饲养育雏用具、饮水器、饲料槽等用吉安威灭消毒液400倍稀释后浸泡消毒。

做好皮肤外伤的消毒处理。在断喙、带翅号（或脚号）、剪趾及免疫刺种时，要做好消毒工作。除了发现外伤要及时处置外，还需针对可能发生的原因采取预防办法，如鸡群大、鸡数多，新城疫的刺种免疫法可改为气雾免疫法或饮水免疫这样，可能避免由刺种引起葡萄球菌的感染，提高免疫水平；鸡痘刺种时作好消毒；进行上述工作前后，采用添加药物进行预防，等等。

做好工作人员工作服消毒。薛俊龙等（2013）报道采用紫外线照射与过氧乙酸喷洒联合消毒是工作服消毒的有效方法。工作过程中可用相应浓度的过氧乙酸对工作服袖口、前襟等易污染的部位进行适时的喷洒消毒，但考虑到过氧乙酸的刺激性和腐蚀性，应用过程中一定要严格掌握喷洒浓度，做好人员防护。休息期间可采用紫外线灯照射或二者联合应用的方法进行工作服消毒。

4. 对鸡群做好鸡痘的免疫接种工作，预防鸡痘发生 从实际观察中表明，鸡痘的发生常是鸡群发生葡萄球菌病的重要因素，因此，平时做好鸡痘免疫是十分重要的。

5. 加强饲养管理 给予全价饲料，防止蛋白质和矿物质缺乏，特别要供给足够维生素制剂和微量元素；禽舍内要适时通风、保持干燥；鸡群密度适中，避免拥挤；有适当的光照；适时断喙；防止互啄现象。这样，就可防止或减少啄伤的发生，并使鸡只有较强的体质和抗病力。饮水中加电解多维也可提高机体的抗病能力。

6. 预防接种 在常发地区或药物治疗效果很差甚至无效的地区，为了控制该病的发生和蔓延，可考虑使用疫苗接种防制本病。在20～25日龄用葡萄球菌油佐剂灭活菌苗和氢氧化铝菌苗免疫接种，免疫期可达2个月左右。接种疫苗时，严格操作，注射部位应该严格消毒，有些疫苗注射后可以给予抗生素，防止发生细菌感染。

7. 药物治疗 一旦鸡群发病后，应对病鸡积极治疗。分离出病原经药敏试验后，选择有效的敏感药物，对全群进行药物治疗。注射药物时必须消毒，有些人认为注射抗生素可以杀死细菌，所以注射部位不进行消毒，这种观点是错误的，有些细菌可能对注射的药物不敏感，特别是金黄色葡萄球菌抗药性、耐药性特别强，导致感染发病。

【公共卫生】

金黄色葡萄球菌除了作为家禽的主要致病菌外，约有50%的典型或非典型金黄色葡萄球菌能产生肠毒素，可引起人类食物中毒。根据近年来对食源性疾病的分析，其中20%～25%由葡萄球菌肠毒素引起。据美国疾病控制中心报告，由金黄色葡萄球菌引起的食物中毒居第2位，占整个细菌性食物中毒的33%，加拿大则高达45%。近年来，我国每年由金黄色葡萄球菌引起的食物中毒事件已居第4位。一般金黄色葡萄球菌在食物样品中的分离率在5%以下，如广州、深圳和佛山的检出率分别为3%（6/195）、3%（9/340）和4%（10/257）。在某些地区报道中，金黄色葡萄球菌的检出率较高，如河北报道为21.2%（108/510），北京则为21.2%（44/204），其中生畜（禽）肉检出率较高，均超过30%。一般来说，产肠毒素的金黄色葡萄球菌可通过以下途径污染禽肉类食品：食品加工人员、炊事员或销售人员带菌，造成食品污染；家禽在加工前本身带菌，或在加工过程中受到了污染，产生了肠毒素，引起食物中毒；熟食制品包装不严，运输过程受到污染等。

由于抗生素的广泛使用，使得原本敏感的金黄色葡萄球菌对青霉素、耐青霉素酶类、β内酰胺酶类药物和其他抗生素产生了耐药，其中具有高致病性和多重耐药性的耐甲氧西林金黄色葡萄球菌对公共卫生系统威胁最大，它也可能会污染禽肉。禽源制品中的MRSA菌株被检测出的频率在世界各地有所不同。马驰等从禽源病料中分离鉴定得到183株金黄色葡萄球菌，其中监测出MRSA42株，检出率为22.95%。来自荷兰的一项研究从2 217份待检禽源制品中鉴定出MRSA的频率为11.9%。MRSA在火鸡中流行最高（35.3%），其次是鸡（16.0%）。瑞士开展的一项研究检测了100份鸡胴体颈部皮肤拭子和460份动物源食物样品，但未能鉴定出MRSA。在西班牙，Lozano等从318份生食物样品中鉴定出5株MRSA。Weese等在从零售店采集的678个食物样品（鸡肉样品占1.2%）中发现了32个MRSA菌株。日本的研究者在444份零售的生鸡肉样品中检测出2株具有社区相关特征的MRSA菌株。除此之外，韩国零售鸡肉中也鉴定出了MRSA。尽管现在还没有关于禽类和人之间MRSA相互传染的报道，但是人类和伴侣动物及马之间的相互传染已经很常见了。MRSA通过包括家禽在内的动物食源性途径向人类传递抗药性的可能性也被提出来。

【展　望】

对于一种较慢性机会性疾病而言，国内外对鸡葡萄球菌病原学、发病学及流行病学、预防及治疗的研究都取得了较明显的成就。然而就鸡葡萄球菌病的治疗难度（无论从药物，还是疫苗）来看，仍需要对其发病机制进行全面的了解。鸡一旦出现跛行或关节肿胀，就很难治愈，肉用种鸡在生产中就必须淘汰，因此本病的综合防治就十分重要，规模化养禽场防控对策应该贯彻以下几个防控策略：

1．转变防治观念——贯彻执行十六字方针。转变防控观念，实行健康养禽，增强禽体的体质和天然免疫力，建立全面落实生物安全要求的健康饲养为基础，树立“养重于防，防重于治，养防并举，综合防疫”的观念。

2．正确诊断和监测，确认疾病发生规律。当前特别要重视和加强实验室的检测和病原学的诊断工作。

3．全方位积极推行生物安全体系。加强生物安全体系重要性的认识，使全体从业人员把生物安全视为养禽场的生命线，真正做到生物安全要求的健康饲养。重视和强调环境因素在疾病防疫和保护禽类健康中的重要性。生物安全的中心思想是严格隔离、消毒和防疫。规模化养禽场消毒工作的制度化、规范化要认真执行，持之以恒。

生物安全的关键控制点在于对人和环境的控制，建立起防止病原进入养禽场的多层屏障。生物安全体系中的所有生物安全措施，都是针对动物疫病发生和流行的传染源、传播途径和易感动物3个基本环节的防疫技术，封闭式管理是实行生物安全防控疾病的最好模式。提升养禽场生物安全措施的实效性，遵守和执行生物安全的全部规定和措施，防止疾病的传入，减少或杜绝疾病的感染和发生。生物安全是一项系统工程，各级主管部门与生产者齐抓共管，全方位推进生物安全体系建设和实施。

4．加强种禽场监管和净化工作。防止种禽场成为疾病扩散和流行的来源地，从源头上保证禽只的健康。

5．做好禽群的饲养管理，改善养禽场的环境卫生条件，降低或避免禽群的应激因素发生。

做好禽舍的通风、换气、禽只密度、环境的清洁卫生、消毒等是养禽场经常而十分重要的工作。供给营养均衡的饲料，避免饲喂霉变或含有毒素的饲料。减少或避免禽群应激因素发生。实行全进全出的饲养方式。

6．科学合理使用疫苗，做好预防免疫接种工作。根据养禽场所在地疾病发生现状，确定接种疫苗的种类，避免盲目性。疫苗不是包治百病的灵丹妙药，部分养禽场必须克服过于依赖疫苗的思想。制定和实行科学的免疫程序，不随意改变免疫程序。严把疫苗质量关，使用高质量的疫苗，避免发生免疫失败；及时找出免疫失败的原因，加以克服。加强免疫监测工作。重视和避免在免疫工作中影响免疫效果的因素发生；做好疫苗的保存、运输、稀释和具体操作等。

7．制定和建立科学合理的药物预防方案，有效控制疾病的发生或继发感染。重视耐药菌株的存在、动态，选择敏感药物并合理使用（药物种类、剂量、疗程和用药时机）。开展药物敏感性的测定。微生态制剂是一种较好的选择。

8．重视检疫工作。提高检疫水平，把好国门关，防止国外禽病传入我国。加强种禽场的检疫，防止成为疫病的来源地。克服国内引种、买卖和运输忽视检疫工作的倾向，防止疫病的传入和扩散。

（刘兴友　甘孟侯）

第六节　传染性鼻炎

（Infectious coryza）

【病名定义及历史概述】

传染性鼻炎（Infectious coryza，IC）是由副鸡禽杆菌（*Avibacterium paragallinarum*）引起的鸡的一种急性或亚急性呼吸道传染病。副鸡禽杆菌在2005年以前称为副鸡嗜血杆菌（*Haemophilus paragallinarum*），这一分类上的变化是因为副鸡嗜血杆菌在2005年随原巴氏杆菌属的细菌一起划归到禽杆菌属。临床上传染性鼻炎表现为眶下窦肿胀、流鼻汁、流泪，排绿色或白色粪便。

传染性鼻炎造成的最大经济损失是育成鸡生长不良和产蛋鸡产蛋明显下降（10%～40%）。美国加利福尼亚的一个蛋鸡场暴发传染性鼻炎，死亡率高达48%，3个星期之内产蛋率从75%下降到15.7%。在阿拉巴马，一次肉鸡暴发传染性鼻炎，由于气囊炎使其淘汰率达到约70%。

该病在发展中国家的鸡群中发生时，由于有其他病原和应激因子，所造成的经济损失明显高于发达国家。一项对泰国农村鸡群的研究表明，小于2月龄和大于6月龄鸡死亡的最常见原因是传染性鼻炎。

传染性鼻炎早在1920年就被Beach认为是一种独立的临床病症，但直到1932年，De Blieck才分离到传染性鼻炎的病原体，当时被命名为鸡鼻炎嗜血红蛋白杆菌（*Bacillus hemoglobinophilus coryzae gallinarum*）。1955年，将鸡鼻炎嗜血红蛋白杆菌划归为禽巴氏杆菌。

我国于1986年由冯文达首次报道本病。1998—2000年，张培君等在我国10多个省市区进行了鸡传染性鼻炎的流行病学调查，证明A型副鸡禽杆菌感染的阳性率约10%，C型副鸡禽杆菌感染的阳性率约6.4%。

【病原学】

1．**形态和染色**　副鸡禽杆菌为革兰阴性、两端钝圆的短小杆菌。长1～3 μm，宽0.4～0.8 μm，无芽胞，无运动性，有形成链状的趋向。强毒力的副鸡禽杆菌可带有荚膜。副鸡禽杆菌在合适的培养基上可形成直径0.3 mm细小的露滴样菌落。在斜射光线下，可观察到黏液型（光滑型）虹光和粗糙型无虹光及其他中间型的菌落形态。

2．**生长需要**　副鸡禽杆菌兼性厌氧，在5%～10%CO_2环境中，于鸡血清鸡肉汤琼脂平皿或者TM/SN

平板等固体培养基上生长发育良好。大部分副鸡禽杆菌分离株的体外生长需要还原型NAD（NADH）。1.0%～1.5%NaCl对副鸡禽杆菌的生长是必需的。一些菌株需要在培养基中加入1%～3%的鸡血清或者牛血清。一些能分泌V因子的细菌可支持副鸡禽杆菌的生长，与葡萄球菌交叉接种，即使在无CO_2的条件下，在葡萄球菌菌落周围形成可见菌落，即“卫星现象”（satellitism）（见彩图5-6-1）。分离物在5%～10%CO_2环境下更容易生长出单个的菌落。

副鸡禽杆菌生长的最适温度范围是34℃～42℃，通常培养于37℃～38℃。副鸡禽杆菌在普通培养基上不生长，这一特性在一定程度上可用于鉴别分离物是否是副鸡禽杆菌。

3. 生化特性 副鸡禽杆菌不能发酵半乳糖和海藻糖，并且没有过氧化氢酶，可以将其与其他禽杆菌清楚地区分开。副鸡禽杆菌的生化特性见表5-6-1。

表 5-6-1　禽杆菌属的鉴别试验

分类	禽杆菌	副鸡禽杆菌	沃尔安禽杆菌	禽禽杆菌	A 种禽杆菌
过氧化氢酶	+	—	+	+	+
空气中生长	—	v	+	+	+
ONPG	d	—	+	—	v
产酸					
L- 阿拉伯糖	—	—	—	—	+
D- 半乳糖	+	—	+	+	+
麦芽糖	+	+	+	—	v
D- 甘露醇	—	+	+	—	v
D- 山梨醇	—	+	v	—	—
海藻糖	+	—	+	+	+
α- 葡萄糖苷酶	+	—	+	+	+

所有种都是无运动性的革兰阴性菌。所有种的细菌都能分解硝酸、氧化酶阳性、能发酵葡萄糖。大部分副鸡禽杆菌需要空气中含有5%～10%的CO_2，并且在培养基中加入5%～10%的鸡血清能促进生长。

4. 对理化因子的抵抗力 副鸡禽杆菌是一种脆弱的细菌，在宿主体外很快失活。悬浮在自来水中的感染性渗出物在常温下4 h即失活；渗出物或组织的感染性在37℃可保持24 h，偶尔可达48 h；在4℃，渗出物可保持感染性数天。感染性胚液用0.25%的福尔马林于6℃处理，在24 h内灭活，但是在同样条件下用1∶10 000的硫柳汞处理时可存活数天。

5. 血清型 Page采用传统血凝抑制（HI）试验将副鸡禽杆菌分为A、B、C 3个血清型，这3个Page血清型被国际禽病界所公认。Kume等通过使用硫氰酸钾处理并经超声裂解的菌体细胞、兔高免血清和用戊二醛固定的鸡红细胞进行HI试验，将副鸡禽杆菌分为A、B、C 3个血清群，与Page血清型A、B、C相匹配。

我国于1986年由冯文达在北京首次分离到8株副鸡禽杆菌，经鉴定均为Page A型；1994年朱士盛等和1995年林毅等分别报道了Page C型副鸡禽杆菌分离株；2003年，张培君等在大连分离到一株副鸡禽杆菌，经鉴定为Page B型，2005年，孙惠玲等在北京分离到一株副鸡禽杆菌，经鉴定亦为Page B型。2012年12月，龚玉梅、路迎迎等在北京、安徽、山东的发病鸡群中分离到4株副鸡禽杆菌，经鉴定亦为Page B型。

6. 致病性

不同剂量的A、B、C型副鸡禽杆菌人工感染均可使SPF鸡只发病，其致病性随分离物的生长状况、传代及宿主的状态而变化。有证据表明，一些副鸡禽杆菌分离株存在着致病性的变异。NAD非依赖性分离株引起的气囊炎比经典的NAD依赖性副鸡禽杆菌分离株更常见。日本学者Yamaguchi 等发现血清B型副鸡禽杆菌的4个分离株中有一个就不产生临床症状。张培君等在大连和孙惠玲等在北京分离到的B型副鸡禽杆菌致病性远强于冯文达等在北京分离到的A型菌株。

7. 免疫原性

无论何种血清型，似乎很难获得100%保护免疫鸡只的制苗用菌株。用一种血清型菌株制备的菌苗免疫鸡只只能保护同源菌的攻毒，不同血清型之间基本没有交叉保护。同一血清型的不同分离株交叉保护差异较大。

【流行病学】

传染性鼻炎发生于世界各地，多发生在秋季和冬季，是集约化养鸡中一个常见的问题。鸡是副鸡禽杆菌的自然宿主。火鸡、鸽、麻雀、鸭、乌鸦、家兔、豚鼠和小鼠对人工感染有抵抗力。慢性和表面健康的带菌鸡是感染的主要储主。

任何年龄的鸡对副鸡禽杆菌都易感，但幼鸡一般不太严重。成年鸡，特别是产蛋鸡，感染副鸡禽杆菌后，潜伏期缩短，病程延长。

传染性鼻炎的一个特征是潜伏期短，接种培养物或分泌物后24 ~ 48 h内即可发病。分泌物的致病作用更为一致。易感鸡与感染鸡接触后可在24 ~ 72 h内出现该病的症状。如无并发感染，传染性鼻炎的病程通常为2 ~ 3周。

【发病机理】

鉴于传染性鼻炎潜伏期短，发病快，且死亡率较低或者不死亡，故国内外学者对传染性鼻炎的发病机理研究甚少。一般来讲，副鸡禽杆菌的致病性与多种因素有关，一些研究者对HA抗原给予了大量关注，认为HA抗原在副鸡禽杆菌定殖过程中起了关键作用。有人认为荚膜也与细菌的定殖有关，副鸡禽杆菌的荚膜可以保护细菌抵抗正常鸡血清的杀细菌活性。由此推测，传染性鼻炎的临床症状与副鸡禽杆菌感染后在鸡体内增殖期间所释放的毒素有关。

【症　状】

传染性鼻炎最明显的症状是鼻道和鼻窦有浆液性或黏液性鼻分泌物流出、面部水肿和结膜炎（见彩图5-6-2）。人工感染鸡只有的呈一过性失明（见彩图 5-6-3）。公鸡肉垂可出现明显肿胀。下呼吸道感染的鸡可听到啰音。病鸡可出现腹泻，采食和饮水下降；育成鸡淘汰率增加；产蛋鸡群产蛋下降10% ~ 40%。有慢性病变并伴有其他细菌感染的鸡群中可闻到恶臭味。

传染性鼻炎的特征是发病率高而死亡率低。临床症状与年龄和品种有关。饲养环境恶劣、寄生虫感染和营养不良等并发因素可增加传染性鼻炎的严重程度和病程。混合感染禽痘、传染性支气管炎、传染性喉气管炎、鸡毒支原体感染和巴氏杆菌病等可使传染性鼻炎的病情加重，病程延长，死亡率增加。即使在没有其他致病因素的作用下，老龄鸡感染后的死亡率也会较高。有人报道，在加利福尼亚的一次暴发中死亡率高达48%。

【病理变化】

副鸡禽杆菌可引起鼻道和鼻窦黏膜的急性卡他性炎症，经常出现卡他性结膜炎和面部及肉垂的皮下水肿，很少出现肺炎和气囊炎，但肉鸡多有气囊炎。鼻腔、眶下窦和气管的主要变化包括黏膜和腺上皮脱落、崩解和增生，黏膜固有层水肿和充血并伴有异嗜细胞浸润。下呼吸道受侵害的鸡只，可见急性卡他性支气管肺炎，支气管的管腔内充满异嗜细胞和细胞碎片，细支气管上皮细胞肿胀并增生。气囊的卡他性炎症以细胞的肿胀和增生为特征，并伴有大量的异嗜细胞浸润。鼻腔黏膜固有层可见肥大细胞浸润。

【诊　断】

传染性鼻炎传统的诊断方法包括细菌分离鉴定、凝集试验、琼脂扩散试验和血凝抑制试验。这几种试验均需要制备全细胞抗原，再根据试验的要求对全细胞抗原进行处理。抗原和抗血清的制备均比较繁琐，故市场上没有见到商品化的传染性鼻炎诊断用抗原和抗血清。

1. 病原菌分离和鉴定　取没有使用过抗生素治疗且处于急性发病期的病鸡，烧烙位于眼眶下的皮肤，用无菌剪刀剪开窦腔，将无菌棉拭子伸入窦腔深部蘸取黏液，将棉拭子划线接种鸡血清鸡肉汤琼脂平皿或者TM/SN平板，并将其置于37℃ 5%CO_2条件下培养24 ~ 72 h。所获得的单个可疑分离株（直径0.3 mm细小的露滴样菌落）扩大培养后用陈小玲等建立的PCR方法进行鉴定，如果PCR阳性即可确定该分离株为副鸡禽杆菌，确诊病鸡患传染性鼻炎。无条件进行PCR的实验室，可以将棉拭子在血液琼脂平板上划线，再用葡萄球菌与之交叉划线，置于37℃ 5%CO_2条件下培养24 ~ 72 h，由于葡萄球菌可产生V因子，故副鸡禽杆菌在葡萄球菌周围生长良好，即所谓的“卫星现象”。必要时可对分离株进行生化鉴定和回鸡试验，其生化特性为过氧化氢酶阴性，或者分离株的培养物经眶下窦内接种2 ~ 3只健康鸡24 ~ 48 h出现传染性鼻炎症状即可确诊。

2. 血清学诊断　传染性鼻炎的诊断还没有完全合适的血清学检验方法。目前，最好的检验方法是HI试验。包括简单HI试验、浸提HI试验。但不是所有的实验室都能够获得特异性很好的抗血清。由于诊断用抗原的需要量较小，而抗原的制备又比较烦琐，型特异性好的抗血清制备难度大，故市场上没有见到商品化的传染性鼻炎诊断用试剂（盒）。

简单HI试验：用副鸡禽杆菌Page A血清型全细菌抗原和新鲜鸡红细胞。该方法只能检测PageA血清型的抗体。该方法已广泛用于感染鸡和免疫鸡的检测。

浸提HI试验：采用KSCN（硫代氰酸钾）浸提和超声裂解的副鸡禽杆菌抗原及戊二醛固定的鸡红细胞。

该方法主要用于检测Page C血清型副鸡禽杆菌的抗体。可以检测用Page C血清型疫苗接种鸡的血清型特异性抗体。该方法的主要缺点是在C血清型感染的鸡中，大部分鸡只为血清学阴性反应。

除HI试验外，还可应用间接ELISA和单抗阻断ELISA进行诊断。间接ELISA不能区分血清型，用日本学者研制的A型和C型单抗建立的单抗阻断ELISA只可以区分大部分菌株的血清型，少部分菌株不可以，原因是这些菌株与这两株单抗不反应。

3. PCR诊断 陈小玲等于1995年建立的副鸡禽杆菌PCR方法被国际禽病界认定为传染性鼻炎诊断金标。该方法快速，特异性100%，敏感性高，重复性好，能检测出所有已知的副鸡禽杆菌变种，这种名为HP-2PCR的方法可以用来检测琼脂上的菌落或由活鸡鼻窦挤压获得的黏液。HP-2 PCR是一种稳定的试验方法。窦拭子在4℃或-20℃保存180 d仍然可以保持PCR检测阳性。

近来日本学者建立了型特异性PCR诊断方法，但由于使用的菌株有限，不同实验室重复时有些菌株无法区分血清型，或者与传统血清型不符，有待进一步改进。

【防治措施】

1. 预防 防治传染性鼻炎最有效的办法是接种疫苗。目前使用的国产疫苗有：利用国内分离的A型菌株研制的鸡传染性鼻炎灭活疫苗（A型），鸡传染性鼻炎（A型和C型）-新城疫二联灭活疫苗。鸡毒支原体、传染性鼻炎（A型和C型）二联灭活疫苗。这3种疫苗对相同血清型的传染性鼻炎具有较好的免疫效果。进口疫苗有英特威的鸡传染性鼻炎三价灭活疫苗等。2003年，英特威公司的Anton报道了传染性鼻炎四价（A型+B型+C型+B型变异株）灭活疫苗，其免疫效果略好于三价灭活疫苗。2010年，龚玉梅、张培君等利用国内A型和B型分离株+C型研制的三价灭活疫苗可有效预防鸡传染性鼻炎。无论国产疫苗还是进口疫苗，均需要免疫2～3次。

由于传染性鼻炎灭活疫苗只提供针对疫苗中含有Page血清型的保护，因此所选用的疫苗必须要含有靶鸡群中存在的血清型。近来研究表明，Page血清型B是一种真正存在的具有很强致病性的血清型，且发生很广，再者由于血清型B的不同菌株间没有或者仅有部分交叉保护，因此在血清型B流行的国家或者地区必须使用该国家或者地区分离到的B型菌株研制的疫苗。在多个Kume C血清型菌株存在的国家或者地区，由于该型内不同分离株之间没有完全交叉保护，因此免疫时也应予以考虑。

已报道副鸡禽杆菌存在变异，应当谨慎地筛选适宜的制苗用菌种、培养基和培养时间以获得最具免疫原性的产品。

2. 治疗 磺胺类药物和抗生素（如红霉素和土霉素）可以减轻传染性鼻炎的严重程度和缩短病程，但鉴于中断用药后可以复发，且不能消除鸡群的带菌状态，加上长期使用抗生素会危害人类健康，因此对于传染性鼻炎最好使用国内分离株研制的传染性鼻炎三价灭活疫苗。

【展 望】

传染性鼻炎是一种重要的细菌性疫病，具有重要的经济学意义，副鸡禽杆菌是一种生物学特性特殊的细菌（生长条件较苛刻，易死亡，较大剂量的副鸡禽杆菌不能使非免疫的SPF鸡只100%发病，较小剂量的副鸡禽杆菌可使部分免疫的SPF鸡只发病），因此，寻找免疫原性更好的制苗用菌株是从事传染性鼻炎研究的所有科技工作者的义务和责任。随着分子生物学技术的发展，相信现在正在进行研究的传染性鼻炎基因工程疫苗有望在今后几年内问世。更加特异、敏感、快速的诊断方法有望随着分子生物学技术的发展而研制成功。

（张培君）

第七节　禽链球菌病和肠球菌病

（Avian streptococcosis and enterococcus）

【病名定义及历史概述】

禽链球菌病是禽的一种急性败血性或慢性传染病。雏禽和成年禽均可感染，多呈地方流行。病的特征是昏睡，持续性下痢，跛行和瘫痪，或有神经症状。剖检可见皮下组织及全身浆膜水肿、出血，实质器官如肝、脾、心、肾的肿大，有点状坏死。该病在我国的鸡、鸭、鹅、鸽有发病的报告，引起相当数量的病禽死亡，造成较大的经济损失。

禽急性链球菌感染最初见于1902年和1908年报道的鸡中风样败血症。4个多月的慢性链球菌病导致鸡群50%的死亡率，死亡的原因为链球菌引起的输卵管炎和腹膜炎。1932年首次报道火鸡的链球菌病。1927年首次报道与链球菌相关的细菌性或增殖性心内膜炎。在国内，1980年何维明等及1988年刘毅均报道鸡患链球菌病，陈伯伦等于1988年报告了成鸡患慢性型链球菌病。1985年甘孟侯等发现在北京郊区3个鸡场先后发生鸡链球菌病，并从成年病鸡分离的细菌鉴定为兽疫链球菌，从育成鸡（52日龄）分离的鉴定为粪链球菌。

【病原学】

链球菌属的细菌，种类较多，有30多个种，常见者10余种，在自然界分布很广。按照兰氏（Lancefield）分类为20个血清群。引起禽链球菌病的病原通常为兰氏血清群C群和D群的链球菌引起。鉴于链球菌属与肠球菌属两者16SrRNA序列的差异，1994年确认链球菌属D群的某些成员划归肠球菌属。

两属的细菌为圆形的球状细菌，菌体直径为0.1～0.8 μm，革兰染色阳性，老龄培养物有时呈阴性。不形成芽胞，不能运动，呈单个、成对或短链存在。

本菌为兼性厌氧菌，在普通培养基上生长不良，在含鲜血或血清的培养基上生长较好。最适生长温度为37℃，pH7.4～7.6。

在血液琼脂培养基上，生长成无色透明、圆形、光滑、隆起的露滴状小菌落。C群的兽疫链球菌能产生明显的β型溶血；D群链球菌呈α型溶血或不溶血。培养物中细菌涂片、染色、镜检，呈双球状或呈短链，菌体周围有荚膜。

在液体培养基中不形成菌膜，血清肉汤培养基中，多数管底呈绒毛状或呈颗粒状沉淀物生长，上清液清亮。

在麦康凯培养基上不生长。禽源链球菌可发酵甘露醇、山梨醇和L–阿拉伯糖。除兽疫链球菌外，均可在麦康凯培养基上生长和能发酵糖类，通常产酸，不产生接触酶。现将家禽中兰氏C和D抗原血清群不同特性列为表5–7–1，以供鉴定参考。

实验动物中，以家兔和小鼠最敏感，小鼠腹腔接种很快死亡。家兔静脉注射和腹腔注射，在24 ~ 48 h死亡。大鼠和豚鼠对本菌有抵抗力。

鉴于链球菌和肠球菌引起禽的发病情况、临床表现、病理变化和防治措施基本相似，在本节中一并介绍，只望在病原学检查时加以鉴别判定。

【流行病学】

链球菌和肠球菌在自然界广泛存在，在家禽饲养环境中分布也广，同时又是禽类肠道和黏膜正常菌群的组成部分，当鸡群因其他疾病或有应激因素存在时，往往易发。常与新城疫、卡氏住白细胞原虫病、大肠杆菌病、巴氏杆菌病混合感染。单独发病时，易继发呼吸道疾病。该病一年四季均可发生，主要发生在每年的4 ~ 10月。家禽中鸡、鸭、火鸡、鸽和鹅均有易感性，其中以鸡最敏感。兽疫链球菌主要感染成年鸡，粪链球菌对各种年龄的禽均有致病性，但多侵害幼龄鸡。

本病可直接通过消化道或呼吸道感染，亦可经皮肤和黏膜伤口感染，新生雏可通过脐带感染。孵化用蛋被粪便污染，经蛋壳污染感染胚，可造成晚期胚胎死亡及孵出弱雏，或成为带菌雏。鸡场首次发病后，若治疗不彻底和未施行严格彻底消毒，往往可连续发病。本病易感鸡群发病率为100%，潜伏期较长，没有明显的死亡高峰，病死率多在5% ~ 10%，有并发症时死亡率增高。

本病的发生往往与一定的应激因素有关，如气候变化，温度降低等。本病多发生在禽舍卫生条件差，阴暗、潮湿，空气混浊的禽群。发病率有差异，死亡率多在10% ~ 20%或以上。

【发病机理】

本病主要是将带菌者引入易感群中，通过呼吸道或接触传染，有时吸血昆虫也可间接传播，肠道菌株能通过种蛋传染给雏鸡，成年鸡则通过采食污染的饲料和饮水感染发病。由于健康禽的上呼吸道黏膜及肠道中存在链球菌，所以当机体抵抗力下降时可导致本病的发生和发展。

【症　状】

根据病禽的临诊表现，分为急性和亚急性／慢性两种病型。

急性型主要表现为败血症病状。

突然发病，病禽精神委顿，嗜眠或昏睡状，食欲下降或废绝，羽毛松乱，无光泽，鸡冠和肉髯发紫或变苍白，有时还见肉髯肿大。病鸡腹泻，排出淡黄色或灰绿色稀粪。成年禽产蛋下降或停止。雏禽（鸭）表现为十分软弱，嗜眠，眼半闭，缩颈，怕冷，不愿走动，腹部肿大。病鸭见步行蹒跚，运动失调，或交叉运步，喜卧，驱赶时，走几步即倒下，或翻倒时不易翻倒过来。病禽排出灰绿色稀粪，泄殖腔周围羽毛被粪便沾污。濒死期见有痉挛症状，角弓反张。急性病程1～5 d。

亚急性／慢性型主要是病程较缓慢，病禽精神差，食欲减少，嗜眠，重者昏睡，喜蹲伏，头藏于翅下或背部羽毛中。体重下降，消瘦，跛行，头部震颤，或仰于背部，嘴朝天，部分病鸡腿部轻瘫，站不起来。

有的病禽发生眼炎和角膜炎。眼结膜发炎，肿胀、流泪，有纤维蛋白性炎症，上覆一层纤维蛋白膜。重者可造成失明。

成年禽多见关节肿大（跗关节或趾关节），不愿走动，跛行，足底皮肤和组织坏死。

【病理变化】

剖检主要呈现败血症变化。皮下、浆膜及肌肉水肿，心包内及腹腔有浆液性、出血性或浆液纤维素性渗出物。心冠状沟及心外膜出血。肝脏肿大，淤血，暗紫色，可见出血点和坏死点，有时见有肝周炎；脾脏肿大，呈圆球状，或有出血和坏死；肺瘀血或水肿；有的病例喉头有干酪样粟粒大小坏死，气管和支气管黏膜充血，表面有黏性分泌物；肾肿大；有的病例发生气囊炎，气囊混浊、增厚；有的见肌肉出血；多数病例见有卵黄性腹膜炎及卡他性肠炎；少数腺胃出血或肌胃角质膜糜烂。皮下组织充血。

慢性病例，主要是纤维素性关节炎，腱鞘炎；输卵管炎和卵黄性腹膜炎，纤维素性心包炎，肝周炎、坏死性心肌炎和瓣膜性心内膜炎。瓣膜赘生物常呈黄色、白色或褐色，体积小，瓣膜表面有隆起粗糙区。瓣膜病变最常发生于二尖瓣，主动脉瓣或右侧房室瓣较少。与瓣膜心内膜炎有关的其他病变包括心脏肥大、苍白、心肌迟缓，心肌膜尤其是瓣膜的基部、感染瓣膜的下方和在心脏的心尖区出血，肝脾或心脏发生梗死；肺、肾和脑少见。梗死区颜色浅或有边缘明显的出血。肝脏梗死通常发生于肝的腹后缘，界限清楚，扩展到肝实质。随着病程的延长，在梗死区边缘形成尖而窄、颜色稍浅的带。

雏鸡发生链球菌病表现为皮肤、黏膜苍白或发绀，卵黄吸收不良，胆囊肿大，胆汁外渗。肝肿大，质地柔软，呈黄褐色，切面结构模糊，脾脏、肾脏亦肿大，肠道卡他。腺胃黏膜增厚，有的有纤维素性心包炎及脑膜充血，出血等。盲肠扁桃体肿大，有出血斑。

显微镜下可见肝窦状隙扩张充满红细胞、异嗜细胞增多。假如出现肉眼可见的病灶，则有多处坏死区或异嗜细胞积聚和血栓形成的梗死区。瓣膜的主要病变是由纤维素和混杂在其中的细菌、异嗜细胞、巨噬细胞和成纤维细胞组成。瓣膜的间质水肿和浸润，伴有局部血小板和纤维素沉积，继而有微生物生长繁殖。在瓣膜的纤维部分，心肌组织细胞（阿尼其科夫氏肌细胞）占多数。脑组织病变多局限于纹状体。败血性栓子可导致各种组织出现局部肉芽肿。肝脏梗死的特征为门静脉血栓形成后发生坏死。整个坏死区内聚集有大量细菌，异嗜细胞只在坏死边缘区；病变典型特点是在形成血栓的血管中和坏死灶内用革兰染色发现有革兰阳性细菌集落。

【诊 断】

发生本病的病禽，在发病特点、临诊症状和病理变化方面，与多种疫病相近似，如沙门菌病、大肠杆菌性败血症、葡萄球菌病、禽霍乱等易混淆。因此，本病的发生特点、临诊症状和病理变化只能作为疑似的依据，要进行确诊时，必须依靠细菌的分离与鉴定。

1. 病料涂片、镜检 采取病死禽的肝、脾、血液、皮下渗出物、关节液或卵黄囊等病料，涂片，用美蓝或瑞氏和革兰染色法染色，镜检，可见到蓝、紫色或革兰阳性的单个、成对或短链排列的球菌，可初步诊断为本病。

2. 病原分离培养 将病料接种于鲜血琼脂平板上，24～48 h后，可生长出透明、露滴状、β溶血的细小菌落，涂片镜检，可见典型的链球菌。

3. 病原鉴定 再用纯培养物进行培养特性和生化反应鉴定。特摘录表5-7-1和表5-7-2供病原鉴别参考。

表 5-7-1 肠球菌不同的发酵特性

种类	发酵					含结晶紫的麦凯康培养基上生长
	甘露醇	山梨醇	L-阿拉伯糖	蔗糖	棉子糖	
禽链球菌	+	+	+			+
坚韧链球菌	−	−	−	−	−	+
粪链球菌	+	+	−			+
粪便链球菌	+	−	+			+
希氏肠球菌	−	−	−	+	+	−

此表摘自高福、苏敬良、索勋主译的《禽病学》（第十二版中译本）1074页，中国农业出版社，2012年1月。

表 5-7-2 致病性肠球菌生化特性

菌名	宿主	可致疾病	主要生化特性						
			阿拉伯糖	甘油	葡萄糖	蜜二糖	蔗糖	马尿酸盐水解	H_2S
禽肠球菌	禽	败血症	+	+	−	−	+	可变	+
坚韧肠球菌	禽、畜	败血症（禽）	−	−	−	−	−	+	−
粪肠球菌	禽	败血症及腹泻	−	+	−	−	+	大多＋	−
屎肠球菌	禽	败血症	+	+	−	可变	可变	+	−
鸡肠球菌	禽	败血症	+	+	+	+	+	+	−
肠道肠球菌	禽、畜	败血症（鹦鹉）、生长抑制、败血症及脑感染（鸡）	−	可变	−	+	−	−	−

摘自陆承平主编的《兽医微生物学》（第四版）94-95页，中国农业出版社，2007年8月。

与禽类发病有关的链球菌，包括兰氏抗原血清群c群的兽疫链球菌（*S. zooepidemicus*）和原D群的粪链球菌（*S. faecalis*）、粪便链球菌（*S. faecium*）、坚韧链球菌（*S. durans*）及鸟链球菌（*S. avium*）。

根据在血液琼脂上生长及鉴别培养和糖发酵进行鉴定。禽源链球菌可发酵甘露醇、山梨醇和L-阿拉伯糖。除兽疫链球菌外，均可在麦康凯培养基上生长。兽疫链球菌在血液琼脂干板上呈β溶血，D群链球菌呈α溶血或不溶血。

关于C群和D群链球菌引起发病的日龄不尽相同。甘孟侯等报道，1985年北京郊区3个鸡场发病病例，其中兽疫链球菌引起白波罗成年鸡发病，粪链球菌引起52日龄京白鸡发病。于致茂等1988年报道，40日龄海佩科雏鸡由兽疫链球菌引起，死亡率41%。朱维正1988年报道，1986年由粪链球菌引起8月龄成年鸡发病。邵殿仁等1993年报道，兽疫链球菌引起育成鸡和产蛋鸡发病。马玉玲1993年报道，1992年由兽疫链球菌引起4日龄雏鸡发病。李国江等1992年报道，粪链球菌引起肉种鸽发病。李惠兰等1990年报道，两起15～20日龄雏鸡由坚韧链球菌引起发病。郭玉璞等1987年报道，由鸟链球菌引起4周龄雏鸭发病。何维明等1980年报道，由粪链球菌变异株引起2～5日龄雏鸡发病。

4．类症鉴别 本病与沙门菌病、大肠杆菌性败血症、葡萄球菌病、禽霍乱、小鸭浆膜炎、小鸭病毒性肝炎等疫病，有相似的临诊症状和病理变化，要注意与之鉴别诊断。鉴别要点请参看有关资料。

【治　疗】

经确诊后，立即用药物进行治疗。据报道，本病可用青霉素、氨苄青霉素、氯霉素、新霉素、庆大霉素、卡那霉素、红霉素、氟哌酸、四环素、土霉素、金霉素等抗菌药物，都可能有好的治疗效果。

甘孟侯曾用0.1%氯霉素拌料喂服，青霉素肌内注射，4～5 d疫情得到控制。郭玉璞等用0.04%复方新诺明拌料喂鸭，3 d停止死亡。魏海峰用氨苄青霉素，每只10 mg肌内注射，同时用0.2%氯霉素拌料，3 d使雏鹅发病和死亡停止。

近些年来，各地养禽场都广泛而持久地使用各种抗菌药物，因而，所分离的菌株对抗菌药物敏感性不尽相同，应进行药敏试验，选择敏药物进行治疗，才可能获得良好的治疗效果。

在治疗期间，也应该加强饲养管理，消除应激因素，才能使治疗获得满意的结果，尽快控制疫情。

【防治措施】

链球菌在自然环境中、养鸡环境中和鸡体肠道内较为普遍存在。本病主要发生于饲养管理差，有应激因素或鸡群中有慢性传染病存在的养禽场。因此，本病的防治原则，主要是减少应激因素，预防和消除降低禽体抵抗力的疾病和条件。

认真做好饲养管理工作，供给营养丰富的饲料，精心饲养；保持禽舍的温度，注意空气流通，提高禽体的抗病能力。

认真贯彻执行兽医卫生措施，保持禽舍清洁、干燥，定期进行禽舍及环境的消毒工作；注意禽舍的卫生和鸭垫草的卫生，防止鸭皮肤和脚掌创伤感染；勤捡蛋，粪便沾污的蛋不能进行孵化；入孵前，孵化房及用具应清洗干净，并进行消毒；入孵蛋用甲醛液熏蒸消毒。

对鸡（鸭）舍及环境进行清理和消毒，带鸡（鸭）消毒是常采用的有效措施。通过消毒工作，减少或消灭环境中的病原体，对减少发病和疫情控制有良好作用，应作为一种防疫制度坚持执行。

【展　望】

本病目前尚无特异性的预防办法，由于临床上大量使用抗生素治疗该病，菌株耐药性严重，该现象值得关注。

（孙怡朋　甘孟侯）

第八节　禽弧菌性肝炎

（Avian vibrionic hepatitis）

【病名定义及历史概述】

禽弧菌性肝炎（Avian vibrionic hepatitis），也称为禽弯曲杆菌性肝炎（Avian campylobacter hepatitis），主要是弯曲杆菌引起的幼鸡或成年鸡的一种传染病。本病以肝脏出现大小为1～2 mm灰白色局灶性病变为典型特征。在严重感染的情况下，可出现大面积（可至4 cm）肝脏坏死及肝出血。

本病最初由Tutor（1954）在美国新泽西州报道，是产蛋鸡发生的一种以发病率低、死亡率不定为特征的肝退行性疾病，此病可引起蛋鸡产蛋率明显下降。美国的Delaplane（1958）最早分离出本病的病原菌，经接种鸡胚卵黄囊，该微生物能在7日龄鸡胚繁殖。1958年Packham从肝炎综合征病例中分离出弧菌样微生物（后来被确认为弯曲菌属细菌），在血琼脂平板上培养成功，并用该微生物复制出本病，从而将本病正式命名为弧菌性肝炎。随后，加拿大、德国、日本、新西兰和英国相继报道了本病。中国集约化养鸡生产过程中也有本病发生，哈尔滨、江苏、沈阳、甘肃、广西等地均有此病报道。

【病原学】

目前已发现的禽弧菌性肝炎病原主要包括弯杆菌属的空肠弯曲杆菌（*Campylobacter jejuni*）和结肠弯曲杆菌（*Campylobaacter coli*）。由于禽类是空肠弯曲杆菌储存宿主，空肠弯曲杆菌主要是从禽类及禽类制品中分离得到。结肠弯曲杆菌可以从禽类肠道及禽类肉品中分离到。

1．形态和染色　弯曲杆菌是S形或螺旋状弯曲的杆菌。此菌不形成芽胞，大小约为0.5 μm×2 μm，革兰染色阴性。所有的种都有单极或两极鞭毛，有运动性。

2．培养特性　在人工培养基上，弯曲杆菌于42℃生长最好（此温度为禽类正常体温），在35～37℃也可生长。弯曲杆菌是微需氧菌，在含有5%氧气、10%二氧化碳和85%氮气的环境下生长最好。纯化的弯曲杆菌可在Mueller-Hinton（MH）培养基上生长。若需从生物样本中分离纯化弯曲杆菌，可使用含有抗菌药物的选择培养基，如在MH培养基中添加包括万古霉素、多粘菌素B、新霉素、甲氧苄氨嘧啶和放线菌酮等在内的多种抗菌物质，可抑制杂菌生长。

3. 菌落形态 通常要培养24～48 h才能看到菌落，如果接种量小或者使用选择培养基，有时要72 h才能见到菌落，菌落细小、圆形，呈半透明或灰色，新做的培养基湿度大，菌落成片生长，在放置数天的培养基上，菌落边缘不整齐。菌落在血琼脂平板上不溶血。该菌即可在实验室人工传代，也可在鸡胚中生长繁殖。

4. 生化特征 过去认为，弯曲杆菌不发酵糖类，最近研究表明，空肠弯曲杆菌能利用L-岩藻糖作为碳源。同样，弯曲杆菌也能从降解氨基酸中获得能量。本菌能还原亚硒酸盐。氧化酶和过氧化氢酶阳性，吲哚阳性。根据细菌对萘啶酮酸的敏感性和对马尿酸盐的水解特性可鉴别空肠弯曲杆菌和结肠弯曲杆菌。

表 5-8-1 过氧化氢酶阳性的弯曲杆菌的生化特征鉴别

种	在 25℃生长	在 42℃生长	萘啶酮酸敏感性	水解马尿酸盐
胎儿弯曲杆菌	+	−	不敏感	−
结肠弯曲杆菌	+	+	敏感	−
空肠弯曲杆菌	−	+	敏感	+
鸥弯曲杆菌	−	−	不敏感	−

表 5-8-2 空肠和结肠弯曲杆菌生物型鉴别

检测项目	空肠弯曲杆菌				结肠弯曲杆菌	
	Ⅰ	Ⅱ	Ⅲ	Ⅳ	Ⅰ	Ⅱ
马尿酸盐水解	+	+	+	+	−	−
快速产生 H_2S	−	−	+	+	−	−
DNA 水解	−	+	−	+	−	+

5. 血清学分型 采用Penner的分型方法，测定菌体表面的脂多糖抗原。到目前为止，用此方法鉴定出的空肠弯曲杆菌有35个血清型。据调查，从全球分离的空肠弯曲杆菌，半数以上都属于8种主要血清型。而在这8种中，有三种（HS4 complex、HS2和HS1/44）血清型在地区间和全球范围内都占据主导地位。从动物源菌株的血清分型提示，鸡与人的菌株血清关系比较密切，这与鸡是人类弯杆菌性肠炎的主要传染源有关。另外，我国有人从鸡粪和猪粪中分离到了43株弯曲菌噬菌体，并从中筛选出了11个作为分型噬菌体，用双层琼脂点滴法已初步建立了空肠、结肠弯杆菌噬菌体的分型系统。Lior的血清分型方法，测定的是热敏感的H抗原，这一分型方法采用玻片凝集，抗血清要经过反复多次吸收以除去异源抗体。Penner与Lior的方法比较，前者更为快速和敏感。

聚合酶链式反应（PCR）可用于空肠弯曲杆菌与结肠弯曲杆菌的区别鉴定。细菌限制性核酸内切酶DNA分析、脉冲场凝胶电泳、全基因组序列测定等方法均可用于弯曲杆菌的分型。

6. 对理化因素和抗生素的抵抗力 弯曲杆菌对于干燥及其敏感，干燥、日光可迅速将其杀死。细菌在20℃存活不超过2 h，在4℃的水中，其感染力可保持4周，在-9℃和-12℃保存的分割鸡中，该菌可存活10 d，而在-20℃贮藏时，182 d后仍可检出该菌。培养基上的细菌于4℃ 10% CO_2环境中可存活14 d。在含有0.16% 琼脂和血液的布鲁菌肉汤中冻干的空肠弯曲杆菌可存活20年。细菌的卵黄囊培养物于37℃可存活2周，−25℃可保存2年。该菌对各种消毒药敏感，5%过氯酸钠的1：200 000 稀释液、0.25%福尔马林溶液可在15 min内杀死本菌；0.15%有机酚、1：50 000季铵化合物及0.125%戊二醛均可在1 min内杀死菌量达10^7 CFU细菌悬液中的细菌。

7. 抗生素敏感性 多数菌株对红霉素、强力霉素、卡那霉素、庆大霉素、氯霉素、羧苄青霉素有不同程度的敏感性，而有的菌株对四环素、青霉素有不同程度的耐药性。由于抗生素的长期广泛使用及各种不规范用药，多重耐药弯曲杆菌数量快速上升，已成为公共卫生的一大隐患。

8. 基因组 随着全基因组测序技术的发展，2000年，空肠弯曲杆菌NCTC11168 的全基因组测序结果在Nature上发表。此菌株基因组全长1 641 481 bp（30.6% G+C），编码1 654个蛋白。全基因组序列的揭示大大地推动了对此细菌分型（16S rDNA序列比较）、环境适应性、致病性和耐药性的深入研究。时至今日，数个弯曲杆菌菌种（包括空肠弯曲杆菌、结肠弯曲杆菌、胎儿弯曲杆菌等）的全基因组测序结果已经在NCBI上对公众发布。

【流行病学】

1. 传染来源 禽是弯曲杆菌最重要的储存宿主。据报道，有90%的肉鸡可被感染，100%的火鸡、88%的家鸭可带菌。美国、日本等国从鸽子和雀形目的鸟类中分离到多种弯曲杆菌，我国的调查证明，鸡、鸭、鹅、鹌鹑、猪、牛、羊等十几种动物都可带菌，其中家禽的带菌率最高。不同周龄蛋鸡的带菌率存在显著差异，为13.4%～100%不等，但大多在50%以上。家畜，特别是某些地区的猪有很高的带菌率，可达90%以上。此外，腹泻病人和健康人的带菌率一般在7%～10%。各种动物健康带菌，构成本病的重要传染源。现场调查表明，在鸡场附近有50%的家蝇感染空肠弯曲杆菌，从蟑螂也分离出了本菌，这些昆虫可能会起传播作用。在野生鸟类粪便中分离出空肠弯曲杆菌，提示野生鸟类可通过排除粪便污染饲养场而传播本病。

2. 传播途径 本病主要通过染菌粪便、污染的饲料、饮水等水平传播途径而经消化道感染禽类。空肠弯曲杆菌在雏鸡间有很强的横向传播能力，只要人工感染孵化器中的一只小鸡，24 h后便可以从70%与之接触的小鸡中分离出本菌。本菌不穿入蛋中，在蛋壳表面的细菌常因干燥而死亡。表明，本菌经蛋垂直传播的可能性不大。

3. 易感动物 自然感染此病的动物主要是鸡，以将近开产的小母鸡和产蛋数月的母鸡最易感，雏鸡可感染并带菌，成年鸡也可发病。空肠弯曲杆菌可在各种实验动物（如家兔、小鼠、大鼠、地鼠和灵长类等）肠道内定殖，其中以家兔较为敏感。某些血清型的空肠弯曲杆菌还可导致牛、羊流产。弯曲杆曲菌可在细胞培养基上增殖，其中包括中国地鼠细胞、Hela细胞和人上皮细胞系。鸡胚可用于鉴别人和动物结肠炎分离出的空肠弯曲杆菌和结肠弯曲杆菌的相对毒力。

4. 国内外流行情况 此病最早于1954年在美国报道。发病率10%左右，最高可引起蛋鸡产蛋率下降35%，累计死亡率可达15%。继1954年美国对此病的报道，1954—1965年间，美国、加拿大、英国等陆续有此病散在发生。1965年后，本病一度在英国“消失”，直至2003年又重新出现。其他国家（丹麦、日本、新西兰等）也有禽弧菌性肝炎的报道，除了肉鸡，蛋鸡感染此病的报道外（新西兰、英国），美国、以色列、澳大利亚报道过集约化饲养的鸵鸟散在或暴发感染本病的案例。我国各地也有本病的报道。感染范围包括青年罗曼蛋鸡、肉种鸡、三黄雏鸡、草鸡、七彩山鸡等。由于此病常伴发其他疾病，增加发病率及死亡率，给我国蛋鸡及肉鸡养殖业带来了不可忽视的损失。

【症　状】

病鸡的临诊症状严重程度取决于感染的剂量、空肠弯曲杆菌或结肠弯曲杆菌的菌株、宿主的年龄、发生的环境、应激因素或并发的其他的疾病，以及感染动物免疫状况。免疫抑制性疾病会增强弯曲杆菌的致病力。本病的潜伏期约为2 d，以缓慢发作和持续期长为特征。通常鸡群中只有一小部分鸡在同一时间内表现症状，此病可持续数周，死亡率2%～15%。

急性型发病初期，有的不见明显症状，雏鸡群精神倦怠，沉郁，严重者呆立缩颈、闭眼、对周围环境敏感性降低；羽毛杂乱无光，肛门周围污染粪便；多数鸡先呈黄褐色腹泻，然后呈浆糊样，继而呈水样，部分鸡此时即急性死亡。

亚急性型呈现脱水，消瘦，陷入恶病质，最后心力衰竭而死亡。

慢性型精神委顿，鸡冠发白、干燥、萎缩、可见鳞片状皮屑，逐渐消瘦，饲料消耗减低。雏鸡常呈急性经过。青年蛋鸡群呈亚急性或慢性经过，开产期延迟，产蛋初期沙壳蛋、软壳蛋较多，不易达到预期的产蛋高峰。产蛋鸡呈慢性经过，消化不良，后期因轻度中毒性肝营养性不良而导致自体中毒，表现为产蛋率显著下降，达25%～35%，甚至因营养不良性消瘦而死亡。肉鸡则全群发育迟缓，增重缓慢。

【病理变化】

主要病变见于肝脏，肝脏形状不规则、肿大、土黄、质脆，有大小不等的出血点和出血斑，且表面散步星状坏死灶及菜花样黄白色坏死区，有的肝被膜下有出血囊肿，或肝破裂而大出血。值得注意的是，表现临诊症状的病鸡不到10%在肝有肉眼病变，即使表现病变，也不易在一个病变肝脏上见到全部典型病变，应剖检一定数量的鸡才能观察到不同阶段的典型病变。

1. 急性型　肝脏稍肿大，边缘钝圆，瘀血，呈淡红褐色，肝被膜常见较多的针尖样出血点，偶见血肿，甚至肝破裂，致使肝表面附有大的血凝块或腹腔积聚大量血水和血凝块。肝表面常见少量针尖大小黄白色星状坏死灶，无光泽，于周围正常肝组织界限明显。镜检，干细胞排列紊乱，呈明显的颗粒变性和轻度坏死。多数病例在窦状隙可见到细菌栓塞集落，中央静脉瘀血，汇管区小叶间动脉管壁平滑肌玻璃样或纤维素样变。汇管区和肝小叶内的坏死灶内偶见异嗜性细胞或淋巴细胞浸润。用免疫过氧化物酶染色，在窦状隙内可见弯曲杆菌栓塞集落，菌体棕褐色。

2. 亚急性型　肝脏呈不同程度的肿大，病变重者肿大1～2倍，呈红黄色或黄褐色，质地脆弱。在肝脏表面和切面散在或密布针尖大小、小米粒大乃至黄豆大灰黄色或灰白色边缘不整的病灶。有的病例病灶互相融合形成菜花样病灶。镜检，肝细胞排列紊乱，呈明显的颗粒变性、轻度脂肪变性和空泡变性。肝小叶内散在大小不一、形状不规则的坏死灶，网状细胞肿胀增生。窦状隙内皮细胞肿胀，星状细胞增生。汇管区胆管上皮轻度细胞增生与脱落，胆小管增生。汇管区和小叶间有多量的异噬细胞、淋巴细胞，少量浆细胞浸润及髓细胞样细胞增生。用免疫过氧化氢酶染色，空肠弯曲杆菌位于肝细胞内、坏死、脂肪变性区、窦状隙等内。

3. **慢性型** 肝体积较小，边缘较锐利，肝实质脆弱或硬化，星状坏死灶相互连接，呈网络状，切面发现坏死灶布满整个肝实质内，也呈网格状坏死，坏死灶黄白色至灰黄色。这是肉眼诊断本病的依据。镜检，较大范围的不规则坏死灶，有大量淋巴细胞及网状细胞增生。

各种类型均可能出现的病变有：胆囊肿大，充盈浓稠胆汁，胆囊黏膜上皮局部坏死，周围有异噬性细胞浸润，并有黏膜上皮增生性变化。心脏出现间质性心肌炎，心肌纤维脂肪变性甚至坏死、崩解。脾脏肿大明显，表面有黄白色坏死灶，呈现斑驳状外观，个别慢性病例可见非特异性肉芽肿。肾脏肿大，呈黄褐色或苍白，膜性肾小球炎，有时见肾小球坏死和间质性肾炎。卵巢的卵泡发育停止，甚至萎缩、变形等。

【诊　断】

根据鸡群的流行病学、临诊症状、肉眼及镜检的病理变化可作出初步诊断，但最后的确诊应以分离到致病的弯曲杆菌为依据。

1. **病料采集** 可用灭菌注射器抽取胆汁，也可采取肝、脾、肾、心、心包积液及盲肠内容物用于病原分离。由于空肠弯曲杆菌对干燥敏感，在送检时应引起注意。此外，还可将病料经短杆菌肽或多黏菌素B处理，以控制污染。

2. **病原分离及鉴定** 可将病料划线接种于选择性培养基上，在10% CO_2环境中培养48 h，挑取单个菌落，染色镜检，见到弯曲杆菌可快速作出诊断。也可将病料接种于5～8 日龄鸡胚卵黄囊，鸡胚于接种后3～5 d死亡，收集死亡鸡胚的尿囊液、卵黄，涂片染色镜检。分离到的弯曲杆菌经纯化后可进一步进行理化特性及致病力的鉴定。使用PCR扩增病原菌16S rDNA后分析比对其序列，可对病原菌进行菌种鉴定并开展系统发生学研究。同时，使用适当的限制性内切酶消化病原菌基因组后进行脉冲场电泳（PFGE）可对病原菌进行基因指纹分析。

3. **鉴别诊断** 由于鸡白痢、鸡伤寒及鸡白血病都可引起肝脏肿大，并出现类似病灶，易与本病相混淆。鸡白痢、鸡伤寒病原为革兰阴性短杆菌，可用相应的阳性抗原与患鸡血清做平板凝集试验而区别开。鸡白血病为病毒病，其显著特征是除肝脏外，脾和腔上囊也有肿瘤结节增生。

【防治措施】

本病目前尚无有效的免疫制剂。由于从临诊正常的母鸡肠道中亦能分离到弯曲杆菌，且某些实验条件下用空肠弯曲杆菌感染鸡不能复制出本病，故认为肝炎弯曲杆菌可能仅仅是导致禽弧菌性肝炎的原因之一。在不利环境因素或其他疾病（如马立克病、新城疫、慢性呼吸道病等）发生时，本病的潜伏性感染转变为临诊暴发流行。发病后及时隔离或扑杀病鸡是防治本病的一大重要措施。加强平时的饲养管理和贯彻综合卫生措施，如定期对鸡舍、器具消毒等也十分重要。采用多层网面饲养可减少或阻断本病的传播。清除垫料，彻底消毒用具和房舍，房舍消毒后空置7 d，可有效清除禽舍内残余的弯曲杆菌。通过笼具消毒和在出栏前至少停食8 h来减轻在加工厂的污染，加工后用化学药物消毒胴体和分割鸡均可减少弯曲杆菌的数量。在人为控制的实验条件下，用0.5%乙酸或乳酸冲洗可有效控制活菌数。研究还表明，120 μg/L的氯、温热琥珀酸、0.5%戊二醛均能有效地降低弯曲杆菌对鸡爪的污染。

空肠弯曲杆菌的治疗药物包括氟喹诺酮类抗生素及大环内酯类抗生素。如在病禽中分离出其他病原，则需综合考虑后用药。随着耐药性的出现和广泛传播，首选药物最好根据本场分离菌的药敏试验确定。

【公共卫生】

弯曲杆菌是人的一种重要的食物中毒菌。有人从患鸡的肠、肝、心、脾、肾等脏器中分离出弯曲杆菌，加之屠宰禽在加工过程中被污染、冷藏不足和烹调不当时，本病成为一种重要的食源性疾病。据报道，从腹泻病人分离出的弯曲杆菌大多数与引起鸡弯曲杆菌性肝炎的弯曲杆菌为同一血清型。这说明患弯曲杆菌性肝炎鸡的肌肉和鸡肝是引起人弯曲杆菌性食物中毒的重要原因。因此，在宰后检验中，发现患本病的鸡，其肉尸应经高温处理，内脏废弃。此病儿童患者多于成人，典型症状包括腹痛、腹泻、发热、头晕、头痛，呕吐是本病的主要症状。空肠弯曲杆菌感染病人通常会在出现症状1日至1周后自行痊愈。但少数严重病例则需要使用抗生素对细菌进行控制。长期感染空肠弯曲杆菌，可能会导致包括格林巴利综合征（Guillain-barre）、炎性肠病（Inflammatory bowel disease）、反应性关节炎等后遗症。

（王红宁　夏青青）

第九节　禽绿脓杆菌病

（Avian *Pseudomonas aeruginosa* disease）

【病名定义及历史概述】

禽绿脓杆菌病（Avian *Pseudomonas aeruginosa* disease）是由绿脓杆菌也称铜绿假单胞菌（*Pseudomonas aeruginosa*，PA）引起的以败血症、关节炎、眼炎等为特征的传染性疾病。

绿脓杆菌是由Gersard于1882年首先从病人伤口脓液中分离到，该菌广泛存在于自然界水、土壤、空气，以及动物的肠道和皮肤中，是一种条件性致病菌，在特定的情况下能引起人及动物感染发病。1926年，Kaupp和Dearstyne首次从家禽中分离到该菌，其后陆续在一些国家有禽绿脓杆菌感染的报道。国内傅先强等（1982）首先报道了雏鸡绿脓杆菌感染的病例。目前，随着养殖业规模的不断扩大，由绿脓杆菌引起的疫病也呈上升趋势，给规模化养殖场和人类的健康造成了很大威胁。

【病原学】

绿脓杆菌属于假单胞菌属（*P. seudomonas*），本菌广泛分布于土壤、水和空气中，在正常人、畜、禽的肠道和皮肤上也可发现。常引起创伤感染及化脓性炎症，感染后因脓汁和渗出液等病料带绿色，故称绿脓杆菌。本菌是一种细长的中等大杆菌，长1.5 ~ 3.0 μm，宽0.5 ~ 0.8 μm。单在、成对或偶成短链，在肉汤培养物中可以看到长丝状形态。具有1 ~ 3根鞭毛，能运动，不形成芽胞及荚膜。易被普通染料着染，革兰阴性。

本菌为需氧或兼性厌氧。在普通培养基上易于生长，适宜培养温度为37℃，最适pH为7.2。在普通琼脂培养基上，可以产生两种类型的菌落：一种为大而光滑、边缘平坦、中间凸起、“煎蛋样”的菌落；另一种为小而粗糙、隆起的菌落。临床材料培养的多见大菌落，而环境分离的常为小菌落，大菌落易变为小菌落，但极少发生回变。呼吸道和尿道排泄物中还可见到黏液型菌落。由于绿脓杆菌在培养过程中能产生水溶性的绿脓素（呈蓝绿色）和荧光素（呈黄绿色），故能渗入培养基内，使培养基变为黄绿色。数日后培养基的绿色逐渐变深，菌落表面呈金属光泽。在普通肉汤中均匀混浊，呈黄绿色。液体上部的细菌发育更为旺盛，于培养基的表面形成一层很厚的菌膜。该菌在麦康凯琼脂上生长良好，但菌落不呈红色。在血平板上菌落稍微变大，由于绿脓杆菌能产生绿脓酶，可将红细胞溶解，故菌落周围出现溶血环。

本菌能分解葡萄糖、伯胶糖、单奶糖、甘露糖，产酸不产气。不能分解乳糖、蔗糖、麦芽糖、菊糖和棉子糖。液化明胶，不产生靛基质，不产生硫化氢，M.R试验和V–P试验均为阴性。

绿脓杆菌能产生近20种与毒力有关的物质，重要的有外毒素A、胞外酶S、弹性蛋白酶、碱性蛋白酶、杀白细胞素、磷脂酶C、溶血酶、肠毒素及内毒素等。脂多糖是构成菌体细胞壁成分的内毒素，该毒素的毒力较弱，2 ~ 3 mg才能致死体重20 g的小白鼠。绿脓杆菌分泌的色素也是毒素之一，它们是抗生素样的物质，有抑制细菌生长的能力，也有抑制机体吞噬细胞的作用。一般来说，分泌色素较少的菌株其毒力较强，反之，大量分泌色素的菌株则毒力较弱。外毒素A是一种毒力较强的毒素，可用福尔马林灭活后，制备成类毒素，有防治绿脓杆菌感染的作用。磷脂酶C是一种溶血毒素，它能给入侵的细菌提供营养，增加绿脓杆菌的毒力。

绿脓杆菌型别十分复杂，目前还没有统一的分型标准。1903年Achard用病人血清中的凝集抗体与绿脓杆菌的抗原进行凝集反应取得成功，为血清学分型打下了基础。血清学分型最初由Hards于1975年提出，用12 个热稳定菌体抗原作为分型系统，该系统为世界各国沿用多年。1983年Li ú 综合德、日、法等国的分型标准，通过国际协作组织提出了一个比较完整的作为暂行国际分型法标准（IATS），此方案将迄今发现的菌株用血清凝集方法分为Ⅰ ~ ⅩⅦ（1 ~ 17）型。中国的暂行分型方案是王世鹏以袁昕等的分型为基础建立的12个血清型（CHNⅠ ~ Ⅻ）分型方法较为实用。多种方法结合可提高分型率，禽类的主要有IATSⅠ、Ⅲ、Ⅸ与CHN Ⅲ、Ⅳ、Ⅻ。其中IATS Ⅲ与CHN Ⅲ对雏鸡危害最大，往往造成大批死亡。

绿脓杆菌对外界环境的抵抗力强，对干燥、紫外线的抵抗力也较强，在潮湿处能长期生存，55℃加热1 h 才能将其杀死。该菌对多种抗生素不敏感，但对庆大霉素、多黏菌素和羧苄青霉素敏感，但是，各菌株的药物敏感性也不完全相同。

【流行病学】

绿脓杆菌可感染鸡、火鸡、鸽、鹌鹑、鸭等多种家禽和野禽，不同日龄的家禽均能感染，但以雏禽的易感性最高，7日龄以内的雏鸡常呈暴发性死亡，死亡率可达 85%，随着日龄的增加，易感性越来越低。本病一年四季均可发生，但以春季出雏季节多发。该菌广泛存在于土壤、水和空气中，禽类肠道、呼吸道、皮肤也存在。种蛋在孵化过程中污染绿脓杆菌、雏鸡接种马立克病疫苗时注射用具及疫苗的污染是该病近年来常见的发病原因。其次，刺种疫苗、药物注射及其他原因造成的创伤是绿脓杆菌感染的重要途径。

【发病机理】

绿脓杆菌存在于动物和人的皮肤、消化道、呼吸道和尿道中，成为健康带菌者。若体内外有创伤，首先在入侵之处定居下来，并迅速分裂繁殖。绿脓杆菌的致病性与其分泌或产生的多种毒性因子有关。

外毒素A为一条含613个氨基酸的多肽，进入细胞内产生毒性作用，以受体介导途径，越膜进入胞浆，经活化为一种NADase，分解NAD为ADPR（腺苷二磷酸核糖）及尼克酰胺，ADPR转移到延长因子EF-2上，使之糖基化而失活，导致蛋白质合成受阻（其中对肝脏抑制蛋白质合成作用最严重）。病理效应为肝细胞坏死、脂肪变性，肾出血，肺水肿、出血，角膜损伤，皮肤坏死，具T、B细胞毒作用，抑制抗体产生，对巨噬细胞吞噬功能有明显抑制作用。另外螯铁蛋白作为载铁体，参与外毒素A合成的调节、增强致死作用。

绿脓杆菌杀白细胞素是与金黄色葡萄球菌杀白细胞素相同毒素效应的一种毒素。近年来，通过一系列的实验研究，已对杀白细胞素的理化性状、毒素活性及毒性效应的生化机理等有了较为深入的了解。杀白细胞素其分子量为25～43 KD，等电点pH为5.0～6.3，含18种氨基酸，它是一种高疏水蛋白，其中不含胱氨酸，也几乎不含糖脂类，是一种具有毒性效应的酸性纯蛋白。杀白细胞素的受体存在于靶细胞的膜蛋白上，分子量为50 KD。该毒素可溶解白细胞和淋巴细胞。研究表明，该毒素杀伤靶细胞的机制是由于毒素与靶细胞膜受体结合后，依赖Ca^{2+}激活蛋白激酶C，导致白细胞膜及溶酶体膜上的分子量为28 KD的蛋白出现强烈的磷酸化反应，使溶酶体酶溢出而造成靶细胞的破坏。

胞外酶S是与外毒素不同的另一种具腺苷二磷酸核糖基转移酶活性的毒性成分，其受体是EF-1，可使肝细胞损伤，肺部广泛出血性损害，支气管、细末支气管中隔大量中性粒细胞浸润及纤维蛋白渗出，支气管上皮细胞和毛细血管内皮细胞进行性损害和坏死，细末支气管中隔结缔组织萎缩，肺小动脉、静脉明显损害。家禽死前出现的呼吸困难症状与此有关。

弹性蛋白酶能水解血管壁的弹性层、动脉血管弹性蛋白层，发生溶解，导致坏死性血管炎，引起溃疡。能引起角膜损伤、溃疡、穿孔、脓肿，角膜上皮、基质肿胀，细胞浸润、角膜混浊，最后失明。使肺、腹膜、消化道浆膜出血，支气管坏死。皮肤溶解和出血性坏死，黏膜出血，肾损伤。抑制调理作用，抑制溶酶体游离，减弱炎症反应，裂解吞噬细胞表面受体，致吞噬功能受抑制，抑制NK细胞活性。另外胰肽酶E能降低中性粒细胞的趋化，从而有利于菌体的侵袭。碱性蛋白酶、弹性蛋白酶具抑制淋巴细胞转化的作用。

磷脂酶C和糖脂共同作用使肺组织坏死，糖脂覆盖于细末支气管表面起活性剂样作用，磷脂酶C使细胞膜的卵磷脂分解，释放磷脂。这种具表面活性剂作用的物质对白细胞亦具极强溶解作用，同时可造成或促进局部组织损伤。杀白细胞素初为与菌体呈结合状态的前体，由胰酶样蛋白酶切断，活化后再自菌体中释放出来，特异性作用于白细胞，导致白细胞肿胀与溶解。

脂多糖除可使机体体温升高、白细胞减少及实质器官营养障碍外，还对肠黏膜的营养障碍和肠腔内出血性渗出液的积聚同样具有重要作用。另外，荚膜（主要成分为藻酸盐）能阻抑白细胞、巨噬细胞的吞噬作用。菌毛具强黏附作用，使菌体黏附、定居在呼吸道黏膜表面，随后导致肺部感染。

【症　状】

因侵入途径不同、易感动物的抵抗力不同，绿脓杆菌感染后可有不同的症状。急性病例多呈败血症经过，多见于雏鸡。慢性经过则以眼炎、关节炎、局部感染为主，多见于成年鸡。

1. 急性败血型　发病鸡表现精神沉郁、卧地嗜睡，体温升高，食欲减少甚至废绝。病鸡腹部膨大，手压柔软，外观腹部呈暗青色，俗称“绿腹病”；排泄黄绿色或白色水样粪便，并出现呼吸困难，病鸡的眼睑、面部发生水肿。部分病例还出现站立不稳、颤抖、抽搐等运动失调症状，最后衰竭死亡。鹌鹑发病后主要症状为下痢，排绿色或褐色稀便，肛门周围往往被粪便污染。精神不振，羽毛松乱，呆立、闭眼、不食等。有时粪中带血，蛋壳表面也常附着血丝，一般在发病7 d左右为死亡高峰。

2. 慢性型　发病禽眼睑肿胀，角膜炎和结膜炎，眼睑内有多量分泌物，严重时单侧或双侧失明。关节炎型病鸡跛行，关节肿大。局部感染者在在伤口处流出黄绿色脓液。

若孵化器被绿脓杆菌污染，在孵化过程中会出现爆裂蛋，同时出现孵化率降低，死胚增多的现象。

【病理变化】

1. 败血型　出壳后的雏禽卵黄吸收不良，卵黄稀薄呈黄绿色，有的黏稠或呈豆腐渣样，严重的卵黄囊破裂散落在腹腔中，形成卵黄性腹膜炎。头颈部皮下有大量黄色胶冻样渗出物（见彩图5-9-1），有的可蔓延到胸部、腹部和两腿内侧的皮下，颅骨骨膜充血和出血，头颈部肌肉和胸肌不规则出血，后期有黄色纤维素性渗出物。腹腔有淡黄色清亮的腹水，后期腹水呈红色。肝脏肿大、质脆，呈土黄色、深红色、暗红或暗紫色,表面有出血点和灰白色或灰黄色针尖大的坏死点，时间稍长的表面有纤维蛋白附着。胆囊肿大，胆汁呈墨绿色或淡绿色。脾脏肿大、质脆，表面有出血点或瘀血斑。胃肠道有卡他性或出血性炎症，有的消化道病变不明显。空肠、回肠内容物呈粉红色，较稀；盲肠扁桃体出血；直肠、泄殖腔黏膜出血。气管充满粉红色泡沫样液体，黏膜呈淡红色。肺充血、出血，有出血点或出血斑，切开肺脏流出暗红色泡沫状液体。少数有化脓灶或局部坚实，或多处紫色实变区,或散在粟粒大、黄绿色或紫黑色小出血斑。气囊混浊、增厚。心包积液，色淡黄，心外膜出血点，心冠脂肪胶冻样水肿。心包膜混浊或有黄白色纤维素渗出，心肌水肿、色淡，心脏表面有灰白色点状坏死灶，心内膜有针尖大的出血点。肾脏瘀血、肿大；输尿管有灰白色尿酸盐沉积。个别腔上囊化脓性坏死、肿大，内积水样液，囊壁菲薄、透明。脑膜水肿、增厚，实质有粉红色出血点。

2. 关节炎型　关节肿胀，关节腔中液体增多并混浊，趾关节肿胀，切开内有浆液性液体渗出。

3. 眼型　眼睑皮下水肿，眼角膜混浊、增厚。角膜下有纤维素性渗出物覆盖，眼结膜充血、出血、化脓，眼球被脓性渗出物覆盖。

组织学变化表现为头颈部皮下和肌束之间大量出血、水肿，血管壁崩解，肌肉横纹消失，后期有大量异嗜性白细胞、淋巴细胞和少量巨噬细胞浸润。大脑、小脑脑膜和实质出血，血管壁和血管周围的脑组织水肿，血管周围单核细胞和异嗜性白细胞浸润。肺间质水肿增宽，血管壁疏松，水肿液中有异嗜性白细胞和少量淋巴细胞。脾脏红髓瘀血，鞘动脉周围网状细胞变性、坏死和血浆成分渗出，呈均质红染。小肠和盲肠浆膜层水肿增厚，有大量异嗜性白细胞和淋巴细胞浸润。

【诊 断】

根据症状、病理变化等可作初步诊断，确诊需进行实验室检查。

1．细菌分离与鉴定 无菌采取患病或死亡禽的肝、脾等器官，接种于普通琼脂培养基和麦康凯琼脂培养基，37℃培养24 h。生化试验若氧化酶、触酶、硝酸盐、枸橼酸盐、精氨酸双水解、乙酰胺酶、明胶液化等均为阳性者即可判定为绿脓杆菌。

2． 分子生物学检测方法

（1）常规PCR检测方法 张伟等（2005）根据已报道的绿脓杆菌外毒素A（ETA）基因序列设计引物，建立了绿脓杆菌PCR检测方法，该方法快速、特异、敏感，整个检测过程在4 h内完成。

（2）实时荧光定量PCR技术（Real-time PCR） 肖兴龙等（2008）以ETA为靶基因设计特异性引物及TaqMan探针，建立了Real-time PCR检测绿脓杆菌的方法，该方法的灵敏度和特异性。

（3）基因芯片检测技术 瞿良等（2010）采用PCR扩增制备绿脓杆菌的靶基因并进行纯化，制备基因芯片进行杂交、洗脱、扫描检测。结果表明，基因芯片检测技术的标本需要量少，检验时间短，敏感性、特异性、准确性高。

3．动物试验 将分离的细菌给雄性海猪腹腔内注射，可发生类似Strauss反应的睾丸炎。

【防治措施】

1．预防 防止绿脓杆菌病的发生，要加强对禽舍、种蛋、孵化器及孵化场环境的消毒及接触种蛋的孵化室工作人员的消毒。在接种马立克病疫苗时，要对所用的器械进行严格的消毒。本病对雏禽易感，死亡率亦高，耐过禽发育不良，且成为带菌者，而扩大污染。因此，发病禽应及时隔离、淘汰，对发病禽舍进行彻底消毒。

免疫预防是控制该病的有效措施，目前已经研制疫苗有单价苗、多价疫苗、外膜蛋白疫苗、胞外黏液多糖疫苗、LPS类疫苗、外毒素A类毒素疫苗，但目前在家禽生产中，尚未广泛应用。

2．治疗 绿脓杆菌对磺胺、多黏菌素、氟甲砜霉素敏感，但易产生耐药性。可用0.01%～0.02%氟甲砜霉素拌料或饮水，连用4～5 d。也可用环丙沙星、氧氟沙星饮水，注意药物的交替使用。

【公共卫生】

绿脓杆菌广泛分布于正常人皮肤、肠道和呼吸道，当人体免疫功能不良时常引起重症绿脓杆菌感染，尤其是囊性纤维变性、严重烧伤、移植手术、癌症、泌尿道疾患等患者深受其害，遭受严重的经济损失并付出生命代价，美国每年因绿脓杆菌医院内感染导致的经济负担达45亿美元。

【展　望】

随着绿脓杆菌病的不断报道，该病在国内外均已引起了广泛的重视，并在防治绿脓杆菌感染方面做了大量工作。但在绿脓杆菌的血清学监测方面，由于没有统一的分型标准导致很难对不同地区分离的菌株进行比较。虽然目前已经有很多可用的疫苗，但由于绿脓杆菌为自然界的常在菌，且型别较多，每一种疫苗都有缺陷，所以针对绿脓杆菌的理想疫苗仍然有待开发。随着分子生物学的发展，有望研制出基因工程疫苗，将会为更有效地预防绿脓杆菌的感染起到重要作用。

（刁有祥）

第十节　禽 结 核

（Avian tuberculosis）

【病名定义及历史概述】

1. 病名定义　禽结核（Avian tuberculosis，ATB）又称分支杆菌病，是由禽结核分支杆菌（*Mycobacterium avium*）引起的家禽和鸟类的一种接触性、慢性传染病。本病的特点是发病缓慢，禽群一旦传染则长期存在。患禽生长不良、产蛋下降或停止，严重者发生恶病质或肝脾破裂甚至内出血死亡。因为发生广泛，并且是人兽共患病，禽结核病越来越受到各国政府的高度重视。

2. 历史概述　1884年，Comil和Megnin首次对禽结核进行了描述。最初，Koch一直坚持认为，不同宿主的结核杆菌是同一个种。然而，Rivolta和Maffucci先后证明，禽结核病原体与牛结核的不同，Koch最终放弃了之前的观点，宣告禽结核不同于人结核，而且人结核也不同于牛结核。

许多文献报道称禽分支杆菌可以引起人的结核。1930年美国报道了第一例人的禽结核。随着人结核发病率的不断下降，人们越来越注意结核分支杆菌之外的分支杆菌。禽分支杆菌感染常见于获得性免疫缺陷综合征（AIDS）病人。在美国，从艾滋病病人分离到禽分支杆菌以血清型1、4、8居多，而从非艾滋病病人分离到禽分支杆菌以血清型4、8、9、16、19居多。禽分支杆菌血清1型普遍存在于各种野鸟体内，现也从艾滋病病人分离到。据脉冲电泳结果显示，从人体和动物体内分离的禽分支杆菌有某种相关性，但从人体与禽体分离的禽分支杆菌相比，前者与猪分离株有更高的同源性。禽分支杆菌血清2型最常见于鸡，很少分离于人体。由此证明，许多人的结核感染似乎更可能是由于人与人接触性感染，而非鸟与人的接触感染。

动物园中的鸟类发生禽结核更增加了该病的重要性，因为本病引起的经济损失巨大，某些外来鸟类濒临灭绝，也增加了禽结核引起死亡的重要性。由于外来鸟要饲养数年，使控制该病的管理措施复杂化。动物园消除禽结核的主要障碍是由于这种微生物能在土壤中存活数年，以及对污染禽舍缺乏适当的清扫和消毒方法，并且缺乏有效的疫苗和合适的治疗药物，使该病的防治更加复杂化。

【病原学】

1. 分类　美国常见的鸡结核病原为禽分支杆菌血清1、2型，在欧洲已从一些鸟类分离到禽分支杆菌血清3型，日本也从发病的鹌鹑体内分离到血清9型。新的分类方法把禽分支杆菌血清1、2、3型重新分类为禽分支杆菌禽亚种（*M. avium* subsp. *avium*），而禽分支杆菌亚种可进一步分类为*M. avium* IS1245$^+$和*M. avium* IS901$^+$或鸟型*M. avium* IS1245RFLP，或是它们的组合利用分子生物学分类方法，将禽分支杆菌禽亚种分为禽分支杆菌禽亚种和禽分支杆菌人亚种。已知禽分支杆菌禽亚种对鸡的致病力强，因此养禽业中的禽结核病原是指禽分支杆菌。

禽分支杆菌属于慢性非结核群，和胞内分支杆菌统称为禽分支杆菌复合物（MAC）。它的储存宿主为外界环境。禽分支杆菌复合物中的所有成员都是从动物体分离而来的。禽分支杆菌通常用血清学方法鉴定，用极性糖脂表面抗原可以鉴定MAC血清变型或血清型。血清学分型至少有28种血清型，1～6血清型属于禽分支杆菌亚种，而7、12～20、22～28血清型属于禽分支杆菌胞内亚种。从反刍动物和野禽中分离到的禽分支杆菌又可分禽副结核分支杆菌亚种（*M. avium* subsp. *paratuberculosis*），及从斑鸠和其他野禽中分离得到禽分支杆菌森林土壤亚种（*M. avium* subsp. *silvaticum*），而禽分支杆菌禽亚种是从禽类和其他家畜中分离得到的。2002年，Mijs等建议根据表型和基因型将禽分支杆菌进一步细分为两个亚种，一是分离于鸟类的禽分支杆菌亚种（血清型1、2、3），另一种是分离于任何动物的禽分支杆菌人亚种（血清型4、6、8～11、21）。1、2血清型主要感染动物，而4～20血清型常见于人类。一些分离于猪的血清型（血清型4、8）也能感染人。血清型1、2主要分离于鸡，而血清型3主要分离于野生鸟类。血清学分类为研究特定菌株的来源和分布提供了一条途径。这种分类方法很简单，能在微量反应板上操作。然而，并不是所有分离株都能依赖这种血清学分类，这种分类方法不适应某些菌株。

过去几年中，禽分支杆菌分离株的分类主要依赖分子生物学技术，通过检测插入元件（IS）的存在或缺失及限制性片段长度多态性（RFLP）进行分类。所有禽分支杆菌亚种属于基因型IS1245$^+$、IS901$^+$、IS1311$^+$，其中3′端IS1245 RFLP称为“鸟型”，因为该菌株与血清型1、2、3有交叉反应。禽分支杆菌森林土壤亚种与禽分支杆菌亚种相同，只是其IS1245 RFLP在5′端。IS901$^+$分离株对鸟类毒力大。分子生物学技术可以更精确地将菌株分类，这有利于菌株流行病学的研究。

家禽结核主要是由禽分支杆菌亚种引起。然而，在确认感染分支杆菌的宠物和野鸟中，分离到的分支杆菌主要有结核杆菌、牛分支杆菌、偶发分支杆菌（*M. fortuitum*）和日内瓦分支杆菌（*M. genavense*），以及禽分支杆菌几个亚种。

2. 生长需要和菌落形态　禽分支杆菌具有多型性，呈细长、正直或略带弯曲，有时呈杆状、球菌状或链球状等。菌体两端钝圆，大小为（1.0～4.0）μm×（0.2～0.6）μm；无芽胞，无荚膜，无鞭毛，不能运动；对苯胺染料不易着色，革兰阳性，有耐酸染色的特性。用萋–尼（Ziehl～Neelsen）氏染色法染色，本菌呈红色，其他非分支杆菌呈蓝色，这种染色特性，可用于禽结核的诊断。

本菌为专性需氧菌，对营养的要求比较严格，必须在含有血清、牛乳、卵黄、马铃薯、甘油及某些无机盐类的特殊培养基中才能生长。禽分支杆菌可在25～45℃范围内生长，最适温度为39～45℃，最适培养基pH6.5～6.8，初次分离在含有5%～10% CO_2的空气环境能促进其生长。

从自然感染病料中初次分离本菌时，需用分支杆菌专用培养基，培养基含有甘油时形成的菌落较大。

一些禽分支杆菌的亚种，如副结核分支杆菌和森林土壤分支杆菌亚种在初代和传代培养时需要分支杆菌素作为生长因子。禽分支杆菌在含全蛋或蛋黄的培养基上，37～40℃培养10 d至3周，能形成小而微隆起的、分散的、灰白色的菌落。如果接种细菌数量多，形成的菌落数量也多，并出现菌落融合。菌落呈半圆形，不穿入培养基。随着培养时间的增加，菌落由灰白色逐渐变为赭色或淡褐色，最后变成暗黑色。

禽分支杆菌传代培养物在固体培养基上，培养6～8 d便显示出生长迹象，3～4周达到生长高峰。此时的培养物通常显示湿润油状外观，最后变的粗糙。菌落呈奶油状或有黏性，容易从培养基上剥离。液体培养基中，禽分支杆菌在表面形成黏性菌膜生长以外，还形成颗粒状沉淀，培养液一般保持清晰，经振摇易散开而形成混浊的悬浮液，这一点不同于哺乳动物结核杆菌，后者生长成颗粒状或絮状。各种培养基的生长速度不一，以Lowenstein-Janson氏培养基生长较快。最近研究发现，用含有分支菌素的改良Herrold蛋黄培养基、Lowenstein- Janson培养基，以及含有维生素、乙基二氢甲基氧萘啶甲酸和林可霉素的Lowenstein-Janson培养基，可产生更多的阳性培养物，并且培养时间比其他培养基短。

菌落类型和毒力之间存在着密切关系。光滑透明型菌落（SMT）的禽分支杆菌对鸡有毒力，而不光滑或粗糙型菌落（SMI）的变异菌，无论来源如何对鸡均无毒力，某些不产生色素的禽分支杆菌为无毒菌株。菌落形态有一过性和可变性，也观察到少量其他菌落形态的出现。这些菌落形态不同的菌株，其氧自由基蓄积能力、胞内繁殖能力及细胞因子和化学因子上调和下调的能力也不同。菌落形态的不同可能与SMI存在糖肽脂或RG缺失该物质有关。糖肽脂似乎能阻碍噬菌体反应，可能是重要的毒力因子。

3. 生化特性　禽分支杆菌与胞内分支杆菌之间在生化特性方面没有明显的差异。然而，禽分支杆菌和胞内分支杆菌群（MAIC）具有区别于其他分支杆菌种或群的特点。禽分支杆菌不产生烟酸，不水解吐温-80，过氧化物酶阴性，产生触酶，无尿素酶或芳基硫酸酯酶，也不还原硝酸盐。但是，这些特性不固定，特别是芳基硫酸酯酶的试验结果。分支杆菌有酰胺酶，这对禽分支杆菌某个种或关系密切的群是特异的，例如，除了吡嗪酰胺酶和烟酰胺酶外，禽结核杆菌是缺乏某些酰胺酶的唯一细菌。

4. 抵抗力　禽分支杆菌因含有大量类脂，表面有一层厚的蜡膜，所以抵抗力较强，尤其对干燥抵抗力特别强。甚至是专性细胞内寄生的，也能在宿主体外存活相当长时间。在胆汁和其他病理排泄物中，一般能存活数周。对热敏感，60℃经15～30 min死亡，在锯屑中于20℃可存活168 d，37℃为244 d，-6～-8℃可活4～5年。对紫外线敏感，太阳光直射2～4 h内可被杀死。在14～17℃潮湿的鸡粪内可存活6个月以上，并保持病原性，但生物特性有所改变，如接触酶活性降低。在水中存活10周以上，在掩埋的尸体中可存活8～12个月。

禽分支杆菌对离子清洁剂特别敏感，对5%石炭酸或2%来苏儿、75%酒精均敏感。对1：7 500结晶紫或1：13 000孔雀绿有抵抗力，可用于本菌的分离培养。禽分支杆菌在4% NaOH、3% HCl或6% H_2SO_4中30 min，活力不受影响，因此常用于处理有杂菌污染的病料。

【流行病学】

1. 发生与分布　禽分支杆菌血清型1、2、3引起的禽结核病广泛分布于世界各地，但最常发于北温带。在美国最高的发病率见于中北部各州的鸡群，而西部和南部各州鸡群的发生率低。在加拿大的不同地区，鸡结核病发生率的差异很大，从1%～26%不等。拉丁美洲国家也有本病存在，但发生率不同。其原因不完全清楚。但是，气候、禽群的管理和感染持续时间可能促进本病的发生。冬季禽舍密闭也为本病的传播提供了有利条件。在欧洲也有不少关于禽结核病的报道。在非洲禽结核病发生率较低，在肯尼亚曾报道过小火烈鸟的禽结核病。在我国，王锡祯1978年首次证实鸡结核病的存在和流行，近年来，国内有关鸡结核病的诊治报告相继增多，已引起养禽业的高度重视。其他国家的家禽和野禽可能感染，但其发病率和分布情况不清楚，因为细菌学诊断还未普遍进行。

由于饲养日期较短，肉鸡、填鸭等很快就屠宰，较少发现本病；种禽饲养时间虽然长些，但污染面不大，发病率较低。商品禽中诊断出结核的很少，但庭院圈养的禽呈散发流行。

2. 自然宿主和实验宿主

（1）禽类　所有品种的鸟类均能被禽分支杆菌感染。一般说，家禽或捕获的外来鸟比野生鸟更易感。禽结核可发生于鸡、鸭、鹅、鸽、火鸡、珍珠鸡、孔雀、鹧鸪、雉，捕获的鸟和野鸟，观赏鸟包括鹦鹉、澳洲长尾小鹦鹉、燕雀、食虫鸟和金丝雀也有被感染的报道。

野禽结核很少见，但经常出没于鸡结核流行禽舍中的野鸟，也可发生本病。雉对禽分支杆菌似乎有异常的易感性。已经在麻雀、乌鸦、猫头鹰、牛鸟、黑鸟、东方猫头鹰、燕八哥、木鸽、加拿大鹅、野火鸟、美国秃鹫、彩色鹦鹉、沙丘鹤及鸣鹤中发现本病。1998年，张钰报告25只大的白鹇群，因从野外引进2只白鹇雄鸟发生了禽结核分支杆菌感染，导致16只死亡。

曾有报道动物园中的鸵鸟、鸸鹋和北美鸵鸟发生禽结核。火鸟虽然有感染禽结核的报道，但并不常见，多数病例都是由接触感染鸡传染而来。禽结核在许多动物园鸟类中比家禽更普遍。通常由禽分支杆菌血清1和2型感染引起。鹦鹉结核可能由结核杆菌或牛分支杆菌引起。结核在动物园能引起外来鸟死亡，损失严重。2008年，车桂翠等报告1只人工圈养自然繁殖的幼黑鹳因肝脏结核病而死亡。黑鹳为我国一类保护鸟类，是世界濒危物种。濒临灭种的珍禽遭到本病的危害，更显示出禽结核的重要性。

（2）哺乳动物　禽分支杆菌可以感染某些哺乳类家畜，并引起相应疾病，但病变呈局限性。这种微生物可以在组织中繁殖相当长一段时间，并诱导对结核菌素的敏感性。由禽分支杆菌引起的家兔和猪的弥漫性结核已有报道。在美国和欧洲，禽分支杆菌血清2型是猪结核常见病原。尽管哺乳类动物的自然感染不如禽类那样严重，但许多哺乳类动物通过人工接种均可产生广泛性病灶。牛发生感染，通常为局部感染；绵羊中度易感；家兔、水貂极其易感，猴易感；仓鼠睾丸接种敏感；鹿、马、有袋动物有感染报道。曾有人从人的病变分离到禽分支杆菌。

（3）宿主易感年龄　禽结核在青年禽中较少流行，这并不是由于较小的禽对感染有较强的抵抗力，而是因为老龄禽经过较长时间的接触有较多的机会感染本病。尽管年轻鸡的结核比老龄鸡轻，但在年轻鸡也可看到广泛的和全身的结核。这种鸡是传播强致病力禽分支杆菌的重要来源，对其他禽和易感哺乳动物是一种威胁。

（4）传播　鸡在自然条件下，主要是经消化道感染，极少经呼吸道、伤口感染。病鸡是最主要的传染源，因为从肝脏和肠道病灶中不断大量排出有毒力的细菌，污染土壤、垫草、饲料、饮水、用具等，加之禽分支杆菌在土壤中能保持其感染力达数年之久，使健康鸡可以多次摄入较大量的禽分支杆菌而感染发病。饲喂患结核病鸡的尸体或其产生的鸡蛋可引起鸡的感染。因病鸡的血液和肌肉中含有禽分支杆菌，鸡蛋中也常见。饲喂病猪下脚料亦能导致感染。被粪便污染的鞋物、运载工具、家鼠等都可成为传播媒介。由于禽分支杆菌感染呈潜行性发展，要经过数月至数年后才表现出禽结核病，因此感染的机会随年龄而增长。发病率和死亡率也随年龄而增长。不同的饲养管理条件，恶劣的卫生情况和营养不足均能促进本病在鸡群中的传播。野鸟，如麻雀和欧椋鸟、鸽子可能被禽分支杆菌感染，因此也能将禽分支杆菌传播给鸡群。尽管可能性不大，但由禽分支杆菌引起溃疡性肠道病灶的猪可成为其他动物和禽的传染源。

【发病机理】

摄入禽分支杆菌可引起肠道感染，最终形成菌血症。菌血症使得禽分支杆菌直接从小肠转移到肝脏。菌血症可间歇性出现，大部分病例出现于早期，也可引起全身性感染。除中枢神经系统外，其他组织无一幸免。

有人对鸡感染禽分支杆菌进行了实验研究。雏鸡静脉攻毒后病程持续30 d。攻毒5 d后，首先在脾脏周围的淋巴鞘细胞中发现抗酸细菌；10 d后，在脾脏周围淋巴鞘聚集的巨噬细胞中发现大量杆菌；14 d后，在淋巴鞘内有粟粒样结核。通过肉垂变厚判断，最早在感染后2 d出现迟发型变态反应（DTH），随着病程发展，越来越明显。但随着病情加重，反应逐渐减弱。病程分为3个时期：潜伏期、发展期和恶化期。潜伏期为首次感染的7 d内，此期内没有显微病变，但迟发型变态反应且随着时间的推移而加剧。发展期为感染后8～17 d，期间细菌在淋巴鞘内大量增殖，血清抗体滴度增高，胸腺萎缩，形成小结核并有少量细菌。感染后18 d到死亡是恶化期，这一期间，形成大量结核并有大量细菌。迟发型变态反应消失，结核外周有淀粉样沉积。对切除腔上囊和胸腺的鸡进行同样的攻毒试验，发现免疫系统完全和缺乏淋巴细胞，对其发病影响甚少。

禽分支杆菌能够引起渐进性疾病的能力可能与细胞壁成分及存在细胞壁上的某些脂类复合物，如索状因子（Cord factor），含硫糖脂或强酸性脂质有关。结核分支杆菌和禽分支杆菌能阻止吞噬体（通常存在于细胞内）与溶酶体的融合，阻止吞噬溶酶体的形成。然而，上述这些成分单独或一起对吞噬体–溶酶体融合的影响似乎不能解释该菌的毒力所在。感染分支杆菌后发生迟发型变态反应；巨噬细胞一旦被激活，对细胞内禽分支杆菌杀灭能力增强。迟发型变态反应是由淋巴细胞介导的，这种淋巴细胞能够释放淋巴因子，在致病性分支杆菌及其产物所在部位吸引、固定并激活血源性单核细胞。最近有研究报道，肿瘤坏死因子单独或与白介素–2结合（但不是γ–干扰素），与巨噬细胞杀灭血清1型禽分支杆菌有关。迟发型变态反应的发生有助于加速结核结节的形成，部分地参与结核的细胞介导免疫反应。巨噬细胞被激活后，若没有足够的亚细胞成分杀灭强毒型结核分支杆菌，则易被细胞内生长的细菌破坏，从而产生病变。禽分支杆菌能释放有毒脂类和因子，二者协同作用，可引起：①噬菌体崩解；②阻止吞噬溶酶体的形成；③干扰与溶酶体有关的水解酶释放；④使释放到细胞浆空泡内的溶酶体失活。近期研究表明，禽分支杆菌通过caspase–1通路激活巨噬细胞。

【临床症状】

本病的临床症状很少有示病性。鸡结核病的潜伏期较长，一般需几个月才逐渐表现出明显的症状。病鸡精神委顿，虽然进食较好，但通常出现进行性消瘦，体重减轻，胸部肌肉明显委缩，胸骨凸出或变形。严重时体内大部分脂肪消耗殆尽，病禽脸部变小。随着病情发展可见羽毛色暗、粗乱。皮肤干燥，冠和肉垂苍白、变薄，偶尔呈淡蓝色。由于肝脏损伤严重，可能有黄疸现象。产蛋下降或停止。即使病情严重，病禽的体温仍维持在正常范围内。许多病禽呈一侧性跛行，以特有的痉挛性跳跃式步态行走，可能腿骨骨髓结核所致；偶见一侧翅膀下垂，缘于肘关节结核病变。结核性关节炎，关节肿大、破裂，排出的液体混有干酪样物质，可引起患鸡瘫痪。

如果病禽极度消瘦，抚摸腹部时可能发现沿肠道分布的结节，当肠道溃疡，则出现持续、严重的腹泻，病鸡极度衰弱常呈蹲坐姿势。许多结核病鸡的肝脏极度肥厚，但很难或不能触摸到。病鸡可因肝、脾破裂出血而突然死亡，病程可达数月至1年以上。

若为群体感染，感染鸡可表现出两种典型的临床症状。一部分鸡表现为身体状况良好，继续产蛋，但眶下窦、肝脏和肠道出现大量的结节；另一部分鸡则表现为消瘦，产蛋停止，鼻窦无病理变化，以及内脏出现大量的结节。

【病理变化】

1. 眼观病理学变化 禽结核病的病理剖检变化非常特征，病死鸡极度消瘦、肌肉萎缩，病变最常见于肝、脾、肠和骨髓。结核结节呈不规则的、灰黄色或灰白色的针尖大小到数厘米不等。心脏、睾丸、卵巢和皮肤极少被感染。火鸡、鸭和鸽子的病变主要在肝和脾，但许多其他器官也有病变。

（1）肝、脾 肿大呈棕色、土黄色或黄灰色，质脆。表面布满圆形、椭圆形或不规则的黄色或黄白色粟粒至鸡蛋大的结核结节。大结节常呈不规则瘤样轮廓，在其表面有较小颗粒或结节。肝、脾表面的结节容易从其毗连的组织中摘除。结节坚实，但容易切开，禽结核结节很少发生钙化。在纤维素性结节的横切面上，可见数量不等淡黄色小病灶或柔软、干酪样黄色中心，后者被结缔组织膜包裹，这些连续性的包膜经常被小而界线明显的坏死灶所隔断。膜的厚度和均一性随病变的大小和时间的长短而不同，在小病灶中几乎不能辨认出或没有，在较大的结节中，膜的厚度为1～2 mm。

（2）肠道 肠道有白色坚硬结节，突出于浆膜表面。大结节有豌豆大到鸡蛋大，表面凹凸不平，常以宽广的基底部或以细蒂与肠壁相连，呈棕黄色；小结节似高粱米，表面光滑，呈黄白色带珍珠光泽。肠系膜常形成典型的“珍珠病”。

（3）骨髓 最常受侵害的是股骨和胫骨骨髓，在骨髓中常常形成肉芽肿，切面为蚕豆大或豌豆大干酪样结节。骨髓感染可能发生于早期，由菌血症引起。

2. 组织病理学变化 早期禽结核结节一般特征为中心为分支杆菌菌丛，周围有紧密排列的空泡状淡染的组织细胞集团，外围在分支杆菌的刺激下出现上皮样细胞，并有多核巨细胞增生，外侧有淋巴细胞浸润，此为粟粒性结核结节。病程较久的结核病灶中心发展为伊红均质淡染的坏死区，坏死区周围出现多核巨细胞，其中分布有数量不等的上皮样细胞、组织细胞、淋巴细胞和嗜异性粒细胞，最外层为成纤细胞形成的结缔组织包囊，此为典型的增生性结核结节。病程久的陈旧性结核结节中心坏死区发展为干酪样坏死，少见钙化。有的病灶，在一个大结核结节中有多个中心坏死灶的小结节，整个结节有完整的结缔组织包囊。

肝脏结核结节数量最多，有粟粒性和增生性结核结节。陈旧性结核结节多见，有的结节有轻度钙化现象，结节周围的肝细胞多为颗粒变性和渐近性坏死。脾脏常见数个结核结节，淋巴小结的淋巴细胞核淡染，红髓中巨噬细胞数量增多。肠黏膜见溃疡性结核结节，病变起始于肠淋巴小结，早期淋巴小结的淋巴细胞核崩解、坏死，继而干酪化，肠黏膜坏死形成溃疡，病变可扩展到肌层乃至浆膜。骨结核可见骨髓干酪样坏死，早期坏死灶可见上皮样细胞和多核巨细胞。

萋-尼氏（Zichl-Neelsen）抗酸性染色，在肝、脾、肠管等器官的结核病灶内均见禽分支杆菌存在。早期新的结核病灶，杆菌着染鲜艳的红色。而陈旧性干酪样坏死病灶，隐约可见残留数量不多的结核杆菌。其他器官无结核病灶处无分支杆菌检出。

【诊　断】

禽结核病的实验室诊断方法各有特色，但该病的确诊需要将各种方法结合起来。及时准确的诊断，对于禽结核病病的防控、净化具有重要的意义。

根据禽结核的大体病变化可作出初步诊断。以病禽的肝、脾或其他脏器涂片，用萋-尼氏（Zichl-Neelsen）染色看到抗酸性分支杆菌，将对该病的诊断有很大的帮助。确诊需在合适的培养基上进行病原菌的分离和鉴定。对于疑似感染的活禽，可采取粪便进行涂片染色、分离培养和/或PCR检测。但不能完全依赖上述方法，因为病禽可间歇性排菌，或在粪便中没有病原菌。PCR常用来检查福尔马林固定的组织中的分支杆菌，其中包括禽分支杆菌和日内瓦分支杆菌，这些固定组织需进一步做抗酸性染色。

随着分子生物学技术的发展，禽结核病的实验室诊断方法进展很快，例如一种全血IFN-γ检测分支杆菌方法，简单、灵敏、快速，但缺乏特异性，因而传统方法仍具有其临床使用价值。

1. 临床症状和病理学诊断　结核病鸡不产蛋或产蛋很少；病鸡逐渐失重；胸肌萎缩和肉髯颜色变为灰白或淡黄色。上述症状仅提供初步诊断，病理剖检在肝、脾、肠道可见到特征性的结核结节。

2. 细菌学检查

（1）涂片镜检　以病鸡肝、脾涂片，用酒精乙醚脱脂30 min，然后用萋-尼氏（Zichl-Neelsen）染色（热抗酸染色）和开杨氏（Kinyoung's）染色（冷抗酸染色）。镜检可见单个、成双或成丛的细长或弯曲的红色杆菌。如抗酸不强，菌落典型时，应考虑非典型分支杆菌，需进一步分离培养鉴定。

为提高镜检敏感性，涂片固定后，用0.1%的金胺石炭酸液或黄连素液染色，用荧光显微镜检查分支杆菌呈黄绿色荧光。

（2）细菌培养　被检材料用5%的草酸处理，以杀灭其他杂菌，或用10%的磷酸三钠、4%NaOH或20%安替伏明处理，然后接种于含青霉素的杜博氏（Dubos）油酸白蛋白琼脂培养基，于40℃、5%～10% CO_2条件下，培养6～8周观察，单个菌落呈乳白色、光滑、微隆起、半透明状。

3. 结核菌素试验　结核菌素检验是结核病检验的最常用的标准试验，是OIE规定的在国际贸易中采用的方法，也是唯一有国际标准诊断试剂的一种试验。检验所用的结核菌素为纯化的蛋白衍生物PPD。接种的部位通常为肉髯，皮内注射48 h后观察，如果接种部位肿胀，而且肿胀从大约直径5 mm的小硬结延伸到另一侧肉垂，并向下至颈部的明显水肿，则判为阳性。家禽有两个阶段的结核菌素试验会出现假阳性结果，即感染早期和感染晚期，因为此时机体的免疫系统无反应或已衰竭，应加以注意。

王锡祯对禽结核菌素试验进行了研究，根据试验结果，他认为：

（1）注射结核菌素后24 h判定鸡结核病最适宜国外试验证明，健康家禽肉髯在结核菌素刺激下发生肿胀，这种非特异性肿胀多于24～36 h消失，而结核病阳性反应的病禽则转为特异性肿胀，于36～48 h表现得最为明显，然后逐渐消失。因此，认为应于注射结核菌素36～48 h之间判定试验结果。欧美、苏联、日本等国都将禽结核病变态反应诊断时间规定在注射后48 h，进行一次观察。我国规定，于注射后48～75 h进行两次观察。试验表明，健康鸡群在注射结核菌素后6 h，肉髯肿胀，12 h开始消退，24 h恢复正常厚度。禽型、牛型结核菌素和禽型提纯结核菌素（禽型PPD）所引起的反应有明显差异，但其消长规律基本一致，禽型PPD最轻，6 h和12 h分别增厚0.535 mm和0.348 mm，24 h趋于正常。牛结核菌素所致的反应较重，表现在24 h内和之后的非特异性和特异性反应上，这与健康对照鸡群反应相一致，说明牛结核菌素非特异性反应较禽结核菌素强得多。上述试验表明，鸡结核菌素变态反应的判定时间，应在注射后24 h为适宜。试验结果也表明，以往用结核菌素试验诊断鸡结核病，检出率不高的原因之一似与判定时间不当相关。

（2）禽型PPD是检查鸡结核病的有效制剂。在有结核病的鸡场，不同结核菌素变态反应的比较试验证明，禽型PPD24 h阳性检出率为67.14%，比禽型、牛型结核菌素的检出率分别高18.92%和33.87%。禽型PPD不仅检出率高，而且非特异性反应低，特异性反应稳定，持续时间长。

（3）判定标准

1）阳性反应　我国规定的阳性标准是“肉髯增厚、下垂、发热呈弥散性水肿”。经试验发现，肿胀的肉髯有的发热，有的不发热，且多数阳性鸡的肉髯不发热。只是反应较强时肉髯才出现“下垂”现象，反应较轻者一般不“下垂”。因此，按照国内外的现行的阳性反应标准进行检疫就会直接影响检出率。根据试验结果，试拟如下阳性判定标准：肉髯肿胀超过0.5 mm以上者为阳性。实践中用肉眼能看出肉髯微肿者即可判为阳性。

2）可疑反应　尚未见到国内外有关可疑反应的判定标准。国内规定“肿胀不明显”为可疑。但这存在着主观差异性。试验中发现，肉髯肿胀不超过0.4 mm，即肿胀不明显的鸡，确有部分结核病鸡存在。故认为，肉髯肿胀不超过正常厚度的0.4 mm者为可疑反应。

3）阴性反应　国内外规定注射后无变化者为阴性反应。但试验中发现，部分消瘦、贫血的阴性反应鸡并非真正无结核病健康鸡。检查24 h、48 h判定均呈阴性反应的76只鸡，发现有的鸡有病理变化，而且能分离到抗酸菌，这种因病鸡体质衰弱，致使其变态反应性降低的现象必须在实际检疫中予以足够的注意。

4）非特异性反应　有资料指出，禽结核菌素引起的肿胀易与禽霍乱引起的肿胀相混淆，后者肿胀扩及整个肉髯，有时蔓延至颈下和另一侧肉髯，通常于48 h后范围增大。据试验资料，在461只呈阳性反应鸡中发现，水肿从一侧肉髯蔓延到另一侧肉髯者为16例（3.47%）。1例出现于24 h，6例出现于36 h，8例出现于48 h，1例出现于60 h。捕杀7例检查，并未见禽霍乱病理学变化，其中6例分离到禽分支杆菌，4例见到结核结节，2例进行组织学检查均有结核病变，只有1例未发现病变和分出抗酸菌。实践中禽结核菌引起的水肿与禽霍乱肉髯水肿是不难区分的。

5）结核菌素

①旧结核菌素（O.T）　是将甘油肉汤培养物蒸发至原体积的1/10而制成，这种结核菌素只含少量的活性物质，并混有非特异性物质，而且批次间的比例不同。

②禽提纯结核菌素（PPD）　结核杆菌培养于甘油、天门冬素、枸橼酸盐等组成的人工综合培养基内，经6～8周，然后用三氯醋酸或其他沉淀剂沉淀析出纯结核蛋白质。这种产品易于标准化，活性物质含量高，杂质易除去。各种结核杆菌都能制备PPD。目前国外用O.T渐渐减少，有被PPD代替的趋势，国内正在

推广应用。

4．快速全血平板凝集试验　用0.5%石炭酸生理盐水将禽结核菌培养物配成10%悬浮液制备抗原，用针头刺破鸡冠或翅静脉取血1滴，在玻片上与抗原1滴混合，1 min后出现凝集反应即认为是阳性。实际检测证明，鸡全血平板凝集试验的可靠性可与结核菌素试验相比。有关资料称，凝集试验比结核菌素试验更有效。

5．酶联免疫吸附试验（ELISA）　结核病是细胞免疫和体液免疫同时存在的疾病，用ELISA方法检测结核抗体是一种重要的辅助诊断方法，适合在抗体产生阶段如开放性结核阶段进行检测。结核分支杆菌和牛分支杆菌目前采用ELISA方法检测感染抗体的试验比较多。已报道，用ELISA方法可以检测血清2型禽分支杆菌试验感染鸡血清抗体，但假阳性比较常见，特异性也低于结核菌素试验。

1991年，王克坚等用禽型提纯结核菌素（PPD）作包被抗原，建立了PPA-ELISA用于检测鸡结核病血清抗体。结果表明，PPA-ELISA具有专一性强，灵敏度高，操作简便，检测结果可靠等特点，适合大批量检测，成本低，效果好，可代替常规结核菌素试验。

6．鉴别诊断　诊断本病最方便的方法是尸体剖检，肉芽肿较有特征，但必须与其他疾病相区别。这些疾病包括大肠杆菌肉芽肿、鸡白痢、其他沙门菌感染、鸡伪结核病、禽霍乱和肿瘤性疾病。病灶中有大量抗酸性细菌具有诊断意义。

（1）禽大肠杆肉芽肿　肝、脾有结节块（肉芽肿），心包、肝、腹膜有纤维性炎症。抗酸染色在结节内无红色抗酸杆菌，只有蓝色小杆菌。

（2）禽伤寒　肝、肺、肌胃均有灰色坏死灶，不形成结节，肝呈棕绿或古铜色（雏鸡变红）；卵黄性腹膜炎，病料中可分离到禽伤寒沙门菌。

（3）禽副伤寒　出血性坏死性肠炎、心包炎、腹膜炎，输卵管坏死性、增生性病变，卵巢化脓性坏死性病变。病原为副伤寒沙门菌。

（4）慢性禽霍乱　肝脏肿大，表面有针尖大小的坏死灶，小肠有出血性肠炎，心血涂片瑞氏染色镜检，见两极着染的巴氏杆菌。

（5）鸡伪结核病　脾脏肿胀，肠炎；慢性病例组织器官及胸肌有灰白色或灰黄色芝麻大小干酪样病灶，主要为增生性病灶，组织涂片可见球形的伪结核杆菌。

（6）鸡马立克病　内脏型鸡马立克病，在肝、脾、肾等器官表面或实质中有孤立、粗大、隆起的灰白色或灰黄色肿瘤结节，切面致密、平整。镜检可见肿瘤中有大、小不等的淋巴细胞、原淋巴细胞和少量网状内皮细胞。普通染色和抗酸性染色法均无细菌存在。

（7）鸡淋巴细胞性白血病　肿瘤主要见于肝、脾和腔上囊，也可侵害其他内脏组织。肿瘤大小形态各异，呈灰白色结节或弥散型。镜检可见肿瘤结节均由原淋巴细胞构成。普通染色和抗酸性染色法中均无细菌存在。

【防治措施】

1．预防

（1）管理措施　对庭院饲养禽和捕获禽利用结核菌素试验检测结核，除去阳性禽，可大幅度减少环境污染和再污染。全血凝集试验也可用于检测感染鸡群。但是，其余的阴性鸡群仍然饲养在这种污染的鸡舍中，污染的土壤将继续传播该病。无论是结核菌素试验还是凝集试验都不能确实地检测出每1只病感染禽，只要禽群中有1只病禽，就有可能把本病传播给健康禽。因此，处理全群并换上未污染的土壤是控制禽结核最有效的途径。

1）庭院饲养　建立和保持无结核禽群的措施包括以下几点：①抛弃陈旧设备，在新地面上安置另外的设备。一般情况下，采用消毒措施使一个受污染的环境，变得很安全是不切合实际的；②提供适当的围墙或采取其他措施：防止鸡自由走动，从而防止来自先前污染禽舍的感染；③淘汰老的禽群，焚烧结核鸡的尸体；④引进无结核禽种：在新的环境中建立新鸡群。如果能防止健康鸡群中的鸡与污染环境接触和分支杆菌的意外感染，就可相信该鸡群将继续保持其无结核状态。

2）外来禽群　控制外来禽群感染禽分支杆菌包括以下几点：①防止与结核禽的接触，避免使用以前饲养过结核禽的房舍；②对新引进禽应隔离检疫60 d，并用禽结核菌素进行检测。

（2）免疫接种　有人对使用灭活疫苗或活分支杆菌疫苗预防鸡结核进行了评价。用活的胞内分支杆菌血清6型（即禽分支杆菌血清6型）口服接种，获得很好的效果；用禽分支杆菌肌内注射，70%的鸡可获得保护。还有报告称，使用灭活的和活的胞内分支杆菌7型和“Darden”血清型（禽分支杆菌血清7型和19型）联合肌内注射，也取得了令人鼓舞的效果。另据试验报道，口服卡介苗预防有一定效果，2 ~ 2.5月龄鸡，每只0.25 ~ 0.5 mg，混在例料中喂给。隔天1次，连喂3次。

2. 治疗　与结核分支杆菌和牛分支杆菌相比，禽分支杆菌对常用抗结核药物的抵抗力较强。家禽结核通常不进行治疗。若有治疗必要，使用链霉素效果较好，20 000 U/kg，肌内注射，每天1 ~ 2次，连注5 d，停药1 d，再注5 d。对于进口圈养鸟，可以用抗结核药物治疗。临床上曾联合使用异烟肼（30 mg/kg）、乙二胺二丁醇（30 mg/kg）和利福平（45 mg/kg）治疗3只进口鸟，其临床症状明显减轻。如果没有副作用，推荐疗程为18个月。

【公共卫生】

禽分支杆菌不但能引起禽类结核病的发生，同时也可导致艾滋病患者弥散性感染、反刍动物结核和猪淋巴结核病等的发生。鉴于禽分支杆菌的公共卫生意义，结核病鸡不能食用。结核病鸡及其鸡舍应进行以下处理：①体重明显下降，瘦弱的鸡直接焚毁深埋；②肉尸不腐的瘦鸡，剔除骨骼等病变部分高温无害化处理后出场；剔除的病变部分、内脏、血液与10%漂白粉4：1搅匀消毒24 h后深埋；羽毛焚烧深埋；③鸡蛋置阳光下照射2 ~ 3 h，污染严重的可用0.1%过氧乙酸喷洒消毒5 min，清水冲洗吹干；④饲养用具等物品用0.2%过氧乙酸消毒；⑤圈舍按每立方米，用甲醛25 g加水12.5 mL再加高锰酸钾25 g熏蒸消毒，封闭15 h后通风；⑥粪便堆积发酵处理；⑦动物分开隔离饲养：不可将猪、鸡、兔等动物饲养在同一个小院内。鸡必须设法单独饲养，饲养过患有结核病的畜禽的舍房不能再用来养鸡。无结核病的鸡应在新的环境中建立新鸡群。

（乔健　赵立红）

第十一节 肉毒中毒

（Botulism）

【病名定义及历史概述】

肉毒中毒（Botulism）又名软颈症，西部鸭病，是由肉毒梭菌（*Clostridum botulinum*）产生的外毒素引起的一种中毒病，以运动神经麻痹和迅速死亡为特征。家禽中这种中毒病流行广泛，鸭、鸡、鹅均可发生，尤其是对大群养鸭业有时会引起大批患病和死亡。肉毒杆菌毒素中毒是由肉毒杆菌产生的外毒素引起的一种疾病，常见于禽类进食了蝇蛆、死鱼、死家禽或其他动物腐烂尸体而引起中毒。本病的发生不受地区限制，世界各国均有发生，早期主要发生于放养家禽，近年的报道也有密集饲养的肉鸡场多次发生本病的情况。

【病原学】

Dickson于1917年首次报道了鸡肉毒中毒。美国早在本世纪初期就报道了鸭的肉毒中毒，并确定病原为肉毒梭菌C型毒素中毒。据1923年报道鸡肉毒中毒是食入含有肉毒梭菌的绿蝇属昆虫的幼虫而引起，并首次从这些幼虫的体内分离到了C型肉毒梭菌。

肉毒梭菌为革兰阳性的粗大杆菌，能形成芽胞，对营养要求不苛刻，厌氧生长，并能在适宜的环境中产生并释放蛋白质外毒素。肉毒梭菌依据培养特性分成4型（Ⅰ、Ⅱ、Ⅲ、Ⅳ），依据毒素的抗原性不同分成8型（A、B、Cα、Cα、D、E、F、G）。人类的肉毒中毒主要由A型、B型、E型和F型引起，禽肉毒中毒主要由C型引起，但也有A型或E型。

C型肉毒梭菌菌体长4～6 um，宽1 μm，呈单个散在或短链状排列，革兰染色阳性。有鞭毛能运动，老龄培养物涂片可看到芽胞，位于菌体中端，偶尔芽胞位于菌体顶端。细胞壁中的溶酶能使菌体迅速自溶，亦能引起老龄培养物革兰染色特性改变。菌体自溶时释放出毒素。C型肉毒梭菌分泌的C型肉毒毒素据其抗原性而进一步分为α和β两个亚型。C型肉毒梭菌α亚型可产生4种毒素，C1、C2、C3和少量的D型毒素，其中C1、C3型毒素和D型毒素是由TOX^+噬菌体介导产生的。C型肉毒梭菌受前噬菌体吞噬处理后，通过感染在 D型肉毒梭菌的噬菌体作用下可转变为D型肉毒梭菌。同理，D型肉毒梭菌也可转变为C型肉毒梭菌。C型肉毒梭菌β亚型由于噬菌体缺乏C1和D型毒素编码则只能产生C2毒素，而且C2毒素的基因编码与噬菌体无关。由于C型肉毒梭菌α亚型与β亚型之间可相互转换，因此α亚型与β亚型之间毒原组合（Toxigenic grouping）是否关联尚存疑问。C1型、D型与A型、B型、E型及F型毒素都是一种简单的非毒性多肽，经蛋白酶分解而变成分子量140～167 kD的双链神经毒素。这种双链神经毒素由一个分子量为98 kD的重链和一个分子量为53 kD的轻链组成，两链间由二硫键相连，当重链和轻链分离时毒性消失。

鸡、火鸡、雉以及孔雀对A型、B型、C型和E型毒素敏感，但对D型和F型毒素不敏感。鸡对通过静脉给予的A型和E型最敏感，相对耐C1毒素作用，相反，鸭和雉对 C1毒素非常敏感。与其他毒素相比，C1和C2

毒素在鸡较易通过消化道吸收。老龄肉鸡对 C1毒素不太敏感。

本菌繁殖体抵抗力不强，加热80℃30 min或100℃10 min能将其杀死。但芽胞的抵抗力极强，煮沸需6 h，120℃高压需10～20 min，180℃干燥需5～15 min才能将其杀死。C型肉毒梭菌芽胞较A型肉毒梭菌和B型肉毒梭菌芽胞对热更敏感。肉毒毒素的抵抗力较强，在pH3～6范围内毒性不减弱，正常胃液或消化酶24 h内不能将其破坏；但在pH8.5以上即被破坏，因而1% NaOH、0.1%高锰酸钾加热80℃ 30 min或100℃ 10 min均能破坏毒素。

【流行病学】

肉毒梭菌广泛分布于自然界，也存在于健康动物的肠道和粪便中。本菌在有机质中，在厌氧条件下能产生很强的外毒素，采食这种有毒的有机物后引起中毒。家禽及水禽均可发生本病，以鸭最多，其次是鸡、火鸡、鹅等较常见，且不受地区限制。我国自20世纪80年代以来，柯怡（1984）、谢锦贤（2012）、杨肯牧（2013）、张书萍（2013）报道了鸭的肉毒中毒。张文字（1983）、刘喜然（2013）报道了肉毒梭菌引起大批鸡死亡的情况。野生鸟类自然发生C型肉毒梭菌毒素中毒，据调查有22个科中的117个禽种，鸟类饲养场也有本病发生。尽管现代化养禽业由于较散养业减少了家禽误食污染食物的机会从而降低了本病的发病率，但本病依然时有发生。

此外，哺乳类动物如水貂、雪貂、牛、猪、犬、马及许多动物园观赏的哺乳动物也可感染本病。鱼类也发生肉毒中毒。此外，由于饲喂反刍动物鸟粪而引起肉毒中毒，造成严重的经济损失。啮齿类动物对C型肉毒梭菌毒素非常敏感。

C型肉毒梭菌分布广泛，在所有鸟类群居地及饲养场均存在本菌。在鸟类胃肠道中生长繁殖的C型肉毒梭菌是潜在的病原。C型肉毒梭菌芽胞普遍存在于养禽场及养雉场。野生和家养鸟类的胃肠道存在此菌，芽胞有较强的抵抗力，有利于本病的广泛传播。

本病常在温暖季节发生，因为气温高，有利于肉毒梭菌生长和产生毒素，C型肉毒中毒可因误食含有毒素的饲料而引起。鉴于病原菌广泛分布于肠道，死亡的鸟为病原的生长繁殖及产生毒素提供了良好的场所。食肉鸟类误食这种含有有毒素的鸟类尸体而发病。据测定，有的鸟尸体每克组织中含有高达2 000最小致死量（MLD）的C型毒素。鸡、鸭及雉啄食这些含毒的蛆蝇，会导致肉毒中毒。

水生环境中的小甲壳类的内脏及某些昆虫卵中含有肉毒梭菌，因施药、水位反复波动等导致死亡、腐败，肉毒梭菌即可大量生长繁殖并产生毒素。鸭误食这些无脊椎动物尸体后即可发生C型肉毒中毒。一般认为，误食污染有毒素的饲料等是本病唯一的致病因素，但近年来，也有报道C型肉毒梭菌可在动物体内产生毒素而致病。

【症　状】

鸡、鸭、火鸡和雉肉毒中毒的临诊症状基本相似。主要表现为突然发病，无精神、打瞌睡，头颈、腿、眼睑、翅膀等发生麻痹，麻痹现象从腿部开始，扩散到翅、颈和眼睑。病禽懒动、蹲坐，驱赶时跛行，翅下垂，羽毛松乱，容易脱落。重症的头颈伸直，平铺地面，不能抬起，说明颈部麻痹，因此本病又称为软颈病。病禽表现腹泻、排出绿色稀粪，稀粪中含有多量的尿酸盐，病后期由于心脏和呼吸衰竭而死亡。本病的死亡率与食入的毒素量有关，重症通常几小时内死亡；轻者则可能耐过，病程3～4 d，若延至1周，可以恢复。

【病理变化】

鸡C型肉毒中毒尸体剖检，可见整个肠道充血、出血，尤以十二指肠最严重，盲肠则较轻或无病变，喉和气管内有少量灰黄色带泡沫的黏液，咽喉和肺部有不同程度的出血点，其他脏器无明显变化。因此，大多数人认为本病缺乏肉眼和组织学变化。

【诊　断】

对肉毒中毒的鉴别诊断是基于特征性的临诊症状，缺乏肉眼和组织学变化而定。肉毒中毒的初期症状是腿、翅的麻痹，这容易与马立克病、脑脊髓炎和新城疫相混淆。但通过病毒的分离，肉眼或显微镜的病变观察能与肉毒中毒相区别。由营养不足或抗球虫药物中毒引起的肌肉麻痹，可通过分析可疑饲料来加以鉴别。

毒素诊断确诊则需要检查病禽血清、嗉囊及胃肠道冲洗物中的毒素。一般认为测定血清中毒素含量是比较可靠的诊断方法。

1. 小鼠生物分析法　本法是一种可靠的、敏感的检查血清中耐热毒索的方法。试验分为3组：取0.4 mL血清或胃肠内容物上清液，给2只小鼠腹腔接种；另取2只小鼠，接种0.4 mL加热处理（煮沸10 min）的样品,将0.8 mL待检样品与0.2 mL C型抗血清混合，37℃作用30 min，给2只小鼠接种，每只0.5 mL。若样品中有毒素，小鼠出现肉毒中毒症状，如呼吸困难和肺凹陷如蜂腰状，并在48 h内死亡。若未处理的样品引起发病为四肢麻痹和死亡，而热处理的和有C型抗血清处理的小鼠不发病、也不死亡，就说明是C型毒素引起的肉毒中毒。由于引起禽中毒的主要是C型毒素，因此常用C型抗血清进行毒素抗毒素中和试验。水禽和某些家禽发病时，病禽血清中毒素含量太低，以至于用小鼠生物分析法都不能检出，在这种情况下则需要对被检血清进行浓缩或给试验小鼠反复注射被检血清才能确定这些病例中的毒素。

2. 用健康鸡复制本病　试验分为2组：取病鸡嗉囊中内容物5 g加生理盐水10 mL。在灭菌乳钵中研磨制成悬液，室温浸出1h后用滤纸过滤，将滤液分为2等份，一份加热100℃ 300 min灭活，另一份不处理作对照。用上述灭活液和对照液分别接种2只健康鸡的左右眼睑皮下各0.2 mL。左眼作试验，右眼作对照。4 h后2只鸡左眼麻痹半闭合，敲打鸡头左眼仍睁不开，而右眼闭合自如。18 h之后全部死亡。也可采用自然感染健康鸡，饲喂病鸡嗉囊内容物试验复制出该病。在实际诊断中有一定参考价值。鸭肉毒中毒亦可用此法进行快速诊断。

3. 反向间接血凝试验　用精制A、F型抗毒素血清将醛化红细胞致敏制成诊断用红细胞。以此进行反向间接血凝试验，可直接检查罐头食品、饲料、胃内容物及其他某些媒介物中的肉毒毒素，其敏感性与小鼠腹腔接种法相近。

4. 琼脂扩散试验　用被检材料与已知型别的抗毒素血清进行琼脂扩散试验，可对所含毒素予以定型。

病原菌分离厌氧分离肉毒梭菌对本病诊断意义不大，因为本菌在正常消化道中广泛分布。但对饲料及环境样品中肉毒梭菌的检测有助于流行病学调查。欲想从家禽或环境中分离出肉毒梭菌，应无菌采集病料（嗉囊、十二指肠、空肠、盲肠、肝、脾等）。环境样品有饲料、饮水、垫草、土壤等。

【防治措施】

1. **管理措施**　本病是一种毒素中毒病，要着重清除环境中肉毒梭菌及其毒素来源。及时清除死禽，对预防和控制本病非常重要。不使家禽接触或吃食腐败的动物尸体，凡死亡动物应立即清除或火化，注意饲料卫生，不吃腐败的肉、鱼粉、蔬菜和死禽。在疫区及时清除污染的垫料和粪便，并用次氯酸或福尔马林彻底消毒，以减少环境中的肉毒梭菌芽胞的含量。芽胞存在于禽舍周围的土壤中，很易被带回禽舍内。Sato建议对禽舍周围进行消毒。灭蝇以减少蛆的数目，对本病的预防也有所裨益。一旦暴发流行本病，饲喂低能量饲料可降低死亡率。此病的发生常与夏秋天气闷热和干旱季节湖水下降引起湖内水生动物死亡有关，应注意避免在此放牧鸭群。

2. **治疗**　本病尚无有效药物治疗，只能对症治疗。据测定肉毒梭菌在体外对13种抗生素敏感，但抗生素对毒素无效。中毒较轻的病禽可内服硫酸钠或高锰酸钾水洗胃，有一定效果；饮5%～7%硫酸镁，结合饮用链霉素糖水有一定疗效。抗生素杆菌肽（100 g／t，以每吨饲料计）、链霉素（1 g／L，饮水）以及定期使用氯霉素均可降低死亡率。

3. **疫苗接种**　对雉曾成功地使用灭活的肉毒梭菌和毒素进行主动免疫，取得了较好的效果。相似的类毒素制剂成功地保护了鸡和鸭试验性感染。由于成本等原因，生产上鸡、鸭等未广泛进行疫苗接种。

目前肉毒毒素疫苗的类型主要有：肉毒毒素的类毒素疫苗、肉毒毒素亚单位疫苗、肉毒毒素的DNA 疫苗等。目前国外使用较多的肉毒毒素的类毒素疫苗是福尔马林灭活的五价疫苗。但该疫苗只含有7个血清型中的5种（A～E），不能抵抗F 和G 型肉毒毒素的攻击。研究表明，肉毒毒素的Hc片段包含保护性抗原基本决定簇，作为免疫原能引发显著保护性免疫应答，A 和B型毒素Hc重组蛋白的高效表达也有一定的进展。

疫苗可用于肉毒毒素中毒的预防，而对已发生的肉毒毒素中毒则只能应用中和抗体进行特异性治疗。到目前为止，抗毒素是治疗肉毒毒素中毒唯一有效的特效药。虽然动物源性免疫球蛋白在人用时仍然存在导致血清病等不良反应，但在人源抗血清无法满足规模化制备需求，而基因工程单克隆抗体未达到实用阶段的情况下，它仍是目前的最佳选择。并且随着制备技术的进步，抗毒素效价的增强和F（ab′）2纯度的提高，相应的不良反应已得到大大降低。美国已批准2价（ 抗A和B型毒素）、3价（ 抗A、B 和E型毒素）马源抗毒素和其他马抗毒素（ 如单价E 型、7价）用于治疗肉毒毒素中毒。另外，由于人源抗血清无法满足规模化制备的需求，五价人源抗毒素（ BIG-Ⅳ）被批准专门应用于治疗婴儿肉毒毒素中毒。

【公共卫生】

禽C型肉毒中毒在公共卫生上意义不大。迄今为止只有4例人发生C型肉毒中毒的报道。人的C型肉毒中毒与禽发生的肉毒中毒之间没有直接联系，但灵长类动物接种毒素后均可发病，而且给猴子吃了污染有C型毒素的鸡可导致死亡。人类的肉毒中毒主要由A型、B型、E型和F型引起。

（王红宁　张安云）

第十二节 禽李斯特菌病（禽单核细胞增多症）

（**Avian listeriosis**）

禽李斯特菌病又称禽单核细胞增多症，是由李斯特菌（*Listeria monocytogenes*）引起禽类的一种散发性传染病。家禽感染后主要表现为单核细胞增生性脑膜炎、坏死性肝炎和心肌炎症状。李斯特菌还易感染人，轻者表现为结膜炎，重者表现为脑膜脑炎，流产，败血症，发热性、败血性胃肠炎和单核细胞增多等临床症状，感染后发病死亡率约为25%。禽李斯特菌病引起禽散发性败血症，死亡率通常较低，但有时也可高达52%～100%，本病死亡率高低常与是否存在其他疾病混合感染有关。

【病原学】

李斯特菌是为规则的短杆菌，大小为（0.4～0.6）μm×（0.5～0.2）μm，两端钝圆，多单在，有时呈V字形成对或短链排列。无芽胞、一般无荚膜，革兰染色阳性。但是，在血清葡萄糖蛋白胨中能形成黏多糖荚膜。老龄培养物有时脱色为阴性，菌体染色常呈两极浓染，容易误认为是双球菌。

李斯特菌在22℃和37℃时能生长，在22～25℃时可形成周鞭毛，具有运动性。而在37℃时菌体一般不长鞭毛或只长单鞭毛，运动性减弱以至消失。老龄或粗糙型菌落的菌体呈长丝状，在兔血琼脂培养基上生长可长成达3～30 μm的菌丝。普通琼脂培养出的菌体较体内和含1%葡萄糖琼脂培养出的小，菌体大小一般为0.4～0.6 μm。

本菌为需氧或兼性厌氧，在普通琼脂上呈直径为 0.2～0.4 mm、半透明、边缘整齐、露水样菌落。但在血清或全血液的琼脂上生长良好，当培养基含1%葡萄糖及2%～3%甘油时生长更佳，在血琼脂上可生长形成狭窄的β溶血环。用亚碲酸钾琼脂37℃培养24 h，呈圆形、隆起、湿润，直径平均为0.6 mm的黑色菌落。此菌在麦康凯培养基上不生长。据报道，胰蛋白胨琼脂是培养和保存活菌的最好培养基，菌体在此培养基上具有纯净透明的特点，在BCM或ALOA等培养基上有蓝绿色的特殊光泽。肉汤培养基呈均匀浑浊，有颗粒状沉淀，不形成菌环及菌膜。在半固体培养基上，细菌沿穿刺线呈弥散性生长，距琼脂表面数毫米处出现一个倒伞形生长区，呈松树状。

李斯特菌生长范围为pH5.6～8.9，当小于pH 5.6时会死亡。此菌无耐酸能力，在糖发酵管中分离不到活菌。生长温度为25～42℃，最适温度30～37℃培养。动力观察的最佳温度为22～25℃培养。

能发酵多种糖类，对葡萄糖、水杨苷，37℃下24 h内产酸，对乳糖、麦芽糖、蔗糖、阿拉伯糖、山梨醇、甘油和糊精等3～10 d产酸或不发酵，而对棉仔糖、肌醇、菊糖、甘露醇等不发酵。甲基红、MR、VP、过氧化氢酶、七叶苷、接触酶阳性。尿素酶、明胶、H2S试验阴性。不还原硝酸盐，石蕊牛乳在24 h微酸，但不凝固。在半固体和SIM动力培养基上于25℃培养24 h，可见培养基表面呈倒伞形生长。

李斯特菌对物理和化学因素抵抗力较强。在土壤、粪便、青贮饲料和干草内能长期存活。对碱和盐的耐受力较强，在20%食盐溶液内可长期存活，2.5%苛性钠经20 min细菌才能被杀死，70%酒精、2.5%石炭酸经5 min杀死。60～70℃经5～10 min可杀死。对青霉素G、氨苄青霉素、四环素、氯霉素、新霉素和磺胺嘧啶钠敏感，其中敏感性最高的是氨苄青霉素。李斯特菌多年以来被认为除了对老一代喹诺酮类、磷霉素和广谱头孢菌素类在体外具有天然抗性外，对临床使用的各种革兰阳性菌抗生素较敏感，但已有报道发现该菌对对氯霉素、红霉素等表现出多重耐药。

根据菌体O抗原和鞭毛抗原的不同，最初用凝集素吸收试验法曾查出本菌有4种抗原型（即Ⅰ、Ⅱ、Ⅲ、Ⅳ型），其中有的可再分为若干亚型，Ⅰ型见于猪、禽、啮齿类，Ⅳ型见于畜禽，人类4个型都可致病型，在国外型和型间有商品化抗血清。不同的O抗原和H抗原组合，后来鉴定了16个血清型，包括1/2A、1/2B、1/2C、3A、3B、3C、4A、4AB、4B、4C、4D、4E、5、6A、6B及7。

【流行病学】

本病易感动物种类甚广，鸡、鸭、火鸡、鹅和金丝雀等对本病易感，其中各种不同年龄的鸡更易感，多呈败血症状。

实验动物中，小鼠、家兔、豚鼠对本菌易感，皮下注射、肌内注射易引起死亡；Anton试验表明，家兔或豚鼠点眼，24 ~ 36 h后可出现脓性结膜炎。

患病禽类和带菌者是本病的传染源。在禽类粪便和鼻分泌物中可检出此菌，但在蛋内不含此菌。

本病可通过消化道、呼吸道、眼结膜及受伤的皮肤感染进行传播。污染的饲料、饮水和吸血昆虫可能是主要的传播媒介。李斯特菌可在土壤中存活1 ~ 2年，并能抵抗反复冻融，接触污染土壤也可感染本病。李斯特菌在禽类粪便和鼻黏膜中均可短期存在，通常因接触病禽而迅速传播此病。

本病的流行特点为散发型，偶尔呈地方性流行，发病率低，致死率高（52% ~ 100%）。发病季多在3 ~ 5月份，冬季亦有发生。各种年龄的禽类都易感，但幼龄比成年禽易感，发病也较急，多呈败血经过。在冬季缺乏青饲料、营养不良，气候骤变，黏膜抵抗力低下，寄生虫或沙门菌感染，维生素A、维生素B缺乏时，均可构成本病诱因。

多年来，李斯特菌在猪、羊、鸡、牛、兔等家禽家畜中有流行。带菌健康动物经粪便排菌。

【发病机理】

李斯特菌进入机体后是否发病，与该菌的毒力和宿主的年龄、免疫状态有关。产单核细胞李斯特菌的致病性与毒力基因密切相关，其毒力基因众多，大多数都是由调控基因所调节。迄今为止，已知主要有LIPI-1 和 LIPI-22个毒力岛，有 3 大调控因子，即正调节因子PrfA、应答调控因子VirR和环境应激因子SigmaB。李斯特菌是一种细胞内寄生菌，感染宿主细胞主要分内化、逃避液泡吞噬、肌动蛋白纤维聚集及细胞间传播这4个阶段，宿主对它的灭杀作用主要依靠细胞免疫。李斯特菌能突破吞噬细胞吞噬体的束缚而进入胞液，进入胞浆后，细菌体内的actA蛋白可以催化宿主细胞肌动纤维素的聚合，在菌体表面形成尾状结构，引发菌体向细胞膜方向移动，然后形成突出或伪足伸入邻近细胞，从而破坏宿主细胞骨架，菌体向周围细胞扩散。

小鼠感染李斯特菌后，在脾和局部淋巴结可引起T淋巴细胞的母细胞转化和增殖。将这种细胞被动转移到正常小鼠，可使后者抵抗李斯特菌的感染，该血清不具有被动转移的抗病能力。吞噬细胞在T淋巴细胞作用下，迅速到达病变部位，吞噬致病菌，增加杀灭致病菌的能力。应用肾上腺皮质激素或细胞毒类药物后，抑制细胞免疫，少量的李斯特菌感染即可致死动物。产单核细胞李斯特菌进入宿主体能否使宿主得病，既与感染的细菌数量有关，也和宿主的年龄及免疫状态密切相关。

【症　状】

李斯特菌自然感染的潜伏期很不一致，一般为2～3周。本病主要危害2月龄以下的雏鸡。发病前无明显临诊症状，突然发病。病初期精神委顿，羽毛粗乱，离群孤偶，下痢，食欲不振，鸡冠、肉髯发绀，病禽严重脱水，皮肤呈暗紫色。随病程发展，两翅下垂，两腿无力，行动不稳，卧地不起，倒地侧卧，两腿不停划动。有的则表现为无目的地乱跑、尖叫，头颈侧弯、仰头，腿部发生阵发性抽搐，神志不清，最终死亡，病程1～3周，且多与寄生虫病、鸡白痢、鸡白血病等合并发生，可使症状复杂化。

剖检可见败血症变化。脑膜和脑血管明显充血。心肌有坏死灶，心包积液，心冠脂肪出血。肝脏呈土黄色，肿大，并有黄白色坏死点和深紫色瘀血斑，质脆易碎。脾脏肿大呈黑红色。腺胃、肌胃和肠黏膜出血，黏膜脱落呈卡他性炎症。有的腹腔内含有大量血样物。肾亦肿大、炎症变化。

显微镜检查，在变性或坏死的区域可观察到大量的单核细胞浸润，坏死区及其周围可见革兰阳性杆菌。脑组织变化，神经胶质细胞增生及大脑髓质形成血管套。在败血症时，常见肝化脓灶及心肌变性。肝、脑病变区以淋巴细胞、巨噬细胞和浆细胞浸润为特征。

【诊　断】

1. 病原学检查

（1）涂片检查　采病死禽的血液、肝、肾、脑脊髓液、脑组织等做触片或者涂片，革兰染色，镜检有呈单个、V字形或并列的革兰阳性小杆菌。

（2）病原分离培养　取脑、淋巴结或肝等病料，接种于兔鲜血琼脂培养基、0.05%亚碲酸盐胰蛋白琼脂平板、0.1%葡萄糖血清肉汤、Martin琼脂斜面和Martin 肉汤培养基中分离培养。在血琼脂上菌落周围有溶血环；亚碲酸盐琼脂上则呈黑色菌落；葡萄糖血清肉汤中呈均匀浑浊，有颗粒状沉淀，不形成菌环及菌膜；Martin 琼脂斜面上可见乳白色，大小不一、圆形、边缘光滑、透明的小菌落；Martin肉汤中呈均匀浑浊，管底有黄色沉淀。

（3）病原体鉴定　取典型的单个菌落经纯培养后进行生化反应。李斯特菌能发酵多种糖类（如葡萄糖、麦芽糖、七叶苷、果糖、海藻糖和水杨素等），产酸不产气。缓慢发酵乳糖、蔗糖、阿拉伯糖、半乳糖、鼠李糖、糖精、山梨醇和甘油。不液化明胶，接触酶阳性，甲基红与VP反应阳性。不形成吲哚，不分解尿素，不能还原硝酸盐。

（4）动物试验　病料制成悬液，以普通肉汤（如胰蛋白酶大豆肉汤，脑心浸液）稀释，用研钵或匀浆器匀浆。将悬液通过腹腔、脑腔、静脉注射兔子、小鼠或豚鼠，很快引起实验动物败血死亡。点眼，可出现化脓性结膜炎，不久发生败血死亡。

2. 血清学诊断　血凝抑制试验（HIA）、补给体结合试验（CF）、琼脂扩散试验（AGP）、免疫荧光试验（IFA）等可用于本病的诊断。但由于李斯特菌的自凝性，以及它与金色葡萄球菌、肠球菌等有共同抗原成分，易出现交叉反应。所以在运用血清学诊断时受到很大限制。在国内外血清Ⅰ型和Ⅳ型有商品化抗血清可用于血清型鉴定。

3. 单克隆抗体检测病原菌

（1）应用Farber等报道的诊断李斯特菌鞭毛抗原的单克隆抗体ELISA检测程序，该法可在2～3 d内从病料中检出李斯特菌，但此法不能确定李斯特菌的种间差异。

（2）Buttman 研制的15株李斯特菌属特异性单克隆抗体构成的夹心ELISA 检测方法，可与增菌后24 h内报告阳性结果，最低菌浓度检出为5×10^5 CFU/mL。

（3）焦新安等研制的C_{11}、B_{11}和B_{153}株单克隆抗体，采用间接免疫荧光和ELISA的方法可快速检测出李斯特菌。

（4）范江洁研制的3株单克隆抗体（LJ10、ALM5和LB11），具有种间特异性。用LJ10A做包被抗体和酶标抗体建立的夹心ELISA方法，测定人工模拟肉样至少可检测出含5 CFU/g细菌的样品，并在48 h得出结果。

（5）细胞株EM-TG1能稳定分泌抗单核细胞增生李斯特菌的特异单克隆抗体，以此特异的单克隆抗体建立的夹心ELISA方法能于20～24 h内检测出含8～10 CFU/g（mL）细菌的样品，并可区分单核细胞增生李斯特菌与非病原性李斯特菌。

4. 应用分子生物学技术快速检测李斯特菌的方法 Datta 等研制成功的β溶血性李斯特菌特异的DNA探针，以核酸杂交和PCR方法快速检测单核细胞增生李斯特菌，用核酸探针技术检测李斯特菌，每克样品中污染一个细菌即可检测出来，十分敏感、特异，且缩短了检测时间。到目前为止，许多快速检测方法还处于实验室研究阶段，要能在实践中快速、特异、方便地检测此菌的方法仍有待于继续研究。

杨秀娟等选取单增李斯特菌*hlyM*基因和李斯特菌属23S rDNA基因为靶基因，分别设计引物和探针，实现了对李斯特菌属和单增李斯特菌进行荧光定量PCR的检测。

PFGE具有分辨率高、敏感性强、重复性好等特点，能区分其他方法不能鉴别的菌株，Briczinki等研究报道，用快速PFGE法检测1 d即可得到与其他分型方法完全一致的结果，提示PFGE的改进可以提供一个方便、快速和准确的细菌分子生物学分型方法。

基因芯片技术在微生物重要基因的筛选监测和基于细菌基因组的流行病学研究中得到了广泛的研究。Borucki等采用585个探针建立了一个混合基因组芯片，分析表明，该芯片对主要李斯特菌致病血清型可以作出良好的分析，所得聚类结果和系统进化分支结果一致。此外，还可鉴别同一血清型的不同菌株。

【防治措施】

预防李斯特菌病，需加强饲养管理，对禽舍定期消毒，保证禽舍清洁卫生。本病对幼龄雏危害较大，因此如加强雏期的管理，提高机体抵抗力是预防本病的主要措施。同时，注意环境卫生，做好防疫消毒工作，及时发现清除死鸡，隔离治疗病鸡。场地、用具等用3%石炭酸、3%来苏儿、2%火碱、5%漂白粉等严格消毒。注意周围的疫病信息，防止把病畜禽带入场内。

发病后，要选用敏感药物。氨基青霉素和苄基青霉素G对本病菌有抑制作用。链霉素有较好治疗作用，但易产生抗药性。庆大霉素注射液用生理盐水稀释后每只雏鸡5 000～10 000 U，肌注，每天1次，连续用药

2～3 d，有较好治疗作用。同时也要重视其他病毒性、细菌性疾病的合并感染，做好早期预防工作。

【公共卫生】

人患李斯特菌病多为散发，呈脑膜脑炎症状，血液中单核细胞增多，除神经症状外还有肝坏死、小叶性肺炎等病变。与病死禽有关的工作人员应注意防护。病死禽的肉尸及其产品需经过无害化处理。

（王红宁　邹立扣）

第十三节　禽衣原体病

（Avian chlamydiosis）

【病名定义及历史概述】

禽衣原体病（Avian chlamydiosis，AC）是由鹦鹉热衣原体感染禽引起不同症候群的一种接触性人兽共患病。最初人们把人类和鸟的衣原体病称为鹦鹉热，后来又曾把非鹦鹉类禽鸟引起的衣原体病或由其传染的其他衣原体病称为鸟疫，实际上这两种疾病的症状是相同的。

1850年，Ritter发表了最早记载鹦鹉热（Parrot fever）的文章，并将之命名为“肺炎斑疹伤寒”（Pneumotyphus）。

1882年，Morange提议用“Psittacosis”即鹦鹉热（源于希腊语parrot）来描述此类疾病。

1893年，法国巴黎发生由鹦鹉传染给人的疾病，患者出现流感样的症状。刚开始误将分离到的沙门菌作为病原。4年后，人们才发现该病病原是一种特征性的细胞内寄生的微生物。

1929—1930年，欧美相继发生了人鹦鹉热衣原体大流行，研究者们分别从患者和感染禽中分离到病原。

1950年，3个国家的学者Bedson、Knomwede和Levithal均观察到鹦鹉热衣原体的包涵体，随后分离出了病原体。

20世纪50年代，人们进一步认识到家禽，尤其是火鸡和鸭是人鹦鹉热衣原体病的重要传染源。

1966年，确定鹦鹉热衣原体是一种细菌，而不是人们一直以为的一种病毒，并被美国微生物分类委员会所接纳。

2009年，从法国家禽饲养场的3名患肺炎症状的工人体内分离获得了新的禽衣原体，被命名为无症状禽衣原体。

2014年，利用比较基因组学方法发现家禽、鸽子和鹦鹉分离株，存在非经典衣原体株，命名为禽衣原体新种（*Chlamydia avium* sp. nov）和雏鸡衣原体新种（*Chlamydia gallinacea* sp. nov），前者能引起鸽和鹦鹉的呼吸道疾病甚至死亡，后者则感染蛋鸡引起发病。

【病原学】

1. 分类 大多数衣原体株为宿主特异性和疾病特异性。了解衣原体的分类对了解它们所致疾病以及流行病学是重要的。

1999年，美国学者Everevt 等依据衣原体16S rRNA 和23S rRNA 基因序列以及衣原体表型、形态学的不同，通过DNA-DNA 杂交分析等多种方法，对衣原体目进行了重新分类。衣原体目下设8个科：依次为衣原体科（Chlamydiaceae）、麦角衣原体科（Candidatus Clavichlamydiaceae）、星状衣原体科（Criblamydiaceae）、副衣原体科（Parachlamydiaceae）、鱼衣原体科（Piscihlamydiaceae）、弹状衣原体科（Rhabdochlamydiaceae）、西门坎菌科（Simkaniaceae）和华诊体科（Waddliaceae）。目前与兽医相关的主要有衣原体科、麦角衣原体科、副衣原体科、鱼衣原体科和华诊体科。其中衣原体科下设衣原体属（*Chlamydia*）和嗜性衣原体属（*Chlamydophila*），衣原体属分沙眼衣原体（*C. trachomatis*）、鼠衣原体（*C. muridarum*）和猪衣原体（*C. suis*）3个种；嗜性衣原体属分肺炎衣原体（*C. pneumoniae*）、鹦鹉热衣原体（*C. psittaci*）、反刍动物衣原体（*C. pecorum*）、流产衣原体（*C. abortus*）、豚鼠衣原体（*C. caviae*）及猫衣原体（*C. felis*）6个种。

2. 形态与结构 衣原体是一类介于细菌和病毒之间，严格真核细胞内寄生并能够通过细菌滤器的原核细胞型微生物。衣原体有类似革兰阴性菌的细胞壁结构，胞内有核质、核糖体、噬菌体和质粒等，含有DNA和RNA 两种类型的核酸。衣原体可以依赖宿主细胞的能量合成自身高分子蛋白质、核酸、叶酸、氨基酸等代谢物质，以二分裂方式繁殖，具有独特的二元形态发育周期（见彩图5-13-1）。

鹦鹉热衣原体的个体形态主要有两种：原体（Elementary body，EB）和网状体（Reticulate body，RB）。在电子显微镜下扫描，原体呈球形或卵圆形，直径0.2 ~ 0.3 μm，中央有致密的核心，外层有双层包膜，外膜为质地坚硬的细胞壁，内层为软而不规则的胞质膜。原体主要生活在宿主细胞外，性质稳定，无繁殖能力，但是具有高度感染性，是鹦鹉热衣原体的感染形态。感染时原体附着于靶细胞上，与细胞膜形成空泡并通过胞吞方式进入细胞内，并在空泡中逐渐发育、体积增大成为网状体。网状体是衣原体在宿主细胞内繁殖形态，代谢旺盛，体积比原体大，电镜下观察网状体的直径0.5 ~ 2.0 μm，呈圆形、椭圆形或不规则形。网状体无胞壁，中央呈纤丝网状结构，外周有双层囊膜。网状体无感染性，但是具有繁殖能力，在胞内利用宿主细胞的ATP酶系统和氨基酸，合成自身蛋白质和核酸等大分子物质，以二分裂方式不断增殖，空泡发育形成衣原体的集合形态——包涵体。包涵体内蕴藏大量成熟的子代原体，之后经裂解途径和出胞途径释放至细胞外，随即包涵体膜破裂，子代原体在细胞外以此方式再次感染新的靶细胞，开始新的发育周期，周而复始，完成衣原体的繁殖。衣原体的每个繁殖周期需48 ~ 72 h。在衣原体的繁殖过程中，在宿主细胞内常能见到介于原体和网状体之间的过渡形态，被称之为中间体（IB），直径为0.3 ~ 1.0 μm，兼具原体和网状体的形态特征。

3. 染色特性 衣原体通常通过常规染色如：姬姆萨染色、Macchiavello染色和Gimenez染色来观察其形态结构。经姬姆萨染色后原体呈深紫色或蓝紫色，网状体呈紫色或紫红色，包涵体呈紫色或蓝紫色（见彩图5-13-2）。Macchiavello染色后的衣原体呈现红色。衣原体细胞壁含有丰富的胞壁酸物质，加热环境下能与石炭酸复红牢固结合成复合物，能抵抗酸性乙醇的脱色作用，经过Gimenez染色后，衣原体保持复红的颜色，原体、网状体及包涵体均呈现红色。

衣原体还可以进行免疫荧光染色，荧光染色后衣原体发绿色荧光（见彩图5-13-3）。它的特异性高，可用于临床样品的确诊。

4．致病力　鹦鹉热衣原体的致病力可分为两大类：一类是强毒力株，常引起急性和暴发性流行，病禽死亡率达30%，对实验动物也有广谱致病力，小鼠静脉接种48 h即可发生中毒性休克死亡。另一类是低毒力株，常引起慢性、进行性流行。病禽的死亡率常不足5%，用小鼠为模型进行毒价测定，与强毒株相比，致病力显著降低。

【流行病学】

禽衣原体病是一种自然疫源性疾病，多呈现散发性、地方流行性或局部暴发性流行。该病的宿主范围非常广，它可以感染多种鸟类和哺乳动物，感染人则引起相应的各种疾病。其中鹦鹉和鸽子是鹦鹉热衣原体的主要宿主。禽衣原体可通过空气气溶胶飞沫快速传播，也可以通过分泌物、排泄物直接接触途径而引起感染，有报道指出其还可以通过鸡胚垂直传播。

1929—1930年间，美国由于引进亚马逊绿鹦鹉从而引发了鹦鹉热衣原体病在欧洲、美洲的大流行，相继12个国家报道了该病的发生与流行。鸽子鹦鹉热衣原体的感染情况类似于鹦鹉，多呈现慢性感染。家禽中火鸡和鸭子对禽衣原体病很易感，火鸡常表现为暴发感染，且血清D型鹦鹉热衣原体会导致火鸡较高的死亡率。1983年，Chalmer等人从北京鸭眼结膜中成功分离出鹦鹉热衣原体，郭玉璞教授也报道从北京鸭中分离获得高致病力的鹦鹉热衣原体。家鸭感染病毒性肝炎时，鹦鹉热衣原体的感染概率增加。应用抗酸染色和荧光抗体染色方法在疑似病鸭的喉头拭子和气囊黏膜中衣原体抗原检出率14.2% ~ 50.0%。除此之外，低致病力的鹦鹉热衣原体广泛存在于商品化肉鸡中，呈现局部流行性特点。蛋鸡输卵管囊肿的患病鸡中鹦鹉热衣原体抗原检出率高达40%，证明输卵管积水、产蛋性能低下与衣原体感染紧密相关。家禽对鹦鹉热衣原体的抵抗力较强，通常感染后不表现临床症状，但是当家禽衣原体与禽偏肺病毒（aMPV）、鼻气管鸟疫杆菌（ORT）、大肠杆菌（*E.coli*）或其他免疫抑制性疾病时候，发病率和死亡率显著增加。

近年来，随着集约化养殖业的发展，禽鹦鹉热感染率的不断上升，该病已逐渐从家禽向与之密切接触的人群蔓延。Gaede等人报道了德国的11个中型城市中100多个养鸡场暴发鹦鹉热衣原体的感染，其中一个养鸡场的24名饲养员出现流感样症状，结合病原分离和分子生物学诊断显示饲养员们感染了鹦鹉热衣原体，从病情较为严重的3名患者体内分离到的鹦鹉热衣原体均属于基因A型；2008年匈牙利暴发了两起严重的鹦鹉热病，均由鹦鹉热衣原体感染所致，对其中一起使用阿莫西林，病人因治疗无效而死亡；2009年从法国家禽饲养场的3名患肺炎症状的工人体内分离获得了新的禽衣原体，被命名为无症状禽衣原体。

【发病机理】

1．对宿主细胞的直接作用

（1）掠夺营养和能量　衣原体进入细胞内，以获取衣原体繁殖过程中所需的营养物质，如鞘脂类、胆固醇和甘油磷酸酯类。不同的衣原体可能通过不同的机制从宿主细胞中获取能量，同种衣原体也可以通过多种不同的方式从宿主细胞中获得能量。如发现鹦鹉热衣原体几种获取营养方式：线粒体途径和ATP/ADP转位酶途径，在ATP转位过程中主要外膜蛋白（MOMP）发挥类似孔蛋白的作用。还有人认为衣原体包涵体的多形性增加了包涵体的面积，可促进衣原体与宿主细胞物质和能量的交换。

（2）对细胞凋亡的影响　目前认为衣原体对凋亡的调控有明显的时效性，在感染初期可抑制宿主细胞凋亡，而在感染后期则诱导宿主细胞凋亡。宿主细胞过早凋亡则会抑制衣原体的繁殖，禽衣原体通过巨噬细胞为感染载体，实现全身感染。感染后组织细胞凋亡，诱导衣原体持续性感染，引起一些慢性疾病如动脉粥样硬化的形成。

（3）影响NF-κB信号通路　影响NF-κB信号通路是衣原体调节宿主细胞免疫系统功能的机制之一。衣原体感染后，可能通过以下机制使NF-κB活化受阻：①尾特异性蛋白酶（TSP，Ct441）和衣原体蛋白酶样活化因子（CPAF）可将NF-κB水解成p40和p20。②衣原体还可以通过调节泛素介导的蛋白质降解来阻碍NF-κB活化途径。

2. 衣原体感染引起的免疫病理损伤　衣原体引起的炎症损伤很大程度上是由免疫病理反应引起的，包括固有免疫和适应性免疫所致的损伤。

（1）固有免疫反应引起的损伤　衣原体感染后，早期即诱导非特异性免疫细胞，如单核细胞、巨噬细胞、自然杀伤细胞、神经胶质细胞产生一系列的前炎性因子，如IL-1β、IL-6和TNF-α以及γ-IFN、IL-8等。而这些炎症细胞因子通过多重效应参与炎症过程，进一步引起中性粒细胞、单核细胞等局部浸润，加重局部组织损伤。另外，衣原体可在吞噬细胞内存活，并刺激巨噬细胞产生TNF-α而诱导邻近T细胞凋亡。

（2）适应性免疫引起的损伤　衣原体感染机体后能诱导机体产生特异性的抗体，对于衣原体阻断再次感染非常重要。衣原体诱导的特异性抗体主要有IgM和IgG等，这些抗体对衣原体的清除能力比较有限，高效价的抗体可能通过激活补体、ADCC等机制造成相应的病理损伤。

（3）适应性细胞免疫引起的损伤　当Th1细胞免疫应答强度合适时，能清除衣原体感染，发挥免疫保护作用；当机体产生的Th1细胞免疫应答不足以清除病原体时，其产生的炎性因子则导致炎性损伤，引起慢性感染；如果Th1细胞免疫过强，则会引起迟发型超敏反应（DTH）同样导致病理损伤。

【症　状】

衣原体病病症的严重程度差异颇大，这取决于易感禽的种类和年龄及流行株毒力的强弱。临床上以心包炎、结膜炎、窦炎、气囊炎和肺炎为特征。患病家禽精神萎靡、不食、羽毛凌乱。眼和鼻流黏性脓性分泌物、腹泻、死前消瘦和严重脱水。鸽子感染后精神沉郁、厌食、拉稀、结膜炎、眼睑肿胀、呼吸困难并伴有呼吸啰音。雏鸭发病表现为食欲不振、肌肉震颤、运步失调、衰竭、眼和鼻流出浆液性或脓性分泌物，腹泻排淡绿色水样稀粪，常在惊厥中死亡，雏鸭一般死亡率较高，成年鸭多为隐形感染。火鸡患病后体温升高、精神委顿、厌食、排出黄绿色胶状粪便和消瘦，病死率可达30%，严重感染的母火鸡产蛋率迅速下降。幼雏容易感染后消瘦、厌食、眼结膜发红和瘙痒。产蛋鸡感染后外表健康、鸡冠鲜红、蛋壳褪色呈红白相间（俗称阴阳蛋），腹腔中大量积液（俗称“水裆鸡”），产蛋量维持在60%～70%。人感染后出现流感样症状，严重时会引起肺炎。

【病理变化】

剖检病死家禽后发现肝脾肿大、纤维素气囊炎（见彩图5-13-4）、心包炎和肺炎（见彩图5-13-5）。火鸡尸体剖检肝脾肿大，呼吸道、腹膜和心外膜呈现纤维性脓性渗出物。死鸭剖检后见脾肿大，肝脏局灶性坏死、浆膜炎和肺炎。死鸡可见脾肿大呈深红色与白色斑点相间，肝肿大呈棕黄色，肝周炎，腹腔内积有大量渗出物（见彩图5-13-6），蛋鸡输卵管囊肿（见彩图5-13-7）。死鸽剖检可见肝肿大出血、脾肿大、腹腔积液，肠内容物为黄绿色胶冻状或水样。

【诊　断】

1. 抗原检测

（1）组织化学染色　疑似感染鹦鹉热衣原体的发病动物可以直接采集喉头拭子或者肺脏、气囊、肝脏、脾脏等直接涂片，以预冷丙酮或甲醇-丙酮混合液（1∶1）固定10 min，PBS 溶液洗涤后经姬姆萨、Macchiavello或Gimenez染色，均可以用于检查衣原体是否存在。直接染色镜检方法操作简单、检测快，但是敏感性和特异性一般，结果判定需要有丰富的检查经验，而且判定主观性较强，尤其辨认衣原体的原体和网状体相当困难，当视野中发现5个以上包涵体，可以初步诊断为衣原体感染阳性。

（2）免疫组织化学染色　免疫组织化学染色可用来检测组织样品中的衣原体。优点是敏感性高于组织化学染色，缺点是对操作人员技术要求高，需要避免内源性过氧化物酶的非特异性反应。大多数免疫组织化学染色程序可以获得令人满意的结果。其中一抗的选择较为关键，它既可以是单克隆抗体也可以用多克隆抗体。单克隆抗体抗外膜蛋白，具有型特异性，而多克隆抗体抗脂多糖，具有属特异性。与多克隆抗体相比较，单克隆抗体可直接确定种属分型，且明显降低了非特异性。

（3）病原分离与鉴定　疑似病例样本镜检中未能发现衣原体包涵体或者仅有少量（疑似）包涵体时，衣原体病原分离与鉴定可以大大提高实验室诊断的准确度。禽衣原体临床分离方法有鸡胚法和细胞培养法。

1）鸡胚分离培养　将接种液0.3 mL接种于6～7日龄SPF鸡胚的卵黄囊内，39℃孵育（高温可加快衣原体的增殖速度）。逐日观察，衣原体感染后会导致卵黄囊膜的血管堵塞，血管脱落形成瘀血带或瘀血块，胚胎活力下降和胚胎死亡，一般接种后3～10 d内鸡胚死亡。未致死的鸡胚，还要再盲传2代。3～10 d内死亡的鸡胚，收获卵黄膜涂片，以染色镜检、免疫荧光或分子生物学方法完成临床样品的鉴定。近年来，研究表明SPF鸡感染衣原体情况严重程度不一。不同周龄SPF鸡所产种蛋卵黄膜携带衣原体阳性率为16.7%～50.0%，通过不同种类SPF鸡胚源疫苗进行禽衣原体检测，进一步证实SPF 鸡胚源禽用疫苗衣原体的污染可能与SPF 种鸡感染衣原体相关。这些研究结论充分表明，用SPF 鸡胚分离法分离和鉴定衣原体，必须排除衣原体的感染，否则应利用细胞培养方式进行分离。

2）细胞分离培养　细胞培养法是分离衣原体最便捷的方法。常用的细胞系有BGM、McCoy、Hela、Vero、L929细胞等。当细胞长成单层时加入疑似接种物，经离心后，将接种物倒掉，加入衣原体生长液，继续培养30～48 h，固定、染色、镜检或其他方法鉴定，阴性样品盲传3代后再次鉴定。

（4）免疫荧光技术　直接荧光抗体技术（Direct Fluorescence Antibody，DFA）是以荧光素标记的鹦鹉热衣原体单克隆抗体结合衣原体抗原，再用荧光显微镜观察检测衣原体的技术。方法是将衣原体荧光素标记的抗体加入到被感染的细胞，37℃湿润环境下孵育30 min。用PBS清洗爬片3次、晾干、封片后在荧光显微镜下检测，包涵体发绿色荧光。目前，英国Oxoid公司供应的商品化IMAGEN衣原体直接免疫荧光检测试剂盒，就是利用FITC标记的衣原体LPS的单克隆抗体检测衣原体属所有种衣原体的原体、网状体或包涵体等。应用抗禽衣原体特异性抗体和FITC标记的二抗，建立了间接免疫荧光试验（Indirect Fluorescence Antibody，IFA）用于检测衣原体（包涵体）。荧光抗体技术特异性强、敏感性高，是衣原体抗原鉴定比较理想的方法。

（5）酶联免疫吸附检测　酶标衣原体单克隆抗体是检测标本中是否存在衣原体抗原的理想试剂。该类试剂（盒）多用于检测脂多糖（LPS）、主要外膜蛋白（MOMP）等的抗原位点，这些试剂盒报道可用于禽类衣原体检测，但是，尚缺少商品化的检测家禽衣原体试剂盒。因为衣原体LPS同某些革兰阴性菌具有相同表位（群特异性反应抗原），该类试剂（盒）检测时会出现交叉反应而导致假阳性结果。所以，需要结合临床症状或其他检测方法予以确认。以PCE-ELISA（Dako Cytomation）检测北京地区家禽抗原阳性率达58.7%，PCE-ELISA法测定抗原最大的优势在于可以很好地进行定量，其强阳性、弱阳性结果容易识别，适合做流行病学调查工作。但是，PCE-ELISA试剂盒成本高昂，敏感性低，已经退出销售市场。

（6）聚合酶链式反应

1）普通的聚合酶链式反应（PCR）　PCR是一种快速、敏感的病原检测方法。PCR法主要是针对MOMP、16S rRNA和23S rRNA基因来设计引物。样品或使用的PCR方法不同，试验的敏感性和特异性不同。PCR 检测方法的敏感性高于细胞培养法和ELISA法，然而其他两种方法的检测特异性明显高于 PCR法。这是因为普通 PCR引物单一，无法满足在衣原体种属鉴定上所需的特异性。该方法在琼脂糖凝胶电泳过程中还存在PCR扩增产物分离效果差，交叉污染会导致假阳性或假阴性结果。从而会影响临床诊断，导致误诊或漏诊。

2）限制性片段长度多态性聚合酶链反应（RFLP-PCR）　PCR-RFLP的基本原理是用PCR扩增目的DNA，扩增产物再用特异性内切酶消化切割成不同大小片段，直接在凝胶电泳上分辨。不同等位基因的限制性酶切位点分布不同，产生不同长度的DNA片段条带。根据衣原体 MOMP 基因的保守区和可变区分别设计衣原体科特异性引物和种特异性引物，经过PCR反应对相应的衣原体菌株进行扩增，然后利用 RFLP 分析该PCR扩增产物。不仅可以达到对衣原体血清型分型的目的，而且还可以利用 RFLP 分析衣原体的致病力差异。

3）实时荧光定量PCR（Real-time PCR）　传统的PCR只能定性检测某一病原，Real-timePCR不仅能定性检测还能定量检测样品中出现的抗原数量。Real-time PCR技术，是指在PCR反应体系中加入荧光基团，利用荧光信号累积实时监测整个PCR过程，最后通过标准曲线对未知模板进行定量分析的方法。它主要用于检测属特异性基因，如23S rRNA检测最低限度是1个基因拷贝。与常规PCR相比，它具有特异性更高、有效解决PCR污染问题、自动化程度高的特点，同时它避免了传统PCR以终产物监测定量产生的偏差，提高了试验的重复性。

①荧光法 SYBR green　在PCR反应体系中加入SYBR荧光染料，SYBR荧光染料特异性地掺入DNA双链后，发射荧光信号，而不掺入链中的SYBR染料分子不会发射任何荧光信号，从而保证荧光信号的增加与PCR产物完全同步。用Real-Time PCR与免疫荧光方法检测4种衣原体临床样本的结果表明Real-Time PCR

敏感性均在96%～98%，特异性均为100%，符合率达97%以上。批内和批间重复性试验表明本方法的准确性高。

②探针法 Taqman Probe PCR扩增时在加入一对引物的同时加入一个特异性的荧光探针，该探针为一寡聚核苷酸，两端分别标记一个报告荧光基团和一个淬灭基团。探针完整时，报告基团发射的荧光信号被淬灭基团吸收，PCR扩增时，Taq酶的5′-3′外切酶活性将探针酶切降解，使报告荧光基团和淬灭荧光基团分离，从而荧光检测系统可接收到荧光信号，即每扩增一条DNA链，就有一个荧光分子形成，实现了荧光信号的积累与PCR产物形成同步，显著提高了定量检测的敏感性、特异性和重复性，同时可以在较短的时间内得到准确的结果。用该方法检测标准DNA模板，检测灵敏度高于普通PCR的100倍。Menard 等人分析了5种血清型鹦鹉热衣原体包涵体膜上的 *incA*基因序列差异，设计了探针法TaqMan real-time PCR，可以鉴别临床的鹦鹉热衣原体和流产衣原体。

（7）DNA微阵列技术 DNA微阵列（DNA microarray）是一块带有DNA微阵列涂层的特殊玻璃片，在数平方厘米的面积上放着数千或数万个核酸探针，样品中的DNA、RNA等与探针结合后，借由荧光或电流等方式检测，DNA微阵列技术为传染病的诊断开创一个新的局面。样品中的DNA被大量探针检测，这些探针来自多形性基因片段或不同的基因组区域。特异性的微阵列杂交测试相当于重复检测某个基因位点，获得比PCR更敏感的差异数值。A（Array）T（Tube）微阵列技术敏感性高的原因在于设计了来自 *OmpA*基因VD2 和 VD4区域35种杂交探针。DNA微阵列分析能用来检测和鉴定所有衣原体种，多用于鹦鹉热衣原体的检测，它已成为一种衣原体的参考检测方法，它的敏感性和Real-time PCR相同，特异性比Real-time PCR更好，该方法可以检测衣原体混合感染的临床样品，还可以从中检测出尚未被发现的衣原体新种。

2. 血清学检测

（1）补体结合试验 补体结合试验（Complement fixation test，CFT）是OIE 规定的动物衣原体病的标准检测方法。当检测结果为高滴度抗体（家禽≥64）表明鸡群近期感染过衣原体病。如果检测出来的抗体滴度低，则10～14 d 以后重新检测，检测滴度是否有变化。滴度升高4 倍以上可以诊断目前衣原体正在感染。它主要用于衣原体病的定性诊断，但大多数禽类的血清与相应抗原反应形成的复合物却不能和补体结合，这时补体则参与绵羊红细胞和溶血素这一溶血指示系统反应，使阳性血清和阴性血清一样呈完全溶血，无法判断结果。改良后的补体结合试验主要用于抗体的检测，它与直接补体结合试验的不同在于它是将未加热的不含衣原体抗体的血清加到补体稀释液中，提高了补体结合试验的敏感性。此方法的优点是所用的试剂容易制备和标准化，检测那些抗体不能正常结合豚鼠补体的禽类血清。缺点是补体结合试验操作繁琐、时间长、需要较高的专业知识，因此在临床应用中受到许多限制。

（2）原生小体凝集试验 原生小体凝集试验（EBA）是检测禽衣原体病最有效的血清学方法，此方法只检出感染早期出现的IgM，用该方法检查鹦鹉等观赏鸟，滴度达到10或大于20时，说明禽已感染衣原体。

（3）间接血凝试验 衣原体自身没有吸附动物红细胞的特性，通过人工耦合把衣原体抗原结合到醛化红细胞表面形成致敏的红细胞，通过结合的抗原与待检样品中衣原体抗体反应，间接导致红细胞凝集，反映出样品中衣原体的抗体水平。Lewis等人比较了间接血凝（Indirect hemagglutination，IHA）试验与CFT的敏感性，结果表明IHA的敏感性比CFT高出2～40倍。该方法操作程序简单、不需要特殊仪器，但是有时会出现非特异性反应，不同地方生产的血凝诊断试剂盒存在批次间差异，检测结果也存在差异。竞争性ELISA

（R-Biopharm）与IHA两种试剂盒检测525临床血清，其阳性率分别为73.3%和24.2%，证实ELISA检测的敏感性远远高于IHA，但IHA用于检测鸭血清的敏感性较高，但检测肉鸡、蛋鸡血清样品，反应结果难以阅读，且不同批次试剂盒反应结果不稳定，影响了检测的结果和血清流行性的评价。

（4）酶联免疫吸附试验　酶联免疫吸附试验（Enzyme-linked immunosorbent assay，ELISA）是用于血清抗体检测的常用方法。包被抗原主要以LPS、MOMP、Pmps为主。以*OmpA*的可变区为模板合成多肽抗原VD2、VD4-1和VD4-2，以此多肽抗原和LPS分别建立peptide-ELISA和LPS-ELISA，可以检测禽衣原体抗体，鉴别流产衣原体和家畜衣原体。吴宗学以重组MOMP蛋白作为包被抗原建立间接ELISA，抗体检测结果与IHA结果符合率为76.7%，灵敏度95.7%，特异性100%。

（5）免疫胶体金法　免疫胶体金技术是以胶体金作为示踪标志物应用于抗原抗体的一种新型的免疫标记技术。国内已经成功研制多款衣原体胶体金试纸条，如用于肺炎衣原体抗体检测、沙眼衣原体和鹦鹉热衣原体抗体胶体金检测试纸，后者的优点是使用方便、快捷，但是敏感性和特异性低，影响了推广和应用。

综上所述，尽管鹦鹉热衣原体的检测方法众多，细胞培养和免疫荧光染色是检测的“金标准”。Real-time PCR、*OmpA*基因扩增和测序用于检测临床喉头拭子和新鲜粪便样品。改良抗酸染色、荧光染色、抗原PCE-ELISA和PCR检查临床样本的阳性率不同，其检出率依次增加。

根据不同检测目的，改良抗酸染色法可以作为家禽衣原体初步诊断，荧光抗体直接染色法检测临床样本特异性强，用于确诊，DNA微阵列技术用于确定基因型和鉴定新分离株。在检测抗体方面，初筛可以使用间接血凝试剂盒，MOMP-ELISA适合做血清流行病学调查工作，提高检出率。

【防治措施】

衣原体病的防治应采取综合措施，特别是杜绝引入传染源，控制感染动物，阻断传播途径。加强禽畜的检疫，防止新传染源引入。保持禽舍和畜栏的卫生，发现病禽要及时隔离和治疗。

禽衣原体免疫与细胞免疫有关，衣原体灭活疫苗不能激发接种禽体内的细胞免疫应答，免疫后畜禽仍可暴发疾病。虽然对禽的衣原体DNA疫苗进行了多年的探索和开发，但是尚未有商品化的疫苗上市和应用。消毒仍在预防禽衣原体病方面起着非常重要的作用，如0.1%福尔马林、0.5%石炭酸 24 h内，70%酒精数分钟、3%过氧化氢片刻，均能将其灭活衣原体。在治疗方面，禽衣原体对青霉素、四环素、红霉素、金霉素、强力霉素和喹诺酮类等抗生素敏感，推荐的用药时间连续14 d。但已经报道衣原体对链霉素、四环素、红霉素、杆菌肽等产生了耐药性。因此，临床用药前，应该进行药敏试验进行筛选。近几年的临床调查显示我国禽衣原体病已广泛存在，尤其禽的饲养密度越大，感染率增高，与其他呼吸道病原混合感染的概率增大，造成的经济损失和人兽共患的风险更加严重。

【公共卫生意义】

由于禽鹦鹉热衣原体，不仅能够引起多种禽类的衣原体病，同时易于感染家禽饲养人员、管理人员及其他与禽类密切接触人员等，在动物和人形成循环交叉感染，严重威胁社会公共卫生的安全，因此具有重要的公共卫生意义。人一旦感染鹦鹉热衣原体病，其病情因人和毒株强弱而异：有时呈流感样症状，如寒颤、发热、头痛和厌食；有时会表现干咳、呼吸困难；有时会发生腹泻、头昏和呕吐。严重的病例表现心肌炎、心内膜炎、肾病、脑炎、脑膜炎和脊髓炎。欧洲和北美地区已经投入巨额经费加大对鹦鹉热衣原体病进行研究，建立了健全的报告和处理机制，以及保护高危人群措施。我国对禽衣原体病的研究大多还停留在血清学的调查和病原分离上，缺少敏感性、特异性高的诊断试剂，影响了临床病例的确诊。同时，缺少疗效高、成本低的疫苗，严重阻碍了我国禽衣原体的防治。

【展　望】

在经济全球化、国际贸易频繁，国际间的畜禽品种及畜禽产品的贸易往来日益加快的情况下，如检疫立法不严、措施不当和缺少高危人群保护措施，通过引进种禽和宠物鸟，鹦鹉热衣原体传入我国的概率将增大。所以应该加强对进口种禽、观赏鸟和赛鸽的检疫力度，从而切断高致病性鹦鹉热衣原体传入我国。

在禽衣原体诊断方法上，应尽快开发敏感性、特异性高的抗原和抗体检测试剂盒，现有的间接血液凝集试剂盒（IHA）敏感性低，无法区分鹦鹉热衣原体、流产衣原体和家畜衣原体，影响了对不同衣原体感染的鉴别诊断。

在禽衣原体防治措施上，应尽快开发高效、稳定和成本低廉能诱导细胞免疫的活载体疫苗、新型佐剂疫苗和基因缺失疫苗。同时，衣原体治疗上开展耐药性检测和进行预警分析，指导临床用药，减少耐药性增加的风险和用药失败问题。

（何诚　韩娥）

第十四节　坏死性肠炎

（Necrotic enteritis）

【定义及历史概述】

坏死性肠炎（Necrotic enteritis）又称肠毒血症，是由产气荚膜梭菌引起的一种急性传染病。主要表现为病鸡排出黑色间或混有血液的粪便，该病是由A型或C型产气荚膜梭状芽胞杆菌引起的一种散发性疾病，主要引起鸡和火鸡的肠黏膜坏死。1961年英国Parish首次报道，并成功地用一株魏氏梭菌复制了本病，随后世界各地都有本病发生和流行的报道。

【病原学】

本病的病原为A型或C型产气荚膜梭状芽胞杆菌，又称魏氏梭菌（*Clostridium welchii*）。该菌在自然界分布极广，土壤、饲料、污水、粪便及人畜肠道内均可分离到。该菌是两端钝圆的大杆菌，没有鞭毛不能运动，在动物体内有荚膜形成是本菌的特点。可形成芽胞，呈卵圆形，位于菌体中央或近端，不比菌体大。革兰染色阳性。此菌为严格厌氧菌，易于生长，发育迅速。在血液琼脂培养基上形成圆形、光滑隆起的大菌落，表面有辐射状条纹，呈现双重溶血环，内环完全溶血，外环不完全溶血。

可用鉴别培养基进行产气荚膜的鉴定。大多数菌发酵葡萄糖、麦芽糖、乳糖和蔗糖，不发酵甘露糖醇。水杨苷发酵不稳定。发酵的主要产物有乙酸和丁酸。可液化明胶，石蕊牛乳阳性，吲哚阴性。在蛋黄琼脂上生长，说明该菌产生卵磷脂酶，但不产生脂酶。如果在蛋黄琼脂平板的另一半上浇注产气荚膜梭菌抗毒素后，传代再厌氧培养过夜，在浇灌抗毒素的那一半板上，则沉淀线很弱或没有，而在没有抗毒素的另一半琼脂上可见到菌落周边有沉淀线。

A型魏氏梭菌产生的α毒素，C型产气荚膜梭菌产生的α、β毒素，是引起感染鸡肠黏膜坏死这一特征性病变的直接原因，这两种毒素均可在感染鸡粪便中发现。试验证明由A型梭菌肉汤培养物上清液中获得的α毒素可引起普通鸡及无菌鸡的肠黏膜病变。除此之外，本菌还可产生溶纤维蛋白酶、透明质酸酶、胶原酶和DNA酶等，它们与组织的分解、坏死、产气、水肿及病变扩大和全身中毒症状有关。

【流行病学】

坏死性肠炎的自然发病日龄为2周龄至6月龄。大多数报道表明，饲养在垫料上的肉鸡的发病日龄一般为2～5周龄。有3～6月龄地面平养商品蛋鸡发病的报道，有12～16周龄笼养后备蛋鸡暴发坏死性肠炎的报道，有笼养成年商品蛋鸡发病的报道。正常鸡群的发病率为1.3%～37.3%不等，多为散发。随着我国肉鸡业尤其是地面垫料平养肉鸡的快速发展该病的发生报道越来越多。

产气荚膜梭菌主要存在于粪便、土壤、灰尘、污染的饲料、垫草及肠内容物中。带菌鸡、病鸡及发病耐过鸡为重要传染源，被污染的饲料、垫料及器具对本病的传播起着重要的媒介作用。本病主要经消化道感染发病。

【发病机理】

坏死性肠炎的病理学变化是由中段肠道中产气荚膜梭菌生成和释放的α和β毒素导致的，对正常肠道中产气荚膜梭菌的数量与意义存在较大争议，即产生毒素的起始阶段及健康和病禽肠道中梭菌相对数量多少的意义。某些研究表明，产气荚膜梭菌是健康禽肠道中主要的专性厌氧菌。然而，其他研究表明从新孵化到5月龄的健康禽小肠中仅有零星的少量的梭菌。这似乎表明肠道中产气荚膜梭菌的组成是由禽的健康状况决定的。对患坏死性肠炎的禽群来说，单群的分离株倾向于单一克隆株，不同群的分离株具有不同的克隆菌群。另一方面，健康禽群的分离株具有更加多样化产气荚膜梭菌群。

诱发细菌毒素产生的过程仍不清楚，但已明确的是毒素能够引发坏死性肠炎的病变和典型临床症状。毒素是一种磷脂酶C神经鞘磷脂酶，能水解磷脂，导致黏膜结构破坏，因而激发花生四烯酸级联反应，诱导一系列炎性介质的产生，如白三烯、前列环素、血小板凝集因子和血栓素。这些炎性介质可导致血管收缩、血小板凝集和心肌功能紊乱，最终导致急性死亡。β毒素可导致肠道黏膜发生典型的出血性坏死。

球虫感染及肠黏膜损伤是引起本病发生的一个重要因素。此外，饲料中蛋白质含量增加或小麦含量过高、滥用抗生素、高纤维性垫料或环境中产气荚膜梭菌增多等各种诱发因素的影响，均可促使本病的发生。

鸡群饲养密度过大、通风不良、消毒不彻底、鸡舍环境卫生差等不良因素均可诱发该病。肉鸡在限饲阶段，因饲喂不能定时定量、饮水不清洁等，造成肉鸡暴饮暴食而引起肠黏膜损伤，这也是导致该病暴发的潜在因素。

近年来，我国多种因素引起的鸡腺胃炎病广泛流行是诱发该病发生的重要因素之一，腺胃炎的发生使饲料的消化吸收彻底破坏，中后段肠腔内营养物质严重过剩，为梭菌的大量增殖创造了物质条件。应激反应导致的菌群紊乱也是该病发生的重要诱发因素。

【症　状】

自然病例表现严重的精神委顿、食欲减退、懒动、腹泻及羽毛蓬乱。临床经过极短，常呈急性死亡。严重者常见不到临床症状即已死亡，少见慢性经过。病程稍长的病例可见病鸡精神沉郁，羽毛粗乱，食欲不振或废绝，腹泻，排红色乃至黑褐色煤焦油样粪便，有的粪便混有血液和肠黏膜组织。一般情况下，该病的发病率为13%～ 37. 3%，但有时肉仔鸡的发病率、死亡率高达40%。亚临床症状型主要发生于肉用仔鸡，使其23日龄以后的生长速度明显变慢，特别是24～30日龄的生长速度降低特别明显。

【病理变化】

1. **剖检病变** 病变主要在小肠的后段，尤其是回肠和空肠部分，盲肠也有病变。肠壁脆弱、肠管扩张、充气，肠壁增厚，肠腔内容物为混有血液的褐色或黑色稀粪，肠壁充血，有出血点；肠黏膜上有大小不等、形状不一的麸皮样坏死灶，病情严重的形成坏死性伪膜，易剥落（见彩图5–14–1和彩图5–14–2）。其余肠管有不同程度的充血或出血性炎症。肠管因坏死而失去固有弹性，稍微用力即可使肠管断裂。实验感染病变显示，感染后3 h十二指肠及空肠呈现肠黏膜增厚、色灰；感染后5 h肠黏膜发生坏死，并随病程进展表现严重的纤维素性坏死，继之出现白喉样伪膜。

2. **组织学病变** 自然感染病例的组织病变特征是肠黏膜严重坏死，坏死灶表面附着大量纤维素及细胞碎片。病变最先发生在肠绒毛顶端，上皮细胞坏死脱落，细菌在暴露的固有层组织上定殖，伴有组织凝固性坏死。坏死灶周围有异嗜细胞浸润。随着病程延长，坏死区域由微绒毛顶端向隐窝深入，坏死可深入肠道黏膜下层和肌层。细胞碎片上常黏附许多大杆菌。耐过禽出现细胞再生性变化，包括隐窝上皮细胞增生，有丝分裂象细胞增多。上皮细胞以立方上皮细胞为主，杯状和柱状上皮细胞相对减少，肠绒毛变短变平。在许多病例中，肠道内也可见各种有性和无性阶段的球虫。

【诊　断】

1. **病原分离与鉴定** 根据流行病学特点和特征性病理变化可作出初步诊断。本病的确诊主要靠病料涂片镜检及病原菌的分离鉴定。临床上，从坏死性肠炎病例的肠内容物、肠壁刮取物或出血性淋巴集结中采样，接种血液琼脂平板37℃厌氧培养过夜，很容易分离出产气荚膜梭菌。革兰染色，镜下可见到大量均一的革兰阳性、短粗、两端钝圆的大杆菌，呈单个散在或成对排列。着色均匀，有荚膜。在陈旧培养物中偶见芽胞。据报道在进行人工试验感染中，给易感鸡接种球虫卵囊和产气荚膜梭菌培养物可成功地复制本病。另据报道，以肠内容物的纯培养物接种小鼠，腹腔接种每只0.8 mL，10 h后可致死小鼠，病变与自然病例相同。用相同方法接种鸡可见临诊上出现黑红色粪便，但不能致死，剖杀后可见小肠下1/3处有轻度病变。

2. 鉴别诊断 注意将本病与溃疡性肠炎、布氏艾美耳球虫和巨型艾美耳球虫感染相鉴别。溃疡性肠炎由鹌鹑梭菌感染所致；其特征性剖检病变为小肠远端及盲肠上有多处坏死和溃疡病灶，肝脏有较大的坏死灶。如前所述，坏死性肠炎的病变仅局限于空肠和回肠，而盲肠几乎没有或没有病变，肝脏也不见坏死灶。这些特征可区分坏死性肠炎和溃疡性肠炎，分离和鉴定病原后即可确诊本病。布氏艾美耳球虫感染引起的剖检病变与该病相似，但镜检粪便涂片、肠黏膜触片和肠道切片即可证明有无球虫存在。最后要提醒的是，坏死性肠炎和球虫病常同时发生于同一鸡群。因而，确诊时需要检测一种或两种病原。

【防治措施】

1. 管理程序 环境中存在致病菌且重复发生该病时，需在禽舍地面灰土中添加NaCl（0.35 kg/m^2），而后彻底清除可预防该病的复发。其他研究表明，将鸡饲养于酸化垫料上可降低产气荚膜梭菌的水平传播。用5%次氯酸钠溶液或0.4%季铵盐溶液对可搬用式容器进行清洗消毒也可显著降低产气荚膜梭菌的复发率。

2. 免疫接种 针对产气荚膜梭菌及其毒素的疫苗进行主动免疫和被动免疫可提供良好的保护，有助于防止感染。用产气荚膜梭菌菌株免疫雏鸡，而后用抗生素进行治疗，可防止产气荚膜梭菌的攻毒感染。口腔免疫接种缺失α毒素的活毒株时，也可提供免疫保护作用。

球虫感染是发生该病的诱发因素，因而免疫球虫苗可间接预防坏死性肠炎的发生。

3. 治疗 暴发坏死性肠炎后可用青霉素、黄连素、林可霉素、杆菌肽、痢菌净、土霉素、恩诺沙星、酒石酸泰乐菌素饮水治疗。硫酸新霉素、青霉素和甲硝唑分别按0.01%的比例混饲或饮水，连用4～5 d具有良好治疗效果。杆菌肽、林可霉素、弗吉尼亚霉素、青霉素、环丙沙星及泰乐菌素拌料对预防和控制本病有效。

【公共卫生】

除了产生引发禽坏死性肠炎的毒素外，A 型和C型产气荚膜梭菌在芽胞形成过程中还可产生肠毒素。肠毒素可导致人类食物源性的疾病。A型和C型可引发两种不同的疾病：A型产气荚膜梭菌引发腹泻，C型产气荚膜梭菌可导致人的坏死性肠炎。据报道，加工后胴体产气荚膜梭菌阳性率很高，并出现因食用鸡肉而发生A型梭菌食物中毒。虽然人C型食物中毒的症状更加重，且禽群中存在C型产气荚膜梭菌，但并不是主要的食物源性病菌，因为人发生该病的概率很低。随着世界从禽料中去除促生长抗生素，人们关注最多的是产气荚膜梭菌导致的食物源性疾病是否会增加。去除这些抗生素（大多数具有抗梭菌活性）导致肉鸡临床型和亚临床型坏死性肠炎和肝炎的发病率增加，毫无疑问也会增加肉鸡加工胴体中产气荚膜梭菌的带菌率。

【展 望】

过去对该病的认识局限于有临床症状型的，现在发现了亚临床症状型的，又称温和型的坏死性肠炎。虽然没有明显可见的症状，但由于肠道有轻微的病变，所以影响消化和吸收，因此使鸡的生长速度减慢，饲料转化率下降，影响种鸡的整齐度和肉仔鸡的生长，造成较大的经济损失。

肉鸡患温和型坏死性肠炎的报道不断增加，据国外的调查，近几年来鸡坏死性肠炎的发病率增加了1倍，特别是亚临床症状型的发生率高于临床症状型的发生率。这是本病发展的新动向，应予以重视。

（刘思当）

第十五节 溃疡性肠炎

（Ulcerative enteritis）

【定义及历史概述】

1. 定义 溃疡性肠炎（Ulcerative enteritis，UE）是由肠道梭菌（*Clostridium colinum*）引起的雏鸡、火鸡和高原狩猎鸟的一种急性细菌性传染病，主要表现为突然发病和死亡率急剧增多。该病首见于鹌鹑，并呈地方流行，因此被称为鹌鹑病（Quail disease）。除鹌鹑外，许多禽类都易感染，因此后来常用溃疡性肠炎而非鹌鹑病这一名词。

2. 历史概述 在家禽饲养密集的某些地区，溃疡性肠炎是一种严重的疾病，对笼养或野生狩猎鸟均有危害性，未报道有人类感染。美国于1907年首先报道了鹌鹑病。随后的20年里，有数次鹌鹑和松鸡散发该病的报道。后来又在野生和家养的火鸡群中发现了该病。其他易感禽类包括鸽、鸡、知更鸟、雉鸡、蓝松鸡、鹧鸪、珠颈翎鹑和鹦鹉。日本鹌鹑对溃疡性肠炎的易感性有遗传学差异。Bass、Peckham和Berkhoff等详细地描述了分离和准确鉴定该病病原菌的系列事件。

【病原学】

1. 形态和染色特性 肠道梭菌（大肠梭状芽胞杆菌）又称为鹌鹑梭菌，属于革兰阳性菌，大小为1 μm×（3～4）μm，单个存在，呈直或略弯杆状，两端钝圆。在人工培养基中很少形成芽胞，一旦形成芽胞，芽胞呈卵圆形，位于次极端。产生芽胞的菌体比不产生芽胞的菌体稍长、粗。

2. 生长需要 该菌对营养要求苛刻，需要丰富的营养和厌氧条件。分离培养鹌鹑梭菌的最佳培养基为胰蛋白胨–磷酸盐琼脂（Difco），含0.2%葡萄糖和0.5%酵母提取物。将培养基pH调至7.2后，高压灭菌，待培养液冷却到56℃时，加8%的马血浆，制成平板备用。将肝脏病料接种培养基后，置35～42℃厌氧培养

1～2 d后，形成直径1～2 mm的菌落，呈白色、圆形、突起、半透明，具有丝状边缘。如用肉汤培养，需去掉上述培养基中的琼脂，接种病料后12～16 h即可观察到生长情况。生长活跃的菌株可产生气体，并持续产气6～8 h，其后菌体沉于管底。如需传代，须用生长活跃且仍产气的肉汤培养物，传代沉降菌体会失败。

3. 生化特性 本菌能发酵：葡萄糖、甘露糖、棉子糖、蔗糖及海藻糖，微发酵果糖和麦芽糖等碳水化合物。部分菌株可以发酵甘露醇，代表株之一是ATCC 27770。不发酵阿拉伯糖、纤维二糖、赤藓醇、糖原、肌醇、乳糖、松三糖、蜜二糖、鼠李糖、山梨醇和木糖。该菌的发酵产物有乙酸和蚁酸。

本菌可水解七叶苷。淀粉水解一般呈阴性；只有2株可水解淀粉。代表菌株不水解淀粉。不产生吲哚和亚硝酸盐。石蕊牛乳不变色，不消化酪蛋白。在CMC（Chopped meat carbohydrate）肉汤中生长良好。不利用丙酮酸盐和乳酸盐，不液化明胶，不产生触酶、脲酶、脂酶和卵磷脂酶。

鹌鹑梭菌与艰难梭菌最相近，可据其培养特性加以区分。艰难梭菌能液化明胶，不发酵棉子糖，而鹌鹑梭菌不液化明胶却能发酵棉子糖。

4. 对理化因素的抵抗力 本菌厌氧，能形成芽胞，因此对理化因子的变化有极强的抵抗力。鹌鹑梭菌芽胞可耐受辛醇和氯仿。鹌鹑梭菌的卵黄囊培养物在-20℃存活16年，在70℃可存活3 h，80℃ 1 h，100℃ 3 min 。

【流行病学】

溃疡性肠炎可感染多种禽类，自然条件下鹌鹑易感性最高，鸡、火鸡、鸽均可自然感染，以幼禽多发。从暴发溃疡性肠炎的知更鸟（*Turdus migratorius*）肝脏中分离出鹌鹑梭菌，这是首次发现雀形目鸟类可发生溃疡性肠炎。尽管鸡经常自然感染该病，但实验感染比较难，只有鹌鹑容易复制发病。据报道，鸡在4～12周龄、火鸡3～8周龄、鹌鹑4～12周龄多发，蛋鸡亦多发于育雏和育成阶段，成年禽少发。病禽和带菌禽为主要传染来源，病原菌通过粪便污染环境、饮水和饲料。该病在禽场发生后，由于环境被污染可造成成批的禽只不同程度的发病，呈地方流行性。

本病发生与饲养方式有一定关系，地面平养时发生本病多于笼养。禽舍卫生条件差，潮湿、拥挤、通风不良、营养缺乏是诱发本病的因素。有时还继发于其他细菌性疾病发生过程中。

鸡溃疡性肠炎常并发或继发于球虫病、鸡传染性贫血、传染性囊病或应激状态。感染过布氏艾美耳球虫（*Eimeria brumetti*）和毒害艾美耳球虫（*E. necatrix*）的5周龄鸡，人工感染鹌鹑梭菌时可复制出本病，但任何一个病原都不能单独复制出该病。这证实了球虫病对鸡群暴发溃疡性肠炎的重要作用。

自然条件下，溃疡性肠炎经粪便传播，禽类食入被污染的饲料、饮水或垫料后即被感染。由于本菌可产生芽胞，因此，一旦暴发该病，养禽场将被永久性污染。鹌鹑经口实验复制溃疡性肠炎，至少需要10^7个活菌。

发病后，康复禽或耐过禽的带菌状态还不十分清楚。但是，长期带菌禽是禽群中持续存在溃疡性肠炎的最重要因素之一。一些昆虫或节肢动物可机械地散播本病。幼鹑发病后几天内死亡率可达100%，鸡的死亡率常为2%～10%。实验感染鹌鹑后1～3 d，急性溃疡性肠炎病例出现死亡。该病通常在禽群中持续约3周，感染后5～14 d出现死亡高峰。

【症　状】

幼鹑发病常呈急性发作，无明显临诊症状突然死亡；且死亡率极高，可达100%。肉鸡或蛋鸡亦有急性病例突然死亡者，死鸡常发现肌肉丰满，嗉囊中有饲料。病程稍长的可见病鸡食欲减退，精神不振，眼半闭，羽毛蓬松。远离鸡群，独居一隅。排出的粪便常带有黏液，呈黄绿色或淡红色稀便。具有一种特殊的恶臭味。病鸡逐渐消瘦。据报道，鸡患本病发病率5%～70%不等，死亡率高达70%～80%。

【病理变化】

1. 剖检病变　最主要的变化是肝、脾和肠道，其他器官无明显病变。肝脏肿大呈砖红色或紫褐色，肝脏表面或在边缘见有粟粒至黄豆大小的黄色、灰白色或色泽不一的坏死灶，是本病肝脏的特征性变化（见彩图5–15–1）。脾脏多肿大呈黑褐色，瘀血或出血，偶有坏死点。其他脏器很少见到剖检病变。

各种禽类溃疡性肠炎的病理变化基本相似。十二指肠肠壁增厚，黏膜明显发黑并有出血（见彩图5–15–1），有时呈现不规整的块状或附有麦麸状黄白色坏死物。黏膜上有时出现坏死灶，周围有一暗红色晕圈，且从浆膜面即可看到。盲肠黏膜出血，有时有粟粒大的凸起，中间凹陷并有灰白色或干酪样坏死物的溃疡灶。有的病例则出现边缘不整齐的溃疡，其上附有灰黄色片状坏死物且高于黏膜表面。溃疡灶边缘有时见有出血。

2. 组织学病变　组织学变化表现为肝脏散在明显的坏死灶，坏死灶中肝细胞坏死崩解，内有崩解的碎片，淋巴细胞、异嗜性白细胞浸润，坏死灶边缘常可发现细菌团块，叶间结缔组织疏松，有大量红细胞、异嗜性白细胞浸润及组织崩解产物。中央静脉、叶间静脉高度扩张、充血。胆管扩张，内有胆汁淤积。脾脏小动脉、静脉内皮细胞肿胀、脱落，管壁疏松增厚，平滑肌变性。白髓内有大量红细胞，淋巴细胞稀少。局部淋巴细胞大量坏死崩解，形成大小不一的坏死灶，并有大量均质红染的物质渗出。有些病例其坏死灶内也有类似肝脏内的细菌团块。红髓、白髓界限不清。肠黏膜上皮大片坏死脱落，黏膜层呈均质无结构状，内有大量红细胞。血管高度扩张充血，与坏死区相邻的组织凝固性坏死，固有层深层组织明显水肿。黏膜下层高度增厚、疏松，有大量淋巴细胞、异嗜性粒细胞浸润。

【诊　断】

根据溃疡性肠炎的流行特点及病禽排出恶臭粪便，病死禽肝、脾肿大坏死和十二指肠、盲肠的出血溃疡等特点不难诊断，根据剖检病变即可诊断本病。确诊必须进行实验室诊断。

1. 组织压片　辅助诊断方法是用两张载玻片挤压肝坏死区，火焰固定，革兰染色，镜检有无病原菌。镜下可见大的革兰阳性杆菌、近端芽胞，有时可见自由芽胞。如有必要可取肝、脾进行病原分离。

2. 病原分离与鉴定　用肝脏病料分离病原可获得纯培养物。鹌鹑梭菌在厌氧平板上可形成白色、圆形、凸起、半透明的菌落。菌体长3～4 μm。在人工培养基上较少形成芽胞，芽胞呈卵圆形、位于偏端位置。有芽胞的菌体较无芽胞的菌体大且宽。

3. 其他诊断　目前已研制出荧光抗体，对溃疡性肠炎的诊断特异性高；剖检诊断与荧光抗体诊断结果的相关性为100%。也可用琼脂免疫扩散试验来诊断本病。肠管内容物中有高浓度的可溶性菌体抗原，可以同鹦鹉梭菌的抗血清反应。这些抗原与鹌鹑梭菌培养物滤液中的抗原一样。但这些抗原不具有种特异性，因为A型和C型产气荚膜梭菌的部分菌株具有交叉反应性抗原。梭菌种间的交叉反应性使得本方法的诊断结果不可靠。

4. 鉴别诊断 临床上应注意与坏死性肠炎、球虫病和组织滴虫病相鉴别。

坏死性肠炎主要发生于鸡，病理变化多在小肠的中后段，以肠道增粗，肠壁肥厚和坏死为特征。溃疡性肠炎可引起多种禽类发病。用怀疑死于本病的病料饲喂鹌鹑，可引起发病死亡并见到与自然病例相同的病理变化。但用死于鸡坏死性肠炎的病料喂鹌鹑则不会发病。此外，死于溃疡性肠炎病禽的病料制作涂片染色镜检可见到菌体和芽胞，而鸡坏死性肠炎的病料涂片仅可见到菌体不会看到芽胞，据此有一定的诊断意义。

鸡、火鸡和雉鸡球虫病常先发于溃疡性肠炎，或有时与溃疡性肠炎并发感染，粪便涂片或切片均可见到球虫。

发生组织滴虫病时，盲肠内有干酪样芯，肝脏坏死灶较大，呈黄豆皮样，结合肝脏组织学病变中的红染圆滴状虫体的检出，可将溃疡性肠炎与组织滴虫病区分。另外，溃疡性肠炎的脾肿大出血是该病的特征病变。

【防治措施】

1. 管理措施 由于该病病原经粪便传播，在垫料中可长期存活，所以发病的养殖场应彻底清除污染垫料，育雏应保证垫料洁净，避免鸡群过度拥挤引发鸡群应激反应和环境变差，控制球虫病，加强免疫预防措施防治病毒病的发生，病毒病可作为应激因素和/或导致免疫抑制。平时要注意改善禽舍卫生条件和加强禽群的饲养管理。一旦发病应及早确诊，隔离病禽，及时选用敏感药物进行治疗。注意对粪便、垫草的严格管理，减少环境的污染，做好舍内外的消毒。对常发病的地区，当禽群处在易感时期可采用药物进行预防，可望获得满意效果。

2. 药物防治 可选用硫酸新霉素/或黏杆菌素与氟苯尼考联合治疗，剂量为有效含量0.01%饮水或拌料。金霉素、青霉素和泰乐菌素也有一定的治疗作用。平时饲料中可添加0.01%杆菌肽锌预防该病的发生。用聚醚类药物、地克珠利、妥曲珠利、磺胺类药物预防球虫病。

（刘思当）

第十六节　鸡疏螺旋体病

（Avian borreliosis）

【病名定义及历史概述】

鸡疏螺旋体病又称鸡包柔氏病，是一种以波氏锐缘蜱和鸡刺皮螨传播的引起鸡急性、败血性传染病。

在世界范围内广泛存在，约30%的产蛋鸡群存在该病病原。国内养鸡场也存在该病，常有报道。1983年新疆首次报道该病发生，以后内蒙古、甘肃等地也陆续有鸡群发生的报道。

【病原学】

1. 病原及培养特性　本病的病原是鸡疏螺旋体（*B. gallinarum*）又称鹅疏螺旋体（*B. anserina*），属于螺旋体科疏螺旋体属。鸡疏螺旋体平均长度8～20 μm，宽0.2～0.3 μm，有5～8个螺旋，能通过0.45 μm微孔滤膜。瑞特染色呈蓝紫色，碱性复红染色呈紫红色彩（见彩图5–16–1）。微需氧，不能在普通培养基上生长，但可在含有正常鸡血清的肝素培养基上生长。培养基表面应覆盖一层石蜡或凡士林造成微氧环境。37℃培养，隔数天传代1次。病原体存在于病禽的血液中。采取病禽血液，收集血浆，于超低温条件下可长时间保存。病禽血液可间隔3～5 d在雏鸡或雏鸭体内连续传代保种。鹅包柔氏螺旋体也可在鸡胚中生长。

可能存在若干抗原性或毒力不同的菌株，但我国分离到的鸡疏螺旋体抗原性一致，同属一个血清型。康复病禽或用鹅疏螺旋体疫苗免疫后可获得坚强免疫力。

2. 抵抗力　鸡疏螺旋体对各种理化因素抵抗力不强，56℃ 15 min即可被灭活，多种常用浓度的化学消毒液均可在5 min内将其杀死，并且对多种抗生素敏感。在4～5℃可存活2个月左右。

【流行病学】

鸡、鸭、鹅、麻雀等对鸡疏螺旋体均有较强的易感性，各种日龄均可感染，但老龄禽有抵抗力。鸽有较强的抵抗力。多种野禽也具有较强易感性。

波氏锐缘蜱（见彩图5–16–2）是重要的传播媒介和储存宿主，并可经卵传至后代。发病时间与该蜱类的活动季节密切相关。鸡螨、鸡虱也可传播本病，但只起到机械传播作用。

幼禽发病、营养不良或有大量媒介吸血昆虫存在时，发病率和死亡率均较高。

【发病机理】

当波氏锐缘蜱叮咬健禽时，本菌随蜱唾液进入机体，先在肝、脾、骨髓中繁殖，4～6 d后进入血液，快速繁殖，其有毒代谢产物引起机体发热及血管周围细胞浸润和组织坏死。同时红细胞数减少，而白细胞和血内螺旋体数不断增多，感染后7～10 d螺旋体自血中消失，此时病禽可因衰竭或并发感染而死。

【症　状】

急性型：突然发生，体温明显上升可达41℃以上，初期病鸡离群呆立不动，羽毛松乱，精神不振，低头嗜睡，鸡冠始终保持红润；食欲减退，随后废绝，但饮水增加，排粪呈浆液性，分成三层：外层为蛋清样，中层绿色，最内层有散在白色块状物。病后期明显消瘦、贫血，并有黄疸，一侧或两侧翅或腿麻痹，站立摇摆，卧地不起，体温下降，体质极度衰弱，最后抽搐而死，病程一般4～5 d。

亚急性型：占发病鸡中大多数，体温持续升高，呈弛张热型，螺旋体随体温升高在体内长时间存留，病程约2周。

一过性病例少见，病初发热、厌食、垂头呆立，1～2 d后体温恢复正常，血中螺旋体消失，不治自愈。

【病理变化】

病鸡内脏出血，特征性病变是脾脏明显肿大，可达正常脾的2～3倍，甚至可达正常脾的6倍。有的病例脾脏有坏死灶；肝脏肿大、质脆、呈砖红色脂肪变性，表面有出血点和白色点状坏死灶，有的有梗塞；肺呈广泛充血、水肿、有坏死灶；肾脏肿大，呈苍白或棕黄色，输尿管有尿酸盐沉积；心肌脂肪变性，心外膜附着一层纤维素性被膜；腺胃和肌胃交界处有出血，小肠充血或点状出血，肠道存在绿色黏液样内容物；卵巢充血、出血；血液呈咖啡色、稀薄，血清呈黄绿色。

【诊　断】

临床症状和剖检变化可作为诊断的参考。螺旋体在血中的出现与体温升高有直接关系，螺旋体检出率与体温升高成正比，具有重要的诊断价值。检查新鲜尸体或体温高的病鸡血液，涂片中发现有螺旋体存在时即确诊该病。常用的方法有3种：

血涂片墨汁染色：取墨汁5 mL，加蒸馏水20 mL混合备用。将1～2滴被检血液与等量染液混合，制成涂片，待干燥后镜检，在黑色背景中，发现有无白色螺旋体。

血涂片姬姆萨染色：镜检，若在红细胞上发现“U”形、“S”形或大小不等的弧状螺旋体即可确诊。

肝、脾、肾、肺等内脏涂片：瑞特染色后镜检，发现紫蓝色螺旋体可确诊。

此外，采集病料接种鸡胚尿囊腔，2～3 d后在尿囊液中可看到螺旋体。血清学试验可用琼脂扩散、凝集试验、间接免疫荧光技术等方法，检出血清中有无特异性抗体进行诊断。

【防治措施】

1. 预防　本病的预防主要是清除和杀灭鸡舍及周围环境中鸡疏螺旋体的传播媒介——蜱。本病流行地区应定期进行环境消毒、灭蜱。常采用0.2%溴氰菊酯或3%马拉硫磷，对鸡舍墙壁、房顶、地面、鸡笼进行高压喷雾；0.05%溴氰菊酯或0.5%马拉硫磷作鸡体喷雾药浴，直至羽毛潮湿。

此外，加强饲养管理，增强家禽抗病力，特别是对引进禽只做好检疫，是预防本病不可忽视的问题。有条件的饲养场可制备自家菌苗免疫，具有较好的保护效果。

2. 治疗　将有临床症状的病鸡及时隔离饲养。土霉素是治疗鸡疏螺旋体病的高效药物，治愈率达96.7%；青霉素亦有一定疗效，但治疗后血中螺旋体仍有再现现象，可与其他药物合用，可按每千克体重用青霉素8万～10万IU，复方氨基比林0.5 mL，混合1次肌内注射，每天1次，连续2～3 d，或每只鸡肌内注射链霉素1万～2万IU，每天2次，连用3 d。同时在饮水中加入0.2%肾肿解毒药辅助治疗，缓解尿酸沉积和尿酸中毒，一般病鸡都能康复。

鸡疏螺旋体病是一种以波斯锐缘蜱和鸡刺皮螨传播，由螺旋体科的鹅包柔氏螺旋体引起的急性传染病，为消灭病原传播，切断传染源，对鸡舍内外环境进行消毒；用0.2%溴氰菊酯对鸡舍墙壁、房顶、地面、鸡笼进行喷雾，用0.05%溴氰菊酯作鸡体喷雾，直至羽毛潮湿，1天1次，连用2 d。二是本病对幼龄鸡易感染，虽然药物能达到积极防治效果，但往往因误诊而未及时采取措施，导致鸡死亡，造成经济损失，建议养殖户做好预防。

【展 望】

近些年，鸡疏螺旋体病在我国发生相对较少，研究资料也比较欠缺，对其发病特点、流行规律、致病机理、免疫机理及特异性的防控措施需要进一步深入研究和探讨。

（朱瑞良）

第十七节 鸡克雷伯菌病

（Klebsiella disease of chicken）

【病名定义及历史概述】

鸡克雷伯菌病（Klebsiella disease）是由肺炎克雷伯菌（*Klebsiella pneumonias*）引起的以危害雏鸡导致持续性腹泻和败血症为特征的疾病。

克雷伯菌是一种人兽共患病，早在1893年Friediander 首先从患大叶性肺炎病人的肺组织中分离，在分子学上属肠杆菌科克雷伯菌属。该菌在自然界中广泛分布，可通过污染的食品经口感染引起人的腹泻病。长期以来，被认为是一种条件性致病菌，对畜禽危害不大，一直没有引起高度重视。1987年刘尚高等报道过4周龄雏鸡眼炎型鸡克雷伯菌病，这对鸡克雷伯菌的了解仅是个开始。1989年，黄印尧等人在国内首次报告了母鸡带菌垂直传播导致鸡胚死亡、雏鸡发病甚至死亡的鸡克雷伯菌病。近年来对鸡患克雷伯菌病的报道逐年增多。

【病 原】

克雷伯菌是德国病理学家Friediander于1882年首先描述，故旧称弗里德兰德氏杆菌。主要分肺炎克雷伯菌、臭鼻克雷伯菌和鼻硬结克雷伯菌。其中肺炎克雷伯菌致病性较强，是重要的条件致病菌和医源性感染菌之一。

肺炎克雷伯菌是肠杆菌科（Enterobacteriaceae）、克雷伯菌属（*Klebsiella*）的细菌。本菌大小为（0.5～0.8）μm×（1～2）μm，两侧平直或膨起，两端圆突或略尖，常成双排列，也有散在的。有菌毛，为革兰阴性杆菌，常呈两极着色（见彩图5–17–1）。无鞭毛，有肥厚的荚膜，一般不能运动，在培养基上具有多形性，久经培养后失去黏稠的荚膜。

本菌在普通培养基上形成乳白色、湿润、闪光、丰厚黏稠的大菌落（见彩图5–17–2），菌落相互融合，以接种环挑之易于成长丝，此点是本菌的重要特征。在肉汤中培养数天后，长成黏性液体。在血琼脂平板中不溶血。在斜面培养基上生长后，其凝集水变成灰白色黏液状。本菌能发酵乳糖，在鉴别培养基上形成有色菌落。例如，在伊红美兰琼脂平板上长出暗粉红色，表面半球形突起，光滑、边缘整齐、黏稠的较大菌落。本菌还能发酵蔗糖、水杨苷、肌醇、侧金盏花醇、麦芽糖、葡萄糖、甘露醇，产酸产气，M.R.试验呈阴性，V–P 试验呈阳性，水解尿素，不产生硫化氢，一般不产生靛基质，不液化明胶。

根据本菌的O抗原和荚膜抗原，可将克雷伯菌分为72个血清型，肺炎克雷伯菌属于3、12型。

【流行病学】

克雷伯菌在自然界广泛分布，常存在于动物的呼吸道或肠道，可以通过污染的食物、饮水而引起人或动物腹泻性肠炎、肺炎、子宫炎及其他化脓性炎症甚至发生败血症。本病发病率和死亡率高、病程短。侵袭30日龄以上的鸡只，虽也能产生一定的病症，但常可耐过自愈而成为带菌者。存在于带菌母鸡输卵管或泄殖腔内的细菌常造成种蛋或蛋壳带菌。用污染种蛋孵化时，细菌通过蛋壳渗入蛋内增殖可致死鸡胚。幼雏通过垂直传播带菌可造成急性死亡。本病的发生与鸡舍通风不良、拥挤、卫生条件差有关。

【症　状】

种蛋带菌造成胚胎孵化后期死亡。死胚肿胀，卵黄囊液变稀变绿。孵化出的带菌幼雏表现为羽毛松乱、脐孔闭合不良、大腹、粘肛、不食等症状，1 ~ 2 d死亡。病鸡精神不振，食欲减退，或呆立鸡舍墙角，体温升高，产蛋率下降。低头缩颈，眼睛流泪。继而患眼上下眼睑肿胀，严重者肿胀蔓延至头颈部，使完全闭眼。流出浆液性或黏液脓性分泌物。约有5%的病鸡患眼同侧眶下窦肿胀突出。如单侧眼疾，对侧眼一般正常。两侧眼炎者症状较重，两眼全闭。检查患眼时，可见结膜严重充血、出血、肿胀，眼角有大量分泌物。上下眼睑内侧充血、出血。眼球肿胀，角膜易碎。由于病鸡用同侧鸡爪抓挠，使肿胀的眼睑皮肤破裂出血，形成血凝痂块，使病情加重，眼睑化脓。剪开肿胀眶下窦，可见干酪样物质。最后病鸡因衰竭而死亡。

【病理变化】

剖检病死鸡大部分呈现典型的败血症变化，肌肉出血，气管环出血（见彩图5–17–3）、内有黏液；肺脏出血或瘀血、坏死，肝表面有米粒大小或点状坏死灶、胆囊明显肿胀；肠壁变薄、内有胶冻样炎性渗出物，出血严重，尤以十二指肠为主（见彩图5–17–4）。可分4种类型：

1. 呼吸型　呼吸困难，初期肺部炎性水肿，后期气管或肺内有黄白色纤维状渗出物。

2. 肝炎型　肝肿胀，在肝表面有米粒大小或点状出血点或黄白色死灶。

3. 肠道型　肠壁增厚变薄，内附有胶冻样炎性渗出物，肠黏膜上皮坏死、出血严重，尤以十二指肠为主。

4. 败血型　各内脏器官、皮肤等不同程度的出血、瘀血变化，主要表现在黏膜处。

【诊　断】

本病没有特征性的临床症状和病理变化，与常见的大肠杆菌病、葡萄球菌病、绿脓杆菌病及变形杆菌病等表现的症状很相似。对本病的诊断应以细菌分离、生化鉴定和细菌毒力测试为依据。用消毒的接种环挑取肿胀眶下窦干酪样物，采集病死鸡心血、肝、脾、肺、肾等，分别在伊红美兰琼脂平板和血琼脂平板上划线，37℃培养24 h。根据病原部分描述的该菌的形态、培养及生化特性进行初步鉴定。最后确诊还需要进行系统的生化鉴定和致病性试验。

【防治措施】

1. 预防　从两个环节抓起，第一保护易感鸡。进雏时选健康的鸡只，加强平时的饲养管理。定期给鸡用高锰酸钾等饮水消毒，减少呼吸道或肠道中本菌数量，饮用凉开水或漂白粉消毒的水，对饲料中的常在菌使用药物抑制剂。其次消灭传染源，对于病鸡用药治疗，用金碘、威岛牌消毒剂等饮水消毒，达到净化。

克雷伯菌是条件性致病菌，当饲养管理不当、环境变化及机体抵抗力下降时，可侵入机体而引起发病。一般可通过改善饲养管理条件，加强通风换气，降低饲养密度以增强鸡群的整体抗病力。

加强环境卫生，对鸡群进行敏感药物防治并应用本场分离到的致病性强的细菌制作自家灭活苗回归本场应用。对肉鸡可在10日龄时免疫接种，对产蛋鸡可在开产前免疫接种，使鸡体产生抗体，对抗本场流行的克雷伯菌的攻击，保证鸡只健康生长。在免疫过程中添加免疫增效剂——促禽康拌料，可提高免疫效果。

2. 治疗　由于近几年本病发生越来越严重，克雷伯菌对药物能产生抗药性，因此对本病治疗应先分离细菌进行药敏试验，选择敏感药物进行治疗。

针对应激因素，用热不怕或抗热灵饮水，调节体温中枢，达到降温目的。可用5%的生物预混料添加到全价料中，达到以菌治菌，治疗效果好。用普乐威特饮水提高日采食量和日增重。

对呼吸型，可用炎瘟6号或复方新诺明片，个体治疗每千克体重1～3片，每天2次，连用3 d，服药后，一般1.5 h就完全治愈，治愈率为98%以上，为防止产生耐药性，可以轮换使用。用丁胺卡那霉素饮水，消除病变。

对肝炎型，可用黄芪颗粒拌料饮水消除炎症病变，连用3 d。

防止继发感染，选用特普一号，利福平饮水或复方大肠杆菌净饮水拌料，连用3～5 d，目的是治疗继发大肠杆菌病。用安痢或肠福康饮水治疗伴发小肠球虫病效果理想。采用百毒克或病毒灵纯品饮水治疗目的是控制继发病毒性传染病（如传染性囊病等）的发生。

【展　望】

克雷伯菌引起的动物疾病越来越普遍，越来越严重，近些年除了引起家禽发病，还可以引起家兔、羊、猪及毛皮动物等的发病。该菌在不同动物致病性各有特点，其是否可以跨种间传播、机制如何、怎样更好地防控等均需要探讨和研究。

（朱瑞良）

第十八节　坏疽性皮炎

（Gangrenous dermatitis）

【定义及历史概述】

1. 定义　坏死性皮炎（Gangrenous dermatitis）是由腐败梭菌（*Clostrdium specticum*）、A型产气荚膜梭菌（*Clostridium perfringens*）及金黄色葡萄球菌（*Staphylococcus aureus*）引起的鸡和火鸡的疾病，多表现突然发病、急性死亡。病禽的主要病变是皮肤、皮下组织及皮下肌肉渗出性、气性腐败性坏死，常波及胸部、腹部、翅膀和腿部。坏疽性皮炎又名坏死性皮炎、坏疽性皮肌炎、梭菌性皮炎、传染性皮炎、坏疽性蜂窝织炎、禽恶性水肿、气肿病、烂翅病，有时称为蓝翅病（鸡传染性贫血的症状之一）。

2. 历史　1930年有人报道经肌内注射从两只病鸡心血和肝脏分离出来的魏氏梭菌（产气荚膜梭菌）培养物后，可引起肌肉和皮下组织严重坏死。次年，有人报道因采血普查鸡白痢致外伤感染死亡后，从中分离到了产气荚膜梭菌、腐败梭菌和诺维梭菌。1939年有人报道从自然交配致外伤感染死亡的种火鸡中分离到产气荚膜梭菌、腐败梭菌和索氏梭菌。自此以后，全世界报道了鸡和火鸡的坏疽性皮炎。

【病原学】

1. 分类　坏疽性皮炎的病原为腐败梭菌、A型产气荚膜梭菌及金黄色葡萄球菌。它们有时单独致病，有时混合感染，混合感染时病情更加严重。发病率、病变严重程度和死亡率取决于感染的特殊菌株及其产生毒素的能力。

2. 形态与生长需求　分离和鉴定金黄色葡萄球菌和产气荚膜梭菌可参照本书其他章节相关疾病内容。腐败梭菌需用血琼脂平板厌氧培养，其中琼脂为2.5 %，这样可以减缓平板表面菌落蔓延生长。在37℃培养1～2 d后，取可疑菌落接种鉴别培养基可鉴定该菌。

3. 生化特性　金黄色葡萄球菌和产气荚膜梭菌的生化特性参见本书其他章节相关疾病内容。腐败梭菌发酵葡萄糖、麦芽糖、乳糖和水杨苷，不发酵蔗糖和甘露醇。发酵的主要产物有乙酸和丁酸。液化明胶，石蕊牛乳阴性，吲哚阴性。在蛋黄琼脂平板上生长，但不产生卵磷脂酶和脂酶，芽胞呈卵圆形，位于菌体的次极端。

【流行病学】

1．发生、分布与宿主 鸡群自然暴发坏疽性皮炎的日龄为17日龄至20周龄，肉鸡一般为4～8周龄。该病也见于6～20周龄的商品蛋鸡、20周龄的肉种鸡及去势鸡。此外,由于羽毛自别雌雄高产品种的市场占有率不断提高，人们饲养了大量慢羽重型公鸡，从而增加了种鸡皮肤创伤的发生率，结果导致了坏疽性皮炎的高发生率。1950年以色列报道从皮下气肿的病鸡中分离出产气荚膜梭菌。1963年起，世界各地都报道了坏疽性皮炎，包括美国、英国、德国、比利时、阿根廷、新西兰、埃及和印度。随着我国养鸡业的快速发展该病的发生报道越来越多。

据报道，种火鸡因梭菌和革兰阳性球菌感染而发生了蜂窝织炎和死亡。也有报道，出栏商品火鸡群的尾部和腹部因蜂窝织炎而大量死亡，从中分离到了A型产气荚膜梭菌。

给鸡和火鸡实验性肌内或皮下注射腐败梭菌、A型产气荚膜梭菌或金黄色葡萄球菌时复制出了坏死性皮炎，其死亡率和病变与自然病例相似。给火鸡肌注鸡腐败梭菌分离株，可使火鸡24 h内死亡，注射部位的周围出现病变。

2．传播、携带者和传播媒介 土壤、粪、尘埃、污染垫料和饲料及肠内容物中均有梭菌。葡萄球菌无处不在，是家鸡皮肤和黏膜常在菌，在孵化室、圈舍和屠宰加工厂广泛存在。

【发病机理】

该病发生的重要原因是各种因素使鸡的皮肤受到伤害从而有利于梭菌在其中增殖和分泌毒素的导致创伤，该菌能产生4种主要的外毒素，即α、β、γ、δ毒素，其中α毒素具有坏死、致死和溶血作用，能产生致死毒素、坏死毒素、溶血毒素和透明质酸酶等，是致病的重要因素。A型产气荚膜梭菌是引起人畜创伤性气性坏疽的主要病原之一，其主要致病因子为α毒素。而金黄色葡萄球菌感染的主要致病方式为引起坏死性皮炎。

在很多情况下，许多人认为坏疽性皮炎是其他病原感染造成的后遗症，如传染性囊病病毒、鸡传染性贫血病毒、网状内皮增生症病毒及禽腺病毒感染（包括包涵体肝炎病毒）致使免疫抑制。此外，有时坏疽性皮炎还与种群有关，如某一种群的子代总是发生坏疽性皮炎。若肉种鸡缺乏传染性囊病病毒抗体时，子代对皮炎的易感性增加。

传染性贫血病毒诱发的坏疽型皮炎，称为蓝翅病（BWD），病变的特征是皮内、皮下以及肌肉出血水肿，胸腺、脾和腔上囊萎缩。已从蓝翅病病鸡体内分离出多株禽呼肠孤病毒和鸡传染性贫血病毒，并用传染性贫血病毒和呼肠孤病毒混合感染成功地复制了坏疽性皮炎。坏疽性皮炎常继发于与蓝翅病有关的皮肤出血。显然，免疫系统功能受损可能是坏疽性皮炎暴发的潜在诱因。

诱发因子的存在是该病发生的关键因素。环境因子（垫料质量差而导致垫料过湿、饮水管理不当或通风不良）可促发鸡的坏疽性皮炎，特别是同时感染免疫抑制性病毒时。饲料质量差尤其是霉菌毒素污染、维生素（生物素、泛酸和维生素E）缺乏、微量元素（ 锌和硒）缺乏，以及饲喂具有高含量梭菌的动物性饲料。管理质量差，特别是不能及时清除死禽时也可促发禽群发生坏疽性皮炎。增加抓伤的因素，如过度拥挤、停料、定时喂食及禽类在通风过道中迁移等，都会导致坏疽性皮炎的发病率增加。坏疽性皮炎的发病率还与季节相关，春季是发病高峰。除其他诱发因素（如免疫抑制性病原和管理因素）外，坏疽性皮炎与某些品系或品种有关，雄性的发病率高于雌性，高于产蛋标准的鸡群的发病率高。感染农场往往反复发病。

【症　状】

自然暴发该病时，病禽表现为不同程度的精神沉郁、共济失调、食欲下降、腿无力、步态不稳。由于该病病程较短，一般不到24 h，病禽通常鸡肉丰满，发生水肿，呈急性死亡，死亡率为1% ~ 60%。

【病理变化】

1. 剖检病变　剖检病变为皮肤呈深紫红色、潮湿，羽毛常脱落。这些病变常见于双翅、胸部、腹部和双腿（见彩图5–18–1）。感染的皮下可见大量猩红色水肿液，有或无气肿。受害皮肤处肌肉呈灰色或黑褐色，肌束间有水肿液或气体。有的病例可见皮下气肿和浆液、血液性渗出物，而皮肤却完整无损。大多数病例脏器无病变，仅偶尔可见肝脏散在白色坏死灶，腔上囊萎缩松软，后者可能是传染性囊病病毒感染所致。火鸡尾部蜂窝织炎可见侧面及腹侧面水肿、泡状病变，可见尾部羽轴变软，充血且常断裂。

2. 组织病变　组织学病理变化为皮下组织水肿和气肿，可见到大量嗜碱性大杆菌和小球菌。深层骨骼肌严重充血、出血和坏死。如肝受损，可见到散在的凝固性小坏死灶，坏死灶内有细菌。并发传染性囊病时，腔上囊的特征病变为淋巴滤泡广泛坏死和萎缩。

【诊　断】

1. 病原分离鉴定　根据典型的剖检病变和组织学病变及病原分离鉴定即可确诊坏疽性皮炎。从临床病例的皮肤渗出物，皮下组织或肌肉中常可分离到葡萄球菌和梭菌。坏疽性皮炎常继发于可致禽免疫系统受损的疾病，因此，病原学诊断尤为必要，以便完全了解坏疽性皮炎病情的复杂性。

2. 鉴别诊断　许多皮肤病须与坏疽性皮炎相鉴别。肉鸡接触性皮炎或溃疡性皮炎（“胸部发热病”），以及火鸡趾、跖部皮肤病的特征变化为糜烂和溃疡，同时可见胸部、跗关节和趾部皮肤发生急性炎症反应。这两种疾病与圈舍潮湿和垫料质量差成正相关。出栏肉鸡可发生大肠杆菌感染，其感染和炎性过程一般侵害腹部、大腿部，也可导致皮炎，表现为红肿。但此病无气肿症状，也不发生死亡，通常只在加工厂发现这种情况。结痂性髋部皮炎是肉鸡的一种常见综合征，与接触性皮炎一样，为非特异性皮炎，表现为溃疡和继发其他细菌感染。腰荐部的抓伤和羽毛折断常与饲养密度过大直接相关，导致细菌进入真皮引发病变。鉴别坏疽性皮炎和这些疾病时，需明确环境卫生是否不良、是否过度拥挤及是否缺乏与免疫抑制性疾病的联系。

鳞状细胞癌（如今称为禽角化棘皮瘤）可导致表皮溃疡和感染，难以与坏疽性皮炎相鉴别。鉴别这两种疾病时，需对病变区进行组织学观察。

此外，各种营养不良和公鸡遗传性慢羽症也容易和坏疽性皮炎相混，注意鉴别。

有许多皮肤霉菌病须与坏疽性皮炎鉴别诊断，如肢红酵母菌（*Rhodotorula mucilaginosa*）、黏红酵母（*Rhodotorula glutins*）、白色念珠菌（*Candida albicans*）、烟曲霉（*Aspergillus fumigatus*）感染。经组织压片或切片发现真菌菌丝后，结合真菌分离鉴定即可鉴别诊断。据报道，鸡肉垂、鸡冠、胫部皮肤和爪的水疱样病变怀疑与食入草枝孢霉（*Cladosporium herbarum*）或阿密茴/阿米芹（*Ammi visnaga*）种子有关，前者可致麦角中毒样疾病，后者可引起皮肤光感过敏。这种病变通常只发生在皮肤无毛区，易于鉴别诊断。

【防治措施】

1. 管理措施 将发病场的易感禽进行转移可预防该病。另外，养殖场有发病史时，可将所有禽移出，而后对禽舍和地面进行彻底清扫和消毒便能消除该病。这些情况下，需用大量的酚类消毒液（约0.37 L/m^{2}与水混合），使垫土的饱和深度达7.6～10.2 cm。添加垫料前，用盐处理地面可降低坏疽性皮炎的发病率。一般来讲，其他的防治措施有改善垫料、降低垫料湿度、酸化垫料pH、降低环境中细菌数量及避免外伤。防好球虫病、防止饲料霉败、减少应激反应、避免鸡外表损伤等均是防止该病发生的重要因素。

2. 免疫接种 1日龄注射梭菌多价灭活菌苗，可降低因坏疽性皮炎而造成的损失。给5周龄鸡免疫注射大肠杆菌、金黄色葡萄球菌和产气荚膜梭菌的联苗后，再用同样的活菌培养物攻毒也可得到保护效应。

3. 治疗 该病的病原菌均为革兰阳性细菌，因此，最好的治疗方法就是使用抗革兰阳性菌的药物。在饮水中加入下列药物治疗有效：青霉素、红霉素、氟苯尼考、林可霉素、喹诺酮类药物、强力霉素、土霉素或硫酸铜。在饲料中拌入金霉素、黏杆菌素治疗有效。然而，一般情况下抗生素的预防效果不佳。抗生素治疗无效的常见原因是潜在的免疫抑制性病毒感染诱发坏疽性皮炎。由此可见，改换免疫程序，使用免疫抑制性病原的疫苗（传染性囊病病毒和传染性贫血病毒）成为预防坏疽性皮炎的广泛暴发的重要措施。

抗生素不能控制死亡率或抗生素治疗无效时，用柠檬酸和丙酸酸化饮水可降低禽群的死亡率，但不能根除死亡率。

（刘思当）

第十九节 禽鼻气管鸟疫杆菌感染

（*Ornithobacterium rhinotracheale* infection）

【病名定义及历史概述】

鼻气管鸟疫杆菌感染（*Ornithobacterium rhinotracheale* infection）是由鼻气管鸟疫杆菌（*Ornithobacterium rhinotracheale*，ORT）引起，以呼吸道症状、纤维素性化脓性肺炎、气囊炎为特征的传染病。该病导致鸡群死亡率增高、产蛋率下降、蛋壳质量降低、孵化率下降、肉禽增重缓慢、防治费用增加、禽肉质量降低等，造成严重的经济损失，近年来已成为危害养禽业十分严重的疾病之一。

鼻气管鸟疫杆菌最早于1981年由德国学者从表现流鼻液、肿头肿脸并有纤维素性气囊炎的5周龄火鸡中分离出来，以后陆续有从英国、以色列、南非、美国相继分离到鼻气管鸟疫杆菌的报道。最初人们一直把这种鼻气管鸟疫杆菌认为是巴氏杆菌样细菌（Pasteurella-like organism）。Charlton等（1993）首先对鼻气管鸟疫杆菌进行了鉴定，1994年，比利时学者Vandamme等对来自欧洲、南非、美国的火鸡和肉鸡的呼吸道中分离出的21株类似细菌进行了详尽的基因型、化学分类和表型特征研究，并建议使用鼻气管鸟疫杆菌这个名词。我国陈小玲等（2000）在分离副鸡嗜血杆菌的同时分离出几株革兰阴性小杆菌，经生化试验、PCR鉴定，确认其中2株是鼻气管鸟疫杆菌，这是国内首次报道分离到鼻气管鸟疫杆菌。随后，我国台湾、山东、北京、吉林、河北、内蒙古、云南等地相继报道从鸡、火鸡、鸵鸟、鸽、鹌鹑和苍鹰等病例中分离到鼻气管鸟疫杆菌。

【病原学】

鼻气管鸟疫杆菌为一种多形态、不运动的革兰染色阴性的小杆菌。G+C摩尔含量为37%～39%。在血液琼脂上生长缓慢，37℃培养24～48 h形成一种针尖大小、灰白色、无溶血的菌落（见彩图5-19-1）。5%～10%CO_2条件下，在绵羊血液琼脂上生长良好，培养18～24 h后形成一种边缘整齐、表面光滑、直径为0.1～0.2 mm的灰白色菌落，48 h后形成圆形、灰色到灰白色奶酪状的小菌落，有时颜色稍变浅红并产生类似酪酸的气味。为抑制生长快的大肠杆菌等杂菌，可在微生物培养基中加入庆大霉素和多黏霉素选择性地分离培养该菌。该菌在麦康凯琼脂平板、远藤氏琼脂平板、Gassner琼脂平板、Qrigalski琼脂平板或西蒙柠檬酸盐平板上均不生长。

该菌能分解D-葡萄糖、D-甘露糖、D-果糖、乳糖、D-半乳糖、N-乙酰葡萄糖胺、麦芽糖、蔗糖、淀粉，产酸，对D-核糖、L-鼠李糖、棉子糖、D-甘露醇、m-肌醇、赤藓醇、卫矛醇、纤维二糖、L-阿拉伯糖、戊二醇、D-山梨醇、水杨苷、D-木糖、海藻糖等均不能分解；氧化酶、脲酶、精氨酸水解酶、软骨素硫酸化酶、透明质酸酶、过氧化氢酶、鸟氨酸脱羧酶、赖氨酸脱羧酶、苯基丙氨酸脱氨酶、明胶酶均为阴性；V-P、ONPG试验阳性；不产生吲哚；甲基红试验、硝酸盐还原反应均为阴性，七叶苷水解反应阴性。

至今尚未发现该菌有其他特殊结构或性质，如菌毛、纤毛、质粒或毒素等。不同来源分离菌株发现，这些菌株总蛋白和外膜蛋白高度相似，菌株总细胞蛋白电泳显示有20～24条带，其中主要以分子量大小为33 kD的蛋白质多肽为主要成分并存在于所有的鼻气管鸟疫杆菌菌株中，其次为33kD、42kD、52kD、66kD的蛋白质多肽。蛋白质免疫印迹试验发现，33kD和42kD的多肽比52kD和66kD的多肽具有较强的免疫原性。

研究表明，鼻气管鸟疫杆菌在疾病的发病过程中起着重要的作用，但关于其致病力的资料很少，需进行深入的研究。

目前该菌已有18个不同的血清型存在，以英文字母A～R来命名。其中A型鼻气管鸟疫杆菌是最常见的血清型。感染肉鸡的鼻气管鸟疫杆菌大部分属于A型，感染火鸡的主要是A、B、D、E、F血清型。至今为止，还未见能从火鸡中分离出G型，从鸡中分离出D型、F型鼻气管鸟疫杆菌的报道。试验表明，在美国从鸡中仅能分离到A、C两种血清型鼻气管鸟疫杆菌。目前尚无证据证实鼻气管鸟疫杆菌各血清型存在宿主特异性和致病力差异。

鼻气管鸟疫杆菌分离菌对阿莫西林、青霉素、丁胺卡那霉素、土霉素、金霉素、磺胺二甲氧嘧啶等具有高度敏感性，对红霉素、恩诺沙星敏感性略低，而对林可霉素、壮观霉素等具有抗药性。德国学者Hafez研究认为，恩诺沙星的抗菌效果与鼻气管鸟疫杆菌的来源有关，大多数从德国、荷兰分离出的鼻气管鸟疫杆菌分离株对恩诺沙星具有抗药性，而98%的法国分离株、71%的比利时分离株对恩诺沙星具有较高的敏感性。比利时学者Deveriese等人对来自肉鸡8株、火鸡4株、野鸡1株、鹌鹑4株鼻气管鸟疫杆菌进行了抗药性研究，结果表明，鼻气管鸟疫杆菌极易产生抗药性。

【流行病学】

鸡和火鸡可自然感染该病。除此之外，野鸡、鹌鹑、鸵鸟、麻雀、鸭等也能自然感染发病。目前，也有从白嘴鸭、山鹑、欧石鸡、雉和鸽子中分离到鼻气管鸟疫杆菌的报道。该菌并不是一种原发性病原菌，只有存在原发性病原菌时才能表现其致病性，多见其与大肠杆菌、鸡传染性贫血病毒、传染性支气管炎病毒、新城疫病毒、鸡毒支原体和副鸡嗜血杆菌等并发或继发感染，从而加重感染的严重性，其中以大肠杆菌并发感染最为常见。临床试验证明，鼻气管鸟疫杆菌在火鸡可以是一种原发性病原菌。水平传播是鼻气管鸟疫杆菌感染的主要传播途径，但也可垂直传播感染。已证实从自然感染和人工感染母鸡生殖器官和种蛋中可分离到鼻气管鸟疫杆菌。康复鸡能否成为带菌、排菌者，目前尚不清楚。此外，各种应激和不利的环境因素对该病有促发或加重的作用。在肉种鸡，由鼻气管鸟疫杆菌引起的临床疾病通常见于早期生长阶段，呼吸道症状通常较轻。肉用鸡对此病的敏感性高于蛋鸡。

【症　状】

在肉鸡，鼻气管鸟疫杆菌感染主要呈亚临床表现，或表现出呼吸道疾病，通常是在3～6周龄期间。所见的症状主要是流涕、喷嚏、面部水肿、精神沉郁、死亡率增加、生长速度减慢。在肉种鸡，鼻气管鸟疫杆菌引起的临床疾病一般只见于产蛋初期，呼吸道症状通常较为轻微，主要表现为产蛋量下降 2%～5%、蛋重降低、蛋壳质量下降。幼龄鸡死亡率稍增，淘汰率增高。与病毒病、细菌病等并发或继发感染，或气候条件等可加重鼻气管鸟疫杆菌感染的严重程度。最常见的是与大肠杆菌并发感染，与新城疫病毒混合感染可导致比新城疫病毒单独感染更为严重的呼吸道疾病综合征和更高的死亡率。此外，各种应激和不利因素可促进本病的发生和加重病情。该病的严重程度、病程、死亡率常受各种环境因素如饲养管理、气候、通风、垫料、饲养密度、应激、卫生条件、氨浓度及尘埃量的高低、环境温度等的影响而有很大差异。

【病理变化】

吴海洋等（2012）对SPF鸡感染鼻气管鸟疫杆菌的病理变化进行了研究。结果表明，气囊炎和肺炎是鼻气管鸟疫杆菌感染最常见的特征。常表现为单侧或双侧纤维素性坏死性、化脓性肺炎、胸膜炎、气囊炎，也见气管炎、脑膜炎、鼻炎、心包炎、骨炎、关节炎等。有人认为腹膜气泡状变化及气囊蓄积的干酪样渗出物是本病的典型特征（见彩图5-19-2）。肺实变，肝脏中度肿大（见彩图5-19-3），脾肿大。肉鸡感染鼻气管鸟疫杆菌的典型病变是胸腔、腹腔气囊混浊，呈黄色云雾状。气囊内有浓稠、黄色泡沫样渗出物，并有干酪样残留物，同时可见肺部单侧或双侧感染，肺脏呈紫红色（见彩图5-19-4）、湿润、萎缩或实变，肺脏中充满褐色或黄白色黏性分泌物。严重者胸、腹腔中有大量纤维素性渗出物，还可见气管出血，管腔内含有大量带血的黏液，或有黄色、干酪样渗出物。心包膜上有出血斑点，心包腔积有大量混浊液体，心外膜出血。有的发生肠炎、关节炎，肝脏、脾脏肿大。亚临床感染的肉鸡仅可见到严重的气囊炎。蛋鸡剖检可见支气管炎、气囊炎、心包炎及卵泡破裂和卵黄性腹膜炎。静脉接种能引起关节炎、脑膜炎和骨炎等，但观察不到气囊炎病变。

组织学变化表现为气管上皮细胞弥漫性增生、充血、纤毛丧失。肺脏血管和副支气管管腔内积聚大量的纤维细胞、蛋白，并混有巨噬细胞（见彩图5-19-5）。软组织极度充血，肺间质可见巨噬细胞和少量的异嗜细胞浸润，副支气管管腔周围可见弥漫性坏死灶，且波及邻近的肺实质，坏死灶内有大量坏死的异嗜细胞充盈，呈散在分布。毛细血管扩张，管内充满红细胞，细胞急性凝固性坏死，或形成纤维蛋白性栓子。胸膜和气囊明显膨胀，有间质性纤维蛋白性渗出，并有弥漫性异嗜细胞浸润。肺脏、气囊呈纤维素性异嗜性炎症，肺血管周围间质水肿。肝脏白细胞浸润，肝细胞急性坏死，肝小叶外周偶见形成血栓（见彩图5-19-6），肝、脾淋巴细胞减少。

【诊　断】

根据其症状、病理变化及流行病学资料尚不足以确诊鼻气管鸟疫杆菌感染。确切诊断依赖于病原菌的分离、鉴定及血清学试验等。

1. 病原菌分离　采用常规的细菌学分离方法，从鼻气管鸟疫杆菌感染患鸡的肺脏、气囊、气管、鼻窦、肝脏等器官取样，进行选择性培养和纯培养，结合细菌染色、生化反应特征作出鉴定。试验表明，可从感染后10 d内的病鸡体内成功分离鼻气管鸟疫杆菌，对于亚临床感染病鸡，可采用气管拭子分离细菌。

2. 血清学试验　目前最常用的血清学方法为玻片凝集试验，即使用多价抗血清与鼻气管鸟疫杆菌各种血清型做凝集试验，进行疾病的快速诊断。除此之外，还可使用琼脂扩散试验、酶联免疫吸附试验（ELISA）和间接免疫荧光检测试验（见彩图5-19-7），均可达到满意的效果。酶联免疫吸附试验主要用于鼻气管鸟疫杆菌感染后抗体的监测，试验结果表明，感染后2～4周，ELISA抗体滴度达到高峰，随后在2～3周内下降。

3. 分子生物学检测方法

（1）PCR诊断方法　鼻气管鸟疫杆菌的16S rRNA基因既可作为分类标志，又可作为临床病原检测和鉴定的靶分子。李瑶瑶等（2009）根据GenBank已发表的鼻气管鸟疫杆菌16S rRNA基因序列，设计1对可扩增671 bp的引物，建立了检测鼻气管鸟疫杆菌的PCR方法。该方法能在鼻气管鸟疫杆菌参考菌株中扩增到特异性片段，而鸡大肠杆菌、副鸡嗜血杆菌、鸡白痢沙门菌、禽多杀性巴氏杆菌的扩增结果均为阴性，敏感性试验表明该方法最低检出限量为90 pg DNA。

王丽荣等（2013）参照鼻气管鸟疫杆菌16S rRNA基因序列，设计1对特异性引物，经PCR扩增，回收目的片段，与pMD18-T Vector连接后转化到基因工程菌DH5α中，提取重组质粒，经酶切鉴定后，筛选阳性质粒，倍比稀释阳性质粒作为模板，用于SYBR GreenⅠ荧光定量PCR标准曲线的构建。结果，标准曲线循环阈值与模板浓度呈良好的线性关系，且标准曲线线性关系R^2在0.999以上，产物Tm值在81.3～83.2℃之间，灵敏度为1.44×10^2拷贝/μL，特异性结果表明只能检测到鼻气管鸟疫杆菌的扩增曲线，重复性试验变异系数小于0.7%，临床样品检出率为100%。李富祥等（2014）建立了TaqMan荧光定量 PCR 检测方法，该方法最低可以检测到1.09×10^2拷贝/μL的标准品阳性质粒，批内和批间变异系数均小于3%。

（2）地高辛标记探针诊断方法　李瑶瑶等（2010）利用PCR扩增的671 bp特异性片段，经回收纯化后用地高辛标记，建立了地高辛标记探针诊断鼻气管鸟疫杆菌的方法。特异性试验表明，地高辛标记探针可与鼻气管鸟疫杆菌不同血清型参考菌株的核酸发生特异性杂交，而与对照菌株的核酸杂交均为阴性；敏感性试验结果表明，地高辛标记探针对鼻气管鸟疫杆菌的最低检出量为100 pg/μL;利用该探针对分离菌株和疑似病料进行检测，结果均与PCR检测结果一致。

（3）环介导等温扩增（LAMP）快速检测方法　王丽荣等（2013）根据GenBank发表的鼻气管鸟疫杆菌的16S rRNA序列设计引物，建立了环介导等温核酸扩增快速检测方法。建立的LAMP检测方法能够在63℃、1 h内实现对鼻气管鸟疫杆菌目的片段的大量扩增，检测结果可直接用肉眼判断。该方法可检测到1×10^1拷贝/μL的质粒标准品，比普通PCR高10^4倍。

【防治措施】

1．治疗　鼻气管鸟疫杆菌对阿莫西林、氧氟沙星、氟苯尼考等药物敏感。由于鼻气管鸟疫杆菌对抗菌药物极易产生耐药性，因此治疗前有必要进行药敏试验，以便治疗时可选用敏感性较强的药物，同时应注意采用合适的投药方法和对症治疗。生产中可采取拌料或饮水投药，但肌内注射效果更好，常用的用法为：阿莫西林250 mg/kg，饮水4～5 d；0.008%～0.01%的氧氟沙星饮水，连用4～5 d，可达到满意的治疗效果。另外，良好的管理措施如合适的饲养密度、清洁的饮水、良好的环境卫生、严格的消毒制度等对于减少疾病的发生和促进病鸡的恢复也是必不可少的。

2．预防

（1）鸡群饲养管理措施　如合理的饲养密度，清洁的饮水，良好的环境卫生，适宜的温度、通风、垫料，严格的消毒制度，降低氨浓度、尘埃量等各种应激等对于减少疾病的发生有重要作用。因该病易于与其他疾病并发或继发感染，所以应同时注意免疫抑制性疾病和其他呼吸道传染病的控制。

（2）免疫预防　目前，已研制了灭活疫苗、弱毒疫苗用于免疫预防，实验结果证明有一定的防治效果，特别是油乳剂灭活苗效果显著。试验证实，在3周龄前免疫接种，可保护肉种鸡免受鼻气管鸟疫杆菌的攻击。应用研制的疫苗接种肉种鸡群，ELISA检测结果表明，种鸡的抗体水平明显高于对照鸡，且免疫疫苗种鸡的后代死亡率低，生产性能指数较高,该疫苗安全性好，通过免疫接种能有效阻止鸡群的感染。如果肉鸡再配合接种鼻气管鸟疫杆菌弱毒疫苗，则可有效控制鼻气管鸟疫杆菌的危害。

【展　望】

鼻气管鸟疫杆菌在生化特性、致病性、16S rRNA序列、总蛋白和外膜蛋白型等方面的高度相似性，表明从世界各地不同禽类来源的鼻气管鸟疫杆菌可能都来源于非常相似的菌落。但随机扩增多态性DNA（RAPD）、扩增片段长度多态性（AFLP）结果表明不同株间存在差异，因此有必要进行更详细的研究。同时，该菌的致病机理和有效的防治用疫苗也是需要进一步研究的问题。

（刁有祥）

第二十节　禽波氏杆菌病

（Bordetellosis）

【病名定义及历史概述】

禽波氏杆菌病（Bordetellosis）又称为火鸡鼻炎（Turkey coryza），是由禽波氏杆菌（*Bordetella avium*）引起的鸡的一种高度接触性传染病。主要造成胚胎死亡，孵化率降低，弱雏增多，雏禽急性死亡。1967年加拿大的Filion等人首次报道由波氏杆菌属的细菌引起的火鸡鼻炎，后来德国、美国、澳大利亚也相继发生了该病，并将病原确定为类支气管败血性波氏杆菌，本病使美国火鸡养殖业每年遭受上亿美元的损失。1984 年，Kersters认为该菌是一个新的波氏杆菌菌种，并定名为禽波氏杆菌。在我国最早由朱瑞良等在1990年初从发病死亡的鸡胚、雏鸡中分离获得该菌，后又陆续从雏鸡、雏鸭、雏鹅、雏山鸡、成年鸡眼中分离到该菌。另外庄国宏（1997），王晶钰（1997）分别在江苏和陕西等地发病鸡群中也分离到该菌。1967年Filion等首次报道加拿大发生由禽波氏杆菌引起的火鸡鼻气管炎之后，美国、澳大利亚等国家也相继报道了该病的发生。近年来通过流行病学调查，全国主要养禽地区禽群中普遍存在禽波氏杆菌的感染，尤其种禽的感染危害更加严重。

【病原学】

本病病原为禽波氏杆菌（*Bordetella avian*）。禽波氏杆菌是波氏杆菌属的一个新种，该菌为革兰阴性（见彩图5-20-1）、周鞭毛、能运动、有荚膜和菌毛、两端钝圆的小杆菌，大小为（0.4～0.5）μm×（1～2）μm，单在或成双存在。禽波氏杆菌与百日咳波氏杆菌（*B．pertussis*）、副百日咳波氏杆菌（*B．parapertussis*）和支气管败血波氏杆菌同属于产碱杆菌科（Alcaligenaceae）的波氏杆菌属（*Bordetella*），禽波氏杆菌与属内其余3个种的鉴别特征见表5-20-1。

表 5-20-1　禽波氏杆菌与属内其余 3 个种的鉴别特征

特征	百日咳波氏杆菌	副百日咳波氏杆菌	支气管败血波氏杆菌	禽波氏杆菌
动力	–	–	–/+	+
氧化酶	+	–	+	+（48 ~ 72 h）
尿素酶	–	+	+	–
硝酸盐还原	–	–	+	+
柠檬酸盐利用	–	+	+	+
谷氨酸脱羧酶	–	–	+	+
生长情况				
波 – 让氏琼脂（d）	3 ~ 6	1 ~ 2	1 ~ 2	1 ~ 2
血琼脂	–	+	+	+
麦康凯琼脂	–	+	+	+
SS 琼脂	–	–	+	+
在蛋白胨琼脂上变棕色	–	+	–	–
DNA 的 G+C（mol%）	67 ~ 70	66 ~ 70	68.9	61.6

本菌严格好氧，在普通培养基上易生长，在血琼脂和牛肉浸汁琼脂上，37 ℃需氧培养24 h，有3种菌落生长。Ⅰ相菌落为直径1 mm左右，边缘整齐、隆起、表面光滑致密、闪光的菌落，牛肉浸汁琼脂上的Ⅰ相菌落往往中心呈浅棕色；Ⅱ相菌落较大，直径2 ~ 3 mm、低隆起；Ⅲ相菌落较大、边缘不规则，呈锯齿状或沿划线呈梭形。Ⅰ相菌有荚膜，有密集的周身菌毛，很少见有鞭毛；Ⅲ相菌无荚膜，无菌毛，多见有周身鞭毛。在SS琼脂上均可生长，于蛋白胨琼脂上不产生棕色色素；在麦康凯培养基上生长良好，呈淡灰色中等大、隆起、湿润、光滑、半透明的菌落；在血平板上均出现β型溶血；在B–G（Bordet–Gengou）二氏培养基上菌落光滑、凸起、珍珠状、闪光、近乎透明和周边无明显的溶血环。禽波氏杆菌在肉汤培养基内生长旺盛，培养24 h后肉汤混浊，表面有一层厚厚的菌膜。有的分离株在琼脂平板培养基上48 h形成中等大、灰白色或灰褐色、表面湿润、光滑，沿划线生长呈梭形的菌落，边缘不整齐。有的分离株能产生绿色色素使培养基变成墨绿色。

本菌具有O、K和H抗原。O抗原耐热，为属特异性抗原；K抗原由荚膜抗原和菌毛抗原组成，不耐热；另有少量细胞结合性耐热K抗原。典型的Ⅰ相菌很少有鞭毛，缺乏H抗原，细胞包被丰厚的菌毛和荚膜（K抗原），呈O不凝集性；Ⅱ相菌K抗原不丰厚或很少，同时呈K和O凝集。

禽波氏杆菌均与猪源波氏杆菌阳性血清出现交叉凝集反应。Ⅰ相和Ⅱ相菌的抗血清均与支气管炎波氏菌呈明显的交叉凝集，与粪产碱杆菌不呈交叉反应。

该菌不分解碳水化合物，不水解明胶、七叶苷、酪蛋白和淀粉，甲基红试验、V–P试验和吲哚试验均为阴性。有机化能营养，需要烟酰胺、有机硫（如半胱氨酸）、有机氮（氨基酸），不需要硫胺素、X和／或V因子。氧化谷氨酸、脯氨酸、丙氨酸、天冬氨酸和丝氨酸，产生氨和CO_2，使石蕊牛乳碱化，过氧化物酶、腺苷酸环化酶和触酶阳性，磷酸酯酶、尿素酶阴性，专性寄生于禽，并致呼吸道疾病。产生氧化酶、过氧化物酶、触酶及腺苷酸环化酶、赖氨酸脱羧酶。6.5%NaCl培养基上生长、硝酸盐还原、利用枸橼酸盐。

大多数常用消毒剂都能杀死禽波氏杆菌。在低温、低湿及pH7.0条件下，该菌能长期存活。在10℃，相对湿度32% ~ 58%时，该菌能在禽舍的尘埃、粪便等类似的附着物上存活25 ~ 33 d。

【流行病学】

本菌主要感染火鸡、鸡、山鸡、鸭、鹅等禽类。以1周龄内的雏禽最易感，1月龄以上的禽有一定的抵抗力。主要造成雏火鸡、雏鸡、雏山鸡、雏鸭及雏鹅等幼禽呼吸道疾病，急性死亡。成禽感染本菌后基本无异常表现，为健康带菌，但该菌可以经种蛋传播，一方面造成孵化率的降低（死胎率可高达60%），弱雏增多（5%左右）、雏禽急性死亡；另一方面孵出雏禽为带菌者，可水平传给其他健康雏禽，造成疾病的蔓延。本病曾一度使某些种禽场濒临倒闭，造成惨重的经济损失。环境应激或其他病原如禽白血病病毒（ALV）、网状内皮组织增生症病毒（REV）及大肠杆菌、沙门菌、支原体等的共感染，可加剧本病的发生及其严重性。

在冬季禽波氏杆菌病流行时，雏禽感染率可达60%以上，而在有呼吸道疾病的禽群中分离率更高。禽波氏杆菌的火鸡分离株和鸡分离株相似，且能发生种间交叉感染。2～6周龄的火鸡自然感染禽波氏杆菌后症状典型，年龄较大的火鸡和产蛋鸡感染后多为健康带菌。

禽波氏杆菌的传染源为感染禽、康复带菌者及其污染的垫料、饮水等，易感禽可通过与这些传染源接触而被感染。被感染鸡群污染的垫料可以持续1～6个月保持感染性。人员流动也可造成禽场内禽舍间的相互传染。其自然感染的潜伏期为7～10 d，人工接种1日龄小火鸡的潜伏期为4～6 d。垂直传播造成胚胎死亡和孵化率下降。另外，它还会造成成年禽的眼炎，致使单侧或双侧眼睛失明。

【发病机理】

禽波氏杆菌的致病机理较复杂，主要为黏着、局部损伤或全身作用。禽波氏杆菌含有耐热毒素、不耐热毒素和内毒素。耐热毒素85℃ 30 min稳定，但对胰蛋白酶敏感，对小鼠有致病作用，但对火鸡雏无作用。不耐热毒素56℃ 30 min可被灭活，可致死雏火鸡、小鼠及鸡胚。内毒素，100℃ 1 h不被破坏，对胰蛋白酶也不敏感（见彩图5-20-2和彩图5-20-3）。

禽波氏杆菌在呼吸道黏膜纤毛上皮中寄生，导致该部位黏膜持续性炎症和变形。禽波氏杆菌有起黏着作用的表面结构和分子，纤毛和血凝素也起一定作用。细菌最初黏着在口鼻黏膜的纤毛上皮细胞上，第2周，细菌寄生部位由气管上部扩展到初级支气管，菌群沿呼吸道黏膜的扩散引起急性炎症和杯状细胞释放黏液，从而导致打喷嚏、咳嗽和鼻腔阻塞。当具有运动性的菌群游离并在黏蛋白层游动从而向其他纤毛细胞转移时，感染就会扩散而不被黏膜纤毛的清洁运动所阻抑。在感染的第3周，许多禽波氏杆菌寄生的细胞脱落到气管腔，从而使气管的大部分表面失去纤毛。局部黏膜损伤是由禽波氏杆菌毒素引起的，热敏感毒素能引起小白鼠和火鸡皮肤坏死和出血性病变。气管细胞毒素能特异性地损伤纤毛上皮细胞，从而导致纤毛损伤和清除黏液能力下降。禽波氏杆菌感染可引起一系列全身性病理生理反应，包括血清皮质酮增多，白细胞迁移性增强，体温下降，以及脑和淋巴样组织中单胺量减少，肝脏色氨酸、2，3-二氧化酶降低等。随着纤毛细胞的不断减少，黏液和渗出物的流动减慢，尤其是气管上部和鼻腔。鼻泪管的阻塞使内侧眼角堆积泡沫样渗出物。波氏杆菌病的症状是由局部和全身的炎症反应产物、可溶性的细菌毒素和大的呼吸道物理性堵塞而引起。

在出现呼吸道症状的1周内机体对禽波氏杆菌抗原产生局部和全身性的免疫应答。来源于血清和黏膜下浆细胞产生的抗体聚集于呼吸道分泌物中。局部抗体与游离的禽波氏杆菌相互作用阻止了禽波氏杆菌的运动和对其他纤毛细胞的侵袭。大部分纤毛中的细菌逃避了宿主防卫系统的作用，大量细菌随寄生的上皮细胞排出。随着被细菌寄生的细胞的脱落和新形成的纤毛细胞得到了抗体保护，细菌的数量在后几周内有所减少。

【症　状】

禽波氏杆菌除可造成火鸡鼻炎，也可造成鸡、鸭、山鸡等禽类发病，但成年种禽基本无异常表现，个别出现排绿便、眼流泪、轻度气喘等症状。健康带菌的禽所产的种蛋孵化时，其孵化率通常降低10%～40%，死胚率一般在30%～40%，高者可达60%（见彩图5–20–4）。同时，种蛋孵出的弱雏增多，弱雏率在5%～20%，雏禽多在3～5日龄发病，弱雏表现气喘、拉稀、饮食欲降低或废绝，精神沉郁，呆立一隅，多数因衰竭而死（见彩图5–20–6）。

本病通常发病率高而死亡率低，1～3周龄雏禽发病率可达80%～100%，而死亡率较低。种禽常带菌而不发病。雏禽往往由于并发感染病毒或细菌，死亡率可达40%以上。患病雏禽表现打喷嚏，张口呼吸，流泪，鼻孔有大量分泌物，初为水样、泡沫状，并逐渐发展为黄褐色或棕色黏稠分泌物，由于病雏频频摇头，加上大量的分泌物从鼻内流出，使鼻孔周围、头部、翅膀处羽毛覆盖一层干涸的分泌物。病禽不喜运动，挤作一团，饮水、采食迟缓，禽群生产性能下降。

眼炎型禽波氏杆菌病多见于成年鸡，初期眼流泪，食欲消减，3～5 d后单侧或双侧眼失明，精神不振，逐渐消瘦，病情进一步发展，眼部形成坚硬的痂皮，眼结膜囊内充满干酪样物或液体分泌物，多数病鸡最终因衰竭死亡，病程多为8～15 d，死亡率15%～20%。

【病理变化】

死亡胚胎大小不一，相差1～2倍，胎毛易脱落，体表有弥漫性出血点或出血斑（见彩图5–20–5）。剖检16～18日龄死胚、尿囊液黏稠、褐色，胚体表面有出血点，皮下有胶冻状物（见彩图5–20–7），腹部变黑，肝呈土黄色，有出血斑，肺呈紫黑色，肠壁变薄。3～5日龄死亡雏鸡剖检可见病变局限于上呼吸道，鼻腔和气管分泌物开始为浆液性，后变为黏液性，病变气管大面积软化，软骨环变形，背腹部萎陷，有黏液性纤维蛋白分泌物，气管环壁变厚，管腔缩小。在气管凹陷部位，黏液性分泌物的积累常常导致鸡窒息而死。在感染的最初2周，鼻腔和器官黏膜充血，头部和颈间组织水肿。胸部及大腿两侧皮下呈淡黄、黄绿色或土灰色胶冻状物，有坏死灶和出血斑，鼻腔及气管有黏液，气管轻微出血，肺边缘出血坏死，肝局部或全部淡黄色，肺深红色（见彩图5–20–8），有出血点或出血斑，肾肿大有出血点，腺胃黏膜多数坏死，有陈旧坏死灶，肌胃黏膜多数坏死，肌胃内含有深咖啡色样物，胃浆膜层有出血点，个别鸡肠道出血坏死。小脑斑点状出血。

【诊　断】

通常根据流行特点、易感禽种类、临床症状、病理变化，可对该病作出初步诊断。最后确诊需采取实验室方法进行综合判断。

根据孵化情况，若孵化率降低，死胎增多，弱雏率高，雏禽死亡率高，可初步怀疑该病。然后用病死雏、胚进行细菌分离，能分离到禽波氏杆菌可确诊。鸡白痢沙门菌、大肠杆菌、某些病毒也可造成孵化率降低，死胎增多，有时也可能混合感染，应注意鉴别诊断。

1．细菌学检查　检查材料可采用鼻腔后部分泌物（生前或死后以灭菌棉拭子采取）、气管分泌物或病变组织。拭子或病料均应接种分离平板，可直接在改良麦康凯琼脂、改良波–让氏琼脂、血琼脂等平板上涂抹。37℃需氧培养40～48 h，挑选可疑菌落进行革兰染色镜检，并作O–K抗血清活菌玻片凝集试验，呈典型凝集。将典型或可疑的单个菌落移植于B–G二氏琼脂平板或斜面，培养40～48 h，以K和O因子血清作菌落相鉴定，并进一步做生化试验，进行鉴定。

2．动物试验　分离菌接种雏禽、小鼠、豚鼠或家兔。雏禽、小鼠每只腹腔注射菌液0.2 mL，一般在3 d内致死。家兔或豚鼠背部脱毛，每点皮内注射菌液0.1 mL，注射后48 h左右，注射部位出现皮肤坏死区，但动物不死。

3．血清学检查　以禽波氏杆菌平板凝集抗原进行血清抗体检测，或以禽波氏杆菌阳性血清进行分离菌平板凝集试验，此法操作简单，具有较高的特异性和敏感性。也可将发病禽病变组织涂片或切片，用禽波氏杆菌荧光标记抗体或酶标记抗体染色，进行诊断。

【防治措施】

1．预防

（1）疫苗免疫　该病主要集中在雏鸡，有试验表明雏鸡早期接种禽波氏杆菌油乳剂灭活疫苗并不能保护雏鸡的早期感染，而种禽在开产前用该疫苗皮下或肌内注射可有效防止后代雏禽发生禽波氏杆菌病，保护期一般4～6个月。国外用于预防火鸡波氏杆菌病的商品疫苗包括禽波氏杆菌温度敏感（ts）变异活疫苗和全细胞菌素，但菌苗只能适当降低病变的严重程度或延缓临床症状的出现。3周龄以下的火鸡对禽波氏杆菌抗原不易产生足够的免疫应答。发生本病的地区可于1日龄点眼，在1～2周龄饮水免疫，可防止本病发生。母火鸡注射油佐剂灭活苗后，雏火鸡于2～3周龄可获得保护。用康复血清被动免疫3周龄的雏火鸡，根据所用剂量和时间不同，可不同程度地降低禽波氏杆菌对气管黏膜的黏着。

（2）管理措施　防止鸡群的感染须采取严格的生物安全措施，同时应加强人员和车辆流动的管理，并采取严格的清洁和消毒措施以清除污染环境中的病原体。不利的环境及感染因素可加重波氏杆菌病，应尽量保持适宜的温湿度和空气清洁度。

在发现该病流行时，要迅速隔离病鸡，使健康鸡不与患禽接触，患鸡用过的饮水及饮水器皿要进行消毒处理，患鸡用过的饲料及垫料要灭菌处理。患鸡用过的垫料可以持续1～6个月保持感染性。

通过全血平板凝集试验检查种鸡血清中波氏杆菌抗体，及时淘汰阳性者，阳性鸡产的蛋不可作为种蛋用。

由于禽波氏杆菌病不仅能水平传播，而且可垂直传播，因此做好种禽的净化工作尤其重要。因为用药物难以完全除去在卵巢等处存在的禽波氏杆菌，及时淘汰患病的种鸡。防止该病的垂直传播，加强种禽对本病的预防。每次上孵种蛋前，孵化器要用福尔马林熏蒸消毒。生产完全没有禽波氏杆菌污染的雏鸡，供给普通的养鸡场。对刚出壳的小火鸡注射禽波氏杆菌油乳剂灭活疫苗可以在一定程度上有效防止该病的流行。

2. 治疗 加强通风，改善环境条件，配合应用抗生素治疗，可起到延缓发病及减少死亡的作用。这可能是抗生素同时对禽波氏杆菌及并发或继发感染的其他条件性病原菌（如大肠杆菌）发生作用的结果。一般鸡场发生该病时，应及早投喂敏感药物，如链霉素、卡那霉素、PPA等，可望减少损失，防止生产性能降低。治疗剂量为每100 mL水含四环素0.25 g、青霉素200万IU；预防量减半，能有效降低雏火鸡的死亡率。在饮水中按70 mg/L加入烟酸，可减轻临诊症状，增加体重，减少气管黏膜的细菌数量。因此，加强平时的消毒，提高雏火鸡的抵抗力，是防治疾病发生的关键。对发病禽类的治疗，最好通过分离细菌，在药敏试验的基础上选择药物。

【展　望】

关于禽波氏杆菌病的研究，一方面应加紧利用分子生物学最新技术研发新型高效的疫苗，通过免疫种鸡使雏鸡得到足够的免疫保护力；另一方面应深入开展禽波氏杆菌免疫机理和致病机理的研究。

（朱瑞良）

参考文献

艾力，马力克.2003.鸡坏死性肠炎的诊治[J].新疆农业科学，40（1）：63.

曹金元，杨琪，杨利，等.2006.北京市及周边省份家禽鹦鹉热嗜性衣原体流行状况的调查[J].中国兽医科学，36（11）：931–934.

曾令高，钟运标，杨振华.2011.鸽溃疡性肠炎的流行特点及防治[J].中国畜牧兽医文摘，27（1）：114.

陈德威，魏华德，高齐瑜.1991.雏鸡汤卜逊沙门氏菌的分离与鉴定[J].中国兽医杂志，17（2）：9–10.

陈德威，甘孟侯，冯维占，等.1990.鸡源金黄色葡萄球菌的血清型分型[J].中国兽医科技（1）：27–28.

陈福勇，张中直，甘孟侯，等.1990.鸡白痢系列净化措施的研究——V.鸡白痢阳性鸡各器官与鸡蛋携菌情况的调查[J].中国兽医杂志，16（3）：9–10.

陈鸿军，丁铲，李爱建.2002.鸡败血支原体pMGA多基因家族及其免疫逃逸机制的研究进展[J].动物医学研究，23（5）：18–21.

陈溥言.2006.兽医传染病学[M].第5版.北京：中国农业出版社.

陈曦，袁吉磊，张圣，等.2010.鹦鹉热嗜性衣原体感染SPF鸡和污染相关疫苗的初步调查[J].中国畜牧兽医，37（10）：166–169.

谌南辉，花象柏.1996.禽绿脓杆菌感染症研究进展[J].江西畜牧兽医杂志（1）：8–10.

崔锦鹏，任素芳，等.2001.防治鸡白痢、禽霍乱和大肠杆菌病的中草药方剂筛选及疗效试验[J].山东农业科学，3:34–35.
邓绍基. 1996. 鸡疏螺旋体病的诊疗报告[J]. 畜牧与兽医（3）：118.
刁有祥，李久芹，陈庆普，等.2000.鹅梭状芽胞杆菌的分离鉴定[J].中国预防兽医学报，22（4）：244–245.
刁有祥，杨金保，刁有江，等.2012.鸡病诊治彩色图谱[M].北京：化学工业出版社，184–186.
刁有祥.2008.禽病学[M].北京：中国农业科学技术出版社.
刁有祥.2012.禽病学[M].北京：中国农业科学出版社.
范洪洁.1997.李斯特菌快速检测方法的研究进展[J].中国人兽共患病学杂志，13（1）：50–51.
冯文达.1987.北京鸡传染性鼻炎病原菌的分离鉴定[J]. 微生物学通报（5）：216–219.
冯元璋.2003.鸡鼻气管鸟杆菌感染及其研究进展[J].安徽农业大学学报，30（3）：289–293.
甘孟侯，范国雄，陈德威. 1987. 鸡葡萄球菌病的研究——Ⅵ.成年鸡葡萄球菌病[J].中国兽医杂志，13（8）：15–17.
甘孟侯.1999.中国禽病学[M].北京：中国农业出版社.
甘孟侯.2014.养鸡500天[M]. 第6版. 北京: 中国农业出版社.
龚筱丽. 2015.七彩山鸡弯曲杆菌性肝炎的诊治[J]. 中国兽医杂志，51（1）：47–49.
龚玉梅，路迎迎，赵成全，等.2013.鸡传染性鼻炎的诊断[J].动物医学进展，34（11）：129–131.
龚玉梅，张培君，孙惠玲，等.2011.三型副鸡禽杆菌对SPF鸡的致病力试验[J].动物医学进展，32（2）：33–36.
古飞霞，田云，胡婉怡，等.2011. 13株珍珠鸡源致病性大肠杆菌的分离鉴定及其16S rRNA 测定[J].广东畜牧兽医科技，36（4）：28–31.
郭予强，凌育燊，杨连楷. 1986. 鸽沙门氏菌病病原特性的研究[J].畜牧兽医学报，17（2）：123–128.
郭玉璞. 1999.家禽传染病诊断与防治[M]. 北京: 中国农业大学出版社.
韩青松，简永利，涂宜强，等.2012.绿脓杆菌研究进展[J].畜牧与饲料科学，33（1）：122–124.
黄印尧，万三元，孔繁德，等.1996. 鸡克雷伯氏菌病研究[J]. 福建畜牧兽医（4）：3–5.
黄印尧，万三元.1991.发现两起鸡克雷伯氏菌病的报告[J]. 中国人兽共患病杂志，7（4）：52–53.
黄印尧，万沅，陈信忠，等.1996.鸡源性肺炎克雷伯氏菌的致病性和生物学特性研究[J]. 福建畜牧兽医，18（2）：4–5.
季东阳，王先俊，郭忠英，等. 1989.鸡疏螺旋体在体内的分布及组织学的改变[J]. 中国畜禽传染病（1）：3–4.
冀锡霖，宁宜宝.1986.鸡感染鸡毒霉形体和感染滑液霉形体情况的调查[J].中国兽医科技（12）：21–23.
焦新安，张如宽，甘军机，等. 1989.抗沙门氏菌O抗原特异单克隆抗体的制备及其免疫生物学特性的鉴定[J].中国人兽共患病杂志，5（4）：11–14.
焦新安，张如宽，刘秀梵. 1991. 抗鸡白痢沙门氏菌单抗及其在鸡白痢病检疫中的应用研究[J].畜牧兽医学报，22（4）：375–378.
金海林.2013.赛鸽葡萄球菌病的诊断与防治[J].中国兽医杂志，49（1）：87–89.
卡尔尼克 B W. 1999.禽病学[M].第10版.高福，苏敬良，主译.北京：中国农业出版社.
李东阳，李思德，朱鹤赐，等. 1984.新疆鸡疏螺旋体病和病原体的研究初报[J]. 微生物学通报（6）：267–269.
李东阳，李思德. 1987.鸡疏螺旋体病的研究报告[J]. 兽医大学学报（4）：456–458.
李东阳，苏玲，尹华，等. 1990.鸡疏螺旋体在电镜下的形态结构[J]. 中国畜禽传染病（1）：54.
李东阳，王先俊，赵铁，等. 1988.鸡疏螺旋体某些生物学特性的研究[J]. 微生物学通报（5）：218–221.
李富祥，段志华，赵文华，等.2014.鼻气管鸟杆菌 TaqMan荧光定量 PCR 检测方法的建立[J].中国预防兽医学报，36（2）：121–124.
李森贵，赵玉财.2011.一例鸡溃疡性肠炎的诊治[J].养殖技术顾问（4）：178.
李思德，于东阳，王先俊，等. 1991.土霉素防治鸡疏螺旋体病[J]. 中国兽医杂志（1）：32.
李伟.2002.鸡链球菌病的发病特点及防治措施[J].中国家禽，24（8）：21.
李向辉，张伟.2012.鸡坏死性肠炎的发生与防治[J].畜牧与饲料科学，33（5–6）：135–136.
李晓华，付爱春，周洁，等.2001.育成鸡弯曲杆菌性肝炎的诊治[J]. 中国家禽，23（10）：24.
李瑶瑶，刁有祥，李宏梅.2010.地高辛标记探针检测鼻气管鸟杆菌的研究与应用[J].西北农林科技大学学报，自然科学版，38（4）：19–23.
李瑶瑶，刁有祥.2009.鼻气管鸟杆菌PCR诊断方法的建立与应用[J].福建农业学报，24（1）：19–23.
李瑶瑶，秦永彪，王伟.2010.禽鼻气管鸟杆菌病的研究现状[J].家禽科学（11）：40–43.
林毅，张道永，王文贵.1995.鸡传染性鼻炎的病原菌分离鉴定及防制[J]. 中国兽医科技，25（1）：20–21.
刘娣琴.2011.雏鸡弧菌性肝炎的诊治[J]. 国外畜牧学：猪与禽，31（2）：78.
刘东军.2009.肉种鸡坏疽性皮炎的防治[J].中国禽业导刊，26（1）：52–52.
刘瑞田，李洪民.1995.绿脓杆菌细胞外毒力因子研究进展[J].中国兽医杂志，21（4）：52–53.
刘尚高，甘孟侯，赵占民 .1988.鸡克雷伯氏菌感染的研究——鸡克雷伯氏杆菌性眼炎的诊断和研究[J]. 中国兽医杂志，14（10）：7–9.
刘喜然. 2013. 一起疑似鸡肉毒梭菌中毒症的诊治[J].吉林畜牧兽医（10）：37–38.
刘钟杰，许剑琴. 2011.中兽医学[M].第4版.北京：中国农业出版社.
陆承平.2007. 兽医微生物学[M].第4版.北京：中国农业出版社.
陆德源.2001. 医学微生物学[M]. 第5版. 北京：中国人民卫生出版社，123–128.
陆新浩.2011.鸡群反复发生强耐药葡萄球菌感染的诊断与病因分析[J].中国兽医杂志，47（7）：35–37.
路迎迎，路明华，陈小玲，等.2014.B型副鸡禽杆菌安徽株的分离与鉴定[J].动物医学进展，35（1）：122–125.
罗薇，龙虎，于学辉，等.1996.致病性金黄色葡萄球菌引起乌骨鸡坏疽性皮炎的诊治[J].西南民族学院学报，22（3）：333–335.
马驰，林居纯，陈雅莉，等.2010.禽源金黄色葡萄球菌耐药性监测[J].中国兽医杂志，46（9）：10–12.
苗云清，呼培智，肖世忠.2002.鸡坏死性肠炎与小肠球虫病的鉴别诊断及防制［J］. 养禽与禽病防治（3）：29.
宁宜宝，冀锡霖.1987.应用酶联免疫吸附试验（ELISA）检测鸡毒霉形体的研究[J].中国兽药杂志（9）：23–26.
宁宜宝，冀锡霖.1992.热力处理制苗用鸡蛋消除活疫苗中的霉形体污染[J].中国兽医杂志（8）：7–9.
宁宜宝. 1992.鸡毒支原体灭活油佐剂疫苗的研制[J].中国兽药杂志（1）：5–9.
宁宜宝.1989.鸡毒支原体弱毒株“F”株对鸡的病原性和近期免疫效果研究[J].中国兽药杂志（3）：6–10.
宁宜宝.1999.动物支原体病预防与控制的研究进展[J].中国兽药杂志，33（1）：45–48.
宁宜宝.2000.鸡毒支原体F株弱毒疫苗接种剂量与免疫保护力的关系[J].中国兽药杂志，34（3）：13–15.
宁宜宝.2000.支原泰妙对体外支原体的抑菌试验和对鸡毒支原体病的治疗试验[J].中国兽药杂志（6）：56–58.
宁宜宝.2007.鸡毒支原体病的预防控制[J]. 中国家禽（11）：6–8.
牛森，陈建红，张济培，等.2013.鸽Ⅰ型副黏病毒与沙门氏菌、大肠杆菌混合感染的诊断[J]. 中国畜牧兽医，40（2）：155–160.
彭远义，刘华英.1995.鸡肺炎克雷伯氏菌生物学特性研究[J]. 西南农业大学学报，8（4）：115–116.
乔健，陈明勇，甘孟侯，等.1998.禽鼻气管鸟杆菌感染研究概况[J].中国兽医杂志，24（1）：42–43.
乔彦良，李东阳，高学运，等. 1995. 鸡疏螺旋体病鸡胚组织灭活疫苗试验研究[J]. 畜牧兽医杂志（3）：7–9.
瞿良，王惠萱，谭德勇，等.2010.铜绿假单胞菌的基因芯片检测研究[J].国际检验医学杂志，31（11）：1021–1022.
沈彩云，张飞华.2011.一例鸡坏死性肠炎的诊断与防治[J]. 养殖技术顾问（5）：188–189.
孙惠玲，苗得园，王艳平，等.2005. B型副鸡嗜血杆菌北京株的分离与鉴定[J]. 中国兽医杂志，41（2）：28–29.
田在滋，何明清.1992.动物传染病学（理论部分）[M].石家庄：河北科学技术出版社，141–144.
王安民.2006.禽链球菌病[J].畜牧兽医杂志，25（6）：45.
王德海，胡薛英，程国富.2011.中药方剂对试验性鸡葡萄球菌性关节炎保护的组织病理学研究[J].中国兽医科学，41（6）：641–645.
王红宁，杨峻，邵华斌.2010.禽结核病的防控措施[J].疫病防制（9）：20–31.
王丽荣，刁有祥，唐熠，等.2013.鼻气管鸟疫杆菌环介导等温扩增检测方法的建立与应用[J].中国兽医学报，33（9）：1364–1368.
王丽荣.2013.鼻气管鸟疫杆菌环介导等温扩增（LAMP）与SYBR Green Ⅰ实时荧光定量PCR检测方

法的建立及应用[D].泰安：山东农业大学硕士学位论文.
王明亮，刁有祥，纪巍，等.2008.鼻气管鸟杆菌病的研究现状[J].动物医学进展，29（10）：73–78.
王锡祯.2001.我国禽结核病的研究概况.[J].中国禽业导刊，18（14）：20–22.
王泽华，李灿恒.2002.鸡坏死性肠炎的诊断与防治［J］.中国禽业导刊，19（14）：35–36.
翁善钢.2013.家禽及其制品中耐甲氧西林金黄色葡萄球菌菌株的分子生物学和耐药性研究[J].中国家禽，35（5）：44–46.
吴海洋，刁有祥，李瑶瑶，等.2010.山东省鸡鼻气管鸟杆菌的分离与鉴定[J].西北农林科技大学学报，自然科学版，38（7）：1–6.
吴海洋，刁有祥，刘霞，等.2012.鼻气管鸟杆菌对SPF雏鸡的致病性[J].中国兽医学报，32（8）：1136–1141.
吴移谋，叶元康.2008.支原体学[M].北京：人民卫生出版社，12–236.
吴宗学. 2014.禽衣原体病ELISA抗体检测试剂盒的研制与初步应用[D]. 北京：中国农业大学兽医学院.
谢锦贤.2012.肉鸭肉毒梭菌毒素中毒的诊治[J].养殖技术顾问（12）：141.
邢进，岳秉飞，贺争鸣.2012.绿脓杆菌分子分型方法研究进展[J].中国比较医学杂志，22（8）：62–67.
徐振波，刘晓晨，李琳，等.2013.金黄色葡萄球菌肠毒素在食源性微生物中的研究进展[J].现代食品科技，29（9）：2317–2324.
许英民.2012.雏鸵鸟霉菌性肺炎和大肠杆菌合并感染的诊治[J].养禽与禽病防治（12）：40–41.
杨建民，郝永新，何诚，等.2006.利用SYBR Green检测衣原体Real-time PCR方法的建立[J]. 畜牧兽医学报，37(1)：84–90.
杨婕妤，杨柯鑫，李顺，等.2014.绿脓杆菌多价灭活疫苗效价跟踪及初步免疫效果观察[J].黑龙江畜牧兽医（科技版）(2)：147–149.
杨肯牧.2013.山地放养鸡要严防肉毒梭菌毒素中毒[J].河南畜牧兽医（1）：37.
杨柳，李康然，韦平.2004.鸡的鼻气管鸟杆菌研究进展[J].广西畜牧兽医，20（6）：278–282.
杨爽，韩正博，戴秀莉.2002.鸡鼻气管鸟杆菌病[J].黑龙江畜牧兽医（12）：29–30.
杨秀娟，张文玲，徐惠芳，等.2015.李斯特菌属荧光定量 PCR 检测方法的建立[J].中国国境卫生检疫杂志，38（1）：6–12.
杨元杰，狄伯雄.1994.雏鸡绿脓杆菌病的病理形态学研究[J].畜牧兽医学报，25（1）：66–70.
殷月兰，付红，孔苏伟，等.2014.产单核细胞李斯特菌*hfq*基因的原核表达及表达产物的聚合体分析[J].中国兽医科学，44（2）：171–175.
于恩庶，徐秉锟 . 1988.中国人兽共患病学[M]. 福州：福建科学技术出版社，220–228.
虞传峰，张玲琴，胡屹屹，等.2010.鸡坏死性肠炎的全面攻防［J］.上海畜牧兽医通讯（6）：41–42.
张彬彬，邵慧君，王彦红，等.2011. 1株多重耐药性鸽源大肠杆菌的分离与鉴定[J].养禽与禽病防治，5:6–7.

张培君，苗得园，龚玉梅，等.1998.鸡传染性鼻炎流行病学调查[J].中国兽药杂志，32（4）：28–29.
张书萍.2013.一例蛋鸭肉毒梭菌中毒的诊治[J].吉林畜牧兽医（11）：40.
张伟，李闻，张伟尉，等.2005.基于PCR技术的绿脓杆菌快速检测方法研究[J].中国卫生检验杂志，15（9）：1065–1067.
张昕悦，张秀军，何聪芬.2012.绿脓杆菌分子生物学检测的研究进展[J].食品工业科技，33（12）：401–405.
赵凤山，王殿松. 2010. 鸡疏螺旋体病的诊治体会[J]. 兽医导刊，154（6）：53.
郑晓丽，宋振银，倪学勤.2009.产气荚膜梭菌对家禽业的危害及其预防[J].中国家禽，30（24）：70–71.
中国农业科学院哈尔滨兽医研究所.2013.兽医微生物[M].第2版.北京：中国农业出版社.
钟世勋，王迪，曲亭和，等.2013.不同动物种源肺炎克雷伯氏菌分离株23S rRNA序列分析，中国预防兽医学报，35（11）：937–939.
钟世勋，朱瑞良，崔国林，等.2013.山东部分地区毛皮动物肺炎克雷伯氏菌的分离鉴定及系统发育分析[J]. 中国预防兽医学报，35（4）：285–289.
钟小艳，赵连生，王豪举，等.2008.蛋鸡肺炎克雷伯氏菌病的诊治[J]. 养禽与禽病防治（11）：30–31.
钟召兵，柴同杰，段会勇，等.2008.鸡舍环境金黄色葡萄球菌气溶胶产生及其传播的REP-PCR鉴定[J].畜牧兽医学报，39（10）：1395–1401.
周顺，刘长浩，张灿，等.2013.耐甲氧西林金黄色葡萄球菌微量凝集试验方法的建立及初步应用[J].中国预防兽医学报，35（8）：644–647.
朱士盛，王新.1994.青岛地区鸡传染性鼻炎病原株的分离鉴定与定型研究[J]. 中国动物检疫，11（4）：6–8.
朱晓演，周夕伟，徐建春，等.2009.三黄雏鸡暴发弯曲杆菌性肝炎的诊治[J].畜牧兽医科技信息，（7）：94–95.
曾令高，钟运标，杨振华. 2011. 鸽溃疡性肠炎的流行特点及防治[J]. 中国畜牧兽医文摘，27（1）：113.
Aarestrup F M and Hasman H. 2004. Susceptibility of different bacterial species isolated form food animals to copper sulphate, zinc chloride and antimicrobial substances used for disinfection[J]. Vet Microbiol,100:83–89.
Allen J L, Noormohammadi A H, Browning G F.2005. The vlhA loci of *Mycoplasma synoviae* are confined to a restricted region of the genome[J]. Microbiology, 151: 935–940.
Anderson A A, Grimes J E, Wyrick P B.1999.Chlamydiosis. In: Disease of Poultry[M]. 10th ed. In: Calnek B W, Barnes H J, Beard C W, et al.Ames:Iowa State University Press, 333–345.
Andreasen C B, Latimer K S, Harmon B G, et al.1991. Heterophil function in healthy chickens and in chickens with experimentally induced staphylococcal tenosynovitis [J]. Vet Pathol,28（5）：419–427.
Asgarian-Omran H, Akbar A A, Arjmand M, et al.2013. Expression, purification and characterization

of three overlapping immunodominant recombinant fragments from *Bordetella pertussis* filamentous hemagglutinin[J]. Avicenna J Med Biotechnol ,5（1）：20–28.

Austin J W. 2014.Microbiological safety of meat—*Clostridium botulinum* and *Botulism*[J].Encyclopedia of Meat Sciences, 2:330–334.

Awan M A, Matsumoto M. 1998.Heterogeneity of staphylococci and other bacteria isolated from six-week-old broiler chickens [J]. Poult Sci,77（7）：944–949.

Barrow P A and Neto O C.2011. Pullorum disease and fowl typhoid-new thoughts on old diseases: a review[J]. Avian Pathol, 40（1）：1–13.

Bartos M, Hlozek P, Svastova P, et al.2006.Identification of members of *Mycobacterium avium* species by Accu-Probes, serotyping, and single IS900, IS901, IS1245 and IS901-flanking region PCR with internal standards[J].Journal of Microbiological Methods, 64（3）：333–345.

Beach N M, Thompson S, Mutnick R, et al.2012. *Bordetella avium* antibiotic resistance, novel enrichment culture, and antigenic characterization[J]. Vet Microbiol ,160:189–196.

Bhantnagar S and Schorey J S. 2006. Elevated mitogenactived protein kinase signaling and increased macrophage activation in cells infected with a glycopeptidolipiddeficient *Mycobacterium avium* [J]. Cell Microbiol，8:85–96.

Blackall P J and Soriano E V. 2008. Infectious coryza and related infections. In Diseases of Poultry [M]. Eds Saif Y M, Fadly A M, Glisson J R, et al. Ames: Blackwell Publishing Professional,789–803.

Borucki M K, Krug M J, Muraoka W T, et al.2003.Discrimination among *Listeria monocytogenes* isolates using a mixed genome DNA microarray [J]. Vet Microbiology, 92（4）：351–362.

Branton S L, Bearson S M, Bearson B L,et al. 2003.*Mycoplasma gallinarum* infection in commercial layers and onset of fatty liver hemorrhagic syndrome[J]. Avian Dis, 47（2）：458–462.

Briczinke E P, Roberts R F. 2006.Technical note: a rapid pulsed field gel electrophoresis method for analysis of bifidobacteira[J]. J Dairy Sci, 89（7）：2424–2427.

Brown D R，Lloyd J P，Schmidt J J. 1997.Identification and characterization of a neutralizing monoclonal antibody against botulinum neurotoxin serotype F following vaccination with active toxin[J]. Hybridoma，16（5）：447–456.

Burch D. 2005.Avian vibrionic hepatitis in laying hens[J].The Veterinary Record,157（17）：528.

Capitini C M，Herrero I A，Patel R，etal. 2002.Wound infection with *Neisseria weaveri* and a novel subspecies of *Pasteurella multocida* in a child who sustained a tiger bite[J]. Clin Infect Dis，34: E74–76.

Caya, F., J.M. Fairbrother, L. Lessard, and S. Quessy. 1999. Characterization of the risk to human health of pathogenic *Escherichia coli* isolates from chicken carcasses[J]. J Food Prot, 62:741–746.

Chamanza, R., L.v. Veen, M.T. Tivapasi, M.J.M. Toussaint, and L. van Veen. 1999. Acute phase proteins in the domestic fowl[J]. World's Poult Sci J, 55:61–71.

Chappell L, Kaiser P, Barrow P,et al.2009. The immunobiology of avian systemic salmonellosis[J]. Veterinary Immunology and Immunopathology, 128: 53–59.

Chen X, Miflin J K, Zhang P, et al.1996. Development and Application of DNA Probes and PCR Tests for *Haemophilus paragallinarum*[J]. Avian Diseases,40:398–407.

Chen X, Zhang P, Blackall P J, et al.1993. Characterization of *Haemophilus paragallinarum* isolates from China[J]. Avian Diseases,37:574–576.

Dhama K, Mahendran M, Tiwari R,et al.2011.Tuberculosis in Birds: Insights into the *Mycobacterium avium* Infections[J].Veterinary Medicine International, Article ID: 712369, 14 pages.

Ewing W H.1986. Edwards and Ewing's Identification of Entero-bacteriaceae[M]. 4th ed. Amsterdam：Elsevier.

Fatima N. 2009.Newer diagnostic techniques for tuberculosis[J]. Respiratory Medicine,2: 151–154.

Fuseler J W, Conner E M, Davis J M, et al.1997. Cytokine and nitric oxide production in the acute phase of bacterial cell-wall induced arthritis [J]. Inflammation,21:113–131.

Gaede W, Reckling K F, Dresenkamp B,et al.2008.*Chlamydophila psittaci* infections in humans during an outbreak of psittacosis from poultry in Germany[J]. Zoonoses Publ. Health, 55（4）：184–188.

Galan J E. 2001.*Salmonella* interactions with host cells : type III secretion at work[J]. Annu Rev Cell Dev Biol, 17: 53–86.

Gangadharam P R J, Perumal V K, Jairam B T,et al. 1989. Virulence of *Mycobacterium avium* complex strains from acquired immune deficiency syndrome patients: relationship with characteristics of the parasite and host[J]. Microbial Pathogenesis,7:263–278.

Geng S Z, Jiao X A, Barrow P,et al.2014. Virulence determinants of *Salmonella gallinarum* biovar Pullorum identified by PCR signature-tagged mutagenesis and the *spiC* mutant as a candidate live attenuated vaccine[J]. Veterinary Microbiology, 168（2–4）：388–394.

Gentry-Weeks C R, Hultsch AL, Kelly S M, et al.1992. Cloning and sequencing of a gene encoding a 21-kiloDalton outer membrane protein from *Bordetella avium* and expression of the gene in *Salmonella typhimurium*[J]. J Bacteriol ,12:7729–7742.

Gombas D E and Chen Y，et al.2003. Surveyof *Listeria monocytogenes* in ready-to-eat foods[J].J Food Prot，66（4）：559–569.

Gong Y M, Zhang P J, Wang H J,et al.2014. Safety and efficacy studies on trivalent inactivated vaccines against infectious coryza[J]. Veterinary Immunology and Immunopathology,158: 3–7.

Hao H, Yuan Z, Shen Z, et al.2013. Mutation and transcriptomic changes involved in the development of macrolide resistance in *Campylobacter jejuni* [J]. Antimicrob Agents Chemother,57（3）：1369–1378.

Harrington A T，Castellanos J A，Ziedalski T M，et al.2009. Isolation of *Bordetella avium* and novel *Bordetella* strain from patients with respiratory disease[J]. Emerg Infect Dis，15（1）：72–74.

Heddleston K L,Gallagher J E, Rebers P A. 1972.Fowl cholera: gel diffusion precipitin test for serotyping *Pasteurella multocida* from avian species[J]. Avian Dis, 16:925–936.

Hernández A J C. 2014.Poultry and Avian Diseases[J]. Encyclopedia of Agriculture and Food Systems, 4:504–520.

Horan K L, Freeman R, WeigelK, et al. 2006. Isolation of the genome sequence strain *Mycobacterrium avium* 104 from multiple patients over a 17-ear period[J]. J. Clin Microbiol, 44:783–789.

Jacobs A A C, van den Berg K and Malo A.2003. Efficacy of a new tetravalent coryza vaccine against emerging variant type B strains[J].Avian Pathology, 32（3）: 265–269.

Jantzen M M, Navas J, de Paz M, et al.2006. Evaluation of ALOA plating medium for its suitability to recover high pressure-injured *Listeria monocytogenes* from ground chicken meat[J]. Letters in Applied Microbiology, 43（3）: 313–317.

Javed M A, Frasca S J, Rood D, et al. 2005.Correlates of Immune Protection in Chickens Vaccinated with *Mycoplasma gallisepticum* Strain GT5 following Challenge with Pathogenic *M. gallisepticum* Strain R（low）[J]. Infect Immun, 5410–5419.

Jennings J L,Sait L C, Perrett C A, et al.2011.*Campylobacter jejuni* is associated with, but not sufficient to causevibrionic hepatitis in chickens.[J]. Veterinary Microbiology,149（1–2）: 193–199.

Lam K M.2003. Pathogenicity of *Mycoplasma meleagridis* for Chicken Cells[J]. Avian Diseases, 48（4）: 916–920.

Laroucau K, Vorimore F, Aaziz R, et al.2009.Isolation of a new chlamydial agent from infected domestic poultry coincided with cases of atypical pneumonia among slaughterhouse workers in France[J]. Infect Genet Evol, 9（6）: 1240–1247.

Lavric M, Bencina D, Narat M.2005. Mycoplasma gallisepticum hemagglutinin vlhA, pyruvate dehydrogenase PdhA, lactate dehydrogenase, and elongation factor Tu share eptitopes with *Mycoplasma imitans* homologues[J]. Avian Dis, 49（4）: 507–513.

Li Q C, Hu Y C, Chen J, et al.2013. Identification of *Salmonella enterica* serovar Pullorum antigenic determinants expressed in vivo[J]. Infect Immun, 81（9）: 3119–3127.

Longbottom D, Coulter L J. 2003.Animal chlamydioses and zoonotic implications[J]. J Comp Pathol, 128（4）: 217–244.

MacOwan K J, Randall C J, Jones H G R. 1982. Association of *Mycoplasma synoviae* with respiratory disease of broilers[J]. Avian Pathol, 11:235–244.

Madhu, S., A.K. Katiyar, J.L. Vegad, and M. Swamy. 2001. Bacteria-induced increased vascular permeability in the chicken skin[J]. Indian J An Sci, 71:621–622.

Manarolla G, Liandris E, Pisoni G,et al. 2009.Avian tuberculosis in companion birds: 20-year survey[J]. Veterinary Microbiology,133:323–327.

Mardassi B B, Mohamed R B, Gueriri I,et al. 2005.Duplex PCR to Differentiate between *Mycoplasma synoviae* and *Mycoplasma gallisepticum* on the Basis of Conserved Species-Specific Sequences of Their Hemagglutinin Genes[J]. Journal of clinical microbiology,948–958.

McNamee P T, McCullagh J J, Thorp B H, et al.1998. Study of leg weakness in two commercial broiler flocks [J]. Vet Rec,143（5）：131–135.

Menard A, Clerc M, Subtil A, et al. 2006.Development of a real-time PCR for the detection of *Chlamydia psittaci*[J]. Journal of medical microbiology, 55（4）：471–473.

Mijs W , de Haas P, Rossau R, et al. 2002. Molecular evidence to support a proposal to reserve the designation *Mycobacterrium avium* subsp. *avium* for bird-type isolates and "*M. avium* subsps. Hominissuis " for the human/porcine type of *M. avium*[J]. International journal of systematic and evolutionary microbiology,52:1505–1518.

Misawa N, Ohnishi T, Uchida K,et al.1996. Experimental hepatitis induced by Campylobacter jejuni infection in Japanese quail（*Coturnixcoturnix japonica*）[J]. J Vet Med Sci, 58（3）：205–210.

Munson S H, Tremaine M T, Betley M J, et al.1998. Identification and characterization of staphylococcal enterotoxin types G and I from Staphylococcus aureus [J]. Infect Immun,66:3337–3348.

Muraoka W T, Zhang Q.2011. Phenotypic and Genotypic Evidence for L-Fucose Utilization by *Campylobacter jejuni*[J]. Journal of bacteriology,193（5）：1065–1075.

Nagi, M.S., and W.J. Mathey. 1972. Interaction of *Escherichia coli* and *Eimeria brunette* in chickens[J]. Avian Dis, 16:864–873.

Nakamura, K., Y. Mitarai, M. Yoshioka, N. Koizumi, T. Shibahara, and Y. Nakajima. 1998. Serum levels of interleukin-6, alphal-acid glycoprotein, and corticosterone in two-week-old chickens inoculated with *Escherichia coli* lipopolysaccharide[J]. Poult Sci, 77:908–911.

Papazis L, Gorton T S, Kutish G, et al.2003. The complete genome sequence of the avian pathogen *Mycoplasma gallisepticum* strain R（low）[J]. Microbiology,149（9）：2307–2316.

Parkhil J, Wren B W, Mungall K,et al.2000. The genome sequence of the food-borne pathogen *Campylobacter jejuni* reveals hypervariable sequences [J]. Nature, 403（6770）：665–668.

Pavlik L, Svastova P, Bartl J, et al. 2000. Relationship between IS901 in the *Mycobacterrium avium* complex isolated from birds, animals, humans, and the environment and virulence for poultry[J]. Clin Diag Lab Immunol,7:212–217.

Peck M W. 2014.Bacteria: *Clostridium botulinum*[J]. Encyclopedia of Food Safety, 31（1）：381–394.

Petrovay F, Balla E.2008. Two fatal cases of psittacosis caused by *Chlamydiophila psittaci*[J]. Journal of Medical Microbiology, 57（10）：41–47.

Pike B L, Guerry P, Poly F. 2013.Global Distribution of *Campylobacter jejuni* Penner Serotypes: A Systematic Review [J]. PLoS ONE,8（6）：e67375.

Potter K J，Becins M A，Vassilieva E V，et al. 1998. Production and Purification of the heavy-chain fragment C of botulinum neurotoxin，serotype B，expressed in the methyllotrophic yeast Pichia Pastoris[J]. Protein ExPr Purif，13：357–365.

Reiser R F, Hinzman S J, and Bergdoll M S.1987. Production of toxic shock syndrome toxin 1 by *Staphylococcus aureus* restricted to endogenous air in tampons [J]. J Clin Microbiol,25（8）：1450–1452.

Ren K, Bannan J D, Pancholi V, et al.1994. Characterization and biological properties of a new staphylococcal exotoxin [J]. J Exp Med,180:1675–1683.

Rodriguez-Siek K E, Giddings C W, Doetkott C, 2005. Comparison of *Escherichia coli* isolates implicated in human urinary tract infection and avian colibacillosis[J]. Microbiol,151:2097–2110.

Rodriguez-Siek K E, Giddings C W, Doetkott C. 2005. Characterizing the APEC pathotype[J]. Vet Res,36:241–256.

Ron, E.Z. 2006. Host specificity of septicemic *Escherichia coli* : human and avian pathogens[J]. Curr Opin Microbiol, 9:28–32.

Sachse K, Hotzela H, Slickersb P, et al.2005. DNA microarray-based detection and identification of *Chlamydia* and *Chlamydophila* spp. [J]. Molecular and Cellular Probes, 19（1）：41–50.

Saif Y M，Fadly A M，Glisson J R，et al.2011.禽病学[M].第12版.苏敬良，高福，索勋，主译.北京：中国农业出版社.

Saif Y M.2012.禽病学[M].第12版.苏敬良，高福，索勋，主译.北京：中国农业出版社.

Sakamoto R,Kino Y, Sakaguchi M. 2012.Development of a Multiplex PCR and PCR-RFLP Method for Serotyping of *Avibacterium paragallinarum*[J]. Avian Pathology,74（2）：271–273.

Sander, J.E., C.L. Hofacre, I.H. Cheng, and R.D. Wyatt. 2002. Investigation of resistance of bacteria from commercial poultry sources to commercial disinfectants[J]. Avian Dis, 46:997–1000.

Shen J L, Rump L, Zhang Y F,et al. 2013.Molecular subtyping and virulence gene analysis of *Listeria monocytogenes* isolates from food[J]. Food Microbiology, 35: 58–64.

Shmuel R.1985. Molecular Biology and Genetics of Mycoplasmas（Mollicutes）[J]. Microbiological reviews, 419–455.

Siratsuch H and BassonM D. 2003. Caspase activation may be associated with *Mycobacterrium avium* pathogenicity[J]. American J Surg ,186:547–551.

Smith L A. 1998.Development of recombinant vaccines for botulinum neurotoxin[J]. Toxicon，36（11）：1539–1548.

Stephensa C P, Onb S L, Gibsona J A. 1998.An outbreak of infectious hepatitis in commercially reared ostriches associated with Campylobacter coli and Campylobacter jejuni[J]. Veterinary Microbiology,61（3）: 183–190.

Stockwella S B, Kuzmiak-Ngiamb H, Beacha N M, et al.2011. The autotransporter protein from *Bordetella avium*, Baa1, is involved in host cell attachment[J]. Microbiol Res ,67:55–60.

Su Y C, Wong A C.1995. Identification and purification of a new staphylococcal enterotoxin [J]. H. Appl Environ Microbiol,61:1438–1443.

Sun Z H，Wei K，Yan Z G，et al. 2011.Effect of immunological enhancement of aloe polysaccharide on chickens immunized with *Bordetella avium* inactivated vaccine[J]. Carbohydr Polym，86:684–890.

Swaminathan B and Gerner-Smidt P.2007. The epidemiology of human listeriosis[J].Microbes Infect, 9（10）: 1236–1243.

Tell L A, Woods A L, Foley J, et al 2003.Walker.Diagnosis of mycobacteriosis:comparision of culture acid-fast stains, and polymerase chain reaction for the indentification of *Mycobacterium avium* in experimentally inoculated Japanese quail（*Coturnix japonica*）[J].Avian Dis,47:444–452.

Temple L M, Miyamoto D M, Mehta M. 2010.Identification and characterization of two *Bordetella avium* gene products required for hemagglutination[J]. Infect Immun ,6:2370–2376.

Tirkkonen T, Pakarinen J, Moisander A M,et al. 2007. High genetic relatedness among *Mycobacterium avium* strains isolated from pigs and humans revealed by comparative IS1245 RFLP analysis[J]. Veterinary Microbiology,125:175–181.

Vretou E, Radouani F, Psarrou E, et al.2007.Evaluation of two commercial assays for the detection of *Chlamydophila abortus* antibodies[J]. Vet Microbiol, 123（1–3）: 153–161.

Whenham G R, Carlson H C, AKsel A.1961. Avian Vibrionic Hepatitis in Alberta[J]. Can Vet J.,21（1）:3–7.

Williams C J, Sillis M, Fearne V, et al. 2013. Risk exposures for human ornithosis in a poultry processing plant modified by use of personal protective equipment: an analytical outbreak study[J]. Epidemiol Infect, 141（9）: 1965–1974.

Wu Z, Sippy R, Sahin O, et al.2014. Genetic diversity and antimicrobial susceptibility of *Campylobacter jejuni* isolates associated with sheep abortion in the United States and Great Britain [J]. J ClinMicrobiol,52（6）:1853–1861.

Xie H L, Newberry F D, Clark W E, et al. 2002. Changes in serum ovotransferrin levels in chickens with experimentally induced inflammation and diseases[J]. Avian Dis, 46:122–131.

Yin L, Kalmar I D, Lagae S, et al.2013. Emerging *Chlamydia psittaci* infections in the chicken industry and pathology of *Chlamydia psittaci* genotype B and D strains in specific pathogen free chickens[J]. Vet Microbiol, 162(2–4): 740–749.

Yin Y, Tian D, Jiao H, et al.2011.Pathogenicity and immunogenicity of a mutant strain of *Listeria monocytogenes* in the chicken infection model[J].Clin Vaccine Immunol,18（3）:500–505.

Zhang F, Li S, He C, et al. 2008.Isolation and characterization of *Chlamydophila psittaci* isolated from laying hens with cystic oviducts[J]. Avian Disease, 52（1）: 74–78.

Zhang P J, Miao D, Sun H, et al.2003.Infectious coryza due to *Haemophilus paragallinarum* serovar B in China[J]. Australian Veterinary Journal, 81（1–2）:96–97.

Zhang P, Blackall P J, Yamaguchi T, et al.1999. A Monoclonal antibody-blocking ELISA for the detection of serovar-specific antibodies to *Haemophilus paragallinarum*[J]. Avian Diseases, 43:75–82.

Zhao X, Liang M F, Yang P P, et al.2013. Taishan Pinus massoniana pollen polysaccharides promote immune responses of recombinant *Bordetella avium* ompA in Balb/c mice[J]. International Immunopharmacology,17:793–798.

第六章 水禽疫病

第一节　鸭病毒性肝炎

（Duck viral hepatitis, DVH）

【病名定义与历史概述】

鸭病毒性肝炎（Duck viral hepatitis，DVH）是雏鸭的一种急性高度致死性传染病，其特点是发病急、病程短、传播快、死亡率高。本病多发生于4周龄以下雏鸭，特别是1周龄左右的雏鸭更易发生，病死鸭多呈现角弓反张样外观（见彩图6–1–1和彩图6–1–2），其肝脏常有特征性的点状或刷状出血（见彩图6–1–3和彩图6–1–4）。

1945年，Levine和Hofstad首次观察到本病，但当时没有分离到病原。1949年春，本病在美国长岛再次发生时，Levine和Fabricant（1950）用鸡胚分离到病毒。此后，英国、加拿大、德国、意大利、印度、法国、苏联、匈牙利、日本、韩国等国陆续报道了本病的发生和流行情况。

1963年，黄均建等报道了我国上海地区某些鸭场于1958年秋和1962年春发生本病的情况。1980年，王平等在北京某鸭场分离到病毒，确定了本病在我国的存在。1984年，郭玉璞等将一株疫苗毒的免疫血清鉴定为1型。此后，全国各地都曾有本病发生的报道。

【病原学】

1．分类　最初将本病病原称为鸭肝炎病毒（Duck hepatitis virus，DHV），分类上归属于小RNA病毒科。根据血清学试验结果，研究者将鸭肝炎病毒区分为3个血清型，即血清1型（DHV–1）、2型（DHV–2）和3型（DHV–3）。Levine和Fabricant（1950）从美国分离到的毒株属于DHV–1，而DHV–2和DHV–3则分别由英国Asplin（1965）和美国Haider和Calnek（1979）报道。

1984年，Gough等在英国的鸭病毒性肝炎病例的病变肝脏中观察到星状病毒样颗粒；1985年，Gough等用交叉保护试验进行了比较研究，认为该星状病毒毒株与DHV–2具有相同的抗原性，由此将DHV–2鉴定为星状病毒。2009年，Todd等从DHV–2和DHV–3基因组中扩增出星状病毒的部分ORF1b序列，进一步证实DHV–2属于星状病毒，同时还将DHV–3鉴定为星状病毒。基于部分ORF1b序列的分析结果，Todd等（2009）认为DHV–2和DHV–3可能属于星状病毒科禽星状病毒属的两种不同的病毒。目前，禽星状病毒属内病毒种的分类依据是衣壳蛋白的遗传距离，按此标准，国际病毒分类委员会（International Committee on Taxonomy of Viruses，ICTV）在禽星状病毒属提出了3个新的病毒种名，即Avastrovirus 1、Avastrovirus 2和Avastrovirus 3（暂译为禽星状病毒1型、禽星状病毒2型、禽星状病毒3型），Fu等（2009）从国内DVH病例中所检测到的DHV–2样鸭星状病毒C–NGB株与火鸡星状病毒2型属于禽星状病毒3型的成员，而DHV–3属于禽星状病毒属内的未定种。所谓DHV–2样鸭星状病毒，指C–NGB株与DHV–2参考毒株在部分ORF1b区的氨基酸序列同源性较高（95%），据此可认为DHV–2亦属于禽星状病毒3型的成员。近期，Liu等（2014）从国内商品鸭群中检测到4株DHV–3样鸭星状病毒（即这类毒株与DHV–3参考毒株在部分ORF1b区的氨基酸序列同源性为96%），基因组序列分析结果提示，DHV–3样DAstV可能属于禽星状病毒属内一个独立的病毒种，由此推之，DHV-3亦可能属于该独立病毒种的成员。

2007年，研究者在中国台湾和韩国分别鉴定出与DHV-1无交叉中和反应的鸭肝炎病毒新血清型。DHV-1和两类新型鸭肝炎病毒均具有小RNA病毒的基因组结构，但它们与小RNA病毒科各已知属之间，衣壳蛋白及2C和3CD蛋白的氨基酸序列同源性均小于40%，因此，它们属于小RNA病毒科一个新属的成员。2009年，国际病毒分类委员会在小RNA病毒科成立了禽肝炎病毒属（*Avihepatovirus*），提出了鸭甲肝病毒（Duck hepatitis A virus，DHAV）的种名，并将DHV-1、中国台湾新型DHV和韩国新型DHV分别改称为DHAV的基因1型（DHAV-1）、2型（DHAV-2）和3型（DHAV-3）。

就目前所知，鸭病毒性肝炎的病原包括小RNA病毒科禽肝病毒属鸭甲肝病毒的3个基因型及星状病毒科禽星状病毒属内两种不同的鸭星状病毒（即DHV-2和DHV-3）。

2. 形态　DHAV-1呈大致球形，直径为20～40 nm，在肝脏切片中可见30 nm的颗粒。对DHAV-2和DHAV-3的形态学尚缺乏研究，但根据其基因组序列进行分析，它们应具有小RNA病毒的形态大小。DHV-2呈星状，直径为28～30 nm。DHV-3的外观并无星状病毒的特点，在电镜下观察DHV-3感染的鸭肾细胞培养物，可在胞浆中见到直径约为30 nm并呈晶格状排列的颗粒。

3. 生物学特点　DHAV-1不能凝集鸡、鸭、绵羊、马、豚鼠、小鼠、蛇、猪和兔的红细胞。感染了DHAV-1的细胞培养物不能吸附绿猴、恒河猴、仓鼠、小鼠、大鼠、家兔、豚鼠、人类O型、鹅、鸭和1日龄雏鸡的红细胞。在pH 6.8～7.4，温度为4℃、24℃、37℃时，高滴度的病毒悬液不能凝集以上各种动物的红细胞。

4. 抗原性　DHAV-2和DHAV-3均与DHAV-1均无交叉中和反应和交叉保护作用，但DHAV-2和DHAV-3之间的血清学关系尚未比较，在衣壳蛋白编码区，DHAV的3个基因型之间的序列差异相当，据此可认为DHAV-2和DHAV-3属于两个不同的血清型。最初将DHV-2和DHV-3作为鸭肝炎病毒的新血清型提出时，已证明它们之间及其与DHAV-1之间均无血清学交叉反应。两种鸭星状病毒（DHV-2和DHV-3）与鸭甲肝病毒的两个新型（DHAV-2和DHAV-3）之间的血清学关系尚未比较，但它们分属不同的病毒科，存在血清学交叉反应的可能性较小。

【流行病学】

鸭病毒性肝炎呈世界范围分布，但其病原分布有所不同。作为小RNA病毒科的成员，DHAV-1呈世界范围分布，DHAV-2仅发现于中国台湾，DHAV-3流行于韩国和中国大陆。以往认为星状病毒DHV-2和DHV-3分别仅见于英国和美国，但已从我国的商品肉鸭中检出DHV-2样和DHV-3样星状病毒，提示DHV-2和DHV-3已在我国出现。

本病多发生于3周龄内雏鸭，以1周龄左右的雏鸭最易发生，3～5周龄的鸭对本病的抵抗力逐渐增强，成年种鸭即使在污染的环境中也无临床症状，并且不影响其产蛋率，但可成为DHAV和DHV-2的携带者。

死亡率与日龄和病原有关。DHAV的3个型感染1周龄左右的雏鸭后，死亡率可达70%甚至100%，2～3周龄雏鸭的死亡率为50%或更低，3～5周龄鸭的发病率和死亡率都很低。DHV-2可使1～2周龄的雏鸭死亡50%，3～6周龄的鸭死亡率为10%～25%，但有时DHV-2感染所引起的死亡率极低，或感染后不发病。一般认为，DHV-3引起的死亡率一般不超过30%，但Liu等（2009）检出DHV-3样鸭星状病毒时，肉鸭并未发生鸭病毒性肝炎。

突然发病、传播快、病程短是本病的特点，死亡几乎发生在3～4 d内。本病在鸭群中传播迅速，表明有很强的接触传染性，但又常能观察到例外情况，例如，在一个养殖小区，部分鸭群暴发疫情，而另一些鸭群却能幸免，即使在同一个育雏室，若用砖或围栏分割成几栏，亦可见一个栏里出现死亡，而另一个栏里却无死亡病例。

以往认为，DHAV-1可能不会经卵垂直传播，但从种蛋中可检测到DHAV-3，提示DHAV-3经卵传播存在可能性。DHAV-1、DHAV-3和DHV-2均可经粪便排毒，由于粪便中的病毒可存活较长时间，加之目前养鸭多是连续饲养，因此，鸭场一旦污染，很难彻底清除病原。粪便污染饲料、饮水、垫料、用具和环境后，健康鸭可经吃或吸入病毒而感染。带毒鸭在不同地区的调运（或者污染的运输工具和器具）极易成为鸭病毒性肝炎大范围和快速传播的渠道。

【症　状】

发病初期，感染鸭群精神萎靡，不愿走动，行动呆滞或跟不上群，此后短时间内停止运动、蹲伏、眼半闭。濒死前，病鸭身体侧卧，头向后背，两腿反复后踢，导致在地上旋转，发病十几分钟即死，死后双腿向后伸直，头颈弯至背部，呈角弓反张样外观。有时看不到明显的临床症状，雏鸭一背脖、一蹬腿即死。某些病鸭死后，嘴和爪尖呈暗紫色。

【病理变化】

特征性病变出现在肝脏，肝脏肿大，其表面布满点状、瘀斑状或刷状出血。胆囊常肿胀、充盈胆汁。部分病例肾脏肿大出血。有时脾脏肿大呈斑驳状。急性病例的主要组织学病变为肝细胞坏死，幸存鸭只则有许多慢性病变，变现为肝脏的广泛性胆管增生，有不同程度的炎性细胞反应及出血。

【诊　断】

结合本病突然发生、传播快、病程短、死亡率高的流行特点，以及角弓反张样的外观和肝脏出血病变，易对本病作出临床诊断。

确诊需进行病毒的分离和鉴定。将病变肝脏制成匀浆，接种于9日龄鸡胚或10日龄鸭胚尿囊腔，易分离到鸭甲肝病毒，感染鸡胚生长不良、水肿、皮肤出血，肝脏肿大、变绿或有坏死点。经鸡胚羊膜腔接种可分离到DHV-2，但很困难，感染胚发育不良、肝脏呈淡绿色且有坏死。用9～10日龄鸭胚绒毛尿囊膜接种可分离到DHV-3，感染严重的胚胎绒毛尿囊膜颜色发生变化，感染部位的表面有干痂或干酪样物、绒毛尿囊膜水肿。用特异性抗血清经中和试验可对分离株进行血清型鉴定，但分离株必须适应于鸡胚、鸭胚或细胞培养，方能完成中和试验。用RT-PCR检测分离株或直接检测临床样品是鉴定鸭甲肝病毒和鸭星状病毒的快速方法，可通过扩增DHAV 250bp 5′UTR序列或其他基因、鸭星状病毒的296bp ORF1b序列或395bp ORF2序列达到鉴定的目的，若回收扩增产物测序并进行序列分析，则可用于鸭甲肝病毒和鸭星状病毒的分子分型。

【防治措施】

1. 管理措施　一般认为，本病的暴发多是从疫区或疫场引入雏鸭所致，因此，实施自繁自养的措施、建立严格的隔离消毒制度有助于本病的控制，但在生产中有时难以做到。

2. 疫苗的免疫接种　疫苗免疫是行之有效的措施。种鸭在1～3日龄时经颈部皮下注射弱毒疫苗以保护种雏鸭抵抗鸭病毒性肝炎的发生，开产前1个月免疫1次，间隔2周后，再加强免疫1次，可为后代雏鸭提供母源抗体，但母源抗体不足以完全保护后代，却可使发病日龄推迟到1周龄后。在此基础上，后代雏鸭在1日龄时免疫疫苗，可安全度过易感期。

疫苗毒株与野外流行毒株的血清型必须一致，疫苗接种方才有效。目前，我国鸭病毒性肝炎的发生主要由DHAV-1型和DHAV-3型引起，但我国只研制成功1型疫苗，由于1型和3型之间缺乏交叉保护，因此，仅依靠1型疫苗不足以有效防控本病。加快1型、3型二价疫苗的研制对于本病的控制至关重要。两种鸭星状病毒在我国的出现将进一步增加控制本病的难度。

3. 治疗　每只经肌内或皮下注射0.5～1 mL的抗体制品（高免蛋黄抗体或高免血清），可有效减少死亡。因本病呈急性发生、病程很短，因此，需及时注射抗体制品。抗体制品中是否含有足够效价的抗DHAV-1型和DHAV-3型的抗体是影响效果的关键因素。该法是一种应急的治疗手段，虽有效果，若从长远考虑一个地区的疫情控制，此法并不是最佳方案。

【展　望】

鸭病毒性肝炎的病原日趋复杂化。近年来，国内外陆续开展了本病病原的分子生物学研究，其结果对于从分子水平明确该病的病原类型起到了积极的促进作用，同时，也推动了相关分子诊断技术的建立和完善、新型疫苗的研发和分子致病机理的研究。分子检测技术的运用，将有利于全面了解本病不同病原在野外的分布，其结果对于有效控制本病的发生和流行至关重要。

（张大丙）

第二节　鸭　　瘟

（Duck plague）

【病名定义及历史概述】

鸭瘟（Duck plague，DP），又名鸭病毒性肠炎（Duck virus enteritis，DVE），是鸭、鹅及其他雁形目禽类的一种急性、接触性传染病，其特征是血管损伤、组织出血、消化道黏膜损伤、淋巴器官受损和实质性器官退行性病变。该病死亡率高，对水禽业造成重大经济损失。1923年，荷兰科学家Baudet报道了家鸭暴发一种急性出血性疾病。细菌培养为阴性，家鸭接种无菌过滤的肝悬液后可复制出该病，当时认为该病的病原为适应了鸭的特异性鸡瘟（流感）病毒。随后，荷兰报道了多起类似的病例。Bos对前人的工作进行了验证，并观察新暴发的病例，对鸭的病理损伤、临床特征、免疫反应进行了深入研究，推断该病不是由鸡瘟引起的，而是鸭的一种新病毒性疾病，将其命名为鸭瘟。1949年，Jansen和Kunst在第14届国际兽医大会上提议采用鸭瘟作为该病的法定名称。为了区别于鸡瘟，根据该病的特点，将其命名为鸭病毒性肠炎。我国于1957年首次在广州暴发鸭瘟，随后该病在华南、华中和华东等养鸭较发达的地方流行，给养鸭业造成巨大的经济损失。1957—1965年，本病广泛流行于我国南部、中部和东部的一些省、市。目前，我国养鸭生产中较少发生该病。

【病原学】

该病病原为鸭瘟病毒（Duck plague virus，DPV），也称为鸭肠炎病毒（Duck enteritis virus，DEV），为双链、有囊膜DNA病毒，属于疱疹病毒科、*α*疱疹病毒亚科、马立克病毒属、鸭疱疹病毒Ⅰ型。

1. 病毒形态及理化特性 鸭肠炎病毒主要由核心、衣壳、外膜和囊膜4部分组成。此外，在衣壳和囊膜之间还有皮层（Tegument）结构。在感染细胞核中，核衣壳直径为91～93 nm，芯髓直径约61 nm；在细胞核和核周隙中，由于核膜包裹，病毒粒子的直径为126～129nm；在胞浆内质网的微管系中可见直径为156～384 nm的成熟病毒粒子。鸭肠炎病毒对环境具有较强的抵抗力，含毒肝组织在–10～–20℃条件下保存347 d后，仍可致鸭发病；对热也具有一定的抵抗力，50℃作用10 min、56℃作用30 min或60℃作用15 min，才可破坏病毒的感染性；室温（22℃）放置30 d后病毒将失去感染性；22℃条件下，$CaCl_2$干燥处理9 d即可灭活病毒。鸭肠炎病毒对乙醚、氯仿均敏感。胰蛋白酶、胰凝乳蛋白和胰脂肪酶在37℃处理18 h可大大降低病毒滴度或灭活病毒，而木瓜酶、溶菌酶、纤维素酶、DNA酶和RNA酶对病毒无影响。在pH 7～9条件下处理6 h，病毒滴度不下降，但在pH为3或11时病毒则很快被灭活。pH为10和10.5时，病毒灭活率差异明显。pH 7.0～8.0、–20～–80℃是保存鸭肠炎病毒的最佳条件。

2. 培养特性 鸭肠炎病毒很容易在鸭胚中生长繁殖，经绒毛尿囊膜、尿囊腔、羊膜腔和卵黄囊4种途径接种鸭胚，病毒均能生长，有的毒株能在数日内致死鸭胚，随着代次增加，鸭胚死亡率升高，死亡时间缩短，传一定代次后死亡时间稳定，一般在2～5 d，死亡鸭胚常见绒毛尿囊膜充血、水肿，胚体有出血点，肝脏出血和坏死点；鸭胚死亡率的高低、死亡时间及肝脏的病变，与毒株的毒力、接种剂量、鸭胚是否含母源抗体等有密切关系。鸭肠炎病毒也可以在鹅胚中培养。在鹅胚中连续传代，随着代次增加，鹅胚死亡时间逐渐缩短，胚胎病变明显，全身出血，尿囊膜水肿并有灰白色坏死，肝脏呈槟榔样变化。鸭肠炎病毒也可在鸡胚细胞培养物上生长，但鸭肠炎病毒不能直接在鸡胚中繁殖，只有通过鸭胚传代一定代次后，才能适应鸡胚。

鸭肠炎病毒还可在北京鸭胚成纤维细胞、鸭胚肝细胞、肾原代细胞和番鸭胚成纤维细胞上繁殖，并产生明显的细胞病变，接毒后12 h，通过电镜超薄切片检查即可在细胞内发现未成熟的病毒颗粒，12 h后可在胞浆内观察到带囊膜的成熟病毒颗粒；培养2～4 d，出现大核内包涵体；接种后6～8 h即可在细胞外检测到病毒，60 h病毒滴度达最高。

3. 基因组及编码的蛋白 鸭肠炎病毒的DNA具有典型的α疱疹病毒的特征，基因组为双股DNA，大小约为 150kb。α疱疹病毒整个基因组分为UL区和US区，两端为TR区，UL和US连接处有IR区。大多数疱疹病毒的基因组DNA是通过共价连接的长节段（L）和短节段（S）组成，在每个节段的两端，含有反向重复序列（Inverted repeat），重复序列的数量和长度在不同的疱疹病毒中有较大的差异，它们分别存在于基因的内部（IRL、IRS）和末端（TRL、TRS），中间是独特的UL和US序列。各种疱疹病毒的基因组，除在大范围的结构上有差异之外，在内部序列结构和基因组末端结构上也有差别，但几乎所有疱疹病毒DNA的一个末端都含有一组28bp的保守序列:CCCCGGGGGGTGTTTTTGATGGGGGGG。李玉峰应用Shot-gun方法首次完成了我国鸭瘟商品化疫苗毒株（DEV VAC）的全基因组测序。DEV VAC基因组全长为158 089bp，G+C含量为44.91%，由长独特区（Unique Long，UL）和短独特区（Unique Short，US）组成，US区两端为一对反向重复序列，分别称为内部重复序列（Internal Repeat，IR）和末端重复序列（Terminal Repeat，TR）。基因组结构为UL-IR-US-TR，呈典型的D型疱疹病毒基因组结构。UL区位于1～119，305核苷酸，共编码65个蛋白，如UL1、UL2、UL3、UL4、UL5、UL6、UL7、UL24、UL25、UL26、UL26.5、UL27、UL28、UL29、UL30、UL 31、UL32、UL33、UL34、UL35、UL44、UL45、UL46、UL47、UL48、UL49、UL49.5、UL50、UL51、UL52、UL53、UL54、UL55等；US区位于132 336～145 062核苷酸，全长12 727bp，共编码9个蛋白，如US2、US3、US4、US5、US6、US7、US8等；IR和TR分别位于US区的两侧反向重复序列，均为13 029bp，编码2个蛋白。随后相继报道了 DEV德国分离株2 085株、四川分离株CHv株的全基因组序列，基因组长度分别为160 649bp和162 175bp。

4. 病毒复制 鸭肠炎病毒的核衣壳主要在感染细胞的细胞核内进行装配。鸭肠炎病毒感染细胞后12 h，进行切片检测，仅仅在细胞核中发现病毒。感染后24 h，除细胞核中的病毒外，胞浆中也可见大量有囊膜的病毒粒子；感染后4 h即出现新的细胞相关性病毒，48 h病毒滴度达到最高；感染后6～8 h可检测到细胞外病毒，60 h病毒滴度达到最高。适当提高培养温度，有助于病毒复制，尤其是低毒力毒株。此外，翟中和等应用电子显微镜放射自显影技术证实还有一条细胞质内的装配途径，观察到鸭肠炎病毒在细胞质中的成熟过程。在易感动物体内，病毒首先在消化道黏膜进行复制，随后扩散到腔上囊、胸腺、脾和肝，并在这些脏器的上皮细胞核巨噬细胞内进行增殖。

【流行病学】

自1923年荷兰首次报道以来，本病随后在法国、美国、印度、比利时、英国、加拿大、泰国、匈牙利、丹麦和越南等地被确诊。鸭、鹅等至少48种雁形目中的禽类对鸭肠炎病毒易感。虽然病毒经多次传代可以适应鸡胚和雏鸡，但自然易感宿主仅限于雁形目的鸭科成员（鸭、鹅、天鹅）。不同品种和年龄的鸭均可感染鸭肠炎病毒，但发病率和死亡率存在一定的差异。自然感染主要见于成年鸭、尤其是母鸭，但近年来鸭肠炎病毒的发病出现低龄化趋势。而且近年来鹅感染鸭肠炎病毒的病例报道出现升高趋势，且发病率和死亡率高达80%以上。

该病的主要传染源是病鸭、潜伏感染鸭、病愈不久的带毒鸭及带毒的野生水禽。此外野鸭和大雁等游禽类候鸟被认为既是本病的易感者，又是长距离的病毒携带者和自然传染源。2013年首次从波兰自由活动的水禽中检测到鸭肠炎病毒，且阳性率较高，主要存在于野鸭和疣鼻天鹅。此外，在灰雁、短嘴豆雁和苍鹭中也检测到鸭肠炎病毒。

本病自然感染的传播途径主要是消化道，也可通过交配、眼结膜、呼吸道、泄殖腔和损伤的皮肤传播。水是本病的自然传播媒介。因本病可产生病毒血症，吸血昆虫也可能成为本病的传播媒介。此外，看似健康的鸭肠炎病毒带毒水禽还可垂直传播病毒。

【发病机理】

肝脏为重要的储血器官，具有强大的吞噬能力，肝窦内的枯否氏细胞对抗原具有很强的吞噬能力，在清除病毒中起重要的作用。病毒对肝脏造成了一定的损害，使得肝细胞发生坏死，这将可能导致肝功能下降，大量的毒性物质不能经过肝脏进行生物转化反应而解毒，同时肝脏是鸭瘟病毒的重要复制场所，由此可见，肝组织的损伤会影响肝脏正常的防御、解毒功能，这将为病毒的大量繁殖提供有利条件。

鸭瘟病毒的噬上皮性造成肺上皮细胞、血管内皮细胞受损，肺组织充血、出血，肺泡间隔增厚，从而发生气体交换障碍导致机体的缺氧和酸中毒。由于酸中毒和缺氧使脑血管扩张，鸭瘟病毒损伤血管内皮使其通透性增高，导致的脑间质水肿。酸中毒时，血液pH降低，神经细胞内氧化酶活性受抑制，氧化磷酸化过程减弱，能量产生减少，脑组织能量供应不足。缺氧时使ATP生成不足、神经介质合成减少、细胞膜电位降低，感染鸭临床症状表现为精神沉郁、感觉迟钝甚至昏迷等。神经细胞的损害使机体无法进行激素的调节，内分泌紊乱，机体的内环境改变，对机体的危害严重。

肾脏的严重损伤引起肾脏的急性功能衰竭，肾脏中的由内皮细胞组成的毛细血管，肾小管中的上皮细胞均受到严重的损伤。此外，缺血、缺氧、酸中毒可破坏细胞的钙离子的动态平衡状态，使细胞出现钙超负荷现象，胞浆钙离子浓度升高，可能激活一系列酶活性，导致肾小管上皮细胞损伤、坏死。肾脏的损伤使机体内的有毒物质不能排出，机体的渗透压改变，破坏了肾脏的水和无机盐的调节，临床上表现为头颈部水肿。此外，肾脏的损害造成的机体内酸性代谢产物排出障碍，而又加重了机体的酸中毒。

机体重要器官的出血、充血、瘀血表明由于鸭瘟病毒的侵害造成了机体严重的血液循环障碍。血液循环障碍必将导致氧气和营养物质的运输障碍，从而造成机体主要组织器官的缺氧和能量缺乏，进一步加速了组织细胞的坏死。

【症　状】

鸭肠炎病毒只有一种血清型，但各毒株间的毒力存在一定差异。鸭感染鸭肠炎病毒后的潜伏期为3～7 d，一旦出现明显临床症状，通常在1～5 d内死亡。常见临床症状为食欲减退，渴欲增加，体温持续升高，可达42～44℃，高热稽留；扎堆，行动困难，甚至卧地不起，强行驱赶时，两脚麻痹无力，步态不稳；羽毛松乱，畏光，流泪，眼睑水肿，表现肿头（见彩图6-2-1），眼内流出澄清透明的浆液性分泌物，眼周围呈现“泪斑”；鼻腔流出稀薄或黏稠的分泌物，呼吸困难；顽固性下痢，粪便呈绿色或灰白色，泄殖腔红肿，肛门外翻。

【病理变化】

发生鸭瘟的病鸭剖检可见血管破损、组织出血、消化道黏膜损伤，表现为颈部、胸腹部皮下黄色胶样浸润；食管、消化道和泄殖腔等处黏膜最具有特征性，食管黏膜出血点或出血灶（见彩图6–2–2），条状坏死（见彩图6–2–3）或黄白色假膜（见彩图6–2–4）；肝脏轻度肿大，有散在形状不规则的红白色坏死灶（中心白色坏死、外周出血）（见彩图6–2–5）；直肠、盲肠黏膜出血，肠道有环状出血带（见彩图6–2–6和彩图6–2–7），以十二指肠和直肠最为严重（见彩图6–2–8）；腺胃与食管交界处黏膜出血（见彩图6–2–9）；腔上囊点状出血（见彩图6–2–10），泄殖腔有黄色假膜或黏膜出血（见彩图6–2–11）；卵黄蒂出血（见彩图6–2–12）。

鹅感染鸭瘟后，剖检大体病变与鸭相似。皮下有黄色胶冻样物渗出，消化道黏膜充血、出血，食管黏膜上有散在坏死点或黏膜坏死物，泄殖腔黏膜覆盖假膜痂块，腔上囊黏膜水肿、小点状出血，慢性病例可见溃疡坏死。肝肿大质脆有出血或坏死点，胆囊肿大、充满胆汁，小肠黏膜有大小不一的坏死点，脾、胰肿大等。

病变首先出现于血管壁，小血管、小静脉和毛细血管病变更明显。因血管损伤，受侵害的组织出现退行性变化，所有脏器均有组织学病变，包括未表现出大体病变的脏器。肝脏细胞变性、坏死，坏死的细胞核碎裂、固缩、溶解。坏死灶与周围组织界限明显，并在坏死灶中出现异嗜性粒细胞的浸润。部分肝细胞破裂，胞浆崩解，仅剩细胞核；有的肝细胞核增大出现核内包涵体。脾脏充血，淋巴细胞坏死，形成坏死灶。红髓面积增大，逐渐占据白髓的位置，白髓中小淋巴细胞数量明显减少。静脉瘀血，中央动脉内壁疏松肿胀，周边细胞崩解，仅剩细胞核。腔上囊滤泡内淋巴细胞坏死，滤泡髓质中细胞数量减少，细胞核发生碎裂，并出现巨噬细胞，皮质中淋巴细胞数量急剧减少，有的部位只剩下残存的空泡。小肠绒毛上皮细胞变性、坏死、崩解，固有层裸露，残留的固有层内有淋巴细胞浸润；黏膜下层可见严重的瘀血；肌层肌纤维变性、水肿、间隙增宽；肠黏膜上皮细胞坏死脱落。胰腺组织间出现炎性细胞浸润，静脉瘀血、水肿，血管周围炎性细胞聚集，同时小叶间导管水肿细胞坏死、脱落，腺泡崩解。坏死灶与周围组织界限明显。胸腺整个组织大面积出血，髓质中出现坏死，坏死区只有残留的细胞核碎片，皮质淋巴细胞数量略有减少，静脉周围水肿。

【诊　断】

根据该病特征性的症状和大体病变可对本病作出初步诊断，鸭肠炎病毒的大体病变与宿主品种、年龄、病毒毒力、感染剂量及病程等诸多因素有关。鸭肠炎病毒感染雏鸭后主要引起淋巴器官的显著病变，而组织的出血变化不明显。成年鸭腔上囊和胸腺已退化，感染后主要以组织出血和生殖道病变为主。鸭病毒性肠炎的诊断方法从最初的流行病学、临床症状及病理学特征分析发展到如今的各类实验室诊断方法，已有多种。主要包括病原的分离鉴定、血清学诊断及近年来发展迅速的分子生物学诊断。

【防治措施】

鸭瘟目前尚无有效的治疗方法，控制本病主要依赖于平时的预防措施。预防措施包括从非疫区引种、避免与污染材料直接或间接接触。防止自由飞翔的雁形目动物进入饲养区或污染水源。免疫接种是预防和控制该病暴发的重要措施。在发病早期注射高免血清或者进行鸭瘟鸡胚化弱毒疫苗紧急接种，可以减少死亡鸭数。无论是自然发病或人工感染的耐过鸭，均获得坚强的免疫力，可抵抗强毒攻击，其免疫期限可能是终生的。从世界各地分离的毒株具有共同的免疫原性，均能产生交互免疫，这为疫苗的研制和应用提供了便利。

1957年黄引贤研制的鸭瘟脏器灭活苗，经试验证明，其安全性良好，保护率高，平均达90%，免疫期约5.5个月。1960年开始以鸭胚代替脏器试制了甲醛鸭胚灭活苗。经攻毒测定，每只注射0.5 mL，保护率为95.1%，免疫期达6个月以上。研究表明，鸭肠炎病毒的毒力与灭活病毒的免疫原性存在着一定的相关性。鸭肠炎病毒弱毒株制成的灭活疫苗免疫动物后，仅能够达到部分攻毒保护。

荷兰研制了对家鸭无致病性的鸡胚适应毒活疫苗，免疫效果良好，并大规模使用。美国和加拿大也使用该疫苗来预防和控制鸭病毒性肠炎。我国从20世纪60年代开始鸭肠炎病毒弱毒疫苗的研制，其主要培育途径是将经鸭胚传代的强毒再转接到鸡胚连续传代，病毒对鸡胚毒力增强的同时，对鸭丧失了致病性，但仍保持较强的免疫原

目前我国广泛使用的鸭肠炎病毒商品化活疫苗，是1957年从广东分离的K株，经鸭胚传代后，再经绒毛尿囊膜接种11～13日龄鸡胚，连续传代60多次，成功地培育出的鸭肠炎病毒弱毒活疫苗。该疫苗对鸭安全而有确实的免疫力，大鸭免疫期为9个月；初生鸭免疫期只有1个月，需加强免疫。

随着生物技术的发展，基因工程疫苗已成为当前的研究热点。孙昆峰分别构建了缺失gC、gE的重组病毒DEV-AgC-EGFP和DEV-AgE-EGFP，接种鸭的试验表明，重组病毒DEV-AgC-EGFP致病性降低，能诱发一定的中和抗体，并为接种鸭提供100%抗强毒攻击的保护；重组病毒DEV-AgE-EGFP，接种鸭后体温轻微升高，但未表现其他异常症状，中和抗体比DEV-AgC-EGFP相比显著降低，但能100%抗强毒攻击，表明DEV gC缺失株和gE缺失株均有望开发成为预防鸭瘟的基因工程疫苗。

【展　望】

鸭病毒性肠炎的发病率和死亡率高，对水禽业危害极大，在我国被列入二类动物疫病。虽然鸭肠炎病毒自发现以来有90多年的历史，但其分子病毒学方面研究缓慢，相信随着分子生物学研究的深入，鸭肠炎病毒的致病机理、免疫机制、基因工程疫苗等研究必将开启新的一页。

（黄瑜　陈翠腾）

第三节　雏番鸭细小病毒病

（Muscovy duck parvovirosis, MDPVS）

【病原定义及历史概述】

雏番鸭细小病毒病，俗称“三周病”，是由番鸭细小病毒（ Muscovy duck parvovirus，MDPV ）引起的以

腹泻、喘气和软脚为主要症状的一种新的疫病。主要侵害1～3周龄雏番鸭，具有高度的传染性，其发病率和病死率高。易感动物除雏番鸭，未见哺乳类动物发生本病的报道。

雏番鸭细小病毒病最早于1985年在福建莆田、仙游、安溪、福州、福清、长乐和闽侯等地区鸭场和孵坊发生，引起雏番鸭大量死亡，造成严重经济损失。1987年福建省农业科学院畜牧兽医研究所首先对莆田和福州地区雏番鸭大批死亡进行流行病学调查和病因研究，于1988年1月和10月分别从莆田和福州病死鸭的肝、脾等组织中分离到2株病毒，根据病毒形态、结构、理化特性、血清学鉴定和本动物回归等试验，确认福建省广大番鸭饲养区近年来流行的以泻、喘为主要症状的雏番鸭疫病的病原属细小病毒科细小病毒属的一个新成员（番鸭细小病毒，MDPV）。它引起的疫病为雏番鸭细小病毒病。

1991年后，广东、广西、浙江、湖南和山东等省、自治区亦有发生本病的报道，1991年Jestin报道1989年秋季在法国西部地区番鸭出现一种新的疫病，其死亡率高达80%以上，临诊病状和肉眼病变类似Derz′s病（鹅细小病毒病）。1993年初程由铨等研制成雏番鸭细小病毒病活疫苗。1日龄雏番鸭接种疫苗后，成活率从未注苗前的60%左右，提高到95%以上。对本病进行了免疫预防，本病在近几年只有零星的几例报道，该病得到有效的控制。

【病原学】

病毒在电镜下有实心和空心两种粒子，呈圆形等轴立体对称的二十面体，无囊膜，直径20～24nm（见彩图6-3-1），病毒在氯化铯密度梯度离心中出现3条带：依次为浮密度为1.28～1.30g/cm^{3}的无感染性空心病毒粒子、浮密度为1.32 g/cm^{3}的无感染性实心病毒粒子和浮密度为1.42 g/cm^{3}的有感染性实心病毒粒子。

番鸭细小病毒为单链DNA，分子量约5.1kb。有3种结构蛋白VP1（89kD）、VP2（78kD）和VP3（61kD），其中VP3为主要结构蛋白。该病毒不具有血凝活性，不能凝集禽类和大多数哺乳动物的红细胞。

病毒能在番鸭胚和鹅胚中繁殖，并引起胚胎死亡。病毒需在鸭胚上适应之后才能在番鸭胚成纤维单层细胞上繁殖并引起细胞病变，可以番鸭胚肾细胞（MDEK）上增殖，不能在鸡胚成纤维细胞（CEF）、猪肾传代细胞（PK15）、地鼠肾传代细胞（BHK21）和猴肾传代细胞（Vero）上增殖。荧光抗体染色在细胞核内出现明亮的黄绿色荧光。说明病毒在细胞核内复制。

该病毒对乙醚、胰蛋白酶、酸和热等灭活因子作用有很强的抵抗力。胚液和细胞培养液中的病毒在60℃水浴120 min、65℃水浴60 min和70℃水浴15 min，其毒力无明显变化。但是病毒对紫外线照射很敏感。

【流行病学】

本病全年均可发生，无明显的季节性，但冬、春季发病率最高。雏番鸭是主要的自然感染发病的动物，发病率与病死率与日龄密切相关，日龄越小，发病率和病死率越高，3周龄以内的雏番鸭其发病率27%～62%，病死率22%～43%。40日龄的番鸭也发病，但是发病率与病死率低。麻鸭、北京鸭、樱桃谷鸭、鹅和鸡未见自然感染病例，即使与病鸭混养，或人工接种病毒也不出现临诊症状。

病鸭通过排泄物，特别是通过粪便排出大量病毒，导致病毒的水平传播和垂直传播。水平传播是病鸭的排泄物污染饲料、水源、饲养工具、运输工具、饲养员和防疫人员等，这些材料和人员与易感番鸭接触，造成疾病的传播。垂直传播是病鸭的排泄物污染种蛋蛋壳，把病毒传给刚出壳的雏鸭，引起孵坊内疫病暴发。

本病发生无明显季节性。但是，冬季和春季由于气温低，育雏室空气流通不畅，空气中氨和二氧化碳浓度较高。所以，发病率和病死率亦较高。

【发病机理】

对番鸭细小病毒感染的致病机理没有详细的研究。

【症　状】

本病的潜伏期4 ~ 9 d。病程2 ~ 7 d，病程长短与发病日龄密切相关。根据病程长短可分为急性型和亚急性型。

急性型：主要见于7 ~ 14日龄雏番鸭。病雏主要表现为精神委顿，羽毛蓬松，两翅下垂，尾端向下弯曲，两脚无力，懒于走动，厌食，离群，不同程度地腹泻，排出白色或淡绿色稀粪，并黏附于肛门周围。部分病雏有流泪痕迹。呼吸困难，喙端发绀，后期常蹲伏，张口呼吸（见彩图6–3–2）。病程一般为2 ~ 4天，濒死前两脚麻痹，倒地，最后衰竭死亡。

亚急性型：多见于发病日龄较大的雏鸭，主要表现为精神委顿，喜蹲伏，两脚无力，行走缓慢，排绿色或灰白色稀粪（见彩图6–3–3），并黏附于肛门周围。病程多为5 ~ 7 d，病死率低，大部分病愈鸭颈部、尾部脱毛，嘴变短，生长发育受阻，成为僵鸭。

【病理变化】

大体变化为大部分病死鸭肛门周围有稀粪黏附，泄殖腔扩张、外翻。心脏变圆，心壁松弛，尤以左心室病变明显。肝脏稍肿大。胆囊充盈。肾脏和脾脏稍肿大，胰腺肿大，表面出血（见彩图6–3–4）或散布针尖大小的灰白色坏死点（见彩图6–3–5）。肠道呈卡他性炎症或黏膜有不同程度的充血和点状出血，尤以十二指肠和直肠后段黏膜为甚，少数病例盲肠黏膜也有点状出血。

组织学变化为心肌束间有少许红细胞渗出，血管扩张、充血。肝小叶间血管扩张、充血，细胞局灶性脂肪变性。肺内血管充血，大部分肺泡壁增宽、充血及瘀血，肺泡腔减少，少数肺泡囊扩张。肾以近曲小管为主要变化，表现为肾小管上皮细胞变性，管腔内红染，分泌物积蓄。胰呈散在灶性胰腺泡坏死（见彩图6–3–6）。脾窦充血，淋巴细胞数量减少，局部淋巴细胞变性坏死。脑神经细胞轻度变性，胶质细胞轻度增生。

【诊　断】

根据本病的流行病学，临诊症状和病理变化，可作出初步诊断。但是临诊上本病常与小鹅瘟、鸭病毒性肝炎和鸭疫巴氏杆菌病混合感染，而本病在流行病学、临诊症状及病理变化等方面又无明显特征，容易造成误诊和漏诊。所以，本病的确诊必须依靠病原学和血清学方法。

1. 病毒分离与鉴定 无菌手术采集濒死雏番鸭肝、脾、胰腺和肠等组织与生理盐水研磨成20%悬液，加适量抗生素，低温冰箱冻融，2 000 r/min离心20 min，取上清液，尿囊腔接种11～13日龄番鸭胚，每个胚0.1 mL，37℃孵育，每天观察至第10天。大部分胚胎于接种后4～7 d死亡，胚胎全身充血，头、颈、嘴、胸、翅、趾部等有针尖状出血点。收集胚液和胚胎作血清学检查和鉴定。

2. 胶乳凝集试验（LPA） 取病鸭的肝、脾、肾和胰腺等组织与蒸馏水1：1研磨成匀浆液，加等体积氯仿，振荡数分钟，5 000r/min离心5 r/min，取水相为待检样品。在洁净玻片上滴加待检样品（包括各种组织抽提液，感染病料的细胞培养液）10μL，然后滴加等量致敏胶乳，充分混合，于室温（22～28℃）静置10～20 min。

判定结果：++++：1～3 min内出现粗大凝集块，液体澄清；+++：形成较大凝集块，液体澄清；++：形成肉眼可见的凝集颗粒，液体较澄清；+：部分形成肉眼可见的颗粒，但是液体不澄清；一：无凝集颗粒。“++”以上为阳性，“+”为可疑，重复试验，“-”为阴性。该方法准确、快速、操作简便，判定直观。适用于本病的快速鉴别诊断。

3. 胶乳凝集抑制试验（LPAI） 10μL含4单位抗原和不同稀释度被检血清等量混合后，置37℃水浴箱内感作60 min，取10μL抗原和抗体混合液与10μL致敏胶乳充分混合后室温静置20 min，判定结果。不出现凝集的血清样本为阴性，“++”以上凝集的血清为阳性。LPAI适用于流行病学调查和番鸭接种疫苗后，抗体水平的监测。

4. 间接荧光抗体试验（IFA） 取病鸭肝、脾、肾和胰腺等组织切片，冷丙酮固定后，滴加适当稀释度的McAb-MDPV，37℃水浴箱内作用30 min，PBS洗3～4次。然后再滴加适当浓度的荧光素标记的抗小鼠免疫球蛋白抗体，37℃水浴箱内作用30 min，PBS洗涤4次，50%甘油PBS封片，荧光显微镜检查，出现明亮黄绿色荧光者为阳性。

5. 直接荧光抗体试验（DFA） 具体方法和结果判定同IFA，所不同的是待检样品只滴加标记荧先素的McAb-MDPV。

6. 酶联免疫吸附试验（ELISA）、琼脂扩散沉淀试验（AGP）、血清中和试验（ST）等免疫学检测方法，还有分子生物学的方法如核酸探针、PCR和等温环介导（LAMP）等方法可用于诊断。

【防治措施】

饲养管理因素对本病的防治具有重要意义，对种蛋、孵坊和育雏室要严格消毒，改善育雏室通风等条件，结合预防接种，可杜绝本病发生和流行。

福建省农业科学院畜牧兽医研究所研制成雏番鸭细小病毒病活疫苗，用于本病的预防接种。1日龄雏番鸭每羽腿部肌内注射疫苗0.2 mL，3 d后部分雏番鸭血清中出现抗体，7 d后95%以上雏番鸭得到有效保护，14～21 d抗体效价达高峰，其有效抗体水平维持在400 d以上。母鸭免疫注射疫苗后5 d，95%以上鸭血清中出现高效价的抗体，14 d抗体水平达高峰。种鸭免疫接种疫苗后，通过卵黄把母源抗体转移给子代小鸭体内，这种被动获得含量较高的抗体在小番鸭体内可持续10～12 d。该疫苗在福建、广东、浙江、广西和山东等省、自治区鸭饲养区预防接种雏番鸭3.6亿羽以上，未见不良反应。根据追踪观察和广大用户反映，1日龄雏番鸭接种该疫苗后，成活率从原来的60%左右，提高到95%以上，说明该疫苗安全性好，免疫效果可靠。近年来经过预防接种，疫区明显缩小。

目前对本病无特异性治疗方法，一旦暴发本病，立即将病雏隔离，场地进行彻底消毒，每羽肌内注射高免蛋黄抗体1 mL，治愈率80%以上。为防止和减少继发细菌和霉菌感染，适当应用抗生素和磺胺类药也是必要的。

目前，疫区广泛应用疫苗预防接种，临诊病例明显减少，本病得到了有效控制，保证了养鸭业的顺利发展。

（黄瑜　傅秋玲）

第四节　小鹅瘟

（Gosling　plague）

小鹅瘟是由小鹅瘟病毒引起的雏鹅急性或亚急性的败血性传染病。本病主要侵害出壳后4～20日龄的雏鹅，传播快，发病率和致死率可高达90%～100%。随着雏鹅日龄增长，其发病率和致死率而下降。患病雏鹅以精神委顿、食欲废绝和严重下痢为特征性临诊症状。以渗出性肠炎，肠黏膜表层大片坏死脱落，与渗出物凝成假膜状，形成栓子状物堵塞于小肠最后段的狭窄处肠腔或整个肠腔。在自然条件下成年鹅的感染常不呈临诊症状，但经排泄物及卵传播疾病。

1956年方定一等首先在江苏省扬州地区发现本病，并用鹅胚分离到病毒。1961年方定一、王永坤在扬州地区重新分离到一株病毒，将该病及病原定名为小鹅瘟及小鹅瘟病毒。1962年研制成功抗小鹅瘟血清，1963年研制成功种鹅弱毒疫苗，1980年研制成功雏鹅弱毒疫苗，1996年已获农业部批准“小鹅瘟活疫苗制造及检验规程”（种鹅苗和雏鹅苗），2002年获农业部发布“小鹅瘟诊断技术行业标准”，2006年获农业部批准“小鹅瘟精制蛋黄抗体制造及检验规程”。应用活苗和抗体有效地控制了本病的流行发生。自1965年之后，德国、匈牙利、荷兰、苏联、意大利、英国、法国、南斯拉夫、越南、以色列等国家先后报道了本病的流行发生。

【病原体】

方定一、王永坤等根据对本病毒的形态结构、大小、结构多肽、核酸股型、核酸型、核酸分子量、沉降系数、浮密度、病毒复制部位及病毒理化特性等一系列的研究结果，确认小鹅瘟病毒属于细小病毒科（*Parvoviridae*）、细小病毒属（*Parvovirus*）、鹅细小病毒（Goose parvovirus）。

在国际上，krass（1965）根据病理特征和病原特性的研究结果命名为“鹅肝炎”。Van Cheef（1966）称为“鹅疫”。Derzsys（1966）称为“鹅流感”。Kravchenko和Kontrinavichus（1966）称为“鹅病毒性肠炎”。Crighter（1970）称为“肌炎及变异性病毒性传染病”。世界家禽科学协会养鹅专题讨论会（1971）在布达佩斯将此病命名为“德兹西氏病（Derzsys病）”。Samberg和Coudert（1972）称为“鹅肝肾炎病”。卡尔尼克主编《禽病学》第九版、第十版中记载方定一和王永坤详述及描述1956年中国首次报道小鹅瘟。1971年确定这种病是由细小病毒所致。1978年建议称鹅细小病毒感染。在过去20年内提出这种病的几种病原因子，其中常从发病雏鹅内分离和检测到腺病毒（鹅病毒性肠炎），因此曾提出腺病毒是致病因子。Reter（1982）将从患病雏鹅分离的呼肠孤病毒、腺病毒和细小病毒分别制成高免血清进行保护试验，结果证明只有抗细小病毒血清有保护作用，而另两种抗血清均无保护作用。后来更详细的研究已证实了病原为细小病毒。

小鹅瘟病毒对雏鹅和雏番鸭有特异性致病作用，而对鸭、鸡、鸽、鹌鹑等禽类及哺乳动物无致病性。病毒存在于患病雏鹅和雏番鸭的肝、脾、肾、胰、脑、血液、肠道、心肌等各脏器及组织中。病毒初次分离时，将病料制成悬液接种于12～14日龄易感鹅胚的绒尿腔或绒尿膜，鹅胚一般在接种后5～7 d死亡。绒尿膜局部增厚，胚体头部和两胁皮下水肿，全身皮肤充血和出血，尤其在翅尖、两蹼、胸部毛孔、喙旁、颈和背等处均有较严重的出血点，胚肝充血及边缘出血，心脏和小脑出血。7 d以上死亡的胚胎发育停顿，胚体小。鹅胚分离毒连续通过多代后，对胚胎致死时间可以稳定在3～5 d。传代后的鹅胚绒尿液中病毒含量为$10^7ELD_{50}/mL$。强毒株的鹅胚绒尿液对易感雏鹅病毒含量约为$10^7ELD_{50}/mL$。免疫母鹅的胚胎和雏鹅对本病毒感染有抵抗力，因此在病毒分离和传代时应予重视。病毒初次分离时也可致死番鸭胚，但不易引起鸭胚致死，须盲目传代数次后才有可能引起部分胚胎死亡。应用鹅胚绒尿液适应毒株，通过鹅胚和鸭胚交替传代数次后，可引起大部分鸭胚死亡。鸭胚适应毒株含毒量比鹅胚绒尿液低3个滴度左右。初次分离的病毒株和鹅胚适应毒株及鸭胚适应毒株均不能在鸡胚内复制。初次分离的病毒株不能在生长旺盛的鹅胚和番鸭胚成纤维细胞中复制，而鹅胚适应毒株能在生长旺盛的鹅胚和番鸭胚成纤维细胞中复制，并逐渐引起有规律的细胞病变。鸭胚适应毒株能在鸭胚成纤维细胞中复制，并逐渐引起有规律的细胞病变。初次分离的病毒株、鹅胚适应毒株、鸭胚适应毒株均不能在鸡胚成纤维细胞、兔肾上皮细胞、兔睾丸细胞、小鼠胚胎成纤维细胞、小鼠肾上皮细胞、地鼠胚胎细胞及肾上皮细胞和睾丸细胞、猪肾上皮细胞及睾丸细胞、PK15细胞株中复制。

小鹅瘟病毒为球形或六角形，无囊膜，二十面体对称，单股DNA病毒。病毒颗粒角对角直径为22nm，边对边为20nm，直径为20～22nm，有完整病毒形态和缺少核酸的病毒空壳形态两种。空心直径为12nm，衣壳厚为4nm。病毒沉降系数为90.5S，在氯化铯溶液中的浮密度为1.31～1.35g/mL。病毒基因组全长约5.106kb，含有5 106个核苷酸，为很小基因组。有两个主要开放阅读框架（ORF），但这两个ORF位于同一个读码框中，即小鹅瘟病毒整个基因组仅由一个基因构成。病毒的左侧ORF编码翻译非结构蛋白（REF），右侧ORF编码翻译病毒衣壳蛋白（VP1～3）。VP1分子量为85kD、VP2分子量为61kD、VP3分子量为57kD，3种结构蛋白是暴露于病毒粒子表面的衣壳蛋白。其中VP3为主要衣壳蛋白，由543个氨基酸组成，是决定抗原性的主要免疫原性蛋白，其含量约占整个衣壳蛋白的78.5%。VP3序列测定结果表明，中国SYG61–33和SYG99–5与国外及中国台湾学者报道的序列进行比较，经分析9株的核苷酸序列，其同源性均在93%以上。而相距39年两株中国分离株的VP3编码基因核苷酸的同原性达96%，氨基酸同原性高达98%，表明变异极小，这是由于病毒基因组两端拥有特殊结构——“U形发夹结构”所决定的。

本病毒不能凝集鸡、鹅、鸭、兔、豚鼠、地鼠、小鼠、绵羊、山羊、猪、奶牛和人类O型红细胞。对不良环境的抵抗力强大，肝脏病料和鹅胚绒尿液毒在-8℃冰箱内至少能存活2年半，冻干毒在-8℃冰箱内至少能存活7年半以上，冻干毒在-38℃内能存活10年以上，-70℃内能存活15年以上。能抵抗氯仿、乙醚、胰酶、pH3.0等，在56℃经3 h的作用仍保持其感染性。

全国各地和不同年份分离的小鹅瘟病毒株，经鹅胚中和试验、细胞中的试验、雏鹅血清保护试验、琼脂扩散试验、间接ELISA、免疫交叉保护试验等均具有相同抗原性。小鹅瘟SYG61毒株（见彩图6-4-1和彩图6-4-2）与匈牙利HGV毒株有相同抗原性，而与新城疫病毒、鸭瘟病毒、鸭肝炎病毒、鸡传染性囊病病毒、雏鹅出血性坏死性肝炎病毒、雏番鸭坏死性肝炎病毒、鹅副黏病毒、猫细小病毒、犬细小病毒和猪细小病毒无抗原关系。

【流行病学】

1. 传染来源和途径 应用小鹅瘟鹅胚绒尿液强毒口服感染易感成年鹅，虽然不表现临诊症状，但带毒期长达15 d。感染后24 h在肠道可检测到病毒，第15天少数感染鹅的肠道及分泌物还能检测到病毒。在自然环境下，易感的成年鹅群一旦传入小鹅瘟强毒，先使少数鹅感染，通过消化道的排泄物排出病毒，引起其他易感鹅感染，如此不断传递，使整个鹅群感染，并从一个鹅群传播至另一个鹅群。鹅群的带毒期长短与鹅群鹅数、饲养环境及鹅群的易感性等有密切的关系。带毒鹅群所产的蛋常常有病毒，带毒蛋在孵化时，无论是在孵化中的死胚，还是外表正常的带毒雏鹅都散播病原，将炕坊环境污染，造成出壳雏鹅在3～5 d内大批发病。患病雏鹅大量排毒感染同群内其他易感雏鹅，从而引起群内大流行。健康雏鹅群放牧时如与带毒成年鹅接触，易被感染发病引起流行。小鹅瘟病毒还可经患病雏鹅的排泄物和分泌物污染了饲料、用具、草地和环境等，通过消化道感染，很快波及全群。

2. 易感宿主 小鹅瘟病毒自然感染除了发生于鹅和番鸭之外，其他家禽和哺乳动物还未见有发生。

（1）鹅 本病在自然传染情况下，多发生于20日龄以内的雏鹅，无论是中国的白鹅、雁鹅、狮头鹅等，还是国外引进的品种都具有同样易感性。易感雏鹅自然感染的最早发病日龄为4～5日龄，感染发病后，常在2～3 d内迅速蔓延至全群，在7～10日龄时发病率和死亡率达到最高峰，以后渐趋下降。多数雏鹅群发病日龄为7日龄左右，最大的发病日龄为73日龄，但其症状较轻，病程较长，死亡率低。

在大流行以后，当年余下的鹅群都获得主动免疫，使次年的雏鹅具有天然被动免疫力，因此本病不会在同一地区连续2年发生大流行。在流行年份雏鹅的死亡率一般超过50%以上。由于种鹅群的不同来源常使一些地方每年都有零星发病死亡。在四季常青或每年更换部分种鹅群饲养方式下，或种鹅分散饲养，或用母鹅孵化的广东、广西、安徽等省（区）不易发生大流行，但每年均有不同程度的流行发生。

（2）鸭 在小鹅瘟流行发生的区域内，绍鸭、麻鸭、高邮鸭、北京鸭、樱桃谷等无论是青年鸭、成年鸭，还是雏鸭均未见有小鹅瘟自然感染病例的发生。用小鹅瘟的肝、脾病料和鹅胚绒尿液强毒株人工皮下或肌内接种雏鸭和成年鸭及雏鸡、乳鸽、仔兔、小白鼠，亦不能引起临床症状。但1月龄以内的雏番鸭常引起流行发生，有较高的死亡率。易感雏番鸭自然感染为1～4周龄，多发生于7～20日龄，而较大日龄的番鸭不呈临床症状。用患病雏番鸭的肝脏病料制备的1∶10组织悬液接种易感雏番鸭，每只肌内注射和口服各0.5 mL，病程在2～7 d，引起发病死亡，死亡率达50%～80%。

3. 流行特征 小鹅瘟的大流行有一定周期性。在大流行以后，当年余下的鹅群都获得主动免疫，使次年的雏鹅具有天然被动免疫力。在每年更换种鹅群的江苏、浙江等省，大流行其间隙期短者1年，长者5年。在每年更换部分鹅群的广东、广西等省区，一般不易发生大流行，但每年均有不同程度的流行发生，其死亡率一般在20%～30%，高的可达50%以上。

一年四季均有流行发生。由于我国南方和北方养鹅季节及饲养方式不同，小鹅瘟的流行发生时间也不同。如江苏省小鹅瘟流行季节是每年10月至次年7月。江苏南部炕孵较早，种鹅淘汰较早，小鹅瘟的流行发生主要集中于10月至次年3～4月，而江苏北部炕孵较迟，种鹅淘汰较迟，多流行发生于3～7月；北方、西北地区由于炕孵较迟，饲养较晚，且雏鹅引进较多，小鹅瘟多流行发生于4～7月；四川省多流行发生于11月至次年6月；广东等一年四季均有发生。

小鹅瘟流行发生随着炕数的递增而扩大。在一个地区小鹅瘟初次发生流行时，往往发生于较大年龄的雏鹅，以后由于炕坊环境和饲养场地的污染越来越严重，因此，发病的年龄也越来越小。

在小鹅瘟流行的年份，最初出炕的雏鹅往往健康无病，病毒一旦传入炕坊而引起雏鹅发病，以后每批出炕的雏鹅相继不断地发生，造成大批死亡。如第一炕发病率为20%～30%，第二炕发病可上升至50%左右，第三炕可达70%～90%，第四炕以后均可高达90%以上，如第三、第四炕开始发病，其发病亦随着上述规律而上升。

【发病机理】

易感雏鹅感染小鹅瘟病毒后，病毒首先在肠道黏膜层大量复制，先为小肠黏膜发生广泛的急性卡他性炎，之后黏膜绒毛由于病毒的损害作用及局部肠黏膜的血液循环代谢障碍，发生渐进性坏死，上皮层坏死脱落散乱，整个绒毛的结构逐渐破坏、松散，并与相邻的坏死绒毛融合在一起，黏膜层的整片绒毛沿基部连同一部分黏膜固有层脱落。以后细胞成分进一步发生崩解碎裂和凝固。经血液循环病毒在各组织器官复制，导致全身性淋巴网状系统细胞增生反应。从神经组织、血管组织、淋巴网状系统和消化道黏膜引起变性、坏死和炎症过程，表明小鹅瘟病毒为嗜器官性病毒。

【症　状】

小鹅瘟为败血性病毒病。15日龄以内的易感雏鹅无论是自然感染，还是人工感染，其潜伏期为2～3 d；15日龄以上的易感雏鹅无论是自然感染，还是人工感染，其潜伏期要比前者长1～2 d。易感的青年鹅人工感染小鹅瘟的病例，其潜伏期为4～6 d。

易感的番鸭自然感染小鹅瘟多发生于1～4周龄，尤其是7～20日龄的番鸭，其潜伏期为3～5 d，人工感染其潜伏期为2～3 d。

小鹅瘟死亡率的高低与雏鹅发病的日龄有密切的关系。5日龄以内的雏鹅人工感染，其死亡率高达95%以上；6～10日龄雏鹅为90%左右；11～15日龄雏鹅为50%～70%；16～20日龄雏鹅为30%～50%；21～30日龄雏鹅为10%～30%；30日龄以上的雏鹅为10%左右。

小鹅瘟的症状以消化道和中枢神经系统紊乱为特征，但其症状的表现与感染发病时雏鹅的日龄有密切的关系。根据病程的长短，分为最急性、急性和亚急性3种类型。

1. 最急性型 常发生于1周龄以内的雏鹅。患病雏鹅突然发病死亡，在发现精神委顿后数小时内即呈衰弱，或倒地两腿乱划，不久死亡（见彩图6–4–3）。患病雏鹅鼻孔有少量浆性分泌物，喙端发绀和蹼色泽变暗。数日内很快扩散至全群。

2. 急性型 常发生于1～2周龄的雏鹅。患病雏鹅症状明显，食欲减少或丧失，随群作采食动作，但所采得的草料并不吞下，随采即甩弃。病后约半天行动迟缓，无力，站立不稳，喜蹲卧，落后于群体，打瞌睡，拒食，但多饮水，排出黄白色或黄绿色稀粪，稀粪中夹有气泡，或有纤维碎片，或未消化的饲料。泄殖腔周围绒毛湿润，有稀粪沾污，泄殖腔扩张，挤压时流出黄白色或黄绿色稀薄粪便。张口呼吸，鼻孔有棕褐色或绿褐色浆性分泌物流出，使鼻孔周围污秽不洁。口腔中有棕褐色或绿褐色稀薄液体流出。喙端发绀，蹼色泽变暗。嗉囊松软，含有气体和液体。眼结膜干燥，全身有脱水征象。病程一般为2 d左右。在临死前可出现两腿麻痹或抽搐（见彩图6–4–4和彩图6–4–5）。

3. 亚急性型 多发生于流行后期。2周龄以上的患病雏鹅，病程稍长，一部分病雏鹅转为亚急性，尤其是3～4周龄的雏鹅感染发病，多呈亚急性。患病鹅精神委顿，消瘦，行动迟缓，站立不稳，喜蹲卧，拉稀，稀粪中杂有多量气泡和未消化的饲料及纤维碎片，肛门周围绒毛污秽严重（见彩图6–4–6）。少食或拒食。鼻孔周围沾污多量分泌物和饲料碎片。病程一般为3～7 d，或更长，少数患鹅可以自愈。

青年、成年鹅经人工接种大剂量强毒，4～6 d部分鹅发病。患鹅食欲大减，体重迅速减轻，精神委顿，排出黏性的稀粪，两腿麻痹，站立不稳，喜伏地，头颈部有不自主动作，3～4 d后死亡，部分鹅能自愈。

【病理变化】

1. 大体病理变化 以消化道炎症为主。全身皮下组织明显充血，呈弥漫性红色或紫红色，血管分支明显。

（1）最急性型 由于雏鹅日龄小，病程短，病变不明显，只有小肠前段黏膜肿胀充血（见彩图6–4–7），覆盖有大量黏稠淡黄色黏液。有些病例小肠黏膜有少量出血点或出血斑，表现急性卡他性炎症的变化。胆囊肿大，充满稀薄胆汁。

（2）急性型 患病雏鹅一般在1～2周龄，病程2 d左右，有比较明显的肉眼病理变化，尤其是肠道有特征性的病理变化。

①消化道 患雏食管扩张，腔内含有数量不等的污绿色稀薄液体，混有黄绿色食物碎屑，黏膜无可见病变。腺胃黏膜表面均有多量淡灰色黏稠液附着，肌胃的角质膜很黏腻，容易剥落。肠道均有明显的病变，尤其是小肠部分的病变最显著和突出。十二指肠，特别是其起始部分的黏膜呈弥漫性红色，肿胀有光泽，黏膜表面有散在的节段性发红。少数病例黏膜有散在性出血斑。空肠和回肠的病变最有特征性。多数病例在小肠的中段和下段，特别是在近卵黄柄和回盲部的肠段，外观变得极度膨大，呈淡灰白色，体积比正常肠段增大2～3倍，形如香肠状，手触肠段质地很坚实。从膨大部与不肿胀的肠段连接处很明显地可以看到肠道被阻塞的现象。膨大的肠段有的病例仅有一处，有的病例见有2～3处，每段膨大部长短不一，最长达10 cm以上，短者仅2 cm。膨大部的肠腔内充塞着淡灰白色或淡黄色的栓子状物，将肠腔完全阻塞，很像肠腔内形成的管型（见彩图6–4–8）。栓子的头尾两端较细，栓子物很干燥，切面上可见中心为深褐色的干燥肠内容物，外面包裹着厚层的纤维素性渗出物和坏死物凝固而形成的假膜。有的病例栓子则是完全

由纤维素和坏死物质所构成。有的病例栓子呈扁平带状，外形很像绦虫样。阻塞部的肠段由于极度扩张，使肠壁菲薄（见彩图6-4-12），黏膜平滑，干燥无光泽，呈淡红色或苍白色，或微黄色。无栓子的其他肠段，肠内容物呈棕褐色或棕黄色黏稠样，有些部分肠段见有纤维素性凝块或碎屑附着在黏膜表面，但不形成片状的假膜。肠黏膜呈淡红色至弥漫性红色，偶见出血斑点。结肠黏膜表面有多量黄色或棕黄色黏稠液附着，黏膜肿胀发红，靠近回盲部更加明显。盲肠黏膜变化与结肠相同。直肠无明显变化。泄殖腔显著扩张，充满灰黄绿色稀薄内容物，黏膜无可见病理变化。腔上囊无明显病理变化。

②肝脏　肝脏稍肿大，表面光滑，质地变脆，呈紫红色或暗红色（见彩图6-4-13）。有些病例呈黄色甚至深黄色。切面有瘀血流出。少数病例肝实质中有针头至粟粒大的坏死灶。

③胆囊　胆囊显著扩张，充满暗绿色胆汁，胆囊壁弛张，黏膜无明显病理变化（见彩图6-4-14）。

④肾脏　肾脏稍肿大，呈深红色或紫红色，质脆易碎，表面和切面上血管分支清晰，有少量瘀血流出。输尿管扩张，充满灰白色尿酸盐沉着物（见彩图6-4-15）。肾上腺无明显病理变化。

⑤胰腺　胰腺呈淡红色，切面上血管扩张充血。少数病例偶见有针头大灰白色小结节（见彩图6-4-16）。

⑥脾脏　脾脏不肿大，质地柔软，呈紫红色或暗红色，切面上组织结构无明显病理变化。少数病例切面上可见有散在性针头大的灰白色小坏死点。

⑦心脏　右心房显著扩张，充满暗红色血液凝块或凝固不良的血液。心外膜表面血管分支明显充血，稍微隆起于表面。个别病例有散在性瘀斑。心内膜一般无可见病理变化。心壁弛张，心肌晦暗无光泽。个别病例心肌很苍白。

⑧肺　肺呈不同程度充血，两侧肺叶后缘有暗红色出血斑，质地较实。挤压肺脏，切面上有数量不等的稀薄泡沫液流出。

⑨气管黏膜和气囊　气管黏膜和气囊一般均无明显病理变化。

⑩脑　脑膜血管显著充血扩张，切面血管亦有同样变化（见彩图6-4-17）。少数病例的软膜上有散在性针头大出血点。

⑪皮下　全身皮下，尤其是头部皮肤，颅骨骨膜上出现紫红色出血斑块，有的病例融合为大片的紫癜。

（3）亚急性型　患病雏鹅肠道栓子病变更加典型。尤其3周龄以上患鹅肠道形成的假膜可以从十二指肠段开始，整个肠腔均有栓子状假膜（见彩图6-4-9）。有的病例栓子状假膜可延伸到直肠肠腔（见彩图6-4-10和彩图6-4-11）。

2. 显微病理变化

①消化道　小肠膨大处的变化为典型的纤维素性坏死性肠炎（见彩图6-4-18）。假膜脱落处残留的黏膜组织仍保留原有轮廓，但结构已破坏。固有层中有多量淋巴细胞、单核细胞及少数嗜中性白细胞浸润。黏膜层严重变性或分散成碎片。肠壁平滑肌纤维发生实质变性和空泡变性，以及蜡样坏死。大多数病例的十二指肠和结肠呈现急性卡他性炎症。

②肝脏　肝细胞严重颗粒变性和程度不一的脂肪变性。有些病例还有水泡变性。

③肾脏　肾脏间质小血管扩张充血，有时发生小出血点。肾小管上皮颗粒变性。少数病例实质中有小坏死灶，间质中也有炎性细胞弥漫浸润。

④胰腺　胰腺间质血管充血。腺泡上皮变性，部分区域腺泡结构破坏，上皮脱落形成小坏死灶，间质中有少数淋巴细胞及单核细胞浸润。

⑤脾脏　髓质脾窦轻度充血，淋巴滤泡数量减少和结构不清楚。坏死灶周围水肿。脾髓中单核细胞广泛增生，有的形成大片的增生区，混有少数中性白细胞。

⑥心脏　心肌纤维有不同程度的颗粒变性和脂肪变性，很多肌纤维断裂，排列零乱，肌间血管充血并有小出血区，肌纤维间淋巴细胞和单核细胞弥漫性浸润（见彩图6-4-19）。

⑦肺　肺间质血管显著充血，肺泡毛细血管同时发生充血扩张和散在出血，肺泡及副支气管腔中含有淡红色水肿液，混有少量的红细胞及淋巴细胞。

⑧脑　脑膜及实质血管显著扩张，充满红细胞，实质小血管扩张破裂，红细胞渗出于周围间隙中形成小出血灶。神经细胞变性，严重病例出现小坏死灶，胶质细胞增生。少数病例，血管外膜细胞增生，周围有淋巴细胞及胶质细胞浸润，形成轻微的套管现象，表现非化脓性脑炎变化。

【诊　断】

小鹅瘟的诊断根据流行病学、临诊症状和病理变化特征，可作为初步诊断。要作出明确的诊断结论，需进行实验室病毒分离鉴定及血清学诊断。

1. 临床综合诊断　1～2周龄内的雏鹅大批发生肠炎症状，死亡率极高，而青年、成年鹅及其他家禽均未发生；患病雏鹅以拉黄白色或黄绿色水样稀粪为主要特征，肠管内有条状的脱落假膜或在小肠未端发生特有的栓塞，可作为诊断依据。

2. 病毒分离

（1）病料采集及处理　用无菌手续取患病雏鹅或死亡雏鹅的肝、脾、肾、脑等器官病料置灭菌的玻璃器皿中冻结保存作为病毒分离材料。先将病料剪碎、磨细，用灭菌PBS或Hanks液作1：5～1：10稀释，经3 000r／min离心30 min，取上清液加入抗生素，使之每毫升组织悬液含有青霉素、链霉素各1 000IU，于37℃温箱作用30 min，经细菌检验为阴性者冻结保存作为病毒接种材料。

（2）鹅胚接种　用上述接种材料接种8～10枚12～14日龄易感鹅胚，每胚绒尿腔或绒尿膜0.2 mL，置37～38℃孵化箱内继续孵化，每天照胚2～4次，一般观察9 d。48 h以前死亡的胚胎废弃，72 h以后死亡的鹅胚取出放置4～8℃冰箱内冷却收缩血管。用无菌手续取绒尿液保存和作无菌检验，并观察胚胎病变。无菌的绒尿液冻结保存作传代及检验用。

（3）雏鹅接种　用上述接种材料或鹅胚绒尿液毒接种5～10日龄易感雏鹅8～10只，每只雏鹅皮下或口服感染0.2～0.5 mL，一般观察10 d。发病死亡的雏鹅需作细菌学的检验，并检查其是否与自然病例有相同的病理变化。

3. 血清学诊断

（1）琼脂扩散试验　用已知琼脂扩散诊断抗原检测抗血清的效价和病愈鹅的血清；或用已知抗血清检测琼扩抗原效价和被检病料抗原。此法在流行病学调查及疫苗免疫检测等方面有重要的参考意义。

①琼扩诊断抗原制备　用小鹅瘟SYG61鹅胚绒尿液毒株作10^2稀释接种于12～14日龄易感鹅胚，每胚绒尿腔0.2 mL，取接种后72～144 h死亡的鹅胚置于4℃冰箱内4～12 h，使胚体及绒尿膜血管收缩。用无菌手续分别收获典型病变的绒尿液和胚体及绒尿膜，以1份绒尿液和1份胚体、绒尿膜混合捣细制成匀浆。将组织匀浆经冰箱冻融两次后经3 000r/min 离心30 min 取上清液加入等量三氯乙烷（氯仿），振摇20～30 min

后，经3 000r / min离心30 min。吸取上清液装入透析袋，置于有干燥硅胶的密闭玻璃缸（或玻璃瓶）内数小时，或至完全干燥为止。使用前加入1 / 20原液量的无菌无离子水于透析袋内，待完全溶解后吸出置无菌小瓶内冻结保存。浓缩诊断抗原与1：8以上鹅制琼扩抗血清作琼扩试验，出现一条明显沉淀线，即为诊断抗原。

②被检抗原制备　取患病雏鹅的肝、脾、脑、心肌或肠道病料，磨细后用无菌生理盐水或无菌Hanks液作1：2 ~ 3稀释，冰箱冻融两次，经3 000r / min离心30 min，取其上清液，加入等量氯仿振摇30 min，经3 000r / min离心30 min，取上清液冻融1次，再经3 000r / min离心30 min，然后取其上清液加入等量氯仿，振摇30 min，经3 000r / min 离心30 min，最后取上清液装入透析袋，置于有干燥硅胶的密闭玻璃缸内数小时，或至完全干燥为止。加入1 / 5原液量的无菌无离子水于透析袋内，待完全溶解后取出置无菌小瓶内冻结保存备用。

将上述病料上清液1份加2份无菌无离子水制备组织悬液，经冰箱冻融两次，经15 000 ~ 16 000r / min离心30 min，吸取上清液置无菌小瓶内冻结保存备用。

将鹅胚分离毒株的绒尿液和胚体按琼扩诊断抗原方法制备。

③琼脂板制备　1g优质琼脂加100 mL pH7.8的8%氯化钠溶液，加热使其完全溶解后加入1 mL1%的硫柳汞溶液混匀制成3mm厚的平板。待冷却后打孔，中心1孔，周围4 ~ 6孔，孔径3mm，孔距4mm，并用溶化琼脂补底。

④检测方法　检测抗体：用已知琼扩诊断抗原检测制备抗血清，或检测主动免疫鹅的抗体，或检测病愈鹅的血清。中间孔加入已知琼扩抗原，周围孔分别加入倍增稀释的被检血清和阳性对照血清。将加样后的琼脂板置20 ~ 25℃室温经24 ~ 48 h观察结果。在抗原孔和抗体孔之间出现白色沉淀带即为阳性，并可测知血清琼扩效价。

检测抗原：用已知诊断抗血清检测制备的琼扩抗原或被检测病料抗原。中间孔加入已知诊断抗血清，周围孔分别加入被检抗原和阳性对照抗原。将加样后的琼脂板置20 ~ 25℃室温经24 ~ 48 h观察结果。此诊断方法对于患病雏鹅病料的检出率可达80%左右，在流行病学上具有重要的诊断价值。

（2）中和试验　本法用已知小鹅瘟鹅胚适应毒株或小鹅瘟鹅胚成纤维细胞适应毒株检测免疫鹅抗体的效价、生产抗小鹅瘟血清抗体的效价、抗小鹅瘟单克隆抗体的效价、抗小鹅瘟精制蛋黄抗体的效价及康复鹅抗体检测和流行病学调查，或用已知抗小鹅瘟血清鉴定分离病毒。试验时应分别设已知病毒和已知抗体作对照组。

①鹅胚中和试验

固定病毒稀释血清法：先将小鹅瘟鹅胚绒尿液毒用无菌Hanks液或无菌PBS稀释，使每一单位剂量含有200ELD_{50}，与等量递增稀释的被检血清混合，置37℃温箱作用1 h。每个稀释度接种12 ~ 14日龄易感鹅胚4 ~ 6个，每胚绒尿腔0.2 mL，置37 ~ 38℃温箱继续孵育，观察7 d，记录每组鹅胚的存活数。按Karber公式计算其半数保护量，即为被检血清的中和价。

固定血清稀释病毒法：将小鹅瘟鹅胚绒尿液毒用无菌Hanks液或无菌PBS液作10倍递增稀释，分装于两列无菌瓶。第一列分别加等量正常血清混合作为对照组，第二列分别加等量被检血清混合，置37℃温箱作用1 h，每个稀释度接种4 ~ 6个12 ~ 14日龄易感鹅胚，每胚绒尿腔0.2 mL，置37 ~ 38℃温箱连续孵育，观察7 d，记录每组鹅胚死亡数。分别计算鹅胚半数致死量和中和指数。

②细胞中和试验

固定病毒稀释血清法：先将小鹅瘟鹅胚成纤维细胞毒株用无菌pH7.2Hanks液稀释，使每个单位剂量含有200个细胞半数感染量（$TCID_{50}$），与等量的递增稀释的被检血清混合，置37℃温箱作用30 min。每个稀释度感染4～6瓶鹅胚成纤维细胞，每瓶细胞0.1～0.2 mL，于37℃温箱吸附10～15 min后加入细胞培养液，继续孵育培养，观察6 d，记录每组细胞病变数和正常数。按Karber公式计算其半数保护量，即为被检血清的中和价。

固定血清稀释病毒法：将小鹅瘟细胞毒株用无菌pH7.2Hanks液作10倍递增稀释，分装于两列无菌瓶中。第一列分别加等量正常血清混合作为对照组，第二列分别加入等量被检血清混合，置于37℃温箱作用30 min。每个稀释度感染4～6瓶细胞，每瓶感染0.1～0.2 mL，于37℃温箱吸附10～15 min后加入细胞培养液，继续孵育培养，观察6 d，记录每组细胞病变数。分别计算细胞半数感染量和中和指数。

（3）保护试验　用已知抗小鹅瘟血清注射易感雏鹅，然后用待检病毒攻击；或用被检血清注射易感雏鹅，然后用已知小鹅瘟强毒攻击，根据被保护的情况，确定被检病毒。

5～10只5日龄左右的易感雏鹅，每雏皮下注射0.5 mL抗小鹅瘟血清或康复血清。血清注射后6～12 h分别注射或口服含有1 000IU青霉素、链霉素的Hanks液或用生理盐水稀释的病毒，每雏100LD_{50}剂量。前者用被检的鹅胚强毒或肝脏病料；后者用已知小鹅瘟鹅胚强毒，观察10 d，记录雏鹅死亡数及检验病变。试验时加设病毒感染对照组和正常饲养对照组，每组均应严格分开饲养，防止相互感染造成试验失败。

（4）琼脂扩散抑制试验　琼扩抗原加入相应抗体，则抗原和抗体相结合而抑制沉淀带的出现。如加入抗体过多，抗原和抗体结合后还有过剩抗体，又可与抗原相结合中现沉淀带。此法可检测抗原成分，鉴定沉淀带性质及抗原抗体结合的最适比例。

被检血清和已知抗小鹅瘟血清分别用无菌PBS液作倍增稀释，并将其各分为4列。其中2列分别加入等量已知小鹅瘟琼扩抗原和被检琼扩抗原，另2列分别加入等量PBS液代替抗原，混匀后于37℃温箱作用1 h，以琼扩试验诊断方法进行试验。

4．鉴别诊断　小鹅瘟在流行病学、临诊症状及某些组织器官的病理变化可能与鹅流感、鹅副黏病毒病、雏鹅出血性坏死性肝炎、沙门菌病、鹅巴氏杆菌病、鹅产气梭菌性肠炎、鹅霉菌性脑炎、鹅球虫病相似，需进行鉴别诊断。

（1）与鹅流感鉴别　H5N1亚型禽流感是多种家禽的一种传染性综合征。近年来，欧洲、美洲和亚洲的一些国家，从鸡、鸭、鹅、火鸡及鹌鹑等分离到A型流感病毒。各种年龄鹅均可感染发生，发病率高达100%，雏鹅、仔鹅致死率高达90%～100%，种鹅为40%～80%。而小鹅瘟仅发生于3周龄以内的雏鹅，这在流行病学方面是重要鉴别之一；患鹅以头颈部肿胀，眼出血，头颈部皮下出血或胶样浸润，内脏器官、黏膜和腔上囊出血为特征。而小鹅瘟无上述病变，可作为重要鉴别之二；将肝、脾、脑等病料处理后接种5～10枚11日龄鸡胚和5枚12日龄易感鹅胚，观察5～7 d。如两种胚胎均在96 h内死亡，绒尿液具有血凝性并被特异抗血清所抑制，即可判定为鹅流感。而鸡胚不死亡，鹅胚部分或全部死亡，胚体病变典型，无血凝性，可诊断为小鹅瘟，可作为重要鉴别之三。

（2）与鹅副黏病毒病鉴别　鹅副黏病毒病是由禽副黏病毒Ⅰ型病毒所致。根据F基因47～436bp间的核酸序列，与其他禽副黏病毒Ⅰ型毒株比较后绘制进化树图，属于基因Ⅶ型。各种品种和日龄鹅均具有高度易感性，特别是15日龄以内雏鹅有100%发病率和死亡率。而小鹅瘟仅发生于3周龄以内的雏鹅，可作为重要鉴别之一；患鹅脾脏和胰腺肿大，有灰白色坏死灶，肠道黏膜有散在性和弥漫性大小不一、淡黄色或灰白色的纤维素性的结痂等特征性病变，部分患鹅腺胃和肌胃充血、出血。而小鹅瘟不具备上述病变，可作为重要鉴别之二；用脑、脾、胰或肠道病料处理后接种鸡胚，一般于36～72 h死亡，绒尿液具有血凝性，并能被禽副黏病毒Ⅰ型抗血清所抑制，即可判定为鹅副黏病毒病，可作为重要鉴别之三。

（3）与雏鹅出血性坏死性肝炎鉴别　雏鹅出血性坏死性肝炎是由呼肠孤病毒科、鹅呼肠孤病毒所致的一种新的鹅病毒性传染病。各种品种雏鹅均具有高度易感性，发病率和死亡率可达60%～70%。患病雏鹅肝脏以出血斑和弥漫性大小不一淡黄色或灰黄色坏死斑为特征性病理变化。而小鹅瘟不具备上述病变，可作为重要鉴别之一；将肝、脾脏病料处理后，绒尿膜接种鹅胚、鸭胚或鸡胚，死亡胚接种部位绒尿膜有黄豆大至小蚕豆大出血性坏死斑，胚肝有同自然病例病变。而小鹅瘟不具备这些病变，可作为重要鉴别之二；病毒能致死鸡胚和鸭胚。而小鹅瘟病毒不能致死，可作重要鉴别之三。

（4）与鹅沙门菌病鉴别　鹅沙门菌病是由鼠伤寒、鸭肠炎、德尔俾等多种沙门菌所致。多发生于1～3周龄的雏鹅，常呈败血症突然死亡，可造成大批死亡。患鹅腹泻，肝肿大，呈古铜色，并有条纹或针头状出血和灰白色的小坏死灶等病变特征，但肠道不见有栓子，可作重要鉴别之一；将患鹅肝脏作触片，用美蓝或拉埃氏染色，见有卵圆形小杆菌，即可疑为沙门菌。而小鹅瘟肝脏病料未见有卵圆形小杆菌，即可作鉴别之二；将肝脏病料接种于麦康凯培养基，经24 h见有光滑、圆形、半透明的菌落，涂片革兰染色镜检为革兰阴性小杆菌，经生化和血清学鉴定，即可确诊。而小鹅瘟肝脏病料培养为阴性，可作为重要鉴别之三。

（5）与鹅巴氏杆菌病鉴别　鹅巴氏杆菌病是禽多杀性巴氏杆菌引起的急性败血性传染病，发病率和死亡率很高。青年鹅、成年鹅比雏鹅更易感染。患鹅张口呼吸、摇头、瘫痪、剧烈腹泻，呈绿色或白色稀粪。肝脏肿大，表面见有许多灰白色、针头大的坏死灶，心外膜特别是心冠脂肪组织有出血点或出血斑，心包积液，十二指肠黏膜严重出血等特征性病变，即可作为重要鉴别之一；用肝、脾作触片，用美蓝染色镜检，见有两极染色的卵圆形小杆菌，即可为鹅巴氏杆菌病，而小鹅瘟肝脏病料染色镜检未有细菌，即可作鉴别之二；将肝脏病料接种于鲜血琼脂平皿，经37℃24 h培养，即有露珠状小菌落，涂片革兰染色镜检为革兰阴性小杆菌，经生化和血清学鉴定，即可确诊。而小鹅瘟肝脏病料培养为阴性，可作为重要鉴别之三。

（6）与鹅产气梭菌性肠炎鉴别　鹅梭菌性肠炎是由A型和C型产气梭菌所致。多发于仔鹅、青年鹅、成鹅，极少发于雏鹅。患鹅肠腔充气，肿大，有形态不一纤维素性渗出物形成“肠栓”，肠腔内有血液，即可作为鉴别之一；从肠腔血液涂片作革兰染色，镜检，见有大量革兰阳性大杆菌，即可作为鉴别之二；将肠腔血液接种鲜血琼脂，经厌氧培养，见有双溶血圈的菌落，涂片革兰染色镜检，见有革兰阳性大杆菌，即可作为鉴别之三。也可作病原分离鉴别。

（7）与鹅霉菌性脑炎鉴别　此病是由黄曲霉、烟曲霉、青霉、禽顶辐孢菌等引起1～7周龄雏鹅以神经症状为主的疾病。死亡率可高达44%。患鹅头向后方屈曲、角弓反张、运动失调、四肢瘫痪、头颈歪斜等神经症状，大脑的额叶和顶叶，或小脑部表面可见到大小不一、淡黄色或淡棕色坏死病灶，必要时作霉菌分离培养检验即可区别。

（8）与鹅球虫病鉴别　由鹅球虫引起的1～7周龄雏、仔鹅球虫病。本病发病率为13%～100%，致死率为6%～97%。患鹅粪便稀薄并常呈鲜红色或酱红色、棕色、棕褐色，并夹有脱落的肠黏膜。从十二指肠到回盲柄处的肠管扩张，腔内充满血液和脱落黏膜碎片，肠壁增厚，黏膜有大面积的充血区和弥漫性出血点，黏膜面粗糙不平，镜检见有多量球虫卵囊即可区别。

【防治措施】

1. 环境卫生

（1）炕坊卫生　炕坊的清洁卫生工作是防治小鹅瘟流行发生的重要措施之一。炕坊及其用具、设备通过消毒可以消灭外界环境中的小鹅瘟病毒及其他病原微生物，以切断小鹅瘟病毒的传播来源和途径，防止小鹅瘟病毒的传入或控制在炕坊内小鹅瘟的继续蔓延。

①炕坊及其用具设备的消毒：炕坊在孵化前必须彻底清除一切污物及杂物。孵化器、出雏器、蛋箱、蛋盘、雏箱等设备用具先清除污物，再洗擦干净、晾干。有的用具必须用0.1%新洁尔灭液或50%百毒杀3 000倍稀释液作浸泡消毒、晾干。炕坊及用具在使用前数天用福尔马林熏蒸消毒，每立方米体积用14 mL福尔马林、7g高锰酸钾、7 mL水混合熏蒸消毒，封闭消毒24 h。

在有小鹅瘟流行的地区，每次炕孵后也应作上述方法的消毒处理，才能防止小鹅瘟病毒在炕坊内流行发生，或继续蔓延。无小鹅瘟流行的地区，应在数坑后进行1次彻底消毒，以达到预防的目的。

②种蛋消毒：来自疫区的种蛋应用0.1%新洁尔灭液，或用50%百毒杀作3 000倍稀释液洗涤、消毒、晾干。如种蛋蛋壳表面有污物时，应先清洗污物，再进行上述消毒。入孵当天用福尔马林熏蒸消毒0.5 h。

③炕孵：对于来自未经免疫的种鹅群或来历不明的种蛋，除了按种蛋消毒方法消毒外，还必须单独使用孵卵器等用具。

（2）雏鹅饲养管理　刚出炕的雏鹅必须避免与新进的种蛋接触，防止被感染。雏鹅出炕后21日龄内必须隔离饲养，严禁与非免疫种鹅、青年鹅接触，以及到其他鹅群放过牧的场地进行放牧，尤其是非免疫鹅群的后代更应引起重视。在有小鹅瘟流行发生的地区，隔离饲养期应延至30日龄。

2. 疫苗免疫　应用疫苗免疫种鹅、雏鹅、种番鸭、雏番鸭是预防本病有效而又经济的一项重要的综合性措施。从1961年在扬州分离到小鹅瘟SYG61毒株经在易感鹅胚传代减弱后以来，先后研制成功种鹅弱毒疫苗和雏鹅弱毒疫苗两种疫苗。从1961年SYG61分离株研制成功的活疫苗株与1999年分离的小鹅瘟强毒株进行病毒基因研究，间隔近39年的两株病毒有98%同源性，结果表明SYG61疫苗株在今后小鹅瘟防疫中依然具有很好的应用前景。

（1）种鹅主动免疫　应用疫苗免疫种鹅是预防本病有效而又经济的方法。

①活苗一次免疫法　种鹅在产蛋前15 d左右用1：100稀释的鹅胚化种鹅弱毒苗1 mL进行皮下或肌内注射。在免疫12 d后至100 d左右，鹅群所产蛋孵化的雏鹅群能抵抗人工及自然病毒的感染。种鹅群免疫100 d后，雏鹅的保护率有所下降，种鹅群必须再次进行免疫，或雏鹅出炕后用雏鹅弱毒苗进行免疫，或注射抗血清，以达到高度的保护率。

②活苗二次免疫法　种鹅群在产蛋1个月以前用1：100种鹅苗1 mL进行免疫，产蛋前15 d用1：10种鹅苗1 mL进行免疫，雏鹅群的保护率可延至免疫后5个月之久。

③灭活苗免疫法　经活苗免疫过的种鹅群产蛋前半个月至1个月，用小鹅瘟油乳剂灭活苗进行免疫注射，每只鹅肌内注射1 mL，免疫后15 d至5个月内雏鹅均具有较高的保护率。

（2）雏鹅主动免疫　未经免疫的种鹅群，或种鹅群免疫100 d以上的所产蛋孵化的雏鹅群，在出炕48 h内应用1：50～1：100稀释的鹅胚化雏鹅弱毒疫苗进行免疫，每只雏鹅皮下注射0.1 mL，免疫后7 d内严格隔离饲养，防止强毒感染，保护率达95%左右。在已被污染的雏鹅群作紧急预防，保护率达70%～80%。已被感染发病的雏鹅进行免疫注射无明显预防效果。

3. 治疗　各种抗生素和磺胺类药物对本病均无治疗及预防作用。本病的特异防治有赖于被动免疫和主动免疫。

被动免疫：在本病流行区域，或已被本病污染的炕坊，雏鹅出炕后立即皮下注射高免血清或精制蛋黄抗体，可达到预防或控制本病的流行发生。高免血清抗体琼扩效价必须在1：8以上，雏鹅在出炕后24 h内，每只雏鹅皮下注射0.3～0.4 mL，其保护率可达95%；对已感染发病的雏鹅群的同群雏鹅，每只皮下注射0.5～0.8 mL，保护率可达80%～90%；对已感染发病早期的雏鹅，每只皮下注射1 mL，治愈率可达50%。同源抗血清可作为预防和治疗用，而异源抗血清不宜作预防使用，仅在发病雏鹅群作紧急预防和治疗作用。精制蛋黄抗体如作为预防使用，需注射2次；作治疗使用，需加倍剂量。

抗血清制造可利用待宰商品鹅群或淘汰种鹅群。健康无病的商品鹅群，基础免疫，种毒为鹅胚化种鹅弱毒疫苗毒，作1：100稀释，每只鹅皮下或肌内注射1 mL。高度免疫，在基础免疫后7～10 d或21 d之后用种鹅弱毒苗鹅胚绒尿液，或鹅胚强毒株，每鹅皮下或肌内注射0.5～1 mL。10～15 d内扑杀分离血清，加入适量青霉素和链霉素后经无菌检验、安全检验、效价检验合格者结冻保存，至少2年以上有效。如应用已免疫过的淘汰种鹅群，在离淘汰前15 d再次进行1次高度免疫即可，剂量与前者相同。

（王永坤）

第五节　坦布苏病毒感染

（Tembusu virus infection）

【病名定义与历史概述】

坦布苏病毒感染（Tembusu virus infection）是蛋鸭、种鸭和鹅等水禽的一种新发急性病毒性传染病，该病多发生于水禽的产蛋期，以突然发病、快速传播、采食量和产蛋量大幅度下降及卵巢出血变性为特征，该病现已成为危害我国水禽养殖业的主要疾病之一。

1955年，研究者在东南亚开展虫媒病毒的流行病学监测时，从马来西亚吉隆坡的蚊子中分离到坦布苏病毒（Tembusu virus，TMUV），在随后的几次监测中，从马来西亚和泰国的库蚊、泰国的鸭血清亦检测和分离到该病毒。曾从50%受试人群的血清中检出高水平的坦布苏病毒中和抗体，但未见该病毒与某种疾病存在关联。2000年，Kono等（2000）证实，坦布苏病毒与马来西亚的一种肉鸡疾病有关。

与坦布苏病毒感染有关的水禽疾病于2010年6月出现于我国。根据当时观察到的感染宿主范围和所引起的病理变化，曾将疾病称为"鸭出血性卵巢炎"。但随着病原的确定和研究的深入，研究者观察到，病毒感染的宿主范围非常广泛。此外，在我国水禽业，尽管疾病主要发生于蛋鸭、种鸭和种鹅的产蛋期，但抗体检测结果显示，各种日龄的麻鸭、北京鸭和鹅均可感染坦布苏病毒。鉴于此，建议将疾病统称为坦布苏病毒感染。

【病原学】

基于研究初期获得的NS1序列，曾将本病病原称为鸭黄病毒。但国际上对黄病毒属内病毒种的界定多采用NS5序列，分类依据是：在NS5基因3′ 端长约1kb的区域，同种病毒的核苷酸序列同源性大于84%。在获得蛋鸭源毒株NS5序列后进行比较，可见我国蛋鸭源毒株与马来西亚和泰国坦布苏病毒分离株的NS5核苷酸序列同源性为89%～91%，因此，本病的病原为坦布苏病毒，在分类上，属黄病毒科、黄病毒属。

坦布苏病毒是一种有囊膜的病毒，呈大致球形，直径为40～50 nm，基因组为单股正链RNA，长度为10 990nt。从蛋鸭、种鸭、鹅等不同品种水禽分离的坦布苏病毒均具有典型的黄病毒基因组结构，即基因组由94 nt的5′UTR、10 278 nt的ORF和618 nt的3′UTR组成，ORF编码3种结构蛋白（衣壳蛋白、膜蛋白、囊膜蛋白）和7种非结构蛋白（NS1、NS2a、NS2b、NS3、NS4a、NS4b、NS5）。分析国内不同研究者所分离的坦布苏病毒，可见其囊膜蛋白氨基酸序列同源性为99%～100%，表现出高度的遗传稳定性。

坦布苏病毒可用鸡胚、鸭胚和鹅胚进行分离，也可用鸭胚成纤维细胞、DF-1细胞、Vero细胞、BHK-21细胞和C6/36细胞等多种细胞进行培养。2000年，Kono等报道称，适应鸡胚的鸡源坦布苏病毒可用BK3细胞系（鸡白血病B淋巴细胞系）、CPK细胞系（克隆的猪肾细胞系）、MARC-145细胞系和鸡胚成纤维细胞进行培养。

病毒抵抗力不强，对乙醚、氯仿敏感，适宜的pH范围为6～9，pH<5或pH>10时便失去感染活性。病毒不耐热，50℃以上加热60 min 后活性丧失。坦布苏病毒不能凝集鸡、鸭、鹅、鸽子、兔子和人源红细胞。

【流行病学】

到目前为止，仅在中国报道了与坦布苏病毒感染有关的鸭病和鹅病。自2010年6月坦布苏病毒感染在我国出现后，该病迅速蔓延，至2010年年底，该病已先后在华东、华中、华北、华南等地的13个省（市、自治区）发生。2013年，该病传入东北。2011年至今，坦布苏病毒感染已从2010年的暴发流行转变为地方性流行。

该病主要发生于蛋鸭、种鸭和种鹅的产蛋期，病毒对北京鸭、麻鸭、鹅和野鸭具有高致病性，番鸭不易感。抗体检测结果显示，不同日龄的麻鸭、北京鸭和鹅均可感染坦布苏病毒。在临床上，已出现4周龄的樱桃谷北京鸭商品肉鸭和40日龄金定麻鸭因感染坦布苏病毒而发病的情况。坦布苏病毒感染还与肉鸡的脑炎和生长缓慢有关。

蚊子是最早报道的坦布苏病毒的自然宿主，因此，蚊子可能和该病的传播有关。从发生过坦布苏病毒感染的鸭场采集蚊子样品，坦布苏病毒阳性率很高，进一步证实蚊子可感染坦布苏病毒并成为病毒携带者。已从鸭场范围内的死亡麻雀中检测到了坦布苏病毒，提示野生鸟类也可能和该病的传播有关。

病（死）水禽含有大量病毒，从自然感染和人工感染病例的各组织器官和血液样品均可检出或分离到坦布苏病毒，表明病毒在感染水禽体内可形成病毒血症，并呈全身性分布。以卵泡膜样品的检出率最高，表明卵巢可能是病毒存在和/或复制的主要场所。从咽喉拭子、泄殖腔拭子、肠道内容物和粪便样品可检出坦布苏病毒，表明病鸭和病鹅可通过消化道和呼吸道排泄物等途径排出病毒，因而病毒通过粪便污染的地面、垫料、飞沫、饮水、饲料、器具和车辆等进行水平传播成为可能。长途贩运可能导致疫病的广泛传播。在野外条件下，疾病可在易感鸭群中快速传播，因此不排除直接接触传染的可能性。实验条件下，经口服、滴鼻、肌内注射和静脉注射等途径均可复制出疾病。

该病在一年四季均可发生，但以夏季和秋季为甚。发病率可高达90%以上，而死亡率通常较低，为1%～5%，若继发感染其他疾病，死亡率还可上升。

【临床症状】

该病以产蛋鸭突发采食量和产蛋量急剧下降为特点，即鸭群突然出现采食量下降，在3～4 d内，采食量降到低谷，降幅可达30%～50%甚至更多，此后鸭群采食量逐渐增加，经过10～12 d后，采食量可恢复到正常水平。几乎在采食量减少的同时，产蛋量也随之减少，在大约1周时间内，产蛋率急剧下降至10%～30%，严重者几乎停产，产蛋率降幅视不同群体而异，为50%～75%不等；若刚开产或开产后不久的鸭群发病，产蛋率在上升过程中转而迅速下降。在低谷维持约1周时间，产蛋率可逐渐回升。从产蛋开始减少到产蛋率恢复至高峰，需1～2个月。不同鸭群产蛋率下降幅度、产蛋恢复时间、产蛋恢复程度、死亡率有所不同。其他症状包括发热、精神沉郁、离群独居、流鼻涕、腹泻和共济失调，有的病例双腿瘫痪、向后或侧面伸展（见彩图6–5–1～彩图6–5–3）。

【病理变化】

主要病理变化见于卵巢，表现为卵泡膜充血、出血（见彩图6–5–4），卵泡变性、变形、萎缩（见彩图6–5–5），部分病例的卵泡破裂，形成卵黄性腹膜炎（见彩图6–5–6）。组织病理学检测可显示巨噬细胞和淋巴细胞浸润和增生，有时可见肝脏汇管区间质性炎症。

【诊　断】

结合临床特征和剖检结果可作出初步诊断，突然发病、快速传播、1周内产蛋率严重下降等症状及卵巢的病理变化具有诊断价值，确诊需依靠病原的分离和鉴定。

将澄清的卵泡膜匀浆液接种9～10日龄鸡胚、10～11日龄鸭胚或者13～14日龄鹅胚的尿囊腔，可分离到病毒。接种后72～120 h，鸡胚或鸭胚应出现死亡，胚胎皮下严重出血。有时初次培养不引起胚死亡，传2～3代有助于病毒的分离，胚的死亡率往往会随着传代而增加。泄殖腔拭子、肠内容物、脑及肝脏等样品亦可作为接种物。

将病毒分离物通过皮下注射、肌内注射、静脉注射、口服或滴鼻途径接种易感产蛋麻鸭或北京鸭，3～4 d内应出现典型的临床症状和病理变化，用RT–PCR方法可检测到坦布苏病毒的RNA，从感染鸭中可再次分离到坦布苏病毒。

利用RT-PCR方法检测临床病料和分离物中的病毒RNA是一种快速诊断方法。已建立了实时定量PCR和LAMP等核酸检测手段，可用于病原鉴定和流行病学研究。基于重组E蛋白的间接ELISA方法可用于快速检测鸭血清中的坦布苏病毒特异性抗体。病毒微量中和试验和空斑减数试验适于检测病毒的中和抗体。

【防治措施】

目前尚没有预防该病的疫苗，相关疫苗正在研制当中。采取严格的生物安全措施、保持良好的环境卫生、改善养殖条件、监测和控制传播媒介等综合防治措施对预防该病的发生更为有效。

【展　望】

作为水禽的一种新现疾病，坦布苏病毒感染自2010年在我国出现以来，国内及时开展了病原分子生物学研究，现已完成蛋鸭、北京鸭和鹅等不同水禽源毒株的基因组测序和基因组结构分析工作，以此为基础，国内相继建立了检测多种不同的分子诊断技术，并已运用到该病分子流行病学的研究中。研究并逐步阐明坦布苏病毒的致病机理、建立适宜的实验动物模型对于疫苗研发和本病的控制至关重要。

（张大丙）

第六节　鸭呼肠孤病毒病

（Duck reovirus disease）

【病名定义及历史概述】

鸭呼肠孤病毒病（Duck reovirus disease）是由鸭呼肠孤病毒（Duck reovirus，DRV）引起的鸭病毒性传染病，最早于1950年由南非Kaschula报道。在我国，最早发生于1997年，且仅发生于我国福建、广东、广西、浙江等省的雏番鸭养殖地区，临床上以软脚、肝脾出现大量灰白色针尖状坏死点为特征，故被俗称为“番鸭肝白点病”或“花肝病”。胡奇林等于2000年首次分离并初步鉴定该病原为一种新的RNA病毒，吴宝成等于2001年经病原学、血清学及生物学特性将该病原确定为呼肠孤病毒科正呼肠孤病毒属番鸭呼肠孤病毒（Muscovy duck reovirus，MDRV）。

2005年在福建莆田、福州、长乐、福清、漳浦，广东佛山和浙江等地番鸭、半番鸭和麻鸭群等地出现了一种以肝脏不规则坏死和出血混杂、心肌出血、脾脏肿大斑块状坏死、肾脏和腔上囊出血为主要特征的被称为“鸭出血性坏死性肝炎”或“鸭坏死性肝炎”的传染病，陈少莺等、黄瑜等经病原学研究确定为一种新型鸭呼肠孤病毒（Novel duck reovirus，NDRV）或新致病型鸭呼肠孤病毒所致。

【病原学】

鸭呼肠孤病毒属于呼肠孤病毒科（*Reoviridae*）正呼肠孤病毒属（*Orthoreovirus*）病毒。

1. 病毒形态及理化特性 鸭呼肠孤病毒病毒粒子呈球形或近球形，正二十面体，立体对称，由核心和衣壳构成，有可见的双层衣壳，直径60～73nm，无囊膜，为双股RNA病毒。病毒在易感细胞的胞浆内复制，可在细胞上产生合胞体和细胞质包涵体，包涵体内的病毒经磷钨酸负染后在电镜下可观察到呈晶格状排列的病毒粒子。病毒对乙醚不敏感，对氯仿轻度敏感，对紫外线、温度、pH敏感。70%酒精和0.5%有机碘均可灭活病毒。在氯化铯梯度中，浮密度为1.29～1.39 g/mL。不具有血凝性，不能使鸡、火鸡、鸭、鹅、人O型、牛、绵羊、豚鼠等的红细胞凝集。

2. 培养特性 鸭呼肠孤病毒能在禽胚中进行培养，经卵黄囊、尿囊腔和绒毛尿囊膜接种，病毒均可以生长，其中以卵黄囊和绒毛尿囊膜途径接种禽胚病毒的增殖效果较好。病毒接种12～13日龄番鸭胚，均可导致番鸭胚死亡。番鸭胚接种病毒后，观察发现胚体出血，部分鸭胚肝、脾上有灰白色小点。死胚胚体呈紫色，广泛性出血，尿囊膜混浊增厚，尿囊液清澈。后期死亡的胚胎肝脏和脾脏上可见白色坏死点。该病毒能在多种细胞如番鸭胚成纤维细胞（MDEF）、鸡胚成纤维细胞（CEF）、地鼠肾传代细胞（BHK21）和非洲绿猴肾细胞（Vero）上繁殖并产生细胞病变。

3. 基因组及编码的蛋白 番鸭呼肠孤病毒的基因组为线性双股RNA，由分节段的10个基因片段组成。根据核酸电泳率的不同可将这10个基因片段分为3组：①3个大基因片段L1、L2、L3，分别编码 λA、λB、λC蛋白；②3个中基因片段 M1、M2、M3，分别编码 μA、μB、μNS 蛋白；③4个小基因片段S1、S2、S3和S4，分别编码σA、σB、σNS、σC蛋白。另外S4基因还编码P10蛋白。其中μNS、σ NS和P10为非结构蛋白，其余为结构蛋白。其中μB、σB、σC构成病毒的外衣壳，λA、λB、μA和σ A构成病毒的内衣壳，而λC为基质蛋白。鸭呼肠孤病毒基因含有正呼肠孤病毒保守的3′端五核苷酸序列UCAUC–3′和禽呼肠孤病毒保守的5′端六核苷酸序列5′–GCUUUU。

胡奇林等先后克隆了番鸭呼肠孤病毒MW9710株S1基因的300bp片断、S14株和C4株的NS基因，并分别比较了与鸡源和鸭源毒株的同源性，发现这3株番鸭源呼肠孤病毒分离株与鸭源毒株的关系更近。但张云等克隆分析了YH、YJL毒株的S1基因的1 643个碱基，发现这两株病毒的S1基因具有典型的鸡源呼肠孤病毒的特征。2008年许秀梅等对引起鸭多脏器坏死症的1株番鸭呼肠孤病毒和1株半番鸭呼肠孤病毒的S3基因部分序列进行了分析，发现两者之间仅有3个碱基不同，推导出氨基酸序列仅有一个氨基酸不同；而与鸭分离株89026（MDU6467）和89330（MDU243881）、鸡呼肠孤病毒株S1133（AO20642）和916（AY008383）、火鸡分离株TX98（AY444911）、鹅分离株D15/19（AY114138）的S3核苷酸序列同源性分别为93.57%、92.75%、60.60%、61.23%、61.49%、91.59%，可见这两个毒株的S3节段核苷酸序列与鸭、鹅分离株非常接近。

新型鸭呼肠孤病毒拥有三顺反子S1基因，编码P10蛋白、σ C蛋白及功能尚未清楚的P18蛋白。中国近年来出现的新型鸭呼肠孤病毒与早期的番鸭呼肠孤病毒的S基因配置存在差异，番鸭呼肠孤病毒σ A、σ B、σ NS和σ C蛋白分别由S1、S2、S3和S4基因编码，而新型鸭呼肠孤病毒σ A、σ B、σ NS和σ C蛋白分别由S2、S3、S4和S1基因编码，与鸡源呼肠孤病毒类似。

黄瑜等从多个鸭肝坏死症典型病例样品中分离到鸭呼肠孤病毒，取其中两株病毒参照胡奇林等建立的检测雏番鸭呼肠孤病毒S1基因的RT–PCR方法进行检测，可扩增出特异性目的条带，经序列分析表明两株病毒的S1基因与引起鸭脾坏死症的HC株鸭呼肠孤病毒同源性最高，分别为97.1%和93.2%；与分离自福建、浙江表现多脏器坏死症的雏番鸭呼肠孤病毒株（MW9710、ZJ99、CX2004、SY2004、YY2004、C4、S12和S14）的同源性分别为93%、90%，92%、89%，92%、88%，92%、89%，92%、89%，92%、90%，93%、89%和92%、89%；而两株病毒之间的同源性为91.3%。据以上结果可见流行于我国福建、浙江等省的引起雏番鸭、雏半番鸭、雏麻鸭肝坏死症的鸭呼肠孤病毒与发生于我国河南、山东等省的引起北京雏鸭、樱桃谷雏鸭脾坏死症的鸭呼肠孤病毒S1基因的同源性高，而与以前发生于福建、浙江、广东、广西等地引起雏番鸭、雏半番鸭多脏器坏死症的鸭呼肠孤病毒的同源性更低，表明我国养鸭生产中流行的鸭呼肠孤病毒S1基因序列发生了变异。

施少华等对从表现为肝、脾表面坏死和产蛋率下降的240 d种番鸭肝脏中分离的呼肠孤病毒株（ZJ1006株）进行序列分析表明，该株病毒与引起鸭脾坏死症HC/China病毒株同源率最高达95.3%，经遗传进化分析可将番鸭呼肠孤病毒分成2个分支，ZJ1006和HC/China共处一相对独立小分支。

【流行病学】

鸭呼肠孤病毒在我国鸭群中广泛存在，对养鸭业已造成了严重的影响。鸭呼肠孤病毒可感染番鸭（包括种番鸭）、半番鸭、麻鸭、北京鸭等多个品种鸭，该病无明显季节性。

1997年以来在福建、浙江、广东等番鸭饲养区发生的雏番鸭呼肠孤病毒感染，临床上以软脚为主要特征，肝脏、脾脏表面有大量白色坏死灶，肾脏肿大出血为主要剖检病变，俗称为“番鸭花肝病”、“番鸭肝白点病”。该病主要见于番鸭，7～45日龄多发，发病率为20%～90%，病死率差异很大，一般为10%～30%，应激或混合感染时高达90%。

2002年黄瑜等报道2001年福州北郊和闽侯地区的半番鸭场发生与“番鸭花肝病”类似的疫病，12～43日龄的雏半番鸭群发病，发病率20%～60%，病死率5.2%～46.7%，而且日龄愈小病死率愈高，耐过鸭生长发育明显迟缓。他们从这些病例中分离到病毒，经形态、理化特性及血清定性中和试验等确定其病原为鸭呼肠孤病毒。

2003年程安春等报道1998年始至2001年，四川、贵州等地养鸭地区发生一种以鸭头肿胀、眼结膜充血出血、全身皮肤广泛出血、肝脏肿大呈土黄色并伴有出血斑点、体温43℃以上、排草绿色稀粪等为特征的急性传染病，发病率在50%～100%，死亡率40%～80%，甚至100%，经病原学研究确定该病病原为呼肠孤病毒。

2005年以来在福建、广东和浙江等地番鸭、半番鸭和麻鸭群发生一种以肝脏不规则坏死和出血混杂、心肌出血、脾脏肿大斑块状坏死、肾脏和腔上囊出血为主要特征的新型鸭呼肠孤病毒病，各种品种鸭均可发生，并有逐年增加的趋势；发病日龄为3～25日龄，其中以5～10日龄居多，病程5～7 d，发病率5%～20%，死亡率2%～15%，日龄愈小或并发感染时，其发病率、死亡率愈高；临床调查中发现本病与种鸭有一定关系，有些种鸭场培育的鸭苗发病率特别高。

2007年苏敬良等、2009年黄瑜等报道，2006年5月起我国山东、北京、河南等地的北京樱桃谷肉鸭发生以脾脏出现不规则白色坏死点为特征的疫病，发病鸭日龄多在7～22 d，死亡率为10%～15%，有的感染鸭群死亡可持续到30日龄以上，经对典型病例进行病原学检测、病毒分离鉴定及其人工感染试验确定为鸭呼肠孤病毒感染所致。

2011 年太湖流域的许多养鸭场陆续发生一种新的鸭病毒性传染病，临床主要表现为发病雏鸭软脚，排白色稀粪，发病率约 20%~60%，病死率在 80% 以上，该类病例的临床病变主要为：肝脏呈土黄色，质脆，有点状、斑块状出血，或黄白色坏死灶；脾脏肿大、出血，呈暗红色，有多处大小不等的淡黄色坏死灶；其他脏器也表现出不同程度的肿大或出血等。陈宗艳等对其进行研究发现，该病原为一株新型的呼肠孤病毒（TH11）。2011年施少华等报道，通过从浙江省某种番鸭场表现为肝、脾表面坏死、产蛋率下降的240 d种番鸭肝脏中分离到呼肠孤病毒，表明种番鸭也存在鸭呼肠孤病毒感染。

【发病机理】

目前对鸭呼肠孤病毒病的发病机理进行的一系列研究发现，感染了番鸭呼肠孤病毒番鸭的免疫器官都有细胞凋亡现象，推测该病毒会诱导免疫抑制。黄瑜等报道以番鸭呼肠孤病毒人工感染番鸭后，经组织病理学观察发现脾脏白髓区淋巴细胞坏死、数量明显减少甚至消失、红髓明显充血，感染后84 h出现明显的坏死灶，坏死灶多位于白髓；胸腺淋巴细胞减少、坏死，且皮质多于髓质、皮质和髓质交界处淋巴细胞减少最为明显；腔上囊于攻毒后84 h大部分滤泡淋巴细胞坏死、数量明显减少，出现很多空腔，于164 h腔上囊坏死严重。通过电镜观察可见脾、腔上囊、胸腺等组织除坏死病变外，还可见典型的细胞凋亡的形态学特征：凋亡早期细胞核发生边集，在细胞核膜周边聚集形成团块或新月形；随后染色质固缩、凝聚成团，集于核膜旁；胞质浓缩，细胞体积缩小，核膜皱缩，凋亡细胞逐渐与其他细胞脱落、分离，细胞膜保持完整；晚期见凋亡小体形成，内有被膜包裹的染色质及较完整的细胞器，凋亡小体被吞噬降解，无炎症反应。经原位末端标记法检测发现，番鸭呼肠孤病毒实验感染番鸭脾脏、胸腺和腔上囊中均检测到大量TUNEL染色阳性细胞，表明脾脏、胸腺、腔上囊均发生明显的凋亡，且凋亡率显著高于正常对照组。以上研究结果显示番鸭感染呼肠孤病毒后，免疫器官胸腺、脾脏和腔上囊中的淋巴细胞不仅坏死，而且发生凋亡，表明番鸭呼肠孤病毒可引起淋巴细胞大量丢失、数量减少和免疫功能的降低，这不但直接影响到细胞免疫应答，而且还使体液免疫反应受到影响，造成机体免疫机能低下，据此首次提出鸭呼肠孤病毒为鸭的免疫抑制性病毒。

祁保民等运用原位末端标记技术及免疫组织化学方法，发现番鸭呼肠孤病毒诱导细胞凋亡的机制与FasL的表达密切相关，推测Fas-FasL途径可能是细胞凋亡发生的机制之一。林锋强等应用RT-PCR 技术检测番鸭呼肠孤病毒在人工感染番鸭体内的动态分布和排毒规律，发现病毒首先入侵免疫器官，可能引起免疫抑制，并且病毒感染后在免疫器官中迅速分布且持续较长时间，这可在一定程度上解释番鸭呼肠孤病毒能够引起番鸭免疫抑制。计慧琴等在探究番鸭呼肠孤病毒致病机理的过程中发现，该病毒感染后引起免疫器官损害；感染鸭血浆中的MAD和NO均比正常情况升高，提示自由基的含量增加也是发病因素之一。

【症 状】

在我国，鸭呼肠孤病毒感染引起鸭的临床症状，呈现多样性和复杂性，主要以软脚、排白色稀粪和耐过鸭生长发育明显迟缓为特征。

【病理变化】

在我国，自2001年报道福建、浙江、广东等省雏番鸭发生的一种以肝、脾、胰、肾表面有白点坏死点为特征、病原鉴定为鸭呼肠孤病毒的疫病以来，至今该病毒感染的宿主范围、临床病型等有所改变。目前，在我国养鸭生产中与鸭呼肠孤病毒感染相关的疫病呈现的病理变化主要有以下4种。

1. 鸭多脏器坏死症 该病型主要发生于雏番鸭和半番鸭。发生呼肠孤病毒感染的病死番鸭或半番鸭，剖检可见肝、脾、胰腺、肾、肠黏膜下层等组织局灶性坏死（见彩图6-6-1～彩图6-6-5），其中以肝、脾遭到的破坏最为严重。肝脏肿大、出血呈淡褐红色，质脆，表面及实质有大量肉眼可见0.5～1 mm灰白色、针尖大小的坏死点。脾脏肿大呈暗红色，表面及实质有许多大小不等的灰白色坏死点，有时连成一片，形成花斑状。肾脏可见少量针尖大小的白色坏死点，胰腺表面有白色细小的坏死点。心包有少许积液；肺部瘀血、水肿。肠道出血，有不同程度的炎症。部分病例伴有心包炎。在雏半番鸭，还见有腔上囊出血病变。

2. 鸭多脏器出血症 该病型可发生于多个品种鸭，其主要肉眼病变为全身皮肤广泛出血、消化道黏膜和呼吸道黏膜出血、肝脏出血、心肌出血、肾肿大出血、肺出血（见彩图6-6-6～彩图6-6-10），产蛋鸭卵巢严重充血、出血。据其临床症状和特征性出血病变，该病又称为鸭病毒性肿头出血症。

3. 鸭肝坏死症 该病型可发生于雏番鸭、半番鸭、麻鸭、北京鸭等，其主要剖检病变为肝脏略肿大表面有不同程度点/斑状出血和坏死灶（见彩图6-6-11）；心肌点状或斑状出血（见彩图6-6-12）；腔上囊出血（见彩图6-6-13）。病理组织学变化为肝细胞不同程度变性或坏死崩解呈局灶性、其间夹杂出血灶并见大量炎性细胞浸润；肾脏充血水肿，肾小管上皮细胞变性并与基底膜脱离；心脏呈间质性心肌炎，心肌纤维萎缩，间隙增大，并见炎性细胞和出血灶；脾脏出血，淋巴细胞减少、崩解形成坏死灶：腔上囊黏膜下出血，黏膜上皮坏死脱落，淋巴滤泡和淋巴细胞减少。

4. 鸭脾坏死症 该病型主要发生于北京樱桃谷肉鸭，其特征性病变为脾脏表面有不规则坏死灶（见彩图6-6-14和彩图6-6-15），偶见少量出血点，后期主要脾脏坏死、变硬和萎缩。

综上所述，目前我国鸭呼肠孤病毒感染相关的临床疫病呈现多样性、宿主差异性和地域差异性，这表明我国不同地区养鸭生产中流行的鸭呼肠孤病毒很可能在血清型（亚型）、基因型（亚型）、抗原性、致病性（型）、组织亲嗜性或毒力等方面发生了变化，但不同鸭呼肠孤病毒株的血清型（亚型）、基因型（亚型）、抗原性、致病性（型）、组织亲嗜性及其与临床病型之间的对应关系等均有待进一步确定。

【诊　断】

根据该病特征性的症状和大体病变可对本病作出初步诊断，近年来各种新的分子生物学诊断方法不断建立。目前鸭呼肠孤病毒的检测方法主要有乳胶凝集试验、RT-PCR、套式RT-PCR、酶联免疫吸附试验（ELISA）、SYBR Green Ⅰ实时荧光定量RT-PCR、TaqMan 探针实时荧光定量RT- PCR及NDRV和MDRV双重RT-PCR等。袁远华等建立了新型鸭呼肠孤病毒SYBR Green Ⅰ实时荧光定量RT-PCR检测方法对新型鸭呼肠孤病毒的最小检出量为29拷贝/μL，比普通PCR敏感性高100倍，为新型鸭呼肠孤病毒早期快速检测及定量分析提供新的方法。卿柯香等建立了检测新型鸭呼肠孤病毒和番鸭呼肠孤病毒的双重RT-PCR，能够同时快速检测新型新型鸭呼肠孤病毒和番鸭呼肠孤病毒，该方法具有良好的特异性和敏感性。

【防治措施】

防控工作以预防为主。首先，要加强饲养管理，加强消毒工作，保持场地干爽，及时补充维生素和补液盐；其次，在发病早期使用抗菌药（如速百治、丁胺卡那霉素、菌得治等）、抗病毒药物及清热解毒的中草药，可以减少死亡鸭数。2013年，由福建省农业科学院畜牧兽医研究所研制的“番鸭呼肠孤病毒病活疫苗”获得农业部颁发国家一类新兽药证书，这是我国具有自主知识产权的唯一用于预防番鸭呼肠孤病毒病的生物制品，也是世界上首个用于预防该病的疫苗。番鸭呼肠孤病毒病活疫苗，具有安全性好、免疫原性强、免疫持续期长，疫苗质量稳定、保存期长的特点。临床试验表明疫区未使用该疫苗前雏番鸭的成活率仅为65%，疫苗免疫后成活率提高到95%以上，上市率93%以上。该疫苗的成功研制、推广应用对有效控制番鸭呼肠孤病毒病，带动我国番鸭产业升级将具有里程碑的意义。

【展 望】

目前，虽然我们在鸭呼肠孤病毒的病原学、流行病学、病理学、诊断、预防等多方面取得了较大进展，但由于近年来鸭呼肠孤病毒的感染呈现出宿主多样性、发病形式逐渐多样化、不同来源的鸭呼肠孤病毒存在着一些差异，而且我们对该类病毒的分子生物学特性了解不全面，如很多基因和蛋白的确切功能是什么，基因、蛋白结构与致病性之间是否存在确切的关系等，使得我们对鸭呼肠孤病毒的预防控制面临巨大挑战。近年来对鸭呼肠孤病毒分子生物学等方面的研究已取得不少新进展，相信随着研究的深入，将使鸭呼肠孤病毒病得到更有效的控制，保障养禽业的健康发展。

（黄瑜 陈翠腾）

第七节 鸭圆环病毒感染

（Duck circovirus infection）

【病名定义及历史概述】

鸭圆环病毒感染（Duck circovirus infection）是近些年来新发现的由鸭圆环病毒（Duck circovirus，DuCV）引起的一种疫病，各品种鸭均见有感染，主要侵害鸭体免疫系统，导致机体免疫功能下降，易遭受其他疫病并发或继发感染，从而造成更大的经济损失。

鸭感染圆环病毒最早由德国学者Hattermann等于2003年报道，随后我国台湾学者Chen等于2006年首次报道台湾地区鸭群中检测到鸭感染圆环病毒感染，2008年傅光华等首次在我国大陆地区鸭群中检测到鸭圆环病毒感染。

【病原学】

圆环病毒科（*Circoviridae*）包括两个属：圆圈病毒属（*Gyrovirus*）和圆环病毒属（*Circovirus*）。前者有鸡贫血病毒（CAV）一个成员，基因只由基因组正股链编码；而后者具有双向转录方式，该属包括猪圆环病毒Ⅰ型和Ⅱ型（PCV1、PCV2）、鹦鹉喙羽病毒（BFDV）、鹅圆环病毒（GoCV）和鸭圆环病毒（DuCV）等成员。近年来，还在家鸽、塞内加尔鸽、金丝雀、雀、鸵鸟、鸥、八哥和天鹅等动物发现圆环病毒。

鸭圆环病毒无囊膜，呈圆形或二十面体对称，直径为15nm左右，是目前已知最小的鸭病毒。到目前为止，除猪圆环病毒可以在PK-15等细胞中繁殖外，其余圆环病毒均尚未能在细胞系中培养成功。

王丹等对2008—2010年间来自我国北京、河北、江苏等的病死鸭样品进行鸭圆环病毒的检测及36份鸭圆环病毒基因序列分析，发现9株与美国株、德国株具有相近的遗传进化关系，而与我国台湾4株之间存在较高的变异性。并通过ORFC1序列分析研究，发现我国鸭群中流行的圆环病毒存在两个基因型——1型和2型。目前1型在德国和美国流行，而2型在中国台湾流行。

傅光华等于2011年建立了鸭圆环病毒的基因分型方法，并对我国鸭圆环病毒进行基因分型研究，发现在我国鸭群中流行的圆环病毒存在两个大的进化谱系（DuCV1和DuCV2），这两个进化谱系又可进一步细分为5个基因型（DuCV1a、DuCV1b、DuCV2a、DuCV2b和DuCV2c）。研究结果表明，在我国大陆鸭群中流行的鸭圆环病毒呈现生态多样性，且病毒基因型分析有助于今后建立基因组分子特征与病毒致病性相关联系及寻找致病性与非致病性病毒的分子标记，为鸭圆环感染的临床快速诊断、分子流行病学研究奠定了基础。

【流行病学】

关于鸭圆环病毒感染鸭的流行病学报道不一。Hattermann等人对送检的13份鸭病料进行电镜和PCR检测，发现有6份病料含有圆环病毒，其中4份来自半番鸭，另外2份分别来自北京鸭和番鸭。Fringuelli等运用传统PCR方法从患病或死亡鸭的腔上囊中检出圆环病毒的阳性率为84%，而Banda等研究显示圆环病毒在长岛地区饲养的鸭群中检出率很低。

我国台湾学者Chen等对2002—2003 年间采集的样品检测表明，圆环病毒检出率为38.2 % 。我国傅光华等于2008年对17份采自10～90日龄的鸭的腔上囊及脾脏样品检测表明，圆环病毒的阳性率为58.8 %；2009年Jiang等有从鸭体内检测到鸭圆环病毒的报道，其阳性率为33.29%，并伴有鸭1型病毒性肝炎（DHV-1），鸭传染性浆膜炎（RA）和鸭大肠杆菌病（*E. coli*）共感染；施少华等于2010年也报道了我国南方部分地区鸭圆环病毒感染的检测情况。研究还发现，鸭圆环病毒可以垂直传播。

黄瑜等于国内外首次报道我国鸭圆环病毒感染呈现地域、品种和日龄差异性特点。自2006年以来从福建、浙江、江西、广东、广西、山东、安徽、海南、河南等九省（区）的番鸭、半番鸭、樱桃谷鸭、麻鸭、杂交鸭、野鸭等病鸭、病死鸭和同群中活的消瘦鸭采集样品共1 207份（见表6-7-1），经PCR方法对不同品种、不同地区、不同日龄、不同临床类别样品分别进行鸭圆环病毒感染检测，结果不同地区阳性率为0～59.4%不等，其中江西省样品阳性率最高为59.4%，依次为山东、广东、福建，其阳性率分别为50.6%、38.1%和29.2%，而海南省的鸭样品未检出阳性（见表6-7-2）。九省（区）病鸭、病死鸭和同群中活的消瘦鸭三类临床类别样品，鸭圆环病毒感染的阳性率分别为19.1%、25.2%和81.2%，总阳性率为29.7%（见表6–7–3）。在不同品种鸭样品，番鸭样品的阳性率最高为40.1%，其次是樱桃谷鸭为38.2%，野鸭最低为8.7%（详见表6–7–4）。在不同日龄样品中，21 d以内样品、20 ~ 70 d样品、70 d以上样品鸭圆环病毒的阳性率分别为28.9%、41.6%和13.2%，可见以20 ~ 70 d日龄段鸭圆环病毒阳性感染率最高，详见表6–7–5。

表 6–7–1　样品采集信息表

样品分类	样品数量									合计
采样地点	福建	浙江	江西	广东	广西	山东	安徽	海南	河南	
样品数（份）	370	306	64	155	159	77	25	22	29	1 207
鸭品种	番鸭	半番鸭	樱桃谷鸭	麻鸭	杂交鸭	野鸭				
	506	213	241	183	41	23				1 207
日龄 X（d）	X ≤ 21	21 < X ≤ 70	X > 70							
	277	551	379							1 207
鸭体状况	消瘦鸭	患病鸭	病死鸭							
	133	319	755							1 207

表 6–7–2　不同省份鸭样品鸭圆环病毒的 PCR 检测结果

采样地点	福建	浙江	江西	广东	广西	山东	安徽	海南	河南	样品合计
样品数（份）	370	306	64	155	159	77	25	22	29	1 207
阳性样品（份）	108	72	38	59	34	39	6	0	3	359
阳性率（%）	29.2	23.5	59.4	38.1	21.4	50.6	24	0	10.3	29.7

表 6–7–3　鸭圆环病毒阳性率及其感染鸭状况

鸭体状况	发病鸭	病死鸭	同群中活的消瘦鸭	总体
样品总数（份）	319	755	133	1 207
阳性样品（份）	61	190	108	359
阳性率（%）	19.1	25.2	81.2	29.7

表 6–7–4　不同品种鸭样品鸭圆环病毒的 PCR 检测结果

鸭品种	番鸭	半番鸭	樱桃谷鸭	麻鸭	杂交鸭	野鸭	合计
样品数（份）	506	213	241	183	41	23	1 207
阳性样品（份）	203	34	92	21	7	2	359
阳性率（%）	40.1	16	38.2	11.5	17.1	8.7	29.7

表 6–7–5　不同日龄鸭圆环病毒感染的 PCR 检测结果

日龄 X（d）	X ≤ 21	21 < X ≤ 70	X > 70	总计
样品总数（份）	277	551	379	1 207
阳性样品（份）	80	229	50	359
阳性率（%）	28.9	41.6	13.2	29.7

【发病机理】

到目前为止，对于鸭圆环病毒的发病机理还不十分清楚，主要认为与鸭圆环病毒引起鸭体淋巴组织损伤从而导致免疫抑制有关。自2006年以来，黄瑜等通过对大量的临床诊断疑似疫病的实验室病原学确诊和实验室条件下对鸭免疫抑制作用的相关研究，明确了鸭圆环病毒感染可影响鸭的免疫器官指数、抑制鸭的体液免疫功能，则于国内外首次提出鸭的免疫抑制病，并指出当前我国鸭群中圆环病毒感染率较高，是我国重要的鸭免疫抑制病，为我国深入开展鸭免疫抑制病研究及鸭用疫苗免疫效果的评价提供了依据。

【临床表现】

目前，鸭圆环病毒感染鸭尚无十分明显的典型症状，一般认为患病鸭主要表现为生长迟缓、器官萎缩和混合感染严重等。

1. 鸭体生长迟缓 黄瑜等对采集的133份同群中活的消瘦鸭样品、319份病鸭样品、755份病死鸭样品，分别进行临床诊断疑似疫病的检测或分离鉴定和鸭圆环病毒感染的检测，结果133份活的消瘦鸭样品中鸭圆环病毒检出阳性108份，阳性率为81.2%；319份病鸭样品中，鸭圆环病毒检出阳性61份，阳性率为19.1%；755份病死鸭样品中，鸭圆环病毒检出阳性190份，阳性率为25.2%。可见，在我国养鸭生产中，鸭圆环病毒感染的阳性率较高，尤其是生长不良、羽毛紊乱、体况消瘦鸭（其体重只有同群同日龄未感染的健康鸭体重的1/3～1/2，见彩图6–7–1）。其圆环病毒感染的阳性率高达81.2%，表明鸭生长不良、消瘦与鸭圆环病毒感染有关。

2. 鸭体器官萎缩 黄瑜等对133份同群中活的消瘦鸭样品、319份病鸭样品、755份病死鸭样品中检出圆环病毒阳性的种鸭、蛋鸭样品共有181份，结合病例记录结果发现有63.5%（115/181）的病例卵巢、脾脏或胸腺出现不同程度的萎缩，有的伴发生产性能不同程度下降。可见，种鸭、蛋鸭卵巢、脾脏或胸腺出现不同程度的萎缩和（或）生产性能下降很可能与感染鸭圆环病毒相关。

3. 混合感染严重 黄瑜等在从319份病鸭样品中检出的61份鸭圆环病毒阳性病例和755份病死鸭样品中检出的190份鸭圆环病毒病例共251份样品中，确诊的混合感染情况明显复杂于鸭圆环病毒检测阴性的病例，表现出双重（如鸭疫里默氏菌、番鸭细小病毒和H9亚型禽流感病毒等）混合感染的有172份，占68.5%；表现为三重（如鸭呼肠孤病毒和肝炎病毒等）混合感染的有56份，占22.3%。关于鸭圆环病毒感染病例的混合感染情况详见表6–7–6。

表 6–7–6　鸭圆环病毒感染病例的混合感染情况

混合感染类型	双　重	三　重
混合感染情况	DuCV+RA/EC/DHV/MDPV /MGPV/DRV/H5–AIV/H9–AIV/DFV	DuCV+RA+EC DuCV+DHV+DRV DuCV+MGPV+ MDPV DuCV+DRV+H9–AIV DuCV+H5–AIV+H9–AIV DuCV+DFV+EDSV/H9–AIV
所占比例（%）	68.5	22.3

注：RA——鸭疫里默氏菌、EC——鸭大肠杆菌、MDPV——番鸭细小病毒、MGPV——番鸭小鹅瘟病毒、DRV——鸭呼肠孤病毒、DHV——鸭肝炎病毒、H5–AIV——H5亚型禽流感病毒、H9–AIV——H9亚型禽流感病毒、EDSV——产蛋下降综合征病毒、DFV——鸭坦布苏病毒。

【病理变化】

对临床上表现羽毛紊乱、生长迟缓、体况消瘦的鸭圆环病毒感染鸭，经组织病理学研究显示鸭腔上囊内淋巴细胞减少、腔上囊出现坏死和组织细胞增多症，这与其他动物圆环病毒引起的病毒诱导性淋巴组织损伤类似，由此推测鸭圆环病毒可能会形成免疫抑制作用。

【诊 断】

由于鸭圆环病毒没有合适的培养系统，故诊断方法相对较少。至今，已建立的诊断方法有电镜法、核酸探针技术、聚合酶链式反应法（PCR）、实时荧光定量PCR技术、环介导等温扩增技术（LAMP）和血清学检测法等。

1．电镜法 在电镜下可以看到鸭圆环病毒特有的直径大约为15 nm的球形结构。

2．核酸探针技术 Zhang等利用PCR方法扩增出鸭圆环病毒基因片段约228bp（1980 ~ 2109nt），然后用地高辛标记，建立斑点杂交方法（Dot-blot hybridisation）最小可检测13.2pg鸭圆环病毒目的基因片段。

3．聚合酶链式反应法 Chen等根据鹅圆环病毒和鸭圆环病毒共同的保守序列，设计了一对通用引物，既能够检测出两种病毒的特异性片段，又能够根据扩增片段长度的不同来区别鹅圆环病毒和鸭圆环病毒。其样品核酸的提取如下，取鸭组织匀浆于1 2000 r/min，4℃离心5 min，取540 μL上清沸水浴5 min后冰浴5 min，加入15 μL 20 mg/mL的蛋白酶K和60 μL 0.35 mol/LSDS。混匀后56℃水浴2 h，加入615 μL Tris饱和苯酚，混匀后1 2000 r/min 4℃离心15 min，取上清加入等体积V（酚）：V（氯仿）：V（异戊醇）=25：24：1混合液，用力振匀后1 2000 r/min 4℃离心15 min，取上清加入1/10体积的3 mol/L pH5.2的醋酸钠溶液、2.5倍体积的无水乙醇，混匀后于-20℃过夜沉淀，1 2000 r/min 4℃离心15 min，倒掉上清后加入1 mL75%乙醇，1 2000 r/min 4℃离心5 min，吸去上清，瞬间离心后吸尽残液，沉淀用20 μL ddH$_2$O重悬，于-20℃保存备用。

参照发表的鸭圆环病毒的特异性引物：DuCV1F：5′-CCCGCCGAAAACAAGTATTA-3′，DuCV1R：5′-TCGCTCTTGTACCAATCACG-3′，预计扩增长度为230 bp；引物由上海英骏生物技术有限公司合成。PCR反应体系为25 μL，其中模板DNA 2 μL，上下游引物（20 mmol/ L）各1 μL，dNTP Mixture（2.5 mmol/L）2 μL，10 × Buffer 2.5 μL，*Taq* DNA酶（5 U/μL）0.25 μL，以ddH$_2$O加足体系。PCR反应条件为：94℃预变性5 min；94℃变性30 s，45℃退火30 s，72℃延伸30 s，进行35个循环；最后72℃延伸7 min。同时以阳性病料和ddH$_2$O分别作阳性对照和空白对照。取5 μL PCR产物在1.0%琼脂糖凝胶电泳检测。

从鸭组织匀浆液中提取总病毒基因组DNA后，以特异性引物进行PCR扩增，获得与阳性样品一致的230 bp目的片段，而空白对照无目的条带。将其中2个病料所扩增的目的片段回收后直接测序，通过GenBank登录序列进行比对，从基因水平上可证实所扩增片段为鸭圆环病毒基因片段。

4．实时荧光定量和LAMP检测技术 目前，国内学者还建立了检测鸭圆环病毒的实时荧光定量PCR方法和LAMP检测方法，且其特异性更强、敏感性更高。万春和等根据鸭圆环病毒*rep*基因序列特征设计引物，建立基于SYBR Green Ⅰ检测模式的实时荧光定量PCR（Real-time PCR），该方法检测鸭圆环病毒*rep*基因$1.31 \times 10^2 \sim 1.31 \times 10^7$拷贝/μL反应范围内有很好的线性关系。扩增产物的熔解曲线分析只出现1个单特异峰，无引物二聚体，对禽流感病毒、鸭肝炎病毒、鸭源禽1型副黏病毒、鸭减蛋综合征病毒、番鸭呼肠孤病毒核酸均无阳性信号扩增，可重复性好，组内变异系数为0.16%～1.89%，组间变异系数0.19%～1.26%。检测速度快，从样本处理到报告结果仅需4 h。本方法的建立为鸭圆环病毒的早期诊断、定量分析鸭圆环病毒感染程度及靶器官提供了新的有效手段。

5. 抗体检测方法 通过表达去信号肽的鸭圆环病毒抗原区*cap*基因，建立了检测鸭圆环病毒抗体的血清学方法。

【防治措施】

目前，对鸭圆环病毒感染尚无特异性防治措施，在生产中可通过加强日常的饲养管理、维持场内卫生清洁和加强消毒等措施，可减少鸭群的感染机会。对于鸭圆环病毒感染的鸭群，可经饮水或拌料途经使用抗病毒药物3～5 d，有一定效果。

【展 望】

随着对鸭圆环病毒的生物学特性、病毒对动物免疫系统的影响、致病机理等研究的不断深入，有望研制出鸭圆环病毒基因工程活载体疫苗、基因工程亚单位和DNA疫苗等新型疫苗来预防和控制该病毒引发的多种临床疫病，以减少其对养鸭业带来的危害和损失。

（黄瑜 万春和）

第八节 鸭出血症

（Duck hemorrhagic disease，DHD）

【病原定义及历史概述】

鸭出血症（Duck hemorrhagic disease，DHD）是一种近几年来新出现的以双翅羽毛管瘀血呈紫黑色、断裂和脱落，以及皮下、脏器（肝脏、胰腺、脾脏、肾脏等）和肠道（十二指肠、直肠和盲肠）出血为特征的传染病，根据其病原——鸭疱疹病毒Ⅱ型又定名为鸭新型疱疹病毒病。此外，该病还有鸭黑羽病、鸭乌管病和鸭黑喙足病等之俗称。

该病可侵害各日龄番鸭、樱桃谷鸭、北京鸭、半番鸭、麻鸭、野鸭、枫叶鸭、丽佳鸭和克里莫鸭等，但以10～55日龄番鸭最易感，给我国养鸭业（尤其是番鸭养殖业）已造成严重经济损失。

1990年秋，在福建省福州市郊某鸭场饲养的一群42日龄1 100羽肉用番鸭首次暴发一种罕见的以双翅羽毛管瘀血呈紫黑色为特征的疫病，发病后1周内共病死815羽，病死率74.1%。后其邻近的几家养鸭场的中、大番鸭也先后发病，病死率为30%～50%。

自1990年以来，经临床流行病学调查和送检病例中发现在我国福建的主要养鸭区（福州、莆田和闽南地区等）的番鸭、樱桃谷鸭、半番鸭、麻鸭、北京鸭、野鸭、丽佳鸭、枫叶鸭、克里莫鸭等，以及浙江、广东等省的番鸭、麻鸭、北京鸭等均有该病发生。迄今，尚未见其他禽类发生该病，亦未见国外报道类似鸭病。

【病原学】

1. 分类　该病病原暂定名为鸭疱疹病毒Ⅱ型（Duck herpesvirus type Ⅱ），又称为鸭出血症病毒（Duck hemorrhagic disease virus，DHDV），系疱疹病毒科新成员。

2. 形态学　对纯化的病毒进行负染，电镜观察可见单一的呈球形的有囊膜病毒，病毒粒子直径大多为80～120nm（见彩图6-8-1），有的更大约为150nm，核衣壳直径为40～70nm。在鸭出血症病毒致死的番鸭胚肝脏超薄切片中可见大量的病毒粒子，胞核、核膜间隙中见无囊膜、不成熟的病毒粒子，直径为61～70nm；胞浆中见成熟的有囊膜病毒粒子，直径为101～142nm。

3. 化学组成　该病毒的核酸为双股DNA。

4. 病毒复制　经对鸭出血症病毒感染的番鸭胚成纤维细胞超薄切片进行电镜观察发现该病毒在细胞核内复制，通过核膜获得囊膜，并以芽生形式进入胞浆中而成为成熟的病毒粒子。

5. 病毒的生物学特性　鸭出血症病毒无血凝活性，不凝集O型血人、鸭、鸡、鹅、家兔、小鼠、豚鼠、猪和绵羊的红细胞。

6. 对理化因素的抵抗力　鸭出血症病毒不耐酸（pH3、4℃下作用2 h）、不耐碱（pH11、4℃下作用2 h）、不耐热（56℃水浴处理30 min）、对氯仿处理极度敏感。于-20～-15℃条件下冻结保存6个月，其对番鸭胚的ELD_{50}降低近1 000倍。

7. 毒株分类　不同鸭出血症病毒毒株的毒力存在差异，但抗原性相同。经试验证明，该病毒与雏鸭肝炎病毒、雏番鸭细小病毒、小鹅瘟病毒无抗原相关性，而与鸭瘟病毒（DPV）的抗原相关值（R）<0.017 4，表明鸭出血症病毒与鸭瘟病毒为不同型的病毒，由于鸭瘟病毒又称为鸭疱疹病毒Ⅰ型，为区别起见则将鸭出血症病毒定名为鸭疱疹病毒Ⅱ型。

8. 实验室宿主系统　鸭出血症病毒对番鸭胚、樱桃谷鸭胚及鹅胚的致死率均为100%，不致死SPF鸡胚，对半番鸭胚、麻鸭胚和北京鸭胚的致死率分别为60%、78.3%和82.1%，且致死的禽胚中有21.3%～26.7%出现上喙畸形（上翻、折转、侧翻或呈喇叭状），所有死亡禽胚均表现绒毛尿囊膜出血、水肿、增厚，胚体皮肤出血、水肿，肝肾肿大及出血等。

该病毒可在番鸭胚成纤维细胞生长增殖，并引起局灶性细胞圆缩、脱落、聚集成葡萄串样等细胞病变（CPE）。但不易在其他鸭胚成纤维细胞上生长。

9. 致病力　不同鸭出血症病毒毒株其致病力存在差异，人工感染23日龄内的番鸭可复制出与自然感染病鸭相似的病变，致死率78%以上。但30日龄以上的人工感染番鸭于攻毒后20 d内未出现死亡，仅在攻毒后4～9 d部分鸭发生严重腹泻、生长发育不良、羽毛脏乱、体重明显减轻（仅为对照鸭体重的1/2 ～ 2/3）。

【流行病学】

1. **自然与实验宿主** 番鸭、半番鸭、麻鸭、北京鸭、樱桃谷鸭、野鸭、丽佳鸭、枫叶鸭、克里莫鸭等均可感染发病，但以番鸭最易感。目前尚未发现其他禽类和哺乳类动物发生该病。该病多发于10 ~ 55日龄的鸭群，但其他日龄段鸭也有发病。

2. **传播** 经对大量自然感染病例的临床调查认为被病毒污染的水源、病鸭或病愈鸭是该病主要的传染源。该病主要通过污染的水源而传播，易感鸭主要经消化道而感染该病。此外，通过调查还发现不论肉鸭群还是种鸭群，该病的发生有自限性；而有的鸭场却存在该病的持续感染，有的种鸭群很可能存在垂直传播。在实验条件下，鸭出血症病毒可通过口服、肌内注射、静脉注射等途径而传染。

3. **流行季节** 该病的发生无明显的季节性，一年四季均有散发，但在气温骤降或阴雨寒冷天气时发病较多。

4. **疫病并发或继发情况** 发生该病的病鸭群易并发或继发细菌性疾病（如鸭传染性浆膜炎、鸭大肠杆菌病等），因而易被人们所忽视。

5. **潜伏期、发病率与病死率** 该病的潜伏期4 ~ 6 d，发病率、病死率高低不一，而且与发病鸭日龄密切相关，在55日龄内日龄愈小的鸭，其发病率、病死率愈高，有时高达80%。55日龄以上单一感染该病的鸭群，随着日龄的增长，日病死率为1.0% ~ 1.7%。该病的病程3 ~ 5 d。

【发病机理】

至今，关于该病的致病机理尚未见报道。

【症　状】

患该病的病鸭或濒死鸭体温升高，排白色或绿色稀粪。该病的特征性临床症状为病鸭或病死鸭双翅羽毛管内瘀血，外观呈紫黑色（见彩图6–8–2）（健康鸭双翅对照，见彩图6–8–3），瘀血变黑的羽毛管易脱落（见彩图6–8–4）或断裂（见彩图6–8–5），被啄后出血（见彩图6–8–6）；病死鸭喙端、爪尖、足蹼末梢周边发绀，也呈紫黑色（见彩图6–8–7和彩图6–8–8）；病、死鸭口、鼻中流出黄色液体，沾污上喙前端和口部周围羽毛，有的羽毛甚至染成黄色。

【病理变化】

不同品种、不同日龄该病病死鸭的大体病变基本一致。该病的特征性剖检病变为组织脏器出血或瘀血，具体表现为：

肝脏稍肿大，其边缘或中心表面呈树枝样出血（见彩图6–8–9）或瘀血，并偶见个别白色坏死点；胰腺常出血，可见出血点（见彩图6–8–10）或出血斑或整个胰腺均出血呈红色（见彩图6–8–11）；肠道（小肠、直肠、盲肠等）明显出血（见彩图6–8–12和彩图6–8–13），有时在小肠段可见出血环；脾脏、肾脏、大脑等出血或瘀血（见彩图6-8-15）。

肝脏窦状隙扩张，充满红细胞；肝细胞空泡变性；间隙中淋巴细胞浸润，特别是在小叶间静脉或中央静脉周围淋巴细胞浸润明显。肾小管上皮细胞变性、肿胀，肾小管之间的间质中血管瘀血、淋巴细胞浸润。胰腺组织中可见凝固性坏死灶；腺泡之间有局灶性淋巴细胞浸润。腔上囊淋巴滤泡髓质内淋巴细胞数量明显减少，有的滤泡髓质淋巴细胞几乎全部消失，使髓质呈空泡状；多数淋巴滤泡髓质为增生的上皮细胞所充满。脾脏瘀血、出血，脾白髓萎缩，淋巴细胞崩解、消失。小肠固有层内毛细血管淤血、出血、淋巴细胞增多，黏膜上皮脱落、坏死。肺脏瘀血，有时可见溶血，组织中含铁血黄素沉着。大脑神经细胞肿胀、变圆，有的神经细胞核消失；胶质细胞弥漫性增生。小脑浦肯野细胞肿胀，有的核溶解消失。心肌无明显病变。

通过组织病理学观察可见鸭出血症病毒可导致机体广泛性组织损害，尤其以循环系统和淋巴组织受损更为严重，这表明鸭出血症病毒可引起鸭免疫功能低下，出现继发性免疫缺陷。

【诊　断】

1. 临床诊断　据该病特征性临床症状和剖检病变，不难作出初步诊断。

2. 实验室诊断　该病的确诊有赖于病毒的分离鉴定、血凝及血凝抑制试验、中和试验、细胞免疫荧光试验（见彩图6-8-16）及PCR等方法。

3. 鉴别诊断

（1）该病与鸭瘟的区别　对于这两个病，可根据鸭出血症的特征病状（双翅羽毛管瘀血呈紫黑色、肝脏呈树枝样出血）及鸭瘟的特征病状（肿头、食管和泄殖腔黏膜的病变）区分开。

（2）该病与鸭霍乱的区别　霍乱是由禽多杀性巴氏杆菌引起各种鸭的一种接触性传染病，又名鸭巴氏杆菌病或鸭出血性败血症，临诊上以高发病率、高病死率、死亡快，其他禽类也可感染发病死亡，皮下脂肪、心冠脂肪和心肌外膜出血，肝脏大量白色坏死点为特征，而且抗生素治疗有效。而鸭出血症仅侵害鸭，以双翅羽毛管发黑、发病率与病死率不高、肝脏一般无白色坏死点、肝脏瘀血或表面呈树枝样出血、胰脏出血等为临诊特征，抗生素治疗无效。根据两者的临诊特征不难加以区别。

（3）该病与鸭球虫病的区别　鸭球虫病是由鸭球虫（泰泽属球虫、艾美耳属球虫、温扬属球虫或等孢属球虫）引起鸭高发病率、高病死率的一种寄生虫病。在临诊上有小肠型球虫病和盲肠型球虫病两种，多见于20～40日龄鸭，以排暗红色或桃红色稀粪、十二指肠或盲肠黏膜有针尖大的出血点或出血斑、并带有淡红色或深红色胶冻样血性黏液为特征，发病率30%～90%，病死率20%～70%，病鸭死亡多集中于发病后3～5 d内，可用抗球虫药或磺胺类药物治疗。而鸭出血症可侵害不同日龄鸭，病死鸭除肠道出血外，肝脏、脾脏、胰腺、肾脏等均有不同程度的出血，且用药治疗无效。

（4）该病与种鸭坏死性肠炎的区别　种鸭坏死性肠炎是多发生于种鸭的一种疾病，临诊上以秋冬季节多发、病鸭体弱、食欲缺乏、不能站立并突然死亡和肠道黏膜坏死为特征。而该病可发生于不同日龄的鸭，种鸭发生出血症时除肠道出血外，胰脏、肝脏、肾脏等均有不同程度的出血。

【防治措施】

1. 预防　不同鸭场可根据其不同的发病特点采取不同的预防措施。有的鸭场该病的发生多集中于某一日龄段（如10～55日龄），而其他日龄少见或不发病，对于这种情形，仅需于易感日龄前2～3 d注射鸭出血症高免蛋黄抗体（1.0～1.5 mL/羽）即可。而有的鸭场在某一日龄（如20日龄）以上均有发病，对于这种情形则需于8～10日龄即在易感日龄前10～12 d颈部背侧皮下或腿部腹股沟皮下注射鸭出血症灭活疫苗0.50～1.0 mL/羽即可预防该病。

2. 治疗　在鸭群发生该病时，除加强管理和消毒外，应尽早注射鸭出血症高免蛋黄抗体（1.5～3.0 mL/羽），同时投用广谱抗菌药物以防继发细菌性疾病。

【公共卫生学意义】

由于该病可侵害各日龄番鸭、半番鸭、北京鸭、樱桃谷鸭、麻鸭、野鸭、枫叶鸭、丽佳鸭和克里莫鸭等，因此该病具有重要的经济意义，但无公共卫生学意义。

（黄瑜）

第九节　鸭传染性浆膜炎

（Infectious serositis, IS）

【病名定义与历史概述】

鸭传染性浆膜炎是家鸭、鹅、火鸡及其他多种禽类的一种接触性传染病。在养鸭业，该病主要侵害1～7周龄的小鸭，导致感染鸭出现急性或慢性败血症、纤维素性心包炎、肝周炎、气囊炎、脑膜炎，还可引起结膜炎和关节炎。在商品鸭场，该病所造成的死亡率常为5%～30%，少数情况下，亦可高达80%。该病的发生还导致肉鸭生长发育迟缓，出现较高的淘汰率，因此，鸭场一旦发生该病，经济损失常十分严重。

1904年，Riemer首次报道鹅发生本病，并称之为“鹅渗出性败血症”（Septicemia anserum exsudative）。1932年，Hendrickson和Hilbert首次报道本病发生于美国纽约长岛的3个北京鸭场，当时认为是一种新病，故该地区称之为“新鸭病”（New duck disease）。1938年，本病又发生于美国伊利诺伊州的一个商品鸭场，称为“鸭败血症”（Duck septicemia）。Dougherty等（1955）经过全面系统的病理学研究之后，根据本病导致浆膜炎的特点，定名为“传染性浆膜炎”（Infectious serositis in duckling）。为了突出本病是由鸭疫巴氏杆菌引起，并与具有相似病理学变化的其他疾病相区分，Leibovitz（1972）建议使用“鸭疫巴氏杆菌感染”（*Pasteurella anatipestifer* infection）的名称。由于致病菌已改称为鸭疫里默氏菌（*Riemerella anatipestifer*,

RA），本病也随之被称为“鸭疫里默氏菌感染”（*Riemerella anatipestifer* infection）。

本病呈世界范围分布，已在所有集约化养鸭生产的国家发现。迄今为止，美国、英国、加拿大、苏联、荷兰、澳大利亚、法国、德国、丹麦、西班牙、新加坡、泰国、孟加拉国、日本等国均有本病的报道。我国于1982年由郭玉璞等首次报道在北京地区的商品鸭观察到本病，并分离到病原菌；此后，我国各养鸭地区都有本病的报道。

【病　原】

1. 分类　Hendrickson和Hilbert（1932）首次分离到鸭传染性浆膜炎的病原菌，称之为鸭疫斐佛氏菌（*Pfeifferella anatipestifer*）。随后该菌还被称为鸭疫莫拉克氏菌（*Moraxella anatipestifer*）、鸭疫巴氏杆菌（*Pasteurella anatipestifer*）、位置未定的种，以及黄杆菌/噬胞菌属的成员。

根据DNA–rRNA杂交试验结果及细胞蛋白、脂肪酸、呼吸醌、酶活性等表型特征，Segers等（1993）认为，本菌与产吲哚金黄杆菌（*Chryseobacterium indologenes*）、黏金黄杆菌（*Chryseobacterium gleum*）、吲哚金黄杆菌（*Chryseobacterium indoltheticum*）、大比目鱼金黄杆菌（*Chryseobacterium balustinum*）、脑膜脓毒性金黄杆菌（*Chryseobacterium meningosepticum*）、动物溃疡伯杰氏菌（*Bergeyella zoohelcum*）等细菌关系相近，但明显不同，故建议在黄杆菌科（Flavobacteriaceae）为该菌成立里默氏菌属（*Riemerella*），以纪念Riemer在1904年首次报道鹅感染本菌；为避免命名上的混淆，保留原来的种名，代表种为*Riemerella anatipestifer*，中文译为鸭疫里默氏菌。

2. 形态　鸭疫里默氏菌属于革兰阴性、不运动、不形成芽胞的杆状，菌体宽0.3～0.5 μm，长1～2.5 μm。单个、成双存在或呈短链，液体培养可见丝状。本菌经瑞氏染色呈两极着染，用印度墨汁染色可显示荚膜。

3. 生物学特点　鸭疫里默氏菌在巧克力琼脂、胰酶大豆琼脂、血液琼脂、马丁肉汤、胰酶大豆肉汤等培养基中生长良好，但在麦康凯琼脂和普通琼脂上不生长，血琼脂上无溶血现象。在胰酶大豆琼脂中添加1%～2%的小牛血清可促进其生长，增加CO_2浓度生长更旺盛。在胰酶大豆琼脂上，于烛缸中37℃培养24 h可形成凸起、边缘整齐、透明、直径为0.5～1.5 mm的菌落，用斜射光观察固体培养物呈淡蓝绿色。

不同研究者对鸭疫里默氏菌生化特性的检测结果不尽一致，但多数研究者的检测结果显示，该菌不发酵糖，不产吲哚和硫化氢，硝酸盐还原和西檬氏枸橼酸盐利用阴性，明胶液化和产尿素为不定，氧化酶、过氧化氢酶及磷酸酶阳性，七叶苷水解酶、透明质酸酶和硫酸软膏素酶阴性。

37℃或室温条件下，大多数鸭疫里默氏菌菌株在固体培养基中存活不超过3～4 d。在肉汤培养物中可存活2～3周。55℃作用12～16 h，该菌全部失活。曾有报道称从自来水和火鸡垫料中分离到的细菌可分别存活13和27 d。该菌对青霉素、红霉素、氯霉素、新生霉素、林克霉素敏感，对卡那霉素和多黏菌素B不敏感。

4. 抗原性　对鸭疫里默氏菌的血清型分类始于1969年，Harry用凝集试验鉴定出16个血清型（A～P型），形成以英文字母命名的HPRS（Houghton Poultry Research Station）命名方案，但在保存中丢失了4个型（E、F、J、K），后来又发现I和N分别与G和O相同。1970年代，美国国立动物疾病中心（The National Animal Disease Center，NADC）用沉淀试验鉴定出6个血清型（1～6型），形成以数字命名的NADC命名方案，后来增加了7型和8型。Sandhu和Harry（1981）及Bisgarrd（1982）先后对这两个分型系统进行了比较研究，并在两者之间建立了对应关系。为避免混淆，并考虑到将来增加新的血清型，Bisgaard（1982）建议用数字命名血清型，并提出了13个型（1～13型）的命名方案，其中，1～6型使用NADC的命名，7～11型对应于HPRS的C、D、N/O、P和E型，12和13型是新分离的。

在上述研究基础上，Sandhu和Leister（1991）进一步进行了比较研究。因NADC的4型和HPRS的H型不是鸭疫里默氏菌，被剔除；他们将HPRS的P型作为4型，保留了NADC方案中的其他7个型（1、2、3、5、6、7、8）的命名，将HPRS方案中的C和D型指定为9和10型，12型和13型使用Bisgaard（1982）的命名，发现了5个新的血清型（11、14、15、16、17），由此形成了17个血清型（1～17型）的新方案。4个分型方案的对应关系见表6-9-1。

表6-9-1　鸭疫里默氏菌4个分型方案的对应关系

Sandhu & Leister（1991）	HPRS	NADC	Bisgaard（1982）
1	A	1	1
2	I&G	2	2
3	L	3	3
	H	4	4
4	P		10
5	M	5	5
6	B	6	6
7	N&O	7	9
8	E	8	11
9	C		7
10	D		8
11			
12			12
13			13
14			
15			
16			
17			
18			
19			
20			
21			

Loh等（1992）认为13型和17型相同，遂将它们合并，并提出了3个新型（17型、18型和19型）。但Pathanasophon等（1995）认为，Sandhu和Leister（1991）分型方案中的13型和17型并不相同，而Loh等（1992）的17型和Sandhu和Leister（1991）的17型却相同，因此，仍保留了Sandhu和Leister（1991）的1～17型的命名，另外还提出了20型和21型。Ryll和Hinz（2000）的鉴定结果表明，20型参考菌株（670/89）不是鸭疫里默氏菌，故将其剔除。2002年，Pathanasophon等分离到另一个株鸭疫里默氏菌（698/95），由于该菌株与其他20个型无交叉沉淀反应，被作为新20型的参考菌株。迄今为止，国际上报道鸭疫里默氏菌存在21个血清型。

1987年，高福和郭玉璞首次报道我国存在1型，此后的10年间，国内几乎没有关于血清型的研究报道。

1997年以来，张大丙和郭玉璞陆续发现，我国除了存在1型外，还流行2、6、7、10、11、13、14、15、17型等血清型，对2 000多株细菌的鉴定结果显示，1、2、6、10型是我国许多地区主要流行的血清型。

玻片凝集试验、试管凝集试验和琼脂扩散沉淀试验均可用于鸭疫里默氏菌的血清分型，3种方法各有优缺点，配合使用有助于保证血清型鉴定结果的准确性。在分型试验中，多数血清型之间无交叉反应，少数血清型之间存在低度交叉反应，表明不同的血清型菌株之间存在明显的抗原差异。即使在血清10型内，亦存在5个不同的抗原型，彼此间既存在明显的抗原差异，但又有相近的血清学相关性，特别是5类菌株间抗原的变异似乎在逐步发生而形成一个连续的抗原谱，位置相隔较远的菌株间明显不同，但与居于中间的菌株均有较高程度的抗原相关性，从而使它们紧密联系在一起，故血清10型可进一步区分为5个不同的亚型。

【流行特点】

本病主要发生于鸭，各种品种的鸭如北京鸭、樱桃谷鸭、番鸭、半番鸭、麻鸭等都可以感染发病。一般情况下，1～8周龄鸭对自然感染都易感，尤以2～3周龄的雏鸭最易感，1周龄以内的雏鸭很少有发生本病者，7～8周龄以上发病者亦很少见。因此，该病多流行于商品肉鸭群。

鸭群感染鸭疫里默氏菌后，每日都会有少量鸭只表现出病症，并陆续出现死亡，日死亡率通常不高（见彩图6–9–1）。由于发病可持续到上市日龄，故总死亡率可能较高。若鸭场存栏有不同日龄的商品鸭群，则各批鸭均可发病和死亡（见彩图6–9–1）。有时亦可见较高的日死亡率（见彩图6–9–2）。死亡率高低与疾病流行严重程度和鸭场采取的措施有关，一般为5%～80%不等。

鸭疫里默氏菌可经呼吸道或皮肤的伤口（尤其是足蹼部皮肤）而感染。经静脉、皮下、脚蹼、眶下窦、腹腔、肌肉、气管途径感染均可复制出本病。

除鸭外，小鹅亦可感染发病。曾报道火鸡自然暴发过本病，也曾从雉鸡、鸡等分离到鸭疫里默氏菌，但少见。

本病一年四季均可发生，但以冬春季为甚。

【临床症状】

鸭群感染鸭疫里默氏菌后，采食量明显下降。病鸭精神沉郁、卧地不起（见彩图6–9–3）。眼和鼻有分泌物，常使眼部周围羽毛潮湿或粘连脱落，鼻孔堵塞，咳嗽和打喷嚏，呼吸困难，张嘴喘气（见彩图6–9–4）。排白色和绿色稀粪。站立不稳（见彩图6–9–5）、头颈震颤、浑身哆嗦、摇头晃脑（见彩图6–9–6）、前仰后翻，部分病例头颈歪斜、转圈或倒退（见彩图6–9–7）。有的病鸭跗关节肿胀，跛行。感染鸭生长受阻，在同一日龄的鸭群中可见大小不一者（见彩图6–9–8）。

【病理变化】

最明显的大体病变是浆膜表面的纤维素性渗出，主要在心包膜、肝表面和气囊，构成纤维素性心包炎、肝周炎和气囊炎（见彩图6–9–9～彩图6–9–11）。脾脏有不同程度的肿大，部分病例的脾脏有纤维素性渗出物或呈花斑样（见彩图6-9-12）。局部慢性感染常发生在皮肤，表现在背后部或肛周出现坏死性皮炎，在皮肤和脂肪层之间有黄色渗出物（见彩图6-9-13）。

心脏纤维素渗出物含有少量炎性细胞，主要是单核细胞和异嗜细胞。肝门周围见有单核细胞、异嗜性白细胞和浆细胞浸润，亚急性病例可观察到淋巴细胞浸润。气囊渗出物中以单核细胞为主，病程较久者可见多核巨细胞和成纤维细胞。在有神经症状的慢性病例中，能观察到纤维素性脑膜炎（见彩图6-9-14）。

【诊　断】

结合流行病学特点、临床表现和剖检变化可作出初步诊断。头颈震颤、摇头晃脑、前仰后翻和歪脖转圈等症状可作为本病的特征性症状，再结合纤维素性心包炎、肝周炎和气囊炎的病理变化，可与多种疾病相区分，但鸭大肠杆菌病以及鸭沙门菌病的某些病例有相似的剖检变化。

确诊需进行鸭疫里默氏菌的分离和鉴定。无菌采集病死鸭的脑组织、心血、肝脏、脾脏、胆汁等均易分离到鸭疫里默氏菌，从局部感染的皮肤病变处采样亦可分离到鸭疫里默氏菌。该菌在胰酶大豆琼脂培养基上极易生长（见彩图6-9-15），且与鸭大肠杆菌和鸭沙门菌形成的菌落明显不同。

将细菌分离株接种于麦康凯培养基，可将鸭疫里默氏菌与鸭大肠杆菌和鸭沙门菌进行鉴别。挑取细菌菌落制涂片，火焰固定后，用鸭疫里默氏菌的特异性荧光抗体染色，在荧光显微镜下，可见鸭疫里默氏菌呈黄绿色环状结构（见彩图6-9-16），其他细菌不着染，以此可进一步与鸭大肠杆菌、鸭沙门菌和多杀性巴氏杆菌等细菌相区分。以分离株的核酸为模板，用扩增16S rRNA编码基因的通用引物进行PCR扩增，将长约1.5 kb的扩增产物（见彩图6-9-17）测序后，与鸭疫里默氏菌参考菌株的16S rRNA编码基因序列进行比较，若序列相似性在99%以上，则可更为准确地将分离株鉴定为鸭疫里默氏菌，以与鸭疫里默氏菌样的细菌鉴别。采用玻片和试管凝集试验、琼脂扩散沉淀试验（见彩图6-9-18）可进一步确定分离株的血清型，其结果对于制备针对性的疫苗具有指导意义。

【防治措施】

1. 管理措施　最重要的是做好生物安全、管理和环境卫生工作。研究表明，从疫区引进雏鸭，可将鸭疫里默氏菌带入本场，若从多个来源引进雏鸭，易使本场流行的血清型过多，增加控制难度，因此，实施“自繁自养”制度是控制本病传播的重要手段。若不具备“自繁自养”的条件，也需尽量保持鸭苗来源单一。同时，要加强装苗框和运输工具的消毒。

最好实施“全进全出”制度，便于对养殖环境彻底消毒。保留没有饲养价值的病鸭（见彩图6-9-19）将会加重本场污染程度，而随意扔弃病死鸭（见彩图6-9-20）则会促进疾病的传播和流行。在养鸭生产中，应杜绝这些不规范的做法。每天清理鸭圈，保持地面干燥、舍内适当通风，避免过度拥挤，减少应激因素等管理措施均有利于本病的控制。

2. 免疫接种　给雏鸭接种疫苗可有效地预防本病的发生。国内外已研制出菌素苗、铝胶和蜂胶佐剂苗、油乳佐剂苗等多种形式的灭活疫苗。以油乳佐剂苗效果最好，一次免疫后其保护作用可持续至上市日龄，但在接种部位可出现不良病变。

鸭疫里默氏菌疫苗具有血清型特异性，即用某种血清型菌株制备的疫苗不能保护雏鸭抵抗其他血清型细菌的感染，因此，只有选择主要流行的血清型菌株制备多价疫苗，才能提供有效的保护。此外，2～3周龄鸭最易感染鸭疫里默氏菌，而灭活疫苗到达最佳保护率尚需在免疫后15～20 d，因此，在免疫后1～2周，鸭仍可能会感染鸭疫里默氏菌而发病，配合使用其他措施如消毒和敏感药物防治，可弥补疫苗的不足。

3．药物防治　药物防治是控制鸭传染性浆膜炎的有效手段，投喂合适的药物可减少本病的死亡率。鸭疫里默氏菌对多种药物敏感，如氯霉素、甲砜霉素、氟苯尼考、红霉素、罗红霉素、林可霉素、新生霉素、青霉素、氨苄西林、阿莫西林及头孢类药物等。喹诺酮类、磺胺类和氨基糖苷类药物亦有疗效，但这些药物较易产生耐药性。

【展　望】

最近，国内外完成了3株鸭疫里默氏菌的基因组测序，该工作的完成为该菌新型诊断技术的建立、新型疫苗的研发及分子致病机理的研究奠定了良好的基础。

近10多年来，我国养鸭业得到了快速发展，但我国存在大量的散养户，养殖条件十分简陋、饲养管理十分粗放、环境卫生很差，鸭传染性浆膜炎的发生往往较为严重。然而，在规范化养殖企业，该病得到了良好的控制。由此可见，饲养观念的转变、养鸭模式的改进可极大降低鸭传染性浆膜炎所造成的损失。

（张大丙）

第十节　鸭大肠杆菌病

（Duck colibacillosis）

【病原定义及历史概述】

鸭大肠杆菌病是指由致病性大肠杆菌引起鸭全身或局部感染的一种细菌传染性病，在临床上有大肠杆菌性败血症、腹膜炎、生殖道感染、呼吸道感染、脐炎、蜂窝织炎等病型。该病的发病率和死亡率均较高，常与其他疾病一起引起混合感染，导致更严重的后果，给养鸭业造成了巨大的经济损失，因此，该病已成为危害养鸭业的重要细菌病。

1982年由郭予强最先报道广东省2个大型鸭场2～6周龄雏鸭发生大肠杆菌败血症。此后，鸭大肠杆菌病在全国大部分省市（区）陆续报道。黄瑜等报道，福建省福州闽侯1998年12月某番鸭场的一群800多羽63日龄番鸭发病,部分病鸭出现严重的张口呼吸、喘气，个别还伴有甩头动作，发出呼噜声，并且每日死亡10多羽，4 d内共死亡近60羽。据统计，山东、四川、上海、湖北、江西等地相继都有本病的报道。可见鸭大肠杆菌病已成为养鸭业重要的细菌病。

【病原学】

本病的病原为大肠埃希菌，属肠杆菌科埃希氏菌属，为无芽胞的革兰阴性的短小杆菌，通常为（2～3）μm×0.6 μm，两端钝圆，具有周身鞭毛，能运动，大多数散在存在，少有成对。

根据大肠杆菌的O抗原（菌体抗原）、K抗原（荚膜抗原）和H抗原（鞭毛抗原）等表面抗原的不同，可将本菌分为许多血清型，现已知有173个O抗原，80个K抗原，56个H抗原。据报道，其中引起鸭发病的血清型有O_1、O_2、O_6、O_8、O_{14}、O_{15}、O_{20}、O_{35}、O_{56}、O_{73}、O_{78}、O_{111}、O_{118}、O_{119}、O_{138}、O_{147}等。鸭大肠杆菌血清型具有一定的地域性，不同地区优势血清型存在差异，于学辉（2008）等从四川、重庆和云南3个省（市）的9个不同地区规模化养鸭场中鉴定了210株鸭致病性大肠杆菌（包含37种血清型），其中O_{93}、O_{78}、O_{92}、O_{76}为优势血清型；刘英龙（2009）对山东潍坊市11个县市区分离到的112株致病性大肠杆菌的血清型进行鉴定，结果有83株大肠杆菌分属15种血清型，其中优势血清型为O_{78}、O_2、O_{92}、O_{142}；陈文静（2010）等对上海、江苏和安徽等省送检的临床疑似病鸭中分离鉴定了65株鸭大肠杆菌，其中O_{78}、O_2和O_1为主要流行血清型；程龙飞（2011）从福建及邻近省份的疑似大肠杆菌病死亡鸭中分离鉴定了289株鸭大肠杆菌，其中强毒菌株255株，分属于19个血清型，O_{78}血清型为优势血清型；王卉（2012）通过分析四川地区的208株鸭大肠杆菌的血清型得出，优势血清型为O_3、O_{26}、O_{76}、O_{81}、O_{100}、O_{127}，而通过分析其致病性后得出，O_{76}和O_{127}为该地区主要流行的高致病性大肠杆菌血清型，由此可见，O_{78}为我国大部分省市所分离的鸭大肠杆菌的优势血清型之一。

鸭大肠杆菌对外界环境的抵抗力不强，50℃ 30 min或者60℃ 15 min便可死亡。常规消毒药物能在较短时间内将其杀死。

【流行病学】

本病一年四季均可发生，以冬春寒冷和气温多变季节多发，与应激因素关系密切。

1. 发病日龄 从鸭胚到成年种（蛋）鸭，各日龄段均可发生感染，其中以雏鸭和中鸭感染引起的死亡比较常见。

2. 发病率和死亡率 育雏和中鸭阶段感染发病率和死亡率与饲养管理条件密切相关。例如，日粮中营养成分不够，缺乏维生素等因素而造成雏鸭发育不良；饲料和饮水被大肠杆菌污染，特别是水源被严重污染而引发本病最为常见；鸭群饲养密度过大，鸭舍地面潮湿、卫生条件差和通风不良等因素；育雏温度过低也可增加本病的发生。该病的发病率和死亡率均较高，李冰2001年报道黑龙江省肇州县某养鸭场饲养1 500只5日龄雏鸭陆续发病，发病率为34.2%，死亡率为20%。2005年，江苏省宝应县某养鸭场雏鸭暴发大肠杆菌病，发病率40%，死亡率为21%。

3. 传播途径 本病可通过呼吸道、消化道、生殖道、种蛋污染等途径感染和传播。

（1）呼吸道　混有本菌的尘埃被易感鸭吸入，进入下呼吸道后侵入血液而引起。

（2）消化道　饲料和饮水被本菌污染，尤以水源被污染引起的发病最为常见。

（3）蛋壳穿透　一般种蛋产出后都黏附有粪便，如果孵化前消毒不严，在孵化时种蛋表面的大肠杆菌很容易进入胚蛋，因而使孵化后期的胚胎发育不良或造成死亡，或使刚出壳的雏鸭发生本病。如果种鸭已患有大肠杆菌性输卵管炎，那么输卵管中的大肠杆菌可轻易进入种蛋内而造成该病的垂直传播。

（4）交配　患本病的公、母鸭与易感鸭交配可以传播本病。

【发病机理】

大肠杆菌致病性菌株的致病因子主要由该病原体的3个特征决定，即侵袭力、感染性和致病性潜力。其致病因素主要包括细菌菌毛、毒素、外膜蛋白、铁转运系统和抗吞噬作用的K抗原等。其中越来越多的研究证明大肠杆菌的致病性与细菌菌毛有关。菌毛是细菌的一种重要黏附因子，借助于菌毛对宿主黏膜上皮细胞的黏附作用，细菌得以定居，以便进一步获得侵入血液进入器官的通道。鸭致病性大肠杆菌菌毛研究得较多的有I型菌毛和P型菌毛，二者均已被公认为大肠杆菌重要的毒力因子。其中I型菌毛在禽大肠杆菌感染过程中发挥着重要的作用，能与禽呼吸道黏膜上皮细胞表面的相应受体以“锁-钥匙”的方式发生特异性结合，结合后的大肠杆菌能防御机体的清除机制，随后侵入呼吸道深部进行增殖活动，从而在整个致病过程中发挥重要作用。*fimC*和*papC*是大肠杆菌I型菌毛和P型菌毛的主要编码基因。陈文静等报道的鸭致病性大肠杆菌P型菌毛和I型菌毛基因的携带率分别为23%和18%，于学辉等报道的鸭大肠杆菌病分离株P型菌毛和I型菌毛基因的携带率分别为97.6%和92.9%。P型菌毛在鸭大肠杆菌中广泛存在的公共卫生意义值得关注，对鸭的致病机理值得进一步探讨。程龙飞等报道O_{78}血清型鸭大肠杆菌强毒菌株全部携带P型菌毛基因；超过80%的菌株携带I型菌毛基因。P型菌毛和I型菌毛在O_{78}血清型鸭大肠杆菌强毒株中广泛存在，二者在鸭大肠杆菌致病过程中所起的作用值得深入探讨。

【症　状】

鸭大肠杆菌病的临床类型跟雏鸭的日龄有一定的关系：眼炎型的多见于1～2周龄；关节炎型的多于7～10日龄；脑炎型的多见于1周龄；浆膜型的多见于2～6周龄。

1. 雏鸭大肠杆菌性肝炎和脑炎　卵黄囊感染的雏鸭主要表现为脐炎（大肚脐）。新出壳的雏鸭发病后，精神萎靡，行动迟缓和呆滞，闭眼缩颈，腹围较大，常有拉稀，以及泄殖腔周围粪便沾染。患鸭临死前出现神经症状，大肠杆菌在特殊条件下可入侵大脑，引起脑炎，表现嗜睡，即所谓的“睡眠病”。

2. 鸭大肠杆菌性急性败血症　雏鸭及种鸭发病后，精神不振，食欲减退，隅立一旁，缩颈嗜眠，两眼和鼻孔处常附黏性分泌物，有的病鸭排灰白色或绿色稀便，常因败血症或体质衰竭、脱水死亡；呼吸道型大肠杆菌病主要表现呼吸困难。

3. 鸭大肠杆菌性呼吸道型　病鸭表现为精神沉郁，嗜睡，软脚，不愿走动，并有严重的呼吸困难，出现张口呼吸、喘气，个别还发出呼噜声。

4. 母鸭大肠杆菌性生殖器官病　成年鸭大肠杆菌性腹膜炎多发生于产蛋高峰期之后，病程发展比较缓慢，表现为精神沉郁、喜卧、不愿走动，站立或行走时腹部有明显的下垂感。种（蛋）鸭生殖道型大肠杆菌病常表现为鸭群产蛋量下降或达不到预期的产蛋高峰，或出现产软壳蛋、薄壳蛋、小蛋、粗壳蛋、无壳蛋等各种畸形蛋，或出现卵黄性腹膜炎。肛门周围常沾有潮湿、发臭、灰绿色的排泄物。

5. 公鸭大肠杆菌性生殖器官病　阴茎肿大且严重充血，比正常肿大2～3倍，难以看清阴茎的螺旋状精沟。

6. 大肠杆菌性关节炎 呈慢性经过的病鸭的跗关节和趾关节肿大，行走有异样。

7. 大肠杆菌性眼炎 患鸭单侧或双侧眼睛肿胀。

8. 大肠杆菌鸭窦炎 又称鸭传染性眶下窦炎，患病鸭张口呼吸、单侧或双侧眶下窦出现肿胀（见彩图6-10-1和彩图6-10-2），触之有波动感。

【病理变化】

不管是原发性或继发性，其主要特征病变为心包炎、肝周炎、气囊炎、输卵管炎。

1. 雏鸭大肠杆菌性肝炎和脑炎 肝脏肿大、充血，表面呈黄色斑驳状，并伴有纤维素性渗出物。颅骨表面出血严重，脑膜出血，脑实质水肿。

2. 鸭大肠杆菌性急性败血症 主要表现为纤维素性心包炎、纤维素性肝周炎和纤维素性气囊炎（见彩图6-10-3～彩图6-10-6），俗称“三炎”。纤维素性心包炎为心包膜增厚、浑浊，呈灰黄色或灰白色；纤维素性肝周炎表现为肝脏肿大、出血，表面被有一层厚薄不一的纤维素性薄膜；纤维素性气囊炎呈现双侧气囊膜浑浊、增厚，表面附着纤维素性渗出物。

3. 鸭大肠杆菌性呼吸道型 病死番鸭可见肺严重瘀血或出血、心包炎和气囊轻度混浊增厚，附有少量的干酪样物，肝、脾稍肿大。气管内有黏液或干酪样物积聚，鼻腔黏膜、鼻窦内出血，且积有多量黏液。

4. 母鸭大肠杆菌性生殖器官病 患病母鸭主要发生大肠杆菌性输卵管炎和卵巢炎。表现为输卵管内含有凝固卵黄和蛋白块。黏膜出血，有大量的胶冻样渗出物。有些较大卵泡破裂后卵黄落入腹腔后形成卵巢性腹膜炎（见彩图6-10-7），可见腹腔中充满了淡黄色腥臭的卵黄液和凝固的卵黄块（见彩图6-10-8）。外生殖器脱出，黏膜坏死。

5. 公鸭大肠杆菌性生殖器官病 患病阴茎表面可见到芝麻大至黄豆大的黄色干酪样结节。严重病例阴茎肿大3～5倍，有黑色结痂。有的部分阴茎露在体外，表面有数量不等、大小不一的黄色脓性或干酪样结节，剥除痂皮，可见出血的溃疡面。

6. 大肠杆菌性关节炎 患鸭关节腔中有纤维蛋白渗出或有混浊的关节液，滑膜肿胀、增厚。

7. 大肠杆菌性眼炎 患鸭眼睛有干酪样渗出物，眼结膜潮红，严重病例失明。

8. 大肠杆菌鸭窦炎 剖开患病鸭单侧或双侧眶下窦肿胀部位，可见眶下窦腔内积有大量黄色干酪样物。

【诊　断】

1. 初步诊断 可根据发病鸭日龄、临床症状和剖检病变作出初步诊断。

2. 确诊

（1）病原分离及纯培养 用接种环无菌取病死鸭的肝脏划线接种于普通琼脂平板、麦康凯琼脂平板和伊红美蓝平板，37℃培养18～24 h，鸭大肠杆菌在普通琼脂平板上生长良好，形成直径2～3 mm的圆形、隆起、湿润、光滑、半透明、边缘整齐的淡黄色菌落；在麦康凯琼脂平板上形成粉红色菌落；于伊红美蓝琼脂平板上形成紫黑色具有金属光泽的菌落；如果是溶血性菌株，则在血液平板上形成β型溶血。在肉汤培养基中呈现均匀混浊。对于使用过抗生素的病例，可先使用液体培养基进行增菌培养以提高细菌的分离率。

（2）染色镜检及形态观察　将分离到的细菌进行革兰染色镜检，可见革兰阴性的短小杆菌。

（3）生化试验　将符合大肠杆菌形态特征的细菌接种于普通琼脂斜面，37℃培养24 h，挑取适量细菌进行生化试验。鸭大肠杆菌能分解葡萄糖、麦芽糖、甘露醇、阿拉伯糖，可迅速发酵木糖；不产生H_2S、不水解尿素、不液化明胶；利用枸橼酸盐阴性；V-P试验呈阴性、M-R试验和吲哚试验均呈阳性。

（4）血清学试验　按常规方法取已高压好的抗原先与大肠杆菌多价血清进行玻板凝集反应，然后再与大肠杆菌单价血清进行玻板凝集反应，即O抗原和血清各取一铂金耳置玻板上混匀，0.5 min中内出现明显凝集者为阳性反应。同时以高压抗原与0.5%石炭酸生理盐水混合物作对照，观察有无自凝集现象。

（5）PCR快速检测　对分离培养的疑似大肠杆菌菌落进行禽大肠杆菌16S rDNA基因片段PCR扩增，目的条带在小为354bp。

（6）致病性试验　经上述步骤鉴定的大肠杆菌，经24 h肉汤培养物肌内注射于雏鸭，即可测定其致病力。参照文献，将大肠杆菌对鸭的致病性分为以下几种类型：①强毒菌株：可使50%以上的试验鸭死亡或产生严重的病变（即同时见心包炎、肝周炎和气囊炎病变）；②中等毒力菌株：出现死亡或产生严重病变的鸭，合计少于50%；③低毒力菌株：试验鸭无死亡，所有存活鸭均无严重病变。

【防治措施】

1. 预防　保持合适的饲养密度和改善鸭舍的卫生条件对该病的预防至关重要，特别是育雏舍应注意通风、保持鸭舍干燥、及时清粪，地面育雏时要勤换垫料，采取“全进全出”的饲养方式，以便能够进行彻底的空舍和消毒。有水池的鸭场应保持水体清洁，勤换水和消毒，避免种鸭交配过程中生殖道感染。及时收集种蛋并进行表面清洁消毒，入孵前应进行熏蒸或浸泡消毒。

（1）搞好环境卫生和消毒工作　加强饲养管理、搞好环境卫生是预防本病的关键。应加强对粪便、垫料的处理，及时清除粪便、清扫鸭舍，保持干燥卫生。定期带鸭消毒，一般每隔 3～5 d 对鸭舍进行带鸭消毒。保证舍内通风良好，降低鸭舍内有害气体的浓度；保证饲料、饮水的清洁，产蛋期鸭尤其注意卫生饮水，最好能采取清洁水流动供应，并注意每天饮水槽的清洗和池塘用水的定期替换，避免会造成鸭群应激的各种因素的发生。

（2）加强孵化厅、孵化用具和种蛋的卫生消毒管理　经蛋传播是本病重要的传播途径，因此应加强对种蛋和相关器具的消毒。在种鸭场，应及时集蛋与存放，存放时间不能超过7 d；种蛋在入孵前、落盘后，以及孵化室、孵化器、出雏器均应进行严格的消毒。

（3）加强育雏鸭饲养管理　饲喂全价饲料，注意补充维生素和微量元素；加强育雏舍的通风和换气，有条件可安装排气扇，促进空气流通，保持室内空气清新。夏天重降温，冬天重保暖，尽量创造舒适的温度。地面潮湿时要勤换垫草和垫料，地面干燥时可喷洒消毒液，保持适宜的湿度。

（4）加强种鸭的饲养管理　及时发现和淘汰发病种鸭，采精与输精的过程一定要求无菌操作。

（5）免疫接种疫苗　免疫接种大肠杆菌灭活疫苗可有效地预防大肠杆菌病的发生，减少死亡，预防种（蛋）鸭产蛋下降及产软壳蛋、薄壳蛋、小蛋、粗壳蛋、无壳蛋等各种畸形蛋，但由于大肠杆菌的血清型多而复杂，在养鸭生产中应考虑使用多价疫苗（0.5～1.0 mL/羽）。

2. 治疗　由于大肠杆菌极易产生耐药性，因此在临床治疗时，应根据所分离细菌的药敏试验结果选择高敏药物，病愈后应及时停止使用以防耐药性的产生，才能收到很好的效果。若无条件做药敏试验，可选择的治疗药物有丁胺卡那霉素、先锋类抗生素、洛美沙星、壮观霉素和磺胺类药物等。特别注意要定期更换用药或几种药物交替使用。

（黄瑜　陈红梅）

第十一节　鸭伪结核病

（Pseudotuberculosis in duck）

【病原定义及历史概述】

鸭伪结核病（Pseudotuberculosis in duck）是家禽和野兽的一种接触性传染病。该病的特点为病禽呈现持续期短暂的急性败血症，以后出现慢性局灶性感染，在内脏器官，尤其在肝、脾脏中产生干酪样坏死和结节。

本病在家禽中很少发生。刘尚高（1986）等曾报道过在1986年北京郊区的麻鸭群暴发本病，发病率为22.7%，死亡率为13.6%。黄瑜（1997）等曾报道25日龄的雏番鸭因发生本病而死亡，总死亡率约45%，病死率为63%，而同场的50日龄和72日龄的两批番鸭未见发病。

【病原学】

该病的病原为伪结核（巴氏杆菌）耶尔亲菌［*Yersinia*（*Pasteurella*）*pseudotuberculosis*］，该菌为革兰阴性杆菌，大小为0.5 μm×（0.8～5.0）μm。病料组织抹片成球杆菌状，或细杆菌状，多形性，单个或成对排列。瑞氏染色可见两极染色特点。具有微抗酸性，无荚膜，不形成芽胞，在单个杆菌偶见有周身鞭毛。该菌为兼性菌，最适培养温度为30℃。在普通蛋白胨肉汤中生长良好。在普通琼脂上形成光滑或颗粒状透明灰黄色奶油状菌落，直径为0.5～1.0 mm。在血液琼脂、麦康凯琼脂、巧克力琼脂平皿中培养，于22℃经24～36 h，长出表面光滑，边缘整齐的菌落。在37℃经24 h，长出表面粗糙，且稍干燥，边缘不整齐的菌落。在鲜血琼脂平皿中不溶血。

病原菌的生化特性：能发酵葡萄糖、麦芽糖、果糖、甘露醇、鼠李糖，产酸不产气。七叶甙阳性（+）。不发酵乳糖、卫矛醇、山梨醇、棉实糖和蔗糖。不产生靛基质，不液化明胶。不利用枸橼酸钠。M-R阳性，尿酸酶阳性，不产生吲哚。

对抗菌药物的敏感性：对磺胺-5-甲氧嘧啶、庆大霉素、卡那霉素为高度敏感。四环素和土霉素为中度敏感。氯霉素为低度敏感。对青霉素、链霉素、红霉素、痢特灵和黄连素不敏感。

伪结核耶尔亲菌对外界抵抗力：易被阳光、干燥、加热或一般的消毒药破坏。

抗原结构：本菌可以分成5个血清型和6个亚型。据报道，取自26种禽的65株分离物中，39株属于ⅠA型，16株ⅠB型，6株ⅡA型，2株Ⅳ型。

【流行病学】

鸡、鸭、鹅、火鸡、珍珠鸡和一些鸟类，特别是幼禽最易感染，此外还可引起多种哺乳动物发病。对实验动物中的豚鼠、小鼠、家兔、猴和狒狒也很敏感。

该病的传染和主要是由于病禽或哺乳动物的排泄物污染土壤、食物或饮水而经消化道、破损的皮肤或黏膜进入血液引起败血症。并在一些器官如肝、脾、肺或肠道中产生感染灶、形成结节状，类似于结核样病变。各种应激因素如受寒、饲养不当、寄生虫侵袭等，可以促进该病的发生和加重病情。

【发病机理】

对鸭伪结核病感染的致病机理未见报道。

【症　状】

该病的症状变化比较大。在最急性的病例中，看不到任何症状而突然死亡。在病程稍慢的病例，病禽精神沉郁，吃食减少或不吃。羽毛颜色黯淡而松乱。表现衰弱、两腿发软，行走困难，喜蹲于地面，缩颈，低头。眼半闭或全闭，流泪，呼吸困难。发生下痢，粪便水样，呈绿色或暗红色。病后期精神萎靡，嗜眠，便秘，消瘦，极端衰弱和麻痹。

【病理变化】

在肝脏、脾脏和肺脏表面或实质中有小米粒大小黄白色坏死灶，或粟粒大小乳白色结节（见彩图6-11-1～彩图6-11-3）。胆囊肿大，充满胆汁。气囊增厚、混浊，表面粗糙，有淡黄色高粱粒大小干酪样物。肠壁增厚，黏膜严重充血、出血，尤以小肠黏膜明显。组织学变化，肝组织严重破坏，呈分散的不规则形岛屿状，网状细胞弥漫性增生。在网状细胞大量增生的网状细胞连接成片。残存的肝组织充血，枯否氏细胞吞噬棕色色素。脾大部分白髓及鞘动脉区坏死，周围上皮样细胞广泛增生，其中偶见多核巨细胞。残存的红髓充血，淋巴细胞减少。

【诊　断】

本病的确诊主要依据病原体的分离和鉴定，因为鸭病症状和病理变化与鸭霍乱和鸭结核病相似。在做细菌学检查时，对于急性病例应采取血液样本作检验，慢性病例可采取病变组织作病原菌的分离和鉴定。

【防治措施】

1. 预防 目前对本病尚无特异预防办法，可以采取一般预防措施。

2. 治疗 治疗病鸭可采用对本病原敏感药物如磺胺–5–甲氧嘧啶或磺胺–6–甲氧嘧啶、庆大霉素、卡那霉素，效果良好。如用磺胺–5–甲氧嘧啶可按0.05% ~ 0.2%混于饲料中，或其钠盐按0.025% ~ 0.05%混于饮水中连用3 ~ 4 d，可迅速控制疫情的发展。

（黄瑜　傅秋玲）

参考文献

曹贞贞，张存，黄瑜，等. 2010. 鸭出血性卵巢炎的初步研究[J]. 中国兽医杂志，46（12）：3–6.

陈伯伦. 2008. 鸭病[M]. 北京:中国农业出版社.

陈国宏、王永坤. 2011. 科学养鹅及疾病防治[M]. 北京. 中国农业出版社.

陈少莺，陈仕龙，林锋强，等. 2009. 一种新的鸭病（暂定名鸭出血性坏死性肝炎）病原学研究初报[J]. 中国农学通报，25（16）：28–31.

陈少莺，陈仕龙，林锋强，等. 2012. 新型鸭呼肠孤病毒的分离与鉴定[J]. 病毒学报，28（3）：224–230.

陈仕龙，陈少莺，王劭，等. 2011. 一种引起蛋鸡产蛋下降的新型黄病毒的分离与初步鉴定[J]. 福建农业学报，26（2）：170–174.

陈文静，韩先干，何亮，等. 2010. 鸭致病性大肠杆菌的分离鉴定及其生物学特性分析[J]. 中国动物传染病学报，18（2）：34–40.

程安春，汪铭书，陈孝跃，等. 2003. 一种新发现的鸭病毒性肿头出血症的研究[J]. 中国兽医科技，33（10）：33–39.

程龙飞，陈红梅，李宋钰，等. 2011. 鸭大肠杆菌强毒株的血清型及生物学特性分析[J]. 中国生物制品学杂志，24（12）：25–27.

程龙飞，黄瑜，李文杨，等. 2003. 鸭出血症血凝及血凝抑制试验的建立与应用[J]. 中国预防兽医学报，25（5）：393–395.

程晓霞. 2003. 三种检测雏番鸭细小病毒抗原方法的比较[J]. 福建畜牧兽医，25（2）：9.

程由铨，胡奇林，李怡英，等. 1996. 番鸭细小病毒弱毒株的选育及其生物学特性[J]. 中国兽医学报，12(2)：118–121.

程由铨，胡奇林，李怡英，等. 1997. 番鸭细小病毒弱毒疫苗的研究[J]. 福建农业科学院学报，12（2）：31–35.

程由铨，林天龙，胡奇林等. 1993. 雏番鸭细小病毒病的病毒分离和鉴定[J]. 病毒学报3，9（3）：

228–235.
方定一，王永坤. 1981. 小鹅瘟病原体及特异防治的研究[J]. 中国农业科学（4）：1–8.
方定一. 1962. 小鹅瘟的介绍[J]. 中国兽医杂志（8）：11–12.
方定一，王永坤. 1980. 小鹅瘟种鹅免疫试验[J]. 中国兽医杂志，6（1）：11–12.
傅光华，程龙飞，黄瑜，等. 2008. 鸭圆环病毒全基因组克隆与序列分析[J]. 病毒学报，24（2）：138–143.
傅光华，程龙飞，彭春香，等. 2005. 雏半番鸭窦炎病原分离及初步鉴定[J]. 中国家禽，27（19）：28–29.
甘孟侯. 1999. 中国禽病学[M]. 北京. 中国农业出版社.
高凤，于可响，马秀丽，等. 2013. 鸭黄病毒荧光定量RT-PCR检测方法的建立及应用[J]. 中国兽医学报，33（1）：16–19.
郭予强. 1982. 鸭大肠杆菌败血症的确诊[J]. 养禽与禽病防治（1）：86.
郭玉璞，蒋金书. 1988. 鸭病[M]. 北京：北京农业大学出版社.
韩艳，任夫波，单虎，等. 2012. 鸭瘟的病理组织学观察分析[J]. 中国兽医杂志，48（2）：41–42.
郝葆清，严丹红，农向，等. 2005. 鸡大肠杆菌病致病因素及其研究进展[J]. 西南民族大学学报—自然科学版，31（6）：924–928.
何宝恩，陈彬. 2006. 雏鸭大肠杆菌病的诊治[J]. 甘肃畜牧兽医，36(1)：32–33.
胡奇林，陈少莺，林锋强，等. 2004. 番鸭呼肠孤病毒的鉴定[J]. 病毒学报，20（3）：242–248.
胡奇林，陈少莺. 2000. 一种新的番鸭疫病（暂定名番鸭肝白点病）病原的发现[J]. 福建畜牧兽医，22（6）：1–3.
胡奇林，林锋强，陈少莺，等. 2004. 应用RT-PCR技术检测番鸭呼肠孤病毒[J]. 中国兽医学报，24（3）：231–232.
胡奇林，吴振芜，周文谟等. 1993. 雏番鸭细小病毒病的流行病学调查[J]. 中国兽医杂志，19(6)：7–8.
黄欣梅，李银，赵冬敏，等. 2011. 新型鹅黄病毒JS804毒株的分离与鉴定[J]. 江苏农业学报，27（2）：354–360.
黄引贤. 1959. 拟鸭瘟的研究[J]. 华南农学院学报（1）：67–78.
黄瑜，程龙飞，李文杨，等. 2001. 鸭疱疹病毒Ⅱ型（暂定名）的分离鉴定[J]. 中国预防兽医学报，23（2）：95–98.
黄瑜，程龙飞，李文杨，等. 2003. 检测鸭出血症病毒间接免疫荧光试验的建立[J]，中国兽医学报，23（5）：450–452.
黄瑜，程龙飞，李文杨，等. 2004. 雏半番鸭呼肠孤病毒的分离与鉴定[J]. 中国兽医学报，24（1）：14–15.
黄瑜，傅光华，施少华，等. 2009. 新致病型鸭呼肠孤病毒的分离鉴定[J]. 中国兽医杂志，45（12）：29–31.
黄瑜，李文杨，程龙飞，等. 1998. 鸭流行性出血症的初步调查[J]. 中国兽医杂志，24（4）：14–15.

黄瑜，李文杨，程龙飞，等. 2002. 雏半番鸭“花肝病”简报[J]. 福建畜牧兽医，24（6）：17–18.

黄瑜，李文杨，程龙飞，等. 2003. 鸭新型疱疹病毒的致病性研究[J]，中国预防兽医学报，25（2）：136–139.

黄瑜，李文杨，程龙飞. 2000. 番鸭大肠杆菌病的诊治[J]. 中国兽医杂志，26（12）：34–35.

黄瑜，彭春香，程龙飞，等. 1997. 番鸭伪结核病的诊断与控制[J]. 中国家禽（12）：18–19.

黄瑜，祁保民，李文杨，等. 2001. 鸭出血症自然感染鸭病理组织学研究[J]. 福建农业学报，16（1）：37–42.

黄瑜，祁保民，彭春香，等. 2010. 鸭的免疫抑制病[J]，中国兽医杂志，46（7）：48–50.

黄瑜，苏敬良，程龙飞，等. 2003. 鸭2型疱疹病毒分子生物学依据[J]，畜牧兽医学报，34（6）：577–580.

黄瑜，苏敬良，施少华，等. 2009. 我国鸭呼肠孤病毒感染相关的疫病[J]. 中国兽医杂志，45（7）：57–59.

黄瑜，苏敬良，王根芳，等. 2001. 鸭病诊治彩色图谱[M]. 北京：中国农业大学出版社.

黄瑜，万春和，彭春香，等. 2013. 鸭圆环病毒感染的临床表现[J]. 中国家禽，35（5）：47–48.

姬希文，闫丽萍，颜丕熙，等. 2011. 鸭坦布苏病毒抗体间接 ELISA 检测方法的建立[J]. 中国预防兽医学报，33（8）：630–634.

计慧琴，卢玉葵，王丙云，等. 2004. 番鸭白点病发病机理的研究[J]. 中国兽医科技，34（11）：18–21.

李艳菊，张伟，李福伟，等. 2007. 雏番鸭细小病毒病快速诊断方法的建立[J]. 家禽科学（6）：3–5.

黎敏，温纳相，周全，等. 2010. 间接 ELISA 检测番鸭细小病毒抗体[J]. 中兽医医药杂志（1）：40–43.

李冰，宣立峰，魏秋梅，等. 2003. 雏鸭大肠杆菌病的诊治[J]. 湖北畜牧兽医（1）：42.

李文杨，程龙飞，黄瑜，等. 1998. 某北京鸭场暴发鸭瘟的诊断与控制[J]，中国家禽，20（9）：45–46.

李玉峰. 2007. 鸭肠炎病毒基因组的序列测定与分析[D]. 北京:中国农业大学.

林锋强，朱小丽，陈少莺，等. 2011. 番鸭呼肠孤病毒在番鸭体内的动态分布和排毒规律[J]. 福建农业学报，26（3）：335–337.

林世棠，黄瑜，黄纪铨，等. 1996. 一种新的鸭传染病研究[J]. 中国畜禽传染病（4）：14–17.

林世棠，郁晓岚，陈炳铀等. 1991. 一种新的雏番鸭病毒性传染病的诊断[J]. 中国畜禽传染病，57（2）：25–26.

刘尚高，曹澍泽，范国雄，等. 1987. 北京郊区鸭伪结核耶新氏杆菌病调查研究[J]. 中国兽医杂志（12）：15.

刘英龙. 2009. 潍坊地区鸭大肠杆菌病的流行病学调查及防治措施研究[D]. 泰安：山东农业大学，硕士专业学位论文.

陆承平. 2001. 兽医微生物学[M]. 北京：中国农业出版社，101.

潘金金，邹晓艳，李鑫，等. 2013. 鹅源坦布苏病毒SHYG株的分离与鉴定[J]. 中国农业科学，46

（5）：1044–1053.

祁保民，陈晓燕，吴宝成，等. 2010. 番鸭呼肠孤病毒诱导的细胞凋亡观察[J]. 畜牧兽医学报，41（4）：495–499.

卿柯香，袁远华，周飞，等. 2014. NDRV和MDRV双重RT-PCR检测方法的建立[J]. 中国兽医杂志，50（4）：12–15.

阮二垒，陈申秒，朱秀高，等. 2011. 番鸭细小病毒在番鸭胚成纤维细胞上的培养[J]. 上海畜牧兽医通讯（2）：45–46.

施少华，陈珍，黄瑜，等. 2010. 鸭圆环病毒感染的检测[J]，中国家禽，30（1）：31–33.

施少华，陈珍，杨维星，等. 2009. 鸭圆环病毒全基因组序列分析及其C1截短基因的原核表达[J]. 中国兽医学报（10）：1269–1273.

施少华，傅光华，程龙飞，等. 2010. 鸭圆环病毒PT07基因组序列测定与分析[J]. 中国预防兽医学报（3）：235–237.

施少华，万春和，黄瑜，等. 2011. 种番鸭呼肠孤病毒的分离及RT-PCR 鉴定[J]. 中国兽医杂志，47（7）：23–24.

孙昆峰. 2013. 鸭瘟病毒gC基因疫苗在鸭体内分布规律及gC、gE基因缺失株的构建和生物学特性的初步研究[D]. 雅安：四川农业大学.

万春和，傅光华，黄瑜，等. 2010. 分子标记株鸭圆环病毒感染性核酸的构建[J]. 中国畜牧兽医，37（9）：91–94.

万春和，黄瑜，傅光华，等. 2009. 应用巢式PCR检测鸭圆环病毒浙江株及其全基因序列分析[J]. 福建农业学报，24（5）：390–395.

王丹，谢小雨，张冬冬，等. 2010. 鸭圆环病毒的检测和分型[R]，北京：中国农业大学动物医学院，133.

王根芳. 1998. 番鸭流行性出血症的诊治[J]. 浙江畜牧兽医（4）：27–28.

王卉. 2012. 四川地区鸭源大肠杆菌流行病学研究及其耐药表型和耐药基因相关性分析[D]. 成都：四川农业大学，硕士学位论文.

王永坤，孟松树，张建珍，等. 1998. 番鸭和鹅两株细小病毒特性比较研究及二联活苗的研制[C]. 中国畜牧兽医学会禽病学分会第九次学术研讨会论文集，111–117.

王永坤. 1992. 小鹅瘟的诊断与防制[M]. 南京：江苏省科技出版社，1–49.

王永坤. 2002. 水禽病诊断与防治手册[M]. 上海：上海科技出版社，1–24.

吴宝成，陈家祥，姚金水，等. 2001. 番鸭呼肠孤病毒的分离与鉴定[J]. 福建农业大学学报，30（2）：227–230.

吴宝成，姚金水，陈家祥，等. 2001.　番鸭呼肠孤病毒B3分离株的致病性研究[J]. 中国预防兽医学报，23（6）：422–425.

杨承槐. 2014. 鸭肠炎病毒及其致弱毒株基因组的分子特征和生物学特性[D]. 北京:中国农业大学.

殷震，刘景华. 1997. 动物病毒学[M]第2版. 北京：科学出版社.

于学辉，程安春，汪铭书，等. 2008. 鸭源致病性大肠杆菌的血清型鉴定及其相关毒力基因分析[J]. 畜牧兽医学报，39（1）：53–59.

余兵，王永坤，刘宝荣，等. 2000. 鹅细小病毒主要免疫原性蛋白基因的克隆与序列分析[J]. 病毒学报，18（3）：259–263.

余兵，王永坤，朱国强，等. 2000. 番鸭细小病毒M91G27株病毒结构蛋白VP3编码基因的克隆与鉴定[J]. 中国预防兽医学报，22（6）：408–411.

余兵，王永坤，朱国强. 2001. 斑点杂交法检测患鹅中细小病毒[J]. 检验检疫科学，11（1）：20–21.

袁远华，吴志新，王俊峰，等. 新型鸭呼肠孤病毒SYBR GreenⅠ实时荧光定量RT-PCR检测方法的建立[J]. 中国预防兽医学报，35（9）：738–741.

翟中和，丁明孝. 1982. 一种核内DNA病毒（鸭瘟病毒）在细胞质内的发生途径[J]. 中国科学（B辑）（2）：121–124.

张大丙. 2011. 鸭出血性卵巢炎的研究进展[J]. 中国家禽，33（14）：37–38.

张帅，云涛，叶伟成，等. 2012. 鸭坦布苏病毒一步法RT-PCR检测方法的建立和应用[J]. 浙江农业学报，24（1）：37–40.

张云，欧阳岁东，刘明，等. 2005. 番鸭呼肠孤病毒非结构基因的克隆和序列分析[J]. 中国预防兽医学报，27（2），139–143.

赵冬敏，黄欣梅，刘宇卓，等. 2012. 新型黄病毒在种鹅中垂直传播的研究[J]. 南方农业学报，43（1）：99–102.

朱国强，王永坤. 1990. 小鹅病毒的纯化及其病毒核酸的分析[C]. 中国禽病研究会第五次学术讨论会论文摘要集.

朱堃熹，林在尧，徐瑗. 1980. 小鹅瘟的病理解剖学研究[J]. 家禽（4）：16–20.

朱少璇，董国雄. 1989. 抗小鹅瘟病毒特异单克隆抗体的产生及初步应用[J]. 江苏农学院学报，10（3）：41–44.

Baudet A E R F. 1923.Mortality in ducks in the Netherlands caused by a filterable virus[J]. Fowl plague. Tijdschr Diergeneeskd，50：455–459.

Calnek B W. 1999. 禽病学[M]. 第10版. 高福，苏敬良，译. 北京：中国农业出版社.

Cao Z Z，Zhang C，Liu Y H，et al.2011. Emergence of Tembusu virus in ducks，China[J]. Emerg Infect Dis，17(10)：1873–1875.

Chen C, Wang P, Lee M, et al .2006.Development of a polymerase chain reaction procedure for detection and differentiation of duck and goose circovirus[J]. Avian Dis, 50(1): 92–95.

Fu G H, Shi S H, Huang Y, et al. 2011.Genetic Diversity and Genotype Analysis of Duck Circovirus[J]. Avian Diseases,55(2):311–318.

Fu Y, Pan M, Wang X, et al.2009.Complete sequence of a duck astrovirus associated with fatal hepatitis in ducklings[J]. J Gen Virol, 90: 1104–1108.

Fu Y, Pan M, Wang X,et al.2008.Molecular detection and typing of duck hepatitis A virus directly from clinical specimens[J]. Vet Microbiol, 131: 247–257.

Gao X H，Jia R Y，Cheng A C， et al.2014. Construction and identification of a cDNA library for use in the yeast two-hybrid system from duck embryonic fibroblast cells post-infected with duck enteritis virus[J]. Molecular biology reports，41：467–475.

Guo D C，Liu M，Zhang Y， et al.2014. Muscovy duck reovirus p10.8 protein localizes to the nucleus via a nonconventional nuclear localization signal [J]. Virology Journal，11:37.

Hattermann K, Schmitt C, Soike D, et al.2003.Cloning and sequencing of duck circovirus (DuCV)[J]. Arch Virol, 148(12): 2471–2480.

Huang J，Jia R Y，Cheng A C， et al. 2014.An Attenuated Duck Plague Virus (DPV) Vaccine Induces both Systemic and Mucosal Immune Responses To Protect Ducks against Virulent DPV Infection[J].Clinical and Vaccine Immunology，21(4)：457–462.

Ji J，Xie Q M，Chen C Y， et al.2010.Molecular detection of Muscovy duck parvovirus by loop-mediated isothermal amplification assay[J]. Poulty Science，89(3):477–483.

Kaleta E F，Kuczka A，Kuhnhold A，et al. 2007.Outbreak of duck plague (duck herpesvirus enteritis) in numerous species of captive ducks and geese in temporal conjunction with enforced biosecurity (in-house keeping) due to the threat of avian influenza A virus of the subtype Asia H5N1[J]. Dtsch. Tierarztl. Wochenschr，114，3–11.

Kaschula V R.1950. A new virus disease of the Muscovy duck[*Cairina moschata*(Linn.)]present in Natal[J]. Journal South African Veterinary Medicine Association，21：18–26.

Kim M C, Kwon Y, Joh SJ, et al.2007.Recent Korean isolates of duck hepatitis virus revealed the presence of a new geno- and serotype when compared to duck hepatitis virus type 1 type strains[J]. Arch Virol, 152: 2059–2072.

Li Z，Wang X，Zhang R，et al.2014.Evidence of possible vertical transmission of duck circovirus[J]. Vet Microbiol，174(1–2):229–232.

Lin M，Jia R Y，Cheng A C，et al. 2014.Molecular characterization of duck enteritis virus CHv strain UL49.5 protein and its colocalization with glycoprotein M [J].The journal of veterinary science，15(3)：389–398.

Liu C Y，Cheng A C，Wang M S.2014. Bioinformatics Analysis of the Duck Enteritis Virus UL54 Gene[J]. Research journal of applied science，7(14)：2813–2817.

Liu N, Wang F, Shi J,et al. 2014.Molecular characterization of a duck hepatitis virus 3-like astrovirus[J]. Vet Microbiol, 170: 39–47.

Lu Y, Jia R, Zhang Z, et al. 2014.In vitro expression and development of indirect ELISA for Capsid protein of duck circovirus without nuclear localization signal [J]. Int J Clin Exp Pathol, 7(8): 4938–4944.

Mavromatis K, Lu M, Misra M, et al. 2011.Complete genome sequence of Riemerella anatipestifer type strain (ATCC 11845)[J]. Stand Genomic Sci, 4:144–153.

Saif Y M，Barnes H J，Glisson，J R，et al. 2003.Diseases of Poultry [M]. Ames：Iowa State University Press(11)：354–363 .

Saif Y M.2004.禽病学[M].第11版.高福，苏敬良，索勋，译. 北京：中国农业出版社，376–384.

Sandhu T S, Leister M L. 1991.Serotypes of 'Pasteurella' anatipestifer isolated from poultry in different countries[J]. Avian Pathology, 20: 233–239.

Sandhu T S，Metwally S A. 2008.Duck Virus Enteritis(Duck Plague) in: Saif Y M (Ed.), Diseases of poultry，12th ed. New York: Blackwell Publishing Professional，384–393.

Seger P，Mannheim W，Vancanneyt M，et al.1993.*Riemerella anatipestifer* gen. nov.，comb. nov.，the causitive agent of septicemia anserum exsudativa，and its phylogenetic affiliation within the *Flavobacterium-Cytophaga* rRNA homology group[J]. International Journal of Systematic Bacteriology，43(4): 768–776.

Soike D, Albrecht K, Hattermann K, et al. 2004.Novel circovirus in Mulard ducks with developmental and feathering disorders [J]. Vet Rec, 154(25):792–793.

Su J L, Li S, Hu X D, et al. 2011.Duck Egg -Drop Syndrome Caused by BYD Virus, a New Tembusu-Related Flavi virus[J]. PLoS One, 6(3): e18106.

Subramaniam S, Kuhnert P, Frey J, et al. 1997.Phylogenetic position of Riemerella anatipestifer based on 16S rRNA gene sequences[J]. International Journal of Systematic Bacteriology, 47: 562–565.

Todd D，Smyth V J，Ball N W，et al. 2009.Identification of chicken enterovirus-like viruses，duck hepatitis virus (DHV) type 2 and DHV type 3 as astroviruses[J]. Avian Pathol，38：21–30.

Tseng C H, Tsai H J.2007.Molecular characterization of a new serotype of duck hepatitis virus[J]. Virus Res, 126: 19–31.

Wan C，Huang Y，Cheng L，et al.2011.Epidemiological investigation and genome analysis of duck circovirus in Southern China[J]. Virologica Sinica，26(5)：289–296.

Wan C, Huang Y, Cheng L, et al.2011.The development of a rapid SYBR Green I-based quantitative PCR for detection of Duck circovirus[J]. Virol J, 8:465.

Wan D，Shi J J，Zhang D B，et al.2013. Complete sequence of a reovirus associated with necrotic focus formation in the liver and spleen of Muscovy ducklings [J]. Veterinary Microbiology，166：109–122.

Wang L, Pan M, Fu Y,et al. 2008.Classification of duck hepatitis virus into three genotypes based on molecular evolutionary analysis[J]. Virus Genes, 37:52–59.

Wei S S，Liu X M，Ma B，et al. 2014.The US2 protein is involved in the penetration and cell-to-cell spreading of DEV in vitro[J].Journal of basic microbiology，54：1005–1011.

Wozniakowski G，Samorek-Salamonowicz E.2014. First survey of the occurrence of duck enteritis virus (DEV) in free-ranging Polish water birds[J]. Arch. Virol，159：1439–1444.

Xie L, Xie Z, Zhao G, et al. 2014.A loop-mediated isothermal amplification assay for the visual detection of duck circovirus [J]. Virol J, 11: 76.

Yan P X, Zhao Y S, Zhang X, et al. 2011.An infectious disease of ducks caused by a newly emerged Tembusu virus strain in mainland China[J]. Virology, 417 (1):1–8.

Yuan J, Liu W, Sun M, et al.2011. Complete Genome Sequence of the Pathogenic Bacterium Riemerella anatipestifer Strain RA-GD[J]. J Bacteriol, 193: 2896–2897.

Yun T，Ni Z，Hua J G，et al.2012. Development of a one-step real-time RT-PCR assay using a minor-groove-binding probe for the detection of duck Tembusu virus[J].Journal of virological methods，181:148–154.

Yun T, Zhang D B, Ma X J, et al.2012.Complete genome sequence of a novel Flavivirus, duck Tembusu virus, isolated from ducks and geese in China[J]. J. Virol, 86(6):3406.

Yun T，Yu B，Zhang C，et al. 2013.Isolation and genomic characterization of a classical Muscovy duck reovirus isolated in Zhejiang，China [J]. Infection，Genetics and Evolution，20：444–453.

Zhang X, Jiang S, Wu J, et al.2009.An investigation of duck circovirus and co-infection in Cherry Valley ducks in Shandong Province, China[J]. Vet Microbiol, 113(3):252–256.

Zhou Z, Peng X, Xiao Y et al. 2011.Genome sequence of poultry pathogen Riemerella anatipestifer strain RA-YM[J]. J Bacteriol, 193:1284–1285.

Zhu Y Q，Li C F，Ding C，et al.2015. Molecular characterization of a novel reovirus isolated from Pekin ducklings in China [J]. Arch Virol，160：365–369.

第七章 真菌病

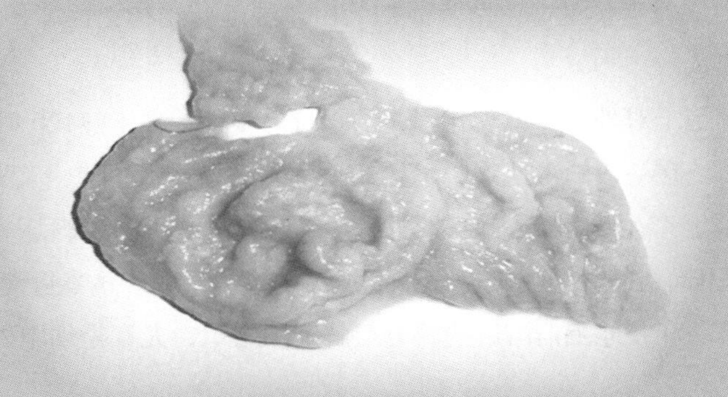

第一节　禽真菌病

（**Avian aspergillosis**）

曲霉菌病是真菌中的曲霉菌引起多种禽类、哺乳动物和人的真菌病，主要侵害呼吸器官。禽类中主要侵害鸡、鸭、鹅，火鸡、鹌鹑、鸽和其他多种鸟类，各种年龄均易感，幼禽最易感，20日龄以内的雏禽呈急性暴发，发病率和死亡率较高，成年禽多呈散发。

病的特征是形成肉芽肿结节，在禽类以肺及气囊发生炎症和小结节为主。偶见眼、肝、脑等组织；故又称曲霉菌性肺炎。

早在1863年Royer等从红腹灰雀的气囊分离到曲霉菌，1898年Linieres记述了火鸡曲霉菌病，其后陆续有本病的报道。我国各地都有发生和报道，尤其是在南方潮湿地区常在鸡、鸭、鹅群中发生。当蛋类保存条件差的情况下，蛋壳污染严重时，能引起胚胎死亡，并能从死胚中分离到曲霉菌。北方地区以鸡群发生较多，多因饲料和垫料发霉所致。

【病原学】

一般认为曲霉菌属中的烟曲霉（*Aspergillus fumigatus*）是常见的致病力最强的主要病原，他如黄曲霉（*A. flavus*）、构巢曲霉（*A. nidulans*）、黑曲霉（*A. niger*）和土曲霉（*A. ferreus*）等有不同程度的致病性。偶尔也可从病灶中分离到青霉菌、白霉菌、木霉、头孢霉等。

曲霉菌的形态特征是分生孢子呈串珠状，在孢子柄膨大形成烧瓶形的顶囊，囊上呈放射状排列小梗。烟曲霉的菌丝呈圆柱状，色泽由绿色、暗绿色至熏烟色，在沙保弱（Sabouraud dextrose）琼脂培养基上。37℃温箱中培养生长迅速，菌落最初为白色绒毛状结构，逐渐扩延，迅速变成浅灰色、灰绿色、暗绿色、熏烟色及黑色。

曲霉菌孢子对外界环境理化因素的抵抗力很强，在干热120℃、煮沸5 min才能杀死。对化学药品也有较强的抵抗力。在一般消毒药物中，如2.5%福尔马林、水杨酸、碘酊等，需经1～3 h才能灭活。

曲霉菌能产生毒素，可使动物痉挛、麻痹、致死和组织坏死等，尤其是黄曲霉能产生毒素，其毒素（B1）可以引起组织坏死，使肺发生病变，肝发生硬化和诱发肝癌。这些毒素大多为蛋白溶解酶，特别是弹性蛋白溶解酶和胶原蛋白溶解酶，可溶解宿主组织，尤其是细胞外基质成分。

【流行病学】

曲霉菌的孢子广泛存在于自然界，如土壤、草、饲料、谷物、养禽环境、动物体表等都可能存在。霉菌孢子还可借助于空气流动而散播到较远的地方，在适宜的环境条件下，可大量生长繁殖，污染环境，引起传染。禽类常因接触发霉的饲料、垫草和垫料，经过消化道和呼吸道而感染，饲养管理不善和卫生条件差是本病的主要诱因。各种禽类均有易感性，以幼禽（4～12日龄）的易感性最高，常为急性和群发性，成年禽为慢性和散发。

曲霉菌孢子易穿过蛋壳，造成死胚，或出生后不久出现临诊症状；孵化室严重污染时，新生雏可受到感染，几天后可出现临诊症状，1个月后基本停止死亡。潮湿阴暗不干净的育雏环境、梅雨季节、空气污浊也可造成疾病的流行。

养禽和育雏阶段的饲养管理及卫生条件不良是引起本病暴发的主要诱因。在梅雨季节，由于湿度和温度比较高，很适合霉菌的生长繁殖，垫料和饲料很容易发霉、育雏室内日温差大，通风换气不好，雏禽数量多过分拥挤，阴暗潮湿及营养不良等因素都能促进发生。同样，孵化环境阴暗、潮湿、发霉，甚至孵化器发霉等，都可能使种蛋污染胚胎感染，出现死亡，导致孵出不久的幼雏出现症状；或者，在这样污染的环境中，使幼雏通过呼吸道吸入曲霉菌的孢子而感染发病。

【症　状】

自然感染的潜伏期2～7 d，人工感染24 h，1～20日龄雏禽常呈急性经过，成年禽呈慢性经过。

雏鸡开始减食或下食，精神不振，不爱走动，翅膀下垂，羽毛松乱，呆立一隅，闭目、嗜睡状，对外界反应淡漠，接着就出现呼吸困难，呼吸次数增加，喘气，病鸡头颈直伸，张口呼吸，如将小鸡放于耳旁，可听到沙哑的水泡声响，有时摇头，甩鼻，打喷嚏，有时发出咯咯声。少数病鸡，还从眼、鼻流出分泌物。后期，还可出现下痢病状。最后倒地，头向后弯曲，昏睡死亡。病程在1周左右。如不及时采取措施，或发病严重时，死亡率可达50%以上，成年家禽死亡率要少些。

放养在户外的鸡只，对曲霉菌病的抵抗力很强，几乎可避免传染。

有些雏鸡可发生曲霉菌性眼炎，病鸡结膜潮红，眼睑肿大，通常是一侧眼的瞬膜下形成一绿豆大小的隆起，致使眼睑鼓起. 用力挤压可见黄色干酪样物，有些鸡还可在角膜中央形成溃疡。霉菌侵害脑，表现扭颈，共济失调，全身痉挛，头向后背，转圈，麻痹。有的消化紊乱，下痢。急性病多在2～3 d死亡，死亡率为5%～50%。

育成鸡和成年鸡多为慢性，发育不良，羽毛松乱，呆立，消瘦，贫血，下痢，呼吸困难，最后死亡。产蛋鸡产蛋减少，甚至停产，病程数周或数月。

鸭发病精神沉郁，少吃或不吃，缩颈呆立，眼半闭，羽毛松乱，翅下垂，不愿下水游动，即使驱赶下水则很快上岸。有的呼吸困难困难，后腹起伏明显，咳嗽，有时发生间歇性强力咳嗽和出现喘鸣声；排出绿色或黄色糊状粪。后期病鸭拒食，出现麻痹症状，有时发生痉挛或阵发性抽搐。病鸭快者3～5 d死亡。慢性病例，症状不明显，除一般症状外，可出现一或两脚跛行，不能站立，常蹲伏，行走困难；有的可见呼吸道症状，喘气，或见下痢，逐渐消瘦，死亡。病程10多天或数周。

鹅发病时精神沉郁，毛松乱，减食，瘫痪向一侧倾斜，头向后屈曲，呈角弓反张姿势。

鹌鹑发病时，精神委顿，两翅下垂，羽毛松乱，闭目缩颈，食欲减少或不吃，呼吸加快，喘气或摇头，打喷嚏，病程2～4 d。慢性或急性不死者，生长发育停滞，表现出一般的慢性病状。

若种蛋及孵化受到严重污染时，可造成孵化率下降，胚胎大量死亡，造成很大的经济损失。

【病理变化】

禽曲霉菌病的病理变化比较特征，其病理变化与不同菌株、不同禽种、病情严重程度和病程长短有差异，一般而言，主要见于肺和气囊的变化。

肺脏上出现典型的霉菌结节，从粟粒到小米粒、绿豆大小不等，结节呈灰白色、黄白色或淡黄色，散在或均匀地分布在整个肺脏组织，结节被暗红色浸润带所包围，稍柔软，有弹性，切开时内容物呈干酪样，似有层状结构，有少数可互相融合成稍大的团块。肺的其余部分则正常。肺上有多个结节时，可使肺组织质地变硬，弹性消失、时间较长时，可形成钙化的结节。

气囊最初可见气囊壁点状或局灶性混浊，后气囊膜混浊、变厚，或见炎性渗出物覆盖；气囊膜上有数量和大小不一的霉菌结节，有时可见较肥厚隆起的霉菌斑。

腹腔浆膜上的霉菌结节或霉菌斑与气囊上所见大致相似。

其他如皮下、肌肉、气管、支气管、消化道、心脏、内脏器官和神经系统也可能见到某些病变。胸前皮下和胸肌有大小不等的圆形或椭圆形肿块；大脑脑回见有粟粒大的霉菌结节，大小脑轻度水肿，表面针尖大出血，黄豆大淡黄色坏死灶；肝肿大2～3倍，有结节或弥散型的肿瘤病状。有的病例呈局灶性或弥漫性肺炎变化。

病理组织学检查。也可见到肺、气囊及某些器官的霉菌结节病变。肉芽肿形成，多核巨细胞、淋巴细胞、异嗜细胞浸润灶。

【诊　断】

1. 现场调查　在流行病学调查中，了解有无接触发霉垫料和喂给霉败饲料。

2. 临床症状　幼龄禽和急性病例，症状较明显，慢性或霉菌毒素中毒病例的临诊表现较不典型，病程也长。

3. 病理学检查　一般情况下，因霉菌病引起的死禽，都可在肺部、气囊上见到大小不一、数量不等的霉菌结节。必要时，可采取病料作病理组织学检查。

4. 病原学检查

（1）病料压片镜检取病肺或气囊上的霉菌结节病灶，置载玻片上，加生理盐水1滴或加15%～20%苛性钠（或15%～20%苛性钾）少许，用针划破病料，加盖玻片后用显微镜检查，肺部结节中心可见曲霉菌的菌丝；气囊、支气管病变等接触空气的病料，可见到分隔菌丝特征的分生孢子柄和孢子。

（2）病料接种培养直接制片见不到霉菌或一开始就将病料接种到沙保弱培养基或查氏的琼脂培养基，作霉菌分离培养，观察菌落形态、颜色及结构，进行检查和鉴定。必要时，进一步作分类鉴定。

5. 鉴别诊断　幼禽急性病例时，要注意与雏鸡白痢、雏鸡支原体病、大肠杆菌病的区别，除一般症状和呼吸症状有相似之处外，病理剖检变化和病原学检查即可区分开。霉菌性脑炎的病例，其神经症状要与雏鸡脑脊髓炎、雏鸡新城疫等区别。

【防治措施】

避免使用霉变饲料和发霉垫料是防止本病发生的关键措施。育雏室保持清洁、干燥。防止用发霉垫料，垫料要经常翻晒和更换，特别是阴雨季节，更应翻晒，防止霉菌生长；育雏室每日温差不要过大，按雏禽日龄逐步降温；合理通风换气，减少育雏室空气中的霉菌孢子；保持室内环境及用物的干燥、清洁，饲槽和饮水器具经常清洗，防止霉菌滋生；注意卫生消毒工作；加强孵化室的卫生管理，对孵化室的空气进行监测，控制孵化室的卫生，防止雏鸡的霉菌感染；育雏室清扫干净，用福尔马林熏蒸消毒或0.4%过氧乙酸或5%石炭酸喷雾后密闭数小时，经通风后再进雏饲养。

发现疫情时，迅速查明原因，并立即排除，同时进行环境、用具等的消毒工作。

目前尚无特效的治疗方法。据报道，用制霉菌素防治有一定效果，剂量为每100只雏鸡一次用50万IU，拌料喂服，每日2次，连用2～4 d。或用克霉唑（三苯甲咪唑），每100只雏鸡用1g，拌料喂服，连用2～3 d。两性霉素B也可试用。可用1：3000的硫酸铜或0.5%～1%碘化钾饮水，连用3～5 d。

（杨小燕　刘建奎）

第二节　家禽念珠菌病

（Avian moniliasis）

禽念珠菌病又称霉菌性口炎、鹅口疮、念珠菌口炎等，是由白色念珠菌引起的消化道上部真菌病。以口腔、咽喉、食管、嗉囊及腺胃的黏膜形成白色假膜或溃疡以致坏死为特征（见彩图7–2–2）。在自然条件下，多种禽类均易感染该病，也可感染其他动物和人。本病多发于潮湿闷热的夏季，是南方集约化养禽场的常见疾病。

【病原学】

白色念珠菌（*Monilia albicans*）是半知菌纲中念珠菌属的一种。此菌在自然界广泛存在，在健康的畜禽及人的口腔、上呼吸道和肠道等处寄居。

本菌为类酵母菌，在病变组织及普通培养基中皆产生芽生孢子及假菌丝。出芽细胞呈卵圆形，似酵母细胞状，革兰染色阳性。

本菌为兼性厌氧菌　在沙保弱培养基上经37℃培养1～2 d，生成酵母样菌落。在玉米琼脂培养基上，室温中经3～5 d，可产生分支的菌丝体、厚膜孢子及芽生孢子，而非致病性念珠菌均不产生厚膜孢子。该菌能发酵葡萄糖和麦芽糖，对蔗糖、半乳糖产酸，不分解乳糖、菊糖，这些特性有别于其他念珠菌。

【流行病学】

本病主要见于幼龄的鸡、鸽、火鸡和鹅，野鸡、孔雀和鹌鹑也有报道，人也可以感染。

幼禽对本病易感性比成禽高，且发病率和病死率也高。鸡群中发病的大多数为两个月内的幼鸡。病鸡的粪便含有多量病菌，污染材料、饲料和环境，通过消化道传染。念珠菌是条件性病原菌，在正常机体的呼吸道、消化道和泌尿生殖道等的黏膜上存在，当饲料管理不当，环境卫生条件差时，引起机体抵抗力下降，或长期不当添加抗生素引起机体菌群失调时都可引起发病。南方地区由于高温高湿，饲料和垫料极易发霉变质，特别容易发生本病。

【症状和病变】

病禽生长发育不良，精神委顿，精神沉郁，羽毛松乱无光泽，食欲减少，严重的停食，肉鸡发生时会把大量的饲料扒出料槽外，好像挑挑拣拣。呼吸困难，伸颈张口呼吸，嗉囊膨大，流出酸水，拉黄绿色稀粪。口腔里可以看到白色或微带黄色的假膜，易剥落，有点出现溃疡。这种干酪样坏死假膜最多见于嗉囊，表现黏膜增厚，形成白色、豆粒大结节和溃疡（见彩图7–2–1）。在食管、腺胃等处也可能见到上述病变。

【诊　断】

病禽上消化道黏膜的特征性增生和溃疡灶，常可作为本病的诊断依据。确诊必须采取病变组织或渗出物作抹片检查，观察酵母状的菌体和假菌丝，并作分离培养，特别是玉米培养基上能鉴别是否为病原性菌株。必要时取培养物，作成1%菌悬液1mL给家兔静脉注射，4 ~ 5 d即死亡，可在肾皮质层产生粟粒样脓肿；皮下注射可在局部发生脓肿，在受害组织中出现菌丝和孢子。

【防治措施】

本病与卫生条件有密切关系，加强饲养管理，防止饲喂霉变的饲料、防止垫料发霉及长期使用抗生素是防治本病的关键。此外，要改善饲养管理及卫生条件，室内应干燥通风，防止拥挤、潮湿。种蛋表面可能带菌，在孵化前要消毒。平时每周2次使用0.1%硫酸铜溶液对垫料、料桶、水桶等进行带鸡消毒。

大群治疗，可在每千克饲料中添加制霉菌素50 ~ 100 mg，连喂1 ~ 3周，或用硫酸铜饮水。也可以研制念珠菌高免卵黄抗体进行治疗，根据报道效果不错。此外，制霉菌素、两性霉素B等控制霉菌药物也可应用。个别治疗，可将鸡口腔假膜剥去，涂碘甘油。嗉囊中可以灌入数毫升2%硼酸水。或以0.5%硫酸铜溶液，盛放在陶器上喂给。

（杨小燕　刘建奎）

第三节 皮肤真菌病

（Dermatomycosis）

皮肤真菌病是由毛癣菌和小孢子菌引起的人、畜、禽共患的传染性皮肤病，呈圆形或不规则的脱毛、脱屑、渗出和痂壳等，俗称癣病。

【病原学】

皮肤真菌病的病原为毛癣菌（*Trichophyton*）和小孢子（*Microsporum*），均属于半知菌亚门、丝孢菌纲、丝孢菌目、丛梗孢科。其中小孢子菌属中的有些种已被发现其有性阶段，属于子囊菌亚门、不整子囊菌纲、散囊菌目、裸囊菌科的奈尼兹皮真菌属（Nannizzia）。各种毛癣菌和小孢子菌都可通过沙保弱培养基的培养，详细观察而作出鉴别。这些菌多数为需氧或兼厌氧菌，培养的最适温度为22～28℃。皮肤真菌对外界具有极强的抵抗力，耐干燥，100℃干热1 h方可致死。但对湿热抵抗力不太强。对一般消毒药耐受性很强，1%醋酸需1 h，1%氢氧化钠数小时，2%福尔马林30 min。对一般抗生素及磺胺类药均不敏感。制霉菌素和灰黄霉素等对本菌有抑制作用。

【流行病学】

病禽为本病的传染源，真菌存在于病变部位中并不断生长繁殖，产生大量的菌丝和孢子。本病主要经直接接触传播，如果正常皮肤接触到病变部位则很可能传染上癣病，可以是自身传染，也可以传染给其他个体。也可经污染的饲槽、刷拭用具及饲养人员等媒介的间接接触而传播。

本病在热带、亚热带地区多见，一般全年均可发生，但春夏季好发，呈散发。一般无日龄和性别上的差异，但幼雏和营养不良、皮毛不洁的禽类较为易感。阴暗、潮湿、拥挤有利于本病的传播。

【发病机制】

霉菌孢子污染损伤皮肤后，在表皮角质层内发芽，长出菌丝，蔓延深入毛囊。由于霉菌能溶解和消化角蛋白，进入毛根，并随毛向外生长，受害毛发长出毛囊后很易折断，使毛发大量脱落形成无毛斑，并引起表皮的改变和真皮浅层的炎症反应。

组织病理上，显现表皮及真皮的慢性发炎。上皮细胞数目增加，并且不全角化。积聚的细胞在皮肤周围表面形成短的突起，丝状的菌丝时常可在皮肤及毛囊的角质层间发现。部分孢子的囊鞘环绕于毛干周围，当菌丝穿入时这些毛干则破裂及变得稀薄。表皮及真皮内可见极微小的脓肿，在真皮内感染的毛囊周围积聚着淋巴细胞、单核巨噬细胞及少数的嗜中性粒细胞。

【症　状】

临床症状主要表现为：在鸡冠、肉髯等无毛处形成白色小结节，逐渐扩大至小米粒大，并不断蔓延导致整个鸡冠、肉髯和耳片都覆盖石棉状白膜。病变也可蔓延至身体有毛处皮肤，使羽毛脱落，皮肤增厚，产生痂癣。严重者可以侵入上呼吸道和消化道黏膜，形成黄色干酪样覆盖物。

【诊　断】

一般根据病史和皮损等临床特点，就可以作出正确诊断。在皮损中找到真菌则是诊断癣病最有力的依据。

1．临床检查　本病的临床特征较明显，患部皮肤出现界限明显的癣斑，其上带有残毛（有时裸秃），常覆有鳞屑痂皮或皮肤皲裂和变硬。有的发生丘疹、水疱和表皮糜烂。病禽有不同程度的痒感。

2．真菌检查　实验室内可作涂片，组织切片及培养物的鉴定诊断。刮取患部与健部交界处的毛根和鳞屑，滴加适量10%氢氧化钠溶液，加热3～5 min，制成无染色标本，用低倍镜和高倍镜进行观察。毛癣菌感染时，可见到孢子在毛干上呈并行的链状排列，在毛内和毛外均可见到孢子。小孢子菌感染时，常可见到孢子紧密而无规则地排列于毛干周围，并形成管套。

3．鉴别诊断　应注意本病与螨病及湿疹的区别。螨病的皮肤上无圆形癣斑，患部皮肤强烈发痒，镜检有螨虫。湿疹无癣斑，无传染性，镜检不见病原体。

【防治措施】

1．预防

（1）加强动物饲养日常管理　保持禽舍环境、用具和动物身体卫生，保证运动和日照；在饲养上要饲喂全价日粮，充分注意维生素及矿物质、微量元素的添加饲喂，增进体质，提高抗病力。

（2）对病禽应隔离饲养，彻底治疗　在鸡群中发现本病时，应对全群进行普查，发病和可疑的鸡应隔离治疗。对病患污染的环境，用5%硫化石灰溶液、0.3%～0.5%次氯酸钠溶液、1.5%硫酸铜溶液和甲醛溶液等进行消毒。

（3）采取必要自我防护措施　动物饲养者应注意自身防护，戴上手套、口罩、帽子，饲养完后应用碘伏、肥皂等清洗。防止人和禽类之间的传播，尤其与鸡群接触较多的人员应注意防护。

2．治疗　局部剪毛，用温肥皂水洗除痂壳，选用10%的水杨酸酒精或软膏、10%的浓碘酊或灰黄霉素癣药水等作局部涂擦。癣病容易迁延不愈，需坚持用药，好转后，仍要坚持用药一段时间（主要指外用药），这样才能消灭残余的病菌，使癣病不再复发。症状轻也可自愈。

（杨小燕　刘建奎）

参考文献

蔡宝祥. 2001. 家畜传染病学[M]. 第4版. 北京：中国农业出版社，132–134.

陈溥言. 2006. 兽医传染病学[M]. 第5版. 北京：中国农业出版社.

程彬. 2014. 浅谈禽念珠菌病[J]. 北方牧业（23）：23.

冯元璋，刘玉凤. 2007. 孵化场曲霉菌感染及有效预防 [J]. 中国家禽，29（8）：40–41.

甘孟侯，陈德威，刘瑞萍，等. 1982. 雏鸡曲霉菌病的诊断与防治试验观察 [J]. 中国兽医杂志（2）：11–15.

甘孟侯，陈德威，高齐瑜，等. 1986. 鸭曲霉菌病的诊断试验 [J]. 中国兽医杂志（5）：10–13.

郭保民. 2009. 禽曲霉菌病的实验室诊断技术 [J]. 畜牧与饲料科学，30（11/12）：134–137.

郭磊，吴孔兴. 2004. 肉鸡曲霉菌病的诊断与防治 [J]. 当代畜禽养殖业（3）：11.

李金永，庄红艳，方德贵，等. 2007. 畜禽皮肤霉菌病的诊断与治疗[J]. 动物门诊（2）：42–43.

李晓华，杨小燕，戴爱玲. 2006. 抗鸡念珠菌卵黄抗体的研制及应用[J]. 福建农林大学学报（自然科学版）(6)：628–631.

王冰，高玉琢，崔玉富. 2014. 禽曲霉菌病的诊断及防控 [J]. 养殖技术顾问（2）：127.

王福林，余建国. 2010. 禽曲霉菌病的防治 [J]. 福建畜牧兽医，32（6）：63–64.

王鉴，史明基，王惠林. 2006. 雏鹅曲霉菌病的诊治 [J]. 江苏农业科学（3）：141.

温志医，孟萍，刘飞鹏，等. 2014. 鸡曲霉菌病的诊断与防治 [J]. 畜牧兽医杂，33（3）：101.

余定棣，敖礼林，廖述弦，等. 2009. 应引起重视的禽念珠菌病[J]. 农家顾问（9）：48.

张建普. 2008. 禽曲霉菌病研究进展 [J]. 畜禽业（4）：64–65.

第八章 寄生虫病

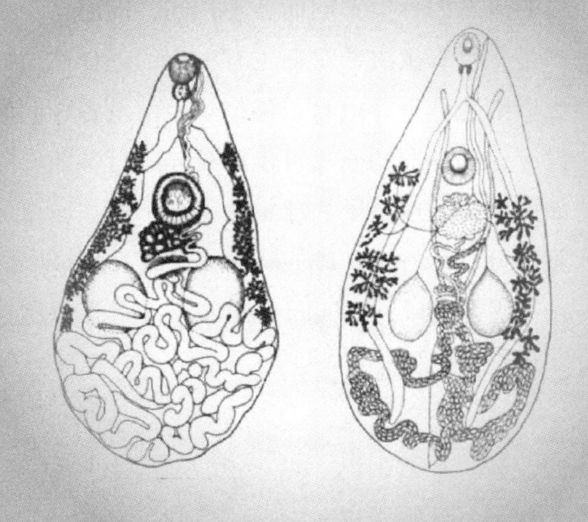

第一节 原 虫 病

（Protozoiasis）

原虫病是由寄生性原生动物寄生于家禽引起的一类寄生虫病。寄生性原生动物又称原虫，是一种单细胞动物，虽然结构简单，但具有完成生命活动所需要的全部功能，如运动、生殖、代谢、感觉反应和各种适应性。原生动物种类众多，迄今已发现有6万多种，在自然界以自由生活、共生或寄生方式存在于水中、土壤、腐败物及生物体内。与兽医有关的原虫大多数营寄生或共生生活。寄生在家禽体内的原虫约有数十种，寄生于动物的腔道、体液、组织和细胞内，可致病或不致病。有些原虫（如球虫等）对家禽可造成严重的危害，并引起巨大的经济损失。

【形 态】

原虫形体微小，大小介于1～30 μm。基本结构为细胞核和细胞质。外包表膜，最简单的表膜是3层结构的单位膜，能不断更新。在多数原虫，其表膜常常由外膜和紧靠其下方的微管或原纤维组成表膜复合体，从此可保持原虫的完整性，参与摄食、营养、排泄、运动、感觉等生理活动。细胞质内含有各种具特殊生理功能的细胞器（如线粒体、内质网、核蛋白体、高尔基体、溶酶体、伸缩泡等）和均质透明的基质。有些原虫的细胞质为溶胶性，呈颗粒状。原虫的细胞核由核膜、核质、核仁和染色质构成；多数为泡状核，染色质不均匀地成网状分布在核质内；少数为实质核，染色质均匀地散布在核质内。细胞核与原虫的生理、繁殖有关。原虫的形态因种类不同而各不相同，即使同一种原虫有时也表现为多种形态，大小差别也很大。寄生性原虫都是专性寄生虫，对宿主有一定的选择性。如鸡的球虫只寄生于鸡；反之鸭的球虫也不感染鸡。大多数原虫以细胞器进行摄食、移位、生殖及各种刺激反应等。运动方式有伪足运动、鞭毛运动和纤毛运动。一些没有运动胞器的原虫可借助身体进行弯曲、闪动或扭曲运动。由于膜下微管的作用，有的原虫进行滑动，如弓形虫的速殖子和球虫的子孢子等。原虫一般通过表膜的渗透作用吸收营养，但有些原虫可通过伪足或胞口分别以吞噬（Phagocytosis）或吞食摄取固体和液体食物，此外有些孢子虫和鞭毛虫有微胞口（Micropore）或管胞口（Tubular cytostome）等摄食胞器。残渣和代谢产物从胞肛、体表或通过增殖过程母体裂解而排放到寄生部位。

【发育史】

原虫的繁殖方式有无性和有性两种。无性繁殖包括二分裂（Binary fission）、出芽生殖（Budding）、内出芽生殖（Internal budding）和裂殖生殖（Schizogony）。有性生殖包括接合生殖（Conjugation）和配子生殖（Syngamy）。寄生原虫的发育史各不相同。如球虫，在一个宿主体内进行生长繁殖，以直接的方式侵入宿主体内；另外一些原虫如血孢子虫，需要两个宿主，其中一个既是它发育中的终末宿主，又是它的传播媒介——传播者。有一类传播者称为生物性传播者，原虫需要在其体内发育；另一类传播者为机械性传播者，原虫并不在其体内发育，只起到一种机械传播或搬运作用。

【致病作用】

动物受原虫感染后处于无症状时称之为原虫感染。当动物体抵抗力下降时，则发生原虫病，甚至发生大批死亡。原虫与宿主相互作用的一系列复杂反应概括为三个方面：①原虫破坏宿主细胞组织。原虫在宿主体迅速繁殖，消耗机体的大量营养，同时排出毒性物质。如鸡的艾美耳球虫破坏大量的肠上皮细胞并排出毒性物质；牛的泰勒虫破坏大量的红细胞和淋巴细胞等。②致使宿主的营养和代谢失调。如鸡的隐孢子虫寄生于肠绒毛的刷状缘上，引起小肠的消化和吸收不良。③引起宿主的抗损伤反应。宿主对寄生原虫的炎性反应，如细胞浸润、细胞增生与组织修复等，可形成肉芽肿、结节、瘢痕及息肉等。

【免　疫】

动物感染原虫后可产生免疫，但免疫力是不显著与不稳固的，常常可发生重复感染或再感染。原虫在动物体内可诱发体液免疫和细胞免疫，同时出现各种变态反应，引起免疫性病变。原虫在宿主体内诱发的特异性免疫对同种原虫的再感染具有免疫力，但只有当宿主体内保留有少量原虫时，其免疫力才能保持，否则将随之消失，称此为带虫免疫（Premunity）。原虫能在有免疫力的宿主体内存活是与该原虫的抗原变异有关，这一点已在锥虫病和疟原虫病中得到证实，当锥虫的表膜抗原（又称变异表面糖蛋白，VSG）发生改变后，原来的抗体对变异后的原虫不起作用，以致表膜变异后锥虫可以逃避免疫力的作用而存活下来。

【症　状】

原虫病的临诊表现可因寄生部位、感染轻重和机体的反应性而不同。原虫病多呈急性过程，发病严重，死亡率高。有时也呈慢性过程或亚临诊感染，此时动物的症状轻微或不显症状。

【诊　断】

原虫病确诊主要依靠发现病原体。近年来研究成功的各种快速免疫诊断方法，如对流免疫电泳、荧光抗体技术、间接血凝试验、酶联吸附试验和单克隆抗体技术等，对原虫病的诊断具有极为重要的诊断价值。

【防　治】

原虫病的确诊主要依靠发现病原体。由于对原虫生理生化的大量研究，在抗原虫的新药（特别是抗球虫药）研制方面有较大的发展，这类新药对原虫具有选择性的杀灭作用，而对宿主本身无害；有的还能作为饲料添加剂长期应用，如抗球虫药物作预防肉用仔鸡的球虫病时，从雏鸡出壳至上市的全过程中，在饲料中添加抗球虫药物。但原虫对药物易产生耐药性，故需合理轮换或交替使用抗原虫药。在作化学治疗某些急性原虫病时，还必须采用加强营养等辅助疗法。另外，防治和消灭传播媒介也是控制和消灭原虫病的重要环节。在某些原虫病的预防上（如鸡球虫病等）使用免疫接种也具有良好的效果。

（张龙现）

一、鸡球虫病（Coccidiosis in chicken）

【病名定义及历史概述】

鸡球虫病是由不同种艾美耳球虫同时或先后寄生于鸡肠道上皮细胞，致肠上皮细胞大量崩解、坏死、脱落、肠黏膜出血的一种寄生原虫病，流行广泛，只要养鸡，球虫病就不可避免地发生，在无有效防控措施或防治不当的情况下，可导致高达60%～80%以上的死亡率。全球每年因此而造成的经济损失高达35亿美元以上，我国每年因球虫病所致养鸡业的经济损失高达50亿元以上，仅仅药物一项就高达15.6亿～19.5亿元（平均每只肉鸡的抗球虫药支出为0.12～0.15元）。

【病原学】

鸡球虫及许多禽类的球虫属被笼统地称为一个种，即禽（鸟）艾美耳球虫（*Eimeria avium*）。据Levine 1982年的分类系统，鸡球虫（Coccidia）系顶复门、孢子虫纲、球虫亚纲、真球虫目、艾美耳亚目、艾美耳科、艾美耳属。世界各国已经记载的鸡球虫种类共有13种之多，目前除少数学者外[如Long（1977）只承认有6种]，Shirley、Jeffers和Long（1983）提出哈氏艾美耳球虫（*E. hagani*）和变位艾美耳球虫（*E. mivati*）属无效种；而Joyner（1985）认为和缓艾美耳球虫（*E. mitis*）为独立种，认为变位艾美耳球虫（*E. mivati*）系堆型艾美耳球虫（*E. acervulina*）的种内变异。目前绝大多数学者认为有下列7个有效种：即柔嫩艾美耳球虫（*E. tenella*）、堆型艾美耳球虫（*E. acervulina*）、巨型艾美耳球虫（*E. maxima*）、毒害艾美耳球虫（*E. necatrix*）、布氏艾美耳球虫（*E . brunetti*）、早熟艾美耳球虫（*E. praecox*）及和缓艾美耳球虫（*E . mitis*）。

7种鸡球虫的整个生活史相似，都包括三个生殖阶段：即孢子生殖（Sporogony），裂殖生殖（Merogony或Schizogony）和配子生殖（Gametogony）。球虫的三个发育阶段形成一个循环：即从孢子生殖发育到裂殖生殖，再由裂殖生殖发育到配子生殖，又从配子生殖返回到第二代的孢子生殖。粪便排出的卵囊，在适宜的温度和湿度条件下，经1～2 d发育成感染性卵囊。这种卵囊被鸡吃了以后，子孢子游离出来，钻入肠上皮细胞内发育成裂殖子、配子、合子。合子周围形成一层被膜，被排出体外。鸡球虫在肠上皮细胞内不断进行有性和无性繁殖，使上皮细胞受到严重破坏，遂引起发病。

球虫孢子化卵囊对外界环境及常用消毒剂有极强的抵抗力，一般的消毒剂不易破坏，在土壤中可保持生活力达4～9个月，在有树荫的地方可达15～18个月。但鸡球虫未孢子化卵囊对高温及干燥环境抵抗力较弱，36℃即可影响其孢子化率，40℃环境中停止发育，在65℃高温作用下，几秒钟卵囊即全部死亡；湿度对球虫卵囊的孢子化也影响极大，干燥室温环境下放置1 d，即可使球虫丧失孢子化的能力，从而失去传染能力。

但不同虫种的寄生部位、潜隐期等有较大差异。

1. 柔嫩艾美耳球虫（*E. tenella*）（Railliet 和 Lucet, 1891）

寄生部位：盲肠及其附近肠道上皮细胞内。

形态：多数为宽卵圆形，一端稍窄，少数呈椭圆形，壁光滑；其量度最大为 25 μm ×20 μm，最小为 20 μm×15 μm，平均大小为 22.62 μm×18.05 μm。卵囊原生质团呈淡褐色，卵囊壁为淡黄绿色，厚度为 1.0 μm（见彩图8–1–1）。初排出的卵囊，原生质团膜边缘凹凸不平，卵囊内空隙较大。原生质团分裂为 4 个细胞的最早时间为 15 h，最晚为19.5 h，大多数为18.5 h。细胞初为多边形，边缘不平整。极体出现在原生质团分裂为 4个多边形细胞时，位于卵囊的窄端，一般呈圆形，少数为浅隙状，多为 1个，少数为 2个，3个的最少。出现 2个极体时，其在卵囊内呈并列方式排列 3个时则成三角形排列。极体折光性强。完成孢子发育的时间，最早为 18 h，大多数在 27 h。孢子囊的量度，最大达 12.75 μm ×6.75 μm，最小的为 7.5 μm×5 μm，平均为 11.47 μm ×6.23 μm。无内外残体。最短潜隐期为115 h。

2. 堆型艾美耳球虫（*E. acervulina*）（Tyzzer, 1928）

寄生部位：通常寄生于十二指肠和小肠前段的上皮细胞内，个别情况下可延及小肠后部。

形态：卵囊中等大小，卵圆形，壁光滑。其量度最大的为 22.5 μm×16.75 μm，最小的为 15 μm×12.5 μm，平均大小为18.8 μm×14.5 μm。卵囊无色。卵囊壁呈淡绿黄色，厚度为1 μm。卵囊窄端的内膜变薄，比周围部分稍低陷，与之相应的外膜也下陷，构成浅碟状。初排出的卵囊，原生质团为圆形，边缘平整。卵囊内空隙较小。原生质团分裂为4个圆形细胞的时间，最早为15 h左右。极体出现在原生质团分裂为4个圆形细胞时，位于卵囊的窄端，多为圆形，少数为浅碟状；多为1个（占75%左右），少数为2个，并列配置，折光性强。孢子形成最早时间为 17 h，最晚和大多数是24 h。孢子囊的大小为（7.5 ~ 10.5）μm×（4.5 ~ 5.0）μm，平均为9.7 μm×5.0 μm。无内外残体。潜隐期为97 h。

3. 巨型艾美耳球虫（*E. maxima*）（Tyzzer, 1929）

寄生部位：小肠中段上皮细胞内。

形态：大型卵囊，宽卵圆形，一端圆钝，一端较窄。其量度最大的达40 μm×33 μm，最小的为 21.75 μm×17.5 μm，平均为30.76 μm×23.9 μm，最常见的为 30 μm×22.5 μm。卵囊里黄褐色，卵囊壁淡黄色，厚度为0.75 μm。初排出的卵囊，其原生质团为圆形，边缘整齐。卵囊内空隙大，卵囊窄端的内膜变薄，比周围稍低陷，与之相对应的外膜亦稍下陷，呈浅碟状。原生质团分裂为4个细胞的时间，最早为 23.5 h，最晚为 32.5 h，细胞初为圆形，周缘平滑。极体出现在原生质团分裂为4个细胞时，折光性强，呈圆形，位于卵囊窄端，大多数为1个（约占50%），2个的较少，3个的最少，出现2个或3个极体时，其排列不规律。最短孢子化时间是30 h。孢子囊的量度最大为 17.5 μm×7.5 μm，最小的11.75 μm×5.75 μm，平均为 15.6 μm×7.0 μm。未见有内外残体。卵囊经15.5 h培养和原生质团分裂为4个细胞之前，卵囊内外膜呈现波浪状皱曲，外膜尤明显，初期在钝端较明显，逐渐向窄端发展。最短潜隐期为121 h。

4. 毒害艾美耳球虫（*E.necatrix*）（Johnson , 1930）

寄生部位：裂殖生殖主要在小肠中上1/3段上皮细胞内，配子生殖则在盲肠上皮细胞内。

形态：卵囊为中等大小，卵圆形，量度最大的为 21.0 μm ×17.5 μm，最小的为10.25 μm，平均大小为 16.59 μm×13.5 μm。卵囊壁光滑，卵囊内空隙小。极体1个，少数有2个的。孢子囊为长卵圆形，有一斯氏体。无内外残体，大小为（9 ~ 15）μm ×（4.5 ~ 7.5）μm。子孢子大小为（7.9 ~ 11.3）μm ×（1.3 ~ 2.1）μm。完成孢子发育的时间约 18 h。最短潜隐期为115 h。

5．布氏艾美耳球虫（*E. brunetti*）（Levine, 1942）

寄生部位：小肠后段和直肠的上皮细胞内。

形态：较大型的卵囊，仅次于巨型艾美耳球虫，卵圆形，量度最大的为 28 μm ×21 μm，最小的为 17.5 μm × 15.75 μm，平均大小为22.6 μm × 18.5 μm。卵囊壁光滑，无卵膜孔，有一极体。孢子囊呈长卵圆形，有斯氏体，并有内残体，大小为13 μm × 7.5 μm。完成孢子发育的最早时间为18 h。最短潜隐期为120 h。

6．早熟艾美耳球虫（*E. praecox*）（Johnson , 1930）

寄生部位：小肠前1/3段上皮细胞内。

形态：卵囊中等大小，呈球形或椭圆形，壁光滑，无卵膜孔；无卵囊残体，有一极粒。卵囊无色，卵囊壁淡绿黄色，厚度为1.0 μm。厚生质团圆形，边缘平整。卵囊内的空隙小，但比和缓艾美耳球虫的稍大。大小为（19.8 ~ 24.7）μm ×（15.7 ~ 19.8）μm，平均为21.3 μm × 17.1 μm。无孢子囊残体，最短孢子化时间为12 h。原生质团分裂为4个细胞的时间最早为 12 h。最短潜隐期为83.5 h。

7．和缓艾美耳球虫（*E. mitis*）（Tyzzer, 1929）

寄生部位：小肠后段上皮细胞内。

形态：为小型卵囊，呈球形或亚球形，壁光滑；量度最大的为（11.7 ~ 18.7）μm ×（11 ~ 18）μm，平均大小为 15.6 μm × 14.2 μm。卵囊无色，卵囊壁淡绿黄色，厚度为1.0 μm，少数卵囊壁较厚，可达1.25 μm。初排出的卵囊，其原生质团呈球形，边缘平滑，充满卵囊内，几乎不留空隙。极粒为1个，折光性强，多为圆形，少数呈浅碟状，位于卵囊的一端。孢子发育完成的最早时间为15 h。孢子囊呈卵圆形，量度平均为 10 μm × 6 μm，无内外残体，壁上有一斯氏体。最短潜隐期为93 h。

【流行病学】

世界上几乎每一个国家都有鸡球虫病发生，可以说，只要有鸡，就有球虫存在。鸡球虫在我国的分布情况，也证实了这一点。我国从南到北，从东到西均有鸡球虫存在，每年都有球虫病暴发的报道，只有程度上的不同。

在我国，生产中最常发生的是柔嫩、堆形和毒害艾美耳球虫感染，且尤以柔嫩艾美耳球虫病（盲肠球虫病）最为常见。尽管布氏艾美耳球虫毒力较强，但流行率低，生产实际中发生较少；此外，毒害艾美耳球虫是鸡球虫中毒力最强的，但由于其自身繁殖潜力低，且生活史过程中其有性繁殖阶段与柔嫩艾美耳球虫竞争寄生的“小环境”，易为柔嫩艾美耳球虫“占位效应”所影响，卵囊产出较少，鸡舍环境中达到“致病剂量”卵囊数的时间相对延长（即所需生活史循环次数增多），在“快大型”肉鸡养殖生产中较少发生。但近年来，随着饲养周期较长的黄羽肉鸡等养殖量的增加，毒害艾美耳球虫所致的出血、坏死性小肠球虫病危害日渐严重。

但生产中多是一种以上球虫混合感染。所有日龄和品种的鸡都有易感性。球虫病一般暴发于3 ~ 6周龄的雏鸡，毒害艾美耳球虫常危害8 ~ 18周龄的鸡。

本病多在温暖潮湿的季节流行。对于散养鸡，在我国北方，4 ~ 9 月为流行季节，以 7 ~ 8 月最为严重。

但随着集约化饲养程度的提高，一年四季均可发病。

病鸡和带虫鸡是本病的主要传染源，被粪便污染的饲料、饮水都带有大量的卵囊，经口摄入有活力的孢子化卵囊是唯一的天然传播方式。球虫无天然中间宿主，但可经不同的动物昆虫进行机械传播。此外，球虫孢子化卵囊对外界环境及常用消毒剂有极强的抵抗力，一般的消毒剂不易破坏，在土壤中可保持生活力达4～9个月，在有树荫的地方可达15～18个月。但鸡球虫化卵囊对高温及干燥环境抵抗力较弱，在65℃高温作用下，几秒钟卵囊即全部死亡。

另外，目前由于球虫抗药性的普遍产生，用药后仍发生球虫病的情况甚为普遍。

【发病机理】

鸡球虫病的致病机理其实质是鸡球虫在鸡体内生长发育、繁殖，以及与鸡的相互作用的过程。通过组织学、免疫学和电镜细胞化学等方法，对人工感染球虫的鸡进行研究表明，鸡球虫病是由球虫侵入鸡体后在肠道寄生和繁殖，当裂殖生殖阶段的裂殖子在肠上皮细胞中大量增殖时破坏肠黏膜的完整性，引起肠黏膜上皮细胞崩解和肠管发炎，其结果是：一方面使肠道内离子和渗透压失去平衡，消化机能发生障碍，营养物质不能吸收，且大量出血，导致患禽营养失衡，生产性能降低，给养鸡业造成巨大的经济损失。如李金贵（2000）研究发现，在胃肠道球虫感染时，不但引起动物厌食，营养吸收不良，还会造成内源氮从胃肠道丢失。黄义军等（2005）在感染巨型艾美耳球虫肉鸡的试验中同样发现，感染组的肉仔鸡日采食量、日增重、饲料转化率及存活率分别比对照组降低2.6%、36.4%、45.3%和18.5%；另一方面崩解的上皮细胞可产生毒素，引起自体中毒，肠黏膜上皮细胞的完整性被破坏，使细菌易侵入，发生继发感染，导致临床上出现发热、出血下痢、消瘦，甚至衰竭死亡。

球虫的致病机理与其他寄生虫一样，其实质是球虫与宿主之间相互作用的结果，对其致病性的影响包括球虫本身、宿主及影响宿主健康状况的各种因素。

1. 球虫自身因素　目前已知的鸡球虫的7个有效种中，不同虫种的致病力存在较大差别，柔嫩艾美耳球虫的致病力是最强的种类，但近年来随着抗球虫药物的应用，以及随着饲养周期较长的黄羽肉鸡等养殖量的增加，毒害艾美耳球虫的危害日渐严重；其次是布氏艾美耳球虫，有明显致病力，空气感染情况较少，对于临床的危害并不明显。巨型艾美耳球虫和堆型艾美耳球虫的致病力属于中度，这两种球虫在鸡群中的感染普遍存在，其毒力的强弱取决于不同的分离株。早熟艾美耳球虫及和缓艾美耳球虫长期以来认为在自然条件下致病力轻微甚至无致病力，没有足够的重视，但近年来也有研究学者发现一些分离株具有较强的致病性。

其次感染同一种球虫卵囊的数量也是导致球虫病严重程度的最主要因素之一，疾病的严重程度与感染卵囊数量成正相关，即感染量越大，发病情况越严重。但感染卵囊量过大的时候，由于大量的早期虫子破坏宿主的肠道组织，导致裂殖子不能成功入侵新的上皮细胞，产生“拥挤效应”，所产生的卵囊量却会相应减少。

2. 宿主因素　一般情况下认为，球虫对幼雏的致病性比日龄大的鸡强，但近年来大多数学者认为其原因不是因为较大日龄的鸡有年龄抵抗力，而是因为重复的小剂量感染已使年龄大的鸡只建立了有效的主动免疫力。此外，不同品种的鸡对球虫的易感性略有差异；通常认为，品系越纯的鸡对球虫易感性越强。

早在20世纪初，人们就对有关日粮营养与鸡球虫病的关系进行了大量研究与饲养试验，认为鸡的影响状况与球虫的抵抗力相关。结果表明，球虫因改变了鸡的肠道功能而降低鸡对营养成分的吸收，同时日粮中能量、蛋白质、维生素及矿物质等营养成分的含量及比例也可影响鸡球虫发育、致病性及鸡球虫病的发病率。

此外，鸡群的免疫状况直接影响鸡群对鸡球虫的感染性，在鸡群免疫抑制的状况下，球虫病引起鸡群的发病率和死亡率明显提高。

3. 外界环境及球虫与其他病原对其致病力的影响　从鸡体排出的卵囊只有经过孢子化才对鸡有致病力，球虫卵囊只有在适宜的环境条件下才能正常进行孢子化。温暖、潮湿的环境有利于卵囊的发育，高温、干燥的环境则不利于其生存。

在足够的湿度条件下，多数艾美球虫在28～31℃时最易孢子化；17℃以下，会延迟未孢子化卵囊的发育，甚至导致死亡；卵囊通常对高温更为敏感，在35℃时，子孢子形成减少或被永久抑制，55℃会很快杀死卵囊。粪便生物热发酵可以达到60℃以上，足以杀死卵囊。从37℃增加到80℃，杀死卵囊的时间随之缩短。此外，湿度为卵囊生存的必需条件，卵囊对干燥环境条件的抵抗力弱。相对湿度在70%以上球虫卵囊可正常发育，若湿度下降，卵囊孢子化程度也会随之下降。

在球虫卵囊感染量适度的情况下，柔嫩艾美耳球虫和堆型艾美耳球虫之间产生协同作用，造成的肠上皮组织更严重的破坏。而当感染量过大时，各球虫之间由于“拥挤效应”，共同引起的病变记分值和卵囊排出量均低于单一因子所导致的数值，表明各虫种之间在一定程度上还存在着竞争性拮抗作用。

此外，球虫感染后，由于继发感染及肠道内原有菌群的竞争生活“扰乱原有的微生态平衡”引起肠道微生态系的变化。如感染柔嫩艾美耳球虫、布氏艾美耳球虫、堆型艾美耳球虫和毒害艾美耳球虫后的3～8 d，其粪便中需氧微生物总浓度将增加10倍，感染柔嫩艾美耳球虫后的第4天，可见粪便中链球菌属、肠道球菌及发酵乳杆菌等明显减少，感染柔嫩艾美耳球虫后第6天和第8天，经口给鸡感染沙门菌后细菌数量增加，而在第24天则细菌数量无明显变化。

球虫与产气荚膜梭菌、球虫病（球虫感染）与坏死性肠炎间复杂的相互作用自20世纪 60 年代以来一直为人们所广泛认识，但对它们间的相互作用方式或机理至今仍未充分了解。临床调查和实验研究发现，产气荚膜梭菌感染可一定程度地加剧球虫感染。然而这种影响似乎远比球虫感染对坏死性肠炎发生的“预置”作用弱。球虫感染（即使不发生球虫病）导致大量肠黏膜上皮细胞破坏，从而有利于梭菌的定殖和毒素产生。即使是仅寄生于盲肠的柔嫩艾美耳球虫感染对坏死性肠炎的发生也有不可忽略的影响。近年来，随着鸡球虫病活卵囊疫苗使用的日益推广和抗球虫药物使用的限制，坏死性肠炎的发生率有所升高。实验研究发现，给14日龄接种含有柔嫩、堆形、巨型和毒害艾美耳球虫卵囊的疫苗后，同时以108CFU的分离自坏死性肠炎病鸡的产气荚膜梭菌一日2次、连续3 d口服攻击，3 d后攻菌鸡发生坏死性肠炎者较单独攻菌者高46%，病变计分也由单独攻菌者的1分升高至3～4分。

此外，鸡群如受到马立克病病毒、传染性囊病病毒的感染后，引起鸡群的免疫力下降，可加剧球虫病的发生和危害。

4. 入侵分子机制及入侵相关分子

（1）入侵分子机制　艾美耳球虫与疟原虫、弓形虫同属于顶复门原虫，它们在亚细胞结构上都有一个由顶泡、类锥体、极环、棒状体和微线等构成的顶端复合器（Apical complex），这一结构使它们有着相似的入侵机制。它们都有着多种形态，但只有裂殖子、子孢子或速殖子具有入侵宿主细胞的能力，因为这些细胞形态具有含有肌动蛋白的亚膜结构，入侵细胞的过程就是靠肌动蛋白像马达一样产生动力带动的。虫体能否进入宿主体内，建立并完成寄生生活，并不单单取决于寄生虫本身，同时也取决于球虫与宿主间的相互作用。成功地入侵取决于虫体自身的运动性及在宿主细胞膜上的稳定的靶点，而这些是靠虫体自身蛋白的分泌及运动复合体（Moving Junction，MJ）的形成来完成的。据疟原虫、弓形虫的相关研究，人们提出了一个由虫体的分泌蛋白相互作用构成运动复合体来促使入侵的模型，概括来讲，就是虫体分泌的顶膜抗原1（Apical Membrane Antigen，AMA1）分布于虫体周围，分泌的棒状体颈部蛋白2（Rhoptry Neck Protein2，RON2）与其他棒状体颈部蛋白（RONs，包括RON4、RON5、RON8等）一起嵌于宿主细胞膜上作为受体，而AMA1与RON2通过二硫键相结合。早在30多年前，Aikawa等就已经描述了运动复合体的形态学特性，但其分子特性十分的复杂，而且它是瞬时存在于入侵过程中的，这为研究工作带来困难，对其分子组成及作用机制仍不是太清楚。

①运动复合体模型　运动复合体主要由两种蛋白构成：RONs和AMA1。最初是在弓形虫入侵宿主细胞时发现了能特异性标记的一组RONs，包括RON2、RON4、RON5和RON8。RONs是由虫体的顶端分泌，分布在细胞膜上并呈现典型的指环形状。选择免疫荧光图像显示，AMA1也是运动复合体的重要组成部分，其存在于入侵宿主细胞的虫体几乎整个外周膜上。AMA1与RONs形成一对一的复合体，并且AMA1是直接与RON2结合的。AMA1-RON2复合体晶体结构已经研究得很清晰了，RON2是环形结构，AMA1是疏水的凸起结构，这二者通过二硫键紧紧相嵌在一起，这种结构能能很好地抵抗外周环境中的机械力。而后，研究者们就普遍接受了AMA1-RON2以1：1结合的复合体是虫体入侵细胞时建立的细胞连接这一观点，并进行了更为细致的描述。

顶复门原虫中，绝大多数的运动复合体是高度保守的，虽然在疟原虫、弓形虫、隐孢子虫和艾美耳球虫中，RON2、RON4、RON5和AMA1的基因序列是不同的，但它们基因组的同源性是很高的。这也表明了运动复合体普遍存在于顶复门原虫的入侵过程中。

②AMA1-RON2复合体　AMA1是虫体上的跨膜蛋白，RON2及其他的RONs是由虫体分泌到宿主细胞上，黏附于细胞侧的跨膜蛋白，入侵时，虫体自身的蛋白RONs作为AMA1的受体，从而构成运动复合体来进行入侵过程。探明AMA1-RON2的相互作用机制，是解析运动复合体中蛋白相互作用的基础。AMA1在虫体入侵过程中具有举足轻重的地位，此外还兼有信号转导的作用，即与RON2结合的AMA1能够感应到运动复合体的形成，并刺激这之后入侵过程的发生。最近的研究阐述了TgRON2的羧基端是TgAMA1的结合区域，这个发现同时显示了RON2的氨基端是暴露在宿主细胞膜的胞质面的，证实了TgRON2是跨膜蛋白。在弓形虫和疟原虫入侵时，均可发现AMA1和RON2会发生相互作用，尽管在这两种寄生虫中蛋白的基因序列有明显的变化，蛋白形态也不同，可能是因为在进化过程中，AMA1和RON2的相互作用也在同时进化。有研究显示，AMA1的抗体和R1多肽能够抑制PfAMA1与PfRON形成复合体来阻止虫体的入侵。但对于鸡球虫目前尚缺乏相关的深入研究。

（2）虫体入侵相关因子　虫体在入侵宿主细胞的过程中，会通过微线、棒状体及致密颗粒等亚细胞器分泌大量的蛋白，这些蛋白分别在入侵过程中执行着不同的功能，或是调控着虫体的运动，或是介导着虫体对宿主细胞的识别和黏附，或是形成纳虫空泡等。其中，有一些蛋白具有良好的免疫原性，可作为疫苗候选因子。

①微线蛋白（Microneme Proteins，Mics） 微线是一种具有分泌功能的细胞器，位于虫体的顶末端。柔嫩艾美耳球虫子孢子的微线含有11种蛋白，虫体侵入宿主细胞过程中，微线蛋白有助于球虫吸附在宿主细胞表面，并有助于虫体的移动。体外试验发现，当子孢子被加入到MDBK细胞中后，微线瞬时大量分泌蛋白，用Western blot可在细胞上清液中检测到这些蛋白。间接免疫荧光抗体试验的结果显示，在虫体侵入细胞之前和侵入过程中，微线蛋白出现在虫体顶末端的区域，随后被分泌到虫体与细胞的接触面之间，在虫体进入宿主细胞之后，这些蛋白就迅速消失。

EtMIC-1（Et100）是最早报道的微线相关蛋白，是一种糖蛋白G相关蛋白，它在子孢子和裂殖子阶段均有表达，其基因序列包括由三个短的插入序列分隔的四个外显子及5个类似于血小板反应样蛋白基序。根据推测的蛋白质结构分析，提示微线抗原在虫体与宿主细胞膜相互作用（识别、黏附）及侵入过程中有重要作用。除了前面提到的两种作用之外，EtMIC-1还可能与裂殖子从裂殖体感染的细胞中脱逸有关。其他种类的球虫也有类似EtMIC-1的蛋白，在巨型艾美耳球虫中发现了一种和EtMIC-1相似的蛋白，且与EtMIC-1有高度的序列相似性。

EtMIC-2是分子量为50kD的酸性蛋白，试验表明，在子孢子入侵宿主细胞之前就可以检测到EtMIC-2，且布满于子孢子表面，在被入侵宿主细胞的表面也可以检测到这种蛋白，但侵入细胞1 h之后，在宿主细胞表面就检测不到该蛋白的存在。

EtMIC-4是分子量为21.8 kD的柔嫩艾美耳球虫微线蛋白，含有31个表皮生长因子（EGF）模块、12个糖蛋白GⅠ型（TSP-Ⅰ）模块、一个脯氨酸和甘氨酸富含区域及保守的跨膜和C端区（TM-CT）。在孢子化的整个阶段都可以检测到EtMIC-1、2、4和5，而检测到这些蛋白的mRNA要早于蛋白10～12 h，提示这些蛋白是瞬时表达的。

EtMIC-3是利用两种抗鸡球虫卵囊的单克隆抗体从子孢子cDNA文库中筛选出来的，由988个氨基酸组成，有7个随机的重复序列，其中4个高度保守区位于中间，3个高变异区位于两侧。重复区以酪氨酸激酶磷酸化位点和凝血酶敏感蛋白1结构为特点。其定位于顶末端，在成熟裂殖体阶段分泌表达，针对其的抗体可阻断侵入和球虫发育。

顶膜抗原（Apical membrane antigen，AMA）是由微线分泌的典型Ⅰ型跨膜蛋白，也是鸡球虫入侵相关的关键分子，且其功能结构域在此类原虫间高度保守。在弓形虫及疟原虫的研究中发现，AMA1是构成运动复合体的重要组成部分，在虫体入侵宿主细胞过程中发挥关键作用，实验制备的抗TgAMA1和PfAMA1的单抗可有效阻止疟原虫和弓形虫虫体对宿主细胞的入侵，且在同属内虫株间具有一定的交叉保护作用。戚南山等在分析艾美耳球虫生活史不同发育阶段蛋白分布时发现，AMA1仅存在于裂殖子阶段，而AMA2仅在子孢子阶段表达，但功能结构域的保守性说明其二者可能分别在两个重要的入侵阶段发挥着相似的作用。

②折光体蛋白 子孢子和第一代裂殖子都含有折光体，为嗜酸性的、电子密度致密的均质细胞器，可能是虫体能量的储存库，但它的具体功能还不是很清楚，只知道在子孢子进入宿主细胞之后，相邻的两个折光体就发生融合，在球虫裂殖生殖阶段，融合体又逐渐发生分裂，但在第一代裂殖生殖之后就检测不到它的存在。

SO7（也被命名为GX3262）是第一种被发现的折光体相关蛋白，它的分子量为26 kD，Crane等用重组SO7蛋白免疫1日龄雏鸡，随后用柔嫩、巨型、堆型及毒害艾美耳球虫4种球虫做攻虫试验，结果发现与对照组相比，免疫组的病变记分减少了50%。Pogonka等用SO7-沙门菌重组菌口腔免疫3周龄白来航鸡，2周后测到了抗SO7的特异性抗体，抗体水平维持了6周。

烟酰胺核酸依赖转移氢化酶是分子量为100 kD的堆型艾美耳球虫折光体蛋白，被命名为Ea1A，它可能涉及糖类的运输。Vermeulen等的试验显示，在人工攻虫之后，与未接受疫苗免疫的对照组相比，接种了EalA重组疫苗鸡群的球虫卵囊排出量减少了50%～70%，增重明显（$P<0.01$）。

③棒状体蛋白　顶复门原虫的棒状体可分泌30多种蛋白，根据其在棒状体内的定位，将其分为两大类：棒状体颈部蛋白（Rhoptry neck protein，RONs）和棒状体基部蛋白（Rhoptry protein，ROPs）。

在ROPs中，最大的蛋白家族是ROP2家族，成员有ROP2、ROP3、ROP4、ROP5、ROP7、ROP8、ROP16和ROP18等，它们都具有激酶活性结构域。Beckers等首次证明ROP2是弓形虫纳虫空泡膜（Parasitophorous vacuole membrane，PVM）的主要组成成分，提示其在虫体入侵过程中起着关键作用。而后，对ROP2进行的更多研究显示，当ROP2被分泌到PVM后，羧基端嵌在入PVM上，氨基端则暴露在宿主细胞胞质中，起着联系纳虫空泡与宿主细胞的作用。

RONs包括RON1、RON2、RON3、RON4、RON5、RON6和RON8等蛋白，其中RON2、RON4、RON5和RON8可形成与AMA1结合的复合体，共同组成运动复合体。虫体入侵时，RON4、RON5和RON8是暴露在宿主细胞胞质面的，其中RON2直接与AMA1结合，RON4、RON5和RON8与RON2形成复合体。虽然对于EtRONs编码基因及功能的研究尚未报道，但可借鉴对弓形虫、疟原虫的研究，对EtRONs开展相关工作。戚南山等成功克隆了TgRON2的同源相似物EtRON2，与其他物种RON2的氨基酸序列相似性为15%～41%，并发现EtRON2在未孢子化卵囊阶段转录水平达到高峰，提示该基因有可能是被转录储备，当受到宿主细胞刺激时，才大量表达。

④表面抗原　表面抗原（Surface antigen，SAGs）是大量分布于虫体细胞膜表面，在虫体入侵时起着黏附宿主细胞的作用，在球虫生活史的不同阶段均有表达。现已报道有20多种，最主要的是SAG1、SAG2和SAG3，在虫体入侵时，激发宿主细胞产生先天免疫反应和体液免疫反应。Chow等阐述了艾美耳球虫SAGs可引起禽类巨噬细胞产生炎症反应，并推测EtSAGs（尤其是rSAG12）可能与第二代裂殖子的致病性有关。最近的研究显示，将这类蛋白作为疫苗进行免疫，可使机体产生较高的免疫保护力，为其作为疫苗候选因子提供有力证据。

【症状与病理变化】

感染鸡球虫的病鸡多精神不振，闭眼缩头，羽毛耸立，食欲减退甚至废绝，嗉囊内充满液体，黏膜与鸡冠苍白，迅速消瘦，粪便带血或排出血便；或者以“饲料粪”或“水样粪”为主要临床表现，并严重影响饲料报酬率。

根据症状明显程度及病程长短将本病分为急性和慢性两种。

1. 急性球虫病

（1）急性盲肠球虫病　主要由柔嫩艾美耳球虫重度感染引起，多见于雏鸡。病初精神委顿，羽毛逆立，头蜷缩，喜饮水，食欲不振。下痢，排血红色粪便，多数于排血便后1～2天死亡。强感染病例盲肠粪便的表现为，感染后3 d时，盲肠粪便呈淡黄色水样，排粪量减少。

鸡盲肠球虫主要侵害盲肠，发病后1～2 d因严重感染造成的死亡，可见盲肠肿大并充满血液（见彩图8-1-2），感染后6～7 d的病鸡，可见盲肠内有凝血及充满干酪样物质，盲肠硬化并脆弱。感染后8～10 d

的病鸡，盲肠明显萎缩，其长度等于或短于直肠，内容物少，整个盲肠呈粉红色。此外，受到极严重感染时，直肠可见灰白色环状坏死灶。

（2）急性小肠球虫病　主要由毒害艾美耳球虫重度感染引起，多见于育雏后期及青年鸡，有时成年鸡也大群发病。临床症状与急性盲肠球虫病类似，只是排出的血粪颜色暗淡而黏稠。病鸡表现衰弱，多数因并发细菌或病毒性传染病而死亡。急性病例剖检时，小肠中部高度肿胀或气胀，有时可达正常时的 2 倍以上，这是本病的重要特征。肠壁充血、出血和坏死，黏膜肿胀增厚。肠内容物中含有多量的血液、血凝块和坏死脱落的上皮组织。感染后第5天出现死亡，第7天达高峰，死亡率仅次于盲肠球虫病；近年来，毒害艾美耳球虫病常与产气荚膜梭菌所引起的坏死性肠炎合并感染，可引起反复发病而延长病程。

2. 慢性球虫病　主要由堆型艾美耳球虫、巨型艾美耳球虫、布氏艾美耳球虫、早熟艾美耳球虫及和缓艾美耳球虫单独或混合感染所引起的，多数情况下是堆型艾美耳球虫与巨型艾美耳球虫感染占优势。

（1）堆型艾美耳球虫感染　严重感染的病例，从第4天起排出大量的水样粪便，并混有未消化的饲料。至第6天左右，粪便中充满黏液，雏鸡从此开始饮水量增加。主要引起饲料转化率下降。病变主要集中于十二指肠。轻度感染时，病变局限于十二指肠袢，呈散在局灶性灰白色病灶，横向排列呈梯状。严重感染时可引起肠壁增厚和病灶融合成片。病变可从浆膜面观察到，病初黏膜变薄，覆以横纹状白斑，外观呈梯状；肠道苍白，含水样液体（见彩图8-1-3）。

（2）巨型艾美耳球虫感染　主要引起雏鸡的生产性能降低，增重和饲料转化率和产蛋率方面的损失。小肠中段肠腔胀气、肠壁增厚，肠道内有黄色至橙色的黏液和血液。无性繁殖阶段虫体寄生于小肠上皮细胞的浅层，对组织的损伤较轻微；有性繁殖阶段寄生于肠壁深部进行，引起肠壁充血、水肿，形成瘀斑（见彩图8-1-4），严重者肠黏膜大量崩解。

在自然感染病例小红，一种球虫单独感染的病例很少，一般多为多种球虫的混合感染。

【诊　断】

用饱和盐水漂浮法和直接涂片法检查粪便中的卵囊。由于鸡的带虫现象非常普遍，所以仅在粪便和肠壁刮取物中检获卵囊，不足以作为鸡球虫病的诊断依据。正确的诊断，应根据粪便检查、临床症状、流行病学调查和病理变化等多方面因素加以综合判断。根据病变位置、特征和卵囊的大小、形状等可初步鉴定虫种。

【防治措施】

抗球虫药对于减轻鸡球虫病的危害起到了极大的作用，但球虫几乎对所有使用过的抗球虫药物都有耐药虫株出现。球虫耐药性的产生，导致抗球虫药使用年限缩短，防治失败或效果不佳，引起临床或亚临床鸡球虫病，造成很大的经济损失。

1. 鸡球虫耐药性

（1）耐药性产生的历史及机制　1939年之前，尚无治疗球虫病的有效药物，不存在耐药性问题。

1939年Levine发现磺胺类药物对鸡球虫病有效以来，化学疗法才成为防治球虫病的主要手段。由于当时未意识到耐药虫株的出现，故曾认为球虫与细菌不同，是不易产生耐药性的生物。

1945年在美国从野外分离出怀疑有耐药性的虫株。

1954年又从野外分离出对包括磺胺类在内的数种药物有明显耐药性的虫株。

20世纪60年代，对多种药物有耐药性的虫株开始出现，即使对新药，在1～2年内就可获得耐药性。

20世纪70年代开始，新药的开发速度已开始赶不上耐药虫株出现的速度。

1963年，世界卫生组织的专门委员会定义耐药性为：寄生虫虫株在使用使同种寄生虫杀灭或抑制其繁殖的药物浓度下仍有繁殖的能力。

目前认为鸡球虫抗药性产生的机制如下：

球虫受到抗球虫药的作用，其内部结构发生一系列变化，线粒体发生膜性漩涡或形成髓鞘样结构，内质网、高尔基体含水量增加，细胞膜及核膜模糊或破损。

①在同样的药物浓度下，耐药虫株因虫细胞膜和细胞器发生结构或功能的改变，能够全部或部分抵御药物对其造成的损伤，不能造成死亡而生存下来。

②在药物长期作用下，球虫改变了代谢途径，用其他的代谢方式代替原来的代谢方式，避开了抗球虫药的作用位点。

③球虫通过代谢变化，降解或破坏药物的分子结构或功能基团，从而使药物失去作用。

④球虫通过代谢途径变化对其本身进行修饰加工，并且调动自我防御机制，延缓或抑制药物侵入其内部，从而使药物失去其应有的活性。

此外，鸡球虫不仅对单一药物存在耐药性，而更具有交叉耐药性。即当球虫对某种抗球虫药物产生耐药性的同时，也会对从来未接触过的同类药物产生耐药性，这种耐药性往往出现于化学结构相似、作用机理相近的药物之间。 曾有文献报道，对单价离子载体抗球虫药失去敏感性的虫株，对除马杜拉霉素外的其他单价离子载体类抗球虫药也耐受，而对二价的拉沙里菌素敏感。

耐药性的产生是球虫群体中突变个体多次重复选择的结果，球虫在其生活周期的后期进行有性生殖，形成卵囊，耐药性也世代相传 。

（2）耐药性的检测方法

①鸡体试验法　将供试药物按一定的比例与饲料均匀混合后饲喂幼雏，经过一定时间后接种球虫，通过某些指标或标准来判断球虫的耐药性。目前采用的判定标准有卵囊产量，病变计分，相对增重率，最适抗球虫活性百分率，粪便计分，抗球虫指数等。

②同工酶分析测定法　利用测定耐药虫株与敏感虫株同工酶谱间的差异或测定耐药虫株与标准耐药虫株同工酶谱的相似性来进行判定。这种方法首先是确定某种药物耐药虫株的特异性同工酶谱，再将现场测定的虫株的同工酶谱与之比较，根据其差异是否显著来判定球虫对药物敏感与否。

③超微结构比较法　产生耐药性的虫株，能成功躲避药物的作用，其超微结构会产生相应的变化，以避开药物作用的位点。在电镜下观察柔嫩艾美耳球虫对马杜拉霉素的敏感株与耐药株的超微结构发现，敏感株在药物作用下棒状体消失，微线体的数量减少或消失，耐药株无异常反应。

对莫能菌素产生耐药性的柔嫩艾美耳球虫的子孢子可表达分子量分别为50kD和31.4 kD两种蛋白质，而对莫能菌素敏感的柔嫩艾美耳球虫的子孢子不表达这两种蛋白质。

④随机扩增多态性（RAPD）测定法　RAPD以PCR为基础的基因分析方法，该方法用单一或多个随机核苷酸序列作为引物，对基因组DNA进行扩增，避免了PCR特异性引物设计上的困难，尤其在对未知样本

的鉴定方面，显示了其独特的特点，作为一项新的技术和工具，可用于球虫种的分子诊断，基因图谱以及遗传多样性等的研究。

⑤细胞和鸡胚培养法　鸡球虫的体外细胞培养和鸡胚培养技术用于球虫耐药性的研究。利用细胞模型和鸡胚模型测定药物对球虫的最小抑制浓度（MIC）和药物对鸡胚的最小毒性浓度（MTC）以观察球虫的抗药性，从而筛选药物。

（3）药物敏感性的恢复　就某一耐药性虫株而言，其耐药性是相对稳定的，但对球虫群而言，其对某一药物的敏感性是可以恢复的。在一个球虫群中，在5年或更长时间内不接触有关药物的情况下，耐药性是可以消失的。在耐药性虫株中引入大量的药物敏感株，在没有药物作用下，耐药性可以消除。原因是不用药的情况下，敏感株占优势地位。

1）耐药性的延缓或解决措施

①合理用药　到目前为止，用于抗球虫的药物多达50余种，根据各药特点及田间耐药性产生情况，合理应用这些抗球虫药物，可延缓耐药性的产生，延长药物的使用年限。

②联合用药　在同一个饲养期内并用两种或两种以上抗球虫药，通过药物间的协同作用，即可延缓耐药虫株产生，增强药效，又可扩大抗球虫谱。

③穿梭用药　在同一饲养期内，换用两种或三种性质不同的抗球虫药。具体实施时，要在球虫病高发阶段使用高效抗球虫药，低发阶段使用低效抗球虫药。为了避免虫株对所用的药物同时产生耐药性，鸡场应有计划地更换穿梭用药方案。

④轮换用药　季节性地或定期变换用药，每隔3个月或半年改换一种抗球虫药，目的是避免耐药性虫株出现。但不要改用作用机理和作用峰期相同的药物，以免产生交叉耐药性或变换用药后效果不明显。

2）新药研制

随着生物化学、细胞生物学和分子生物学等技术的发展，对药物和球虫的研究取得较大的进展。药物作用机制和球虫耐药机制的阐明，为新药的开发提供了思路。Allcocco等研究了双间硝基苯二硫（Nitrophenide）的作用机制，指出可研制新药作用于球虫的甘露醇循环来控制球虫病。

球虫的生物学特征及虫体内酶功能的研究也为球虫病的防治找到了新的方法。Williams认为艾美耳属球虫的三种酶可能成为化学治疗的靶点，尤其是羟丁酸脱氢酶的发现证实了脂肪酸的抗球虫活性。

3）营养添加剂的抗球虫作用　许多学者尝试着从饲料添加剂入手来防治球虫病，以解决耐药性问题，据报道，甜菜碱能保护肠绒毛以抗球虫的感染或损害；Giannenas（2003）报道了牛至油有较好的抗柔嫩艾美耳球虫的作用。

4）中草药的开发　中草药以其长时间应用不易产生耐药性，毒副作用小，并有促进生长等优点，已成为解决球虫耐药性的一大突破口。据报道，青蒿、苦参、大黄、地榆等中药配成的复方制剂与马杜拉霉素、地克珠利等化学药物配合时的抗球虫效果，得出中西药配合应用即可提高中药复方的药效，又能降低西药剂量。

2. 抗鸡球虫药物　在饲料中添加抗球虫药物一直是生产中所应用的主要方法。目前除欧盟等以禁止在饲料中添加药物添加剂的国家外，多数国家都几乎强制性地添加使用抗球虫药。报道的抗球虫药物达50多种，目前可使用的抗球虫药物有20余种。大致分为两大类：一类是聚醚类离子载体抗生素，另一类是化学合成的抗球虫药物。

（1）聚醚类离子载体抗生素 聚醚类抗生素发现得很早，长期以来一直作为理想抗球虫药。这类抗球虫药具有抗球虫谱广、作用方式独特、耐药性形成缓慢、安全范围窄等特点。

聚醚类抗生素因其分子中有很多环醚结构而得名，多数是四连环或者五连环，不含氮、磷和硫，主要是碳氢氧化合物。这类抗生素含有多个醚基和1个一元有机酸基，在溶液中由氢链连接可形成特殊构型，其中因有并列的氧原子而带负电，可以捕获阳离子，外部由烃类组成，具有中性或疏水性。这种构型的分子能与生理上重要的阳离子如Na^+、K^+、Ca^{2+}等结合成为脂溶性而通过生物膜，进而发挥其药理作用。携带离子的络合物进入球虫子孢子或第一代裂殖体，干扰细胞膜内Na^+、K^+、Ca^{2+}的正常转运，细胞内Na^+、K^+、Ca^{2+}水平急剧升高，为平衡渗透压，大量水分子进入球虫细胞引起肿胀。为排除细胞内多余的Na^+、K^+、Ca^{2+}，球虫细胞耗尽了能量，最后球虫细胞因耗尽能量且过度肿胀死亡。因而聚醚类抗生素也称离子载体型抗球虫药。其作用峰期是在球虫入侵期，即对细胞外的子孢子和第1代裂殖子有效。

目前市场上使用的聚醚类离子载体抗生素品种主要有：莫能菌素、盐霉素、拉沙菌素、马杜拉霉素、甲基盐霉素、森杜拉霉素等。

①莫能菌素 别名有牧宁霉素、莫能黑、欲可胖等，1971年开始投放市场使用，推荐使用浓度为100～120 mg/kg，严禁与泰妙菌素和竹桃霉素并用，产蛋鸡禁用。 此外，莫能菌素在体内对产气荚膜梭菌有抑制作用，可预防坏死性肠炎的发生。

②盐霉素 别名有优素精、球虫粉、沙利霉素，1983年问世，美国FDA批准盐霉素的推荐使用剂量为44～46 mg/kg，对堆型艾美耳球虫效果较好，但对柔嫩、巨型和布氏艾美耳球虫效果一般，安全范围较窄。

③拉沙洛菌素 商品名球安，是唯一的一种双价离子载体类药物，1976年问世，推荐剂量为68～113 mg/kg，对柔嫩艾美耳球虫效果较好。

④马杜拉霉素 商品名为加福，国产名为抗球王，1985年研制成功，推荐剂量为5 mg/kg，安全范围极窄，剂量超过6 mg/kg或长期使用会对生长造成影响，鸡群会有啄毛现象，超过7 mg/kg以上就会引起中毒。抗球虫效果在离子载体抗生素类抗球虫药中最好，也是目前市场占有率较大的一种抗生素类抗球虫药，可有效控制6种致病性艾美耳球虫。但近年来国内外有较多的马杜拉霉素的耐药虫株出现。

⑤那拉霉素 又称甲基盐霉素、那拉星，1988年问世，与盐霉素和莫能霉素的功效相近，推荐剂量为50～80 mg/kg。那拉霉素与尼卡巴嗪联合使用具有协同作用，是国际市场上的注册复方抗球虫药。

（2）化学合成类抗球虫药 主要有磺胺类、球痢灵、氯羟吡啶、氯苯胍、氨丙啉、尼卡巴嗪、痢特灵、常山酮、氟嘌呤、地克珠利、百球清、二甲硫胺、喹啉类等。

化学合成药对球虫的作用机制较复杂，有的影响球虫发育过程，如磺胺类药与对氨基苯甲酸竞争二氢叶酸合成酶，妨碍二氢叶酸合成，最终影响核蛋白的合成，如氨丙啉阻断虫体细胞的糖代谢过程，干扰球虫维生素B1的代谢；有的影响虫体的线粒体功能，如喹啉类和吡啶类阻断球虫线粒体内细胞色素体系的电子运输。化学合成药对球虫的作用峰期较广，可从子孢子到配子体，但各种药物的作用峰期有所差异。

①磺胺类药 用于抗球虫作用的此类药包括磺胺喹噁啉（120 mg/kg拌料，66 mg/kg饮水）、三字球虫粉还有30%的磺胺氯吡嗪（2 000 mg/kg混饲，1 000 mg/kg饮水）、磺胺二甲基嘧啶（SM2）（0.5%混饲，0.2%饮水）、磺胺间甲氧嘧啶（SMM）（500～1 000 mg/kg）、磺胺间二甲氧嘧啶（SDM）（250～500 mg/kg）等。这类药物已使用多年，不少球虫对其产生抗药性或交叉抗药性，因此应与其他抗球虫药，如氨丙啉或抗菌增效剂并用。

②尼卡巴嗪　尼卡巴嗪是国际上最早研制成功的专用抗球虫药，具有广谱、高效和产生抗药性慢等优点，缺点是会导致鸡只厌食，在高温高湿条件下使用，造成鸡只对热应激的敏感，对产蛋母鸡具有毒性，常用于与离子载体类进行穿梭。预防性给药浓度为：蛋鸡幼雏和中雏期饲料中加100 ~ 200 mg/kg，肉用仔鸡饲料中加100 ~ 125 mg/kg。

③氯苯胍　预防剂量30 mg/kg，治疗剂量60 mg/kg。20世纪70年代初上市，80年代初在我国上市应用，至今已有20多年的历史，由于广泛使用，在许多地方均已出现严重的抗药性虫株或群体。

④常山酮　商品名速丹，使用剂量3 mg/kg，新型广谱抗球虫药，非常高效，毒性小，安全范围大，与其他抗球虫药无交叉抗药性，对产蛋母鸡和火鸡安全，但也能产生抗药性，6 mg/kg浓度即影响适口性，使部分鸡采食量减少，9 mg/kg则大部分鸡拒食，因此，拌料药充分均匀，否则影响疗效。

⑤地克珠利　比利时杨森制药厂生产，国产商品名为球佳、扑球等，具有广谱、高效、低毒的特点，饲料中添加量很低，仅仅1 mg/kg，一般用于穿梭、轮换用药。

⑥氯羟吡啶　商品名为可爱丹，另外名称有克球粉、克球多等，使用剂量120 ~ 150 mg/kg，它曾经是我国大量生产，使用最广泛的抗球虫药之一。但目前球虫对该药的耐药性严重。

⑦氨丙啉　于1959年由美国默克公司研制开发，该产品的最显著的特点就是安全性高，是所有抗球虫药中安全性最高的药物之一，可用于产蛋鸡。氨丙啉目前几乎在全世界所有国家都有注册并被广泛使用，美国FDA还批准用于种鸡，无停药期的要求。预防给药浓度为100 mg/kg，治疗给药浓度可采用250 ~ 500 mg/ kg，先用1 ~ 2周，然后减半连用2 ~ 4周。

⑧喹啉类抗球虫药　此类药物包括苯甲氧喹啉、癸氧喹啉和丁氧喹啉三种药物，甲氧喹啉的药效比癸氧喹啉强2倍，比丁氧喹啉强10倍，主要作用于孢子。此类药品的用药成本较高，极易产生抗药性，应用价值有限。苯甲氧喹啉使用剂量为20 mg/kg，癸氧喹啉使用剂量为20 ~ 40 mg/kg，丁氧喹啉使用剂量为82.5 mg/kg。

⑨妥曲珠利　又称甲基三嗪酮，百球清。具有广谱抗球虫活性。广泛用于鸡球虫病，对球虫的作用部位十分广泛，对球虫两个无性周期均有作用，如抑制裂殖体，小配子体的核分裂和小配子体的壁形成体。本品对鸡堆型、布氏、巨型、柔嫩、毒害、和缓艾美耳球虫，火鸡腺艾美耳球虫、火鸡艾美耳球虫，以及鹅的鹅艾美耳球虫、截形艾美耳球虫均有良好的抑杀效应。一次内服7 mg/kg或以25 mg/kg浓度饮水48 h，不但有效地防止球虫病，使球虫卵囊全部消失，而且不影响雏鸡生长发育及对球虫免疫力的产生。连续应用易使球虫产生耐药性，甚至存在交叉耐药性（地克珠利），因此，连续应用不得超过6个月。

（3）鸡球虫药物靶标及新药研发　目前鸡球虫病的控制仍主要依赖药物，但严重的抗药性使球虫病的控制受到前所未有的挑战，迫切需要新球虫药物面市。传统上，由于受研究技术和方法的限制，一直沿用“大海捞针式”的“化学筛选”来进行药物研制和开发；这一筛选方法费时、费力，发现新药的速度慢。

近年来，随着生物体基因组学、蛋白质组学和代谢组学的迅速发展，计算机辅助药物设计技术成为药物创制的重要手段。这种技术主要是根据与疾病有关和/或病原体的关键分子的结构特征和作用机制，通过分子模拟和计算机辅助技术，筛选、设计活性化合物，由于其目标明确，大大缩短了药物开发的周期；这一方法成功的典型例证就是美国 Agouron 公司和 Vertex 公司根据对艾滋病病毒 I 型蛋白酶结构信息的解析，已研制成功并上市了沙奎那韦（Saquinavir）和茚地那韦（Indinavir）二种抗艾滋药物。

球虫与宿主之间存在着许多明显的生化代谢途径及代谢酶的差异，为药物发现提供了广泛的发展空间。有关探索球虫与脊椎动物之间差异的研究，进而筛选预测化合物作为抗球虫药研制提供了新的思路，并取得了一系列进展。

1）顶质体（Apicoplast）及代谢途径　Zhu等2004年首次从分子水平上证实柔嫩艾美耳球虫存在一个特殊的亚细胞器——顶质体。顶质体被发现之初，众多学者就一直对这个亚细胞器官结构和其生物学功能进行了探索性的研究，并取得了极大的进展。现已证实顶质体在基因组结构及其生化功能上类似于植物的叶绿体，但不具有光合作用的能力。它不仅是顶复门原虫进行Ⅱ型脂肪酸合成代谢，而且是类异戊二烯代谢合成（Isoprenoid biosynthesis）、铁流簇（Iron-sulphur clusters）蛋白的生物合成、血红素合成等生化代谢过程的亚细胞器。

①Ⅱ型脂肪酸合成代谢途径关键酶及抗球虫药物筛选　Ⅱ型脂肪酸合成代谢是鸡球虫顶质体内研究较多的代谢途径之一，脂肪酸是所有生物细胞膜不可或缺的组成成分，现已证实，在不同的生物体内具有两种不同的脂肪酸合成代谢途径。哺乳动物和禽类等一些高等生物的脂肪酸合成酶是被融合成一个多功能的单个多聚肽而存在于胞浆中，这种代谢途径称之为Ⅰ型脂肪酸合成代谢途径；在大多数细菌、顶复门原虫和某些植物中，这些酶分别是独立的单功能的蛋白，这称之为Ⅱ型脂肪酸合成代谢途径。

虽然柔嫩艾美耳球虫和人刚地弓形虫（*T. gondii*）等其他顶复门原虫同时存在两种代谢途径，但这两种代谢途径却起着不同的作用；Ⅱ型代谢途径负责从头合成一短链的脂肪酸，而Ⅰ型代谢途径负责在此基础上进行脂肪酸链的延伸，对于柔嫩艾美耳球虫的生存都是必需的。

由于柔嫩艾美耳球虫的Ⅱ型脂肪酸合成途径在其宿主中并不存在，作用于这些代谢酶的药物对宿主没有影响，成为研究开发抗球虫药物的理想靶标，因而近年来柔嫩艾美耳球虫的Ⅱ型脂肪酸合成代谢途径及相关酶成为研究的热点。

Cai和Ferguson在2007年分别从不同视角报道了该代谢途径中的关键酶——烯酰ACP还原酶（ENR）的生化特性，并发现三氯生（Triclosan）能够抑制EtENR的活性，具有抗球虫作用效果。

2008年王志军等报道了Ⅱ型脂肪酸合成代谢途径另一关键酶β-酮酯酰-ACP还原酶（KR），证实长为1 044bp 的ORF编码了一个EtKR，N-端包括一个由21个氨基酸组成的信号肽和79个氨基酸组成的转导肽，成熟的EtKR蛋白由247个氨基酸组成。对其生化特性进行了分析，并证实六氯酚（Hexachlorophene）能够抑制EtKR酶活性，其IC50为20.9 μM。

2012年孙铭飞等对柔嫩艾美耳球虫Ⅱ型脂肪酸合成代谢途径的另一关键酶——丙二酰单酰辅酶A：ACP转酰基酶（MCAT）进行了系统研究，实验证实MCAT存在于柔嫩艾美耳球虫顶质体内（见彩图8-1-5），并发现紫堇块茎碱（Corytuberine）可明显抑制EtMCAT活性（16.47 ± 2.38 μM），在柔嫩艾美耳球虫HCT-8细胞培养平台上，证实紫堇块茎碱具有抗柔嫩艾美耳球虫活性。

②类异戊二烯合成代谢及抗球虫药物筛选　类异戊二烯生物合成（Isoprenoid biosynthesis）是广泛存在于各种动物、植物、细菌和真菌的一种不可缺少的重要代谢途径。类异戊二烯是一类从五碳单位化合物——异戊二烯二磷酸（Isopentenyl diphosphate，IPP）及其烯丙基异构体（Ally isomer）——二甲基烯丙基二磷酸（Dimethylallyl diphosphate，DMAPP）为底物，在异戊二烯转移酶作用下通过异戊二烯碳链的不断延伸而形成的复杂化合物。在不同生物，IPP和DMAPP产生各有两条途径，分别称为甲羟戊酸途径（Mevalonate pathway，MVA）和非甲羟戊酸途径（Non-mevalonate pathway，MEP）。在柔嫩艾美耳球虫的顶质体中发现了这一代谢途径的存在，且与高等动物明显不同，不利用甲羟戊酸（Mevalonate）产生IPP（即

MVA途径），而是以丙酮酸和3–磷酸甘油醛为底物，在多个酶的作用下逐步产生DMAPP并转化为IPP（即MEP途径，也称为DOXP途径）。由于该途径在宿主中并不存在，故MEP途径中的酶成为理想的药物作用靶标，成为近年来开发抗球虫药物的又一重要靶标。

2007年Clastre等证实一种抗疟原虫药物（膦胺霉素，Fosmidomycin）可通过抑制柔嫩艾美耳球虫MEP途径关键酶——5–磷酸脱氧木酮糖还原异构酶（Deoxyxylulose 5–phosphate reductoisomerase，DXR）而抑制球虫的生长发育。

2）能量代谢途径及抗球虫药物筛选　能量对所有生物的生存、发育及繁殖都是至关重要的，但目前为止对于鸡球虫的完整能量代谢途径及关键酶尚不清楚。早期文献显示，球虫等低等生物主要利用糖酵解获取能量，但随着基因组学及生物信息学的发展，研究发现，柔嫩艾美耳球虫除存在糖酵解途径外，还存在三羧酸循环相关酶的基因，提示柔嫩艾美耳球虫能量供给方式可能更为复杂多样。

廖申权等重组表达了柔嫩艾美耳球虫已糖激酶（Hexokinase，HK），并以此为靶标筛选获得槲皮素和芒果苷两种能够具有抗球虫作用效果的化合物。

孟祥龙等报道了柔嫩艾美耳球虫糖酵解途径中的另一个关键酶——乳酸脱氢酶（Lactate dehydrogenase，LDH），并以LDH为靶标，大规模筛选商业化化合物库，获得3种能够有效抑制LDH的先导化合物：一种商品化的抗真菌药物依曲康唑（Itraconazole），能够明显抑制EtLDH活性；其次，苯琥胺（Phensuximide）；此外发现棉酚（Gossypil）能够在较低浓度下明显抑制EtLDH活性。

此外，国内有陈佳以柔嫩艾美耳球虫嘧啶合成途径关键酶——二氢乳清酸脱氢酶（Dihydroorotate dehydrogenase，DHODH）为靶标，认为来氟米特（Leflunomide）具有抗球虫活性；孟祥龙报道了柔嫩艾美耳球虫脂质代谢相关的酰基甘油酯酶（Monoacylglycerol lipase，MAGL）的生化特性，并通过抑制动力学证实一种具有治疗人慢性非预期性应激抑郁的化合物——JZL184可抑制球虫的入侵和发育（IC_{50}为8.021 ± 0.02uM）。

上述以柔嫩艾美耳球虫特殊代谢途径关键酶为靶标，筛选抗球虫药物的一系列报道虽尚处于一种探索和前期研究阶段，但为抗球虫药物的研制提供了新的思路。

3. 鸡球虫疫苗

（1）活卵囊疫苗　由于现有球虫药均已经出现了耐药性、鸡产品的药物残留问题日益受到关注，以及禁止在动物饲料中添加抗球虫药物的呼吁越来越高等原因，免疫预防必将取代化学药物在球虫病控制占据主导地位。球虫重组疫苗研制始于20世纪80年代初期，即使在过去20多年里进行了大量的投入，但是迄今尚未有重大突破。在有效的重组疫苗成功研制之前，球虫活疫苗将作为免疫预防的主要手段，在控制球虫病上发挥重要的作用。

现已有5种主要品牌的多价抗鸡球虫病活疫苗，在不同国家进行了注册。所有的这些疫苗都含有一种以上组合，以用于不同品种的鸡或不同管理方式的鸡场。表1概括了这些疫苗的概况，从表可知，不但疫苗种类得到很快的发展，而且旧疫苗不断推出新的免疫方法。根据疫苗虫株的毒力，可把球虫活疫苗分为强毒活疫苗和致弱活疫苗。

我国从20世纪80年代开始对球虫弱毒苗进行研究，已有多种球虫疫苗获得了新兽药证书，其中佛山市正典生物技术有限公司于2008年成为我国第一个有资质生产“鸡球虫活疫苗”厂家，填补了我国在这一领域的空白，从此结束了我国鸡球虫病疫苗依靠进口的局面。

用疫苗控制球虫病，能克服使用化学药物存在的用药时间长、成本高、易产生抗药性、药物残留等弊病，且使用方便、安全、高效。目前尽管球虫苗的生产和推广使用技术及人们对球虫苗的认识还存在一定问题，但大量的研究及生产实践已证明，利用球虫苗来控制球虫病是一种有效的途径。

表 8-1-1 商业化鸡球虫活疫苗主要种类

疫苗品牌	虫种	致弱	使用方法	免疫日龄	生产商
Coccivac-B	Ea, Emax, Emiv, Et	不	孵化室喷雾 / 滴眼 / 饮水 / 拌料	1 ~ 14 日龄	Schering-Plough Animal Health（美国），1952
Coccivac-D	Ea, Eb, Eh, Emax Emiv, En, Ep, Et	不	孵化室喷雾 / 滴眼 / 饮水 / 拌料	1 ~ 14 日龄	
Immucox-C1	Ea, Emax, En, Et	不	不饮水 / 凝胶口服	1 ~ 14 日龄	Vetech Laboratories（加拿大），1985
Immucox-C2	Ea, Eb, Emax, En, Et	不	不饮水 / 凝胶口服	1 ~ 14 日龄	
Livacox-D	Ea, Et	是	饮水 饮水 / 滴眼	1 ~ 10 日龄	Biopharm（捷克），1992
Livacox-T	Ea, Emax, Et	是	饮水 饮水 / 滴眼	1 ~ 10 日龄	
Livacox-Q	Ea, Eb, Emax, Et	是	饮水 饮水 / 滴眼	1 ~ 10 日龄	
Paracox	Ea, Eb, Emax × 2, Emit, En,Ep,Et	是	饮水 / 拌料 孵化室喷雾 / 饮水 / 拌料	1 ~ 9 日龄	Schering-Plough Animal Health（美国），1989
Paracox-5	Ea, Emax × 2, Emit, Et	是	饮水 / 拌料 孵化室喷雾 / 饮水 / 拌料	1 ~ 3 日龄	
鸡球虫病三价活疫苗	Ea, Emax, Et	是	饮水	3 ~ 7 日龄	佛山市正典生物技术有限公司（中国），2006，2012
鸡球虫病四价活疫苗	Ea, Emax, Et，En	是	饮水	3 ~ 7 日龄	

注：Ea=堆型；Eb=布氏；Eh=哈氏；Emax=巨型；Emit=和缓；Emiv=变位；En=毒害；Ep=早熟；Et=柔嫩；Emax × 2=两株抗原不同的巨型。

（2）基因工程疫苗

①重组表达亚单位疫苗 尽管目前的实验结果显示，重组基因工程疫苗对虫体攻击提供的保护力不如活疫苗，但在这一领域的研究依然取得了巨大的进展。目前基因重组表达亚单位疫苗的候选基因主要有5401、SO7、3-1E、MZ5-7；微线蛋白MIC-1、2、4、5；AMA1、2和表面抗原SAG5、SAG10、SAG13、SAG14等。

Bhogal等用重组柔嫩艾美耳球虫子孢子抗原GX3262一次免疫鸡后诱导了部分保护力（病变记分减少），同时发现该重组蛋白免疫1日龄肉仔鸡后，对柔嫩艾美耳球虫和堆型艾美耳球虫的攻击提供了部分保护性，表明该重组蛋白有一定的交叉保护性。

Jenkins等用堆型艾美耳球虫重组p240 /p160子孢子表面抗原和p250免疫原性裂殖子抗原免疫鸡，发现能诱导很好的抗原特异性T淋巴细胞增殖反应。研究发现堆型艾美耳球虫重组蛋白3-1E与子孢子抗原cSZ-1有19kD的相似性，是子孢子和裂殖子阶段的细胞质蛋白，在不同艾美耳球虫中是保守的（柔嫩艾美耳球虫、巨型艾美耳球虫、镰型艾美耳球虫）。

Ding等用纯化的重组蛋白（3-1E）与IL-1、IL-2、IL-6、IL-8、IL-15、IL-16、IL-17、IL-18或IFN-γ一起免疫鸡胚，结果显示，免疫18日龄鸡胚，能增强小鸡孵出后对堆型艾美耳球虫感染的抵抗力（卵囊产量减少和增重增加）。另一个候选的重组蛋白是柔嫩艾美耳球虫微线蛋白2（EtMIC2）基因编码的蛋白，鸡胚内免疫EtMIC2蛋白也能诱导较高的抗体反应，卵囊攻击后与对照组相比，卵囊产量降低，体重增加。进一步用重组EtMIC2蛋白和细胞因子（IL-8、IL-16、TGF-β4和淋巴细胞趋化因子）联合免疫，结果发现联合免疫比单独用重组蛋白EtMIC2免疫效果好。这些结果都证实，鸡胚内接种重组3-1E蛋白和EtMIC2蛋白，孵化后的雏鸡能产生一定程度的保护性免疫力，当重组蛋白与细胞因子联合免疫时，免疫效果更好，可能是一种很有应用价值的抗原组合。Belli等克隆和表达了巨型艾美耳球虫的2个重组蛋白GAM56和GAM82，这2个蛋白是商业化亚单位疫苗（CoxAbic和Abic）的主要抗原成分，已经证实这个疫苗对堆型艾美耳球虫、巨型艾美耳球虫、柔嫩艾美耳球虫卵囊的攻击能提供部分保护性。

李安兴等成功地筛选了柔嫩艾美耳球虫北京株重要抗原SO7，并在大肠杆菌内进行高效表达，继而又进行免疫效果试验，结果表明，重组抗原免疫鸡获得了部分保护力，其病变计分比免疫攻毒组降低了31%。杨林等将柔嫩艾美耳球虫广东株子孢子折光体抗原Etp28基因在修饰的苜蓿丫纹夜蛾核型多角体病毒（AcMNPV）载体系统中得到了高效表达，免疫保护试验初步表明重组抗原能够提供一定的抗球虫作用。张欣萍等通过三亲接合转移法成功地将SO7基因插入丝状体蓝藻穿梭质粒载体pRL439Kp，得到了转球虫基因工程蓝藻，这为球虫基因在蓝藻中表达奠定了基础。王春风等将SO7基因插入乳酸杆菌表达载体pW425t中进行表达获得成功，表达产物约为26kD多肽，用重组蛋白免疫鸡发现，同单用乳酸杆菌相比，鸡只增重明显，粪便卵囊数降低，但对肠道病变影响不大，抗球虫指数为163.4。丁熙成等用pET载体经原核表达EtMIC-2，于7、14日龄经口服、肌注不同剂量工程活菌和菌体裂解蛋白两次免疫鸡，免疫后1周用柔嫩艾美耳球虫、堆型艾美耳球虫和巨型艾美耳球虫攻虫结果发现来源于柔嫩艾美耳球虫子孢子的EtMIC-2基因表达产物对上述3种球虫均有一定的保护作用，鸡只相对增重率随菌体蛋白含量增加呈现增强趋势。

潘晓亮等用柔嫩艾美耳球虫BJ株的pET-TA4重组蛋白表达活菌免疫鸡，发现鸡的相对增重率分别为61%～47%和94.15%，相对卵囊产量为43.95%和78.85%，特别是在感染后5～7 d，粪便中的卵囊产量明显低于对照，说明该蛋白具有一定的免疫原性。田晶华等用大肠杆菌表达MIC-2蛋白，1周和2周龄鸡经两次肌注免疫，在强毒攻击后，与未免疫攻虫和健康鸡比较，免疫鸡胸腺小叶增大，皮髓质区淋巴细胞数量明显增多；而腔上囊淋巴滤泡皮、髓质中淋巴细胞数量虽有不同程度的增多，但没有胸腺明显，结果提示EtMIC-2诱导的免疫反应是以细胞免疫为主。

秦睿玲用柔嫩艾美耳球虫子孢子Mzp5-7基因在大肠杆菌中的表达产物，经肌注菌体纯化蛋白和口服工程活菌，分别于7、14和28日龄连续3次免疫海兰小公雏，结果口服工程活菌组无论从卵囊记数、盲肠病变记分，还是相对增重、抗体产生及细胞免疫水平均优于肌注免疫组。丁熙成等成功地筛选了柔嫩艾美耳球虫北京株子孢子、第二代裂殖子的MIC-2基因，并在大肠杆菌上获得高效表达。用MIC-2重组抗原进行了免疫效果试验。试验证明，使用50ug MIC-2重组抗原免疫鸡获得较好的保护力，其增重率和OPG（克粪便卵囊数）等均优于未免疫攻毒组。

许金俊等利用PGEX-6P-1融合表达系统将SO7基因在大肠杆菌中进行融合表达，对表达产物进行初步表纯化和复性，制备免疫原；分别使用不同剂量的人参总皂甙和重组γ-干扰素及弗氏完全佐剂作为免疫佐剂，对雏鸡免疫后对各组的存活率、相对增重率、病变减少率、相对卵囊产量和抗球虫指数ACI等指标进行统计，3种佐剂中γ-干扰素和人参总皂甙能增强重组蛋白的免疫保护效果，且佐剂的剂量对免疫保护效果有一定的影响，弗氏完全佐剂的免疫增强效果不明显。

麦博等将柔嫩艾美耳球虫表面抗原 SAG10 做原核表达后将重组蛋白以每只100μg肌内注射免疫雏鸡，攻虫后观察免疫效果，免疫组抗球虫指数为 152.13。表明重组表达的 EtSAG10 可诱导雏鸡产生一定的抗球虫免疫保护。柔嫩艾美耳球虫表面抗原 SAG13 和SAG14，SAG2 和 SAG7，以及SAG5进行原核表达，将可溶性蛋白免疫雏鸡，攻毒后检测其重组蛋白的免疫保护效果，结果表明，这些重组表达蛋白均有一定的抗球虫保护力。

鸡球虫基因工程疫苗有诸多的优点，但此类疫苗生产过程复杂，技术难度大，生产成本也高，免疫活性亦不太理想，从而限制了此类疫苗的推广应用。基因工程苗目前还处于研究探索中，尚未达到成功和完全有效的程度，仅停留于实验室阶段。

②DNA疫苗　核酸疫苗是将一种或几种抗原基因与表达载体连接构建成重组质粒，直接或经包装后注入体内表达出相应抗原，诱导机体产生免疫应答。在体内细胞中表达出的相应抗原肽，一部分经加工后呈递到T淋巴细胞表位，在内质网腔与MHC-Ⅰ类分子的抗原结合槽相结合，转运至细胞表面，提呈给细胞毒性T淋巴细胞，引起细胞免疫应答；另一部分未经加工便被分泌到细胞外，由专职的抗原提呈细胞摄取，与MHC-Ⅱ类分子结合，被B淋巴细胞和巨噬细胞识别，被活化的B淋巴细胞产生特异性抗体，引起体液免疫应答，同时诱导并活化辅助性T细胞，产生多种细胞因子，进一步促进和强化细胞免疫和体液免疫。研究认为核酸疫苗可诱导机体产生抗寄生虫免疫力，在艾美耳球虫中，可上调IL-2和IFN-γ的表达量，也可提高抗体水平，对球虫的感染有较好的保护性。

目前已筛选的作为鸡球虫核酸疫苗研究的抗原主要有：子孢子和裂殖生殖阶段的表面抗原、子孢子的表面糖蛋白、子孢子和裂殖子折光体蛋白、微线蛋白等。这些抗原蛋白都有良好的免疫原性，是鸡球虫核酸疫苗研究的良好对象。Kopko等将编码柔嫩艾美耳球虫的一个折光体蛋白基因SO7连接到真核表达载体pcDNA3上，构建了重组质粒pcDNA3-SO7，肌内注射免疫鸡，发现对柔嫩艾美耳球虫感染有明显保护性。

而且大量研究显示，用多种基因共表达构建的抗原基因免疫的效果要优于单独用一种抗原基因。吴绍强等将柔嫩艾美耳球虫BJ株折光体蛋白基因EtIA与表面抗原基因TA4串联后插入到真核载体pcDNA3.1中，然后用该重组质粒多次免疫鸡，显示50μg的重组质粒就能产生良好的免疫效果，可刺激T淋巴细胞增值，而且ACI值在160以上。Lillehoj等用编码堆型艾美耳球虫表面抗原3-1E基因的cDNA构建了联合DNA疫苗，皮下免疫鸡能诱导产生较好的免疫力，能检测到较高水平的循环抗体，并且卵囊产量明显减少。随后，Song等采用同一个基因3-1E和另外一个含CMV启动子的表达载体pBK-CMV（pMP13）构建DNA疫苗，分不同剂量质粒肌肉或皮下注射免疫鸡，2周后感染堆型艾美耳球虫卵囊，结果显示免疫组鸡卵囊产量下降50%。Ma等用3-1E和IL-15 共表达的DNA疫苗免疫试验鸡，结果表明其免疫保护效果（ACI 评价）比仅表达3-1E抗原的DNA疫苗的保护效果更好。Geriletu等用共表达柔嫩艾美耳球虫抗原基因MZ5-7和IL-17 的DNA疫苗对鸡进行免疫，检测到7 d后鸡脾细胞的 IL-2 和IFN-γ表达量上升，攻毒后免疫组的ACI值明显高于对照组，而且共表达的DNA疫苗的保护效果比仅表达MZ5-7抗原的DNA 疫苗的更好。Xu等用嵌合有柔嫩艾美耳球虫TA4和IL-2基因的串联表达疫苗诱导鸡体对球虫的免疫力，结果表明TA4基因是有效的疫苗表达抗原，并发现该抗原和细胞因子联合表达能增强 DNA 疫苗的免疫力。

（3）鸡球虫作为病毒疫苗活载体中的应用　寄生虫用作病毒疫苗开发的活载体，这一设想是由索勋教授于 2005年最早提出的。最先用于表达禽流感病毒基因（包括 HA、NA、NP 和 M2）的寄生虫为柔嫩艾美耳球虫，目前，索勋课题组已成功筛选到了稳定表达 H5N1 禽流感病毒 HA、NP 、M2 和新城疫F的转基因柔嫩艾美耳球虫，但目前似乎尚不能有效激发针对上述病毒抗原的特异的保护性抗体。

鸡球虫属于鸡肠道上皮细胞内寄生性原虫，不同阶段虫体对肠黏膜上皮细胞反复入侵，能激发机体产生有效的以细胞免疫为主的保护性免疫应答，同时也产生很高水平的黏膜免疫和体液免疫。众多研究表明，肠道相关淋巴组织中的$CD4^+$ T细胞和$CD8^+$ T细胞在球虫初次感染和再次攻虫中发挥主要作用，在再次感染中$CD8^+$ T细胞能杀死被感染的靶细胞，如果阻断了体内$CD8^+$ T细胞，则相应的免疫保护功能也就丧失了。$CD4^+$ T细胞能给$CD8^+$ T细胞提供重要的辅助性调节作用，发挥有效的细胞免疫保护。球虫感染能诱导高水平的IFN-γ、IL-2 和IL-12；IFN-γ能刺激巨噬细胞产生NO，NO能有效抑制细胞内虫体的发育。另外，球虫刺激宿主产生的sIgA和循环抗体IgY在初免后一周内即高水平表达，感染8 ~ 14 d后达到峰值，抗体水平可维持数月之久。寄生于十二指肠的堆型艾美耳球虫能激发小肠和盲肠产生大量的sIgA，寄生于盲肠的柔嫩艾美耳球虫同样能在十二指肠产生强烈黏膜免疫应答。

我们知道，在控制经消化道和呼吸道入侵的细胞内病原微生物感染过程中，Th1型免疫反应和$CD8^+$T细胞以及高水平的以sIgA为主的黏膜免疫是不可缺少的。以转基因球虫为活载体的禽流感疫苗可能激发良好的细胞免疫和黏膜免疫保护力，而且寄生于肠道，为有效的黏膜免疫部位，在肠道和呼吸道黏膜部位能维持高水平的、具有交叉免疫保护的sIgA。

①球虫作为活载体疫苗的优势　与细菌、病毒疫苗载体相比，转基因球虫作为活疫苗载体具有独特优势。第一，球虫核基因组大小约为60Mb，可以容纳大片段的外源基因。第二，球虫是真核生物，可以表达已糖基化修饰的活性抗原蛋白。第三，球虫进入肠上皮细胞后形成带虫空泡而与宿主细胞核隔离，因此其基因片段插入或整合到宿主细胞基因组中的概率很小。第四，由于卵囊壁的保护，转基因球虫活卵囊疫苗经口服后可以有效到达肠道的特定部位发挥疫苗作用，不会因为在嗉囊和胃等酸性环境降低疫苗的活性。第五，口服接种简单易行，适用于群体饮水免疫或拌料免疫；而且由于自然饲养条件下卵囊可以重复感染，免疫一次即相当于多次预防接种。第六，球虫的繁殖周期较短，且感染属于自限性，在生成卵囊以后即排到体外，不会引起免疫耐受问题。第七，鸡球虫各个种均以鸡为唯一宿主，不会跨种间传播，因此转基因球虫在田间的释放不造成所谓“散毒”的局面，因而其生物安全性较高。

②艾美耳球虫的遗传操作　经典遗传操作技术在球虫上的应用开始于20世纪 70 年代，Jeffer 是最早对球虫进行经典遗传操作的先驱者之一，他以球虫的抗药性作为遗传标记，对两株氨丙嘧吡啶和癸氧喹酯抗性柔嫩艾美耳球虫进行了杂交，通过双抗药性筛选，获得了同时具有氨丙嘧吡啶和癸氧喹酯抗性抗性的子代柔嫩艾美耳球虫。该试验表明球虫某些特定的遗传标记或性状能够用于经典遗传操作试验，这为球虫的种类鉴定和特定形状的筛选提供了实验依据。除了抗药性以外，发育速度（如早熟和晚熟性状）和同工酶谱也先后被用于柔嫩艾美耳球虫的经典遗传操作。近年来，随着分子生物学技术飞速发展及球虫基因组测序工作的顺利完成，反向遗传操作技术被广泛地应用于球虫基因组学、功能基因组学和蛋白质组学的研究

中，这为新型球虫疫苗和药物的开发提供了理论基础和技术平台。与顶复合器门（Apicomlexa）的弓形虫（*Toxoplasma gondii*）和疟原虫（*Plasmodium* spp.）相比，柔嫩艾美耳球虫的反向遗传操作技术起步较晚。Kelleher 和Tomley 最早通过转基因技术对柔嫩艾美耳球虫进行了反向遗传操作，他们以β-半乳糖苷酶基因（lacZ）作为报告基因，以柔嫩艾美耳球虫微线 1（Etmic.1）基因的5′ 和 3′ 端非编码区分别作为 lacZ 上、下游调控序列，构建了柔嫩艾美耳球虫质粒表达载体，通过电转染的方式将该表达载体转染到柔嫩艾美耳球虫子孢子体内后，转染的子孢子能够持续表达β-半乳糖苷酶并在牛肾细胞株（MDBK）的体外培养中发育到第一代裂殖子。

其后的十年间，柔嫩艾美耳球虫的反向遗传操作技术进展缓慢，仍停留于瞬时转染阶段，郝力力等分别以黄荧光（YFP）和红荧光蛋白（RFP）基因作为报告基因，对柔嫩艾美耳球虫进行了瞬时转染观察，转染后的子孢子能够在MDBK 持续表达荧光蛋白并发育到第一代裂殖子。稍后，石团员等以鸡原代肾细胞（PCKCs）作为转基因球虫的体外培养观察系统对瞬时转染的柔嫩艾美耳球虫进行了详细观察，发现已转染携带YFP 基因质粒的子孢子能够在 PCKCs 持续表达 YFP 并发育到卵囊阶段。这为转基因柔嫩艾美耳球虫的稳定筛选提供了试验依据并增强了信心，然而，由于柔嫩艾美耳球虫体外培养比较困难，到目前为止还没有特别有效的体外培养增殖系统，因此稳定筛选必须在体内才能进行。

在2008年，索勋和 Tomley两个实验小组分别对柔嫩艾美耳球虫的转染条件进行了优化，使得柔嫩艾美耳球虫子孢子瞬时转染效率与先前相比提高了100倍。前者主要采用了限制性内切酶介导的整合（REMI）的电转染方法，而后者则对影响转染效率的各方面因素进行了系统比较和优化，发现，由保存第7 天的已孢子化卵囊提取的子孢子的瞬时转染效率是第 100 天孢子化卵囊的 25 倍；质粒大小增加30.50%则子孢子瞬时转染效率下降 10.25 倍；AMAXA 系统的子孢子瞬时转染效率是 BTX 系统的 3.6 倍（都应用最好的 U.33 程序）；Cytomix 电转液的子孢子瞬时转染效率是 AMAXA 核转染液的 4 倍（AMAXA 系统 11 个程序的均值）；线性化质粒的子孢子瞬时转染效率是环状质粒的 8.9（分别用*Nco* I 和*Bam* HI 限制性内切酶）；线性化质粒加制性内切酶后的子孢子瞬时转染效率是线性化质粒的 14 倍（*Nco* I 限制性内切酶）。在此基础上，Clark 和闫文朝等先后通过流式细胞仪或乙胺嘧啶筛选后的鸡体内多次传代，获得了稳定表达荧光蛋白和二氢叶酸还原酶胸腺嘧啶合成酶突变体基因（DHFR.TS）的转基因柔嫩艾美耳球虫。至此，稳定转染方法在柔嫩艾美耳球虫的反向遗传操作中获得了突破性进展，这将会极大地推动艾美耳球虫生物化学、细胞生物学、遗传学和免疫学方面的研究，进一步为球虫疫苗、药物及其新用途的开发提供新的方法和思路。

除柔嫩艾美耳球虫外，目前被用于反向遗传操作的其他球虫还包括巨型、堆型、早熟艾美耳球虫等，但对这些艾美耳球虫的遗传操作仍还处于瞬时转染阶段。

石团员等对外源蛋白在艾美耳球虫上的空间调控表达情况进行了研究，发现 5′ 端信号肽序列对外源蛋白的空间定位起到决定性作用，并成功利用弓形虫和疟原虫分泌性蛋白的 5′ 端信号肽序列将 YFP 打靶到了柔嫩艾美耳球虫的带虫空泡中。

目前国内索勋等多个研究团队利用柔嫩艾美耳球虫作为疫苗载体载体，已成功实现禽流感、新城疫多个抗原基因在柔嫩艾美耳球虫中表达的设想，虽可能由于外源基因在柔嫩艾美耳球虫中的表达量过低，尚不足以激发起特异性抗体应答，但为以艾美耳球虫作为载体的病毒或细菌病疫苗研制提供了新的思路。

4. 鸡球虫病综合防控措施 成鸡应与雏鸡分开喂养，以免带虫的成年鸡散播病原导致雏鸡暴发球虫病。保持鸡舍干燥、通风和鸡场卫生，定期清除粪便。堆放、发酵以杀灭卵囊。保持饲料、饮水清洁，笼具、料槽、水槽定期消毒，一般每周一次，可用沸水、热蒸气或3%～5%热碱水等处理。每千克日粮中添加0.25～0.5 mg硒可增强鸡对球虫的抵抗力。补充足够的维生素K和给予3～7倍推荐量的维生素A可加速鸡患球虫病后的康复。

（孙铭飞）

二、鸭球虫病 Coccidiosis in duck

【病名定义及历史概述】

鸭球虫病是由一种或多种鸭球虫引起的原虫病。鸭球虫呈世界性分布，我国报道的鸭球虫有20种，临床上常混合感染。北京地区发现的北京鸭球虫病发病率可达30%～90%，死亡率为20%～70%。耐过的病鸭生长受阻，增重缓慢，对养鸭业危害甚大。

【病原学】

鸭球虫隶属于孢子虫纲、真球虫目、艾美耳科的4个属，即艾美耳属（*Eimeria*）、泰泽属（*Tyzzeria*）、温扬属（*Wenyonella*）和等孢属（*Isospora*）。我国已记载的鸭球虫20种，其中绒鸭艾美耳球虫（*Eimeria somateriae*）寄生于肾脏，其余均寄生于鸭的肠道。

1. 阿氏艾美耳球虫（*Eimeria abramovi*）（Svanbaev & Rakhmatullina, 1967） 卵囊呈卵圆形或椭圆形。卵囊大小为（16.1～23.4）μm×（10.1～13.3）μm，平均为19.3 μm×11.6 μm。卵囊壁光滑，双层，厚约1.4 μm。卵囊窄端有微孔，直径5.0 μm，卵囊壁不增厚，有高约2.7 μm的极帽。孢子化卵囊中无卵囊残体和极粒。孢子囊大小为（7～8.5）μm×5 μm，有孢子囊残体，子孢子逗点形或卵圆形。

2. 鸭艾美耳球虫（*E. anatis*）（Scholtyseck, 1955） 卵囊呈短椭圆形或卵圆形。卵囊大小为（15.4～20.5）μm×（12.3～17.5）μm，平均为18.3 μm×14.6 μm。卵囊壁光滑无色，双层，厚约0.7～1.0 μm。其窄端有微孔和极帽，微孔周围卵囊壁明显增厚，微孔外被一塞状物封盖，孢子化卵囊尤为明显。无卵囊残体，有极粒一个。孢子囊卵圆形，窄端增厚，有孢子囊残体。孢子囊大小为（10.4～13.0）μm×（4.7～5.5）μm。

3. 潜鸭艾美耳球虫（*E. aythyae*）（Farr, 1965） 卵囊形状变化较大，呈宽椭圆形，或似圆底瓶状，并在一端形成肩状突出。卵囊大小为（15.6～22.5）μm×（12.8～18.2）μm，平均为19.5 μm×15.6 μm。卵囊壁平滑或略带划痕，呈灰黄色或无色，双层，除锥形部位和扁平的极帽处外，卵囊的厚度为0.6～0.8 μm。孢子化卵囊无卵囊残体，有或无极粒。孢子囊具有斯氏体，孢子囊残体大小为（7.7～12.5）μm×（4.6～7.2）μm，平均10.5 μm×5.6 μm。

4. 巴氏艾美耳球虫（*E. battakhi*）（Dubey & Pande, 1963） 卵囊呈卵圆形或亚球形。卵囊大小为（16.1～25.1）μm×（13.5～22.1）μm，平均为21.1 μm×17.8 μm。卵囊壁光滑，厚1～2 μm，双层，外层黄或橘黄色，内层为绿色，有一个较大的极粒，但无微孔和卵囊残体。孢子囊长卵圆形，大小为（8.2～15.4）μm×

（4.4 ~ 7.8）μm，平均为4.5 μm × 5.5 μm，有斯氏体和孢子囊残体。

5. 丹氏艾美耳球虫（*E. danailovi*）（Grafner、Graubmann & Betke, 1965） 卵囊呈卵圆形，窄端扁平，有一宽阔的微孔和一个扁平的极帽。卵囊大小为（19 ~ 23）μm ×（11 ~ 15）μm，平均为19 μm × 13 μm。卵囊壁光滑，双层，呈浅绿色或淡黄绿色，内层较外层薄而色深，在微孔处卵囊壁有增厚。有一个极粒，无卵囊残体。孢子囊卵圆形，大小为10 μm × 5 μm，有斯氏体和孢子囊残体。

6. 鹊鸭艾美耳球虫（*E. Bucephalae*）（Christiansen & Madsen, 1948） 又名牛头鸭艾美耳球虫。卵囊呈长而不规则的椭圆形，沿长轴的两边平直或一边稍凹陷。卵囊大小为（29 ~ 35）μm ×（13 ~ 20）μm，平均为30.3 μm × 15.6 μm。卵囊壁呈浅棕色，油镜下可见有网状结构。微孔狭窄，无卵囊残体。

7. 克氏艾美耳球虫（*E. krylovi*）（Svanbaev & Rakhmatullina, 1967） 卵囊呈亚球形。卵囊平均大小为17.8 μm × 14.8 μm，卵囊壁平滑，厚约1.2 μm，两层囊壁中的内层较厚。卵囊的大小随宿主而存在差异，寄生于白眉鸭的卵囊平均大小为21 μm × 16.8 μm，而寄生于绿翅鸭的卵囊平均大小约为14.7 μm × 12.6 μm。在较为扁平的一端有一极孔，宽为4 ~ 6 μm，微孔上覆有厚约1.0 μm 领样凸起。孢子化卵囊有1个极粒，但无卵囊残体。孢子囊和子孢子均呈卵圆形或球形，孢子囊的大小为8.4 μm ×（6.3 ~ 8.4）μm。无孢子囊残体，子孢子充满整个孢子囊。

8. 秋沙鸭艾美耳球虫（*E. nyroca*）（Svanbaev & Rakhmatullina, 1967） 卵囊呈卵圆形，灰绿色。卵囊大小为（21 ~ 39.3）μm ×（16.8 ~ 18.9）μm，平均为25.4 μm × 17.7 μm。卵囊壁2层，光滑，厚为1 ~ 2 μm，有微孔宽为4 ~ 6 μm，微孔处由卵囊壁形成2个领样结构。有一个不甚明显的极帽，高为2 ~ 3 μm。孢子化卵囊无极粒和卵囊残体。孢子囊呈卵圆形或近似球形，大小为（10.6 ~ 12.6）μm ×（8.4 ~ 10.6）μm。子孢子呈豆形或新月形，散布在子孢子之间的为颗粒状的孢子囊残体。

9. 萨塔姆艾美耳球虫（*E. saitarnae*）（Inoue, 1967） 卵囊呈卵圆形，壁光滑无色，双层，厚为0.7 ~ 0.8 μm。卵囊的尖端有一个明显的极孔。卵囊大小为（17 ~ 21）μm ×（13 ~ 15）μm，平均为18.6 μm × 13.2 μm。孢子化卵囊有一个极粒和卵囊残体，是唯一用单卵囊分离技术确定的虫种。

10. 沙赫达艾美耳球虫（*E. schachdagica*）（Musav、Surkova、Jelchiev & Alieva, 1966） 卵囊呈卵圆形，大小为（16 ~ 26）μm ×（12 ~ 20）μm，平均为24 μm × 18 μm。卵囊壁光滑，无色、双层，厚为1.6 ~ 2.0 μm，无微孔和卵囊残体，有一至数个极粒。孢子囊椭圆形或卵圆形，无斯氏残体，有孢子囊残体，大小为9.2 μm × 8.4 μm。

11. 绒鸭艾美耳球虫（*E. somateriae*）（Christiansen, 1952） 寄生于鸭肾脏。卵囊呈椭圆形，常不对称，卵囊壁光滑，薄而无色。卵囊大小为（21.2 ~ 41.3）μm ×（10.6 ~ 19.2）μm，平均为31.9 μm × 13. 6 μm。有微孔，微孔端窄而长，似瓶颈。孢子化卵囊中无卵囊残体。孢子囊大小为11 μm × 6 μm。

12. 鸳鸯等孢球虫（*Isospora mandarin*）（Bhatia、Chauhan、Arora & Agrawal, 1971） 卵囊呈球形或亚球形，卵囊大小为（19.5 ~ 23.4）μm ×（18.2 ~ 22.2）μm，平均大小为21.4 μm × 20.5 μm。卵囊壁2层，厚为1.0 ~ 1.3 μm，外壁透明，呈淡黄色，内壁呈淡蓝褐色。孢子化卵囊无微孔、极帽和卵囊残体，有 1 个大的极粒。孢子囊2个，呈椭圆形，大小为（11.7 ~ 16.0）μm ×（7.8 ~ 10.4）μm。孢子囊内有4个呈香蕉形的子孢子，大小为12.5 μm × 2.7 μm，在两端（宽端和窄端）各有1个大的折光颗粒，孢子囊具有明显的斯氏体。孢子囊残体为暗色的粗颗粒，散在于子孢子的周围。

13. 艾氏泰泽球虫（*Tyzzeria alleni*）（Chakravarty & Basu, 1947） 卵囊呈卵圆形，卵囊壁为2层，

无卵膜孔。卵囊大小为（14.5～17.3）μm×（9.6～11.5）μm。孢子化卵囊有粗颗粒线体位于一端，其直径为6.4 μm。子孢子是一端尖细。子孢子有8个，子孢子的长度为5.3～6.5 μm。

14. 棉凫泰泽球虫（*T. chenicusae*）（Ray & Sarkar, 1967） 卵囊呈宽柱形，卵囊壁2层，厚约1.1 μm，外层厚，色暗，内层薄。卵囊大小为（20.4～27.6）μm×（14.4～20.4）μm，平均为24.8 μm×16.8 μm。孢子化卵囊的一端有一致密的块状残体，无微孔。子孢子呈球棒形，其大小为13.2 μm×4.2 μm，宽端有一空泡。

15. 裴氏泰泽球虫（*T. pellerdyi*）（Bhatia & Pande, 1966） 卵囊呈卵圆形，卵囊壁平滑，无色，厚为0.5～0.7 μm，其大小为（11～16）μm×（8～11）μm，平均为13.0 μm×10.0 μm。无微孔，有卵囊残体，直径为4.0～5.0 μm。卵囊内含有8个游离的月牙形子孢子，其大小为8.5 μm×2.0 μm。

16. 毁灭泰泽球虫（*T. perniciosa*）（Allen, 1936） 卵囊呈椭圆形或短椭圆形，浅绿色。卵囊大小为（9.9～13.8）μm×（7.8～12.3）μm，平均为12.4 μm×10.2 μm。卵囊壁2层，厚0.8～1.0 μm，外层薄而透明，内层较厚。无微孔、极帽、极粒。孢子化卵囊无孢子囊，8个裸露的香蕉形子孢子游离于卵囊内，大小为（6.7～9.7）μm×（1.8～3.9）μm，平均为8.5 μm×2.5 μm。卵囊一端有一团块状的卵囊残体（见彩图8-1-17）。

17.鸭温扬球虫（*Wenyonella anatis*）（Bhatia & Srivassva, 1965） 卵囊呈不对称的卵圆形或梨形，大小为（13.3～19.3）μm×（10.0～13.3）μm，平均为17.6 μm×12.7 μm。窄端逐渐细缩成颈状，平截，此处有一微孔，扁平稍凹陷，边缘不整齐，宽约3.0 μm。卵囊壁有细点状刻斑，厚为0.7～1.0 μm。在未孢子化卵囊，合子团缩于卵囊中央或偏于一侧端。孢子化卵囊有4个孢子囊和一个位于微孔下方的极粒。孢子囊大小为（5.7～7.0）μm×（4.3～5.0）μm，平均为6.3 μm×4.7 μm，每个孢子囊内含有4个子孢子，呈卵圆形。有暗色颗粒状的孢子囊残体。

18. 盖氏温扬球虫（*W. gagari*）（Sarkar & Ray, 1968） 卵囊呈典型的罐状，卵囊大小为（23～26）μm×（17～19）μm，平均为24 μm×18.5 μm。卵囊壁3层，厚约 1.8 μm。窄端有微孔，宽约4.8 μm。孢子化卵囊无卵囊残体。孢子囊呈瓶形，大小为（13.2～15.6）μm×（7.2～9.6）μm，平均为13.8 μm×8.4 μm，有斯氏体。孢子囊残体为一堆型的小的折光颗粒。棒状的子孢子大小为9.6 μm×3.6 μm，在宽端有一大的空泡。

19. 裴氏温扬球虫（*W. pellerdyi*）（Bhatia & Pande, 1966） 卵囊呈椭圆形，卵囊大小为（13.3～19.3）μm×（10.0～13.3）μm，平均为17.6 μm×12.7 μm。有刻斑。卵囊壁2层，无色，厚为1.0～1.3 μm。有微孔，宽为2.0～2.5 μm。孢子化卵囊中含有1个极粒和4个卵圆形的孢子囊，其大小为（6.7～9.3）μm×（4.0～8.0）μm。孢子囊中无斯氏体，但有暗色颗粒状组成的致密团块状孢子囊残体。子孢子大小为6.0 μm×2.5 μm，在宽端有1个球形体。

20. 菲莱氏温扬球虫（*W. philiplevinei*）（Leibovitz, 1968） 卵囊呈卵圆形，蓝绿色。卵囊大小为（15.6～21.8）μm×（11.5～15.1）μm，平均为19.3 μm×13.0 μm。卵囊壁3层，外层薄而透明，中层呈黄褐色，内层浅蓝绿色。初排出的卵囊充满着含粗颗粒的合子，无空隙，有微孔，平均宽约2.8 μm。孢子化卵囊窄端有宽约3.6 μm的微孔，微孔处卵囊壁稍有增厚，在微孔下方有1～3个极粒，多为2个，分别紧靠微孔两侧。孢子化卵囊内有4个厚瓜子形的孢子囊，为（7.0～10.08）μm×（3.6～7.2）μm，平均为9.2 μm×5.3 μm，每个孢子囊内含4个子孢子，有一含粗颗粒的圆形孢子囊残体，大小为2.38 μm×2.39 μm，孢子囊具有斯氏体。

鸭球虫与其他种类球虫的生活史一样，分3个阶段：孢子生殖（Sporogony）、裂殖生殖（Schizogony）及配子生殖（Gametogamy）。孢子生殖阶段又称为外生性生殖阶段，卵囊随粪便排出，在外界环境中发育为孢子化卵囊，适宜温度为20～28℃；内生性发育阶段包括裂殖生殖和配子生殖阶段。有关内生发育阶段的报道国内外不尽相同。Allen报道毁灭泰泽球虫于感染后24 h观察到第一代裂殖子，认为毁灭泰泽球虫的内生发育至少有三代，感染后第5天出现卵囊，第6天随粪便排出。Versenyi等报道毁灭泰泽球虫于感染后48 h发现第一代成熟的裂殖体，其大小为11.8 μm × 5.8 μm，内含裂殖子大小为8.2 μm × 2.2 μm，8 ~ 10 个；感染后72 ~ 84 h第二代裂殖体发育完成，大小为16 μm × 20 μm，内含20 ~ 25个裂殖子，第二代裂殖子大小为9.4 μm × 2.1 μm；感染后120 ~ 132 h发现卵囊，第6或第7 天随粪便排出。殷佩云等发现毁灭泰泽球虫第一代裂殖体在感染后48 h出现，持续到84 h，其大小为（6.4 ~ 8.8）μm ×（5.6 ~ 8.8）μm，含裂殖子6 ~ 10个；感染后 96 h见到第二代裂殖体，持续到120 h，其大小为（6.36 ~ 14.31）μm ×（7.95 ~ 15.11）μm，每个裂殖体含12 ~ 44个裂殖子，其大小为（10.34 ~ 12.75）μm ×（1.59 ~ 1.75）μm；感染后第104 ~ 120 h在肠绒毛固有层中发现卵囊，卵囊于感染后第5天（118 h）随粪便排出，然而，至感染后144 ~ 216 h已不能观察到裂殖体和大、小配子体及卵囊。

北京鸭菲莱氏温扬球虫于感染后36 ~ 48 h发现第一代裂殖体；感染后54 ~ 72 h出现第二代裂殖体；感染后78 ~ 108 h出现第三代裂殖体；感染后84 h发现配子体；感染后91 h在回肠肠绒毛上皮细胞内发现卵囊，延续至120 h，到144 h未见到卵囊。菲莱氏温扬球虫共进行三代裂殖生殖，感染后16 ~ 40 h，出现第一代裂殖体；感染后40 ~ 61 h为第二代裂殖生殖阶段；61 ~ 82 h为第三代裂殖生殖阶段；感染后88 h进入配子生殖阶段；108 h出现卵囊，120 h卵囊基本排尽。菲莱氏温扬球虫卵囊排出高峰仅限在8 ~ 12 h范围内，该虫种内生发育具有较严格的一致性和同步性，是其重要特征之一。

【流行病学】

鸭球虫呈世界性分布，我国有15个省市区报道过鸭球虫，北京、四川、江苏、江西、福建、云南、安徽、河南、广东、广西、上海等地区进行了鸭球虫的种类调查，以毁灭泰泽球虫、菲莱氏温扬球虫分布最为广泛。

各种年龄的鸭均有易感性，雏鸭发病严重，死亡率高。被病鸭或带虫鸭粪便污染过的饲料、饮水、土壤或用具等，都可成为卵囊的携带者和传播者，甚至饲养管理人员也可以是机械性的传播者。鸭球虫病的发生季节与气温和雨量有密切关系，北京地区的流行季节为5 ~ 11月，以7 ~ 9月发病率最高。

【发病机理】

鸭球虫中以毁灭泰泽球虫致病力最强。扫描电镜观察人工感染毁灭泰泽球虫对北京鸭黏膜的损伤，发现毁灭泰泽球虫对肠道的损伤主要是在感染后96 ~ 122 h。感染后96 ~ 110 h为第二代裂殖体成熟、第二代裂殖子释放时期，严重感染鸭空肠绒毛完全消失，结缔组织裸露，表面显现黏液、渗出液及血液混合凝结形成的丝网，其中散布组织碎片、红细胞及大量裂殖子；感染后110 ~ 122 h是配子发育和卵囊形成时期，主要表现为，大量吸收细胞被配子体、大小配子及卵囊所占据，引起细胞退化、变性，甚至崩溃。毁灭泰泽球虫对鸭的致病力与第二代裂殖体的成熟、裂殖子的释放及对新宿主细胞的侵袭有直接关系，主要取决于第二代裂殖子的量和侵袭程度。虫体发育至成熟的大配子与卵囊时，已不再具有侵袭能力，病鸭耐过此阶段，肠黏膜逐渐恢复，至感染后144 h，肠黏膜基本接近正常。人工感染毁灭泰泽球虫的病理形态学观察发现病鸭在感染后168 h完全恢复正常。

【症状与病理变化】

急性型于感染后第4天出现精神委顿、缩脖、不食、喜卧、渴欲增加等症状；排暗红色或深紫色血便（见彩图8-1-7）；第4～5天多发生死亡；第6天病鸭逐渐恢复食欲。耐过病鸭生长受阻，增重缓慢。慢性型一般不显临床症状，偶见有拉稀，成为散播鸭球虫病的病源。

毁灭泰泽球虫对鸭的危害性严重。急性型呈现严重的出血性卡他性小肠炎。剖检见小肠肿胀，出血，十二指肠有出血斑或出血点，内容物为淡红色或鲜红色黏液或胶冻状黏液。卵黄蒂前3～24 cm，后7～9 cm范围内的病变尤为明显。黏膜严重肿胀，其上密布针尖大的出血点，有的凡有红白相间的小点；有的黏膜上覆盖着一层糠麸或奶酪样的黏液，或有淡红色或深红色胶冻状血性黏液，但不形成肠芯。经人工感染毁灭泰泽球虫发现，病变呈现时间主要集中在感染后96～120 h。病变部位限于十二指肠至空肠中段（特别是空肠前环至卵黄蒂前后），病变性质为出血性脱屑性卡他性肠炎。感染后第 7天（144 h后）肠道的病理变化已不明显，趋于恢复。

菲莱氏温扬球虫病的肉眼病变不明显。人工感染菲莱氏温扬球虫，病变出现在感染后36～98 h。病变部位是从卵黄蒂段至回肠，且限于绒毛顶端，病变性质为卡他性肠炎。

【诊　断】

成年鸭和雏鸭的带虫现象极为普遍，不能仅根据粪便中有无卵囊而作出诊断，应根据临床症状、流行病学、病理变化进行综合判断。

急性死亡的雏鸭，可根据病理变化和镜检肠黏膜作出判断。剖检时，找到病变部位，用水轻轻冲去肠黏膜面的血液和黏液后，刮取少量黏膜，涂布于载玻片上，加1～2滴生理盐水调匀，加盖玻片，高倍镜下检查。如发现有大量的裂殖体、裂殖子或卵囊，即可确诊。

耐过的病鸭或慢性型，可取其粪便或取鸭圈表土10～50 g，加入100～150 mL清水，调匀，以50目或100目的铜筛过滤，取滤液离心，去上清液，沉淀加入64.4%硫酸镁溶液20～30 mL，再离心。以直径约l cm铁丝圈蘸取漂浮液，高倍镜下检查是否有大量卵囊。

【防治措施】

鸭球虫病的防控以预防为主，治疗为辅。在鸭球虫病流行季节，当雏鸭由网上转为地面饲养时，可添加药物进行预防：0.02%复方新诺明、0.1%磺胺六甲氧嘧啶、0.05%克球多或马杜拉霉素 5 mg/kg 饲料混饲3～5 d。治疗用药，拉沙洛霉素90 mg/kg和马杜拉霉素5 mg/kg对鸭球虫病有很好的疗效。莫能霉素40 mg/kg对鸭球虫病有良好的防治效果。进行药物防治时，应采用轮换用药、穿梭用药或联合用药方法。同时加强饲养和卫生管理，鸭舍保持干燥和清洁，定期清除鸭粪，防止饲料和饮水被鸭粪污染。

（孙铭飞）

三、鹅球虫病 Coccidiosis in geese

【病名定义及历史概述】

鹅球虫病是由寄生于家鹅的一种或多种球虫引起的寄生性原虫病。该病呈世界性分布，感染率较高。一般认为该病的危害性不大，长期以来未引起重视。近年来，随着我国养鹅业的不断扩大，饲养方式逐渐转变为集约化养殖，为鹅球虫病的流行与发生提供了条件。部分地区暴发了鹅球虫病，发病率高达90%～100%，死亡率达10%～80%。

【病原学】

鹅球虫隶属于孢子虫纲、真球虫目、艾美耳科。国外已记载感染家鹅的球虫有3属16种，即艾美耳属（*Eimeria*）、泰泽属（*Tyzzeria*）和等孢属（*Isospora*）；国内报道的鹅球虫有2属13种，其中截形艾美耳球虫（*Eimeria truncata*）寄生于肾脏，其余均寄生于鹅的肠道。

1. 鹅艾美耳球虫（*E. anseris*）（Kotlan, 1932） 寄生于小肠，主要寄生于小肠后段。除家鹅外，巫雁和加拿大黑雁等野禽也可感染。卵囊近圆形，卵囊壁单层，光滑，无色。卵囊大小（16～24）μm×（13～19）μm，平均21 μm×17 μm。狭窄截平端有卵囊孔，无极粒。孢子囊卵圆形，大小为（8～12）μm×（7～9）μm，内有残余体。

2. 克氏艾美耳球虫（*E. clarki*）（Hanson、Levine & Ivens, 1957） 寄生于肠道。除家鹅外，北美的雪雁等野禽也可感染。卵囊似圆底瓶，卵囊壁单层，光滑无色。卵囊窄端有卵膜孔。卵囊大小（25～30）μm×（18～21）μm，平均27.3 μm×19.3 μm。

3. 棕黄艾美耳球虫（*E. fulva*）（Farr, 1953） 主要寄生于小肠前段及直肠。除家鹅外，也见于雪雁、加拿大黑雁等野禽。卵囊呈卵圆形，后部钝宽，前端略变细，端部截平。卵膜孔下形成一个或多个节瘤状突出物。卵囊壁2层，卵囊大小（30～6.25）μm×（22.5～28.75）μm，平均32.1 μm×24.93 μm。有极粒，无残余体，孢子囊大小为 12.3 μm×8.8 μm，有内残余体。

4. 赫氏艾美耳球虫（*E. hermani*）（Farr, 1953） 主要寄生于直肠及小肠后段。除家鹅外，雪雁和加拿大黑雁等野禽也可被感染。卵囊呈卵圆形，后端钝圆，前端略小，且在卵膜孔上方略截平。卵囊壁2层，无色、光滑。卵囊大小（20～23.75）μm×（16～17.5）μm，平均大小为 22.41 μm×16.34 μm。无极粒和外残余体。孢子囊大小为 11.27 μm×7.76 μm，有内残余体。

5. 柯氏艾美耳球虫（*E. kotlani*）（Grafner & Graubmann, 1964） 主要寄生于小肠后段及直肠。卵囊呈长椭圆形，一端椭圆，另一端较窄小，顶部截平。卵囊壁淡黄色，2层，有卵膜孔。卵囊大小为（27.5～32.8）μm×（20～22.5）μm，平均 29.27 μm×21.3 μm。有一个极粒和外残余体。孢子囊大小为 12.94 μm×9.44 μm。内残余体呈散开的颗粒状。

6. 大唇艾美耳球虫（*E. magnalabia*）（Levine, 1951） 寄生于肠道。除家鹅外，白额雁、小雪雁和加拿大黑雁等野禽也可感染。卵囊略呈卵圆形，大小为（22～24）μm×（15～17）μm。平均为22 μm×16 μm。卵囊壁2层，卵囊孔明显，周围呈唇状结构。无外残余体。孢子囊大小约 8 μm×12 μm，内残余体大，子孢子头尾排列在孢子囊内。

7. 有害艾美耳球虫（*E. nocens*）（Kotlan, 1933） 寄生于小肠后段，也可以在十二指肠，甚至盲肠和直肠。除家鹅外，雪雁等野禽也可感染。卵囊为卵圆形，有卵膜孔的一端略扁平，卵囊壁光滑，2层，外层淡黄色，内层无色。卵膜孔在内层上，被外层覆盖。卵囊大小为（25～33）μm×（17～24）μm，平均31 μm×22 μm。无极粒和外残余体。孢子囊宽椭圆形，大小为（9～14）μm×（8～10）μm，有小的斯氏体和内残余体。

8. 多斑艾美耳球虫（*E. stigmosa*）（Klimes, 1963） 主要寄生于小肠前段、后段和直肠，小肠中段和盲肠也可被寄生。除家鹅外，大雁等野禽也可寄生。卵囊呈宽卵圆形，一端钝圆，另一端略小，顶端平。卵囊壁呈黄褐色，有明暗相间的辐射条纹，卵膜孔明显。卵囊大小为（18.75～25）μm×（16.25～18.75）μm，平均22.27 μm×17.76 μm。极粒2个，无外残余体。孢子囊卵圆形，大小为10.85 μm×8.67 μm，有斯氏体，内残余体呈松散粒状。

9. 截形艾美耳球虫（*E. truncata*）（Railliet & Lucet, 1891） 寄生于肾脏或输尿管连接处附近的泄殖腔。除家鹅外，还可感染家鸭和灰雁、加拿大黑雁、疣鼻天鹅、绒鸭等野禽。卵囊呈卵圆形，一端狭窄呈截断状。卵囊壁光滑、无色、脆弱，在高渗溶液中很快皱缩。有卵膜孔和极帽。卵囊大小为（20～27）μm×（16～22）μm，平均24.2 μm×20.8 μm。孢子囊大小为 10.2 μm×5.7 μm，有内残余体。

10. 条纹艾美耳球虫（*E. striata*）（Farr, 1953） 寄生于肠道，除家鹅外，加拿大黑雁和黑天鹅等野禽也可被寄生。卵囊呈椭圆或卵圆形，大小为（18.9～23.6）μm×（13.7～18）μm。有一个凸起的卵膜孔。卵囊壁2层，外层淡黄色，有极细的条纹和压痕；内层光滑无色。有一个或多个极粒，无外残余体。孢子囊大小为（10～12）μm×（7～8）μm，有小的斯氏体，内残余体呈粗糙的颗粒状。

11. 法尔氏艾美耳球虫（*E. farrae*）（Hanson、Levine & Ivens, 1957） 寄生于肠道，除家鹅外，北美的白额雁等野禽也可被寄生。卵囊呈椭圆形或卵圆形。囊壁单层，光滑，无色或淡黄色，卵囊大小为（22～23）μm×（17～20）μm，平均22.6 μm×18 μm，有外残余体，无极粒。孢子囊呈长卵圆形，大小为（12～13）μm×6 μm，有斯氏体，内残余体为颗粒状。

12. 鹅泰泽球虫（*Tyzzeria anseris*）（Nieschulz, 1947） 寄生于肠道。卵囊呈球形或亚球形，卵囊壁单层，表面光滑，无色，无卵膜孔。卵囊大小为（10.3～16.02）μm×（9.22～14.59）μm，平均大小为16.39 μm×11.99 μm。卵囊内有8个裸露的子孢子。

13. 稍小泰泽球虫（*T. parvula*）（Kotlan, 1933） 主要寄生在小肠前段和中段；小肠后段、直肠和盲肠也有寄生。除家鹅外，也可感染白额雁、垩雁和小天鹅等野禽。卵囊呈球形或亚球形，囊壁光滑、单层、无色和无卵膜孔。卵囊大小为（10～16.25）μm×（10～13.75）μm，平均大小为 14.04 μm×11.99 μm。孢子化卵囊内不产生孢子囊，8个子孢子围绕着不规则的粒状大残余体。

截形艾美耳球虫致病性最强，鹅艾美耳球虫、有毒艾美耳球虫有一定的致病性，其余各种致病轻微或不致病，有时混合感染可能严重致病。有学者只承认截形艾美耳球虫、科特兰艾美耳球虫、鹅艾美耳球虫、有毒艾美耳球虫、多斑艾美耳球虫和稍小泰泽球虫寄生于家鹅，认为其余种有可能是上述6种的同物异名，或是其他野禽传入，并非鹅的固有种。鹅等孢球虫（*Isospora* sp.）被认为是鹅的假寄生虫。

鹅球虫的生活史与其他球虫相似，包括裂殖生殖（Merogony）、配子生殖（Gametogony）和孢子生殖（Sporogony）三个阶段。柯氏艾美耳球虫有4代裂殖生殖，在感染后48 h完成第1代裂殖生殖；48～96 h完成第2代裂殖生殖；84～144 h完成第3代裂殖生殖；132～192 h为第4代裂殖生殖；配子生殖阶段为180～252 h；

感染后第10天卵囊随粪便排出。鹅艾美耳球虫可能仅有一代裂殖生殖。接种后36～128 h可见不同发育阶段的裂殖体；112～184 h观察到处于不同发育时期的配子体；168 h开始有卵囊排出。有害艾美耳球虫至少有3个世代的裂殖生殖阶段。接种后54～78 h，第1代裂殖体发育成熟，每个裂殖体含10个左右裂殖子；102～240 h，第2代或第3代裂殖体发育成熟，每个裂殖体含25个左右的裂殖子；198 h进入配子生殖阶段；第10天开始有卵囊排出，显露期为4天。多斑艾美球虫可能仅有1个世代的裂殖生殖阶段，每个裂殖体含3～5个裂殖子。感染后108 h进入配子生殖阶段。潜隐期为4.5天，显露期为4天。赫氏艾美球虫可能至少有2个世代的裂殖生殖阶段。每个裂殖体含2～8个裂殖子。感染后102 h进入配子生殖阶段。潜隐期为5天，显露期为2.5天。棕黄艾美耳球虫至少有2个世代的裂殖生殖阶段，每个成熟的裂殖体含15个左右的裂殖子。接种后168 h进入配子生殖阶段，第10天开始有卵囊排出，显露期为3天。

【流行病学】

鹅球虫病在世界各地流行，各种品种的家鹅均可感染球虫，幼鹅的发病率和死亡率很高。截形艾美耳球虫主要危害3周龄至3月龄的幼鹅，发病迅速，病程仅2～3 d，死亡率可高达87%。肠球虫可引起6日龄雏鹅全部发病，死亡率高达82%。我国鹅球虫也广泛流行，多为混合感染，稍小泰泽球虫、赫氏艾美耳球虫为优势种。

鹅感染球虫是由于经口吞食了土壤、饲料及饮水等外界环境中的孢子化卵囊而引起的。饲养管理粗放，圈舍简陋，地面垫草和粪便未及时清理，放养场地低洼潮湿等，易促成本病的发生和传播。野生水禽在鹅群饲养场地栖息，常可带入球虫。鹅球虫病的流行时间与气温和湿度有关，通常在5～8月流行。

【发病机理】

截形艾美耳球虫寄生于鹅的肾脏，能够引发家鹅急性肾球虫病，发病迅速，病程短，仅2～3 d，常造成患病鹅群的大批死亡。鹅艾美耳球虫、有害艾美耳球虫寄生于鹅的小肠上皮细胞内，能引发家鹅急性和慢性的肠球虫病。肠球虫在裂殖生殖后期、配子生殖阶段破坏肠上皮细胞，致使血管破裂，肠上皮细胞崩解，肠黏膜脱落，影响肠黏膜的完整性及功能，导致病患鹅发病或死亡。

【症状与病理变化】

幼鹅肾球虫病通常为急性型，临床表现为精神萎靡，极度衰弱和消瘦，腹泻，粪便白色，眼睛迟钝和下陷，翅膀下垂，无食欲。雏鹅在感染大量肠球虫卵囊时表现为急性型，呈一过性临床症状，病程多为1～3 d。病鹅精神委顿，缩头缩颈，羽毛松乱，饮欲、食欲减退。发病初期粪便呈糊状含白色黏液，后期排出水样稀粪，呈浅黄色蛋清样，含黏液和脱落的黏膜组织碎片。

鹅的肾球虫病病变主要在肾脏。病死鹅肾脏明显肿大，突出于荐骨，由正常的红褐色变为浅灰黄色或红色，表面有出血斑和针尖大小的灰白色病灶或条纹。组织学检查可见肾小管上皮细胞被破坏，尿酸盐和卵囊充满肾小管。病灶区出现嗜红细胞或坏死病变。

鹅艾美耳球虫、有害艾美耳球虫引发鹅肠球虫病的病变主要在肠道。鹅艾美耳球虫引起的病变主要局限在小肠中后段，呈现严重的出血性卡他性肠炎。肠管肿胀增粗呈香肠样，浆膜面有少量点状出血点。肠腔内充满淡黄色或红棕色的黏液，呈蛋清状或胶冻状，混有少量的食物残渣及大量脱落的肠黏膜碎片。肠黏膜表面有许多点状出血点或弥散性出血斑，感染后期死亡鹅的肠黏膜表面有大量的白色结节斑，刮取白色斑块镜检可见大量的卵囊。有害艾美耳球虫引发的病变主要在空肠后段至直肠，表现为肠壁增厚，黏膜有细小的出血点，肠内容物稀薄，含大量的黏液、脱落的肠黏膜上皮等。

【诊　断】

根据流行病学、临床症状、剖检病变可作出初步诊断，确诊需要进行粪便的卵囊检查或肾、肠道病变组织内的裂殖体、裂殖子或卵囊。粪便卵囊的检查可采用饱和盐水漂浮法，肠黏膜或内容物直接做涂片，在显微镜下观察。

【防治措施】

治疗鹅球虫病的常用药物有以下几种：百球清（甲基三嗪酮），以0.002 5%饮水，连用3 d；地克珠利，1 mg/kg混料，饲喂8 d；磺胺二甲嘧啶，以0.1%饮水，连用3 d，停药2 d后再用3 d；氯苯胍，按10 mg/kg混料，饲喂3 d；氨丙啉，按500 mg/kg混料喂服，连喂3 d。

鹅球虫病的防治除使用药物治疗外，预防上可采用综合性措施，幼鹅和成年鹅分开饲养，以减少交叉感染；加强饲料管理，及时清除粪便和垫草，搞好清洁卫生和消毒工作。常发季节要做好预防工作，可适当在饲料中添加抗球虫药，发生球虫病应及早用药治疗。

（孙铭飞）

四、鹌鹑球虫病（Coccidiosis in quails）

鹌鹑球虫病由艾美耳属和温扬属球虫引起的一种原虫病，临床上以贫血、消瘦和血痢为特征。1929年，Tyzzer首次描述了寄生于美洲鹑的弥散艾美耳球虫（*Eimeria dispersa*）。

寄生于鹌鹑的球虫共有8个种类，分属于艾美耳属（*Eimeria*）和温扬属（*Wenyonella*）。艾美耳属的有巴氏艾美耳球虫（*Eimeria bateri*）、角田氏艾美耳球虫（*E. tsunodai*）、鹌鹑艾美耳球虫（*E. coturnicis*）、枯氏艾美耳球虫（*E. crusti*）、弥散艾美耳球虫（*E. dispersa*）、日本鹌鹑艾美耳球虫（*Eimeria uzura*）、*Eimeria taldykurganica*和贝氏温扬球虫（*Wenyonella bahli*）。

鹌鹑球虫病分布广泛，如美国、巴西、印度等国家均有鹌鹑球虫病报道。我国云南、北京、福建、安徽、吉林、湖北、山东等地区有鹌鹑球虫病报道。该病多发于1～2月龄鹌鹑，特别是15～30日龄雏鹌鹑，平养鹌鹑的感染机会多于笼养。致病力最强的球虫种类是角田氏艾美耳球虫（*E. tsunodai*）。

鹌鹑球虫病可分急性和慢性两种，急性型病程为数天到2～3周。病鹑精神委顿，羽毛蓬松，呆立一角，食欲减退，肛门周围羽毛被带血稀便污染，两翅下垂，饮欲增加，消瘦贫血。感染此病的鹌鹑排出棕红色便，病后期发生痉挛并进入昏迷状态，很快死亡。慢性型多见于2月龄后的成年鹑，症状较轻，病程较长，可达数周到数月。病鹑逐渐消瘦，足翅常发生轻瘫，产蛋较少，间歇性下痢，但死亡率不高。

鹌鹑全身高度贫血，胸、腿部肌肉偶见出血点；嗉囊空虚或充满液体；小肠肿胀，肠内容物有鲜红色黏液，黏液上有一层糠麸样的坏死组织；浆膜面呈奶酪样色泽；空肠、回肠呈弥漫性出血和充血，肠道内含有大量血液、黏液，黏膜上有粟粒大的出血点和灰白色病灶；盲肠肿大，内有大量黏稠或稀薄血液，肠壁变薄，黏膜呈炎性出血。

鹌鹑球虫病的预防措施：搞好幼鹑的饲养管理和环境卫生，保持适当的舍温和光照，通风良好，饲养密度适中，供应充足的维生素A；用药预防或治疗时，为避免产生抗药性和提高药效，应交替使用多种有效药物；一旦发生病鹑，要采取隔离治疗，并做好消毒工作。

妥曲珠利、地克珠利、马杜拉霉素和盐霉素对鹌鹑球虫均有预防和治疗效果，尤以妥曲珠利为佳。其他药物如0.025%球痢灵，混饲，连用3～5 d；0.02%～0.04%敌菌净，混饲，连用5～7 d；磺胺二甲基嘧啶，按0.15%拌入饲料饲喂3～4 d，停药2 d后再继续饲喂3 d。在投药治疗期间，可添加维生素K和鱼肝油。

（王荣军）

五、火鸡球虫病（Coccidiosis in turkeys）

火鸡球虫病是火鸡普遍发生且危害十分严重的一种原虫病，1927年Tyzzer首次报道了火鸡艾美耳球虫（*Eimeria meleagridis*）。火鸡球虫病临床上表现为食欲不振，精神萎靡，羽毛粗乱，体重快速下降，黏液样血便，具有较高的发病率和死亡率，对火鸡养殖业造成重大的经济损失。

据文献记载有7种火鸡艾美耳球虫，包括火鸡艾美耳球虫（*E. meleagridis*）、火鸡和缓艾美耳球虫（*E. meleagrimitis*）、分散艾美耳球虫（*E. dispersa*）、*E. gallopavonis*、腺艾美耳球虫（*E. adenoeides*）、*E. innocua*和*E. subrotunda*，其中后2种被认为是无效虫种。

1. 腺艾美耳球虫（*E. adenoeides*） 卵囊呈椭圆形，大小为（18.9～31.3）μm×（12.6～20.9）μm，卵囊指数（长度/宽度）1.54。孢子发育的最短时间为24 h，最短潜在期103 h。有折光体。本种是火鸡球虫中致病最强的一种，用10万卵囊人工感染5周龄火鸡雏，可造成100%的死亡率，死亡发生在感染后5～7 d。感染后第4天出现食欲不振、精神萎靡和羽毛粗乱等症状。粪便呈液体，可能带有血色，也可能含黏液性的管型。肉眼病变主要发生在盲肠，也可扩展到小肠下段和泄殖腔。盲肠内形成白色或灰白色的干酪样肠芯，盲肠和小肠肿胀和水肿，肠道的浆膜面呈苍白色。

2. *E. gallopavonis* 卵囊呈椭圆形，大小为（22.7～32.7）μm×（15.2～19.4）μm，卵囊指数为1.52。孢子发育的最短时间为15 h，最短潜在期为105 h。有折光体。本种具有强的致病力。人工感染5万～10万个卵囊引起6周龄火鸡雏10%～100%的死亡。病变局限于卵黄蒂后部，尤以小肠下段和大肠最为严重，有些病灶可见于盲肠。感染后5～6 d出现明显的炎症和水肿，感染后7～8 d出现软的白色干酪样坏死物质脱落，其中含有大量的卵囊和血斑。

3．火鸡和缓艾美耳球虫（*E. meleagrimitis*） 卵囊呈卵圆形，大小为（15.8 ~ 26.9）μm ×（13.4 ~ 21.9）μm，形状指数为1.17。孢子发育的最短时间为18 h，最短潜在期为103 h。有折光体。本种主要感染小肠上段，它是火鸡小肠上段中致病力最强的球虫。人工感染 20万个卵囊可引起部分火鸡雏发病和死亡，但该球虫的致病力尚不及腺艾美耳球虫。引起的主要症状是无食欲、脱水和停止增重。感染后5 ~ 6 d，十二指肠明显肿胀和充血。在肠腔内出现大量的黏液和液体。在感染后5 ~ 7 d粪便中含有出血斑和黏液管型。

4．火鸡艾美耳球虫（*E. meleagridis*） 卵囊呈椭圆形，大小为（20.3 ~ 30.8）μm ×（15.4 ~ 20.6）μm，形状指数为1.34。孢子发育的最短时间为18 h，最短潜在期为110 h。有折光体。大多数学者认为本种几乎无致病力。感染200万 ~ 500万个卵囊只对4 ~ 8周龄小火鸡的生长有的影响。病变发生于盲肠，呈奶酪样色泽的肠芯样，黏膜稍有增厚，盲肠肿胀部位有出血斑。

5．分散艾美耳球虫（*E. dispersa*） 卵囊呈宽卵圆形，大小为（21.8 ~ 31.1）μm ×（17.7 ~ 23.9）μm，卵囊指数为1.24。孢子发育的最短时间为35 h，最短潜在期为120 h。无折光体。本种具有较弱的致病力。感染100万 ~ 200万个卵囊能引起火鸡雏下痢和增重率下降。剖检病变为十二指肠浆膜呈奶酪色，小肠肿胀，肠壁增厚。粪便呈黏液性淡黄色。

美国和欧盟目前用于控制火鸡球虫病的药物包括：氨丙啉、地克珠利、常山酮、拉沙里菌素、马杜霉素、莫能菌素、氯苯胍、磺胺二甲氧嘧啶+欧美德普（Ormetoprim）及球痢灵。

与鸡球虫病相似，治疗暴发性火鸡球虫病远不如使用药物预防或免疫接种理想。当必须进行治疗时，首选药物是氨丙啉，按0.012% ~ 0.025%混入饮水中。药物预防大多数生产者采用在饲料中连续使用抗球虫药至少8周时间，直至火鸡雏自育雏室转群至放牧区或其他鸡舍。使用的药物有氨丙啉（0.012 5% ~ 0.025%）、磺胺喹噁啉（0.006% ~ 0.025%）加二甲氧甲基苄氨嘧啶（0.003 75%），莫能菌素（54 ~ 90g/t）。

美国用于火鸡球虫病的首个商业化疫苗为1984年生产的Coccivac®–T，该疫苗为腺艾美耳球虫、火鸡和缓艾美耳球虫、分散艾美耳球虫和*E. gallopavonis*共4个虫种混合的活疫苗，用于肉用型火鸡。另外一个商业化疫苗Immucox®为野生型火鸡和缓艾美耳球虫和腺艾美耳球虫的混合虫种疫苗。目前，在火鸡球虫病中尚未有基于减毒株的活疫苗。

（王荣军）

六、其他经济禽类球虫病

1．鸽球虫（Coccidiosis in pigeons） 鸽球虫病是由多种球虫引起的一种危害养鸽业的肠道寄生原虫病，可引起鸽腹泻、消瘦、生长发育缓慢，严重时能造成大批死亡，给养鸽业带来巨大的经济损失。该病主要危害幼鸽，一旦暴发球虫病死亡率很高，成年鸽一般为亚临床感染，体重出现下降。在国外，鸽球虫感染普遍存在，感染率在15.1% ~ 71.9%，国内安徽、云南、河南和上海等地区均有报道。

目前已报道的鸽艾美耳球虫有8种，拉氏艾美耳球虫（*Eimeda labbeana*）、鸽艾美耳球虫（*E. columbae*）、原鸽艾美耳球虫（*E. columbarum*）、杜氏艾美耳球虫（*E. duculai*）及卡氏艾美耳球虫（*E. kapotei*），温氏艾美耳球虫（*E. vcaiganiensis*）、顾氏艾美耳球虫（*E. gourai*）和热带艾美耳球虫（*E. tropicalis*）。路光调查了安徽省1 700多只家鸽，鉴定出2种球虫，分别是拉氏艾美耳球虫和热带艾美耳球虫。杨月中等调查发现昆明市鸽场的鸽同样感染拉氏艾美耳球虫和热带艾美耳球虫。张晓根等对郑州市肉鸽进行调查，鉴定出拉氏艾美耳球虫、卡氏艾美耳球虫和原鸽艾美耳球虫3种。董辉等在上海市的肉鸽粪便样本中共发现了5种艾美耳球虫，分别是拉氏艾美耳球虫、卡氏艾美耳球虫、杜氏艾美耳球虫、鸽艾美耳球虫及原鸽艾美耳球虫，而在信鸽粪便样本中发现了除卡氏艾美耳球虫外的4种球虫。

鸽感染球虫后易造成生长缓慢，信鸽的飞翔能力降低，肉鸽增重减缓。上海地区鸽球虫的感染率较高，平均感染率达到52.8%，阳性粪便样本中球虫平均OPG（每克粪便中卵囊数量）为50 159个。郑州城市公园和宠物市场的鸽各球虫感染率为69.9%，其中在宠物市场采集9份血痢粪便样本，均发现大量球虫感染。赵其平等人工感染每只鸽经嗉囊接种孢子化卵囊15×10^4个，粪便在感染后第6天略微变稀，第9天后逐渐正常。

鸽的饲养一般以饲喂玉米、黄豆、大麦等粮食原料为主，一般药物很难混入饲料，因此，选择防治鸽球虫病的药物一般以饮水剂为宜，利于现场使用。张晓根等报道采用杀球灵、氨丙啉和百球清分别按0.5 mg/kg、250 mg/kg 和25 mg/kg 剂量混入饮水中，连续饮用5 d，对肉鸽自然感染球虫病均有良好的防治效果，其中以杀球灵疗效最优。赵其平等选用地克珠利（1 mg/kg）、磺胺喹噁啉钠（300 mg/kg）、磺胺氯吡嗪钠（300 mg/kg）、托曲珠利（25 mg/kg）、白头翁散（500 mg/kg）等5种抗鸡球虫药物进行肉鸽球虫病的防治研究，结果表明磺胺氯吡嗪钠、磺胺喹噁啉钠的抗鸽球虫效果最好，其次为白头翁散和托曲珠利，而地克珠利效果一般。

为预防鸽球虫病，建议及时清除鸽巢中的粪便，保持鸽舍干燥，定期进行清洁、消毒，避免饲料和饮水受粪便污染，幼鸽与成年鸽分笼饲养，有条件的鸽场可在饲料中定期添加抗球虫药物进行预防，以保障养鸽业的健康发展。

2. 雉鸡球虫病（Coccidiosis in pheasants） 雉鸡又名环颈雉、野鸡、七彩山鸡，目前在全国各地均有规模养殖。雉鸡球虫病是雉鸡普遍流行的一种原虫病，幼龄雉鸡多发，且可导致较高死亡率，造成严重的经济损失。已定种的雉球虫有12种，我国目前调查和发现的有8种和1个未定种。

山鸡艾美耳球虫（*Eimeria colchici*，Norton，1967） 卵囊呈长椭圆形，平均大小为26.7 μm × 17.3 μm，形状指数1.54。囊壁平滑，厚1.36 μm，两层，外层淡黄绿色，内层橘黄色。有1个宽3.0 μm卵膜孔，1个极粒。孢子囊呈长卵圆形，大小为11.29 μm × 6.26 μm。

疏散艾美耳球虫（*E. dispersa*，Tyzzer，1929） 卵囊呈卵圆形，平均23.86 μm × 17.6 μm，形状指数1.35。囊壁平滑，厚1.5 μm，两层，外层淡灰蓝色，内层紫色。孢子囊呈卵圆形，大小为11.2 μm × 5.96 μm，有斯氏体和由颗粒组成的孢子囊残体。

十二指肠艾美球虫（*E. duodenalis*，Norton，1967） 卵囊呈亚球形或球形，平均大小为21.04 μm × 19.21 μm，形状指数1.1。囊壁平滑，厚1.47 μm，两层，外层淡蓝色，内层橘黄色。孢子囊呈卵圆形，大小9.9 μm × 6.37 μm，有斯氏体和孢子囊残体。

雉艾美耳球虫（*E. gennaeuscus*，Ray and Hiregaudar，1967） 卵囊在球形或亚球形，平均大小为21.02 μm × 19.49 μm，形状指数1.08。囊壁平滑，厚1.24 μm，两层，外层蓝绿色，内层灰紫色。孢子囊呈梨形，大小10.12 μm × 6.68 μm，有斯氏体，无孢子囊残体。

兰格雷尼艾美耳球虫（*E. langeroni*，Yakimoff and Matschoulsky，1937） 卵囊呈长卵圆形，平均大小为27.53 μm × 17.76 μm，形状指数1.55。囊壁平滑，厚1.54 μm，两层，外层亮黄色，内层灰紫色。孢子囊呈长卵圆形，大小12.88 μm × 7.0 μm，有孢子囊残体。

大孔艾美耳球虫（*E. megalostomata*，Ormshee，1939） 卵囊呈卵圆形，平均大小为24.57 μm × 17.94 μm，形状指数1.37。囊壁平滑，厚1.3 μm，两层，外层蓝绿色，内层紫色。有1个宽2.52 μm卵膜孔，1个极粒。孢子囊呈卵圆形，无残体。

温和艾美耳球虫（*E. pacifica*，Ormshee，1939） 卵囊呈卵圆形，平均大小为23.97 μm × 17.39 μm，形状指数1.38。囊壁平滑，厚1.26 μm，两层，外层淡蓝色，内层黄色。孢子囊呈长卵圆形，无斯氏体和残体。

锦雉艾美耳球虫（*E. picta*，Bhatia，1968） 卵囊呈宽卵圆形，平均大小为18.15 μm × 14.86 μm，形状指数1.22。囊壁平滑，厚1.2 μm，两层，外层亮黄色，两层蓝绿色。有1个极粒，孢子囊呈梨形，有斯氏体。

未定种（*Eimeria* sp.） 卵囊呈球形或亚球形，平均大小为18.75 μm × 17.47 μm，形状指数1.07。囊壁平滑，厚0.91 μm，两层，外层淡绿色，内层棕色。有1个极粒和卵囊残体，孢子囊呈宽卵圆形，有斯氏体和孢子囊残体。

雉鸡感染球虫后，可表现羽毛松乱，头颈卷缩，闭眼呆立，食欲不佳，饮欲增加，下痢，粪便呈咖啡色或血样，污染泄殖腔周围羽毛，严重者后期食欲废绝，运动失调，倒地痉挛而死。剖检可见盲肠黏膜肿胀，是正常的2 ~ 3倍，弥散性出血，盲肠黏膜增厚。

雉鸡发生球虫病时，应及时隔离发病雉鸡，治疗可选用克球净100 g兑水150 kg，每天分两次投服，连用3 d；每50 kg水中添加维生素K3 g、水溶维生素A3 g，连用3天；重症雉鸡肌内注射青霉素每只5万IU，每天1次，连用3 d。也可用1‰球净（含25%尼卡巴嗪）均匀拌料饲喂，连续5 d；对急性发病鸡配合使用维生素K或青霉素制止出血。

本病流行季节多在每年的5 ~ 8月，患球虫病的雉鸡群极易继发感染大肠杆菌病、沙门菌病和其他病毒性疾病，因此，多发季节、多发日龄应提前预防，可用地克珠利、马杜霉素和莫能菌素等抗球虫药进行预防，以免造成损失。日常管理应保持圈舍通风、干燥和适当的饲养密度，及时清除粪便；交替用0.3%过氧乙酸和1∶300复合酚带鸡消毒；有条件的七彩山鸡可以采取笼养，杜绝鸡群和粪便接触，以减少球虫病的发生。

3. 珍珠鸡球虫病（Coccidiosis in guineafowls） 珍珠鸡是我国从国外引进的一种禽类品种，具有较强的抗病能力，耐高温、喜干燥、抗寒冷，非常适宜饲养，但球虫病却是珍珠鸡常见的疾病，死亡率可达20%以上，导致严重的经济损失。

珍珠鸡感染球虫病后，临床症状表现为食量减退，饮水较多，闭目呆立，粪便呈黏稠状，生产能力下降，感染严重者停止生长，排便带血并有大量肠黏膜脱落，脱水死亡。该病病程时间较长雏鸡发病率最高，严重影响增重；成年鸡发病较少，但可导致产蛋率下降。

治疗珍珠鸡球虫病时，可选用磺胺类药物按规定比例拌入饲料，连续喂服5 d；或将克球灵或痢特灵按比例稀释后拌入饲料，连续喂服5 ~ 7 d。预防珍珠鸡球虫病时，可选用莫能霉素按100 mg/kg稀释拌入饲料连用；氨丙啉按100 mg/kg稀释混入饲料或饮水中，连续使用14 ~ 28 d；马杜拉霉素5 mg/kg稀释拌入饲料连用；地克珠利按1 mg/kg稀释拌入饲料连续使用。为提高疗效，药物品种须经常交替使用。

珍珠鸡球虫病发生主要与鸡的年龄、阴雨季节和舍内环境卫生有关。饲养管理中，鸡舍须保持干净、干燥，时时通风，注意饮水卫生，及时清理舍内粪便；定期用球杀灵和1∶200的农乐溶液消毒，对圈舍进行喷洒消毒；雏鸡和成年鸡进行分群饲养，注意鸡群密度，一般育成前期每平方米15 ~ 20只，育成后期每平方米6 ~ 15只；合理搭配饲料，提高鸡体的抵抗力。

4. 孔雀球虫病（Coccidiosis in peacocks） 孔雀是一种极具观赏价值和商业前景的鸟类，饲养量逐年增加，然而，孔雀常常遭到球虫病的威胁，该病可发生于不同年龄的孔雀，均有不同程度致病性，特别在产卵季节导致产卵率下降，且所孵化的幼孔雀亦因受球虫感染而大量死亡，造成较大损失死亡率较高。

我国目前发现孔雀寄生的球虫有等孢属球虫1种和艾美耳属球虫4种。

梅氏等孢球虫（*Isospora mayuri*，Patnaik，1966） 卵囊呈球形或亚球形，平均大小为24.25 μm，形状指数为1.17。卵囊无微孔，斯氏体及内残体均不明显，极粒0～1个。卵囊内含2个杏仁形的孢子囊，每个孢子囊内含4个子孢子，孢子囊大小为14.19 μm ×9.52 μm。

梅氏艾美耳球虫（*Eimeria mayuria*，Bhatia and Pande，1966） 卵囊呈椭圆形，有双层囊壁，囊壁表面光滑，平均大小为21.25 μm×16.09 μm，形状指数为1.29。无残体，无微孔，有内残体，极粒0～3个，有明显的斯氏体。卵囊内含4个孢子囊，大小为（7.35～12.25）μm×（3.68～9.80）μm，每个孢子囊内含2个子孢子。

曼德勒艾美耳球虫（*E. mandali*，Banik and Ray，1964） 卵囊呈球形或亚球形，球形卵囊直径为14.69～18.37 μm，亚球形卵囊大小为（14.69～18.37）μm ×（12.25～15.92）μm，形状指数为平均为1.10。无微孔，有1～2个极粒，极粒较大，无外残体，有的有颗粒状内残体。卵囊内含4个孢子囊，每个孢子囊内含2个子孢子。孢子囊大小为（7.35～12.25）μm×（3.67～8.67）μm。

孔雀艾美耳球虫（*E. pavonis*，Mandal，1965） 卵囊呈卵圆形，平均大小为23.01 μm× 15.89 μm，形状指数为1.45。有微孔，位于卵囊尖端，极粒位于微孔下方，个别偏于一侧，无外残体，有的有内残体。有明显的斯氏体，卵囊内含4个孢子囊，每个孢子囊内含2个子孢子。孢子囊平均大小为10.97 μm×6.12 μm。

孔雀族艾美耳球虫（*E. pavonina*，Banik and Ray，1961） 卵囊呈卵形，平均大小为22.06 μm×16.45 μm，形状指数为1.34。囊壁2层，表面光滑，无微孔，有明显极粒，个别极粒呈短杆状，极粒位置不固定，多位于小端，有的偏于一侧，也有位于大头顶端，也有位于中部。无外残体，有内残体，有明显圆球形斯氏体。卵囊内含4个孢子囊，每个孢子囊内含2个子孢子。孢子囊平均大小为11.61 μm×6.25 μm。

孔雀感染球虫时，表现为精神不振，食欲减少，拉水样及胶冻样血便，消瘦。剖检可见两侧盲肠肿大，充满凝固新鲜暗红色的血液，肠黏膜有出血点，肠壁变厚或脱落。

患病孔雀可用三字球虫粉1：1 000饮水，连用3 d，效果良好；或将1 mg/kg的杀球灵制成颗粒饲料饲喂孔雀，连续饲喂10 d，亦有明显防治效果。夏天多雨季节，可用磺胺类药物或克球粉拌料饲喂预防，注意交替使用，7 d为一个预防疗程。

孔雀的饲养期比一般家禽长，须注意环境卫生，定期对笼舍进行全面消毒，育雏室应采用地面网架结构，以避免粪便中球虫卵囊的污染，孔雀生长至90日龄可迁至饲养场。

5. 鸵鸟球虫病（Coccidiosis in ostrich） 鸵鸟球虫病是由一种或多种球虫寄生于消化道上皮细胞内引起的原虫病，可致鸵鸟精神沉郁、食欲不振、腹泻、血样粪便和消瘦等临床症状。

已证实鸵鸟球虫有等孢属和艾美耳属2个属。

湖南某鸵鸟场鸵鸟感染未定种的艾美耳属球虫，卵囊呈宽椭圆形，颜色为黄褐色，卵囊壁光滑，大小为（19.3～23.2）μm ×（8.3～21.6 μm），平均为22.1 μm × 18.8 μm，形状指数为1.18。有极粒，无内外残体，无卵膜孔，有斯氏体，孢子化时间为28 h。

郑州地区鸵鸟感染的球虫为鸵鸟等孢球虫（*Isospora struthionis*），卵囊无色，呈圆形或近圆形，卵囊壁光滑，分2层，无卵孔。孢子化卵囊呈卵圆形或近圆形，大小为（20.91 ~ 28.28）μm ×（19.67 ~ 25.82）μm，平均为23.85 μm × 21.88 μm，形状指数为1.06。有极粒，无卵囊残体。有2个孢子囊，呈卵圆形，平均为14.99 μm ×12.05 μm 。孢子囊残体颗粒致密，比较明显，每个孢子囊含有4个香蕉形子孢子，每个子孢子有2个折光体。有斯氏体，孢子化时间为64 h。

鸵鸟球虫病一年四季均可发生，多发于温暖、潮湿的季节，5周龄以下的雏鸵鸟更易感染球虫，可表现腹泻和血样粪便等明显临床症状，日龄较大的鸵鸟在高温多湿季节也偶可发病。刘振湘等报道湖南某鸵鸟养殖场暴发球虫病，共饲养鸵鸟400只，78只雏鸵鸟发生腹泻、血痢等明显临床症状，共发病32只，死亡8只，病死率达25%，发病雏鸵鸟表现为精神不振，羽毛蓬松，食欲下降，饮欲增加，闭目缩颈，有不同程度的腹泻、拉血痢，泄殖腔周围的羽毛被粪便污染，后昏迷、痉挛而死。剖检可见病变主要在肠道，肠道黏膜不同程度的炎症，盲肠肿胀，肠腔内充满血液，肠黏膜上有大量粟粒大小出血点和灰白色病灶，其他脏器未见明显变化。

使用0.025%痢特灵片剂拌料用于治疗发病症状明显的鸵鸟有较好的效果，用0.01%痢特灵片剂拌料用于感染球虫未发病的鸵鸟，也有良好的效果。地克珠利对鸵鸟球虫病也有较好的防治效果。

鸵鸟球虫病的发生与环境卫生、饲养密度、气候、饲养管理和日龄大小等因素密切相关。预防该病必须搞好场地环境卫生，每日清除舍内粪便，勤换垫料并保持干燥，供给充足营养的饲料等。

（王荣军）

七、禽类隐孢子虫病（Cryptosporidiosis）

【病名定义及历史概述】

隐孢子虫（*Cryptosporidium*）是重要的机会性致病人兽共患原虫，呈全球分布，其主要引起以腹泻和呼吸道症状为主的隐孢子虫病（Cryptosporidiosis），可导致免疫功能受损的患者或动物发生渐进致死性腹泻。Tyzzer于1929年在雏鸡的盲肠上皮细胞发现虫体，首次报道禽类感染隐孢子虫。之后研究发现，禽类隐孢子虫病是家养、笼养和野生禽类最常见的寄生虫病之一，主要引起禽类消化道和呼吸道症状。研究表明，禽类隐孢子虫具有重要的公共卫生意义，家养和宠物禽类可通过直接接触传播和流行人兽共患隐孢子虫虫种，野生禽类和水禽可污染饮用水源和娱乐用水导致人畜感染隐孢子虫。

【病　原】

隐孢子虫分类上属于隐孢子虫在分类上属古虫界（Excavata）、囊泡虫总门（Alveolata）、顶复门（Apicomplexa）、类锥体纲（Conoidasida）、球虫亚纲（Coccidiasina）、真球虫目（Eucoccidiorida）、隐孢子虫科（Cryptosporidiidae）、隐孢子虫属（*Cryptosporidium*）。

近年来，根据隐孢子虫卵囊形态学数据、生物学特性、分子遗传特征及国际动物学命名规则将隐孢子虫划分为26个有效种，基于actin、18S rRNA和HSP70等基因位点对隐孢子虫进行分子生物学研究，至少发现74个隐孢子虫基因型。目前，寄生于禽类的隐孢子虫公认的有3个有效种，分别为贝氏隐孢子虫（*C. baileyi*），火鸡隐孢子虫（*C. meleagridis*）和鸡隐孢子虫（*C. galli*）。泰泽隐孢子虫（*Cryptosporidium tyzzeri*）和*Cryptosporidium anserum*曾被命名为禽类的隐孢子虫虫种，分别寄生于雏鸡和家鹅，但因缺乏充分的数据和资料而不被认为是有效种。此外，还有较多的禽类基因型，包括禽基因型Ⅰ～Ⅴ、丘鹬基因型、北美黑鸭基因型和加拿大黑雁基因型Ⅰ～Ⅳ。在禽类体内还发现其他种类的隐孢子虫，分别为安氏隐孢子虫（*C. andersoni*）、人隐孢子虫（*C. hominis*）、鼠隐孢子虫（*C. muris*）、微小隐孢子虫（*C. parvum*）。

1. 贝氏隐孢子虫 卵囊的大小平均为6.2 μm × 4.6 μm，卵囊指数为1.24，呈卵圆形，卵囊壁光滑，无色，厚度为0.5 μm。无微孔、极粒和孢子囊。孢子化卵囊内含有4个裸露的香蕉形子孢子和一个颗粒状残体。

贝氏隐孢子虫是禽类感染最普遍的隐孢子虫种类，美国寄生虫学家Current 等在商品化雏鸡中发现其感染，并根据生活史和形态学特征命名，有关贝氏隐孢子虫生物学研究很多，生活史已被详细描述。雏鸡感染试验表明，贝氏隐孢子虫潜隐期为4天，随着试验雏鸡日龄增长，其开放期逐渐减少，主要寄生部位为呼吸道和腔上囊的黏膜上皮细胞内，在回肠和盲肠的微绒毛上也发现虫体寄生。禽类自然感染贝氏隐孢子虫后可寄生于鼻窦、咽、喉、气管（见彩图8-1-8～彩图8-1-10）、支气管、气囊、肺泡、小肠、盲肠、腔上囊（见彩图8-1-11）、泄殖腔、肾脏和泌尿道等较多的组织器官。

贝氏隐孢子虫宿主特异性较强，主要感染各种禽类，有报道其可感染人类有待于商榷。目前，贝氏隐孢子虫可感染禽类包括鸡、火鸡、鸭、鹅、鹦鹉、褐鹌鹑、鸵鸟、黑头鸥、鸬鹚、鹤类、凹嘴巨嘴鸟、苏丹织巢鸟、灰腹鸫、红冠亚马逊鹦哥、红领绿鹦鹉、灰山鹑、橙黄雀鹀、灰雁、家八哥、百灵、白文鸟、灰文鸟、珍珠鸟、红嘴相思鸟、喜鹊、杂交隼、红腰酋长鸟和冠拟椋鸟。动物感染试验发现贝氏隐孢子虫可感染的禽类包括雏鸡、鹌鹑、火鸡家鸭、鹅、石鸡、珍珠鸡、雉鸡、丝毛乌骨鸡、鸽、樱桃谷鸭和幼鸵鸟，但不能感染山齿鹑、小鼠和山羊。

2. 火鸡隐孢子虫 1955年，Slavin将在幼龄火鸡体内发现寄生的隐孢子虫命名为火鸡隐孢子虫，但其报道的卵囊大小为4.5 μm × 4.0 μm，与微小隐孢子虫比较接近，Lindsay等于1989年在火鸡粪便中测量的卵囊大小为（4.5～6.0）μm ×（4.2～5.3）μm，平均为5.2 μm × 4.6 μm。卵囊壁光滑，无色，厚度约0.5 μm。无微孔、极粒和孢子囊。孢子化卵囊内含4个裸露的香蕉形子孢子和1个大的颗粒状残体。

Slavin在1955年报到了其在火鸡体内的有性繁殖和无性繁殖阶段，Tacconi 等于2001年根据显微镜观察推测了火鸡隐孢子虫在商品化火鸡体内的生活史。Akiyoshi 等用人源火鸡隐孢子虫分离株通过对鼠和鸡的动物感染试验，描述了火鸡隐孢子虫的内生发育史。查红波等于1994年较为详细地报道了火鸡隐孢子虫发育史，其滋养体、裂殖体、大配子、小配子体和厚壁型卵囊均处于宿主肠绒毛上皮细胞的带虫空泡内，厚壁型卵囊于带虫空泡中孢子化。

流行病学调查和动物感染试验均发现火鸡隐孢子虫主要寄生部位是小肠、大肠和腔上囊，临床症状以肠炎和腹泻为主。火鸡隐孢子虫具有广泛的宿主谱，可感染包括人在内的多种哺乳动物，在许多禽类中均有报道。动物感染试验表明火鸡隐孢子虫可感染鸡、鸭、火鸡、牛、猪、兔、大鼠和小鼠，但卵囊排出量均较少。在哺乳动物中，火鸡隐孢子虫的形态学特征、传染性和致病性均与微小隐孢子虫相似。火鸡隐孢子虫是人类感染最常见的三种隐孢子虫种之一，曾经被认为是微小隐孢子虫，现已通过生物学特性和分子生物学分析方法有效地将两个虫种予以区分。近年来，系统进化分析和流行病学表明，火鸡隐孢子虫显著不同于贝氏隐孢子虫和鸡隐孢子虫，对于禽类无严格宿主特异性，其分类地位有待于进一步研究和确定。

3. 鸡隐孢子虫 鸡隐孢子虫大小平均为8.3 μm × 6.3 μm。Pavlasek等于1999年根据生物学特征将鸡隐孢子虫（*C. galli*）命名为一个独立种，随后其他研究进一步从分子生物学分析证明鸡隐孢子虫为有效种，并证明曾经被命名为*C. blagburni*和贝氏隐孢子虫（*C. Baileyi*）的鸣禽基因型的两个隐孢子虫虫种与鸡隐孢子虫是同一虫种。鸡隐孢子虫和贝氏隐孢子虫、火鸡隐孢子虫卵囊存在较为显著的形态学差异（见表8-1-2），其寄生部位也存在显著不同。

表 8-1-2 禽类隐孢子虫虫种和基因型的有效测量数据统计表

虫种 / 基因型	卵囊长度（μm）	卵囊长度（μm）	卵囊指数
火鸡隐孢子虫（*C. meleagridis*）	4.5 ~ 6.0	4.2 ~ 5.3	1.00 ~ 1.33
贝氏隐孢子虫（*C. baileyi*）	6.0 ~ 7.5	4.8 ~ 5.7	1.05 ~ 1.79
鸡隐孢子虫（*C.galli*）	8.0 ~ 8.5	6.2 ~ 6.4	1.3
禽基因型Ⅱ	6.0 ~ 6.5	4.8 ~ 6.6	1 ~ 1.25
禽基因型Ⅲ	7.5	6.0	1.25
禽基因型Ⅳ	8.25	6.3	1.30
欧亚丘鹬基因型	8.5	6.4	1.32

有关鸡隐孢子虫生活史的报道较少，目前仅知其寄生部位为腺胃上皮细胞，其内生发育阶段可观察到其卵囊、滋养体和大配子体母细胞。对自然感染鸡隐孢子虫的雀类进行病理组织学观察，可见大量卵囊附在腺胃上皮细胞，黏膜坏死、增生。鸡隐孢子虫感染动物试验的报道少见，其可感染9日龄雏鸡，但不能感染40日龄鸡，感染上的雏鸡可携带卵囊感染健康雏鸡。

自然感染鸡隐孢子虫的禽类主要为雀类，至今发现13种禽类可感染鸡隐孢子虫，分别为：彩火尾雀、马来犀鸟、栗胸文鸟、绿宝石鹦鹉、冕蜡嘴鹀、黑喉草雀、火烈鸟、金丝雀、珍珠鸟、雷鸟、松雀、太平鸟和银耳相思鸟。

4. 禽类隐孢子虫基因型 已报道的禽类隐孢子虫基因型有11个，其中，禽基因型Ⅰ ~ Ⅳ可感染多种禽类宿主，现有报道仅发现高冠鹦鹉为隐孢子虫禽基因型Ⅴ的自然宿主。禽类宿主自然感染禽基因型Ⅰ ~ Ⅲ后，无腹泻、咳嗽，呼吸困难等临床症状。禽基因型Ⅱ主要寄生在禽类泄殖腔上皮细胞，少量寄生于直肠和腔上囊的上皮细胞，Meireles 等试验结果表明禽基因型Ⅱ卵囊不能感染2日龄雏鸡。禽基因型Ⅳ可引起禽类腹泻和食欲减退，其卵囊大小与鸡隐孢子虫相似。禽基因型Ⅴ形态学上与贝氏隐孢子虫相似，但其自然宿主特异性差异较大，目前研究发现其寄生部位为腔上囊。

丘鹬基因型进化关系上最接近于禽基因型Ⅲ和其他寄生于胃部的隐孢子虫虫种［蛇隐孢子虫（*C. serpentis*）、鼠隐孢子虫（*C. muris*）、安氏隐孢子虫（*C. andersoni*）］，仅在胃部完成其内生发育阶段。北美黑鸭基因型发现于北美黑鸭，后又发现于加拿大黑雁，其进化关系与黑雁基因型Ⅰ和Ⅱ较为接近，通过病理学观察，发现大量卵囊寄生于小肠上皮细胞，但未获其临床症状。

调查显示，在俄亥俄州和伊利诺伊州的加拿大黑雁中发现黑雁基因型Ⅰ ~ Ⅳ、鸭基因型、人隐孢子虫和微小隐孢子虫。近来报道度拜石鸻暴发隐孢子虫病，经分子生物学鉴定，病原为微小隐孢子虫，再次证实微小隐孢子虫可感染禽类。

用于禽类隐孢子虫遗传学分析的基因主要为18S rRNA、HSP70、GP60、COWP和actin。有学者曾认为火鸡隐孢子虫实际上就是微小隐孢子虫，但基于18S rRNA、HSP70、GP60、COWP和actin对美国、欧洲和澳大利亚的分离株进行分子生物学分析，有效地鉴别了2个虫种的遗传学和生物学差异。基于GP60 基因位点将隐孢子虫分为11个亚型家族，其中人隐孢子虫属亚型家族Ⅰ，微小隐孢子虫属亚型家族Ⅱ，火鸡隐孢子虫属亚型家族Ⅲ，火鸡隐孢子虫有Ⅲa～Ⅲf六个亚型家族。通过系统进化分析，推测火鸡隐孢子虫应为哺乳动物的隐孢子虫虫种，近来研究表明火鸡隐孢子虫宿主范围越来越广，进一步支持了上述推论。

基于18S rRNA、HSP70和actin基因，采用邻接法、简约法和最大似然法建立系统进化树，表明鸡隐孢子虫为一个独立种。通过对18S rRNA 和HSP70基因位点进行分析，鸡隐孢子虫与禽基因型Ⅳ和其他寄生于胃部的隐孢子虫虫种［蛇隐孢子虫（*C. Serpentis*）、鼠隐孢子虫（*C. Muris*）、安氏隐孢子虫（*C. andersoni*）］的同源性较高。

禽基因型Ⅰ和Ⅱ在18S rRNA基因位点与贝氏隐孢子虫的同源性最高，分别为99.4%和97.4%，它们之间的同源性为98.8%；而在actin基因位点，禽基因型Ⅰ和Ⅱ与贝氏隐孢子虫的同源性则较低，分别为95.7%和88.3%。禽基因型Ⅲ和丘鹬基因型在18S rRNA和actin基因位点的同源性较高，分别为98.8%和98.5%，与蛇隐孢子虫在18S rRNA和actin基因位点的同源性分别为98.3%和94.6%，与其他胃隐孢子虫［鸡隐孢子虫（*C.galli*）、鼠隐孢子虫（*C.muris*）、安氏隐孢子虫（*C.andersoni*）］在18S rRNA基因位点的同源性在95.7%～97.5%之间，与鸡隐孢子虫、蛇隐孢子虫、丘鹬基因型在actin基因位点的同源性分别为96.6%、94.6%、98.5%。禽基因型Ⅳ在18S rRNA基因位点与鸡隐孢子虫同源性最高，为97.9%。黑鸭基因型和黑雁基因型Ⅰ和Ⅱ在18S rRNA基因位点的进化关系最为接近，同源性分别为96.9%和97.5%。禽基因型Ⅴ与禽基因型Ⅱ在HSP70位点的同源性为95.6%。

隐孢子虫发育可划分为4个阶段，包括脱囊、裂殖生殖、配子生殖和孢子生殖。根据人工感染的结果，贝氏隐孢子虫在接种鸡后的第3天，首次在粪便中发现卵囊（即潜隐期为3 d），排卵囊的时间长达24～35 d，排卵囊的高峰期为接种后的第9～17天。雏鸡在接种后的第7天即开始出现临诊症状。贝氏隐孢子虫在接种北京鸭后的第3天，首次在粪便中出现卵囊，排卵囊的时间长达17 d，排卵囊高峰期在接种后第6～14天，雏鸭在接种后第7天出现呼吸困难等症状。贝氏隐孢子虫接种小鹅的潜隐期为4 d，排卵囊时间长达21 d，排卵囊的高峰期为7～17 d，人工感染后小鹅的严重发病出现在第8天。火鸡隐孢子虫在接种雏鸡后的潜隐期为3 d，排卵囊的时间可长达18 d。

【流行病学】

禽类隐孢子虫病呈世界性分布，一年四季均可传播流行，无明显季节性。由于禽类种类较多，生物学特性差异较大，不同地区和不同禽类隐孢子虫存在较大差异，但多以幼龄禽类隐孢子虫感染率和发病率较高，多数阳性禽类无明显临床症状。国外报道家养和笼养的禽类隐孢子虫感染率为4.86%～6.3%；野生和家养的水生禽类隐孢子虫感染率分别为5.8%和13%；波兰自由散养的家禽的隐孢子虫感染率为3.8%；国内宠物鸟类隐孢子虫感染率为8.1%。

1990年，汪明等首次报道了北京鸭隐孢子虫感染病例，在检测的11个鸭场中有5个场为隐孢子虫阳性，该鸭源隐孢子虫应为贝氏隐孢子虫。随后，鸭源贝氏隐孢子虫发现可以感染鹅、鹌鹑、鸽、珍珠鸡、雉鸡和丝毛乌骨鸡。近些年来，安徽、广东、宁夏、河南、湖南、上海、辽宁等地均有禽类特别是鸡和鸭隐孢子虫病的报道。数据统计显示，全国共调查了5 328份鸡、2 536份鸭粪便样品，隐孢子虫总体感染率分别为16.6%和26.1%。隐孢子虫感染与动物日龄呈现相关性，雏鸡和幼龄鸡隐孢子虫感染率相对较高。

在2010年进行的大规模调查中，河南养禽业蛋鸡隐孢子虫感染率10.6%（163/1 542），肉仔鸡隐孢子虫感染率3.4%（16/473），北京鸭隐孢子虫感染率16.3%（92/564）。31日龄到60日龄蛋鸡和11日龄到30日龄北京鸭感染率最高，分别达24.6%和40.3%。春天感染率最高（15.6%），冬天感染率最低。基于核糖体小亚基rRNA基因对187个隐孢子虫阳性样品进行PCR扩增和扩增产物限制性酶切片段长度多态性分析，鉴定出两个种，分别为贝氏隐孢子虫（184/187）和火鸡隐孢子虫（3/187）。贝氏隐孢子虫是优势种类。

河南鹌鹑饲养场隐孢子虫感染情况调查，总体感染率13.1%（29/47饲养场），72～100日龄感染率最高，达23.6%，秋天感染率最高达21.8%，而冬天最低。239个阳性样品进行18SrRNA基因的PCR扩增和限制性片段长度多态性分析，42个扩增片段进行了序列分析，鉴定出两个种，237个是贝氏隐孢子虫，2个是火鸡隐孢子虫。

河南郑州5个鸵鸟场和一个动物园采集452份，阳性样品53个，总体感染率11.7%，1～3周龄感染率最高，达16.2%，基于18SrRNA基因PCR扩增产物进行限制性酶切片段分析，仅鉴定出贝氏隐孢子虫一个种，16个阳性样品18SrRNA基因扩增产物序列分析也证实为贝氏隐孢子虫种。该分离株可感染鹌鹑和雏鸡。在另一项调查中发现10岁以上的鸵鸟感染鼠隐孢子虫。

在之前的报道中，河南、宁夏、上海、湖南和安徽等地鸡群隐孢子虫感染率分别为11.4%、27%、12.1%、36.8%、50.8%。欧洲鸭隐孢子虫感染率为50%～59%；河南、北京和广东等地鸭隐孢子虫感染率分别为9.8%～16.3%、29.5%～64.3%和85.7%～100%。澳大利亚南部某养殖场上千只4周龄的鹌鹑群暴发隐孢子虫病，死亡率为10 %；国内鹌鹑的隐孢子虫感染率为13.2%～14.69%。国外报道鸵鸟隐孢子虫感染率为8.5%；国内鸵鸟感染率为1.7%～2.8%。国内河南和广东的鸽子隐孢子虫感染率分别为0.98%～21.4%和14.6%。

有报道显示，4～25日龄的红腿鹧鸪暴发了火鸡隐孢子虫，死亡率高达50 %。火鸡隐孢子虫为重要的人兽共患隐孢子虫虫种，常有感染人体的报道，印度南部的免疫缺陷病人体内发现的火鸡隐孢子虫基因亚型为ⅢdA6。在2010年，约旦28份隐孢子虫病例中有1例为火鸡隐孢子虫，基因亚型为ⅢaA12G3R1。Feng等发现我国上海废水中存在火鸡隐孢子虫，提示其可通过水源传播。

【发病机理】

隐孢子虫损伤肠道并引起临床症状的机理据推测是因为虫体通过改变寄居的宿主细胞活动或从肠管吸收营养物质。内生发育阶段虫体寄生使微绒毛数量减少和体积变小，以及成熟的肠细胞因脱落而进一步减少，则双糖酶活性降低，从而使乳糖和其他糖进入大肠降解。这些糖促进细菌过度生长，形成挥发性脂肪酸，改变渗透压，或在肠腔中积累不吸收的高渗营养物质，从而引起腹泻。回肠中液体和电解质的过度分泌表明寄生虫产生的霍乱样毒素刺激肠细胞腺苷酸环化酶系统产生cAMP。

【症状和病理变化】

三个禽类隐孢子虫虫种均可感染多种禽类，其形态学存在较大差异（见表8-1-2），其寄生部位亦存在较大差异，贝氏隐孢子虫主要寄生于禽类呼吸道和腔上囊的黏膜以及肠道上皮细胞内，火鸡隐孢子虫主要寄生部位是各段肠道和腔上囊上皮细胞内，鸡隐孢子虫仅在禽类腺胃寄生。采用饱和蔗糖漂浮法观察，贝氏隐孢子虫卵囊呈椭圆形或卵圆形，火鸡隐孢子虫卵囊多呈近圆形，鸡隐孢子虫卵囊呈长椭圆形。经改良抗酸染色法染色后，背景为蓝绿色，三种隐孢子虫卵囊无明显差异，均呈玫瑰红色，偶可见子孢子橘瓣状结构，对比性较强。基于18S rRNA基因位点，3个虫种存在较大的序列差异。其他的禽类隐孢子虫基因型之间也存在诸多差异，随着更多的生物学信息研究，这些基因型可能被定为新种。

禽类自然感染隐孢子虫后，其临床表现为呼吸道系统疾病、肠炎和肾脏疾病三类主要症状，但在禽类隐孢子虫暴发流行中一般只表现一种临床症状。禽类呼吸道感染主要表现为精神沉郁、伸颈、咳嗽、甩头、打喷嚏、罗音、呼吸困难、结膜炎和体重下降等临床症状；剖检可见鼻腔、喉头和气管黏液分泌过多，眼结膜水肿、充血，鼻窦肿大，肺有灰白色斑，干酪样坏死物，气囊浑浊等；组织学观察可见气管黏膜上皮细胞的纤毛脱落，喉头、气管和腔上囊的黏膜游离面附有较多的虫体，黏膜上皮细胞肥大或增生，黏膜固有层炎性细胞浸润。消化道感染主要以食欲下降、消瘦和腹泻常见，剖检可见肠黏膜肿胀、充血、出血，肠臌气等病变，病理组织学观察可见肠绒毛萎缩，大量脱落，肠黏膜上皮细胞肿胀、增生和坏死，炎性细胞浸润，腔上囊黏膜上皮细胞脱落。寄生于胃内时伴有明显的临床症状，主要是急性腹泻，并具有较高的死亡率。也有报道鸵鸟感染隐孢子虫时可引起阴茎和泄殖腔脱出。

【诊　断】

禽类隐孢子虫病主要通过粪便和从呼吸道收集的黏液中鉴定出卵囊来进行生前诊断。一般用饱和蔗糖溶液漂浮法，即用饱和的食用白糖溶液将卵囊富集进行显微镜检查。由于隐孢子虫卵囊很小，不容易辨认，因此需要放大至1 000倍检查，最后用微分干涉技术观察。饱和蔗糖溶液漂浮的隐孢子虫卵囊，镜检时呈现玫瑰红色，可隐约看到4个子孢子和一个大的残体。死后剖检可刮取腔上囊、泄殖腔或呼吸道黏膜，做成涂片，再用姬姆萨染色。胞浆呈蓝色，内含数个致密的红色颗粒。最常用的方法是改良齐尼二氏抗酸染色法（Modified Ziehl-Neelsen staining）。染色后在绿色的背景下可见到红色卵囊，内有一些小颗粒和空泡。此法适用于肠道和呼吸道黏膜的组织学检查。

显微观察值得注意的是：粪便制成涂片，置于40倍的物镜下，适当调整亮度仔细观察，遇到可疑形态，可在油镜下检查子孢子。与卵囊特异性结合的各种荧光抗体也可建立荧光标记检测技术。

由于不同种和基因型卵囊大小范围有交叉，以及形态的相似性，因此需要利用分子生物学方法确定隐孢子虫的种、基因型和亚型。隐孢子虫种类和基因型鉴定的优选靶标是小亚基rRNA基因，而亚型分型最常用位点为60kD糖蛋白基因。

对可疑的病例也可采用实验动物感染加以确诊。

【预防措施】

治疗：隐孢子虫病的治疗尚无特效药。目前，被证明有一定疗效的药物是硝唑尼特（Nitazoxanide），主要用于人体隐孢子虫病的治疗。

一些研究显示，巴龙霉素（Paromomycin）、拉沙洛菌素（Lasalocid）、常山酮、磺胺喹噁啉、环糊精（Cyclodextrin）和地考喹酯（Decoquinate）在抗反刍动物微小隐孢子虫感染上具有显而易见的或部分活性。然而，多数药物的所谓疗效是在实验动物中进行，比如小鼠、兔和仓鼠等。因此，田间试验效果尚待进一步验证。对于禽隐孢子虫病，目前只能从加强卫生措施和提高免疫力来控制本病的发生，尚无可值得推荐的预防方案。

预防：隐孢子虫卵囊在湿冷环境中可以存活几个月。在5 ~ 10℃，部分卵囊仍然保持感染性达6个月时间，冷冻和高温可使卵囊迅速失活。由于隐孢子虫目前尚未有可用的疫苗和特效药，因此，无论从畜牧业的健康发展方面还是基于公共卫生学意义，搞好养殖场环境卫生及养成良好的个人卫生习惯非常必要。

【公共卫生】

世界上已有许多国家和地区发现了隐孢子虫病。隐孢子虫也是一种重要的水传病原，至目前为止，世界各地已报道的水传暴发病例已超过百例，最严重的一次暴发当属1993年美国威斯康星州密尔奥基市因饮水水源污染造成40万人感染，近百人死亡，这是美国有史以来最大的一次水传疾病暴发。隐孢子虫有可能被用作生物武器或恐怖活动中的破坏手段。

1994年，查红波和蒋金书从鹌鹑体内分离到火鸡隐孢子虫，河南省的2个调查显示，鹌鹑隐孢子虫平均感染率为13.4%。火鸡隐孢子虫是人兽共患种类，是第三个隐孢子虫病人常见感染种类，我国生活污水中也曾查到火鸡隐孢子虫。存在着潜在的暴发风险，但尚未报道水传暴发病例。目前我国新出台的生活饮用水卫生标准（GB 5749—2005代替GB 5749—1985）中已将隐孢子虫检测列入检验项目之中。

【展　望】

自20世纪我国开展隐孢子虫研究以来，我国科学工作者投入较大的人力和精力进行隐孢子虫流行病学和防治措施研究，近年来，伴随着国际交流的频繁和国家科技投入的加大，对隐孢子虫的研究水平有较大程度的提高，获得了多个国家基金项目的支持，在国内也形成多个研究团队。基础研究的进步必将带动预防措施的提高和人们对隐孢子虫病的重视。

（张龙现）

八、禽弓形虫病（Toxoplasmosis in poultry）

【病名定义及历史概述】

禽弓形虫病是由刚地弓形虫（*Toxoplasma gondii*）寄生于禽类，包括鸡、火鸡、鸭、鸽、鹌鹑、乌鸦、企鹅和多种野鸟的有核细胞内而引起的一种人兽共患原虫病。刚地弓形虫于1908 年由 Nicolle 和 Manceaux

在北非突尼斯的啮齿类梳趾鼠（*Ctenodactylus gondii*）体内发现，并正式命名。对于禽弓形虫病一直以来因为大多数为隐形感染而未达到足够的重视，但是近年来该病有加重的趋势。自1939年德国兽医Hepding首先报告鸡弓形虫病以来，随后在以色列、尼加拉瓜、巴西、智利等国也报道了鸡弓形虫病。国内也有多起鸡群感染弓形虫的报道，且曾报道雏鸡死亡率高达11.48%。该病不但严重影响畜牧业发展，而且威胁人类健康，人类通过摄取未充分加热熟透的肉类、蛋奶而可能被感染。

【病原学】

弓形虫属于原生动物门、球虫亚纲、真球虫目、等孢球虫科、弓形虫属。目前，大多数学者认为发现于世界各地人和各种动物的弓形虫只有一个种，但有不同的虫株。

弓形虫在其全部生活史（图8-1-1）中可出现数种不同的形态：

1. 滋养体（Trophozoites） 呈香蕉形或半月形，一端较尖，一端钝圆；一边扁平，另一边较膨隆；长4～7 μm，宽2～4 μm，平均为1.5 μm × 5.0 μm。经姬姆萨或瑞氏染色后可见滋养体的胞浆呈蓝色，胞核呈紫红色，位于虫体中央；在核与尖端之间有染成浅红色的颗粒称为副核体。在急性期，滋养体常散在于腹腔渗出液或血液中，单个或成对排列。细胞内寄生的滋养体以内二出芽增殖、二分裂及裂体增殖等方式不断增殖，一般含数个至十多个虫体，这个由宿主细胞膜包裹的虫体集合体称假包囊（Pseudocyst），假包囊中的滋养体又称速殖子（Tachyzoite）。

2. 包囊（Cyst） 圆形或椭圆形，直径5～100 μm，具有由虫体分泌的一层富有弹性的坚韧囊壁，内含数个至数千个虫体。囊内的滋养体称为缓殖子（Bradyzoite），其形态与速殖子相似，但虫体较小核稍偏后。包囊可长期在组织内生存，在一定条件下可破裂，缓殖子进入新的细胞。

3. 卵囊（Oocyst） 圆形或椭圆形，具有两层光滑透明的囊壁，其内充满均匀小颗粒。成熟卵囊大小为11 μm × 12.5 μm，含2个孢子囊，每个孢子囊内含4个新月形子孢子。见于猫科动物（家猫、野猫及某些野生猫科动物）。

4. 裂殖体（Schizont） 成熟的裂殖体呈圆形，直径为12～15 μm，内有4～20个裂殖子。

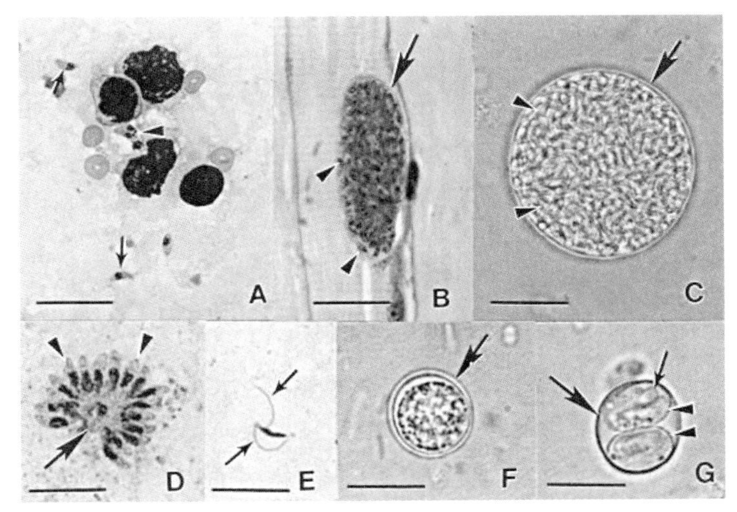

图8-1-1　弓形虫（*Toxoplasma gondii*）生活史各阶段（A~D中标尺=20μm，E~G标尺=10μm）

A. 肺压片中的速殖子　标注新月形单个速殖子（箭头）与宿主红细胞和白细胞大小相比的单个分裂中的速殖子（矢状箭头）。姬姆萨染色。

B. 肌肉切片中的包囊　组织囊壁很薄（箭头）包裹着许多很小的缓殖子（矢状箭头）。H.E.染色。

C. 感染脑组织匀浆中分离出的组织囊　箭头示囊壁，矢状箭头示上千个缓殖子。未染色。

D. 含几个裂殖子（矢状箭头）的裂殖体（箭头）　感染猫肠组织压片。姬姆萨染色。

E. 有两根鞭毛的雄性配子（箭头）　感染猫肠组织压片。姬姆萨染色。

F. 漂浮猫粪便所见未孢子化卵囊　未染色。箭头示双层卵囊壁包裹中央未分化原生质团块。

G. 1薄壁孢子化卵囊（大箭头）2孢子囊（矢状箭头）。每孢子囊有4个子孢子（小箭头）未完全显示出来。未染色。

（Hill D and Dubey J P）

5. 裂殖子（Merozoites） 游离的裂殖子大小为（7 ~ 10）μm ×（2.5 ~ 3.5）μm，前端尖，后端钝圆，核呈卵圆形，常位于后端。裂殖子进去另一细胞内重新进行裂殖生殖，经过数代增殖后的裂殖子变为配子体（Gametocyte），配子体有大小两种，大配子体（Macrogametocyte）的核致密，较小，含有着色明显的颗粒；小配子（Microgametocyte）色淡，核疏松，后期分裂形成许多小配子，每个小配子有一对鞭毛。大小配子结合形成合子，由合子形成卵囊。

猫科动物摄入弓形虫的速殖子、包囊、缓殖子、卵囊后，子孢子或速殖子和慢殖子侵入小肠的上皮细胞，进行球虫型的发育和繁殖。开始是通过裂殖生殖产生大量的裂殖子，经过数代裂殖生殖后，部分裂殖子转化为配子体，大、小配子体又发育成为大配子和小配子，大配子和小配子结合形成合子，最后产生卵囊。卵囊随猫的粪便排到外界，在适宜的环境条件下，经过2 ~ 4 d，发育为感染性卵囊。被猫摄入的滋养体，也有一部分进入淋巴、血液循环，随之被带到全身各脏器和组织，侵入有核细胞，以内出芽或二分法进行繁殖。经过一段时间的繁殖之后，由于宿主产生免疫力，或者其他因素，使其繁殖变慢，一部分滋养体被消灭，一部分滋养体在宿主的脑和骨骼肌形成包囊。包囊有较强的抵抗力，在宿主体内可存活数年之久。

在外界成熟的孢子化卵囊污染食物和水源而被中间宿主（包括人、哺乳动物、禽类）食入或饮入后释出的子孢子，和通过口、鼻、咽、呼吸道黏膜、眼结膜和皮肤侵入中间宿主体内的滋养体，均将通过淋巴血液循环侵入有核细胞，在胞浆中以内出芽的方式进行繁殖。如果感染的虫株毒力很强，而且宿主又未能产生足够的免疫力，或者还由于其他因素的作用，即可引起弓形虫病的急性发作；反之，如果虫株的毒力弱，宿主又能很快产生免疫力，则弓形虫的繁殖受阻，疾病发作得较缓慢，或者成为无症状的隐形感染，这样，存留的虫体就会在宿主的一些脏器组织（尤其是脑组织）中形成包囊型虫体。

【流行病学】

猫科动物是刚地弓形虫的终末宿主，禽类为中间宿主。鸡、火鸡、鸭、鸽、鹌鹑、乌鸦、企鹅和多种野鸟均易感，其中幼禽发病率高，死亡率可达50%。本病的传播方式是肉食癖，粪污染禽类不存在。缓殖子和速殖子可通过肉食而传播，卵囊内的子孢子是通过粪便污染而传播的。食粪节肢动物如蝇和蟑螂，在本病的流行中有一定作用。蚯蚓在摄入弓形虫卵囊后，也可成为鸡的感染来源。

即使经口接种大量卵囊，鸡也不表现出临床症状。饲喂大量卵囊会影响到产蛋鸡的产蛋量。但鸡蛋中不会有弓形虫虫体。由于室内饲养，在现代化鸡场不会出现临床弓形虫病。在现代化生产设施中密闭舍内饲养的鸡其组织中不太可能有活的弓形虫虫体。美国零售市场的2 094个商品化鸡样本中没有查到一个活的虫体。从世界各地的鸡组织中曾分离到弓形虫。鸡体内分离弓形虫基因型与同一地区其他动物分离株相似。分离株流行情况依赖于鸡的饲养方法，饲养于室外的鸡有较高的感染率。

火鸡饲喂弓形虫卵囊一般情况下临床表现正常，仅个别出现类似曲霉菌引起的肺炎。接种过的火鸡胸肌和腿肌出现组织包囊。在现代火鸡场不发生临床弓形虫病。世界各地火鸡组织中曾分离到弓形虫。火鸡弓形虫分离株基因型类似于同一地区其他动物的分离株。虫株流行情况依赖于饲养方法，室外饲养的火鸡有较高的感染率。

家鸭饲喂弓形虫卵囊不表现临床弓形虫病。曾从自然感染家鸭和家鹅组织中分离到有活性的弓形虫。

在149只弓形虫感染的散养鸡中，对每只进行生物学检测，发现89.5%（129/144）的心脏、49.2%（67/136）的脑组织、44.1%（15/34）的腿肌和18.6%（16/86）的胸肌被虫体感染。基于啮齿动物的研究，弓形虫被认为是嗜神经寄生虫，这些发现在生物学上很有趣。现在从鸡和其他动物获得的充足资料表明肌肉中的弓形虫包囊比大脑中的包囊更有效（Dubey and Beattie, 1988）。

我国禽类包括鸡、鸭、鹅感染弓形虫病比较普遍。我国陈义民等1981年报道在甘肃靖远县某农场用IHA检查206只鸡，检出弓形虫抗体阳性鸡6只，阳性率为2.91%。同年刘雪�等在广东省佛山某畜牧场检出鸡弓形体病，2 500只雏鸡中死亡287只，死亡率为11.48%。据任家琰等报道，山西省鸡弓形虫病阳性检出率为1.14%，吕元聪等报道我国14省的部分地区鸡弓形虫抗体的平均阳性率为15.69%，赵玉强等调查表明山东省部分县市的鸡弓形虫感染率较低为2.00%，苑文英等报道河北省鸡弓形虫病的平均阳性率为39.23%，陈才英等报道青海省大通县鸡场弓形虫抗体平均阳性率为10.6%，江涛等报道荆州市市售鸡弓形虫的平均感染率为25.17%。丁关娥等（2012）报道江苏无锡309例散养鸡中，抗原阳性29例，阳性率为9.39%；抗体阳性53例，阳性率为17.15%；双阳性13例，双阳性率为4.21%；散养鸡总体阳性率为22.33%。集约化养殖鸡总体弓形虫感染率为2.67%。散养鸡感染率显著高于集约化养殖鸡感染率。

Yan等（2011）用改良凝集试验检测191只养鹅场饲养的鹅和83只家庭饲养的鹅的弓形虫抗体以评价华南地区弓形虫流行情况。结果27只（14.14%）养鹅场的鹅和14只（16.87%）家庭饲养的鹅发现弓形虫抗体阳性。鹅感染弓形虫可能是人和猫感染弓形虫的来源之一。

胡春梅等（2014）调查发现在隶属于8目14科46种共131只的野生鸟类中，弓形虫的总体血清阳性率为27.48%。鹳形目、鸮形目、鸡形目、雁形目、鹤形目、鹃形目和雀形目的阳性率分别为38.98%（23/59），21.05%（4/19），9.09%（2/22），30.77%（4/13），16.67%（1/6），33.33%（1/3）和0.00%（0/8），其中鹳形目与鸡形目鸟类的阳性率存在显著性差异（P <0.05）。按照食性分类，食肉性、杂食性和食鱼性鸟类的血清阳性率分别为36.76%（25/68），11.76%（4/34）和24.14%（7/29）。说明在野生鸟类中弓形虫感染也很普遍。

【发病机理】

弓形虫无论从什么途径侵入禽体内，虫体均经局部淋巴结或直接进入血液循环，造成虫血症，然后再播散到全身其他组织和器官。弓形虫血症一般持续数周，其持续时间的长短取决于禽体免疫力产生的情况，血内的弓形虫随着机体免疫力的增强而逐渐减少直至消失。感染初期，机体尚未建立特异性免疫，血流中的弓形虫很快侵入器官，在细胞内繁殖，造成急性感染期病变。速殖子是弓形虫感染急性期的主要致病形式，其侵入宿主细胞后迅速分裂增殖，直至细胞破裂。宿主细胞破裂后，速殖子逸出，再侵入邻近的细胞。如此反复，发展为局部组织的坏死病灶，同时伴有单核细胞为主的急性炎症反应，这就是本病的基本病变。病变的大小取决于虫体增殖和细胞坏死持续时间的长短。在慢性感染期，只有当包囊破裂，特别是机体免疫力明显降低时，才会由于虫体的播散和急性增殖引起上述病变。弓形虫可侵犯禽机体内任何器官，包括脑、心、肺、肝、脾、淋巴结、肾、胰、眼、骨骼肌及骨髓等，其好发部位为脑、眼、淋巴结、心、肺、肝和肌肉。

随着禽体特异性免疫的形成，弓形虫速殖子在细胞内的增殖逐渐减慢并最终发育成包囊，病变逐渐趋于静止。但在脑由于血脑屏障使免疫细胞、γ–干扰素和抗体等免疫性物质不易到达，在眼部亦有类似的情况发生。因此，脑和眼中的弓形虫有时尚可继续分裂增殖，急性期病变持续存在或发展。包囊内的缓殖子为引起慢性感染期病变的主要形式。包囊可在机体内长期生存，一般不引起炎症反应。一旦宿主免疫力下降，包囊破裂，弓形虫缓殖子逸出，形成新的播散并造成前述基本病变。在慢性感染时，包囊最多见于脑和眼，其次为心肌和骨骼肌。包囊破裂时，逸出的缓殖子可播散和急性增殖，引起机体的坏死病变，另外，还引起由迟发型变态反应所致的剧烈炎症反应，即缓殖子作为抗原使宿主发生无感染的过敏性坏死和强烈的炎症反应，形成肉芽肿样炎症。一般来说，当机体有保护免疫存在时，从破裂的包囊中逸出的缓殖子即被杀死，只引起宿主的迟发型变态反应性病变；而当机体失去保护免疫时，缓殖子便重新发育成速殖子寄生于损坏细胞，形成播散性感染。免疫的形成虽可有效地限制感染的发展和新损伤的形成，但一般并不能消除弓形虫感染。多数研究者认为，弓形虫病具有带虫免疫的特点。机体只在感染过程中才对再感染具有一定的抵抗力。

【症　状】

在临床表现上，家禽的弓形虫感染一般都呈无临床症状或亚临床症状，极少数显示临床症状。出现厌食，消瘦，鸡冠苍白和皱缩，眼睛半闭，结膜发炎、水肿、视力减退或失明，拉稀，排白色粪便等症状。有时有神经症状，表现为共济失调，扭颈歪头，震颤，角弓反张。产蛋后常脱肛，产蛋率下降。病鹅可表现为表现呼吸困难，发出鼾声，鼻腔有大量浆液、鼻液，不时摇头，后期下痢。

【病理变化】

剖开病死鸡的腹腔，肝肿可见明显种大，质地脆弱、易碎，有的表面散在大小不等的黄白色坏死灶。有的病例呈广泛性变化，有大小不均的出血斑和坏死区。皮下脂肪、心内外膜均有出血点或出血斑。胸、腹腔及心包液增多。肺肿胀、出血，有局灶性肺炎，脾肿大、出血，严重者呈黑红色。肾脏瘀血，稍肿胀，有出血。个别呈花斑肾，内含有白色尿酸盐，肠道有出血性、卡他性至纤维素性炎症。颅骨出血，有的病鸡大脑外侧有炎性病灶。产蛋鸡卵黄出血，卵黄变性，输卵管扩张，内积有白色尿酸盐。

【诊　断】

常用检测病原的方法主要有：

1. **涂片法**　采取患病禽类的腹腔液、血液或各组织的涂片及脑、肝、脾、肺淋巴结和眼的组织切片，用姬姆萨染色后，镜检，查找虫体，涂片上可发现视野中有多量的，呈一端较尖另一端钝圆、胞浆红色、中央有紫红色核，如香蕉形、橘瓣形或椭圆形的弓形虫滋养体，大小不均。在血液涂片中极易查到，数量较多，一个视野少则1～3个，多则一簇簇，一般可见3～7个，而且基本都在血浆中，在个别红细胞内也有弓形虫存在，白细胞中尚未发现。

2. **动物接种**　取病死禽类肝、肺、淋巴结等组织研碎后加10倍生理盐水，加双抗后置室温下1 h。接种前摇匀，待较大组织沉淀后，取上清液接种小鼠腹腔，每只接种0.5～1 mL。经1～3周小鼠发病时，可在腹腔中查到虫体。或取小鼠肝、脾、脑做组织切片检查，如为阴性，可按上述方法盲传2～3代，从病鼠腹腔液中发现弓形虫便可确诊。

此外，鸡弓形虫血清学检测技术包括萨宾–费尔德曼染色试验（Sabin-Feldman dye test, DT）、补体结合试验（CFT）、补体结合抑制试验（LAT）、间接血凝试验（IHAT）、间接荧光抗体试验（IFAT）、乳胶凝集反应（LAT）、酶联免疫吸附试验（ELISA）和改良凝集试验（MAT）病原检测PCR方法最常用。

【防治措施】

采取综合性防治措施可以有效地控制禽弓形虫病的流行，包括以下几方面：

1. **改善饲养管理，禽舍保持清洁卫生、定期进行消毒** 加强猫等终末宿主的管理，严防猫科动物进入禽舍，扑灭圈舍内的鼠类，搞好环境卫生，避免饲料、饮水等受污染；畜禽肉、屠宰废弃物必须高温杀虫后方可作为饲料。

2. **定期检测** 采取血清学方法（IHA），定期对禽舍内的禽类进行流行病学监测，发现阳性动物，及时隔离并有计划地淘汰，以消除感染源。死于本病的禽类尸体应严格处理，防止污染环境。

3. **利用疫苗对弓形虫病进行预防是防治本病的根本手段** 目前，猪、牛、羊弓形虫疫苗已初显成效，其免疫效果很好。辐射致弱减毒活疫苗、亚单位疫苗、复合多价疫苗及DNA疫苗正处于研究阶段，有望应用与畜禽类。

4. **对发病的病禽，选用磺胺类药物和抗菌增效剂联合治疗，可达到良好效果。**

【公共卫生】

弓形虫被认为是孕妇宫内感染导致胚胎畸形的五大病原体之一，先天性弓形虫病人80%的有精神发育障碍，50% 有视力障碍。也可伴有全身表现，如在新生儿期有发热、腹泻、黄疸、肝脾肿大、皮疹、心肌炎等。获得性弓形虫病患者在免疫力低下时呈显性感染，如AIDS患者、器官移植和肿瘤病人等，严重时可致患者死亡。在全世界范围内，弓形虫在人类和动物之间广泛流行，据估计有25%的世界人口携带这种寄生虫。在最近的全球报告中，通过观察自然感染弓形虫病鸡的临床实验得出一个结论，临床弓形虫病在鸡中非常罕见。然而，在弓形虫的流行病学中，自由放养的鸡群被认为是最重要的宿主，对猫和人类来说是一种重要的传染源，猫是弓形虫的终末宿主，随猫粪便排出的卵囊被鸡啄食后，在鸡体内继续完成发育，人类通过接触病鸡或食用未煮熟的产品而感染弓形虫。另外，对于那些自由觅食的禽类（如散养的鸡），其弓形虫的感染率可以较好地反映人们居住环境（土壤、水等）中弓形虫卵囊的含量。因此，研究鸡弓形虫病具有重要的公共卫生学意义。

【展　望】

1. **抗弓形虫药** 弓形虫在药物或免疫系统的作用下可由速殖子转化成缓殖子，并形成包囊以抵御药物攻击。而在停药后或机体免疫力低下时，可由缓殖子转化成速殖子并迅速繁殖，引起机体病变。由于一般药物只能杀灭速殖子而对包囊内的缓殖子无作用，所以弓形虫病很容易复发，难以完全治愈。因此，发现一种活性高、毒性低、能完全杀灭弓形虫缓殖子、清除包囊的药物将是今后抗弓形虫药物研究的重点和难点。近年来，人们应用现代分子生物学技术对弓形虫生理生化特性进行了大量和深入的研究，特别是针对弓形虫体内独有结构的研究，为新药研发提供理论和实验依据。另外，一些特异的生化反应路径和酶类将成为今后抗弓形虫药物研究的重要资源。而一些抗病原微生物尤其是抗寄生虫新药的发现及临床上的联合用药，将为今后弓形虫病的防治提供重要的思路和方法。

2. 弓形虫疫苗 弓形虫生活史复杂、传播途径多，且能够通过抗原变异、抑制细胞凋亡等途径进行免疫逃避，这些特点增加了免疫的难度。如何克服干扰从而提高弓形虫疫苗的免疫保护性，各国学者进行了积极的探索。在抗原方面，对传统的全虫抗原进行改造，利用分子生物学技术得到了虫体特异组分抗原和重组抗原。在疫苗制作方面，通过科学的挑选和重组，构建了高效的复合多价疫苗、多表位疫苗和含有相应佐剂的混合疫苗，以及细菌或病毒载体疫苗等。另外，疫苗引起的免疫应答的类型、免疫途径，接种剂量和疫苗的制作工艺和质量都会对免疫效果产生影响。因此，综合考虑各方面因素进行疫苗研制，将成为生产出具有理想保护性弓形虫疫苗的研究方向。

（王海燕　张龙现）

九、住白细胞病（Leucocytozoosis）

【病名定义及历史概述】

住白细胞原虫病（Leucocytozoosis）又称为住白细胞虫病或住白虫病，是由住白细胞虫属原虫寄生于禽类血液和内脏器官组织细胞引起的一类疾病的总称。病鸡因红细胞被破坏及广泛性出血，鸡冠呈苍白色，故又名白冠病。本病对雏鸡危害严重，发病率高，症状明显，常引起大批死亡。住白细胞虫是1884年由Dani-lewsky最初在猫头鹰血液白细胞中发现的一种类似疟原虫的寄生虫，因而称之为住白细胞原虫。而鸡卡氏住白细胞虫（*Leucocytozoon cautlery*）最初由Mathis和Legar于1909年在越南北部发现，后来在日本、泰国、新加坡等亚洲国家发现该病。我国陈天铎等（1964）在福州首先发现鸡住白细胞虫之后，各地研究者进行了广泛的调查，目前已在台湾、广东、上海、北京、广西、陕西、云南、山东、山西、辽宁、福建、湖南、河北、四川、贵州等20个省（区）发现。尤其在我国南方比较严重，近年来在我国北方地区也暴发流行，对养鸡业的危害日趋严重。

【病原学】

住白细胞虫属于原生动物门，复顶亚门，孢子虫纲，血孢子虫亚目，疟原虫科，住白细胞虫属。在文献中记载大约有67个有效种和43个同物异名。除一个种寄生在巴西的蜥蜴（*Teiid libard*）外，其他都寄生在鸟类。家禽的病原除了寄生在鸡体的卡氏住白细胞原虫（*L. caulleryi*）和沙氏住白细胞虫（*L. sabrazesi*）外

（卡氏住白细胞原虫分布最广、危害最大），还有引起鹅鸭住白虫病的西氏住白虫（*L. simondi*）（图8-1-2）；火鸡的住白虫病病原是史氏住白虫（*L. smithi*）。

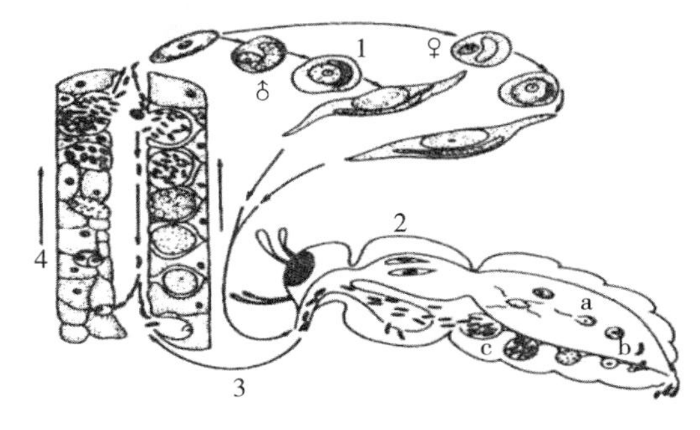

图8-1-2 西氏住白细胞生活
1. 大配子体与小配子体在禽红细胞内的发育过程
2. 在蚋体内的配子生殖：a.小配子与大配子结合 b.动合子 c.卵囊与子孢子
3. 在肝细胞内行裂殖生殖 4.在肝巨噬细胞内的大殖体生殖过程：大裂殖体及其裂殖子
（Olsen O W）

Sato等（2007）和Martinsen等（2008）分别对来自日本和美国野生鸟类的住白细胞虫（包括卡氏住白细胞虫）基于住白细胞虫的线粒体细胞色素b（*cytb*）基因位点进行了疟原虫科住白细胞虫属的系统发育研究，为鸟类住白细胞虫的分类提供了新的依据。李国清等（2003）运用PCR技术扩增卡氏住白细胞虫rDNA的ITS-2及部分5.8S和28S序列（ITS2＋），并对该序列进行了克隆和测序。所扩增片段中5.8S序列与酿酒酵母（*Saccharomyces cerevisia*）的5.8S序列有部分相同，而ITS-2序列为虫体所特有；同时对所获序列进行了比对分析，结果表明该ITS-2序列与酿酒酵母间同源性相对较远，而与柔嫩艾美耳球虫间同源性相对较近，因此所获序列为卡氏住白细胞虫的IT-2特有序列。

Cosgrove等（2006）采用PCR-RFLP的方法区分疟原虫科的部分住白细胞虫（包括卡氏住白细胞虫）和血变原虫。Cosgrove等的研究采用RFLP分析和序列分析的技术，对于住白细胞虫与其他原虫的混合感染提供了很有效的检测手段，弥补之前检测方法的不足。Perkins等（2002）对疟原虫科部分原虫（包括卡氏住白细胞虫）基于线粒体*cytb*基因进行了序列分析，证明了住白细胞虫是相对于其他疟原虫的一个外类群。Sehgal等（2006）用PCR技术检测乌干达和喀麦隆村落里饲养鸡的住白细胞虫感染情况，并对扩增的线粒体*cytb*基因进行序列分析，发现这两个地方的同种住白细胞虫*cytb*基因序列差异达1.5%，形态学无差异，表明同一物种的不同个体中*cytb*基因存在一定的异质性，可以作为种群遗传研究的分子标记。

1. 卡氏住白细胞虫（*L. caulleryi*） 在鸡体内的配子生殖阶段可分为五个时期（图8-1-3）。

第一期：在血液涂片或组织印片上，虫体游离于血液中，呈紫红色圆点状或似巴氏杆菌两极着色状，也有3～7个或更多成堆排列者，大小为0.89～1.45 μm。

第二期：其大小、形状与第一期虫体相似，不同之处在于虫体已侵入宿主细胞内，多位于宿主细胞一端的胞浆内，每个红细胞有1～2个虫体。

第三期：常见于组织印片中，虫体明显增大，其大小为10.87 μm×9.43 μm。呈深蓝色，近似圆形，充满于宿主细胞的整个胞浆，将细胞核挤在一边，虫体核的大小为7.97 μm×6.53 μm，中间有一深红色的核仁，偶见有2～4个核仁。

第四期：已可区分出大配子体和小配子体。大配子体呈圆形或椭圆形，大小为13.05 μm×11.6 μm；细胞质呈深蓝色，核居中呈肾形、菱形、梨形、椭圆形，大小为5.8 μm

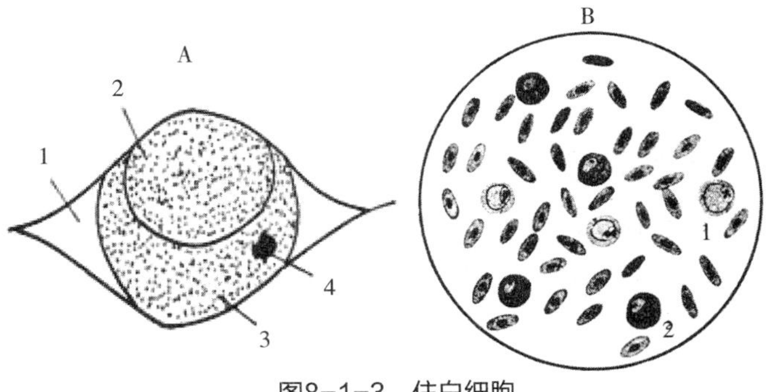

图8-1-3 住白细胞
A. 沙氏住白细胞虫模式图
1. 白细胞原生质 2. 白细胞核 3. 配子体 4. 配子体核
（蒋金书）
B. 卡氏住白细胞虫
1. 雄配子体 2. 雌配子体
（陈淑玉 汪溥钦）

×2.9 μm，核仁为圆点状。小配子体呈不规则圆形，大小为10.9 μm×9.42 μm；细胞质少呈浅蓝色，核几乎占去虫体的全部体积，大小为8.9 μm×9.35 μm，较透明，呈哑铃状、梨状；核仁呈紫红色，呈杆状或圆点状。被寄生的细胞也随之增大，其大小为17.1 μm×20.9 μm，呈圆形，细胞核被挤压成扁平状。

第五期：其大小及染色情况与第四期虫体基本相似，不同之处在于宿主细胞核与胞浆均消失。本期虫体容易在末梢血液涂片中观察到。

2. 沙氏住白细胞虫（*L. sabrazesi*） 成熟的配子体为长形，宿主细胞呈纺锤形，细胞核呈深色狭长的带状，围绕着虫体的一侧（见彩图8-1-13）。大配子体的大小为22 μm×6.5 μm，呈深蓝色，色素颗粒密集，褐红色的核仁明显。小配子体的大小为20 μm×6 μm，呈淡蓝色，色素颗粒稀疏，核仁不明显。

住白细胞虫的生活史由3个阶段组成：孢子生殖在昆虫体内；裂殖生殖在宿主的组织细胞中；配子生殖在宿主的红细胞或白细胞中。本虫的发育需要有昆虫媒介，卡氏住白细胞虫的发育在库蠓体内完成，沙氏住白细胞虫的发育在蚋体内完成。孢子生殖发生在昆虫体内，可在3～4 d内完成。进入昆虫胃中的大、小配子迅速长大，大配子和小配子结合成合子，逐渐增长为21.1 μm×6.87 μm的动合子，这种动合子可在昆虫一次吸血后12 h的胃内发现。在鸡的胃中，动合子发育为卵囊，并产生子孢子，子孢子从卵囊逸出后进入唾液腺。有活力的子孢子曾在末次吸血后18 d的昆虫媒介体内发现。裂殖生殖发生在鸡的内脏器官（如肾、肝、肺、脑和脾）。当昆虫吸血时随其唾液将住白细胞虫的子孢子注入鸡体内。首先在血管内皮细胞繁殖，形成10多个裂殖体，于感染后9～10 d，宿主细胞破裂，裂殖体随血流转移至其他寄生部位，如肾、肝和肺等。裂殖体在这些组织内继续发育，至第10～15天裂殖体破裂，释放出成熟的球形裂殖子。这些裂殖子进入肝实质细胞形成肝裂殖体，成熟后可达45 μm；某些裂殖子可被巨噬细胞吞食而后发育为巨型裂殖体或大裂殖体，大小可达400 μm。而另一些裂殖子则进入红细胞或白细胞进行配子生殖。肝裂殖体和巨型裂殖体可重复繁殖2～3代。配子生殖是在鸡的末梢血液或组织中完成的，宿主细胞是红细胞、成红细胞、淋巴细胞和白细胞。配子生殖的后期，即大配子体和小配子体成熟后，释放出大、小配子是在库蠓体内完成的。

【流行病学】

该病呈世界性分布。亚洲主要是由卡氏和沙氏住白细胞虫引起的，在越南、泰国、印度尼西亚、马来西亚、日本和我国等国家和地区流行。本病由媒介昆虫传播，所以流行与媒介昆虫的活动密切相关。由于昆虫的活动受气温的影响，故季节亦影响本病的发生。以鸡卡氏住白细胞虫为例，传播媒介有荒川库蠓（*Culicoides arakawae*）、环斑库蠓（*C. circumscriptus*）、尖喙库蠓（*C. schultzei*）、恶敌库蠓（*C. odibilis*）等。前3种库蠓，在我国各地广泛存在。一般在20℃以上时，库蠓繁殖快，活动力强，本病的流行也随之严重。而在热带和亚热带地区气温高，本病全年都可发生。如在日本，多发生于5～11月。中国台湾为4～10月，中国广东多发生于4～10月，广州地区3月下旬即有零星病例发生，5月为发病高峰，一直延续到10、11月。贵州为6～9月，华中、华东地区则为6～11月。邯郸地区6月下旬有零星病例发生，8～9月为发病高峰，终止于10月。河南地区多发于6～8月。沙氏住白细胞虫病在福建3月份即开始发病，5～6月达高峰，7～9月停止，11～12月达第二次高峰，12月停止（林宇光，1979）。这与蚋的活动规律有关。

库蠓虫体小，呈黑褐色，成虫1～3 mm。常见的有3种：尖喙库蠓、荒川库蠓、原野库蠓。库蠓在全国各省均有分布，特别是荒川库蠓、原野库蠓覆盖面积广。现已确证荒川库蠓为卡氏住白细胞虫的传播媒介。邯郸地区优势种是荒川库蠓，占总捕获量的62.6%，根据邯郸地区2000年气温资料统计，间接证实荒川库蠓是本病的主要媒介。广州当地优势种为尖喙库蠓，占总捕获量的93.4%，但在尖喙库蠓活动频繁的鸡场中并未出现本病的大流行。尖喙库蠓可能与本病的流行没有相关性。

库蠓在一天中有2次活动高峰期，分别是清晨和傍晚。而且库蠓密度以傍晚为高，比清晨高出2倍以上。雌雄库蠓也多在此时进行交配，交配后雌库蠓需要吸血卵巢才能发育成熟。库蠓多产卵于有机质丰富的潮湿土壤或积水中，幼虫在水质比较干净的水边变蛹，并羽化为成虫。因此为控制该病，鸡舍应尽可能远离水面。

各龄期的鸡对本病都易感，但发病的严重程度不相同。本病在3～6周龄小鸡中发生最多，病情最严重，死亡最多，死亡率可高达50%～80%；中鸡也会严重发病，但死亡率不高，一般在10%～30%；大鸡不会严重发病，死亡率也不高，通常为5%～10%。李国清等对广东、山东、福建三省的流行情况调查，本病阳性检出率分别为10.34%、12.63%和24.49%。这些被调查的青年鸡、成年种鸡未见典型的临床症状，仅表现产蛋减少，产软壳蛋增多现象。河北省的邯郸、邢台、石家庄、衡水、保定5个地区在本病发病高峰期内，各种年龄、品种的鸡均易感，3～6周龄小鸡发病率最高，病情最严重，死亡率可达50%～80%；育成鸡死亡率可达15%～35%；成年鸡死亡率通常为10%～15%，产蛋量下降甚至停止。刘毅等（2004）对湖南省24个县市进行住白细胞病感染情况调查，共检查992羽鸡，阳性鸡179羽，总感染率为7.9%；所查24个县市中12个县市有沙氏住白细胞虫分布，分布地域遍及湘西、湘南、湘东和湘中地区的山区与丘陵区；12个有本虫分布的县市其鸡的感染率为6.3%～84.7%，平均白细胞染虫率为3.0%～18.5%，其中以湘西桑植县和吉首市的感染率（分别为84.6%和84.7%）最高；湘北（湖区）未查见本虫。

鸡沙氏住白虫的传播媒介为蚋类，其流行季节与蚋的活动密切相关，本病常发生在福建地区的5～7月及9月下旬至10月。但致病力较轻微。

鸡的年龄与住白细胞虫病的感染率成正比，而和发病率却成反比。一般童鸡（2～4月龄）和中鸡（5～7月龄）的感染率和发病率均较高，而8～12月龄的成年鸡或1年以上的种鸡，虽感染率高，但发病率不高，血液里的虫体也较少，大多数为带虫者。土种鸡对住白细胞虫病的抵抗力较强。

【发病机理】

鸡卡氏住白虫病的发病机理尚不完全清楚。但一般认为引起鸡死亡的原因可能是虫体在网状内皮系统各器官组织大量繁殖、破坏各器官组织细胞，引起血管破裂而出血。严重者引起肺血管破裂，出现咯血而突然死亡；还有虫体在配子生殖阶段体积增大，大量破坏红细胞，引起贫血。但也有人认为，卡氏住白虫病的贫血不是溶血性的，而是出血造成。

【症　状】

自然感染时的潜伏期为6～10 d。雏鸡和童鸡的症状明显，死亡率高。病初发烧，精神沉郁，食欲不振甚至废绝，精神沉郁，流口涎，羽毛蓬乱，贫血，鸡冠苍白，运动失调，卧地不动。急性病例的病鸡扇动翅膀，突然抽搐倒毙，死前口流鲜血。部分病鸡咳嗽，倒提病鸡时，见其口腔流出黄绿色带有酸味的液体。中鸡和成年鸡感染后病情较轻，死亡率也较低，体重下降，鸡冠苍白，消瘦，排绿色或白绿色水样粪便，并有多量的黏稠液体，中鸡发育迟缓，成年鸡产蛋率下降甚至停止产蛋，蛋壳颜色发白，有时有软壳蛋。

【病理变化】

口腔有鲜血，鸡消瘦（胸骨突起），肌肉苍白。全身性出血，特别是胸肌、腿肌有出血斑或出血点。肝脾肿大，肝有黄色斑块或黄色坏死灶，胆囊肿大，充满胆汁，有时肺充血。腺胃黏膜充血，肌胃角质膜下充血。肾膜下有瘀血块，肾脏出血，肾苍白呈土黄色。腹腔积血水，整个肠道黏膜、浆膜充血且变细。肌肉及各内脏器官上有灰白色或稍带黄色的、针尖至粟粒大的、与周围组织有明显界限的白色小结节。将这些小结节挑出并制成压片，染色后可见到有许多裂殖子散出。

【诊　断】

根据流行病学资料、临诊症状和病原学检查即可确诊。病原学诊断可从病鸡翅膀小静脉采血涂成薄片，或者挑取病鸡的内脏器官上的白色结节，触片，自然干燥，用甲醇固定2～3min，姬姆萨染色，干燥后，油镜下检查到虫体便可作出诊断。

免疫学诊断方法包括乳胶凝集试验、环子孢子沉淀反应、子孢子中和反应、免疫荧光技术等，免疫学的诊断方法具有灵敏度高、特异性强、结果判断简便等特点，因而被广泛应用于卡氏住白细胞虫病的诊断。

【综合防治措施】

1. 预防措施

（1）管理　鸡住白细胞虫的传播与库蠓和蚋的活动密切相关，因此消灭这些媒介昆虫是防治本病的重要环节。防止库蠓和蚋进入鸡舍，可用0.1%除虫菊酯喷洒鸡舍及周围环境中，这对减少本病所造成的经济损失具有十分重要的意义。每隔6～7 d用杀虫药进行喷雾，可收到很好的预防效果。但如果使用敌百虫进行环境消毒，则应该格外注意安全，因为家禽对抗胆碱酯酶的药物非常敏感，容易中毒。

（2）药物预防　在本病即将发生或流行初期进行药物预防是目前预防本病最有效和切实可行的办法。①一般抗球虫药对肉鸡住白细胞虫病有一定的效果，而蛋鸡长期使用会产生耐药性；②大部分抗球虫药都是蛋鸡产蛋期禁用的（如磺胺类药、氯羟吡啶、尼卡巴嗪、氯苯胍、常山酮、莫能霉素、盐酸氨丙啉、拉沙霉素等），给产蛋鸡使用这些药会使产蛋量减少，产软壳蛋、破壳蛋等；③在发病季节连续给药提高饲养成本。非常理想的既能预防蛋鸡的卡氏住白细胞虫病，又不会影响产蛋，使鸡能安全度过发病季节，最大限度地降低其经济损失，目前尚无这类理想的预防药物。河北黄占欣报道采用缓释剂制备技术制成的血虫净缓释剂注射液可有效预防本病。该制剂方便于肌内注射使用，而且可使药物在动物体内维持药效达一个月之久。相比之下，血虫净水溶剂在鸡体内只可维持48 h药效。给鸡肌内注射血虫净缓释剂后未观察到异常反应。两个月后进行剖检，注射部位药物吸收完全，未出现组织增生及坏死变化。血虫净缓释剂安全性良好，也不影响产蛋。

（3）疫苗　在疫苗研制方面国外曾经做过一些探索并取得一些进展。组织器官灭活苗，如用含有第二代裂殖体的组织器官用福尔马林灭活苗；感染鸡的脾脏制成组织匀浆免疫鸡，经试验均有一定的效果。卡氏住白细胞虫亚单位苗的研究主要集中在二代裂殖体（Second-generation schizont，2GS）的外膜联合蛋白rR7（Recombinant R7 protein，rR7）上，并已经开发出外膜联合蛋白rR7油乳苗，在卡氏住白细胞虫病的预防中取得较好效果。

2. 治疗措施　用于治疗鸡卡氏住白细胞虫病的药物很多，一般的抗球虫药都有一定的效果，但关键在于及时选用最佳首选药。黄占欣曾比较了血虫净（三氮脒）、克球粉（氯羟吡啶）、泰灭净（含有磺胺）和痢特灵（呋喃唑酮）4种药物对鸡卡氏住白细胞虫病的治疗效果。结果发现血虫净和泰灭净治疗效果较好，用药3 d，症状完全消失；用药5 d，血液中未查到虫体，治愈率为100%。临床跟踪观察发现用血虫净治疗，总有效率为100%，治愈率为99%以上。而且血虫净不影响蛋鸡的产蛋，泰灭净则影响产蛋。因此认为血虫净是治疗鸡卡氏住白细胞虫病的首选药。当使用药物进行治疗时，一定要注意及时用药，治疗越早越好。最好是在疾病即将流行前或正在流行的初期进行药物预防，便可取得满意的防治效果。治疗药物很多，不影响蛋鸡产蛋且效果确实，较好的用药和治疗处方列举如下：

（1）血虫净（贝尼尔）　按每千克体重1～1.5 mg配合维生素K_3混合饮水，每日一次，连用3～5 d，间隔3 d后药量减半后再连用3～5 d即可。

（2）磺胺间甲氧嘧啶钠　按每千克饲料50～100 mg配合维生素K_3混合饮水，连用3～5 d，间隔3 d后，药量减半后再连用5～10 d即可。

（3）复方泰灭净　磺胺-6-甲氧嘧啶+TMP制剂，该制剂1 000 g中含有磺胺-6-甲氧嘧啶83 g、TMP 17 g。在卡氏住白细胞虫病流行期间，给高产蛋鸡连续饲喂30 g／L和50 g／L的复方泰天净，通过临床症状、血涂片和血清学检查发现50g／L组对卡氏住白细胞虫的感染完全保护。

（4）乙胺嘧啶　按每千克饲料乙胺嘧啶4 mg+磺胺间甲氧嘧啶200mg，配合维生素K_3混合拌料，连用5 d，间隔3 d后，再按每千克饲料乙胺嘧啶2mg+磺胺间甲氧嘧啶100 mg，配合维生素K_3混合拌料，连用3～5 d即可。

磺胺类药物连续服用时，往往会发生中毒现象。为了防止药物中毒，可在连续用药5 d后，停药2～3 d，然后再重复使用。在同一鸡场上，为了防止药物耐药性的产生，可交替使用上述药物。

（王海燕　张龙现）

十、组织滴虫病（Histomoniasis）

【病名定义及历史概述】

组织滴虫病是由火鸡组织滴虫引起的禽类盲肠和肝脏机能紊乱的一种急性原虫病。该病原主要侵害肝脏和盲肠，又名盲肠肝炎；因发病后期出现血液循环障碍，头部颜色发紫，因而又称黑头病。本病1893年首次发现于美国罗德岛，随后报道于美洲大陆及其他国家。最初是以火鸡阿米巴原虫（*Amoeba meleagridis*）的名字来描述的，但在发现具有鞭毛和伪足的特征后，Tyzzer把这种原虫重新命名为火鸡组织滴虫（*Histomonas meleagridis*），组织滴虫病的发病学在1964—1974年得到进一步的阐明。本病以侵害火鸡为主，引起火鸡很高的死亡率，几近100%，鸡群发病率很高，死亡率达到10%～20%。其他家禽易感性不高，但组织滴虫可以引起家禽的生长发育迟缓、产蛋下降，阻碍养禽业健康发展，对畜牧业生产造成巨大的经济损失。近年来，我国许多省市都有此病的报道。

【病原学】

该病的病原为火鸡组织滴虫（*H. meleagridis*）（图8-1-4），是一种厌氧的单细胞原虫。非阿米巴阶段的火鸡组织滴虫近似球形。阿米巴阶段虫体是高度多样性的，在保温条件下，对含有样品玻片镜检可观察到伪足，常伸出一个或数个伪足，有一个简单的、粗壮的鞭毛，长6～11 μm，有一个大的小楯和一根完全包在体内的轴杆。副基体呈V形，位于核的前方；细胞核呈球形、椭圆形或卵圆形，平均大小为2.2 μm×1.7 μm。在组织切片中，组织滴虫没有鞭毛，它可以下列几种不同阶段存在：①“侵袭”阶段的虫体存在于病变边缘地区，虫体大小为8～17 μm，呈阿米巴形，可形成伪足。②“营养性”阶段的虫体较大，大小为12～21 μm，数目更多，成簇地出现在变性组织的空泡中；③第三阶段的虫体存在于陈旧的病变中，有嗜伊红性，虫体较小，可能是一种变性形虫体。Harold等（2006）基于富含AT的ITS-1序列建立了原虫C-分布基因分型方法，将分离自暴发组织滴虫病的荷兰火鸡群和鸡群的6株火鸡组织滴虫进行基因分型，发现3个不同的火鸡组织滴虫基因型，Ⅰ型和Ⅱ型与临床组织滴虫病有关。Ⅲ型从暴发组织滴虫病恢复后的禽群分离，形态上与Ⅰ型和Ⅱ型也稍有差异。法国研究者Bilic等（2014）基于18S rRNA、*α*-actinin1和*rpt*1三个基因位点进行PCR扩增分析，结果发现两个不同的集聚群，绝大多数分离自不同欧洲国家的虫株聚集在一个群内，另一个聚集群罕见，在法国的样品中具有优势。这两个遗传变异群可看作两个独特的遗传型，即两个基因型。Lollis等（2011）基于5.8S rRNA和侧翼区域（ITS1和ITS2）分析28个火鸡组织滴虫感染的组织样品，这些样品来自不同宿主、不同地区。结果仅基于5.8S rRNA构建的基因树几乎聚集所有分离株于1个群，1株分布于另一个群，说明5.8S rRNA单独即可有效鉴别火鸡组织滴虫。基因型与宿主类型或地理区域无关联，表明火鸡组织滴虫可以自由地在取样地区的多个禽类宿主之间传播。刘聪等（2013）以江苏地区感染火鸡组织滴虫的发病鸡群的病肝组织为材料，对11株火鸡组织滴虫18S rRNA基因序列进行系统发育分析。结果发现江苏地区鸡源火鸡组织滴虫18S rRNA基因同源性在99.0%～99.8%之间，形成两个分支，可能存在不同的基因型。

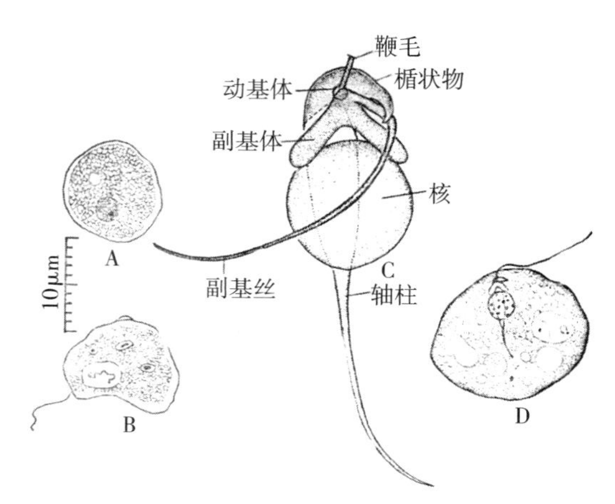

图8-1-4　火鸡组织滴虫的形态
A. 肝病灶内的虫体　B. 盲肠腔内的虫体　C. 电镜下所见的虫体内部结构　D. 电镜下的虫体（孔繁瑶等）

组织滴虫生活史很复杂。本虫的长期存在是与寄生于鸡及其他鸡形目鸟类的异刺线虫（又称盲肠虫）和普遍存在于鸡场土壤中的几种蚯蚓密切相关联的。在盲肠中寄生的组织滴虫可进入同在盲肠中寄生的异刺线虫体内，在其卵巢中繁殖，并进入虫卵内，然后随粪便排出体外。当组织滴虫随异刺线虫虫卵排到外界环境后，组织滴虫因有虫卵卵壳的保护，故可能在养殖土壤中存活数月或者数年，因而成为重要的感染源。鸡只因摄取被异刺线虫虫卵污染的饲料和饮水而感染发病，虫卵可来自之前鸡群污染的土壤，亦可来自偶然遇到的被带虫野鸟污染的土壤。蚯蚓可充当本虫的搬运宿主。蚯蚓吞食土壤中的鸡异刺线虫虫卵后，组织滴虫随同虫卵进入蚯蚓体内，虫卵在蚯蚓体内孵化，新孵出的幼虫在组织内生存到侵袭阶段，当鸡吃到这种蚯蚓时，异刺线虫幼虫侵入盲肠几天之后，组织滴虫从幼虫逸出并在盲肠中快速增殖，侵入黏膜下层和黏膜肌层，引起严重的和广泛的组织坏死。因此蚯蚓起到一种自养鸡场周围环境中收集和集中异刺线虫虫卵的作用。在气候和土壤类型适合异刺线虫和蚯蚓生存的养禽场，若要预防组织滴虫病的发生，必须将蚯蚓的作用问题也考虑在内。

组织滴虫或通过门脉系统或经由腹腔到达肝脏，很快在肝脏表面出现圆斑形坏死。组织滴虫与其他肠道微生物相互作用，如细菌和球虫，依靠这些病原充分发挥其致病作用。火鸡也可通过与感染禽类泄殖腔的直接接触或通过新鲜的粪便而传播，引起组织滴虫病快速传播到禽群。在鸡群则无这种传播方式。史美清等（1993）研究火鸡组织滴虫在孔雀肝脏和肾脏中的发育及其致病作用，发现肝肾中虫体的分裂方式为典型的二分裂繁殖法。

传统上，组织滴虫病被认为影响火鸡，对鸡影响不大。然而，鸡群暴发可引起高发病率，中度死亡率和广泛的肝脏病变，鸡趋于较低严重性，但常涉及继发细菌感染。青年产蛋鸡或小种母鸡发病率特别高，火鸡组织滴虫实验性感染16周龄产蛋鸡发现感染期间产蛋量降低。四周内感染组织反应缓解，但鸡可带虫至少延长6周。

【流行病学】

考虑到食物残留和发现某些化合物具有潜在致癌毒性，禁用了砷制剂和硝基咪唑类，这些有效治疗药物被禁止之后，该病在欧洲又重新发生。火鸡组织滴虫病对火鸡具有很高的死亡率，而鸡火鸡组织滴虫病则一般不太严重。鸡群可能作为火鸡组织滴虫的贮藏宿主，通过直接接触或异刺线虫虫卵作为媒介污染垫料而使火鸡易于感染。野鸟作为贮藏宿主的可能性也不能排除。

许多鹑鸡类都是火鸡组织滴虫的宿主。火鸡、鹧鸪和松鸡等可严重感染组织滴虫病，并引起死亡，鸡、孔雀、珍珠鸡和雉等也可感染，但很少出现症状。不同品种、年龄，易感性也有所不同。在鸡和火鸡，易感性都随年龄而有变化，最大的易感性在鸡是4～6 周龄，火鸡是3～12 周龄。孟庆江和李家玲（2000）对河北省、天津市两地区23个火鸡养殖场50余万只火鸡组织滴虫病进行调查，平均死亡率1.52%，并发现有急性型和慢性型两个病型。

宿主对感染因素的反应是不同的，它受易感性和感染方法及感染量的影响。死亡率常在感染后大约第17 天达到高峰，然后在第4 周末下降。有人报道，火鸡饲养在受污染的地区时，曾有89%的发病率和70%的死亡率。易感火鸡人工感染的死亡率可达90%。虽然鸡的组织滴虫病的死亡率一般较低，但也有死亡率超过30%的报道。在我国关于鸡组织滴虫病呈零星散发，但却是各地普遍发生的、常见的原虫病。

本病一年四季均可发生，主要发生于春末至秋初潮湿温暖季节。卫生良好的鸡场很少发生本病。反之，鸡舍和运动场污秽、潮湿、阴暗、堆放杂物多、隐藏蚯蚓及鸡群拥挤、营养不良、维生素缺乏或野外放养鸡都易得本病。

【发病机理】

火鸡组织滴虫有组织型和腔型两种形态。前者见于被感染的肝脏和盲肠，后者见于盲肠腔中。鸡异刺线虫在本病的传播中起重要作用，火鸡组织滴虫可进入异刺线虫虫卵，在外界环境生存较长时间。火鸡或鸡吞食了含有火鸡组织滴虫的鸡异刺线虫虫卵后感染本病。组织滴虫随鸡异刺线虫虫卵进入火鸡消化道后，从虫卵内逸出并侵入盲肠黏膜，在盲肠黏膜大量繁殖，引起盲肠的炎症、出血和坏死，虫体可从盲肠壁进入毛细血管，通过门脉血流入侵肝脏，引起肝组织坏死和炎症。

【症 状】

本病的潜伏期多为8 ~ 21 d，有时仅3 ~ 4 d。病初症状不明显，后逐渐精神不振、食欲减退或废绝，羽毛松乱，两翅下垂，蜷体缩颈，头弯于翅内，行走如踩高跷步态，下痢、排金黄色或呈硫黄色、有时呈淡绿色的粪便。严重病例粪便带血或全血便，有的粪便中可见盲肠坏死组织的碎片。在出现血便后，病鸡病情加重，贫血、消瘦，陆续死亡，病后期的鸡头部皮肤和鸡冠呈紫色或黑色。病程通常为1 ~ 3周，如果能及时治疗可较快停止死亡，转为康复，病死率在30% 以内。病愈康复鸡的体内仍有组织滴虫，带虫者可长达数周或数月。成年鸡很少出现症状。

【病理变化】

组织滴虫的主要病变发生在盲肠和肝脏，引起盲肠炎和肝炎，故有人称本病为盲肠肝炎。火鸡组织滴虫最初的病变在盲肠，表现显著的炎性反应和溃疡，引起盲肠壁增厚。有时，溃疡侵蚀盲肠壁，导致腹膜炎并涉及其他器官。盲肠内含有黄绿色、干酪样渗出物，后期变成干酪样肠芯。肝脏病变外观上变化较大；肝脏肿大，呈紫褐色，表面出现黄色或黄绿色的局限性圆形的、下陷的病灶，直径达1cm，豆粒大至指头大。下陷的病灶常围绕着一个呈同心圆的边界，边缘稍隆起。在成年火鸡和鸡，肝脏的坏死区可能融成片，形成大面积的病变区，而没有同心圆的边界。鸡的肝脏病变常常是稀疏的或者没有，盲肠的病变也没有火鸡那样广泛。肝脏和盲肠病变具有诊断病症意义。然而，肝脏病变必须与结核病、白血病、毛滴虫病和真菌病相区别。病变也见于其他器官，如肾脏、腔上囊、脾脏和胰脏。

【诊 断】

诊断此病一般是以生前排出特征性硫黄色粪便，剖检肝脏典型坏死灶及盲肠的干酪样肠芯和肿大病变为依据。但确诊必须依靠实验室诊断，以排除侵害盲肠和肝脏的其他因素的感染。但在并发有球虫病、沙门菌病、曲霉菌病或上消化道毛滴虫病等时，必须用实验室方法检查出病原体方可确诊。虫体检查是本病确诊的依据。检查的方法采用刚扑杀或刚死亡的病禽的肝组织和盲肠黏膜制作悬液标本，在保温的显微镜台上观察可见大量圆形或卵圆形的虫体，以其特有的急速的旋转或钟摆状态运动，虫体一端有鞭毛，若维持在30～40℃还可见到虫体的伪足。也可作肝组织触片检查虫体。用肝组织和盲肠制作石蜡切片时，组织滴虫在HE 染色时虫体着色较淡，以单个、成群或连片的形式存在于坏死的组织中，虫体大小为5～20 μm。许金俊等（2014）基于18S rRNA基因序列建立环媒介导恒温扩增方法（LAMP）检测鸡火鸡组织滴虫感染，可以检测10个拷贝的序列，优于传统的PCR方法。检测可疑肝脏和盲肠样品，检测率分别达到100%和97.92%。

【防治措施】

由于组织滴虫的主要传播方式是通过盲肠体内的异刺线虫虫卵为媒介，所以有效的预防措施是排除蠕虫卵，减少虫卵的数量，以降低这种病的传播感染。阳光照射和排水良好的鸡场可降低虫卵的活力，因而利用阳光照射和干燥可最大限度地杀灭异刺线虫虫卵。节肢动物苍蝇也可作为机械性传播媒介。一旦在火鸡群建立感染，则可不需要媒介通过直接传播而快速扩散。鸡舍可隔离成不同的小单元将暴发限制于特定舍内。雏鸡应饲养在清洁而干燥的鸡舍内，且尽量采用网上饲养或笼养，让鸡不接触地面。与成年鸡分开饲养，以避免感染本病。同时对成年鸡用苯并咪唑类和左旋咪唑（按每千克体重25 mg的剂量1次内服）定期驱虫有助于减少传播感染的异刺线虫暴露。鸡与火鸡一定要分开进行饲养管理。

控制火鸡组织滴虫病免疫接种仅部分获得成功，文献报道免疫接种效果有差异。火鸡对减毒组织滴虫活苗免疫反应产生需要4周时间。18周龄新母鸡实验感染前5周免疫接种可预防产蛋下降。绝大多数研究者曾发现禽类用活培养物免疫接种预防该病不切合实际。灭活的病原可皮下或腹腔接种刺激产生免疫反应，但不提供保护。

当前没有药物允许用于治疗组织滴虫病。硝苯砷酸饲喂适用于预防。硝苯砷酸与饲料混合以0.018 75%浓度连续饲喂，食品动物屠宰前要求有一个5 d的休药期。在多数情况下，硝苯砷酸有效，虽然也有用药情况下暴发的报道。历史上，硝基咪唑类，如罗硝唑、异丙硝唑和二甲硝唑用于预防和治疗火鸡组织滴虫病有高效。这些药物中的一些可用于非食品禽类兽医处方。

（王海燕　张龙现）

十一、禽疟原虫病（Avian malaria）

【病名定义及历史概述】

疟原虫（*Plasmodium*）能感染多种动物，包括人、灵长类动物、噬齿类动物、鸟类和爬行类动物，目前已知有130余种。疟原虫病是人类的一种严重疾病，此病在中国分布很广，南方流行最为严重。

疟原虫种类繁多，虫种宿主特异性强。全世界共记载有65种禽疟原虫，且有人列举了1 000多种鸟类可作为这些疟原虫的宿主，但只有35个种或更少的种是有效的。那些对家禽有致病性的疟原虫多半分布在亚洲、非洲和南美洲。禽疟原虫常被用作研究人疟原虫病的动物模型。

【病原学】

禽疟原虫属（*Plasmodium*）属原生动物的疟原虫科（Plamodidae），与家禽有关的主要种类包括：寄生于鸡、雉鸡、珍珠鸡、孔雀的鸡疟原虫（*P. gallinaceum*）；寄生于鸡、鹌鹑和火鸡的近核疟原虫（*P. juxlanucleare*）；寄生于火鸡、鸭的硬疟原虫（*P. durae*）；寄生于野雉、鸡、火鸡、鸭和其他家禽的小疟原虫（*P. lophurae*）；寄生于珍珠鸡和各种家禽的虚假疟原虫（*P. fallax*）等。

疟原虫的发育需要两个宿主：一个是中间宿主家禽和野禽，在其体内进行无性繁殖及有性繁殖的开始阶段；另一个是终末宿主蚊子，在其体内完成有性繁殖。

禽疟原虫在库蚊（*Culex*）和伊蚊（*Aedes*）体内发育。当蚊吸血时，吸进雌配子体（即大配子体）和雄配子体（即小配子体）。由雌配子体发育为雌配子，由雄配子体发育为雄配子。雄配子游近雌配子时即钻进其体内，两核结合在一起，受精后发育成为合子。合子随即延长成为一端较尖一端钝圆能蠕动的动合子并发育为卵囊。卵囊内形成大量的子孢子。成熟的卵囊破裂，子孢子溢出并集中于唾液腺。当感染性蚊子叮咬禽类宿主时，子孢子即随唾液腺而进入血液，而后又侵入网状内皮细胞，在此进行典型的两代裂殖生殖。第一代为潜隐体，由潜隐体产生出大量裂殖子，这些裂殖子再次侵入网状内皮细胞，并重复上述裂殖生殖。由此而产生第二代潜隐体，从第二代潜隐体又产生出大量的裂殖子，并进入血流和红细胞。可能出现血液和网状内皮细胞间的寄生虫的互换，结果是在许多组织，尤其是脾、肾和肝的内皮细胞内产生第二次红细胞外的裂殖体（显体型）。正是这些虫体造成了严重的出血症。

侵入红细胞中的早期裂殖子——滋养体，逐渐发育为一个含有很多核的成熟的裂殖体。裂殖体分化产出裂殖子。宿主细胞破裂，裂殖子释放出来，并寄生到其他红细胞内，再次进行裂殖生殖。最后侵入红细胞的一些裂殖子发育为配子体。当被适宜的终末宿主——蚊吸入后，才能进一步发育。

【流行病学】

禽疟原虫的中间宿主是禽类，终末宿主是蚊子，感染疟原虫的蚊子叮咬禽类而传播本病。鸡疟原虫和近核疟原虫的致病力最强，感染禽死亡率可达68%～75%。

【发病机理】

禽疟原虫的致病作用不一，可表现为无临床症状到出现严重的贫血和死亡。急性禽疟原虫病能引起急剧而严重的贫血及全身缺氧。鸡疟原虫的红细胞外发育阶段可引起脑微血管堵塞，结果使中枢神经系统机能极度障碍，造成死亡。

【症 状】

该病的潜伏期为3～40 d。急性病例常突然发病，精神委顿，食欲不振，羽毛蓬松，高热，呼吸困难，贫血虚弱，共济失调或呈麻痹状态。慢性病例仅表现贫血，衰弱，环境剧变时可引起死亡。

【病理变化】

尸体剖检可见有高度贫血，肝和脾肿大。对骨髓作组织学检查时，可发现脂肪细胞减少、增生、静脉窦扩张，以及存在大量的单核细胞和幼稚型细胞。脾脏的微血管内布满淋巴细胞和感染有虫体的红细胞。网状内皮细胞和巨噬细胞含有带色素的核。

【诊 断】

本病可根据临诊症状、病理特征和内脏器官及血液涂片检查作出诊断。内脏器官和血液涂片可用罗曼诺夫斯基染色法染色。侵入红细胞中的滋养体呈环状，其细胞质呈天蓝色带状，细胞核呈红色，虫体中间为不着色的空泡。当疟原虫消耗宿主细胞的血红蛋白后，就会形成一种特殊的疟疾色素的残余物，这在染色涂片上可以见到。

【防治措施】

成功的预防必须依赖于中断禽疟原虫的生活史，即消灭或尽可能减少蚊子。为了消灭蚊子可使用化学杀蚊剂。虽然用禽疟疾模型广泛地进行了化学疗法的研究，但仍没有可用于治疗禽疟疾的商品药物。选用乙胺嘧啶、奎宁等药物治疗可起到一定的疗效。

（王海燕 张龙现）

十二、鸽血变原虫病（Haemoproteus infections）

鸽血变原虫病是由疟原虫科、血变原虫属的原虫寄生于鸽引起的血液原虫病，表现为体温高、精神不振、减食、呼吸困难等症状。1890年，Kruse首次描述了野鸽（*Columba livia*）体内寄生鸽血变原虫（*Haemoproteus columbae*）。

文献记载有7种鸽血变原虫，包括鸽血变原虫（*H. columbae*）、萨氏血变原虫（*H. sacharovi*）、麦卡勒姆血变原虫、*H. melopeliae*、帕氏血变原虫、皮氏血变原虫和鹁鸠血变原虫，多数学者认为只有鸽血变原虫（*H. columbae*）和萨氏血变原虫（*H. sacharovi*）为有效虫种。目前，我国鉴定的虫种为鸽血变原虫（*H. columbae*）。

本病广泛分布于新大陆和旧大陆的温热带地区，由虱蝇科和蠓科的各种双翅目昆虫传播。鸽血变原虫病主要流行于我国南方，如广东、广西、云南、福建等。1989年，洪凌仙等报道了闽南地区家鸽血变虫的感染情况，共检查家鸽401只，鸽血变原虫（*H. columbae*）阳性率为46.13%，且阳性率与鸽的月龄成正比，8月龄以上家鸽的阳性率达75.89%；同时阐明了家鸽血变原虫的生活史，证明虱蝇是其传播媒介。

鸽血变原虫病传染途径，主要是通过吸血昆虫和接触感染等途径。常见的鸽虱蝇、蠓蚊等，将病鸽血液中的配子体吸入其体内，经发育繁殖成孢子体进入鸽虱蝇唾液腺内，当鸽虱蝇叮咬健康鸽子时，孢子体随唾液进入鸽体而发病。尤其是在夏秋季节，鸽虱蝇、蠓等吸血昆虫繁殖快，发病率往往高于冬季。其次为接触性感染，被疟原虫污染的水源、土壤及青绿饲料、鸽场、鸽巢等，尤其是产鸽，频频呆巢，容易受栖巢虱蝇叮咬而发病。

幼鸽表现急性经过，食欲不振，头缩毛松，贫血消瘦，呼吸加快或张口呼吸，死亡率可达65%～75%。成年鸽感染本病时，一般症状表现不明显，经数日可自行恢复；有的可转为慢性，表现抗病力、繁殖力下降，不愿孵化和哺育乳鸽，贫血、消瘦、体质衰弱等。剖检可见血液凝固不良，心肌出血，肌胃增大，肺水肿，肝脾肾肿胀和硬化等病变。

病鸽治疗可用磷酸伯氨喹片（7.5 mg/片）口服，首次每只每天半片，以后每只每天1/4片，连用7 d。也可用青蒿株磨粉，按5%浓度混入保健砂中长期服用。预防本病应杀死传播媒介鸽虱蝇等；一是笼养的鸽房要加纱窗防虱蝇；二是用5%溴氢菊酯配成25～300 mg/L溶液，或用其他药物在鸽舍内喷雾杀虱蝇。或用0.2%的氨基甲酸酯类，用喷雾器直接对鸽体喷雾，每周1次。

（王荣军）

十三、住肉孢子虫病（Sarcosporidiosis）

住肉孢子虫病是一种寄生于人类、哺乳类、鸟类和爬行类动物的人兽共患寄生虫病，其所产生的肉孢子虫毒素能严重地损害宿主的中枢神经系统和其他重要器官，主要表现为全身淋巴结肿大、腹泻、截瘫等症状。住肉孢子虫病对养鸡业的经济意义不大，对家鸭和野鸭有一定的危害。

住肉孢子虫分类上属孢子虫纲（Sporozoa）、真球虫目（Eucoccida）、肉孢子虫科（Sarcocystidae）、肉孢子虫属（*Sarcocystis*）。

寄生于鸭的主要是李氏住肉孢子虫（*Sarcocystis rileyi*），孢子虫囊呈长形，其长轴与肌肉平行。呈白色，具有光滑的囊壁，自肌肉取出时呈圆柱形或纺锤形，长1.0～6.5 mm，宽0.48～1.0 mm。显微镜下观察，具有两层壁，内壁为海绵状的纤维层，外壁为致密的膜。孢子囊内分隔为若干小室，每个小室中包藏有许多香蕉形的孢子（Cystozoites），又称为雷氏小体（Rainey's corpuscle）或滋养体。孢子长8～15 μm，宽2～3 μm，一端稍尖，一端钝圆，核偏位于钝圆一端，胞浆中有许多异染颗粒。本虫唯一可被鉴定的阶段是住肉孢子囊（Sarcocyst），又称米氏小管（Miescher's tubule）。

寄生于鸡的住肉孢子虫有两种，分别是哈氏住肉孢子虫（*S. horvathi*）和温泽尔住肉孢子虫（*S. wenzeli*）。哈氏住肉孢子虫缓殖子为一端尖一端钝圆的香蕉形，大小为（9.0～12.5）μm ×（2.5～3.9）μm，其终末宿主至今仍未确定，但犬和猫不是其终末宿主已被证实。温泽尔住肉孢子虫缓殖子为两端尖的梭形，大小为

（12.5～18.6）μm×（2.0～3.8）μm，平均为14.3 μm × 2.9 μm；鸡肉中包囊呈梭形，大小为（270.0～2 160.1）μm×（32.5～140.4）μm，平均为865.5 μm × 82.3 μm，包囊壁上有紧密排列的、短而直的指状突起，形成具放射条纹状结构的一层；犬和猫均为其终末寄主。

目前，寄生于禽类的住肉孢子虫生活史尚不完全清楚，但牛的梭形住肉孢子虫（*S. fusiformis*）、羊的柔嫩住肉孢子虫（*S. tenella*）、猪的米氏住肉孢子虫（*S. miescherisna*）的专性两宿主生活史已被学者证实。其中间宿主为草食动物、啮齿动物、禽类和爬行动物等，终末宿主为肉食动物，如犬、猫、狐、狼、豹及人等。终末宿主食入含有包囊的中间宿主的肉后，在小肠内直接发育为大配子体和小配子体，结合后形成卵囊，卵囊在终末宿主肠上皮细胞中孢子化，每个孢子化卵囊内含有2个孢子囊。卵囊或孢子囊随粪便排到外界，被中间宿主吞食后，子孢子经血液循环到达各脏器，在网状内皮细胞内进行裂殖生殖，最后进入横纹肌，形成住肉孢子虫包囊。

禽住肉孢子虫病的可引起禽类体重下降、生产性能降低。患病禽类在胸肌、大腿肌、颈肌和食管肌上可见有一些纵列的住肉孢子囊，引起肌肉脂肪变性，寄生部位的肌纤维肿大，发生炎性反应。

本病的诊断主要是在肌肉组织中找到住肉孢子虫包囊，大的包囊肉眼可见，小的包囊可在显微镜下观察，即取一小块肌肉，上加1滴生理盐水或5%甘油，用两块载玻片压平后于显微镜下观察。血清学反应已成功地用于其他动物的住肉孢子虫病的诊断，但尚未用于禽类住肉孢子虫病的诊断。

对禽住肉孢子虫病尚无有效的预防措施，对严重感染本病的禽肉应全部废弃，不能用作食用。

（王荣军）

十四、毛滴虫病（Trichomoniasis）

毛滴虫病是由禽毛滴虫引起（*Trichomonas gallinae*），它是一种侵害消化道上段的原虫病。主要感染幼鸽、小野鸽、鹌鹑、隼和鹰，有时也感染鸡和火鸡。常引起家鸽的“溃疡症”。我国各地有鸽和鸡毛滴虫病的零星报道。

禽毛滴虫属鞭毛亚门，动鞭毛纲，毛滴虫目，毛滴虫科，毛滴虫属。虫体呈梨形，移动迅速，长5～9 μm，宽2～9 μm，具有4根典型的起源于虫体前端毛基体的游离鞭毛，1根细长的轴刺常延伸至虫体后缘之外，波动膜起始于虫体的前端，终止于虫体的稍后方。

罗峰等于2003年、2006年对广东省不同地区的鸽场进行鸽毛滴虫感染情况调查，分别采集了11个鸽场2 718只鸽和12个鸽场1 739只鸽的口咽部分泌物，经直接镜检发现毛滴虫感染率分别为65.8% 和67.1%，且乳鸽和青年鸽感染率均超过70%，产蛋鸽感染率超过50%。2005年，陈绚姣等报道了广州动物园绯红金刚鹦鹉混合感染毛滴虫和丝状真菌的诊断与治疗情况，发病8只，死亡3只，从其中死亡的2只中检出毛滴虫。2008年，黄名英等抽检了四川省5个地市养鸽场2 030只鸽的食管黏膜样品，检出毛滴虫平均感染率为75.12%，除50只信鸽未检出外，各养鸽场的毛滴虫检出率为34.4%～94.0%；另外，在鹦鹉中也已检出毛滴虫。2009年，陈立等在进行人工养殖鹦鹉肠道寄生虫感染调查中，从17种183只鹦鹉中有4种8只鹦鹉检出毛滴虫，毛滴虫感染率为4.4%，但未进行种类鉴定。

禽毛滴虫侵害口腔、鼻腔、咽、食管和嗉囊黏膜表层，因而病禽闭口困难、食欲大减，精神萎靡；常做吞咽动作，并从口腔内流出气味难闻的液体。体重很快下降，消瘦，病禽眼睛中有水汪汪的分泌物。受感染的禽类死亡率可高达50%。

在禽病的口腔、咽、嗉囊、前胃和食管黏膜上有隆凸的白色结节或溃疡灶，病变组织上可覆盖有气味难闻的、乳酪样的伪膜或隆起的黄色“纽扣”。口腔黏膜的病变可扩大连成一片。由于干酪样物质堆积，可部分或全部堵塞食管腔，最后这些病变可穿透组织并扩大到头部和颈部的其他区域，包括鼻咽部、眼眶和颈部软组织。肝的病变起初出现在表面，而后扩展到肝实质，呈现为硬质的、白色至黄色的圆形或环形病灶。

隔离患病动物是预防本病的方法之一。另外，预防措施还包括注意饲料和饮水卫生、在进新禽舍时要彻底清洗房舍等。治疗药物以二甲硝咪唑（Dimertridazole）最为有效。其他药物如硝乙脲噻唑（Nithiazide）、氨硝噻唑（Enheptin）和洛硝哒唑（Ronidazole）也具有很好的治疗作用。

（王荣军）

十五、六鞭原虫病（Hexamitiosis）

六鞭原虫病是由火鸡六鞭原虫（*Hexamita meleagridis*）和鸽六鞭原虫（*Hexamita columbae*）引起的。主要感染1～9周龄的幼火鸡、鸽、鸭、雉鸡和鹌鹑。发病率高，如不进行及时治疗，死亡率可达75%。

火鸡六鞭原虫大小为（6～12.4）μm×（2～5）μm。有2个细胞核，均具有大的核内体，有4根前鞭毛、2根前侧鞭毛和2根后鞭毛。4根前鞭毛向后弯曲。

病禽畏寒，腹泻物呈水样多泡沫；精神沉郁，翅膀下垂。在病程的后期水泻呈黄色，病禽扎堆。晚期发生惊厥和昏迷。病变包括卡他性肠炎、肠弛缓和继发性肠膨胀。在小肠上段尤为明显。肠道内容物呈水样，全肠段含有过量的黏液和气体。在显微镜下观察，在肠腺窝内有大量的六鞭原虫。

病史、症状和病变可提示人们怀疑为此病，鉴别诊断应与传染性病毒性肠炎、沙门菌病和毛滴虫病作类症鉴别。用相差显微镜检查十二指肠黏膜刮取物，可观察大量火鸡六鞭原虫。该虫活动很快，具有突进式的动作，虫体相当小。

消除带虫者。隔离雏禽与成禽，从雏鸡群所在地去除其他种禽宿主，以及饲槽和饮水器的清洁卫生等措施，均可减少传播。在饲料中添加丁醇钖（Butynorate）0.037 5%、金霉素0.005 5%、二甲硝咪唑（Dimertridazole）等具有较好的治疗作用。林忠武报道（2013）信鸽发病情况下全群大小鸽子均喂服甲硝唑（按每千克体重25 mg），连用3 d，对个别病重不吃食的鸽子采用口服甲硝唑片（每片0.2 g喂3 kg体重）和土霉素片（每片0.25 g喂5 kg 体重），每天2次，连用3 d。黄放球（2004）报道乳鸽六鞭原虫病盐酸金霉素0.02%的浓度混饮，连用5 d有较好的治疗效果。

（王荣军）

第二节　吸 虫 病

（Trematodosis）

禽吸虫病是由扁形动物门（Platyhelminthes）吸虫纲（Trematoda）的多种吸虫寄生于禽类体内所引起的疾病总称，其病原是一类背腹扁平、多细胞、缺肛门、无体腔的动物。

吸虫纲分为盾腹亚纲（Aspidogastrea）、单殖亚纲（Monogenea）和复殖亚纲（Digenea），前两个亚纲的吸虫主要寄生于无脊椎动物或冷血脊椎动物（包括鱼类、两栖类、爬行类、软体及甲壳动物）的体内，而复殖纲吸虫几乎全部是家畜、家禽及人类的内寄生虫，可以侵袭宿主的所有体腔和组织。该纲吸虫生活史复杂，需要一个或两个以上的不同宿主寄生，可寄生于禽的眼、呼吸系统、消化系统、泌尿系统、生殖系统和循环系统，引起禽只器官组织机械损伤，虫体分泌毒素和阻塞管道可使禽只致病或死亡，严重影响我国养禽业的发展。

【形态学】

寄生于禽类的复殖吸虫具有扁形动物门所有的主要特征。虫体大多呈背腹扁平的叶片状，偶尔呈圆柱形或线形。体表由具皮棘的外表皮所覆盖。通常具有两个肌肉质的杯状吸盘，前端口吸盘通消化道，腹面上有腹吸盘（吸附器官）。生殖孔通常位于腹吸盘的前缘或后缘处。排泄孔位于虫体末端。无肛门。无体腔，体壁由皮层和肌肉层构成的皮肌囊和实质构成。

消化系统由被口吸盘围绕着的口孔、1个短的前咽、1个肌质球样的咽、1个细长的食管和2个肠管（盲肠）所组成（见彩图8-2-1）。绝大多数复殖吸虫的两条肠管不分支，但有的左右两条肠管末端合成一条，如血吸虫，有的末端连接成环状，如嗜气管吸虫。

生殖系统除血吸虫［裂体科（Schistosomatidae）］外，均为雌雄同体。雄性生殖系统由睾丸、输出管、输精管、贮精囊（输精管的膨大部）、雄茎（交配器）、生殖孔等组成（图8-2-1）。睾丸的数目、形状、大小和位置随吸虫的种类而不同。雌性生殖系统由卵巢（1个）、输卵管（1条）、卵模、受精囊、子宫、生殖孔等组成。卵巢的形态、大小及位置常因种而异。卵黄腺1对，其位置与形状亦因种而异，但一般位于虫体中1/3的两侧，由两条卵黄管汇合成卵黄总管而通入卵模。从卵巢发出的一条输卵管也通向卵模。受精囊1个，其中贮藏精子，也通向卵模。子宫是一条弯曲的管，一端与卵模连接，另一端通向生殖孔。梅氏腺包围于卵模外侧，能分泌液体以冲洗卵模和子宫，使已形成的虫卵移向生殖孔。卵通常具有卵盖，其大小和形状均不同。许多种吸虫的卵在子宫中即已发育，故一经产出即可孵化。

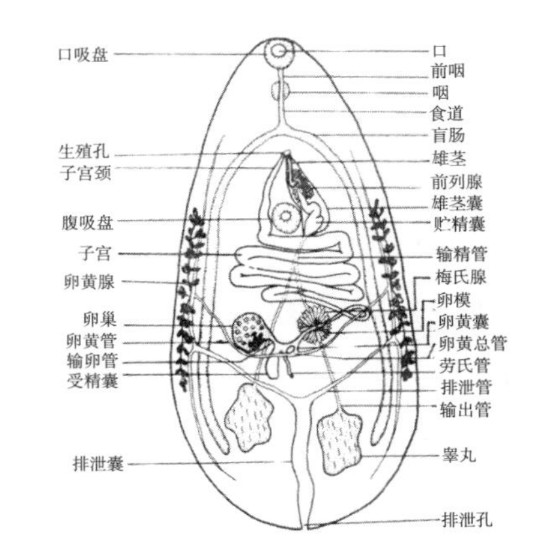

图8-2-1　复殖吸虫成虫模式图
（陈淑玉　汪溥钦）

神经系统由成对的神经节（相当于神经中枢）组成，位于咽的两侧。从两个神经节各发出前后3对神经干，分布于背、腹和侧面。吸虫一般没有感觉器官，有些吸虫的自由生活期幼虫（毛蚴和尾蚴）具有眼点，具感觉功能。

排泄系统为原肾管型，由焰细胞（有一簇纤毛和一个细胞核结合在一起）、毛细管、前后集合管、排泄总管、排泄囊和排泄孔等部分组成。排泄囊的形状与焰细胞的数目和位置在分类上具有一定意义。

【生活史】

复殖吸虫的生活史为需宿主交替的较为复杂的间接发育型，其有性和无性发育世代寄生于不同的宿主，中间宿主的种类和数目因不同吸虫而异。第一中间宿主常为淡水螺或陆地螺，第二中间宿主多为鱼、蛙、螺、昆虫（蚂蚁、蜻蜓等）、甲壳类（蟹等）。完整的发育过程经历卵、毛蚴、胞蚴、雷蚴、尾蚴、囊蚴和成虫各期。

复殖吸虫的卵多呈椭圆形或卵圆形，除血吸虫、嗜眼吸虫外，都有卵盖。虫卵随宿主的粪便排出体外，在适宜的条件下，落入水中孵出具纤毛的毛蚴。发育成熟的毛蚴会推开卵盖，逸出虫卵，游于水中，寻找合适的螺，一个毛蚴在其体内脱去纤毛可发育为一个胞蚴，一个胞蚴又可发育为多个雷蚴，一个雷蚴进一步发育为多个尾蚴。有时雷蚴体内还可生成子雷蚴，由子雷蚴发育为尾蚴。有的吸虫由胞蚴产生子胞蚴，由子胞蚴发育为尾蚴，缺雷蚴阶段。尾蚴经螺体组织逸出，进入周围水中，在短暂的游动之后，附在某些植物上结囊，脱去尾部，变成囊蚴。当宿主吃草或饮水时将囊蚴摄入体内而发育为成虫。有的尾蚴（如血吸虫）可直接钻进终末宿主的皮肤，并进入血液，发育为成虫。有的尾蚴进入第二中间宿主体内发育为囊蚴，终末宿主再以第二中间宿主作为食物时受到感染。

在复殖亚纲中大约有25个科100个属的400种以上的吸虫可作为禽类的寄生虫，它们寄生于鸟类的雁形目（鸭类）、鸡形目（鸡类）、鸽形目（鸽类）和雀形目（栖木类鸟）。这些吸虫多数有较强的宿主特异性，但也有少数吸虫能广泛地寄生于上述多种禽类。除去个别的以外，一般认为鸟类的吸虫仅引起轻度到中等程度的致病作用。但也有一些吸虫，特别是寄生的数量很大时，往往可引起禽类的严重疾病，从而造成巨大的经济损失。

【禽机体各系统吸虫】

1. 眼吸虫

嗜眼科（Philophthalmidae）

虫体较小，吸盘发达，表皮上有细刺。生殖腺在虫体的后端部，卵巢在睾丸前方。卵黄腺在两侧部，通常呈管状。虫卵无卵盖，内含有带眼点的毛蚴。寄生于结膜囊及泄殖腔，有时也寄生于鸟类的肠道。寄生于禽类的主要是有嗜眼属（*Philophthalmus*）和眉鹟属（*Ficedularia*）的吸虫。

（1）嗜眼属（*Philophthalmus*）

1）涉禽嗜眼吸虫　*Philophthalmus gralli*（Mathis et leger，1910），也称鸡嗜眼吸虫（图8-2-2）

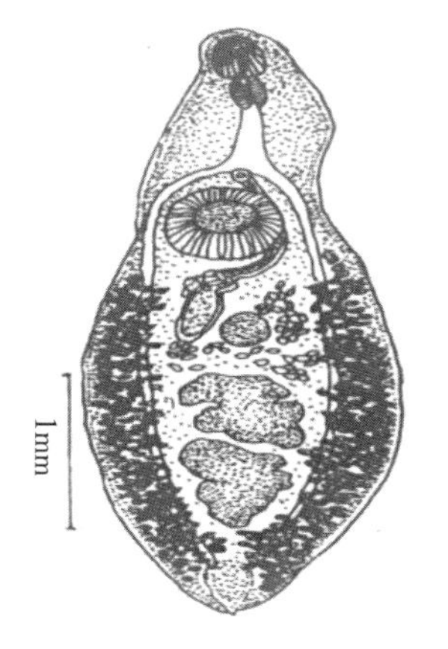

图8-2-2　涉禽嗜眼吸虫（West）

［宿　　主］鸡、鸭、鹅、火鸡、孔雀、番鸭、八哥、鸽、雉、野鸭和鸵鸟等。

［寄生部位］眼结膜囊及瞬膜下。

［分　　布］广东、福建、江苏、台湾等地。

［种的描述］虫体呈矛头形，头部较尾端狭细，微黄色，半透明。大小为（3～8.4）mm×（0.7～2.1）mm。口吸盘宽0.285mm，腹吸盘直径约为0.588mm，距前端的距离相当于虫体全长的1/4。生殖孔在两个吸盘的中间，有一个细长的雄茎囊，其基部稍偏腹吸盘的远端。睾丸呈前后排列，在身体的后1/4范围内。卵黄腺呈管状，位于体中央之两侧。子宫内的卵呈卵圆形，大小为（0.085～0.120）mm×（0.039～0.055）mm，每个虫卵都含有发育完全的毛蚴。

2）中华嗜眼吸虫　*Philophthalmus sinensis*（Hsu et Chow，1938）

［宿　　主］鸭。

［寄生部位］瞬膜。

［分　　布］江苏、广东等地。

［种的描述］虫体长棍棒形，体表平滑。大小为（3.027～3.384）mm×（0.956～1.156）mm。口吸盘0.228 mm×0.335mm。腹吸盘近圆形，为0.443 mm×0.420mm。睾丸两个，椭圆形，前后排列。雄茎囊呈长棒形，位在腹吸盘的左侧，终止于腹吸盘下缘水平。生殖孔开在肠叉的中上方，距虫体前端0.50mm。卵巢一个，近圆形。 卵巢与睾丸的比例为1：1.53。卵黄腺管状，其长度约等于从腹吸盘下缘到前睾丸之间距离的70%～80%。子宫圈发达，跨过卵黄腺和肠管。虫卵0.079 mm×0.043 mm，内含毛蚴，具眼点。

（2）眉鹟属（*Ficedularia*）

北京眉鹟吸虫　*Ficedularia beijingensis*（Hsu，1979）

［宿　　主］白眉鹟。

［寄生部位］瞬膜。

［分　　布］北京。

［种的描述］虫体长形，后端比前端钝圆，体表平滑，大小4.170 mm×1.314 mm。口吸盘位于次顶端，大小0.286 mm×0.486 mm。咽大于口吸盘，大小为0.314 mm×0.557 mm。腹吸盘位在虫体前1/3处，近圆形，大小为0.699 mm×0.643 mm。无前咽，食管极短。睾丸两个，椭圆形，不分叶，左右排列在虫体的后端，两睾丸的钝端相靠，尖端向外。阴茎囊位于腹吸盘的上端，呈“《”形排列。生殖孔开口在肠叉的下方。卵巢近圆形，位于虫体后1/4处。受精囊在卵巢的下方。卵黄腺颗粒状，前后串联排列在肠管的外侧，呈念珠状串联，上端的颗粒较粗，下端逐渐细小，近末端则形成管状，两侧卵黄腺在睾丸的前方转入肠管的内侧，呈U形汇合为卵黄总管。子宫发达，弯曲在腹吸盘的下端直至虫体的末端，跨过肠管和卵黄腺。排泄囊十分发达，从咽两侧直达虫体的后端，两排泄管汇合为排泄囊，排泄孔开口在虫体后端的顶部。虫卵椭圆形，淡黄色，（0.072～0.077）mm×（0.043～0.051）mm，内含毛蚴，无卵盖，眼点付缺。

［生 活 史］虽然眼吸虫种类较多，但大多数的生活史尚未明了。本书以最具代表性的涉禽嗜眼吸虫为例介绍眼吸虫的生活史。涉禽嗜眼吸虫的生活史首先由Alicata（1962，1964）在夏威夷和West（1961）在印第安纳州查明。我国唐仲璋、唐崇惕及徐鹏如等（1974）对福建、广东两省涉禽嗜眼吸虫的生活史进行了研究。

随粪便排出的卵内含有一个发育完全的毛蚴，毛蚴体内含有一个母雷蚴。当毛蚴遇到中间宿主螺蛳［（在夏威夷有瘤蜷（*Thiara granifera*）和*Stenomelania newcombi*，在印第安纳有基角螺属（*Goniobasis* spp.）和尖锐侧角螺（*Pleurocera acuta*），在中国广东省有瘤拟黑螺（*Melanoides tuberculata*）］时，即钻进其体内的组织并释放出母雷蚴，母雷蚴进入螺蛳的心脏，并在此发育形成第二代雷蚴（子雷蚴）。子雷蚴发育为尾蚴，从心脏移动到消化腺。从母雷蚴发育到尾蚴约需3个月。尾蚴从螺体内逸出后可在任何固体的物体上形成包囊。当鸡、鸭等吞食包囊后，囊内的后期尾蚴即在口和嗉囊内脱囊，吸虫童虫在5 d内即从鼻泪管移行到结膜囊，在此大约经1个月发育成熟。虫体在家禽眼内的寿命为9个月。

［流行概况］我国的嗜眼吸虫病多流行在沿海一带。浮萍和螺蛳是传播媒介。放养禽类通过食入水域中的水生植物、小螺等而感染，从口腔感染后，虫体经上颚裂缝、鼻腔而进入眼部，或眼部直接接触囊蚴获得感染，该途径感染的虫体成活率最高，并可返回鼻腔而移行到另一眼中。我国南方每年5、6月与9、10月是感染最严重时期。

Marhis et leger（1910）首先在台湾的鸡和鸭的眼结膜囊内发现涉禽嗜眼吸虫（*P. gralli*）。杉木（Sugimoto，1928）在台湾家鸭的眼结膜囊内发现鸭嗜眼吸虫（*P. anatinus*）。吴亮如（1938）在广州麻雀的眼窝内发现麻雀嗜眼吸虫（*P. nocturnus*）。徐锡藩等（1938）在江苏清江浦家鸭眼内发现中华嗜眼吸虫（*P. sinensis*）。李友才（1965）在安徽芜湖家鹅眼内发现安徽嗜眼吸虫（*P. anhueiensis*）。

20世纪70年代家禽嗜眼吸虫病普遍流行于广东、福建等省市。1974年在广东肇庆调查家禽嗜眼吸虫发现，鸭的感染率最高为76.5%，鹅次之为42%，鸡最低为7.3%。因此本次以水禽（鸭鹅）感染较为严重。1975年在广州市某养鸭场共检查632只2～4周龄雏鸭，其感染率为70.7%，且感染强度也高（1～18条/只），说明幼禽对虫体的抵抗力较低，因此症状尤为严重，患禽双目失明，眼角有大量分泌物，死亡率也高。

1995年，陈仁桃等报道了江苏盐城市湖荡地区5个鸭群的嗜眼吸虫病的流行情况，总感染率为60%，每个鸭群的感染率为40%～80%。王晴和戴敏报道了2000年江苏建湖县某村暴发了鹅的嗜眼吸虫病，鹅群出现消瘦，眼结膜充血、潮红、水肿，有些鹅只角膜深层有细小点状混浊、结膜内浅黄色脓性分泌物，1只鹅眼中虫体多达16条。同年，李广兴和张青胜报道了江苏金湖县后备鹅暴发嗜眼吸虫病，在饲养的125 d后备鹅中，因眼睛失明淘汰了31只。谢长庆2002年又报道了金湖县涂沟镇某村种鹅的嗜眼吸虫病，经过鉴定病原为鸡嗜眼吸虫。孙金兵和沈子明2001年报道了安徽巢湖市柘皋镇某村发生的育成鸭嗜眼吸虫病，40多只鸭出现流泪，摇头弯颈，用爪搔眼，眼结膜充血，小点出血及糜烂，眼睑肿胀、紧闭，眼部有黄豆大的泡状隆起，有时流出脓性分泌物。

中间宿主瘤拟黑螺（*M. tuberculata*）的感染率在广东一年四季均为阳性，其感染率的高低与气候季节有很大关系，1～3月的感染率最低（0.13%），4～6月的感染率逐渐升高（0.39%），7～9月为高峰（34%），10～12月又下降（2.1%）。由于气候、温度和湿度与此病流行情况密切相关，因此，我国家禽嗜眼吸虫病的流行地区多在长江流域以南和沿海地带，并且本病的感染率与中间宿主感染率的高低是相符合的。据国外文献记载，在越南、菲律宾、印度和夏威夷等热带和亚热带地区，嗜眼吸虫病流行较为严重。因此，我国本病的流行地区与国外流行地区的地理环境是相似的。

本病除家禽外，哺乳动物也可受感染，巴西早有报道人眼部患嗜眼吸虫病（Braun，1902）的病例。

［致 病 性］虫体以吸盘附着于结膜，引起结膜的充血和糜烂，角膜混浊、充血，有的甚至化脓，眼睑肿大，结膜液内含有血液、虫卵和活动的毛蚴。患禽双目紧闭，眼内充满脓性分泌物，严重的双目失明，

不能觅食，引起双脚瘫痪而离群，日久精神沉郁，逐渐消瘦死亡。

据报道，我国家禽的嗜眼吸虫还有多个种，见表8-2-1。

表 8-2-1　嗜眼科吸虫的其他种类

	虫种	拉丁学名	宿主	寄生部位	分布地区
1	米氏嗜眼吸虫	*P. mirzai*	鸢鸟、家鸭、家鹅	瞬膜、眼眶	广东（肇庆）
2	潜鸭嗜眼吸虫	*P. nyrocae*	红头潜鸭、家鸭	结膜囊	广东（肇庆）
3	鸭嗜眼吸虫	*P. anatinus*	鸭、鸡、鹅	结膜囊、瞬膜	台湾、广东
4	安徽嗜眼吸虫	*P. anhweiensis*	鹅	结膜囊	安徽、浙江、广州
5	鹅嗜眼吸虫	*P. anseri*	鹅	结膜囊	广东（肇庆）
6	翡翠嗜眼吸虫	*P. halcyoni*	白胸翡翠、家鸭	结膜囊、瞬膜	广东
7	广东嗜眼吸虫	*P. guangdongnensis*	鹅	结膜囊	广东（肇庆）、浙江（水康）
8	赫根嗜眼吸虫	*P. hegeneri*	银欧、鸭	结膜囊、瞬膜	广东（肇庆）
9	华南嗜眼吸虫	*P. hwananensis*	鸡、鸭	结膜囊、瞬膜	广东
10	霍夫卡嗜眼吸虫	*P. hovorkai*	鸭、鹅	结膜囊	广东（肇庆）
11	鹡鸰嗜眼吸虫	*P. motacillus*	白脸	瞬膜	北京
12	勒克瑙嗜眼吸虫	*P. lucknowensis*	鸭	结膜囊、瞬膜	广东（肇庆）
13	梨形嗜眼吸虫	*P. pyriformis*	鸭	结膜囊、瞬膜	广东（肇庆）
14	黎刹嗜眼吸虫	*P. rizalensis*	鸡、鸭	结膜囊	广东
15	麻雀嗜眼吸虫	*P. occularae*	麻雀、鸭	结膜囊、眼窝	广东
16	穆拉斯嗜眼吸虫	*P. muraschkinzevi*	鸡、鸭	结膜囊	广东
17	普罗比嗜眼吸虫	*P. problematicus*	鸡、鸭、鹅	结膜囊、瞬膜	广东
18	小肠嗜眼吸虫	*P. intestinalis*	鸭	小肠	广东（肇庆）
19	外黄新臀睾吸虫	*Neopygorchis exvitellina*	白腰灼鹬	小肠	福建福州
20	小鸮嗜眼吸虫	*P. nocturnus*	白头鹞、鸡、鸭	结膜囊、眼眶	广东
21	小型嗜眼吸虫	*P. minutus*	鸭	结膜囊	广东
22	印度嗜眼吸虫	*P. indicus*	红嘴鸥、鸭	结膜囊、眼眶	广东

2. 呼吸系统吸虫

环肠科（Cyclocoelidae） 大、中型虫体，背腹扁平，呈卵圆形或矛头形，寄生于家禽的呼吸系统。口吸盘付缺，也常没有腹吸盘。咽发达，肠管分两支，在虫体的后部相连。生殖腺靠近虫体的后端。睾丸完整或分叶，斜列于虫体后部两肠管之间。卵巢不分叶，居于两睾丸之间，或在其前方。这个科在世界各地的鸟类有20多个属100多个种，但在我国报道7个属13个种寄生于家禽。

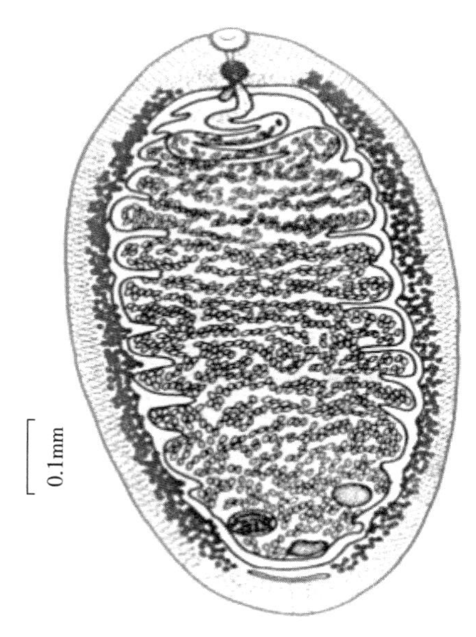

图8-2-3　舟形嗜气管吸虫
（严如柳）

（1）嗜气管属（*Trachoeophilius*）

舟形嗜气管吸虫　*Trachoeophilius cymbium*（Dies，1850）（图8-2-3）

［宿　　主］鸡、鸭、鹅等。

［寄生部位］气管、支气管、气囊和眶下窦。

［分　　布］福建、广东、台湾、湖南、广西、四川、贵州、云南、浙江、江苏、安徽、陕西、吉林、宁夏等地。

［种的描述］虫体呈卵圆形，大小为（6～12）mm×3 mm。口在前端，无肌质吸盘围绕；无腹吸盘；肠管后部是连续的，并具有数个中侧憩室。卵巢和睾丸位于虫体的后部，睾丸呈圆形；子宫高度盘曲于虫体中部。虫体的大小为（0.096～0.132）mm×（0.050～0.068）mm。

［生 活 史］刚排出的虫卵内含有毛蚴，毛蚴孵出后钻入中间宿主螺蛳［石堆螺属（*Menetus*）、胀环螺属（*Helisoma*）、类扁蜷螺属（*Planorbarius*）或椎实螺属（*Lymnaea*）］的体内。无尾的尾蚴的螺体内形成包囊，禽类吞食含囊蚴的螺蛳后而感染。

［流行情况］舟形嗜气管吸虫病在我国多地的鸡、鸭、鹅等家禽中流行，常见于我国南方的水禽中。吴国光等报道了鸭嗜气管吸虫在广西钦州镇郊区和北部湾沿海的本地鸭和半番鸭普遍存在，鸭的感染率为5.5%～24.7%，感染强度1～6条/只。王远忠等（1994）报道了贵州江口县城附近的磨湾、镇江、兴隆，交白乡和双江镇及太平乡的苗匡大队暴发了舟形嗜气管吸虫病，近80%的鸭只发病。年龄2～4月龄，童鸭死亡最多，死亡率为19.9%。全炳昭（2003）报道了在江西南昌、九江、抚州和赣州等地鸭群暴发了以咳嗽、脖子肿大和呼吸困难为特征的舟形嗜气管吸虫病。雏鸭和成鸭均可发病，一般显症很快，1～3 d窒息死亡，死亡率10%～30%，个别鸭群达50%以上。车有权等（2005）报道了黑龙江某产蛋鸭群的舟形嗜气管吸虫病，死亡率为3.56%。

［致 病 性］轻度感染时，没有损害或者仅轻度损害。当大量虫体寄生于禽类的气管和支气管时，可因窒息而引起死亡。临诊症状为咳嗽，气喘，伸颈张口呼吸。

另外还有2种：西佐夫嗜气管吸虫（*T. sisowi*）寄生于云南和台湾鸭的气管内；肝嗜气管吸虫（*T. hepatica*）寄生于云南和台湾鸭的胆囊内。

（2）噬眼属（*Ophthalmophay*）

1）马氏噬眼吸虫　*Ophthalmophay magalhabin*（Travassos，1921）

［宿　　主］鸭、鹅。

［寄生部位］鼻腔、鼻泪管、额窦内。

［种的描述］虫体大小为（13～20.5）mm×（3.97～5.0）mm。肠管无盲突，在体后部汇合。睾丸前后斜列于虫体后部。卵巢位于两睾丸之后。子宫盘曲伸达体侧缘。卵黄腺呈网状，在体后联合。

［分　　布］福建、浙江、云南、四川、广东等地。

2）鼻噬眼吸虫　*Ophthalmophay nasicola*（Witenberg，1923）

［宿　　主］鸭。

［寄生部位］鼻窦。

［分　　布］四川。

（3）盲腔属（*Typhlocoelum*）

瓜形盲腔吸虫　*Typhlocoelum cucumerinum*

［宿　　主］鸭。

［寄生部位］气管。

［分　　布］台湾。

（4）环肠属（*Cyclocoelum*）

小口环肠吸虫　*Cyclocoelum microstomum*

［宿　　主］鸭。

［寄生部位］胸腔。

［分　　布］福建。

（5）平体属（*Hyptiasmus*）

1）光滑平体吸虫　*Hyptiasmus laevigalus*（Kossack，1911）

［宿　　主］鸭。

［寄生部位］鼻腔。

［分　　布］浙江。

2）谢氏平体吸虫　*Hyptiasmus theodori*（Witenberg，1928）

［宿　　主］鸭、鹅。

［寄生部位］鼻腔。

［分　　布］四川、云南。

3）四川平体吸虫　*Hyptiasmus sichuanensis*（Zhang，1985）

［宿　　主］鸭、鹅。

［寄生部位］鼻腔、鼻窦。

［分　　布］四川。

4）成都平体吸虫　*Hyptiasmus chengduensis*（Zhang，1985）（图8-2-4）

［宿　　主］鸭、鹅。

［寄生部位］鼻腔、鼻窦。

［分　　布］成都市、广安县。

（6）前平体属（*Prohytiasmus*）

强壮前平体吸虫　*Prohytiasmus robustus*（Stossich，1902）（Witenberg，1923）

［宿　　主］鸭、鹅。

［寄生部位］鼻腔。

［分　　布］四川、云南、贵州。

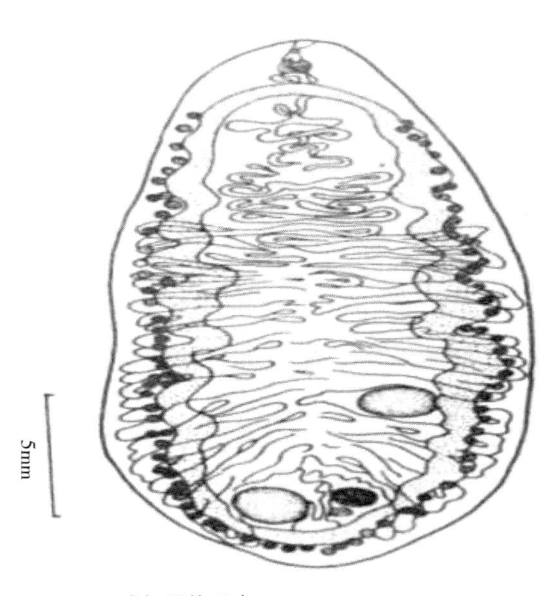

图8-2-4　成都平体吸虫
（张翠阁等）

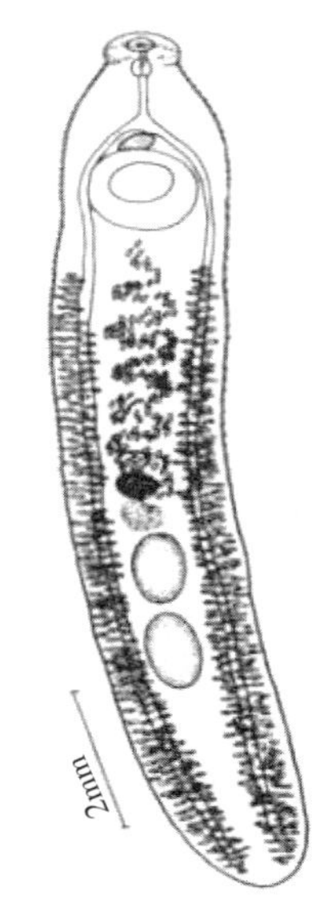

图8-2-5　卷棘口吸虫
（陈淑玉　汪溥钦）

（7）斯兹达属（*Szidatitrema*）

中国斯兹达吸虫　*Szidatitrema sinica*（Zhang，1987）

［宿　　主］鹅。

［寄生部位］鼻腔。

［分　　布］四川。

3. 消化系统吸虫

（1）棘口科（Echinostomatidae）

中小型虫体，虫体呈长叶形。体前端具环口圈或头冠（头领），其上有1～2圈头棘围绕着口吸盘。腹吸盘发达，位于虫体之前。生殖腺全部在子宫之后，睾丸前后排列或斜列，卵巢在睾丸之前，缺受精囊，虫卵大。曾报道本科有隶属于15个属的不少于88种吸虫寄生于禽。有一些种是世界性的，而另一些种则是比较局限的。在本科中，我国至少有5个属21个种寄生于禽类。现将棘口科5个属的吸虫分述如下：

1）卷棘口吸虫　*Echinostoma revolutum*（Froelich，1802）（图8-2-5）

［宿　　主］鸡、火鸡、鸭、鹅和白头鹤等多种野禽；哺乳动物中猪、猫、兔、鼠和人均有感染。

［寄生部位］盲肠、小肠、直肠和泄殖腔。

［种的描述］虫体呈长叶片状，体表具有小刺。长7.6～12.6 mm，最大宽度1.26～1.60 mm。头襟发达，宽0.54～0.78 mm，具有头棘37个，其中两侧各有5个排列成簇，称为角刺。口吸盘位于虫体前端，小于腹吸盘。腹吸盘位于体前方1/4处，为长圆形。睾丸呈长椭圆形，前后排列，位于卵巢之后方。贮精囊位于腹吸盘之前，肠管分支之间。生殖孔开口于腹吸盘之前方。卵巢呈圆形或扁圆形，位于体中央或中央稍前方。子宫内充满虫卵并弯曲在卵巢之前方。卵黄腺发达，分布于腹吸盘后方的两侧，直达虫体的后端，在睾丸后方不向体中央扩展。虫卵呈椭圆形，金黄色，大小为（0.114～0.126）mm×（0.064～0.072）mm。前端有卵盖，内含卵细胞。

［生 活 史］本吸虫的发育需要两个中间宿主。第一中间宿主有两种椎实螺［折叠萝卜螺（*Radix plicatula*）和小土埚（*Galba pervia*）］和一种扁卷螺［凸旋螺（*Gyraulus convexiusculus*）］。第二中间宿主除了以上3种螺外，还有2种扁卷螺［半球多脉扁螺（*Polypylis hemiphaerula*）和尖口扁卷螺（*Heppeutis cantoir*）］。蝌蚪也可以成为第二中间宿主。在云南发现绘环棱螺（*Bellamya limnophila*），在中国台湾发现蚬（*Corbicula producta*）也是第二中间宿主。

成虫在禽类的直肠或盲肠中产卵，虫卵随粪便排到外界，落于水中的虫卵在31～32℃只需10 d即孵出毛蚴。毛蚴进入第一中间宿主后发育为胞蚴、母雷蚴、子雷蚴、尾蚴。成熟的尾蚴离开螺体，游于水中，遇第二中间宿主，即钻入其体内，尾部脱落而形成囊蚴。也有成熟尾蚴不离开螺体，直接形成囊蚴的。终末宿主食入含有囊蚴的螺蛳或蝌蚪后遭感染。囊蚴进入消化道后，囊壁被消化液溶解，童虫脱囊而出，吸附在肠壁上，经16～22 d，即发育为成虫。

［流行概况］棘口吸虫病流行较为广泛，尤其在长江流域及其以南各省、自治区更为多见。放养的或饲喂过水生植物的家禽发病率高。卷棘口吸虫广泛存在于我国多个省市，如安徽淮南市居民饲养的家鸡和家鸭盲肠内卷棘口吸虫的感染率分别为23.33%和43.33%；贵州黔东南州麻鸭的感染率为14.91%，感染强度为

3～36条/只，毕节地区鸡的感染率为2.58%，感染强度为1～2条/只；重庆江津市鸡的感染率为24.67%，感染强度为2～54条/只。

［致 病 性］本虫一般来说危害并不严重，但对幼禽的危害较为严重。当严重感染时可引起下痢、贫血、消瘦、生长发育受阻，最后因极度衰弱而引起死亡。剖检时可见有出血性肠炎，在肠黏膜上附着有大量虫体，引起黏膜损伤和出血。

［分布地区］本吸虫为全球性分布，在我国除青海、西藏外，均有报道。

2）宫川棘口吸虫 *Echinostoma miyagawai*（Ishii，1932）也叫卷棘口吸虫日本变种（*E. revolutum* var. *japonica*）

［宿　　主］鸡、鸭、鹅和野禽，也可寄生于犬和人。

［寄生部位］肠道。

［种的描述］与卷棘口吸虫的形态结构极其相似，主要区别在于睾丸分叶，卵黄腺于睾丸后方向虫体中央扩展汇合。

［分布地区］北京、福建、广东、江苏、湖南、安徽、四川、山东、河南、浙江、宁夏等地。

除上述虫种外，在我国家禽体内的棘口属的吸虫至少还有下列种类，见表8-2-2。

表 8-2-2　棘口吸虫的其他种类

	虫种	拉丁学名	宿主	寄生部位	分布地区
1	豆雁（鹅）棘口吸虫	*E. anseris*	鸭、鹅	盲肠	北京、江苏、浙江
2	大带棘口吸虫	*E. discinctum*	鸭	肠道	福建、云南
3	小睾棘口吸虫	*E. nordinana*	鸡、鸭、鹅	肠道	福建、江西、云南
4	接睾棘口吸虫	*E. paraulum*	鸡、鸭、鹅	肠道	北京、江西、江苏、广东、福建、云南、四川、宁夏、安徽等地
5	强壮棘口吸虫	*E. robustum*	鸭、鹅	肠道	福建、台湾、北京、江苏、浙江、云南等地
6	小鸭棘口吸虫	*E. rufinae*	鸭	肠道	福建、云南
7	史氏棘口吸虫	*E. stromi*	鸭	肠道	北京、浙江、云南
8	北京棘口吸虫	*E. pekinensis*	鸭	肠道	北京、江西、江苏
9	黑龙江棘口吸虫	*E. amurcetia*	鸭	肠道	黑龙江
10	红口棘口吸虫	*E. operosum*	鸡、鸭、鹅	肠道	四川、云南
11	肥胖棘口吸虫	*E. uitalica*	鸡、鸭	肠道	云南
12	裂隙棘口吸虫	*E. chasma*	鸡、鸭	肠道	江苏
13	林杜棘口吸虫	*E. lindoense*	鸡、鸭、鹅	肠道	四川、浙江和江苏
14	杭州棘口吸虫	*E. hangzhouenis*	鸭	肠道	浙江
15	移睾棘口吸虫	*E. cinetorchis*	鸡、鹅	肠道	四川
16	斑氏棘口吸虫	*E. bancrofti*	鸭	肠道	江西和广西

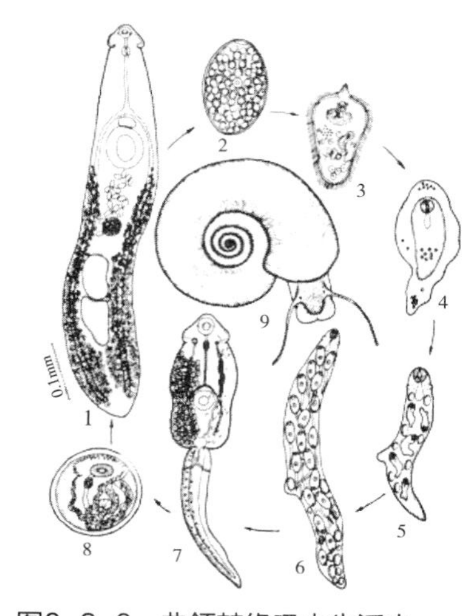

图8-2-6 曲领棘缘吸虫生活史
1. 成虫 2. 虫卵 3. 毛蚴 4. 胞蚴
5. 母雷蚴 6. 子雷蚴 7. 尾蚴
8. 囊蚴 9. 尖口扁蜷螺
（汪溥钦）

3）曲领棘缘吸虫 *Echinoparyphium recurvatum*（Linstow，1873）（图8-2-6）

［宿　　主］鸡、火鸡、鸭、鹅和多种野禽。也曾经发现于哺乳动物（犬和人）和啮齿类动物（鼠）。

［寄生部位］小肠、盲肠。

［种的描述］虫体小，体长1.9 ~ 7.3 mm。虫体前部向腹侧弯曲，体表前部具有较多的大刺。头领很发达，上有45个小刺，列为两行。口吸盘略呈长圆形；腹吸盘很发达，呈圆形或长椭圆形，通常位于体前1/4处。睾丸2个，椭圆形，位于体之后部，并前后排列于卵巢的后方。卵巢圆形或椭圆形，位于虫体中央的稍前方。卵黄腺很发达，分布于腹吸盘后的两肠支的外侧，直达肠支的末端，在后睾丸后方向虫体中央汇合。子宫短，内有数目不多的虫卵，椭圆形，淡黄色，大小为（0.092 ~ 0.106）mm ×（0.064 ~ 0.072）mm。

［生 活 史］该种与卷棘口吸虫相似。第一中间宿主和第二中间宿主为多种淡水螺，囊蚴可在其组织内形成。某些两栖类（蝌蚪）也可作为第二中间宿主。在我国福州检出天然感染的中间宿主有两种椎实螺［*Lymnaea plicatula*，*L.*（*Fossaria*）*ollula*］及一种平卷贝（*Hippeutis cantori*）。

当毛蚴在几种淡水螺蛳的体内发育后，尾蚴在这些共同螺蛳宿主或其他软体动物或蛙类的蝌蚪体内发育为囊蚴。禽类吞食囊蚴之后，经8 ~ 18 d发育成熟并开始产卵。整个生活史（从卵发育为成虫）共需8周，成虫的寿命不超过2个月。

［致 病 性］少量或中等数量的吸虫感染，致病力不强。大量感染时可发生严重的肠炎，贫血，消瘦，两足无力，肠臌胀，精神不振，食欲缺乏，体重下降及产蛋量减少，甚至发生死亡。

［分布地区］福建、广东、台湾、江苏、江西、四川、湖南、陕西、安徽、浙江、云南、贵州、宁夏等省区。

除上述的吸虫种类外，在我国家禽体内的棘缘属吸虫至少还有下列种类，见表8-2-3。

表 8-2-3　棘缘属吸虫的其他种类

	虫种	拉丁学名	宿主	寄生部位	分布地区
1	中华棘缘吸虫	*E. chinensis*	鸡、鸭	肠道	北京、浙江、四川、云南
2	鸡棘缘吸虫	*E. gallinarum*	鸡、鸭	肠道	福建、浙江、云南、贵州
3	台北棘缘吸虫	*E. taipeiense*	鸡	肠道	台湾
4	西伯利亚棘缘吸虫	*E. westsibiricum*	鸡、鸭	肠道	福建、北京
5	带状棘缘吸虫	*E. cinctum*	鸡、鸭	肠道	福建、广州
6	建昌棘缘吸虫	*E. jianchangensis*	鸭	肠道	四川建昌
7	棒状棘缘吸虫	*E. baculus*	鸭	肠道	台湾

（续）

	虫种	拉丁学名	宿主	寄生部位	分布地区
8	微小棘缘吸虫	*E. minor*	鸡、鸭	大小肠	江苏、北京
9	圆睾棘缘吸虫	*E. nordianum*	鸭	小肠和盲肠	黑龙江
10	赣江棘缘吸虫	*E. ganjiangensis*	鸭	直肠	江西
11	洪都棘缘吸虫	*E. hongduensis*	鹅	肠道	江西
12	柯氏棘缘吸虫	*E. koidzumii*	鸡、鸭、鹅	肠道	江西
13	南昌棘缘吸虫	*E. nanchangensis*	鹅	肠道	江西
14	小睾棘缘吸虫	*E. microrchis*	鸭	小肠和直肠	云南

4）似锥低颈吸虫 *Eypoderaeum conideum*（Bloch，1782）（图8-2-7）

［宿　　主］鸡、火鸡、鹅、鸭、鸽和许多种野生水禽，人亦可感染。

［寄生部位］小肠，偶见于盲肠内。

［种的描述］这个种的大小和外形与卷棘口吸虫相似。虫体肥厚，头端钝圆。虫体在腹吸盘水平前的角皮上覆盖小刺。腹吸盘处最宽，向后逐渐狭小，形似圆锥状。前体部和头襟不发达，生有49个短棘，呈双行排列。腹吸盘呈圆形。雄茎囊大，长卵圆形或梨形，紧靠在腹吸盘之前缘，睾丸呈腊肠状，稍有浅刻，前后排列，位于体中央。卵巢呈圆形或卵圆形，位于睾丸之前方。卵圆形的梅氏腺较卵巢大，位于卵巢及前睾之间。卵黄腺分布在腹吸盘的稍后方，沿两侧伸达虫体的后端。子宫很发达，内含大量虫卵，卵呈卵圆形，淡黄色，有卵盖，大小为（0.099～0.110）mm×（0.055～0.066）mm。

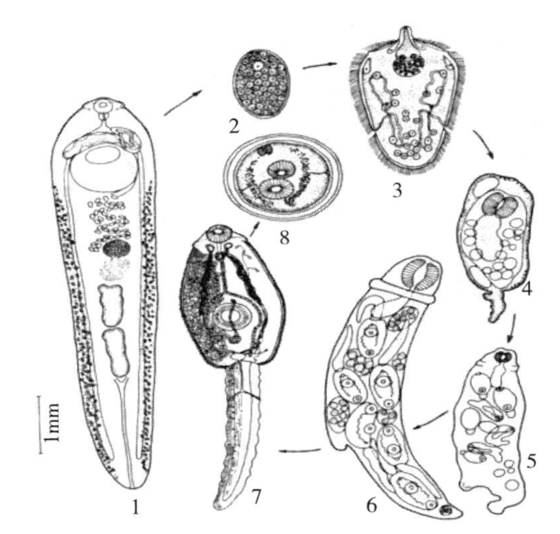

图8-2-7　似锥低颈吸虫生活史
1. 成虫　2. 虫卵　3. 毛蚴　4. 胞蚴　5. 母雷蚴　6. 子雷蚴　7. 尾蚴　8. 囊蚴
（李非白）

［生 活 史］中间宿主为两种淡水螺—椎实螺（*Limnea stagnalis*）和小土蜗（*Galba palustris*）；第二中间宿主除上述两种外，尚有卵圆萝卜螺（*Radix ovata*）、耳状萝卜螺（*R. auricularia*）等。本吸虫的生活史与卷棘口吸虫在椎实螺和类扁卷螺属体内的情形相似。童虫转移到终末宿主体内之后经8～30 d发育成熟。

［致 病 性］对宿主的损伤和其他棘口吸虫一样，很大程度上取决于虫体寄生的数量。Vevers（1923）报告，1只鸟有40条吸虫寄生时可导致死亡。

［分布地区］分布于江苏、浙江、广东、福建、台湾、江西、安徽、贵州、云南、四川、陕西、北京、吉林、宁夏等省区。

本属另有两个种分别是：

接睾低颈吸虫（*H. gnedini*），寄生于鸭、鹅的肠道。分布于黑龙江、云南、福建。

瓣睾低颈吸虫（*H. vigi*），寄生于鸭的肠道。分布于福建、云南、广东。

5）日本棘隙吸虫　*Echinochasmus japonicus*（Tanabe，1926）

［宿　　主］鸡、鸭、鹅及野生禽类，也可感染犬、猫、褐家鼠、狐狸、灵猫等。

［寄生部位］小肠。

［种类描述］虫体小，呈长椭圆形，大小为（0.81～1.09）mm×（0.24～0.32）mm。头领发达，呈肾形，具24枚头棘。体前端有棘，呈鳞片状，靠前方最明显。睾丸呈横卵圆形，前后相接排列。卵巢圆形，位于前睾丸和腹吸盘之间的体中线右侧。子宫短，盘曲，内含少量虫卵。

［生 活 史］生活史与卷棘口吸虫相似。第一中间宿主为纹沼螺，第二中间宿主为麦穗鱼、鳟鱼及粗皮蛙。

［流行病学］1982年林金祥等在福建省云霄县首次发现人体自然感染病例及流行区后，我国的广西、江苏和安徽等地也相继报告人体感染病例。1985年对福建南部地区开展流行病学调查结果显示，人和狗、猫的感染率分别为4.9%、39.7%和9.5%。人群感染率随年龄增长而降低。林金祥等1990年对其生活史进行了研究，第一中间宿主纹沼螺的感染率在1.1%～16.3%，第二中间宿主各种淡水鱼类中，麦穗鱼阳性率为88.75%，青鳉阳性率为82.09%。福建南部地区淡水鱼平均感染率达49.5%。1989年程由注等发现瘤拟黑螺可作为日本棘隙吸虫的第一中间宿主，成为继纹沼螺后的又一宿主，其自然尾蚴阳性率约1%。1996年林陈鑫等发现泥鳅可充当日本棘隙吸虫第二中间宿主，泥鳅鳃叶的囊蚴阳性率高达75%。

［分　　布］黑龙江、吉林、北京、浙江、福建、江西、广东、南京等省区。

本属其他虫种包括：

刺（枪）头棘隙吸虫（*E. beleocephalus*），寄生于鸡、鸭的小肠，分布于福建、江西、浙江、四川、安徽、湖南。

藐小棘隙吸虫（*E. liliputanus*），寄生于鸭的小肠，分布于北京、浙江、吉林、福建、南京、湖南等地。

西昌棘隙吸虫（*E. xichangensis*），寄生于鸭的小肠，分布于四川西昌。

棘口科的其他4属5种是：

鼠优真咽吸虫（*Euparyphium murinum*），寄生于鹅、鸭、鸡、家鼠的小肠和盲肠，分布于台湾、福建、广东、江苏。

白洋淀缘口吸虫（*Paryphostomum baiyangdienensis*），寄生于鸭的肠道，分布于河北。

长茎锥棘吸虫（*Petasiger longicirratus*），寄生于鸭的小肠，分布于安徽。

光洁锥棘吸虫（*P. nitidus*），寄生于鸭的小肠，分布于福建、广东。

南宁莫林吸虫（*Moliniella nanjingensis*），寄生于鸭的肠道，分布于广西。

（2）光口科（Psilostomatidae）　光口科的吸虫非常小，常呈球形，在一段形态特征上与棘口吸虫相似，但没有头棘。

1）球形球孔吸虫　*Sphaeridiotrema globulus*（Rudolphi，1819）

［宿　　主］鸡、鸭、野鸭和天鹅。

［寄生部位］小肠。

［种的描述］虫体呈梨形或球形，体长0.5～0.85 mm。吸盘很发达，有一个厚而大的腹吸盘。生殖孔开口于侧面，位于口吸盘之后缘。睾丸位于虫体之后部，一个睾丸位于另一个的背侧。卵巢在睾丸之前。

卵黄腺由大滤泡组成，分布于肠分叉处至睾丸前缘之间。子宫相当短，大部分在腹吸盘之前（图8–2–8）。虫卵的大小为（0.090 ~ 0.105）mm ×（0.060 ~ 0.067）mm。

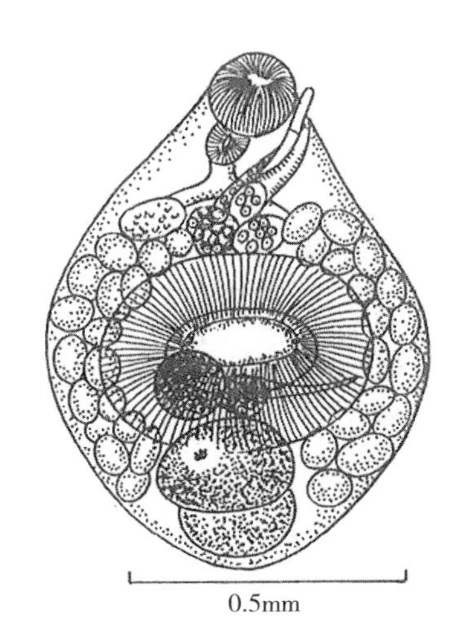

图8–2–8　球形球孔吸虫腹面观（Price）

［生　活　史］在螺蛳（触角豆螺 *Bithynia tentaculata*）体内发育成尾蚴并形成包囊，禽类通过吞食受感染的软体动物而被感染。感染后5 ~ 6 d，在宿主的粪便内出现虫卵。

［致　病　性］病鸭小肠中、下段黏膜可有大小不等的凹陷（即溃疡），黏膜出血。当有较多虫体寄生时，溃疡面连成一片，造成肠壁大面积损伤，溃疡可深至深层肌肉几乎达浆膜层。肠腔中出现许多黏液、血块和坏死组织。组织学观察见肠壁各层组织的急性充血，黏膜上皮明显脱落，甚至在很多部位上长绒毛全部脱落，许多吸虫以其有力的吸盘吸附在肠壁上，使该处伴发的溃疡向深部延伸，直至肌层。

［分布地区］安徽、福建、浙江、江苏、四川、江西等省区。

2）单睾球孔吸虫　*S. monorchis*（Lin & Chen，1983）

［宿　　主］鸭、鸡。

［分　　布］福建。

光口科还有3属14种的虫体寄生于禽类，见表8–2–4。

表 8–2–4　光口科的其他 3 属 14 种吸虫

	虫种	拉丁学名	宿主	寄生部位	分布地区
1	长刺光隙吸虫	*Psilochasmus longicirratus*	鸡、鸭、鹅	小肠	北京、安徽、四川、湖南、福建、广东、贵州、云南、陕西、台湾、江苏、山东、浙江、宁夏等地
2	尖尾光隙吸虫	*P. oxyurus*	鸭、鹅	小肠	北京、江苏、四川、贵州、江西、福建
3	括约肌光隙吸虫	*P. sphinctropharynx*	鸭	肠道	福建、湖南
4	印度光隙吸虫	*P. indicus*	鸭	小肠	福建
5	有刺光孔吸虫	*Psilotrema spiculigerum*	鸭、鹅	小肠	黑龙江、江西、四川
6	似光孔吸虫	*P. simillimum*	鸭	小肠	湖南、江西、陕西、福建
7	短光孔吸虫	*P. brevis*	鸭	小肠	福建、江西
8	福建光孔吸虫	*P. fukienensis*	鸡、鸭	小肠	江西、福建
9	尖吻光孔吸虫	*P. acutirostri*	鸭	小肠	江西
10	洞庭光孔吸虫	*P. tungtingensis*	鸭	肠道	湖南
11	大囊光睾吸虫	*Psilorchis saccovoluminosus*	鸭、鹅	肠道	云南、浙江、四川、福建、吉林、江西
12	斑嘴鸭光睾吸虫	*P. zonorhynchae*	鸭、鹅	肠道	四川、江西、福建、贵州、吉林

（续）

	虫种	拉丁学名	宿主	寄生部位	分布地区
13	浙江光睾吸虫	*P. zhejiangensis*	鸭	小肠	浙江
14	家鸭光睾吸虫	*P. anatinus*	鸭	小肠	上海

（3）鹗形科（Strigeidae） 鹗形吸虫的特征是虫体分为两部分：前面的叶形部或杯形部具有吸盘和一个特殊的舌样的附着器官——细胞摩擦器；圆柱形的后部含有生殖器官。腹吸盘不发达或付缺。在腹吸盘后有一个特殊的黏着器。子宫内含有大的虫卵。卵黄腺颗粒状，分布于前后两体，或局限于后体。

1）优美异幻吸虫 *Apatemon gracilis*（Rudolphi，1819）

［宿　　主］鸡、鸭、鹅。

［寄生部位］小肠、胃。

［种的描述］虫体弯曲时或伸直，长为1.3 ~ 2.2 mm，分前后两部，其中前体部大小为（0.4 ~ 0.6）mm ×（0.3 ~ 0.6）mm，呈囊状或杯状，后体部为（0.8 ~ 1.2）mm ×（0.4 ~ 0.7）mm。吸盘位于前体部，腹吸盘较大。生殖器官位于后体部，睾丸不规则球形，前后排列。卵巢位于睾丸之前。体后端有一浅交合囊，其基部有一不发达的交接器和生殖锥。虫卵大小为（0.091 ~ 0.105）mm ×（0.070 ~ 0.075）mm。

［生 活 史］尾蚴及尾蚴前阶段寄生于椎实螺（*Lymnaea*），经20 ~ 30 d由子胞蚴发育为尾蚴，尾蚴的尾部分叉。它们可以在胞蚴内形成包囊，或从螺蛳体内逸出，钻进另一淡水螺，发育为四叶幼虫（Tetracotylid larvae）。终末宿主在吞食含有这种幼虫的螺蛳而遭感染。经3 ~ 4 d即发育成熟并开始产卵。成虫的寿命为1 ~ 2周。

［致 病 性］在虫体寄生的部位，肠上皮发生脱落，可见许多出血区，在血凝块中包含有虫体。严重感染时表现贫血，出血性肠炎，甚至死亡。

［分布地区］分布于江苏、安徽、江西、福建、广东、四川、贵州、云南、浙江、宁夏等地。

此外异幻吸虫属还有：

圆头异幻吸虫（*A. gloiceps*），寄生于鸭的肠道，分布同优美异幻吸虫。

小异幻吸虫（*A. minor*），寄生于鸭肠道内，分布于宁夏。

透明异幻吸虫（*A. pellucidus*），寄生于鸭的肠道，分布于江西。

日本异幻吸虫（*A. japonicus*），寄生于鸭的小肠，分布于四川。

2）角杯尾吸虫 *Cotylurus cornutus*（Rudolphi，1808）

［宿　　主］鸡、鸭、鹅。

［寄生部位］肠道。

［生 活 史］角杯尾吸虫的生活史需要两个中间宿主参加，第一中间宿主是螺蛳，第二中间宿主是蚂蟥。终宿主因采食含有幼虫阶段的蚂蟥而遭受感染。

［流行概况］该种为鸭类动物常见的寄生虫。据报道，福州市家鸭的感染率为3.77%，成都市家鸭的感染率为19.20%。苏联有偶尔寄生于风头麦鸡的报道，美国有偶尔寄生于野火鸡的发现。1985年11月，张翠阁和杨代良在四川省畜禽寄生虫区系调查中，抽查了40个县，共解剖家鸡1 395只，在叙永县解剖当地家鸡31只，在21号鸡和25号鸡的小肠中分别发现角杯尾吸虫20条和28条，感染率为0.14%（2/1 395），此属该虫

在家鸡新宿主寄生的首次报道。

［分　　布］吉林、江苏、浙江、安徽、福建、江西、湖南、广东、广西、云南、宁夏、陕西、四川等地。

角杯尾吸虫属另外还有：平头杯尾吸虫（*C. phatycephalus*），寄生于鸡、鸭等禽类的肠道内，分布于江苏；扇形杯尾吸虫（*C. flabelliformis*），寄生于鸭的小肠，分布于四川。

3）鄱阳拟鹗形吸虫　*Pseudosrtigea poyangensis*（Zhou Jingyi & Wang Xiyun，1988）（图8-2-9）

［宿　　主］家鸭。

［寄生部位］小肠。

［种的描述］虫体全长2.22 ~ 3.05 mm，宽0.78 ~ 0.85 mm，分前后两部，前体呈杯状，大小为（0.62 ~ 0.75）mm×（0.68 ~ 0.78）mm；后体呈纺锤形或短圆柱状，大小为（1.82 ~ 2.22）mm×（0.78 ~ 0.85）mm。在前体口吸盘及咽的两侧各有一类似吸盘状的侧吸盘窝（Lateral sucking depression），其下连着许多纵走的肌肉纤维，经腹吸盘、黏腺向后体的背部延伸。腹吸盘大。黏着器分内外两页。睾丸大而具4 ~ 5个深分叶，虫卵数量多，均在100个以上。卵黄腺前缘超越黏腺的前缘，密布于整个后体的腹面。

［分布地区］江西鄱阳湖。

4）鸭拟鹗形吸虫　*P. anatis*

［宿　　主］鸭。

［寄生部位］肠道。

［分布地区］江苏。

5）鵟拟鹗形吸虫　*P. buteonis*（Yamaguti，1933）

［宿　　主］鸭。

［寄生部位］小肠。

［分　　布］四川。

6）鹗形鹗形吸虫　*Strigea strigea*（Schrank，1788）

［宿　　主］鸭。

［寄生部位］肠道。

［分　　布］安徽。

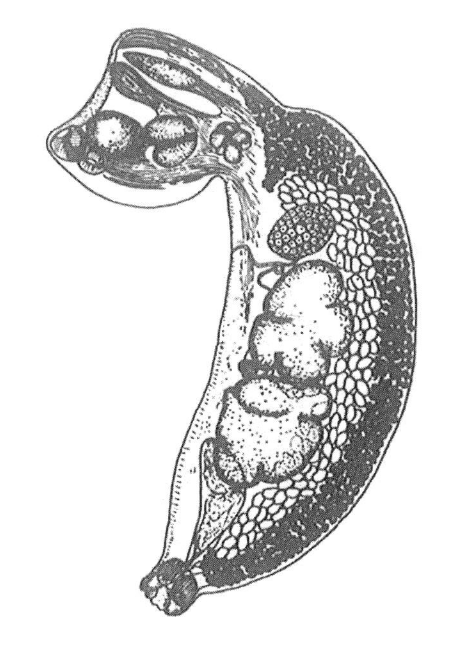

图8-2-9　鄱阳拟鹗形吸虫侧面观（Zhou等）

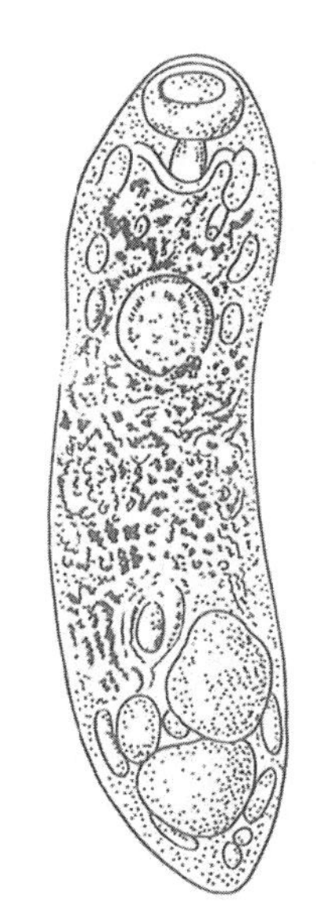

图8-2-10　鸡后口吸虫腹面观（Skrjabin）

（4）短咽科（Brachylaemidae）　虫体长形或近似圆形的小型虫体。表皮光滑或有刺。口吸盘及咽发达，食管很短或缺。睾丸前后排列或斜列于虫体后部。卵巢位于两个睾丸之间。生殖孔在生殖腺后。寄生于鸟类及哺乳类，较少在两栖类。

鸡后口吸虫　*Postharmostomum gallinum*（Witenberg，1923）（图8-2-10）

［宿　　主］鸡、火鸡、珍珠鸡和鸽，偶尔见于家鸭。

［寄生部位］盲肠。

［种的描述］虫体呈舌形，长3.5 ~ 7.4 mm。有一个口吸盘，有咽，腹吸盘非常发达，大约位于虫体的前

1/3与中1/3交界处。盲肠弯曲，迂回蜿蜒。卵巢在两个睾丸之间，靠近身体后端。侧部的卵黄腺从睾丸延伸到腹吸盘。子宫位于生殖腺之前，向前延展到肠管分叉处。虫卵的大小为（0.029～0.032）mm×0.018 mm。

［生 活 史］排出的卵含有一个毛蚴。卵被螺蛳（*Eulota similaris*）吞食后孵化，由毛蚴逐步发育为尾蚴，它们可以重新进入同一个或另一个同种的或不同种的螺蛳体内并形成包囊，禽类吞食了含有包囊的螺蛳而被感染。

［致 病 性］小母鸡人工感染之后有显著的盲肠发炎和出血（Alicata，1940）。人工感染后15 d，在盲肠粪便内可见有血液。

［分布地区］分布于北京、江苏、浙江、福建、山东、湖南、广东、四川、贵州、陕西、安徽、江西、上海、河北、湖北、台湾等地。

寄生于我国家禽短咽科的吸虫还有：

①越南后口吸虫（*P. bnnamense*），寄生于鸡的盲肠，分布于上海。

②夏威夷后口吸虫（*P. hawaiiensis*），寄生于鸡的盲肠，分布于北京。

③普通短咽吸虫（*Brachylaema commutatus*），寄生于鸡、火鸡及鸽的盲肠内。分布于北京、江苏、福建、陕西、台湾。

（5）背孔科（Notocotylidae）

为小型到中等大小的单口吸虫（缺腹吸盘），虫体腹面通常有3或5行纵列的腹腺［同口属（*Paramonostomum*）没有］，口吸盘小，咽缺，食管短，盲肠简单。睾丸并列于虫体后端。雄茎发达。生殖孔位于肠分叉处稍后。卵巢位于睾丸之间或之后。子宫弯曲于两盲肠之间。虫卵小，两端有卵丝。寄生于鸟类及哺乳类的大肠内。

纤细背孔吸虫　*Notocotylus attenuatus*（Rudolphi，1809）（图8-2-11）

［宿　　主］鸭、鸡、鹅、野生水鸭和天鹅等较为常见。

［寄生部位］盲肠、直肠、小肠。

［种的描述］虫体呈长椭圆形，前端稍尖，后端钝圆，大小为（2.2～5.7）mm×（0.85～1.85）mm。只有圆形口吸盘，无腹吸盘和咽。腹面有3行腹腺，中行14～15个，两侧行各有14～17个，腹腺呈椭圆形或长椭圆形。睾丸分叶，呈左右排列于虫体的后端。卵巢分叶，位于两睾丸之间。梅氏腺位于卵巢之前方。子宫左右回旋的弯曲于虫体中部。生殖孔开口于肠道分叉处的下方。卵黄腺簇呈颗粒状，分布于虫体后半部之两侧。虫卵小，为（0.015～0.021）mm×（0.01～0.012）mm，两端各有一条卵丝，长约0.26 mm。

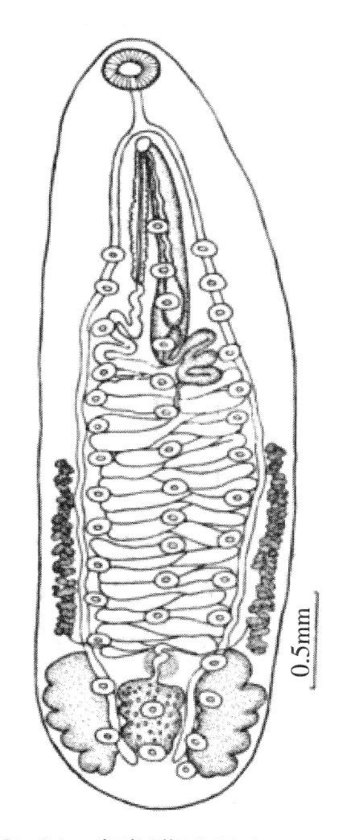

图8-2-11　纤细背孔吸虫
（Fopmkob）

［生 活 史］中间宿主为圆扁螺（*Hippeutis umbilicalis, H. cantori*）。卵随宿主粪便排出体外，在适宜的温度条件下，经3～4 d孵出毛蚴。毛蚴钻入螺体发育为胞蚴、雷蚴、尾蚴。成熟的尾蚴在同一螺体内形成囊蚴，或者离开螺体附着在水生植物上形成囊蚴。禽类在啄食含有囊蚴的螺蛳或水草而遭受感染。童虫附着在盲肠或直肠壁上，约经3周发育为成虫。

［致 病 性］这个科的吸虫对于宿主的损害一般很小。如有大量虫体寄

生时，可引起盲肠黏膜糜烂、卡他性肠炎，虫体分泌的毒素可使患禽贫血和生长发育受阻。

［分布地区］分布于北京、天津、河北、山东、黑龙江、吉林、辽宁、江苏、上海、浙江、安徽、广东、台湾、四川、贵州、云南、陕西、新疆、宁夏、湖北、福建、江西等地。

寄生于家禽的背孔科背孔属的吸虫见表8-2-5。

表 8-2-5 背孔科背孔属的其他种类

	虫种	拉丁学名	宿主	寄生部位	分布地区
1	肠背孔吸虫	*N. intestinalis*	鸡、鸭、鹅	小肠、盲肠	浙江、江苏、云南、江西
2	嘴鸥背孔吸虫	*N. chionis*	鸡、鹅	小肠、盲肠	广西、江西、江苏
3	徐氏背孔吸虫	*N. hsui*	鸭、鹅	盲肠和直肠	北京、江西、广东
4	小卵形背孔吸虫	*N. orientalis*	鹅	大肠	安徽、浙江
5	秧鸡背孔吸虫	*N. ralli*	鹅	盲肠、直肠	江苏、江西
6	沼泽背孔吸虫	*N. stagnicolae*	鸡、鸭、鹅	小肠、盲肠	江苏、广东
7	囊凸背孔吸虫	*N. gibbus*	鸭、鹅	肠道	浙江
8	鳞选背孔吸虫	*N. imbricatus*	鸭、鸡	盲肠	北京、江西、广州
9	小卵圆背孔吸虫	*N. parviovatus*	鹅	直肠、盲肠	安徽、浙江、江西、河北、广东、湖南
10	线样背孔吸虫	*N. linearis*	鸡、鸭、鹅	盲肠	云南、浙江、江西
11	莲花背孔吸虫	*N. lianhuaensis*	鸭、鹅	小肠	江西
12	巴氏背孔吸虫	*N. babai*	鸭	肠道	四川、安徽
13	西纳背孔吸虫	*N. seiti*	鸭	肠道	安徽
14	折叠背孔吸虫	*N. imbricatus*	鸡、鸭、鹅	盲肠、直肠	四川、广东
15	大卵圆背孔吸虫	*N. magniovalus*	鸭	肠道	贵州
16	勒克瑙背孔吸虫	*N. lucknowenensis*	鸡、鸭	肠道	贵州
17	多腺背孔吸虫	*N. polyecithus*	鹅	肠道	江西
18	乌尔斑背孔吸虫	*N. urbanensis*	鹅	肠道	江西
19	曾氏背孔吸虫	*N. thienemanni*	鹅	肠道	江西

寄生于我国禽类的背孔科吸虫还有2属6种，分别为：

鹊鸭同口吸虫（*Paramonostomum bucephalae*），寄生于鸡、鸭的肠道内，分布于黑龙江、贵州。

卵圆同口吸虫（*P. ovatum*），寄生于鸭的肠道，分布于江苏。

拟槽状同口吸虫（*P. pseudoalveatum*），寄生于鸡、鸭、鹅的盲肠，分布于浙江。

多疣下殖吸虫（*Catatropis verrucosa*），寄生于鸡、鸭、鹅的大肠内。分布于四川、陕西、江西、山东、浙江。

印度下弯吸虫（*C. indica*），寄生于鸡、鸭、鹅的小肠和盲肠，分布于四川。

中华下弯吸虫（*C. chinensis*），寄生于鸡、鸭的小肠和盲肠，分布于四川。

（6）微茎科（Microphallidae） 本科吸虫体型小，具有一个短的食管和盲肠。排泄囊呈Y形。生殖腺在腹吸盘的水平线上或其后。卵巢通常在对称的睾丸之前。雄茎囊有或缺，雄茎是一个乳突，很少外翻，有时开口于一个高度特异化的生殖窦。生殖孔在腹吸盘之侧。子宫通常盘曲在腹吸盘水平之后，但也可能延伸到前部。卵黄腺呈滤泡状或相融合，呈各种不同的排列，并可能在虫体的后半部或前半部内连续呈环形。

在我国曾报道本科至少有5个属和一个新属，主要寄生于鸭的小肠内。

长肠微茎吸虫 *Microphallus longicoecus*（Chen, 1956）（图8-2-12）

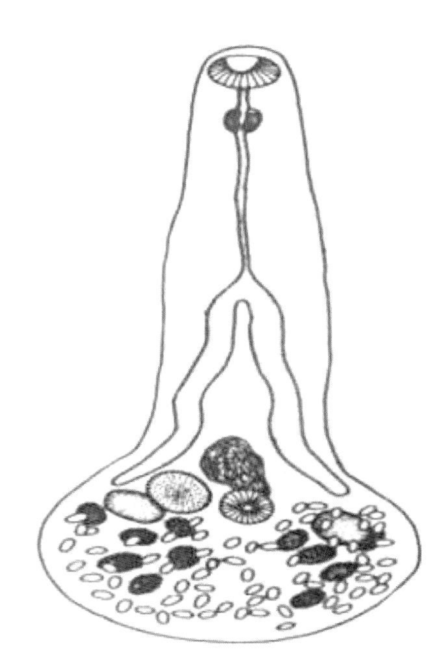

图8-2-12 长肠微茎吸虫
（陈心陶）

［宿　　主］家鸭。

［寄生部分］小肠。

［种的描述］小型吸虫，体前部狭长，约为后部2.3倍，口吸盘占体前端全部，消化道几乎全部位于体前部。后部宽而短，肠支与腹吸盘平行。两个圆形睾丸，左右对称排列，卵巢大小和腹吸盘略同。

［分布地区］分布于广东、香港。

此外，还有假叶肉茎吸虫（*Carneophallus pseudogonotytus*）、亚帆马蹄吸虫微小亚种（*Maritrema afanassjewi minor*）、中华新马蹄吸虫（*Neomarierema sinensis*）、马坎似蹄吸虫（*Maritreminoides mapaensis*）、陈氏假拉吸虫（*Pseudolevinseniella cheni*）。上述各种均寄生于广东家鸭的小肠内。

（7）异形科（Heterophyidae） 小型或很小型虫体，一般不超过2 mm。体表有鳞状小刺，腹吸盘发育不良或付缺。无雄茎囊。睾丸位于虫体后部，平列或斜列。卵巢位于睾丸之前。卵黄腺是弥散的或为成团的滤泡。在虫体两侧并且通常是局限于虫体后部。子宫盘曲在生殖吸盘和尾端之间。虫卵小，并有成熟的毛蚴。据报道，寄生于雁形目和鸡形目的本科吸虫有11个属的20种，但仅有一个属［隐穴属（*Cryptocotyle*）］具有重要性。

凹形隐穴吸虫 *Cryptocotyle concavam*（Creplin，1825）（图8-2-13）

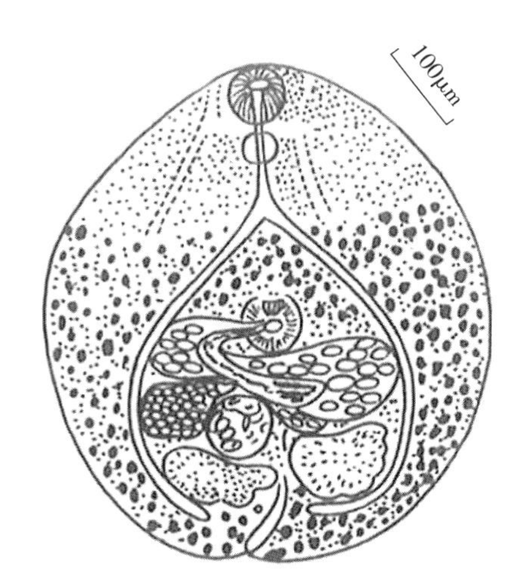

图8-2-13 凹形隐穴吸虫腹面观
（Wootton）

［宿　　主］鸭、鸡、火鸡。

［寄生部位］小肠。

［种的描述］虫体小，常呈卵圆形，大小为（0.27 ~ 0.49）mm ×（0.40 ~ 0.52）mm，体表多刺。口吸盘的后方为很短的前咽，接着是卵圆形的肌质咽，一个食管，细而弯曲的盲肠向后延伸，直到睾丸之后，靠近排泄囊。腹吸盘小不发达，位于体中部。睾丸稍分叶，对称排列，靠近尾端。储精囊发达，形成一个长的S形器官，在子宫背侧。卵囊在右睾丸之前，稍分叶，盘曲的子宫处于卵巢和生

殖窦之间。卵黄腺颗粒状，分布于肠管和体侧之间，前起自肠管分叉处，后止于体后缘。虫卵小，大小为（0.026～0.034）mm×（0.015～0.022）mm。

［生 活 史］卵被宿主排出后，需数周才在卵内发育成毛蚴。虫卵在螺体内孵化，以后尾蚴被释放在水内，并在鱼的皮肤和鳍内形成包囊。在被寄生的部位由于后期尾蚴的刺激，有聚集成团的黑色素细胞，使受感染的鱼呈黑色。当鱼被适宜的宿主吞食之后，在24～48 h之内童虫发育成熟并到产卵阶段。成虫大约可能活1个月。

［致 病 性］虽然这种寄生虫发现于野禽和家禽宿主，但不造成严重的病理变化。人工感染的鸡和小鸭的肠道具有一种特征性的斑驳状的病变，并有红色区；在成虫寄生部位，肠黏膜壁绒毛脱落。这个科的其他种引起较严重的病理变化。虫体寄生于肠腺腺窝的深部，并钻进黏膜的固有层中，引起急性组织反应。

［分布地区］分布于福建、四川、江苏、浙江。

此外，本科还有1个种：陈氏原角囊吸虫（*Procerovum cheni*），寄生于鸡、家鸭肠道，分布于广东。

（8）杯叶科（Cyathocotylidae） 虫体小，圆形，腹面凹入。有黏着器，呈圆形，袋状等。有口吸盘及咽，食管短，盲肠靠近末端，腹吸盘有或缺。睾丸显著。有雄茎囊或退化。卵囊在两睾丸之间。卵黄腺很发达，占体两侧的全部。生殖孔在末端。虫卵大，不多。寄生于爬虫类、鸟类及哺乳类。

1）东方杯叶吸虫 *Cyathotyle orientalis*（Faust, 1922）（图8-2-14）

［宿　　主］鸡、鸭、鹅。

［寄生部位］小肠、盲肠。

［种的描述］虫体呈卵圆形，大小为（1.02～1.99）mm×（0.90～1.52）mm。口吸盘大于腹吸盘，黏着器极大。睾丸两个，卵圆形，并列，位于体中部。雄茎囊极大。生殖孔开口于虫体后端略背方。卵巢小，卵圆形，位于右睾丸之上。卵黄腺极发达，充满了虫体的侧缘。虫卵大，大小为（0.094～0.105）mm×（0.039～0.066）mm。

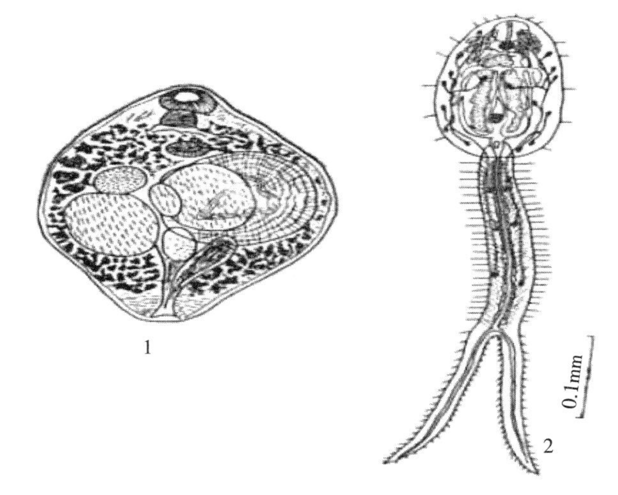

图8-2-14　东方杯叶吸虫
1. 成虫　2. 尾蚴
（Dubois,1938; Yamaguti, 1940）

［流行情况］据报道江苏洪泽县鸭、鹅的感染率分别为5.6%和9.1%，感染强度为鸭为215～265条，鹅为0～865条。浙江宁海某镇疑似东方杯叶吸虫感染鸭的死亡率为4%～5%。

［致 病 性］病禽拉稀，粪中有虾籽样或蚕卵样虫体。走路不稳，易跌倒，且不易爬起来，两脚划水状。剖检可见小肠中段扩张，黏膜水肿增厚，肠壁变薄甚至糜烂。肝脏充血，变黑（瘀血）。

［分布地区］分布于北京、福建、广东、安徽、陕西、江苏、江西、浙江、四川、湖南等地。

2）盲肠杯叶吸虫 *Cyathocotyle caecumalis*（Lin et al., 2011）（图8-2-15）

［宿　　主］家鸭。

［寄生部位］主要在盲肠，少数为直肠。

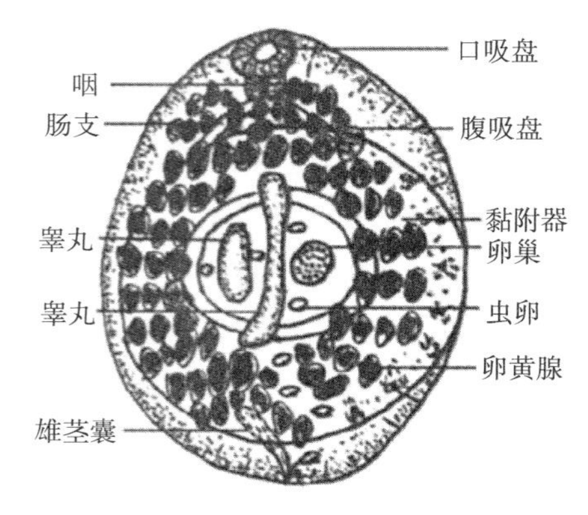

图8-2-15　盲肠杯叶吸虫
（林琳等）

［种的描述］根据林琳等报道，该吸虫体呈卵圆形，大小为（1.175 ~ 2.375）mm ×（0.950 ~ 1.875）mm，口吸盘和咽明显，并有1个很大的黏附器，睾丸2个，其形态呈现多样化，卵巢为类圆形，雄茎囊呈长袋状，位于虫体的后方。虫卵少，大小为（0.075 ~ 0.098）mm ×（0.055 ~ 0.075）mm。

［生 活 史］报道证实纹沼螺（*Parafossarulus striatulus*）和泥鳅（*Misgurnus auguillicaudatus*）是该吸虫的第一、二中间宿主。虫卵在20 ~ 28℃和适当光照条件下21 d 孵出毛蚴；毛蚴侵入纹沼螺后发育为胞蚴和尾蚴，并从62 d 开始自螺体向外逸出尾蚴；尾蚴侵入泥鳅体表和肌肉内经10 d 结成囊蚴；家鸭口服囊蚴后3 d，囊蚴在鸭盲肠内发育为成虫并向外排卵。整个发育周期持续96 d。

［流行情况］从福建省各地送检的49例发病病例来看，本病主要发生在家鸭中的番鸭和半番鸭，其他品种鸭未见发病。发病日龄从18 d到300 d不等，发病季节多集中在秋季和冬季，少数发生在春季。饲养方式以放牧为主或刚刚放到新田地后几天发病。本病的发生多见于鸭子放到刚收割完稻子的水稻田后几天或到一个新的放牧场所（如水田、水沟或沼泽地）后3 ~ 7 d即开始发病，病程可持续5 ~ 15 d。发病率达20% ~ 50%，死亡率可达10% ~ 50%，若治疗不及时或治疗不当，死亡率还会更高。

［分布地区］福建。

寄生于家禽的杯叶科的吸虫另外见表8-2-6。

表 8-2-6　杯叶科吸虫的其他种类

	虫种	拉丁学名	宿主	寄生部位	分布地区
1	纺锤杯叶吸虫	*C. fusa*	鸭	小肠	黑龙江、浙江
2	塞氏杯叶吸虫	*C. szidatiana*	鸭	小肠	江西、北京
3	崇夔杯叶吸虫	*C. chungkee*	鸭	小肠	江西、福建
4	印度杯叶吸虫	*C. india*	鸭	小肠	江西、福建
5	鲁氏杯叶吸虫	*C. lutzi*	鸡	小肠	福建
6	普鲁氏杯叶吸虫	*C. prussica*	鸭	小肠	江西、福建、浙江
7	黑海番鸭杯叶吸虫	*C. melanittae*	鸭	小肠	福建
8	柳氏全冠吸虫	*Holostephanus lutzi*	鸭	小肠	福建
9	库宁全冠吸虫	*H. curonensis*	鸭	小肠	江西
10	日本全冠吸虫	*H. japonicum*	鸭	小肠	浙江

（9）歧腔科（Dicrocoeliidae）　本科的吸虫为小型寄生虫。虫体扁平，呈卵圆形、椭圆形、矛形或近似圆柱形。皮肌囊不发达，较透明。两个吸盘等大，或稍不等，腹吸盘在虫体前1/3。睾丸水平，前后或斜

位排列于腹吸盘之后。卵囊位于睾丸后方。上行的子宫盘曲通过睾丸之间，子宫盘曲向后延伸到靠近虫体的后端处。卵黄腺在体侧部，通常在体中央1/3的范围内。

矛形平体吸虫 *Platynotrema lanceolota*（Lai Chonglong、Sha Guorun、Zhang Tongfu、Yang Minglang，1989）

［宿　　主］红腹锦鸡。

［寄生部位］肝胆管。

［种的描述］该种由赖从龙等（1989）首次发现的。虫体矛形，背腹扁平，两端稍尖狭。新鲜虫体褐色，无体棘或鳞片。虫体长3.40 ~ 4.75 mm，最大宽度在虫体前1/4，睾丸水平处。腹吸盘位于虫体前1/3和中1/3交界处的中线上。盲肠稍微弯曲。睾丸椭圆形。对称地排列于腹吸盘前侧，与肠管重叠。卵巢近圆形，位于腹吸盘后面中线左侧。卵黄腺呈滤泡状。位于虫体两侧，大多数起始于腹吸盘前面水平，终止于体中部稍后。子宫发达，盘曲于睾丸以后体末端。虫卵椭圆形，稍不对称，一端有卵盖，褐色，大小为（0.038 ~ 0.055）mm ×（0.017 ~ 0.033）mm。

［分布地区］四川成都。

此外，曾报道2种平体吸虫寄生于浙江的鸭、鹅以及宁夏的鸡体内。

（10）后睾科（Opisthorchiidae） 小型虫体，有时很长。吸盘不发达或者缺乏。盲肠通常到达虫体的后端。睾丸前后排列或稍斜列，在虫体的后1/3范围内。卵巢位于睾丸之前。子宫盘曲在卵巢之前。生殖孔在不发达的腹吸盘的前方。卵黄腺呈滤泡状、管状或簇状，通常在盲肠外侧，生殖腺之前。寄生于胆管或胆囊，极少在消化道。

东方次睾吸虫 *Metorchis orientalis*（Tanabe，1921）（图8-2-16）

［宿　　主］鸡、鸭、野鸭、鹅、鹌鹑、珍珠鸡。此外，在鸢亦曾发现。本虫也可寄生于犬、豚鼠和鼠等实验动物。陈诚等（2008）实验性感染表明，东方次睾吸虫在鹌鹑、雏鸭、雏鸡、豚鼠和犬体内均可发育，对鹌鹑的感染率最高，从鹌鹑体内的回收率也最高，其次为雏鸭、豚鼠、雏鸡、犬。东方次睾吸虫能在犬、鹌鹑、鸡和鸭体内发育成熟，这些动物是东方次睾吸虫的适宜终末宿主。

［寄生部位］肝胆管和胆囊。

［种的描述］虫体呈叶状，为次睾吸虫中较大的一种。长2.35 ~ 4.64 mm，宽0.53 ~ 1.2 mm。体表覆有小刺。口吸盘位于体前端，腹吸盘位于体前1/4的中央处。大而分叶的睾丸位于虫体的后端，呈前后排列。生殖孔位于腹吸盘的直前方。卵巢为卵圆形。位于睾丸的前方。受精囊位于前睾丸之前方，卵巢的右侧。卵黄腺起始于肠管分叉的稍后方。终止于卵巢处。虫卵的大小为（0.029 ~ 0.032）mm ×（0.015 ~ 0.017）mm。

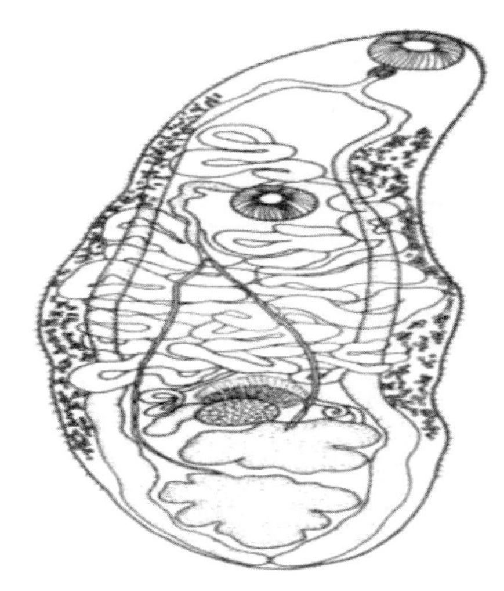
图8-2-16 东方次睾吸虫
（顾昌栋）

［流行情况］各地报道的感染率不尽相同，地区以广东最高为56.4%，终宿主以家鸭感染率最高为66.7%，最高感染强度达1 583条/只鸭。安徽淮河水系鸭的感染率为17.16%，淮南窑河和高塘地区家鸭的感染率为18.3%。王寿昆在福州地区调查了5 366只家鸭，次睾吸虫总感染率为19.6%，其中，东方次睾吸虫感染率为9.3%，台湾次睾吸虫为11.7%，混合感染率为1.4%。这两种

吸虫的最高感染月份分别为9月（21%）和8月（32%）。东方次睾吸虫感染度低于台湾次睾吸虫。

［生 活 史］本虫的第一中间宿主为淡水螺（*Buliminus striatus japonicus*）。第二中间宿主为麦穗鱼（*Pseudorasbora parva*）和爬虎鱼（*Pseudogobis rivularis*）。囊蚴寄生于鱼的肌肉及皮层，禽类在吞食含囊蚴的鱼后而被感染。张智芳等（2013）曾从福建省浦城县东方次睾吸虫流行区捕捞麦穗鱼，分离东方次睾吸虫囊蚴，分组定量感染实验动物鸡，结果发现东方次睾吸虫在鸡体内发育迅速，但个体发育不同步，至6周全部虫体才发育成熟。感染鸡生长缓慢，发育受阻，死亡率高。并发由肝胆管阻塞引起的一系列急慢性病变，感染时间越久，虫的回收率越低，且胆囊病变越严重。东方次睾吸虫能在鸡体内发育迅速，对宿主致病性强。

［致 病 性］本虫可引起鸭肝脏、胆囊肿大，胆囊壁增厚，胆管增生变粗，胆汁变质和消失，轻度感染不表现临床症状，严重感染时不仅影响产蛋，而且死亡率也高。患禽精神委顿，食欲不振，羽毛粗乱、贫血、消瘦等。

［分布地区］北京、天津、河北、江苏、江西、上海、山东、安徽、福建、广东、广西、湖北、吉林、辽宁、四川、陕西、宁夏、浙江、黑龙江、台湾等地。

次睾属其他吸虫见表8-2-7。

表 8-2-7　次睾属吸虫的其他种类

	虫种	拉丁学名	宿主	寄生部位	分布地区
1	台湾次睾吸虫	*M. taiwanensis*	鸭	胆管、胆囊	江苏、上海、广东、云南、福建、安徽、江西、四川、浙江、宁夏、台湾、吉林
2	黄体次睾吸虫	*M. xanthosomus*	鸡、鸭	胆管、胆囊	江苏、安徽、江西、云南、广东、北京、福建
3	肇庆次睾吸虫	*M. shaochingnensis*	鸭	胆管、胆囊	广州
4	企鹅次睾吸虫	*M. pinguinicola*	鸭	胆管、胆囊	江西
5	鸭次睾吸虫	*M. anatinus*	鸭	胆囊	广东

后睾科另外3属7种见表8-2-8。

表 8-2-8　后睾科其他 3 属 7 种吸虫种类

	虫种	拉丁学名	宿主	寄生部位	分布地区
1	鸭后睾吸虫	*Opisthorchis anatinus*	鸡、鹅、鸭和野禽	肝脏胆管	东北、天津、江苏、上海、福建、广州、云南、安徽、四川
2	细颈后睾吸虫	*O. tenuicollis*	人、鸭、鸡	胆囊和肝胆管	广西、浙江、广东、四川、杭州、贵州
3	似后睾吸虫	*O. simulans*	鸡、鸭、鹅	胆管和胆囊	陕西、贵州、湖南、江西
4	广州后睾吸虫	*O. cantonensis*	鸭	胆管和胆囊	广东
5	鸭对体吸虫	*Amphimerus anatis*	鹅、鸭、鸡和野禽类	肝胆管和胆囊	云南、安徽、广东、福建、江苏、湖南、四川、贵州、江西、吉林、浙江、宁夏

（续）

	虫种	拉丁学名	宿主	寄生部位	分布地区
6	长对体吸虫	*A. elongatus*	鸭	肝胆管	四川
7	广利支囊吸虫	*Cladocystis kwangleensis*	鸭	肝脏	广东

4. 泌尿系统吸虫

（1）真杯科（Eucotylidae） 虫体小到中等大小，有咽，食管短或无，肠支或在后部相连。腹吸盘退化或偶存。睾丸并列、斜列或前后排列。雄茎囊有或缺。卵巢在中线或一侧。寄生于鸟类的泌尿系统。

勃氏（富顿水）顿水吸虫 *Tanaisia*（*Paratanaisia*）*bragai*（Santos，1934；Freitas，1951）

［宿　　主］鸡、火鸡、鸽。

［寄生部位］肾和输尿管。

［种的描述］虫体呈长形，扁平，长可达3 mm。有一个口吸盘，位于亚末端。腹吸盘小而不明显。咽显著，食管短或没有，盲肠在靠近体后端处相连。睾丸在虫体的中部或偏前。卵巢在睾丸之前方，位于腹吸盘区之内或紧靠其后，呈三角形或横长方形。卵黄腺在盲肠的外侧。生殖孔紧靠腹吸盘的前方。虫卵梭形，不对称，大小为0.034 mm × 0.015 mm。

［生 活 史］中间宿主是一种陆地螺蛳（*Subulina octona*）。幼虫阶段的发育大约1个月内完成。禽类吞食了体内含有包囊期的后期尾蚴的螺蛳时遭受感染。感染后23 d，虫卵发现于排泄物中。

［致 病 性］虫体的寄生，使肾脏及输卵管发炎，肾壁增厚，肾集合管扩张，输尿管肿胀，但笼养的受感染的鸽子并无症状。

［分布地区］分布于云南。

另外还有白洋淀真杯吸虫（*Eucotyle baiyangdienensis*），寄生于河北和浙江家鸭的肾脏。

5. 生殖系统吸虫

（1）前殖科（Prosthogonimidae） 小型虫体，前尖后钝，具皮棘。口吸盘和咽发育良好。腹吸盘在虫体前半部。睾丸左右排列于腹吸盘之后，两性生殖孔在口吸盘附近或分开。卵巢位于腹吸盘和睾丸之间，或在腹吸盘背面。子宫蟠曲，大部分在虫体后部，卵小。排泄囊Y型。寄生于鸟类，较少在哺乳类。分布遍及全世界。我国的前殖吸虫有2属［离殖孔属（*Schistogonimus*）和前殖属（*Prosthogonimus*）］24种，其中，常见的有5种。

楔形前殖吸虫 *Prosthogonimus cuneatus*（Rudolphi，1809）（图8-2-17）

［宿　　主］鸡、鸭、鹅、野鸭及野鸟。

［寄生部位］腔上囊、输卵管、泄殖腔、直肠，

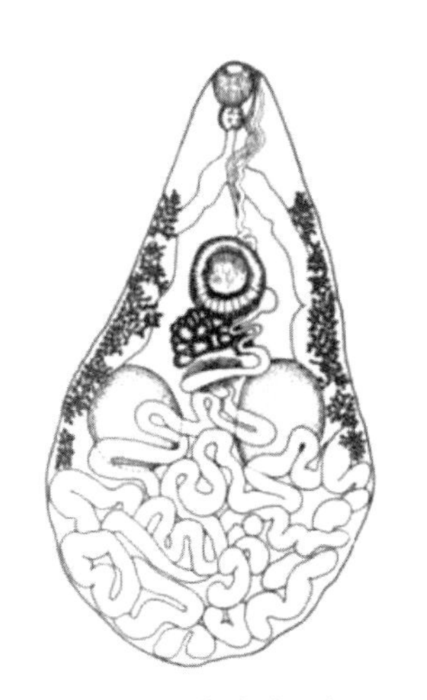
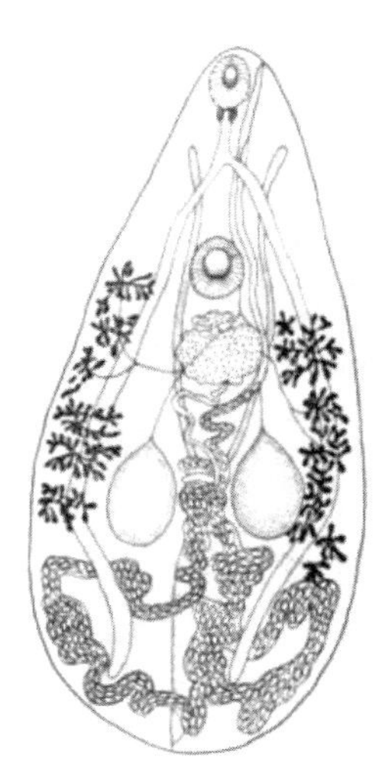

图8-2-17 前殖科吸虫
A. 楔形前殖吸虫 B. 透明前殖吸虫
（陈淑玉 汪薄钦）

偶见于鲜鸡蛋。

［种的描述］虫体呈梨形，长2.89～7.17 mm，宽1.70～3.71 mm。体表有小刺。口吸盘近似圆形，大小为（0.32～0.50）mm×（0.30～0.48）mm。腹吸盘位于虫体前1/3处的后方，大小为（0.54～0.81）mm×（0.52～0.81）mm。睾丸呈卵圆形，左右对称排列。雄茎囊长而弯曲，越过肠叉。卵巢分为3个或3个以上的主叶，每个主叶又分为2～4小叶，位于腹吸盘后方，虫体的右侧。受精囊卵圆形，位于卵巢的后方。卵黄腺常集聚成簇，大多数分布于虫体的两侧肠支的外方，从腹吸盘直达睾丸的后方。弯曲管状的子宫，由睾丸直达虫体末端。子宫向前延伸越过腹吸盘，开口于前段的生殖孔。虫卵具有小盖，大小为（0.022～0.024）mm×（0.028～0.013）mm。

［生 活 史］日本小野（1929、1930、1934）在辽宁银蜻蜓（*Anax parthenope*）的体内和蜻蜓稚虫的后半部找到囊蚴，从而确定蜻蜓为本虫的第二中间宿主，其第一中间宿主尚未确定。Macy（1934）在美国研究巨睾前殖吸虫（*P. macrorchis*）（楔形前殖吸虫的同种异名）时，确定第一中间宿主为水生螺（*Amnicola limosa*），第二中间宿主为蜻蜓（*Tetragoneura*、*Leucorrhinia*、*Mesothemis*和*Epicordulia*属）。Kpachojioooba（1955）在苏联确定豆螺（*Bithynia tentaculata*）为第一中间宿主，第二中间宿主为*Libellula guadrimaculata*和*Cordulina aenea*等蜻蜓。

虫卵随宿主粪便排出体外，被水生螺吞食（或虫卵遇水孵出毛蚴），毛蚴在螺的肝脏中发育为胞蚴和尾蚴，成熟的尾蚴自螺体内逸出而到水中，可被第二中间宿主蜻蜓稚虫的呼吸活动由肛孔吸入体内，在肌肉中变为囊蚴。当蜻蜓的稚虫过冬或变为成虫时，这些囊蚴在蜻蜓稚虫或成虫体内都保持有活力。当终末宿主鸡、鸭等吞食含有囊蚴的蜻蜓稚虫或成虫时即遭感染。囊蚴经过消化道发育成为童虫，最后从泄殖腔进入输卵管或腔上囊，经1～2周发育为成虫（图8-2-18）。

［流行概况］在我国气候温和的江湖沼泽地区，很适合于螺类及蜻蜓的繁殖。在农村一般都放养鸡、鸭，因此在早晚及阵雨之前，蜻蜓群集，鸡、鸭捕食。平时在水边含有囊蚴的蜻蜓稚虫也多，因而我国大部分地区的鸡、鸭都普遍感染有前殖吸虫病。国内曾报道前殖吸虫发病率在9%～12%，该病死亡率可高达40%左右，有时甚至发病数可高达2/3，死亡率高达50%左右。在贵州寄生虫区系调查时发现楔形前殖吸虫在鸭的感染率为4.43%，感染强度为1～31条/只。

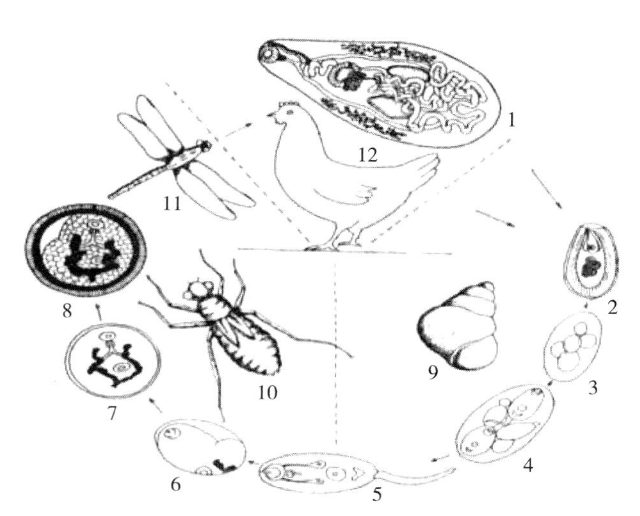

图8-2-18 前殖吸虫生活史
1. 成虫 2. 虫卵 3. 母胞蚴 4. 子胞蚴 5. 尾蚴 6–8. 囊蚴 9. 第一中间宿主 10和11. 第二中间宿主 12. 终末宿主
（陈淑玉 汪薄钦）

［致 病 性］虫体以吸盘及表面小刺刺激输卵管黏膜，并破坏腺体的正常功能，引起石灰质的产生过多或停止，继之破坏蛋白腺的功能，引起蛋白质的分泌过多，从而导致输卵管壁的不规则收缩，形成各种畸形蛋或无壳、软皮蛋，甚至排出石灰质、蛋白质等半液体状物质。重症时，可引起输卵管的破坏或逆蠕动，致使炎性物质、蛋白质或石灰质进入腹腔，引起腹膜炎而死亡。

［分布地区］分布于北京、天津、辽宁、吉林、江苏、江西、湖南、云南、贵州、湖北、安徽、福建、陕西、新疆、云南、四川、广东、广西、黑龙江、浙江、台湾等地。

前殖科吸虫其他种见表8-2-9。

表 8-2-9　前殖科吸虫其他种类

虫种	宿主	寄生部位	分布地区
稀少离殖孔吸虫（*S. rarus*）	绿头鸭	腔上囊	天津
卵圆前殖吸虫（*P. ovatus*）	鸡、鸭、鹅	腔上囊、输卵管、鸡蛋	天津、陕西、四川、江苏、福建、江西、湖南、贵州、广东、台湾
透明前殖吸虫（*P. pellucidus*）	鸡、鸭、鹅、野鸭及多种野鸟	输卵管、腔上囊、直肠、鸡蛋	北京、天津、辽宁、上海、江苏、浙江、安徽、江西、山东、湖南、福建、广东、广西、四川、贵州、陕西、云南、黑龙江、台湾
窦氏前殖吸虫（*P. dogieli*）	鸡	输卵管、腔上囊	广东、四川
日本前殖吸虫（*P. japonicus*）	鸡、鸭、鹅	输卵管、腔上囊、鸡蛋	北京、四川、江苏、江西、浙江、陕西、广东、辽宁、台湾
鲁氏前殖吸虫（*P. rudolphi*）	鸡、鸭、鹅	腔上囊、输卵管、鸡蛋	福建、四川、广东、广西、云南、江苏、安徽、陕西、浙江
鸭前殖吸虫（*P. anatinus*）	鸡、鸭、鹅	输卵管、腔上囊	江西、四川、贵州、福建、浙江、宁夏、广东、广西、云南、台湾、江苏、安徽、新疆、江西
斯氏前殖吸虫（*P. skrjabini*）	鸭	输卵管、腔上囊	广东、浙江
卡氏前殖吸虫（*P. karausiake*）	鸭、鹅	腔上囊	广东、浙江
巨睾前殖吸虫（*P. macrorchis*）	鸭	腔上囊	广州
藿鲁氏前殖吸虫（*P. horiuchii*）	鸡、鸭	腔上囊	广东、浙江、江西、台湾
布氏前殖吸虫（*P. putschowskii*）			辽宁
李氏前殖吸虫（*P. leei*）	鸭	蛋、腔上囊	浙江、苏州
东方前殖吸虫（*P. orientalis*）	鸭	腔上囊	昆明、江西、广东
彭氏前殖吸虫（*P. penni*）	鸭	腔上囊	昆明
中华前殖吸虫（*P. sinensis*）	鸭	输卵管、腔上囊	昆明、广东、浙江
巨腹盘前殖吸虫（*P. macroacetabulus*）	鸡	输卵管	四川
卵黄腺前殖吸虫（*P. vitellalus*）	鸡	输卵管	四川
鸡前殖吸虫（*P. gracilis*）	鸡	腔上囊	江西
稀宫前殖吸虫（*P. spaniometraus*）	鸭	输卵管	浙江
宁波前殖吸虫（*P. ninboensis*）	鸭	输卵管	浙江
布朗氏前殖吸虫（*P. brauni*）	鸭	输卵管	浙江
印度前殖吸虫（*P. indicus*）	鸭	腔上囊	广东
广州前殖吸虫（*P. cantonensis*）	鸭	腔上囊	广东

（续）

虫种	宿主	寄生部位	分布地区
辛氏前殖吸虫（*P. singhi*）	池鹭	泄殖腔	四川
贵阳前殖吸虫（*P. kweiyangenesis*）	灰头麦鸡	蛋	贵阳
环颈雉前殖吸虫（*P. lageniformis*）	环颈雉	腔上囊	吉林

6. 循环系统吸虫

分体科（Schistosomatidae） 虫体长形，雌雄异体，吸盘不发达，缺咽，食管短，盲肠后端联合成一支。雄虫具有抱雌沟，睾丸4个以上，生殖孔开口于腹吸盘后。雌虫细长，卵巢呈长圆形，有时呈螺旋状，位于肠联合之前。子宫位于肠管之间。虫卵无卵盖，含有毛蚴，有侧刺或端刺。卵黄腺分布至体后。成虫寄生于鸟类及哺乳类动物门脉系统。

包氏毛毕吸虫 *Trichobilharzia paoi*（Kun，1960）（图8-2-19）

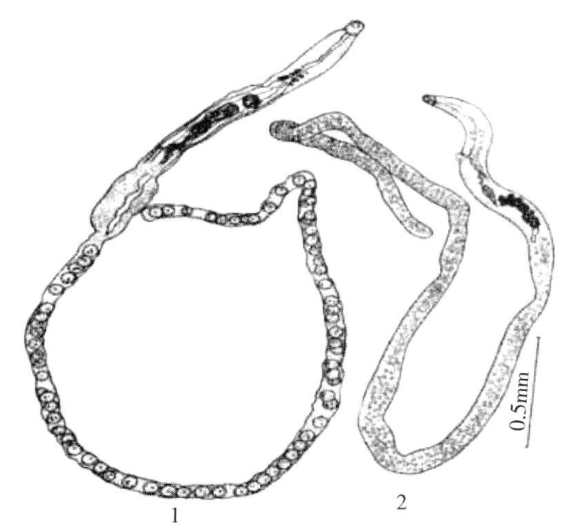

图8-2-19 包氏毛毕吸虫
1. 雄虫 2. 雌虫
（唐仲章）

［宿　　主］鸭、鹅等水禽。

［寄生部位］肝门静脉、肠系膜静脉。

［种的描述］雄虫细长，长5.21～8.23 mm，宽0.078～0.095 mm。口吸盘位于虫体的前端。腹吸盘呈圆形，有小刺，常突出于体外，两个吸盘大小几乎相同。抱雌沟很短，其边缘有小刺。两条肠管在抱雌沟的后方汇为一支。雄性生殖器官充满肠管分叉之间。睾丸圆形，共70～90个，呈单行纵列，位于肠支汇合处的后方。贮精囊位于腹吸盘的后方，迂回折叠。雄性生殖孔开口于抱雌沟的前方。

雌虫较雄虫纤细，长3.39～4.89 mm。口吸盘略大于腹吸盘。两条肠管至卵巢后汇合为一条。卵巢狭长，位于虫体的前部，有3～4个螺旋状扭曲。受精囊呈圆筒状。卵黄腺呈颗粒状，布满虫体的后部。子宫很短，内仅含一个虫卵。卵呈纺锤状，中部膨大，两端较尖，其一端有一个小而弯曲的小沟，大小为（0.024～0.032）mm×（0.068～0.112）mm，卵壳薄，内含毛蚴。

［生 活 史］中间宿主椎实螺［折叠萝卜螺（*Radix plicatula*）、椭圆萝卜螺（*R. Swinhoei*）、耳萝卜螺（*R. auricularia*）、卵螺萝卜螺（*R. ovata*）、小土蜗（*Galba pervia*）］。虫卵随禽粪便散布于水中，孵出的毛蚴钻入螺体，在螺体内发育经母胞蚴、子胞蚴和尾蚴各阶段。成熟的尾蚴离开螺体，游入水中，遇到鸭或其他水禽时，钻入其皮肤，经血液循环至肝门脉和肠系膜静脉内发育为成虫。从尾蚴钻入皮肤至发育为成虫共需3周。当人下水劳动时，尾蚴即侵入人的皮肤，并停留在皮下，引起稻田皮炎。

［流行概况］徐宝华等（2007）对江西省水禽感染血吸虫情况进行了调查，发现调查区麻鸭总感染率，居首位，达39.70%，感染强度最高达37条/只，其他种类感染率依次为麻鸭39.70%、番鸭19.05%、绿头野鸭13.95%、樱桃谷鸭12.50%、鹅8.47%。因此，麻鸭是这些地区的主要侵害对象。寄生部位研究发现，肝门静

脉和肠系膜静脉是毛毕吸虫的主要寄生部位，它们分别占62.37%和29.45%。4种椎实螺均可作为毛毕吸虫的中间宿主，但以耳萝卜螺阳性率为最高，为3.51%；其次为折叠萝卜螺为3.47%和椭圆萝卜螺为1.25%，小土蜗最低，为0.79%。王娜和赵红梅（2013）对湖北荆州地区家鸭进行了毛毕吸虫感染情况调查，发现血清学检查阳性率为5.26%，饱和食盐水漂浮虫卵法检查阳性率为5.48%，粪便毛蚴孵化法检查阳性率为6.84%。安徽淮河水系尾蚴性皮炎人群感染率为61.33%，与性别、下水次数无关，病原为毛毕属吸虫尾蚴，中间宿主为耳萝卜螺的尾蚴（平均感染率为0.21%）。广西多地存在稻田皮炎，其发生常与养鸭习惯、季节性、稻田种类及施肥等因素有关。每年的4～9月为广西稻田皮炎发病季节，其中4～5月为发病高峰。

［致 病 性］虫体在水禽的门静脉和肠系膜静膜内寄生并产卵，虫卵堆集在肠壁的微血管内，并以其一端伸向肠腔或穿过肠黏膜，引起黏膜发炎。严重感染时，肝、胰、肾、肠壁和肺均能发现虫体和虫卵，肠壁上有小结节，影响肠道的吸收功能，在临床上出现消瘦、发育受阻等症状。

当尾蚴侵入人的皮肤，虽不能发育为成虫，但能引起尾蚴性皮炎（稻田皮炎），其症状为手足发痒，并出现红色丘疹、红斑和水疱。

［分布地区］吉林、黑龙江、江苏（太湖地区）、福建、浙江、江西、广东、四川、湖南、湖北。

寄生于家禽的分体科吸虫见表8-2-10。

表 8-2-10　分体科吸虫的其他种类

	虫种	拉丁学名	宿主	寄生部位	分布地区
1	集安毛毕吸虫	*T. jianensis*	鸭	肝门静脉及肠系膜静脉	陕西、吉林、浙江、江苏
2	横川毛毕吸虫	*T. yokogawai*	鸭	肝门静脉及肠系膜静脉	台湾
3	巨大毛毕吸虫	*T. gigantea*	鸭	肝门静脉	上海
4	平南毛毕吸虫	*T. pingnan*	鸭	肝门静脉	广西
5	鸭枝毕吸虫	*Dendritobilharzia anatinarum*	鸭	肝门静脉	江西

【诊　断】

一般是以在粪便中发现有盖的吸虫卵为依据，流行病学资料和临诊症状可作为参考。虫卵检查的方法以反复水洗沉淀法为效果最好。

死后诊断可对病禽或禽尸作病理剖检，在其体内发现吸虫即可确诊。

【治　疗】

现代化封闭式的饲养管理方式使大多数鸡很少发生吸虫感染。然而开放式的养禽场中可能感染吸虫，尤以水禽场常常严重感染多种吸虫，并造成相当严重的危害，应进行及时治疗。南方禽类感染吸虫较北方禽类严重。

对于寄生于禽眼内的各种嗜眼吸虫，可用钝头金属细棒或眼科玻璃棒，从内眼角扒开瞬膜，用药棉吸干泪液后，立即应用75%～90%酒精滴眼。该药虽对局部有刺激性，但可自愈。也可用眼科镊子从眼结膜囊内摘除虫体，然后用硼酸水冲洗眼睛即可。据报道，用5%甲氨酸粉剂治疗两次，效果较好。

寄生于呼吸系统特别是寄生于鼻道、气管和支气管的吸虫，可借助吸入具有杀蠕虫特性的粉剂药物进行驱虫。林仁铮等（1985）报道，对鸭舟型嗜气管吸虫病的治疗，可用0.2%碘溶液气管注入，每只成年鸭1 mL，同时连续用0.2%土霉素水溶液饮服2 d。用药5 d后剖检虫体100%死亡，一次治愈。病鸭无不良反应，日趋恢复，可正常生长。袁福如等（1991）报道，对鸭气管吸虫可试用吡喹酮，每千克体重20 mg，拌料喂服，连用2次，效果满意。也可试用丙硫咪唑，但其效果不如吡喹酮。

寄生于消化道的吸虫，依禽的种类和大小，可以试用下列药物。

（1）抗棘口吸虫药：

氯硝柳胺每千克饲料100～200 mg，一次口服。

丙硫苯咪唑每千克饲料100 mg，一次口服。

吡喹酮每千克饲料10 mg，一次口服。驱虫效果显著。

硫双二氯酚（别丁）每千克饲料200 mg，拌入饲料中，一次口服。

（2）抗鸮形吸虫药：吡喹酮 10 mg/kg，一次口服。用于哺乳动物的抗吸虫药硫双二氯酚和丙硫咪唑可能有效。

（3）抗背孔吸虫药：

硫双二氯酚每千克体重30～80 mg/kg，一次口服（对鸭敏感，应慎用）。

丙硫苯咪唑每千克体重20～25 mg/kg，一次口服。

五氯柳酰苯胺每千克体重15～30 mg，一次口服，效果良好。

吡喹酮每千克体重10～15 mg，口服。

氯硝柳胺每千克体重50～60 mg，一次口服。

（4）抗微茎吸虫药：每千克体重硫双二氯酚30～50 mg，一次口服。

（5）抗杯叶吸虫药：每千克体重吡喹酮20 mg，一次口服。还可试用硫双二氯酚、氯硝柳胺、丙硫咪唑。

（6）抗次睾吸虫药：每千克体重丙硫苯咪唑7.5～10 mg/kg，吡喹酮每千克体重15 mg，一次口服。还可试用硫双二氯酚和血防-846。

（7）抗前殖吸虫药：

每千克体重丙硫苯咪唑7.5～10 mg/kg，一次口服。

每千克体重吡喹酮20 mg，一次口服。

硫双二氯酚每千克体重鸡100～200 mg，鸭30～50 mg，一次口服。

李松柏（1991）报道，棘缘吸虫和低颈吸虫可用吡喹酮治疗，每千克体重25 mg。

毛毕吸虫病目前没有可靠治疗药物，临床主要采用对症治疗措施。

【预　防】

对病禽进行有计划的驱虫，驱出的虫体和排出的粪便应严格处理，采取堆积发酵法杀灭虫卵，这样可以从根本上杜绝传染来源。

由于所有的禽类吸虫都至少需有一种螺蛳作为中间宿主，所以预防禽类感染吸虫的主要措施是控制或消灭这些软体动物，或使禽类避开吸虫的流行区，选择尽可能地远离河流和沼泽地的地方饲养家禽，或采取关闭方式饲养家禽。

中间宿主螺蛳（陆地螺或水生螺），可采用开沟排水，改良土壤或是用化学药剂杀灭。例如，有效的灭螺剂有硫酸铜（或胆矾粉）粉剂或结晶，对多种水生螺的幼螺或成螺有效，较高浓度对螺卵也有效。硫酸铜的缺点是与淤泥中的各种有机物质和无机物质结合而发生沉淀，并且对一些鱼和植物也有不利影响。另外，多聚乙醛（Metaldehyde）及乳化的氯硝柳胺（Niclosamide、Bayluscide）等都是很有效的灭螺剂。

尽量避免在流行区域放养家禽，以防感染和传播疾病。对于流行区的家禽，尤其水禽可在饲料中添加抗吸虫药物预防吸虫病。另外，尽量避免给予家禽喂食螺类等中间宿主。在流行区用作禽类饲料的浮萍、河蚬等，应用开水浸泡杀灭囊蚴后再供食用，经常检查，发现病禽及时驱虫。

（赵光辉）

第三节 绦 虫 病

（Cestodosis）

【病名定义及历史概述】

绦虫病是由绦虫寄生于禽类引起的一类寄生虫病。绦虫种类很多，形态各异。绦虫属于扁形动物门绦虫纲（Cestoda），虫体呈扁平带状，通常分节，所有绦虫均为雌雄同体，其生活史需经宿主的更换。寄生于野禽和家禽的绦虫已记载的有1 400多种，分别隶属于17个科193个属。寄生于我国家禽的绦虫，假叶目（Pseudophyllidea）仅有双槽头科（Diphyllobothriidae）的旋宫属（*Sprirometra*）；圆叶目（Cyclophyllidea）有戴文科（Davainidae）的3个属、双壳科（Dilepididae）的4个属、膜壳科（Hymenolepidae）的19个属及双阴科（Diplopshtidae）的双阴属（*Diploposthe*）。

【形态学】

绦虫呈扁平带状，体长可由0.5 mm至12mm，甚至更长一些，虫体由头节、颈节和体节三部分组成，不同种类的绦虫体节数目不同。头节为虫体最前端，略膨大，呈长圆形或球形，有4个吸盘或吸沟，有些绦虫头节上有顶突和小钩等附属器官，以此吸附在宿主的肠黏膜上。头节后面是狭细的颈节，由此而生长出体节，故又称之为生长节。体节一般呈四边形，有的长大于宽，有的宽大于长，根据其发育不同，分为三类：紧靠颈节部分的体节均较小，生殖器官未发育，称为未成熟节；其后已形成两性生殖器官的，称为成熟节；最后部分的体节，子宫内已蓄积或充满虫卵，而生殖器官的其他部分已萎缩或退化，称为孕节。

绦虫无体腔，也无消化器官，靠体表吸收营养。神经系统是由头节内的中枢神经及其分支的纵干组成，分支的纵干通过虫体所有的体节，神经干在每一体节内彼此以横支相连。排泄系统是由焰细胞、两条背侧管和两条腹侧排泄管组成，在节片后缘有横管与两侧的纵排泄管连接。

绦虫为雌雄同体，在节片中有一组或两组雌雄生殖器官，雌雄共用的生殖孔开口于节片的侧缘上，完全成熟的虫卵内含有一个六钩蚴。雄性生殖器官由睾丸、输出管、输精管和雄茎囊组成，雄茎囊内含雄茎，雄茎为具有向外伸出能力的雄性交合器官，每体节的睾丸数目由数个至数百个。雌性生殖器官是由卵巢、输卵管、卵黄腺、梅氏腺、子宫、受精囊和阴道组成，许多绦虫的卵巢由两个相当大的分叶部分组成，一般位于体节腹面的后缘，当体节有两组生殖器官时，卵巢则位于体节的侧部，输卵管由卵巢出来通向卵膜。卵黄管、梅氏腺、受精囊和子宫也都与卵膜相通，卵黄腺位于卵膜之后。

圆叶目和假叶目绦虫的形态特征区别是：圆叶目绦虫的头节具有4个吸盘，子宫无排卵孔，虫卵无卵盖；假叶目绦虫的头节具有两个吸沟，有的在前端具有一个吸沟，子宫花瓣状或囊状，有排卵孔，开口于体节的表面，虫卵具有卵盖（图8-3-1）。

【生活史】

绦虫生活史需要一个或两个中间宿主的参与，中间宿主感染是经食物或水吞咽了含有钩球蚴/六钩蚴的卵或含有虫卵的整个体节。

假叶目绦虫由虫卵内孵出钩球蚴，进入中间宿主体内发育成原尾蚴，该幼虫具有一个头节，虫体前端有吸盘状的凹陷，后端有带小钩的球状附属物。原尾蚴在第二中间宿主体内变成裂头蚴，其头端具有吸沟，当裂头蚴进入终末宿主体内后即发育成裂头绦虫。

圆叶目绦虫由虫卵内六钩蚴发育而成，有些绦虫以哺乳动物为中间宿主，不同种类绦虫的六钩蚴在哺乳动物体内各自发育为不同类型的幼虫，如囊尾蚴、多头蚴、棘球蚴、链尾蚴和实尾蚴等；有些绦虫以节肢动物等无脊椎动物为中间宿主，其六钩蚴在无脊椎动物体内发育为似囊尾蚴，禽类的绦虫即属该类。上述各型幼虫被终末宿主吞食以后，即发育为成虫。

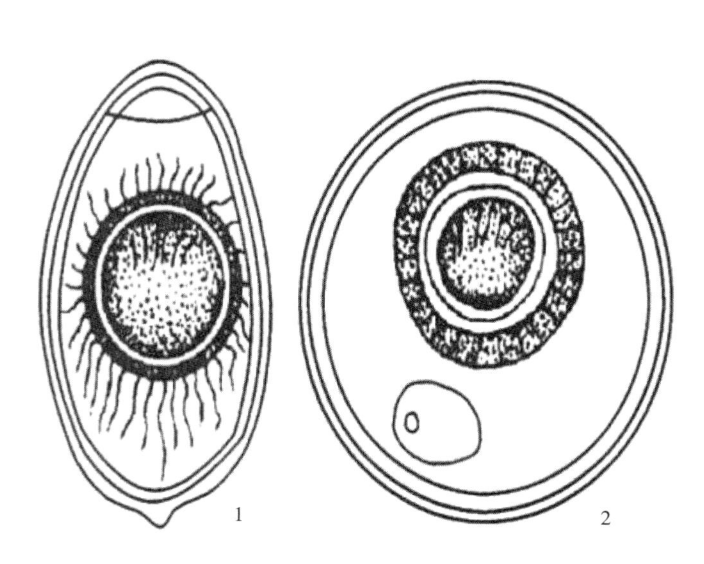

图8-3-1　绦虫卵的模式构造
1. 假叶目绦虫卵　2. 圆叶目绦虫卵
（孔繁瑶）

六钩蚴是卵在子宫内发育为多细胞的胚胎，突出特征是具有六个钩，六钩蚴的钩长有助于种的鉴别。六钩蚴外膜的形状也常是禽绦虫虫种的鉴别特征，有轮赖利绦虫的六钩蚴有两个漏斗形的线状延伸物，位在两层内膜之间；漏斗带绦虫则为另一种类型的线状构造；膜壳绦虫具有特别的卵形六钩蚴。

大多数绦虫在禽体内需经2～3周成熟，而后在粪便中排出第一批孕节片。

【禽类寄生绦虫】

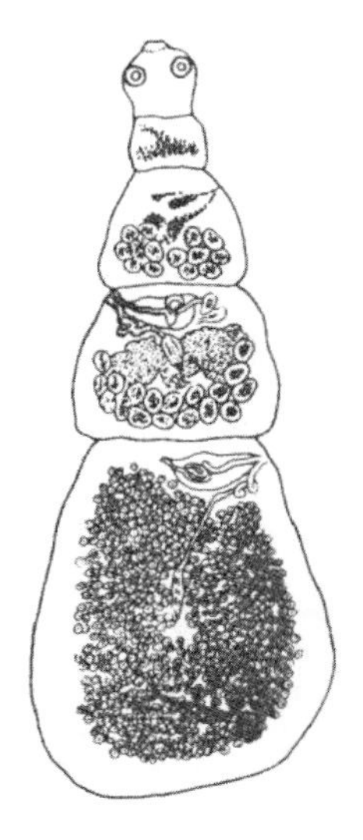

图8–3–2　节片戴文绦虫
（Mönnig）

1. 戴文科（Davaineidae）中小型虫体，头节具有顶突，吻钩2～3圈。吸盘4个、具棘，少数无。每个节片内有1～2个生殖器官，生殖孔开口于节片的侧缘，子宫由卵袋组成。寄生于禽类的戴文科绦虫包括3个属：戴文属（*Davainea*）、瑞利属（*Raillietina*）和卡杜属（*Cotugnia*）。

（1）节片戴文绦虫　*Davainea proglottina*（Davaine, 1860）（图8–3–2）

［宿　　主］鸡、火鸡、鸽、鹌鹑。

［寄生部位］十二指肠。

［种的描述］成虫短小，长0.5～3.0 mm，宽0.18～0.60 mm，节片仅4～9个。头节小，顶突和吸盘上均有小钩。生殖孔规则地交替开口于每个节片的侧缘。雄茎囊长，可达虫体宽度的2/3，睾丸12～15个，分为两列，位于节片后部。虫卵单个散在于孕节实质内，直径为35～40 μm。

［生 活 史］孕节随终末宿主粪便排至体外，被中间宿主——软体动物如蛞蝓（*Limax*、*Arion*、*Cepaea*、*Milax*、*Agriolimax*等属）或陆地螺蛳（*Polygytra*和*Zonitoides*属）吞食，卵在肠道孵出六钩蚴，经3～4周发育成似囊尾蚴。禽类吞食含有似囊尾蚴的中间宿主后，经2～3周，似囊尾蚴发育为成熟的绦虫。

［流行概况］不同年龄的禽类均能感染本病，以幼禽为重。六钩蚴在潮湿阴暗的环境中能存活5 d左右，干燥和霜冻会使之迅速死亡。软体动物适于在温暖潮湿地方滋生，因此本病多流行于我国南方。我国有该病发生的地区包括：吉林、辽宁、河北、天津、陕西、甘肃、新疆、四川、重庆、湖北、河南、山东、江苏、浙江、江西、福建、海南、贵州、云南。

［致 病 性］本虫对幼禽致病力较强，可使其生长率下降12%。病鸡发生急性肠炎，腹泻，粪便中含有臭的黏液，并常带有血色。临床表现为精神委顿，运动迟钝，高度衰弱与消瘦，羽毛污秽，呼吸困难，四肢无力，麻痹以至死亡。

（2）四角赖利绦虫　*Raillietina tetragona*（Molin, 1858）

［宿　　主］鸡、火鸡、鸭、鹅、孔雀和鸽。

［寄生部位］小肠下半段。

［种的描述］虫体长25cm，宽3 mm。头节较小，顶突上有1～3行小钩，数目90～130个（图8–3–3）。吸盘呈卵圆形，上有8～10行小钩。生殖孔位于同侧，子宫破裂后变为卵袋，每个卵袋中含6～12个虫卵，直径为25～50 μm。

［生 活 史］中间宿主为蚂蚁（*Tetramorium caespitum*、*T. semilaeve*和*Pheidole* sp.）。孕节或卵随粪便排到外界，被蚂蚁吞食后，卵在消化道内溶解，六钩蚴逸出，钻入体腔，经2周发育为具有感染性的似囊尾蚴。禽类吞食了含有似囊尾蚴的蚂蚁后，中间宿主在消化道内被消化，逸出的似囊尾蚴，用吸盘和顶突固着于小肠壁上，经19～23 d发育为成虫，孕节随粪便排出（图8–3–3）。

［流行概况］该病全球性分布，可能与中间宿主蚂蚁的广泛分布有关。各年龄段的鸡均能感染，但以雏鸡最易感染。我国有该病发生的地区包括：吉林、黑龙江、辽宁、内蒙古、河北、天津、山西、陕西、宁夏、

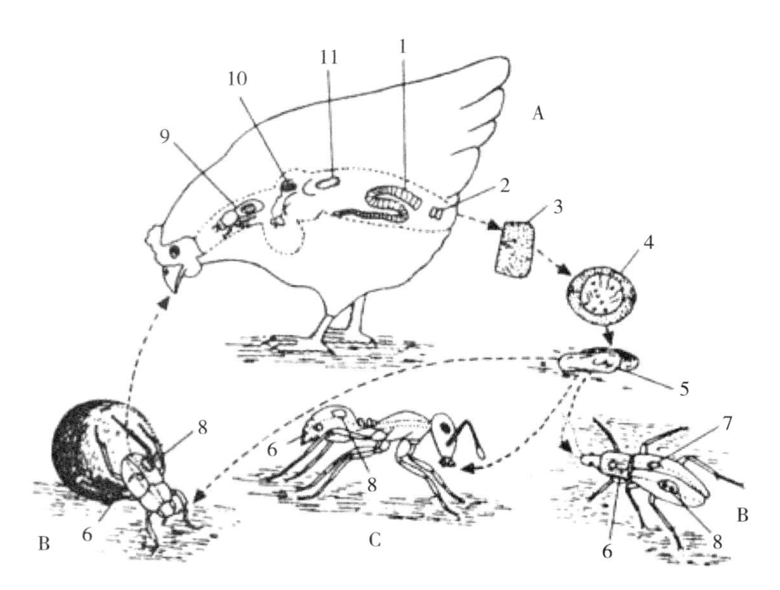

图8-3-3　四角赖利绦虫生活史图解
A. 鸡　B. 甲虫　C. 蚂蚁
1. 成虫　2、3. 孕节　4. 虫卵　5. 粪便中的孕节和虫卵　6~8. 六钩蚴发育为似囊尾蚴（6、7. 六钩蚴；8. 似囊尾蚴）9、10. 被啄食的中间宿主　11. 释放出的囊尾蝴
（Olsen O W）

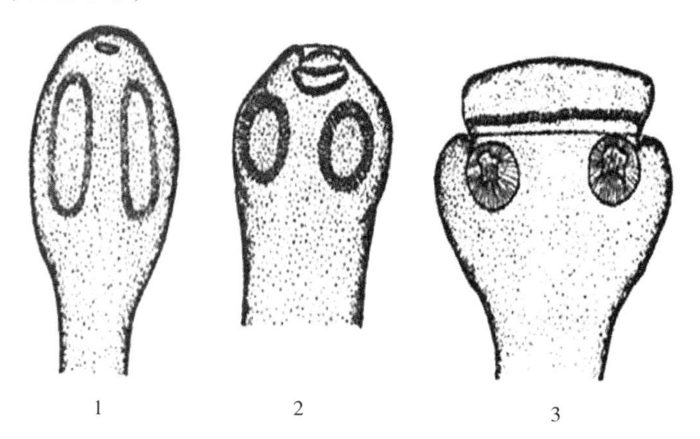

图8-3-4　赖利绦虫头节
1. 四角赖利绦虫　2. 棘沟赖利绦虫　3. 有轮赖利绦虫
（Mönnig）

甘肃、青海、新疆、湖北、河南、山东、江苏、上海、浙江、江西、湖南、福建、广东、广西、海南、贵州、云南。

（3）棘沟赖利绦虫 *R.echinobothrida*（Megnin, 1881）

［宿　　主］鸡、火鸡、鸭、鹅和雉。

［寄生部位］小肠。

［种的描述］本虫与四角赖利绦虫相似，但较大些，长34cm，宽4 mm。顶突上有2行小钩，数目为200 ~ 240个。吸盘呈圆形，上有8 ~ 10行小钩。生殖孔位于节片一侧的边缘上，孕节内的子宫最后形成90 ~ 150个卵袋，每个卵袋内含虫卵6 ~ 12个，虫卵直径为25 ~ 40 μm。

［生 活 史］与四角赖利绦虫相同，同种或近似种的蚂蚁是本虫的中间宿主，中间宿主偶尔可同时感染棘沟赖利绦虫和四角赖利绦虫。

［流行概况］该病全球性分布。我国有该病发生的地区包括：吉林、黑龙江、辽宁、内蒙古、河北、北京、天津、山西、陕西、宁夏、甘肃、青海、新疆、西藏、四川、重庆、湖北、河南、山东、江苏、上海、浙江、江西、湖南、福建、广东、广西、海南、贵州、云南。

（4）有轮赖利绦虫 *R. cesticillus*（Molin, 1858）

［宿　　主］鸡、火鸡、雉、珍珠鸡、鸭、鹅。

［寄生部位］十二指肠和空肠。

［种的描述］虫体较小，一般不超过4cm，偶有长达15cm。头节上的顶突宽大而肥厚，呈轮状，突出于顶端，上有两行小钩，共为400 ~ 500个，吸盘上无小钩（图8-3-4）。生殖孔左右不规则地交替开口，睾丸15 ~ 30个，孕节中子宫分为若干卵袋，每个卵袋仅含一个虫卵，直径为75 ~ 88 μm。

［生 活 史］本虫以家蝇、金龟子、步行虫等昆虫为中间宿主。温暖季节，在中间宿主体内经14 ~ 16 d似囊尾蚴发育成熟。禽类啄食带有似囊尾蚴的中间宿主后，在小肠内经12 ~ 20 d，似囊尾蚴发育为成虫。

［流行概况］该病全球性分布。我国有该病发生的地区包括：吉林、黑龙江、辽宁、河北、北京、天津、山西、陕西、宁夏、甘肃、青海、新疆、西藏、四川、重庆、湖北、河南、山东、江苏、上海、浙江、江西、湖南、福建、广东、广西、贵州、云南。

［致 病 性］这3种赖利绦虫均为寄生于鸡的大型绦虫，虫体以机械刺激、阻塞肠道、代谢产物的毒素作用，以及夺取宿主大量营养为基本致病因素，可引起肠炎、腹膜炎、神经性痉挛等病症。母鸡产蛋率显著降低，甚至停止，雏鸡生长受阻或完全停止，或伴发继发病而死亡。棘沟赖利绦虫可引起鸡的结节病，被认为是禽类绦虫致病性最强的种之一；有轮赖利绦虫致病作用较弱，可能与鸡的营养配方有关；四角赖利绦虫的致病作用与鸡品种有关。

寄生于禽类的戴文科绦虫除以上描述4种外，在我国还有以下14种：安德烈戴文绦虫（*D. andrei*），寄生于鸡和鸭的小肠，分布于贵州；火鸡戴文绦虫（*D. meleagridis*），寄生于鸡的小肠，分布于云南；双性孔卡杜绦虫（*Cotugnia digonopora*），寄生于鸡和鸭的小肠，分布于福建、台湾、广东和海南；台湾卡杜绦虫（*C. taiwanensis*），寄生于鸡的小肠，分布于台湾和贵州；椎体赖利绦虫（*R. centuri*），寄生于鸡和鸭的小肠，分布于广西和贵州；乔治赖利绦虫（*R. georgiensis*），寄生于鸡的小肠，分布于广东和贵州；大珠鸡赖利绦虫（*R. magninumida*），寄生于鸡的小肠，分布于浙江和海南；小钩赖利绦虫（*R. parviuncinata*），寄生于鸭的小肠，分布于江苏和福建；穿孔赖利绦虫（*R. penetrans*），寄生于鸡的小肠，分布于福建；多沟赖利绦虫（*R. pluriuneinata*），寄生于鸡的小肠，分布于广西；兰氏赖利绦虫（*R. ransomi*），寄生于鸡和鸭的小肠，分布于新疆、广东、贵州和云南；山东赖利绦虫（*R. shantungensis*），寄生于鸡的小肠，分布于山东；似四角赖利绦虫（*R. tetragonoides*），寄生于鸡的小肠，分布于福建；尿胆赖利绦虫（*R. urogalli*），寄生于鸡的小肠，分布于广西；威廉赖利绦虫（*R. williamsi*），寄生于鸡的小肠，分布于广东和贵州。

2. 双壳科（Dilepididae） 中小型虫体，头节通常具有带钩的顶突，吸盘无钩。一套或两套生殖器官，生殖孔一侧开口，规则或不规则地两侧交替开口，睾丸通常超过4个，孕节子宫袋状或网状。寄生于鸟类和哺乳动物，较少寄生于爬虫类。

（1）楔形变带绦虫 *Amoebotaenia cuneate*（Linstow, 1872）

［宿　　主］鸡和鸭。

［寄生部位］十二指肠。

［种的描述］虫体短小，小于4cm，25～30个节片，色白，前端呈三角形或楔形，头节宽度大于长度，顶突上有一圈共12～14个小钩，吸盘上无钩。睾丸12～45个，横列于每个节片的后缘，生殖孔通常开口于每个节片的最前方，有规则地左右交替开口，卵巢呈囊状，横列开节片中央，每个卵袋含一个六钩蚴，卵袋直径为35～42 μm。

［生 活 史］某些种的蚯蚓是本虫的中间宿主，似囊尾蚴的发育需2周左右，在鸡体内的潜伏期为27～30 d。

［致 病 性］发病严重的患禽可导致死亡。

［流行概况］我国有该病发生的地区包括：黑龙江、陕西、宁夏、甘肃、新疆、四川、重庆、湖北、河南、江苏、安徽、浙江、江西、湖南、福建、台湾、广东、海南、贵州、云南。

（2）漏斗带绦虫 *Choanotaenia infundibulum*（Bloch, 1779）

［宿　　主］鸡。

［寄生部位］小肠。

［种的描述］大型虫体，长为20～23cm，宽为1.5～2 mm。顶突大且能伸缩，上有一行小钩，数目16～22个。吸盘圆形，无钩。生殖孔不规则地交替开口，成熟节片后部明显宽于前部，呈梯形。睾丸25～60个，集聚在节片的后部，孕卵子宫内充满虫卵。

［生 活 史］本虫的中间宿主是家蝇和某些甲虫，蚱蜢和白蚁均可作为中间宿主，鸡在吞食受感染的蝇以后，经13 d排出孕节片。

［致 病 性］尚未阐明。

［流行概况］我国有该病发生的地区包括：内蒙古、河北、北京、天津、陕西、宁夏、甘肃、新疆、四川、湖北、江苏、安徽、浙江、福建、广东、广西、海南、云南。

双壳科中还有6个种可以感染禽类：福氏变带绦虫（*A. fuhrmanni*），寄生于鸡的小肠，分布于北京和江苏；少睾变带绦虫（*A. oligorchis*），寄生于鸡的小肠，分布于陕西、宁夏、四川、重庆、安徽、湖南、福建和广东；纤毛萎吻绦虫（*Unciunia ciliata*），寄生于鸡和鸭的小肠，分布于宁夏、四川、安徽、浙江、福建、海南；带状漏带绦虫（*Choanotaenia cinguufera*），寄生于鸡的小肠，分布于贵州；小型漏带绦虫（*C. parvus*），寄生于鸡的小肠，分布于安徽；贝氏不等缘绦虫（*Imparmargo bailogi*），寄生于鸡的小肠，分布于云南。

3. 膜壳科（Hymenolepididae） 中小型虫体，顶突上通常有一行不同数目的钩。每个节片内有一组生殖器官，极少的有两组。睾丸1～3个，个别的达15个以上，具有内外贮精囊。生殖孔不交替，卵巢在腹面近中部，子宫袋状，较少网状或形成卵袋。寄生于鸟类和哺乳动物。

（1）矛行剑带绦虫 *Drepanidotaenia lanceolata*（Bloch, 1782）（图8-3-5）

［宿　　主］鸭、鹅和鸡。

［寄生部位］小肠。

［种的描述］虫体呈乳白色，节片宽大，前窄后宽，形似矛头，长60～160 mm，最大宽度14 mm。由20～40个节片组成，节片的宽度大于长度。头节细小，上有4个圆形或椭圆形吸盘，顶突上有8个小钩，颈部细狭。睾丸3个，椭圆形，横列于节片中部偏生殖孔的一侧。生殖孔位于节片上角的侧缘。卵巢瓣状分支，有左右两半，位于3个睾丸的反生殖孔一侧。子宫在成熟节片中呈细管状，横穿节片中央。虫卵呈椭圆形，大小为（100～110）μm×（82～83）μm。

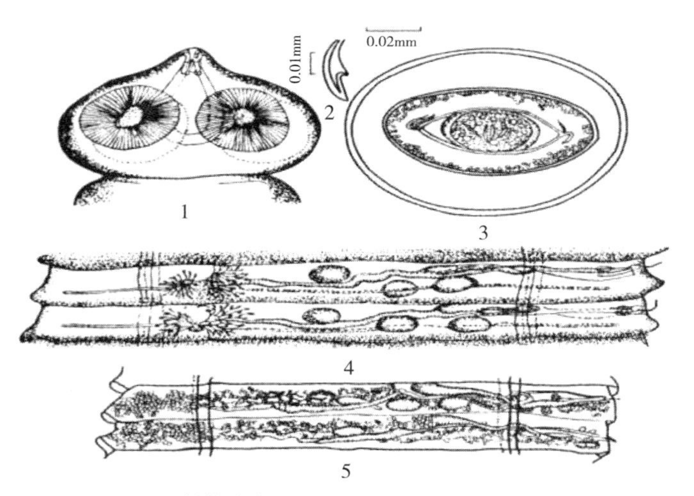

图8-3-5　矛形剑带绦虫
1. 头节　2. 小钩　3. 虫卵　4. 成节　5. 孕节
（孔繁瑶）

［生 活 史］本虫的发育需要中间宿主剑水蚤的参与。孕节和虫卵随终末宿主粪便排至体外，在水中被中间宿主吞食后，发育为似囊尾蚴。鹅、鸭等禽类吞食含似囊尾蚴的剑水蚤而感染，剑水蚤在场中被消化破坏，释放的似囊

尾蚴伸出头节，借助于吸盘和吻钩固着于肠黏膜上，约经1个月发育为成虫（图8-3-6）。

［流行概况］已证实在我国可以作为其中间宿主的剑水蚤有22种，如绿剑水蚤、锯缘剑水蚤、英勇剑水蚤等。终末宿主主要为鹅、鸭等家禽。赤嘴鸭、绿头鸭、琵嘴鸭、白眉鸭、赤膀鸭、赤嘴潜鸭、非洲潜鸭、大天鹅、黑雁等野生禽类也可感染。本病全球性分布，幼禽最易感染，成年鹅往往为带虫者。黑龙江省鹅矛形剑带绦虫感染率为10.6%，个别地区可达80%。我国已报道有该病的地区包括：黑龙江、吉林、内蒙古、河北、天津、青海、新疆、四川、重庆、湖北、河南、山东、江苏、上海、浙江、江西、湖南、福建、广东、广西、海南、贵州、云南。

［致 病 性］造成黏膜损伤，甚至发生肠道阻塞，虫体代谢产物和分泌的毒性物质可引发神经症状。

（2）片形皱褶绦虫　*Fimbriaria fasciolaris*（Pallas, 1781）（图8-3-7）

［宿　　主］鸭、鹅、鸡及其他雁形目鸟类。

［寄生部位］小肠。

［种的描述］只要特征是在其前部有一个扩展的皱褶状假头节，假头节长1.9 ~ 6.0 mm，宽1.5 mm，由许多无生殖器官的节片组成，为附属器官。虫体长20 ~ 40cm，真头节位于假头节的顶端，上有10个小钩和4个吸盘。虫卵为椭圆形，两端稍尖，六钩蚴长25 ~ 45 μm。

［生 活 史］中间宿主为桡足类，有普通镖水蚤（*Diaptomus vulgaris*）和剑水蚤等。终末宿主在饮水时，因吃入含似囊尾蚴的中间宿主而感染。

［流行概况］各种年龄的鸡均可感染，但以17日龄以后的雏鸡最易感染，25 ~ 40日龄的雏鸡常因此大批死亡。我国已报道有该病的地区包括：陕西、宁夏、新疆、四川、重庆、湖北、河南、江苏、浙江、江西、湖南、福建、台湾、广东、广西、海南、贵州、云南。

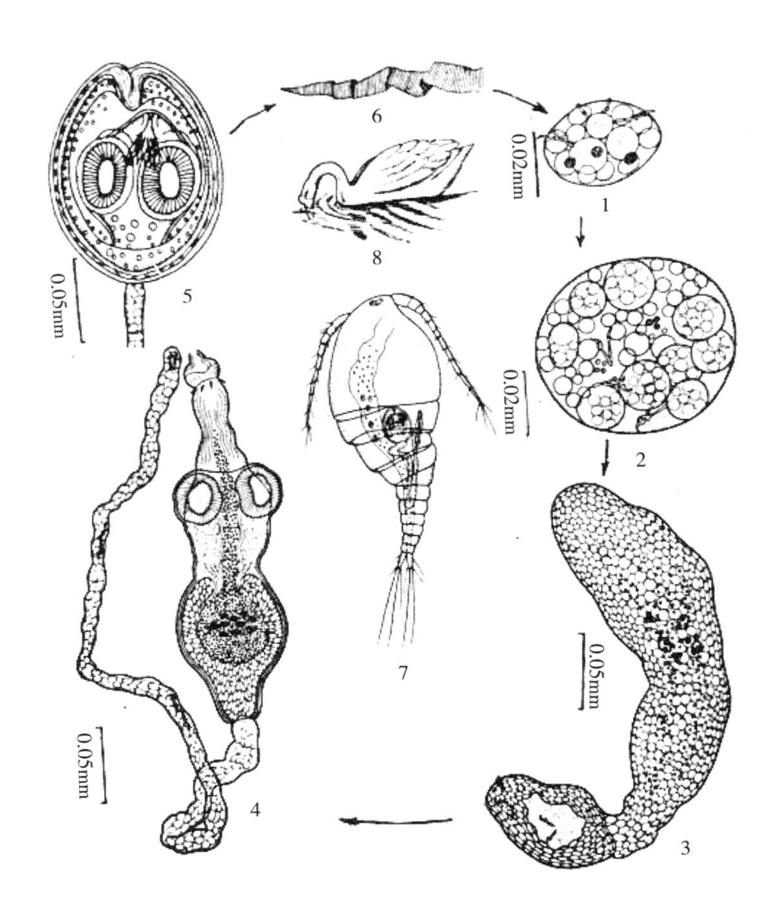

图8-3-6　矛形剑带绦虫生活史

1. 六钩蚴　2. 感染6d的六钩蚴　3. 感染18d的六钩蚴　4. 未成熟似囊尾蚴　5. 成熟似囊尾蚴　6. 成虫　7. 中间宿主剑水蚤　8. 终末宿主（林宇光）

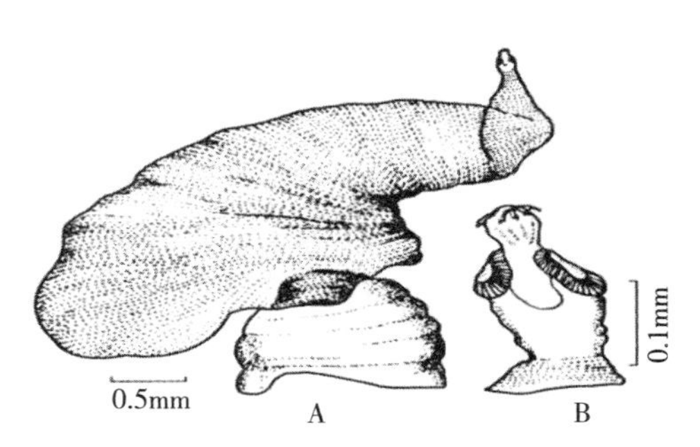

图8-3-7　片形皱褶绦虫

A. 假头节　B. 头节（孔繁瑶）

［致 病 性］患禽肠壁上形成结节样病变，引起显著的肠炎，发生消化障碍，粪便稀薄或混有淡黄色血样黏液。虫体代谢产物可引起中毒，呈现神经症状。

（3）冠状膜壳绦虫 *Hymenolepis coronula*（Dujardin, 1845）

［宿　　主］鸭、鹅、鸡和多种野水禽。

［寄生部位］小肠后段及盲肠。

［种的描述］虫体长12～19cm，宽0.25～0.3cm，吸盘上无钩。顶突上有1行小钩，数目20～26个。生殖孔在节片同一侧的前角处开口，睾丸3个，排列成等腰三角形，卵巢明显分叶。

［生 活 史］六钩蚴被淡水介形类（Ostracod）和桡足类所吞食，并发育为似囊尾蚴，椎实螺（*Lymnaea* spp.）可作为补充宿主。当禽类吞食含似囊尾蚴的中间宿主或补充宿主后而感染。

［致 病 性］该虫是我国鸭体内常见的绦虫，致病力很强，主要危害雏鸭，可引起雏鸭消瘦，甚至发生大批死亡。

［流行概况］常呈地方性流行，在福州，鸭的感染率为30%。分布于吉林、福建、陕西、江苏、台湾、云南、宁夏。

（4）鸡膜壳绦虫 *Hymenolepis carioca*（Magalhaes, 1898）

［宿　　主］鸡、火鸡、鸭和鹅。

［寄生部位］小肠。

［种的描述］成虫长3～8cm，细似棉线，节片数多达500个。头节纤细，极易断裂，顶突无钩，睾丸3个。

［流行概况］分布于我国的黑龙江、河南、江苏、浙江。

（5）缩短膜壳绦虫 *Hymenolepis compressa*（Linton, 1892）

［宿　　主］鸭、鹅。

［寄生部位］小肠。

［种的描述］虫体长14～40 mm。吸盘上无小钩，顶突上有10个小钩，长50～80 μm。生殖孔在同一侧开口，睾丸3个，开始排成一倒三角形，在以后的节片中排成一直线。卵巢长囊状，横盖于3个睾丸的背面，略有弯曲，卵黄腺呈豆状，无分支，孕节片中子宫为囊状。

［生 活 史］在淡水桡足类剑水蚤（*Cyclops* sp.）、大剑水蚤（*Macrocyclops* sp.）、中剑水蚤（*Mesocyclops* sp.）体内发育为似囊尾蚴。腹足类软体动物在吞食含似囊尾蚴的桡足类后，可成为补充宿主。当禽类吞食上述中间宿主或补充宿主后，头节可附着在小肠任何一部分。

［流行概况］目前，有该病发生的地区包括：河南、江苏、浙江、江西、贵州。

（6）秋沙鸭双睾绦虫 *Diorchis nydocae*（Yamaguti, 1935）

［宿　　主］鸭、鹅、鸡。

［寄生部位］小肠。

［种的描述］虫体长25 mm，宽0.85 mm。吸盘直径为100～120 μm，无小钩。顶突上有10个小钩，钩长25～27 μm。睾丸2个，长达100 μm，宽160 μm，雄茎囊在未成熟节片中可延伸到中线上，雄茎上长满小刺。生殖孔在节片中部之前开口。

［生 活 史］虫卵随粪便排到外界，被淡水介形类（Ostracod）或桡足甲壳类动物所吞食，经15 d发育为似囊尾蚴，被终末宿主吞食以后，即发育为成虫。

［流行概况］目前，有该病发生的地区包括：黑龙江、河南、广东、云南、重庆。

膜壳科中还有以下一些种类可以感染禽类，详见表8-3-1。

表 8-3-1　膜壳科其他 19 属 69 种绦虫种类

虫种	拉丁学名	宿主	寄生部位	分布地区
膜壳属（*Hymenolepis*）				
八钩膜壳绦虫	*H. actoversa*	鸭	小肠	黑龙江、浙江
鸭膜壳绦虫	*H. anatina*	鸡、鸭	小肠	河南、江苏、江西、台湾、广西、云南
角额膜壳绦虫	*H. angularostris*	鸭	小肠	台湾、贵州
包成膜壳绦虫	*H. bauchei*	鸡	小肠	福建
分枝膜壳绦虫	*H. cantaniana*	鸭、鸡	小肠	宁夏、新疆、江苏、浙江、贵州、云南
束膜壳绦虫	*H. fasciculata*	鹅	小肠	江苏
格兰膜壳绦虫	*H. giranensis*	鸭	小肠	四川、重庆、贵州、台湾
纤细膜壳绦虫	*H. gracilis*	鸡、鸭、鹅	小肠	黑龙江、河北、陕西、宁夏、江苏、上海、浙江、江西、广西、海南、贵州、云南
小膜壳绦虫	*H. parvula*	鸭、鹅	小肠	新疆、江苏、浙江、江西、广西、海南、贵州、云南
普氏膜壳绦虫	*H. przewalskii*	鹅、鸭	小肠	江苏、浙江
刺毛膜壳绦虫	*H. setigera*	鸭	小肠	河北、天津、江苏
三睾膜壳绦虫	*H. triestiesculara*	鸡	小肠	江苏
美丽膜壳绦虫	*H. venusta*	鸭、鹅、鸡	小肠	四川、重庆、江苏、浙江、江西、福建、贵州、云南
双盔属（*Dicranotaenia*）				
相似双盔绦虫	*D. aeguakilis*	鸭	小肠	贵州
冠状双盔绦虫	*D. coronula*	鸭、鹅、鸡	小肠、盲肠	黑龙江、陕西、宁夏、新疆、四川、重庆、河南、江苏、浙江、江西、湖南、福建、台湾、广东、广西、贵州、云南
白眉鸭双盔绦虫	*D. guerquedula*	鸭	小肠	湖南
内翻双盔带绦虫	*D. introversa*	鸭	小肠	黑龙江
假冠双盔带绦虫	*D. pseudocoronula*	鸭	小肠	江苏
单双盔带绦虫	*D. simplex*	鸭	小肠	湖南
双睾属（*Diorchis*）				
美丽双睾绦虫	*D. americanus*	鸡、鸭、鹅	小肠	广西
鸭双睾绦虫	*D. anatina*	鸭、鹅	小肠	四川、重庆、河南、江苏、浙江、福建、广东、广西、贵州、云南
球双睾绦虫	*D. bulbdes*	鸭	小肠	广东
淡黄双睾绦虫	*D. flavescens*	鸭	小肠	湖南
台湾双睾绦虫	*D. formosensis*	鸭、鹅	小肠	湖南、台湾

（续）

虫种	拉丁学名	宿主	寄生部位	分布地区
双睾属（*Diorchis*）				
膨大双睾绦虫	*D. inflata*	鸭	小肠	四川、重庆
西伯利亚双睾绦虫	*D. sibiricus*	鸭	小肠	江苏
斯氏双睾绦虫	*D. skarbilowitschi*	鸭	小肠	湖南
幼芽双睾绦虫	*D. sobolevi*	鸭	小肠	湖南
斯梯氏双睾绦虫	*D. stefanskii*	鸭、鹅	小肠	黑龙江、江苏、江西、福建
剑带属（*Drepanidotaenia*）				
普氏剑带绦虫	*D. przewalskii*	鸡、鸭、鹅	小肠	黑龙江、四川、重庆、江苏、江西、福建、广东、广西、贵州、云南
瓦氏剑带绦虫	*D. watsoni*	鹅	小肠	广东
皱缘属（*Fimbriaria*）				
黑龙江皱褶绦虫	*F. amruensis*	鸭	小肠	黑龙江
微吻属（*Microsomacanthus*）				
幼体微吻绦虫	*M. abortiva*	鸭	小肠	黑龙江
线样微吻绦虫	*M. carioca*	鸡、鸭	小肠	宁夏、四川、云南
领襟微吻绦虫	*M. collaris*	鸡、鸭、鹅	小肠	四川、浙江、福建、广西、云南
狭窄微吻绦虫	*M. compressus*	鸭、鹅	小肠	四川、河南、江苏、湖南、福建、广东、广西、贵州、云南
福氏微吻绦虫	*M. fausi*	鸭、鹅	小肠	四川、重庆、湖南
彩鹬微吻绦虫	*M. fola*	鸭	小肠	云南
台湾微吻绦虫	*M. formosa*	鸭	小肠	台湾
小体微吻绦虫	*M. microsoma*	鸡、鸭	小肠	宁夏、黑龙江、四川、湖南
副狭窄微吻绦虫	*M. paracompressa*	鸭、鹅	小肠	宁夏、河南、江苏、浙江、江西、福建、广西、贵州、云南
副小体微吻绦虫	*M. paramicrosoma*	鸭、鹅、鸡	小肠	宁夏、四川、江苏、浙江、湖南、福建、广西、云南
蛇形微吻绦虫	*M. serpentulue*	鸡	小肠	宁夏
网宫属（*Retinometra*）				
弱小网宫绦虫	*R. exigua*	鸡	小肠	吉林、陕西、山东、江苏、浙江、湖南、福建、台湾
格兰网宫绦虫	*R. giranesis*	鸭	小肠	四川、重庆、湖南、台湾
长茎网宫绦虫	*R. longicirrosa*	鸭	小肠	福建、台湾、广东、广西、海南
美彩网宫绦虫	*R. venusta*	鸭、鹅	小肠	四川、重庆、福建、广东
幼钩属（*Sobolevicanthus*）				
丝形幼钩绦虫	*S. filumferens*	鸭、鹅	小肠	贵州、云南
采幼钩绦虫	*S. fragilis*	鸭、鹅	肠道	福建
纤细幼钩绦虫	*S. gracilis*	鸭、鹅、鸡	小肠	宁夏、新疆、四川、重庆、江苏、江西、湖南、福建、台湾、广东、广西、贵州、云南
鞭毛形幼钩绦虫	*S. mastigopraedita*	鸭	小肠	云南

（续）

虫种	拉丁学名	宿主	寄生部位	分布地区
幼钩属（*Sobolevicanthus*）				
八幼钩绦虫	*S. octacantha*	鸡、鸭	小肠	宁夏、江苏、福建、云南
隐壳属（*Staphlepis*）				
坎塔尼亚隐壳绦虫	*S. cantaniana*	鸡	小肠	四川、重庆、湖南、福建、广东、广西、海南
达菲隐壳绦虫	*S. dafilae*	鸭	小肠	云南
朴实隐壳绦虫	*S. rustica*	鸡、鸭	小肠	广西、云南
柴壳属（*Tschertkovilepis*）				
刚刺柴壳绦虫	*T. setigera*	鸭、鹅、鸡	小肠	宁夏、四川、重庆、江苏、上海、浙江、江西、湖南、福建、广东、广西、云南
单睾属（*Aploparaksis*）				
有蔓单睾绦虫	*A. cirrosa*	鹅	小肠	安徽
福建单睾绦虫	*A. fukiensis*	鸭、鹅	小肠	四川、重庆、河南、安徽、浙江、福建、广东、广西、海南、贵州、云南
叉棘单睾绦虫	*A. furcigera*	鸡、鸭、鹅	小肠	新疆、安徽、浙江、湖南、福建、广西、海南、贵州
秧鸡单睾绦虫	*A. porzana*	鸭、鹅	小肠	河南、安徽、浙江、福建、广东、广西、云南
那壳属（*Nadejdolepis*）				
狭那壳绦虫	*N. compressa*	鸭、鹅	小肠	宁夏、河南、福建、云南
长囊那壳绦虫	*N. longicirrosa*	鸭、鹅	小肠	宁夏、云南
腔带属（*Cloacotaenia*）				
大头腔带绦虫	*C. megalops*	鸭、鹅	小肠、直肠、泄殖腔、腔上囊	北京、宁夏、江苏、浙江、湖南、台湾、广东、海南、贵州
西壳属（*Hispanoiolepis*）				
西顺西壳绦虫	*H. tetracis*	鸡	小肠	宁夏
棘壳属（*Ecgubolepis*）				
致疡棘壳绦虫	*E. carioca*	鸡、鸭	小肠	黑龙江、甘肃、四川、广东、海南
黏壳属（*Myxolepis*）				
领襟黏壳绦虫	*M. collaris*	鸭	小肠	湖南、广东
膜钩属（*Hymensphenacanthus*）				
纤小膜钩绦虫	*H. exiguus*	鸡、鸭	小肠	江苏、江西、福建、台湾、广东、广西
片形膜钩绦虫	*H. fasculatus*	鹅	小肠	江苏、福建
棘叶属（*Echinocotyle*）				
罗斯棘叶绦虫	*E. rosseteri*	鸡	小肠	广东
变壳属（*Variolepis*）				
变异变壳绦虫	*V. variabilis*	鸡、鸭、鹅	小肠	广东

4．裂头科（Diphyllobothriidae） 肠舌形绦虫（*Ligula intestinalis*），寄生于鸭的肠道。虫体长280 mm，宽8 mm，虫体前部具15～20个分节，后部不具分节。前端钝尖，呈三角形，背腹有一纵沟，一直延到后方。睾丸排列于背面两侧，卵巢分支，子宫在节片的中央部分。分布于台湾。

孟氏裂头蚴（*Sparganum mansoni*），可寄生于鸡、鸭的体腔或肌肉，见于重庆等地区。

【诊　断】

禽绦虫病的诊断常用粪便学检查法和尸体剖检法。粪便学检查时，采集禽类的粪便或病死禽类肠道内容物，感染量大时肉眼可见白色小米粒样的孕节片，用直接涂片法和饱和盐溶液漂浮法进行成虫及虫卵检查。

进行尸体剖检法时，剪开病死禽类肠道，可见白色带状的虫体或散在的节片，将肠道置于暗色背景的水盘中，虫体更易辨认。绦虫的头节对种类鉴定极为重要，需仔细寻找，可用手术刀割取带头节的肠壁，在解剖镜下用两根针进行剥离。对细长的膜壳绦虫，必须快速挑出头节，以防其自解。

绦虫成虫可用下述方法处理后观察：绦虫头节和虫体末端部的孕节无需固定，直接放入乳酸苯酚液中，透明后在显微镜下观察；为在高倍镜下检查头节上的小钩，可在载玻片上滴加一滴Hoyer氏液使头节透明。或取成熟节片直接置于醋酸洋红液中染色4～30min，移入乳酸苯酚液中透明，然后在显微镜下观察。有时为了及时诊断，可用生理盐水做成临时的头节片，即可作出鉴定。虫种的鉴别，需测量节片的长度和宽度，头节顶突或吸盘钩钩长，以及虫卵大小和六钩蚴钩长。

少见禽类绦虫病的分子诊断和免疫诊断技术之研究。Chen等（2014）克隆了四角赖利绦虫（*Raillietina tetragona*）的RT10基因，该基因为棘球绦虫（*Echinococcus*）和带属绦虫（*Taenia*）原头蚴的同源物，该基因表达的抗原有望成为诊断和免疫抗原。

【治　疗】

当禽类发生绦虫病时，必须立即对全群进行驱虫，常用的驱虫药有以下几种。

1．硫双二氯酚（别丁，Bithionol），每千克体重鸡150～200 mg，鹅、鸭30～50 mg，可配制成水溶液用注射器经口腔灌服，或将药物与面粉混匀后加少量水搓成小丸投给，鸭对该药较为敏感。该药有一定的副作用，使用之前要慎重，可选择几只患禽进行试验性用药，无问题后再进行全群用药。

2．氯硝柳胺（灭绦灵，Niclosamide），每千克体重鸡50～60 mg，鸭100～150 mg，拌料一次投服。

3．吡喹酮（Pyquiton），每千克体重鸡、鸭均10～15 mg，拌料一次投服，可驱除各种绦虫，驱虫效果良好。

4．丙硫咪唑（Albendazole），每千克体重鸡、鸭均10～20 mg，拌料一次投服。

【预　防】

禽类绦虫的生活史中必须有特定种类的中间宿主参与，预防和控制禽类绦虫病的关键是消灭中间宿主，切断其生活史。使用杀虫剂消灭中间宿主是比较困难的，集约化养鸡场采取笼养的饲喂方式，使鸡群避开中间宿主，易于实施防治措施。然而，鸭和鹅等水禽多在水边栖息，大部分绦虫感染来自淡水甲壳类，因此需改变放牧习惯，保证水源不被污染，从而控制鸭和鹅的绦虫病。在有绦虫流行的地区，放牧饲养鸭和鹅时，应定期驱虫，成年禽每年两次，一次在春季放牧前，一次在秋季放牧结束后，驱虫的虫体和粪便进行堆积发酵。最好将3～4月龄的幼禽单独饲养在安全的水塘内，以保幼禽不感染绦虫病。

（王荣军）

第四节 线虫病

（Nematodosis）

线虫的种类多，数量大，分布广。寄生于家禽的线虫有200多种，在我国已知的有近50种，多寄生虫于家禽的消化道、内脏器官和皮下组织，引起生长发育不良，甚至死亡，从而对养禽业造成严重的经济损失。

【形态学】

1．基本形态

（1）形状：线虫一般呈圆柱形，细长或粗短，头端偏钝，尾部偏尖，虫体左右对称。

（2）颜色：线虫多呈乳白色或淡黄色，而吸血的线虫则呈粉红色、血红色或棕色。

（3）大小：不同种类的线虫，虫体大小差别较大，小的仅几毫米，大的可达1m以上，如鸟龙属的雌虫。

（4）结构：虫体一般分为头端、尾端、背面、腹面和侧面。体表有口、排泄孔、肛门和生殖孔；雄虫的肛门和生殖孔合为泄殖孔。雌雄异体，一般雄虫小于雌虫，雄虫的尾部常弯曲，有辅助交配器官；雌虫稍粗大，尾部直。

2．体壁体腔　线虫体壁从外向内依次为角质层、皮下层、肌肉层。角质层由皮下层分泌物形成，光滑或具横纹，覆盖体表，并内褶延续为口囊、食管、直肠、排泄孔和生殖管末端的内壁。角质层可分化形成多种特殊的衍生物，如唇片、头泡、冀膜、乳突、饰带、雄虫的交合伞交合刺等，这些构造不仅具有附着、感觉、辅助交配等功能，而且它们的形状、位置及排列也是鉴定线虫的重要依据。

线虫体腔为假体腔，其内有液体和各种组织、器官、系统。皮下组织伸入体腔形成两条侧索、一条背索和一条腹索。两条侧索带有排泄管，而背索及腹索带有神经。肌细胞呈纵向排列，位于皮下组织与体腔之间。

3．消化系统　包括消化管和腺体，消化管由口、食管、肠、直肠、肛门或泄殖孔组成；腺体有食管腺和直肠腺。口孔周围有的线虫有唇片，如蛔虫和尖尾线虫有3唇，毛细线虫口腔小，无唇。有的线虫口囊内还有齿，如裂口线虫有1～3个尖齿。食管为肌质，有的呈圆柱状，如蛔虫，有的食管后部膨大为食管球，如异刺线虫。肠和直肠为简单管状构造。雌虫的肛门和阴门分别开口，肛门通常位于靠近尾部的腹面上。雄虫的肛门和射精管共同开口于泄殖腔，泄殖腔开口靠近尾端的腹面上。

4. **生殖系统** 雄虫的生殖器官由睾丸、输精管、贮精囊及通向泄殖腔的射精管组成。雄性生殖器官通常为单管型，其末端常有交合刺、引器及副引器等辅助生殖器官。圆形类线虫尾翼发达，演化为交合伞；尖尾类线虫尾翼不发达，有性乳突。交合刺、引器、副引器、交合伞或性乳突的形态差异，在虫种鉴定上具有很重要的意义。

雌性生殖器官多为双管型（双子宫型），由卵巢、输卵管、子宫、阴道、阴门组成。阴门的位置随各种类不同，可位于虫体腹面的前部、中部或后部，如丝虫类阴门位于食管区域，蛔虫类位于体前部，异刺线虫位于体中部，饰带线虫位于体后部，毛细线虫位于体亚末端，因此阴门的位置具有分类意义。

雌虫排出的虫卵呈圆形或椭圆形，毛细线虫虫卵呈圆桶状，两端具有栓塞，旋尾线虫卵壳薄而光滑，内含幼虫，蛔科线虫虫卵外层有不平滑的蛋白质外膜。

5. **神经系统** 线虫的食管部有神经环，相当于神经中枢。从神经环前后各发出6条神经干，通至头部及体后部的感觉器官（如乳突）。背腹两条神经干较大，各神经干间有神经联合。

【生活史】

线虫的发育，一般经过虫卵、幼虫、成虫三个阶段。

受精卵在雌虫体内或排出体外后，在适宜的温湿条件下，开始发育，依次经过桑葚期、囊胚期、原肠期、虫样期和幼虫期。

幼虫的发育需要经过四次蜕皮，分为五期，前两次蜕皮一般在外环境中完成，后两次在宿主体内完成。第一期和第二期幼虫，食管呈杆状，称为杆状幼虫；第三期幼虫食管呈丝状，称为丝状幼虫；第三期幼虫具有感染终末宿主的能力，称为感染期幼虫或侵袭性幼虫，蛔虫在卵中的第二期幼虫便有感染终末宿主的能力，称为感染性虫卵。第五期幼虫性器官发育完成后，变为成虫。

根据线虫的发育是否需要中间宿主，可分为直接发育型（土源性线虫）和间接发育型（生物源性线虫）两种类型。直接发育即不需要中间宿主，雌虫产卵排出体外，在外界适宜的温度、湿度条件下，虫卵孵出幼虫，并经两次蜕皮变成感染性幼虫，被适宜的宿主（禽类）所吞食，在其体内发育为成虫，如鸡蛔虫、异刺线虫等。间接发育则需要蚯蚓、昆虫等作为中间宿主，如气管比翼线虫、美洲四棱线虫和膨尾毛细线虫等。

【禽机体各系统线虫】

1. 消化道寄生线虫

（1）鸡蛔虫病　鸡蛔虫病是由禽蛔科（Ascardiidae）、禽蛔属（*Ascaridia*）的鸡蛔虫（*A.galli*）寄生于鸡、吐绶鸡、珍珠鸡、鹌鹑、番鸭等家禽及野禽的小肠引起的一种常见消化道寄生虫病。本病遍及全世界，常影响到雏鸡的生长发育，甚至造成大批死亡，严重影响着养鸡业的发展。

1）病原学　鸡蛔虫是鸡线虫中体形最大的一种，虫体呈淡黄色或乳白色，圆筒形，体表角质层具有横纹，头端有3片唇。雄虫长25～70 mm，宽1～1.5 mm。尾端具有明显的尾翼和性乳突10对：肛前3对，肛侧

1对，肛后3对，尾端3对。在泄殖孔的前方具有一个近似椭圆形的肛前吸盘，吸盘上有明显的角质环。尾部还有等长的交合刺1对。雌虫长65～100 mm，宽1.2～1.5 mm。阴门位于虫体的中部，肛门位于虫体的亚末端（图8-4-1）。虫卵呈椭圆形，灰色，大小为（73～90）μm×（45～60）μm，壳厚而光滑，新排出时内含单个胚细胞。

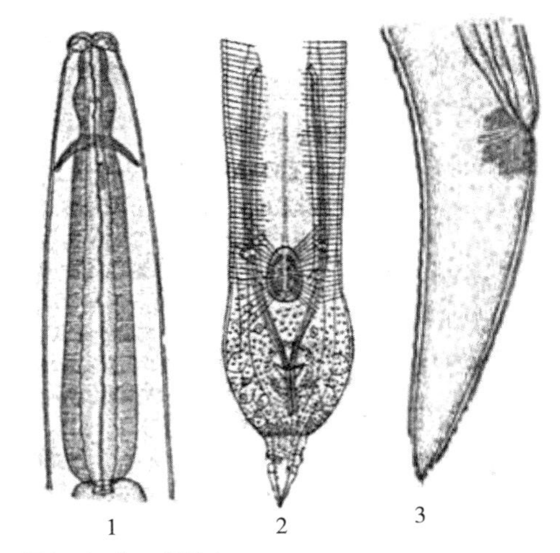

图8-4-1　鸡蛔虫
1. 虫体头部　2. 雄虫尾部　3. 雌虫尾部
（孔繁瑶）

2）流行病学　属直接发育型生活史。鸡蛔虫雌、雄成虫在鸡小肠内交配后，雌虫在小肠内产虫卵，虫卵随粪便排出体外，经15～20 d，发育为含有幼虫的感染性虫卵，鸡吞食了感染性虫卵后，幼虫在腺胃和肌胃处逸出，钻进肠黏膜发育一段时期后，重返肠腔发育为成虫。可见，鸡蛔虫的传播不需要中间宿主，幼虫也不移行到其他脏器。

鸡蛔虫病一般在春季和夏季流行传播，主要发生于散养或放养的鸡。易感性的强弱和饲养条件有很大关系，管理粗放，卫生条件差，饲料单一，往往感染率较高。该病主要是经口感染，鸡吞食了被感染性虫卵污染的饲料、饮水或啄食了携带有感染性虫卵的蚯蚓而感染。鸡蛔虫可以感染各龄期的鸡，其中3～4月龄以内的鸡最易感，但随着年龄的增大，其易感性则逐渐降低；其他家禽如吐绶鸡、珍珠鸡、鹌鹑、番鸭、鹅等及野禽均可感染鸡蛔虫。感染蛔虫病的幼龄鸡可以向外排出虫卵或虫体。感染性虫卵在潮湿的土壤中可存活6～15个月，且对化学药物有一定的抵抗力，在阴凉潮湿的地方，可生存很长时间。虫卵对直射阳光、干燥和高温（40℃以上）敏感。

鸡蛔虫分布世界各地，为我国常见种。

3）发病机理　鸡蛔虫幼虫和成虫对鸡均有危害作用，幼虫钻入肠黏膜时，损伤肠绒毛，破坏腺体分泌，引起肠黏膜出血、发炎和形成结节，引起鸡消化功能紊乱，使雏鸡生长发育受阻；成虫寄生于肠内时，可引起肠管的阻塞甚至破裂，感染严重时，多造成鸡只死亡。虫体代谢产物能引起鸡体慢性中毒，母鸡产蛋率下降。

4）症状　成年鸡感染症状不明显，主要表现为消瘦，产蛋量下降，3～4月龄的鸡危害严重，病鸡一般表现渐进性消瘦，贫血，羽毛松乱，鸡冠苍白，腹泻，粪便中混有血液和黏液，严重感染时引起大批死亡。

5）病理变化　剖检可见肠黏膜出血、水肿，形成结节，虫体阻塞肠道，甚至肠破裂。

6）诊断　用饱和盐水漂浮法进行粪检，或结合剖检病（或死）鸡，在粪便中发现虫卵或剖检时发现虫体可确诊。

7）防治措施

① 预防　加强卫生、饲养管理，及时清除鸡粪和垫草，粪便经堆沤发酵。喂给全价饲料，适量补充维生素A和B族维生素等，可提高抵抗力。定期驱虫，成年鸡10～11月驱虫一次，在产蛋季节前30 d应再驱虫一次，幼鸡在2月龄开始，每隔一个月驱虫一次。

② 治疗

左旋咪唑：按每千克体重20～25 mg口服，一次口服。

丙硫咪唑：按每千克体重10～10 mg投喂，一次口服。

伊维菌素：按每千克体重0.05 mL口服，一次口服。

（2）鸡异刺线虫病　鸡异刺线虫病又名鸡盲肠线虫病，是由异刺科（*Heterakidae*）、异刺属（*Heterakis*）的鸡异刺线虫（*H.gallinarum*）寄生于鸡、火鸡、珍珠鸡、北美鸡、鸭、雉、鹅、鹧鸪的盲肠引起的一种线虫病。该病在鸡群中普遍存在，分布于世界各地，我国各地均有分布。

1）病原学　鸡异刺线虫虫体小，呈细线状、淡黄色。头端略向背面弯曲，体表有横纹和侧翼。头端有3片唇，1个背唇，2个侧腹唇，背唇上有2个乳突，侧腹唇各具1个乳突。食管前部呈圆柱状，末端有一膨大的食管球。神经环位于食管前部，排泄孔位于食管中部。雄虫长6 ~ 13 mm，尾直，末端有一个锥状的尖，泄殖腔前具有一个被角质环围绕的肛前吸盘，尾翼发达，有性乳突13对，其中肛前9对，肛后4对，有两根不等长的交合刺。雌虫长8 ~ 15 mm，尾部细长而尖。阴门位于虫体中部稍后方，阴道弯曲。虫卵椭圆形，壳厚，成熟的卵具有褐色颗粒，大小为（60 ~ 75）μm ×（35 ~ 50）μm。

2）流行病学　成熟的异刺线虫雌虫在盲肠内产卵，卵随粪便排于外界，在适宜的温度（20 ~ 30℃）和湿度条件下，经2周左右发育成含第二期幼虫的感染性虫卵，鸡等动物吞食了被感染性虫卵污染的饲料、饮水或啄食带有感染性虫卵的蚯蚓而感染，幼虫在小肠内逸出，移行到盲肠钻入肠壁，发育4 ~ 5 d后，返回肠腔，发育为成虫。从鸡感染虫卵到发育为成虫需25 ~ 34 d。成虫寿命为10 ~ 12个月。

鸡、火鸡、鹌鹑、鸭、鹅、孔雀和雉鸡等鸟类动物均易感此病。蚯蚓可充当保虫宿主，蚯蚓吞食感染性异刺线虫虫卵后，幼虫在蚯蚓体内可保持对鸡的感染力，另外，鼠妇类昆虫吞食异刺线虫卵后，能起机械传播作用，当鸡啄食了蚯蚓或鼠妇而感染。湖南五个地市商品鸡总体感染率为42.2 %（116/ 275），平均感染强度为10.4条/只。丘陵区鸡异刺线虫的感染率最高，感染率介于70 % ~ 100 %之间，湖区和市区的感染率依次居后，分别只有36.4 %和32.3%。

虫卵对外界抵抗力较强，在阴暗潮湿处可保持活力达10个月；0℃时存活67 ~ 172 d，温度升高后能继续发育；阳光直射下易死亡；在10%硫酸及0.1%升汞溶液中均可正常发育。

3）发病机理　异刺线虫寄生在盲肠壁上，能机械性损伤盲肠组织，引起盲肠炎和下痢，食欲减退，营养不良，发育停滞，盲肠肿大，肠壁增厚和形成结节；虫体分泌的毒素和代谢产物使宿主中毒，严重时可引起宿主死亡。

4）症状　病鸡主要表现食欲不振或废绝，贫血，下痢和消瘦。成年母鸡产蛋量下降，甚至停止产蛋，幼鸡生长发育不良，逐渐衰弱引起死亡。

5）病理变化　剖检可见盲肠肿大，肠壁发炎和增厚，有时出现溃疡灶。盲肠内可查见虫体，尤以盲肠尖部虫体最多。

6）诊断　用饱和盐水漂浮法检查虫卵，粪检发现虫卵，或剖检在盲肠内查到虫体均可确诊。

7）防治措施　药物治疗综合性预防措施可参考鸡蛔虫病。同时注意防止鸡摄入蚯蚓和鼠妇等贮藏宿主，运动场采用沙土，保持干燥。

（3）禽毛细线虫病　禽毛细线虫病是由毛细科（Capillariidae）、毛细属（*Capillaria*）的多种毛细线虫寄生于火鸡、鸭、野火鸡、鹅等其他禽类的食管、嗉囊、盲肠所引起的一类线虫病。主要虫种包括有轮毛细线虫（*C. annulata*）、鸽毛细线虫（*C. columbae*）、膨尾毛细线虫（*C. caudinflata*）、鹅毛细线虫（*C. anseris*）、鸭毛细线虫（*C. anatis*）等。我国各地都有分布，严重感染时可引起家禽死亡。

1）病原学　毛细线虫虫体细小，呈毛发状，长10 ~ 50 mm；身体的前部比后部细；前部为食管部，后

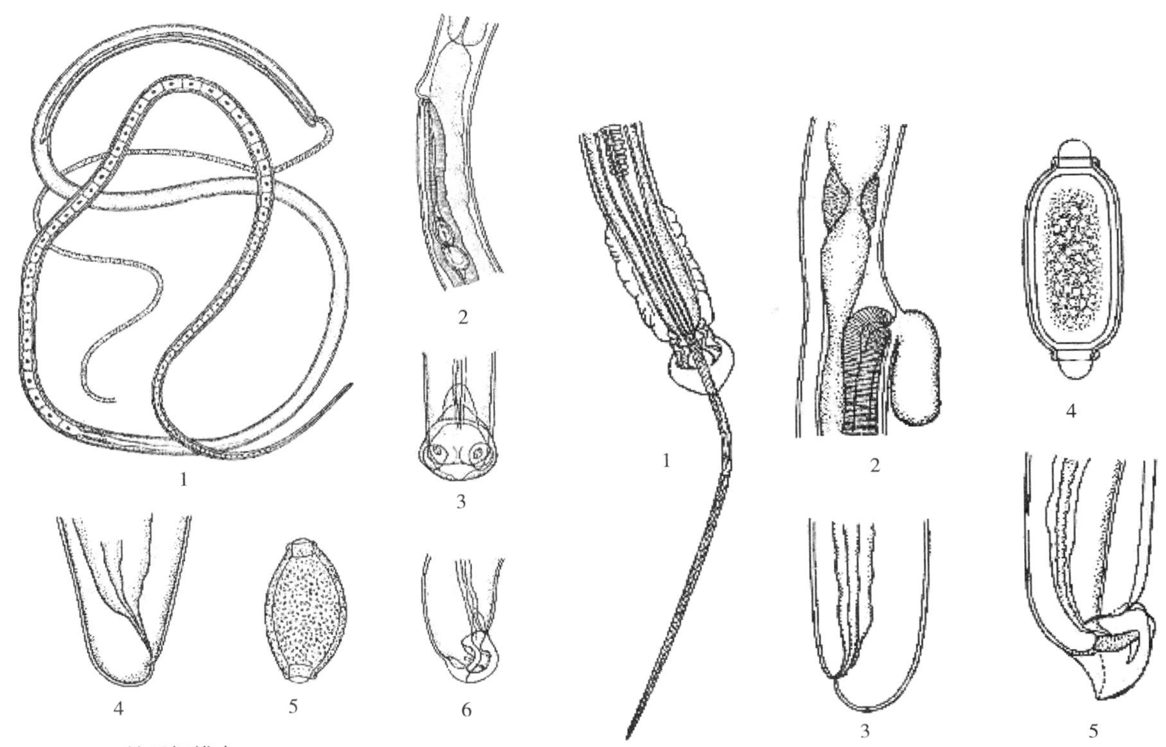

图8-4-2　鸽毛细线虫
1. 雄虫　2. 阴门　3. 雄虫尾部侧面　4. 雌虫尾部侧面　5. 虫卵　6. 雄虫尾部腹面
（陈淑玉　汪溥钦）

图8-4-3　膨尾毛细线虫
1. 雄虫尾部腹面　2. 阴门　3. 雌虫尾部侧面　4. 虫卵　5.雄虫尾部侧面
（陈淑玉　汪溥钦）

部包含着肠管和生殖器官。雄虫有一个交合刺和一个交合鞘，有的没有交合刺只有交合鞘。雌虫阴门位于前后部分的交界处。虫卵呈腰鼓形，卵壳厚，两端有塞。毛细线虫寄生的部位比较严格，可以根据其寄生部位对虫种作出初步判断。

①有轮毛细线虫　前端有一球状角皮膨大。雄虫长15 ~ 25 mm，雌虫长25 ~ 60 mm。寄生于鸡的嗉囊和食管。中间宿主为蚯蚓。

②鸽毛细线虫　又称为封闭毛细线虫，雄虫长8.6 ~ 10 mm，雌虫长10 ~ 12 mm。寄生于鸽、鸡、吐绶鸡的小肠（图8-4-2）。发育不需中间宿主。

③膨尾毛细线虫　雄虫长9 ~ 14 mm，尾部两侧各有一个大而明显的伞膜；雌虫长14 ~ 26 mm（图8-4-3）。寄生于鸡、火鸡、鸭、鹅和鸽的小肠。中间宿主为蚯蚓。

④鹅毛细线虫　雄虫长10 ~ 13.5 mm，雌虫长16 ~ 26.4 mm（图8-4-4）。寄生于鹅小肠及盲肠。

⑤鸭毛细线虫（*C. anatis*）　雄虫长6 ~ 13 mm，雌虫长8 ~ 18 mm

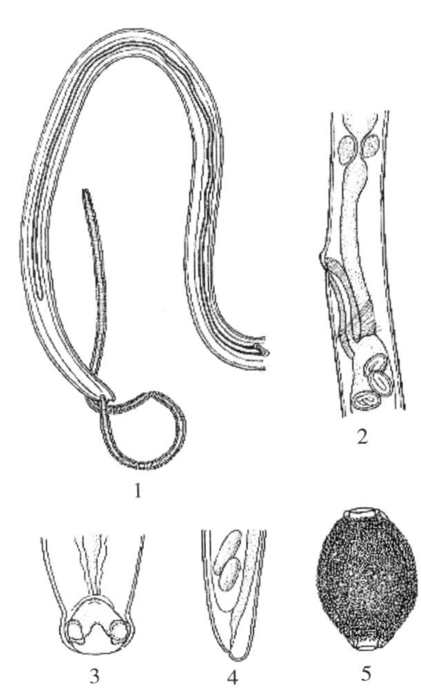

图8-4-4　鹅毛细线虫
1. 雄虫尾部　2. 雌虫阴门侧面　3. 雄虫尾部端　4. 雌虫尾部　5. 虫卵
（陈淑玉　汪溥钦）

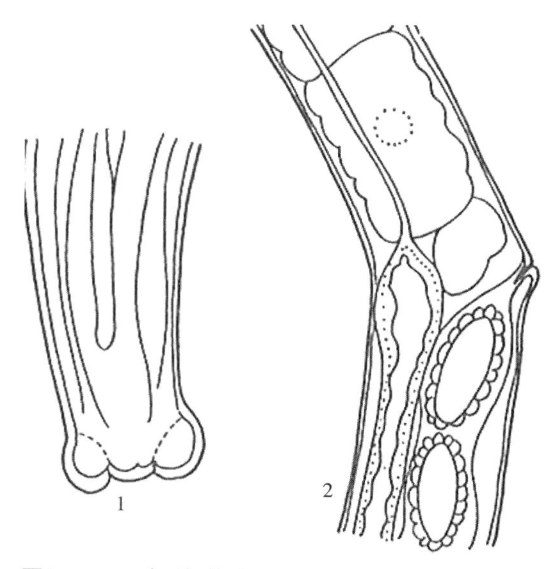

图8-4-5　鸭毛细线虫
1. 雄虫尾部　2. 雌虫阴门部
（Wakelin）

（图8-4-5）。寄生于鸭、鹅、火鸡盲肠。发育不需中间宿主。

2）流行病学　雌虫在寄生部位产卵，随粪便排到外界，直接型发育史的毛细线虫虫卵在外界环境中发育成感染性虫卵，被禽啄食后，幼虫逸出，进入寄生部位黏膜内，经20～26 d发育为成虫。间接型发育史的毛细线虫虫卵被中间宿主蚯蚓吃入后，在蚯蚓体内发育为感染性幼虫，禽啄食了带有感染性幼虫的蚯蚓后，蚯蚓被消化，幼虫释出并移行到寄生部位黏膜内，经14～26 d发育为成虫。

成虫的寿命为9～26个月。毛细线虫虫卵耐低温，发育慢，在外界可存活很长时间，如膨尾毛细线虫虫卵在4℃冰箱中可以存活334 d。不同种毛细线虫虫卵在外界发育成感染性虫卵的时间有所差异，有轮毛细线虫在28～32℃，需24～32 d；鹅毛细线虫在22～27℃，需8 d。

3）发病机理　虫体在食管和嗉囊黏膜处掘穴，造成机械性和化学性的刺激。轻度感染时，黏膜仅有轻微的炎症和增厚；严重感染时，炎症加剧，伴随黏性分泌物和黏膜溶解、脱落或坏死。

4）症状　患禽食欲不振，精神萎靡，消瘦，头下垂，常做吞咽动作。严重感染时可导致家禽死亡。鸽感染捻转毛细线虫时，由于嗉囊膨大，压迫迷走神经，可能引起呼吸困难、运动失调和麻痹而死亡。

5）病理变化　剖检可见寄生部位食管和嗉囊壁出血，黏膜中有大量的虫体。在虫体寄生部位的组织中有不明显的虫道，淋巴细胞浸润，淋巴滤泡增大，形成伪膜，并导致腐败。

6）诊断　观察临床症状，结合饱和盐水漂浮法检查虫卵，发现虫卵，或剖检发现虫体均可确诊。

7）防治措施　预防毛细线虫病，首先要搞好禽舍日常卫生管理，及时清除粪便并进行发酵处理以消灭虫卵。消灭禽舍内的蚯蚓。严重流行的地区，可进行预防性驱虫。可用左旋咪唑、丙硫咪唑、甲苯咪唑等药物驱虫。用量用法见鸡蛔虫病的治疗。

（4）禽胃线虫病　禽胃线虫病是由锐形科（Acuariidae）锐形属（*Acuaria*）、四棱科（Tetrameridae）四棱属（*Tetrameres*）和裂口科（Amidostomatidae）裂口属（*Amidostomum*）的各种线虫寄生于禽类的食管、腺胃、肌胃和小肠内引起的寄生虫病。主要的虫种有小钩锐形线虫（*A.hamulosea*）、旋锐形线虫（*A.spiralis*）、美洲四棱线虫（*T.americana*）和鹅裂口线虫（*A.anseris*）等，在我国各地均有分布。

1）病原学

①小钩锐形线虫　前部有4条饰带，两两并列，呈波浪形，由前向后延伸至后部，但不折回亦不相互吻合（图8-4-6）。雄虫长9～14 mm，雌虫长16～19 mm。虫卵呈淡黄色，椭圆形，卵壳较厚，内含一个U形幼虫，虫卵大小为（40～45）μm×（24～27）μm。寄生于鸡和火鸡的肌胃角质膜下。中间宿主为蚱蜢、象鼻虫和拟谷盗虫。

②旋锐形线虫　虫体常卷曲呈螺旋状，4条饰带呈波浪形，由前向后，在食管中部折回，但不吻合（图8-4-6）。雄虫长7～8 mm，雌虫长9～10 mm。虫卵椭圆形，卵壳厚，内含幼虫大小为（33～40）μm×（18～25）μm。

寄生于鸡、火鸡、鸽和鸭的腺胃和食管。中间宿主为鼠妇虫，俗称“潮湿虫”。

③美洲四棱线虫　虫体无饰带，雌雄虫形态各异。雄虫纤细，长5 ~ 5.5 mm；雌虫血红色，长3.5 ~ 4.5 mm，宽3 mm，呈亚球形，并在纵线部位形成4条纵沟，前、后端自球体部伸出，形似圆锥状附属物（图8–4–6）。虫卵大小为（42 ~ 50）μm × 24 μm，内含一条幼虫。寄生于鸡、火鸡、鸽和鸭的腺胃内。中间宿主为蚱蜢和长额负蝗。

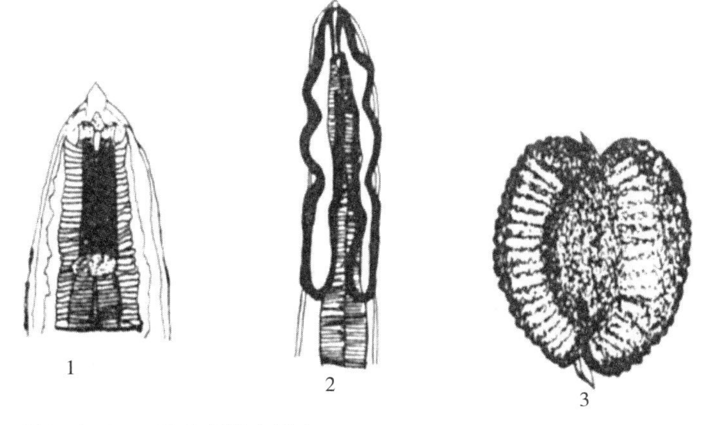

图8–4–6　三种禽胃线虫形态

1. 小钩锐形线虫前部侧面　2. 旋锐形线虫前部侧面　3. 美洲四棱线虫雄虫侧面
（宁长申）

④鹅裂口线虫　虫体细长，微红。口囊短而宽，底部有3个尖齿。雄虫长10 ~ 17 mm，交合伞有3片大的侧叶和一片小的中间叶，背肋短，后端分两叉，每一个叉分为两小支，交合刺等长，较纤细，在靠近中间处又分为两支。引器细长。雌虫长12 ~ 24 mm，阴门处宽200 ~ 400 μm，虫体的两端均逐渐变细。阴门横裂，位于虫体后部（图8–4–7）。虫卵椭圆形，壳薄，大小为（68 ~ 80）μm ×（45 ~ 52）μm。寄生于鹅、鸭和鸽的肌胃。不需要中间宿主。

2）生活史　雌虫所产的虫卵随粪便排到外界，被中间宿主吃入后，在中间宿主体内经20 ~ 40 d发育成感染性幼虫，家禽因食入含感染性幼虫的中间宿主而感染。在禽胃内，中间宿主被消化而释放出幼虫，并移行到寄生部位，约经27 ~ 35 d发育为成虫。

鹅裂口线虫虫卵随粪便排出，在28 ~ 30℃下，经2 d在虫卵内形成幼虫。再经5 ~ 6 d，幼虫从卵内孵出，并经两次蜕皮，发育为感染性幼虫。感染性幼虫能在水中游泳，爬到草上。易感禽类吞食受感染性幼虫污染的食物、水草或水时而遭受感染。被吞入的幼虫5 d内停留在腺胃内，以后进入肌胃，经一段时间发育为成虫。

3）发病机理　虫体移行时，造成刺激和发炎，在寄生虫部位引起溃疡、出血，虫体产生的毒素破坏胃部腺体。

4）症状　寄生的虫体数量少时症状不明显，但大量虫体寄生时，引起患禽严重的消化不良，食欲不振，精神沉郁，翅膀下垂，羽毛蓬乱，消瘦，贫血，下痢。雏禽生长发育缓慢，成年禽产蛋量下降。

5）病理变化　剖检可见胃壁增厚、发炎、有出血点和溃疡灶，严重者可见胃穿孔。

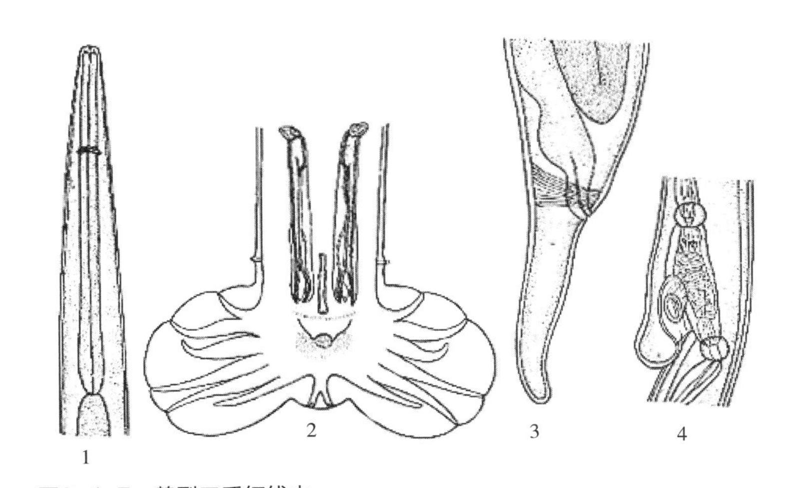

图8–4–7　鹅裂口毛细线虫

1. 头部侧面　2. 雄虫交合伞　3. 雌虫尾部侧面　4. 阴门区
（陈淑玉　汪溥钦）

6）诊断　根据临床症状，粪便检查发现虫卵，或剖检发现胃壁病灶或发现

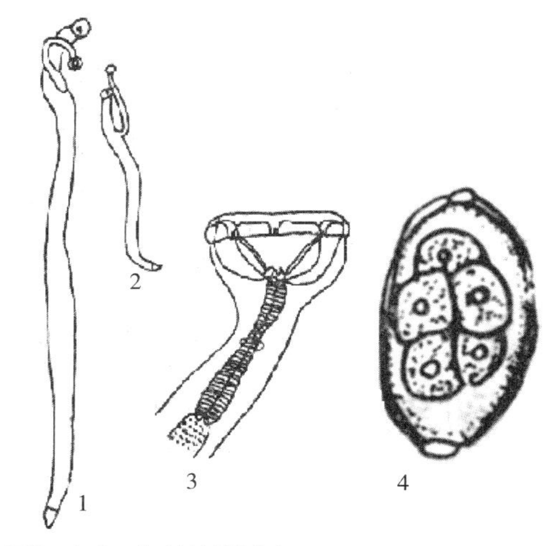

图8-4-8　气管比翼线虫
1. 一对成熟的雌雄虫　2. 一对雌雄虫，雌虫尚未成熟　3. 虫体头部　4. 虫卵（Yorke）

虫体可确诊。

7）防治措施

①预防　加强饲料和饮水卫生；勤清除粪便，并堆积发酵；消灭中间宿主，2.5%溴氰菊酯喷洒鸡舍墙壁和四周地面、墙角、地面和运动场；1月龄的雏禽可作预防性驱虫1次。

②治疗　左旋咪唑按每千克体重20 ~ 30 mg，混入饲料中喂给，或配成5%水溶液嗉囊内注射；噻苯咪唑按每千克体重300 mg口服。

2. 呼吸道寄生线虫

（1）禽比翼线虫病　家禽呼吸道线虫病相对少见，其危害较为严重的是比翼线虫病，本病由比翼科（Syngamidae）、比翼属（*Syngamus*）的气管比翼线虫（*S. trachea*）寄生于鸡、火鸡、雉、吐绶鸡、珍珠鸡、鹅和多种野禽的气管、支气管内引起。发病特点为张口呼吸，故又称张口症。呈地方性流行，主要侵害幼禽，患鸡常因呼吸困难导致窒息死亡。

1）病原学　气管比翼线虫头端大，呈半球形，口囊宽阔呈杯状，基底部有8个三角形小齿。雌虫长7 ~ 20 mm，阴门位于体前部。雄虫长2 ~ 6 mm，交合伞厚，肋短粗，交合刺小（图8-4-8）。雌雄虫呈交配状态，外形似Y形，故称杈子虫。新鲜时呈红色，故又称红虫。虫卵大小为（78 ~ 100）μm ×（43 ~ 46）μm，两端有厚的卵盖。内含16 ~ 32个卵细胞。

2）流行病学　本病主要发生于放养的鸡群，主要危害雏鸡，各种年龄鸡均易感。外界环境中的虫卵和感染性幼虫抵抗力较弱，但幼虫在蚯蚓体内可保持对幼鸡的感染性达4年之久，蛞蝓和螺蛳也可作为比翼线虫的保虫宿主和传递宿主。野鸟和野吐绶鸡在任何年龄都有易感性，但不损害健康，可能是天然宿主。野鸟体内排出的幼虫通过蚯蚓后，对鸡的易感性增强，有助于本病的散布和流行。

感染途径有3种：①虫卵在外界环境中直接发育为感染性虫卵，内含感染幼虫（未孵化），被鸡吞食；②感染幼虫自卵内孵出，鸡吞食幼虫；③由感染性虫卵孵出的感染幼虫被蚯蚓、蛞蝓或蝇等贮藏宿主吞食，鸡由于啄食贮藏宿主而受到感染。鸡遭受感染后，幼虫经血流至肺泡，再到气管，经17 ~ 20 d发育至性成熟。

3）发病机理　幼虫移行时，引起肺部发炎和病变，导致继发性卡他性气管炎，并分泌大量黏液。

4）症状　病禽伸颈，张嘴呼吸，头部左右摇甩，以排出黏性分泌物，有时可见虫体。病初食欲减退甚至废绝，精神不振，消瘦，口内充满泡沫性唾液。最后因呼吸困难，窒息死亡。该病主要侵害幼禽，死亡率几乎达100%；成年禽症状不明显，极少死亡。

5）病理变化　剖开病禽口腔，在喉头附近可发现杈子形虫体。幼虫移经肺脏，可见肺瘀血、水肿和肺炎病变。成虫期可见气管黏膜上有虫体附着及出血性卡他性炎症，气管黏膜潮红，表面有带血黏液覆盖。

6）诊断　根据症状，结合粪便或口腔黏液检查见有虫卵，或剖检病鸡在气管或喉头附近发现虫体可确诊。

7）防治措施

①预防　勤清除粪便，堆积发酵，保持禽舍和运动场卫生、干燥，杀灭蛞蝓、蜗牛等中间宿主，流行区对禽群体进行定期预防性驱虫；发现病禽及时隔离并用药治疗。

②治疗　丙硫咪唑按每千克体重30～50 mg；噻苯咪唑按每千克体重300～500 mg混料；康本咪唑按每千克体重50 mg，于感染后的3～5 d、7 d、16～17 d 各服用1次，驱虫率可达94.9%。

3. 眼寄生线虫

孟氏尖旋尾线虫　寄生于禽眼部的线虫较少，目前发现的主要是孟氏尖旋尾线虫病，该病由吸吮科（*Thelaziidae*）、尖旋属（*Oxyspirara*）的孟氏尖旋尾线虫（*O.mansoni*）寄生于鸽、鸡、火鸡、孔雀、鸭等的眼部（瞬膜、结膜囊和鼻泪管）所引起的一种线虫病。

1）病原学　虫体前圆后尖。角皮光滑，没有膜状的附属物。口呈环形，由一个6叶的几丁环围绕着，环上有2个侧乳突和4个亚中乳突，与环上的裂隙相对应。口腔内有2对亚背齿和1对亚腹齿。口腔前部短宽，后部狭长。雄虫长8～16 mm，尾部向腹侧弯曲，没有尾翼，有4对肛前乳突和2对肛后乳突，交合刺不等长。雌虫长12～20 mm，阴门距尾端780～1 550 μm。肛门距尾端400～430 μm。虫卵的大小为（50～65）μm × 45 μm。

2）生活史　雌虫排的虫卵随泪流至泪管，吞咽后随粪便排出体外，中间宿主蟑螂吞食粪中虫卵大约50 d后，在其体腔内发育为成熟的幼虫，它们能侵袭易感宿主。当受感染的蟑螂被鸽、鸡或鸭等易感宿主啄食后，感染性幼虫即从嗉囊内游离出来，由食管逆行到口，经过鼻泪管到达眼睛，在此发育为成虫。

3）症状与病变　患禽表现不安、不断搔抓眼部、常流泪，呈重度眼炎。鸽眼的瞬膜肿胀，并于眼角处突出于眼睑之外，常常连续不断地转动，试图从眼中移去某些异物。有时眼睑粘连，在眼睑下聚积白色乳酪样分泌物。严重的眼炎，导致眼球损坏。

4）诊断　可根据临床症状对患体进行观察，结合粪便检查和剖检发现虫卵和虫体可以确诊。

5）防治措施　加强饲养管理，搞好环境卫生，消灭蟑螂。发现患禽应对症治疗，眼部用生理盐水清洗，涂红霉素眼药膏或药水。对于症状严重的患禽可用1%～2%克辽林溶液冲洗。

4. 皮下结缔组织寄生线虫

龙线虫病　本病是由龙线虫科（Dracunculidae）、鸟蛇属（*Avioserpens*）的台湾鸟蛇线虫（*A.taiwana*）寄生于鸭的皮下组织引起线虫病。在我国主要分布在台湾、华南及西南等地。感染率很高，严重者造成死亡，对养鸭业危害较大。

1）病原学　台湾鸟蛇线虫虫体细长，乳白色，体表角皮具细横纹，头端钝圆。雄虫长6 mm，尾部向腹面弯曲。雌虫长110～180 mm，尾部逐渐尖细，尾端弯曲呈钩状。胎生。幼虫纤细，白色。以剑水蚤为中间宿主。近年在四川发现一种四川鸟蛇线虫，寄生于鸭的下颌、后腿等处的皮下结缔组织，危害严重，虫体可达32～64 cm。

2）生活史　台湾鸟蛇线虫成虫寄生于鸭的皮下结缔组织中，缠绕似线团，并形成如小指头至拇指头大小的结节。患部皮肤逐渐变得浅薄，终于为雌虫的头节所穿破。当虫体的头端外露时，充满幼虫的子宫即与表皮一起破溃，漏出乳白色的液体，其中含有大量的活动幼虫。鸭在水中游泳时，幼虫即进入水中。幼虫被中间宿主剑水蚤所吞食，然后穿过肠壁，移行至体腔内发育至感染性阶段。当含有这种幼虫的剑水蚤被鸭吞咽后，幼虫即从蚤体内逸出，进入肠腔，最后移行至鸭的腮、咽喉部、眼周围和腿部等处的皮下，逐渐发育为幼虫。完成生活史需36～53 d。

3）流行病学　本病主要侵害3～8周龄的雏鸭。虫体胎生，剑水蚤为其中间宿主。在有剑水蚤的水域放鸭即可造成感染。其流行随饲养雏鸭的时间和季节而不同。一般在气温达26～29℃，水温达25～27℃时，剑水蚤大量繁殖，促进了本病的流行，发病率较高。本病潜伏期1周，死亡率可达10%～40%。

4）发病机理　台湾鸟蛇线虫寄生于鸭的下颌、后腿等处的皮下结缔组织。雏鸭患病时，在虫体寄生部位长起小指头或拇指头大小的圆形结节，结节逐渐增大，压迫下颌引起吞咽和呼吸困难，声音嘶哑。在腿部皮下寄生引起步行障碍。危及眼时，可致失明，不能采食，逐渐消瘦，生长发育迟缓，本病主要侵害3～8周龄的雏鸭，成年鸭未见有发病者。

5）症状　临床症状表现为病鸭营养不良，消瘦，发育迟缓。下颌及咽喉部肿胀初较硬，逐渐柔软，触之有如触橡胶的感觉。有时在患部看到虫体脱出的痕迹或虫体脱出后遗留的虫体断片。随着患部增大，疼痛加剧，终致病鸭不能起立，逐渐陷于恶病质而死亡。

6）病理变化　剖检可见尸体消瘦，黏膜苍白，患部青紫色。切开患部，流出凝固不全的稀薄血色液体，镜检可见有大量幼虫。早期病变呈白色，在硬结中可见有缠绕成团的虫体，陈旧病灶中仅留有黄褐色胶样浸润。新、旧病变的患部皮肤和皮下组织发红，内混有多量的新生血管。

7）诊断　在流行地区发病季节，观察雏鸭下颌等处有无结节肿大，发现结节时，挤取结节内的液体镜检发现幼虫，或切开患部找到虫体以作确诊。

8）防治措施

①预防　加强雏鸭管理，流行季节不要到疑有病原存在的稻田和沟渠等处放养；在有中间宿主并遭受病原体污染的场所，撒一些石灰以杀灭中间宿主。

②治疗　可用左旋咪唑按每千克体重15 mg，配成10%水溶液给鸭饮用，每天1次，给药2 d。用稀碘液注射治疗，腭下病灶用1/300稀碘液，视病灶大小，剂量0.5～1.5 mL；后肢病灶用1/500稀碘液，剂量0.5～1 mL。应用1%左旋咪唑注射液治疗，腭下病灶注射0.2～0.5 mL，后肢病灶注射0.1～0.2 mL。

（邹丰才）

第五节　棘头虫病

（Acanthocephalosis）

【病名定义及历史概述】

棘头虫病是由棘头虫寄生所引起的一类蠕虫病。禽类的棘头虫分属于棘头虫纲（Acanthocephala）、棘吻目（Echinorhynchidea）的多形科（Polymorphidae）和细颈科（Filicollidae），主要寄生于鸭的小肠，也寄生于鹅、天鹅、鸡和多种野生水禽的小肠。

【病原学】

虫体多呈圆柱状，也有呈弯曲的半圆形或逗点状。虫体前端有一吻突（图8–5–1），吻突上有数列小钩

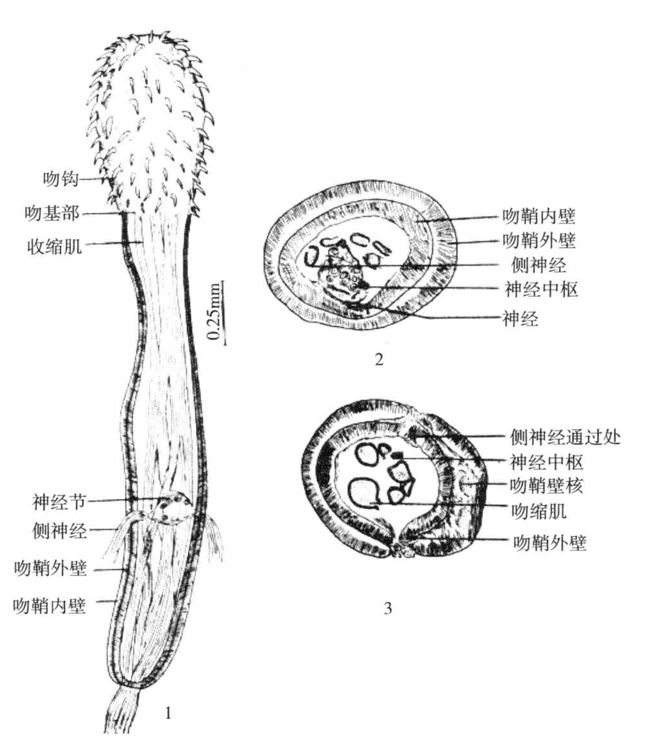

图8-5-1　棘头虫的吻鞘
1. 大多形棘头虫的吻部和吻鞘　2. 吻鞘神经节处横切　3. 吻鞘侧神经处横切
（陈淑玉　汪溥钦）

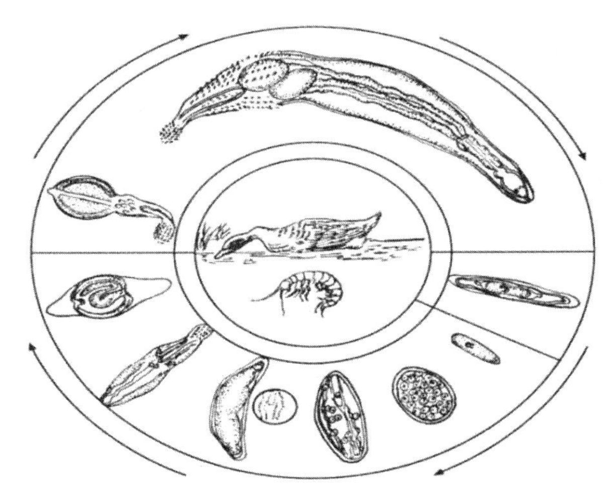

图8-5-2　大多形棘头虫生活史示意图
（Petrochenko）

或棘，钩的数目、形状和排列是重要的鉴定特征。体部由皮肌囊和内部器官构成，偶有假分节现象。无消化器官，靠体壁吸收营养。雌雄异体。雄虫由两个椭圆形的睾丸，输精管、射精管和交配器等组成。雌虫只在幼年期有卵巢，随着虫体发育卵巢逐渐崩解，成为许多浮在体腔中的卵块，有子宫和阴道。

【生活史】

棘头虫的发育需要一个或一个以上的中间宿主（各种节肢动物、蛇、蜥蜴和两栖类），成虫寄生于鱼类、鸟类和哺乳类动物的肠道（图8-5-2）。

【禽类寄生棘头虫】

1. 多形科（Polymorphidae）　体表有刺，吻突为卵圆或梨形。吻囊壁为双层，黏液腺体为2～6个，少数为8个，一般为管状。虫卵的中层膜有极状突起。寄生于脊椎动物，尤其是鸟类和哺乳类。

（1）大多形棘头虫　*Polymorphus magnus*（Skrjabin，1913）（图8-5-3）

［宿　　主］鸭、鹅、鸡、天鹅。

［寄生部位］小肠前段。

［种的描述］虫体呈橘红色，纺锤形，前端大，后端狭细。吻突上有小钩18个，纵列，每个纵列7～8

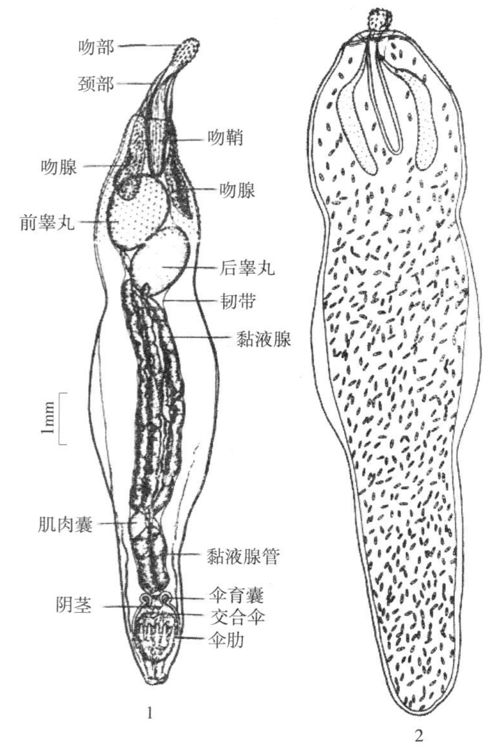

图8-5-3　大多形棘头虫
1. 雄虫　2. 雌虫
（陈淑玉　汪溥钦）

个，其前4个钩比较大，并有发达的尖端和基部，其余的钩不发达，呈小针状。吻囊呈圆柱形，为双层构造。雄虫长9.2 ~ 11 mm，睾丸呈卵圆形，位于虫体前1/3部分内，靠近吻囊处。雌虫长12.4 ~ 14.7 mm，卵呈纺锤形，大小为（113 ~ 129）μm ×（17 ~ 22）μm，在卵胚两端有特殊的突出物。

［生 活 史］大多形棘头虫的中间宿主是湖沼钩虾（*Gammarus lacustris*）。成熟的虫卵随粪便排到外界，被湖沼钩虾吞食以后，经一昼夜孵化，棘头蚴固着于肠壁上，经18 ~ 20 d发育为有厚膜包围的椭圆形棘头体，游离于体腔内，而后进一步发育为具有感染性的卵圆形棘头囊。自中间宿主吞食虫卵起，经2个月左右，发育为感染性幼虫。禽类吞食了含有感染性幼虫的钩虾后，约经1个月在禽类肠道内发育为成虫。

［致 病 性］虫体以其吻突牢固地附着在肠黏膜上，引起不同程度的炎症，严重时吻突穿过肠壁的浆膜层，造成肠穿孔，并继发腹膜炎，大量感染时可引起幼鸭死亡。剖检可见肠道浆膜面上有突出的黄白色小结节，肠壁上有大量虫体，固着部位出现不同程度的创伤。

［分布地区］分布于广东、广西、湖南、四川、贵州、云南等地。

（2）小多形棘头虫　*Polymorphus minutus*（Schrank，1788）

［同物异名］鸭多形棘头虫（*Polymorphus boschadis*）

［宿　　主］鸭、鹅、野鸟。

［寄生部位］小肠。

［种的描述］虫体较小，呈纺锤形，新鲜时呈橘红色。吻突呈卵圆形，具有16纵列的钩，每列7 ~ 10个，前部的钩大，向后逐渐变小。虫体前部有小棘，排成56 ~ 60纵列，每列有18 ~ 20个小棘。吻囊发达。雄虫长3 mm，睾丸近于圆形，前后斜列于虫体的前半部内。雌虫长10 mm，卵呈纺锤形，有3层膜，大小为110 μm × 17 μm，内含一黄而带红色的棘头蚴。

［生 活 史］小多形棘头虫以蚤形钩虾（*Gammarus pulex*）、河虾（*Potamobius astacus*）和罗氏钩虾（*Carinogammarus roeselli*）为中间宿主，整个发育过程与大多形棘头虫相似。

［致 病 性］与大多形棘头虫相似。

［分布地区］分布于江苏、陕西、台湾。

（3）腊肠状多形棘头虫（*Polymorphus botulus*）　寄生于鸭的小肠，曾在我国福建和陕西报道过，其中间宿主为岸蟹（*Carcinus moenus*）。

（4）双扩多形棘头虫　*Polymorphus diploinflatus*（Lundstrom，1942）（图8-5-4）　1942年首先发现于瑞

典的野鸭，1962年和1964年发现于苏联北部地区的家鸭和其他禽类，1982年发现于我国新疆伊犁地区的家鸭，感染率8.2%，感染强度2～22条/只。

（5）重庆多形棘头虫 *Polymorphus chongqingensis*（Daoyuan Liu, 1987） 由刘道远等1987年发现于重庆市江北县，寄生于家鸭小肠。

2. 细颈科（Filicollidae）

鸭细颈棘头虫 *Filicollis anatis*（Schrank，1788）

［宿　　主］鸭、鹅、野水禽。

［寄生部位］小肠。

［种的描述］虫体呈纺锤形，白色，前部有小刺。雄虫长4～6 mm，宽1.5～2 mm。吻突呈椭圆形，具有18纵列的小钩，每列10～16个。吻腺长。睾丸前后排列，位于虫体的前半部内，睾丸下方有6个椭圆形的黏液腺。雌虫呈黄白色，长10～25 mm，宽4 mm，前后两端狭小。吻突膨大呈球形，直径为2～3 mm，其前端有18纵列的小钩，每列10～11个，呈星芒状排列。卵呈椭圆形，大小为（62～70）μm×（20～25）μm。

［生 活 史］鸭细颈棘头虫的中间宿主为等足类的栉水虱（*Asellus aquaticus*）。在外界温度为24～26℃下，在栉水虱体内，自棘头蚴发育为棘头囊共需25 d，在17～19℃下则需37～40 d，低于17℃时，发育时间可延长至2个月（图8-5-5）。在禽体内自棘头囊发育为成虫需29～30 d。

［致 病 性］本病对2～3月龄的雏鸭危害十分严重，可使雏鸭食欲下降，精神不振，生长发育停滞，严重感染时，可在感染后7～8 d发生死亡。剖检可见肠道浆膜上有豌豆大小的结节，小肠黏膜肿胀、充血和溢血，肠壁上布满虫体，有时可见虫体穿过肠壁，并造成腹膜炎。

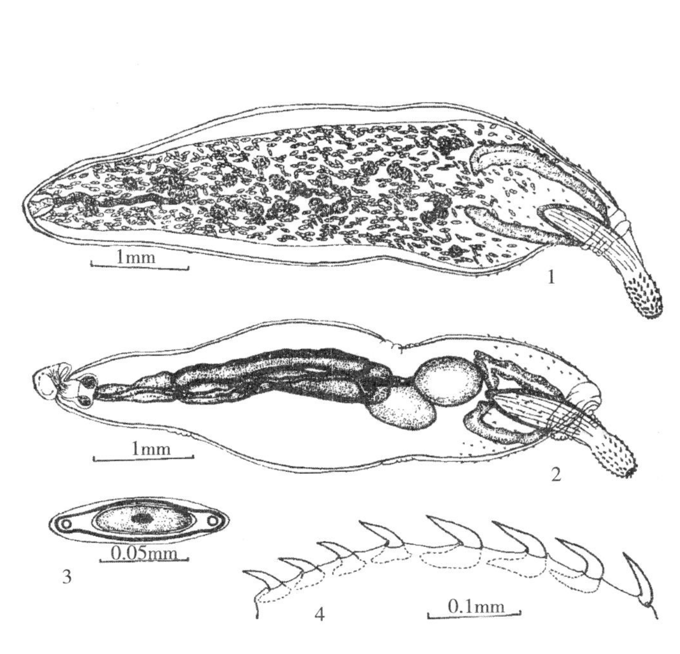

图8-5-4　双扩多形棘头虫形态

1. 雌虫　2. 雄虫　3. 虫卵　4. 头棘

（胡建德　侯光）

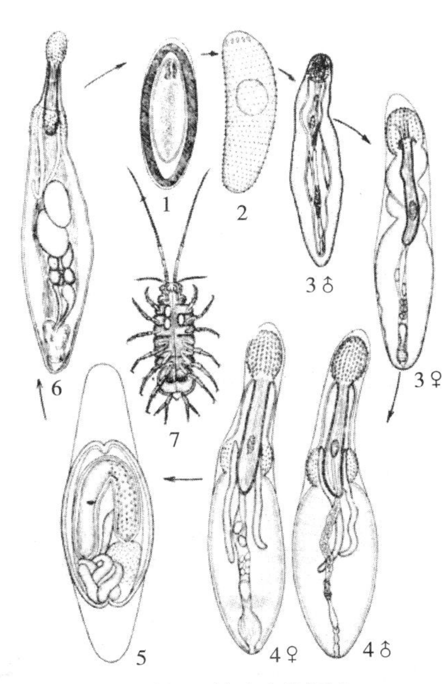

图8-5-5　鸭细颈棘头虫生活史

1. 虫卵　2. 棘头虫　3. 前棘头虫　4. 棘头体　5. 棘头体成囊　6. 成虫（♂）　7. 中间宿主鼠妇

（陈淑玉　汪溥钦）

【诊　断】

生前诊断可根据当地流行病学情况（中间宿主的种类），临床症状及粪便检查结果，进行综合判断。可采用离心沉淀法或离心漂浮法进行粪便学检查，检查虫卵。

死后可作病理剖检，在小肠壁上找到虫体即可确诊。

【治　疗】

治疗可用硝硫氰醚按每千克体重100～125 mg混入食物中，自由采食，具有良好的治疗效果。

【预　防】

在棘头虫病流行的鸭场，因其早期症状不明显，不易察觉，且中间宿主消灭难度大，应以预防性驱虫为主。建议已发生该病的鸭场，首次治疗性驱虫后隔5～10 d接着再驱虫1次，平时2～3个月驱虫1次，驱虫10 d后把鸭群转入安全池塘放养。日常应加强饲养管理，给以充足的全价饲料，雏鸭与成鸭分群饲养。对不安全的鸭场，可于每年秋、冬季干塘1次，清除湖底污物，检查其是否有棘头虫的中间宿主，采取必要措施以减少或者消灭这些中间宿主。雏鸭或新引进的鸭群，应选择在未受污染或没有中间宿主的水池中饲养。

（齐萌　张龙现）

第六节　外寄生虫病

禽类的外寄生虫寄生于皮肤和羽毛上，属于节肢动物（Arthropoda）。此外，生活于禽粪、死尸和潮湿的有机渣中的昆虫也常引起严重的公共卫生问题。

节肢动物的特征是虫体两侧对称。体表分节，附肢分节，被有几丁质的外骨骼。虫体分头、胸、腹三个部分，有的可能完全融合（如蜱和螨）。体腔内充满血液，故称血腔。体内有消化、排泄、循环和生殖系统。雌雄异体。分为2个纲，分别为昆虫纲和蛛形纲。

昆虫纲（Insecta）　体分头胸腹3部分。头部有复眼、单眼、触角和口器。口器根据其构造和功能不同，可分为咀嚼式、舐吸式、刮舐式、刺吸式和刮吸式。胸部由前胸、中胸和后胸3节构成，每节有足1对。中胸和后胸各有翅1对，但寄生性昆虫中，有的翅很不发达，有的则完全消失。腹部由11节组成，但其末端数节变为外生殖器，而可见到的只有8节。肛门和生殖孔位于腹部的末端。昆虫纲种类很多，但与禽类有关的外寄生虫有蚊、蝇、虱、臭虫、蚤、蠓和蚋等。

蛛形纲（Arachnida）　体分头胸部和腹部或不分部，成虫有足4对，没有触角和翅，有眼或无眼。头胸部有6对附肢，前2对是头部附肢，第1对为螯肢，是采食器官，第二对为须肢，位于口器两侧，能协助采食、交配和感觉。其余4对属胸部附肢，称为步足，由7节组成，分别为基节、转节、股节、胫节、后跗节和跗节，跗节有爪。蛛形纲共分8个目，与禽类疾病有关的主要是鸡蜱和各种禽螨。

蜱螨昆虫生活史 蜱螨昆虫在发育过程中都有变态和蜕皮现象。其变态可分为完全变态，即从卵孵出幼虫，幼虫生长完成后，要经过一个不动不食的蛹期，才能变为有翅的成虫，这几个时期在形态上和生活习性上彼此不同，如蚊蝇等昆虫；不完全变态，即从卵孵出幼虫，经过若干次蜕皮变为若虫，若虫再经过蜕皮变为成虫。这几个时期在形态上和习性上比较相似，如蜱、螨和虱等。

蜱螨昆虫对禽类的危害 包括直接危害，即蜱螨昆虫有的本身作为病原体，永久寄生在禽体内或体表，发生特异性疾病，如鸡膝螨、皮刺螨和恙螨等引起的螨病。有的是不断地反复侵袭骚扰使家禽不安，影响采食和休息，如蚊、蠓和蚋等吸血性昆虫和蜱类、虱类。它们吸食宿主血液和组织液，并分泌毒素，引起局部皮肤红肿、损伤和炎症，致使宿主消瘦、生长缓慢、贫血，而且还可引起死亡。间接危害有：传播某些疾病的病原体，包括细菌、病毒、立克次体、原虫和蠕虫的幼虫等。它们可能通过唾液分泌、反吐、排粪、污染等四种不同方式传播。昆虫通过吸血吸入病原体后，在体内经过一定时间的发育繁殖后才具有感染力，如蠓传播卡氏住白细胞虫。此外，有些昆虫可充当寄生蠕虫的中间宿主，如蜻蜓作为前殖吸虫的第二中间宿主。机械性传播是指病原体在昆虫体内，不经过发育繁殖，只是机械携带病原，起着运载传递作用，如软蜱传播鸡螺旋体病。

一、虱（Lice）

虱是寄生于禽类体表的常见外寄生虫。虱属于食毛目（Mallophaga），虫体背腹扁平，呈长椭圆形，分头、胸、腹三部分。头部的腹面具有咀嚼式口器。触角一对，由3～5节组成。寄生于家禽的虱种类很多，已记载的有40余种，分别隶属于短角羽虱科（Menoponidae）和长角羽虱科（Philopteriidae）。

（一）短角羽虱科

1. 体虱属（*Menacanthus*）

（1）鸡体虱（*Menacanthus stramineum*）

[宿　　主] 鸡。

[寄生部位] 羽毛较稀的皮肤。

（2）草黄鸡体羽虱（*Menacanthus stranineus*），又称大鸡虱。

[宿　　主] 鸡、孔雀。

[寄生部位] 胸、肛门周围羽毛。

2. 禽羽虱属（*Menopon*）

鸡羽虱（*Menopon gallinae*）

[宿　　主] 鸡、鸭、鸽和孔雀。

[寄生部位] 各部位羽毛。

3. 巨毛虱属（*Trinoton*）

（1）鹅巨毛虱（*Trinoton anserium*）

[宿　　主] 鹅、鸭。

［寄生部位］体表羽毛。

（2）鸭巨毛虱（*Trinoton querquedulae*）

［宿　　主］鸭。

［寄生部位］体表羽毛。

（二）长角羽虱科

1．长羽虱属（*Lipeurus*）

广幅长羽虱（*Lipeurus heterographus*），又称鸡头虱。

［宿　　主］鸡。

［寄生部位］鸡头部和颈部皮肤及羽毛上。

（2）鸡翅长羽虱（*Lipeurus caponis*），又称鸡长圆虱。

［宿　　主］鸡。

［寄生部位］翅部的腹侧面，有时也可寄生于尾部及背侧的羽毛上。

2．角羽虱属（*Goniodes*）

鸡角羽虱（*Goniodies dissimilis*），又称鸡褐虱，异形角虱。

［宿　　主］鸡、鹧鸪、雉鸡。

［寄生部位］体表羽毛。

3．圆羽虱属（*Goniocotes*）

（1）鸡圆羽虱（*Goniocotes gallinae*），又称鸡姬圆虱，鸡小羽虱，鸡绒虱。

［宿　　主］鸡。

［寄生部位］背部和臀部羽毛，基部的绒毛。

（2）大圆羽虱（*Goniocotes gigas*），又称巨角羽虱，大鸡圆虱。

［宿　　主］鸡、珍珠鸡。

［寄生部位］体表各部羽毛。

4．鸽虱属（*Columbicola*）

鸽羽虱（*Columbicola columbae*）

［宿　　主］鸽、鸡。

［寄生部位］体表各部羽毛。

5．细虱属（*Esthiopterum*）

（1）鸭细虱（*Esthiopterum crassicorne*）

［宿　　主］鸭。

［寄生部位］鸭翅羽毛。

（2）细鹅虱（*Esthiopterum anseris*）

［宿　　主］鸭、鹅

［寄生部位］翅部羽毛。

（3）鹅啮羽虱（*Esthiopterum anseris*）

［宿　　主］鸭、鹅。

[寄生部位]翅部羽毛。

(4)圆鸭啮羽虱(*Esthiopterum crassicorne*)

[宿　　主]鸭。

[寄生部位]体表羽毛。

6. 鹅鸭羽虱属(*Anatoecus*)

广口鹅鸭羽虱(*Anatoecus dentatus*)

[宿　　主]鹅。

[寄生部位]翅部。

虱是不完全变态，发育过程包括卵、幼虫、成虫3个阶段。卵通常成簇黏附于宿主羽毛基部，经4～7 d孵出幼虫。幼虫生活2～3周，经3～5次蜕皮后称为成虫。禽虱是一种永久寄生性昆虫，终生不离开宿主，有严格的宿主特异性，一旦离开宿主只能存活3～5 d。羽虱主要通过宿主的直接传播，如禽舍窄小，过于拥挤，容易互相感染。此外，还可以通过公共的用具和垫草等间接传播，如饲养管理和卫生条件差的禽群，羽虱感染往往比较严重。禽类一年四季均可感染，但冬季最为严重。

虱主要啮食宿主羽毛、皮屑，可引起皮肤发痒和损伤，少量感染危害不大。严重感染时，引起患禽瘙痒、皮肤发炎、脱毛、食欲不振、精神不安、消瘦、生产性能下降。

对禽虱的控制应防止虱传入养禽场，不能将感染虱的禽放入无虱的禽群。更新禽群时，应对整个禽舍和饲养用具进行灭虱处理。要定期检查禽群有无虱子(每月2次)，并作必要的治疗。治疗可采用2%马拉硫磷，50 mg/kg溴氢菊酯、25%百部酊剂等溶液喷雾或浸浴；以50kg细砂内加入2～2.5kg马拉硫磷粉或5kg硫黄粉，将药粉与细砂充分混匀，铺10～20cm厚度，制成砂浴池，让鸡自行砂浴。现有的化学杀虫剂只能杀死成虫和幼虫，不能杀死虫卵，治疗药进行2次，间隔7～10 d。对规模化鸡场而言，最实用的方法是喷雾。喷雾时，一定要保证鸡的全身都被喷湿。

二、臭虫(Bugs)

臭虫属于昆虫纲(Insecta)半翅目(Hemiptera)臭虫科(Cimicidae)昆虫。成虫背腹扁平，体长4～5 mm，多数为红褐色，翅膀退化呈鳞状。喙较粗，分3节，由头部前下端发出，刺吸式口器，不吸血时向后弯折在头、胸部腹面，吸血时向前伸，与体约成直角。有一对臭腺，能分泌一种异常臭液。

臭虫为不完全变态，发育过程分卵、若虫、成虫3个时期。卵期因温度而异，一般7～10 d孵化出若虫，若虫经5次蜕皮变为成虫，适宜温度时，由卵发育至成虫约1个月。若虫及雌、雄成虫都吸血。麻雀、鸡、鹅等禽类是臭虫最优选的宿主。臭虫叮咬时，唾液注入伤口，引起肿胀和瘙痒。幼禽被大量臭虫叮咬时可发生贫血。叮咬禽类的臭虫有以下3种。

1. 鸡臭虫(*Haematosiphon inodora*)　侵袭家禽，也侵袭人、猪。

2. 温带臭虫(*Cimex lectularius*)　侵袭人、大多数侵袭温血动物和禽类。在温带和亚热带地区最为流行，也是我国常见的臭虫，一般夜间吸血，大量感染时，可引起产蛋急剧下降，饲料消耗增加，从而造成巨大的经济损失。

3. 燕臭虫(*Oeciacus vicarius*)　侵袭燕，有时也侵袭其他禽类及人。

臭虫常用治疗药物有溴氰菊酯、氯氰菊酯、烯丙菊酯、氯菊酯、右旋苯醚氰菊酯等药剂，喷洒或熏蒸以杀灭臭虫。药物对卵的杀灭效果较差，用药后7～10 d需要再进行一次处理。但是，臭虫对杀虫剂已产生一定程度的抗药性，采用有害生物综合治理（Integrated Pest Management, IPM）将是最佳的防治措施。

三、蚤（Fleas）

属于昆虫纲（insects）蚤目（Siphonaptera），成虫营寄生生活，幼虫营自由生活。发育属完全变态型。呈全球分布，共约2 500多种，其中6%的蚤类寄生于禽类，常见的如：禽蚤（*Ceratophyllus gallinae*）、禽毒蚤（*Echidnophaga gallinace*）、鸡角叶蚤（*Ceratophyllus niger*）等。雌雄成虫均吸血，属于专性吸血寄生虫，幼虫无足呈圆柱形，营自由生活，以有机物质为食。成虫大小为1.5～5 mm，虫体坚韧，两侧扁平。口器为刺吸式。触角短粗，位于触角沟内。腿很长，适于跳跃。呈棕色或黑色。吸食多种动物的血液。世界各地均有分布，尤以温带和亚热带地区最为常见。禽类的跳蚤有多种。

禽蚤生活史分为四个时期：卵、幼虫、蛹和成虫。成虫必须嗜血才能进行繁殖。雌雄禽蚤成虫通常在家禽头部发现，雌性附在家禽身上2～3周。产的卵掉在地面上，适宜温度和湿度下孵化2～12 d进入幼虫。幼虫以有机物质为食，发育2～4周化蛹。经过1～2周时间，成虫发育完全，破壳而出寄生于宿主，从而完成一个发育周期。

禽蚤可以通过震动、体热、二氧化碳及气味信号来感应宿主，一次性吸食血液可达2～10min。在吸食过程中，由于禽蚤口器的穿刺及唾液进入皮肤的作用，会引起宿主皮肤发生炎症反应。当禽蚤吸食携带细菌或病毒等病原的宿主后，可将病原传播给其他健康宿主，引起疾病的传染。据文献报道，最重要的有下列3种。

1. 禽毒蚤（*Echidnophaga gallinacea*） 又称鸡冠蚤。寄生于多种禽类；鸡、火鸡、鸽、乌鸦、蓝色樫鸟、鹰、枭、野鸡、鹌鹑、麻雀等。此外禽毒蚤还寄生于多种哺乳动物（如人、马、牛、犬、猫、狐等）。这种蚤不传播鸡的传染病病原体，然而它们引起的刺激和失血能对禽类造成严重的危害，对幼禽更为严重，甚至可造成死亡。在成年鸡可引起产蛋量下降。人的地方性斑疹伤寒立克次体，可试验性地通过禽毒蚤从受感染大鼠传给豚鼠，因此，这种寄生虫可能具有公共卫生方面的重要性。

2. 禽蚤（*Ceratophyllus gallinae*） 又名欧洲鸡蚤。分布广泛，其宿主为鸡、鸽、蓝色樫鸟、麻雀及树燕，此外还有人、犬、大鼠和松鼠等哺乳类。这种蚤仅在吸血时停留在禽身上，未成熟阶段生活在禽舍和周围环境中。

3. 鸡角叶蚤（*Ceratophyllus niger*） 又称西部鸡蚤。它能侵袭各种禽类和哺乳动物，包括鸡、火鸡、鸬鹚、鸥、鹊、麻雀和啄木鸟，也寄生于人、小鼠和大鼠。

对禽蚤的防控主要通过环境预防及化学预防控制：搞好禽舍内、外及周围清洁卫生，定期清除粪便，消除禽蚤卵、幼虫等发育阶段的滋生场所；利用杀虫剂杀灭禽舍内及禽体表的蚤类。目前高效低毒的杀虫剂包括有机磷类化合物、氨基甲酸酯类及拟除虫聚酯类等。应用纱网将禽、犬、猫、鼠与底层建筑隔开，因为它们是蚤侵袭的不断来源。日光、干热的气候、过分潮湿和冰冻可阻碍蚤的发育。

四、蝇（Flies）

属于昆虫纲（insects）双翅目（Diptera），呈全球分布，目前已知10 000余种，中国记录有1 600余种。成虫体长5～10 mm，呈暗灰、黑灰、黄褐、暗褐等色，部分呈蓝绿、青、紫等金属光泽。中胸背板两侧均有一对功能性翅膀（少数已退化），后胸侧板的上方有一对平衡棒。

蝇为完全变态发育，生活史分为四个时期：卵、幼虫、蛹和成虫。多数为卵生，少数直接产幼虫。成虫交配数日后产卵，一次产出数十或数百粒，呈卵圆形或香蕉状，长约1 mm。在适宜温度和湿度条件下存活数小时，甚至数年后，蝇卵发育为幼虫。幼虫多数为圆柱形，前尖后钝，乳白色，于数小时、数天，甚至数年后，幼虫发育为蛹。蛹呈圆筒形，一般经过数天至数周后，成虫破茧而出，经1～2 d羽化发育后，完成一个发育周期，成虫口器呈刺吸式或舐吸式。

蝇类通常分为三大类：长角亚目（Nematocera）的蚊、蚋、库蠓和白蛉；短角亚目（Brachycera）的虻与斑虻；环裂亚目（Cyclorrhapha）的家蝇、羊蜱蝇、果蝇、丽蝇和狂蝇等。其中大部分蝇类可以通过机械性和生物性传播禽类疾病。详细禽类疾病及相应蝇类虫媒见表8-6-1。

表 8-6-1　蝇与禽类疾病

虫媒	传播疾病
蚊	禽疟疾、禽脑脊髓炎、禽痘
蚋	禽住白细胞虫病
库蠓	禽血变原虫和住白细胞虫病

1. 蚊（*Mosquitoes*） 不但能吸食禽类的血液，而且还能传播多种传染病（如疟疾、脑炎、东方脑脊髓炎、西方脑脊髓炎、鸡痘等）。

2. 库蠓（*Culicoides*） 又称小螫蚊。它们是一种极小的、黑色的双翅目昆虫。它们不仅吸食禽类的血液，而且还是鸭血变原虫（*Haemoproteus nettionis*）的中间宿主。

3. 蚋（*Simulium*） 又称墨蚊。虫体小，与蚊相似，但暗黑，短粗，背驼，腿短，翅脉明显。白天吸血，数量大时能引起禽的贫血，引起鸡的产蛋量下降，而且能传播禽的住白细胞虫病。我国南方和北方均有很多蚋传播住白细胞虫病的病例报道。

4. 家蝇（*Musca domestica*） 是多种哺乳动物和禽类胃肠道疾病的传播者，这主要是通过蝇在含有病原的排泄物上采食或在食物和饲料上呕吐而造成的。同样，滋生于养禽场的大量家蝇对人群也是一种保健卫生方面的大问题。因此，养禽场必须及时和有效地处理粪便，防止蝇类的大量滋生。在贮粪场，粪便可堆积发酵或用黑色聚乙烯油布将粪便覆盖起来，以阻止蝇的产生。也可用溴氰菊酯、二溴磷等杀虫剂进行空间或表面喷雾，以杀死禽舍中的飞蝇，也可将杀虫剂作诱饵[如灭多威（Methomyl）制成的蝇毒饵]诱杀家蝇。为了控制粪便中的幼虫可使用杀幼虫剂 [如灭蝇胺（Cyromazine）]。近年来已研究成功用生物学方法杀灭有害昆虫（如寄生蜂、捕食性甲虫和捕食性螨等来捕食粪中的蝇卵、幼虫和蛹）。

五、蜱（Ticks）

【病　原】

蜱虫，别称壁虱、扁虱、牛虱、草爬子，隶属节肢动物门、蛛形纲、蜱螨亚纲、寄螨总目（Parasitiformes）、蜱目（Ixodida）。蜱目下直接分为硬蜱科、软蜱科和纳蜱科。目前全世界已发现的蜱超过 800 种，其中硬蜱科约700 多种，软蜱科约150 种，纳蜱科 1 种（仅在非洲发现）。我国已记录的硬蜱科约 100 种，软蜱科10 种。

【形态学】

蜱虫假头正中前方螯肢的腹面有口下板，有若干行倒生的逆齿，背部有盾板，表皮革质。在未吸血的情况下身体扁平，背部稍微隆起，形如小米；吸饱血后体积增大，如红豆。虫体分为颚体和躯体 2 个部分，幼蜱有 3对足，若蜱和成蜱均有 4 对足。

硬蜱科中雌蜱和未成熟蜱背部覆盖月形盾板，雄蜱的盾板则覆盖于整个背部。颚体由颚基、螯肢、口下板及须肢构成。雌蜱颚基的背面有 1 对孔，用于感知和分泌产卵。螯肢于颚基背面中央伸出，供蜱刺割宿主皮肤。口下板位于螯肢腹侧，有倒齿，能够在吸血时固定于宿主皮肤上。侧肢在螯肢两侧，各节不能自由转动。躯体呈带状，大多为褐色，腹侧有 4 对足，跗节 Ⅰ 亚端部背面有哈氏器，有嗅觉功能。生殖孔位于腹侧前半部的第 Ⅱ 、Ⅲ对足基节水平线上。气门板宽阔，位于末对足基节后外侧。

软蜱科躯体背面为革质表皮，体表多为颗粒状小疣。假头位于躯体腹侧的前方，背面看不见。生殖孔位于腹侧前或中部，两性特征不显著。若虫和成虫第 Ⅱ 、Ⅲ对足基节间有基节腺，能够调节水、电解质及血液淋巴作用。软蜱在吸血时，随着基节腺分泌物的污染，病原体进入宿主体内。螯肢两侧的须肢各关节能够自由活动。气门板较小，位于足基节Ⅳ的前外侧。

【生物学特性】

蜱的生活史主要有卵、幼虫、若虫和成虫四个时期。幼蜱、若蜱和成蜱阶段都需要吸血才能完成变态发育阶段，成虫吸血后交配落地，爬行在草根、树根、畜舍等处表层缝隙中产卵。蜱的生活史中有更换宿主的现象。硬蜱的生活史为不完全变态，各活动时期均需要在宿主体上寄生吸血。成虫交配后雌蜱吸饱血后离开宿主，落地，经过一段孕卵期开始产卵。卵产出后经过胚胎发育至卵中孵化出幼虫，这段时期称为卵期或孵化期。幼蜱孵出后经过几天的休息，才寻找宿主吸血，饱血后经过一定天数而蜕变为若蜱。若蜱经过吸血后再蜕变为成蜱。从雌蜱开始吸血到下一代成蜱蜕出为一个生活周期，即一代。

软蜱的生活史包括卵、幼蜱、若蜱和成蜱四个时期。若蜱阶段为1 ~ 8期，如乳突钝缘蜱的若蜱期为 3 ~ 8期。若蜱变态期的次数和每期的持续时间，往往取决于其宿主动物的种类、吸血时间和饱血程度。大多数软蜱属于多宿主蜱。软蜱整个生活史一般需要1 ~ 2个月左右，另外，变态期的变化受外界温度影响较大，在适当的高温条件下，虫体发育快，若虫变态次数减少。

软蜱吸血时间较短，只是需要吸血时才爬到宿主体上。软蜱一般是白天隐伏，夜间活动吸血，在宿主体上吸血时间长短不一。雌蜱饱食后的体重可增加6～13倍，而雄蜱不超过2～3倍，软蜱成虫必须吸一次血后才能产卵，再吸血后第二次产卵。在长期饥饿的雌蜱中，出现生殖营养失调现象。在自然条件下，软蜱在温度季节产卵，软蜱的产卵方式与硬蜱相似，但产卵的次数和产卵量则不同。软蜱一生产卵多次，每次产卵50～300粒，一生可产卵1 000余粒。寒冷季节雌蜱的卵巢内无成熟的卵细胞。软蜱对环境有较强的适应能力，另一个特点是具有惊人的耐受饥饿的能力和长期的存活寿命。软蜱的寿命可长达5～7年，甚至15～25年。

在我国寄生于家禽的蜱类有波斯锐缘蜱和翘缘锐缘蜱。

1. 波斯锐缘蜱（*Argas persicus*） 又称普通鸡蜱。分布于世界各地。我国华北、东北、西北、西南和华东等地区均有报道。淡黄色，呈卵圆形，前部稍窄；体缘薄，由许多不规则的方格形小室组成。背面表皮高低不平，形成无数细密的弯曲皱纹；盘窝大小不一，呈圆形和卵圆形，放射状排列。主要传播鸡鸭鹅的螺旋体病，并能将病原体经卵传递给蜱的后代。它们栖息在禽舍及其附近的居舍、树木的缝隙中，白天隐伏，夜间活动，但幼虫的活动不受昼夜限制。主要寄生于鸡，其他家禽和鸟类亦有寄生，有时家畜身上也有发现。分布于全国，以华北、西北最为常见。

2. 翘缘锐缘蜱（*A. reflexus*） 体缘微翘，其上有略为整齐的细密皱褶指向中部。主要寄生于家鸽、野鸽、家鸡和其他家禽，以及麻雀、燕子等鸟类也有寄生。

【危　害】

软蜱对禽类的危害十分严重，由于它们的吸血量大，可使禽类贫血、消瘦、衰弱、生长缓慢和产蛋量下降，甚至导致死亡。此外，波斯锐缘蜱是鸡埃及立克次体和鸡螺旋体的传播媒介。

【防　治】

对鸡蜱的防治，主要是处理禽舍，因为成蜱和稚虫仅在一个短时间寄生于宿主身上，大部分时间隐藏在宿主周围环境中。定期修理禽舍，堵塞全部缝隙和裂口，进行粉刷。对垫料、墙壁、地面、顶篷等必须用杀灭菊酯、亚胺硫磷、马拉硫磷、蝇毒磷等药物进行喷雾。对户外的运动场和树干也可用上述药物杀灭鸡蜱。

六、螨（Mite）

螨类属于节肢动物门、蛛形纲、蜱螨亚纲、寄螨总目（Parasitiformes）、螨目（Ixodida），是一群身体微小的节肢动物，躯体呈椭圆形或圆形，头、胸、腹连成一体；颚体突出在躯体前缘，位于躯体腹面，为口器部分。螨类种类繁多，分布广泛，几乎地球上任何地方均有分布。螨的生活史分为卵、幼虫、若虫和成虫四个时期。成螨和若螨有4对足，幼螨有3对足。寄生于禽类的螨类如下：

1. 鸡刺皮螨（*Dermanyssus gallinae*） 也称红螨，属刺皮螨科（Dermanyssidae）。广泛分布于世界各地，特别严重流行于温带地区的有栖架的老鸡舍中。我国也普遍发生鸡皮刺螨病，尤其是建立时间较长的

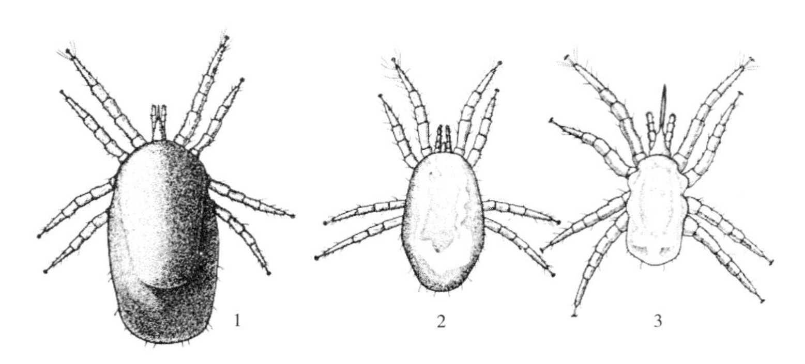

图8-6-1　鸡刺皮螨
1. 吸血后的雌虫　2. 雌虫　3. 雄虫（Bishop）

种鸡场。呈长椭圆形，后部略宽，体表密生短毛，假头长，一对螯肢呈细长的针状，有3对足（幼虫）或4对足（若虫和成虫），足很长，有吸盘，背板部分比其他角质部分显得明亮。饱血后虫体由灰白色转为红色；雌螨长0.72～0.75 mm，宽0.4 mm，雄螨长0.6 mm，宽0.32 mm（图8-6-1）。寄生于鸡、鸽、家雀等禽类的窝巢内，刺皮螨通常在夜间爬到鸡体吸血，白天藏匿于栖架上的松散的粪块下面、种鸡舍的板条下面、鸡巢里面，以及柱子和屋顶支架的缝隙里面，外观似一些红色或灰黑色的小圆点，常成群地聚集在一起。到夜间，成群结队爬向鸡体，因此必须在夜间检查方可发现鸡螨。当虫体大量寄生时，病鸡不安，出现贫血，消瘦，产蛋量下降，甚至幼鸡由于失血过多而导致死亡。还可以传播禽霍乱和螺旋体病。此外鸡刺皮螨也是人的圣路易脑炎的传播者和保毒宿主。

2．鸡新棒恙螨（*Neoschongastia gallinarum*）恙螨科，体型微小，饱血后呈橘黄色，大小为长0.421 mm，宽0.321 mm。幼虫寄生于鸡及其他鸟类的翅内侧、胸肌两侧和腿内侧皮肤上。是鸡的最重要寄生虫之一，以雏鸡最易感。病鸡患部呈周围隆起、中间凹陷的痘脐形的病灶，幼螨大量寄生时，腹部和翼下布满此病灶。病鸡表现贫血，消瘦，精神不振，食欲废绝，甚至死亡。

3．鸡突变膝螨（*Cnemidocoptes mutans*）俗称鳞足螨，疥螨科，雌螨近圆形，足短，无吸盘；雄螨，卵圆形，足长，有吸盘。常发现于要被淘汰的年龄较大的鸡。本虫寄生于鸡胫部，趾部无羽毛处的鳞片下，引起皮肤炎，胫部和趾部肿大，外观上鸡脚极度肿大，好似附着一层石灰，因此又称石灰脚。如不及时治疗可影响鸡的运动、采食和产蛋。

4．鸡膝螨（*C. gallinae*）疥螨科，寄生于鸡的羽毛的根部，以致诱发炎症，羽毛变脆，脱落，皮肤发红，上盖鳞片。抚摸时有脓包。因寄生部位奇痒，病鸡常啄羽毛，使羽毛脱落，故称为脱羽痒症。

5．气囊胞螨（*Cytoditis nudus*, Vizioli，1870）也称寡毛鸡螨，鸡螨科，寄生于鸡支气管、肺气管及与呼吸道相连的骨腔，导致鸡只消瘦，发生腹膜炎和呼吸道阻塞，也可诱发结核病，甚至导致死亡。流行呈世界性分布。

6．羽管螨（*Syringophilus hipectinatus*）羽管螨属羽螨总科，寄生于羽管内。本虫体呈长形，体上长有刚毛。稚虫长0.9 mm，宽0.15 mm。从卵发育到成虫需要38～41 d。该螨引起禽的羽毛部分地或完全地损毁，剩下的羽管残干中含有一种粉末状的物质，镜检可发现大量羽管螨。目前尚无特效治疗方法。如发现鸡群中有羽管螨寄生的鸡只，应将其淘汰，然后对鸡巢进行消毒和清扫。我国南方有本病报道。

［防治策略］

防治鸟类和老鼠进入鸡舍。执行严格卫生防疫制度，进出鸡场的人员应洗澡更衣，进出鸡场的车辆和工具应彻底消毒，定期检查，每月检查3次，每次抽检鸡只，检查其肛门周围和羽毛上有无虫体。加强饲养管理，降低饲养密度，保持鸡舍清洁和干燥，提高鸡群的抵抗力，控制螨病的发病率。

药物灭螨可喷洒有机磷杀虫剂，敌百虫2g/m^2，0.2%马拉硫磷40 mL/ m^2，熏蒸灭螨。病情严重者可使用2.5%的溴氢菊酯按1：1 000给鸡药浴，按1：5 000稀释喷洒虫体栖息之处。同时使用伊维菌素2 ~ 3 mg/kg和阿维菌素1.5 mg/kg拌料3 ~ 5 d，并结合杀螨药物进行喷雾。有条件的鸡场应对鸡笼和用具进行彻底清洗，晾干后进行火烤1次，对鸡舍墙壁也进行清洁和烘烤及喷雾。

（孙铭飞）

参考文献

艾琳，翁亚彪，朱兴全.2009. 鸡卡氏住白细胞虫的分子分类和分子检测的研究概况[J]. 中同家禽，2009，31（5）：43–44.

包敏，孟博.2008.产蛋鸡胃线虫病诊治报告[J]. 中国家禽，30（2）：47.

蔡建平. 2012. 鸡球虫病和坏死性肠炎的流行病学与防治技术[J]. 兽医导刊（11）：26–29.

查红波，蒋金书. 1994. 火鸡隐孢子虫在鹌鹑体内发育史的研究[J]. 畜牧兽医学报，25（3）：273–278.

陈宝建，李莉莎，谢汉国，等. 2013. 福建省5种棘口科吸虫病原形态学及流行特征 [J]. 中国病原生物学杂志，8（3）：204–207.

陈宝建，张智芳，李莉莎，等. 2013. 东方次睾吸虫病的研究进展 [J]. 海峡预防医学杂志，19（5）：18–20.

陈诚，张鸿满，江河，等. 2008. 东方次睾吸虫的实验动物易感性研究[J]. 应用预防医学，14（2）：81–82.

陈克强，李莎. 2005. 上海地区家禽羽虱种类记述[J]. 中国兽医寄生虫病，13（1）：10–12.

陈立，孙媛，刘清神，等. 2009.人工养殖鹦鹉肠道寄生虫感染情况调查[J]. 中国动物传染病学报，17（2）：67–73.

陈淑玉，汪薄钦. 1994.禽类寄生虫学[M]. 广州：广东科技出版社.

陈绚姣，彭仕明，陈武，等. 2005.绯红金刚鹦鹉毛滴虫和丝状真菌混合感染的诊断与治疗[J]. 养禽与禽病防治（6）：38–39.

丁关娥，徐明宝 ，周永华，等. 2012. 无锡地区鸡弓形虫感染的血清流行病学调查[J]. 中国血吸虫病防治杂志，24（2）：243.

董辉，赵其平，韩红玉，等. 2012.上海市鸽球虫感染情况初步调查与种类鉴定[J]. 中国动物传染病学报，20（1）：64–68.

傅童生，沈志邦，陈可毅. 1996. 实验性火鸡组织滴虫病的肝功能动态变化[J]. 中国兽医科技，26（3）：21–26.

甘孟侯. 1999. 中国禽病学[M]. 北京：中国农业出版社.

甘绍伯. 2001. 弓形虫病的发病机理及病理变化[J]. 热带病与寄生虫学，30（2）：63–66.
高庚渠，齐萌，王岩，等. 2010. 不同禽源贝氏隐孢子虫分离株对鹌鹑致病性比较研究[J]. 畜牧兽医学报，41（2）：200–207.
郭玉璞，蒋金书. 1988. 鸭病[M]. 北京：北京农业大学出版社，194–200.
何芳，许楚杰，陈红玲，等. 2003.鸡卡氏住白细胞虫病的流行病学及防制研究概况[J]. 广东畜牧兽医科技，28（5）：37–39.
洪凌仙，林宇光，蒋弘平.1989.鸽血变虫（*Haemoproteus columbae* Kruse，1980）生活史研究[J]. 动物学报，35（3）：306–312.
胡春梅，王贝贝，孙翔楠，等. 2014. 北京地区被救护的野生鸟类弓形虫感染的血清学调查[J]. 中国兽医杂志，50（2）：14–19.
胡建德，侯光. 1987. 双扩多形棘头虫在我国的发现[J]. 畜牧兽医学报，18（4）：279–280.
胡文庆，周世祜，龙祖培.1994. 广西部分地区稻田皮炎的调查研究 [J]. 动物学杂志，29（3）：1–5.
黄兵，董辉，沈杰，等. 2004.中国家畜家禽球虫种类概述[J]. 中国预防兽医学报，26（4）：313–316.
黄兵，沈杰. 2006.中国畜禽寄生虫形态分类图谱[M]. 第1版. 北京：中国农业科技出版社.
黄放球. 2004. 乳鸽六鞭原虫病的诊治[J]. 养禽与禽病防治（6）：13.
黄海强，张珊珊. 2005. 火鸡感染球虫病的诊断及综合防治[J]. 福建畜牧兽医，27（5）：46.
黄红松，余军峰，邓兰月，等. 2011. 鸡卡氏住白细胞虫病的免疫学研究进展[J]. 中国动物传染病学报，19（4）：76–78.
黄名英，廖党金，文红，等. 2008.四川鸽毛滴虫病的调查报告[J]. 中国家禽，30（5）：56–57.
黄永康. 2014. 龙岩市鸭寄生蠕虫种类的调查[J]. 畜牧与兽医，46（8）：88–91.
黄占欣. 2002. 河北省鸡住白细胞虫病的流行病学调查[J]. 中国兽医寄生虫病，10（2）：21–23.
江斌，林琳，吴胜会，等. 2013. 鸭盲肠杯叶吸虫新种（*Cyathocotyle caecumalis* sp. nov）的生活史研究[J]. 福建农业学报，28（8）：731–735.
解绍栋. 2012.珍珠鸡球虫病防治[J]. 安徽农学通报，18（20）：29–30.
孔繁瑶. 1997. 家畜寄生虫学[M]. 北京：中国农业大学出版社，93–131.
孔繁瑶. 2002. 家畜寄生虫学[M]. 第2版. 北京：中国农业大学出版社.
李安兴，孔繁瑶，索勋，等. 1997. 菲莱氏温扬球虫裂体生殖的发育过程及超微结构[J]. 中国兽医学报，17（4）：360–363.
李春水，杭国栋，李丽彤.2014. 浅析鸡比翼线虫病的诊断及防控措施[J]. 中国畜禽种业（4）：137–138.
李桂峰，何建国，江静波，等. 1996.广东、广西常见鸟类的疟原虫初步调查[J].中山大学学报论丛（增刊）：116–121.
李国清，林辉环，翁亚彪，等. 1998. 广东山东和福建三省鸡卡氏住白细胞虫病流行病学调查[J]. 中国兽医科技，28（8）：17–19.

李国清，林辉环，翁亚彪，等．1999．复方泰灭净对产蛋鸡卡氏住白细胞虫病的预防效果[J]．中国兽医科技，29（10）：27–29.
李国清，薛红，朱兴全．2003．卡氏住白细胞虫rDNA ITS-2的PCR扩增与测序[J].中国农业科学，36（5）：573–576.
李和平，张齐，陈森镇，等．2009.种鸡场鸡皮刺螨病的综合防治[J]．中国家禽，31（11）：48.
李庆奎，邱兆祉.2009．我国环肠科吸虫之研究 [J]．天津农业科技（1）：7–10.
李晔，陶建平.2008．江苏部分地区鹅球虫种类调查[J]．中国兽医寄生虫病，16（3）：30–35.
廖党金，李力，代卓见，等．2003．中国西南区畜禽吸虫名录（四）[J]．中国兽医寄生虫病，11（2）：26–30.
林昆华，王维，汪明．1991．鹌鹑巴氏艾美耳球虫的形态学研究［J］．中国兽医杂志，17（11）：6–7.
林昆华，殷佩云，索勋，等．2004．5 种离子载体药物对鸭球虫病的疗效试验[J]．中国兽医杂志，40（10）：63–64.
林琳，江斌，吴胜会，等．2011．杯叶吸虫属一新种——盲肠杯叶吸虫（*Cyathocotyle caecumalis* sp. nov）研究初报 [J]．福建农业学报，26（2）：184–188.
林琳，江斌，吴胜会，等．2011．福建鸭群盲肠杯叶吸虫病的流行病学调查[J]．中国兽医杂志，47（11）：47–49.
林忠武．2013．一例鸽六鞭原虫病的诊治及体会.福建畜牧兽医，35（5）：84.
刘聪，曲昌宝，郭平，等．2013．江苏地区火鸡组织滴虫18S rRNA基因的克隆及系统发育分析[J].中国兽医杂志，49（11）：9–12.
刘道远，张子琨，张路渝．1987．棘头虫多形属一新种——重庆多形棘头虫[J].四川动物，9（1）：6–7.
刘国礼，彭智，陈启仁．2002．淮河水系尾蚴性皮炎感染情况调查 [J]．中国公共卫生，18（1）：73–74.
刘吉起，赵奇，泞利．2013．蜱类研究进展[J].中国媒介生物学及控制杂志，24（2）：186–188.
刘梅，戴亚斌，李文良，等．2006．鹅球虫*Eimeria fulva*的生活史及其感染引起的组织病理变化观察[J]．中国兽医学报，26(4): 376–378.
刘毅，曹小明，谭美英，等．2004．湖南省鸡沙氏住白细胞虫感染和分布调查[J].中国兽医杂志，40（10）：24–25.
刘振湘，曾元根，唐晓玲，等．2002.雏鸵鸟球虫病的诊断与防治[J]．中国兽医杂志，38（2）：21.
龙祥，舒兰，陈雪娇，等．2013．鸡弓形虫病研究进展[J]．长江大学学报：自然科学版，10（11）：43–45.
罗峰，翁亚彪，张腱菲，等．2006.广东省鸽毛滴虫感染情况的调查[J]．中国家禽，28（17）：24–25.
毛建斌，左仰贤．1994．家鸡住肉孢子虫调查及实验感染研究[J]．畜牧兽医学报，25（6）：555–559.
孟红丽，赵金凤，齐萌，等．2010.河南省鹌鹑肠道寄生虫感染情况调查［J］．河南农业科学（12）：118–120.

穆莉，李海云，阎宝佐.2009.两种瑞利绦虫形态发育的比较研究[J]. 中国寄生虫学与寄生虫病杂志，27（3）：232–236.

倪静，路光. 2007. 七彩山鸡球虫种类调查[J]. 中国兽医寄生虫病，15（4）：28–29.

彭俊宇，宋海燕，陈文承，等. 2009. 湖南省部分地区商品鸡异刺线虫感染情况调查[J]. 中国动物传染病学报，17（1）：51–53.

蒲元华，王萌，杨晓宇，等. 2014. 感染弓形虫的肉鸡的临床症状及病理变化[J]. 中国兽医科学，44（9）：951–955.

蒲元华，王艳华，王萌，等. 2012. 抗弓形虫药物及机理研究进展[J]. 中国人兽共患病学报，28（4）：389–392.

齐萌，孙艳茹，张敏，等. 2011.城市观赏鸽肠道寄生虫感染情况调查[J].畜牧与兽医，43（5）：58–60.

齐萌，徐利纳，孙艳茹，等. 2009. 鸵鸟球虫病流行病学调查及虫种鉴定[J].中国畜牧兽医，6（12）：109–111.

任巧云，殷宏，罗建勋. 2008. 蜱的生物防治研究进展[J]. 动物医学进展，29（10）：93–96.

阮正祥，王勤，曾志明，等. 2003. 贵州省毕节地区鸭鹅寄生蠕虫感染状况报告[J].中国兽医寄生虫病，11（4）：24–25.

沈杰，黄兵.2004. 中国家畜家禽寄生虫名录[M]. 北京：中国农业科学技术出版社，65–75.

史美清，林辉环，陈淑玉.1993. 火鸡组织滴虫在孔雀肝肾中的发育及其致病作用的观察[J].动物学杂志，28（5）：1–3.

宋铭忻，张龙现. 2009. 兽医寄生虫学[M]. 第1版. 北京：科学出版社.

苏昂，颜超，朱兴全. 2009. 鸟弓形虫病的研究进展[J]. 中国家禽，31（19）：38–41.

孙金兵，沈自明. 2002. 鸭群暴发嗜眼吸虫病的诊治 [J]. 养禽与禽病防治（4）：29.

孙铭飞，张龙现，宁长申，等. 2007. 鸵鸟源隐孢子虫的种类鉴定及其生物学特性研究[J]. 中国农业科学，40（7）：1528–1534.

孙铭飞，张龙现，宁长申，等. 2005. 禽类隐孢子虫研究进展[J]. 中国人兽共患病杂志，21（6）：522–525.

孙铭飞，张龙现，宁长申，等. 2006. 鹌鹑源火鸡隐孢子虫生物学特性研究[J].畜牧兽医学报，37（5）：485–491.

孙铭飞，张龙现，宁长申，等. 2006. 鹌鹑源火鸡隐孢子虫在小白鼠和雏鸡体内内生发育阶段超微结构比较[J].畜牧兽医学报，37（7）：693–699.

索勋，李国清. 1998. 鸡球虫病学[M]. 北京：中国农业大学出版社，154–178.

索勋. 2005. 和缓艾美耳球虫早熟系选育及其生物学特性研究[J]. 牧兽医学报，36(6)：602–605.

覃宗华，李国清，林辉环，等. 1999. 鸡卡氏住白细胞虫病研究进展[J]. 动物医学进展，20（1）：20–23.

陶建平，许金俊，曹永萍，等. 2003. 家鹅球虫种类鉴定及国内一新记录种[J]. 扬州大学学报（农业与生命科学版），24（2）：14–17.
田欣田，邱震东，孙广有，等. 1989. 火鸡组织滴虫病的病理形态学观察，兽医走学学报，9（2）：199–201.
汪才侠，胡方成，雷呈祥，等. 2013.蜱虫和蜱传疾病的预防[J]. 上海畜牧兽医通讯（5）：50–51.
汪明，孔繁瑶. 1988. 毁灭泰泽球虫（Tyzzeria perniciosa）内生发育的超微结构研究Ⅰ.裂殖生殖（Schizogony）[J]. 动物学报，34（4）：310–314.
汪明. 2003. 兽医寄生虫学[M]. 北京：中国农业出版社.
汪明. 2007. 兽医寄生虫学[M]. 第3版. 北京：中国农业出版社.
王娜，赵红梅. 2013. 湖北荆州部分地区家鸭毛毕吸虫病调查 [J]. 中兽医医药杂志（3）：44–46.
王春仁，仇建华，王忠福，等. 2004. 舟形嗜气管吸虫在黑龙江省鸭体内检出 [J]. 黑龙江畜牧兽医（9）：95.
王东，王永明，刘慧媛，等. 2011. 臭虫的防治及展望[J]. 中华卫生杀虫药械，17（6）：472–474.
王建永，赵驻军，陈凡，等. 2009.不同抗球虫药物对鹌鹑人工感染球虫病的防治效果观察［J］. 畜牧与饲料科学，30（9）：162–164.
王军. 2013. 珍珠鸡幼雏的大肠杆菌及球虫的混合感染[J]. 上海畜牧兽医通讯（6）：92–93.
王留，王中华，陶建平.2011. 鹅球虫病病原生物学特性研究分析[J]. 中国家禽，33（24）：62–63.
王帅，赵光伟，谢青，等. 2012. 鸡源弓形虫治疗药物的筛选[J]. 中国兽医科学，42（11）：1190–1194.
王素华，杜爱芳，顾建宏，等. 2004. 首次在红嘴相思鸟体内发现多变环肠吸虫 [J]. 中国兽医杂志，40（8）：9–10.
王裕卿，刘忠诚. 1993.在黑龙江省鸡体发现东方次睾吸虫 [J]. 中国兽医杂志，19（5）：27.
吴彬，曹利利，姚新华，等. 2013.弓形虫疫苗研究进展[J]. 动物医学进展，34（1）：102–106.
吴家斌，柯婷婷，陈柄宇，等. 2009. 江西发现鸡后口吸虫 [J]. 中国兽医杂志，45（3）：68.
吴庆东，汤明，聂奎，等. 2007. 黔江区畜禽寄生虫区系调查[J]. 中国兽医寄生虫病，15（1）：29–35.
谢明权，张福权，卢奕民，等. 1986. 广东鹅球虫种类的初步调查[J]. 中国兽医杂志，12（1）：7–10.
谢明权，张福权，吴惠贤. 1985. 鹅球虫*Eimeria kotlani*生活史的研究[J]. 畜牧兽医科技（4）：170–175.
许宝华，刘石泉，何海翔，等. 2007. 江西水禽毛毕吸虫病的流行病学调查 [J]. 黑龙江畜牧兽医（10）：79–80.
闫民朝. 2005. 鸡腺胃线虫病的诊治[J]. 中国家禽，27（10）：26.
杨光诚，张龙现，李同义，等. 1998.孔雀球虫种类调查及防治研究[J].河南农业大学学报，32（1）：48–51.
杨光友，底思军.1999. 中国家禽体内的寄生虫名录（二）[J]. 四川农业大学学报，17（2）：234–

239.
杨光友，底思军. 1999. 中国家禽体内的寄生虫名录（一）[J]. 四川农业大学学报，17（1）：85–89.
杨锡林，杨虹，杨絮，等. 1997. 楔形前殖吸虫在黑龙江省的首次发现 [J]. 中国兽医寄生虫病，5（4）：58–60.
杨芷云，王宗仪，庄国昌. 1990. 鹌鹑角田氏艾美球虫的研究［J］. 河北农业大学学报，13（2）：58–61.
姚倩，韩红玉，黄兵，等. 2009. 上海地区家鸭球虫种类初步调查[J]. 中国动物传染病学报，17（1）：58–60.
叶慧萍.2005.孔雀球虫病的诊断与防治[J].中国兽医杂志，41（9）：57–58.
殷佩云，蒋金书，林昆华，等. 1982. 北京地区家鸭球虫种类的初步研究[J]. 畜牧兽医学报，13（2）：119–122.
殷佩云，孔繁瑶，蒋金书. 1983. 家鸭球虫病（综述）[J] .中国兽医杂志，9（8）：56–58.
于忠伟，盖景新，梁爱军，等. 2012.七彩山鸡盲肠球虫病的治疗[J].家禽科学（6）：32–34.
袁彬彬. 2011.一起鸡蛔虫病感染诊断与防治措施[J]. 中国动物检疫，28（1）：77–78.
张春杨，常维山，牛钟相，等. 2000.鸡住白细胞虫病研究概况[J]. 中国兽医寄生虫病，8（4）：55–57.
张翠阁，杨代良. 1987. 家鸡体内首次发现角杯尾吸虫 [J]. 中国兽医科技（12）：53.
张立平，王金合. 2011.火鸡球虫病的中药诊治体会[J]. 北方牧业（13）：24.
张龙现，宁长申，高葆真，等. 2000. 贝氏隐孢子虫内生发育虫体的扫描电镜观察[J]. 畜牧兽医学报，31（4）：341–348.
张龙现，宁长申，蒋金书. 2001. 贝氏隐孢子虫在鸡体内发育的形态学特征及其对寄生器官的影响[J]. 动物学研究，22（6）：511–515.
张龙现，宁长申，蒋金书. 2002. 鸭源隐孢子虫种类鉴定及对鸡鸭致病性研究[J]. 中国农业大学学报，7（3）：107–112.
张龙现，宁长申，李继壮.1999. 河南省部分地区家鸭球虫种类调查[J]. 畜牧兽医杂志，18（1）：8–10.
张敏，韩琼琼，李清州，等. 2014. 日本鹌鹑艾美耳球虫单卵囊分离及雏鹑扩增研究［J］. 河南农业科学，43（6）：149–151.
张全成. 1994. 洪泽地区鸭、鹅肠道中首次发现东方杯叶吸虫 [J]. 畜牧与兽医，26（2）：77.
张瑞岩，刘全，商立民，等. 2010. 抗弓形虫药物研究进展[J]. 动物医学进展，31（1）：95–100.
张晓根，张龙现，宁长申，等. 2000.肉鸽球虫感染情况调查及防治实验[J].中国兽医杂志，26（7）：17–18.
张毅强. 2012. 家禽主要体外寄生虫与预防控制[J]. 广西畜牧兽医，28（2）：122–126.
张智芳，程由注，江典伟，等. 2013. 东方次睾吸虫在鸡体内发育及其对宿主致病性研究[J]. 中国人兽共患病学报，29（9）：869–876.

赵金凤，张素梅，王荣军，等. 2012. 鸭源贝氏隐孢子虫对鸡的致病性[J].中国兽医学报，32（7）：988–992.

赵其平，朱顺海，韩红玉，等. 2012. 五种抗球虫药对肉鸽球虫病的防治研究[J].中国家禽，34（12）：26–29.

郑美英. 2007. 鸡柔嫩艾美耳球虫病的发病机制研究进展[J]. 山西农业大学学报，6（6）：201–202.

周丽华. 2009. 鸭鸟蛇线虫病的防治[J]. 云南畜牧兽医（9）：12.

周霖，卢明科. 2005. 鸭后睾吸虫病研究进展 [J]. 黑龙江畜牧兽医（5）：81–82.

周玉龙，李春龙，朱战波，等. 2007. 种鹅矛形剑带绦虫与背孔吸虫混合感染的诊治[J].中国家禽，29（12）：37–38.

朱启顺，何建国，黄建成，等. 2000. 云南部分候鸟和留鸟疟原虫感染情况的调查[J].广东寄生虫学会年报（22）：98–100.

邹希明，王超，王春仁，等. 2010. 珍珠鸡和白头鹤体内两种吸虫的形态鉴定[J]. 黑龙江八一农垦大学学报，22（3）：53–57.

左仰贤，宋学林，林一玉，等. 1990. 云南省家鸭球虫种类的调查[J]. 中国兽医科技（9）：13–16.

Adriano E A，Cordeiro N S.2001.Prevalence and intensity of *Haemoproteus columbae* in three species of wild doves from Brazil [J]. Mem Inst Oswaldo Cruz, 96（2）:175–178.

Allen E A. 1936.*Tyzzeria perniciosa* gen. et sp. nov, a coccidium from the small intestine of the Pekin Duck, Anas domesticus L [J]. Arch Protistenk, 87: 262–267.

Allen P C, Fetterer R H. 2002.Recent advances in biology and immunobiology of *Eimeria* species and in diagnosis and control of infection with these coccidian parasites of poultry[J]. Clin Microbiol Rev, 15(1): 58–65.

Bilic I, Jaskulska B, Souillard R, et al.2014. Multi-Locus Typing of *Histomonas meleagridis* Isolates Demonstrates the Existence of Two Different Genotypes[J]. PLoS ONE , 9（3）: e92438.

Blake D P, Tomley F M.2014. Securing poultry production from the ever-present *Eimeria* challenge [J]. Trends Parasitol, 30（1）: 12–19.

Chapman H D. 2008.Coccidiosis in the turkey [J]. Avian Pathol, 37（3）:205–223.

Chen L, Li H. 2014.Biochemical and molecular characterization of the tegument protein RT10 from *Raillietina tetragona* [J]. Parasitol Res, 113（3）:1239–1245.

Chen X, He Y, Liu Y, et al. 2012. Infections with *Sarcocystis wenzeli* are prevalent in the chickens of Yunnan Province, China, but not in the flocks of domesticated pigeons or ducks[J]. Exp Parasitol, 131（1）:31–34.

Cooper G L, Charlton B R, Bickford A A, et al.2004.*Hexamita meleagridis*（Spironucleus meleagridis）infection in chukar partridges associated with high mortality and intracellular trophozoites[J]. Avian Dis, 48（3）:706–710.

Cox F E.2010. History of the discovery of the malaria parasites and their vectors [J]. Parasites & Vectors, 3（1）:1–9.

Dezfoulian O, Gharagozlou M J, Rahbari S.2010. Hexamita infection associated with diarrhoea and stunting in native turkey poults[J]. Trop Biomed, 27（3）:504–508.

Dubey J P, Cawthorn R J, Speer C A, et al.2003. Redescription of the sarcocysts of *Sarcocystis rileyi*（Apicomplexa: Sarcocystidae）[J]. J Eukaryot Microbiol, 50（6）: 476–482.

Dubey J P, Rosenthal B M, Felix T A. 2010.Morphologic and molecular characterization of the sarcocysts of *Sarcocystis rileyi*（Apicomplexa:Sarcocystidae）from the mallard duck（*Anas platyrhynchos*）[J]. J Parasitol, 96（4）:765–770.

Dubey J P.2010.*Toxoplasma gondii* Infections in Chickens（*Gallus domesticus*）: Prevalence, Clinical Disease, Diagnosis and Public Health Significance[J]. Zoonoses and Public Health, 57: 60–73.

Feng Y, Li N, Duan L,et al. 2009.Cryptosporidium genotype and subtype distribution in raw wastewater in Shanghai, China: evidence for possible unique Cryptosporidium hominis transmission[J]. J Clin Microbiol, 47（1）:153–157.

Giannenas I, Tsalie E, Triantafillou E, et al. 2014.Assessment of probiotics supplementation via feed or water on the growth performance, intestinal morphology and microflora of chickens after experimental infection with *Eimeria acervulina, Eimeria maxima* and *Eimeria tenella*[J]. Avian Pathol,43（3）: 209–216.

Guo F C, Suo X, Zhang G Z.2007.Efficacy of decoquinate against drug sensitive laboratory strains of *Eimeria tenella* and field isolates of *Eimeria* spp. in broiler chickens in China [J]. Vet Parasitol, 147（3–4）: 239–245.

Hill D and Dubey JP.2002.*Toxoplasma gondii*: transmission, diagnosis and prevention[J]. Clin Microbiol Infect, 8: 634–640.

Križanauskienė A, Iezhova T A, Sehgal R N, et al.2013. Molecular characterization of *Haemoproteus sacharovi*（Haemosporida, Haemoproteidae）, a common parasite of columbiform birds, with remarks on classification of haemoproteids of doves and pigeons [J]. Zootaxa, 3616（1）:85–94.

Lillehoj H S and Dalloul R A. 2006.Poultry coccidiosis: recent advancements in control measures and vaccine development[J]. Expert Rev Vaccines, 5（1）: 143–163.

McDougald LR.2005. Blackhead disease（histomoniasis）in poultry: a critical review[J]. Avian Diseases, 49（4）:462–476.

Milbradt E L, Mendes A A, Ferreira J G, et al.2014. Use of live oocyst vaccine in the control of turkey coccidiosis: Effect on performance and intestinal morphology [J]. J Appl Poult Res, 23（2）:204–211.

Qi M, Huang L, Wang R J, et al.2014. Natural infection of Cryptosporidium muris in ostriches（Struthio camelus）[J]. Veterinary Parasitology, 205（3–4）:518–522.

Qi M, Wang R, Ning C, et al.2011. Cryptosporidium spp. in pet birds: Genetic diversity and potential public health significance [J]. Exp Parasitol, 128（4）:336–340.

Shirley M W, Smith A L, Blake D P.2007. Challenges in the successful control of the avian coccidiosis [J]. Vaccines, 25（30）: 5940–5947.

Tewari A K, Maharana B R.2011. Control of poultry coccidiosis: changing trends[J]. J Parasit Dis, 35（1）: 10–17.

Van der Heijden H M J F , Landman a W J M, Greve S,et al.2006. Genotyping of *Histomonas meleagridis* isolates based on Internal Transcribed Spacer-1 sequences[J]. Avian Pathology, 35:4, 330–334.

Versényi L.1967. Studies on the endogenous cycle of *Tyzzeria perniciosa*（Allen, 1935）[J]. Acta Vet Acad Sci Hung, 17（4）: 449–456.

Wang R J, Jian F C, SunY P, et al.2010.Large-scale survey of Cryptosporidium spp. in chickens and Pekin ducks（*Anas platyrhynchos*）in Henan, China: prevalence and molecular characterization[J]. Avian Pathology, 39（6）:447–451.

Wang R J, Qi M, Zhu J J, et al. 2011. Prevalence of Cryptosporidium baileyi in ostriches（*Struthio camelus*）in Zhengzhou, China[J]. Veterinary Parasitology,175: 151–154.

Wang R J, Wang F, Zhao J F, et al.2012.Cryptosporidium spp. in quails（Coturnix coturnix）: molecular characterization and public health significance[J]. Veterinary Parasitology，187（3–4）:534–537.

Xu J J, Qu C B, Tao J P.2014. Loop-mediated isothermal amplification assay for detection of *Histomonas meleagridis* infection in chickens targeting the 18S rRNA sequences[J]. Avian Pathology, 43（1）: 62–67.

Yan C, Yue C L, Zhang H, et al.2011. Serological Survey of *Toxoplasma gondii* Infection in the Domestic Goose（*Anser domestica*）in Southern China[J]. Zoonoses and Public Health, 58: 299–302.

Yan C，Yue C L，Yuan Z G, et al.2009.*Toxoplasma gondii* infection in domestic ducks，free—range and caged chickens in southern China [J].　Vet Parasitoi，165：337–340.

Youssefi M R, Rahimi M T.2011.*Haemoproteus Columbae* in *Columba livia domestica* of Three Areas in Iran in 2010 [J]. Global Veterinaria, 7（6）:593–595.

Zhang J J, Wang L X, Ruan W K, et al.2013. Investigation into the prevalence of coccidiosis and maduramycin drug resistance in chickens in China [J]. Vet Parasitol , 191（1–2）: 29–34.

Zwart P, Hooimeijer J.1985. Hexamitiasis in carrier pigeons in the Netherlands[J]. Tijdschrift Voor Diergeneeskunde, 110（24）: 1074–1075.

第九章 营养代谢性疾病

第一节　维生素A缺乏症

（Vitamin A deficiency）

【病名定义】

维生素A缺乏症是由于日粮中维生素A供应不足或吸收障碍引起的以家禽生长发育不良、器官黏膜损害、上皮角化不全、视觉障碍、产蛋率和孵化率下降、胚胎畸形等为特征的一种营养代谢性疾病。

【病　因】

1. 日粮中缺乏维生素A或胡萝卜素（维生素A原） 禽类体内没有合成维生素A的能力，体内所有的天然维生素A都来源于维生素A原。各种青饲料（青干草、胡萝卜、黄玉米等）都含有丰富的维生素A原，维生素A原有α、β、γ3种胡萝卜素，其中以β-胡萝卜素生物活性最强，一分子β-胡萝卜素可在体内产生两个分子的维生素A。另一种维生素A原是隐黄素，是黄色玉米中的类胡萝卜素。但在干谷、米糠、麸皮、棉籽、亚麻籽、马铃薯、白萝卜、白玉米及麦草等饲料中，几乎不含维生素A原。

2. 饲料贮存、加工不当 饲料经过长期贮存、烈日曝晒、高温处理等，皆可使其中的脂肪酸败变质，加速饲料中维生素A类物质的氧化分解过程，导致维生素A缺乏。

3. 日粮中蛋白质和脂肪不足 在禽机体处于蛋白质缺乏的状态下，不能合成足够的视黄醛结合蛋白去运送维生素A；脂肪不足会影响维生素A类物质在肠道中的溶解和吸收。因此，当禽机体蛋白质和脂肪不足时，即使在日粮中维生素A足够的情况下，也可发生功能性维生素A缺乏症。

4. 需要量增加 根据美国国家研究委员会（National Research Council, NRC）饲养标准，配合饲料中维生素A的含量：雏鸡和肉鸡为1 500 IU/kg，产蛋鸡、种鸡及火鸡为4 000 IU/kg，鹌鹑为5 000 IU/kg。由于当前生产的配合饲料未能考虑抗应激和抗病营养的需求，故饲料中维生素A一般不能满足家禽的需要。许多学者认为，家禽维生素A的实际需要量应高于NRC标准。此外，胃肠吸收障碍，发生腹泻或其他疾病，使维生素A消耗或损失过多；肝病使其不能利用及储藏维生素A，均可引起维生素A缺乏。

【发病机理】

维生素A是一种脂溶性不稳定的初级醇，是维持消化道、呼吸道、泌尿生殖道、眼结膜和皮脂腺等上皮细胞正常生理功能所必需的物质。它可促进上皮细胞合成黏多糖和组织的氧化还原过程，维持细胞膜和细胞器（如线粒体、溶酶体等）膜结构的完整性及通透性。它可以影响水解酶的释放而间接地调节体内糖和脂肪的代谢及甲状腺素、肾上腺皮质激素等的功能。新近研究指出，缺乏维生素A时，家禽某些器官的DNA含量减少，黏多糖（硫酸软骨素）的生物合成受阻碍，因此生长迟缓。上皮细胞的功能降低，黏膜干燥和角化，易受细菌感染，机体的免疫功能也降低，易通过黏膜途径而感染传染病。泪腺上皮角化可发生干眼病、角膜溃疡。性腺和性器官上皮受损时，繁殖机能障碍，成年禽产蛋量下降，种蛋受精率和孵化率降低。

维生素A是合成视紫红质的必要原料，当维生素A不足或缺乏时，视紫红质的再生更替作用受到干扰，故家禽在阴暗的光线下呈现视力减弱及目盲。

维生素A对于成骨细胞及破骨细胞正常位置的维持和活动是必需的。动物生长期间缺乏维生素A时，软骨内骨的生长会遭到破坏，使骨的生长失调，特别在骨骼细致造型上不能正常进行，形成网状骨质，使骨质过分增厚。由于骨骼生长迟缓及造型异常，使骨骼系统和中枢神经系统生长出现差距。颅腔脑组织过度拥挤导致脑疝，脑脊液压力增高，随后出现视乳头水肿、共济失调和昏厥等特征性神经症状。由于脑神经受压，发生扭曲和伸长，小脑突入枕骨大孔，引起病禽衰弱无力和小脑性共济失调。脊髓突入椎间孔，引起神经根损伤，并出现相应的外周神经局部性症状。

【症　状】

幼禽和初产蛋禽易发生维生素A缺乏症。鸡一般发生在6～7周龄。若1周内的苗鸡发病，则与种鸡缺乏维生素A有关。成年鸡通常在2～5个月内出现症状。

雏鸡主要表现精神委顿，衰弱，运动失调，羽毛松乱，生长缓慢，消瘦。流泪，眼睑内有干酪样物质积聚，常将上下眼睑粘在一起（见彩图9–1–1），角膜混浊不透明，严重的角膜软化或穿孔，失明。喙和小腿部皮肤的黄色消退，趾关节肿胀，脚垫粗糙、增厚（见彩图9–1–2）。有些病鸡受到外界刺激即可引起阵发性的神经症状，头颈扭转，作圆圈式扭头并后退和惊叫，病鸡在发作的间隙期尚能采食。

成年鸡发病呈慢性经过，主要表现为食欲不佳，羽毛松乱，消瘦，爪、喙色淡，冠白有皱褶，趾爪粗糙，两肢无力，步态不稳，往往用尾支地。母鸡产蛋量和孵化率降低。公鸡性机能降低，精液品质下降。病鸡的呼吸道和消化道黏膜受损，易感染多种病原微生物，使死亡率增加。有些病鸡可出现从眼睑和鼻孔流出透明或混浊的黏稠性渗出物。

患病幼鸭的眼睛、呼吸道和消化道的变化与鸡相似。并有运动无力，两脚瘫痪，可能与软骨内造型过程受到明显的抑制、骨骼发育障碍有关，当补给足量的维生素A时，则关节软骨发育加速。

【病理变化】

该病的病变主要特点是：眼、口、咽、消化道、呼吸道和泌尿生殖器官等上皮的角质化，肾及睾丸上皮的退行性变化，中枢神经系统偶见退行性变化。

病鸡口腔、咽喉和食管黏膜过度角化，有时从食管上端直至嗉囊入口有散在粟粒大白色结节或脓疱（见彩图9–1–3），或覆盖一层白色的豆腐渣样的薄膜，剥离后黏膜完整并无出血溃疡现象，此点可与鸡白喉区别。呼吸道黏膜被一层鳞状角化上皮代替，鼻腔内充满水样分泌物，液体流入副鼻窦后，导致一侧或两侧颜面肿胀，泪管阻塞或眼球受压，视神经损伤。严重病例角膜穿孔，肾呈灰白色，肾小管和输尿管充塞着白色尿酸盐沉积物（见彩图9–1–4），心包、肝和脾表面有时也有尿酸盐沉积。

【诊　断】

1. 临床诊断　通过对饲料、病史、临床症状和病理变化进行综合分析，可作出初步诊断。另外，测定血液尿酸含量明显增高，以及用维生素A试验性治疗，疗效显著，皆可作为有效的辅助诊断方法。

2. 实验室诊断　血浆和肝脏中维生素A和胡萝卜素的含量都有明显变化。正常动物血浆中含维生素A含量为0.25 μg/mL（0.88 μmol/L），低于0.05 μg/mL（0.18 μmol/L），即可出现临床症状。

3. 鉴别诊断　本病出现的呼吸道症状与传染性鼻炎、传染性喉气管炎等类似，应注意区别；本病出现的产蛋率、孵化率下降和胚胎畸形等临床症状与鸡产蛋下降综合征、低致病性禽流感、鸡传染性支气管炎等类似，注意鉴别；本病出现的“花斑肾”病变与鸡传染性囊病、鸡肾型传染性支气管炎、鸡痛风等类似，注意鉴别；本病出现的眼及面部肿胀症状与鸡传染性鼻炎、大肠杆菌性眼炎等类似，应注意鉴别。

【防治措施】

1. 预防　由于引起鸡维生素A缺乏症的原因很多，所以，要想防止本病的发生，就必须从日粮的配制、保管、贮存等多方面采取措施。

（1）优化饲料配方，供给全价日粮　禽类因消化道内微生物少，大多数维生素在体内不能合成，必须从饲料中摄取。因此要根据家禽的生长与产蛋不同阶段的营养要求特点，添加足量的维生素A，以保证其生理、产蛋、抗应激和抗病的需要。调节维生素、蛋白质和能量水平，以保证维生素A的吸收和利用。如硒和维生素E，可以防止维生素A遭氧化破坏，蛋白质和脂肪能有利于维生素A的吸收和贮存，如果这些物质缺乏，即使日粮中有足够的维生素A，也可能发生维生素A缺乏症。

（2）饲料最好现配现喂，不宜长期保存　由于维生素A或胡萝卜素存在于油脂中而易被氧化，因此饲料放置时间过长或预先将维生素A掺入到饲料中，尤其是在大量不饱和脂肪酸的环境中更易被氧化。家禽易吸收黄色及橙黄色的类胡萝卜素，所以黄色玉米和绿叶粉等富含类胡萝卜素的饲料可以增加蛋黄和皮肤的色泽，但这些色素随着饲料的贮存过长也易被破坏。此外，贮存饲料的仓库应阴凉、干燥，防止饲料发生酸败、霉变、发酵、发热等，以免维生素A被破坏。

（3）完善饲喂制度　饲喂时，应勤添少加，饲槽内不应留有剩料，以防维生素A或胡萝卜素被氧化失效。必要时，平时可以补充饲喂一些含维生素A或维生素A原丰富的饲料，如牛奶、肝粉、胡萝卜、菠菜、南瓜、黄玉米、苜蓿等。

（4）加强胃肠道疾病的防控　保证家禽的肠胃、肝脏功能正常，以利于维生素A的吸收和贮存。

（5）加强种禽维生素A的监测　选用维生素A检测合格的种禽所产的种蛋进行孵化，以防雏禽发生先天性维生素A缺乏。

2. 治疗　首先要消除致病病因，立即对病禽用维生素A治疗，剂量为日维持需要量的10 ~ 20倍。

（1）使用维生素A制剂　可投服鱼肝油，每只每天喂1 ~ 2 mL，雏鸡则酌情减少。对发病的大群鸡，可在每千克饲料中拌入2 000 ~ 5 000 IU的维生素A，或在每千克配合饲料中添加精制鱼肝油15 mL，连用10 ~ 15 d。或补充含有抗氧化剂的高含量维生素A的食用油，日粮补充维生素A约11 000 IU/kg。对于病重的禽可口服鱼肝油丸（成年禽每天可口服1粒）或滴服鱼肝油数滴，也可肌内注射维生素AD注射液，每只

0.2 mL。其眼部病变可用2%～3%的硼酸溶液进行洗涤，并涂以抗生素软膏。在短期内给予大剂量的维生素A，对急性病例疗效迅速而安全，但慢性病例不可能完全康复。由于维生素A不易从机体内迅速排出，因此，必须注意防止长期过量使用引起维生素A中毒。

（2）其他疗法　用羊肝拌料，取鲜羊肝0.3～0.5 kg切碎，沸水烫至变色，然后连汤加肝一起拌于10 kg饲料中，连喂1周，此法主要适用于雏鸡。或取苍术末，按每次每只1～2g，1天2次，连用数天。

（孙卫东）

第二节　维生素 D 缺乏症

（Vitamin D deficiency）

【病名定义】

维生素D缺乏症是由于饲料中供给及体内合成的维生素D不足，常引起雏禽的佝偻病和成年禽的骨软症（缺钙症）。维生素D是家禽正常骨骼、喙和蛋壳形成中所必需的物质，因此，当日粮中维生素D供应不足、光照不足或消化吸收障碍等皆可致病，使家禽的钙、磷吸收和代谢障碍，发生以骨骼、喙和蛋壳形成受阻为特征的维生素D缺乏症。

【病　因】

1. 日粮中维生素D缺乏　其需要量视日粮中磷、钙的总量与比例，以及直接照射日光时间的长短来确定。按NRC标准，肉鸡日粮需维生素D_3 400 IU/kg；蛋鸡为200 IU/kg；种用蛋鸡为500 IU/kg；鸭生长期为220 IU/kg，种鸭为500 IU/kg；鹅为200 IU/kg；鹌鹑生长期为480 IU/kg，种用期为1 200 IU/kg；火鸡为900 IU/kg。1国际单位（1 IU）相当于0.025 μg结晶维生素D_3，或10 μg结晶维生素D_3相当于400国际单位维生素D。在生产实践中要根据实际情况灵活掌握维生素D用量，否则，易造成缺乏症或过多症。如果日粮中有效磷少则维生素D需要量就多，钙和有效磷的比例以2：1为宜。

2. 日光照射不足　维生素D种类很多，均系类固醇衍生物，其中以维生素D_2（麦角钙化醇）和D_3（胆钙化醇）较为重要和实用。在动物皮肤表面及食物中含有的维生素D原经紫外线照射转变为维生素D。如动物表皮内的7–脱氢胆固醇（又称维生素D_3原）和植物内的麦角固醇（又称维生素D_2原），都可经日光或紫外线照射分别转变为维生素D_3和维生素D_2。维生素D亦称为钙化醇，因具有抗佝偻病作用，故又称为抗佝偻病维生素。它对猪、牛等哺乳动物有明显的抗佝偻病作用，但对家禽并不是满意的抗佝偻病维生素。对家禽有作用的仅是维生素D_3，家禽腿和脚爪皮肤所含的前维生素D_3是身体皮肤含量的8倍。在家禽维生素D_3的效能要比维生素D_2大50～100倍。因此，对禽类补充维生素D_3，主要来源靠日光照晒和脂肪内的7–脱氢胆固醇转变而成。幼禽每天照射15～50 min日光就能健康成长和完全防止佝偻病。维生素D_3在植物性饲料中含量很少，在动物中以鱼肝油含量最丰富，其次为牛奶、动物肝脏及蛋黄中较多。现代家禽日粮中维生素D_3的主要来源是动物固醇经工业上分离和照射而取得的，称为“D–活性动物固醇”。已经证明，在雏火鸡，用照射的动物固醇和照射的7–脱氢胆固醇的效能约大于鲨鱼肝油或沙丁鱼肝油中维生素D的2倍。因此，对家禽用鱼肝油防治维生素D缺乏症，通常不如用维生素D_3有效果。

3. 消化吸收功能障碍等因素影响脂溶性维生素D的吸收 维生素D是脂溶性类固醇衍生物，其中主要以维生素D_2和维生素D_3对畜禽有营养意义，但维生素D_2对家禽的活性低，仅为维生素D_3的1/30～1/20，维生素D_2和维生素D_3均为白色或黄色粉末，溶于油及有机溶剂，能被氧迅速破坏，维生素D_3比维生素A和维生素E较稳定。有人发现先混合氯化钠和碳酸钙的D–活性动物固醇的补充饲料，经贮藏3周，大部分维生素D都被破坏。此外，将维生素D先用贝壳粉、干乳清、干脱脂乳或矿物质混合物给予混合，在1个月内也丧失其部分效能；在事前混合90%鱼肝油的米糠，若加入0.5%的硫酸锰，能使维生素A和维生素D都遭受破坏。当家禽患有消化吸收功能障碍，会严重影响维生素D的吸收，可造成维生素D缺乏症。维生素D在小肠存在胆汁和脂肪时较易被吸收，吸收量一般和摄入量及家禽需要量有关。饲粮中钙磷比例适宜，需要量减少；饲粮中磷不足或钙过量，则需摄入大量的维生素D才能平衡体内的钙磷代谢。

4. 患有肾、肝疾病 肠道内吸收的维生素D 85%出现在乳糜微粒中，经淋巴系统进入血液循环，并与内源性维生素D（体内合成的维生素D_3）以脂肪酸酯的形式贮存于脂肪组织和肌肉或运至肝脏进行转化。经过肝脏转变成为25–羟钙化醇（25–羟维生素D_3），再在肾脏皮质转变成1, 25–二羟钙化醇（1, 25–二羟维生素D_3），被血液送到靶器官（肠、骨），才能发挥其对钙磷代谢的调节作用。因此，肝、肾疾病时，维生素D_3羟化作用受到影响而易发病。近年来研究证明，如果肾脏中缺乏1–羟化酶系统，即使使用大量维生素D亦不能将其转变成具有高度生物活性的1, 25–二羟钙化醇。

【发病机理】

维生素D的主要作用是参与机体的钙、磷代谢，促进钙、磷在肠道的吸收，同时还能增强全身的代谢过程，促进生长发育，是家禽体内不可缺少的营养物质。钙、磷是机体重要的常量元素，主要参与骨骼和蛋壳的构成，并具有维持体液酸碱平衡及神经肌肉的兴奋性和构成生物膜结构等功能。因此，维生素D缺乏症可导致家禽机体矿物质代谢紊乱，影响家禽骨骼的正常发育，初产蛋鸡出现蛋壳强度差，破蛋率高，严重时形成软壳蛋，产蛋率和孵化率显著降低。其致病机理主要是维生素D缺乏时，使家禽的小肠对钙、磷的吸收和运输降低，由于小肠内的钙不能以扩散的方式直接透过小肠上皮细胞膜进入细胞内，需要钙结合蛋白和依赖于钙的ATP酶的两种因素的协助。1, 25–二羟钙化醇的作用，可能是它在小肠上皮细胞的细胞核内推动mRNA（信使核糖核酸）的转录，从而导致钙结合蛋白的合成。钙结合蛋白有浓集钙的作用，促使钙从肠腔经由上皮细胞的刷状缘而进入细胞内。1, 25–二羟钙化醇还能提高一种依赖于钙的ATP酶的活性，在线粒体内酶系的作用下，通过氧化磷酸化提供能量，推动“钙泵”，使钙通过上皮细胞主动转运到细胞外液，从而促进钙的吸收。钙离子（阳离子）主动转运所形成的电化梯度同时导致磷酸根（阴离子）的被动弥散和吸收，从而间接地增加磷的吸收。因此，当维生素D缺乏时，小肠对钙、磷吸收和运输能力降低，血清中钙减少。

维生素D的缺乏还能减弱骨骼的钙化。由于1, 25–二羟钙化醇有促进骨盐溶解和骨骼的钙化作用。血浆钙磷浓度升高可促进成骨细胞的骨盐生成和骨骼的钙化。这种作用对调节血液和骨中钙磷平衡都有重要意义。但是，过食大量维生素D可使大量钙从骨组织中转移出来沉积于动脉管壁、关节、肾小管、心脏及其他软组织中，血钙浓度提高，生长停滞。当肾脏严重损伤时，常死于尿毒症。

【症　状】

雏鸡或雏火鸡通常在2～3周龄时出现明显的症状，最早可在10～11日龄发病。病鸡生长发育受阻，羽毛生长不良，喙柔软易变形，跖骨易弯曲成弓形（见彩图9–2–1）。腿部衰弱无力，行走时步态不稳，躯体向两边摇摆，站立困难，不稳定地移行几步后即以跗关节着地伏下。

产蛋鸡往往在缺乏维生素D 2～3个月后才开始出现症状。表现为产薄壳蛋和软壳蛋的数量显著增多，蛋壳强度下降、易碎（见彩图9–2–2），随后产蛋量明显减少。种蛋孵化率明显下降，这是由于鸡胚钙缺乏的结果。产蛋量和蛋壳的硬度下降一段时间之后，接着会有一个相对正常时期，可能循环反复，形成几个周期。有的产蛋鸡可能出现暂时性的不能走动，常在产一个无壳蛋之后又恢复正常。病重母鸡表现出“企鹅状”蹲伏的特殊姿势，鸡的喙、爪和龙骨逐渐变软，胸骨常弯曲。胸骨与脊椎骨接合部向内凹陷，产生肋骨沿胸廓呈内向弧形的特征。种蛋孵化率降低，胚胎多在孵化至10～17日龄之间死亡。

【病理变化】

维生素D缺乏症病死的雏鸡，其最特征的病理变化是龙骨呈“S”状弯曲（见彩图 9–2–3），肋骨与肋软骨连接处出现串珠状（见彩图9–2–4），肋骨向后弯曲。在胫骨或股骨的骨骺部可见钙化不良。劈开的骨头浸入硝酸银溶液内，在火焰上固定几分钟，则钙化区与非钙化的软骨区即易分别开来。

成年产蛋和种鸡或火鸡死于维生素D缺乏症时，其尸体剖检所见的特征性病变局限于骨骼和甲状旁腺。骨骼软而容易折断。腿骨组织切片呈现缺钙和骨样组织增生现象。胫骨用硝酸银染色，可显示出胫骨的骨骺有未钙化区。

【诊　断】

1. 临床诊断　通过对饲料、病史、临床症状和病理变化特征进行综合分析，可作出初步诊断。另外，用维生素D_3试验性治疗，疗效显著，可作为有效的辅助诊断方法。

2. 实验室诊断　近年来，有人提出测定血浆中1, 25–二羟钙化醇含量作为临诊的指标，在家禽患佝偻病时，血浆中1, 25–二羟钙化醇的浓度显著降低。

3. 鉴别诊断　本病出现的运动障碍与钙、磷不足，钙、磷比例失调，锰缺乏症，镁缺乏症等类似，应注意鉴别。

当发现鸡群中出现以运动障碍（姿势异常）的病鸡时，首先应考虑运动系统本身的疾病，其次要考虑病鸡的被皮系统是否受到伤害，神经支配系统是否受到损伤，最后还要考虑营养的平衡及其他因素。其诊断思路见表9–2–1。

表 9-2-1 鸡运动障碍的诊断思路

所在系统	损伤部位	临床表现	初步印象诊断
运动系统	关节	感染、红肿、坏死、变形	异物损伤、细菌 / 病毒性关节炎
		变形、有弹性、可弯曲	维生素 D 缺乏症、雏鸡佝偻病、钙磷代谢紊乱
	骨骼	变形或畸形、断裂，明显跛行	骨折、骨软症、笼养鸡产蛋疲劳综合征、股骨头坏死、钙磷代谢紊乱、氟骨症
		骨髓发黑或形成小结节	骨髓炎、骨结核
		胫骨骨骺端肿大、断裂	肉鸡胫骨软骨发育不良
	肌肉	腓肠肌（腱）断裂或损伤	病毒性关节炎
	肌腱	腱鞘炎症、肿胀	滑液囊支原体病
被皮系统	脚垫	肿胀	滑液囊支原体病
		表皮脱落	化学腐蚀药剂使用不当、湿度过大等
	脚趾	肿瘤	趾瘤病、鸡舍及场地地面的湿度太大
神经支配系统	中枢神经	脑水肿	食盐中毒、鸡传染性脑脊髓炎
		脑软化	维生素 E 缺乏症、硒缺乏症
		脑脓肿	大肠杆菌性脑病、沙门菌性脑病等
	外周神经	坐骨神经肿大，劈叉姿势	鸡马立克病
		迷走神经损伤，扭颈	神经型新城疫
		颈神经损伤，软颈	肉毒梭菌毒素中毒
营养平衡系统	脚垫	粗糙	维生素 A 缺乏症
		红掌病（表皮脱落）	生物素缺乏症
	关节	肿胀、变形	鸡痛风
	肌肉	变性、坏死	硒缺乏症、维生素 E 缺乏症
		趾蜷曲姿势	维生素 B_2 缺乏症
	肌腱	滑脱	锰缺乏症
	神经	多发性神经炎，观星姿势	维生素 B_1 缺乏症
其他	眼	损伤	眼型马立克病、禽脑脊髓炎、氨气灼伤等
	肠道	消化吸收不良（障碍）	长期腹泻、消化吸收不良等
		慢性消耗性、免疫抑制性疾病	鸡线虫 / 绦虫病、白血病、霉菌毒素中毒等

引起鸡运动障碍常见疾病的鉴别诊断见表9-2-2。

表 9-2-2 鸡运动障碍常见疾病的鉴别诊断要点

病名	鉴别诊断要点										
	易感日龄	流行季节	群内传播	发病率	病死率	典型症状	神经	肌肉肌腱	关节肿胀	关节腔	骨、关节软骨
神经型马立克病	2 ~ 5 月龄	无	慢	有时较高	高	劈叉姿势	坐骨神经肿大	正常	正常	正常	正常
病毒性关节炎	4 ~ 7 周龄	无	慢	高	小于 6%	蹲伏姿势	正常	腱鞘炎	明显	有草黄色或血样渗出物	有时有坏死

（续）

病名	易感日龄	流行季节	群内传播	发病率	病死率	典型症状	神经	肌肉肌腱	关节肿胀	关节腔	骨、关节软骨
鉴别诊断要点											
细菌性关节炎	3～8周龄	无	较慢	较高	较高	跛行或跳跃步行	正常	正常	明显	有脓性或干酪样渗出物	有时有坏死
滑液囊支原体病	4～16周龄	无	较慢	较高	较高	跛行	正常	腱鞘炎	明显	有奶油样或干酪样渗出物	滑膜炎
关节型痛风	全龄	无	无	较高	较高	跛行	正常	正常	明显	有白色黏稠的尿酸盐	有时有溃疡
维生素 B_1 缺乏症	无	无	无	较高	较高	观星姿势	正常	正常	正常	正常	正常
维生素 B_2 缺乏症	2～3周龄	无	无	较高	较高	趾向内蜷曲	坐骨、臂神经肿大	正常	正常	正常	正常
锰缺乏症	无	无	无	不高	不高	腿骨短粗、扭转	正常	腓肠肌腱滑脱	明显	正常	骨骺肥厚
雏鸡佝偻病	雏鸡	无	无	高	不高	橡皮喙，龙骨“S”状弯曲	正常	正常	正常	正常	肋骨跖骨变软
笼养鸡产蛋疲劳综合征	产蛋期	无	无	高	不高	蹲伏、瘫痪	正常	正常	正常	正常	正常

【防治措施】

1. 预防 改善饲养管理条件，补充维生素D；将病禽置于光线充足、通风良好的禽舍内；合理调配日粮，注意日粮中钙、磷比例，喂给含有充足维生素D的混合饲料。此外，还需加强饲养管理，尽可能让病禽多晒太阳，笼养禽也可在禽舍中用紫外线照射。

2. 治疗 首先要找出病因，针对病因采取有效措施。雏禽佝偻病可1次性大剂量喂给维生素D_3 1.5万～2.0万 IU，或1次性肌内注射维生素D_3 1万 IU，或滴服鱼肝油数滴，每天3次，或用维丁胶性钙注射液肌内注射0.2 mL，同时配合使用钙片，连用7 d左右。发病禽群饲料除在日粮中增加如苜蓿等富含维生素D的饲料外，还可在每千克饲料中添加鱼肝油10～20 mL。但在实际的临床实践中，应根据维生素D缺乏的程度补充适宜的剂量，以防止添加剂量过大而引起维生素D中毒。

（孙卫东）

第三节　维生素 E 缺乏症

（**Vitamin E deficiency**）

【病名定义】

维生素E缺乏症是由于饲料中供给不足、饲料加工不当、贮存时间过长等原因引起的一种营养代谢病。维生素E缺乏能导致雏鸡脑软化症、渗出性素质和肌肉萎缩症，火鸡跗关节肿大和肌肉萎缩，鸭肌肉萎缩症等多种病症，但它的缺乏往往和硒缺乏有着密切的联系，本节仅以维生素E缺乏为主进行介绍。

【病　因】

1. 供给量不足　虽然畜禽对维生素E的需求与日粮组成、饲料品质、不饱和脂肪酸或天然抗氧化剂的含量有关，正常饲养条件下的反刍家畜，从基础日粮中能够获得足量的维生素E，并由于饲料中的不饱和脂肪酸在瘤胃中受到加氢作用，故对维生素E的需要量较少。但是，采食高能日粮的家禽却需要供给较多的维生素E，以防止脂肪代谢中形成过多的有毒产物，在重要的蛋白质饲料中一般维生素E的含量均较低，只在各种植物种子的胚乳中含有比较丰富的维生素E。

2. 饲料加工不当或贮存时间过长或被维生素E的拮抗物质（饲料酵母、四氯化碳、硫酰胺制剂等）刺激脂肪氧化，均使日粮中维生素E损耗　青饲料自然干燥时，维生素E损失量可达90%左右。籽实饲料在一般条件下保存6个月，维生素E损失30% ~ 50%。维生素E是一组具有生物学活性的酚类化合物，其中以α-生育酚的活性最高，化学性质不十分稳定，在饲料中可受到矿物质和不饱和脂肪酸氧化的影响；与鱼肝油混合，由于鱼肝油的氧化，可使生育酚的活性丧失。

此外，饲料中含大量维生素 E拮抗物、微量元素缺乏等均可诱发本病。

【发病机理】

维生素E又名生育酚、抗不育维生素，是一组具有生物活性的化学结构相似的酚类化合物，是一种很强的生理抗氧化剂，具有维持机体正常生育功能，能促进生长繁殖，维持肌肉、神经结构和功能，改善血液循环状态等作用。同时，对饲料中的维生素A及多种营养物质还具有保护作用。维生素E是预防雏鸡脑软化症的最有效的抗氧化剂；它与硒的作用相互联系，对预防渗出性素质和火鸡的肌肉萎缩起着一种特殊的作用；它与硒及胱氨酸的作用相互联系，对预防营养性肌萎缩症起着另一种作用。目前，人们已认识到维生素E具有抑制或减慢多价不饱和脂肪酸产生游离根及超过氧化物的功能，从而防止含有多价不饱和脂肪酸的细胞膜的脂质过氧化，特别是对含不饱和脂质丰富的膜，如细胞的线粒体、内质网和质膜。因此，维生素E缺乏时可发生急性肝坏死、肌肉萎缩、血管上皮细胞通透性增强、组织发生水肿、神经麻痹及贫血等症状。

【症　状】

成年鸡或火鸡在长时期饲喂低水平的维生素E饲料后并不出现症状，只是母鸡或母火鸡所产种蛋的孵化率显著降低，并在种蛋入孵1周内胚胎的死亡率最高。死亡鸡胚的中胚层肿大，胚胎内的血管受到压缩，出现血液瘀滞和出血。胚胎眼睛的晶体混浊和角膜出现斑点。若为成年雄性鸡或火鸡，较长时间不摄入维生素E时，则发生性欲下降，睾丸变小和退化，精液中精子数目减少，甚至无精子，受精率明显降低。

1. 雏鸡脑软化症　是雏鸡维生素E缺乏症时发生的，出现最早的在7日龄，晚的迟至56日龄，通常在15～30日龄之间发病。呈现共济失调，头向后或向下挛缩，有时伴有侧方扭转，向前冲，两腿急收缩与急放松等神经扰乱症状，其病死率较高。

2. 鸡渗出性素质　是3～6周龄的小鸡或育成鸡常因维生素E和硒同时缺乏而引起的一种伴有毛细血管壁通透性异常的皮下组织水肿。由于病鸡腹部皮下水肿积液，使两腿向外叉开，或腿发软、蹲地不起，水肿处呈蓝绿色，若穿刺或剪开水肿处可流出较黏稠的蓝绿色液体。

3. 鸡、鸭和火鸡的营养性疾病（肌肉萎缩）　是小鸡、小鸭和火鸡因维生素E缺乏又伴有含硫氨基酸缺乏而引起的肌肉营养障碍。小鸡约在4周龄时即出现肌营养不良，尤其是胸肌。病鸡主要表现为消瘦衰弱，行走无力，生长发育不良，羽毛松乱，精神委顿。病鸭亦发生类似变化，并且遍及全身的骨骼肌均发生此类似病变。

4. 火鸡跗关节肿大　是由于火鸡日粮中维生素E缺乏并含较多易氧化的脂肪类或油类而引起的跗关节肿大和弓形腿。此特征性症状可在2～3周龄时出现，通常在6周龄时跗关节肿大现象消失，但是严重病例和饲养在网上或水泥地面的雄性火鸡，当生长到14～16周龄时可再度出现跗关节肿大。这时病火鸡衰弱，尿中肌酸含量增多而肌肉的肌酸含量则减少。

【病理变化】

1. 雏鸡脑软化症　小鸡出现脑软化症状后立即宰杀，剖检可见脑膜、小脑与大脑的血管明显充血，水肿，脑回展平，小脑柔软而肿胀，脑组织中的坏死区呈黄绿色混浊样；在纹状体中，坏死组织常呈苍白色、肿胀而湿润，在早期即与其余的正常组织有明显的界线。脑组织切片镜检发现水肿明显出现在浦肯野细胞带；软脑膜血管和颗粒层、分子层的毛细血管及小脑中央白质区的毛细血管都具有红细胞性充血，也有一些血管可能萎缩；白质区血管变化突出，白质纤维因水肿而被分离，透明的血管在坏死区中发生血栓。由于脑软化引起脑循环障碍而发生局部缺血性坏死，浦肯野细胞、高尔基氏细胞和颗粒层小细胞均发生变性。

2. 鸡渗出性素质　死于渗出性素质的小鸡，可见贫血、腹部皮下水肿，透过皮肤即可看到蓝绿色黏性液体，剖开体腔，有心包积液、心脏扩张等病变。

3. 鸡、鸭和火鸡的营养性疾病（肌肉萎缩）　剖检病禽可见肌胃、骨骼肌（尤其是胸肌、腿肌）和心肌呈现明显的营养不良，表现为肌肉苍白、贫血，并有灰白色条纹。组织切片镜检见肌纤维呈透明样变性和横向断裂，肌肉内的组织水肿，渗出液使肌肉纤维群和个别的纤维分离；渗出的血浆中有红细胞和嗜异染性白细胞。

【诊　断】

根据日粮分析、发病史、流行特点、临床症状和病理变化可作出诊断。但在火鸡跗关节肿大时，须注意与传染性滑膜炎和葡萄球菌性关节炎的鉴别诊断。

【防治措施】

1. 预防　平时预防本病，应注意加强饲养管理，提高家禽的抗病力，在饲料中适当添加维生素E制剂及微量元素硒添加剂，同时还要注意饲料的保管。自配饲料宜现配现喂，配制无鱼粉饲料应添加充足的亚硒酸钠和维生素E。对于大型肉仔鸡，可在配合料中添加1 mg/kg的亚硒酸钠-维生素E粉。全价饲料应添加抗氧化剂以减少对维生素E的破坏。饲料不宜长期存放，以降低维生素E 的损耗。

2. 治疗

（1）西药疗法　每只鸡每天1次口服维生素E 5 IU，病情较轻的鸡1～2 d可明显见效，可连续服3～4 d。或每千克饲料加维生素E 20 IU或植物油5 g，亚硒酸钠0.2 mg，蛋氨酸2～3 g，连用2周。成年鸡缺乏维生素E时可在每千克饲料加维生素E 10～20 IU，或植物油5 g，或大麦芽30～50 g，连用2～4周，并酌喂青料。注意：维生素E仅对轻症的雏鸡脑软化症和火鸡跗关节肿大病例有一定的治疗效果。

（2）中草药疗法

①归芎地龙汤　取当归200 g、川芎100 g、地龙200 g，加常水40 kg，煎煮至20 kg，弃渣取汁，将药液置入饮水器中，让2 000只鸡自饮。饮药前停水4 h，饮完药液后供给常水自饮。连用数天即可。

②用大麦芽30～50 g，拌入1 kg饲料中饲喂，连用数天。并酌喂青料。

（孙卫东）

第四节　维生素 K 缺乏症

（Vitamin K deficiency）

【病名定义】

维生素K缺乏症是由于维生素K缺乏使血液中凝血酶原和凝血因子减少，以造成家禽血液凝固过程发生障碍，血凝时间延长或出血等病症为特征的疾病。

【病　因】

1. 饲料中供给维生素K的量不足 按NRC标准，鸡在各生理阶段维生素K都是0.5 mg/kg；火鸡和鹌鹑在0～8周龄及种用期为1.0 mg/kg，8周龄后为0.8 mg/kg；鸭、鹅与鸡的相同。自然界中维生素K有两种类型，即维生素K_1和维生素K_2。维生素K_1主要存在于绿色植物叶中，维生素K_2主要由微生物合成。家禽的肠道虽然能合成少量的维生素K_2，但远远不能满足它们的需要，尤其当生产性能提高其需要量也要增加，加之刚孵出来的雏鸡，凝血酶原比成年鸡低40%以上，这些都可能引起维生素K缺乏。

2. 饲料中的拮抗物质 现代集约化家禽生产中，维生素K的供给常用维生素K_3，维生素K_3是人工合成，是一种结构简单的甲萘醌，生物学效价比自然界存在的维生素K_2高3.3倍，主要和这种水溶性化合物的吸收率高有关。维生素K_3在常温时稳定，日光中暴露易破坏。当混合饲料中含有与维生素K化学结构相似的双香豆素，通过酶的竞争性抑制，妨碍维生素K的利用。如草木樨中毒，某些霉变饲料中的真菌毒素则能抑制维生素K的作用。

3. 抗生素等药物添加剂的影响 由于饲料中添加了抗生素、磺胺类或抗球虫药，抑制肠道微生物合成维生素K，可引起维生素K缺乏。

4. 肠道和肝脏等疾病影响维生素K的吸收 家禽患有球虫病、腹泻、肝脏疾病等，使肠壁吸收障碍，或胆汁缺乏使脂类消化吸收发生障碍，均可降低家禽对维生素K的绝对摄入量。

【发病机理】

维生素K是机体内合成凝血酶原所必需的物质，它促使肝脏合成凝血酶原，还调节Ⅶ、Ⅸ及Ⅹ 3种凝血因子的合成。一般认为，它能促使凝血酶原中某些谷氨酸残基羧化成γ-羧基谷氨酸。当维生素K缺乏时，血中Ⅶ、Ⅸ及Ⅹ 3种凝血因子均减少，因而凝血时间延长，常发生皮下、肌肉及胃肠出血。

在草木樨中毒时，由于草木樨中含有一种无毒的香豆素，当草木樨被霉菌感染后分解为有毒的双香豆素，严重地阻碍肝脏中凝血酶原的生成，使凝血酶原生成不足，从而凝血机制发生障碍，导致血液凝固时间延长，先是皮下或体腔出血，以后则发展到体内外的出血。这种发病机制与灭鼠灵（华法令）中毒相似。因此当草木樨和灭鼠灵中毒时，都可采用维生素K来治疗。

【症　状】

雏鸡饲料中维生素K缺乏，通常经2～3周出现症状。主要特征症状是出血，体躯不同部位——胸部、翅膀、腿部、腹膜，以及皮下和胃肠道都能看到出血的紫色斑点。病鸡的病情严重程度与出血的情况有关。出血持续时间长或大面积出血时，病鸡的鸡冠、肉髯、皮肤干燥苍白，肠道出血严重的则发生血性腹泻，致使病鸡严重贫血，常蜷缩在一起，雏鸡发抖，不久死亡。种鸡维生素K缺乏所产种蛋在孵化过程中胚胎死亡率提高，孵化率降低。

【病理变化】

尸体剖检见肌肉苍白、皮下血肿，肺等内脏器官出血，肝有灰白或黄色坏死灶，脑膜及脑组织有出血点。病死鸡体腔内有积血、凝固不完全，肌胃内有出血。

【诊　断】

1. 临床诊断　主要依据病史调查、日粮分析、病鸡日龄、临诊上出血症状、凝血时间延长及剖检时的出血病变等综合分析，即可诊断。

2. 鉴别诊断　本病排出血便和肠道出血的临床表现与鸡球虫病、出血性肠炎等相似，应注意鉴别。此外本病出现的凝血不良、出血不止与近年来出现的J–亚型白血病相似，应注意区别。

（1）与球虫病的鉴别诊断　盲肠球虫主要表现为突然排出大量的鲜血或黏稠血便，小肠球虫主要表现为排出大量褐色血便，剖检病变主要集中在肠道。而维生素K缺乏症的剖检病变主要可见肌肉苍白、皮下血肿，肺等内脏器官出血，这与鸡球虫病不同。

（2）与出血性肠炎的鉴别诊断　病鸡往往是由于采食了霉败变质的饲料、或由于异物的损伤引起，排出的粪便中的含血量较少，往往呈丝状，剖检病变主要集中在的肠道。而维生素K缺乏症的剖检病变主要可见肌肉苍白、皮下血肿，肺等内脏器官出血，这与鸡出血性肠炎不同。

（3）与J–亚型白血病的鉴别诊断　J–亚型白血病病鸡除了与本病出现的凝血不良、出血不止的临床表现外，还出现内脏肿瘤，易与本病区别。

【防治措施】

1. 预防　消除各种导致维生素K摄取、吸收和转运障碍的因素，在饲料中添加充足的维生素K，并配给适量富含维生素K及其他维生素和矿物质的青绿饲料、鱼粉等。维生素K虽然比较稳定，但对日光抵抗力较弱，所以饲料应避光保存，以免维生素K破坏。磺胺类和抗生素使用时间不宜过长，以免破坏肠道微生物合成维生素K。若饲料和饮水中含有抗菌药物，则每千克饲料中添加维生素K_3可增至1～2 mg。胃肠道和肝脏疾病应及时防治，以改善家禽对维生素K的吸收。

2. 治疗　在鸡群中发现有贫血和出血的鸡，应马上挑出，尽快确诊和治疗。对病鸡可用维生素K_3进行治疗，每千克饲料中添加3～8 mg，或肌内注射维生素K_3注射液，每只鸡0.5～2 mg，一般用药后4～6 h血液凝固即基本恢复正常，若要完全制止出血，需要数天才可见效，同时给予钙剂治疗，疗效会更好。若要完全消除贫血症状，则需数周。在用药时必须注意的是，人工合成的维生素K_3具有一定的刺激性，给予过量时能引起中毒，勿长期使用。

（孙卫东）

第五节　维生素 B_1 缺乏症

(Vitamin B_1 deficiency)

【病名定义】

维生素B_1是由一个嘧啶环和一个噻唑环结合而成的化合物。因分子中含有硫和氨基，故又称硫胺素(Thiamine)。硫胺素是家禽碳水化合物代谢所必需的物质。由于维生素B_1缺乏而引起家禽碳水化合物代谢障碍及神经系统的病变为主要临床特征的疾病称为维生素B_1缺乏症。

【病　因】

大多数常用饲料中硫胺素均很丰富，特别是禾谷类籽实的加工副产品糠麸及饲料酵母中每千克含量可达7 ~ 16 mg。植物性蛋白质饲料每千克含3 ~ 9 mg。所以家禽实际应用的日粮中都含有充足的硫胺素，无需补充。然而，家禽仍有硫胺素缺乏症发生，其主要病因是由于日粮中硫胺素遭受破坏所致。水禽大量吃进新鲜鱼、虾和软体动物内脏，它们含有硫胺酶，能破坏硫胺素而造成硫胺素缺乏症。饲粮被蒸煮加热、碱化处理也能破坏硫胺素。此外，日粮中含有硫胺素拮抗物质而使硫胺素缺乏，如饲粮中含有蕨类植物，球虫抑制剂氨丙啉，某些植物、真菌、细菌产生的拮抗物质，均可能使硫胺素缺乏而致病。

【发病机理】

维生素B_1（硫胺素）为机体许多细胞酶的辅酶，其活性形式为焦磷酸硫胺素，参与糖代谢过程中α-酮酸（丙酮酸、α-酮戊二酸）的氧化脱羧反应。家禽体内若缺乏硫胺素则丙酮酸氧化分解不易进行，丙酮酸不能进入三羧酸循环中氧化，积累于血液及组织中，能量供给不足，以致影响神经组织、心脏和肌肉的功能。神经组织所需能量主要靠糖氧化供给，因此神经组织受害最为严重。病禽表现心脏功能不足、运动失调、抽搐、肌力下降、强直痉挛、角弓反张、外周神经的麻痹等明显的神经症状。因而又把这种硫胺素缺乏症称为多发性神经炎。

维生素B_1（硫胺素）尚能抑制胆碱酯酶，减少乙酰胆碱的水解，加速和增强乙酰胆碱的合成过程。当硫胺素缺乏时，则胆碱酯酶的活性异常增高，乙酰胆碱被水解而不能发挥增强胃肠蠕动、腺体分泌，以及消化系统和骨骼肌的正常调节作用。所以，病禽患多发性神经炎时，常伴有消化不良、食欲不振、消瘦、骨骼肌收缩无力等症状。

【症　状】

维生素B_1（硫胺素）属于水溶性B族维生素，水溶性维生素很少或几乎不在体内储备。因此，短时期的缺乏或不足就足以降低体内一些酶的活性，阻抑相应的代谢过程，影响家禽的生产性能和抗病力。但临床症状要在较长时期的维生素B供给不足时才表现出来。

雏鸡对硫胺素缺乏十分敏感，饲喂缺乏硫胺素的饲粮后约经10 d即可出现多发性神经炎症状。病鸡表现为突然发病，鸡蹲坐在其屈曲的腿上，头缩向后方呈现特征性的“观星”姿势。由于腿麻痹不能站立和行走，病鸡以跗关节和尾部着地，坐在地面或倒地侧卧，严重时会突然倒地，抽搐死亡。

成年鸡硫胺素缺乏约3周后才出现临床症状。病初食欲减退，生长缓慢，羽毛松乱无光泽，腿软无力和步态不稳。鸡冠常呈蓝紫色。以后神经症状逐渐明显，开始是脚趾的屈肌麻痹，随后向上发展，其腿、翅膀和颈部的伸肌明显地出现麻痹。有些病鸡出现贫血和腹泻。体温下降至35.5 ℃。呼吸率呈进行性减少。衰竭死亡。种蛋孵化率降低，死胚增加，有的因无力破壳而死亡。

病鸭常阵发性发作，出现神经症状，头歪向一侧，或仰头转圈。随着病情发展，发作次数增多，并逐渐严重，全身抽搐或呈角弓反张而死亡。

【病理变化】

维生素B_1缺乏症致死雏鸡的皮肤呈广泛水肿，其水肿的程度决定于肾上腺的肥大程度。肾上腺肥大，雌禽比雄禽的更为明显，肾上腺皮质部的肥大比髓质部更大一些。肥大的肾上腺内的肾上腺素含量也增加。病死雏的生殖器官却呈现萎缩，睾丸比卵巢的萎缩更明显。心脏轻度萎缩，右心可能扩大，肝脏呈淡黄色，胆囊肿大。肉眼可观察到胃和肠壁的萎缩，而十二指肠的肠腺（里贝昆氏腺）却扩张。在显微镜下观察，十二指肠肠腺上皮细胞的有丝分裂明显减少。在缺乏症后期，黏膜上皮消失，只留下一个结缔组织框架。在扩张的肠腺内聚集坏死细胞和细胞碎片。胰腺的外分泌细胞的胞浆呈现空泡化，并有透明体形成。这些变化被认为是由细胞缺氧致使线粒体损害所造成的。

【诊　断】

1. 临床诊断　主要根据家禽发病日龄、饲料维生素B_1缺乏、临床上多发性外周神经炎特征症状和病理变化即可作出诊断。在生产实际中，治疗性诊断，即给予病禽足够量的维生素B_1后可见到明显的疗效，有助于确诊。

2. 实验室诊断　血液中丙酮酸浓度可以从正常的20 ~ 30 μg/L升高至60 ~ 80 μg/L；血清硫胺素浓度从正常的80 ~ 100 μg/L降至25 ~ 30 μg/L。此外，根据维生素B_1（硫胺素）的氧化产物是一种具有蓝色荧光的物质（称硫色素），其荧光强度与维生素B_1含量成正比，因此，可用荧光法定量测定原理，测定病禽的血、尿、组织及饲料中硫色素的含量，以达到确诊和病情监测预报的目的。

3. 鉴别诊断　本病出现的“观星”等神经系统症状与鸡新城疫、禽脑脊髓炎、维生素E缺乏症等类似，应注意鉴别诊断。具体内容请参考本书第九章第二节维生素D缺乏症鉴别诊断中有关鸡运动障碍的鉴别诊断思路及引起运动障碍常见疾病的鉴别诊断的相关叙述。

【防治措施】

1．预防　饲养标准规定每千克饲料中维生素B_1含量为：肉用仔鸡和0～6周龄的育成蛋鸡1.8 mg，7～20周龄鸡1.3 mg，产蛋鸡和母鸡0.8 mg，注意按标准饲料搭配和合理调制，就可以防止维生素B_1缺乏症。注意日粮配合，添加富含维生素B_1的糠麸、青绿饲料或添加维生素B_1。水禽日粮中水生动物性饲料不宜过多。对种禽要监测血液中丙酮酸的含量，以免影响种蛋的孵化率。某些药物（抗生素、磺胺药、球虫药等）是维生素B_1的拮抗剂，不宜长期使用，若用药应加大维生素B_1的用量。天气炎热，因需求量高，注意额外补充维生素B_1。

2．治疗　发病严重者，可给禽口服维生素B_1，在数小时后即可见到疗效。由于维生素B_1缺乏可引起极度的厌食，因此在急性缺乏尚未痊愈之前，在饲料中添加维生素B_1的治疗方法是不可靠的，所以要先口服维生素B_1，然后再在饲料中添加，雏鸡的口服量为每只每天1 mg，成年鸡每只内服量为每千克体重2.5 mg。对神经症状明显的病禽可肌内或皮下注射维生素B_1注射液，雏禽每次1 mg，成禽每次5 mg，每天1～2次，连用3～5 d。此外，还可取大活络丹1粒，分4次投服，每天1次，连用14 d。

（孙卫东）

第六节　维生素 B_2 缺乏症

（Vitamin B_2 deficiency）

【病名定义】

维生素B_2是由核醇与二甲基异咯嗪结合构成的，由于异咯嗪是一种黄色色素，故又称之为核黄素（Riboflavin）。维生素B_2缺乏症是由于饲料中维生素B_2缺乏或被破坏引起家禽机体内黄素酶形成减少，导致物质代谢性障碍，临床上以足趾向内蜷曲、飞节着地、两腿发生瘫痪为特征的一种营养代谢病。

【病　因】

各种青绿植物和动物蛋白均富含维生素B_2（核黄素），动物消化道中许多细菌、酵母菌、真菌等微生物都能合成核黄素。但常用的禾谷类饲料中维生素B_2特别贫乏，每千克不足2 mg。所以，肠道比较缺乏微生物的家禽，又以禾谷类饲料为食，若不注意添加维生素B_2易发生缺乏症。核黄素易被紫外线、碱及重金属破坏；另外还要注意，饲喂高脂肪、低蛋白饲粮时，核黄素需要量增加；种禽比非种用蛋禽的需要量需提高1倍；低温时供给量应增加；患有胃肠病的，影响核黄素转化和吸收。这些因素都可能引起维生素B_2缺乏。

【发病机理】

维生素B_2（核黄素）是组成机体内12种以上酶体系统的活性部分。含核黄素的重要酶有细胞色素还原酶、心肌黄酶、黄质氧化酶、L–氨基酸氧化酶、D–氨基酸氧化酶、组氨酶等。这些酶参与体内的生物氧化过程，核黄素结构上异咯嗪环的第1及第10两位的氮原子，具有活泼的双键，能接受氢而还原变为无色，也可再失氢而氧化变回黄色。核黄素在体内的生物氧化过程中起着传递氢的作用。若核黄素缺乏则体内的生物氧化过程中酶体系受影响，使机体的整个新陈代谢作用降低，出现消化功能障碍、肌肉出血、神经炎等临床症状与病理变化。

【症　状】

雏鸡喂饲缺乏维生素B_2日粮后，多在1～2周龄发生腹泻，食欲尚良好，但生长缓慢，逐渐变得衰弱消瘦。其特征性的症状是足趾向内蜷曲（见彩图9–6–1），不能行走，以跗关节着地、行走困难，强行驱赶则以跗关节支撑并在翅膀的帮助下走动，两腿发生瘫痪，腿部肌肉萎缩和松弛，皮肤干而粗糙。缺乏症的后期，病雏不能运动，只是伸腿俯卧，多因吃不到食物而饿死。

育成鸡病至后期，腿敞开而卧，瘫痪。母鸡的产蛋量下降，蛋白稀薄，种鸡则产蛋率、受精率、孵化率下降。种母鸡日粮中核黄素的含量低，其所产的蛋和出壳雏鸡的核黄素含量也低，而核黄素是胚胎正常发育和孵化所必需的物质，孵化种蛋内的核黄素用完，鸡胚就会死亡（入孵第2周死亡率高）。死胚呈现皮肤结节状绒毛，颈部弯曲，躯体短小，关节变形，水肿、贫血和肾脏变性等病理变化。有时也能孵出雏，但多数带有先天性麻痹症状，体小、浮肿。

青年火鸡核黄素缺乏的特征性症状为：生长缓慢、羽毛发育不良、腿麻痹、喙角和眼睑部结痂。有些发病火鸡的脚和颈部发生严重皮炎，变现为浮肿、脱皮并有深的皲裂。

【病理变化】

病死雏鸡胃肠道黏膜萎缩，肠壁薄，肠内充满泡沫状内容物（见彩图9–6–2）。病死的产蛋鸡皆有肝脏增大和脂肪量增多。有些病例有胸腺充血和成熟前期萎缩。病死成年鸡的坐骨神经和臂神经显著肿大和变软，尤其是坐骨神经的变化更为显著，其直径比正常大4～5倍。组织学检查表明受损神经主要表现为主要神经干发生髓鞘变性，并可能伴有轴索肿胀与断裂。脊髓内出现雪旺氏细胞增生、髓磷脂病变、神经胶质增生和染色质溶解。坐骨神经细微结构检查表明大量神经髓磷脂发生折叠环化，使神经髓鞘发生对称性或非对称性膨大，从而导致节段性脱髓鞘。足趾蜷曲且麻痹的病例中，常可见到神经肌肉运动终板和肌肉发生变性。核黄素也可能在主要外周神经干髓磷脂的代谢中起到重要作用。尽管在某种程度上，肌纤维有时发生完全变性，但并不出现肉眼可见的肌肉萎缩。臂神经干和坐骨神经一样也出现髓磷脂变性。有些病例还出现类似硫胺素缺乏的胰腺和十二指肠坏死的病变。

【诊　断】

通过对发病经过、日粮分析、足趾向内蜷缩、两腿瘫痪等特征症状，以及病理变化等情况的综合分析，即可作出诊断。本病出现的趾爪蜷曲、两腿瘫痪等症状与禽脑脊髓炎、维生素E–硒缺乏症、马立克病类似，应注意鉴别。具体内容请参考本章第二节维生素D缺乏症鉴别诊断中有关鸡运动障碍的鉴别诊断思路及引起运动障碍常见疾病的鉴别诊断的相关叙述。此外，本病出现的坐骨神经和臂神经显著肿大病变与鸡马立克病相似，应注意区别。

【防治措施】

1. 预防　饲喂的日粮必须能满足家禽生长、发育和正常代谢对维生素B_2的需要。0～7周龄的雏鸡，每千克饲料中维生素B_2含量不能低于3.6 mg；8～18周龄时，不能低于1.8 mg；种鸡不能低于3.8 mg；产蛋鸡不能低于2.2 mg。配制全价日粮，应遵循多样化原则，选择谷类、酵母、新鲜青绿饲料和苜蓿、干草粉等富含维生素B_2的原料，或在每吨饲料中添加2～3 g核黄素，对预防本病的发生有较好的作用。维生素B_2在碱性环境及暴露于可见光特别是紫外光中，容易分解变质，混合料中的碱性药物或添加剂也会破坏维生素B_2，因此，饲料贮存时间不宜过长。防止鸡群因胃肠道疾病（如腹泻等）或其他疾病影响对维生素B_2的吸收而诱发本病。

2. 治疗　雏禽按每只1～2 mg，成禽按每只5～10 mg口服维生素B_2片或肌注维生素B_2注射液，连用2～3 d。或在每千克饲料中加入维生素B_2 20 mg治疗1～2周，即可见效。但对趾爪蜷曲、腿部肌肉萎缩、卧地不起的重症病例疗效不佳，应及时淘汰。此外，可取山苦荬（别名七托莲、小苦麦菜、苦菜、黄鼠草、小苦苣、活血草、隐血丹），按10%（预防按5%）的比例在饲料中添喂，每天3次，连喂30 d。

（孙卫东）

第七节　泛酸缺乏症

（Pantothenic acid deficiency）

【病名定义】

泛酸又称遍多酸、维生素B_3。泛酸缺乏症是由于缺乏泛酸而引起的以家禽皮炎、脱毛、生长缓慢为特征的营养缺乏病。

【病　因】

家禽对泛酸的需要量，按NRC标准：雏鸡、肉仔鸡、种鸡为10.0 mg/kg，产蛋鸡2.2 mg/kg；鹌鹑生长期为10.0 mg/kg，种用期为15.0 mg/kg；鸭和鹅均为10.0 mg/kg。若供给量不足可引起缺乏症。种鸡饲粮中维生素B_{12}不足时，对泛酸的需要量增加，有人证明维生素B_{12}缺乏的雏鸡，每千克饲料中需要20 mg泛酸才能维持正常生长，否则，也可造成泛酸缺乏症。

泛酸遍布于一切植物性饲料中，在一般日粮中不易缺乏。养禽业中以玉米为主的日粮，而玉米含泛酸量很低，需注意泛酸的供给，否则易引起泛酸缺乏。

泛酸是泛解酸和β-丙氨酸借肽链联合而成的一个直链化合物，因为肽链不是很稳定，故泛酸极易被热破坏，特别在酸性或碱性环境下被破坏，发生水解，影响家禽的利用率而造成泛酸缺乏。

【发病机理】

泛酸是以乙酰辅酶A形式参加代谢，对糖类、脂肪和蛋白质代谢过程中的乙酰基转移皆有重要作用。它可与草酰乙酸相结合形成柠檬酸，然后进入三羧酸循环。来自糖类、脂肪或许多氨基酸的乙酸就能经过三羧酸循环的终末的共同代谢途径，被进一步裂解。活性乙酸也能与胆碱结合形成乙酰胆碱，乙酰胆碱是副交感神经和交感神经的节前纤维、副交感神经的节后纤维末梢释放的介质，因而影响植物性神经的机能对于管理心肌、平滑肌和腺体（消化腺、汗腺和部分内分泌腺）的活动。活性乙酸又是胆固醇合成的前体，因此也是固醇激素的前体，泛酸缺乏时，肾上腺功能往往不足。

【症　状】

小鸡泛酸缺乏时，特征性表现是羽毛生长阻滞和松乱。病鸡头部羽毛脱落，头部、趾间和脚底皮肤发炎，表层皮肤有脱落现象，并产生裂隙，以致行走困难，有时可见脚部皮肤增生角化，有的形成疣性赘生物。幼鸡生长受阻，消瘦，眼睑常被黏液渗出物黏着，口角、泄殖腔周围有痂皮。口腔内有脓样物质。

有人证明在日粮中的泛酸含量对种蛋的孵化力有明显的影响。当母鸡喂饲泛酸含量低的饲料时，所产种蛋在孵化期的最后2～3 d时，胚胎的死亡率显著增高。也有人指出，种鸡的日粮缺乏泛酸时，产蛋量和受精蛋的孵化率均在正常范围内，但孵出的雏鸡体重不足、衰弱，在孵出后的最初24 h内死亡率可达50%。

【病理变化】

尸体剖检时可见口腔内有脓样物，腺胃有灰白色渗出物，肝肿大，可呈暗的淡黄色至污秽黄色。脾稍萎缩。肾稍肿。病理组织显微镜检查：腔上囊、胸腺和脾有明显的淋巴细胞坏死和淋巴组织减少；脊髓神经和髓磷脂纤维呈髓磷脂变性，这些变性的纤维在沿脊髓向下至荐部各节段都可发现。种鸡泛酸缺乏时，所产种蛋入孵后的死亡胚胎剖检时见鸡胚短小、皮下出血和严重水肿，肝脏有脂肪变性。

【诊 断】

1. 临床诊断 通过对发病经过、日粮分析、皮炎、脱毛、生长缓慢等特征症状，以及病理变化等情况的综合分析，即可作出诊断。

2. 鉴别诊断 本病出现的皮炎、骨短粗等症状与维生素A缺乏症、维生素H缺乏症、皮肤型鸡痘等类似，应注意鉴别。

（1）与维生素A缺乏症的鉴别诊断 维生素A缺乏症病鸡鼻孔和眼有水样分泌物，上下眼睑常被分泌物黏合在一起，掰开眼睑可见角膜混浊和结膜囊内有白色干酪样物质；鼻腔有黏液性渗出物，眼睛肿胀。口腔、咽部、食管表面有白色结节。而泛酸缺乏症的皮炎出现在口角、眼边、腿、足底，眼睑常被黏性渗出物黏着，眼睑边缘呈颗粒状。

（2）与维生素H缺乏症的鉴别诊断 两病很难区别，均会引起皮炎，羽毛断裂，骨短粗症，生长发育不良，死亡率高。但雏鸡发生维生素H缺乏时，其皮炎症状首先表现在足部，以后才波及口角、眼边等。而泛酸缺乏症的皮炎首先出现在口角、眼边和腿上，严重时才波及足底。

（3）与鸡痘的鉴别诊断 皮肤型鸡痘雏鸡多患，初期可见病鸡眼睑肿胀，随后产生灰白色结节，很快产生灰黄色芝麻大甚至绿豆大的痘疣，并与附近的结节融合，形成大的痘痂，使上下眼睑粘连，多数病鸡的眼眶下有渗出物蓄积，从眼内可挤出干酪样物质。泛酸缺乏症病鸡消瘦，口角和眼睑及肛门周围有小痂块；眼睑常被黏性渗出物黏着，眼睑边缘呈颗粒状，头部羽毛脱落，趾间和爪底皮肤发炎；口内有脓性物质；肝肿大，呈暗黄色。

【防治措施】

1. 预防 主要措施是根据鸡不同发育阶段添加充足的泛酸，同时泛酸与维生素B_{12}之间有密切关系，在维生素B_{12}不足的条件下，雏鸡对泛酸的需要量增多，就有可能发生泛酸缺乏症，所以，在添加泛酸的同时，注意添加维生素B_{12}。在配制日粮时，应注意搭配含维生素B_3丰富的饲料，酵母粉和动物性饲料（如鱼粉、骨肉粉）及植物性饲料（如米糠、豆饼、花生饼、优质干草）中含有丰富的泛酸。但需注意，泛酸极不稳定，易受潮分解，因而在与饲料混合时，要用其钙盐（泛酸钙）。

2. 治疗 发病后，可按每千克饲料添加20～30 mg泛酸钙，连用1～2周，治疗效果显著。对病重鸡肌内注射泛酸钙注射液，每天2次，每次每只10 mg，连续2～3 d。用缺乏泛酸的种禽所产的种蛋孵出的雏禽，虽然极度衰弱，但立即腹膜腔内注射200 μg泛酸，可以收到明显疗效，否则不易存活。

（孙卫东）

第八节　烟酸缺乏症

（Nicotinic acid deficiency）

【病名定义】

烟酸又称为尼克酸、维生素B_5，它与烟酰胺（尼克酰胺）均系吡啶衍生物，属于维生素PP（又称抗癞皮病维生素），是动物体内营养代谢必需物质。烟酸缺乏症是烟酸缺乏所引起的以家禽口炎、下痢、跗关节肿大等为主要临床特征的一种营养缺乏病。

【病　因】

1. 家禽对烟酸的需要量未得到足够的供应　按NRC标准，中小雏鸡为27.0 mg/kg，大雏11.0 mg/kg，产蛋鸡和种鸡10.0 mg/kg；雏鹌鹑40.0 mg/kg，种用期为20.0 mg/kg；雏鸭和雏鸡为55.0 mg/kg，产蛋鸭40.0 mg/kg，产蛋鹅为20.0 mg/kg。家禽以玉米为主的日粮中缺乏色氨酸；或者缺乏维生素B_2和维生素B_6均可能引起烟酸缺乏症。玉米含烟酸量很低，并且所含的烟酸大部分是结合形式，未经分解释放而不能被禽体所利用；玉米中的蛋白质又缺乏色氨酸，不能满足体内合成烟酸的需要。在禽体内色氨酸的合成需要维生素B_2和维生素B_6的参与，所以，维生素B_2和维生素B_6缺乏时，也影响烟酸的合成。

2. 需要量增多　由于生产性能高的新品种家禽对其所需要的营养物质大大增加，或者是由于家禽患有热性病、寄生虫病、腹泻症或消化道、肝和胰脏等机能障碍时，营养消耗增多，或影响营养物质吸收，其抗病/抗应激的营养需求增加。

3. 家禽肠道合成烟酸能力低　在养禽饲养过程中若长期使用抗生素，可使肠道内微生物的增殖受到抑制，微生物合成烟酸量减少。

【发病机理】

烟酸在机体内易转变为烟酰胺，两者均系吡啶衍生物，具有相同的活性。烟酰胺是两个重要酶的成分：一个是二磷酸吡啶核苷酸（OPN），另一个是三磷酸吡啶核苷酸（TPN）。在动物体内，这两个酶结构中的烟酰胺部分具有可逆的加氢和脱氢的特性，故在氧化还原过程中起递氢的作用，在糖、脂类、蛋白质的氧化分解及细胞呼吸过程中起着重要的作用。它们还在维持皮肤和消化腺分泌，提高中枢神经的兴奋性，扩张末梢血管及降低血清胆固醇含量等方面起着作用。所以，烟酸缺乏时，导致此类酶合成不足，而引起生物氧化机能的紊乱，造成糖、脂肪、蛋白质的代谢障碍，使机体出现皮肤病变和消化道功能紊乱，口腔、舌、胃肠道黏膜损伤，神经产生变化及眼睛病变等。

【症　状】

雏鸡、青年鸡、鸭均以生长停滞、发育不全及羽毛稀少为该病的典型症状，多见于幼雏发病。皮肤发炎有化脓性结节，皮肤粗糙，腿部关节肿大，骨短粗，腿骨弯曲，与滑腱症有些相似，不过其跟腱极少滑脱。雏鸡口腔、食管黏膜发炎，舌发黑色暗，发炎，呈深红色，食欲减退，生长受到抑制，并伴有消化不良和腹泻。产蛋鸡（成鸡）较少发生缺乏症，其症状为体重减轻，羽毛蓬乱无光，甚至脱落，产蛋量下降，孵化率降低，有时可见到足和皮肤有鳞状皮炎。火鸡、鸭、鹅的腿关节韧带和腱松弛。成年鸭的腿呈弓形弯曲，严重时可致残。

【病理变化】

尸体剖检可见口腔，食管黏膜表面有炎性渗出物，胃肠充血，十二指肠溃疡。严重病例的骨骼、肌肉及内分泌腺可发生不同程度的病变，以及许多器官发生明显的萎缩。皮肤角化过度而增厚，胃和小肠黏膜萎缩，盲肠和结肠黏膜上有豆腐渣样覆盖物，肠壁增厚。产蛋鸡肝脏颜色变黄、易碎，肝细胞内充满大量脂滴，细胞器严重受损，数量减少，从而导致脂肪肝。

【诊　断】

根据发病经过、日粮的分析、临床典型症状和病理变化综合分析后可作出诊断。本病的“胫关节变粗、腿呈弓形”症状与锰及胆碱缺乏所致的骨短粗症相似，应注意鉴别。

【防治措施】

1. 预防　避免饲料原料单一，在日粮中添加富含烟酸的饲料，如啤酒酵母、米糠、麸皮、豆类、鱼粉等富含烟酸的原料等，可预防本病。另外，鸡对烟酸的需要量与饲料中色氨酸的水平有关，玉米中色氨酸含量不多，在含玉米较多的日粮中应补充足量的色氨酸。

2. 治疗　对发病鸡，应针对发病原因采取相应的措施。患病鸡每只口服烟酸30～40 mg，在每吨饲料中添加15～20 g烟酸，能很快恢复。若有肝病存在时，可配合应用胆碱或蛋氨酸进行防治。调整日粮中玉米比例，或添加色氨酸。但对骨粗短症或腓关节肿大等严重病例，效果很差或根本无效，应及时淘汰。

（孙卫东）

第九节　维生素 B_6 缺乏症

（Vitamin B_6 deficiency）

【病名定义】

维生素B_6又名吡哆素，包括吡哆醇、吡哆醛、吡哆胺等3种化合物。维生素B_6缺乏症是维生素B_6引起的以家禽食欲下降、生长不良、骨短粗病和神经症状为特征的一种疾病。

【病　因】

家禽对维生素B_6的需要量，按NRC标准：雏鸡、肉仔鸡、产蛋鸡、鹅都是3.0 mg/kg，种母鸡4.5 mg/kg，鸭生长期2.6 mg/kg，种用时为3.0 mg/kg。曾发现饲喂肉用仔鸡每千克含吡哆醇低于3 mg的饲粮，引起大群发生中枢神经系统紊乱。

维生素B_6在植物中是以吡哆醇形式存在，动物中是吡哆醛和吡哆胺。这3种化合物，均是吡啶的衍生物，在动植物组织中3种化合物可以互相转化，活性相同。对家禽，吡哆醛的活性略高于其他两种。饲料在碱性或中性溶液中，以及受光线、紫外线照射均能使维生素B6破坏，也可引起维生素B_6缺乏。

【发病机理】

维生素B_6对体内的蛋白质代谢有着重要的影响，由于维生素B_6参与氨基酸的转氨基反应。氨基酸在体内代谢时，主要通过转氨酶的催化作用，脱去氨基生成相应的α–酮酸，或者由α–酮酸接受氨基而生成相应的氨基酸。在这种氨基酸转移反应中，需要磷酸吡哆醛。磷酸吡哆醛是由吡哆醇进入体内转变为吡哆醛的磷酸酯，在第5位碳原子的醇基上结合磷酸，而生成磷酸吡哆醛。后者与磷酸吡哆胺可以互变。磷酸吡哆醛能接受氨基酸脱下的氨基而变成磷酸吡哆胺；而磷酸吡哆胺又能够把它所接受的氨基传递给α–酮酸而变为磷酸吡哆醛。

磷酸吡哆醛或磷酸吡哆胺是转氨酶的辅酶，也是某些氨基酸脱羧酶及半胱氨酸脱硫酶等的辅酶。动物育肥时特别需要维生素B_6，否则会影响育肥、增重等生产性能。

磷酸吡哆醛又是某些氨基酸脱羧作用所必需的辅酶。氨基酸脱羧后，产生有生物活性的胺类，对机体生理活动有着重要的调节作用。如谷氨酸脱去羧基生成的γ–氨基丁酸，与中枢神经系统的抑制过程有密切关系。当维生素B_6缺乏时，由于γ–氨基丁酸生成减少，中枢神经系统的兴奋性则异常增高，因而病禽表现出特征性的神经症状。

【症　状】

小鸡食欲下降，生长不良，贫血及特征性的神经症状。病鸡双脚神经性的颤动，多以强烈痉挛抽搐而死亡。有些小鸡发生惊厥时，无目的地乱跑，翅膀扑击，倒向一侧或完全翻仰在地上，头和腿急剧摆动，这种较强烈的活动和挣扎导致病鸡衰竭而死。另有些病鸡无神经症状而发生严重的骨短粗病。成年病鸡食欲减退，产蛋量和种蛋孵化率明显下降，由于体内氨基酸代谢障碍，蛋白质的沉积率降低，生长缓慢；甘氨酸和琥珀酰辅酶A缩合成卟啉基的作用受阻，对铁的吸收利用降低而发生贫血。随后病鸡体重减轻，逐渐衰竭死亡。

小鸭吡哆醇缺乏的症状包括：生长不良、采食量下降、过度兴奋、虚弱、小细胞低色素性贫血、痉挛和死亡。

【病理变化】

剖检病死鸡见皮下水肿，内脏器官肿大，脊髓和外周神经变性。有些病例呈现肝脏变性。骨短粗病的组织学特征是跗跖关节的软骨骺的囊泡区排列紊乱和血管参差不齐地向骨板伸入，致使骨弯曲。

【诊　断】

根据发病经过，日粮的分析，临床上食欲下降、生长不良、贫血及特征性的神经症状以及病理变化综合分析后可作出诊断。

【防治措施】

应根据病因采取有针对性防治措施。饲喂量不足需增加供给量；有些禽类品种需要量大就应加大供给量。有人发现洛岛红与芦花杂交种雏鸡的需要量比白来航雏鸡需要量高得多。有研究指出，在育成火鸡饲料中将吡哆醇的含量提高至NRC推荐量的2倍，且在其所产的蛋内注射吡哆醇时，可提高受精卵的孵化率。

（孙卫东）

第十节　叶酸缺乏症

（Folic acid deficiency）

【病名定义】

叶酸因其普遍存在于植物绿叶中而得名。叶酸缺乏症又称维生素B_{11}缺乏症。家禽叶酸缺乏症是由于家禽体内缺乏叶酸而引起以贫血、生长不良、羽毛生长不良或色素缺乏，有的发生伸颈麻痹等为主要特征的营养缺乏性疾病。

【病　因】

家禽配合饲料对叶酸的需要量，按NRC标准：中雏鸡、肉仔鸡0.55 mg/kg，大雏和产蛋鸡0.25 mg/kg，种鸡0.35 mg/kg，鹌鹑和火鸡在育成期0.8 mg/kg，其余为0.1 mg/kg，鸭和鹅与鸡相同。当其供给量不足，集约化或规模化养殖禽群又无青绿植物补充，有可能引起叶酸缺乏症。家禽对叶酸的需要部分依靠于肠道微生物的合成，若家禽长期服用抗生素或磺胺类药物时，可抑制肠道微生物的增殖，从而引起叶酸缺乏。当家禽患有球虫病、消化道慢性疾病时，引起机体对叶酸的吸收障碍，均有可能引起叶酸缺乏症。

【发病机理】

叶酸是由喋酸和谷氨酸结合而成，饲料中绝大部分叶酸是以喋酰多谷氨酸形式存在。在正常情况下可被小肠上皮细胞分泌的谷氨酸–羧基肽酶水解成谷氨酸和自由型叶酸。自由型叶酸在小肠上部易于吸收。在体内肠壁、肝、骨髓等组织转变成具有生理活性的5,6,7,8–四氢叶酸。四氢叶酸是机体内一碳基团代谢的辅酶。参与嘌呤、嘧啶及甲基的合成等代谢过程。四氢叶酸先与甲基结合成5–甲基四氢叶酸，然后再把甲基传递给尿嘧啶，使尿嘧啶转变为胸腺嘧啶；四氢叶酸获得甲基后，与维生素B_{12}共同促进同型半胱氨酸转变为蛋氨酸，并促进体内嘌呤和嘧啶的合成。另外，甘氨酸转变为丝氨酸等生化过程也都必须有一碳基团代谢的辅酶参与。由于嘌呤和嘧啶都是合成核酸的原料，因此，叶酸对核酸的合成有直接影响，并对蛋白质的合成和新细胞的形成也有重要的促进作用。家禽叶酸缺乏时，其正常核酸代谢和细胞繁殖所需的核蛋白形成皆受到影响，使病禽血细胞的发育成熟受到障碍，造成巨幼红细胞性贫血症和白细胞减少症，导致家禽出现生长停滞、羽毛生长不良等症状。

【症　状】

雏鸡和雏火鸡叶酸缺乏病的特征是生长停滞，贫血，羽毛生长不良或色素缺乏，有色鸡品种的羽毛出现色素缺乏，呈白羽。雏火鸡表现特征性的伸颈麻痹（头抬不起来，向前伸直下垂，喙着地）。若不立即投给叶酸，在症状出现后2 d内便会死亡。叶酸与胆碱之间关系密切，叶酸缺乏时，机体对胆碱的需要量会大大增加，因而有些病例会出现脚软弱症或骨短粗症。

种用成年鸡和火鸡日粮中缺乏叶酸，使其产蛋量下降，种蛋的孵化率也有不同程度的下降。鸡胚在用喙啄破气室后不久，便很快死亡。死亡鸡胚的上颌骨畸形和胫跗骨弯曲。有人试验，在种母鸡饲料中加入小剂量叶酸对抗剂4–氨基叶酸，则能抑制鸡胚的生长。

【病理变化】

剖检病死家禽可见肝、脾、肾贫血，肌胃角质层下有小点状出血，肠黏膜有出血性炎症。

【诊　断】

1. 临床诊断　根据发病经过，日粮的分析，临床上贫血、生长不良、羽毛生长不良或色素缺乏，有的发生伸颈麻痹等神经症状及病理变化综合分析后可作出诊断。

2. 实验室诊断　叶酸缺乏可引起骨髓红细胞形成过程中巨红细胞发育停止，从而导致严重的巨红细胞性贫血，这是雏鸡最早的表现之一。白细胞生成也减少，并引起明显的粒细胞缺乏症。

3. 鉴别诊断　本病出现的颈部肌肉麻痹，抬头向前平伸，喙着地症状与鸡神经型新城疫、鸡传染性脑脊髓炎、维生素E和/或硒缺乏症（脑软化症）、脑炎型大肠杆菌病、肉毒中毒、食盐中毒、维生素B_1缺乏症、维生素B_6缺乏症等类似，应注意区别。具体内容请参考本章第二节维生素D缺乏症鉴别诊断中有关鸡运动障碍的鉴别诊断思路及引起运动障碍常见疾病的鉴别诊断的相关叙述。本病出现的贫血症状与鸡传染性贫血、磺胺药物中毒、球虫病等类似，应注意鉴别。具体内容请参考本章维生素K缺乏症鉴别诊断的相关叙述。

【防治措施】

1. 预防　家禽常规日粮中的玉米、豆饼等，通常情况下均能供给充分的叶酸，而且鸡的肠道微生物还能合成部分叶酸。但只靠肠道微生物合成的叶酸是不能满足其最大生长需要和生产需要。在饲料中适当搭配黄豆饼、啤酒酵母、亚麻仁饼、苜蓿粉等可防止叶酸缺乏。用玉米作饲料时要特别注意补充含叶酸的饲料。在每千克饲料中加入0.5～1.5 mg的叶酸，就能预防缺乏症的发生。另外，叶酸与胆碱有着密切的关系，据研究，当胆碱含量不适宜时，鸡对叶酸的需要量可增加2倍；当日粮中缺乏叶酸时，提高日粮中的胆碱水平可以减轻骨短粗病的发生率与严重程度，但并不能完全防止。因此，当叶酸缺乏时可适当提高日粮中的胆碱水平。

2. 治疗　可用叶酸注射液，雏鸡每只1次性用量50～100 μg，育成鸡每只1次性用量100～200 μg，在1周内血红蛋白值和生长率恢复正常。若口服叶酸，则需在每100 g饲料中加入500 μg叶酸时，才能达到同叶酸注射液注射时同样的疗效。也可口服复合维生素B片每只1～2片。上述治疗若配合应用维生素B_{12}、维生素C进行治疗，则疗效更佳。

当吸收不良、代谢失常及长期使用磺胺类药物引起的叶酸缺乏病例，可用叶酸治疗，每只每天10 mg，连用3 d；谷氨酸，每只每天0.3 g，连用3 d；或用味精或熟鸡肉拌料饲喂，效果较好。

（孙卫东）

第十一节　维生素 B_{12} 缺乏症

（Vitamin B_{12} deficiency）

【病名定义】

维生素B_{12}是唯一含有金属元素钴的维生素，所以又称为钴维生素（钴胺素）。它是家禽体内代谢的必需营养物质，缺乏后则引起营养代谢紊乱，呈现以生长缓慢、贫血、产蛋下降等为特征的病症。

【病　因】

日粮中维生素B_{12}添加量，按NRC标准：雏鸡、肉仔鸡0.009 mg/kg，育成鸡、种鸡、鹌鹑、火鸡为0.003 mg/kg。鸭和鹅与鸡相同。除供给量不足可引起维生素B_{12}缺乏症外，在某些缺钴地区，植物中缺乏维生素B_{12}，胃肠道微生物也因缺钴而不能合成维生素B_{12}；患有腺胃炎，且胃内氨基多肽酶分泌不足，未能促使维生素B_{12}进入黏膜的细胞以被吸收；由于维生素B_{12}仅在回肠中被吸收，当局限性回肠炎、肠炎或患肠道综合征时，也能造成维生素B_{12}的吸收不良。

影响家禽对维生素B_{12}需要的因素有：品种、年龄、维生素B_{12}在消化道内合成的强度、吸收率及同其他维生素间的相互关系等。鸡消化道合成的维生素B_{12}吸收率较差。当采用笼养或地面网养，鸡无法从垫草（料）中获得维生素B_{12}的补充。为此，鸡对维生素B_{12}的需要量很大，每千克饲料中必须含2.2 mg，这个数字比美国NAS–NRC（1954）所列的最小需要量要高很多。此外，饲料中过量的蛋白质能增加机体对维生素B_{12}的需要量，还需看饲料中胆碱、蛋氨酸、泛酸和叶酸水平及体内维生素C的代谢作用而定。以上所述各种因素皆有可能使家禽发生维生素B_{12}缺乏症。

【发病机理】

维生素B_{12}是生物合成核酸和蛋白质的必需因素，它促进红细胞的发育和成熟。这与叶酸的作用是互相关联的。当体内维生素B_{12}缺乏时，引起脱氧核糖核酸合成异常，从而出现巨幼红细胞性贫血；动物离体和活体试验都证明，维生素B_{12}有促进蛋白质的合成能力。当动物缺乏维生素B_{12}时，血浆蛋白含量下降，肝脏中的脱氢酶、细胞色素氧化酶、转甲基酶、核糖核酸酶等酶的活性也减弱。维生素B_{12}又是胆碱合成中不可缺少的，而胆碱是磷脂构成成分，磷脂在肝脏参与脂蛋白的生成和脂肪的运出中起重要作用。维生素B_{12}还是甲基丙二酰辅酶A异构酶的辅酶，在糖和丙酸代谢中起重要作用。由此可知，维生素B_{12}参加机体内许多代谢过程，当其缺乏时，可引起一系列代谢紊乱，引发家禽发育缓慢、贫血、成禽产蛋量下降等病状。

【症　状】

病雏表现为生长缓慢，饲料利用率降低、大量死亡。在育成禽和成年禽维生素B_{12}缺乏时，尚未见到有特征性症状的报道。若同时饲料中缺少作为甲基来源的胆碱、蛋氨酸时，雏鸡和雏火鸡可能会发生骨短粗病。成年种禽维生素B_{12}缺乏时，其所产种蛋蛋重减轻，蛋内维生素B_{12}则不足，在种蛋孵化的第16～18天时会出现一个胚胎死亡高峰，胚胎表现为体小、腿部肌肉萎缩、弥漫性出血、胫骨短粗、水肿和脂肪肝。

【病理变化】

剖检病死雏禽主要表现为消瘦和贫血，有些病死雏禽出现跖骨变短变粗等。维生素B_{12}缺乏死亡的鸡胚见皮肤呈弥漫性水肿，肌肉萎缩，心脏扩大并形态异常，甲状腺肿大，肝脏脂肪变性，卵黄囊、心脏和肺脏等胚胎内脏均有广泛出血。有的病例还呈现骨短粗病等病理变化。

【诊　断】

根据发病经过，日粮的分析，临床上生长缓慢、贫血、产蛋下降等症状及病理变化综合分析后可作出诊断。

【防治措施】

因为植物性饲料中不含维生素B_{12}，仅由异养微生物合成。动物性蛋白质饲料（鱼粉、肉屑、肝粉等）为家禽维生素B_{12}的重要来源。如每千克鱼粉含100～200 μg；干燥的瘤胃内容物中每千克含130～160 μg；鸡舍的垫草（料）也含有较多量的维生素B_{12}。同时喂给氯化钴，可增加合成维生素B_{12}的原料。

在种鸡日粮中每吨加入4 mg维生素B_{12}，可使种蛋能保持最高的孵化率，并使孵出的雏鸡体内储备足够的维生素B_{12}，以使出壳后数周内有预防维生素B_{12}缺乏的能力。有的学者已证明，给每只母鸡肌注2 μg维生素B_{12}，可使维生素B_{12}缺乏的母鸡所产的蛋，其孵化率在1周之内约从15%提高到80%。有人曾试验，将结晶维生素B_{12}注入缺乏维生素B_{12}的种蛋内，孵化率及初雏的生长率均有所提高。

（孙卫东）

第十二节　胆碱缺乏症

（Choline deficiency）

【病名定义】

是由于胆碱的缺乏而引起脂肪代谢障碍，使大量的脂肪在鸡肝内沉积所致的脂肪肝病，临床上以骨短粗、脂肪肝综合征、生长缓慢为主要特征。

【病　因】

家禽对胆碱的需要量，按NRC标准：雏鸡和肉仔鸡1 300 mg/kg，其他阶段均为500 mg/kg；鸭和鹅与鸡相同；鹌鹑生长期为2 000 mg/kg，种用期为1 500 mg/kg；雏火鸡对胆碱的需求量更高，若在饲料中添加不足就有可能引起缺乏症。由于维生素B_{12}、叶酸、维生素C和蛋氨酸都可参与胆碱的合成，它们的缺乏也易影响胆碱的合成。

在家禽日粮中维生素B_1和胱氨酸增多时，能促进胆碱缺乏症的发生，因为它们可促进糖转变为脂肪，增加脂肪代谢障碍。此外，日粮中长期应用抗生素和磺胺类药物也能抑制胆碱在体内的合成，引起胆碱缺乏症的发生。

【发病机理】

胆碱是卵磷脂及乙酰胆碱等的组成成分。作为卵磷脂的成分参与脂肪代谢。当体内胆碱缺乏时，肝内卵磷脂不足，由于卵磷脂是合成脂蛋白所必需的物质，肝内的脂肪是以脂蛋白的形式转运到肝外。所以肝脂蛋白的形成受影响，使肝内脂肪不能转运出肝外，积聚于肝细胞内，从而导致成脂肪肝，肝细胞破坏，肝功能减退等一系列临诊和病理变化。胆碱作为乙酰胆碱的成分则和神经冲动的传导有关，它存在于体内磷脂中的乙酰胆碱内。乙酰胆碱是副交感神经末梢受刺激产生的化学物质，并引起心脏迷走神经的抑制等一些反应。病禽表现精神沉郁、食欲减退、生长发育受阻等一系列临床症状。

【症　状】

雏鸡和幼火鸡往往表现生长停滞，腿关节肿大，典型的症状是骨短粗症。跗关节初期轻度肿胀，并有针尖大小的出血点；后期是因跗骨的转动而使胫跗关节明显变平。由于跗骨继续扭转而变弯曲或呈弓形，致使其与胫骨不在同一条线上。当出现这种情况时，病鸡的脚不能支撑体重，关节软骨变形或移位，跟腱从踝部滑脱。

有人发现，缺乏胆碱而不能站立的幼雏，其死亡率增高。成年鸡脂肪酸增高，母鸡明显高于公鸡。母鸡产蛋量下降，卵巢上的卵泡流产增高，蛋的孵化率降低。有些生长期的鸡易出现脂肪肝；有的成年鸡往往因肝破裂发生急性内出血而突然死亡。

【病理变化】

剖检病死鸡时可见肝肿大，色泽变黄，表面有出血点，质脆。有的肝被膜破裂，甚至发生肝破裂，肝表面和体腔中有凝血块。肾脏及其他器官有脂肪浸润和变性。雏鸡和生长期的火鸡在缺乏胆碱时，肉眼即可看到胫骨和跗骨变形、跟腱滑脱等病理变化。

【诊　断】

根据发病经过，日粮的分析，临床上骨短粗、脂肪肝综合征、生长缓慢等症状，以及病理变化综合分析后可作出诊断。本病出现的肝脏脂肪变性、出血症状与脂肪肝出血综合征、包涵体肝炎、弧菌性肝炎等类似，应注意区别诊断。具体内容请参考本章鸡脂肪肝综合征和鸡脂肪肝和肾综合征中鉴别诊断的相关叙述。

【防治措施】

1. 预防　只要针对病因采取有力措施就可以预防发病。在饲料中加入氯化胆碱是一种常用的补充胆碱的方法。但氯化胆碱易受潮分解，平时应注意饲料或饲料添加剂的保存。配合饲料中应添加足量的胆碱。

2. 治疗　若鸡群中已经发现有脂肪肝病变，行步不协调，关节肿大等症状，治疗方法可在每千克日粮中加氯化胆碱1 g、维生素E 10 IU、肌醇1 g，连续饲喂；或给每只鸡每天喂氯化胆碱0.1～0.2 g，连用10 d，疗效尚好。若病禽已发生跟腱滑脱时，治疗效果差，应予淘汰。

（孙卫东）

第十三节　生物素缺乏症

（**Biotin deficiency**）

【病名定义】

生物素又叫维生素H，它是家禽必不可少的营养物质。由于广泛地存在于豆类、肝脏、卵黄、玉米胚芽等动植物体中；动物的肠道内能够合成，所以自然发病的较少。

【病　因】

家禽对生物素的需要量，按NRC标准：雏鸡、种鸡、种用鹌鹑0.15 mg/kg，大雏、产蛋鸡、大鹌鹑0.1 mg/kg，中小鹌鹑0.2 mg/kg。鸭、鹅与鸡相同。除供给不足原因外，家禽日粮中陈旧玉米、麦类过多也可能引起生物素缺乏症，是由于玉米、麦类内含生物素量甚少，且麦类所含的生物素又不能被家禽利用。日粮中含有干蛋清或磺胺抗生素类添加剂，较长时间饲喂后也能产生生物素缺乏症。因为蛋清中含有抗生物素蛋白，能与生物素结合使其失去活性，并成为难以吸收的化合物，起拮抗剂的作用。磺胺抗生素类添加剂则可使肠道内合成生物素量大大减少。

【发病机理】

生物素分子是由尿素、噻吩和戊酸构成。它是生脂酶、羧化酶等多种酶的辅酶，参与脂肪、蛋白质和糖的代谢。生物素能与蛋白质结合成促生物素酶，有脱羧和固定二氧化碳的作用。生物素还可影响骨骼的发育、羽毛色素的形成，以及抗体的生成等。因此，在临床症状和病理变化上出现相应的病变。

【症　状】

雏鸡和雏火鸡表现生长迟缓，食欲不振，羽毛干燥、变脆，趾爪、喙底和眼周围皮肤发炎，以及骨短粗等特征性症状。

成年鸡和火鸡缺乏症时，种蛋的孵化率降低，胚胎发生先天性骨短粗症。有些学者报道，母鸡因缺乏生物素所产的种蛋，其鸡胚出现并趾症，第3趾和第4趾之间的蹼延长。有人还看到大量孵化不出来的鸡胚体型变小，鹦鹉嘴，胫骨严重弯曲，跗跖骨短而扭转，胚胎的死亡率在孵化第1周最高，其次是在最后3 d。

此外，生物素的缺乏在肉仔鸡还可引起脂肪肝肾综合征和肉鸡猝死综合征，并呈现出对应疾病的临床症状。

【病理变化】

生物素缺乏的种鸡所产种蛋孵化出的鸡胚骨骼变形，包括胫骨短和后屈、跗跖骨很短、翅短、颅骨短、肩胛骨前端短和弯曲。有的鸡胚呈现软骨营养障碍。

【诊　断】

根据发病经过，日粮的分析，临床症状，以及病理变化综合分析后可作出诊断。

【防治措施】

根据病因采取有针对性措施，或是每千克饲料添加150 mg生物素，往往可收到良好的效果。有研究报告指出，向商品大型白火鸡所产的种蛋内注射87 μg的D–生物素时，可使其孵化率提高4% ~ 5%。

（孙卫东）

第十四节　饲料中钙磷缺乏及钙磷比例失调

（Dietary deficiency of calcium and phosphorus, Imbalance of the calcium/ phosphorus ratio）

【病名定义】

家禽饲料中钙和磷缺乏，以及钙磷比例失调是骨营养不良的主要病因。不仅影响生长家禽骨骼的形成，成年母禽蛋壳的形成，并且影响家禽的血液凝固、酸碱平衡、神经和肌肉等正常功能。因此，禽群一旦发生钙磷缺乏及钙磷比例失调，其造成的经济损失必然是巨大的。

【病　因】

日粮中钙或磷缺乏，或者由于维生素D不足影响钙磷的吸收和利用，可以导致骨骼异常，食欲和饲料利用率降低，异嗜癖，生长速度下降，并伴随特有的临床症状和病理变化。

鸡对钙磷的需要量与鸡的品种、品系、生长速度、产蛋、钙与磷比例、维生素D含量、植酸磷比例、环境温度和饲料的能量密度等因素有关。蛋鸡由于生产的需要，要供给足量的钙，并保持5：1的钙磷比例。鸡对植酸磷的利用率很低，禾谷类籽实饲料中的磷30%～70%为植酸盐的形式，植酸盐必须经过水解才能利用，必须注意饲料中的磷源。环境温度高，钙的需要量应增加，以提高蛋壳硬度，防止破蛋或软皮蛋。日粮中的能量密度增加，鸡对钙的需要量也要增加。日粮中补充维生素D，以维生素D_3为标准较好，由于维生素D_2对家禽的效力仅为维生素D_3的1/50。为了科学地补钙、磷和维生素D，防止本病的发生，可参考美国国家科委公布的蛋鸡（表9-14-1）、肉鸡（表9-14-2）对钙、磷和维生素D的需要量来配料。

表 9-14-1　蛋鸡对钙、磷和维生素 D 的需要量（只 / 日，单冠白来航和相似品种）

项目	生长鸡年龄（周）						成年鸡	
	3	5.5	7.5	9.5	11.5	13.8	产蛋种用（60% 生产）	
体重（g）	250	500	750	1 000	1 250	1 500	1 800	1 800
每日总饲料（g）	27	45	57	65	79	84	110	110
钙（g）	0.27	0.45	0.57	0.52	0.63	0.67	3	3
磷（g）	0.19	0.31	0.40	0.26	0.32	0.34	0.66	0.66
维生素 D（IU）	5.4	9	11.4	13	15.8	16.8	55	55

引自《动物营养与饲养》（杨胜主持编译，1985年）。

表 9-14-2　肉用仔鸡对钙、磷和维生素 D 的需要量（只 / 日，肉用仔鸡品种）

项目	生长鸡年龄（周）				
	2.2	3.7	4.7	5.6	7.5
体重（g）	250	500	750	1 000	1 500
每日总饲料（g）	35	57	73	84	100
钙（g）	0.35	0.57	0.73	0.84	1.00
磷（g）	0.24	0.40	0.51	0.59	0.70
维生素 D（IU）	7	11.4	14.6	16.8	20

引自《动物营养与饲养》（杨胜主持编译，1985年）。

【发病机理】

对钙磷代谢的调节，主要是甲状旁腺激素（PTH）、降钙素（CT）和胆骨化醇（D_3）的作用。钙磷代谢紊乱影响生长中家禽的骨骼代谢，引起骨营养不良和生长发育迟滞；产蛋母鸡产蛋量减少，产薄壳蛋。机体为了维持血液的钙磷浓度，必须从骨骼中动员钙磷，致使骨骼渐变菲薄而易发生骨折。生长鸡日粮中长期缺钙，骨骼中矿物质总量的25%可以丢失。日粮中长期缺磷，其产蛋率和孵化率也迅速降低。若在这种日粮中加入0.09%的无机磷则可避免这种情况。

钙磷代谢紊乱还可影响家禽的血液凝固，由于血凝需要钙离子参与，凝血酶原激活物催化凝血酶原转变为凝血酶。红细胞膜的完整性和通透性需要足够的含磷ATP来维持。磷主要以磷酸根形式参与许多物质代谢过程。例如，参与氧化磷酸化过程，形成高能含磷化合物；磷与核糖核酸（RNA）、脱氧核糖核酸（DNA）及许多辅酶的合成有关。血磷过低则组织可发生缺氧，红细胞易破损，血小板也发生功能障碍，容易引起出血。

【症　状】

病禽最早显示的是蹲伏，不愿走动，步态僵硬，食欲不振，异嗜，生长发育迟滞等症状。幼禽的喙与爪较易弯曲，肋骨末端呈串珠状小结节，跗关节肿大，蹲卧或跛行，有的病禽出现腹泻。成年鸡发病主要是在高产鸡的产蛋高峰期，表现为初期产薄壳蛋，破损率高，产软皮蛋，产蛋量急剧下降，种蛋的孵化率显著降低；后期病鸡胸骨呈“S”状弯曲变形，肋骨失去硬度而变形，无力行走，蹲伏卧地。

【病理变化】

病死禽尸体剖检主要病变在骨骼、关节。全身各部骨骼都有不同程度的肿胀、疏松，骨体容易折断，骨密质变薄，骨髓腔变大。肋骨变形，龙骨呈“S”状弯曲，骨质软。关节面软骨肿胀，有的有较大的软骨缺损或纤维样物附着。骨的组织学检查，能发现大量不含钙的骨样组织。

【诊　断】

1. **临床诊断**　可根据发病家禽的饲料分析、病史、临床症状和病理变化作出诊断。

2. **实验室诊断**　若要达到早期诊断，或监测预防的目标，必须配合血清碱性磷酸酶、钙、磷和血液中维生素D活性物质的测定。

家禽日粮中缺磷，其最初的明显反应是血清无机磷浓度降低，可下降到2～3 mg/dL；并且出现血清碱性磷酸酶活性明显升高，血清钙浓度的轻度上升。家禽日粮中缺钙，其血清钙浓度的反应不如无机磷浓度的变化明显。由于机体通过甲状旁腺素、降钙素和维生素D_3的活性代谢产物1, 25-（OH）$_2$-D_3的调节，血清钙浓度总维持在较正常的浓度，直到病的后期才会降低。但产蛋鸡的血钙浓度较高，且变动范围大（20～30 mg/dL），喂给产蛋鸡低钙日粮，在48 h内即可出现血钙浓度降低。这时虽可从骨骼中动员钙、磷进入血液，以阻止血钙浓度降得过低，若超过一定时间以后，血钙会出现更大幅度的下降。若病因是磷或维生素D缺乏，则血磷浓度通常低于正常最低水平（3 mg/dL），血钙浓度则在本病的后期才降低。

3. **影像学诊断**　病禽X线检查，见骨质密度降低。

4. **鉴别诊断**　该病在雏禽出现的喙爪变形、肋骨末端呈串珠状小结节等临床症状与维生素D缺乏引起的佝偻病症状较相似，应注意区别。该病在成年鸡表现的产薄壳蛋，破损率高，产软皮蛋，产蛋量急剧下降等与肾型传支、产蛋下降综合征、笼养鸡产蛋疲劳综合征类似，应注意鉴别。

【防治措施】

本病要以预防为主，首先要保证家禽日粮中钙、磷的供给量，其次要调整好钙、磷的比例。对舍饲笼养家禽，要得到足够的日光照射，或定期用紫外线灯照射（距离1～1.5 m，照射时间5～15 min）。一般日粮中以补充骨粉或鱼粉进行防治，疗效较好，若日粮中钙多磷少，则在补钙的同时要重点补磷，以磷酸氢钙（注意脱氟）、过磷酸钙等较为适宜。若日粮中磷多钙少，则主要补钙。

对病禽除补充适量钙磷饲料外，应同时加喂鱼肝油或补充维生素D_3。

（孙卫东）

第十五节　锰缺乏症

（Manganese deficiency）

【病名定义】

锰是家禽生长、生殖和骨骼、蛋壳形成所必需的一种微量元素，家禽对这种元素的需要量是相当高的，对缺锰较为敏感，易发生缺锰。锰缺乏症又称骨短粗症或滑腱症，是以跗关节粗大和变形、蛋壳硬度及种蛋孵化率下降、胚胎畸形为特征的一种营养代谢病。

【病　因】

主要的病因是由于日粮中锰缺乏而引起。玉米和大麦含锰量最低，在低锰土壤生长的植物含锰量也低。一般家禽日粮中含锰需要量为40 ~ 60 mg/kg，然而不同品种的家禽对锰的需要量也有较大的差异，重型品种比轻型的需要量要多。其次，锰缺乏也可能是由于机体对锰的吸收发生障碍所致，已确证饲料中钙、磷、铁及植酸盐含量过多，可影响机体对锰的吸收、利用。高磷酸钙的日粮会加重禽类锰的缺乏，是由于锰被固体的矿物质吸附而造成可溶性锰减少所致。家禽患球虫病等胃肠道疾病时，也妨碍对锰的吸收利用。集约化的高密度饲养也是本病发生的诱因之一。

【发病机理】

锰是许多酶的激活剂，如碱性磷酸酶、磷酸葡萄糖变位酶、肠肽酶、胆碱酯酶、异柠檬酸脱氢酶、羧化酶、精氨酸酶、ATP酶等。现在又发现锰对多糖聚合酶、半乳糖转移酶、依赖RNA的DNA聚合酶，二羟甲戊酸激酶均有激活作用。缺锰时这些酶活性下降，影响家禽的生长和骨骼发育。

锰是骨质生成中合成硫酸软骨素有关的黏多糖聚合酶和半乳糖转移酶激活剂，从而使骨骼组织正常生长。此外，锰还能激活碱性磷酸酶，从而使焦磷酸盐水解，便于骨盐沉着。因此缺锰时，可见鸡雏软骨发育不良，腿翅等骨均变短粗。

锰离子与带负电荷DNA上磷酸基团结合产生电稳定作用，从而稳定了DNA的二级结构。这样锰通过加速DNA的合成，促进蛋白质的合成过程。因此缺锰时家禽生长缓慢。

锰离子又是合成胆固醇的关键步骤二羟甲戊酸激酶的激活剂，性激素的合成原料是胆固醇。因此锰缺乏时影响性激素的合成，雄禽则出现性欲丧失，睾丸退化等；种蛋的孵化率显著降低，以及胚胎软骨营养不良等。

【症　状】

病幼禽的特征症状是生长停滞，骨短粗症。胫–跗关节增大，胫骨下端和跖骨上端弯曲扭转，使腓肠肌腱从跗关节的骨槽中滑出而呈现脱腱症状，多数是一侧腿向外弯曲，甚至呈90° 角（见彩图9–15–1），极少向内弯曲的。病禽腿部变弯曲或扭曲，腿关节扁平而无法支持体重，将身体压在跗关节上。严重病例多因不能行动无法采食而饿死。

成年蛋鸡缺锰时产蛋量下降，种蛋孵化率显著下降，还可导致胚胎的软骨营养不良。这种鸡胚的死亡高峰发生在孵化的第20天和第21天。胚胎躯体短小，骨骼发育不良，翅短，腿短而粗，头呈圆球样，喙短弯呈特征性的“鹦鹉嘴”。还有报道指出，锰是保持最高蛋壳质量所必需的元素，当锰缺乏时，蛋壳会变得薄而脆。孵化成活的雏鸡有时表现出共济失调，且在受到刺激时尤为明显。

【病理变化】

剖检病死鸡见胫骨下端和跖骨上端弯曲扭转，使腓肠肌腱从跗关节骨槽中滑出而出现滑腱症（见彩图9–15–2）。严重者管状骨短粗、弯曲，骨骺肥厚，骨板变薄，剖面可见密质骨多孔，在骺端尤其明显。骨骼的硬度尚良好，相对重量未减少或有所增多。消化、呼吸等各系统内脏器官均无明显眼观病理变化。

【诊　断】

1. **临床症状**　根据病史、临床症状和病理变化可作出诊断。

2. **实验室诊断**　若要作出确切诊断，可对饲料、禽器官组织的锰含量进行测定。据资料记载，禽类血锰含量较低，母鸡开始产蛋时，血浆的锰浓度显著增加，19周龄时为30 ~ 40 μg /L，25周龄时升至85 ~ 91 μg/L。禽日粮含锰40 ~ 60 mg/kg即可满足。羽毛中锰水平随日粮含量不同有所差异。饲喂低锰日粮小鸡的皮肤和羽毛的含锰量，平均值为1.2 mg/kg，而饲喂高锰日粮的小鸡可达11.4 mg/kg。采食低锰日粮小母鸡蛋中含锰量4 ~ 5 μg/kg，而采食正常锰日粮的鸡蛋中锰含量则为10 ~ 15 μg/kg。

3. **鉴别诊断**　本病跛行、骨短粗和关节变形症状与大肠杆菌、葡萄球菌等引起的关节炎，滑液囊关节炎，病毒性关节炎，关节型痛风，胆碱缺乏症，叶酸缺乏症，维生素D缺乏症，维生素B_2缺乏症，钙磷缺乏和钙磷比例失调等类似，应注意区别。具体内容请参考本章第二节维生素D缺乏症鉴别诊断中有关鸡运动障碍的鉴别诊断思路及引起运动障碍常见疾病的鉴别诊断的相关叙述。

【防治措施】

1. **预防**　由于普通饲料配制的日粮都缺锰，特别是以玉米为主的饲料，即使加入钙磷不多，也要补锰，一般用硫酸锰作为饲料中添加锰的原料，每千克饲料中添加硫酸锰0.1 ~ 0.2 g。也可多喂些新鲜青绿饲料，饲料中的钙、磷、锰和胆碱的配合要平衡。对于幼禽，饲料中的骨粉量不可过多，玉米的比例也要适当。

2. **治疗**　在出现锰缺乏症病禽时，可提高饲料中锰的加入剂量至正常加入量的2 ~ 4倍。也可用1：3 000高锰酸钾溶液作饮水，以满足鸡体对锰的需求量。对于饲料中钙、磷比例高的，应降至正常标准，并增补0.1% ~ 0.2%的氯化胆碱，适当添加复合维生素。虽然锰是毒性最小的矿物元素之一，禽对其的日耐受量可达2 000 mg/kg，且这时并不表现出中毒症状，但高浓度的锰可降低血红蛋白和红细胞压积及肝脏铁离子的水平，导致贫血，影响雏鸡的生长发育，且过量的锰对钙和磷的利用有不良影响。

对由锰缺乏引起的已经发生关节变形和滑腱症的重症病例，若无恢复希望，建议淘汰。

（孙卫东）

第十六节　镁缺乏症

（Magnesium deficiency）

镁是家禽骨骼形成中必要的元素，它与体内的钙与磷有密切联系。机体内约70%的镁以碳酸盐形式存在于骨骼中，细胞外液中的镁仅占体内镁总量的1%左右。可是镁作为焦磷酸酶、胆碱酯酶、ATP酶和肽酶等多种酶的活化剂，在糖和蛋白质代谢中起重要作用；保证神经肌肉器官的正常机能，低镁时神经肌肉兴奋性提高，高镁时抑制；参与促使ATP高能键断裂，释放出为肌肉收缩所需的能量。镁也是碳酸盐代谢和许多酶的活化作用所必需的。镁离子是DNA聚合酶及RNA聚合酶的辅助因子，镁缺少时则影响核酸的合成。在蛋白质生物合成的各个步骤上几乎都需要镁离子的参与。

有的学者发现，雏鸡出壳后头几周内，镁的需要量约占日粮的0.04%。雏鸡日粮中缺镁，约经过1周后即可见到病症，表现为鸡生长缓慢，继而生长停滞并变得嗜睡。病禽受惊动后，雏鸡常呈现短暂的惊厥并伴有气喘，最终进入昏迷状态，有时以死亡告终。

有的学者报道，雏火鸡喂给精制饲料时约需补充0.047 5%的镁。雏火鸡镁缺乏的病症与雏鸡的相似。雏火鸡的日粮含0.18%的镁时，未出现中毒的症状。

低镁血症和低钙血症与雏鸡严重镁缺乏有关。胫骨镁含量降低，钙含量升高，并出现畸形。骨小梁增粗、软骨钙沉积增加及干骺端骨细胞延长且无活性。发病鸡骨皮质增厚，干骺端哈佛氏管增大，但骺板结构正常。甲状腺功能变得活跃，这可能与低钙血症的应答反应有关，而低钙血症是镁缺乏症的特征性症状。

在预防镁缺乏的过程中要注意两点：一是影响镁的吸收因素，饲料中钙增加可抑制镁的吸收，反之，镁亦可抑制钙的吸收。影响钙吸收的某些物质，如草酸、植酸等亦可抑制镁的吸收。某些氨基酸能增加肠内镁的溶解性，促进镁的吸收，所以含高蛋白饲料可加强镁的吸收。另一点是过量镁可产生有害作用，降低采食量，腹泻，蛋/种鸡产蛋量下降和蛋壳变薄，对外界刺激极度敏感，易出现受惊现象。

（孙卫东）

第十七节　硒缺乏症

（Selenium deficiency）

【病名定义】

硒是家禽必需的微量元素，它是体内某些酶、维生素及某些组织成分不可缺少的元素，为家禽生长、生育和防止许多疾病所必需。硒缺乏症是由于硒缺乏引起家禽营养性肌营养不良、渗出性素质、胰腺变性，与维生素E缺乏症有很多共同之处。硒和维生素E对预防雏鸡脑软化、火鸡肌胃变性有着相互补充的作用。

【病 因】

主要是由于饲料中硒含量的不足与缺乏。饲料中硒来源于土壤硒，土壤含硒量一般介于0.1～2.0 mg/kg之间，植物饲料中适宜含硒量为0.10 mg/kg。当土壤含硒量低于0.5 mg/kg，植物饲料中含硒量低于0.05 mg/kg时，便可引起家禽硒缺乏。与此同时，饲料中硒含量还与土壤中可利用硒的水平相关，土壤含硒量又受到多种因素的影响，决定性因素为土壤的酸碱度值。碱性土壤中的硒呈水溶性化合物，易被植物吸收；酸性土壤中含硒量虽高，由于硒和铁等元素形成不易被植物吸收的化合物。土壤中含硫量大能抑制植物吸收硒；河沼地带的硒易流失，土壤中含硒量也低；气温和降水量也是影响饲料植物含硒量的因素；寒冷多雨年份植物的含硒量低，干旱年份的植物含硒量高。另外，饲料中含铜、锌、砷、汞、镉等拮抗元素过多，均能影响硒的吸收，促使发病。

在家禽临床生产实践中较为多见的是微量元素硒和维生素E的共同缺乏所引起的硒–维生素E缺乏症。

【流行病学】

1. **有一定的地区性** 这是本病的一个重要流行病学特征。土壤的低硒环境是致病的根本原因。贫硒土壤所生长的植物，其含硒量也低，亦即低硒环境（土壤）通过食物（饲料）作用于动物机体而引起发病。据资料记载，在我国从黑龙江到云南存在有一个斜行的缺硒带，全国约有2/3的面积缺硒，约有70%的县为缺硒区。已确认黑龙江、吉林、内蒙古、青海、陕西、四川和西藏七省（区）为缺硒地区。低硒土壤自然地理条件的共同特点是：地势较高（海拔200 m以上），年降雨量较多（500 mm以上），土壤pH偏酸（pH 6.5以下），且多为棕壤、黑土、白浆土及部分草甸土。此外，随着家禽业集约化生产的发展，饲料的频繁调运，也使原不属于低硒环境地区饲养的家禽暴发硒缺乏症。

2. **呈一定的季节性** 多集中于每年的冬春两季，尤以2～5月多发，这主要反映季节的特定气候因素（寒冷）对发病的影响。据研究，寒冷多雨等因素也是肌营养不良发病的诱因。此外，春季又是家禽繁殖、孵化的旺季，硒缺乏症主要侵害幼龄家禽，因而自然形成春季发病的高峰。

3. **群体选择性** 本病呈群体性发病，无传染性。但是，各种畜禽均以幼龄期多发，此时机体正处于生长发育和代谢旺盛时期，对营养物质的需要相对增加；有些新引入的生长快、高产的家禽品种也较本地的品种易发病。

【发病机理】

发病机制目前尚不十分清楚，不过多数学者认为硒和维生素E具有抗氧化作用，可使组织免受体内过氧化物的损害而对细胞正常功能起保护作用。硒是谷胱甘肽过氧化酶的重要成分，谷胱甘肽过氧化物酶由4个亚基组成，每个亚基结合1个硒原子。由于机体在代谢过程中产生一些能使细胞和亚细胞（线粒体、溶酶体等）脂质膜受到破坏的过氧化物，可引起细胞的变性、坏死。而谷胱甘肽过氧化物酶则能破坏过氧化物（H_2O_2）并还原为无毒的羟基（–OH）化合物，从而防止细胞、肌红蛋白、血红蛋白的氧化，保持运氧能力。

硒参与微粒体混合功能氧化酶体系，起传递电子的作用，因此对很多重要活性物质的合成、灭活，以及外源性药物、毒物（包括致癌物）生物转化过程有密切关系。

硒还参与辅酶A和辅酶Q的合成，同时也是一种与电子传递有关的细胞色素的成分，它们在机体代谢的三羧酸循环和电子传递中起着重要的作用。硒在体内还可促进蛋白质的合成。当硒协同维生素E作用，可保持动物正常生育。但是，硒与维生素E缺乏时，机体的细胞膜受过氧化物的毒性损伤而破坏，细胞的完整性丧失，结果导致肌细胞（骨骼肌、心肌）、肝细胞、胰腺和毛细血管细胞及神经细胞等发生变性、坏死。因而在临诊上可见到家禽的肌营养不良、肌胃变性、胰腺萎缩、渗出性素质、脑软化等症状和病理变化。

【症　状】

本病在雏鸡、雏鸭、雏火鸡均可发生。临床特征为渗出性素质、肌营养不良、脑软化和种禽繁殖障碍。

1. 渗出性素质　常在2～3周龄的雏禽开始发病，到3～6周龄时发病率高达80%～90%。多呈急性经过，重症病雏可在3～4日内死亡，病程最长的可达1～2周。病雏主要表现为在躯干低垂的胸、腹部皮下出现淡蓝绿色水肿样变化，有的病例在腿根部和翼根部亦可发生水肿，严重者可扩展至全身，穿刺可流出一种淡绿色黏性液体。出现渗出性素质的病禽精神高度沉郁，生长发育停止，冠髯苍白，伏卧不动，起立困难，站立时两腿叉开，运步障碍。排稀便或水样便，最终衰竭死亡。

2. 肌营养不良　一般以4周龄幼雏易发。其特征为全身软弱无力，贫血，胸肌和腿肌萎缩，站立不稳，甚至腿麻痹而卧地不起，翅松乱下垂，肛门周围污染，最后衰竭而死。

3. 脑软化症　病雏表现为运动共济失调，头向下弯缩或向一侧扭转，也有的向后仰，步态不稳，时而向前或向侧面倾斜，两腿阵发性痉挛或抽搐，翅膀和腿发生不完全麻痹，腿向两侧分开，有的以跗关节着地行走，倒地后难以站起，最后衰竭死亡。有的病雏主要表现平衡失调、运动障碍和神经扰乱症，这是维生素E缺乏为主所导致的小脑软化。

4. 种禽繁殖障碍　种鸡患病维生素E–硒缺乏症时，表现为种蛋受精率、孵化率明显下降，死胚、弱雏明显增多。

【病理变化】

1. 渗出性素质　剖检病死禽见水肿部有淡黄绿色的胶冻样渗出物或淡黄绿色纤维蛋白凝结物。颈部、腹部及股内侧有瘀血斑，心包积液。

2. 肌营养不良　病死禽的主要病变在骨骼肌、心肌、肝脏和胰脏，其次为肾和脑。表现为病变部位肌肉变性、色淡，似煮肉样，呈灰黄色、黄白色的点状、条状、片状不等；横断面有灰白色、淡黄色斑纹，质地变脆、变软、钙化。心肌扩张变薄，以左心室为明显，多在乳头肌内膜有出血点，在心内膜、心外膜下有黄白色或灰白色与肌纤维方向平行的条纹斑。肝脏肿大，硬而脆，表面粗糙，断面有槟榔样花纹；有的肝脏由深红色变成灰黄或土黄色。肾脏充血、肿胀，肾实质有出血点和灰色的斑状灶。胰腺变性，腺体萎缩，体积缩小有坚实感，色淡，多呈淡红或淡粉红色，严重者腺泡坏死、纤维化。雉鸡硒缺乏时表现为心肌变性、肝细胞空泡变性和肝小叶坏死。

3．脑软化症　病死禽剖检见小脑软化及肿胀，脑膜水肿，有时有出血斑点，小脑表面常有散在的出血点。严重病例，可见小脑质软变形，甚至软不成形，切开时流出乳糜状液体，轻者一般无肉眼可见变化。若是维生素E缺乏为主所导致的小脑软化病，在发病火鸡雏或鸡雏还可见肌胃变性。

【诊　断】

1．临床诊断　根据地方缺硒病史、流行病学、饲料分析、特征性的临床症状（渗出性素质、肌营养不良和脑软化等）和病理变化，以及用硒制剂防治可得到良好效果等即可作出诊断。

2．实验室诊断　在集约化养禽业中正研究快速监测机体内硒状态的指标，为早期诊断、预测预报、预防和治疗提供有力的科学依据。目前可用以下几项指标。

（1）机体组织和血液中硒与维生素E水平的测定　其量随饲料中含量的多少而波动。一般认为，全血硒含量低于0.05 μg /mL为硒缺乏，在0.05～0.1 μg/mL为缺硒边缘，大于0.1 μg/mL为适宜；肝硒在0.05～0.10 μg /g（湿）为缺乏，在0.10～0.20 μg /g（湿）为缺硒临界值，大于0.2 μg/g为适宜。脑软化病雏肝维生素E含量为16.0 mg/kg，而健雏为72.15 mg/kg。

（2）血浆谷胱甘肽过氧化物酶（GSH-Px）活性的测定　其值与血硒水平呈明显的正相关，测定血浆GSH-Px活性可作为快速评价动物体内硒状态的指标。小鸭硒缺乏时，血浆谷胱甘肽过氧化物酶的活性降低。

（3）肌酸磷酸激酶（CPK）的测定　此酶对心肌和骨骼肌有高度特异性，其值呈持续升高的水平则提示肌肉呈进行性变性。

另外，血浆三碘甲腺原氨酸（T_3）、天门冬氨酸氨基转氨酶（AST）等指标也有一定的诊断价值。

3．鉴别诊断　本病共济失调、步态蹒跚等症状与新城疫、传染性脑脊髓炎、维生素B_1缺乏症、维生素E缺乏症等类似，应注意鉴别。具体内容请参考本章第二节维生素D缺乏症鉴别诊断中有关鸡运动障碍的鉴别诊断思路及引起运动障碍常见疾病的鉴别诊断的相关叙述。

【防治措施】

1．预防　本病预防的关键是补硒。缺硒地区需要补硒，本地区不缺硒但是饲料来源于缺硒地区也要补硒，各种日龄禽对硒的需求量均为每千克饲料0.1 mg。补硒时要特别注意将添加量算准，搅拌均匀，防止中毒。避免饲料贮存时间过长，避免饲料因受高温、潮湿、长期贮存或受霉菌污染而造成维生素E的损失。在幼禽生长期，必要时适量添加维生素E、硒和含硫氨基酸。据资料报道，有些缺硒地区曾经给玉米叶面喷洒亚硒酸钠，测定喷洒后的玉米和秸秆硒含量显著提高，进行动物饲喂试验取得了良好的预防效果。

2．治疗　发生本病时，用0.005%亚硒酸钠溶液皮下或肌内注射，雏禽0.1～0.3 mL，成年家禽1.0 mL；或者用饮水配制成每升水含0.1～1.0 mg的亚硒酸钠溶液，给雏禽饮用，5～7 d为一疗程。在2周内即可使胰腺腺泡完全再生，临床症状明显恢复。雏鸡发生渗出性素质时，肌内注射15 μg硒，6 d之内便可明显改善硒缺乏的临床症状。或使用市售的“维生素E、硒制剂”，按说明书用量，连续拌料喂饲病禽5～7 d，同时在饲料中增加适量的含硫氨基酸。在治疗时应注意，对小鸡脑软化的病例必须以维生素E（按每千克体重3 mL肌内注射，每天1次，连用2～3次）为主进行防治；对渗出性素质、肌营养性不良等缺硒症则要以硒制剂为主进行防治，效果好又经济。

（孙卫东）

第十八节　家禽痛风

（Gout in poultry）

【病名定义】

家禽痛风又称鸡肾功能衰竭症、尿酸盐沉积症或尿石症。是指由多种原因引起的血液中蓄积过量尿酸盐不能被迅速排出体外而引起的高尿酸血症。其病理特征为血液中尿酸水平增高，尿酸盐在关节囊、关节软骨、内脏、肾小管及输尿管和其他间质组织中沉积。临床上可分为内脏型痛风（Visceral gout）和关节型痛风（Articular gout）。主要临床表现为厌食、衰竭、腹泻、腿翅关节肿胀、运动迟缓、产蛋率下降和死亡率上升。近年来本病发生有增多趋势，已成为常见禽病之一。除鸡以外，火鸡、水禽（鸭、鹅）、雉、鸽子等亦可发生痛风。

【病　因】

引起家禽痛风的原因较为复杂，归纳起来可分为两类：一是体内尿酸生成过多，二是机体尿酸排泄障碍，后者可能是尿酸盐沉着的主要原因。

1. 引起尿酸生成过多的因素

（1）大量饲喂富含核蛋白和嘌呤碱的蛋白质饲料　这些饲料包括动物内脏（肝、脑、肾、胸腺、胰腺）、肉屑、鱼粉、大豆、豌豆等。如鱼粉用量超过8%，或尿素含量达13%以上或饲料中粗蛋白含量超过28%时，由于核酸和嘌呤的代谢终产物——尿酸生成太多，引起尿酸血症。

（2）自身体蛋白的分解　当家禽极度饥饿又得不到能量补充或家禽患有重度消耗性疾病（如淋巴白血病、单核细胞增多症等）时，因体蛋白迅速大量分解，体内尿酸盐生成增多。

2. 引起尿酸排泄障碍的因素　包括所有引起家禽肾功能不全（肾炎、肾病等）的因素，可分为传染性因素和非传染性因素两类。

（1）传染性因素　凡具有嗜肾性，能引起肾机能损伤的病原微生物，如肾型传染性支气管炎病毒、传染性囊病病毒、引起鸡包涵体肝炎和鸡产蛋下降综合征（EDS-76）的禽腺病毒，败血性支原体、雏白痢沙门菌、艾美尔球虫、组织滴虫等可引起肾炎、肾损伤，造成尿酸盐的排泄受阻。

（2）非传染性因素 包含营养性和中毒性因素两类：①营养性因素：如日粮中长期缺乏维生素A，可引起肾小管、输尿管上皮代谢障碍，发生痛风性肾炎，使尿酸排泄受阻；饲料中含钙太多，含磷不足，或钙、磷比例失调引起钙异位沉着，形成肾结石或积砂，使排尿不畅；饲料中含镁过高，也可引起痛风；食盐过多，饮水不足，尿量减少，尿液浓缩等也可引起尿酸的排泄障碍。②中毒性因素：包括嗜肾性化学毒物、药物和毒菌毒素。如饲料中某些重金属如铬、镉、铊、汞、铅等蓄积在肾脏内引起肾病；石炭酸中毒引起肾病；草酸含量过多的饲料如菠菜、莴苣、开花甘蓝、蘑菇和蕈类等饲料中草酸盐可堵塞肾小管或损伤肾小管；磺胺类药物中毒，引起肾损害和结晶的沉淀；霉菌毒素如棕色曲霉毒素（Ochratoxins）、镰刀菌毒素（Fusarium Toxin）和黄曲霉毒素（Aflatoxin）、卵泡霉素（Oosporein）等，可直接损伤肾脏，引起肾机能障碍并导致痛风。

（3）其他 饲养在潮湿和阴暗的禽舍、密集的管理、运动不足、年老、纯系育种、受凉、孵化时湿度太大等因素皆可能成为促进本病发生的诱因。另外，遗传因素也是致病原因之一，如新汉普夏鸡就有关节痛风的遗传因子。

【发病机理】

近年来认为肾脏原发性损伤是发生痛风的基础。家禽体内因缺乏精氨酸酶，代谢过程中产生的氨不能被合成为尿素，而是先合成嘌呤、次黄嘌呤、黄嘌呤，再形成尿酸及尿囊素，最终经肾被排泄。健康禽类通过肾脏能把多余的尿酸排除，使血液中维持一定的尿酸水平（1.5～3.0 mg/dL），当机体内大量尿酸排泄不了，若同时伴有肾功能不全，势必造成高尿酸血症，此时血尿酸水平大增，可达10～16 mg/dL，由于尿酸在水中的溶解度甚小，当血浆尿酸量超过6.4 mg/dL时，尿酸即以尿酸钠或尿酸钙等形式在关节、软组织、软骨甚至在肾脏等处沉积下来，也可形成尿路结石。

饲料含蛋白质尤其核蛋白越多，体内形成的氨就越多。只要体内含钼的黄嘌呤氧化酶充足，生成的尿酸也越多。如果尿酸盐生成速度大于泌尿器官的排泄能力，就可引起尿酸盐血症。当肾、输尿管等发生炎症、阻塞时，尿酸排泄受阻，尿酸盐就蓄积在血液中，并进而沉积在胸膜、心包膜、腹膜、肠系膜及肝、肾、脾、肠等脏器表面。沉积在关节腔内的尿酸盐结晶，可被吞噬细胞吞噬，并且尿酸钠通过氢键与溶酶体膜作用，从而破坏溶酶体。吞噬细胞中的一些水解酶类和蛋白因子可使局部生成较多的致炎物质，包括激肽、组胺等，进而引起痛风性关节炎。此外，凡引起肾及尿路损伤或使尿液浓缩、尿排泄障碍的因素，都可促进尿酸盐血症的生成。如鸡肾型传染性支气管炎病毒、传染性囊病病毒等生物源性物质，可直接损伤肾组织，引起肾细胞崩解；霉菌毒素、重金属离子也可直接或间接地损伤肾小管和肾小球，引起肾实质变性；维生素缺乏，引起肾小管、输尿管上皮细胞代谢紊乱，使黏液分泌减少，尿酸盐排泄受阻；高钙或低磷可使尿液pH升高，血液缓冲能力下降，高钙和碱性环境，有利于尿酸钙的沉积，引起尿石症，堵塞肾小管；食盐过多、饮水不足、尿液浓缩同时伴有肾脏本身或尿路炎症时，都可使尿酸排泄受阻，促进其在体内沉着，但并非所有肾损伤都能引起痛风，如肾小球性肾炎、间质性肾炎等很少伴发痛风。这与尿酸盐形成的多少、尿路通畅的程度等有密切关系。

另外，某些学者认为，尿酸在血中过多的积蓄是由于肾脏的分泌机能不足。并且认为，伴有尿酸钠阻滞的全身组织变态反应状态才是尿酸素质发生的基础。

【症 状】

本病多呈慢性经过，其一般症状为病禽食欲减退，逐渐消瘦，冠苍白，不自主地排出白色石灰水样稀粪，含有多量的尿酸盐。成年禽产蛋量减少或停止。临床上可分为内脏型痛风和关节型痛风。

1．内脏型痛风 比较多见，但临床上通常不易被发现。病禽多为慢性经过，表现为食欲下降、鸡冠泛白、贫血、脱羽、生长缓慢、粪便呈白色石灰水样，泄殖腔周围的羽毛常被污染（见彩图9–18–1）。多因肾功能衰竭，呈现零星或成批的死亡。注意该型痛风因原发性致病原因不同，其原发性症状也不一样。

2．关节型痛风 多在趾前关节、趾关节发病，也可侵害腕前、腕及肘关节。关节肿胀（见彩图9–18–2），起初软而痛，界限多不明显，以后肿胀部逐渐变硬，微痛，形成不能移动或稍能移动的结节，结节有豌豆大或蚕豆大小。病程稍久，结节软化或破裂，排出灰黄色干酪样物。局部形成出血性溃疡。病禽往往呈蹲坐或独肢站立姿势，行动迟缓，跛行。

【病理变化】

1．内脏型痛风

（1）大体病变：病死鸡剖检见尸体消瘦，肌肉呈紫红色，各脏器发生粘连，皮下、大腿内侧有白色石灰粉样沉积的尿酸盐（见彩图9–18–3），特别是在心包腔内（见彩图9–18–4）、胸腹腔、肝（见彩图9–18–5）、脾、腺胃、肌胃、胰脏、肠管和肠系膜（见彩图9–18–6）等内脏器官的浆膜表面覆盖一层石灰样粉末或薄片状的尿酸盐；有的胸骨内壁有灰白色的尿酸盐沉积（见彩图9–18–7）；肾肿大，色淡，有白色花纹（俗称“花斑肾”），输尿管变粗，如同筷子粗细，内有尿酸盐沉积（见彩图 9–18–8），有的输尿管内有硬如石头样的白色条状物（结石），此为尿酸盐结晶。有些病例还并发有关节型痛风。

（2）病理组织学：主要变化在肾脏。肾组织内因尿酸盐沉着，形成以痛风石为特征的肾炎–肾病综合征。痛风石是一种特殊的肉芽肿，由分散或成团的尿酸盐结晶沉积在坏死组织中，周围聚集着炎性细胞、吞噬细胞、巨细胞、成纤维细胞等，有的肾小管上皮细胞呈现肿胀、变性、坏死、脱落；有的肾小管呈现管腔扩张，由细胞碎片和尿酸盐结晶形成管型；有的肾小管管腔堵塞，可导致囊腔形成，呈现间质的纤维化，而肾小球变化一般不明显。另外由传染性囊病病毒嗜肾株感染、维生素缺乏引起者，还可见淋巴细胞浸润、上皮角质化等现象。

2．关节型痛风

（1）大体病变：切开病死鸡肿胀的关节，可流出浓厚、白色黏稠的液体，滑液含有大量由尿酸、尿酸铵、尿酸钙形成的结晶，沉着物常常形成一种所谓“痛风石”。有的病例见关节面及关节软骨组织发生溃烂、坏死。

（2）病理组织学：在受害关节腔内有尿酸盐结晶，滑膜表面急性炎症，周围组织中有痛风石形成，甚至扩散到肌肉中亦有痛风石，在其周围有时有巨细胞围绕。

【诊 断】

1．临床诊断 根据病因、病史、特征性症状和病理学检查结果即可作出初步诊断。

2. 实验室诊断　必要时采病禽血液检测其尿酸含量，以及采取肿胀关节的内容物进行化学检查，呈紫尿酸铵阳性反应，显微镜观察见到细针状尿酸钠结晶或放射状尿酸钠结晶，即可进一步确诊。

血液中尿酸盐浓度升高，从正常时0.09～0.18 mmol/L（1.5～3.0 mg/dL）升高到0.897 mmol/L（15 mg/dL）以上。血中非蛋白氮值也相应升高。在腔上囊病毒嗜肾株感染时，还出现Na^+、k^+浓度降低、脱水等水与电解质的负平衡。血液pH降低，因机体脱水，红细胞容积值升高，血沉速率减慢，尿钙浓度升高，尿液pH也升高。

3. 鉴别诊断　本病出现的肾脏肿大、内脏器官尿酸盐沉积与磺胺类药物中毒、肾型传染性支气管炎、鸡传染性囊病类似，应注意区别诊断。本病出现的关节肿大、变形、跛行与病毒性关节炎、传染性滑膜炎、葡萄球菌病、大肠杆菌病、沙门菌病等引起的关节炎，多种矿物质、维生素缺乏症的症状类似，也应注意鉴别。

（1）与肾脏肿大、内脏器官尿酸盐沉积疾病的鉴别诊断

1）与磺胺类药物中毒的鉴别诊断　磺胺类药物中毒表现的肌肉出血和肾脏肿大苍白与鸡痛风的表现相似。鉴别要点是：一是精神状态不同，磺胺类药物中毒初期鸡群表现兴奋，后期精神沉郁，而鸡痛风早期一般无明显的临床表现，后期表现为精神不振；二是用药史的不同，磺胺类药物中毒鸡群有大剂量或长期使用磺胺类药物的病史。

2）与传染性囊病的鉴别诊断　传染性囊病病鸡表现的肾脏尿酸盐沉积与鸡痛风的表现相似。鉴别要点是：一是尿酸盐沉积位置的不同，传染性囊病鸡仅在肾脏和输尿管有尿酸盐沉积，而痛风病鸡除肾脏和输尿管外，还可能在内脏的浆膜面、肌肉间、关节内有尿酸盐沉积；二是病程不同，传染性囊病病程在7～10 d左右，而痛风病程持续很长；三是发病日龄不同，传染性囊病多发生于3～8周龄的鸡，而痛风往往发生于日龄较大的鸡，以蛋鸡或后备蛋鸡多见。

3）与肾型传染性支气管炎的鉴别诊断　肾型传染性支气管炎病鸡表现的肾脏尿酸盐沉积与鸡痛风的表现相似。鉴别要点是：一是临诊表现不同，传染性支气管炎病鸡表现呼吸道症状，而鸡痛风则没有；二是剖检病变不同，传染性支气管炎病鸡表现鼻腔、鼻窦、气管和支气管的卡他性炎，而鸡痛风无此病变。

（2）与致腿病、瘫痪等疾病的鉴别诊断

①与病毒性关节炎的鉴别诊断　病毒性关节炎多见于4～7周龄，病鸡表现为跗关节着地和跛行，剖检见腓肠肌、肌腱的出血和断裂。而鸡痛风主要表现为关节肿大、关节内有白色尿酸盐结晶，无腓肠肌、肌腱的出血和断裂病变。

②与马立克病的鉴别诊断　马立克病多发生于2月龄以上的鸡，剖检时常见内脏的肿瘤或外周神经的病变。而鸡痛风主要表现为关节肿大、关节内有白色尿酸盐结晶，无内脏肿瘤及外周神经病变。

③与硒-维生素E缺乏症的鉴别诊断　硒-维生素E缺乏症病鸡剖检时可见脑软化、小脑出血等，腹部皮下有多量液体积聚，有时呈蓝紫色，肌肉苍白等，补充维生素E-硒合剂后，病鸡群能很快控制病情。而鸡痛风主要表现为关节肿大、关节内有白色尿酸盐结晶，无脑部、肌肉的病变，补充维生素E-硒合剂后无效。

④与葡萄球菌、大肠杆菌等引起的关节炎的鉴别诊断　葡萄球菌、大肠杆菌等引起的关节炎可引起关节的红、肿、热、痛等炎症症状，这些症状与鸡痛风不同。

⑤与传染性滑膜炎的鉴别诊断　传染性滑膜炎病鸡多见关节腱鞘的肿胀，采血制备血清进行平板凝集试验，传染性滑膜炎病鸡可与鸡滑液囊支原体抗原产生凝集反应。而鸡痛风主要表现为关节肿大、关节内

有白色尿酸盐结晶，血清与鸡滑液囊支原体抗原进行平板凝集试验不产生凝集反应。

⑥与维生素B_1缺乏症的鉴别诊断　维生素B_1缺乏症雏鸡主要表现为头颈扭曲，抬头望天的角弓反张，肌内注射维生素B_1之后，大多数病鸡能较快康复。而鸡痛风肌内注射维生素B_1之后无疗效。

⑦与维生素B_2缺乏症的鉴别诊断　维生素B_2缺乏症常发生于2周龄雏鸡，主要表现为绒毛卷曲、脚趾向内侧屈曲、跗关节肿胀和跛行。每只鸡每天喂服维生素B_2 5 mg可得到改善，轻症病例可以康复。而鸡痛风肌内注射维生素B_2之后无疗效。

⑧与药物中毒的鉴别诊断　兽医临床上莫能霉素或盐霉素与红霉素、支原净等同时使用，会使雏鸡脚软、共济失调等。另外，因使用含氟过高的磷酸氢钙而造成的氟中毒，雏鸡腿无力，走路不稳，严重时出现肢行或瘫痪，剖检见鸡胸骨发育与日龄不符，腿骨松软，易折而不断。而鸡痛风病鸡剖检时一般无这些病变。

【防治措施】

1．预防

加强饲养管理，合理配料，保证饲料的质量和营养的全价，防止营养失调，保持鸡群健康。自配饲料时应当按不同品种、不同发育阶段、不同季节的饲养标准规定设计配方，配制营养合理的饲料。饲料中钙、磷比例要适当，钙的含量不可过高，通常在开产前两周到产蛋率达5%以前的开产阶段，钙的水平可以提高到2%，产蛋率达5%以后再提至相应的水平。另外饲料配方中蛋白含量不可过高（在20%以下），以免造成肾脏损害和形成尿结石；防止过量添加鱼粉等动物性蛋白饲料，供给充足新鲜的青饲料和饮水，适当增加维生素A、D的含量。具体可采取以下措施：

（1）添加酸制剂　因代谢性碱中毒是鸡痛风病重要的诱发因素，因此日粮中添加一些酸制剂可降低此病的发病率。在未成熟仔鸡日粮中添加高水平的蛋氨酸（0.3%～0.6%）对肾脏有保护作用。日粮中添加一定量的硫酸铵（5.3 g/kg）和氯化铵（10 g/kg）可降低尿的pH，尿结石可溶解在尿酸中成为尿酸盐而排出体外，减少尿结石的发病率。

（2）日粮中钙、磷和粗蛋白的允许量应该满足需要量但不能超过需要量　建议另外添加少量钾盐，或更少的钠盐。钙应以粗粒而不是粉末的形式添加，因为粉末状钙易使鸡患高血钙症，而大粒钙能缓慢溶解而使血钙浓度保持稳定。

（3）其他　在传染性支气管炎的多发地区，建议4日龄对进行首免，并稍迟给青年鸡饲喂高钙日粮。充分混合饲料，特别是钙和维生素D_3。保证饲料不被霉菌污染，存放在干燥的地方。对于笼养鸡，要经常检查饮水系统，确保鸡只能喝到水。使用水软化剂可降低水的硬度，从而降低禽痛风的发病率。

2．治疗

（1）西药疗法　目前尚没有特别有效的治疗方法。可试用阿托方（Atophanum，又名苯基喹啉羟酸）0.2～0.5 g，每日2次，口服，但伴有肝、肾疾病时禁止使用。此药是为了增强尿酸的排泄及减少体内尿酸的蓄积和关节疼痛，但对病重病例或长期应用者有副作用。也可试用别嘌呤醇（Allopurinol，7-碳-8氯次黄嘌呤）10～30 mg，每日2次，口服。此药化学结构与次黄嘌呤相似，是黄嘌呤氧化酶的竞争抑制剂，可抑制黄嘌呤的氧化，减少尿酸的形成。用药期间可导致急性痛风发作，给予秋水仙碱50～100 mg，每日3次，能使症状缓解。

近年来，对患病家禽使用各种类型的肾肿解毒药，可促进尿酸盐的排泄，对家禽体内电解质平衡的恢复有一定的作用。投服大黄苏打片，每千克体重1.5片（含大黄0.15 g，碳酸氢钠0.15 g），重病鸡逐只直接投服，其余拌料，每天2次，连用3 d。在投用大黄苏打片的同时，饲料内添加电解多维（如活力健）、维生素AD_3粉，并给予充足的饮水。或在饮水中加入乌洛托品或乙酰水杨酸进行治疗。

在上述治疗的同时，加强护理，减少喂料量，比平时减少20%，连续5 d，并同时补充青绿饲料，多饮水，以促进尿酸盐的排出。

（2）中草药疗法

①降石汤　取降香3份，石苇10份，滑石10份，鱼脑石10份，金钱草30份，海金沙10份，鸡内金10份，冬葵子10份，甘草梢30份，川牛膝10份。粉碎混匀，拌料喂服，每只每次服5 g，每天2次，连用4 d。用本方内服时，在饲料中补充浓缩鱼肝油（维生素A，维生素D）和维生素B_{12}，病鸡可在10 d后病情好转，蛋鸡产蛋量在3～4周后恢复正常。

②八正散加减　取车前草100 g，甘草梢100 g，木通100 g，扁蓄100 g，灯芯草100 g，海金沙150 g，大黄150 g，滑石200 g，鸡内金150 g，山楂200 g，栀子100 g。混合研细末，混饲料喂服，1 kg以下体重的鸡，每只每天1～1.5 g，1 kg以上体重的鸡，每只每天1.5～2g，连用3～5 d。

③排石汤　取车前子250 g，海金沙250 g，木通250 g，通草30 g。煎水饮服，连服5 d。说明：该方为1 000只0.75 kg体重的鸡1次用量。

④取金钱草20 g，苍术20 g，地榆20 g，秦皮20 g，蒲公英10 g，黄柏30 g，茵陈20 g，神曲20 g，麦芽20 g，槐花10 g，瞿麦20 g，木通20 g，栀子4 g，甘草4 g，泽泻4 g。共为细末，按每羽每日3 g拌料喂服，连用3～5 d。

⑤取车前草60 g，滑石80 g，黄芩80 g，茯苓60 g，小茴香30 g，猪苓50 g，枳实40 g，甘草35 g，海金沙40 g。水煎取汁，以红糖为引，对水饮服，药渣拌料，日服1剂，连用3 d。说明：该方为200只鸡1次用量。

⑥取地榆30 g，连翘30 g，海金沙20 g，泽泻50 g，槐花20 g，乌梅50 g，诃子50g，苍术50 g，金银花30 g，猪苓50 g，甘草20 g。粉碎过40目筛，按2%拌料饲喂，连喂5 d。食欲废绝的重病鸡可人工喂服。该法适用于内脏型痛风，预防时方中应去地榆，按1%的比例添加。

⑦取滑石粉、黄芩各80 g，茯苓、车前草各60 g，猪苓50 g，枳实、海金沙各40 g，小茴香30 g，甘草35 g。每剂上下午各煎水1次，加30%红糖让鸡群自饮，第2天取药渣拌料，全天饲喂，连用2～3剂为一疗程。该法适用于内脏型痛风。

⑧取车前草、金钱草、木通、栀子、白术各等份。按每只0.5 g煎汤喂服，连喂4～5 d。该法治疗雏鸡痛风，可酌加金银花、连翘、大青叶等，效果更好。

⑨取木通、车前子、瞿麦、萹蓄、栀子、大黄各500 g，滑石粉200 g，甘草200 g，金钱草、海金沙各400 g。共研细末，混入250 kg饲料中供1 000只产蛋鸡或2 000只育成鸡或10 000只雏鸡2 d内喂完。

⑩取黄芩150 g，苍术、秦皮、金钱草、茵陈、瞿麦、木通各100 g，泽泻、地榆、槐花、公英、神曲、麦芽各50 g，栀子、甘草各20 g煎水服用，渣拌料3～5 d可供1 000只大鸡服用。

（孙卫东）

第十九节 鸡脂肪肝综合征

（Fatty liver syndrome in chickens）

【病名定义】

是产蛋鸡的一种营养代谢病，临床上以过度肥胖和产蛋下降为特征。该病多出现在产蛋高的鸡群或鸡群的产蛋高峰期，病鸡体况良好，其肝脏、腹腔及皮下有大量的脂肪蓄积，常伴有肝脏小血管出血，故其又称为脂肪肝出血综合征（Fatty liver hemorrhagic syndrome, FLHS）。该病发病突然，病死率高，给蛋鸡养殖业造成了较大的经济损失。

【病　因】

导致鸡发生脂肪肝综合征的因素包括：遗传、营养、环境与管理、激素、有毒物质等。除此之外，促进性成熟的高水平雌激素也可能是该病的诱因。

1. 遗传因素 田间不同品种间鸡脂肪肝综合征敏感性的试验结果显示，遗传因素影响鸡脂肪肝综合征的发病率。肉种鸡的发病率高于蛋种鸡。为提高产蛋性能而进行的遗传选择是脂肪肝综合征的诱因之一，高产蛋频率刺激肝脏沉积脂肪，这与雌激素代谢增强有关。

2. 营养因素

（1）能量过剩 过量的能量摄入是造成鸡脂肪肝综合征的主要原因之一。笼养自由采食可诱发鸡脂肪肝综合征。大量的碳水化合物也可引起肝脏脂肪蓄积，这与过量的碳水化合物通过糖原异生转化成为脂肪有关。

（2）能量蛋白比 高能量蛋白比的日粮可诱发此病。据观察，饲喂能蛋比为66.94的日粮，产蛋鸡脂肪肝综合征的发生率可达30%，而饲喂能蛋比为60.92的日粮，其鸡脂肪肝综合征发生率为0%。同样，据文献报道，饲喂高能低蛋白的日粮（12.138 MJ/kg, 12.72%CP），产蛋鸡的鸡脂肪肝综合征发病率较高。

（3）能源 产蛋鸡日粮使用的能源类型也影响鸡肝脏的脂肪含量。饲喂以玉米为基础的日粮，产蛋鸡亚临床脂肪肝综合征的发病率高于以小麦、黑麦、燕麦或大麦为基础的日粮。这些谷物含有可减少鸡脂肪肝综合征的多糖，如果胶。以碎大米或珍珠小米为能源的日粮，尤其是肉种鸡日粮也可使鸡肝脏和腹部积累大量的脂肪。

（4）钙 低钙日粮可使肝脏的出血程度增加，体重和肝重增加，产蛋量减少。影响程度依钙的缺乏程度而定，鸡通过增加采食量（15%～27%）来满足钙的需要量，但这样会同时使能量和蛋白质的采食过量，进而诱发鸡脂肪肝综合征。日粮的低钙水平抑制下丘脑，使得促性腺激素的分泌量减少，产蛋减少或完全停止。即使如此，鸡的采食量依然正常，由于产蛋减少，食入的过量营养物质将转化为脂肪储存在肝脏。给育成鸡延迟饲喂适宜钙水平的日粮也可导致脂肪沉积。为了避免发生这种情况，育成鸡从16周龄到产蛋达到5%这一时期，宜采食钙水平为2%～2.5%的产前料。

（5）蛋白源和硒　与能量、蛋白、脂肪水平相同的玉米鱼粉日粮相比，采食玉米-大豆日粮的产蛋鸡，其鸡脂肪肝综合征的发生率较高。玉米鱼粉日粮的脂肪肝出血综合征发生较低的原因可能是鱼粉含硒的缘故，硒对血管内皮有保护作用，玉米大豆日粮中补加0.3 mg/kg的硒可减少肝出血。

（6）维生素与微量元素　抗脂肪肝物质的缺乏可导致肝脏脂肪变性。鸡脂肪肝综合征是由于脂类运输的缺乏或过量引起的。但日粮中添加这些亲脂肪物质的试验结果变化不一，甚至相反。脂类过量的过氧化作用可能是鸡脂肪肝综合征出现肝脏出血的一个原因。维生素C、维生素E、B族维生素、Zn、Se、Cu、Fe、Mn等影响自由基和抗氧化机制的平衡。上述维生素及微量元素的缺乏都可能和鸡脂肪肝综合征的发生有关。

3. 环境与管理因素

（1）温度　环境温度升高可使能量需要减少，进而脂肪分解减少。热带地区的4、5和6月份是鸡脂肪肝综合征的高发期。从冬季到夏季的环境温度波动，可能会引起能量采食的错误调节，进而也造成鸡脂肪肝综合征。炎热季节发生鸡脂肪肝综合征可能和脂肪沉积量较高有关。

（2）饲养方式　笼养是鸡脂肪肝综合征的一个重要诱发因素。因为笼养限制了鸡的运动，活动量减少，过多的能量转化成脂肪。笼养蛋鸡没有机会接触粪便。因此不能消除某些必需营养物质的缺乏，仅通过过量采食来满足需要，进而导致鸡脂肪肝综合征。笼养鸡脂肪肝综合征发生的另一个重要原因是，鸡不能自己选择合适的环境温度。

（3）应激　任何形式（营养、管理和疾病）的应激都可能是鸡脂肪肝综合征的诱因。突然应激可增加皮质酮的分泌，而使肾上腺维生素C的含量减少。外源性皮质酮或应激期间释放的其他糖皮质激素使生长减缓。皮质类固醇刺激糖原异生，促进脂肪合成。尽管应激会使体重下降，但会使脂肪沉积增加。有时高产蛋鸡接种传染性支气管炎油佐剂灭活苗可暴发鸡脂肪肝综合征。

4. 有毒物质　黄曲霉毒素也是蛋鸡发生鸡脂肪肝综合征的基本因素之一。日粮中黄曲霉毒素达20 mg/kg可引起产蛋下降，鸡蛋变小，肝脏变黄、变大和发脆，肝脏脂肪含量增至55%以上。即使是低水平的黄曲霉毒素，如果长期存在也会引发鸡脂肪肝综合征。菜籽饼的毒性物质也会诱发鸡的鸡脂肪肝综合征。日粮含10%～20%菜籽饼或20%菜油可造成中度或严重的肝脏脂肪化，数周内将出现肝出血。菜籽饼中的硫葡萄苷（Glucosinolate）是造成出血的主要原因。

5. 激素　肝脏脂肪变性的产蛋鸡，其血浆的雌二醇浓度较高。这说明激素-能量的相互关系可引起鸡脂肪肝综合征。过量的雌激素促进脂肪的形成，后者并不与反馈机制相对应。甲状腺的状况也影响肝脂肪的沉积，研究结果表明甲状腺产物硫尿嘧啶和丙基硫尿嘧啶可使产蛋鸡沉积脂肪。

【发病机理】

目前仍不十分清楚。已认识产蛋鸡脂肪代谢的特点，母鸡接近产蛋时，为了维持生产力（1个鸡蛋大约含6 g脂肪，其中的大部分是由饲料中的碳水化合物转化而来的），肝脏合成脂肪能力增加，肝脂也相应提高，对某些成熟母鸡肝脂由干重的10%～20%提高到干重的45%～50%即可，另一些母鸡则需提高到50%以上，这就促使鸡脂肪肝综合征的发生。并且由于禽类合成脂肪的场所主要在肝脏，特别在产蛋期间，在雌激素作用下，肝脏合成脂肪能力增强，每年由肝脏合成的脂肪总量几乎等于家禽的体重。合成后的脂肪以极低密度脂蛋白（VLDL）的形式被输送到血液，经心、肺小循环进入大循环，再运往脂肪组织储存，或运往卵巢。当肝内缺少脱脂肪蛋白和合成磷脂的原料，或极低密度脂蛋白的形成机能受阻，或当血浆极低密度脂蛋白含量增高时，使肝脂输出过慢而在肝中积存形成脂肪肝。

蛋是由各种蛋白质、脂类、矿物质与维生素形成的。如果饲料中蛋白质不足，影响脱脂肪蛋白的合成，进而影响极低密度脂蛋白的合成，从而使肝脏输出减少，产蛋量少；饲料中缺乏合成脂蛋白的维生素E、生物素、胆碱、B族维生素和蛋氨酸等亲脂因子，使极低密度脂蛋白的合成和转运受阻，造成脂肪浸润而形成脂肪肝。同时，由于产蛋鸡摄入能量过多，作为在能量代谢中起关键作用的肝脏不得不最大限度地发挥作用，肝脏脂肪来源大大增加，大量的脂肪酸在肝脏合成，但是，肝脏无力完全将脂肪酸通过血液运送到其他组织或在肝脏氧化，而产生脂肪代谢平衡失调，从而导致脂肪肝综合征。

【症　状】

本病主要发生于重型鸡及肥胖的鸡。有的鸡群发病率较高，可高达31.4%～37.8%。当病鸡肥胖超过正常体重的25%，在下腹部可以摸到厚实的脂肪组织，其产蛋率波动较大，可从高产蛋率的75%～85%突然下降到35%～55%，甚至仅为10%。病鸡冠及肉髯色淡，或发绀，继而变黄、萎缩，精神委顿，多伏卧，很少运动。有些病鸡食欲下降，鸡冠变白，体温正常，粪便呈黄绿色，水样。当拥挤、驱赶、捕捉或抓提方法不当时，引起强烈挣扎，往往突然发病，病鸡表现为喜卧，腹大而软绵下垂，鸡冠肉髯褪色乃至苍白。重症病鸡嗜眠、瘫痪，体温41.5～42.8 ℃，进而鸡冠、肉髯及脚变冷，可在数小时内死亡。

【病理变化】

病死鸡剖检见皮下、腹腔及肠系膜均有多量的脂肪沉积（见彩图 9-19-1）。肝脏肿大，边缘钝圆，呈黄色油腻状，表面有出血点和白色坏死灶，质地极脆，易破碎如泥样（见彩图 9-19-2），用刀切时，在切的表面上有脂肪滴附着。有的病鸡由于肝破裂而发生内出血，肝脏有大小不等的血凝块（见彩图 9-19-3）。腹腔内、内脏周围、肠系膜上有大量的脂肪。有的鸡心肌变性呈黄白色。有些鸡的肾略变黄，脾、心、肠道有程度不同的小出血点。当死亡鸡处于产蛋高峰状态，输卵管中常有正在发育的蛋。

病理组织学观察：取患鸡的肝脏进行切片，在显微镜下可见肝细胞索紊乱，肝细胞肿大，胞浆内有大小不等的脂肪滴，胞核位于中央或被挤于一侧。有的见局部肝细胞坏死，周围可见单核细胞浸润，间质内也充满脂肪组织。有些区域见小血管破裂和继发性炎症、坏死和增生。

【诊　断】

1. 临床诊断　根据病因、发病特点、临床症状及病理变化特征即可作出初步诊断。

2. 实验室诊断　血清胆固醇明显升高达15.65～29.69 mmol/L（正常为2.9～8.17mmol/L）。血钙升高可达6.99～18.46 mmol/L（正常为3.74～6.49 mmol/L）。血浆中雌激素明显生高平均1 019 μg/mL（正常为305 μg/mL）。病鸡血液中肾上腺皮质固醇含量均比正常鸡高，达到5.71～7.05 mg/dL，血清中脂蛋白酯酶活性下降，丙酮酸脱羧酶活性大大降低。

3. 鉴别诊断　本病出现的鸡冠肉髯褪色苍白症状与鸡传染性贫血、住白细胞虫病、磺胺药物中毒、球虫病、维生素B_{12}缺乏症等类似，应注意鉴别。

（1）与鸡传染性贫血的鉴别诊断　先天性感染的雏鸡在10日龄左右发病，表现症状且死亡率上升。雏鸡若在20日龄左右发病，表现症状并有死亡，可能是水平传播所致。贫血是该病的特征性变化，病鸡感染后14～16 d贫血最严重。病鸡衰弱，消瘦，瘫痪，翅、腿、趾部出血或肿胀，一旦碰破，则流血不止。剖检时可发现血液稀薄，血凝时间延长，骨髓萎缩，常见股骨骨髓呈脂肪色、淡黄色或淡红色。而脂肪肝综合征发病和死亡的鸡都是母鸡，剖检见体腔内有大量血凝块，并部分地包着肝脏，肝脏明显肿大，色泽变黄，质脆弱易碎，有油腻感，这些易与鸡传染性贫血区别。

（2）与鸡球虫病的鉴别诊断　球虫病表现的可视黏膜苍白等贫血症状与鸡脂肪肝综合征有相似之处，但很容易鉴别，球虫病剖检症状很典型，即受侵害的肠段外观显著肿大，肠壁上有灰白色坏死灶或肠道内充满大量血液或血凝块，而脂肪肝综合征患鸡无这种病理变化。

（3）与住白细胞虫病的鉴别诊断　住白细胞虫病表现的鸡冠苍白、血液稀薄、骨髓变黄等症状与鸡脂肪肝综合征有相似之处。鉴别要点是：一是住白细胞虫病剖检时还可见内脏器官广泛性出血，在胸肌、腿肌、心、肝等多种组织器官有白色小结节；二是住白细胞虫病在我国的福建、广东等地呈地方性流行，每年的4～10月份发病多见，有明显的季节性。而脂肪肝综合征患鸡无这些病理变化，易于鉴别。

（4）与磺胺类药物中毒的鉴别诊断　磺胺类药物中毒除表现贫血症状外，初期鸡群还表现兴奋，后期精神沉郁，鸡群有大剂量或长期使用磺胺类药物的病史。这些易与鸡脂肪肝综合征区别。

【防治措施】

1. 预防

（1）坚持育成期的限制饲喂　育成期的限制饲喂至关重要，一方面，它可以保证蛋鸡体成熟与性成熟的协调一致，充分发挥鸡只的产蛋性能；另一方面它可以防止鸡只过度采食，导致脂肪沉积过多，从而影响鸡只日后的产蛋性能。因此，对体重达到或超过同日龄同品种标准体重的育成鸡，采取限制饲喂是非常必要的。

（2）严格控制产蛋鸡的营养水平，供给营养全面的全价饲料　处于生产期的蛋鸡，代谢活动非常旺盛。在饲养过程中，既要保证充分的营养，满足蛋鸡生产和维持各方面的需要，同时又要避免营养的不平衡（如高能低蛋白）和缺乏（如饲料中蛋氨酸、胆碱、维生素E等的不足），一定要做到营养合理与全面。

2. 治疗　当确诊鸡群患有脂肪肝出血性综合征时，应及时找出病因进行针对性治疗。重症病鸡无治疗价值，应及时淘汰。通常可采取以下几种措施。

（1）平衡饲料营养　尤其注意饲料中能量是否过高，如果是，则可降低饲料中玉米的含量，改用麦麸代替。另有报道说，如果在饲料中增加一些富含亚油酸的植物油而减少碳水化合物的含量，则可降低脂肪肝出血性综合征的发病率。日本学者提出，饲料中代谢能与蛋白质的比值（ME/P）应随外界温度和产蛋率的不同而作适当的调整，温暖时代谢能与蛋白质减少10%，低温时应增加10%。

（2）补充“抗脂肪肝因子”　主要是针对病情轻和刚发病的鸡群。在每千克日粮中补加胆碱22～110 mg，治疗1周有一定帮助。澳大利亚研究者曾推荐补加维生素B_{12}、维生素E和胆碱。在美国曾有研究者报道，在每吨日粮中补加氯化胆碱1 000 g、维生素E 10 000IU、维生素B_{12} 12 mg和肌醇900 g，连续饲喂；或每只鸡喂服氯化胆碱0.1～0.2 g，连服10 d。

（3）调整饲养管理　适当限制饲料的喂量，使体重适当，鸡群产蛋高峰前限量要小，高峰后限量可相应增大，小型鸡种可在120日龄后开始限喂，一般限喂8%～12%。

（孙卫东）

第二十节　鸡脂肪肝和肾综合征

（Fatty liver and kidney syndrome in chickens）

【病名定义】

是青年鸡的一种营养代谢病，因肝脏、肾脏和其他组织中存在大量脂类物质而得病。临床上以肝、肾肿胀且存在大量脂类物质，病鸡嗜眠、麻痹和突然死亡为特征。主要发生于肉用仔鸡，也可发生于后备肉用仔鸡，以3～4周龄发病率最高，而11日龄以前和32日龄以后的仔鸡很少暴发。

【病　因】

关于本病的发生原因曾有不少争议，目前认为主要有以下几种。

首先是营养代谢调节失调。通过饲喂一种含低脂肪和低蛋白的粉碎的小麦基础日粮，能够复制出本病，并有25%的死亡率。若日粮中增加蛋白质或脂肪含量，则死亡率减低；若将粉碎的小麦做成小的颗粒饲料，则死亡率增高。

其次是生物素缺乏。因为生物素在糖原异生的代谢途径中是一种辅助因子，本病存在低糖血症，表明糖原异生作用降低。有些学者发现按每千克体重在基础日粮中补充生物素0.05～0.10 mg，是防治本病的良好方法。

最后是某些应激因素。特别是当饲料中可利用生物素含量处于临界水平时，突然中断饲料供给，或因捕捉、雷鸣、惊吓、噪音、高温或寒冷，光照不足，鸡群为网上饲养等因素可促使本病发生。

【发病机理】

目前，尽管认识尚不完全一致，但大多数学者认为该病是由生物素缺乏引起的。生物素分为可利用和不可利用的两种。小麦、大麦等饲料中生物素可利用率仅为10%～20%，鱼粉、黄豆粉等高蛋白饲料中生物素可利用率达100%。鸡饲料中补充蛋白质和脂肪，可减少本病发生，这与提高生物素的可利用率有关。10日龄以前，幼雏体内尚有一定量母源性生物素，30日龄后，饲料中玉米、豆饼成分比例提高，可使发病率降低。但本病至今为何主要发生于肉用仔鸡群，其他品种禽类和动物缺乏生物素时，临床表现却未见有肝、肾肿大和黏膜出血的现象。应激因素是怎样促使疾病发生的，其生化变化、生物学机制等还难以阐明。

生物素是体内许多羧化酶的辅酶，是天门冬氨酸、苏氨酸、丝氨酸脱氢酶的辅酶。在丙酸转变为草酰乙酸、乙酰辅酶A转变为丙二酸单酰辅酶A等过程中起重要作用。脂肪肝和肾综合征的鸡血糖浓度下降，血浆丙酮酸和游离脂肪酸浓度升高，肝脏中糖原浓度下降，说明糖原异生作用下降，导致脂肪在肝、肾内蓄积，组织学观察证明，脂肪积累在肝小叶间及肾细胞（肾近曲小管上皮细胞）的胞浆内，产生肝、肾细胞脂肪沉着症。由于脂蛋白酯酶被抑制，阻碍了脂肪从肝脏向外运输，低血糖和应激作用增加了体脂动员，最终造成脂肪在肝肾内积累。除骨骼肌、心肌和神经系统外，全身还有广泛的脂肪浸润现象。

【症　状】

本病一般见于生长良好的鸡，发病突然，表现嗜睡和麻痹，麻痹由胸部向颈部蔓延，几小时内死亡，死后头伸向前方，趴伏或躺卧将头弯向背侧，病死率一般在5%，有时可高达30%，有些病鸡亦可呈现生物素缺乏症的典型表现，如羽毛生长不良，干燥变脆，喙周围皮炎，足趾干裂等。

【病理变化】

病死鸡剖检可见肝苍白，肿胀。在肝小叶外周表面有小的出血点，有时出现肝被膜破裂，造成突然死亡。肾肿胀，颜色可有各种各样，脂肪组织呈淡粉红色，与脂肪内小血管充血有关。嗉囊、肌胃和十二指肠内含有黑棕色出血性液体，恶臭，心脏呈苍白色，心肌脂肪组织往往呈淡红色。

病理组织学检查：可发现肾脏及其许多近曲小管肿胀，病鸡的近曲小管上皮细胞呈现颗粒状胞浆，用PAS染色力不强。并且在肾脏近曲小管上皮细胞和肝细胞中存在大量脂类。

【诊　断】

1. **临床诊断**　根据鸡群发病的日龄、病史、症状及病理变化即可作出初步诊断。

2. **实验室诊断**　发病鸡有低糖血症、血浆丙酮酸水平升高，病禽肝内糖原含量极低，生物素含量低于0.33 μg/g，丙酮酸羧化酶活性大幅度下降，脂蛋白酶活性下降。

3. **鉴别诊断**　该病与鸡包涵肝体炎（腺病毒感染）和传染性囊病在临床症状和病理剖检变化上有相似之处，其鉴别诊断见表8-20-1。

表 8-20-1　鸡脂肪肝和肾综合征与类似疾病的鉴别诊断

项目	包涵体肝炎	传染性囊病	脂肪肝和肾综合征
发病日龄	28 ~ 45 日龄	10 日龄以上	10 ~ 30 日龄
鸡群状态	死前多数正常	不完全健康	死前多数正常，发病突然
死亡率	0 ~ 8%	0 ~ 25%	0 ~ 10%
肝、肾变化	出血、色正常	肾小管肿胀	肝苍白、肿大，肾色白，肾小管肿胀现象不及前两病明显
腔上囊	萎缩	出血或有脓样分泌物	正常
肝组织学变化	肝包涵体变性及细胞广泛破裂	—	肝细胞和肾近曲小管上皮细胞内脂肪沉积

【防治措施】

针对病因，调整日粮成分及比例。例如，增加日粮中蛋白质含量，给予含生物素利用率高的玉米、豆饼之类的饲料，降低小麦的比例，禁止用生鸡蛋清拌饲料育雏。另外按鸡每千克体重补充0.05 ~ 0.10 mg的生物素，经口投服，或每千克饲料中加入150 μg生物素，可有效地防治本病。

（孙卫东）

第二十一节　肉鸡腹水综合征

（Ascites syndrome）

【病名定义及历史概述】

肉鸡腹水综合征，又称肉鸡肺动脉高压综合征（Pulmonary hypertension syndrome, PHS），是一种由多种致病因子共同作用引起的快速生长幼龄肉鸡以右心肥大、扩张及腹腔内积聚浆液性淡黄色液体为特征，并伴有明显的心、肺、肝等内脏器官病理性损伤的一种非传染性疾病。

该病1946年首次报道于美国，当时是雏火鸡发生，1958年北美的一些地方连续报道本病的发生。1968年首次报道了在玻利维亚高海拔地区的肉仔鸡群中发生了肉鸡腹水综合征，其后在秘鲁、墨西哥和南非等高海拔地区也有报道，故又称“高海拔病（Altitude disease）”（＞1 500m）。随后在美洲、拉丁美洲、欧洲、澳洲、亚洲、非洲和中东的一些低海拔或海平面的国家如英国、美国、澳大利亚、德国、加拿大、意大利、日本、毛里求斯和古巴等国家和地区相继出现。我国台湾省在1982年有本病的报道，而大陆地区肉鸡饲养业起步较晚，该病在1986年才有首次报道，进入90年代以后北京、天津、江苏、河南、河北、山东、上海、广东、内蒙古、黑龙江等低海拔地区及青海、宁夏、甘肃、西藏、贵州和云南等高海拔地区的20多个省、直辖市的鸡群中均有该病的报告。目前该病已广泛分布于世界各地，它与肉鸡猝死综合征和腿病一起被称为危害肉鸡的3大疾病。Maxwell等人的调查研究表明，全球每年因此造成的经济损失达10亿美元，而我国每年造成的经济损失达10亿～13亿人民币，在肉鸡养殖业中由肉鸡腹水综合征所造成的死亡率约占全部死亡率的25%，加上病鸡屠宰率降低和屠宰后酮体品质下降而造成巨大的经济损失，该病已成为危害世界肉鸡养殖业的重要疾病之一。

【病　因】

引起肉鸡腹水综合征的病因较为复杂，包括遗传、营养、饲养管理、环境、孵化条件、应激、霉菌毒素、药物中毒和疾病等。归纳起来主要有遗传因素、原发因素和继发因素3大类。

1. 遗传因素　肉鸡腹水综合征常见于快速生长型的肉鸡，如艾维菌、AA、罗斯、科宝、塔特姆、红宝、三黄鸡、各种黄羽肉鸡等。AA和艾维茵肉鸡腹水综合征的发病率一般高于其他品种，且肉用公鸡的发病率较母鸡要高。这是长期以来育种学家不断地追求肉鸡生产性能提高（现代肉鸡的生长速度每年近乎提高5个百分点）而进行遗传选育的结果。但在肉鸡快速生长的同时，其心肺功能并未得到同步相应的改善，随着体重的迅速增加，其心脏和肺脏重量与体重的比率则越来越小，其供氧能力已接近极限，支持这种快速增长的氧气需要量已超出了肺系统的发育与成熟的程度，形成了异常的血压-血流动力系统。加上肉仔鸡的前腔静脉、肺毛细血管发育不全，管腔狭窄，血流不畅，造成肺血管、特别是肺静脉瘀血，大量液体渗出进入腹腔而形成腹水。

2. 原发因素

（1）缺氧　已有大量的研究证明，肉鸡腹水综合征的发生与肉仔鸡所处的饲养环境缺氧密切相关。早期肉鸡腹水综合征的发生与高海拔地区的氧分压低、空气中氧气浓度低（高原性缺氧）有关；低海拔或海平面地区肉鸡腹水综合征的发生与养殖户在养殖时未处理好保温和通风的关系有关，如育雏期间只注意保温而紧闭鸡舍门户，未考虑通风，育雏设备简陋，用塑料（或尼龙）薄膜搭成小空间的棚舍，使得育雏室内空气流通不良，采用煤炉或木屑炉保温，大大增加了鸡舍内的耗氧量，且不及时更换垫料，使舍内通风不良，以致鸡舍空气中一氧化碳、二氧化碳、氨气及尘埃含量升高，加之肉鸡特有的高密度饲养加剧了鸡舍小环境缺氧；肉鸡本身的快速生长和高代谢率对氧的需要增加，导致机体的相对缺氧。这些都为肉鸡腹水综合征的发生创造了条件。

（2）低温（寒冷）　本病多发生于气候寒冷的冬春季节，提示着环境寒冷（低温）在肉鸡腹水综合征的发生上起着重要的作用，许多研究者也模拟低温的方法成功地诱发该病。

（3）饲料和饮水　喂以高能量高蛋白日粮或颗粒（浓缩）饲料，均可增加肉鸡腹水综合征的发生，这是因为饲料的高能量和高营养密度，可使肉鸡获得较高的生长速度，导致肉鸡腹水综合征的发生。日粮的酸碱水平失衡，鸡在酸中毒时可造成肺部血管缩小从而导致肺动脉压增高，William等研究表明碱性日粮可大大降低腹水症引起的死亡。日粮或饮水中高钠、高镍、高钴等也是肉鸡腹水综合征发生的重要因素。此外，日粮中使用含过量芥子酸的菜籽油时，会引起心肌退行性变化，造成右心衰竭，进而形成肉鸡腹水综合征；饲料被浸提剂（己烷）、甲酸、巴豆、吡咯烷生物碱、油脚中的二联苯氯化物（PCB）等污染可引起肝中毒扰乱血液循环，使肝血压升高，液体从肝表渗入腹腔，形成腹水。

（4）孵化条件　种蛋的孵化过程实际上是鸡胚心、肺等器官的发育过程，胚体对孵化过程环境条件的变化异常敏感，任何导致孵化器内氧含量不足的情况均可使新生雏鸡腹水综合征发生率升高。Maxwell用乙烯树脂条降低孵化蛋壳的通透性，发现孵出来的1日龄雏鸡的红细胞数目增多，且出现类似5周龄腹水综合征病鸡所见的组织病变；当把孵出来的雏鸡置于模拟海拔244m的缺氧环境中时，腹水症的发生率高出5倍。

（5）其他　应激、肠道内氨的产生、内毒素等可能是肉鸡腹水综合征触发因子之一，而环境中高氨水平在肉鸡腹水综合征发生中的确实作用尚未能确切证实。

3. 继发性因素　根据试验研究和现场实际观察，已报道的肉鸡腹水综合征继发性因素包括：

（1）病原微生物因素　如曲霉菌肺炎、大肠杆菌病、鸡白痢、肉鸡肾病型传染性支气管炎、衣原体病、新城疫、禽白血病、病毒性心肌炎等。

（2）中毒性因素　如黄曲霉毒素中毒、食盐中毒、离子载体球虫抑制剂中毒（如莫能菌素中毒）、磺胺类药物中毒、呋喃类药物中毒、消毒剂中毒（甲酚、煤焦油）等。

（3）营养代谢性因素　如硒和维生素E缺乏症、磷缺乏症等。

（4）先天性心脏疾病　如先天性心肌病、先天性心脏瓣膜损伤等。这些因素可引起心、肝、肾、肺的原发性病变，严重影响心、肝和肺的机能，从而引起继发性腹水。

此外，肉鸡腹水症的发生还与甲状腺素分泌不足，可的松浓度较高有关。

【流行病学】

1. 发病情况　最早见于出壳后的3日龄肉用仔鸡，一般以2～3周龄的快速生长的肉用仔鸡易敏感性最高，死亡高峰多见于4～7周龄的快速生长期。据报道，该病在英、美等国的平均发病率为4.5%，全世界的平均发病率约为4.7%，我国的发病率一般为2%～30%，最高达80%。死亡率因多种因素的影响出现很大的差别，国外有报道死亡率为1%～13%，也有死亡率高达30%和42.4%的报道；我国报道的死亡有2%～20%，也有死亡率高达65%和90%的报道。

2. 品种与性别　发病与品种有关，最常见、发病最多的是生长快速的肉仔鸡，主要有艾维茵、AA、罗斯、红宝、三黄鸡等，其中艾维茵、AA肉鸡略高于其他品种肉鸡。公鸡发病高于母鸡，这与公鸡生长快，耗能高，需氧量多有关。该病的发生也见于肉鸭、雉鸡、观赏禽类等。

3. 季节性与饲养管理因素　有较明显的季节性，冬、春季发生较多，寒冷季节死亡率明显增加。饲养密度过大、通风不良、卫生条件差、鸡舍内一氧化碳、二氧化碳、氨气浓度过大，氧相对不足等均可导致鸡只发病率增加。

【发病机理】

对于肉鸡腹水综合征的发病机理，世界上各国专家从不同的角度进行了长期的研究，并根据其发病原因建立了相关的肉鸡腹水综合征的发病模型，在此基础上对其发病机理已取得一些成果，但更深层次的发病机理尚待进一步揭示。目前对肉鸡腹水综合征的发病机理的研究主要集中在：由肺细小动脉血管重构引起的肺动脉高压；由氧自由基引起的心、肺等器官的细胞损伤；由心脏病变（包括心脏的传导系统、房室瓣膜、心肌等）引起心脏功能变化而导致的肉鸡腹水综合征等几个方面。

1. 血管损伤理论

（1）肺细小动脉血管重构与肺动脉高压 在人类医学的大量研究表明，肺血管收缩反应增强和肺细小动脉血管重构是低氧性肺动脉高压形成的特征和病理基础。李锦春等首先在肉鸡腹水综合征自然病例中证实了肺细小动脉血管重构的病理现象的存在。Tan等研究发现，肉鸡肺血管重构的发生与肺细小动脉平滑肌细胞的过度增殖和凋亡减少有关。Moreno等的研究表明，在肉鸡腹水综合征的形成过程中一氧化氮参与了肉鸡肺血管重构。而肺血管结构重建被认为是持续性或慢性缺氧和高压因素协同作用导致肺血管的结构变化的结果：一方面，缺氧可直接诱导血管内皮细胞、平滑肌细胞和成纤维细胞增殖，使胶原等细胞外基质成分分泌增多，从而造成肺动脉壁增厚和顺应性降低；另一方面，高压时血流剪切力增高，通过内皮细胞的感受，诱导多种生长因子相关基因的转录和表达增多，介导肺动脉平滑肌细胞和成纤维细胞增殖。进而使大动脉收缩，阻力血管段即肌性动脉段中层肥大和微循环重构，非阻力血管段即部分肌性动脉段和非肌性动脉段管壁中的中间型细胞和周细胞可转化为平滑肌细胞，使肌性动脉段增加，延长了阻力血管段，阻力血管段延长和管壁肥厚是血管阻力增大、肺动脉压升高，最终引起肺动脉高压升高（Pulmonary hypertension, PH），右心肥大增加，最后形成腹水。

（2）血管活性物质（因子）与肺动脉高压

①一氧化氮 Wang等研究了在日粮中添加一氧化氮合酶抑制剂L-NAME后对肺动脉压、血浆NO和肉鸡腹水综合征发病率的影响。刘健华等研究发现，肉鸡腹水综合征患鸡肺血管NOS表达增强，并推测这可能因为NO具有双刃剑的作用，与肺血管内皮损伤和中膜增厚有关。Wideman报告用L-NAME可以放大肉鸡肺动脉对内毒素的收缩反应。Odom等对比了肉鸡和来航鸡离体肺动脉在缺氧条件下补充NO的前体（精氨酸）和供体（硝普钠）时舒缩反应的差异，鉴于肉鸡舒张反应大于来航鸡的结果，认为缺氧时肉鸡腹水综合征的发生与肉鸡体内内源性NO产生量减少和活性降低有关。

②内皮素-1 周东海等通过试验证实ET-1参与了肉鸡腹水综合征的形成和发展过程。杨鹰等研究发现，内皮素A受体拮抗剂BQ123能够预防低温诱发的肉鸡肺动脉高压，从而反证了ET-1参与了肉鸡腹水综合征的发病过程。

③血管紧张素Ⅱ 韩博等探讨了血管紧张素Ⅱ在肉鸡腹水综合征形成过程中的作用，认为AngⅡ不仅通过肾素-血管紧张素-醛固酮途径导致腹水综合征发生发展，也通过拮抗NO的生成，使血管舒张因子减低，造成血管收缩，促进血管平滑肌细胞增生，增加血小板黏附，最终致肺动脉高压。

④血清素 Chapman等通过实验证实，血清素能直接引起肉鸡肺血管收缩和肺动脉高压，可能在肉鸡腹水综合征发生发展中起一定作用。

⑤缺氧诱导因子 曾秋凤等的试验结果证明，HIF-1α与肉鸡肺动脉高压导致的腹水综合征相关。

⑥心钠素 周东海等研究表明，ANP参与了肉鸡腹水综合征的发生和发展过程并与肉鸡发生肉鸡腹水综合征的程度有密切关系。

⑦其他 有些学者还研究了血栓素（Thromboxane）和前列环素（Prostacyclin）等与肉鸡腹水综合征的关系。

2. 心脏损伤理论 Olkowski 等研究认为心脏损害是肉鸡腹水综合征的原发性病理损害。Maxwell等进一步研究指出，肉鸡血液中较高的肌钙蛋白-T（Troponin T, TnT）水平（0.38 ± 0.036 ng/mL）可能与肉鸡存在的较为广泛的亚临床的心肌损害有关，且肌钙蛋白-T的水平作为肉鸡腹水综合征的早期诊断的可靠性比右心（Right ventricle, RV）/全心（Total ventricle, TV）重量比（RV/ TV）、心肌酶（CPK）及动脉压指数（API）的可靠性大。Martinez-Lemus等在对肉鸡腹水综合征发展过程中的超声心动图研究表明，在右房室瓣处出现单向性的血液返流（2 m/s），在条件改变的情况下，回流血液在左、右房室瓣处都可通过。这可能与心室中隔中心肌的损伤导致希氏束（右房室环）受损，进而影响到右房室瓣的传导，结果导致右房室瓣功能不全。同样的结构变化也可能会导致左房室瓣的功能不全。Olkowski等观察了快速生长肉鸡心室超微结构和基质金属蛋白酶（MMP-2）的变化，指出心室肌的慢性恶化是肉鸡腹水综合征发生的重要因素。接着他们又通过超声心动图技术发现左心房和左心室的病理变化在肉鸡腹水综合征发病过程中起重要作用。此外，肉鸡腹水综合征病鸡的心肌表现为水肿，心肌纤维肥大，连接疏松，肌纤维间有异嗜细胞增生，呈现空泡样变或髓样变，肌纤维水肿，明暗带模糊，局部的肌微丝断裂溶解，心肌纤维糖原减少等，以上心肌的病理变化会使心肌的自律性平衡失调引起心肌纤维电兴奋的改变，导致肉鸡出现心律不齐。同时由于希氏束的右分支主干长，大部分在心内膜下行走更易受到以上病理变化的影响而受到损害，加上其生理不应期长，使肉鸡更易出现病理性的传导阻滞或对相对室内差异传导，进而形成肉鸡腹水综合征。

3. 氧自由基代谢理论 Bottje等研究表明，腹水综合征肉鸡心肌细胞内线粒体基质中有大量的过氧化氢存在，这些会导致心肌细胞的损伤。Maxwell等研究认为心肌中乳酸脱氢酶、细胞色素氧化酶增多，线粒体内Ca^{2+}沉积，过氧化物增加均是右心室心肌受损的结果。Tang等对肉鸡腹水综合征患鸡心肌和胸肌线粒体进行了有趣的探索，发现肉鸡腹水综合征肉鸡的这些肌肉线粒体呼吸过程中有较多的电子渗漏现象，揭示了肉鸡细胞内不能有效地利用氧，从而产生较多的过氧化氢（H_2O_2）类的自由基，进而促使肉鸡易于发生肉鸡腹水综合征。Iqbal等进一步用免疫组织化学研究了线粒体comollex Ⅳ亚单位Ⅰ（cox Ⅰ）和亚单位Ⅱ（cox Ⅱ）的活性，发现cox Ⅱ与RV/TV有好的相关性，从而认为cox Ⅱ可能参与了肉鸡腹水综合征的形成。潘家强等通过试验观察到低温条件下肉鸡体内及体外培养血管内皮细胞的脂质过氧化作用增强，自由基产生增加，可能在肉鸡腹水综合征的发病过程中起到了重要的作用。向瑞平等报道日粮中添加维生素C能明显阻断低温和T_3条件下肉鸡体内脂质过氧化过程，有效清除体内自由基，显著增强体内抗氧化能力从而成功防治肉鸡腹水综合征的发生。

4. 其他 高钠引起肉鸡腹水综合征机理一般认为是：在早期高钠主要引起红细胞压积升高、红细胞变形性下降和血容量增加，而在后期高钠主要引起肺血管重构，使肺毛细血管对血流的阻力增加，从而导致肺动脉高压，最后形成腹水。高钴负荷的情况与高钠相似，它可影响肉鸡的血液黏滞度，增加肉鸡腹水综合征的发生率。淋巴循环障碍理论认为：有人对腹水病鸡的胸导管进行病理形态学的研究后认为，腹水综合征发生的病理学基础为肝淋巴循环障碍，肝淋巴生成增多和肝静脉回流受阻是肉鸡腹水形成最主要的因素之一，由于淋巴循环动力学改变，进一步影响静脉循环系统，从而导致肉鸡腹水综合征的发生。酸中毒理论认为：当肉仔鸡电解质平衡失调时，由于局部氢离子浓度的变化会产生酸中毒，酸中毒可引起血管收缩，当引发肺部血管收缩时导致肺动脉压升高，可使鸡发生肺水肿，从而产生腹水。肠道产氨理论认为，肠道的氨浓度和血氨水平、pH及血液的携氧能力有关。肠道内氨的存在使黏膜合成核酸的量增加，从而导致肠壁变厚，而当肠黏膜增厚时，肠壁毛细血管受到压迫而使血液受阻，从而使肠道血压升高、血管充血、血液及组织液的pH降低，造成组织酸中毒和血液渗出增多，从而产生腹水。

【症　状】

患病肉鸡主要表现为精神不振，食欲减少，走路摇摆，腹部膨胀、皮肤呈红紫色（见彩图9-21-1），触之有波动感，病重鸡呼吸困难。病鸡不愿站立，以腹部着地，喜躺卧，行动缓慢，似企鹅状运动。体温正常。羽毛粗乱，两翼下垂，生长滞缓，反应迟钝，呼吸困难，严重病例鸡冠和肉髯呈紫红色，皮肤发绀，抓鸡时可突然抽搐死亡。用注射器可从腹腔抽出不同数量的液体，病鸡腹水消失后，生长速度缓慢。

【病理变化】

1. 病理剖检变化　病死肉鸡全身明显瘀血。剖检见腹腔充满清亮、淡黄色、半透明的液体（见彩图9-21-2），腹水中混有纤维素凝块（见彩图9-21-3），腹水量50～500 mL不等。肝脏充血、肿大（见彩图9-21-4），呈紫红或微紫红，有的病例见肝脏萎缩变硬，表面凹凸不平，有的肝脏表面有纤维素性渗出物（见彩图9-21-5）。心包膜增厚，心包积液，右心肥大（见彩图 9-21-6），右心室扩张（见彩图9-21-7）、柔软，心壁变薄，心肌弛缓。肺呈弥漫性充血或水肿，副支气管充血。胃、肠显著瘀血。肾充血、肿大，有的有尿酸盐沉着。脾脏通常较小。胸肌和骨骼肌充血。

2. 病理组织学变化

（1）光镜观察

①肺脏　支气管黏膜复层上皮细胞部分脱落，固有层结缔组织疏松、增宽，其毛细血管、小动脉及小静脉扩张，充满大量红细胞，平滑肌层肌纤维疏松、紊乱或断裂，最外层结缔组织纤维散乱、增宽，其小动脉、小静脉及毛细血管高度扩张，充满大量红细胞。肺小叶间动、静脉充血，管壁结构疏松、淡染，有的出现空泡，血管周围形成水肿性“袖套”现象。副支气管管腔扩张或狭窄，充满浆液和红细胞，周围的平滑肌萎缩，黏膜单层上皮增生，部分病例可见结缔组织增生。呼吸性毛细支气管萎缩、狭窄。部分肺房内有多量红细胞和水肿液。有的病例肺小叶内可出现数量不等、大小不一、形态多样的骨样组织或非骨样纤维组织的粉红色小体或结节。肺被膜结构疏松、淡染、水肿。用Van-Gieson染色，可见支气管外层、副支气管外层、肺小叶间质及肺小叶内纤维组织小体或结节，均有红色着染的胶原纤维，而用Mallory染色时上述组织着深蓝色或蓝色。

②心脏　心肌纤维大部分断裂，肌浆溶解消失，部分心肌细胞颗粒变性、空泡变性。右侧心肌纤维细长，左侧心肌纤维较粗。肌纤维间或间质内充满大量液体，其中毛细血管管腔闭塞，小动脉管壁变形，血管外膜细胞增生，有的小动脉腔内充满红细胞或呈凝集状态。间质中疏松结缔组织散乱，多数小动脉、毛细血管均与心肌纤维分离。静脉极度扩张，内充满红细胞，并见管壁破裂而出血。局部可见新生毛细血管增多，管腔空虚。心外膜与心肌之间充满液体，可见结缔组织增生、断裂。用Van-Gieson染色可见心外膜、间质及肌纤维间均有红色胶原纤维增生。Mallory染色上述部位着深蓝色。心外膜水肿性肥厚。有的心外膜表面有大量纤维蛋白渗出，并有脱落的间皮细胞及间皮细胞增生，还见有数量不等的淋巴细胞、单核巨噬细胞等。

③肝脏　初期：肝包膜下静脉、毛细血管、中央静脉、肝窦扩张瘀血，内充满大量红细胞，肝小叶结构尚清楚，肝细胞肿大，呈颗粒变性及脂肪变性，偶尔在肝小叶间或肝索间见有淋巴细胞、单核巨噬细胞

等浸润。中期：肝包膜表面有多量纤维蛋白渗出，包膜下淋巴管及窦状隙扩张，包膜间皮增生变圆，并有大量炎性细胞浸润，使肝包膜表面明显增厚；叶间静脉、中央静脉、肝窦高度扩张瘀血，并有出血现象；肝细胞颗粒变性、脂肪变性较严重或局灶性坏死；肝索及小叶间有多量淋巴细胞、单核巨噬细胞等，并有少量成纤维细胞增生，小叶间还可见胆管上皮增生及化生现象。后期：肝小叶间界限不清，呈不规则地缩小，肝实质细胞可见大面积的坏死，并被淋巴细胞、单核巨噬细胞及成纤维细胞所取代，部分肝小叶被增生的结缔组织分割成大小不等的圆形“小岛”，在此“小岛”中细胞排列紊乱，缺乏中央静脉，在汇管区可见有大量增生的假胆管。

④肾脏　肾小球毛细血管内皮细胞和间膜细胞肿大、增生，细胞核数目增多且密集，使肾小球体积增大，使肾球囊腔扩张。肾小管上皮细胞肿胀，出现颗粒变性、空泡变性、脂肪变性甚至坏死，有的上皮细胞与基底膜分离，形成上皮管型，重者其上皮细胞崩解消失，只留下一个环状的基底膜空腔。肾小管间质瘀血、水肿，间隙增宽，有的单核巨噬细胞和淋巴细胞浸润。肾小叶间结缔组织结构疏松、瘀血、水肿。肾被膜增厚，被膜下血管充血、水肿，结构疏松。肾部输尿管上皮细胞空泡化，有的脱落于管腔，管壁及其周围结缔组织结构疏松、水肿。

⑤脾脏　脾白髓淋巴小结萎缩，淋巴细胞数量减少，中央动脉扩张，脾小梁血管扩张、充血。髓窦中淤积大量红细胞及水肿液，髓索及脾小体淋巴细胞中也散在有红细胞，窦内皮细胞肿胀。

⑥腺胃、肌胃、十二指肠和小肠　黏膜上皮细胞轻度肿大、变性、脱落或坏死，黏膜固有层及黏膜下层毛细血管扩张充血、充血、瘀血或水肿，黏膜下层水肿，间隙明显增宽，腺细胞增生。

⑦胸导管　失去正常的3层结构，胸导管内皮细胞肿胀。部分区段极度扩张，可见淋巴液外渗等病理改变，导管管壁外有嗜酸性粒细胞。重者胸导管管壁增厚，部分纤维水肿，纤维间距增大，或出现管壁变薄、变性、坏死等。

⑧胸腺、腔上囊　淋巴小结萎缩，淋巴细胞减少。

⑨脑　血管扩张、瘀血，个别神经元出现空泡变性。

⑩其他　心脏内纤维蛋白凝块呈淡粉红色，呈现无结构疏松状，无炎性细胞成分。

（2）电镜观察

①扫描电镜观察　肺动脉内皮细胞嵴消失，附着有数量不等的红细胞和血小板，严重者基膜裸露，附着数量较多的血小板。肺呼吸毛细管扩张，肺间质增厚。心肌纤维排列紊乱，肌纤维间可见大量红细胞。肝血窦扩张。

②透射电镜观察　肺脏血管内皮细胞肿大，细胞核向血管腔突入，毛细血管腔狭窄，严重者内皮细胞下基膜出现弥漫性水肿，且水肿部位出现淋巴细胞浸润。肺呼吸毛细管上皮细胞质内细胞器溶解呈现空泡状，细胞膜结构不清，板层小体与线粒体溶解消失，有的上皮细胞核内异染色质中见有低电子密度空泡，核的双层膜扩张或缺失，有的上皮细胞核固缩，甚至上皮细胞崩解，有的上皮细胞下基膜变性溶解。肺间质细胞受损伤，其外周的胶原纤维膨胀、溶解。心肌细胞质内线粒体崩解，其他细胞器消失，肌原纤维断裂，有的横纹消失。心肌纤维间毛细血管扩张、充血、出血。肌纤维间充满大量炎性细胞和成纤维细胞。肝细胞质内的线粒体嵴模糊不清，细胞质液化形成空泡，肝细胞边缘界限不清。

【诊　断】

1. 临床诊断　根据病史、临诊症状和典型的病理变化不难作出初步诊断。测定病、死鸡的红细胞压积（PCV）、右心室（RV）和心室总重量（TV）的重量比（RV/TV）（一般认为RV/TV低于0.25为正常，在0.25～0.299之间可怀疑为中度右心室肥大，0.299以上则为严重的右心室肥大信号）、动脉压指数（Arteriole pressure index, API）、腹水心脏指数（Ascites heart index, AHI），血液中肌钙蛋白T（TnT）的含量（其临界值在35～49日龄的肉鸡为0.25～0.30 ng/mL）及临床病理学的检验结果有助于本病的确诊。

2. 临床辅助诊断　刘娜等用A超等对腹水鸡进行检查时发现，从进波到出波之间有一很宽的液性平段，且腹水的检出率与实际腹水的发生完全相符，提示A超可用于肉鸡腹水征的诊断。Martinez-Lemus等和Deng等在对肉鸡腹水综合征发展过程中研究表明，B超有助于该病的诊断。Odom等、夏成等、孙卫东等研究指出心电描记的结果可用于该病的早期诊断。

3. 鉴别诊断　应注意与继发性因素引起的肉鸡腹水综合征的鉴别诊断。如曲霉菌性肺炎、鸡白痢、大肠杆菌病、衣原体病、肉鸡肾病型传染性支气管炎、新城疫、禽白血病、病毒性心肌炎、黄曲霉毒素中毒、食盐中毒、离子载体球虫抑制剂中毒（如莫能菌素中毒）、磺胺类药物中毒、呋喃类药物中毒、消毒剂中毒（甲酚、煤焦油）、硒和维生素E缺乏症、磷缺乏症、先天性心肌病、先天性心脏瓣膜损伤等。

【防治措施】

1. 预防

（1）抗病育种　肉鸡腹水综合征是伴随着肉鸡生产性能不断提高而出现的问题，故世界上研究肉鸡腹水综合征的大部分学者都认为防治该病的关键应该是从遗传方面着手，进行抗病育种，即选育对缺氧或肉鸡腹水综合征或对二者都有耐受性的品系，这就要求遗传学家必须重新考虑选育标准（如心血管健康和生长性能的生理学新指标），再应用这些新指标选择出生产性能好且又能对肉鸡腹水综合征具有抗性的新品种。目前已经发现的与肉鸡腹水综合征抗性相关的性状有：RV/TV值、PCV值、血清心源性肌钙蛋白T浓度、红细胞携氧能力、机体的代谢率和线粒体电子传递链蛋白等。上述指标与肉鸡腹水综合征虽然有一定的联系，但能否直接用于预测肉鸡腹水综合征和进行抗病育种都受到了一定的质疑。要想真正快速准确地预测肉鸡腹水综合征的易感性并进行抗病育种，就必须借助于现代生物化学、细胞学、免疫学和分子生物学的方法和手段，找出肉鸡腹水综合征的抗性基因，或者找出与肉鸡腹水综合征抗性基因相关的遗传标记。一些学者在这方面进行了先期的探索，但目前尚未取得明显的进展，其进程尚需时日。

（2）早期限饲　实行早期合理限饲是普遍公认的预防肉鸡腹水综合征的有效措施，限饲能有效地降低肉鸡腹水综合征的发病率和死亡率的研究报告很多，主要原因是限饲能减缓肉鸡早期的生长速度，使氧气的供需趋于平衡。然而，若限饲不当，在降低肉鸡腹水综合征的发病率的同时会影响肉鸡随后的增重和降低肉鸡抵抗其他疾病的能力，降低出栏体重。限饲方法有多种，限量饲喂（如10～30日龄限制饲喂，每天只供给需要量的一半）、隔日限饲、减量限饲，用粉料代替颗粒料，以低能量（如0～3周喂较低能量饲料，4周至出售前改喂高能量饲料）和低蛋白的日粮代替高能量高蛋白日粮，或控制光照［采用0～3日龄24 h光照；4～21日龄6 h光照（L）：18 h黑（D）暗；22～28日龄8 L：16 D；29～35日龄10 L：14 D；35日龄至上市12 L：12 D］等。但对采用限饲手段降低肉鸡腹水综合征的发病率，同时又不影响肉鸡的最后的上市体重的限饲开始时间、限饲的程度、持续的时间、限饲对肉鸡免疫力的影响等问题上仍存在分歧，需要进一步进行研究。

（3）加强饲养管理　为肉鸡群的生长发育提供一种良好的生活环境，在寒冷季节注意防寒保暖，妥善解决好防寒和通风的矛盾，维持最适的舍内温度和湿度；保持适当的饲养密度；减少饲养管理中的各种应激及人为应激刺激；搞好卫生降低有害气体（CO_2、NH_3、H_2S）及尘埃浓度，保持舍内空气清新和氧气充足；提高种蛋质量，改善孵化条件，注意对孵化器、出雏器、运雏及整个育雏期适当补氧；认真执行科学的卫生防疫制度，注意呼吸道病和肺损伤的预防；合理使用各种药物和消毒剂以做好肉鸡群的生物安全工作；科学调配日粮，注意饲料中各种营养素、蛋能比、油脂类型及电解质（尤其是Na^+、K^+、Cl^-等的比例）平衡，杜绝使用发霉变质的饲料；注意饮水质量，尤其是饮水中钠、钙、锌、钴及磷等金属和非金属离子的含量应符合饮用水标准，饲料中磷水平不可过低（>0.05%），食盐的含量不要超过0.5%，Na^+水平应控制在2 000 mg/kg以下，饮水中Na^+含量宜在1 200 mg/L以下，并在日粮中适量添加$NaHCO_3$代替NaCl作为钠源。

2. 治疗　国内外有多种药物防治肉鸡腹水综合征的报道，概括起来包括西药防治、中草药防治及将两种方法相结合的中西结合防治。

（1）西药疗法

①腹腔抽液　在病鸡腹部消毒后用12号针头刺入病鸡腹腔抽出腹水，然后注入青霉素、链霉素各2万IU或选择其他抗生素，经2～4次治疗后可使部分病鸡康复。

②利尿剂　双氢克尿噻（速尿）0.015%拌料，或口服双氢克尿噻每只50 mg，每日2次，连服3日；双氢氯噻嗪10 mg/kg拌料，防治肉鸡肉鸡腹水综合征有一定效果。也可口服50%葡萄糖。

③碱化剂　碳酸氢钠（1%拌料）或大黄苏打片（20日龄雏鸡每天每只1片，其他日龄的鸡酌情处理）。碳酸氢钾1 000 mg/kg饮水，可降低肉鸡腹水综合征的发生率。

④抗氧化剂　向瑞平等在日粮中添加500 mg/kg的维生素C成功降低了低温诱导的肉鸡腹水综合征的发病率，并发现维生素C具有抑制肺小动脉肌性化的作用。Iqbal等研究发现，在饲料中添加100 mg/kg的维生素E显著降低了RV/TV值。也可选用硝酸盐、亚麻油、亚硒酸钠等进行防治。

⑤脲酶抑制剂　用脲酶抑制剂125 mg/kg或120 mg/kg除臭灵拌料，可降低肉鸡肉鸡腹水综合征的死亡率。

⑥支气管扩张剂　用支气管扩张剂Metapro-terenol（二羟苯基异丙氨基乙醇）给1～10日龄幼雏饮水投药（2 mg/kg），可降低肉鸡腹水综合征的发生率。

⑦其他　有人研究了在日粮中添加高于NRC标准的精氨酸可以降低肉鸡腹水综合征的发病率；给肉鸡饲喂0.25 mg/L的β-2肾上腺素受体激动剂Clenbuteol来防治肉鸡腹水综合征，取得良好效果；在日粮中添加40 mg/kg辅酶Q_{10}（Coenzyme Q_{10}, CoQ_{10}）能够预防肉鸡腹水综合征；日粮中添加肉碱（200 mg/kg）可预防肉鸡腹水综合征；饲喂血管紧张素转换酶抑制剂卡托普利（5 mg/只）、硝苯地平（1.7 mg/只，1日2次）维拉帕米（6.7 mg/只，1日3次），或肌内注射扎鲁司特（0.4mL/kg早晚各1次），可降低肉鸡的肺动脉高压；或饲喂“腹水克星”、乙酰水杨酸、毛花丙甙（西地兰，每千克体重0.04～0.08 mg，肌注，隔日1次，连用2～3次）等。

（2）中草药疗法　中兽医认为肉鸡腹水综合征是由于脾不运化水湿、肺失通调水道、肾不主水而引起脾、肺、肾受损，功能失调的结果。宜采用宣降肺气、健脾利湿、理气活血、保肝利胆、清热退黄的方药进行防治。

①苍苓商陆散：苍术、茯苓、泽泻、茵陈、黄柏、商陆、厚朴各50 g，栀子、丹参、牵牛子各40 g，川芎30 g。将其烘干、混匀、粉碎、过筛、包装。

②复方中药哈特维（腥水消）：丹参（50%）、川芎（30%）、茯苓（20%），三药混合后加工成中粉（全部过四号筛）。

③运饮灵：猪苓、茯苓、苍术、党参、苦参、连翘、木通、防风及甘草等各50～100 g。将其烘干、混匀、粉碎、过筛、包装。

④腹水净：猪苓100 g，茯苓90 g，苍术80 g，党参80 g，苦参80 g，连翘70 g，木通80 g，防风60 g，白术90 g，陈皮80 g，甘草60 g，维生素C 20 g，维生素E 20 g。

⑤腹水康：茯苓85 g，姜皮45 g，泽泻20 g，木香90 g，白术25 g，厚朴20 g，大枣25 g，山楂95 g，甘草50 g，维生素C 45 g。

⑥术苓渗湿汤：白术30 g，茯苓30 g，白芍30 g，桑白皮30 g，泽泻30 g，大腹皮50 g，厚朴30 g，木瓜30 g，陈皮50 g，姜皮30 g，木香30 g，槟榔20 g，绵茵陈30 g，龙胆草40 g，甘草50 g，茴香30 g，八角30 g，红枣30 g，红糖适量。共煎汤，过滤去渣备用。

⑦苓桂术甘汤：茯苓、桂枝、白术、炙甘草按4∶3∶2∶2组成。共煎汤，过滤去渣备用。

⑧十枣汤：芫花30 g，甘遂、大戟（面裹煨）各30 g，大枣50枚。煎煮大枣取汤，与它药共为细末，备用。

⑨冬瓜皮饮：冬瓜皮100 g，大腹皮25 g，车前子30 g。水煎饮服。

⑩其他中草药方剂：复方利水散、腹水灵、防腹散、去腹水散、科宝、肝宝、地奥心血康、茵陈蒿散、八正散加减联合组方、真武汤等。

【展　望】

由于人类高原性肺心病和慢性阻塞性肺病（Chronic obstructive pulmonary disease, COPD）广泛存在于世界各国，人类肺动脉高压至今仍是医学研究中的一个难点和热点。Wu等提出肉鸡腹水综合征很可能是人类肺动脉高压研究中良好的模型，有希望从比较医学的角度为人类肺动脉高压研究提供有价值的借鉴。

目前，国内外学者对肉鸡腹水综合征的研究尽管已取得丰硕成果，但其更深层次的发病机理（尤其是影响发病机理的新因素、已发现的主要因素之间、各学说之间的内在关系和调控通路）尚待进一步揭示；与此同时，解决好因该病和该病继发或并发多种细菌性疾病带来的抗菌药物及细菌内毒素的残留，适应消费者日益提高的食品安全要求，为此筛选出肉鸡腹水综合征的易感基因或指标进行抗病育种，运用间歇光照、限饲等绿色方法防病，将成为该病防控研究的重要方面。

（孙卫东）

第二十二节　异食（嗜）癖

（**Allotriphagia**）

【病名定义】

异食（嗜）癖是由于营养代谢机能紊乱，味觉异常和饲养管理不当等引起的一种非常复杂的多种疾病的综合征，常见的有啄羽、啄肛、啄蛋、啄趾、啄头等。本病在鸡场时有发生，往往难以制止，造成创伤，影响生长发育，甚至引起死亡，其危害性较大，应加以重视。家禽有异食癖的不一定都是营养物质缺乏与代谢紊乱，有的属恶癖，因此，从广义上讲异食（嗜）癖也包含有恶癖。

【病　因】

此综合征发生的原因多种多样，尚未完全弄清楚，并因家禽的种类和地区而异，不同的品种和年龄则表现亦不相同。一般认为有以下几种。

1. 日粮中某些蛋白质和氨基酸的缺乏　常常是鸡或鸭啄肛癖发生的根源，鸡啄羽癖可能与含硫氨基酸缺乏有关。

2. 矿物元素缺乏　钠、铜、钴、锰、钙、铁、硫和锌等矿物质不足，都可能成为异食癖的病因，尤其是钠盐不足使家禽喜啄食带咸性的血迹等。若某个小鸡只要有点小损伤，其他小鸡都来啄食这种血迹，可造成啄肛癖或恶癖。

3. 维生素缺乏　维生素A、B_2、D、E和泛酸缺乏，导致体内许多与代谢关系密切的酶和辅酶的组成成分的缺乏，可导致体内的代谢机能紊乱而发生异食癖。

4. 饲养管理不当　如过度拥挤、闷热、饮食不足。射入育雏室的光线不适宜，有的雏鸡误啄足趾上的血管，迅速引起恶癖；或产蛋窝位置不适当，光线照射过于光亮，下蛋时泄殖腔突出，好奇的鸡啄食之，引起其他鸡都来啄食，造成流血，伤口小洞扩大，甚至腹部穿孔肠子被啄出。禽舍潮湿、蚊子多等因素，都可致病。

5. 其他　禽群中有疥螨病、羽虱外寄生虫病，以及皮肤外伤感染等也可能成为诱因。

【症　状】

家禽啄食癖临诊上常见的有以下几种类型。

1. 啄羽癖　以鸡、鸭多发。幼鸡、中鸭在开始生长新羽毛或换小毛时易发生，产蛋鸡在盛产期和换羽期也可发生。先由个别鸡自食或相互啄食羽毛，被啄处出血（见彩图 9-22-1）。雏鸭常在背后部羽毛稀疏残缺（见彩图9-22-2）。然后，很快传播开，影响鸡群的生长发育或产蛋。鸭羽毛残缺，新生羽毛根粗硬，品质差而不利于屠宰加工利用。

2．啄肛癖　多发生在产蛋母鸡和母鸭，最常发生于雏鸡的育雏阶段和产蛋初期或后期。雏鸡白痢时，引起其他雏鸡啄食病鸡的肛门，肛门被伤和出血（见彩图9–22–3），严重时直肠被啄出，病鸡以死亡告终。蛋鸡（鸭）在产蛋初期，因产较大的蛋使泄殖腔外翻；或在产蛋后期由于腹部韧带和肛门括约肌松弛，产蛋后泄殖腔不能及时收缩回去而较长时间留露在外，造成互相啄肛（见彩图9–22–4），易引起输卵管脱垂和泄殖腔炎。有的鸡（鸭）在腹泻、脱肛、交配后而发生的自啄或其他鸡（鸭）啄之，群起攻之，甚至可引起病禽死亡。

3．啄蛋癖　多见于产蛋旺盛的季节，最初是蛋被踩破啄食引起，以后母鸡则产下蛋就争相啄食，或啄食自己产的蛋。

4．啄趾癖　多发生于雏鸡，表现为啄食脚趾，造成脚趾流血，跛行，严重者脚趾被啄光。

【防治措施】

1．预防

（1）断喙　雏鸡7～9日龄时进行断喙，一般上喙切断l/2，下喙切断1/3，70日龄时再修喙1次。

（2）及时补充日粮给所缺的营养成分　检查日粮配方是否达到了全价营养，找出缺乏的营养成分及时补给，并使日粮的营养平衡。

（3）改善饲养管理　消除各种不良因素或应激源的影响，如合理饲养密度，防止拥挤；及时分群，使之有宽敞的活动场所；通风，室温适度；调整光照，防止光线过强；产蛋箱避开暴光处；及时捡蛋，以免蛋被踩破或打破被鸡啄食；饮水槽和料槽放置要合适；饲喂时间要安排合理，肉禽和种禽在饲喂时要防止过饱，限饲日也要少量给饲，防止过饥；防止笼具等设备引起的外伤；发现鸡群有体外寄生虫时，及时药物驱除。

2．治疗　发现鸡群有啄癖现象时，立即查找、分析病因，采取相应的治疗措施。被啄伤的鸡及时挑出，隔离饲养，并在啄伤处涂2%龙胆紫、墨汁或锅底灰。症状严重的应及时淘汰。

（1）西药疗法

①啄肛　如果啄肛发生较多，可于上午10：00至13：00在饮水中加食盐1%～2%，此水咸味超过血液，当天即可基本制止啄肛，但应连用3～4 d。要注意水与盐必须称准，浓度不可加大，每天饮用3 h不能延长，到时未饮完的盐水要撤去，换上清水，以防食盐中毒，发现粪便太稀应停用此法。或在饲料中酌加多维素与微量元素，必要时饮水中加蛋氨酸0.2%，连续1周左右。此外，若因饲料缺硫引起啄肛癖，应在饲料中加入1%硫酸钠，3 d之后即可见效，啄肛停止以后，改为0.1%的硫酸钠加入饲料内，进行暂时性预防。

②啄羽　在饮水中加蛋氨酸0.2%，连用5～7 d，再改为在饲料中加蛋氨酸0.1%，连用1周；青年鸡饲料中麸皮用量应不低于10%～15%，鸡群密度太大的要疏散，有体外寄生虫的要及时治疗；饲料中加干燥硫酸钠（元明粉）1%（注意：1%的用量不可加大，5～7 d不可延长，粪便稍稀在所难免，太稀应停用，以防钠中毒），连喂5～7 d，改为0.3%，再喂1周；或在饲料中加生石膏粉2%～2.5%，连喂5～7 d。此外，若因缺乏铁和维生素B_2引起的啄羽癖，每只成年鸡每天可以补充硫酸亚铁1～2 g和维生素B 25～10 mg，连用3～5 d。

③啄趾　灯泡适当吊高，降低光照强度。

④啄蛋　笼养产蛋鸡在鸡笼结构良好的情况下应该啄不到蛋，陈旧鸡笼结构变形才能啄到。虽能啄到，母鸡天性惜蛋，亦不会啄。发生啄蛋的原因，往往是饲料中蛋白质水平偏低，蛋壳较薄，偶尔啄一次，尝到美味，便成癖好，见蛋就啄。制止啄蛋的基本方法是维修鸡笼，使其啄不到。

（2）中草药疗法

①取茯苓8 g，远志10 g，柏子仁10 g，甘草6 g，五味子6 g，浙贝母6 g，钩藤8 g。供10只鸡1次煎水内服，每天3次，连用3 d。

②取牡蛎90 g，按每千克体重每天3 g，拌料内服，连用5～7 d。

③取茯苓250 g，防风250 g，远志250 g，郁金250 g，酸枣仁250 g，柏子仁250 g，夜交藤250 g，党参200 g，栀子200 g，黄柏500 g，黄芩200 g，麻黄150 g，甘草150 g，臭芜荑500 g，炒神曲500 g，炒麦芽500 g，石膏500 g（另包），秦艽200 g。开水冲调，焖30 min，1次拌料，每天1次。该法为1 000只成年鸡5 d用量，小鸡用时酌减。

④取远志200 g、五味子100 g。共研为细末，混于10 kg饲料中，供100只鸡1 d喂服，连用5 d。

⑤取羽毛粉，按3%的比例拌料饲喂，连用5～7 d。

⑥取生石膏粉，苍术粉。在饲料中按3%～5%添加生石膏，按2%～3%添加苍术粉饲喂，至愈。该法适用于鸡啄羽癖，应用该法时应注意清除嗉囊内羽毛，可用灌油、勾取或嗉囊切开术。

⑦取鲜蚯蚓洗净，煮3～5min，拌入饲料饲喂，每只蛋鸡每天喂50 g左右。该法适用于啄蛋癖，既可增加蛋鸡的蛋白质，又可提高产蛋量。

⑧盐石散（食盐2 g、石膏2 g），请按说明书使用。

（3）其他疗法　用拖拉机或柴油机的废机油，涂于被啄鸡肛门（泄殖腔）伤口及周围，其他鸡厌恶机油气味，便不再去啄。也可用薄壳蛋数枚，在温水中擦洗，除去蛋壳的胶质膜，使气孔敞开，再置于柴油中浸泡1～2 d，让有啄蛋癖的鸡去啄，经1～3次便不再啄蛋。

（孙卫东）

第二十三节　肉鸡胫骨软骨发育不良

（Tibial dyschondroplasia, TD）

【病名定义及历史概述】

肉鸡胫骨软骨发育不良是在1965年由Leach和Nesheim首次发现。临床上是以胫骨近端生长板的软骨细胞肥大，不能发育成熟，出现无血管软骨团块，集聚在生长板下，深入干骺端甚至骨髓腔为特征的一种营养代谢性骨骼疾病。肉鸡的发病高峰在2～8周龄，其发病率在正常饲养条件下可达30%，在某种特定条件下（如酸化饲料）高达100%。此病已在世界范围内发生，可引起屠宰率降低和屠宰酮体品质的下降而造成较为严重的经济损失。

【病　因】

引起该病的因素很复杂，其中有营养、遗传、生长速度、血管因素、杀菌剂等因素。

1．营养因素

（1）日粮中电解质平衡失调　汪尧春报道日粮中添加钙、钠、钾、镁离子可减少肉鸡胫骨软骨发育不良的发生率，而添加氯、磷、硫离子肉鸡胫骨软骨发育不良的发生率增加。这主要是阴阳离子破坏了体内的酸碱平衡。日粮中钙、磷比例失调可增加肉鸡胫骨软骨发育不良的发病率。当日粮中有效磷从0.45%提高到1.15%，肉鸡胫骨软骨发育不良发生率高达76%；将日粮钙从0.95%提高到1.30%，肉鸡胫骨软骨发育不良发生率从16.1%降至7.3%，严重发生率从34.4%降至17.2%。孙卫东用高氯诱发肉鸡胫骨软骨发育不良发现，高氯可提高肉鸡胫骨软骨发育不良的发生率，并且在30日龄之前作用比较强，30日龄后作用减弱。这是高磷或高氯日粮的摄取破坏了机体的酸碱平衡，影响了钙的代谢和血清中1，25（OH）$_2$D$_3$含量的原因。Halley在日粮中添加硫酸氢铵，使日粮硫达到1.11%，增加了肉鸡胫骨软骨发育不良的发生率，而饲喂硫酸钠时，并不能诱发肉鸡胫骨软骨发育不良的发生。

（2）日粮中微量元素对肉鸡胫骨软骨发育不良的影响　缺锌、锰、铜可导致肉鸡胫骨软骨发育不良发生率升高。有研究报道指出充足的钼可防止肉鸡胫骨软骨发育不良的发生，但作用机制不详。

（3）日粮中维生素对肉鸡胫骨软骨发育不良的影响　维生素D$_3$缺乏可提高肉鸡胫骨软骨发育不良的发生率，可能是因为维生素D$_3$转化为其代谢产物1, 25（OH）$_2$D$_3$不足所致。添加维生素C可防止肉鸡胫骨软骨发育不良的发生。维生素D$_3$代谢产物的产生是一个发生于肾脏的羟化过程，需要维生素C参与。Vahe研究表明，日粮中过多的维生素A将提高肉鸡胫骨软骨发育不良发病率，主要是维生素A与维生素D$_3$具有拮抗作用。Juke发现，生物素可减轻肉鸡胫骨软骨发育不良病情。胆碱缺乏会影响软骨的代谢，加重肉鸡胫骨软骨发育不良的发生。

（4）日粮中蛋白质对肉鸡胫骨软骨发育不良的影响　日粮中含硫氨基酸过高会诱发肉鸡胫骨软骨发育不良发生。

2．遗传因素　Leach研究证明，肉鸡胫骨软骨发育不良是遗传选育的生理缺陷。长期的选育工作似乎仅着重于肉鸡肌肉的生长发育，而没有同时注重选择作为肌肉支持结构的骨骼的生长发育。Praul研究指出，由于长期的遗传选育，打破了肉鸡体肌肉组织和骨骼组织生长发育的原有平衡，从而引发肉鸡产生各种腿部疾病。

3．生长速度　Robinson等研究认为，鸡2周龄生长速度对肉鸡胫骨软骨发育不良发生意义重大，2周龄鸡生长速度过高时，易发生肉鸡胫骨软骨发育不良。与持续光照相比，采用1 h光照与3 h黑暗的间歇光照，4周龄和7周龄肉鸡胫骨软骨发育不良发生率明显降低，体重没有差异。肉鸡最初3周采用每昼夜6 h光照与18 h黑暗，此后渐增光照至每昼夜23 h光照与1 h黑暗，肉鸡胫骨软骨发育不良发生率也明显降低，体重也无差异。由此可见不是肉鸡的绝对生长速度起到决定作用，而是其达到潜在的最佳生长速度能力影响到肉鸡胫骨软骨发育不良的发生或者生长速度只是加重了潜在的肉鸡胫骨软骨发育不良问题。

4．血管因素　Riddell通过手术把一塑料片插入禽胫跗骨近端生长板下，阻断了来自干骺端血管的血液供应，肉眼观察其病变与自发肉鸡胫骨软骨发育不良的病变相同。他后来的研究发现，肉鸡胫骨软骨发育不良高发品系鸡生长板肥大区的血管通道比肉鸡胫骨软骨发育不良低发系鸡少，血液供应不足，将导致股骨头软骨发育异常的生长板增厚。

5. 杀菌剂 秋兰姆（也叫福美双，Thiram）广泛用作植物杀菌剂和橡胶工业中的促进剂，可诱发肉鸡胫骨软骨发育不良的发生。Rath等研究表明，福美双能使罗斯肉鸡胫骨软骨发育不良发病率显著上升。李家奎等也研究证实，福美双能诱发艾维茵肉鸡胫骨软骨发育不良的发生。戒酒硫（Antabuse或Disulfiram）是秋兰姆类似物，也能诱发肉鸡胫骨软骨发育不良。

6. 其他因素 日粮中含有2%～5%玫瑰红镰刀菌（*Fusarium roseum*）污染的大米能导致肉仔鸡发生胫骨软骨发育不良。霉菌毒素、环境因素、大量的棉籽饼和菜籽饼等均可诱发肉鸡胫骨软骨发育不良的发生。随着人们不断的研究，发现一氧化氮（NO）、TGF、IGF、白细胞介素-1（IL-1）、肿瘤坏死因子（TNF）、生长激素等因子也与肉鸡胫骨软骨发育不良发生有关。

【发病机理】

日粮中电解质平衡失调改变了机体的酸碱平衡，进而影响钙的代谢，影响生长板软骨细胞微环境的酸碱平衡，也可能损害氧和养分的供给，有氧代谢和钙离子转运紊乱，可能影响到血液的供给及血液和生长板中$1, 25(OH)_2D_3$含量。钙对软骨细胞的成熟、重吸收和正常的血管化及软骨内骨化起重要作用，$1, 25(OH)_2D_3$能调节肠道对钙和磷的吸收，而且也能在软骨细胞分化和发育中起重要作用。高磷破坏了机体酸碱平衡，进而影响钙的代谢，使肾脏$25-(OH)_2D_3$转化为$1, 25-(OH)_3D_3$所需的α-羟化酶的活性受到干扰。

锌作为必需脂肪代谢中去饱和酶、前列腺素合成酶的重要成分，与软骨的发育及合成有关；锰是体内多种酶（如精氨酸酶、半胱氨酸酶脱巯基酶、硫胺素酶等）的成分，与肉鸡骨骼的发育、生长等有关。铜是赖氨酸氧化酶的辅助因子，此酶在软骨合成中必不可少。故它们的缺乏会引起骨端生长盘软骨细胞的紊乱，导致骨胶原的合成和更新过程被破坏，从而可能使该病的发病率增高。生物素为前列腺素生成所必需，前列腺素缺乏会改变软骨代谢，阻碍骨的形成。含硫氨基酸对骨基质糖蛋白和骨胶蛋白正常形成是必需的，保持适宜的含硫氨基酸水平对降低肉鸡胫骨软骨发育不良的发生至关重要。

福美双具有亲脂性，它能和细胞膜结合，具有细胞毒作用，引起膜损伤，激活死亡信号基因，或使软骨重建和成骨的机制失活，抑制血管生成。

【症　状】

肉鸡胫骨软骨发育不良仅在生长板处于活动期的禽类中出现，鸡、鸭、火鸡等均有发病，多数病例呈慢性经过。初期症状不明显，随着时间的延长患禽表现为运动不便，采食受限，生长发育缓慢，增重明显下降，进而不愿走动，步履蹒跚，步态如踩高跷，双侧性股-胫关节肿大，并多伴有胫跗骨皮质前端肥大。由于发育不良的软骨块的不断增生和形成，患禽双腿弯曲，胫骨骨密度和强度显著下降，胫骨发生骨折，从而导致严重的跛行。跛行的比例可高达40%。种禽生殖性能和商品肉禽的肉品质均显著下降。

【病理变化】

患病鸡胫骨骺端软骨繁殖区内不成熟的软骨细胞极度增长，形成无血管软骨团块，聚集在生长板下，深入干骺端甚至骨髓腔（见彩图9–23–1）。不成熟软骨细胞的软骨细胞大，而软骨囊小，排列较紧密；繁殖区内血管稀少，缺乏血管周细胞、破骨细胞和成骨细胞，有的血管段增生的软骨细胞挤压而萎缩、变性甚至坏死；有时软骨钙化区细胞排列紊乱，不成熟的软骨细胞呈杵状伸向钙化区（见彩图9–23–2）。

超微结构研究同时发现，肉鸡胫骨软骨发育不良病变起始于生长板结构的前肥大区。异常软骨块中的软骨细胞都是没有完全分化成熟的肥大软骨细胞的前肥大软骨细胞。

【诊　断】

根据临床症状和剖检病变即可作出初步诊断。该病引起的运动病变与维生素D缺乏症、维生素B_1缺乏症、维生素B_2缺乏症、锰缺乏症等类似，应注意鉴别。具体内容请参考本章第二节维生素D缺乏症鉴别诊断中有关鸡运动障碍的鉴别诊断思路及引起运动障碍常见疾病的鉴别诊断的相关叙述。

【防治措施】

建立适宜胫骨生长发育的营养和管理计划。根据当地的具体情况，制定和实施早期限饲、控制光照等措施，控制肉鸡的早期生长速度，以有效降低肉鸡胫骨软骨发育不良的发生，且不影响肉鸡的上市体重。采用营养充足的饲料，保证日粮组分中动物蛋白、复方矿物质及复方维生素等配料的质量，减少肉鸡与霉菌毒素接触的机会。加强饲养管理，减少应激因素。

通过遗传选育培养出抗胫骨软骨发育不良的新品种。在肉鸡2周龄时，应用小能量的便携式X线机透视可清楚地观察到肉鸡胫骨软骨发育不良的病变，故可用于早期剔除具有肉鸡胫骨软骨发育不良遗传倾向的鸡只，以降低选育品种肉鸡胫骨软骨发育不良的发生率。

维生素D_3及其代谢物在软骨细胞分化成熟中具有重要的作用。维生素D_3及其衍生物$1, 25(OH)_2D_3$、$1\text{-}(OH)D_3$、$25\text{-}(OH)D_3$、$1, 24, 25\text{-}(OH)3D_3$、$1, 25\text{-}(OH)_2\text{-}24\text{-}F\text{-}D_3$等，单独或配合使用，可口服、皮下注射、肌内注射、静脉注射和腹腔内注射预防和治疗肉鸡胫骨软骨发育不良。

【展　望】

肉鸡胫骨软骨发育不良作为危害肉禽产业最严重的骨骼疾病之一，其发病机理十分复杂，目前还未完全阐明。该病的症状与哺乳动物的一些疾病，如猪和马的骨软骨病极为相似。该病的一些研究成果，可用于指导肉禽业科学养殖，提高经济效益，改善动物福利，同时可为其他动物的骨代谢病研究提供参考，具有重要的研究价值。

（孙卫东）

参考文献

柏黎黎. 2010. 家禽硒缺乏症[J]. 上海畜牧兽医通讯（4）：62–63.

曹华斌，李浩棠，郭小权，等. 2007. 脂肪肝出血综合征的发病原因、机理及其防制[J]. 中国家禽，29（24）：33–36.

曾志雄，汤佩莲. 2001. 药源性维生素缺乏[J]. 广东药学，11（6）：16–18.

陈伯伦. 2008. 鸭病. [M] 北京：中国农业出版社.

陈东景，梁月丽. 2006. 家禽的硒营养[J]. 郑州牧业工程高等专科学校学报，26（1）：39–40.

陈江，张库食，薄益锋，等. 2009. 鸡异食癖的防治措施[J]. 养殖技术顾问，（8）：28–29.

陈汝杰. 2010. 维生素B_6临床应用新进展[J]. 中国临床医生，38（11）：26–27.

程龙飞，孙卫东. 2011. 鸡病诊治技术[M]. 福州：福建科学技术出版社.

崔恒敏，张富，李英伦，等. 2006. 肉鸡脂肪肝综合征血液流变学和生化指标变化的研究[J]. 中国兽医科学，36（3）：225–229.

崔恒敏. 2011. 动物营养代谢疾病诊断病理学[M]. 北京：中国农业出版社.

董海军，王康宁. 2008. 胆碱在动物营养上的研究与应用[J]. 中国牧业通讯（1）：35–37.

董晓芳，佟建明. 2006. 蛋鸡脂肪肝出血综合征的病因研究进展[J]. 动物医学进展，27（11）：45–48.

杜小燕，哈斯苏荣，朱蓓蕾，等. 2003. 维生素B_{12}的研究概况[J]. 中国动物保健（12）：38–39.

方立超，宋代军，阚宁，等. 2002. 饲粮营养水平对肉鸡痛风症发生率的影响[J]. 西南农业大学学报，24（3）：247–250.

冯光照. 2012. 鸡异食癖的发病原因及综合防治措施[J]. 畜牧与饲料科学，33（7）：126–127.

冯健，冯泽光. 1998. 锰缺乏对蛋鸡生殖性能的影响[J]. 畜牧兽医学报，29（6）：499–505.

甘孟侯. 1994. 肉鸡腹水综合征（Ascites Syndrome）[J]. 中国畜牧杂志，30（3）：48–49.

甘孟侯. 1999. 中国禽病学[M]. 北京：中国农业出版社.

高洪. 2003. 禽异嗜癖的发生与防治[J]. 现代化农业（10）：29–30.

呙于明. 2004. 家禽营养 [M]. 第2版. 北京：中国农业大学出版社.

郭定宗. 2010. 兽医内科学[M]. 第2版. 北京：高等教育出版社.

郭小权，黄克和，陈甫，等. 2008. 高钙日粮致青年蛋鸡肾脏损伤及细胞凋亡[J]. 中国兽医学报，28（12）：1461–1463转1479.

韩春来，王丽明，郑明学，等. 2001. 影响肉鸡胫骨软骨发育不良的营养因素[J]. 动物科学与动物医学，18（3）：38–39.

何生虎，曹晓真，姚占江. 2005. 动物维生素A缺乏的研究进展[J]. 农业科学研究，26（1）：63–66.

侯林虎，张二吹. 2012. 鸡镁缺乏症的诊断与治疗[J]. 现代农村科技（6）：42.

黄金，周智广. 2011. 维生素D与代谢综合征关系的研究进展[J]. 医学综述，17（23）：3521–3523.

黄开华. 2008. 鸡异食癖的发生原因与防治措施[J]. 中国禽业导刊，25（22）：45–46.
姜锦鹏，顾有方，吕锦芳，等. 2013. 鸡脂肪肝出血综合征发生过程中脂质代谢与血清甲状腺激素水平变化[J]. 中国兽医学报，33（11）：1733–1737.
姜中毅. 2005. 鸡异食癖流行病学调查及其病因分析[J]. 甘肃农业大学学报，40（1）：78–82.
雷鹏，郭小权，曹华斌，等. 2011. 禽痛风的研究进展[J]. 中国家禽，33（2）：48–51.
李慧，王宏，任泽林. 2007. 胆碱的研究进展[J]. 饲料工业，28（20）：7–10.
李婉，张爱忠，姜宁. 2006. 维生素A和维生素D的免疫学研究进展[J]. 畜禽业（12）：14–18.
李新锋，周振雷，张建鹏，等. 2008. 肉鸡胫骨软骨发育不良研究进展[J]. 畜牧与兽医，40（3）：103–106.
李歆，李小玲. 2009. 家禽锰营养研究进展[J]. 畜牧与饲料科学，30（2）：27–29.
李有业，耿凤琴，徐占红. 1997. 维生素K在家禽营养研究中的新进展[J]. 中国家禽（11）：40–41.
李元生. 2009. 维生素K的生物化学功能及饲喂要点[J]. 山东畜牧兽医，30（1）：20–21.
林世棠，程龙飞，孙卫东. 2006. 鸡病诊治图谱[M]. 福州：福建科学技术出版社.
凌育荣. 2002. 肉用仔鸡腹水综合征研究进展[J]. 畜牧兽医科技信息（8）：3–8.
刘建国，陈亮，王宗元，等. 2010. 鸡脂肪肝综合征病例主要内脏器官病理学观察[J]. 广东农业科学（9）：156–157转165.
刘健鹏，张勇. 2013. 蛋鸡脂肪肝综合征的发病原因及预防措施[J]. 养禽与禽病防治（4）：39–41.
刘进远，刘伟信. 2000. 家禽维生素D营养研究进展[J]. 四川畜牧兽医（7）：88–89.
刘深廷，孙彦明，徐希军，等. 1993. 肉用仔鸡腹水综合征的流行病学调查和实验研究[J]. 中国兽医科技，23（12）：29–30.
刘树立，盛占武，王华. 2007. 饲用维生素E的研究进展[J]. 饲料与畜牧（6）：37–40.
刘西萍，王宗伟. 2013. 硒在家禽营养中的研究进展[J]. 饲料博览（3）：46–48.
刘霞，李廷玉，陈洁. 2012. 维生素A缺乏影响肠道屏障功能的研究进展[J]. 生命科学，24（1）：32–36.
刘向阳. 2012. 动物营养中维生素E的研究与应用进展[J]. 中国畜牧杂志，48（20）：28–31.
刘宗平. 2003. 现代动物营养代谢病学[M]. 北京：化学工业出版社.
吕远蓉. 2006. 家禽维生素营养研究进展[J]. 中国畜牧兽医，33（8）：12–15.
马维英，卢立志，雒秋江. 2012. 胆碱在家禽生产中的研究与应用[J]. 中国家禽，34（23）：43–45转49.
倪志勇. 1999. 动物叶酸营养的研究进展[J]. 饲料研究（3）：16–19.
牛钟相. 2008. 鸡场兽医师手册[M]. 北京：金盾出版社.
庞全海，张焕杰，王永生，等. 2002. 维生素E在动物健康及营养中的研究进展[J]. 动物医学进展，23（3）：36–38.
齐广海. 1993. 动物叶酸营养的研究进展[J]. 国外畜牧学（5）：22–24.

齐新永，王建，沈莉萍，等. 2008. 鸡和鸭痛风病例的病理学观察[J]. 动物医学进展，29（3）：47–50.

邱榕生，呙于明. 2004. 镁的营养作用研究进展[J]. 动物营养学报，16（2）：5–11.

申颖，侯志高，孙春庆. 2007. 影响禽类胚胎发育的维生素缺乏症及其防治[J]. 中国禽业导刊，24（22）：40.

沈慧乐. 2005. 烟酸缺乏可引起鸭的腿病[J]. 中国家禽，27（14）：30–31.

石达友，梁少好，李志华，等. 2008. 中药防治鸡脂肪肝出血综合征的研究进展[J]. 中国家禽，30（4）：32–34.

石发庆，陈越. 1993. 肉鸡腹水综合征的研究进展[J]. 中国兽医杂志，19（8）：46–48.

时进先. 2006. 家禽异食癖的防治[J]. 安徽农学通报，12（7）：182.

舒常平. 2010. 硒对家禽繁殖性能影响的研究进展[J]. 家禽科学（6）：47–49.

孙璐璐. 2011. 家禽锰缺乏症研究进展[J]. 黑龙江科技信息（1）：46.

孙卫东，程龙飞. 2014. 新编鸭场疾病控制技术[M]. 第2版. 北京：化学工业出版社.

孙卫东，蒋加进. 2014. 鸭鹅病快速诊断和防治技术[M]. 北京：机械工业出版社.

孙卫东，孙久建. 2014. 鸡病快速诊断和防治技术[M]. 北京：机械工业出版社.

孙卫东，王金勇，谭勋，等. 2008. 肉鸡腹水综合征及其研究进展[J]. 中国兽医学报，28（5）：608–617.

孙卫东，王小龙. 200. 饮水高氯诱发肉鸡胫骨软骨发育不良的试验研究[J]. 畜牧兽医学报，31（4）：331–336.

孙卫东，叶承荣，王金勇. 2008. 鸡病诊治一本通[M]. 福州：福建科学技术出版社.

孙卫东，朱晓东. 2012. 高效益养鸡技术问答[M]. 福州：福建科学技术出版社.

孙卫东. 2010. 土法良方治鸡病[M]. 北京：化学工业出版社.

孙卫东. 2014. 土法良方治鸡病（第二版）[M]. 北京：化学工业出版社.

唐建霞，黄克和，郭小权. 2004. 细胞外高钙致鸡肾小管上皮原代培养细胞损伤的试验研究[J]. 中国农业科学，37（6）：917–922.

田文霞，李家奎，毕丁仁，等. 2006. 肉鸡胫骨软骨发育不良分子机理的研究进展[J]. 中国兽医科学，36（7）：587–591.

仝宗喜. 2004. 雏鸡硒缺乏症分子机理的研究[D]. 哈尔滨：东北农业大学博士学位论文.

万朋杰，郑捷. 2011. 烟酸缺乏症的研究进展[J]. 实用皮肤病学杂志，4（4）：219–222.

汪尧春，呙于明，周毓平. 2000. 日粮硫、镁水平对肉鸡胫骨软骨发育的影响[J]. 营养学报，22（1）：22–26.

王华，陈辉，李雪梅，等. 2007. 维生素B_{12}功能及营养作用研究[J]. 中国食物与营养（2）：57–58.

王建华. 2010. 家畜内科学 [M]. 第4版. 北京：中国农业出版社.

王景芹. 2007. 蛋鸡脂肪肝出血综合征发病原因及机理初探[J]. 家禽科学（2）：38–40.

王仍瑞，谢侃，王小龙，等. 2011. 对我国家禽常见营养代谢病临床诊疗与防控研究的概述[J]. 畜牧与兽医，43（3）：97–103.

王淑彩，田锦，许梓荣. 2003. 镁的生物学功能[J]. 中国饲料（19）：18–19.

王小龙. 2004. 兽医内科学[M]. 北京：中国农业大学出版社.

王小龙. 2009. 畜禽营养代谢病和中毒病[M]. 北京：中国农业出版社.

王永伟，呙于明，彭运智，等. 2012. 肉鸡腹水征的发病机理及其调控措施[J]. 动物营养学报，24（12）：2295–2302.

王玉东，刘书科，鲁道堂，等. 2002. 肉仔鸡维生素E-硒缺乏导致渗出性素质的诊治报告[J]. 山东家禽（1）：27–28.

吴维华，佘迈，范燕. 2006. 鸡脂肪肝和肾综合征的诊治[J]. 畜牧兽医科技信息（9）：71.

徐世文，唐兆新. 2010. 兽医内科学[M]. 北京：科学出版社.

徐之勇，刘国辉，杨洪成. 2007. 家禽烟酸缺乏症[J]. 家禽科学（8）：24–25.

徐之勇，唐海蓉. 2013. 家禽生物素缺乏症的防治[J]. 今日畜牧兽医（2）：38–39.

严庆惠. 2000. 用口服或注射法治疗维生素B_{12}缺乏[J]. 国外医学内科学分册，27（4）：181.

杨禄良. 1993. 维生素B_6与其他营养成分之间的代谢关系[J]. 国外畜牧科技，20（4）：19–22.

杨宁. 2008. 家禽生产学[M]. 北京：中国农业出版社.

杨淑华，王茂盛. 2011. 家禽维生素B_1缺乏症的诊断与防治[J]. 中国畜牧兽医文摘，27(3)：167.

杨玉柱，王储炎，焦必宁. 2006. 叶酸的研究进展[J]. 农产品加工学刊（5）：31–39.

叶希培，李振秋，吴文兴. 2008. 仔鸡维生素B_2缺乏症的发病特点及治疗方法[J]. 浙江畜牧兽医（1）：39.

于一凡. 2009. 维生素缺乏导致家禽的神经性疾病[J]. 国外畜牧学（猪与禽），29（4）：18–20.

张彩云. 2006. 维生素K与动物骨骼发育研究进展[J]. 中国畜牧杂志，42（9）：60–61.

张宏福，张子仪. 2010. 动物营养参数与饲养标准[M]. 北京：中国农业出版社.

张利环，杨燕燕，张春善，等. 2010. 肉仔鸡对维生素A需要量的研究进展[J]. 黑龙江畜牧兽医（科技版）（7）：37–39.

张琳，李杰，刘延国. 2014. 锰在家禽营养中的研究进展[J]. 饲料博览（1）：25–28.

张乃生，李毓义. 2011. 动物普通病学[M]. 北京：中国农业出版社.

张少东，王永峰，孟勇. 2013. 肉用仔鸡脂肪肝和肾综合征的诊疗体会[J]. 家禽科学（3）：57.

张文举，龚月生，王新峰. 2001. 鸡的烟酸营养研究进展[J]. 国外畜牧学（猪与禽）（11）：11–13.

张旭晖，王恬. 2010. 生物素营养生理作用及其应用研究进展[J]. 中国饲料（8）：5–8.

张迅捷. 2005. 维生素全书[M]. 北京：中国民航出版社.

张元龙. 2010. 家禽锰缺乏症的原因、表现及防治措施[J]. 养殖技术顾问（2）：65.

张云波，李明伟. 2014. 维生素 A 的免疫研究进展[J]. 中国畜牧兽医，41（3）：137–141.

赵帅兵，仝宗喜. 2008. 鸡生物素缺乏症研究进展[J]. 动物医学进展，29（11）：96–100.

赵帅兵．2010．生物素缺乏致肉雏鸡肝肾综合征发病机理的研究[D]．郑州：河南农业大学硕士学位论文．

郑艺梅，宋爱侠．1999．家禽营养中生物素的研究进展[J]．安徽农业技术师范学院学报，13（4）：52–57.

周新民．2005．鸭场兽医[M]．北京：中国农业出版社．

卓丽玲，张春岭，邓俊良．2007．肉鸡胫骨软骨发育不良病因的研究进展[J]．中国兽医杂志，43（7）：57–59.

Akhtar S，Ahmed A, Randhawa M A, et al. 2013. Prevalence of vitamin A deficiency in South Asia: causes, outcomes, and possible remedies [J]. J Health Popul Nutr, 31（4）: 413–423.

Alexander J. 2007.Selenium [J].Novartis Found Symp, 282: 143–149.

Allan R, Mara N. 2012.Magnesium and the acute physician [J]. Acute Med, 11（1）: 3–7.

Allen L H. 2010.Bioavailability of vitamin B_{12} [J]. Int J Vitam Nutr Res, 80（4–5）: 330–335.

Alshahrani F, Aljohani N. 2013.Vitamin D: deficiency, sufficiency and toxicity [J]. Nutrients, 5（9）: 3605–3616.

Baghbanzadeh A, Decuypere E. 2008.Ascites syndrome in broilers: physiological and nutritional perspectives [J]. Avian Pathology, 37（2）: 117–126.

Battat R, Kopylov U, Szilagyi A, et al. 2014.Vitamin B_{12} deficiency in inflammatory bowel disease: prevalence, risk factors, evaluation, and management [J]. Inflamm Bowel Dis, 20（6）: 1120–1128.

Deng G, Zhang Y, Peng X, et al. 2006.Echocardiographic characteristics of chickens with ascites syndrome [J]. Br Poult Sci,47（6）: 756–762.

Edwards H M. 2000.Nutrition and skeletal problems in poultry [J]. Poult Sci, 79（7）: 1018–1023.

Finley J W, Davis C D. 1999. Manganese deficiency and toxicity: are high or low dietary amounts of manganese cause for concern? [J]. Biofactors, 10（1）: 15–24.

Gisondi P, Fantuzzi F, Malerba M, et al. 2007.Folic acid in general medicine and dermatology [J]. J Dermatolog Treat, 18（3）: 138–146.

Glorieux F H, Pettifor J M.2014. Vitamin D/dietary calcium deficiency rickets and pseudo-vitamin D deficiency rickets [J]. Bonekey Rep, 3: 524.

Hansen R J, Walzem R L.1993. Avian fatty liver hemorrhagic syndrome: a comparative review [J]. Advances in Veterinary Science & Comparative Medicine, 37: 451–468.

Harthill M. 2011.Review: micronutrient selenium deficiency influences evolution of some viral infectious diseases [J]. Biol Trace Elem Res, 143（3）: 1325–1336.

Houshmand M, Azhar K, Zulkifli I, et al. 2011. Effects of non-antibiotic feed additives on performance, t ibial dyschondroplasia incidence and tibia characteristics of broilers fed low-calcium diets [J]. J Anim Physiol Anim Nutr, 95（3）: 351–358.

Ishikawa Y. 2000.Niacin deficiency disease（pellagra）[J]. Ryoikibetsu Shokogun Shirizu, 29（4）: 91–93.

Jektonidou M. 2005.Pulmonary Hypertension [J]. N Engl J Med, 352（4）: 418–419.

Julian R J. 2000.Physiological, management and environmental triggers of the ascites syndrome: a review [J]. Avian Pathology, 29（6）: 519–527.

Kanbay M, Solak Y, Dogan E, et al.2010.Uric acid in hypertension and renal disease: the chicken or the egg? [J]. Blood Purif, 30（4）: 288–295.

Leeson S, Summers J D. 2007. 鸡的营养[M].蔡辉益，文杰，齐广海等，译. 北京：中国农业科技出版社.

Leeson S，Summers J D.2010. 实用家禽营养[M]. 沈慧乐，周鼎年，译.北京：中国农业出版社.

Maxwell M H, Robertson G W. 1997.World broiler ascites survey 1996 [J].Poultry International, 36（4）: 16–30.

Mehdi Y, Hornick J L, Istasse L, et al. 2013.Selenium in the environment, metabolism and involvement in body functions [J]. Molecules, 18（3）: 3292–3311.

Mock D M.1991. Skin manifestations of biotin deficiency [J]. Semin Dermatol, 10（4）: 296–302.

Olkowski A A, Rathgeber B M, Sawicki G, et al. 2001.Ultrastructural and molecular changes in the left and right ventricular myocardium associated with ascites syndrome in broiler chickens raised at low altitude [J]. J Vet Med A Physiol Pathol Clin Med, 48（1）: 1–14.

Pekmezci D. 2011.Vitamin E and immunity [J]. Vitam Horm, 86: 179–215.

Powers H J.2003. Riboflavin（vitamin B2）and health [J]. Am J Clin Nutr, 77（6）: 1352–1360.

Rizvi S, Raza S T, Ahmed F, et al. 2014.The role of vitamin E in human health and some diseases [J]. Sultan Qaboos Univ Med J, 14（2）: e157–165.

Shim M Y, Karnuah A B, Anthony N B, et al. 2012. The effects of broiler chicken growth rate on valgus, varus, and tibial dyschondroplasia [J]. Poult Sci, 91（1）:62–65.

Siller W G. 1981.Renal pathology of the fowl – a review [J]. Avian Pathol, 10（3）: 187–262.

Sommer A. 2008.Vitamin A deficiency and clinical disease: a historical overview [J]. J Nutr, 138（10）: 1835–1839.

Spinneker A, Sola R, Lemmen V, et al. 2007. Vitamin B_6 status, deficiency and its consequences - an overview [J]. Nutr Hosp, 22（1）: 7–24.

Squires E J, Leeson S. 1988.Aetiology of fatty liver syndrome in laying hens [J]. British Veterinary Journal, 44（6）: 602–609.

Sriram K, Manzanares W, Joseph K.2012. Thiamine in nutrition therapy [J]. Nutrition in Clinical Practice, 27（1）: 41–50.

Stabler S P.2013. Clinical practice: Vitmin B_{12} deficiency [J]. N Engl J Med, 368（2）: 149–160.

Tahiliani A G, Beinlich C J. 1991.Pantothenic acid in health and disease [J]. Vitam Horm, 46: 165–228.

Tang Z X, Iqbal M, Cawthon D, et al. 2002.Heart and breast muscle mitochondrial dysfunction in pulmonary hypertension syndrome in broilers（Gallus domesticus）[J]. Comp Biochem Physiol A Mol Integr Physiol, 132（3）: 527–540.

Whitehead C C. 1985.Assessment of biotin deficiency in animals [J]. Annals of the New York Academy of Sciences, 447: 86–96.

Wideman R F, Rhoads D D, Erf G F,et al.2013.Pulmonary arterial hypertension（ascites syndrome）in broilers: a review [J]. Poult Sci, 92（1）: 64–83.

Xiang R P, Sun W D, Zhang K C, et al. 2004.Sodium chloride-induced acute and chronic pulmonary hypertension syndrome in broiler chickens [J]. Poult Sci, 83（5）: 732–736.

Zeisel S H. 1996.Choline: Anutrient that is involved in the regulation of cell proliferation, cell death, and cell transformation [J]. Adv Exp Med Biol, 399: 131–141.

Zeisel S H. 2012.Dietary choline deficiency causes DNA strand breaks and alters epigenetic marks on DNA and histones [J]. Mutat Res, 733（1–2）: 34–38.

Zempleni J, Teixeira D C, Kuroishi T, et al.2012.Biotin requirements for DNA damage prevention [J]. Mutat Res, 733（1–2）: 58–60.

第十章　家禽中毒性疾病

第一节　磺胺类药物中毒

磺胺类药物是一类广谱抗菌药物，在养禽业生产中，养殖场经常使用磺胺类药物来防治家禽传染病和寄生虫病。但由于磺胺类药物的治疗剂量与中毒量比较接近，农户在使用药物时称量不准确，搅拌不均匀，都可能引起家禽急性或慢性中毒。

【病　因】

添加在饲料中进行群防时，搅拌不均，部分家禽由于食入过量而引起中毒。治疗家禽细菌性疾病时，连续给药时间过长，引起家禽体内磺胺类药物蓄积中毒，以及投药剂量过大，而引起中毒。对家禽疾病的病情判断不准确，随意超剂量使用磺胺类药物，未起到防治效果，反而发生中毒。

【发病机理】

这些药物在体内代谢过程中，易在肾脏或尿路中形成结晶，除对肾脏和尿路上皮细胞损伤外，还能产生一种溶细胞反应为主的变态反应，出现较严重的中毒变化。

【临床症状】

急性中毒的家禽表现为共济失调、肌力减弱、颤抖、缩头呆立、羽毛松乱。随病程发展，全身症状加重。幼禽除上述表现外，还出现腹泻，粪呈褐色或白色，冠和肉髯苍白，皮下出血，排灰白色稀粪。雏鸡大批死亡。慢性中毒多见于剂量偏大或连续用药10 d以上的鸡群，表现为采食量减少、饮水量增加，羽毛松乱、冠髯苍白，增重缓慢，产蛋量下降、蛋壳变薄或产软蛋，并伴有多发性神经炎和全身出血性变化。

【病理变化】

可见各种出血性病变，皮下、肌肉（尤以胸肌及腿内侧肌肉）有点状或斑状出血，肌胃角质膜下和腺胃、肠管黏膜也有出血。肝肿大，呈紫红或黄褐色，并分布有点状出血和坏死病灶。脾肿大，有的有灰色结节区。肾肿胀呈土黄色，有出血斑，输尿管变粗，并充满有白色尿酸盐。心包积液，心脏表面呈刷状出血，有的心肌出现灰白色病灶。血液稀薄，凝血时间延长。骨髓变成淡红色或黄色。

【诊　断】

根据渐进性贫血的临床症状，结合长期饲喂磺胺类药物的病史，参考剖检时以广泛性出血、肾脏和输尿管大量尿酸盐沉积等变化基本可作出初步诊断。有条件时可作血液的重氮反应试验或显微结晶观察而获得确诊。

【治　疗】

立即停止添加磺胺类药物，用0.1%碳酸氢钠、5%葡萄糖水代替饮水1～2 d。加大饲料中维生素K和B族维生素的含量。每只鸡肌注维生素B_{12} 2μg或叶酸50～100μg，或按每只鸡0.5～1 mL计算，将复合维生素B溶液混入饮水中，连续用药3～5 d。

【预　防】

应用磺胺类药物时要注意：①1月龄以下的雏鸡和产蛋鸡（尤其是产蛋高峰期）最好不用磺胺类药物。②严格掌握磺胺类药物的用药剂量，拌料时要搅拌均匀，连续用药不超过5 d，用药期间要特别注意供给充足的清洁饮水。③尽量选用含抗菌增效剂的磺胺类药物，治疗肠道疾病时，应选用肠内吸收率较低的磺胺类药物。④在使用磺胺类药物期间，要提高日粮中维生素C、维生素B和维生素K的含量。

第二节　氯化钠中毒

食盐是机体不可缺少的物质之一，饲料中加入适量食盐，不但可以增加饲料的适口性和增进家禽的食欲，而且可以满足机体维持体液渗透压和调节体液容量的需要。但食入盐过多，可以引起中毒，正常家禽约需要食盐占饲料的0.25%～0.5%，以0.37%最为适宜，每只家禽每天需要食盐0.25～0.5g，若过量则极易引起中毒甚至死亡。

【病　因】

本病发生的主要原因是饲料中食盐含量过高，或加喂咸鱼粉等含盐加工副产品，限制饮水不当；或饥饿的雏鸡、雏鸭大量食入食槽底沟部饲料中盐类沉积物；或饲料中其他营养物质，如维生素E、Ca、Mg及含硫氨基酸缺乏，而引起增加食盐中毒的敏感性。

【发病机理】

家禽吃入过多食盐，又不给予饮水或限制饮水，就使血钠浓度迅速升高，脑内钠浓度也升高，血浆渗透压显著增高，细胞外液氯化钠浓度随之升高，引起细胞内液水分外逸，导致组织脱水，致使颅内压和眼内压降低，脑和眼组织萎缩。

如若此时又大量饮水，则又引起相反作用，即水分大量渗入脑和其他组织，导致组织水肿、脑水肿及脑机能扰乱。此外，吃入过多食盐还可刺激消化道黏膜，引起腹泻、脱水、血液浓稠和循环障碍，造成组织缺氧和营养代谢紊乱。

【临床症状】

家禽氯化钠中毒的临诊症状与其他动物不完全相同，尤其是运动兴奋神经症状不明显或不出现。家禽中毒的轻重程度差别很大，临床症状因摄取食盐量的多少和持续时间的长短而不同。轻度中毒症状轻微的，饮水增加，粪便稀薄或混有稀水；严重中毒时，病雏羽毛松乱无光、高度兴奋不安、鸣叫、争相饮水，食欲不振或废绝，嗉囊软肿、口角有黏性分泌物流出，两腿软弱无力或前后平伸、倒退运动，后退几步即瘫于地上或向一侧运动或呆立一旁。有的病雏表现精神沉郁、弓背缩颈、垂头闭眼，后期水样腹泻。死前阵发性痉挛、两翅伸展，最后虚脱而死。一小部分家禽的临床症状是极急性的。

【病理变化】

剖检死鸡皮下水肿或有淡黄色胶样物浸润；胸、腿部肌肉弥漫性出血；腹腔内大量积水，呈淡黄色，并混有灰白色纤维蛋白渗出物；嗉囊积有大量黏液，腺胃黏膜充血，黏膜易脱落，有的形成假膜；腺胃和小肠有卡他性或出血性炎症；血液黏稠、凝固不良；肝色淡肿大，边缘钝圆质脆，肝被膜附有凝血块，多数病例呈现肝实质萎缩，表面不平变硬，偶见肝面呈裂纹状，胆囊皱缩；肾脏变硬，色淡，肾脏、输尿管和排泄物中有尿酸沉积；病程较长者，还可见肺水肿，色淡灰红；腹腔和心包囊中有积水，心脏有针尖状出血点，心外膜毛细血管扩张或出血，脑膜及大脑皮层充血或水肿，并见有针尖大出血点和出血斑，心包有积液；肺水肿。主要的组织学变化是大脑半球的外纹状体内的神经纤维网苍白和以细胞的核浓染和破裂为特征的双侧对称性坏死（软化）。

【诊　断】

日粮中缺钠的骨质变软，眼角膜发生角质化，肾上腺肥大，血浆容量减少。幼鸡日粮中缺氧时，生长极度不良，血液浓缩，身体脱水。如食盐的供应达不到鸡的正常需要量，同时又生长障碍、生殖机能降低，饲料利用能力障碍，死亡率增高，发现啄癖等临床症状，可初步作出诊断。

根据饲料中加入咸鱼粉、饮水中加入食盐和临诊出现运动中枢障碍等诊断为食盐中毒，可详细调查饲料中含氯化钠的比例、量和调制饲喂方法、饮水情况、病禽发病病史、流行病学、症状及病理变化就可归纳分析资料作出诊断。

实验室可通过测定病禽内脏器官及饲料中盐分的含量来作出准确的诊断。

若有必要可作毒物检验，检查嗉囊或肌胃内容物的氯含量。

试剂：N/10硝酸银溶液、0.1%刚果红（或溴酚蓝）溶液。

操作：取25 g嗉囊或肌胃内容物放于烧杯内，加蒸馏水200 mL放置4～5 h，并经常震荡，然后再加蒸馏水至250 mL，过滤，取滤液25 mL，加0.1%刚果红（或溴酚蓝）溶液5滴做指示剂，再用N/10硝酸银溶液滴定，至开始出现沉淀，液体呈轻微透明为止。每毫升N/10硝酸银溶液相当于0.005 85g食盐，因此，将硝酸银溶液的消耗的毫升数乘以0.234，其乘积即为食盐含量的百分率。

【治　疗】

供给病禽5%的葡萄糖水或红糖水以利尿解毒，病情严重者另加0.3%～0.5%醋酸钾溶液逐只灌服，中毒早期服用植物油缓泻可减轻症状。严格控制饲料中食盐的含量，尤其对幼禽。一方面严格检测饲料中原料鱼粉或其副产品的盐分含量；另一方面配料时加食盐也要求粉细，混合要均匀。平时要保证充足的新鲜洁净饮用水。有条件者可静脉注射葡萄糖和维生素C。

发现中毒的病禽时，应立即更换饲料。轻度或中度中毒时，应供给充足的饮水、红糖水或温水，给予易消化的饲料，症状可逐渐好转。严重中毒时应适当控制饮水，可间断让其饮水。中毒病禽可灌服一些植物油。有条件可肌注葡萄糖酸钙，雏禽0.2 mL，成年禽1 mL；也可肌内注射20%的安钠咖，雏禽0.1 mL，成年禽0.5 mL；还可喂淀粉、牛奶、豆浆等包埋剂，防止食盐损伤消化道黏膜。中草药可用鲜芦根50 g、绿豆50 g、生石膏30 g、天花粉30 g，水煎服。还可用甘草绿豆汤：甘草500 g、绿豆2 500 g，水煎饮服。亦可用生葛根100 g、甘草10 g、茶叶20 g，加水1 500 mL，煮沸0.5 h，过滤去渣，供100只病雏鸡自由饮用，重症拒食鸡，每次灌服5～10 mL，早晚各1次。

另外，禽类的体液渗透压与畜类的渗透压是不同的，例如鸡的渗透压为0.57%，不同于一般家畜的0.8%～0.9%。提示我们即使应用普通等渗生理盐水（含0.9%氯化钠）喂鸡，也可能引起鸡食盐（氯化钠）中毒，在诊治禽类疾病补液时应注意这点。

【预　防】

为防止本病发生，应严格控制食盐的进量，在饲料中必须搅拌均匀，盐粒要细，保证供水不间断。若发现可疑食盐中毒时，首先要立即停用可疑的原饲料和饮水，改换无盐或低盐分易消化饲料和新鲜的饮用水。对已经中毒的病禽，应间断地逐渐增加供给饮用水或淡糖水，可促进食盐吸收和扩散，不可一次大量饮水，否则会加剧症状或导致组织严重水肿，引起脑水肿，往往预后不良。只要及时治疗，绝大多数病禽会痊愈。

第三节　球虫药中毒

【病　因】

离子载体类抗生素被用于抗球虫药和动物生长促进剂，治疗剂量的此类药物被广泛认为是安全有效的。此类药物有效剂量范围较广但是安全剂量范围非常小，如莫能霉素、盐霉素、那拉霉素和拉沙里菌素等，相比前几种抗球虫药，马杜拉霉素安全剂量范围更为狭窄。此类药物中毒主要是由于对这些药物使用不当，大致原因有以下几种：超过安全剂量使用此类药物；药物与饲料搅拌不匀，局部饲料中药物剂量过大，造成中毒；重复用药，引起此类抗球虫药中毒。

【发病机理】

此类离子载体类抗球虫药能携带钠离子和钾离子进入机体细胞，超出安全剂量的离子载体类抗球虫药导致细胞内离子渗透压升高，大量水分进入细胞内，进而导致细胞内外渗透压失衡，从而导致细胞肿胀、破裂死亡。

【病理变化】

抗球虫药中毒的大体病理变化包括家禽体重减轻，心包积液，心室扩张，心肌颜色灰白，腹水。最显著的病理变化是心衰和腹水。

【诊　断】

离子载体类抗球虫药中毒的诊断主要依据典型的临床症状结合病禽隔离毒源后的恢复情况来进行的。

1. 临床症状　病禽主要表现为精神倦怠，食欲减少，心跳减慢变弱，听诊心脏有拍水音。双腿肌肉软弱无力。呼吸困难，可视黏膜发紫。蛋鸡产蛋减少。

2. 生化检验　抗球虫药中毒时，血清AST、LDH、CPK 、ALP、ALT等指标升高。

3. 剖检病理变化　主要病理变化是心包积液心室扩张，心肌变淡，有腹水。依据上述病理变化，结合临床症状及生化检验结果及测定饲料此类药物含量，进行诊断。

【治　疗】

治疗原则是排毒、保肝、补液和调节机体的钾、钠离子和酸碱平衡。

饮水中添加水溶性电解质多维和口服补液盐；将50 μg维生素C混入4～10 mL5%葡萄糖生理盐水中，每只1次性皮下注射，每日2次。为防止继发感染，可考虑使用抗生素。

【预　防】

发现中毒立即停用含有上述药物的饲料，且饮用5%葡萄糖水来解毒；正确使用抗球虫药物，严格控制剂量和疗程。

第四节　棉籽饼中毒

【病　因】

引起家禽棉籽饼中毒的原因主要有：过量饲喂，家禽饲料中棉籽饼含量占10%以上，且持续饲喂较长时间就可能出现中毒；用棉籽饼榨油的加工方法不当，造成游离棉酚的含量过高；棉籽饼保管不善，发热变质，毒性增大；饲料中维生素A、钙、铁和蛋白质含量不足，也会促使中毒发生。

【发病机理】

棉籽饼中含有多种有毒的棉酚色素等有毒物质，棉酚分为蛋白结合形式和游离形式，结合形式无毒性，游离棉酚有毒性。但在对棉籽进行加工后，游离棉酚大大降低。棉酚的毒性较低，对于家禽来说，饲料中含有少量棉酚并不影响家禽的生长和生产性能。但是，棉酚在体内比较稳定，不易破坏，而且排泄很慢，有蓄积作用。因此长期连续饲喂往往发生中毒。

【症　状】

家禽生长抑制，跛行；蛋禽产蛋率下降，蛋品质下降，蛋黄和蛋白变色。中毒禽厌食，呼吸困难，体弱，腿无力，体重下降，排黑色稀粪，常混有黏液、血液和脱落的肠黏膜，贫血，伴有维生素A和钙缺乏。蛋禽产蛋率下降，种蛋孵化率降低，蛋的品质下降，蛋壳颜色变浅，畸形蛋增多，蛋清发红，蛋黄颜色变淡呈茶青色。煮熟的蛋黄硬，有弹性，俗称“橡皮蛋”。严重中毒的病禽抽搐，衰竭而死亡。

【病理变化】

剖检可见血液稀薄，血液颜色变淡，呈浅红色；胸腹腔积有淡红色渗出液；心包积液，心肌柔软无力，心外膜有出血点；胃肠黏膜有出血点或出血斑；肝脏充血、肿大，颜色发黄，质地变硬，有脂肪沉积；胆囊增生，胆汁蓄积；肾呈紫红色，质地变脆；肺脏充血、水肿。

【诊　断】

棉酚检测：取适量饲料滴加浓硫酸后，呈现红色；取适量饲料加入乙醇，取其浸出液，滴加氯化锡溶液后呈暗红色。再根据本病特征性的症状和病理变化，结合有过量或长期饲喂棉籽饼的病史，即可作出诊断。

【治　疗】

对于已中毒的禽群，应立即停喂可疑的饲料，换成含有0.5%硫酸亚铁的饲料，连喂3～5 d，同时供给大量的青绿饲料或胡萝卜。大多数病禽在经过半月后可逐渐康复。

【预　防】

预防本病的措施主要有以下几个方面：严格控制饲料中棉籽饼的用量，常规禽饲料配方中的棉酚含量不超过3%为宜。1月龄以下的雏禽不饲喂棉籽饼，青年禽可适当多喂，18周龄以后及整个产蛋期少喂，种禽在产蛋期间不宜使用。棉籽饼在1月龄以上的雏禽饲料中所占比例以2%～3%为宜，肉用禽不超过10%；经过去毒处理的不超过15%。由于棉酚在禽体内有蓄积作用，最好不要长期饲喂，可采取喂40 d停10 d的间歇饲喂方法。

棉籽饼最好经过脱毒处理后再配入饲料内。棉籽饼脱毒的方法有：

（1）铁盐处理　高度可溶性的铁盐能与棉酚结合，用0.1%～0.2%的硫酸亚铁溶液浸泡数小时即可；

（2）干热法　将棉籽饼以80～85℃干热2 h也可使其毒性降低。

（3）γ射线和电子束辐射能减少棉籽饼中棉酚的含量。

凡是饲料中含有棉籽饼时，在配合饲料时，要供足钙、铁、蛋白质和维生素A，可增强禽对棉酚的解毒能力。

第五节　黄曲霉毒素中毒

黄曲霉毒素是由黄曲霉、寄生曲霉等产生的一类真菌毒素，具有较强的肝脏毒性、致癌性和致畸性。主要存在于发霉的大米、大豆、花生等谷物中，引起中毒的家禽生长速率下降，饲料转化率下降，生产性能下降，发病率、死亡率增加，给养禽业带来巨大的经济损失。

【病　因】

鸡黄曲霉毒素中毒的发生主要是由于鸡群采食了发霉变质的饲料，如玉米、豆类、麦类、配合饲料和农副产品等。任何品种、任何年龄的鸡都易感，发病急、病程短、死亡率高。

【发病机理】

黄曲霉毒素的致病性表现在多方面，除了强烈的肝脏毒性和致癌作用外，还能影响血液循环、造血机能、消化机能和免疫机能等。对消化机能的影响表现为破坏某些胰腺酶的活性，抑制酶类的合成等，导致营养成分吸收和代谢障碍，造成消化机能受损，从而抑制畜禽生长发育；对免疫机能的影响表现为抑制畜禽的细胞免疫和体液免疫功能，影响胚胎期免疫系统发育等，降低对其他疾病的抵抗力；对生殖功能的影响表现为雄性睾丸萎缩、精子生成量减少、繁殖力和受精率下降，母禽雌性激素分泌量降低，卵巢囊肿，蛋品质下降；对造血功能的影响表现为破坏部分血凝素，降低血浆氨基酸浓度，抑制造血功能；对代谢功能的影响主要表现为抑制磷脂和胆固醇的合成，影响脂类从肝脏的运输，造成脂类水平上升，肝细胞出现脂肪浸润和沉积，最终引起肝脏机能紊乱；对脏器的损害作用主要表现为肝损伤，肝肿大、苍白、变脆、脂肪肝，肾脏肿大出血，胃肠道黏膜出血、溃疡等。

【症　状】

急性发病鸡表现为无明显症状的突然死亡。病程稍长者，表现为精神委顿，羽毛蓬乱，呆立不动。不食，饮水增加，拉黄白色或黄绿色稀粪，有时带有血液。有的出现神经症状，步态不稳、抽搐、角弓反张、卧地不起，极度虚弱直至衰竭而死。有的病例表现呼吸道症状：呼吸困难，张口喘气，气管啰音。产蛋鸡产蛋量减少，死淘率增加。

【病理变化】

病死鸡消瘦，可视黏膜苍白或黄染，皮肤可见轻微瘀血，胸部皮下、肌肉有时可见出血。腹腔内有大量积液，肠道黏膜出血，十二指肠黏膜肿胀、出血最明显，肠内容物内可见有血液。肝脏肿大，呈淡黄色，表面可见针尖大小灰白色坏死点或结节状病灶。胆囊扩张、出血。肾脏肿大，表面充血、切面出血。呼吸道症状的病鸡，气管内有淡黄色渗出物，肺充血、水肿，呈暗红色，分布有粟粒至豆粒大小灰白色的结节，结节切开呈同心圆结构，中心为干酪样物。气囊呈现点状和灶性浑浊，有的可见圆形白色结节。

【诊　断】

根据病因分析（饲喂发霉变质的饲料、霉变的农副产品的下脚料），发病特征及特征性的病理变化（腹腔积液，肝脏质地变硬、表面有灰白色的坏死灶，全身浆膜出血），结合以下实验室检验结果，可诊断为鸡黄曲霉毒素中毒。

实验室检验：①紫外线灯检查取　饲料样品200g，盛于搪瓷盘内，摊为薄层，放在365 nm波长的紫外线灯下观察。若发出蓝色荧光或黄绿色荧光，则判定为阳性结果。②饲料病原菌检查　取发霉的饲料进行培养，显微镜检查，若发现霉菌菌丝及霉菌孢子，则为阳性结果。

【治　疗】

发生黄曲霉毒素中毒，应立即停喂发霉的饲料，并清理剩余饲料，彻底清洗料槽和水槽，更换新鲜饲料。该病目前无特效治疗药物，为缓解症状、减少死亡，可采取以下措施。

（1）中毒鸡饲料中加入盐类泻剂，以利于毒物自肠道内排出；饲料或饮水中加入维生素C、多种维生素，以增强抵抗力。

（2）对全群鸡用制霉菌素拌料，剂量按说明要求。

（3）该病无特效药，针对病禽可采取对症治疗，如用四环素，按200 mg/kg喂服，对痢疾有效。

（4）对于中毒的鸡，在目前尚无特殊治疗药物时，可在饲料中加入盐类泻剂以利于肠道毒物的排出；另外，在饮水或饲料中加入维生素C、多种维生素以增加抵抗力；饮服1%碘化钾水溶液，并给患病的动物每天注射1%葡萄糖和维生素B，有一定的解救效果；也可以口服制霉菌素治疗，使病鸡尽快恢复。

【预　防】

由于黄曲霉毒素污染不可避免，相应的饲料解毒措施也应运而生，主要分为物理法、化学法和生物法等。生产中常在日粮中添加水合硅酸钠钙盐、沸石、黏土、活性炭等吸附剂来吸附动物消化道内的黄曲霉毒素，阻止机体对毒素的吸收，从而降低毒素对动物体的危害和动物产品中的残留。

平时应加强饲料在生产、储存、运输、加工过程的保管，将其放置于通风干燥处，防止雨淋和潮湿。发现鸡群有中毒症状时，应及时就诊，确认发病原因后，立即停喂霉变饲料，并及时清理料槽内剩余饲料，对污染的料槽和水槽用0.05%硫酸铜水溶液清洗消毒。对病死鸡，应焚烧、深埋，严禁食用；并对发病区进行隔离，可用福尔马林、高锰酸钾水溶液进行熏蒸消毒。

第六节　鸡肌胃糜烂病

鸡肌胃糜烂病通常是由于饲料中鱼粉饲喂过多而引起的一种肌胃类角质膜丧失保护作用的消化道疾病，常发生于肉鸡的仔鸡。可造成病鸡食欲减少、精神倦怠；严重病例会出现黑色呕吐物并出现贫血、消瘦，因而，曾被称为“黑色呕吐病”。本病未见特效治疗方法，常以预防为主。

【病　因】

在我国，鸡肌胃糜烂病发生的最常见的原因是用于配合饲料中的鱼粉含有导致肌胃糜烂的有毒物质，过量饲喂后即引起本病发生。此外，如果饲料中必需脂肪酸长期缺乏会影响机体对脂溶性维生素的吸收利用，造成维生素B_6、维生素E和维生素K缺乏，以及硫酸铜过量使用、病毒感染和真菌霉素感染等因素均与本病发生有关。国外研究表明，近些年腺病毒感染成为引起鸡肌胃糜烂讨论最频繁的因素。

【发病机理】

鱼粉饲喂导致的肌胃糜烂病中，鱼粉含有的有毒物质常见于以下3点：其一，鱼粉生产过程中混入有毒的鱼类如鲭鱼、鲤鱼、鲐鱼等；其二，鱼粉中蛋白质含有的氨基酸，在细菌的作用下形成各种胺类；其三，高温加热使过量游离的组氨酸与酪蛋白结合形成组氨酸–酪蛋白混合物。正常的肌胃黏膜固有层排列有砂囊腺，能分泌形成覆盖在上皮细胞表面的类角质膜，是防止胃内容物对黏膜侵害的保护屏障，这些鱼粉中的有毒物质促使肌胃内分泌物增多，过量的分泌物导致了肌胃组织病变发生，破坏了类角质膜这个保护层，从而导致肌胃糜烂和溃疡的发生。

当类角质膜这个保护层疏松、变脆并出血，流出的血液在胃酸的作用下变成黑色，使上行的呕吐物和下行的腹泻物均呈现黑褐色。

【症　状】

1～5月龄的肉鸡仔鸡均可发生该病，但死亡率不等，高者可达10%以上。患病鸡主要表现为羽毛蓬松、食欲减少、精神萎靡、消瘦、贫血，呕吐物为黑褐色稀液，拉黑褐色软粪或黑褐色稀粪。患病鸡生长缓慢，并且有突然死亡的现象，如果发生混合感染或并发其他疾病时，则死亡率增高。

【病理变化】

剖检病死鸡，鸡肉苍白，以全身贫血为主要特征。病变主要集中在消化道，尤其是胃和肠。嗉囊扩张、嗉囊、腺胃、肌胃和十二指肠内有米汤样黑褐色稀液；腺胃扩张、胃壁迟缓、黏膜脱落，腺胃与肌胃交界处稍下方至肌胃中后区常见不同程度的糜烂或溃疡；肌胃类角质膜呈暗绿色或黑色，皱壁增厚，表面粗糙，严重者有糜烂病变，肌胃内砂粒减少甚至无砂粒，残食呈暗绿色或黑褐色；心、肝、肺、肾苍白，胆囊扩张；十二指肠、盲肠黏膜出血，表面坏死，泄殖腔黏膜充血。

实验室镜检，肌胃组织结构松散，类角质下的腺管主细胞和上皮细胞肿胀，并有脱落的上皮细胞，细胞碎片及灶性病变；类角质下层的组织液化糜烂，固有层水肿，有散在灶性中性粒细胞浸润、类角质膜显著增厚松弛，与其下方组织分离；十二指肠有卡他性、出血性炎症，绒毛脱落，黏膜表面有局灶性病变。

腺病毒感染的鸡肌胃糜烂病，免疫组织化学分析显示，在脱落的腺胃腺上皮细胞的细胞核中可见Ⅰ型腺病毒抗原染色阳性的内含体；超微结构显示腺上皮细胞核内的内含物为许多病毒颗粒。

【诊　断】

根据患鸡的临床症状和病理剖检变化（尤其是肌胃的病变），并结合配合饲料中鱼粉的应用即可作出临床诊断，但在诊断过程中要注意其他疾病鉴别诊断。

【治　疗】

1. 发病后初期用质量浓度为0.1%高锰酸钾饮水。
2. 每只鸡用维生素K 31 mg、止血散80 mg，肌内注射，每天2次，连用3～4 d，控制胃出血。
3. 每千克饲料中加入维生素B_6 5 mg、维生素C 40 mg、维生素K_3 2～8 mg，以增强鸡的抵抗力。

4. 每千克体重用4～5 mg西咪替丁拌料饲喂，连喂7 d左右，控制胃酸分泌，保护胃黏膜，促进肌胃糜烂部位和溃疡面愈合。

【预　防】

本病应以预防为主，只要采取有针对性措施便可收到良好的效果。日粮中鱼粉的含量控制在8%以下。据资料和调查统计，鱼粉含量在8%以下时，尚未发现引起此病，发病的皆在12%以上。

防止家禽群体密度过大、空气污染、热应激、饥饿和摄入发霉的饲料及垫料等诱因。在每千克日粮中补充维生素K_3 2～8 mg，维生素B_6 3～7 mg，维生素C30～50 mg，维生素E5～20 mg，有着排除应激因素和预防的效果。

第七节　庆大霉素中毒

【病　因】

资料表明，庆大霉素每只用量为5 000～8 000U。所以禽类用量超过规定剂量时就容易引起中毒；有的中毒情况是先前几天用庆大霉素饮水，效果不太理想，又改用注射庆大霉素，注射剂量时又盲目加大剂量且又没有考虑禽体血液中有一定的浓度，故而引起中毒。

【发病机理】

庆大霉素对肾脏有损害作用，若应用过量会引起肾脏损害，尿酸盐排不出去，在体内蓄积，引起禽中毒死亡。资料显示，庆大霉素会聚集在肾小管上皮细胞中，造成一系列的影响，最初引起上皮细胞刷状缘的损失，最后造成肾小管的严重坏死，以及细胞凋亡的激活和大量的蛋白水解。

【症　状】

庆大霉素中毒后禽精神沉郁、羽毛蓬松、采食下降、体重减轻，但渴欲增加，喜饮水。不由自主的地排出白色尿酸盐稀粪便，呈石灰样，部分禽群泄殖腔周围沾有白色稀粪。

【病理变化】

心、脾、肠系膜及气囊等处均有一层白色的尿酸盐；肾肿大、充血，急性肾小管坏死，输尿管扩张，内充满白色石灰样物质；肝脏脂肪变性、空泡变性。取出输尿管内的白色沉积物在显微镜下观察，可见到尿酸盐结晶。

【诊　断】

根据发病情况并结合临床表现和剖检变化、实验室诊断及用药情况诊断庆大霉素中毒。

【治　疗】

治疗本病的措施主要有以下几个方面：立即停止一切用药，全群禽饮含两倍量电解多维的5%葡萄糖水。庆大霉素中毒造成禽尿路不利，甚至闭而不通，治则以清热利水通淋为主。可在饲料中加入肾肿康、肾宝等保肝解毒促代谢药物。

【预　防】

庆大霉素用量为每只5 000～8 000U，注射时为保证剂量准确应严格按比例加生理盐水稀释。用药时，应严格按使用说明进行，不能随意加大用量。引起肾功能损伤的药物（如维拉帕米、环孢霉素和一些如甘露醇的利尿剂）不要与庆大霉素共用，以防肾毒性的加强。氨基糖苷类药物每天仅给药1次，既能起到杀菌的作用，又能降低其肾毒性。

第八节　盐霉素中毒

盐霉素属于广谱抗球虫药，除抗球虫外，对革兰阳性菌有抑制作用，能促进生长，提高饲料转化率，在养鸡行业中作为饲料添加剂和抗虫药剂使用。养鸡行业中，盐霉素的长期使用和使用剂量过大都可能引起盐霉素中毒。此外，有配伍禁忌的原因，特别是泰乐菌素会影响盐霉素在鸡体内代谢，引起盐霉素的蓄积中毒。

【发病机理】

盐霉素的主要毒性为增加细胞内钠离子的聚集，钠离子浓度的增高能继发导致细胞质中钙离子的增加，这可能与Na^{+}–Ca^{2+}泵的交换引起钙从内质网、线粒体外流增加及向细胞外流减少有关；而中毒水平的钙激活了磷脂酶和蛋白水解酶，从而导致骨骼肌和心肌细胞的损害。急性横纹肌溶解、坏死后肌红蛋白进入血液，可导致肌红蛋白尿，严重者肌红蛋白可堵塞肾小管引起急性肾功能衰竭甚至死亡。

【症　状】

鸡精神不振，低头缩颈，采食减少或停止，呼吸急促，两翼下垂，羽毛脱落，软腿，瘫卧不动，或出现运动失调，排稀便并带血液，最终可导致全身麻痹而死。

【病理变化】

剖检见病死的鸡口腔内有多量黏液；嗉囊饱满，内容物呈粥状。皮下出现胶样浸润，肌肉呈暗红色。肺充血水肿，气管环出血。肝脏肿大，呈黄褐色，且有暗红色条纹；胆囊肿大，内充墨绿色胆汁。腺胃乳头水肿，挤压可流出暗红色液体。整个肠道肿胀变粗，肠黏膜脱落，肠壁点状出血。肾脏出血肿大。腹腔内脂肪红染。

【诊　断】

根据临床表现、剖检病变和鸡群日常饲喂情况进行综合诊断。

【治　疗】

无特效解毒药，以对症支持治疗为主。

1. 停止饲喂含有盐霉素药物的饲料。
2. 在饮水中加入0.03%的高锰酸钾，对全群进行防治。
3. 中毒鸡用5%葡萄糖（含维生素C 200 mg/L）和10%碳酸氢钠交替灌服。
4. 重症鸡皮下注射5%葡萄糖盐水和5%维生素C注射液。
5. 饲料中添加复合维生素和复合氨基酸。
6. 将鸡置于通风、安静和光照较少的地方，以减少鸡群惊厥而引起死亡。

【预　防】

1. 规模养鸡户要加强饲养管理，搞好防疫，增强抗病能力。
2. 使用药物时必须准确掌握剂量，而且每次投药的间隔时间不能过短，否则易引起中毒。
3. 禁止火鸡接触含盐霉素的饲料。
4. 禁止与泰乐菌素、泰妙菌素和竹桃霉素同时使用，以免发生中毒。

（韩博）

参考文献

陈兴祥，黄克和. 2002. 黄曲霉毒素对畜禽免疫机能的影响[J]. 中国兽医杂志，38（10）：33–35.

李秉鸿，李筠. 2001. 畜禽黄曲霉中毒及去毒研究的概述[J]. 畜牧与兽医，33（2）：40–42.

吴桂荣，张立艳，韩秀军. 2014. 雏鸡盐霉素中毒的诊治[J]. 中国兽医科技，34（4）：78.

张玉强. 2012. 家禽磺胺类药物中毒的防治[J]. 家禽科学（3）：56.

Abe T, Nakamur K, Tojo T, et al.2001. Gizzard erosion in broiler chicks by group I avian adenovirus[J]. Avian Diseases（45）: 234–239.

Ali B H, Za′ abi M A, Blunden G, et al.2011. Experimental gentamicin nephrotoxicity and agents that modify it: A mini-review of recent research[J]. Basic & Clinical Pharmacology & Toxicology, 109: 225–232.

Andrew G G, Shivaprasad H L,Swift P K. 2002.Salt toxicosis in ruddy ducks that winter on an agricultural evaporation basin in California[J].Journal of Wildlife Diseases，38（1）:124–131.

Asmarian S, Rajaian H，Mortazavi P，et al. 2010.Salinomycin toxicity in chickens: Biochemical changes and treatment with hypertonic dextrose[J]. Basic & Applied Sciences（11）: 5683–5688.

Awodele O, Tomoye O P, Quashie N B, et al.2014. Gentamicin nephrotoxicity: Animal experimental correlate with human pharmacovigilance outcome[J]. Biomedical Journal，38（2）.

Blevins S, Siegel P B, Blodgett D J, et al.2010. Effects of silymarin on gossypol toxicosis in divergent lines of chickens[J]. Poultry Science，89: 1878–1886.

Chapman H D, Jeffers T K, Williams R B. 2010.Forty years of monensin for the control of coccidiosis in poultry[J]. Poultry Science，89: 1788–1801.

Gjevre A G, Kaldhusdal M, Eriksen G S.2013. Gizzard erosion and ulceration syndrome in chickens and turkeys: a review of causal or predisposing factors[J]. Avian Pathology（42）: 297–303.

Nagalakshmi D, Rao S V R, Panda A K, et al.2007. Cottonseed meal in poultry diets: A review[J]. The Journal of Poultry Science, 44: 119–134.

Pirard C, Pauw E D.2006. Toxicokinetic study of dioxins and furans in laying chickens[J]. Environment International，32:466–469.

Rawal S, Ji E K, Coulombe R.2010.Aflatoxin B1 in poultry: Toxicology, metabolism and prevention[J]. Research in Veterinary Science，89, 325–331.

Saleemi M K, Zargham K M, Javed I, et al.2009. Pathological effects of gentamicin administered intramuscularly to day-old broiler chicks[J]. Experimental and Toxicologic Pathology，61: 425–432.

Sharma N, Bhalla A, Varma S, et al.2005. Toxicity of maduramicin[J]. Emerg Med J，22:880–882.

van Assen E J. 2006.A case of salinomycin intoxication in turkeys[J]. Can Vet J，47:256–258.

中华人民共和国农业部公告第193号

（食品动物禁用的兽药及其他化合物清单）

为保证动物源性食品安全，维护人民身体健康，根据《兽药管理条例》的规定，我部制定了《食品动物禁用的兽药及其他化合物清单》（以下简称《禁用清单》），现公告如下：

一、《禁用清单》序号1至18所列品种的原料药及其单方、复方制剂产品停止生产，已在兽药国家标准、农业部专业标准及兽药地方标准中收载的品种，废止其质量标准，撤销其产品批准文号；已在我国注册登记的进口兽药，废止其进口兽药质量标准，注销其《进口兽药登记许可证》。

二、截至2002年5月15日，《禁用清单》序号1至18所列品种的原料药及其单方、复方制剂产品停止经营和使用。

三、《禁用清单》序号19至21所列品种的原料药及其单方、复方制剂产品不准以抗应激、提高饲料报酬、促进动物生长为目的在食品动物饲养过程中使用。

食品动物禁用的兽药及其他化合物清单

序号	兽药及其他化合物名称	禁止用途	禁用动物
1	β-兴奋剂类：克伦特罗(Clenbuterol)、沙丁胺醇（Salbutamol）、西马特罗（Cimaterol）及其盐、酯及制剂	所有用途	所有食品动物
2	性激素类：己烯雌酚（Diethylstilbestrol）及其盐、酯及制剂	所有用途	所有食品动物
3	具有雌激素样作用的物质：玉米赤霉醇（Zeranol）、去甲雄三烯醇酮（Trenbolone）、醋酸甲孕酮（Mengestrol，Acetate）及制剂	所有用途	所有食品动物
4	氯霉素（Chloramphenicol）、及其盐、酯［包括：琥珀氯霉素（Chloramphenicol Succinate）］及制剂	所有用途	所有食品动物
5	氨苯砜（Dapsone）及制剂	所有用途	所有食品动物
6	硝基呋喃类：呋喃唑酮（Furazolidone）、呋喃它酮（Furaltadone）、呋喃苯烯酸钠（Nifurstyrenate Sodium）及制剂	所有用途	所有食品动物
7	硝基化合物：硝基酚钠（Sodium nitrophenolate）、硝呋烯腙（Nitrovin）及制剂	所有用途	所有食品动物
8	催眠、镇静类：安眠酮（Methaqualone）及制剂	所有用途	所有食品动物
9	林丹（丙体六六六）（Lindane）	杀虫剂	所有食品动物
10	毒杀芬（氯化烯）（Camahechlor）	杀虫剂、清塘剂	所有食品动物
11	呋喃丹（克百威）（Carbofuran）	杀虫剂	所有食品动物
12	杀虫脒（克死螨）（Chlordimeform）	杀虫剂	所有食品动物
13	双甲脒（Amitraz）	杀虫剂	水生食品动物
14	酒石酸锑钾（Antimonypotassiumtartrate）	杀虫剂	所有食品动物

（续）

序号	兽药及其他化合物名称	禁止用途	禁用动物
15	锥虫胂胺（Tryparsamide）	杀虫剂	所有食品动物
16	孔雀石绿（Malachitegreen）	抗菌、杀虫剂	所有食品动物
17	五氯酚酸钠（Pentachlorophenolsodium）	杀螺剂	所有食品动物
18	各种汞制剂包括：氯化亚汞（甘汞）（Calomel），硝酸亚汞（Mercurous Nitrate）、醋酸汞（Mercurous Acetate）、吡啶基醋酸汞（Pyridylmercurous Acetate）	杀虫剂	所有食品动物
19	性激素类：甲基睾丸酮（Methyltestosterone）、丙酸睾酮（Testosterone Propionate）、苯丙酸诺龙（Nandrolone Phenylpropionate）、苯甲酸雌二醇（Estradiol Benzoate）及其盐、酯及制剂	促生长	所有食品动物
20	催眠、镇静类：氯丙嗪（Chlorpromazine）、地西泮（安定）（Diazepam）及其盐、酯及制剂	促生长	所有食品动物
21	硝基咪唑类：甲硝唑（Metronidazole）、地美硝唑（Dimetronidazole）及其盐、酯及制剂	促生长	所有食品动物

注：食品动物是指各种供人食用或其产品供人食用的动物。

2002年4月9日

中华人民共和国农业部公告第 2292 号

（发布在食品动物中停止使用洛美沙星、培氟沙星、氧氟沙星、诺氟沙星 4 种兽药的决定）

为保障动物产品质量安全和公共卫生安全，我部组织开展了部分兽药的安全性评价工作。经评价，认为洛美沙星、培氟沙星、氧氟沙星、诺氟沙星4种原料药的各种盐、酯及其各种制剂可能对养殖业、人体健康造成危害或者存在潜在风险。根据《兽药管理条例》第六十九条规定，我部决定在食品动物中停止使用洛美沙星、培氟沙星、氧氟沙星、诺氟沙星4种兽药，撤销相关兽药产品批准文号。现将有关事项公告如下。

一、自本公告发布之日起，除用于非食品动物的产品外，停止受理洛美沙星、培氟沙星、氧氟沙星、诺氟沙星4种原料药的各种盐、酯及其各种制剂的兽药产品批准文号的申请。

二、自2015年12月31日起，停止生产用于食品动物的洛美沙星、培氟沙星、氧氟沙星、诺氟沙星4种原料药的各种盐、酯及其各种制剂，涉及的相关企业的兽药产品批准文号同时撤销。2015年12月31日前生产的产品，可以在2016年12月31日前流通使用。

三、自2016年12月31日起，停止经营、使用用于食品动物的洛美沙星、培氟沙星、氧氟沙星、诺氟沙星4种原料药的各种盐、酯及其各种制剂。

农业部

2015年9月1日

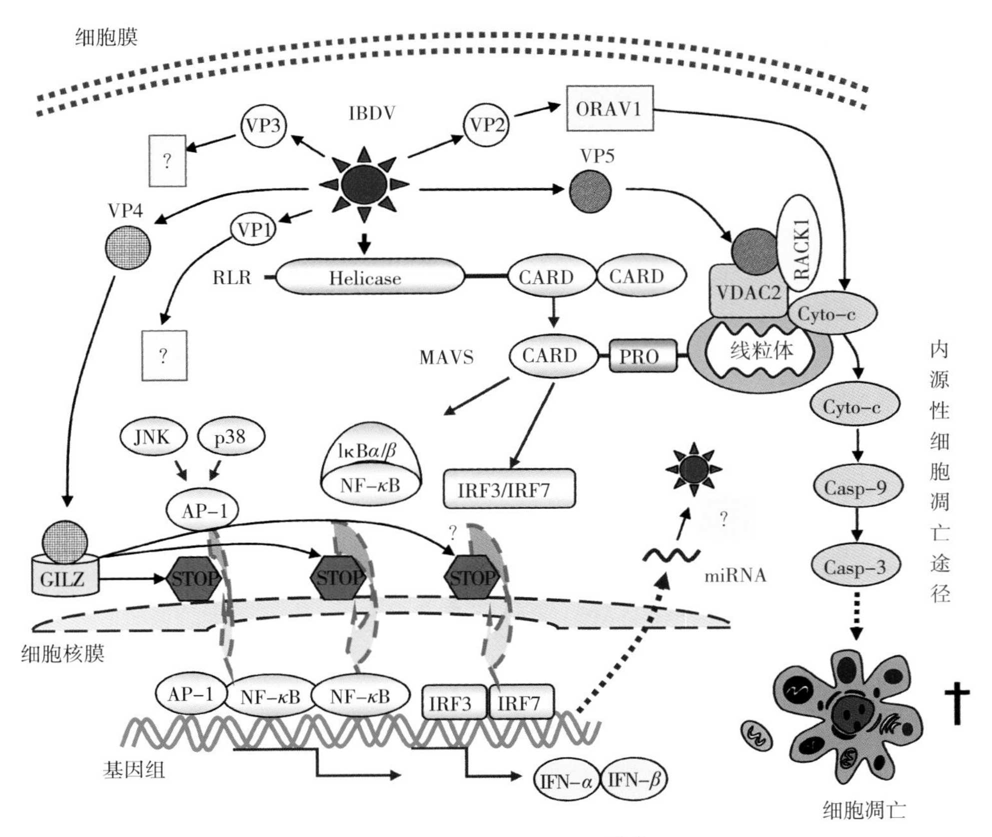

彩图2-1-1　传染性囊病病毒（IBDV）在宿主细胞中的作用模式图

IBDV感染细胞后被 RLR识别，激活Ⅰ型干扰素表达途径，病毒通过VP4与GILZ（亮氨酸拉链蛋白）互作抑制Ⅰ型干扰素的表达，从而关闭宿主抗病毒免疫应答（郑世军）

彩图4-1-1　鸡新城疫

病鸡死亡，神经症状，精神委顿（甘孟侯）

彩图4-1-2　鸡新城疫

病鸡神经症状：歪头、扭颈、头后仰于背部观望天空（甘孟侯）

彩图4-1-3　鸡新城疫
病鸡神经症状：扭颈，嘴尖触地、朝上（田夫林）

彩图4-1-4　鸡新城疫
病鸡神经症状：扭颈（田夫林）

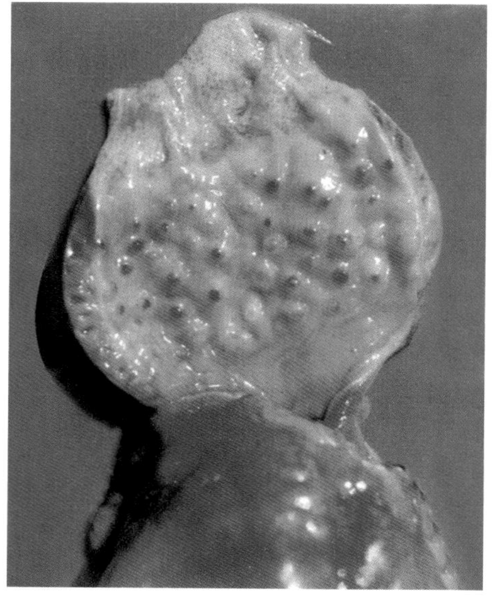

彩图4-1-5　鸡新城疫
病鸡腺胃开口处充血和出血（甘孟侯）

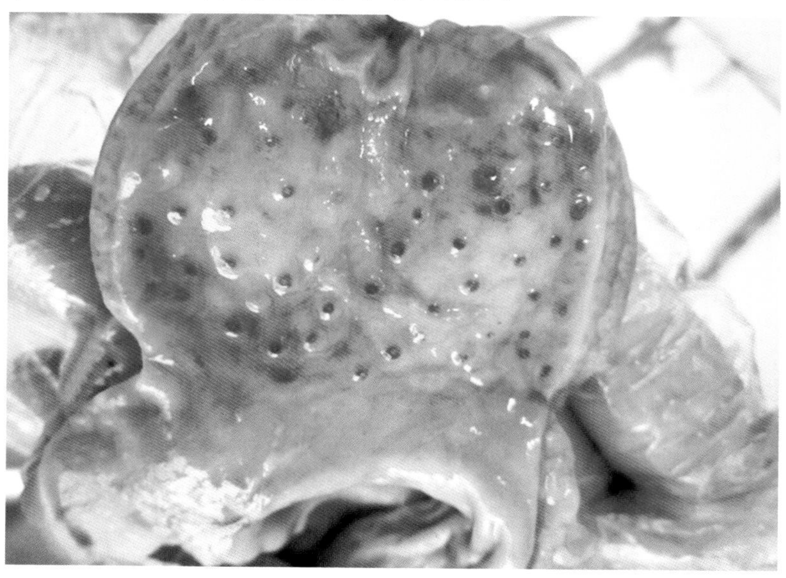

彩图4-1-6　鸡新城疫
病鸡腺胃出血（田夫林）

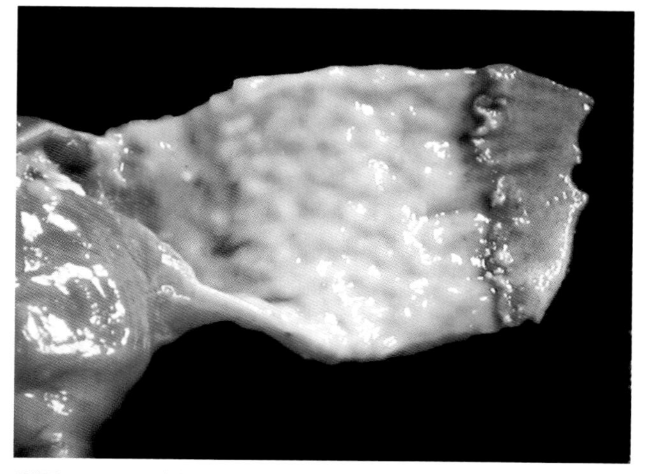

彩图4-1-7　鸡新城疫
病鸡腺胃与食道交界处出血，腺胃与肌胃交界处出血（鲁　承）

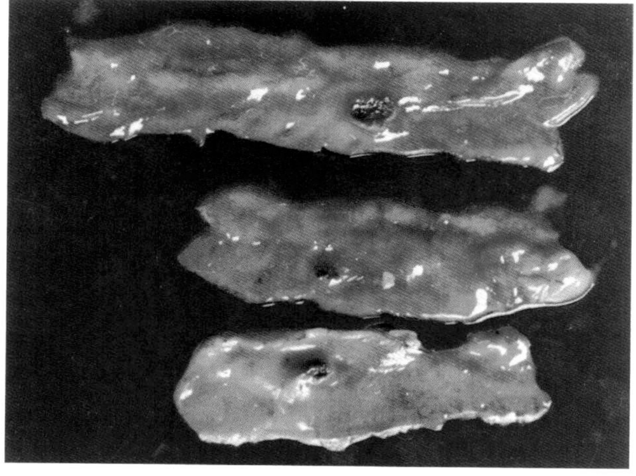

彩图4-1-8　鸡新城疫
病鸡肠道出血及单个溃疡（甘孟侯）

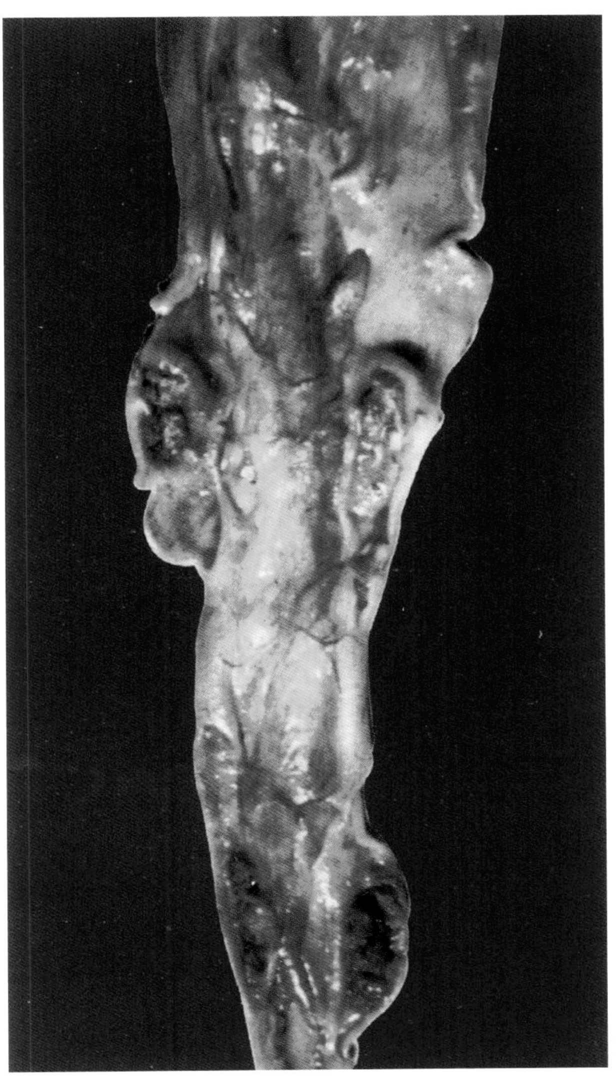

彩图4-1-9　鸡新城疫
病鸡直肠扁桃体肿大、出血和坏死；肠道枣核状出血、溃疡（甘孟侯）

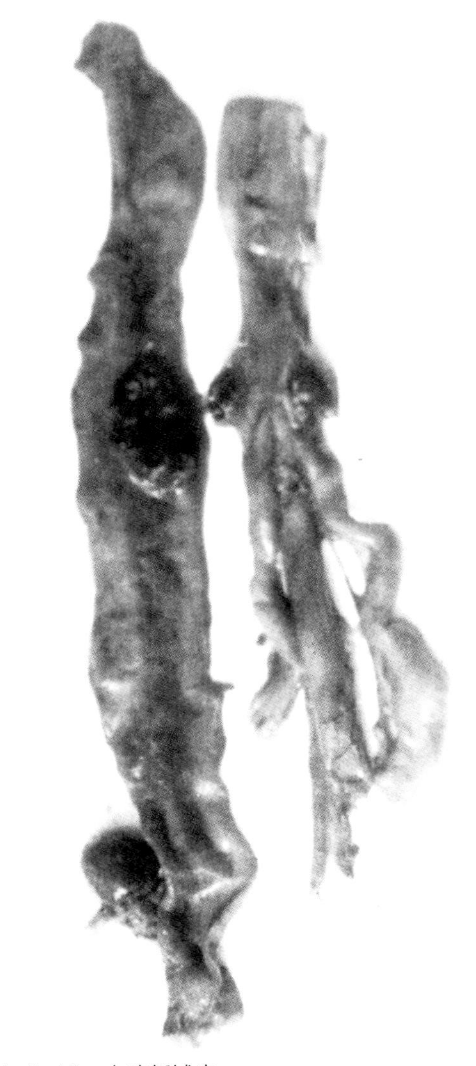

彩图4-1-10　火鸡新城疫
病火鸡小肠纤维素性坏死和盲肠扁桃体肿大、出血（甘孟侯　高齐瑜）

彩图4-1-11　鸡新城疫
病鸡直肠黏膜弥漫性出血（田夫林）

彩图4-1-12　鸡新城疫
病鸡直肠黏膜点状出血（田夫林）

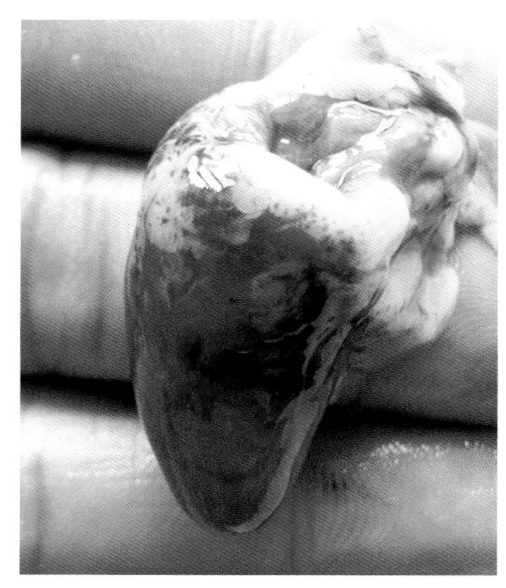

彩图4-1-13　鸡新城疫
病鸡心脏出血（刘栓江　赵占民）

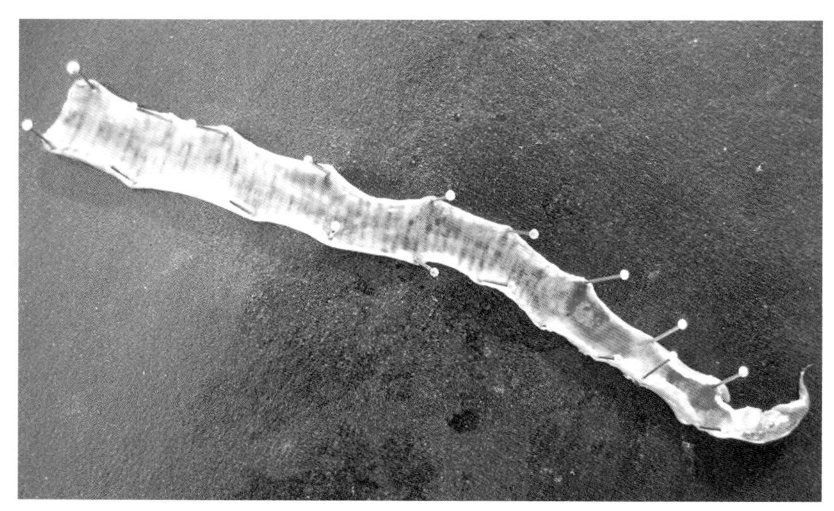

彩图4-1-14　鸡新城疫
病鸡气管充血和出血，有少量黏液（鲁　承）

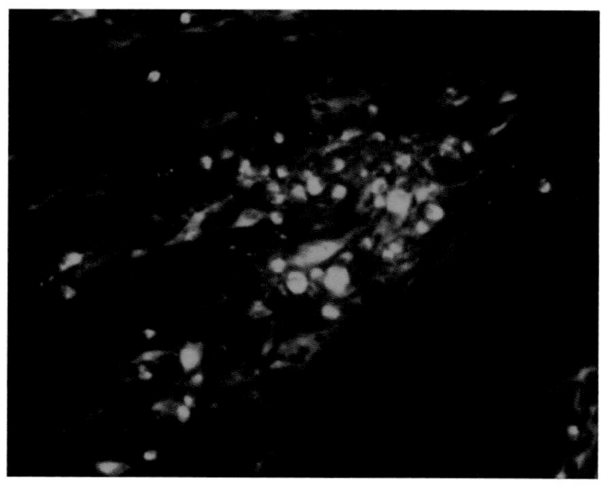

彩图4-2-1　鸡马立克病
用对MDV的单克隆抗体做间接荧光抗体反应，显示在感染了MDV的鸡胚成纤维细胞上的病毒蚀斑（黄绿色）（崔治中）

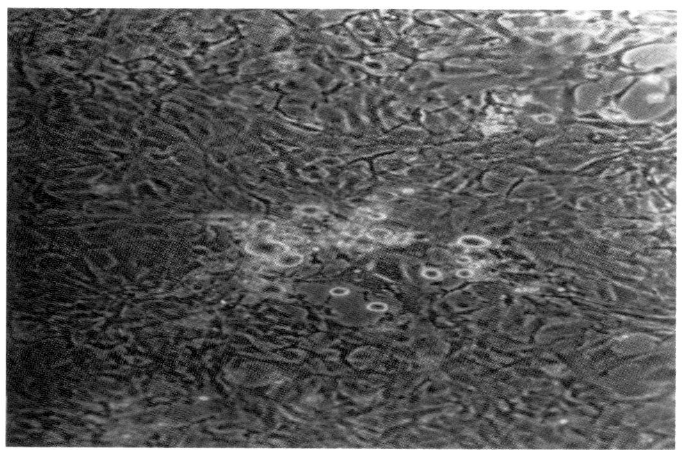

彩图4-2-2　鸡马立克病
2型MDV Z4株在CEF上产生的蚀斑（刘秀梵）

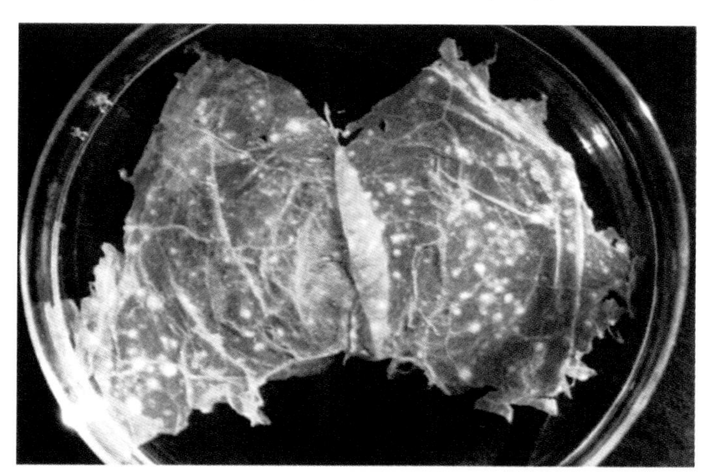

彩图4-2-3　鸡马立克病
2型 MDV Z4株在鸡胚绒尿膜上产生的痘斑（刘秀梵）

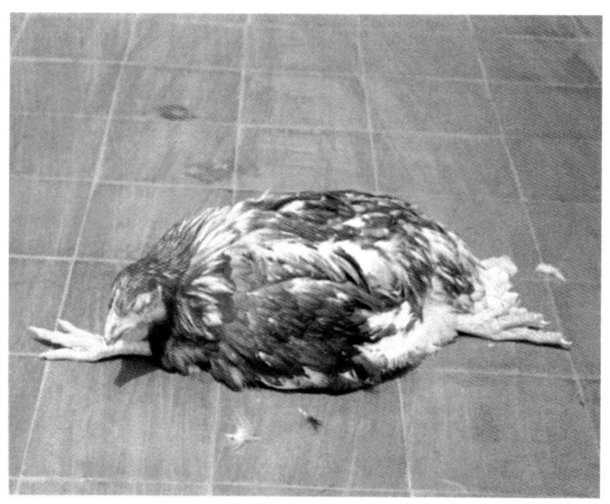

彩图4-2-4　鸡马立克病
神经型马立克病病鸡瘫痪，呈劈叉状（杜元钊）

彩图4-2-5　鸡马立克病
眼型马立克病鸡虹膜增生褪色，瞳孔收缩，边缘不整，似锯齿状（杜元钊）

彩图4-2-6　鸡马立克病
鸡眼型马立克病病鸡虹膜的正常色素消退，瞳孔边缘不整齐，瞳孔缩小（刘栓江　赵占民）

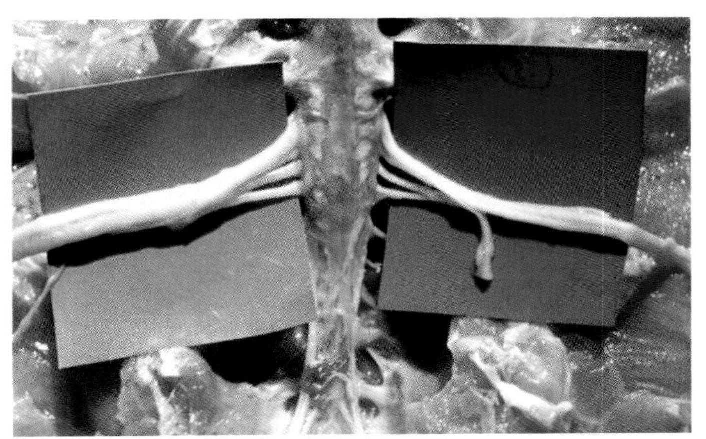

彩图4-2-7　鸡马立克病
神经型马立克病病鸡左侧坐骨神经肿胀变粗，为正常（左侧）的2~3倍，横纹消失（杜元钊）

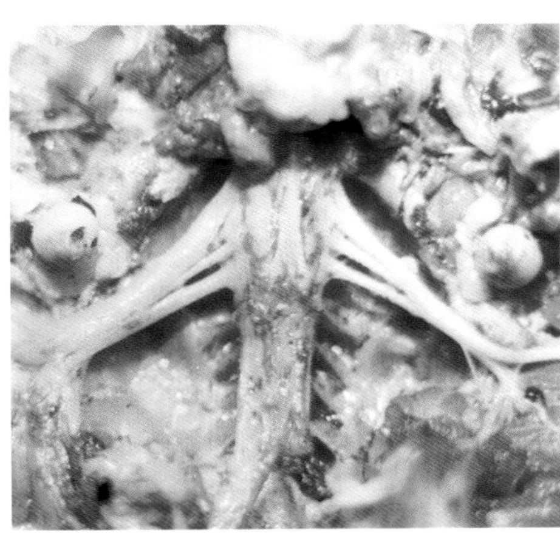

彩图4-2-8　鸡马立克病
病鸡坐骨神经及一侧坐骨神经增粗（刘文刚　甘孟侯）

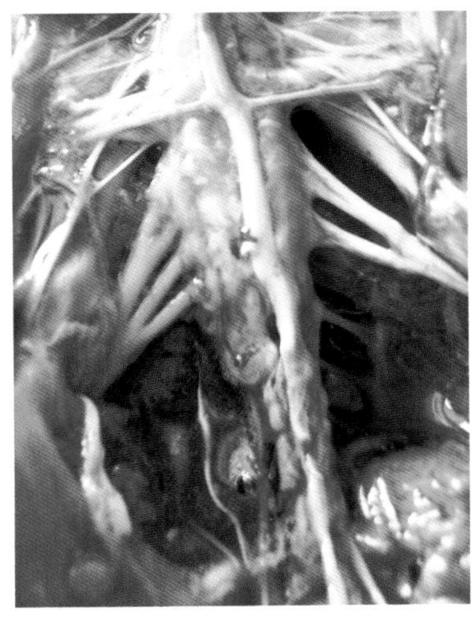

彩图4-2-9　鸡马立克病
病鸡一侧坐骨神经丛及坐骨神经增粗（刘栓江　赵占民）

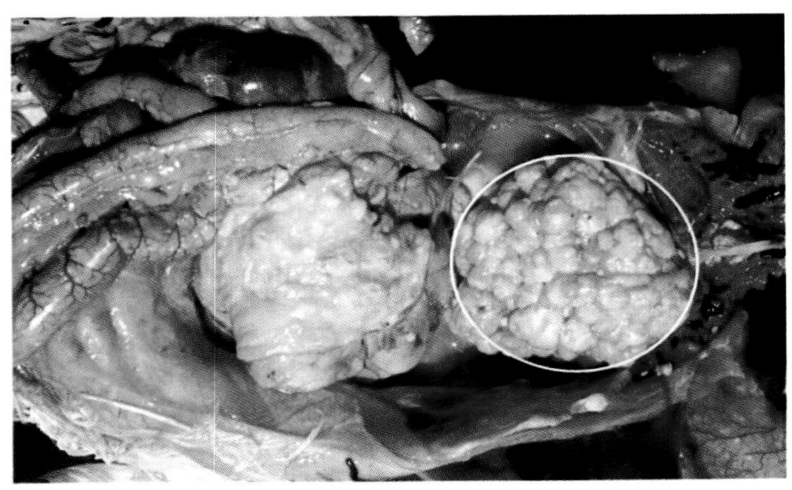

彩图4-2-10　鸡马立克病
病鸡卵巢肿瘤，呈菜花状结节（杜元钊）

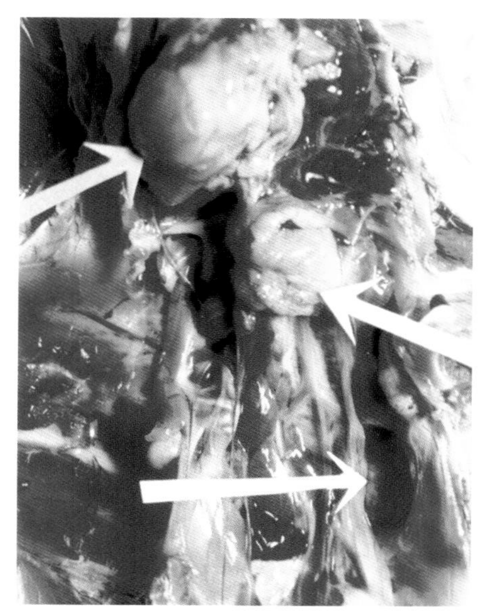

彩图4-2-11　鸡马立克病
北京1株马立克病毒导致心脏巨大肿瘤；卵巢肿瘤呈菜花状（周　蛟）

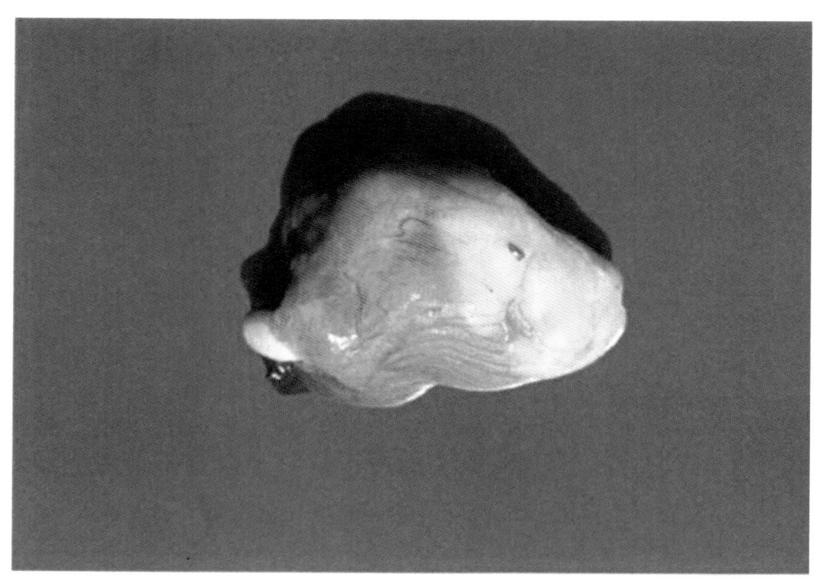

彩图4-2-12　马立克病病
鸡心脏肿瘤，表面呈白色结节状，质地坚实、突出于心脏表面，使心脏失去正常形态（杜元钊）

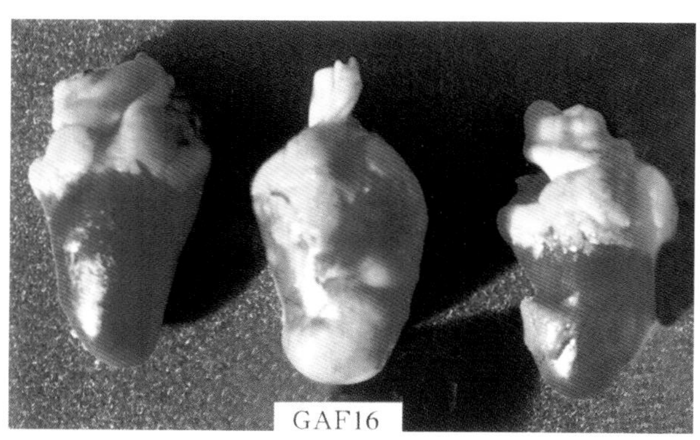

彩图4-2-13　鸡马立克病
美国 GA16代所致心脏灰白色的肿瘤（周　蛟）

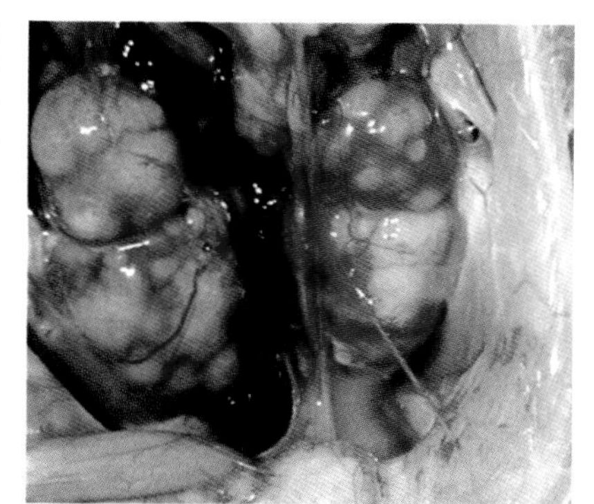

彩图4-2-14　鸡马立克病
病鸡肾脏肿瘤，呈白色大结节状（杜元钊）

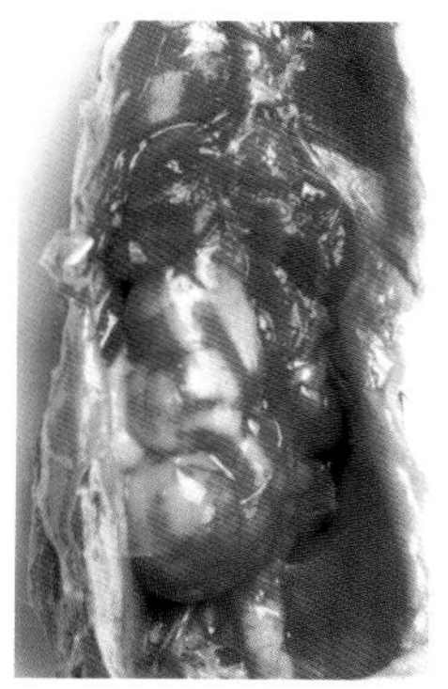

彩图4-2-15　鸡马立克病
鸡肾脏肿大，呈灰白色肿瘤状（甘孟侯）

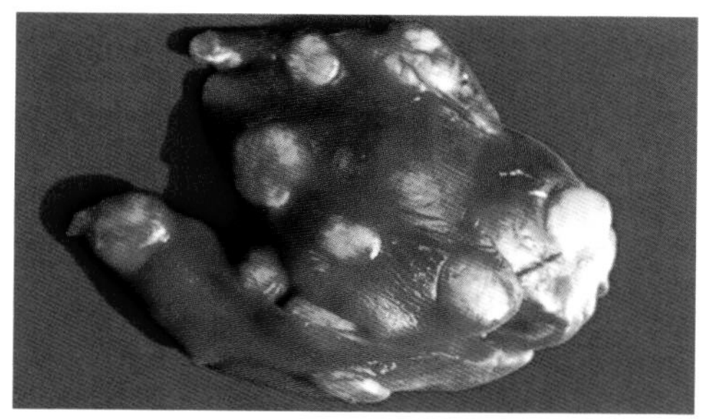

彩图4-2-16　鸡马立克病
病鸡肝脏肿瘤，有多个白色的大肿瘤病结节（杜元钊）

彩图4-2-17　鸡马立克病
病鸡肝脏上的肿瘤结节（刘栓江　赵占民）

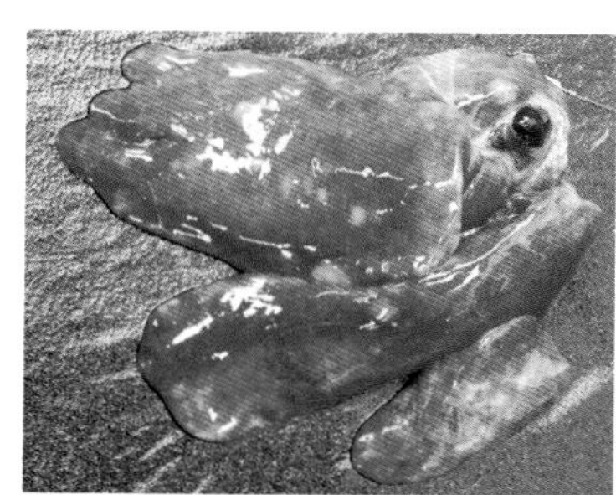

彩图4-2-18　鸡马立克病
病鸡肝脏肿大，有散在性结节性肿瘤（鲁　承）

彩图4-2-19　鸡马立克病
病鸡脾脏肿大，有大小不一的肿瘤结节，右侧为正常对照（杜元钊）

彩图4-2-20　鸡马立克病
病鸡脾脏高度肿大，形成肿瘤（甘孟侯）

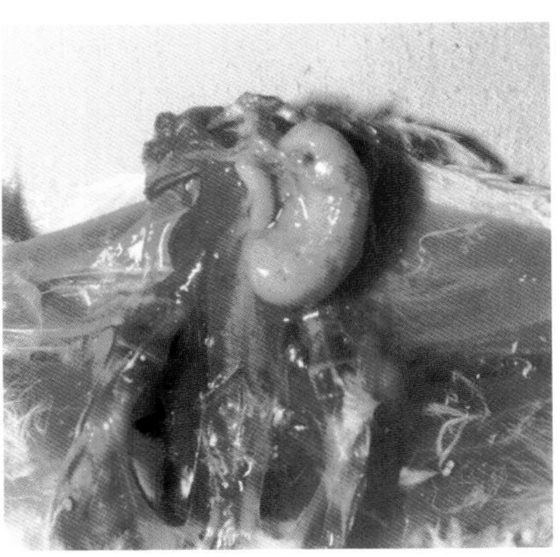

彩图4-2-21　鸡马立克病
右侧睾丸肿大 15倍、左侧为正常睾丸（周　蛟）

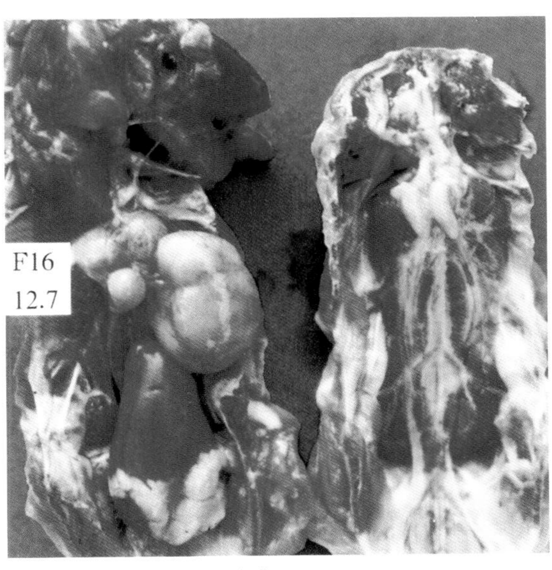

彩图4-2-22　鸡马立克病
左侧为美国 GA毒 16代所致睾丸的肿瘤，右侧为健康鸡的睾丸（周　蛟）

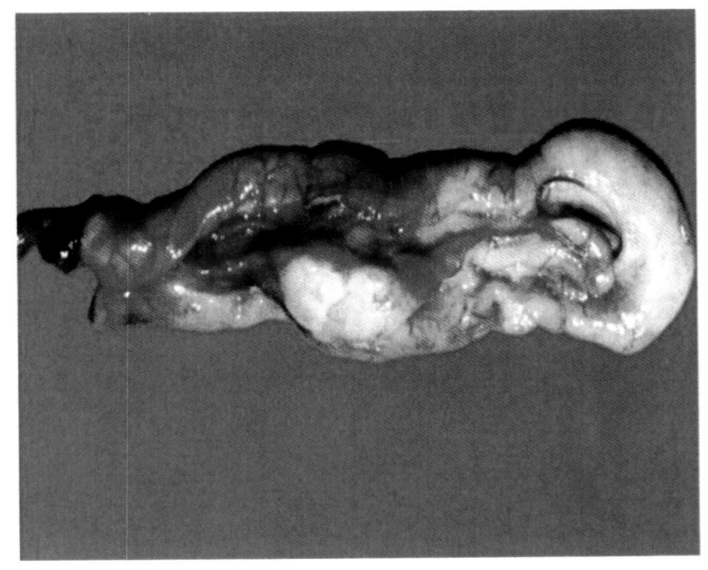

彩图4-2-23　鸡马立克病
病鸡胰脏肿瘤，呈白色结节状突起（杜元钊）

彩图4-2-24　鸡马立克病
病鸡胸肌肿瘤，可见结节状突起（杜元钊）

彩图4-2-25　鸡马立克病
病鸡皮肤肿瘤，可见大小不等的肿瘤结节（杜元钊）

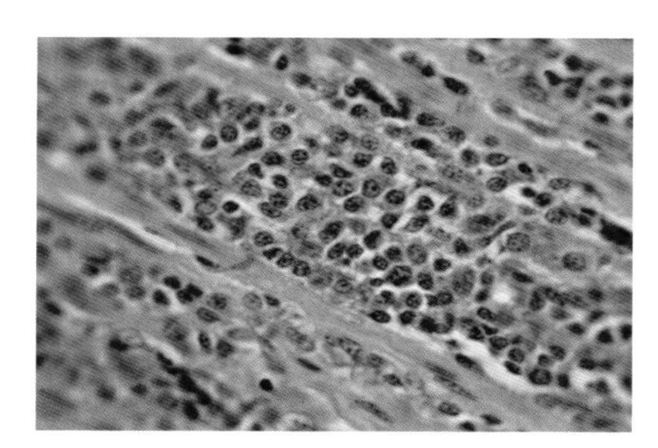

彩图4-2-26　鸡马立克氏病
人工接种强毒鸡迷走神经组织切片，可见肿瘤淋巴细胞浸润（H.E.，×1000）（崔治中）

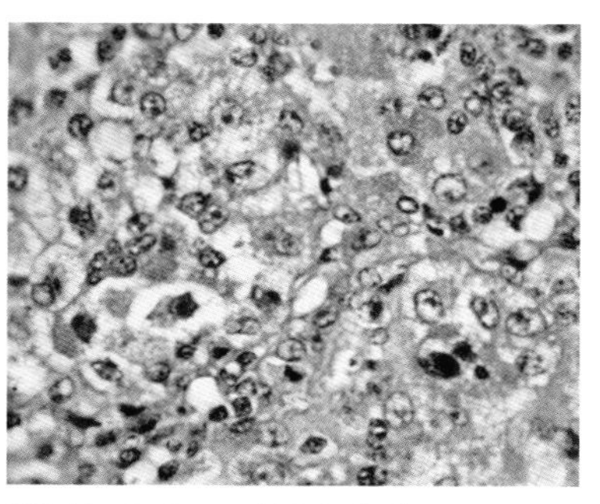

彩图4-2-27　鸡马立克病
人工接种MDV强毒鸡卵巢肿瘤组织切片，可见形态大小不一的细胞核呈蓝色的淋巴细胞浸润结节（H.E.，×1000）（崔治中）

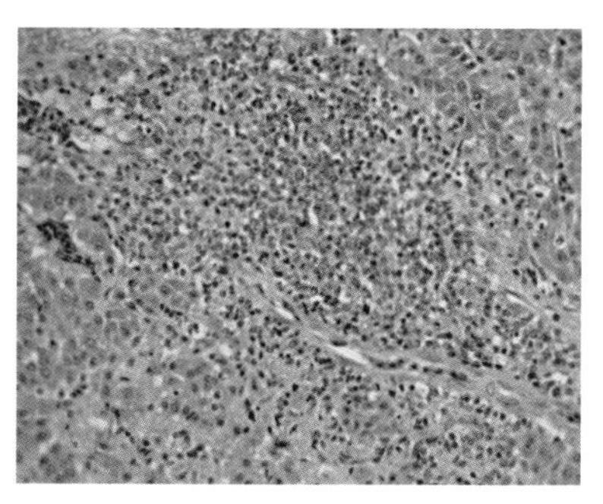

彩图4-2-28　鸡马立克氏病
人工接种MDV强毒鸡肝肿瘤组织切片，可见肿瘤淋巴细胞浸润结节（H.E.，×400）（崔治中）

彩图4-3-1　禽白血病
感染淋巴白血病毒后肝弥漫性肿瘤，俗称“大肝病”（陈福勇）

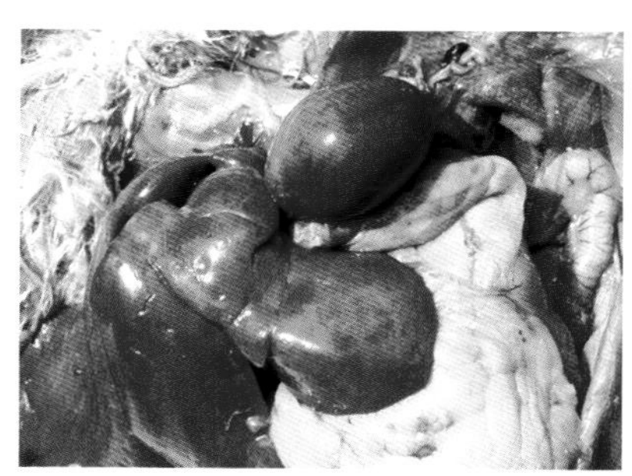

彩图4-3-2　禽白血病
感染淋巴白血病毒后脾脏肿瘤（陈福勇）

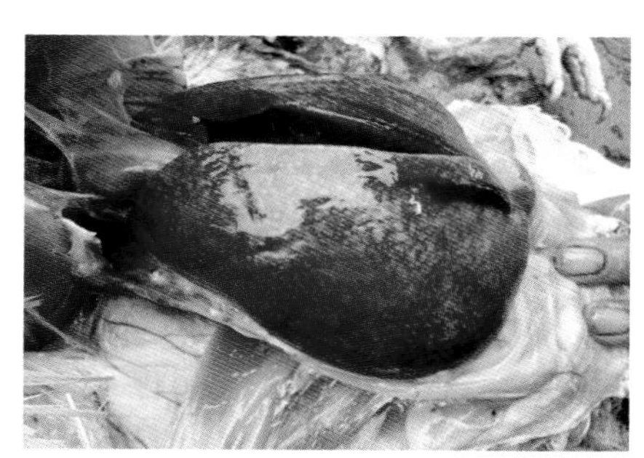

彩图4-3-3　禽白血病
28周龄父母代肉种鸡禽白血病病鸡肝脏弥散性肿大，表明有多量细小的灰白色肿瘤病灶突出，肝脏表面光滑，伴有少量肝皮下出血（秦卓明）

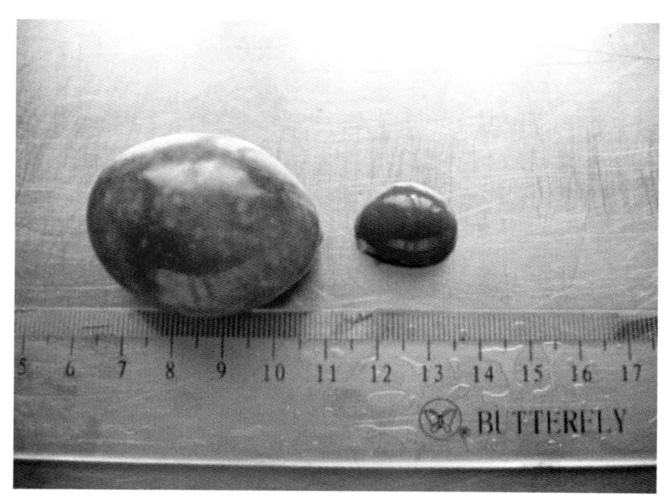

彩图4-3-4　禽白血病
ALV引起的脾脏肿瘤（孙洪磊）

彩图4-3-5　禽白血病
28周龄父母代肉鸡禽白血病发病鸡腺胃和脾脏肿胀，脾脏表面有多个灰白色肿瘤结节，卵泡变性坏死（秦卓明）

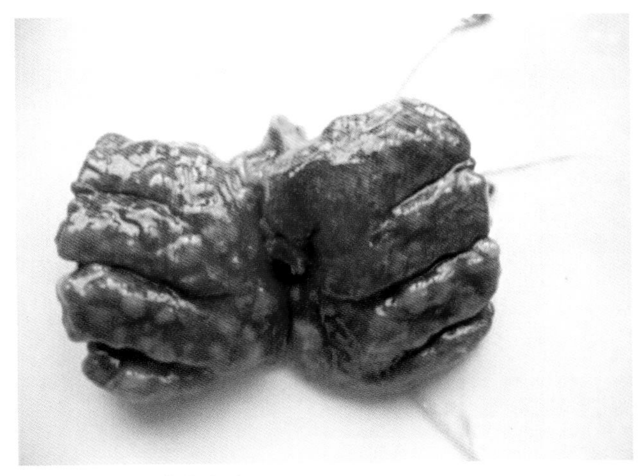

彩图4-3-6　禽白血病
ALV引起的肺脏肿瘤（孙洪磊）

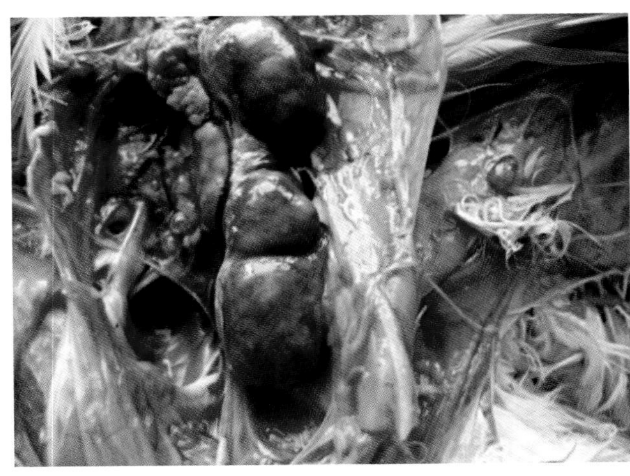

彩图4-3-7　禽白血病
ALV引起的肾脏肿瘤（孙洪磊）

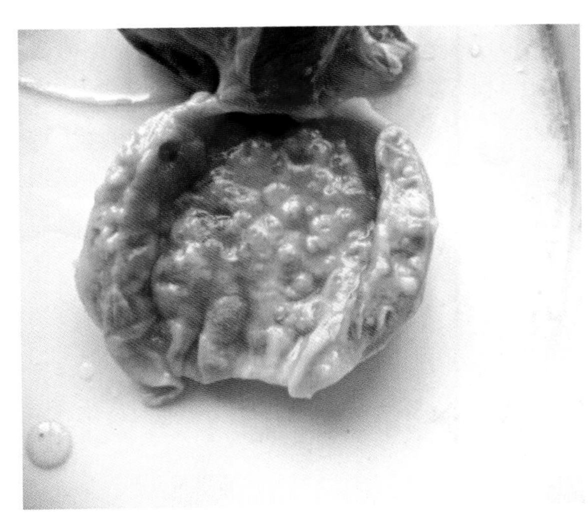

彩图4-3-8　禽白血病
ALV引起的腺胃肿瘤（孙洪磊）

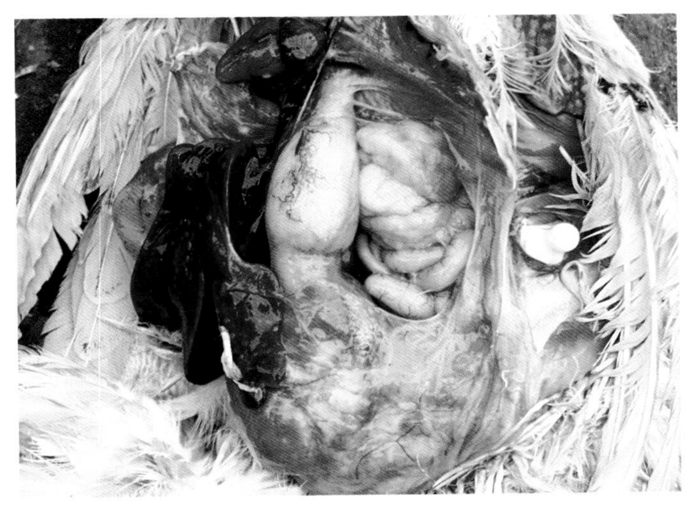

彩图4-3-9　禽白血病
感染淋巴白血病病毒后性腺肿瘤（陈福勇）

彩图4-3-10　淋巴白血病
病鸡输卵管肿瘤（田夫林）

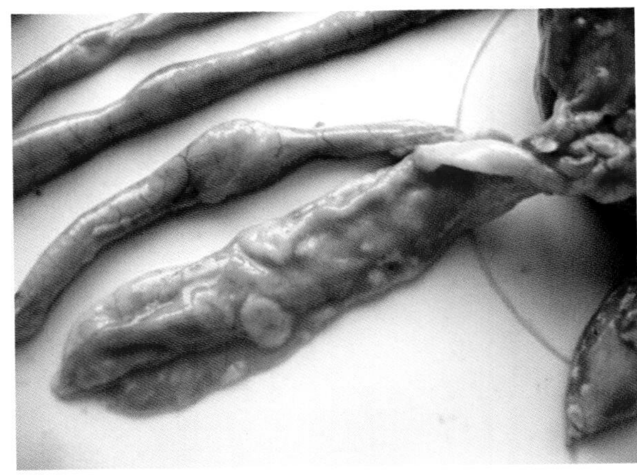

彩图4-3-11　禽白血病
ALV引起的肠道肿瘤（孙洪磊）

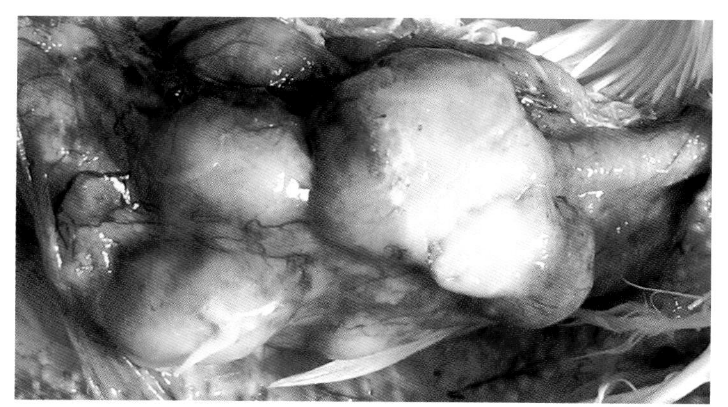

彩图4-3-12　鸡白血病
140日龄蛋鸡肠系膜肿瘤（王　刚）

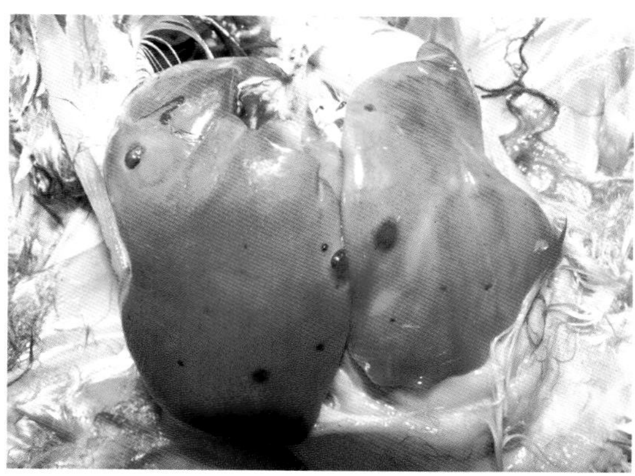

彩图4-3-13　J亚型白血病
病鸡肝脏血管瘤（陈福勇）

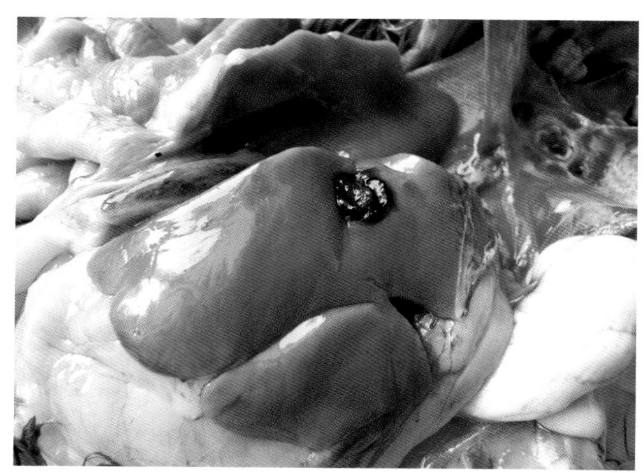

彩图4-3-14　J亚型白血病
病鸡肝脏血管瘤（刘栓江　赵占民）

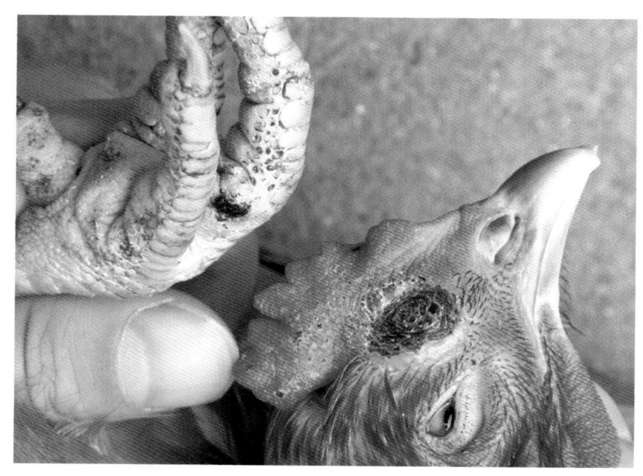

彩图4-3-15　J亚型白血病
病鸡鸡冠、爪血管瘤（陈福勇）

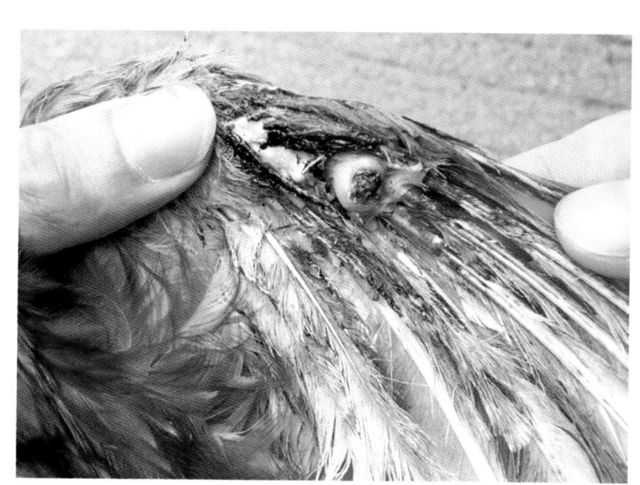

彩图4-3-16　J亚型白血病
病鸡翅部血管瘤（陈福勇）

彩图4-3-17　J亚型白血病
病鸡脚底部血管瘤（陈福勇）

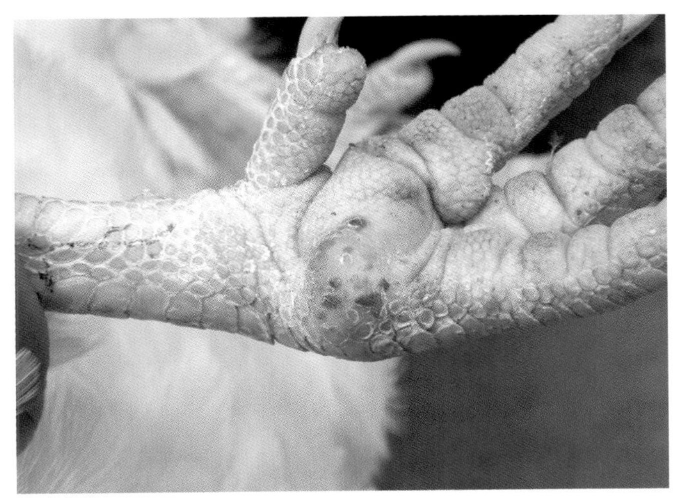

彩图4-3-18 J亚型白血病
病鸡泄殖腔血管瘤（刘栓江 赵占民）

彩图4-3-19 J亚型白血病
病鸡头部纤维瘤（孙洪磊）

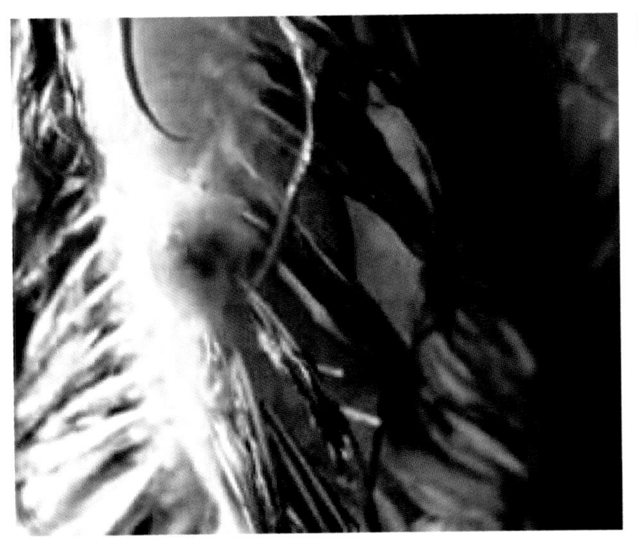

彩图4-3-20 J亚型白血病
ALV-J引起的胸部皮肤血管瘤（孙洪磊）

彩图4-3-21 J亚型白血病
病鸡跗关节皮肤血管瘤（孙洪磊）

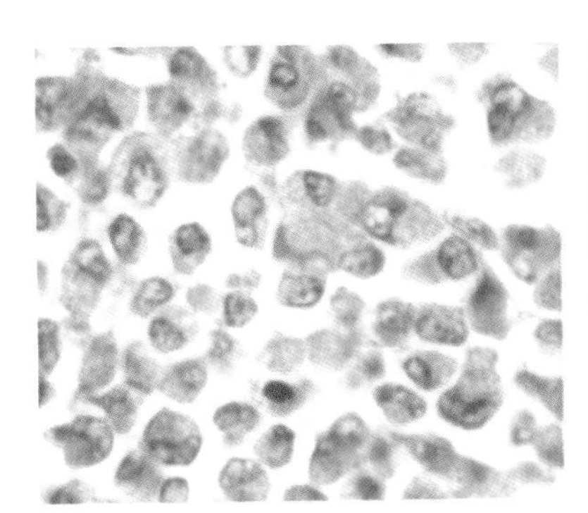

彩图4-3-22 J亚型白血病
ALV-J引起的髓细胞瘤（H.E.，×1000）（孙洪磊）

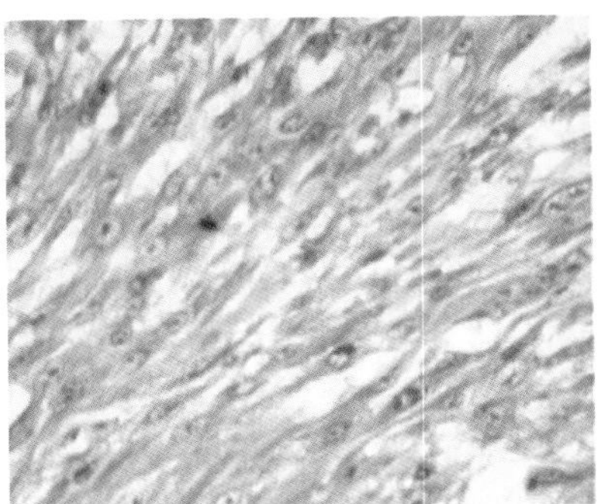

彩图4-3-23 J亚型白血病
ALV-J引起的纤维瘤（H.E.，×1000）（孙洪磊）

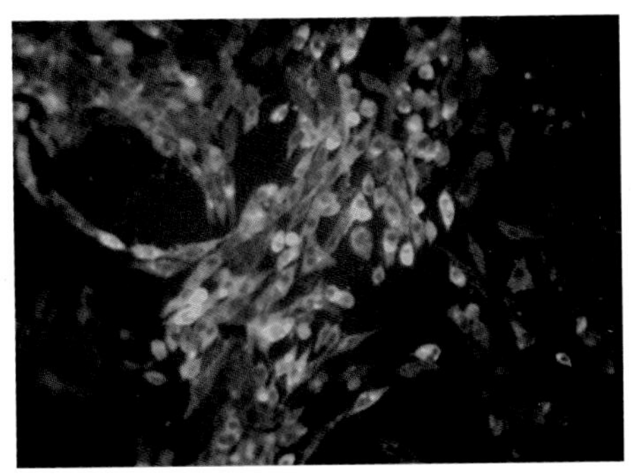

彩图4-3-24 J亚型白血病
病毒接种 DF细胞后的免疫荧光照片（陈福勇）

彩图4-4-1　禽网状内皮组织增殖病
病鸡羽毛生长不良（郭玉璞）

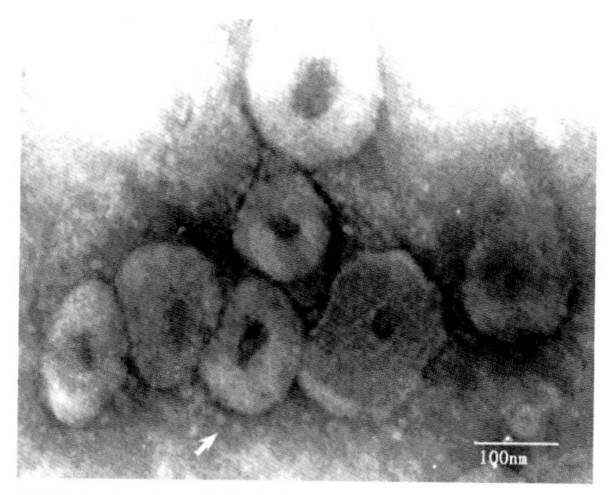

彩图4-5-1　鸡传染性支气管炎
病毒粒子扫描电镜（王红宁）

彩图4-5-2　鸡传染性支气管炎
病鸡羽毛松乱，张口呼吸（王乐元　甘孟侯）

彩图4-5-3　鸡传染性支气管炎
病鸡呼吸困难，张口呼吸
（刘栓江　赵占民）

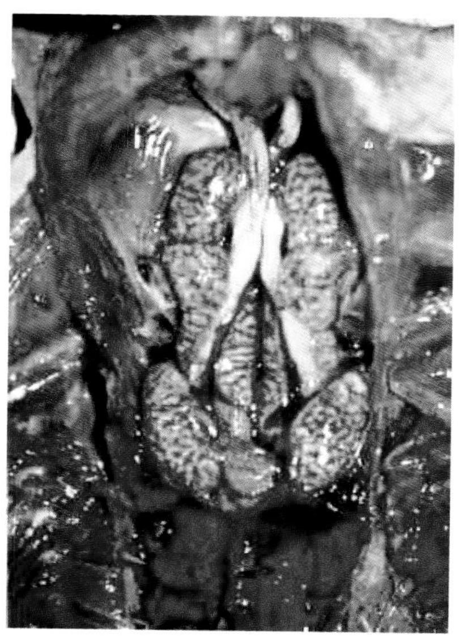

彩图4-5-4　鸡传染性支气管炎
传染性支气管炎病鸡肾脏病变（王红宁）

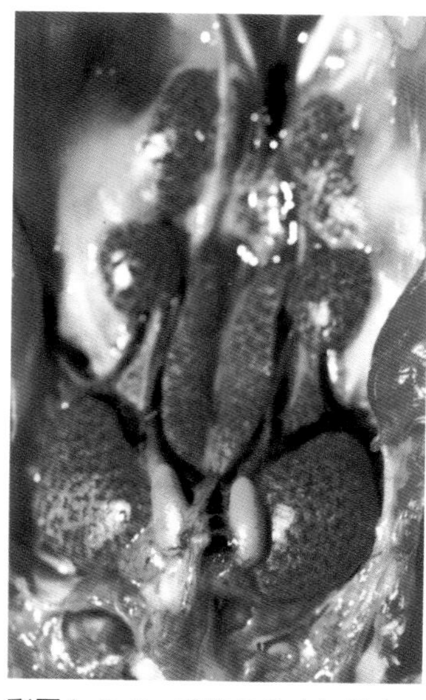

彩图4-5-5　鸡传染性支气管炎
鸡肾脏变型传染性支气管炎，肾脏肿大、尿酸盐沉着、花斑状（甘孟侯）

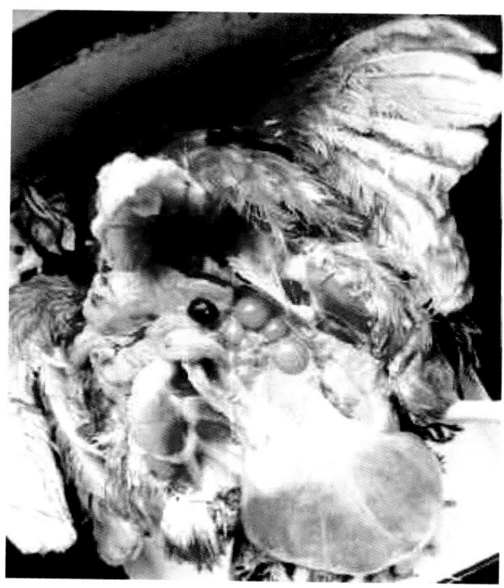

彩图4-5-6　鸡传染性支气管炎
病鸡输卵管囊肿（王红宁）

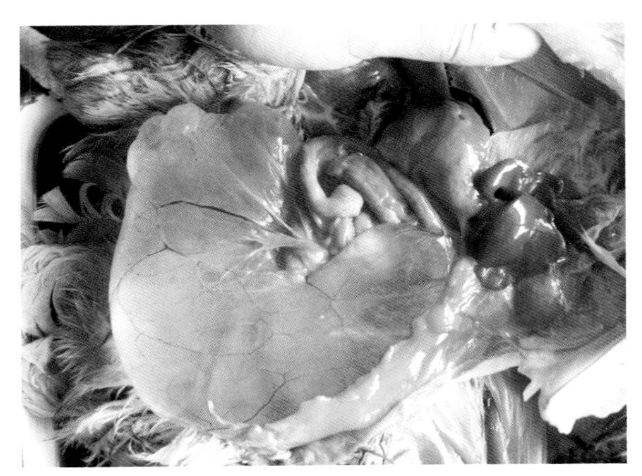

彩图4-5-7　鸡传染性支气管炎
病鸡输卵管囊肿（刘栓江　赵占民）

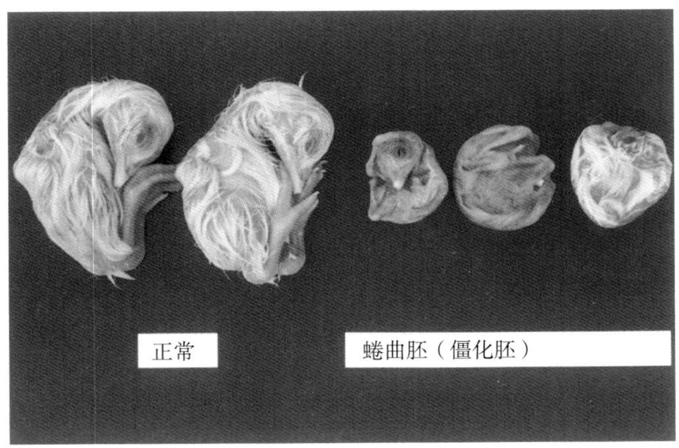

彩图4-5-8　鸡传染性支气管炎
鸡传染性支气管炎病毒接种所致蜷曲胚（僵化胚）（右），左为正常胚

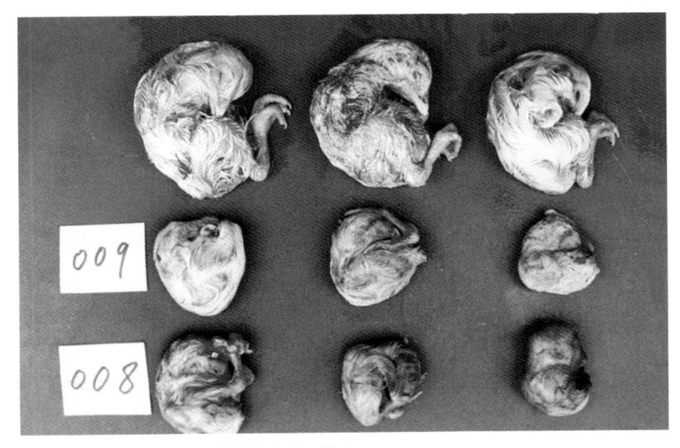

彩图4-5-9　鸡传染性支气管炎
008和009分别为TJ9301、HN9301株毒第7代感染，19日龄时，鸡胚发育受阻，呈蜷曲胚（僵化胚），胚体比正常胚小1/3~1/2，蜷缩成团，双脚抱头。左上排为对照组正常胚（刘兴友　甘孟侯）

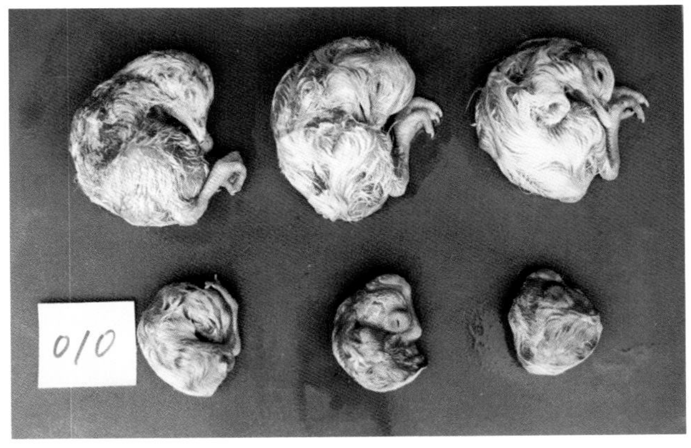

彩图4-5-10　鸡传染性支气管炎
010为BJ9301株第7代感染，所致19日龄胚。变化同图4-5-9。上排为对照组正常胚（刘兴友　甘孟侯）

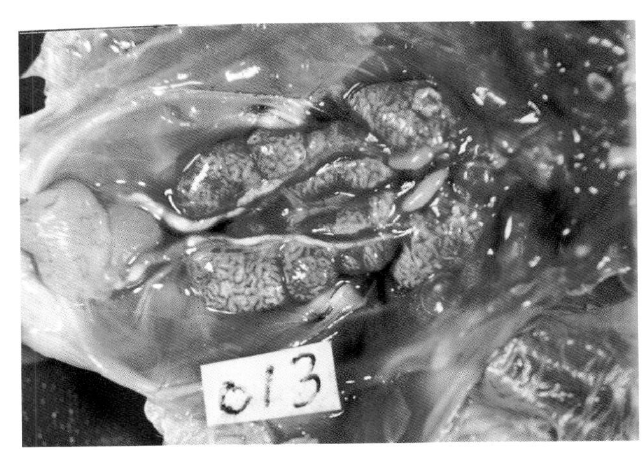

彩图4-5-11　鸡传染性支气管炎
HN9301株人工感染后96h死亡雏鸡肾脏病变（花斑肾）（刘兴友　甘孟侯）

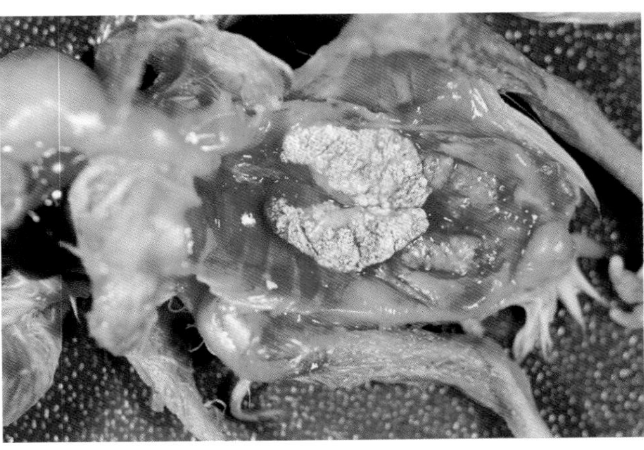

彩图4-5-12　鸡传染性支气管炎
HN9301毒株人工感染后肾脏肿大，尿酸盐沉积，19日龄鸡胚（刘兴友　甘孟侯）

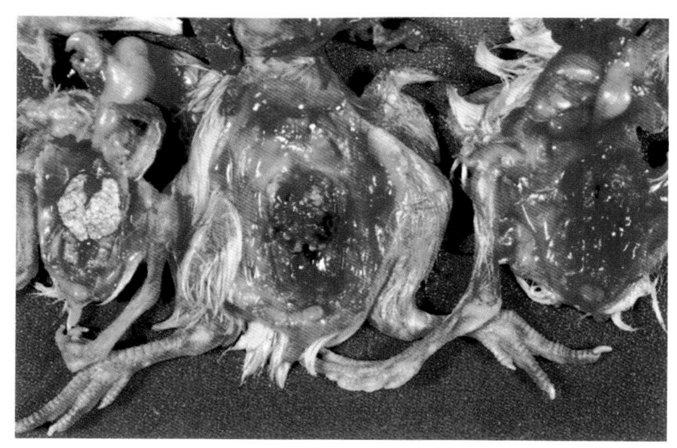

彩图4-5-13　鸡传染性支气管炎
传染性支气管炎病毒接种鸡胚后引起肾脏肿大和不同程度的尿酸盐沉积（刘兴友　甘孟侯）

彩图4-6-1　鸡传染性喉气管炎
病鸡精神不振，羽毛粗乱，张口呼吸（郑世军　甘孟侯）

彩图4-6-2　鸡传染性喉气管炎
病鸡呼吸困难，张口伸颈呼吸（郑世军　甘孟侯）

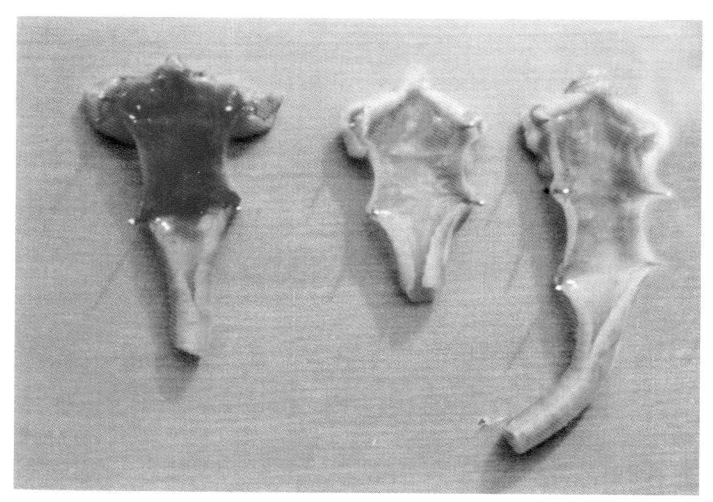

彩图4-6-3　鸡传染性喉气管炎
病鸡喉头与气管充血、出血（郑世军　甘孟侯）

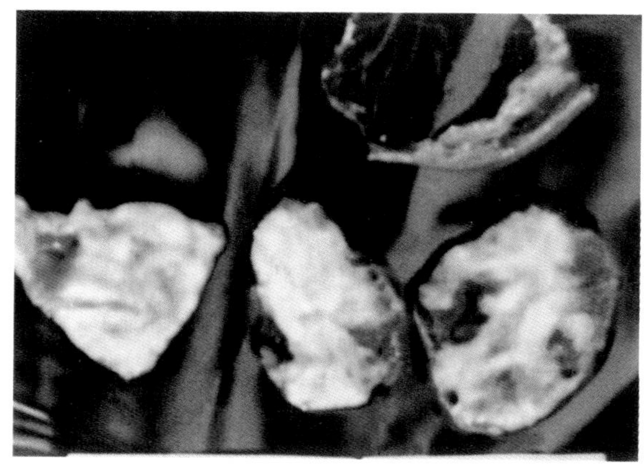

彩图4-6-4　鸡传染性喉气管炎
病毒接种鸡胚，绒毛尿囊膜的痘斑样变化（郑世军　甘孟侯）

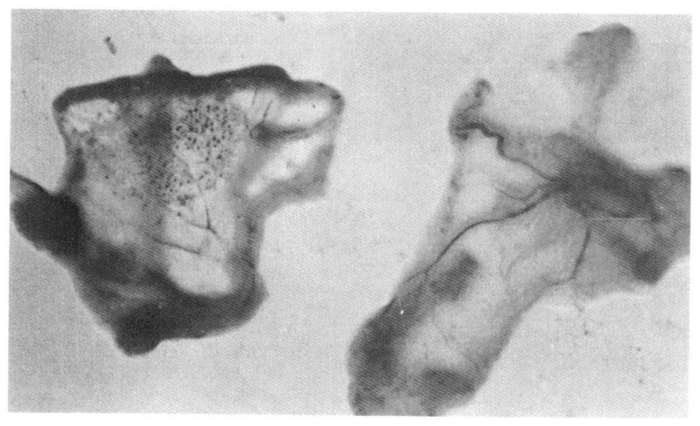

彩图4-6-5　鸡传染性喉气管炎
病毒接种鸡胚，绒毛尿囊膜上的出血点（左），右为正常（郑世军　甘孟侯）

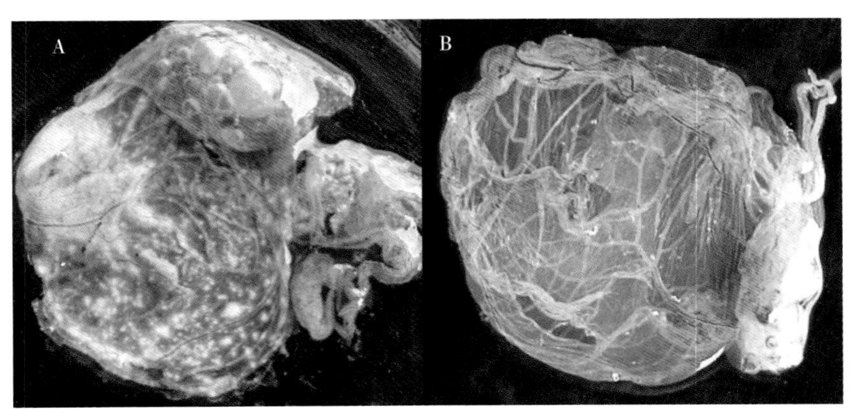

彩图4-7-1　鸡传染性囊病
鸡胚的绒毛尿囊膜及胚体病变
A.CAM接种IBDV及死亡鸡胚的绒毛尿囊膜　B.阴性对照（阳秀美　韦平等）

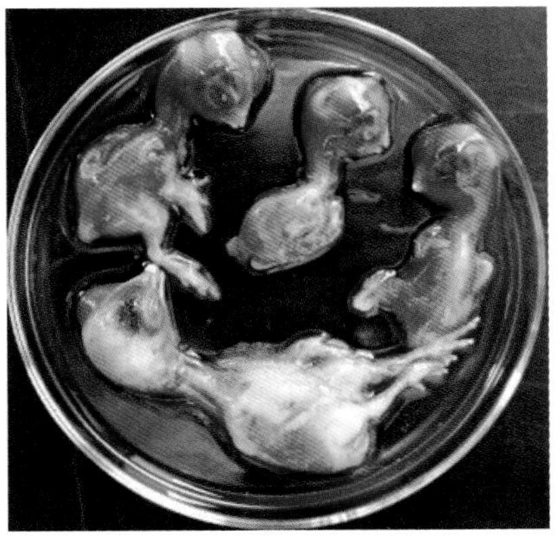

彩图4-7-2　鸡传染性囊病
CAM接种分离IBDV44~96h后死亡鸡胚胚体，上面3只为死亡鸡胚，下面1只为正常胚体（阳秀美　韦平等）

彩图4-7-3　鸡传染性囊病
病鸡的昏睡症状（周　蛟）

彩图4-7-4　鸡传染性囊病
病鸡腿部肌肉出血（田夫林）

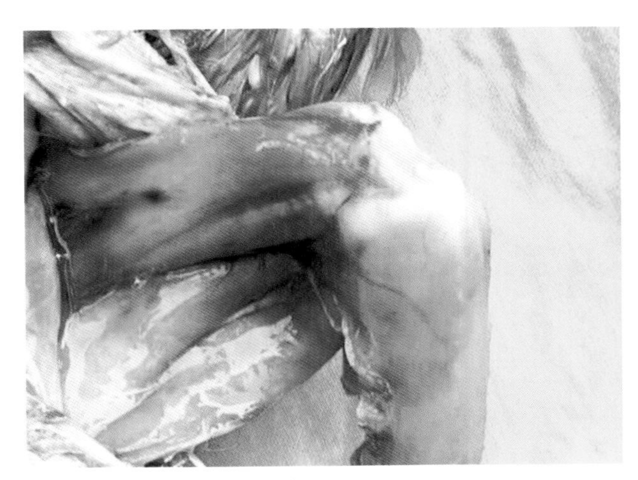

彩图4-7-5　鸡传染性囊病
病鸡腿部肌肉出血（鲁　承）

彩图4-7-6　鸡传染性囊病
病鸡肾脏肿胀（鲁　承）

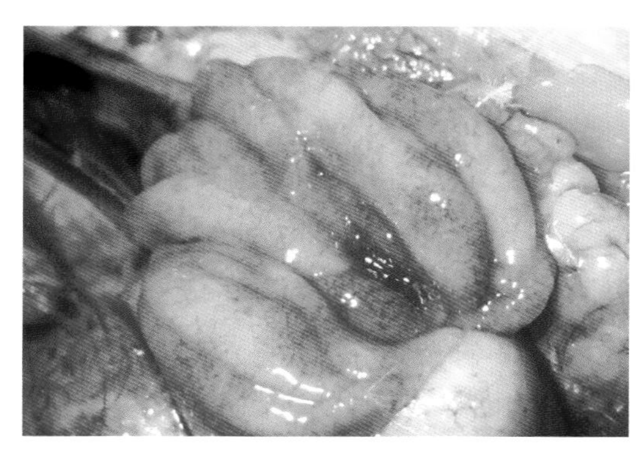

彩图4-7-7　鸡传染性囊病
26日龄商品肉鸡发生传染性囊病时病鸡腔上囊黏膜弥漫性出血（王　刚）

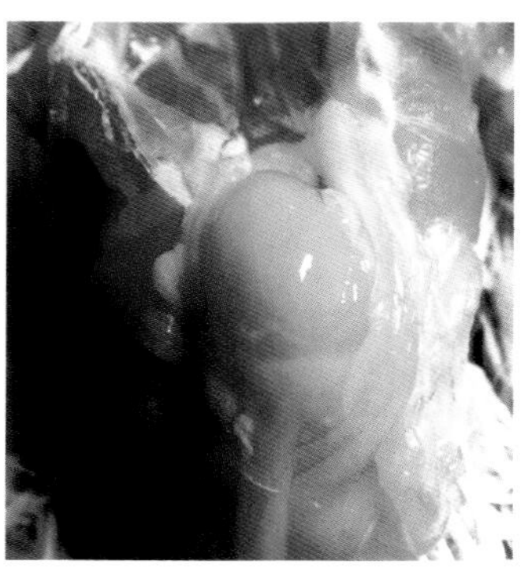

彩图4-7-8　鸡传染性囊病
传染性囊病 CJ-801株毒所致病鸡腔上囊胶冻样水肿、黄化（周　蛟）

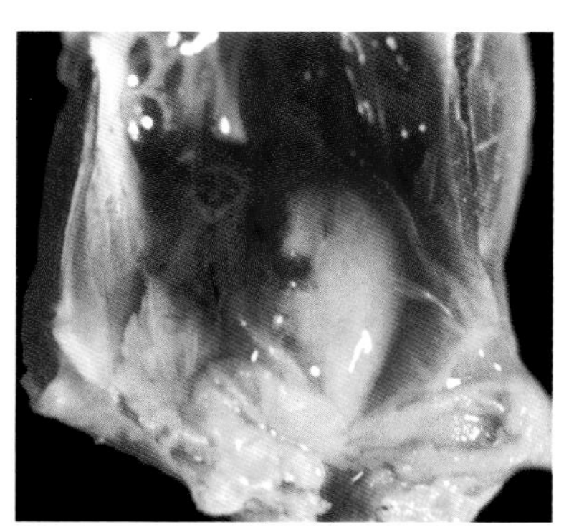

彩图4-7-9　鸡传染性囊病
传染性囊病 CJ-801株毒所致病鸡腔上囊浆膜面出血及胶冻样水肿（周　蛟）

彩图4-7-10　鸡传染性囊病
42日龄 SPF鸡接种鸡传染性囊病病毒超强毒 LX后 4d死亡鸡的病理变化，腔上囊严重病变，出现“紫葡萄”样外观（刘　爵）

彩图4-7-11　鸡传染性囊病
腔上囊肿胀黏膜严重出血，皱褶明显，呈“紫葡萄样”外观（刘栓江　赵占民）

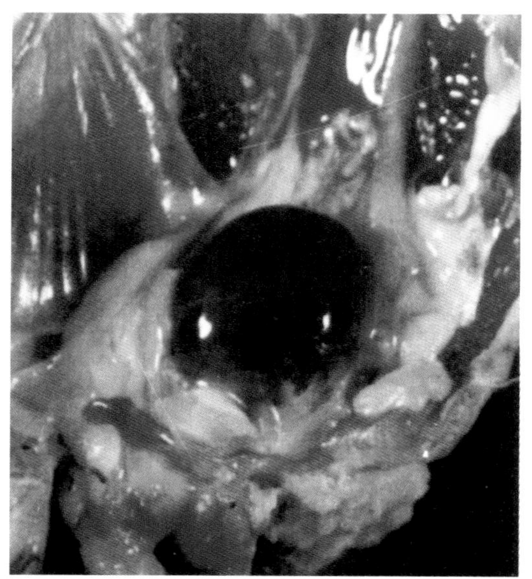

彩图4-7-12　鸡传染性囊病
传染性囊病 CJ 801株毒所致雏鸡腔上囊呈紫黑色的病理变化（周　蛟）

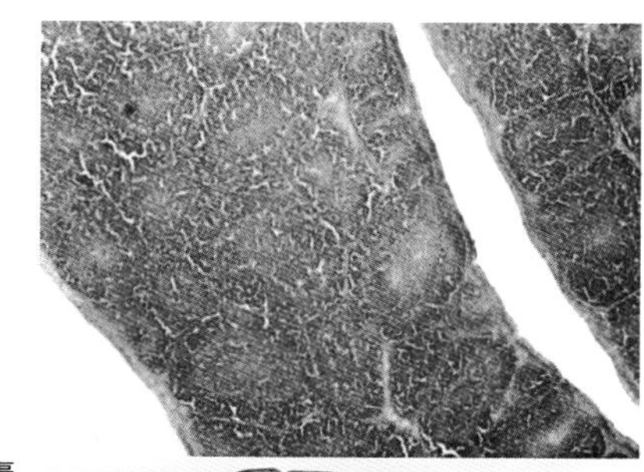

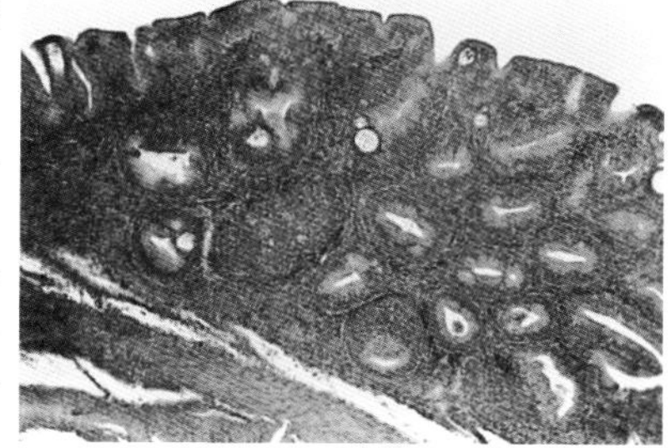

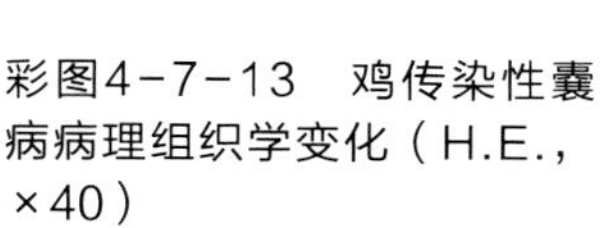

彩图4-7-13　鸡传染性囊病病理组织学变化（H.E.，×40）
上图：正常腔上囊组织，完整的淋巴滤泡
下图：感染后120h腔上囊组织，淋巴滤泡严重萎缩，滤泡内形成囊泡式腺管样结构，皱褶呈指状突起（刘　爵）

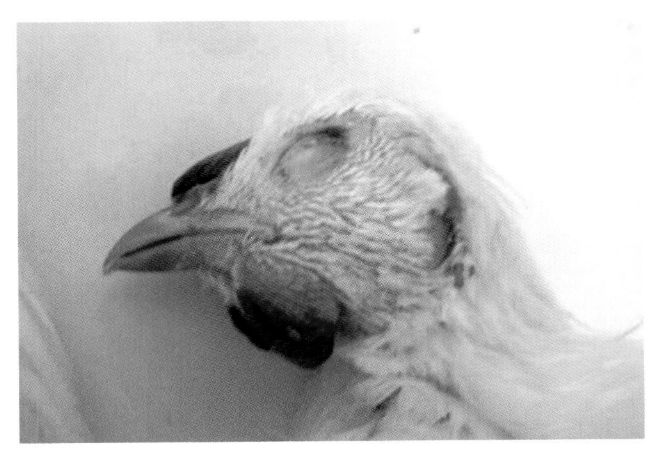

彩图4-8-1　禽流感
禽流感病鸡鸡冠、肉髯出血（孙洪磊）

彩图4-8-2　禽流感
禽流感病鸡肉髯出血（孙洪磊）

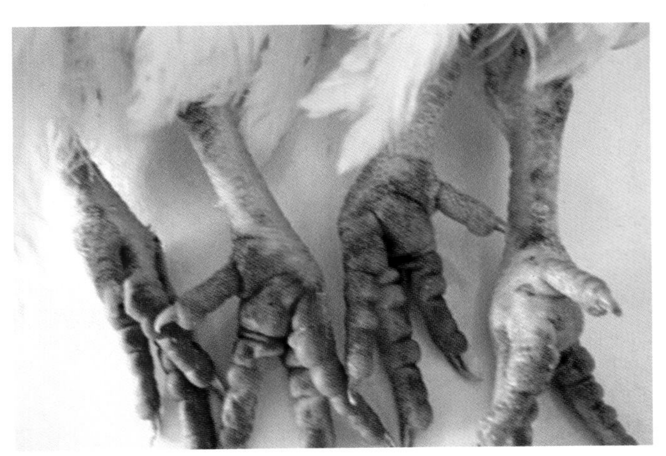

彩图4-8-3　禽流感
禽流感病鸡脚趾鳞片出血（孙洪磊）

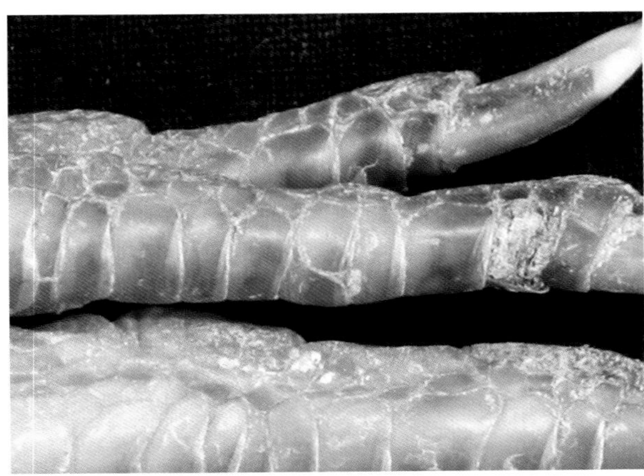

彩图4-8-4　禽流感
病鸡脚部肿胀、鳞片出血（鲁　承）

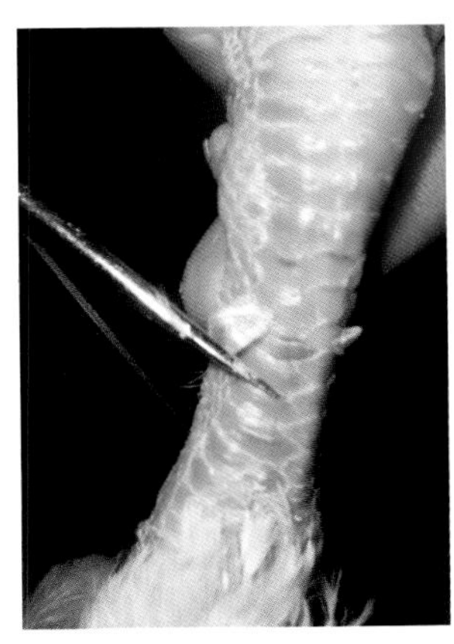

彩图4-8-5　禽流感
商品肉鸡发生禽流感引起脚鳞片出血（王　刚）

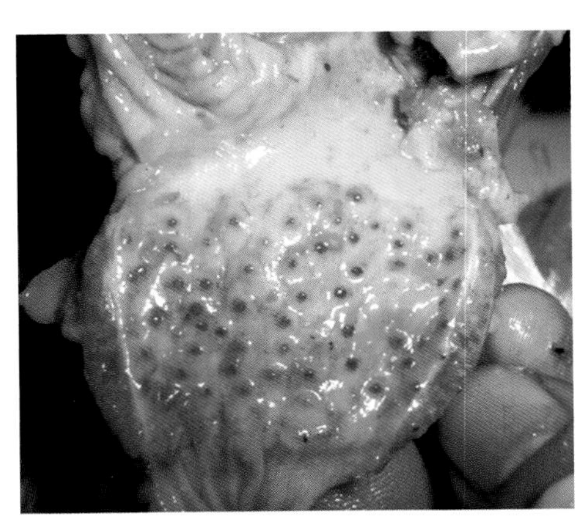

彩图4-8-6　禽流感
病鸡腺胃乳头出血（刘栓江　赵占民）

彩图4-8-7　禽流感
感染H9亚型禽流感病毒鸡腺胃出血（田夫林）

彩图4-8-8　禽流感
感染 H9亚型禽流感病毒病鸡腺胃黏膜出血（魏建平）

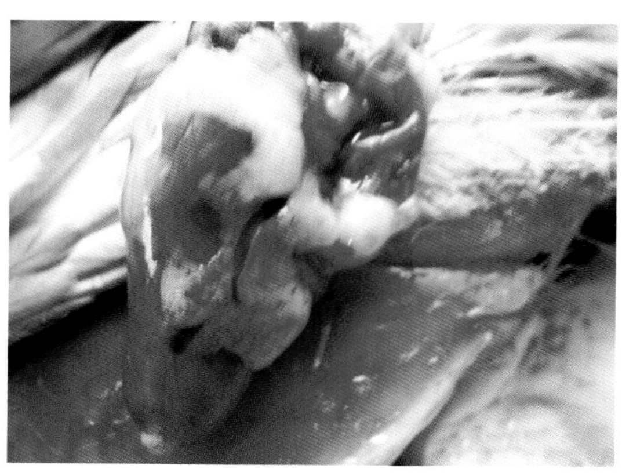
彩图4-8-9　禽流感
感染 H9亚型禽流感病毒鸡心冠脂肪出血（田夫林）

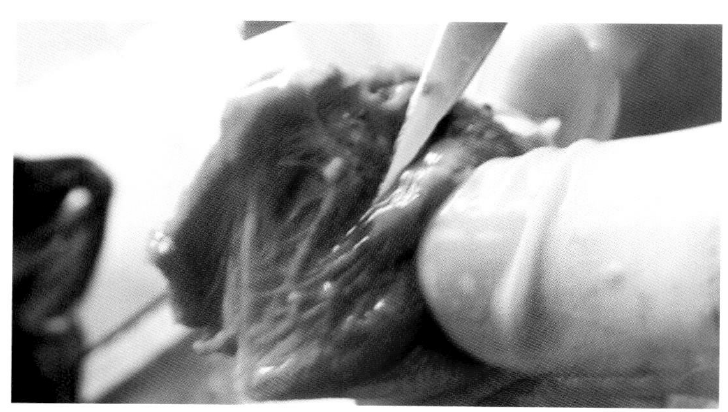
彩图4-8-10　禽流感
感染H9亚型禽流感病毒病鸡心内膜出血（魏建平）

彩图4-8-11　禽流感
禽流感病鸡心脏外脂肪出血（田夫林）

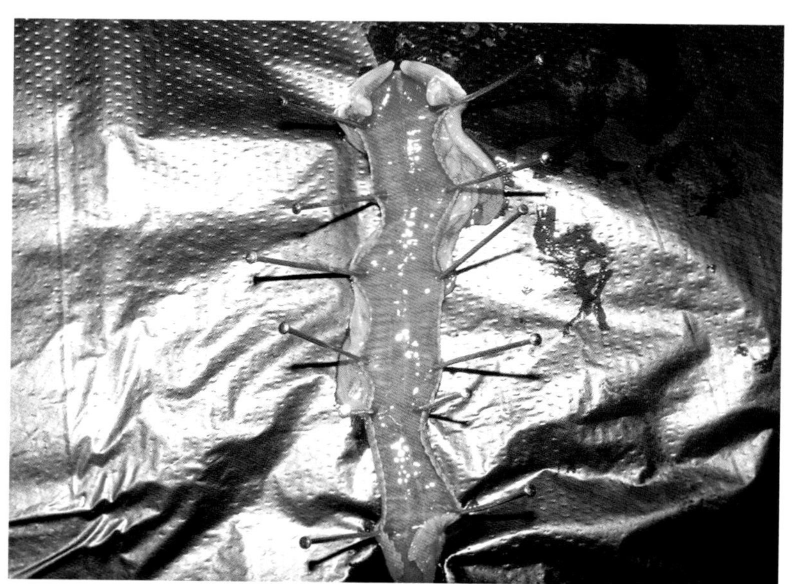
彩图4-8-12　禽流感
禽流感病鸡气管黏膜出血（杨小燕）

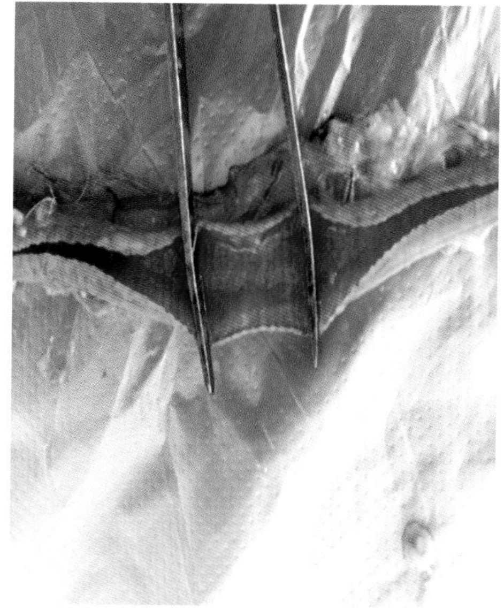
彩图4-8-13　禽流感
禽流感H9N2亚型引起肉鸡气管黏膜出血
（孙洪磊）

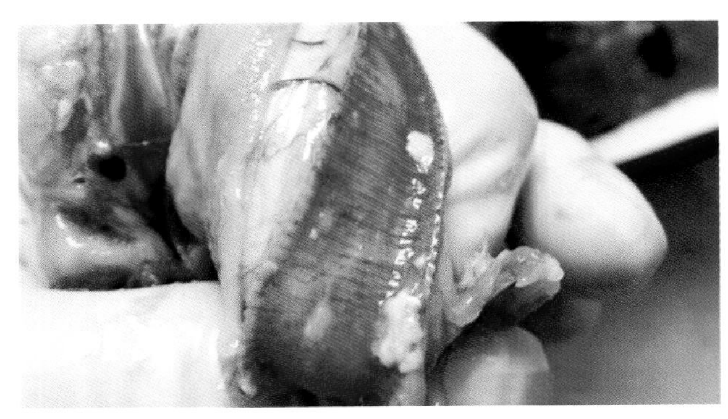

彩图4-8-14 禽流感
感染H9亚型流感病毒病鸡气管内有干酪样栓塞物（魏建平）

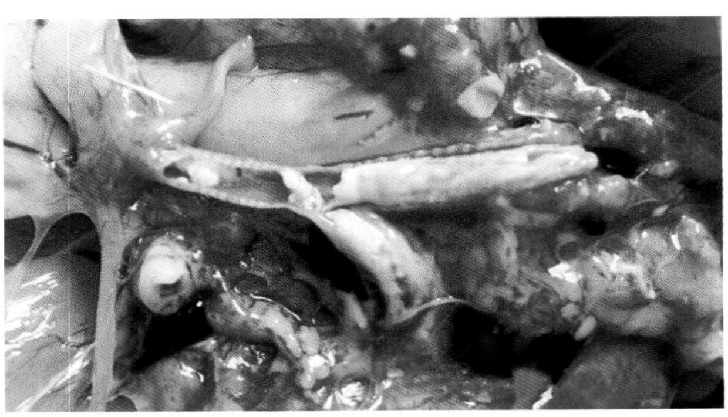

彩图4-8-15 禽流感
感染H9亚型病毒病鸡气管黏膜出血，气管内有大量黏液（魏建平）

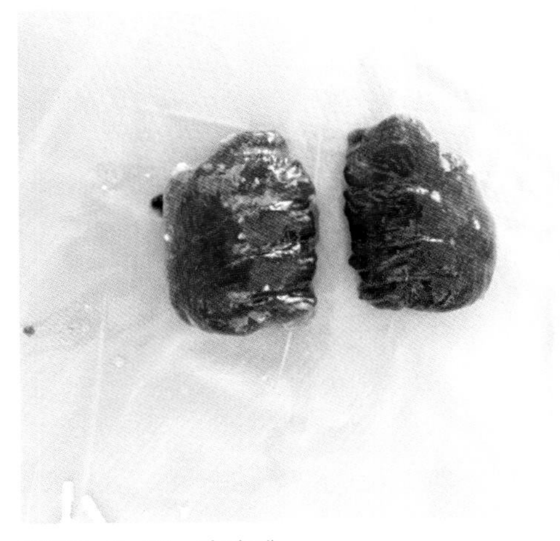

彩图4-8-16 禽流感
禽流感 H9N2亚型病毒引起肉鸡肺脏瘀血、实变（孙洪磊）

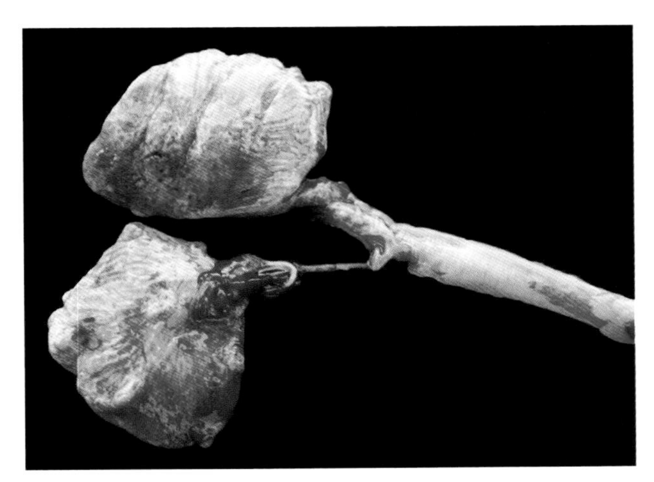

彩图4-8-17 禽流感
禽流感病鸡肺充血、出血和轻度水肿（鲁 承）

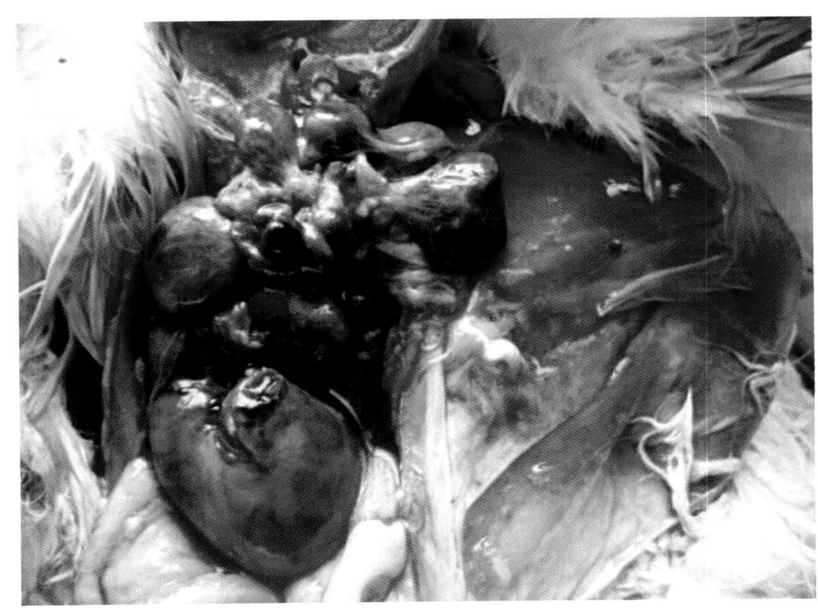

彩图4-8-18 禽流感
禽流感病鸡卵泡出血（孙洪磊）

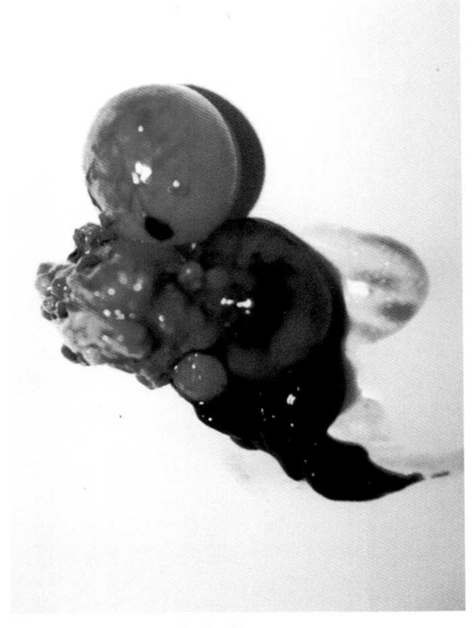

彩图4-8-19 禽流感
禽流感病鸡卵泡出血（赖平安）

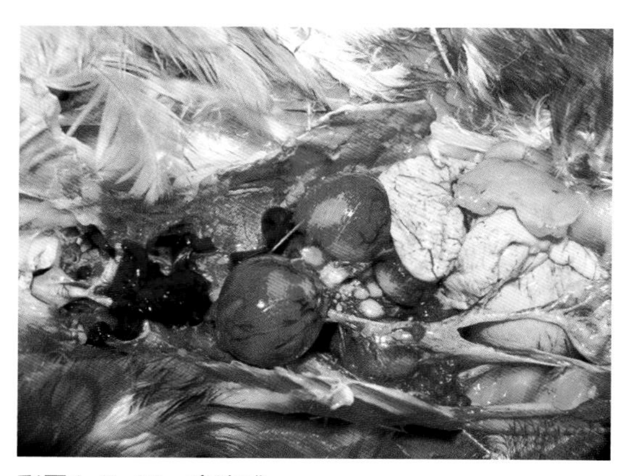

彩图4-8-20　禽流感
感染H9亚型流感病毒卵泡变性、充血、出血（田夫林）

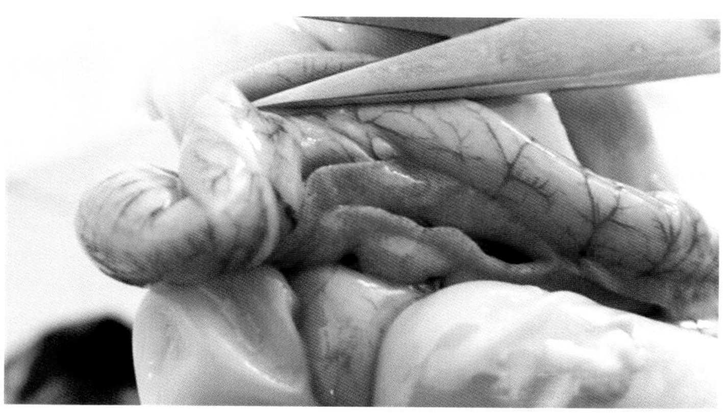

彩图4-8-21　禽流感
感染 H9亚型禽流感病毒病鸡胰腺边缘坏死、出血（魏建平）

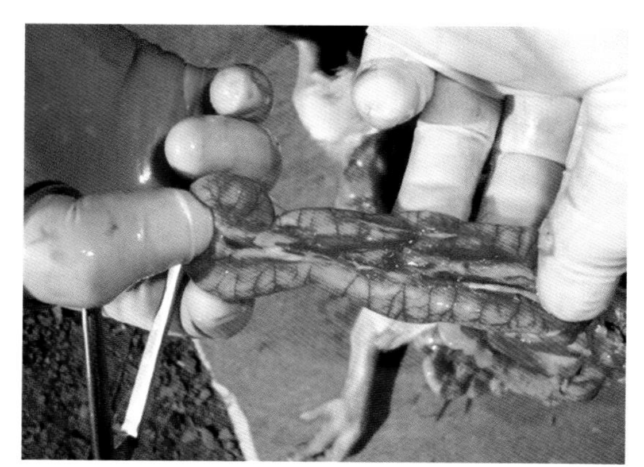

彩图4-8-22　禽流感
感染 H9亚型禽流感病毒鸡胰腺萎缩（魏建平）

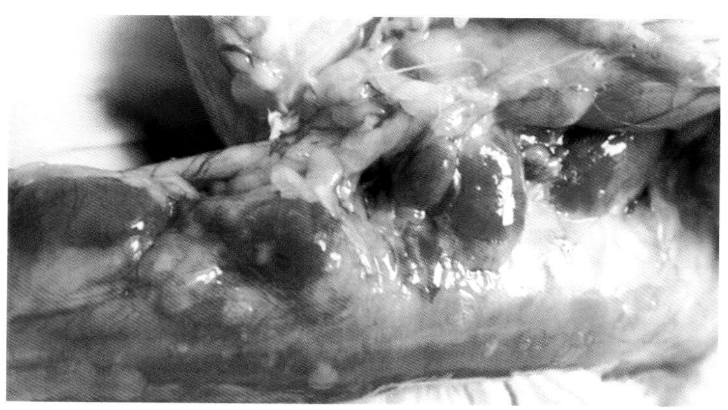

彩图4-8-23　禽流感
感染H9亚型禽流感病毒鸡胸腺出血（魏建平）

彩图4-8-24　禽流感
感染 H9亚型禽流感病毒病鸡腿部肌肉出血（田夫林）

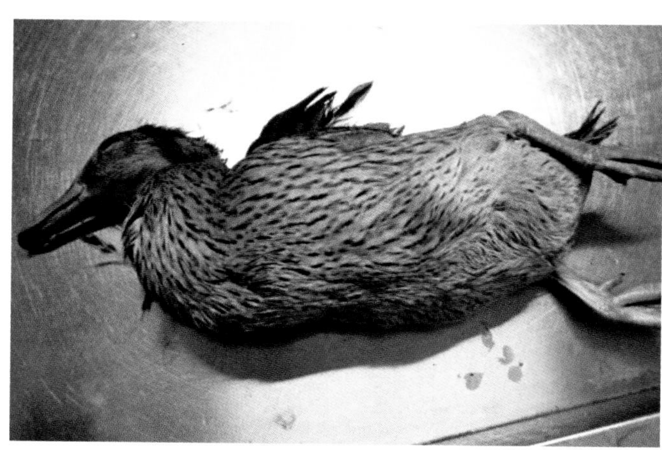

彩图4-8-25　禽流感
病鸭神经症状（孙洪磊）

彩图4-8-26　禽流感
病鸭扭颈（黄　瑜）

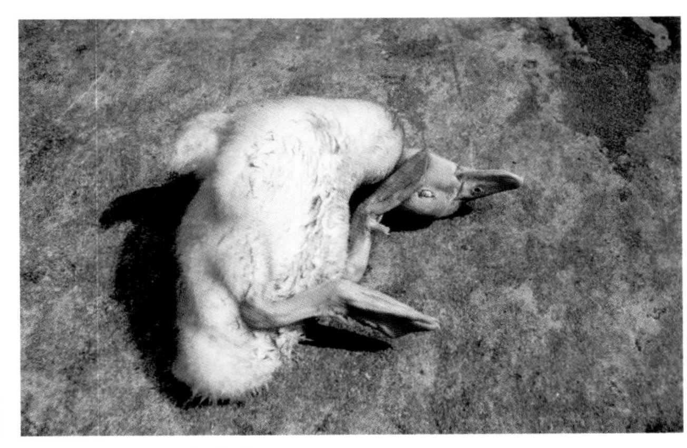

彩图4-8-27　禽流感
病鸭翻转（黄　瑜）

彩图4-8-28　禽流感
病鸭神经症状（杨小燕）

彩图4-8-29　禽流感
病鸭神经症状（杨小燕）

彩图4-8-30　禽流感
病鸭角弓反张（黄　瑜）

彩图4-8-31　禽流感
病鸭心肌坏死（孙洪磊）

彩图4-8-32　禽流感
病鸭卵黄囊充血、出血（黄　瑜）

彩图4-8-33　禽流感
病鸭产蛋异常（黄　瑜）

彩图4-8-34　禽流感
病鸭肝脏出血（黄　瑜）

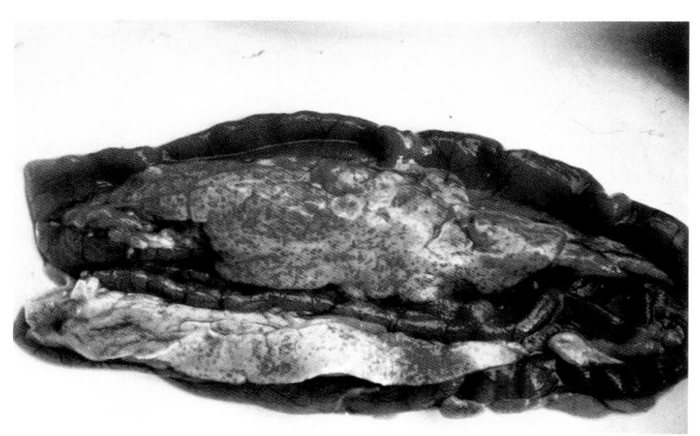

彩图4-8-35　禽流感
病鸭胰腺表面出血（黄　瑜）

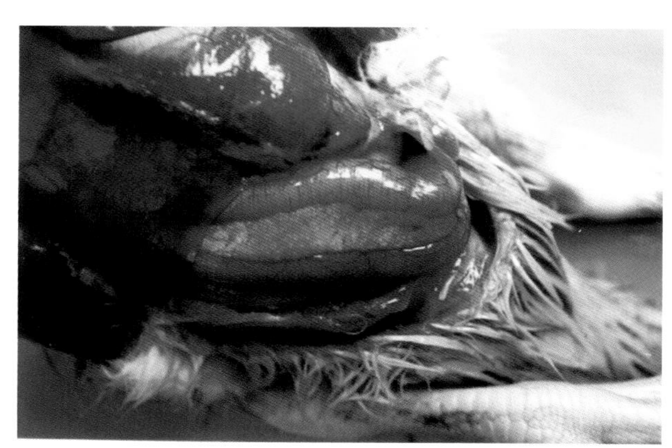

彩图4-8-36　禽流感
病鸭胰腺白色坏死点（黄　瑜）

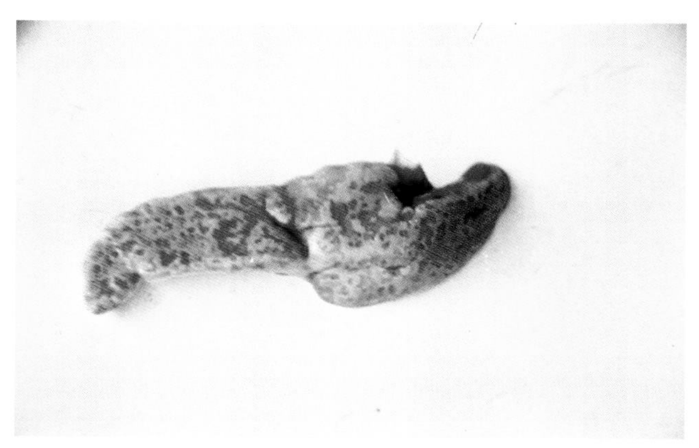

彩图4-8-37　禽流感
病鸡胰腺坏死灶（黄　瑜）

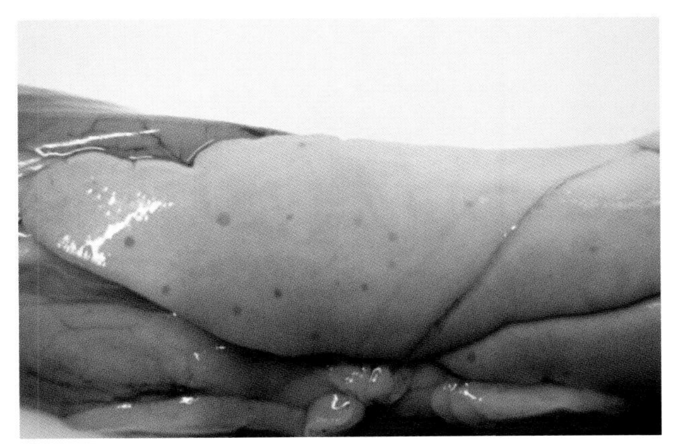

彩图4-8-38　禽流感
病鹅胰腺坏死（孙洪磊）

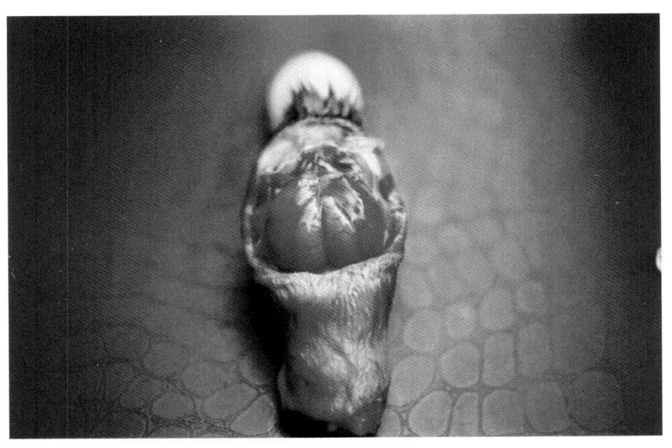

彩图4-8-39　禽流感
病鸭脑膜出血（黄　瑜）

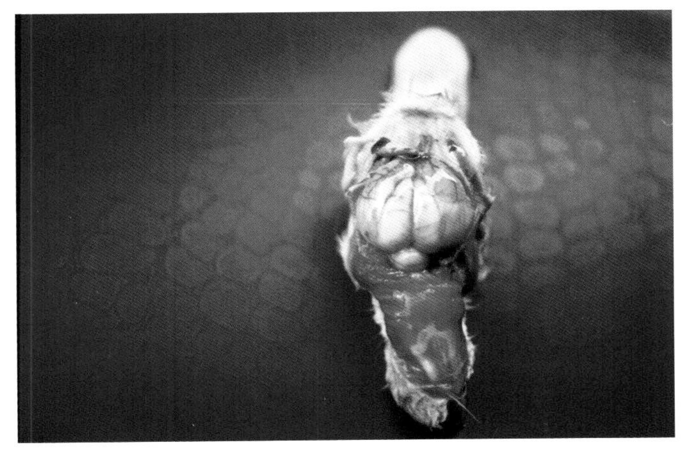

彩图4-8-40　禽流感
病鸭脑组织水肿、坏死（黄　瑜）

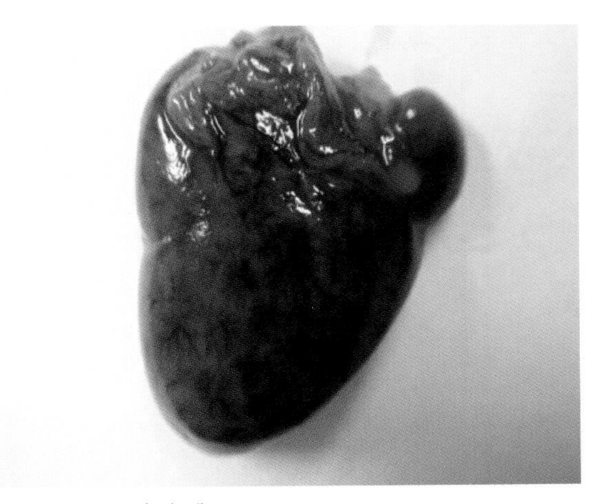

彩图4-8-41　禽流感
病鹅脾脏坏死（孙洪磊）

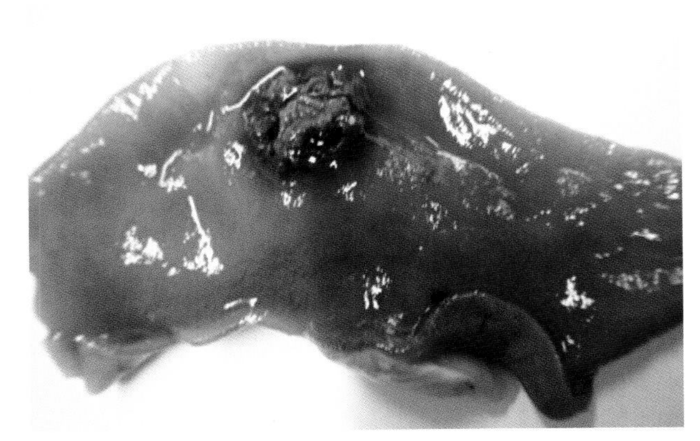

彩图4-8-42　禽流感
病鹅肠淋巴结坏死（孙洪磊）

彩图4-8-43　禽流感
病鸭肠道黏膜出血（黄　瑜）

彩图4-11-1　禽脑脊髓炎
1日龄 SPF鸡脑内接种禽脑脊髓炎病毒后发病鸡（120h）。病鸡精神萎靡，被毛粗乱，站立不稳，头脑震颤（秦卓明）

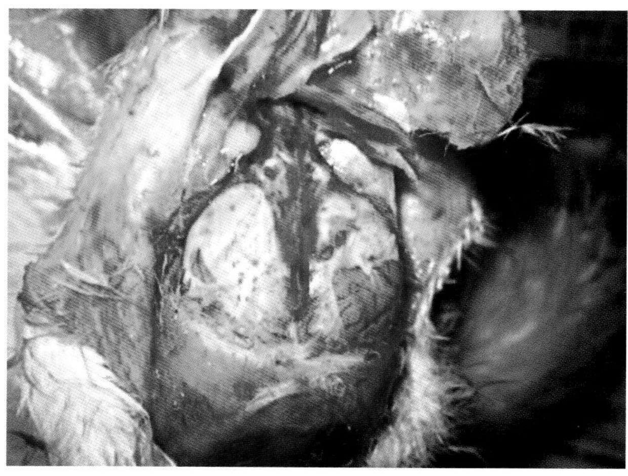

彩图4-11-2　禽脑脊髓炎
1日龄 SPF鸡脑内接种禽脑脊髓炎病毒后发病鸡（120h）发病瘫痪鸡脑膜出血、水肿（秦卓明）

彩图4-11-3　禽脑脊髓炎
左侧为6日龄SPF鸡胚经卵囊途径接种禽脑脊髓炎病毒VR株的鸡胚，右侧为正常对照鸡胚。检测18日龄感染鸡胚，表现为鸡胚被毛粗乱、胚体发育不良，全身浮肿，腿部肌肉萎缩，脚趾卷曲，脑部水肿（秦卓明）

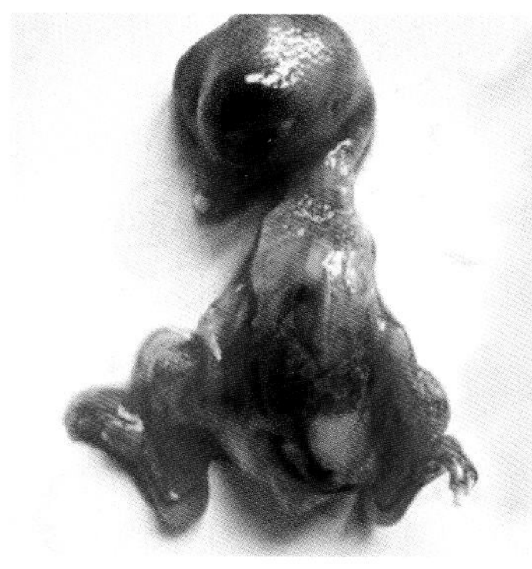

彩图4-11-4　禽脑脊髓炎
6日龄SPF鸡胚经卵囊途径接种禽脑脊髓炎病毒分离株的死亡鸡胚。感染鸡胚表现为鸡胚水肿，肝脏呈槟榔肝坏死，腿部肌肉萎缩，脚趾卷曲，脑部水肿（秦卓明）

彩图4-11-5　禽脑脊髓炎
左侧3个为6日龄SPF鸡胚经卵黄囊途径接种禽脑脊髓炎病毒河北分离株的鸡胚，右侧2个为正常对照鸡胚。检测18日龄感染鸡胚，表现为感染鸡胚被毛粗乱、胚体发育受阻，全身浮肿，腿部肌肉萎缩，脚趾卷曲，脑部水肿（秦卓明）

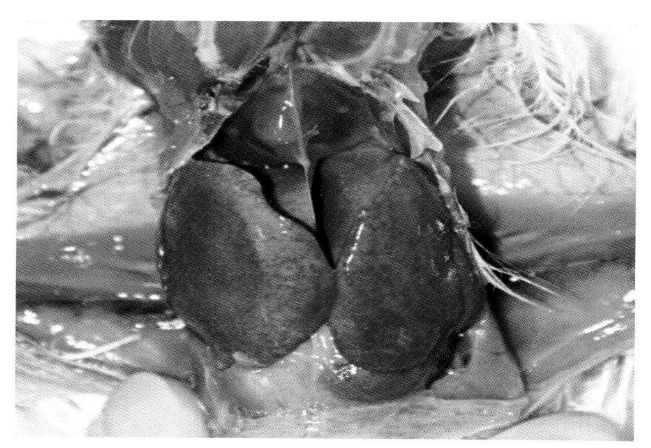

彩图4-12-1　禽腺病毒感染
Ⅰ群禽腺病毒感染导致的肝脏发黄、出血、质脆和心包积液（张国中）

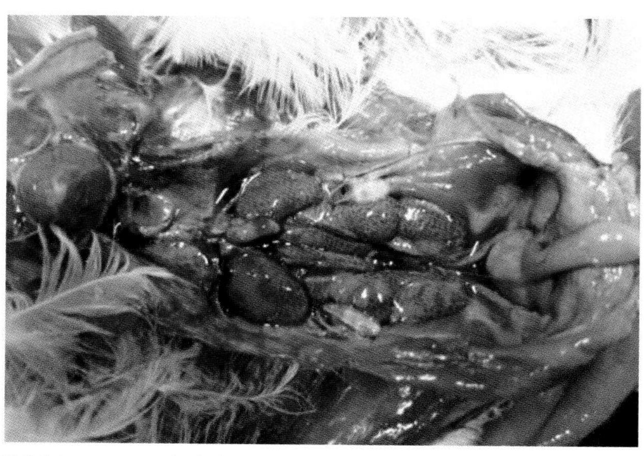

彩图4-12-2　禽腺病毒感染
Ⅰ群腺病毒感染导致肾脏肿胀（张国中）

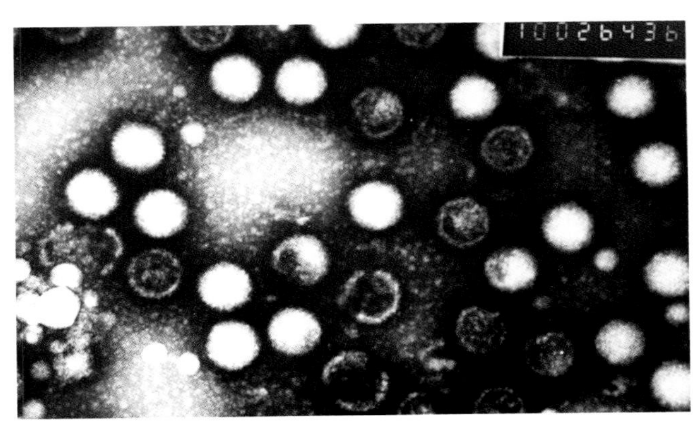

彩图4-12-3　禽腺病毒感染

Ⅲ群禽腺病毒感染产蛋下降综合征（EDS-76），病毒粒子放大15倍（郑世兰，1996）

彩图4-12-4　禽腺病毒感染

Ⅲ群禽腺病毒感染病鸡产软蛋、薄皮、沙皮、畸形、褪色蛋（郑世兰，1996）

彩图4-12-5　禽腺病毒感染

Ⅲ群禽腺病毒感染，产蛋下降综合征病鸡产畸形蛋、褪色蛋（郑世兰，1996）

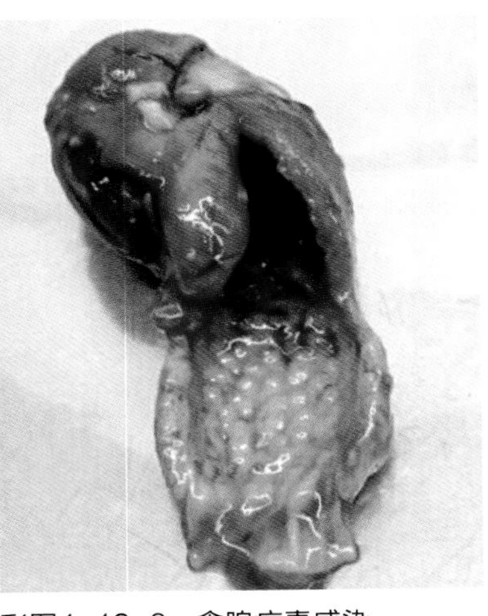

彩图4-12-6　禽腺病毒感染

Ⅰ群腺病毒感染引起鸡腺胃肌胃交界处带状出血（孙洪磊）

彩图4-12-7　禽腺病毒感染

Ⅰ群腺病毒感染引起鸡心包积液、肝脏肿胀脂肪变性（孙洪磊）

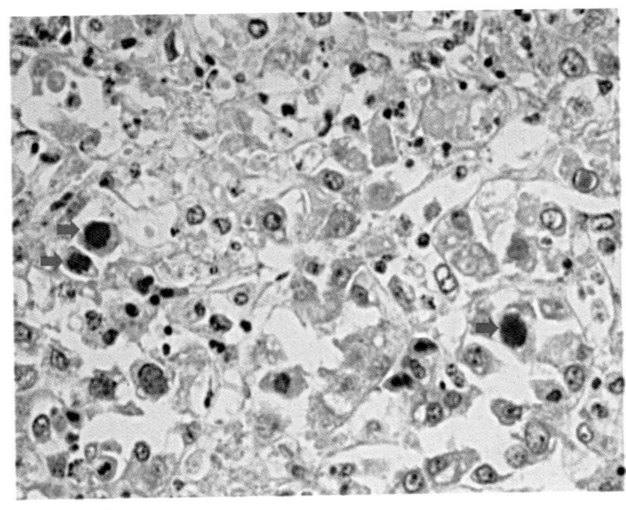

彩图4-12-8　禽腺病毒感染

肝细胞灶状坏死，病变肝细胞可见核内嗜碱性包涵体（H.E.，×1000）（孙洪磊）

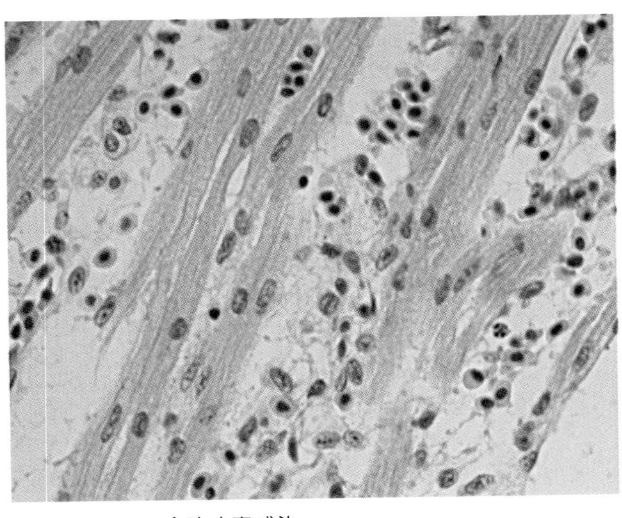

彩图4-12-9　禽腺病毒感染

心肌纤维间充血、出血、浆液渗出、巨噬细胞浸润（H.E.，×1000）（孙洪磊）

彩图4-13-1　鸡痘
病鸡鸡冠、鼻孔周围污黑色痘斑病（刘栓江　赵占民）

彩图4-13-2　鸡痘
鸡鸡冠、鼻孔、眼、颜面、肉髯等部位的痘斑（刘栓江　赵占民）

彩图4-13-3　鸡痘
黏膜型鸡痘口腔黏膜痘斑、坏死及干酪样变化（甘孟侯）

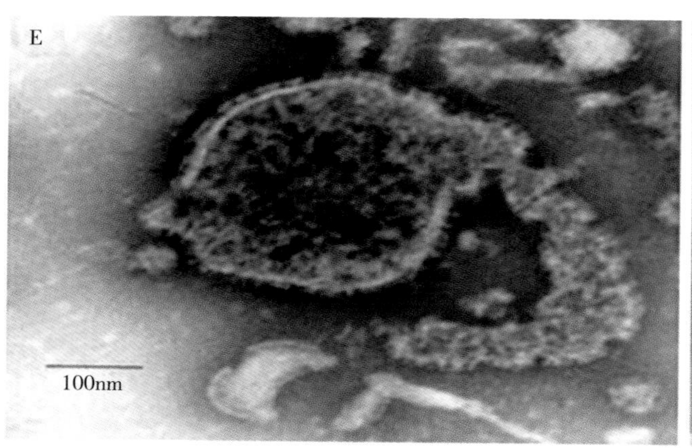

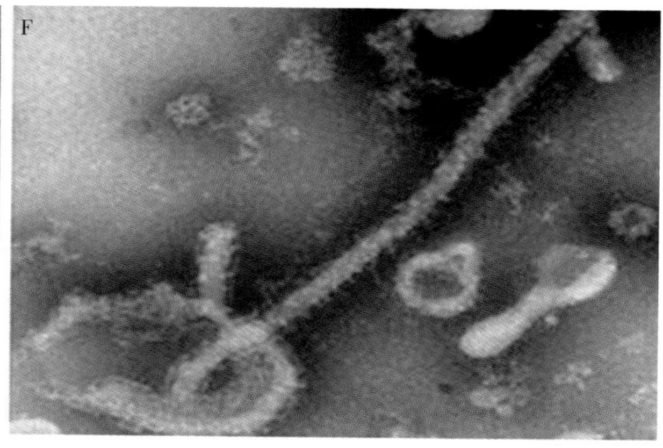

彩图4-14-1　禽偏肺病毒电镜照片（刘　爵　韦　莉）

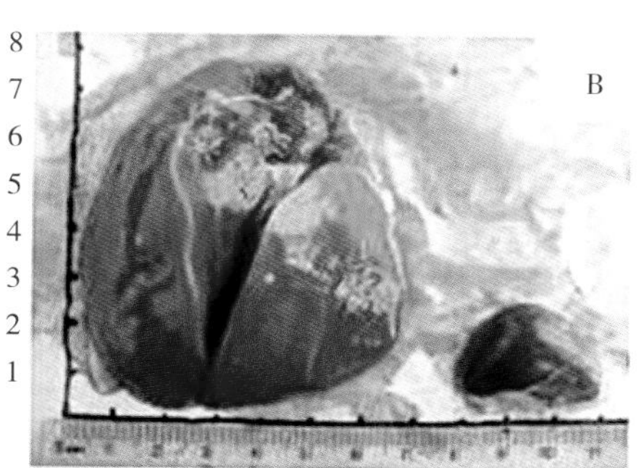

1cm

彩图4-15-1　禽戊型肝炎病毒中国分离株，人工感染 15周龄 SPF鸡后，肝、脾出现肿大
A. 攻毒鸡的肝脏　B. 对照组
（周恩民　赵　钦）

彩图5-1-1　鸡白痢沙门菌病
病鸡肝脏出血和坏死点（陈福勇）

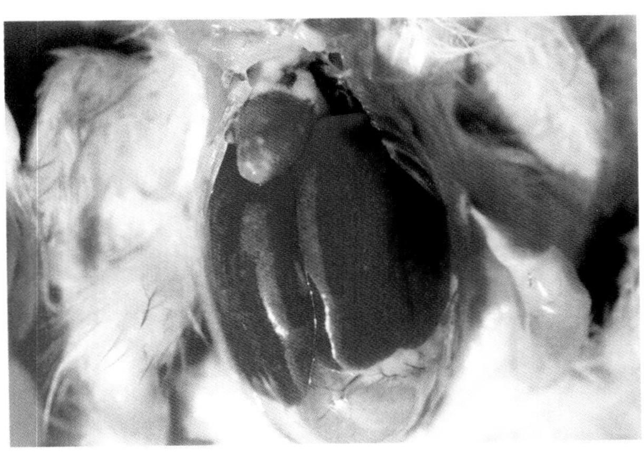

彩图5-1-2　鸡白痢沙门菌病
病鸡肝脏肿大，有密集的灰白色及灰黄色坏死点（甘孟侯）

彩图5-1-3　鸡白痢沙门菌病
病鸡肝脏坏死结节（刘栓江　赵占民）

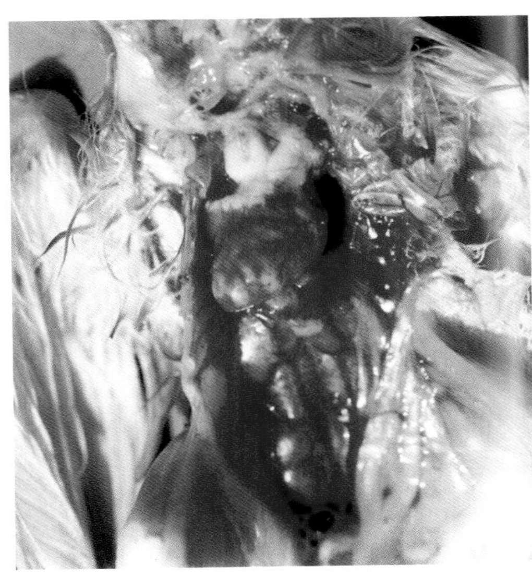

彩图5-1-4　鸡白痢沙门菌病
病鸡心肌变性、变形，心肌白色肉芽肿结节（甘孟侯）

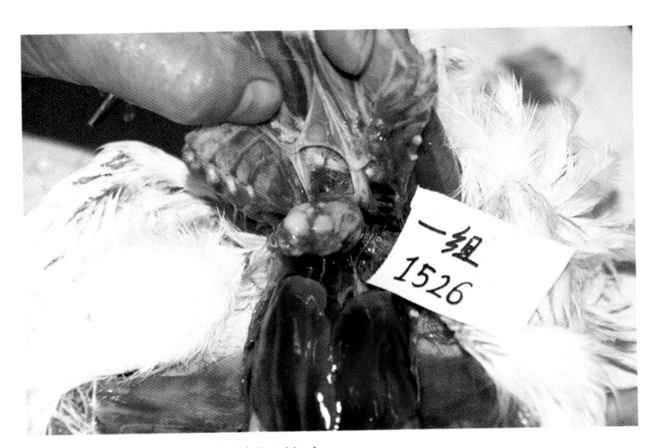

彩图5-1-5　鸡白痢沙门菌病
病鸡心肌坏死（陈福勇）

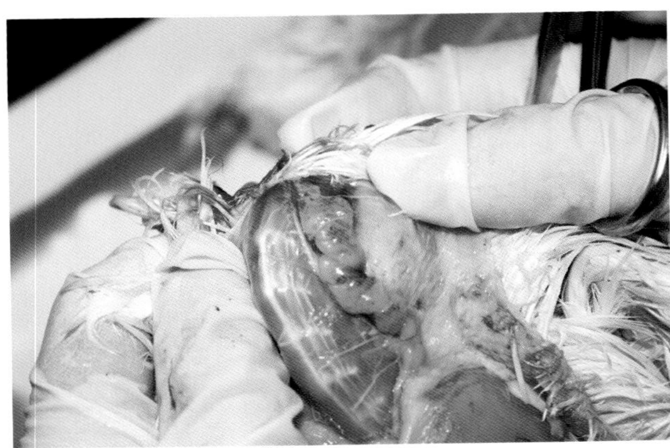

彩图5-1-6　鸡白痢沙门菌病
病鸡胸腺出血（陈福勇）

彩图5-1-7　鸭沙门菌病
病雏鸭肝脏表面有坏死点（黄　瑜）

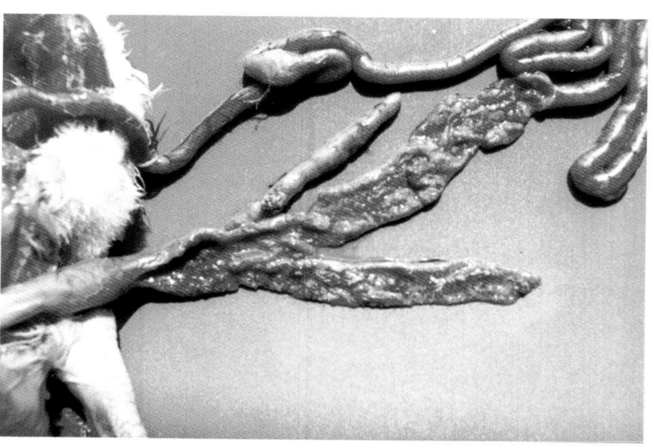

彩图5-1-8　鸭沙门菌病
病鸭肠道黏膜呈糠麸样（黄　瑜）

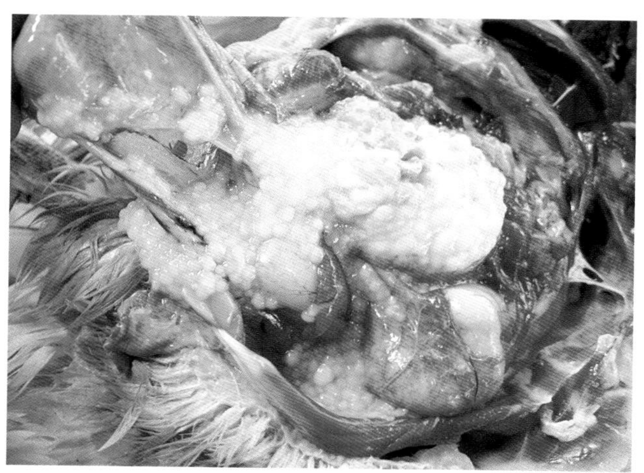

彩图5-1-9　鸭沙门菌病
成年病鸭输卵管内珍珠样物（黄　瑜）

彩图5-1-10　禽伤寒病
鸡肝脏呈铜绿色（刘栓江　赵占民）

彩图5-1-11　禽伤寒病
鸡肝脏呈青铜色（田夫林）

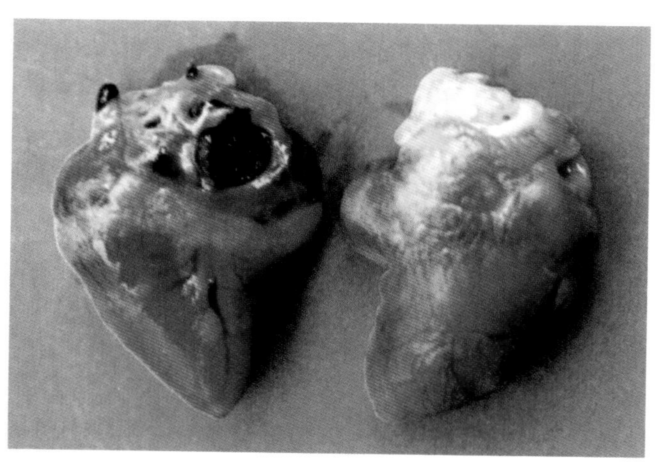

彩图5-2-1　禽巴氏杆菌病（禽霍乱）
病鸡心外膜及冠状沟脂肪出血（甘孟侯　李文刚）

彩图5-2-2 禽巴氏杆菌病
病鸡心肌及心冠脂肪出血（杨小燕）

彩图5-2-3 禽巴氏杆菌病
病鸡心肌及心冠状沟脂肪弥漫性出血（杨小燕）

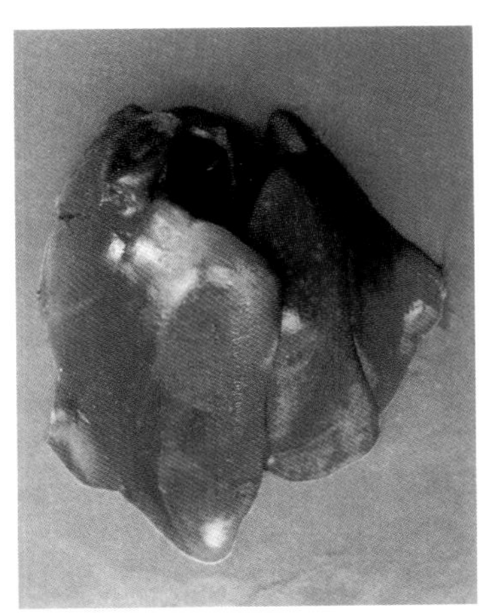

彩图5-2-4 禽巴氏杆菌病
病鸡肝脏肿大，有密集的大头针帽大小的灰黄色坏死点（甘孟侯 李文刚）

彩图5-2-5 禽巴氏杆菌病
病鸡肝脏表面布满大头针帽大小的灰白色坏死点（杨小燕）

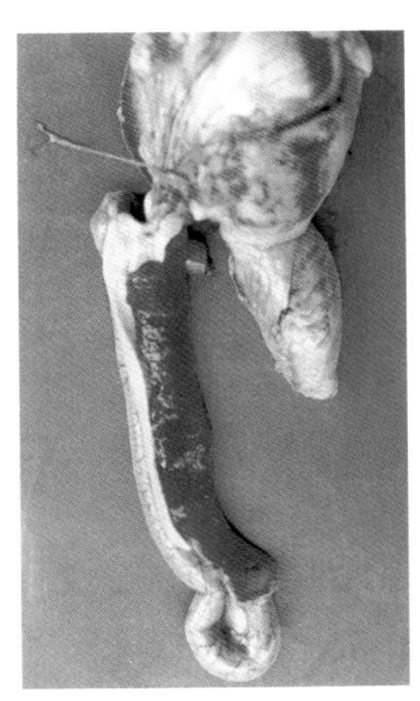

彩图5-2-6 禽巴氏杆菌病
病鸡小肠前段黏膜弥漫性出血（甘孟侯 李文刚）

彩图5-2-7 禽巴氏杆菌病
病鸡小肠黏膜肿胀及多量出血（甘孟侯 李文刚）

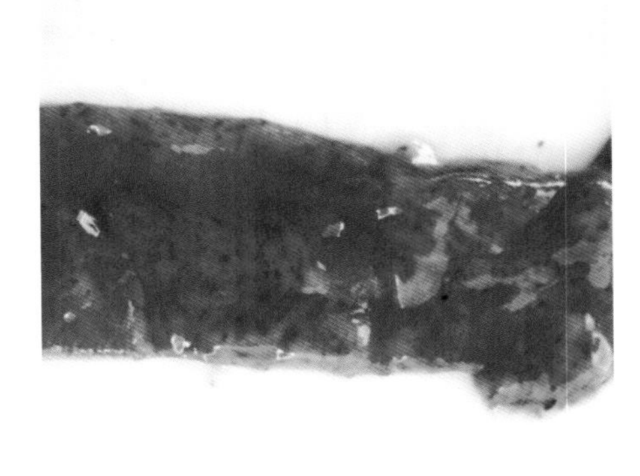

彩图5-2-8 禽巴氏杆菌病
病鸡十二指肠黏膜弥漫性出血（杨小燕）

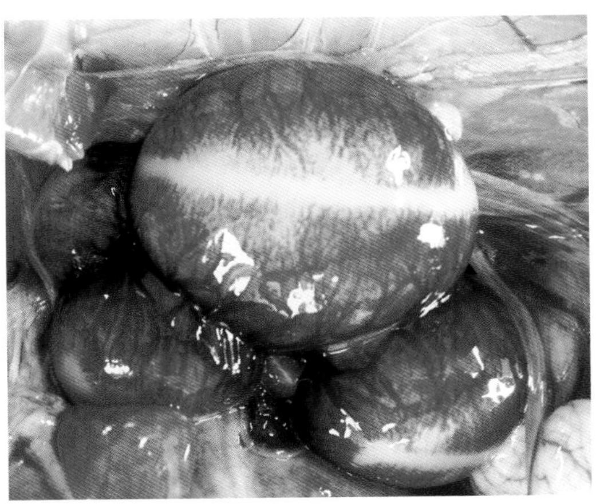

彩图5-2-9 禽巴氏杆菌病
病鸡卵泡充血、出血（杨小燕）

彩图5-2-10　禽巴氏杆菌病
病鸭肝脏表面密集白色坏死点（黄　瑜）

彩图5-2-11　禽巴氏杆菌病
病鸭心冠脂肪、心肌出血（黄　瑜）

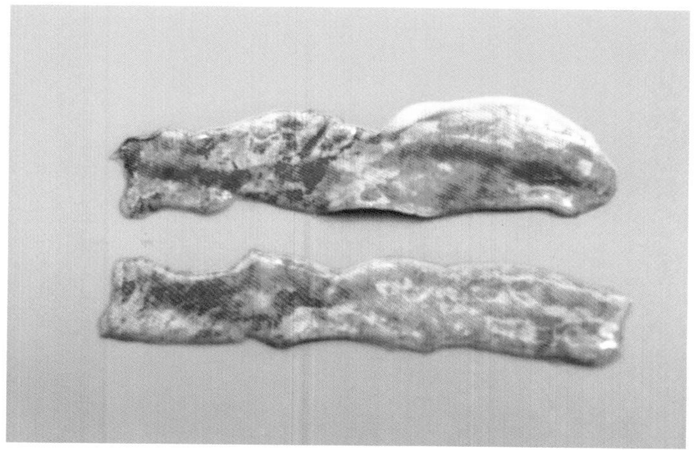

彩图5-2-12　禽巴氏杆菌病
病鸭十二指肠黏膜出血、内容物呈胶冻样（黄　瑜）

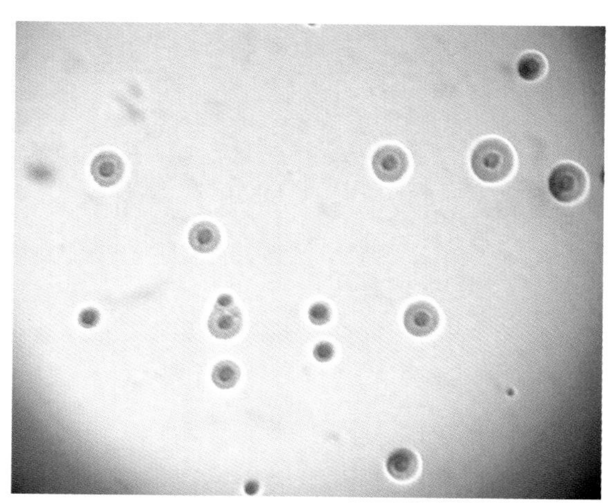

彩图5-3-1　禽支原体病
鸡毒支原体 S6株菌落形态（宁宜宝）

彩图5-3-2　禽支原体病
鸡毒支原体感染病鸡眼睑肿胀，眼粘连、失明（宁宜宝）

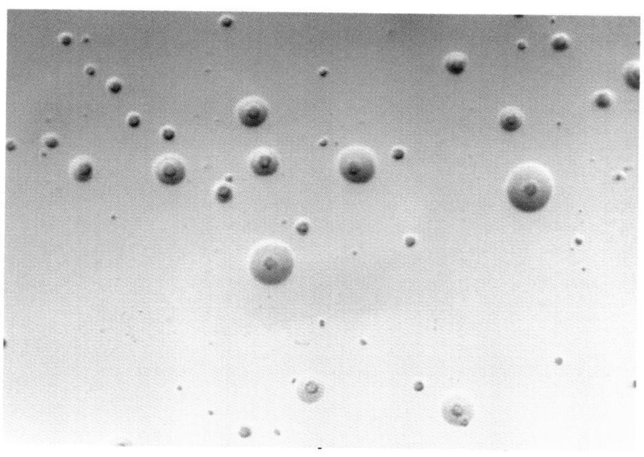

彩图5-3-3　禽支原体病
滑液支原体 WUV1853株“煎蛋”状菌落（宁宜宝）

彩图5-3-4　禽支原体病
滑液支原体感染病鸡症状（宁宜宝）

彩图5-3-5　禽支原体病
病鸡表现出滑膜炎，在肿胀的关节中，有多量黏稠的渗出液（宁宜宝）

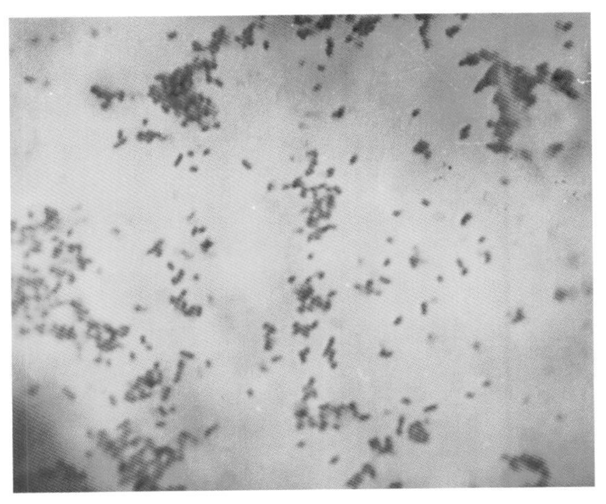

彩图5-4-1　鸡大肠杆菌病
纯培养物图片、革兰染色、镜检，可见革兰阴性杆菌（房　海　陈翠珍）

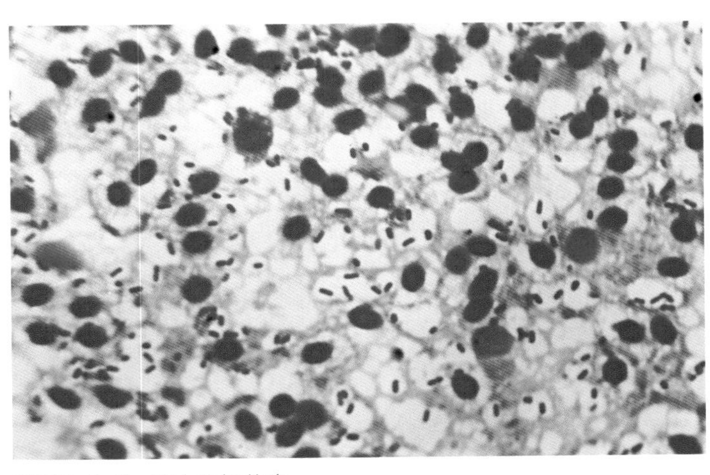

彩图5-4-2　鸡大肠杆菌病
心血涂片、染色、镜检，可见大量大肠杆菌及鸡红细胞（赵杰汝　杨汉春）

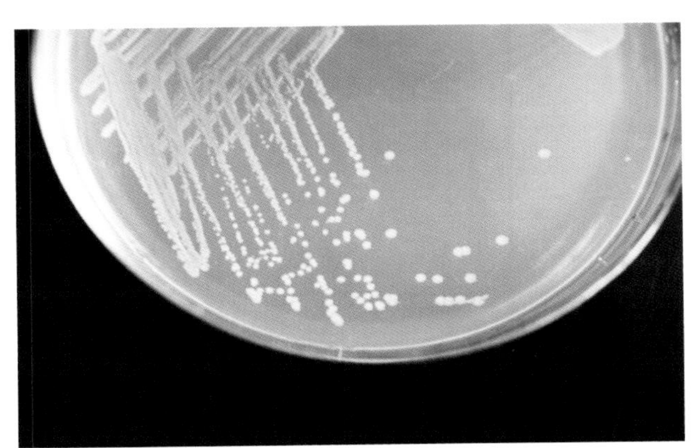

彩图5-4-3　鸡大肠杆菌病
大肠杆菌在普通培养基上培养的菌落形态（房　海　陈翠珍）

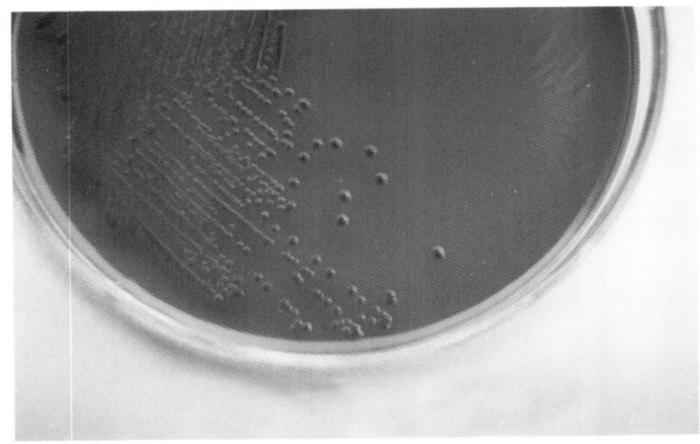

彩图5-4-4　鸡大肠杆菌病
鸡大肠杆菌在麦康凯培养基上生长的菌落形态（房　海　陈翠珍）

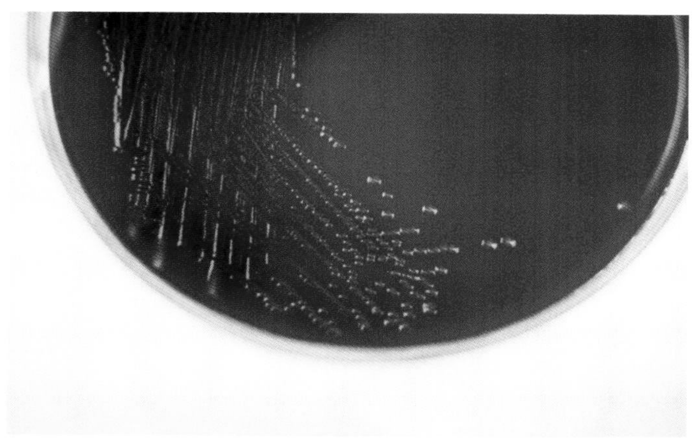

彩图5-4-5　鸡大肠杆菌病
鸡大肠杆菌在鲜血琼脂培养基上生长的菌落形态（房　海　陈翠珍）

彩图5-4-6　鸡大肠杆菌病
病鸡精神沉郁，闭目无力，羽毛蓬乱，排出污秽不洁的稀便（潘耀谦　刘兴友）

彩图5-4-7　鸡大肠杆菌病
病鸡排出的灰白色或污秽色稀便，内含有大量消化不全的饲料残渣（潘耀谦　刘兴友）

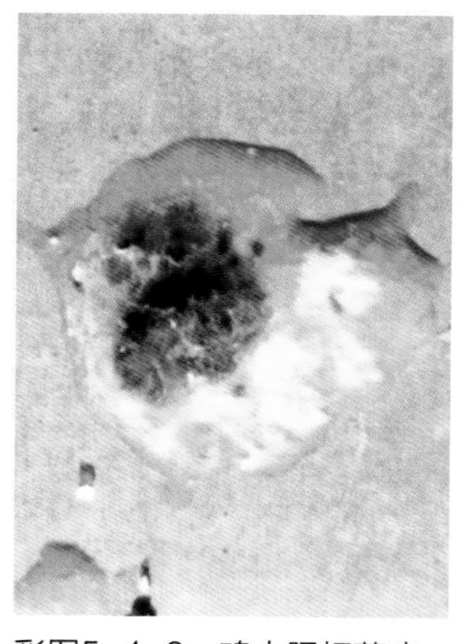

彩图5-4-8　鸡大肠杆菌病
病鸡排出的灰白色或污秽色稀便，内含有大量消化不全的饲料残渣（潘耀谦　刘兴友）

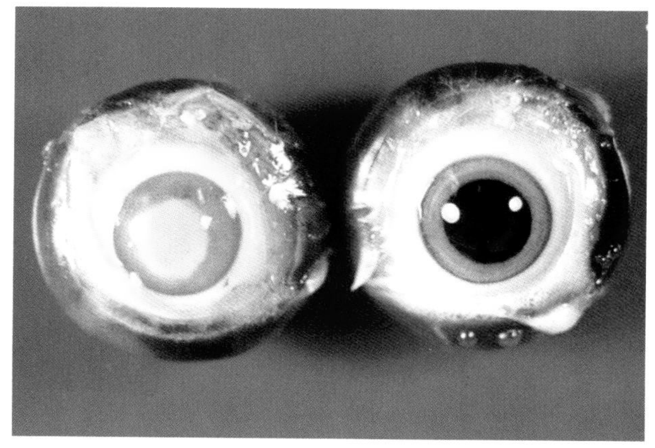

彩图5-4-9　鸡大肠杆菌病
病鸡的眼结膜和角膜发炎（图左），眼结膜充血，发红，角膜混浊，内含大量蛋白性渗出物，形成白内障（潘耀谦　刘兴友）

彩图5-4-10　鸡大肠杆菌病
病鸡肝脏肿大，肝脏上布满多量坏死点（房　海　陈翠珍）

彩图5-4-11　鸡大肠杆菌病
病鸡肝脏明显肿大，表面被覆厚的白色纤维素膜（房　海　陈翠珍）

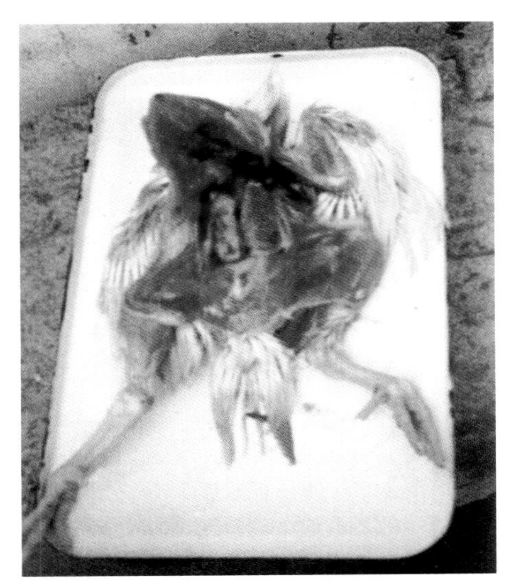

彩图5-4-12　鸡大肠杆菌病
病鸡肝脏肿大，肝脏表面全被淡黄色纤维素膜覆盖（甘孟侯）

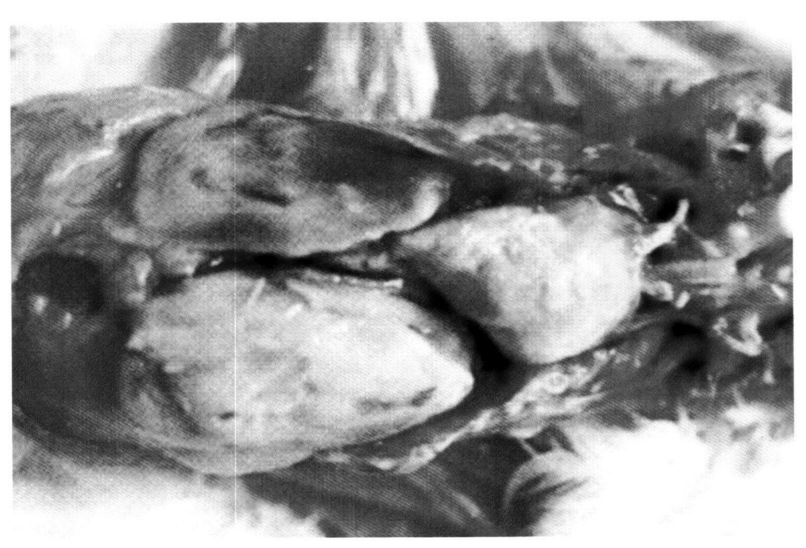

彩图5-4-13　鸡大肠杆菌病
病鸡肝被膜及心包膜上附有大量的纤维蛋白性渗出物，使肝被膜和心包膜增厚，形成肝被膜炎和心包炎，俗称“包肝”和“包心”（潘耀谦　刘兴友）

彩图5-4-14　鸡大肠杆菌病
肉鸡腹腔内积有多量透明胶冻状腹水（房　海　陈翠珍）

彩图5-4-15　鸡大肠杆菌病
病鸡卵黄性腹膜炎（田夫林）

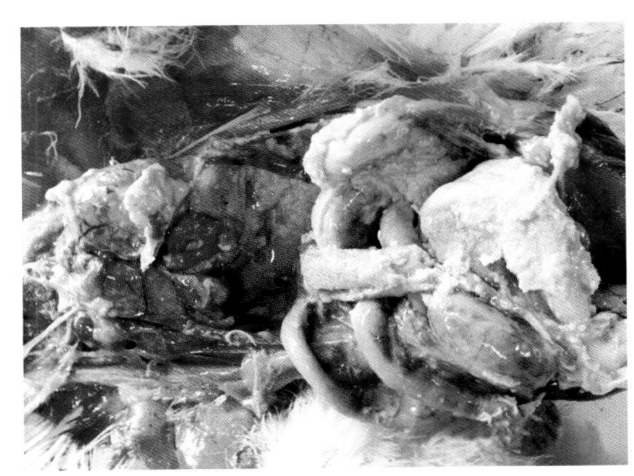

彩图5-4-16　鸡大肠杆菌病
病鸡腹膜炎，腹腔、内脏表面附有多量纤维素性凝固物（田夫林）

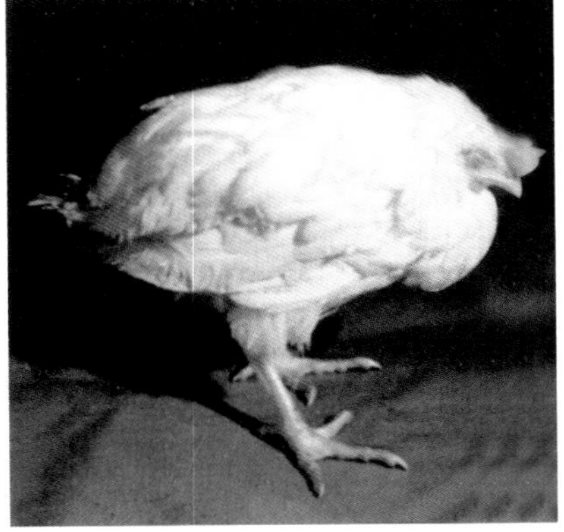

彩图5-5-1　鸡葡萄球菌病
病鸡精神萎靡，被毛蓬松，缩颈，闭眼（甘孟侯　蒲　娟）

彩图5-5-2　鸡葡萄球菌病
死亡病鸡胸、腹部皮下出血、溶血及水肿（甘孟侯　蒲　娟）

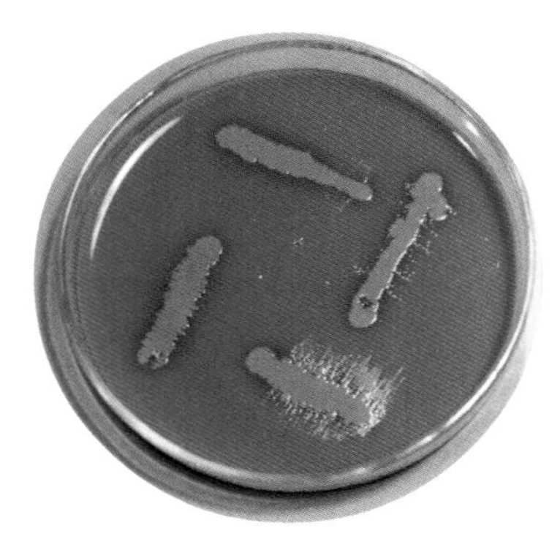

彩图5-6-1　鸡传染性鼻炎
鸡传染性鼻炎的病原——副鸡嗜血杆菌生长的“卫星现象”
（王乐元　甘孟侯）

彩图5-6-2　鸡传染性鼻炎
病鸡的颜面水肿，流泪
（王乐元　甘孟侯）

彩图5-6-3　鸡传染性鼻炎
人工感染副鸡禽杆菌 48h一过性失明、眼睑及颜面部肿大（张培君）

彩图5-9-1　禽绿脓杆菌病
病鸡皮下有淡黄色胶冻状水肿（刁永祥）

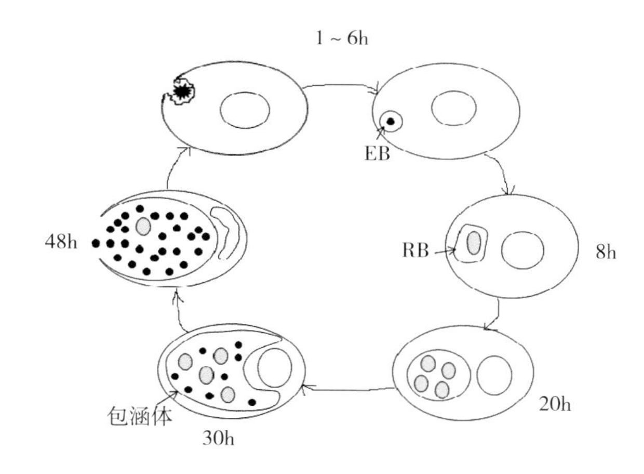

彩图5-13-1　禽衣原体病
衣原体的繁殖发育周期（何　诚）

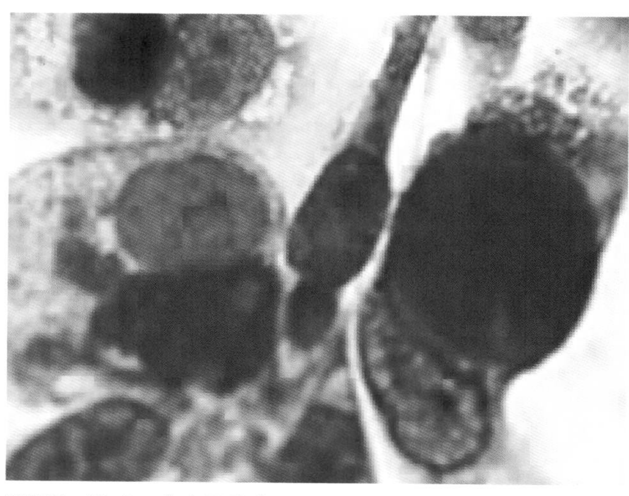

彩图5-13-2　禽衣原体病
衣原体姬姆萨染色（1000×）（何　诚）

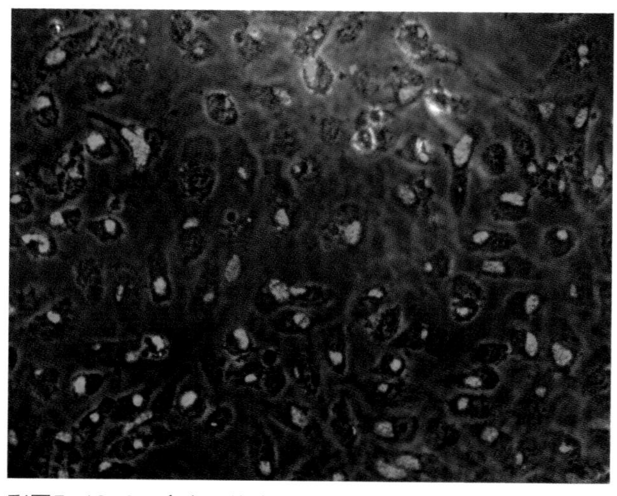

彩图5-13-3　禽衣原体病
衣原体荧光染色（1000×）（褚　军）

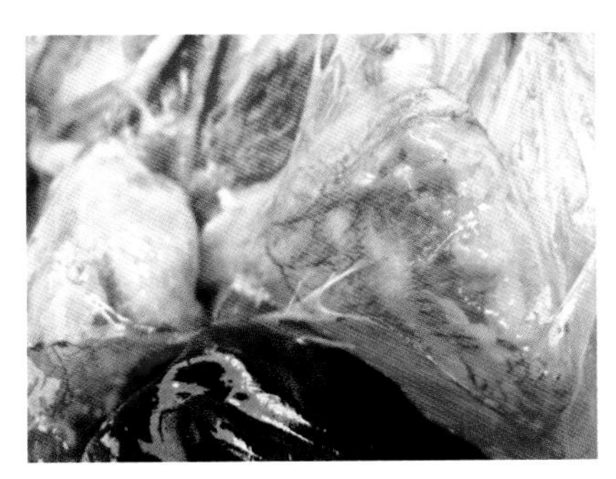

彩图5-13-4　禽衣原体病
患病蛋鸡气囊炎（何　诚）

彩图5-13-5　禽衣原体病
患病肉鸡肺炎（何　诚）

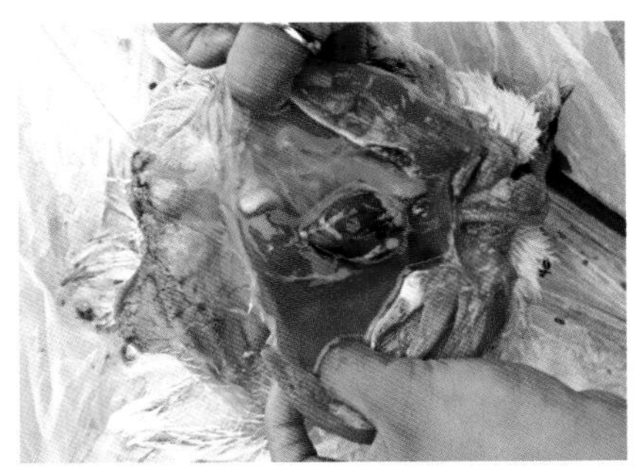

彩图5-13-6　禽衣原体病
患病肉鸡水肿病（何　诚）

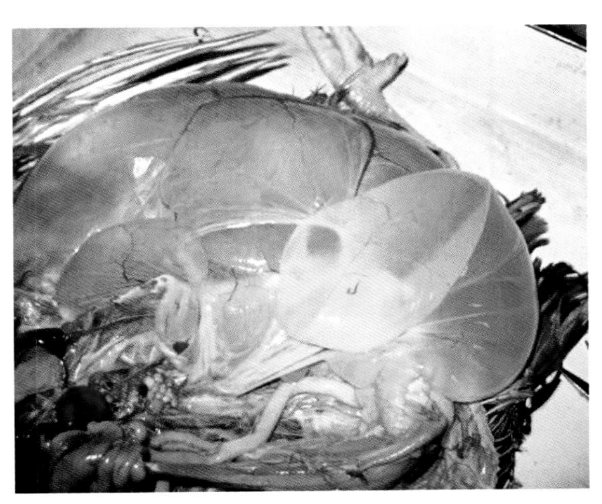

彩图5-13-7　禽衣原体病
患病蛋鸡输卵管囊肿（何　诚）

彩图5-14-1　鸡坏死性肠炎
病鸡肠黏膜弥漫性坏死形成麸皮样坏死灶，坏死性伪膜容易剥落（刘思当）

彩图5-14-2　鸡坏死性肠炎
病鸡肠黏膜弥漫性坏死，形成麸皮样坏死灶，坏死性伪膜容易剥落（刘思当）

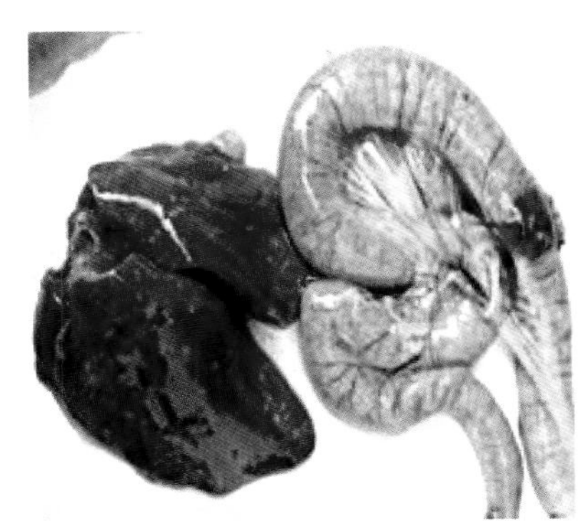

彩图5-15-1　鸡溃疡性肠炎
病鸡肝脏表面或在边缘见有粟粒至黄豆大小的灰白色坏死灶；十二指肠肠壁增厚，黏膜弥漫性出血（刘思当）

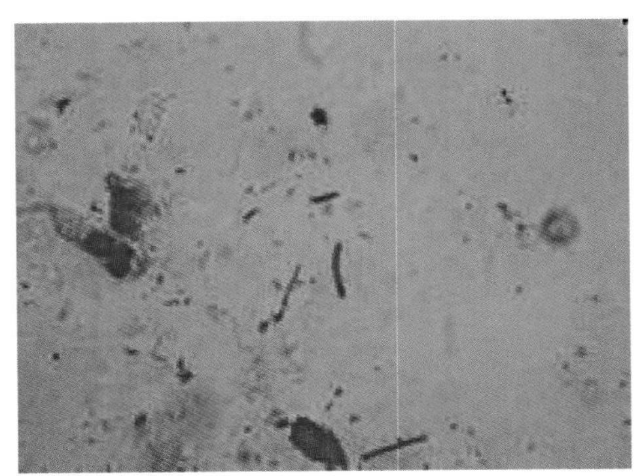

彩图5-16-1　鸡疏螺旋体病
碱性复红染色鸡疏螺旋体的形态特征（朱瑞良）

彩图5-16-2　鸡疏螺旋体病
传播媒介波氏蜱的形态（朱瑞良）

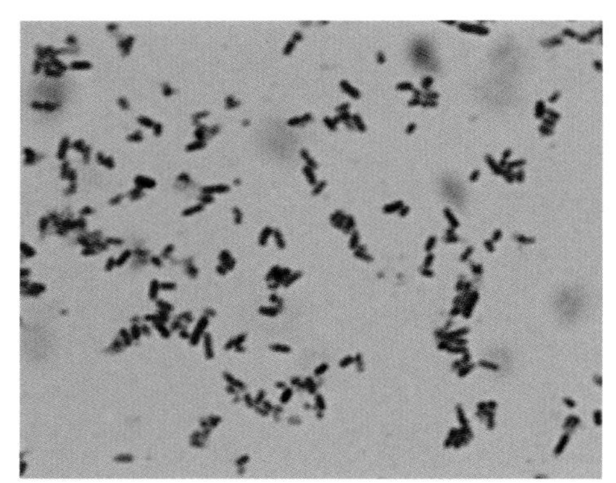

彩图5-17-1　克雷伯菌病
克雷伯菌的形态结构（朱瑞良）

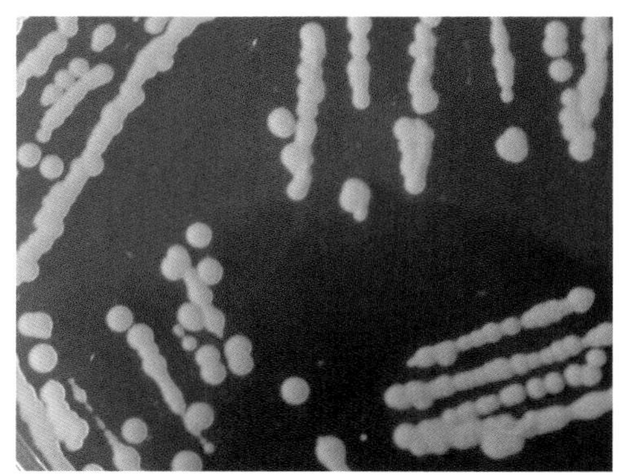

彩图5-17-2　克雷伯菌病
克雷伯菌的菌落特征（朱瑞良）

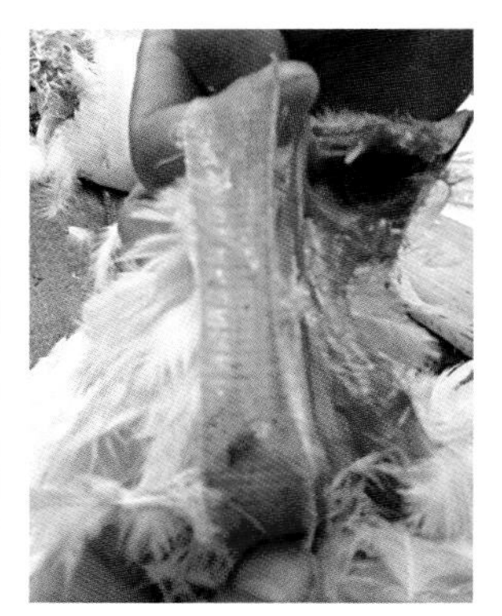

彩图5-17-3　克雷伯菌病
病死鸡气管环出血（朱瑞良）

彩图5-17-4　克雷伯菌病
病死鸡肺脏及肝脏出血、坏死、肠道出血（朱瑞良）

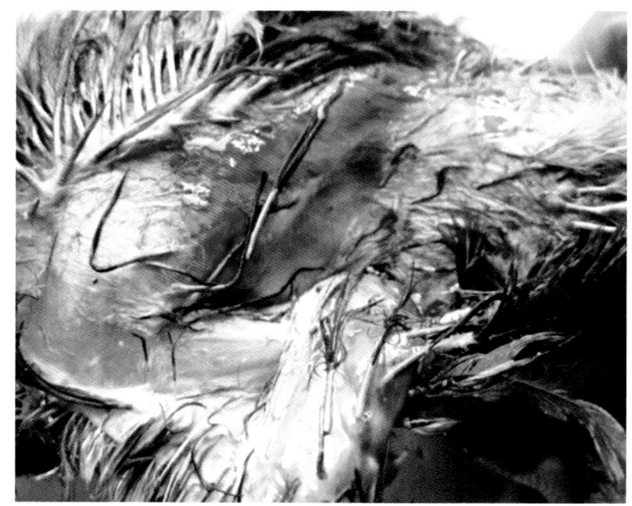

彩图5-18-1　鸡坏疽性皮炎
病鸡胸部、腹部皮肤呈深紫红色、潮湿，羽毛常脱落（刘思当）

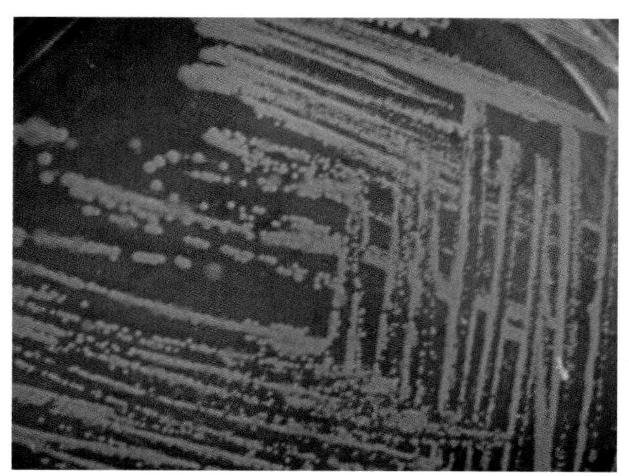

彩图5-19-1　禽鼻气管鸟杆菌感染
鼻气管鸟杆菌菌落特点（刁有祥）

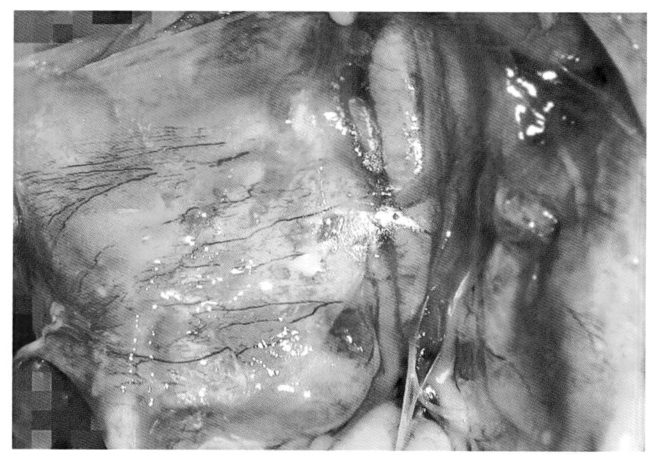

彩图5-19-2　禽鼻气管鸟杆菌感染
病鸡气囊表面有黄白色纤维蛋白渗出（刁有祥）

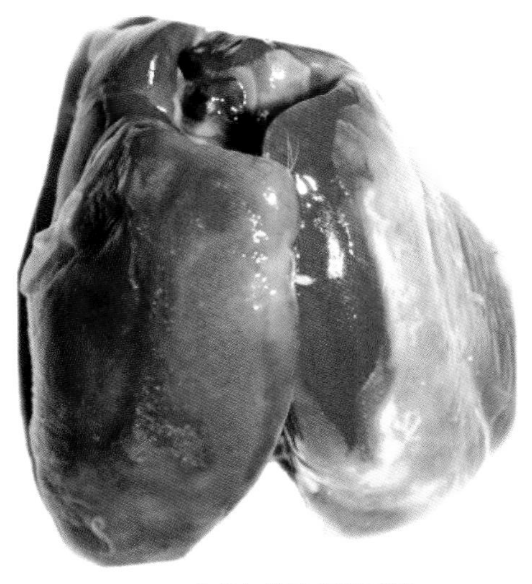

彩图5-19-3 禽鼻气管鸟杆菌感染
病鸡肝脏肿大，表面有黄白色纤维素渗出（刁有祥）

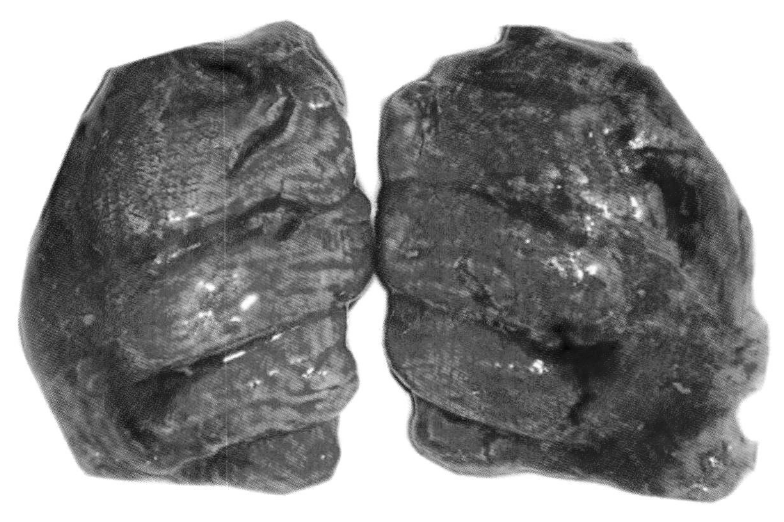

彩图5-19-4 禽鼻气管鸟杆菌感染
病鸡肺脏出血，呈紫红色（刁有祥）

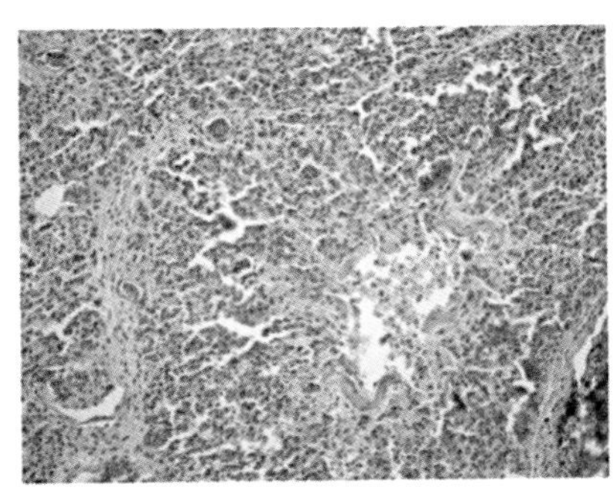

彩图5-19-5 禽鼻气管鸟杆菌感染
病鸡肺脏出血，有炎性细胞大量浸润（H.E.，×100）（刁有祥）

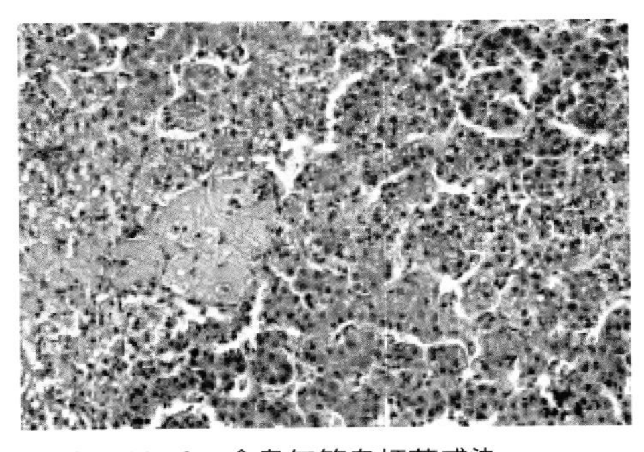

彩图5-19-6 禽鼻气管鸟杆菌感染
病鸡肝细胞索紊乱，肝细胞细胞脂肪变性坏死，炎性细胞浸润（H.E.，×200）（刁有祥）

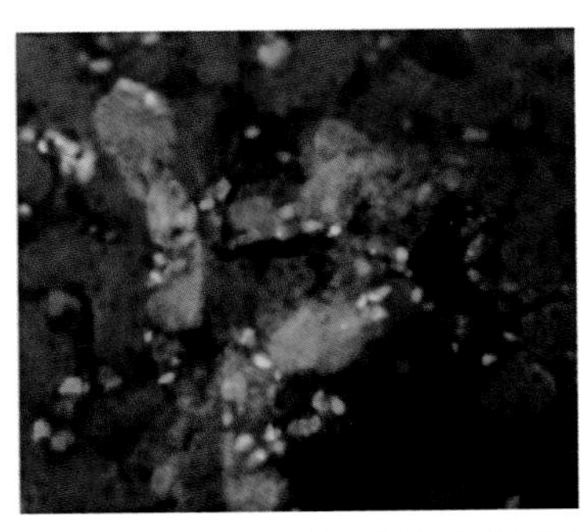

彩图5-19-7 禽鼻气管鸟杆菌感染
病鸡肝脏间接免疫荧光染色（刁有祥）

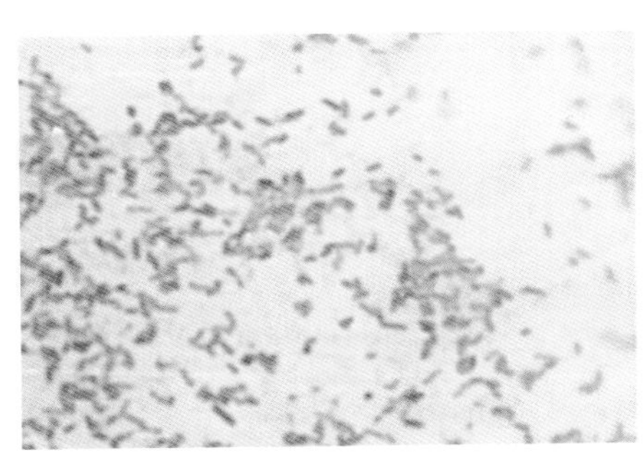

彩图5-20-1 禽波氏杆菌病
禽波氏杆菌革兰染色为阴性，两端钝圆的球杆菌（朱瑞良）

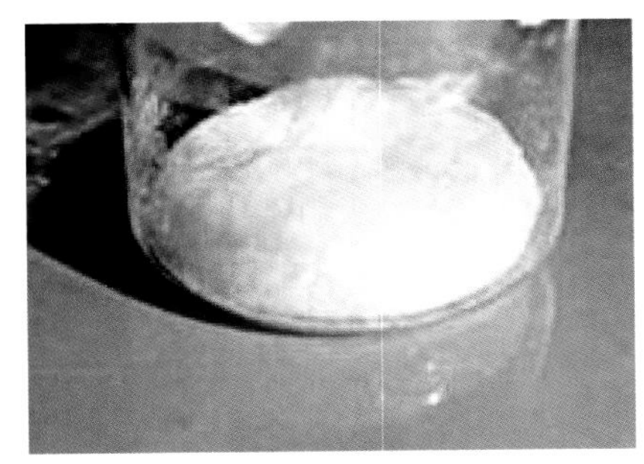

彩图5-20-2 禽波氏杆菌病
提取的禽波氏杆菌内毒素精制品，呈晶体状态（朱瑞良）

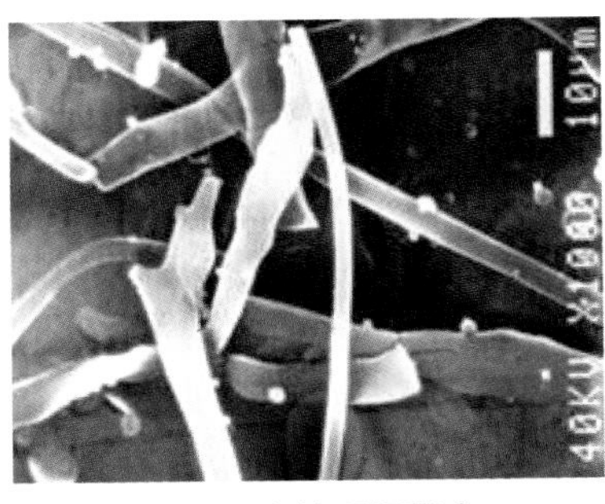

彩图5-20-3 禽波氏杆菌病
禽波氏杆菌内毒素精制品在扫描电镜下的结晶结构（朱瑞良）

彩图5-20-4　禽波氏杆菌病
禽波氏杆菌造成鸡胚死亡，孵化率降低（朱瑞良）

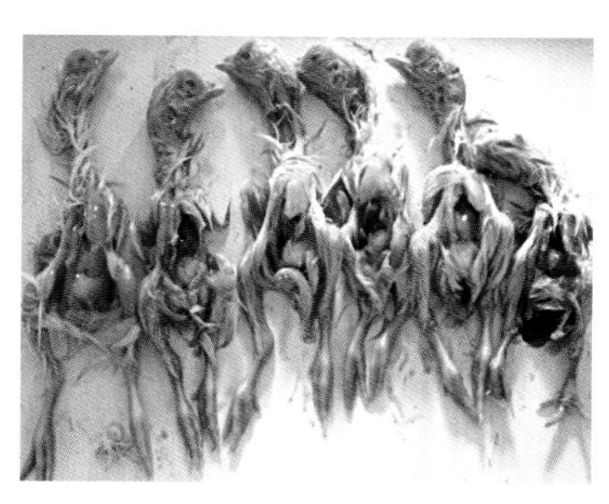

彩图5-20-5　禽波氏杆菌病
禽波氏杆菌造成鸡胚死亡，胚体出血（朱瑞良）

彩图5-20-6　禽波氏杆菌病
病雏鸡扎堆、衰弱、呼吸困难（朱瑞良）

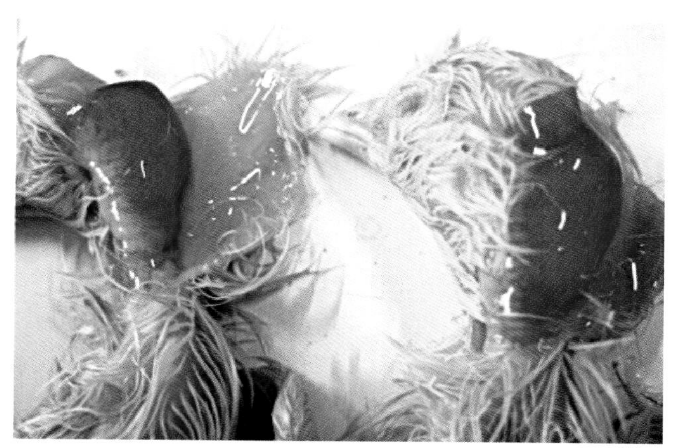

彩图5-20-7　禽波氏杆菌病
病鸡胚皮下胶冻状渗出（朱瑞良）

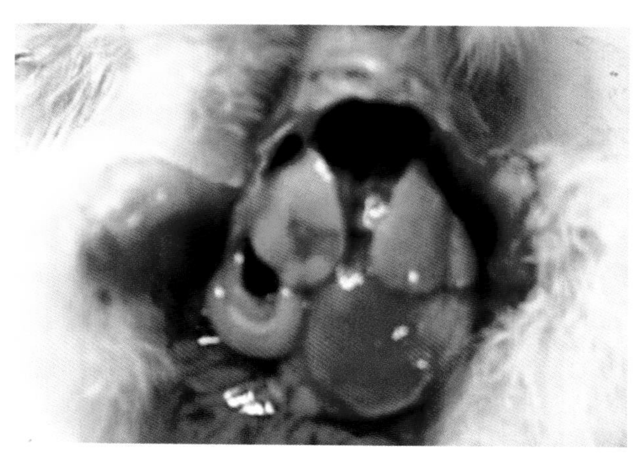

彩图5-20-8　禽波氏杆菌病
病雏鸡肝脏黄染，皮下出现胶冻状渗出（朱瑞良）

彩图6-1-1　鸭病毒性肝炎
病鸭脚弓反张（张大丙）

彩图6-1-2　鸭病毒性肝炎
病鸭脚弓反张（黄　瑜）

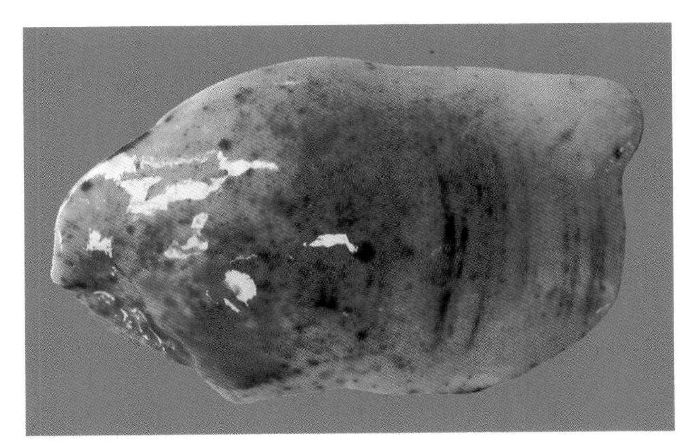

彩图6-1-3　鸭病毒性肝炎
病鸭肝脏出血病变（张大丙）

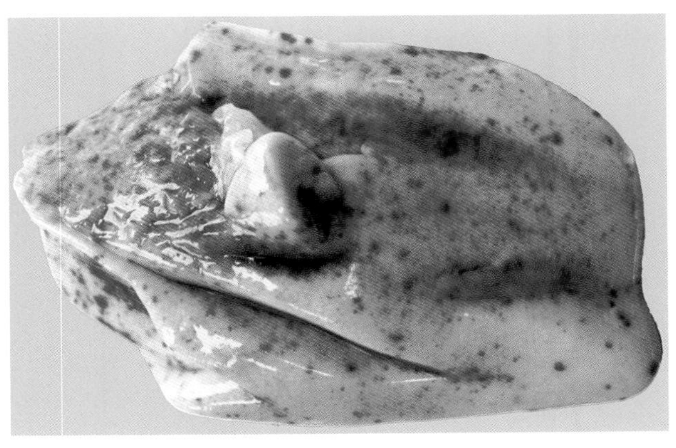

彩图6-1-4　鸭病毒性肝炎
病鸭肝脏出血（张大丙）

彩图6-2-1　鸭瘟
病鸭肿头（黄　瑜）

彩图6-2-2　鸭瘟
病鸭食道黏膜出血、气管出血（黄　瑜）

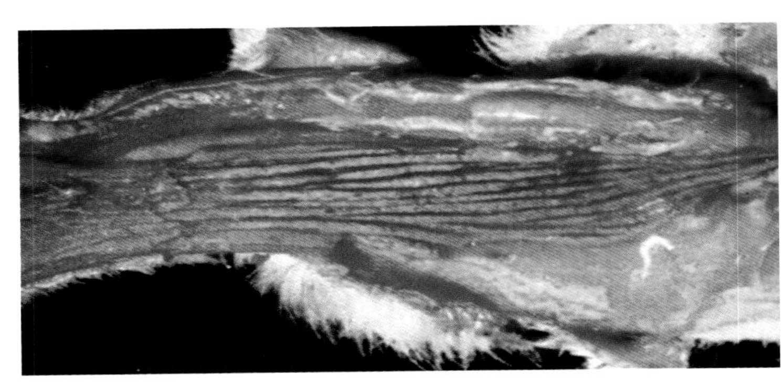

彩图6-2-3　鸭瘟
病鸭食道黏膜条状坏死（黄　瑜）

彩图6-2-4　鸭瘟
病鸭食道黏膜黄白色假膜（黄　瑜）

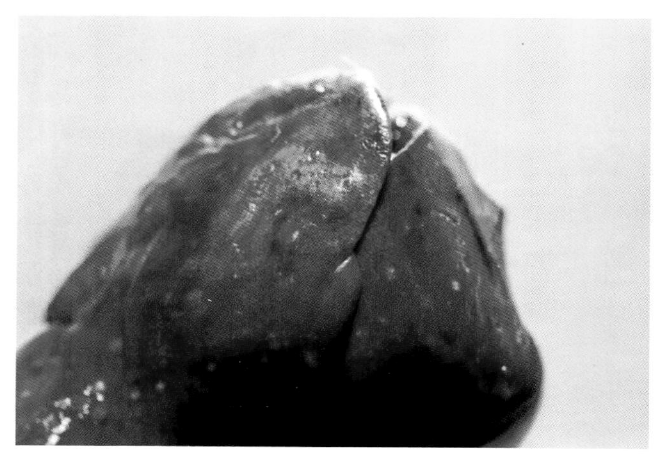

彩图6-2-5　鸭瘟
病鸭肝脏表面红白色坏死点（黄　瑜）

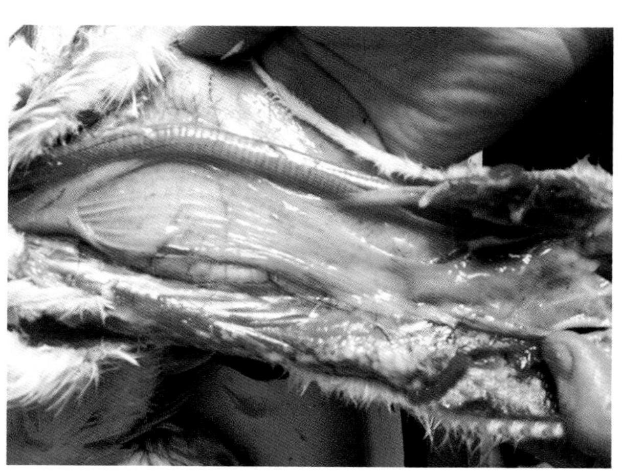

彩图6-2-6　鸭瘟
病鸭直肠、盲肠黏膜出血（黄　瑜）

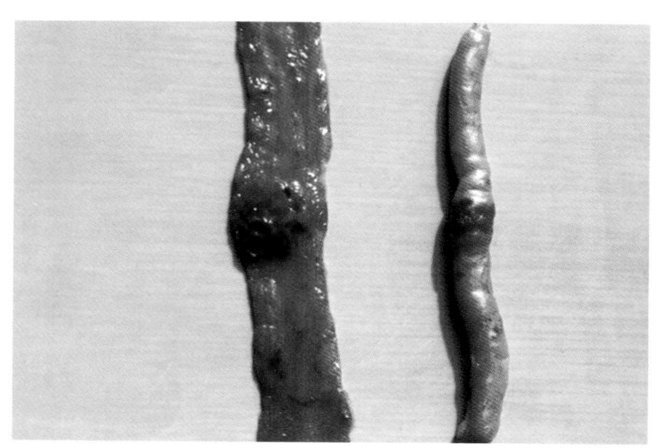

彩图6-2-7　鸭瘟
病鸭肠道环状出血带（黄　瑜）

彩图6-2-8　鸭瘟
病鸭肠道黏膜出血和出血环（黄　瑜）

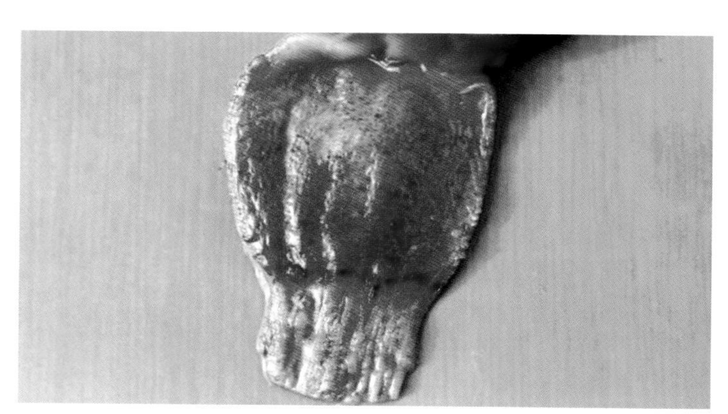

彩图6-2-9　鸭瘟
病鸭肠黏膜出血、腺胃食道交界处出血（黄　瑜）

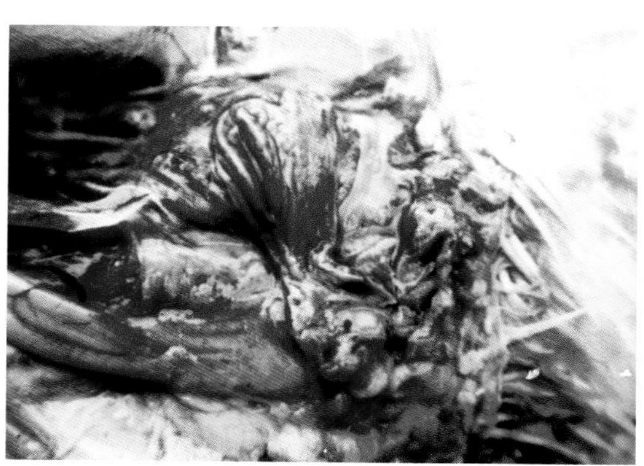

彩图6-2-10　鸭瘟
病鸭腔上囊出血、泄殖腔黄色假膜（黄　瑜）

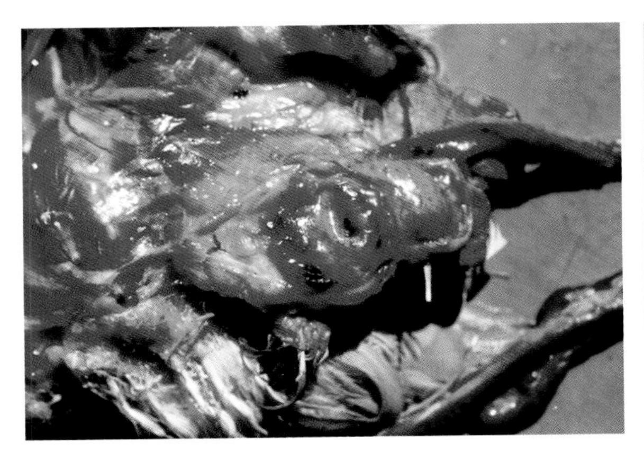

彩图6-2-11　鸭瘟
病鸭泄殖腔黏膜出血（黄　瑜）

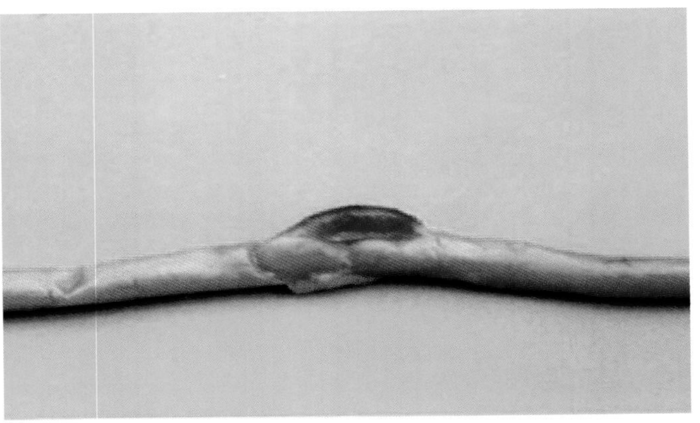

彩图6-2-12　鸭瘟
病鸭卵黄蒂出血（黄　瑜）

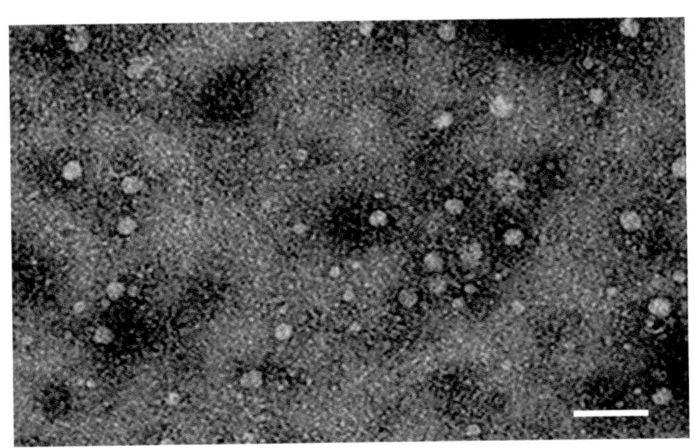

彩图6-3-1　番鸭细小病毒病
番鸭细小病毒负染照片（标尺为100nm）（黄　瑜）

彩图6-3-2　番鸭细小病毒病
病雏张口呼吸（黄　瑜）

彩图6-3-3　番鸭细小病毒病
雏番鸭细小病毒感染病雏排绿色稀粪（黄　瑜）

彩图6-3-4　番鸭细小病毒病
雏番鸭细小病毒感染病鸭胰腺出血（黄　瑜）

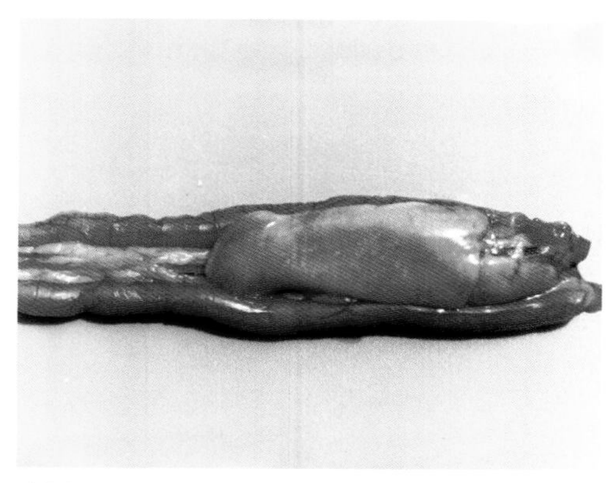

彩图6-3-5　番鸭细小病毒病
病鸭胰腺表面白色坏死点（黄　瑜）

彩图6-3-6　番鸭细小病毒病
雏番鸭细小病毒感染病鸭胰腺表面白色坏死点（黄　瑜）

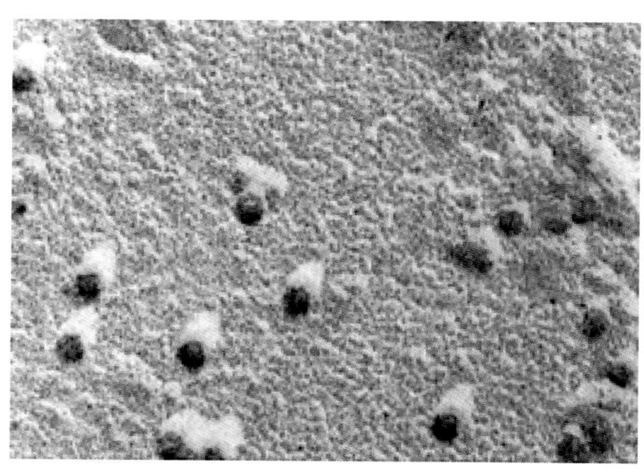

彩图6-4-1　鹅细小病毒病
SYG61毒株，病毒颗粒为无囊膜，球形，单股 DNA病毒，病毒颗粒直径为20~22nm（王永坤）

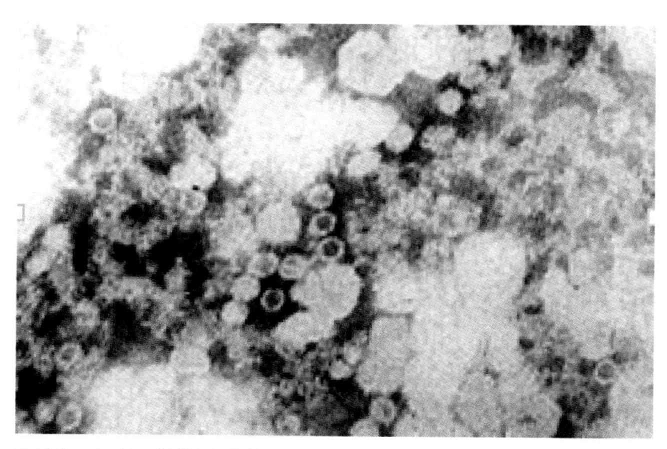

彩图6-4-2　鹅细小病毒病
SYG61毒株，病毒颗粒有完整病毒和缺少核酸的病毒空壳两种形态（王永坤）

彩图6-4-3　鹅细小病毒病
最急性型，患病雏鹅突然死亡，两腿向后伸直（王永坤）

彩图6-4-4　小鹅瘟
急性型，患病雏鹅临死前出现两腿麻痹，不能站立（王永坤）

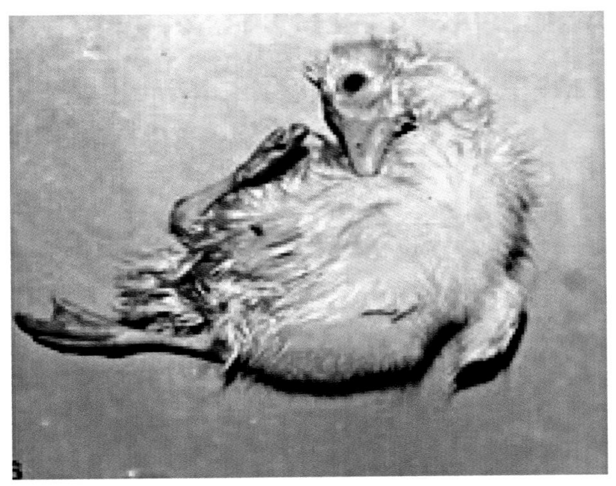

彩图6-4-5　小鹅瘟
急性型，患病雏鹅临死前出现两腿做划船动作等神经症状（王永坤）

彩图6-4-6　小鹅瘟
患病雏鹅拉稀，肛门周围绒毛沾污粪便（王永坤）

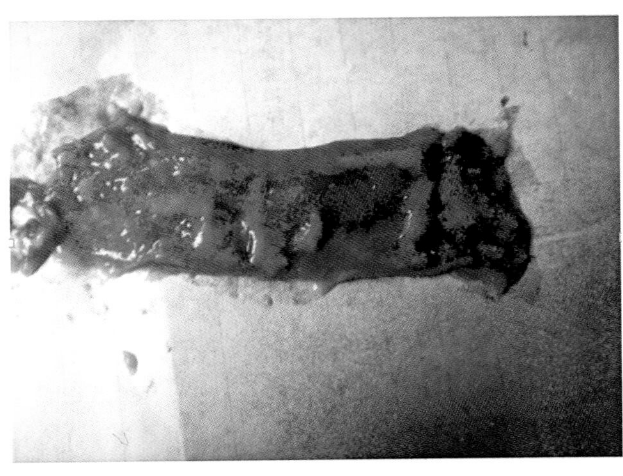

彩图6-4-7　小鹅瘟
最急性型，病鹅肠道黏膜弥漫性出血，肠腔内有多量灰白色胶样物附着（王永坤）

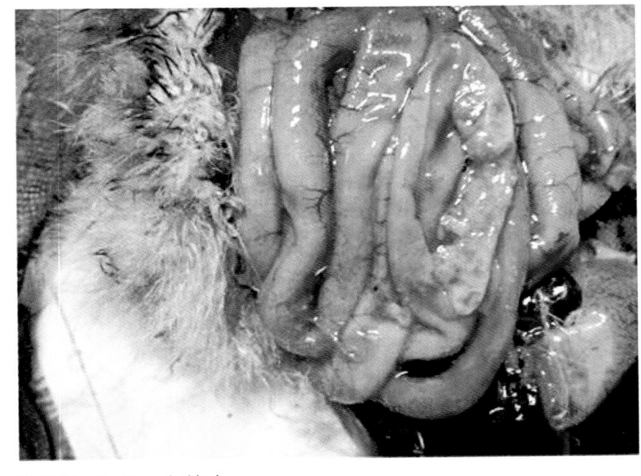

彩图6-4-8　小鹅瘟
急性型，患病雏鹅肠管肿胀，腔内充满灰白色较软的管状物（王永坤）

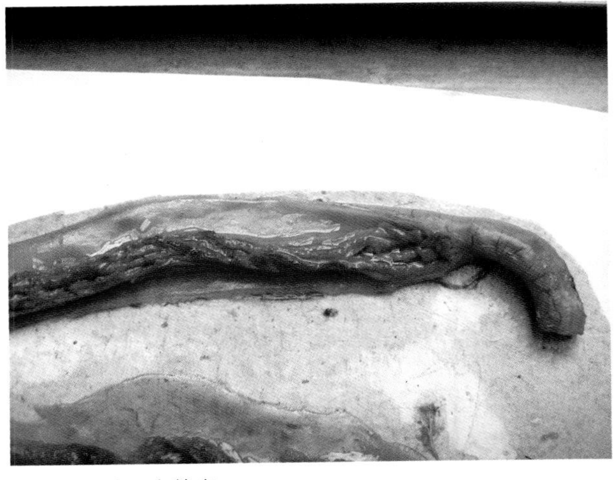

彩图6-4-9　小鹅瘟
亚急性型，患病雏鹅肠道内有索形肠栓物（王永坤）

彩图6-4-10　小鹅瘟
亚急性型，患病雏鹅膨大肠道浆膜充血，肠腔内有灰白色肠栓物（王永坤）

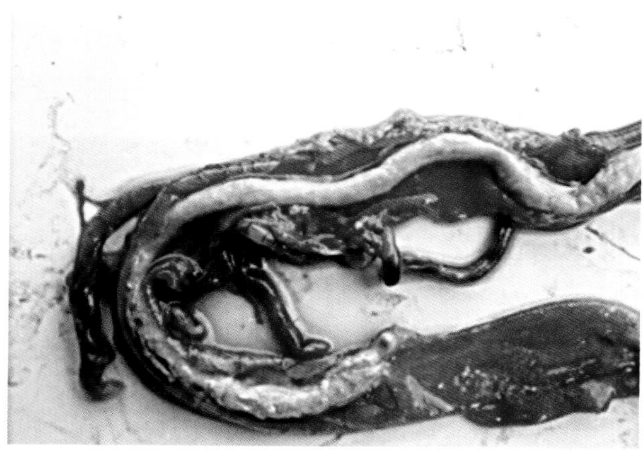

彩图6-4-11　小鹅瘟
亚急性型，患病雏鹅肠黏膜肿胀光滑，弥漫性出血，肠腔内有很长灰色肠栓物（王永坤）

彩图6-4-12　小鹅瘟
慢性型，患病雏鹅十二指肠至回盲肠部肠道肠壁变薄，肠腔内有干燥、表面粗糙的肠栓物（王永坤）

彩图6-4-13　小鹅瘟
患病雏鹅肝脏稍肿大，质地变脆，呈深黄红色（王永坤）

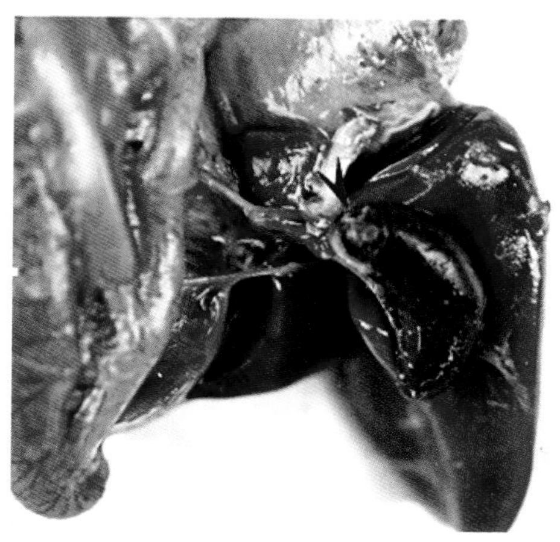

彩图6-4-14　小鹅瘟
患病雏鹅胆囊显著扩张，充满暗绿色胆汁（王永坤）

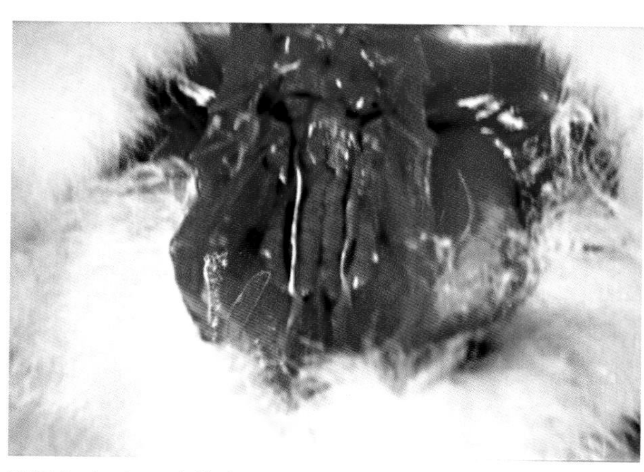

彩图6-4-15　小鹅瘟
患病雏鹅肾稍肿大，呈深红色，质脆，输尿管扩张，充满白色尿酸沉淀物（王永坤）

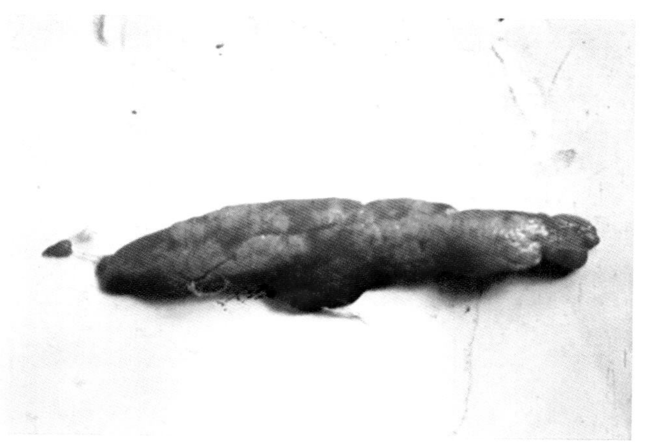

彩图6-4-16　小鹅瘟
患病雏鹅胰腺呈粉红色，部分病例有坏死灶（王永坤）

彩图6-4-17　小鹅瘟
患病雏鹅脑壳充血出血，尤其小脑部最为明显（王永坤）

彩图6-4-18　小鹅瘟
患病雏鹅小肠，纤维素性坏死性肠炎，在坏死脱落黏膜下面，充满大量纤维素性渗出物，形成网状（H.E.，×40）（王永坤）

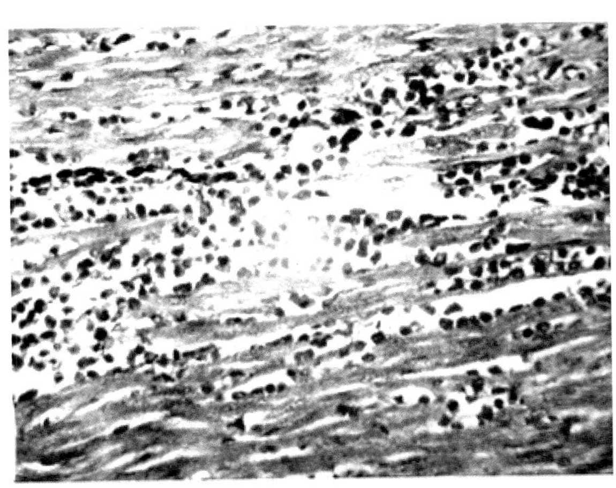

彩图6-4-19　小鹅瘟
患病雏鹅心脏，间质性心肌炎，心肌纤维向淋巴细胞及单核细胞增生浸润区（H.E.，×400）（王永坤）

彩图6-5-1　鸭坦布苏病毒病
自然发病的北京鸭父母代种鸭双腿瘫痪（张大丙）

彩图6-5-2　鸭坦布苏病毒病
自然发病的北京鸭父母代种鸭双腿瘫痪（张大丙）

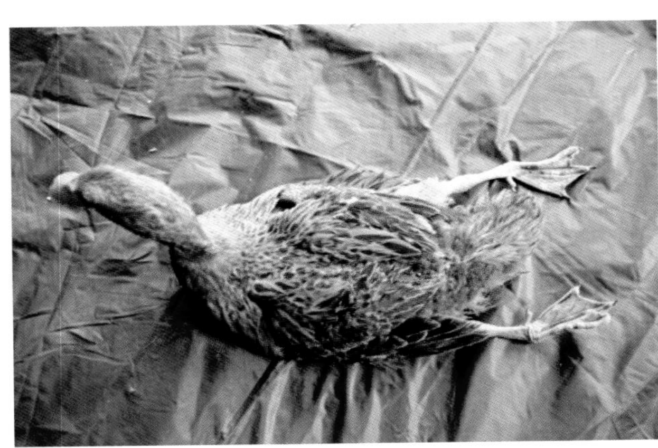

彩图6-5-3　鸭坦布苏病毒病
自然发病的75日龄金定麻鸭双腿瘫痪（张大丙）

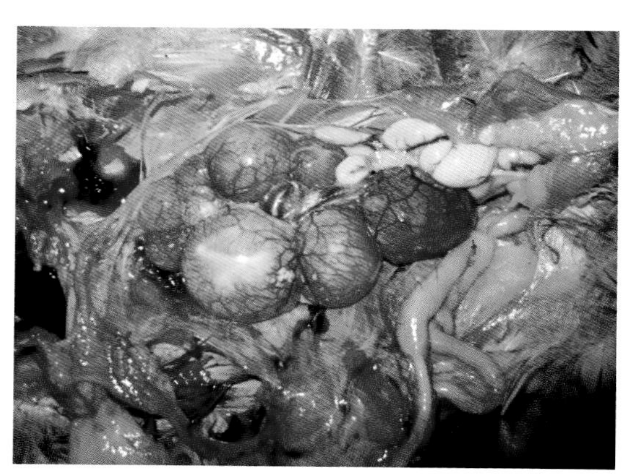

彩图6-5-4　鸭坦布苏病毒病
病鸭卵泡膜充血、出血（张大丙）

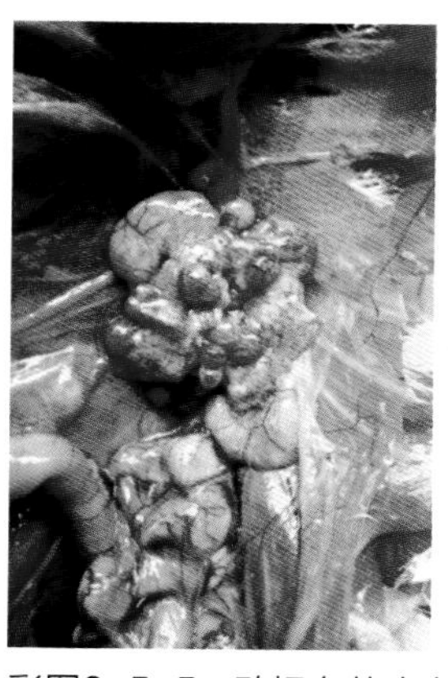

彩图6-5-5　鸭坦布苏病毒病
病鸭卵泡变形、变性、萎缩（张大丙）

彩图6-5-6　鸭坦布苏病毒病
病鸭卵黄性腹膜炎（张大丙）

彩图6-6-1　鸭呼肠孤病毒病
呼肠孤病毒感染鸭肝表面大量白色坏死点（黄　瑜）

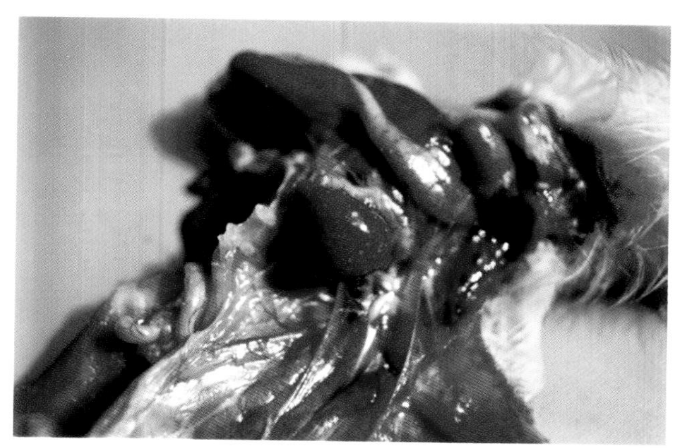

彩图6-6-2　鸭呼肠孤病毒病
呼肠孤病毒感染脾表面多量白色坏死点（黄　瑜）

彩图6-6-3　鸭呼肠孤病毒病
呼肠孤病毒感染鸭胰腺表面大量白色坏死点（黄　瑜）

彩图6-6-4　鸭呼肠孤病毒病
呼肠孤病毒感染病鸭肾脏表面白色坏死点（黄　瑜）

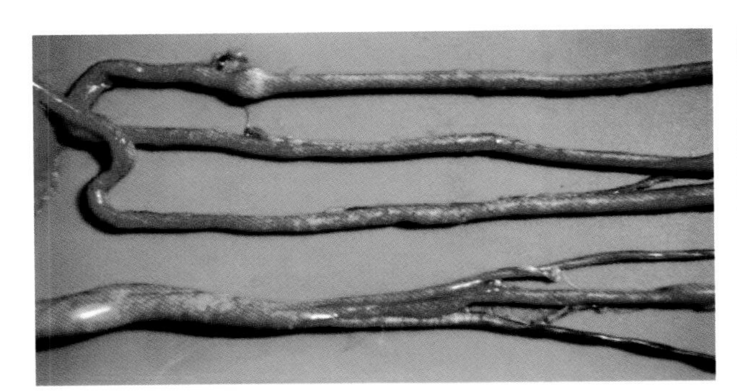

彩图6-6-5　鸭呼肠孤病毒病
病鸭肠壁大量白色坏死点（黄　瑜）

彩图6-6-6　鸭呼肠孤病毒病
病鸭心肌、肝脏表面出血（黄　瑜）

彩图6-6-7　鸭呼肠孤病毒病
病鸭脾脏表面出血（黄　瑜）

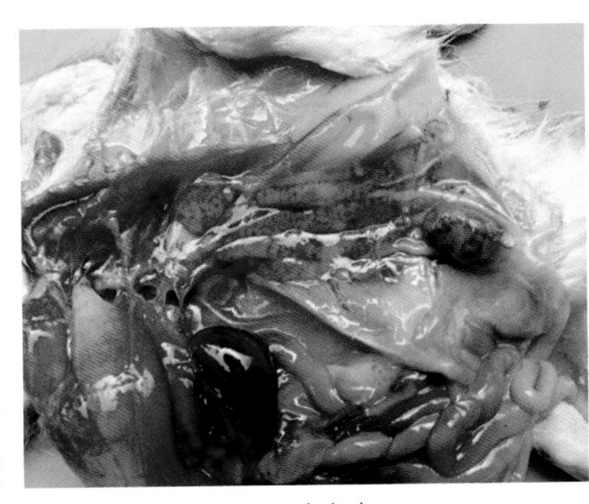

彩图6-6-8　鸭呼肠孤病毒病
病鸭肾脏、腔上囊出血（黄　瑜）

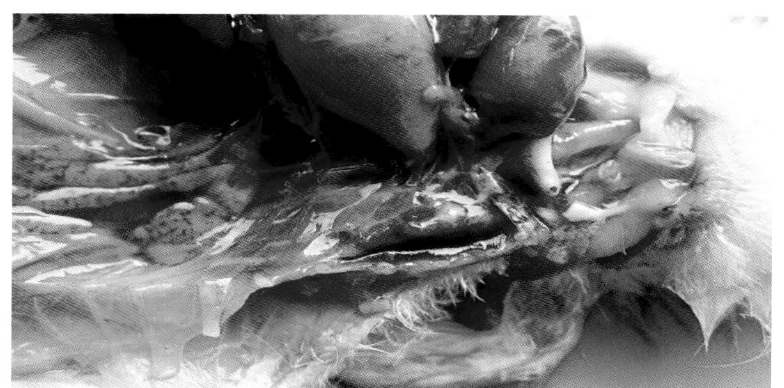

彩图6-6-9　鸭呼肠孤病毒病
病鸭肾脏表面出血（黄　瑜）

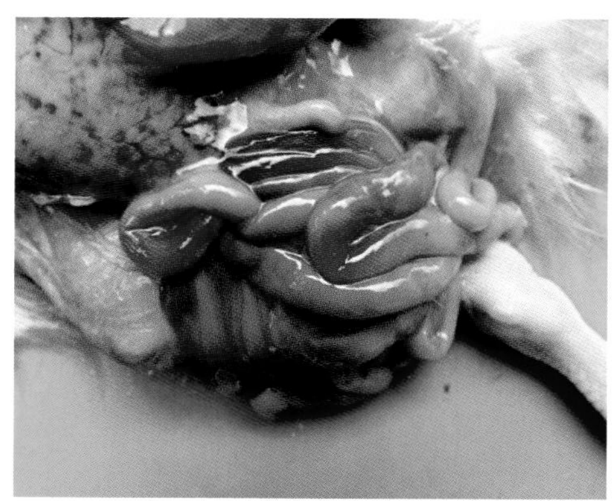

彩图6-6-10　鸭呼肠孤病毒病
病鸭肠道出血（黄　瑜）

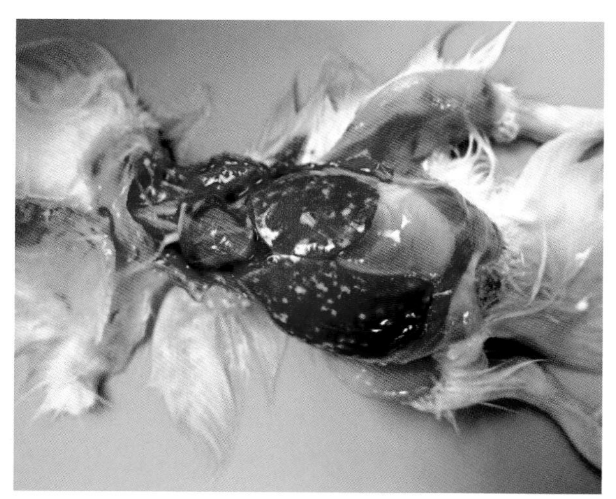

彩图6-6-11　鸭呼肠孤病毒病
病鸭肝脏表面不规则出血、白色坏死点（黄　瑜）

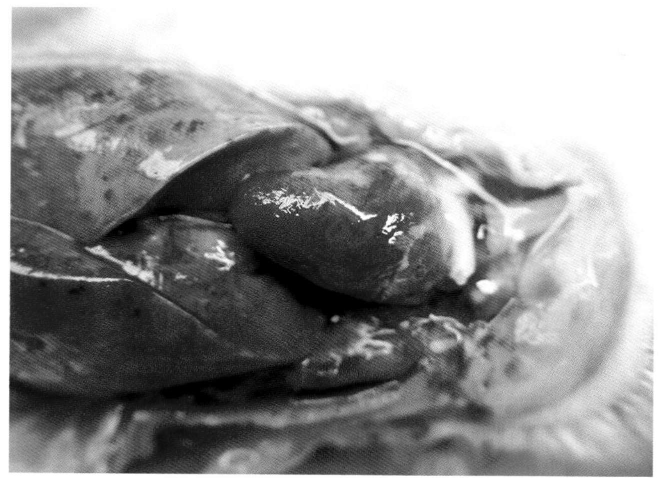

彩图6-6-12　鸭呼肠孤病毒病
病鸭心肌局灶性出血（黄　瑜）

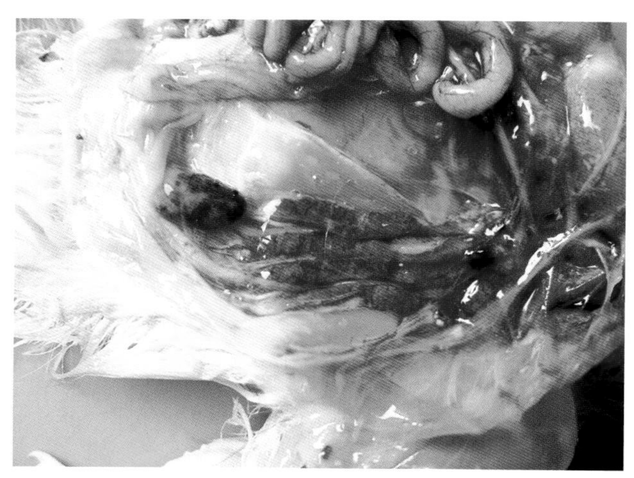

彩图6-6-13　鸭呼肠孤病毒病
呼肠孤毒感染鸭腔上囊出血（黄　瑜）

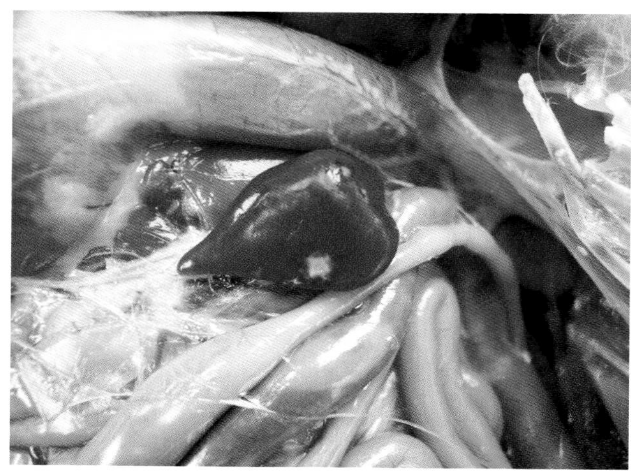

彩图6-6-14　鸭呼肠孤病毒病
北京鸭呼肠孤病毒感染脾脏表面坏死灶（黄　瑜）

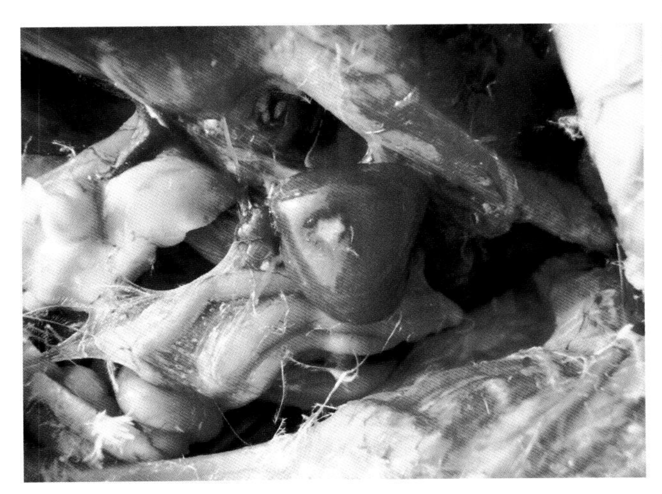

彩图6-6-15　鸭呼肠孤病毒病
呼肠孤病毒感染临床病例脾表面白色坏死灶（苏敬良）

彩图6-7-1　圆环病毒病
同群中生长不良消瘦鸭（后者）（黄　瑜）

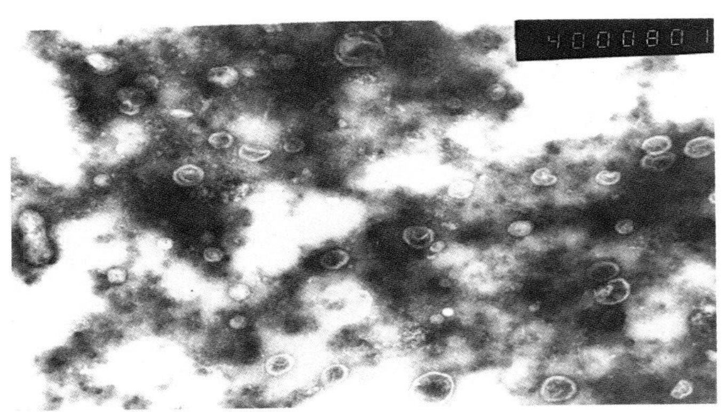

彩图6-8-1　鸭出血症
DHDV的负染照片（φ=80~120nm）（黄　瑜）

彩图6-8-2　鸭出血症
病鸭双翅羽毛管内出血，外观呈紫黑色（黄　瑜）

彩图6-8-3　鸭出血症
正常健康番鸭鸭翅羽毛管（黄　瑜）

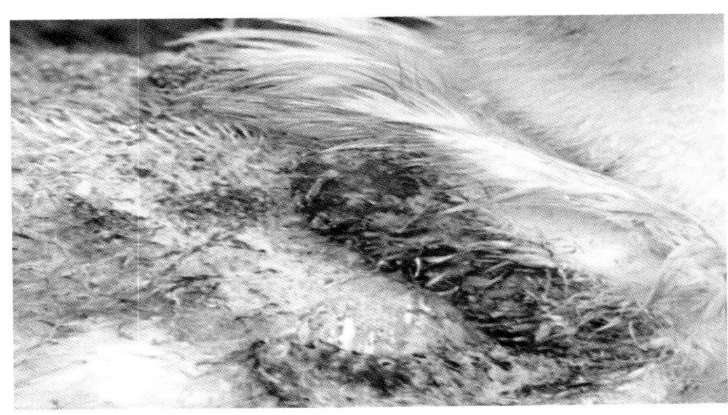

彩图6-8-4　鸭出血症
病鸭出血变黑的羽毛管易脱落（黄　瑜）

彩图6-8-5 鸭出血症
病鸭出血变黑的羽毛管易断裂（黄 瑜）

彩图6-8-6 鸭出血症
病鸭羽毛管出血（黄 瑜）

彩图6-8-7 鸭出血症
病鸭上喙发绀，呈紫黑色（黄 瑜）

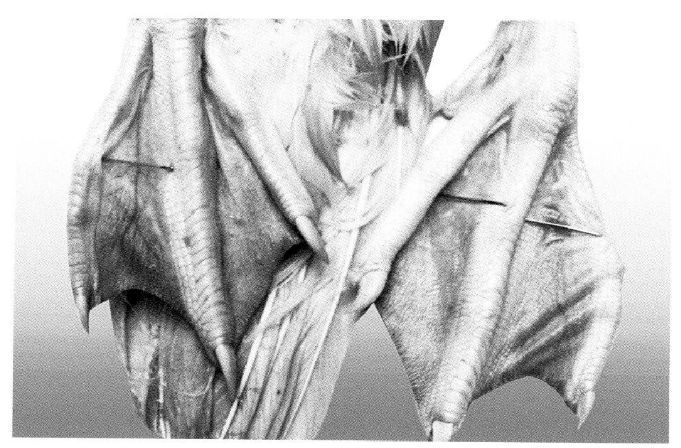

彩图6-8-8 鸭出血症
病鸭爪尖、足蹼发绀，呈紫黑色（黄 瑜）

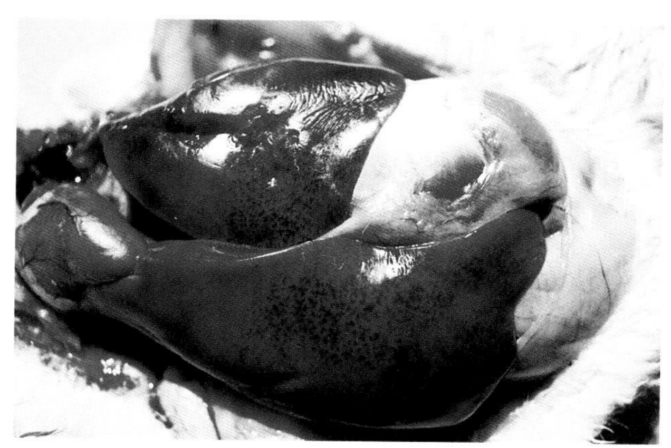

彩图6-8-9 鸭出血症
病鸭肝脏表面局灶性出血或瘀血（黄 瑜）

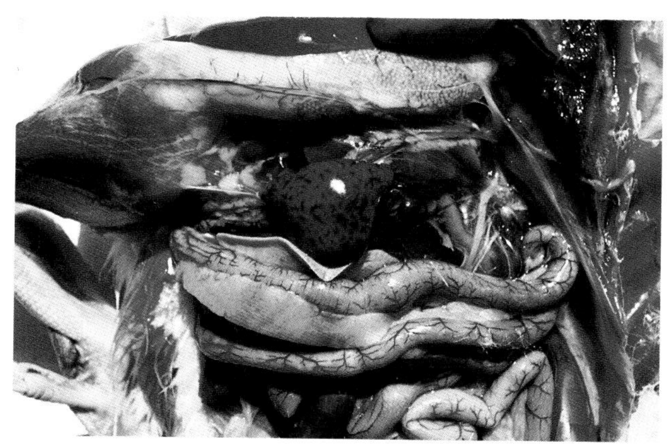

彩图6-8-10 鸭出血症
病鸭胰腺表面局灶性出血（黄 瑜）

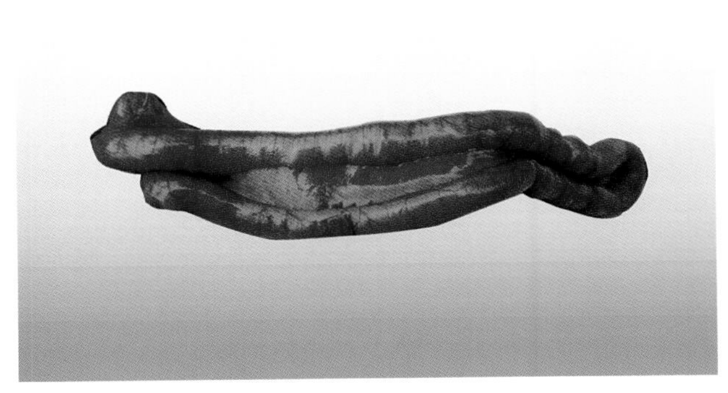

彩图6-8-11　鸭出血症
病鸭整个胰腺表面出血，呈红色（黄　瑜）

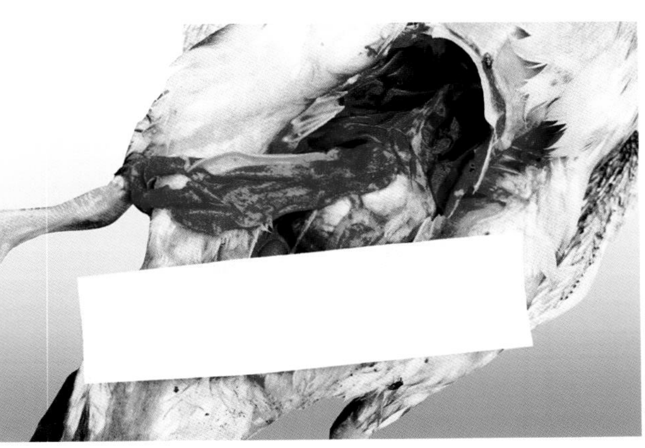

彩图6-8-12　鸭出血症
病鸭十二指肠黏膜出血（黄　瑜）

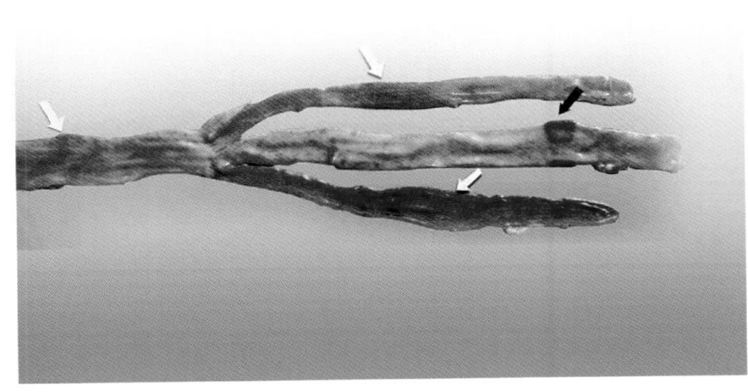

彩图6-8-13　鸭出血症
病鸭回肠、直肠、盲肠黏膜严重出血（黄　瑜）

彩图6-8-14　鸭出血症
病鸭小肠黏膜明显的环状出血带（黄　瑜）

彩图6-8-15　鸭出血症
病鸭脾脏表面见出血点或出血斑（黄　瑜）

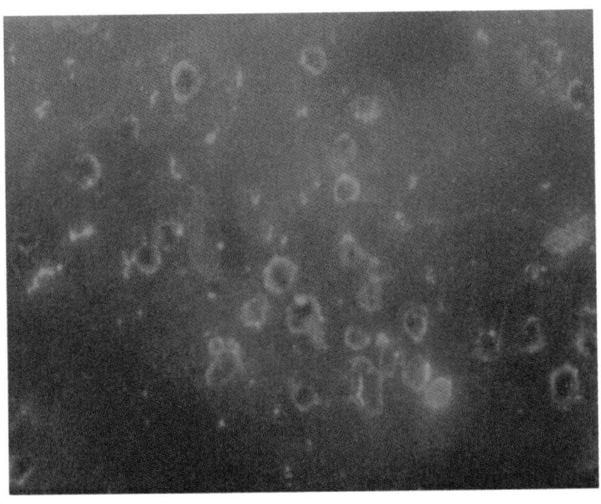

彩图6-8-16　鸭出血症
病鸭DHDV细胞间接免疫荧光检测（黄　瑜）

彩图6-9-1　鸭传染性浆膜炎
鸭传染性浆膜炎引起的死亡（张大丙）

彩图6-9-2　鸭传染性浆膜炎
鸭传染性浆膜炎引起的死亡（张大丙）

彩图6-9-3　鸭传染性浆膜炎
病鸭精神沉郁，卧地不起（张大丙）

彩图6-9-4　鸭传染性浆膜炎
病鸭眼和鼻有分泌物，眼周围羽毛潮湿或粘连脱落，鼻孔堵塞（张大丙）

彩图6-9-5　鸭传染性浆膜炎
病鸭站立不稳（张大丙）

彩图6-9-6　鸭传染性浆膜炎
病鸭摇头晃脑（张大丙）

彩图6-9-7　鸭传染性浆膜炎
病鸭头颈歪斜、转圈或倒退（张大丙）

彩图6-9-8　鸭传染性浆膜炎
感染鸭生长受阻（张大丙）

彩图6-9-9　鸭传染性浆膜炎
病鸭心包炎（黄　瑜）

彩图6-9-10　鸭传染性浆膜炎
病鸭肝周炎（黄　瑜）

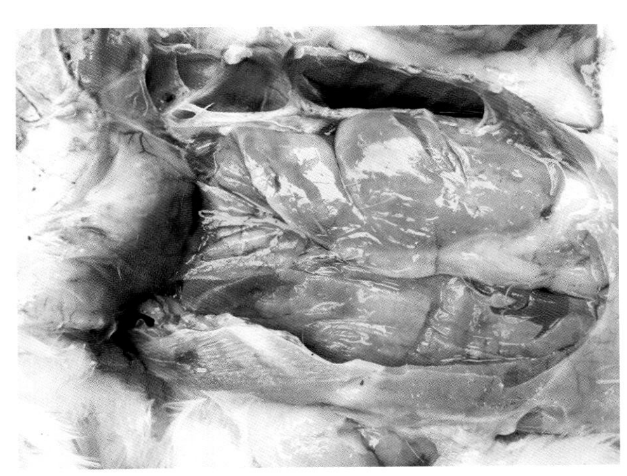

彩图6-9-11　鸭传染性浆膜炎
鸭疫里默菌感染后病鸭纤维素性心包炎、病鸭肝周炎和气囊炎（张大丙）

彩图6-9-12　鸭传染性浆膜炎
病鸭脾脏肿大呈大理石样（黄　瑜）

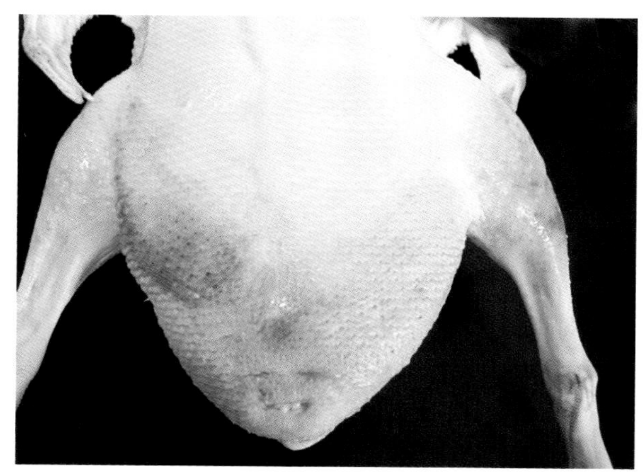

彩图6-9-13　鸭传染性浆膜炎
鸭疫里默菌局部感染后病鸭肛周坏死性皮炎，皮肤和脂肪层之间有黄色渗出物（张大丙）

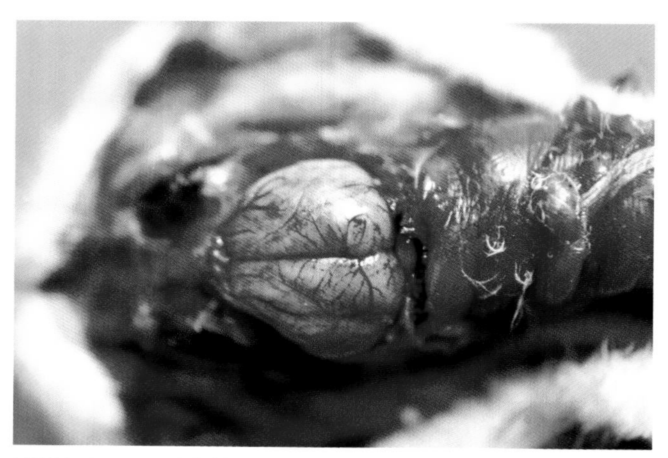

彩图6-9-14　鸭传染性浆膜炎
病鸭脑膜出血（黄　瑜）

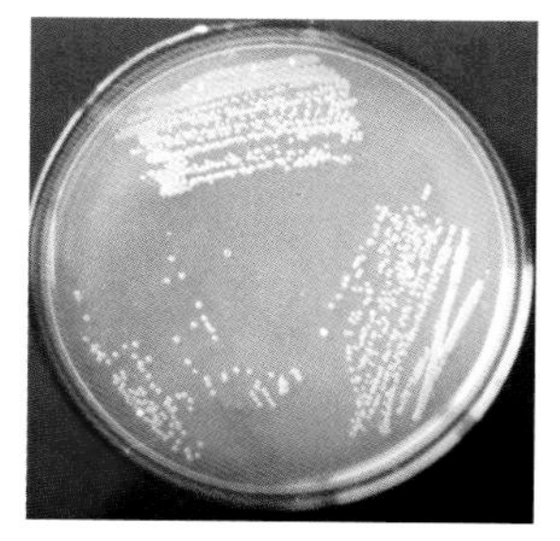

彩图6-9-15　鸭传染性浆膜炎
鸭疫里默菌在胰酶大豆琼脂上形成的菌落（张大丙）

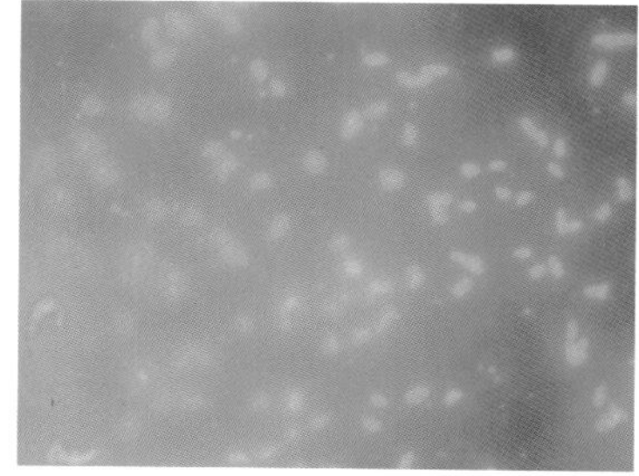

彩图6-9-16　鸭传染性浆膜炎
鸭疫里默菌荧光抗体染色（张大丙）

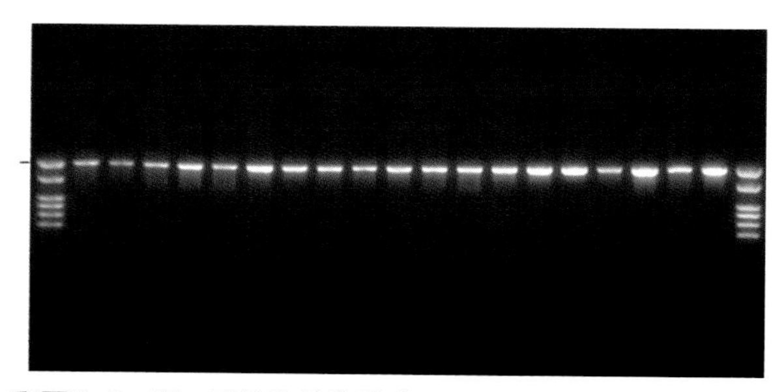

彩图6-9-17　鸭传染性浆膜炎
鸭疫里默菌 19个血清型参考菌株和 7个分离株 16SrRNA编码基因 PCR产物的琼脂糖凝胶电泳（张大丙）

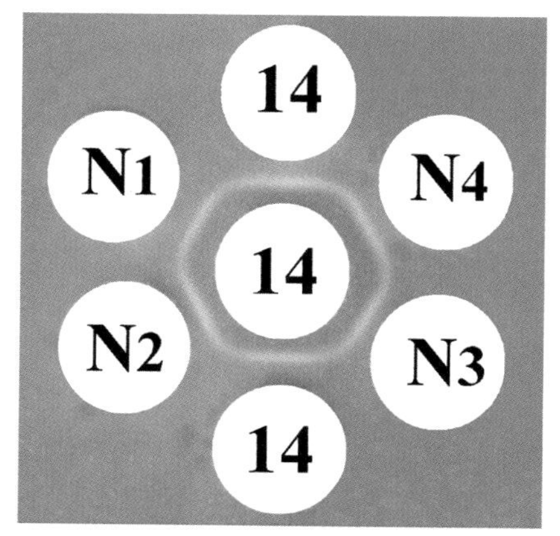

彩图6-9-18　鸭传染性浆膜炎
鸭疫里默菌的琼脂糖扩散沉淀试验中心孔为 14型抗血清，外围孔为 14型的对抗原（标为 14）和待检抗原（标为 N1至N4）（张大丙）

彩图6-9-19　鸭传染性浆膜炎
置于“残鸭圈”的鸭传染性浆膜炎病例（张大丙）

彩图6-9-20　鸭传染性浆膜炎
随意扔弃的鸭传染性浆膜炎病例（张大丙）

彩图6-10-1　鸭大肠杆菌病
大肠杆菌感染病鸭张口呼吸单侧眶下窦肿胀（黄　瑜）

彩图6-10-2　鸭大肠杆菌病
大肠杆菌感染病鸭双侧眶下窦肿胀（黄　瑜）

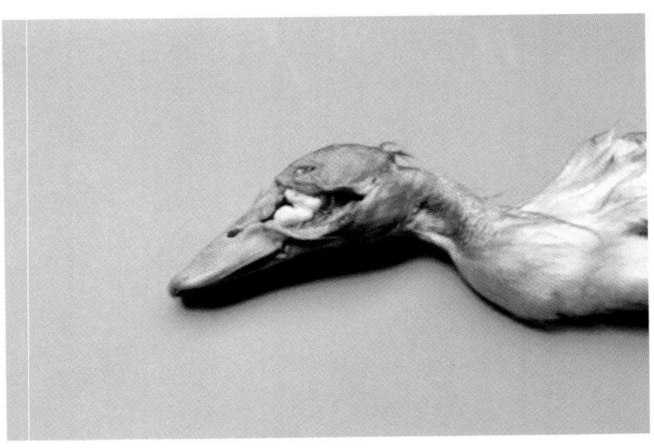

彩图6-10-3　鸭大肠杆菌病
大肠杆菌感染病鸭黄色干酪样物（黄　瑜）

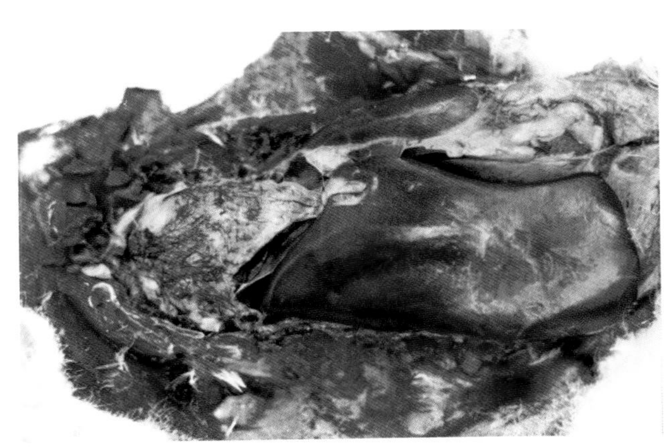

彩图6-10-4　鸭大肠杆菌病
大肠杆菌病引起的心包炎（黄　瑜）

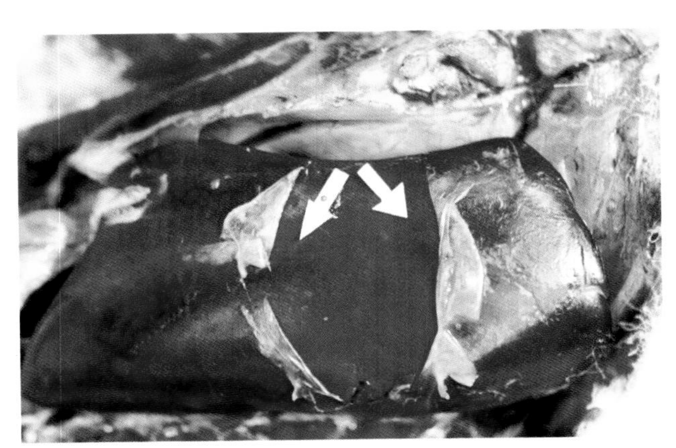

彩图6-10-5　鸭大肠杆菌病
鸭大肠杆菌病引起的心包炎（黄　瑜）

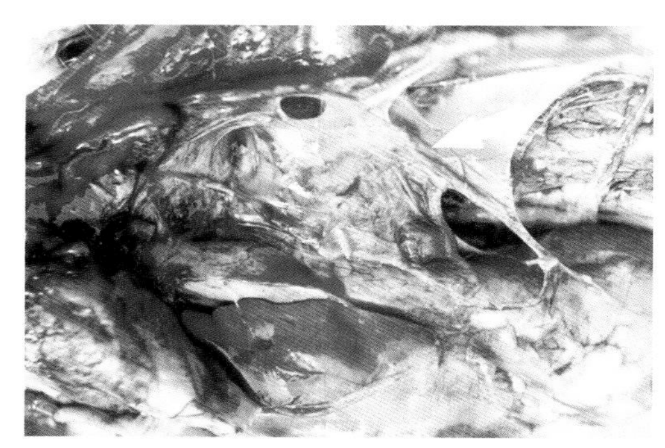

彩图6-10-6　鸭大肠杆菌病
鸭大肠杆菌病引起的气囊炎（黄　瑜）

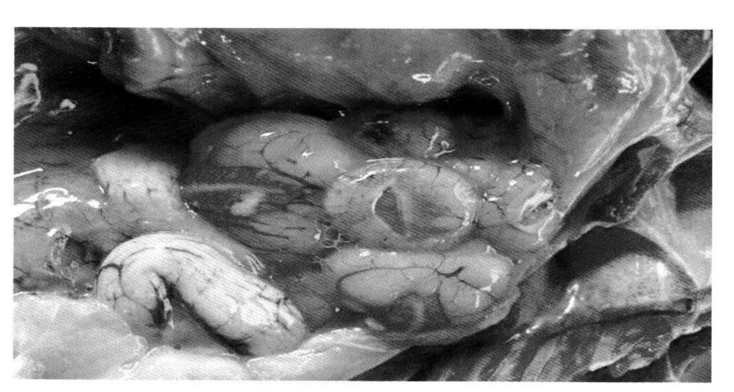

彩图6-10-7　鸭大肠杆菌病
鸭大肠杆菌感染病鸭卵泡破裂（黄　瑜）

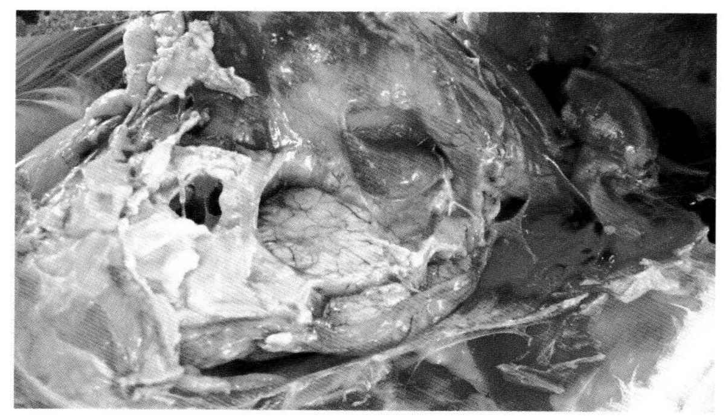

彩图6-10-8　鸭大肠杆菌病
鸭大肠杆菌感染病鸭卵黄性腹膜炎（黄　瑜）

彩图6-11-1　鸭伪结核病
病鸭肝脏表面粟粒大小乳白色结节（黄　瑜）

彩图6-11-2　鸭伪结核病
病鸭肝脏实质中粟粒大小白色结节（黄　瑜）

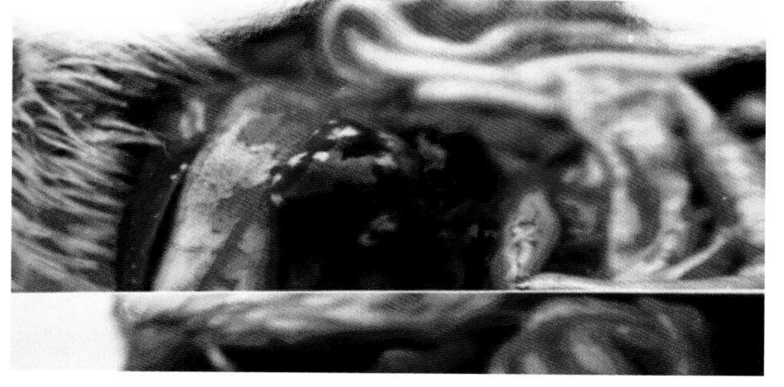

彩图6-11-3　鸭伪结核病
病鸭肝脏实质中粟粒大小白色结节（黄　瑜）

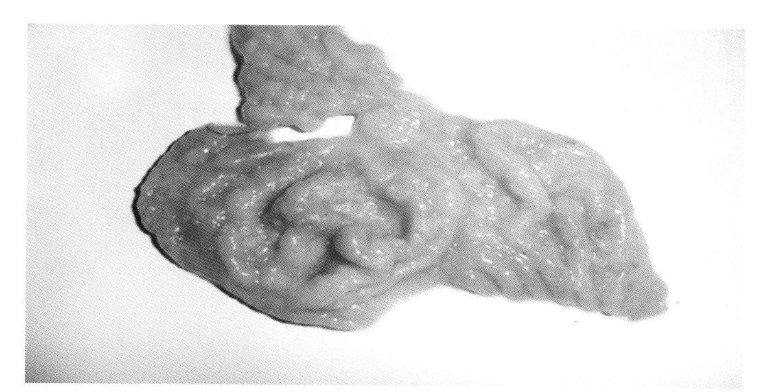

彩图7-2-1　孔雀念珠球病
病孔雀嗉囊黏膜明显增厚（杨小燕）

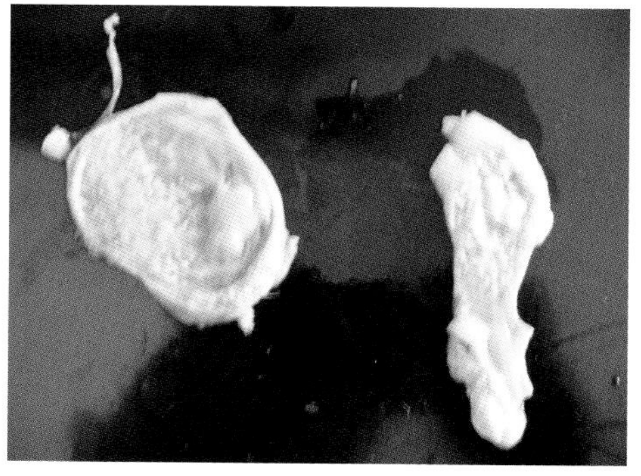

彩图7-2-2　肉鸡念珠球病
嗉囊和食道黏膜上覆盖假膜（杨小燕）

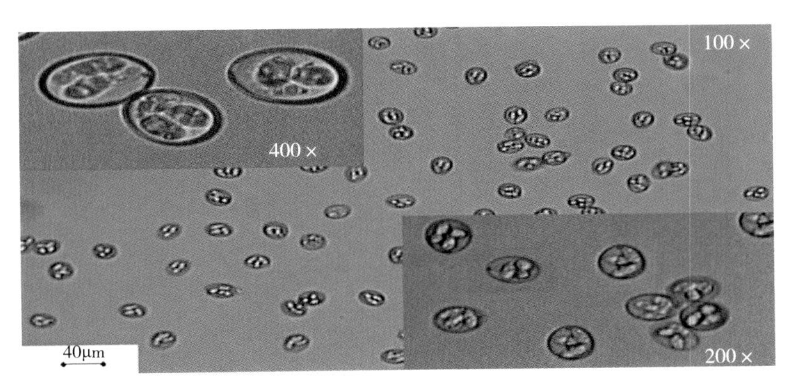

彩图8-1-1　鸡球虫病
柔嫩艾美耳球虫卵囊（孙铭飞等）

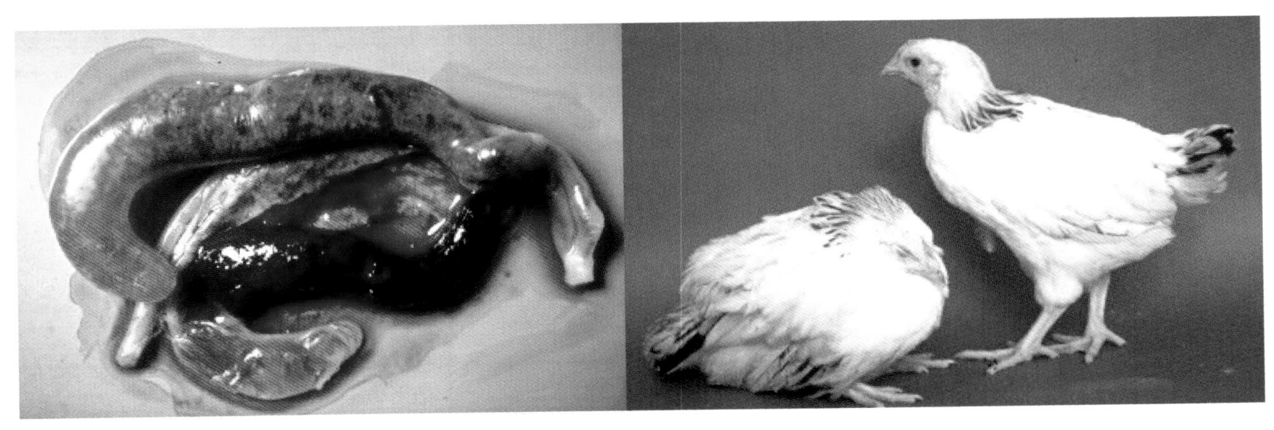

彩图8-1-2　鸡球虫病
急性盲肠球虫病病变（孙铭飞等）

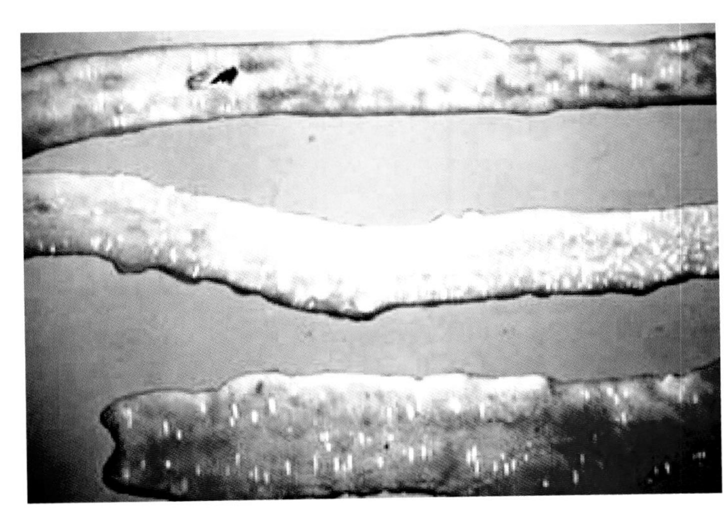

彩图8-1-3　鸡球虫病
堆型艾美耳球虫严重感染病变（孙铭飞等）

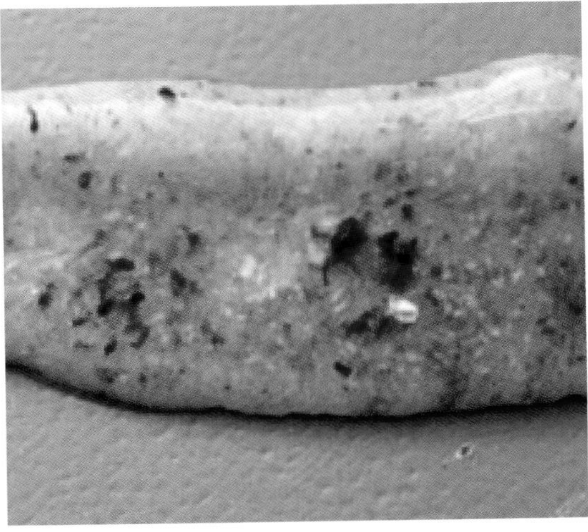

彩图8-1-4　鸡球虫病
巨型艾美耳球虫严重感染病变（孙铭飞等）

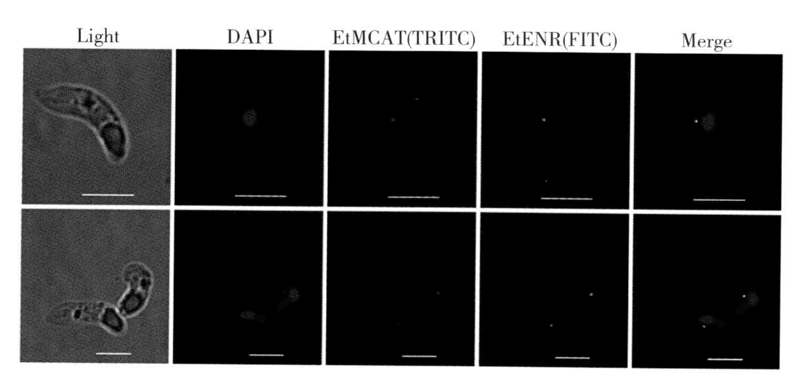

彩图8-1-5　鸡球虫病
利用亚细胞定位技术证实EtMCAT（TRITC）存在于*E.tenella*子孢子一个特殊的亚细胞器顶质体中。DAPI显示细胞核，FITC标记的EtENR的为一个已知的存在于顶质体的蛋白，标尺=5μm（孙铭飞等）

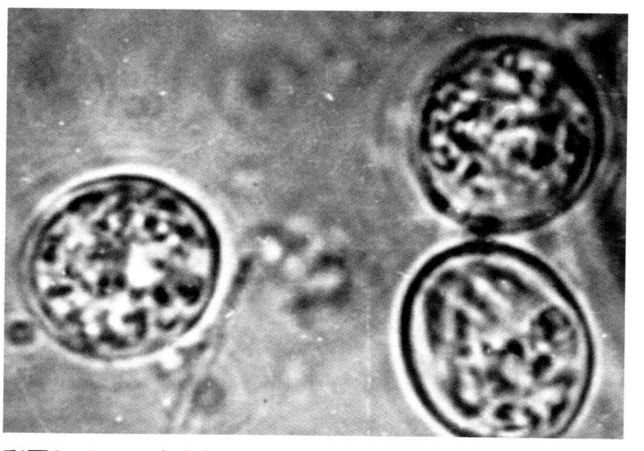

彩图8-1-6　鸭球虫病
毁灭泰泽球虫的孢子化卵囊（殷佩云等）

彩图8-1-7　鸭球虫病
毁灭泰泽球虫人工感染引起的血便（殷佩云等）

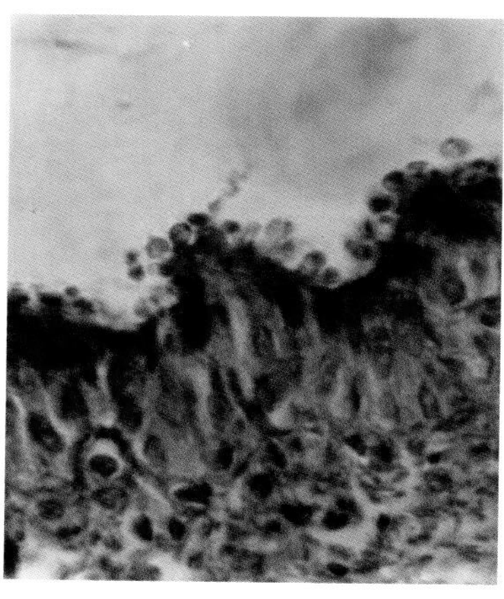

彩图8-1-8　鸭球虫病
贝氏隐孢子虫寄生于鸡气管（H.E.，×400）染色（张龙现等）

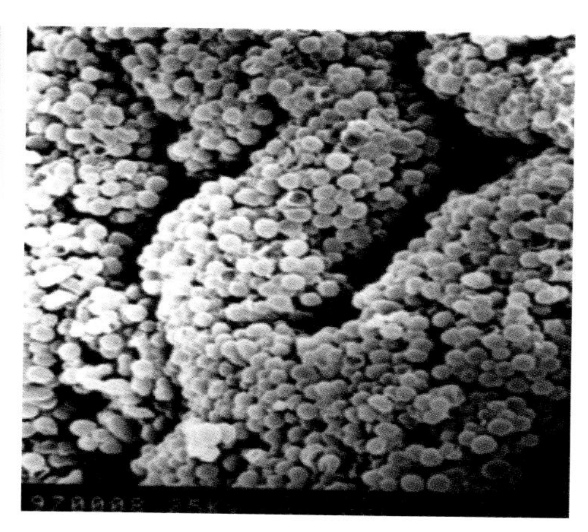

彩图8-1-9　鸭球虫病
贝氏隐孢子虫寄生于鸡气管SEM观察（张龙现等）

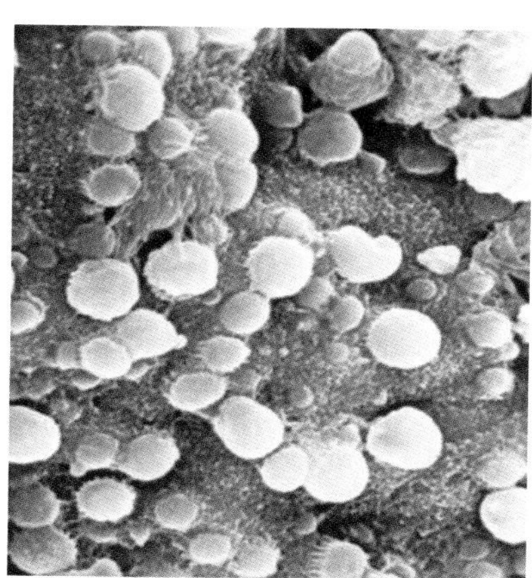

彩图8-1-10　鸭球虫病
鸭气管寄生贝氏隐孢子虫（张龙现等）

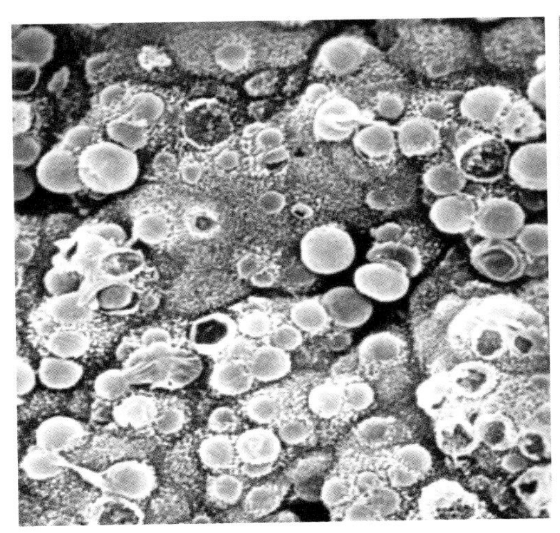
彩图8-1-11　鸭球虫病
鸭法氏囊寄生贝氏隐孢子虫（张龙现等）

彩图9-1-1　维生素A缺乏症
雏鸡眼睑肿胀，上下眼睑粘连（孙卫东）

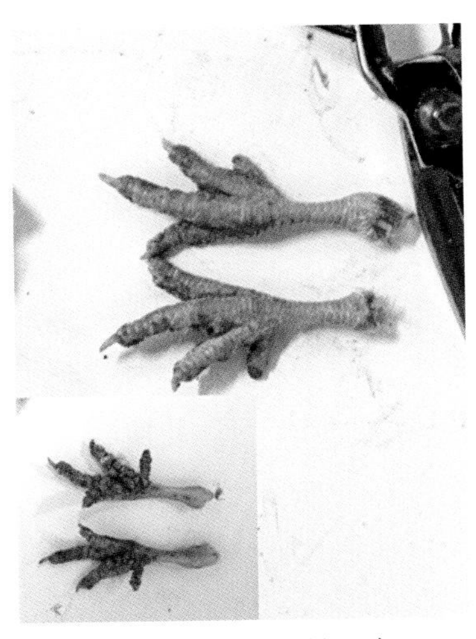
彩图9-1-2　维生素A缺乏症
雏鸡腿部鳞片黄色消退，趾关节肿胀，脚垫粗糙、增厚（左上角小图）（孙卫东）

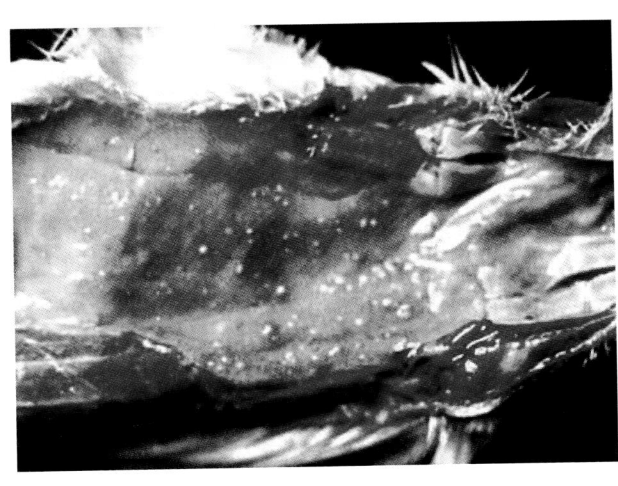
彩图9-1-3　维生素A缺乏症
雏鸡食道黏膜有散在粟粒大白色结节或脓疱（孙卫东）

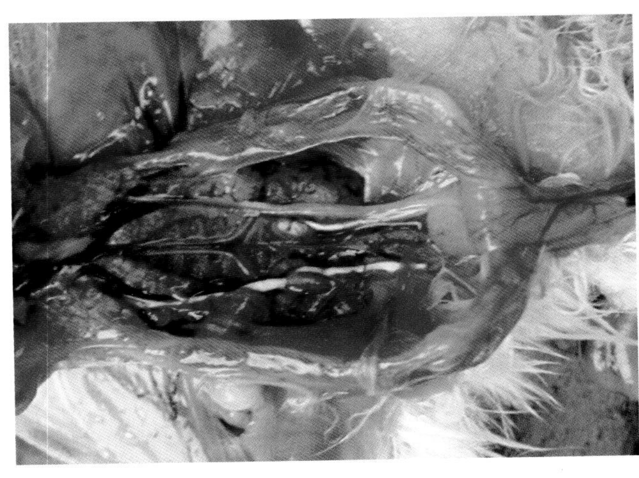
彩图9-1-4　维生素A缺乏症
雏鸡肾脏及输尿管有明显的白色尿酸盐沉积（孙卫东）

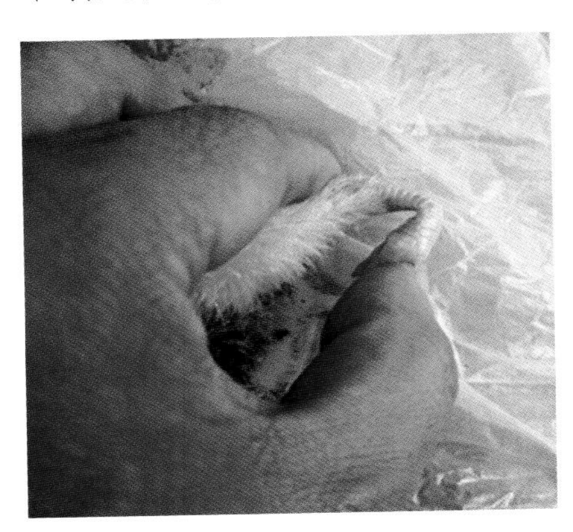
彩图9-2-1　雏鸡维生素D缺乏症
雏鸡维生素D缺乏时，跖骨弯曲成弓形（孙卫东）

彩图9-2-2　雏鸡维生素D缺乏症
产蛋母鸡维生素D缺乏时，产薄壳蛋、蛋壳强度下降、易碎（孙卫东）

彩图9-2-3　雏鸡维生素D缺乏症
雏鸡维生素 D缺乏时，龙骨呈“S”状弯曲（孙卫东）

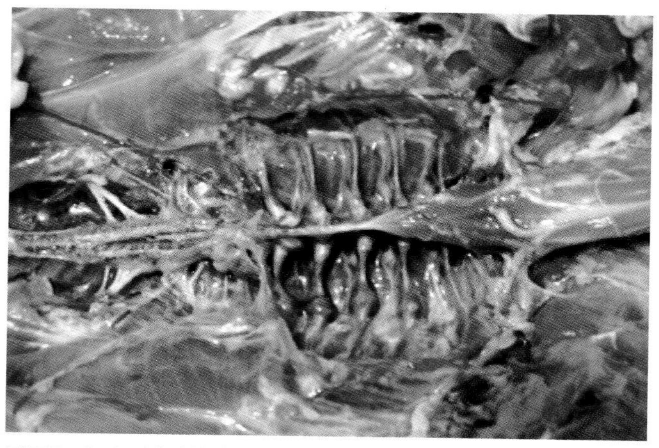

彩图9-2-4　雏鸡维生素D缺乏症
雏鸡维生素D缺乏时，肋骨与肋软骨连接处出现串珠状结节（孙卫东）

彩图9-6-1　维生素B_2缺乏症
雏鸡缺乏维生素B_2时，足趾向内蜷曲（孙卫东）

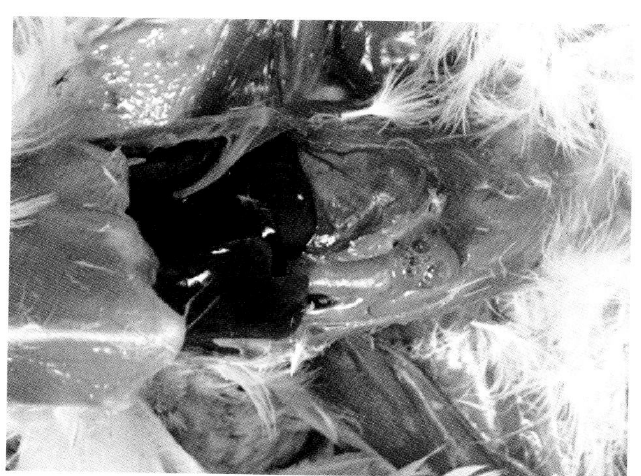

彩图9-6-2　维生素B_2缺乏症
雏鸡缺乏维生素B_2时，肠内充满泡沫状内容物（孙卫东）

彩图9-15-1　锰缺乏症
患鸡左腿向外翻转呈90°角（孙卫东）

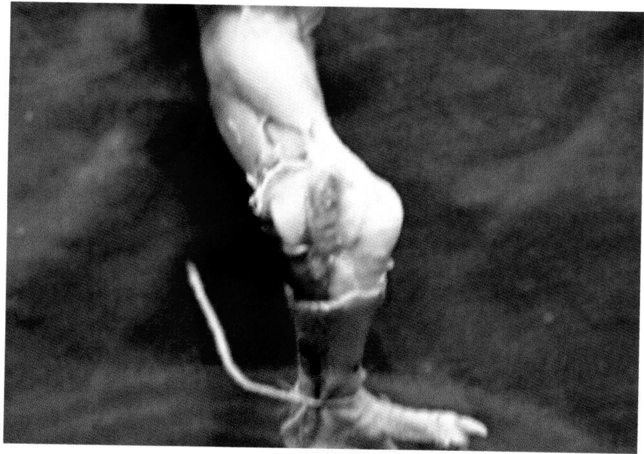

彩图9-15-2　锰缺乏症
患鸡腓肠肌腱从跗关节骨槽中滑出（孙卫东）

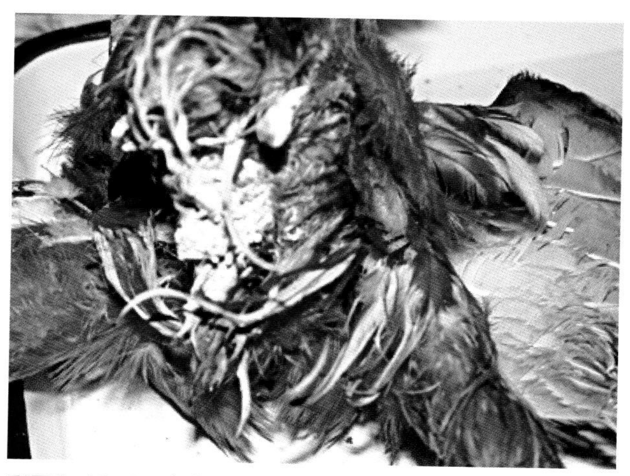

彩图9-18-1　家禽痛风
内脏型痛风患鸡泄殖腔周围的羽毛被石灰水样粪便污染（孙卫东）

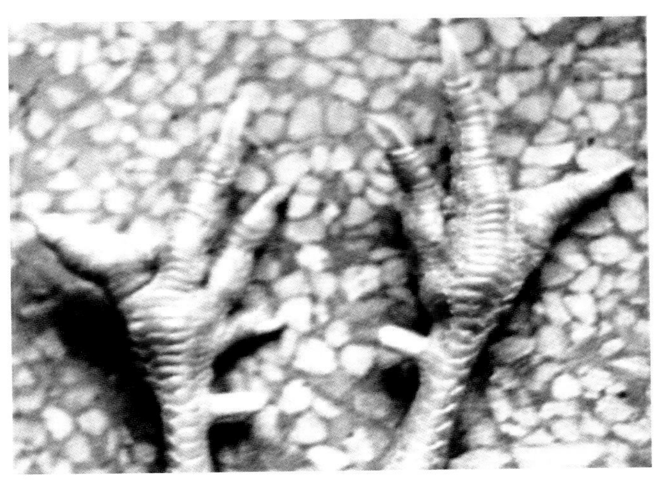

彩图9-18-2　家禽痛风
关节型痛风患鸡的趾关节肿胀（孙卫东）

彩图9-18-3　家禽痛风
内脏型痛风患鸡的心包、肝脏、腹腔浆膜表面有灰白色的尿酸盐沉积（孙卫东）

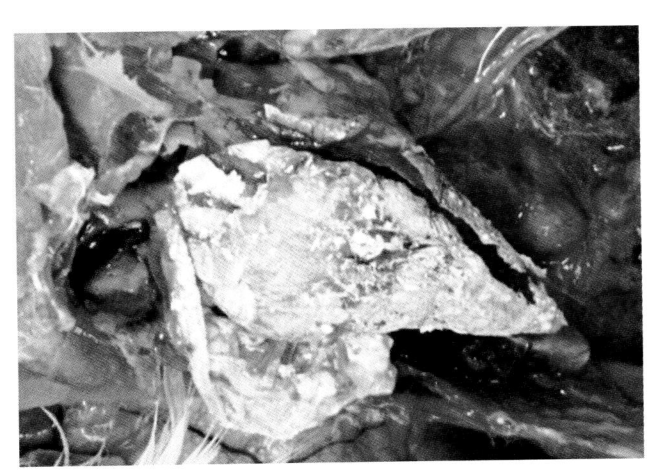

彩图9-18-4　家禽痛风
内脏型痛风患鸡心包腔内有灰白色的尿酸盐沉积（孙卫东）

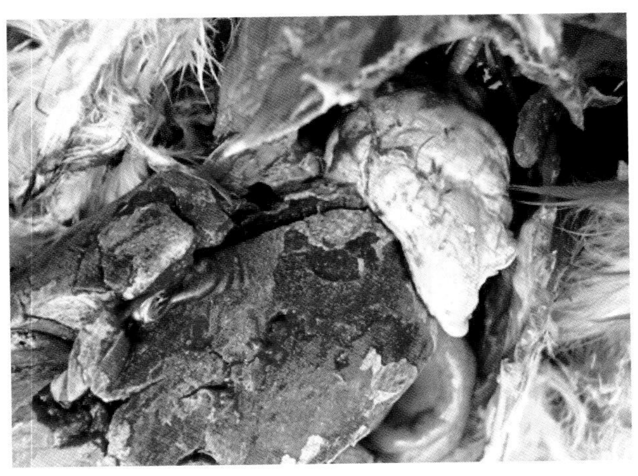

彩图9-18-5　家禽痛风
内脏型痛风患鸡心包内及肝脏表面有灰白色的尿酸盐沉积（孙卫东）

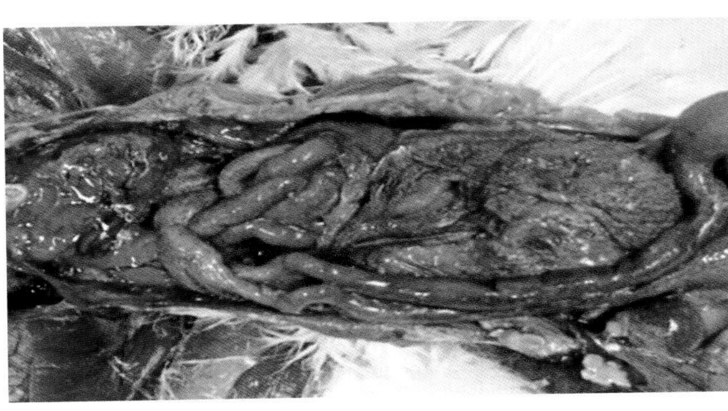

彩图9-18-6　家禽痛风
内脏型痛风患鸡肠管及肠系膜表面有灰白色的尿酸盐沉积（孙卫东）

彩图9-18-7　内脏型痛风
患鸡胸骨内壁有灰白色的尿酸盐沉积（孙卫东）

彩图9-18-8　内脏型痛风
患鸡肾肿大，色苍白，表面呈雪花样花纹，输尿管增粗，内有尿酸盐结晶（孙卫东）

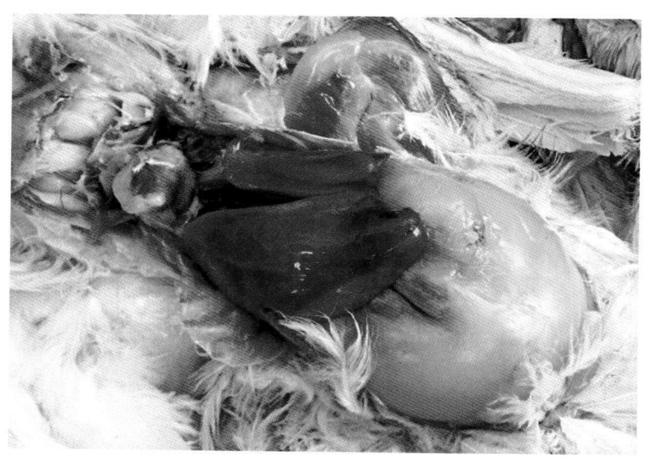

彩图9-19-1　脂肪肝综合征
患鸡腹腔及肝脏均有多量的脂肪沉积，肝脏呈土黄色（孙卫东）

彩图9-19-2　脂肪肝综合征
患鸡肝脏质地极脆、易破碎，切面如泥样（孙卫东）

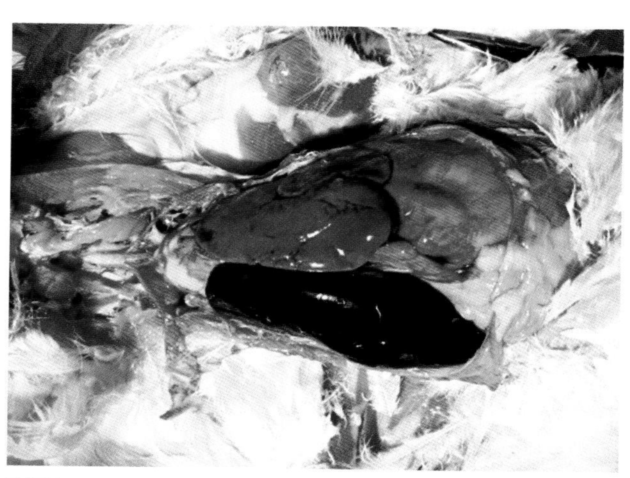

彩图9-19-3　脂肪肝综合征
患鸡肝脏肝破裂，肝脏被膜下有大的血凝块（孙卫东）

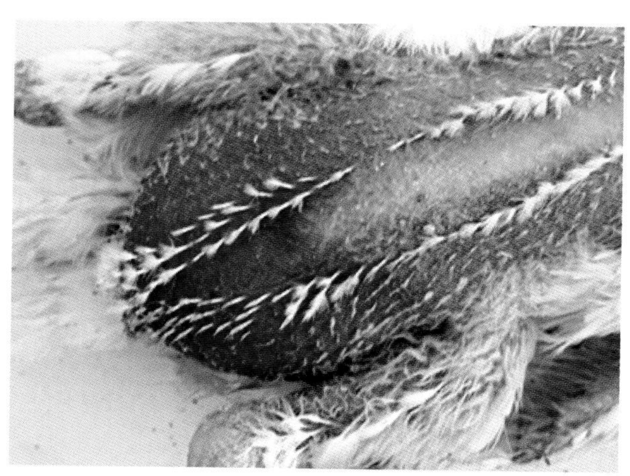

彩图9-21-1　肉鸡腹水综合征
病鸡腹部膨胀，皮肤呈红紫色（孙卫东）

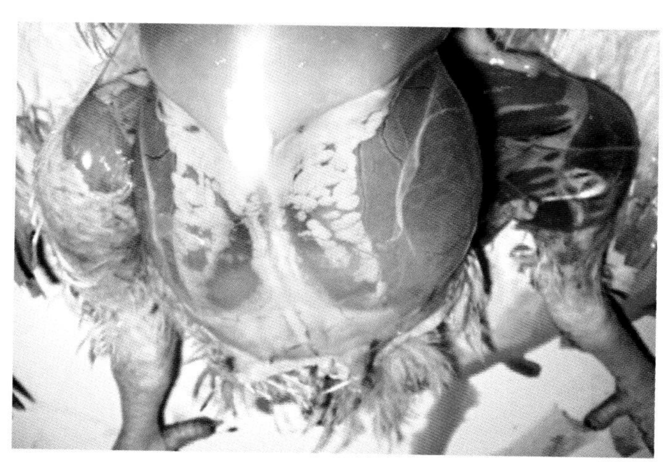

彩图9-21-2　肉鸡腹水综合征
病鸡腹腔内积有淡黄色液体（孙卫东）

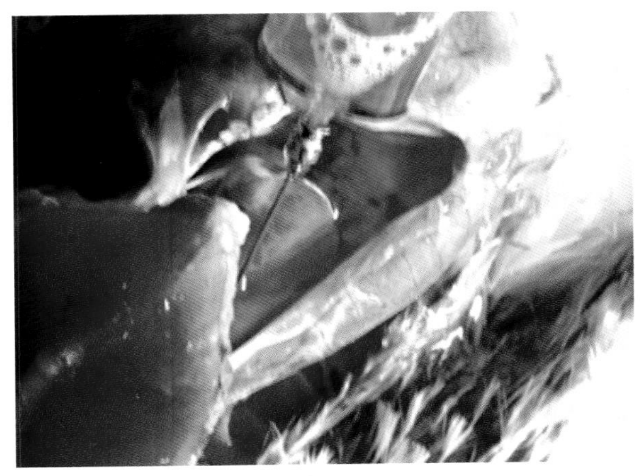

彩图9-21-3　肉鸡腹水综合征
病鸡腹水中混有纤维素凝块（孙卫东）

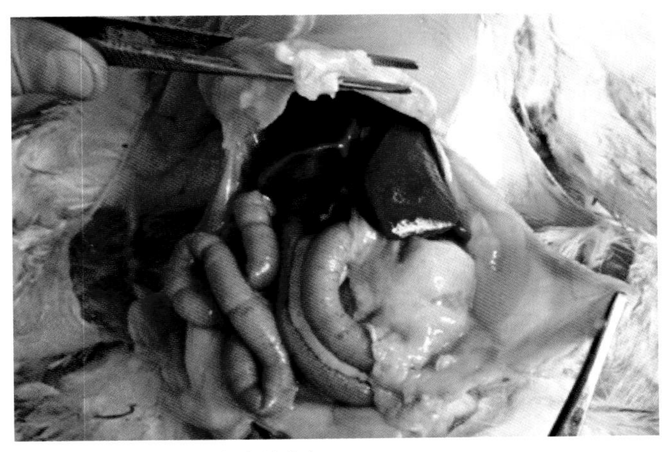

彩图9-21-4　肉鸡腹水综合征
病鸡肝脏肿大，边缘变钝（孙卫东）

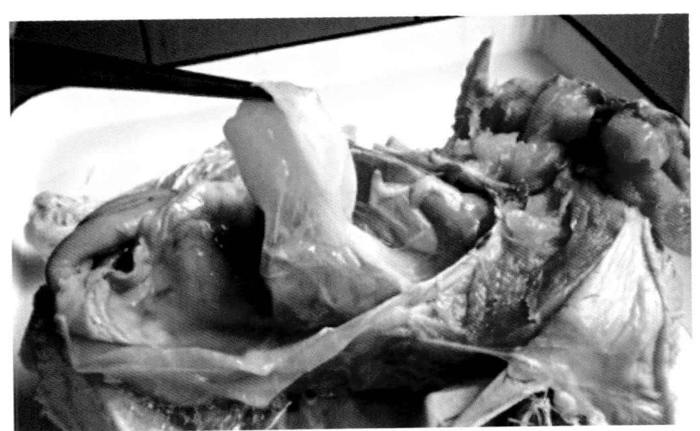

彩图9-21-5　肉鸡腹水综合征
病鸡肝脏表面的纤维素性渗出物（孙卫东）

彩图9-21-6　肉鸡腹水综合征
病鸡右心肥大（孙卫东）

彩图9-21-7　肉鸡腹水综合征
病鸡右心室扩张（左侧心脏为正常对照）
（孙卫东）

彩图9-22-1　异食癖
啄羽癖患鸡自食或互啄羽毛，被啄处出血（孙卫东）

彩图9-22-2　异食癖
啄羽癖患鸭背后部羽毛稀疏残缺（孙卫东）

彩图9-22-3　异食癖
啄肛癖雏鸡泄殖腔被啄处出血、结痂（孙卫东）

彩图9-22-4　异食癖
啄肛癖蛋鸡泄殖腔被啄处出血、坏死（孙卫东）

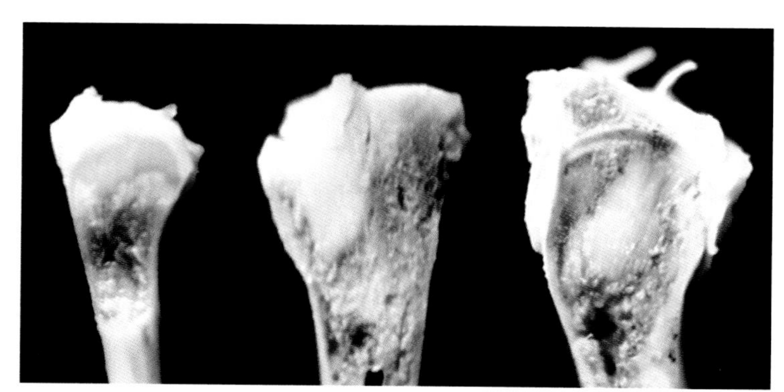

彩图9-23-1　胫骨软骨发育不良
患鸡的胫骨软骨繁殖区内形成的软骨团块（从左向右病情加重）（孙卫东）

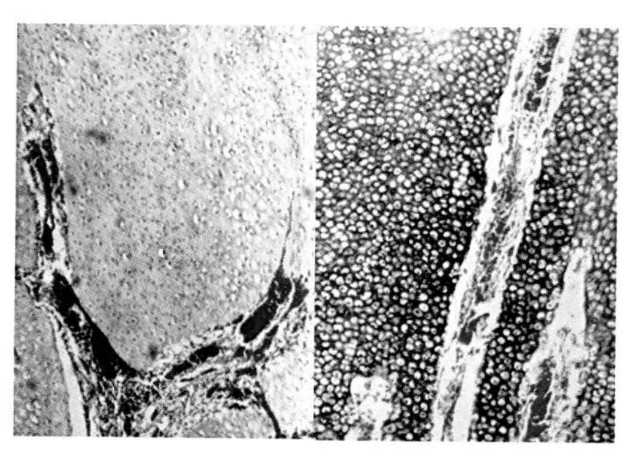

彩图9-23-2　胫骨软骨发育不良
患鸡胫骨组织病理学显示不成熟的软骨细胞呈杵状伸向钙化区（左侧）右侧为正常对照（H.E.，×40）（孙卫东）